Einführung in die
Technische Thermodynamik

Einführung in die Technische Thermodynamik

und in die Grundlagen der chemischen Thermodynamik

Von

Ernst Schmidt

Dr.-Ing. habil. Dr. rer. nat. h. c. L. L. D. h. c.
o. Professor an der Technischen Hochschule München

Neunte verbesserte Auflage

Mit 244 Abbildungen und 69 Tabellen
sowie 3 Dampftafeln als Anlage

Springer-Verlag Berlin Heidelberg GmbH

1962

ISBN 978-3-662-23813-4   ISBN 978-3-662-25916-0 (eBook)
DOI 10.1007/978-3-662-25916-0

Vorwort zur neunten Auflage.

Die neunte Auflage ist ein durch Beseitigung einiger Druckfehler verbesserter Abdruck der achten Auflage. Nur die Wasserdampftafeln des Anhanges sind etwas geändert in Übereinstimmung mit der im Druck befindlichen 6. Auflage der VDI-Wasserdampftafeln.

München, im November 1961.

Ernst Schmidt.

Vorwort zur achten Auflage.

Die achte Auflage ist gegen die siebente nur wenig geändert. Außer einigen Verbesserungen des Textes im Sinne der leichteren Verständlichkeit wurden die Abschnitte über Raketentechnik und Raumfahrt dem heutigen Stande angepaßt, dessen Ergebnisse in früheren Auflagen als möglich bezeichnet wurden. Ein Kapitel über den Plasmazustand der Materie und die Erreichung höchster Temperaturen wurde hinzugefügt. Die Tafeln der Eigenschaften des Wasserdampfes sind entsprechend der 1960 erschienenen 5. Auflage der VDI-Wasserdampftafeln bis zu Drücken von 500 at bei Temperaturen bis 800°C erweitert.

Über die Notwendigkeit des Überganges zum neuen internationalen Maßsystem mit der siebenten Auflage sind die Ansichten geteilt. Von englischer Seite wurde dieser Schritt beanstandet. Schwedische und Schweizer Kritiker bedauerten, daß die alten Einheiten des technischen Maßsystems nicht ganz beseitigt wurden. In Deutschland folgten die Empfehlungen des wissenschaftlichen Beirats des Vereins Deutscher Ingenieure meinem Vorgehen. Aber es gibt auch Kreise, die das alte technische Maßsystem festhalten wollen, um erst zum internationalen System überzugehen, wenn Tabellen von Stoffwerten in den neuen Einheiten vorliegen.

Nach reiflicher Überlegung und vielen Diskussionen mit Vertretern verschiedener Richtungen halte ich den von mir eingeschlagenen mittleren Weg auch heute noch für den richtigen: Es wird das internationale System mit den Einheiten Meter, Kilogramm(Masse), Sekunde und Ampere zugrunde gelegt. Die Einheit der Kraft, das Newton, ist eine abgeleitete Größe. Stoffmengen sind in Kilogramm (Masse) angegeben und spezifische Größen werden auf diese Mengeneinheit bezogen. Die bisherige Krafteinheit Kilogramm(Kraft) des technischen Maßsystems wird aber unter der Bezeichnung „Kilopond“ weiter benutzt und als nichtdezimales Vielfaches des Newton definiert.

Wenn man Größengleichungen verwendet, wie das konsequent in diesem Buche geschieht, ist man nicht an ein bestimmtes Maßsystem gebunden, sondern kann Größen in beliebigen Einheiten einsetzen, wobei der Übergang von einer Einheit auf die andere mit Hilfe der bekannten Umrechnungsgleichungen nur eine algebraische Formalität ist. Gewiß wird auf diese Weise der große Vorteil eines kohärenten Einheitensystems, bei dem solche Umrechnungen fortfallen, noch nicht ganz erreicht. Aber das Buch soll nicht nur die Verfechter des neuen Systems befriedigen, sondern auch den noch in den Vorstellungen des technischen Maßsystems Lebenden dienen. Dazu kommt, daß die meisten Tabellen von Stoffeigenschaften noch in alten Einheiten vorliegen und ihre Umrechnung Zeit erfordert.

Der junge Ingenieur von heute und morgen muß daher in zwei Sätteln reiten können und das wird ihm erleichtert, wenn die alten Einheiten wie das Kilopond, die Kilokalorie, die technische und physikalische Atmosphäre usw. nicht ganz verschwinden, sondern als nichtdezimale Vielfache der neuen Einheiten zunächst weiter verwendet werden. Zu einer völligen Ausschaltung nichtkohärenter Einheiten wird man nach meiner Ansicht niemals kommen, denn neben der Sekunde als der Zeiteinheit des internationalen Systems wird die Stunde mit der Umrechnungsgleichung $3600 \text{ sec} = 1 \text{ h}$ nicht zu vermeiden sein und auch nichtkohärente Längeneinheiten wie das Lichtjahr $= 9{,}46051 \cdot 10^{12} \text{ km}$ oder die internationale Seemeile $= 1852 \text{ m}$ werden noch lange leben.

Meiner Sekretärin, Frl. Hildegard Stautner, danke ich sehr für ihre Hilfe beim Lesen der Korrekturen.

München, im März 1960.   **Ernst Schmidt.**

Vorwort zur siebenten Auflage.

Dieser Auflage ist das von der 9. Generalkonferenz für Maß und Gewicht im Jahre 1948 empfohlene und inzwischen als „Internationales System" anerkannte Maßsystem mit den Einheiten Meter, Sekunde, Kilogramm-Masse, Ampere und Kelvingrad zugrunde gelegt. Damit ist das Kilogramm nicht mehr eine Krafteinheit, sondern die Einheit der Masse und der Stoffmenge. Alle spezifischen Größen sind auf die Masse und nicht mehr auf das Gewicht bezogen. Die Einheit der Kraft ist das Newton (N), d. h. die Kraft, die der Masse 1 kg die Beschleunigung 1 m/s^2 erteilt. Das daneben weiter benutzte Kraftkilogramm wird Kilopond (kp) genannt und als nichtdezimales Vielfaches des Newton mit Hilfe der Gleichung $1 \text{ kp} = 9{,}80665 \text{ N}$ definiert. Einheit der Energie und der Wärmemenge ist das als Joule (J) bezeichnete Newtonmeter. Daneben wird das Kilopondmeter und die Kilokalorie (meist die von den Internationalen Dampftafelkonferenzen eingeführte Internationale Tafelkalorie) als nichtdezimales Vielfaches des Joule entsprechend der Gleichung $1 \text{ kcal}_{IT} = 4186{,}8 \text{ Joule}$ weiter benutzt. Der

Kelvingrad ist durch die beim absoluten Nullpunkt beginnende thermodynamische Temperaturskala und den zu 273,16°K vereinbarten Tripelpunkt des Wassers festgelegt.

Möge diese grundlegende Umstellung des Buches mithelfen, den Übergang vom alten technischen Maßsystem zum Internationalen System zu erleichtern und die Kluft zwischen Physik und Technik in der Frage der Einheiten zu beseitigen.

Neben dieser alle Abschnitte betreffenden Änderung wurden an zahlreichen Stellen Ergänzungen und Verbesserungen vorgenommen.

München, im April 1958.

Ernst Schmidt.

Vorwort zur ersten bis vierten Auflage.

Das vorliegende Buch ist ein Lehrbuch der technischen Thermodynamik, insbesondere für Studierende und zum Selbststudium. Es ist aus meinen Vorlesungen an der Technischen Hochschule Danzig hervorgegangen und behandelte in seinen ersten drei Auflagen die Thermodynamik etwa in dem Umfang, wie es in einer sich über zwei Semester erstreckenden Vorlesung möglich ist. Besonderes Gewicht wurde auf die sorgfältige Behandlung der Grundlagen gelegt. Vor allem der zweite Hauptsatz, dessen völlige Erfassung den Studierenden erfahrungsgemäß am meisten Schwierigkeiten macht, ist von verschiedenen Seiten her dargestellt, unter Benutzung hauptsächlich der Arbeiten von MAX PLANCK.

Diese Auflage hat an vielen Stellen Umarbeitungen und Ergänzungen erfahren. Es sind die Strömungsmaschinen stärker betont, die Theorie des Strahlantriebes in seinen verschiedenen Anwendungsformen (Turbinentriebwerk, Schubrohr und Rakete) ist behandelt, und es werden die wichtigsten Beziehungen der Gasdynamik abgeleitet. In den letzten beiden Abschnitten wird schließlich ein kurzer Grundriß der chemischen Thermodynamik gegeben mit besonderer Betonung der Verbrennungsvorgänge. Diese Darstellung baut auf dem Maschinen-Ingenieur geläufigen Begriffen und Vorstellungen auf und will ihm den Zugang zu einem Wissensgebiet erleichtern, das heute im Zeitalter des Chemie-Ingenieur-Wesens auch für ihn zunehmend an Bedeutung gewinnt. Damit sind Gebiete, die ursprünglich für einen zweiten Band gedacht waren, in dieses Buch mit aufgenommen, um sie dem Leser rascher zugänglich zu machen.

Der Aufbau des Buches ist dem Bedürfnis des an den Anwendungen interessierten Ingenieurs angepaßt. Deshalb wird nicht erst das ganze Begriffssystem der Thermodynamik in axiomatischer Weise abgeleitet, sondern an die entwickelten Sätze werden jeweils die damit schon behandelbaren Anwendungen angeschlossen. Übungsaufgaben leiten zu eigenem Rechnen an.

In der Thermodynamik wird bisher leider oft mit nicht dimensionsrichtigen Formeln gearbeitet, was die Umrechnung auf andere Einheiten sehr erschwert. In diesem Buch sind, abgesehen von wenigen durch die Rücksicht auf fremde Quellen begründeten Ausnahmen, auf die stets ausdrücklich hingewiesen ist, alle Formeln als Größengleichungen geschrieben. Der bei dimensionsrichtiger Schreibweise der Gleichungen überflüssige Faktor A des mechanischen Wärmeäquivalentes ist fortgelassen. In den Anwendungsbeispielen wurde versucht, dem Leser die Vorteile der dimensionsrichtigen Behandlung auch bei Zahlenrechnungen klarzumachen.

Die Ausstattung mit Zahlenangaben für Stoffeigenschaften usw. ist reichlicher als sonst in Lehrbüchern üblich, um dem Leser die zur Lösung praktischer Aufgaben nötigen Unterlagen zur Hand zu geben und ihm für die meisten praktischen Fälle das Nachschlagen in Tabellenwerken zu ersparen. Das Auffinden solcher Zahlenwerte wird durch ein dem Inhaltsverzeichnis angefügtes Verzeichnis der Tabellen sowie durch ein ausführliches Namen- und Sachregister erleichtert. Alle Zahlenangaben stützen sich auf die genauesten verfügbaren Werte. Der Abschnitt über chemische Thermodynamik enthält ausführliche Tabellen zur Berechnung chemischer Gleichgewichte nach den neuesten amerikanischen Arbeiten.

Auf Schrifttumsangaben im Text wurde im allgemeinen verzichtet, nur bei neueren Arbeiten, die noch nicht in die zusammenfassenden Darstellungen der Lehr- und Handbücher übergegangen sind, werden die Quellen angeführt.

Zahlreichen Freunden und Kollegen danke ich für wertvolle Ratschläge und Berichtigungen, die ich bemüht war, bei der Neuauflage zu berücksichtigen. Herrn Dr.-Ing. C. Kux bin ich für das Mitlesen der Korrektur und für die Bearbeitung des Namen- und Sachverzeichnisses zu besonderem Dank verpflichtet. Dem Springer-Verlag danke ich für sein bereitswilliges Eingehen auf meine Wünsche und für die verständnisvolle und sorgfältige Ausführung des Buches.

Braunschweig, im Februar 1950.

Ernst Schmidt.

Inhaltsverzeichnis.

Inhaltsverzeichnis. XIII

Anhang: Dampftabellen und Tafeln.

Verzeichnis der Tabellen.

Liste der Formelzeichen.

(Die Maßeinheiten sind in eckigen Klammern hinzugefügt. Größen, bei denen diese
Angabe fehlt, sind dimensionslos.)

1. Lateinische und deutsche Buchstaben.

Fettgedruckte lateinische Buchstaben bezeichnen universelle Konstanten der
Physik.

Deutsche Buchstaben sind benutzt für Vektoren und für auf das Mol als Mengeneinheit bezogene thermodynamische Größen.

A	Absorptionszahl bei Strahlungsvorgängen
A	zugeführte Arbeit [J] [mkp], [kcal]
A_{rev}	reversible zugeführte Arbeit der isothermen chemischen Reaktion [J] [kcal]
a	Ausströmgeschwindigkeit bei Raketen [m/s)
a	Kohäsionskonstante der van der Waalsschen Zustandsgleichung [kp/m⁴]
a	Temperaturleitzahl [m²/h]
a_λ	Absorptionskoeffizient der Wellenlänge
B	Brennstoffverbrauch [kg/h]
b	Kovolum in der van der Waalsschen Zustandsgleichung [m³/kg]
C	Strahlungszahl [kcal/m² h grd⁴]
C_s	— des schwarzen Körpers [kcal/m² h grd⁴]
C_{12}	Strahlungsaustauschzahl [kcal/m² h grd⁴]
c	Geschwindigkeit, Schallgeschwindigkeit, absolute Geschwindigkeit des Arbeitsmittels bei Strömungsmaschinen [m/s]
$\mathbf{c}$	Lichtgeschwindigkeit im luftleeren Raum [m/sec]
c	Konzentration [kg/m³], [kmol/m³]
c	spezifische Wärme [kcal/kg grd]
c_p	— — bei konstantem Druck [kcal/kg grd]
c_v	— — bei konstantem Volum [kcal/kg grd]
$\mathfrak{C}, \mathfrak{C}_p, \mathfrak{C}_v$	Molwärmen [kcal/kmol grd]
D	Durchlaßzahl bei Strahlungsvorgängen
D	Diffusionskonstante [m²/h]
d	Durchmesser, Bezugslänge [m]
E	ausgestrahlte Energie [kcal/m² h]
e	elektromotorische Kraft [Volt]
F, f	Fläche [m²]
F	freie Energie [J] [kcal]
f	spezifische freie Energie [J/kg] [kcal/kg]
$\mathfrak{F}$	molare freie Energie [kcal/mol]
G	Gewicht [N] [kp]
G	freie Enthalpie (Gibbssches thermodynamisches Potential) [kcal]
g	spezifische freie Enthalpie [J/kg] [kcal/kg]
$\mathfrak{G}$	molare freie Enthalpie [kcal/mol]
g	Fallbeschleunigung [m/s²]
g	Verhältnis von Stoffmengen
$\mathfrak{g}$	Diffusionsstromdichte [kg/m² h], [kmol/m² h]
H	Flächenhelligkeit, Intensität der Strahlung [kcal/m² h]
H, H_0, H_u	Heizwert, oberer, unterer [kcal/kg]
$\mathfrak{H}, \mathfrak{H}_0, \mathfrak{H}_u$	Heizwert je Mol, oberer, unterer [kcal/kmol]
h	spezifische Hubarbeit [J/kg] [kcal/kg]
h	Plancksches Wirkungsquantum

H, h	Wärmegefälle [kcal/kg]
h_e	— der Leitschaufeln [kcal/kg]
h_a	— der Laufschaufeln [kcal/kg]
$\boldsymbol{h}$	Plancksches Wirkungsquantum [erg · sec], [cal · sec]
I	Enthalpie, Wärmeinhalt [J] [kcal]
i	spezifische Enthalpie [J/kg] [kcal/kg]
i', i'', i'''	— — auf den Phasengrenzkurven [kcal/kg]
$\mathfrak{J}$	molare Enthalpie [J/mol] [kcal/mol]
i	Wärmeinhalt der Rauchgase [kcal/nm³]
ΔI	Reaktionsenthalpie je Formelumsatz [kcal]
j	chemische Konstante
K_p	Gleichgewichtskonstante (mit Teildrücken) [(Atm)$^\nu$]
K_e	— (mit Konzentrationen) [(mol/cm³)$^\nu$]
K_χ	— (mit Molenbrüchen)
k	Wärmedurchgangszahl [kcal/m²h grd]
$\boldsymbol{k}$	Boltzmannsche Konstante [kcal/grd]
L	geleistete **Arbeit** $(L = -A)$ [mkp], [kcal]
L_m	maximale Arbeit [J] [mkp], [kcal]
L_{mt}	maximale technische Arbeit [mkp], [kcal]
L_min	Mindestluftmenge der vollständigen Verbrennung [nm³/kg], [nm³/nm³]
l	Länge [m]
l	Luftgehalt von Rauchgasen
$\mathfrak{L}$	molare Verdampfungswärme [kcal/kmol]
M	Molekulargewicht
m	Masse [kg]
m	Öffnungsverhältnis von Düsen und Blenden
m'	Mengenstrom [kg/s]
N	Anzahl der Moleküle
$\boldsymbol{N}$	Loschmidtsche Zahl [¹/mol], [¹/kmol]
N	Leistung [mkp/s], [kW], [PS]
n	Polytropenexponent
n	Atomdruck [Atm]
p	Druck [N/m²] [kp/m²], [at], [Atm]
p_k	kritischer Druck [kp/cm²]
p_r	reduzierter Druck
p'	Sättigungsdruck der Verdampfung [kp/m²]
p_s	Lavaldruck [kp/m²]
Q	zugeführte Wärme [kcal]
Q_rev	reversibel und isotherm zugeführte Wärme [kcal]
q	spezifische zugeführte Wärme [kcal/kg]
$\dot{Q}$	Wärmestrom [kcal/h]
q	Wärmestromdichte [kcal/m²h)
q_l	— bei laminarer Strömung [kcal/m² h]
q_t	— bei turbulenter Strömung [kcal/m² h]
R	Reflexionszahl der Strahlung
R	Gaskonstante [m²/s² grd] [mkp/kg grd]
$\boldsymbol{R}$	Universelle Gaskonstante [m²/s² grd] [mkp/kmol grd], [erg/grd]
R	Reibungsarbeit [mkp]
r	Radius [m]
r	Reaktionsgrad der Turbine
r	elektrischer Widerstand
r	spezifische Verdampfungswärme [kcal/kg]
S	Entropie [kcal/grd]
ΔS	Reaktionsentropie je Formelumsatz [kcal/grd]
S	Schub einer Rakete [kp]
s	spezifische Entropie [kcal/kg grd]
s', s'', s'''	— — an den Phasengrenzkurven [kcal/kg grd]
s_abs	Absolutwert der spezifischen Entropie [kcal/kg grd]
s	spezifischer Schub einer Rakete [kps/kg], [m/s]
T	absolute Temperatur [°K]

T	Abbranddauer der Rakete [h]
T_k	kritische Temperatur [°K]
T_r	reduzierte Temperatur
T_s	Sättigungstemperatur [°K]
t	Zeit [s], [h]
t	Temperatur über Eispunkt [°C]
U	innere Energie [J] [kcal]
u	spezifische innere Energie [J/kg] [kcal/kg]
u', u'', u'''	— — — auf den Phasengrenzkurven [kcal/kg]
u	Geschwindigkeitskomponente, Umfangsgeschwindigkeit bei Strömungsmaschinen [m/s]
$\mathfrak{U}$	molare innere Energie [kcal/kmol]
V	Volum [m³]
v	Geschwindigkeitskomponente [m/s]
v	spezifisches Volum [m³/kg]
v', v'', v'''	— — auf den Phasengrenzkurven [m³/kg]
v_k	kritisches spezifisches Volum
v_r	reduziertes spezifisches Volum [m³/kg]
v_d	spezifisches Volum des Dampfes [m³/kg]
$\mathfrak{V}$	Molvolum [m³/kmol]
W	thermodynamische Wahrscheinlichkeit
W	Widerstand einer Strömung [kp]
W_p	Wärmetönung bei konstantem Druck [[kcal]
W_v	Wärmetönung bei konstantem Volum [kcal]
w	Geschwindigkeitskomponente, Relativgeschwindigkeit bei Strömungsmaschinen [m/s]
w_s	Lavalgeschwindigkeit, Schallgeschwindigkeit im engsten Querschnitt [m/s]
w	elektrischer Widerstand [Ω]
x	Dampfgehalt, Feuchtegrad, Molenbruch

2. Griechische Buchstaben

α	Durchflußzahl
α_b	— der Normblende
α_d	— der Normdüse
α_v	— der Normventuridüse
α	Ausdehnungskoeffizient [1/grd]
α	Wärmeübergangszahl [kcal/m² h grd]
α_s	— der Strahlung [kcal/m² h grd]
β	Brennstoffverhältnis
β	Spannungskoeffizient [1/grd]
γ	spezifisches Gewicht [kp/m³]
δ	Wandstärke, Kantenlänge des Impulsraumes [m], [cm]
ε	Verdichtungsverhältnis
ε_0	Verhältnis des schädlichen Raumes zum Hubvolum
ε	Emissionsverhältnis
ε_λ	— der Wellenlänge λ
ε	Leistungsziffer von Kältemaschinen
ε	Expansionsverhältnis bei Ausfluß
ζ	Verlustziffer, Berichtigungsfaktor für Zähigkeit bei Ausfluß
ζ	Schubverhältnis der Rakete
η	Wirkungsgrad
η	dynamische Zähigkeit [kp s/m²]
Θ, ϑ	Temperatur [°C], [°K]
$\varkappa$	Verhältnis der spezifischen Wärmen
λ	Liefergrad von Kolbenmaschinen
λ	Luftverhältnis bei der Verbrennung
λ	Reaktionsgrad eines chemischen Umsatzes
λ	Wellenlänge der Strahlung [cm]
λ	Erzeugungswärme des Dampfes [kcal/kg]

λ	Wärmeleitzahl [kcal/m h grd]
λ_s	scheinbare Wärmeleitzahl der Strahlung [kcal/m h grd]
λ_k	— — der Konvektion [kcal/m h grd]
λ_w	wirksame Wärmeleitzahl einer Gasschicht [kcal/m h grd]
μ	Füllungsgrad von Kolbenmaschinen
μ	Einschnürungszahl bei der Strömung durch Blenden
μ	Massenverhältnis bei Raketen
ν	Frequenz [^{1}/sec]
ν	Schnellaufzahl von Turbomaschinen
ν	Geschwindigkeitsverhältnis der Rakete
ν	Molzahl bei chemischen Reaktionen
ν	Brennstoffkennzahl für den Stickstoffgehalt
ν	kinematische Zähigkeit [m²/sec]
ξ	Widerstandsziffer
π	dimensionsloser Druck
ϱ	Dichte [kg/m³]
ϱ	innere Verdampfungswärme [kcal/kg]
σ	Brennstoffkennzahl für den Sauerstoffbedarf
σ	Strahlungszahl des schwarzen Körpers [kcal/m² h grd⁴]
σ	Verdunstungszahl [kg/m² h]
τ	dimensionslose Temperatur
τ	Schubspannung [kp/m²], [kp/cm²]
τ_l	—, in laminarer Strömung
τ_t	—, in turbulenter Strömung
τ_t	Rückgewinnfaktor der Turbine
τ_v	Zusatzverlustfaktor des Turboverdichters
φ	Einspritzverhältnis bei Dieselmotoren
φ	Geschwindigkeitsziffer
φ	relative Feuchte
χ	Kompressibilitätskoeffizient [m²/kp]
ψ	Sättigungsgrad
ψ	äußere Verdampfungswärme [kcal/kg]
ψ	Ausflußfunktion
ψ	Machscher Winkel
ψ	Drucksteigerungsverhältnis bei Dieselmotoren
Ω	Raumwinkel
ω	dimensionslose Geschwindigkeit

I. Temperatur und Wärmemenge.

1. Einführung des Temperaturbegriffes, thermisches Gleichgewicht, die Temperaturskala des vollkommenen Gases.

Mit dem Begriff der Temperatur verbinden wir eine unmittelbare Anschauung, da wir dank unseres Temperatursinnes Körper, die wir berühren, als „wärmer" oder „kälter" unterscheiden können. Die Temperatur ist aber von wesentlich allgemeinerer Bedeutung als andere sinnlich wahrnehmbare Eigenschaften von Körpern wie etwa deren Farbe, Dichte, Aggregatzustand, Stoffart und anderes. Bringt man nämlich mehrere Körper verschiedener Eigenschaften und ungleicher Temperatur in einen genügend großen, etwa mit Flüssigkeit oder Gas gefüllten und gegen äußere Einwirkungen möglichst abgeschlossenen Raum gleichmäßiger Temperatur — in ein sogenanntes Temperaturbad —, so nehmen nach einiger Zeit alle Körper unter Beibehaltung vieler ihrer sonstigen, individuellen Eigenschaften die Temperatur des Bades an, die sie dauernd behalten. Man spricht dann vom *thermischen Gleichgewicht*, das durch die Gleichheit der Temperatur an allen Stellen gekennzeichnet ist. Diese Erfahrungstatsache, die ein wesentliches Merkmal des Temperaturbegriffes wiedergibt, bezeichnet man neuerdings nach R. H. FOWLER auch als den „*nullten Hauptsatz*" der Thermodynamik (die Bezeichnungen erster, zweiter und dritter Hauptsatz waren schon vergeben).

Unsere Temperaturempfindung umfaßt aber nur einen engen Bereich und sie liefert kein in Zahlenwerten angebbares Maß. Dazu ist die Empfindung Täuschungen ausgesetzt, indem z. B. ein Stück Eisen sich kälter anfühlt als ein Stück Holz gleicher Temperatur, weil das hohe Wärmeleitvermögen des Metalls der Haut die Wärme schneller entzieht als das schlecht leitende Holz. Um genauere Werte sowohl innerhalb wie außerhalb dieses Bereiches zu bestimmen, braucht man *Thermometer*, mit deren Hilfe man die Temperatur auf andere leicht meßbare und zahlenmäßig angebbare Eigenschaften von Körpern zurückführt. Dazu ist grundsätzlich jede pyhsikalische Größe geeignet, die von der Temperatur in eindeutiger Weise abhängt, z. B. Länge von Stäben, elektrischer Widerstand von Drähten, elektrische Kraft von Thermoelementen, Krümmung von Bimetallstreifen.

Weiter zeigt die Erfahrung, daß sich manche Vorgänge der Natur unter bestimmten Bedingungen stets bei derselben Temperatur abspielen. Es liegt daher nahe, mit ihrer Hilfe Festpunkte der Temperatur zu vereinbaren und ihnen gewisse Zahlenwerte zuzuschreiben. So hat man dem Schmelzpunkt des Eises den Temperaturwert 0° (*Eispunkt*) und dem Siedepunkt des Wassers bei normalem Atmosphärendruck von 760 Torr den Wert 100° (*Dampfpunkt*) zuerteilt. Hierdurch sind willkürlich zwei Temperaturwerte durch das physikalische Verhalten eines bestimmten chemischen Stoffes, des Wassers, festgelegt und beliebige andere Temperaturen können durch positive oder negative Zahlen gekennzeichnet werden.

Da alle Körper mit geänderter Temperatur ihre Abmessungen ändern, liegt es nahe, diese Eigenschaft zur Temperaturmessung zu benutzen, zumal sie die Temperatur unmittelbar auf die einfachste Meßgröße — die Länge — zurückführt. Man könnte also die Längenänderung von Stäben benutzen, aber die thermische Ausdehnung fester Körper ist verhältnismäßig klein. Bei den meisten Metallen verlängert sich ein Stab von 1 m Länge zwischen Eispunkt und Dampfpunkt nur um 1—3 mm. Man müßte daher sehr genaue Längenmessungen ausführen.

Wesentlich größer ist die Volumzunahme[1] von Flüssigkeiten, und sie läßt sich in einfacher Weise mit großer Genauigkeit messen. Schließt man an ein mit Flüssigkeit gefülltes Gefäß eine enge Glasröhre von gleichmäßiger Weite an, so kann man schon bei kleinen Abmessungen des Gefäßes erhebliche Verschiebungen des Flüssigkeitsfadens in der Röhre bei geringen Temperaturänderungen erhalten. Man kommt so zu den üblichen Flüssigkeitsthermometern, die meist mit Quecksilber, bei tiefen Temperaturen mit Alkohol oder mit Pentan gefüllt sind. Würde man bei einem Quecksilberthermometer, bei dem der Stand der Quecksilbersäule in der Glaskapillaren beim Eispunkt und beim Dampfpunkt 100 mm auseinanderliegen, den ganzen Inhalt des Quecksilbergefäßes in einer Glasröhre von der lichten Weite der Kapillare unterbringen, so würde diese die unbequeme Länge von 6,3 m haben.

Stellt .man Flüssigkeitsthermometer mit verschiedenen Füllungen her, kennzeichnet auf jedem die Stellung der Flüssigkeitssäule beim Eis- und beim Dampfpunkt, teilt die Kapillaren zwischen diesen Punkten in 100 gleiche Teile und führt damit Vergleichsmessungen aus, so zeigt sich, daß die durch die jeweilige Länge der Flüssigkeitssäulen definierten Temperaturskalen nicht übereinstimmen. Das heißt, taucht man z. B. das Quecksilberthermometer in ein Bad, welches den Faden auf den Teilstrich 50 bringt, so wird ein in dasselbe Bad getauchtes Alkoholthermometer etwa auf Teilstrich 48 stehen. Eine mit Hilfe einer Flüssigkeit, z. B. des Quecksilbers, definierte Temperaturskala würde also nur für diese Flüssigkeit gelten und damit eine große Willkür enthalten. Man bezeichnet solche von den zufälligen Eigenschaften des Meßmittels abhängigen Temperaturskalen als *empirische Temperaturskalen*.

Verwendet man dagegen Gase als Thermometerfüllung, so zeigt sich, daß nicht nur die Temperaturskalen aller Gase recht genau übereinstimmen, sondern daß auch die Beträge der Volumänderung bei gleichem Anfangsvolum dieselben sind, d. h. alle Gase zeigen unab-

---

[1] Statt des schwerfälligen Wortes „Volumen", Mehrzahl „Volumina" verwenden wir nach einem Vorschlag von W. Ostwald die kürzere Form „Volum" mit der Mehrzahl „Volume".

hängig von ihrer chemischen Zusammensetzung die gleiche Abhängigkeit des Volums von der Temperatur. Bei sehr genauen Messungen lassen sich zwar Unterschiede feststellen; diese werden aber um so kleiner, bei je niedrigeren Drücken man mißt, und verschwinden ganz für den Grenzfall des Druckes Null, also bei unendlicher Verdünnung. Das Verhalten aller Gase nähert sich dann dem des *vollkommenen Gases*, auf dessen Eigenschaften wir noch genauer eingehen werden.

Man setzt nun bei konstantem Druck die Temperatur dem Volum eines solchen vollkommenen Gases proportional und bezeichnet die durch Unterteilung der Volumzunahme zwischen Eis- und Dampfpunkt in hundert gleiche Teile gewonnene und dann über diese beiden Punkte nach beiden Seiten mit gleicher Teilung fortgesetzte Skala als *Temperaturskala des vollkommenen Gases*; sie ist seit 1927 international angenommen. Das Volum des vollkommenen Gases ändert sich, wie durch sorgfältige Messungen festgestellt, bei Erwärmung unter konstantem Druck zwischen Eis- und Dampfpunkt um 100/273,15 des Wertes, den es bei 0° hat. Eine Volumzunahme um 1/273,15 des Volums beim Eispunkt entspricht deshalb einer Temperatur von 1 Grad oder 1 °C (100-teilige oder Celsius-Skala). Der Wert $\beta = 1 : 273,15°$ ist der *Ausdehnungskoeffizient* der Gase. Für die meisten technischen Rechnungen genügt es, ihn auf $1 : 273°$ abzurunden.

An Stelle der Volumänderung bei konstantem Druck kann man auch die Druckänderung des vollkommenen Gases bei konstantem Volum als Maß der Temperatur benutzen; sie beträgt je Grad Temperaturanstieg ebenfalls 1/273,15 des Druckes beim Eispunkt. Für genaue Messungen wird aus meßtechnischen Gründen das Gasdruckthermometer konstanten Volums bevorzugt. Der Druck wird dabei mit Hilfe eines Quecksilbersäulenmanometers gemessen.

Der Temperaturskala haftet durch den Anschluß an das vollkommene Gas immerhin noch eine gewisse Willkür an. Wir werden aber später zeigen, daß man unmittelbar aus den allgemeinen Gesetzen für die Umwandlung von Wärme in Arbeit ohne Benutzung des vollkommenen Gases und unabhängig von zufälligen Eigenschaften irgendeines Stoffes eine Skala ableiten kann, die mit der des vollkommenen Gases völlig übereinstimmt. Man bezeichnet diese Skala daher auch als *thermodynamische Temperaturskala*.

Durch Abkühlen eines Gases bei konstantem Volum ändert sich der Druck je Grad Temperaturabnahme um 1/273,15 seines Wertes beim Eispunkt. Kühlen wir vom Eispunkt um 273,15 °C ab, so sinkt der Druck des vollkommenen Gases auf Null. Wenn wir uns im Sinne der kinetischen Theorie der Gase den Druck als Folge der Stöße der Molekeln auf die Wände vorstellen, wie auf S. 26 näher ausgeführt wird, muß demnach bei — 273,15 °C die Bewegung der Molekeln zur Ruhe gekommen sein. Wir erhalten so eine natürliche untere Grenze der Temperatur bei — 273,15 °C unserer Skala, die wir *absoluten Nullpunkt* nennen. Die vom Eispunkt gezählte Skala wird als Celsius-Skala, gemessen in ° oder °C, die vom absoluten Nullpunkt gezählte als absolute oder Kelvin-Skala, gemessen in ° abs oder °K bezeichnet. In Celsius-Skala angegebene Temperaturen pflegt man mit t, in absoluter Skala angegebene mit T zu bezeichnen, es gilt also

$$T = t + 273{,}15\,°\mathrm{C}. \tag{1}$$

Die *thermodynamische Temperaturskala* wird heute[1] festgelegt durch den *absoluten Nullpunkt* $0\,°\mathrm{K}$ und den *Tripelpunkt des Wassers*, dem man die Temperatur $273{,}16\,°\mathrm{K}$ zuteilt. Der Eispunkt bei $273{,}15\,°\mathrm{K}$ liegt also um $0{,}01\,°\mathrm{K}$ unter dem Tripelpunkt. Am Tripelpunkt stehen alle drei Phasen des Wassers: Dampf, Wasser und Eis miteinander im Gleichgewicht. Der Druck von $0{,}006228$ at ist hier der Sättigungsdruck des Wassers in Berührung mit Eis. Er ist also durch den Stoff selbst bestimmt und bedarf keiner besonderen Festsetzung wie am Dampfpunkt und am Eispunkt.

In den angelsächsischen Ländern ist noch die *Fahrenheit-Skala* üblich mit dem Eispunkt bei $32\,°\mathrm{F}$ und dem Dampfpunkt bei $212\,°\mathrm{F}$. Für die Umrechnung einer in $°\mathrm{C}$ angegebenen Temperatur ϑ_C in die Fahrenheit-Temperatur ϑ_F gilt die Zahlenwertgleichung

$$\vartheta_\mathrm{C} = \frac{5}{9}\,(\vartheta_\mathrm{F} - 32)\,.$$

Die vom absoluten Nullpunkt in Grad Fahrenheit gezählte Skala bezeichnet man als *Rankine-Skala* ($°\mathrm{R}$), in ihr liegt der Eispunkt bei $491{,}67\,°\mathrm{R}$ und der Dampfpunkt bei $671{,}67\,°\mathrm{R}$.

2. Die internationale Temperaturskala.

Da die genaue Messung von Temperaturen mit Hilfe des vollkommenen Gases eine sehr schwierige und zeitraubende Aufgabe ist, hat man noch eine leichter darstellbare, die *internationale Temperaturskala* durch Gesetz eingeführt. Diese Skala[2] ist festgelegt durch eine Anzahl von Schmelz- und Siedepunkten bestimmter Stoffe, die so genau wie möglich mit Hilfe der Skala des vollkommenen Gases in den wissenschaftlichen Staatsinstituten der verschiedenen Länder bestimmt wurden. Zwischen diesen Festpunkten wird durch Widerstandsthermometer, Thermoelemente und Strahlungsmeßgeräte interpoliert, wobei bestimmte Vorschriften für die Beziehung zwischen den unmittelbar gemessenen Größen und der Temperatur gegeben werden.

Die wesentlichen, in allen Kulturstaaten gleichen Bestimmungen über die internationale Temperaturskala lauten:

1. In der Internationalen Temperaturskala von 1948 werden die Temperaturen mit „$°\mathrm{C}$" oder „$°\mathrm{C}$ (Int. 1948)" bezeichnet und durch das Formelzeichen t dargestellt.

2. Die Skala beruht einerseits auf einer Anzahl fester und stets wieder herstellbarer Gleichgewichtstemperaturen (Fixpunkte), denen bestimmte Zahlenwerte zugeordnet werden, andererseits auf genau festgelegten Formeln, welche die Be-

---

[1] 10. Generalkonferenz für Maß und Gewicht (Okt. 1954) vgl. auch U. STILLE, Messen und Rechnen in der Physik, Braunschweig 1955.

[2] Z. Physik 49 (1928) S. 742. Änderungen 9. Generalkonferenz für Maß und Gewicht, Paris 1948: Procès Verbaux des séances du comité intern. 21 (1948) S. 30.

ziehung zwischen der Temperatur und den Anzeigen von Meßinstrumenten, die bei diesen Fixpunkten kalibriert werden, herstellen.

3. Die Fixpunkte und die ihnen zugeordneten Zahlenwerte sind in der folgenden Tabelle zusammengestellt. Die Werte bestimmen die Gleichgewichtstemperatur stets bei dem Druck der physik. Normal-Atmosphäre, d. h. per definitionem bei $1\,013\,250$ dyn/cm². Die letzte Dezimale, die für die Zahlenwerte der primären Fixpunkte angegeben ist, kennzeichnet nur den Grad der Reproduzierbarkeit des betreffenden Fixpunktes.

	Temperatur [°C (Int. 1948)]
a) Gleichgewichtstemperatur zwischen flüssigem Sauerstoff und seinem Dampf (Sauerstoffpunkt)	$-182{,}970$
b) Gleichgewichtstemperatur zwischen Eis und luftgesättigtem Wasser (Eispunkt) (*Fundamentalpunkt*)	**0**
c) Gleichgewichtstemperatur zwischen flüssigem Wasser und seinem Dampf (Dampfpunkt) (*Fundamentalpunkt*)	**100**
d) Gleichgewichtstemperatur zwischen flüssigem Schwefel und seinem Dampf (Schwefelpunkt)	444,600
e) Gleichgewichtstemperatur zwischen festem und flüssigem Silber (Silberpunkt)	960,8
f) Gleichgewichtstemperatur zwischen festem und flüssigem Gold (Goldpunkt)	1063,0

4. Nach den Methoden für die Interpolation gliedert sich die Temperaturskala in vier Teile.

a) Zwischen 0 °C (Int. 1948) und dem Antimonerstarrungspunkt wird die Temperatur t mit Hilfe der Beziehung

$$R_t = R_0 \,(1 + A\,t + B\,t^2)$$

abgeleitet. R_t bedeutet den Widerstand eines Platindrahtes bei der Temperatur t zwischen den Verzweigungspunkten, welche die Verbindungsstellen der Strom- und Spannungszuführungen an einem Platin-Widerstandsthermometer bilden. Die Konstante R_0 ist der Widerstand bei 0 °C (Int. 1948), die Konstanten A und B sind aus den beim Dampf- und Schwefelpunkt für R_t gemessenen Werten zu ermitteln. Das Platin eines normalen Platin-Widerstandsthermometers muß ausgeglüht und so rein sein, daß das Verhältnis R_{100}/R_0 größer als 1,3910 ist.

b) Zwischen Sauerstoffpunkt und 0 °C (Int. 1948) wird die Temperatur t mit Hilfe der Beziehung

$$R_t = R_0 \,[1 + A\,t + B\,t^2 + C\,(t - 100)\,t^3]$$

abgeleitet, in der R_t, R_0, A und B in der unter a) angegebenen Weise zu ermitteln sind, während die Konstante C aus dem beim Sauerstoffpunkt für R_t gemessenen Wert zu bestimmen ist.

c) Zwischen Antimonerstarrungspunkt und Goldpunkt wird die Temperatur t mit Hilfe der Beziehung

$$E = a + b\,t + c\,t^2$$

abgeleitet. E bedeutet die thermoelektrische Spannung eines normalen Thermoelementes mit Schenkeln aus Platin und Platinrhodium, dessen eine Lötstelle sich auf der Temperatur 0 °C (Int. 1948) und dessen andere sich auf der Temperatur t befindet. Die Konstanten a, b, c sind aus den beim Antimonerstarrungs-, Silber- und Goldpunkt für E gemessenen Werte zu ermitteln. Das benutzte Antimon muß so beschaffen sein, daß seine mit einem normalen Platin-Widerstandsthermometer bestimmte Erstarrungstemperatur nicht unter 630,3 °C (Int. 1948) liegt. Das Thermoelement kann auch durch direkten Vergleich mit einem normalen Widerstandsthermometer in einem auf gleichförmiger Temperatur gehaltenen, allseitig geschlossenen Raum bei einer Temperatur zwischen 630,3 und 630,7 °C (Int. 1948) kalibriert werden.

Der Platindraht des normalen Thermoelements muß ausgeglüht und so rein sein, daß das Verhältnis R_{100}/R_0 größer als 1,3910 ist. Der Platinrhodiumdraht soll 90 Gewichtsteile Platin und 10 Gewichtsteile Rhodium enthalten. Das fertige Thermoelement muß beim Antimonerstarrungspunkt [630,5 °C (Int. 1948)], beim Silber- und Goldpunkt thermoelektrische Spannungen aufweisen, die folgenden Bedingungen genügen

$$\begin{aligned} E_{Au} &= [10\,300 \pm 50]\,\mu\mathrm{V} \\ E_{Au}-E_{Ag} &= [1185 + 0{,}158\,(E_{Au} - 10310) \pm 3]\,\mu\mathrm{V} \\ E_{Au}-E_{Sb} &= [4776 + 0{,}631\,(E_{Sb} - 10310) \pm 5]\,\mu\mathrm{V}. \end{aligned}$$

d) Oberhalb des Goldpunktes wird die Temperatur t mit Hilfe der Beziehung

$$\frac{J_t}{J_{Au}} = \frac{e^{\frac{c_2}{\lambda\,(t_{Au} + T_0)}} - 1}{e^{\frac{c_2}{\lambda\,(t + T_0)}} - 1}$$

abgeleitet, J_t und J_{Au} bedeuten die Strahlungsenergien, die ein schwarzer Körper in der Wellenlänge λ je Fläche, Zeit und Wellenlängenintervall bei der Temperatur t und beim Goldpunkt t_{Au} aussendet.

c_2 ist der als 1,438 festgesetzte Wert[1] der Konstanten c_2, gemessen in cm grd.
T_0 ist der Zahlenwert der Temperatur des Eisschmelzpunktes in °K.
λ ist der Zahlenwert einer Wellenlänge des sichtbaren Spektralgebietes in cm.
e ist die Basis der natürlichen Logarithmen.

Außer diesen als bindend geltenden Bestimmungen wird „empfohlen", bei Arbeiten höchster Präzision den gewöhnlichen Eispunkt des Wassers durch seinen Tripelpunkt zu ersetzen und diesem die Temperatur $t = +\,0{,}0100\,°\mathrm{C}$ zuzuschreiben.

Die absolute Temperatur des Tripelpunktes als Fundamentalpunkt der thermodynamischen Temperaturskala (vgl. S. 4) ist auf genau 273,16 °K festgesetzt.

Bei Abweichungen des Druckes p von dem Druck $p_0 = 1\,013\,250$ dyn/cm² $= 760$ Torr der Normalatmosphäre gelten im Bereich von 660 bis 860 Torr für die Abhängigkeit der Gleichgewichtstemperatur t_p vom Drucke p die folgenden Formeln:

für den Sauerstoffpunkt:
$$t_p = -182{,}970 + 9{,}530\,(p/p_0 - 1) - 3{,}72\,(p/p_0 - 1)^2 + 2{,}2\,(p/p_0 - 1)^3$$
für den Dampfpunkt:
$$t_p = 100 + 28{,}012\,(p/p_0 - 1) - 11{,}64\,(p/p_0 - 1)^2 + 7{,}1\,(p/p_0 - 1)^3$$
für den Schwefelpunkt:
$$t_p = 444{,}600 + 69{,}010\,(p/p_0 - 1) - 27{,}48\,(p/p_0 - 1)^2 + 19{,}14\,(p/p_0 - 1)^3.$$

Die internationale Temperaturskala stimmte zur Zeit ihrer Festlegung im Jahre 1927 nach dem damaligen Stande der Meßtechnik mit der Skala des vollkommenen Gases überein. Mit fortschreitender Verfeinerung der Meßmethoden hat man später Unterschiede beider Skalen festgestellt, die eine Berichtigung der Festpunkte und Interpolationsformeln der internationalen Skala erforderlich machen würden, wenn man sie wieder mit der des vollkommenen Gases in Einklang bringen wollte. Der Sublimationspunkt der Kohlensäure, der nach internationaler Skala in Tab. 1 mit $-78{,}51°$ angegeben ist, liegt in thermodynamischer Skala nach neuesten Messungen mit dem Heliumthermometer bei $-78{,}49°$. Für den Schwefelsiedepunkt scheint sich mit dem Heliumthermometer ein um 0,06° höherer Wert zu ergeben als nach internationaler Skala[2]. Man hat aber vereinbart, die internationale Skala

---

[1] Vgl. Fußnote [1] auf S. 13.
[2] Vgl. E. Schmidt: Stand unserer Kenntnis der grundlegenden Einheiten und Konstanten der Physik und Technik. Naturwissenschaften Bd. 34 (1947), S. 93.

unverändert zu lassen und solche kleinen Abweichungen, die nur bei
höchsten Genauigkeitsansprüchen eine Rolle spielen, gesondert zu berücksichtigen

Man verfährt also ähnlich wie bei der Festlegung anderer Grundeinheiten. Das Kilogramm z. B. wurde ursprünglich als die Masse von
1 dm³ Wasser von $+4°$ bei einem Druck von 760 Torr definiert. Um
Vergleiche zu erleichtern, stellte man ein Kilogrammprototyp aus
Platiniridium her, das so genau, wie es die damaligen Meßmittel er-
laubten, mit der Masse von 1 dm³ Wasser übereinstimmte. Später fand
man aber, daß kleine Meßfehler vorgekommen waren und daß eine dem
Prototyp gleiche Wassermasse, die man als 1 *Liter* Wasser bezeichnet,
den Raum von 1,000028 dm³ einnimmt. Man behielt trotzdem das
Kilogrammprototyp als Masseneinheit bei.

Die in Anbetracht der beschränkten Meßgenauigkeit möglichen Abweichungen der internationalen Temperaturskala von der des idealen
Gases betragen höchstens etwa

bei $-200°$	0,02°	bei 1000°	1°
von $-50°$ bis $+100°$	0,01°	bei 2000°	6°
bei 500°	0,15°	bei 3000°	20°.

Die möglichen Fehler dieser mit größter Sorgfalt festgelegten Temperaturskala sind also bei höheren Temperaturen nicht unerheblich. Es ist
daher sinnlos, z. B. bei Temperaturmessungen oberhalb 1500° noch
Zehntel eines Grades anzugeben.

Zur Erleichterung von Temperaturmessungen hat man eine Reihe
weiterer thermometrischer Festpunkte von leicht genügend rein her-
stellbaren Stoffen so genau wie möglich an die gesetzliche Temperaturskala angeschlossen. Die wichtigsten sind in der folgenden Tabelle zusammengestellt.

Tabelle 1. *Thermometrische Festpunkte*
bei normalem Atmosphärendruck (760 Torr).

E.: Erstarrungspunkt,   *Sb.*: Sublimationspunkt,   *Sd.*: Siedepunkt,
Sm.: Schmelzpunkt,   *U.*: Umwandlungspunkt.

Helium	*Sd.*	$-268,94°$	Benzophenon	*Sd.*	$+305,9°$
Wasserstoff	*Sd.*	$-252,78°$	Kadmium	*E.*	$+320,9°$
Stickstoff	*Sd.*	$-195,81°$	Zink	*E.*	$+419,5°$
Sauerstoff	*Sd.*	$-182,97°$	Schwefel	*Sd.*	$+444,60°$
Schwefelkohlenstoff	*E.*	$-111,8°$	Antimon	*E.*	$+630,5°$
Toluol	*E.*	$-95,0°$	Silber	*E.*	$+960,8°$
Kohlendioxyd	*Sb.*	$-78,5°$	Gold	*E.*	$+1063°$
Chloroform	*E.*	$-63,7°$	Kupfer	*E.*	$+1083°$
Chlorbenzol	*E.*	$-45,5°$	Palladium	*E.*	$+1552°$
Quecksilber	*E.*	$-38,87°$	Platin	*Sm.*	$+1769°$
Natriumsulfat	*U.*	$+32,38°$	Molybdän	*Sm.*	$+2600°$
Naphthalin	*Sd.*	$+218,0°$	Wolfram	*Sm.*	$+3380°$
Zinn	*E.*	$+231,9°$	Kohlenstoff	*Sb.*	$+3540°$

Bei einigen Stoffen ist der Schmelzpunkt, bei andern der Erstarrungspunkt angegeben. Im Gleichgewicht fallen natürlich beide Punkte zusammen, in der Tabelle ist jeweils der aus praktischen Gründen leichter
und genauer beobachtbare Punkt angeführt.

3. Praktische Temperaturmessung.

a) Flüssigkeitsthermometer.

Die gebräuchlichen Thermometer aus Glas mit Quecksilberfüllung sind verwendbar vom Erstarrungspunkt des Quecksilbers bei $-38,87°$ an bis etwa $+300°$, wenn der Raum über dem Quecksilber luftleer ist. Man kann sie auch für Temperaturen bis erheblich über den normalen Siedepunkt des Quecksilbers bei $356,6°$ hinaus verwenden, wenn man den Siedepunkt durch eine Druckfüllung des Thermometers mit Stickstoff, Kohlensäure oder Argon erhöht. Bei 20 at kommt man bis $600°$, bei 70 at in Quarzgefäßen sogar bis $800°$.

Wesentlich für die Güte eines Thermometers ist die Art des Glases. Schlechte Gläser haben erhebliche thermische Nachwirkung, d. h. das einer bestimmten Temperatur entsprechende Gefäßvolum stellt sich erst mehrere Stunden nach Erreichen der Temperatur ein. Wenn man also ein kurz vorher bei höherer Temperatur benutztes Thermometer in Eiswasser taucht, so sinkt die Quecksilbersäule etwas unter den Eispunkt (Eispunktdepression). Gute Gläser haben nach Erwärmen auf $100°$ eine Eispunktdepression von weniger als $0,05°$. In Deutschland werden hauptsächlich benutzt:

Jenaer Normalglas 16^{III}	verwendbar bis	$350°$
„ Borosilikatglas 59^{III}	„ „	$500°$
„ Supremaxgls 1565^{III}	„ „	$700°$.

Gute Quecksilberthermometer sind sehr genaue und bequeme Meßgeräte. Im Gegensatz zu den elektrischen Temperaturmeßgeräten geben sie ohne Hilfsapparate die Temperatur unmittelbar an. Zur Festlegung der Temperaturskala sind sie aber nicht geeignet, da der Ausdehnungskoeffizient sowohl des Quecksilbers als auch der etwa achtmal kleinere des Glases in verwickelter Weise von der Temperatur abhängen. Die nebenstehende Tabelle zeigt sog. Mutterteilungen, die angeben, auf welchen Teilstrich eines Thermometers mit vollkommen zylindrischer, gleichmäßig geteilter Kapillare sich die Quecksilberkuppe bei verschiedenen Temperatur t einstellt.

Tabelle 2.
Mutterteilungen für Quecksilberthermometer.

t	16^{III}	59^{III}	1565^{III}
$-30°$	$-30,28°$	$-30,13°$	—
0	0,00	0,00	$0,00°$
$+50$	$+50,12$	$+50,03$	$+50,05$
100	100,00	100,00	100,00
150	149,99	150,23	150,04
200	200,29	200,84	200,90
250	251,1	252,2	252,1
300	302,7	304,4	303,9
350	—	358,0	356,6
400	—	412,6	410,5
450	—	468,8	465,9
500	—	526,9	523,1
600	—	—	644
700	—	—	775

Für tiefe Temperaturen bis herab zu $-100°$ füllt man Thermometer mit Alkohol, bis herab zu $-200°$ mit Petroläther oder technischem Pentan. Mit diesen Flüssigkeiten, die im Gegensatz zu Quecksilber Glas benetzen, erreicht man aber bei weitem nicht die Genauigkeit des Quecksilberthermometers.

Bei der Teilung der Skalen von Flüssigkeitsthermometern wird vorausgesetzt, daß die ganze Quecksilbermenge die zu messende Temperatur annimmt. Bei der praktischen Messung hat aber der obere Teil der Quecksilbersäule in der Kapillare, der sog. *herausragende Faden*, meist eine andere Temperatur. Bezeichnet man mit t_a die abgelesene Temperatur, mit t_f die mittlere Temperatur des herausragenden Fadens und mit n seine Länge in Grad, so ist die Ablesung um den Betrag

$$n\,\gamma\,(t_a - t_f) \tag{2}$$

zu berichtigen, wobei γ die relative Ausdehnung des Quecksilbers im Glase ist und je nach der Glasart die in Tabelle 3 angegebenen Werte hat.

Die mittlere Temperatur des herausragenden Fadens kann entweder geschätzt oder genauer mit dem Mahlkeschen Fadenthermometer bestimmt werden. Das Fadenthermometer hat ein langes röhrenförmiges Quecksilbergefäß mit anschließender enger Kapillare und wird, wie Abb. 1 zeigt, so neben das Hauptthermometer gehalten, daß sich das obere Ende des langen Quecksilbergefäßes in gleicher Höhe mit der Kuppe des Fadens des Hauptthermometers befindet.

Tabelle 3. *Berichtigungsfaktor γ für den herausragenden Quecksilberfaden.*

Glasart	γ
Glas 16^{III}	0,000158
,, 59^{III}	0,000164
,, 1565^{III}	0,000172
Quarzglas	0,000180

Das Fadenthermometer mißt dann die mittlere Temperatur eines Fadenstückes des Hauptthermometers von der Länge des Quecksilbergefäßes des Fadenthermometers. In die Gl. (2) für die Fadenberichtigung ist dann für n die Länge des Quecksilbergefäßes des Fadenthermometers gemessen in Graden des Hauptthermometers einzusetzen. Ist der herausragende Faden des Hauptthermometers länger als das Quecksilbergefäß des Fadenthermometers, so muß man zwei Fadenthermometer übereinander anordnen. Die Fadenberichtigung kann bei Temperaturen von 300 °C Beträge von der Größenordnung 10° erreichen.

Auf die vielen Fehler, die bei der Temperaturmessung besonders mit Flüssigkeitsthermometern gemacht werden können, sei hier nicht weiter eingegangen, da sie ausführlich im Schrifttum behandelt sind[1].

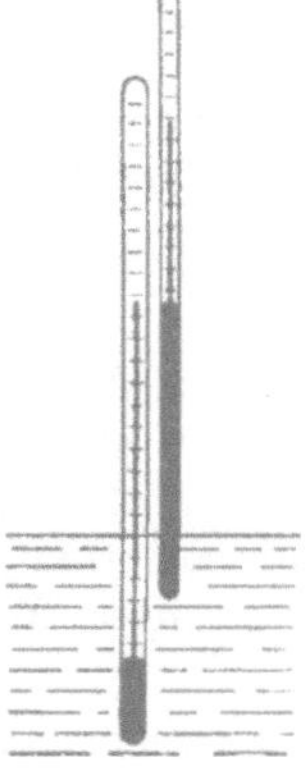

Abb. 1. Fadenthermometer nach MAHLKE.

b) Widerstandsthermometer.

Das elektrische Widerstandsthermometer beruht auf der Tatsache, daß der elektrische Widerstand aller reinen Metalle je Grad Temperatursteigerung um ungefähr 0,004 seines Wertes bei 0° zunimmt. Der Betrag

---

[1] Vgl. KNOBLAUCH, O. und K. HENCKY: Anleitung zu genauen technischen Temperaturmessungen. München u. Berlin, 2. Aufl. 1926.
VDI-Temperaturmeßregeln. Temperaturmessungen bei Abnahmeversuchen und in der Betriebsüberwachung DIN 1953. 3. Aufl. Berlin 1953.

der Widerstandszunahme ist ungefähr ebenso groß wie der Ausdehnungskoeffizient der Gase.

Metallegierungen haben sehr viel kleinere Temperaturkoeffizienten des Widerstandes und sind daher für Widerstandsthermometer ungeeignet. Bei Manganin und Konstanten (Zusammensetzung vgl. S. 12) ist der Widerstand in der Nähe der Zimmertemperatur sogar praktisch temperaturunabhängig. Manganin wird deshalb für Normalwiderstände benutzt.

Reines Platin ist wegen seiner Widerstandsfähigkeit gegen chemische Einflüsse und seines hohen Schmelzpunktes für Widerstandsthermometer am besten geeignet und liefert nach den auf S. 5 angegebenen Formeln für die Abhängigkeit des Widerstandes von der Temperatur unmittelbar die gesetzliche Temperaturskala. Daneben wird besonders Nickel benutzt.

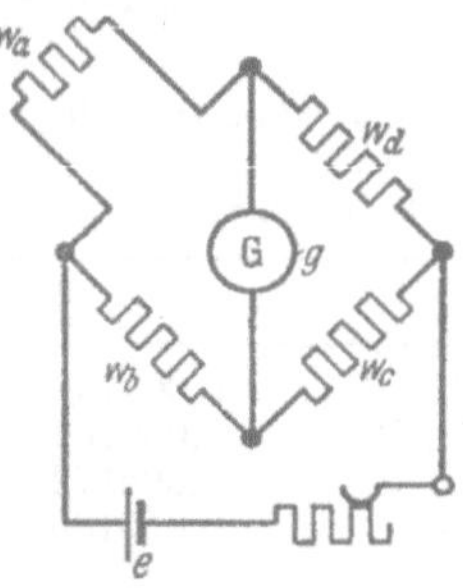

Abb. 2.
Widerstandsthermometer
in Brückenschaltung.

Zur Messung des Widerstandes kann jedes geeignete Verfahren angewendet werden. Am bequemsten ist die Wheatstonesche Brücke nach Abb. 2. Dabei ist w_a der Widerstand des Widerstandsthermometers, w_b und w_c sind bekannte feste Vergleichswiderstände und w_d ist ein regelbarer Meßwiderstand, e eine Stromquelle, g ein Nullinstrument. Durch Ändern des Widerstandes w_d bringt man den Ausschlag des Nullinstrumentes zum Verschwinden und erhält dann den gesuchten Widerstand des Thermometers aus der Beziehung

$$w_a : w_d = w_b : w_c.$$

Das Widerstandsthermometer kann als Draht beliebig ausgespannt werden und eignet sich deshalb besonders gut zur Messung von Mittelwerten der Temperatur größerer Bereiche. Bei genauen Messungen müssen aber elastische Spannungen im Draht vermieden werden, da auch diese Widerstandsänderungen verursachen.

c) Thermoelemente.

Lötet man zwei Drähte aus verschiedenen Metallen zu einem geschlossenen Stromkreis zusammen, so fließt darin ein Strom, wenn man die beiden Lötstellen auf verschiedene Temperatur bringt. Schneidet man den Stromkreis an einer beliebigen Stelle auf und führt die beiden Drahtenden zu einem Galvanometer, so erhält man einen Ausschlag, der als Maß der Temperaturdifferenz der beiden Lötstellen dienen kann. Dieses Verfahren wird für technische Temperaturmessungen viel benutzt. Die eine Lötstelle wird dabei auf Zimmertemperatur oder besser durch schmelzendes Eis auf 0 °C gehalten. Im ersten Fall kann man sie auch ganz fortlassen und die beiden Drahtenden unmittelbar zu den Instrumentenklemmen führen, die dann die zweite Lötstelle ersetzen.

Gegenüber den Flüssigkeitsthermometern hat das Thermoelement den Vorteil der geringen Ausdehnung, die das Messen auch in sehr kleinen Räumen erlaubt. Es erfordert ebenso wie das Widerstandsthermometer Hilfsgeräte, die jedoch für eine große Zahl von Meßstellen nur einmal vorhanden zu sein brauchen. Bei sehr vielen Meßstellen sind Temperaturmessungen mit Thermoelementen billiger und mit geringerem Zeitaufwand auszuführen als mit anderen Thermometern.

Die durch die Temperaturdifferenz der Lötstellen erzeugte elektromotorische Kraft kann entweder durch Kompensation oder mit direkt anzeigenden Instrumenten gemessen werden.

Eine einfache Kompensationsvorrichtung zeigt Abb. 3. Darin sind a_1 und a_2 zwei Thermoelemente, b ist die in einem Glasröhrchen in schmelzendes Eis gebrachte zweite Lötstelle, die auch für viele Meßstellen nur einmal vorhanden zu sein braucht, c ist ein Umschalter für den Anschluß mehrerer Thermoelemente, w ist der feste Kompensationswiderstand, d ein Nullinstrument, e ein Strommesser, f eine Stromquelle, r ein regelbarer Widerstand.

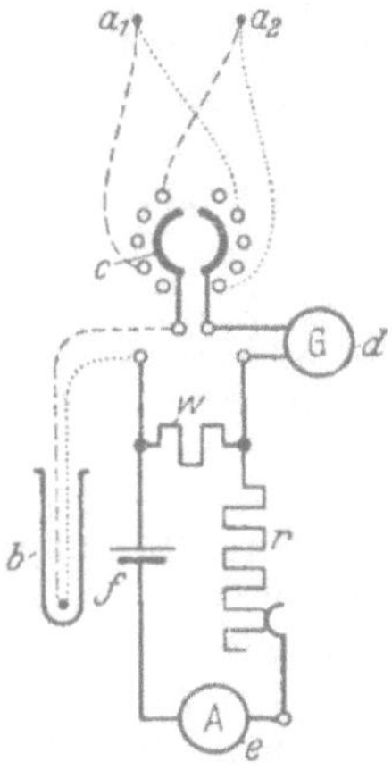

Bei der Messung regelt man die Stromstärke i mit Hilfe des Widerstandes so ein, daß das Nullinstrument und damit auch das Thermoelement stromlos sind. Dann ist die gesuchte thermoelektrische Kraft gerade gleich dem Spannungsabfall $i \cdot w$ des Kompensationswiderstandes.

Bei Verwendung eines Anzeigeinstrumentes zur unmittelbaren Messung der Thermokraft ist zu beachten, daß der abgelesene Wert um den Spannungsabfall des Meßstroms im Thermoelement kleiner ist.

Tab. 4 enthält die wichtigsten, meist in Form von Drähten benutzten Metallpaare mit ungefähren Angaben der Thermokraft je 100° Temperaturdifferenz und der höchsten Temperatur, bei der die Drähte noch ausreichende Lebensdauer haben.

Abb. 3.
Thermoelemente mit Kompensationsschaltung.

Tabelle 4. *Thermokraft und ungefähre höchste Verwendungstemperatur von Metallpaaren für Thermoelemente.*
(Das zuerst genannte Metall wird in seinem von der wärmeren Lötstelle kommenden Ende positiv.)

Metallpaare	verwendbar bis	Thermokraft in Millivolt je 100°
Kupfer-Konstantan	400°	4
Manganin-Konstantan	700°	4
Eisen-Konstantan	800°	5
Chromnickel-Konstantan	1000°	4—6
Chromnickel-Nickel	1100°	4
Platinrhodium-Palladiumgold	1200°	4
Platinrhodium-Platin (90% Pt, 10% Rh) . . .	1500°	1
Iridium-Iridiumrhodium (40% Ir, 60% Rh) . .	2000°	0,5
Iridium-Iridiumrhodium (90% Ir, 10% Rh) . .	2300°	0,5
Wolfram-Wolframmolybdän (75% W, 25% Mo)	2600°	0,3

Für niedere Temperaturen verwendet man Kupfer-Konstantan oder Manganin-Konstanten, wobei Manganin und Konstantan wegen ihres kleinen Wärmeleitvermögens (vgl. Tab. 44) den Meßwert weniger durch Wärmeaustausch mit der Umgebung stören als Kupfer. Konstantan ist eine Legierung aus 60% Kupfer, 40% Nickel. Manganin besteht aus 84% Kupfer, 12% Mangan, 4% Nickel.

Um störende Thermokräfte an den Klemmen der elektrischen Meßinstrumente zu vermeiden, deren Temperatur wegen des Berührens mit den Händen oft nicht ganz mit der Raumtemperatur übereinstimmt, wird man die Meßeinrichtung stets in den Drahtzweig einschalten, der gegen die Kupferleitungen der Meßgeräte die kleinere Thermokraft hat, also z. B. in den Kupfer- oder Manganindraht.

Die Abhängigkeit der Thermokraft von der Temperatur ist für kein Thermoelement durch ein einfaches Gesetz angebbar. Nur für mehr oder weniger große Bereiche kann man sie durch Potenzgesetze darstellen, wie auf S. 5 für das zur Festlegung der gesetzlichen Temperaturskala oberhalb 630° benutzte Thermoelement aus Platin und Platinrhodium. Für kleine Temperaturbereiche genügt oft die Annahme einer linearen Abhängigkeit. Im allgemeinen müssen Thermoelemente durch Vergleich mit anderen Geräten geeicht werden. Die Angaben der Tab. 4 sind daher nur als Richtlinien zu betrachten.

d) Strahlungsthermometer.

Oberhalb 700° kann man Temperaturmessungen sehr bequem mit Strahlungsthermometern ausführen, sie erlauben Fernmessung und sind die einzigen Thermometer für sehr hohe Temperaturen. Bei den meisten Bauarten wird die Helligkeit eines elektrisch geheizten Drahtes mit der Helligkeit eines Bildes des zu messenden Körpers verglichen, das eine Linse in der Ebene des Drahtes entwirft. Gleiche Helligkeit wird erreicht entweder durch Ändern des Heizstromes des Drahtes oder des Helligkeitsverhältnisses von Draht und Bild durch Nikolsche Prismen oder Rauchglaskeile. Neben solchen subjektiven Geräten gibt es auch objektive, bei denen ein Bild des zu messenden Körpers auf ein Thermoelement fällt, dessen Thermokraft zur Messung dient. Die Beziehung zwischen Strahlung und Temperatur ist genau bekannt aber nur für den absolut schwarzen Körper, der durch einen Hohlraum mit kleiner Öffnung zum Austritt der Strahlung verwirklicht wird. Gewöhnliche Körperoberflächen, vor allem blanke Metalle, haben bei gleicher Helligkeit eine höhere Temperatur als der schwarze Körper.

4. Maßsysteme und Einheiten[1]. Größengleichungen.

Das *physikalische* oder absolute *Maßsystem* beruht auf den Grundgrößenarten der Länge, Masse und Zeit mit den Einheiten Zentimeter, Gramm und Sekunde (CGS-System). Das *technische Maßsystem* benutzt als Größenart an Stelle der Masse die Kraft. Die Längeneinheit ist das

---

[1] Vgl. hierzu besonders die gründliche und erschöpfende Darstellung in U. STILLE: Messen und Rechnen in der Physik. Braunschweig: F. Vieweg u. Sohn, 1955.

Meter, dargestellt durch das Normalmeter in Paris, die Zeiteinheit ist die *Sekunde*, d. h. der 86400. Teil des mittleren Sonnentages. Die Einheit der *Masse* im physikalischen Maßsystem ist das Kilogramm, verwirklicht durch das Kilogrammprototyp in Paris. Die Einheit der *Kraft* im technischen Maßsystem ist die Anziehungskraft, die auf die Masse von 1 kg an einem Orte mit der als Normwert vereinbarten Fallbeschleunigung[1] von $g_n = 9{,}80665$ m/s² ausgeübt wird[2]. Diese Anziehungskraft heißt auch Gewicht, genauer *Normgewicht*. Wir wollen im allgemeinen mit dem abgerundeten Wert der Fallbeschleunigung von $g = 9{,}81$ m/s² rechnen.

Leider bezeichnet dasselbe Wort Kilogramm bzw. Gramm im physikalischen Maßsystem die Einheit der Masse, im technischen Maßsystem dagegen die Einheit der Kraft, also durchaus verschiedene Größen. Man muß also unterscheiden zwischen dem Massenkilogramm und dem Kraftkilogramm. Dazu hatte man die Abkürzungen kg_i (nach inertia = Trägheit) und kg_f (nach force = Kraft) vorgeschlagen, die sich aber nicht eingeführt haben. Da das Wort Kilogramm durch internationale Vereinbarung für die Masseneinheit festgelegt ist, hat man, um Verwechslungen zu vermeiden, für das Kraftkilogramm das Wort *Kilopond* (abgekürzt kp) gewählt, das wir im folgenden benutzen wollen, obwohl in der bisherigen technischen Literatur, die noch das technische Maßsystem verwendet, das Kraftkilogramm mit Kilogramm bezeichnet wird.

Die Zahl der Grundgrößen der Mechanik ist durch kein allgemeines Gesetz festgelegt, man könnte also die vier Grundgrößen Länge, Zeit, Masse und Kraft beibehalten und ihre Einheiten unabhängig voneinander festsetzen. Dann würde in dem Grundgesetz der Mechanik

$$\text{Kraft} = \text{Masse} \times \text{Beschleunigung}$$

ein von der Wahl der Einheiten abhängiger Faktor auftreten. Dadurch, daß man diesem Faktor den Wert 1 gibt, wird eine der beiden Größen Masse und Kraft auf die andere zurückgeführt. In dieser Weise leitet das physikalische Maßsystem seine Krafteinheit, das *Dyn*, mit Hilfe der Gleichung

$$1 \text{ dyn} = 1 \text{ g cm/s}^2$$

von der Masseneinheit ab als diejenige Kraft, die der Masseneinheit 1 g die Beschleunigung 1 cm/s² erteilt.

Im technischen Maßsystem mit dem Kilopond als Grundeinheit ist dagegen die *Masseneinheit* 1 kp s²/m die abgeleitete Einheit, sie ist gleich der Masse, die unter der Wirkung der Kraft 1 kp die Beschleunigung

---

[1] Für die Abhängigkeit der Fallbeschleunigung am Meeresspiegel von der geographischen Breite φ gilt

$$g = 978{,}030 \, (1 + 5{,}302 \cdot 10^{-3} \sin^2 \varphi - 7 \cdot 10^{-6} \sin^2 2\,\varphi) \text{ cm/s}^2.$$

Mit der Höhe h (in m) ist g um $\Delta g = -0{,}0003086\,h$ cm/s² in freier Luft zu ändern. Ist statt Luft eine Gesteinsplatte der Dichte ϱ (in g/cm³) vorhanden, so erhöht sich g zusätzlich um $\Delta g = +0{,}0000419 \cdot \varrho \cdot h$ cm/s².

[2] Zahlenwerte, die durch Vereinbarung festgelegt und deshalb genaue Werte sind, pflegt man durch Fettdruck der letzten Ziffer zu kennzeichnen.

$1\ \mathrm{m/s^2}$ erfährt. Da die Masse 1 kg im normalen Schwerefelde durch die ihrem Normgewicht gleiche Kraft 1 kp die genormte Fallbeschleunigung $9{,}80665\ \mathrm{m/s^2}$ erfährt, ist die technische Masseneinheit

$$1\ \mathrm{kp\ s^2/m} = 9{,}80665\ \mathrm{kg}. \qquad (3)$$

Man hat für sie die Abkürzung 1 hyl vorgeschlagen, die sich aber nicht eingebürgert hat.

In Tab. 5a sind die wichtigsten Einheiten des physikalischen und des technischen Maßsystems zusammengestellt.

Tabelle 5. *Einheiten verschiedener Maßsysteme.*
a) Physikalisches und technisches Maßsystem.

	Länge	Zeit	Masse	Kraft (Gewicht)	Energie, Arbeit	Stoffmenge
Phys. System cm g s	cm	s	g, kg	$\dfrac{\mathrm{cm\ g}}{\mathrm{s^2}} = \mathrm{dyn}$	$\dfrac{\mathrm{cm^2\ g}}{\mathrm{s^2}} = \mathrm{erg}$	g
Techn. System m kp s	m	s	$\dfrac{\mathrm{kp\ s^2}}{\mathrm{m}}$	kp	kp m	kp

b) MKSA- oder internationales System (Giorgi-System)[1].

Länge	Zeit	Masse	Kraft	Energie	Leistung	elektrischer Strom	Temp.	Stoffmenge
m	s	kg	Newton $N = \mathrm{m}\,\dfrac{\mathrm{kg}}{\mathrm{s^2}}$	Joule $J = \mathrm{m^2}\,\dfrac{\mathrm{kg}}{\mathrm{s^2}}$	Watt $W = \mathrm{m^2}\,\dfrac{\mathrm{kg}}{\mathrm{s^3}}$	Ampere	°K	kg

In den angelsächsischen Ländern benutzt man in entsprechender Weise das *British absolute system* und das *British engineering system*. Das absolute System hat als Masseneinheit das *pound-mass*

$$1\ \mathrm{lb} = 0{,}45359\ \mathrm{kg}$$

und leitet daraus als Krafteinheit das *poundal* (abgekürzt pdl) ab als die Kraft, die dem lb die Beschleunigung $1\ \mathrm{ft/s^2}$ erteilt. Mit 1 ft = 12 inch $= 0{,}3048$ m ergibt sich dann

$$1\ \mathrm{pdl} = 1\ \mathrm{lb\ ft/s^2} = 0{,}1382550\ \mathrm{N} = 1{,}409808 \cdot 10^{-2}\ \mathrm{kp}.$$

Das engineering system benutzt das *pound-force*, abgekürzt 1 Lb als Grundeinheit[2] und leitet davon die Masseneinheit *slug* ab als diejenige Masse, die unter der Wirkung der Kraft 1 Lb die Beschleunigung $1\ \mathrm{ft/s^2}$ erfährt. Da der Normwert der Fallbeschleunigung im englischen Maßsystem $32{,}1740\ \mathrm{ft/s^2}$ beträgt, ist

$$1\ \mathrm{slug} = 1\ \mathrm{Lb\ s^2/ft} = 32{,}17405\ \mathrm{lb} = 14{,}59390\ \mathrm{kg}.$$

Dieses Nebeneinander verschiedener Maßsysteme wird beseitigt durch das von Giorgi vorgeschlagene, 1948 von der 9. Generalkonferenz

---

[1] Auf Grund internationaler Vereinbarungen werden Abkürzungen, die sich von Personennamen ableiten, mit großen Anfangsbuchstaben, alle anderen mit kleinen Anfangsbuchstaben geschrieben.

[2] Neuerdings wird das pound-force mit Lb abgekürzt, während lb mit kleinem Anfangsbuchstaben das pound-mass bedeutet. Man muß aber damit rechnen, daß lb auch als Abkürzung für die Krafteinheit dient und daß das pound-mass mit lbm abgekürzt wird.

für Maß und Gewicht empfohlene und inzwischen als *internationales Maßsystem* anerkannte *MKSA-System* mit den Einheiten Meter, Kilogramm, Sekunde und Ampere. In diesem System ist das Kilogramm die Masseneinheit. Die Einheit der Kraft, das *Newton*, abgekürzt N, ist diejenige Kraft, die der Masseneinheit 1 kg die Beschleunigung 1 m/s² erteilt. Die Einheit der Energie ist das *Joule*[1], abgekürzt J, definiert als die Arbeit eines Newtons längs des Weges von einem Meter. Die Einheit der Leistung ist das Joule je Sekunde oder das *Watt*, abgekürzt W.

Das MKSA-System führt zugleich die elektrischen Einheiten Joule und Watt auf die mechanischen Einheiten zurück. Auch das physikalische Maßsystem hatte in gleicher Weise z. B. das Ampere mit Hilfe der Kräfte zwischen stromdurchflossenen Leitern aus den mechanischen Einheiten abgeleitet, wobei sich für Stromstärke die unbequeme Dimension $cm^{1/2}g^{1/2}s^{-1}$ ergab. Um diese gebrochenen Exponenten zu vermeiden, verwendet das MKSA-System das Ampere als besondere elektrische Grundeinheit, unbeschadet der Tatsache, daß es durch mechanische Einheiten definiert ist als die Stromstärke, die in zwei parallelen Leitern von unendlicher Länge und sehr kleinem Kreisquerschnitt fließt, wenn diese bei 1 m Abstand die Kraft von $2 \cdot 10^{-7}$ Newton je m Länge aufeinander ausüben.

Als Grundeinheit der Temperatur kommt noch hinzu der Kelvin-Grad (°K) der thermodynamischen Temperaturskala.

In Tab. 5b sind die Einheiten dieses Systems zusammengestellt.

Außer den bisher behandelten Einheiten braucht man in der Thermodynamik und in der Chemie ein Maß für die *Menge eines Stoffes*. Da alle Stoffe aus Einzelindividuen, den Molekeln, aufgebaut sind, ist die Molekel — oder eine verabredete große Zahl davon — die naturgegebene Mengeneinheit. Wir werden später ein solches Maß — das Mol — einführen.

Da aber viele Stoffe aus verschiedenartigen Molekeln in oft unbekannter Zusammensetzung bestehen, und da auch nicht immer eindeutig angebbar ist, wo man beim Abzählen die Grenze zwischen benachbarten Molekeln zu ziehen hat, sind auch andere Maße für Stoffmengen nötig. Dazu kann jede extensive, d. h. der Stoffmenge proportionale, Eigenschaft dienen. Am gebräuchlichsten sind die Masse, das Normgewicht und das Volum.

Das *physikalische* und das *MKSA-System* benutzen die Masse als Maß der Stoffmenge. Als Masseneinheit dienen das Kilogrammprototyp in Paris oder danach hergestellte Normalmassen, die man nicht ganz korrekt als Gewichtsstücke bezeichnet. Mit diesen Normalmassen werden andere Stoffmengen auf der Waage verglichen. Alle spezifischen, d. h. je Mengeneinheit angegebenen Größen beziehen sich dann auf die Masseneinheit Gramm bzw. Kilogramm.

Die Masse (oder, wegen der von der Relativitätstheorie gefundenen Trägheit der Energie, genauer die Ruhmasse bei der Geschwindigkeit Null) ist nach der Einzelmolekel zweifellos das geeignetste Maß der

---

[1] Joule wird wie ein französisches Wort ausgesprochen.

Stoffmenge, denn ihr Zahlenwert ist unabhängig von der mit dem Ort wechselnden Fallbeschleunigung.

Das *technische Maßsystem* benutzt als Maß der Stoffmenge das *Gewicht*, d. h. die auf einen Stoff im Gravitationsfeld der Erde ausgeübte Kraft. Diese Kraft ist im Gegensatz zur Masse nicht vom Ort unabhängig, sondern ändert sich mit der geographischen Breite und der Höhe über dem Meeresspiegel. Man hat daher eine bestimmte Fallbeschleunigung vereinbart und nennt *Normgewicht* das Gewicht bei der genormten Fallbeschleunigung $g_n = 9,80665\ \mathrm{m/s^2}$. Dieses Normgewicht, gewöhnlich nur als Gewicht bezeichnet, ist im technischen Maßsystem das Maß der *Stoffmenge*. Dadurch, daß als Einheit des Normgewichtes dasjenige des Kilogrammprototyps gewählt wird, erhalten Stoffmengen und auf Stoffmengen bezogene Größen im technischen und im physikalischen Maßsystem den gleichen Zahlenwert trotz verschiedener Dimensionen. Würde der Techniker die Masseneinheit seines Maßsystems als Einheit der Stoßmenge wählen, so müßte er alle in der Physik angegebenen Zahlenwerte spezifischer Größen mit 9,80665 multiplizieren. Die Wahl des Gewichtes als Maß der Stoffmenge hat auch den Nachteil, daß in manchen Gleichungen insbesondere zur Beschreibung von Strömungserscheinungen die Fallbeschleunigung auftritt, obwohl diese den betrachteten Vorgang nicht beeinflußt. In Tabelle 5 ist die jeweils benutzte Stoffmengeneinheit angegeben.

Man kann, wie das besonders E. LANGE[1] vertritt, die Stoffmenge auch als eine Grundgröße eigener Art ansehen, denn Masse, Normgewicht und Normvolum sind im Grunde nur Eigenschaften der Stoffmenge, aber nicht diese selbst. Wir wollen aber bei dem bisherigen Gebrauch bleiben.

Die abgeleiteten Einheiten der Tabelle 5 und weitere auf die Stoffmenge bezogene spezifische Einheiten gehen aus den Grundeinheiten durch einfache Produkt- und Quotientenbildungen hervor, die keinen von 1 verschiedenen Faktor enthalten. In dieser Weise verknüpfte Einheiten nennt man aufeinander abgestimmt oder *kohärent*. Das technische Maßsystem erreicht die Kohärenz dadurch, daß es die Stoffmenge nicht durch ihre Masse in kg, sondern durch ihr Normgewicht in kp mißt. Beim internationalen System erstreckt sich die Kohärenz auch auf die elektrischen Einheiten, was das Rechnen durch den Fortfall vermeidbarer Zahlenfaktoren vereinfacht. Seine allgemeine Einführung ist also anzustreben.

Obwohl noch für eine längere Übergangszeit mit der Weiterbenutzung des technischen Maßsystems gerechnet werden muß, wollen wir dem Folgenden *das internationale Maßsystem* zugrunde legen.

Wahrscheinlich werden sich auch das Kraftkilogramm mit der Be-Benennung *Kilopond* und die davon abgeleiteten Druckeinheiten $\mathrm{kp/m^2}$ und die *technische Atmosphäre* $1\ \mathrm{at} = 1\ \mathrm{kp/cm^2}$ noch lange halten. Deshalb wollen wir die Verwendung dieser Einheiten nicht ausschließen,

---

[1] E. LANGE, Z. f. Elektrochemie, Bd. 57 (1953), S. 250/62. Z. f. Phys. Chemie, Bd. 204 (1955), S. 245/58.

aber sie werden über das Newton definiert und sind nichtdezimale Vielfache der entsprechenden Einheiten des internationalen Systems.

In gleicher Weise wird auch im folgenden Abschnitt die Kilokalorie als Einheit der Wärmemenge und der Energie behandelt werden.

Mit dem Newton ist das Kilopond und das Dyn verknüpft durch die Gleichung

$$1 \text{ N} = 10^5 \text{ dyn} = \frac{1}{9,80665} \text{ kp}. \tag{4}$$

Nennen wir

V das Volum einer Stoffmenge,

m ihre Masse,

$G = mg$ ihr Gewicht,

so ergeben sich daraus die folgenden abgeleiteten Größen:

Das *spezifische Volum* oder das Volum der Masseneinheit

$$v = \frac{V}{m} \text{ gemessen in m}^3/\text{kg},$$

die *Dichte* oder die Masse der Volumeinheit

$$\varrho = \frac{m}{V} = \frac{G}{gV} \text{ gemessen in } \frac{\text{kg}}{\text{m}^3},$$

die *Wichte*, das *spez. Gewicht* oder das Gewicht der Volumeinheit

$$\gamma = \frac{G}{V} = \frac{mg}{V} \text{ gemessen in kp/m}^3.$$

Dabei werden unter Gewicht und Wichte in der Regel die örtlichen, der tatsächlichen Beschleunigung g entsprechenden Größen verstanden. Wir werden aber die Verwendung der Wichte vermeiden und dafür die Dichte benutzen.

Die Kraft je Flächeneinheit nennen wir *Druck*. Drücke werden im internationalen System gemessen in N/m². Da diese Einheit für praktische Zwecke unbequem klein ist, wird ein dezimales Vielfaches davon, das *Bar*, eingeführt durch die Festsetzung

$$1 \text{ bar} = 10^5 \text{N/m}^2 = 10^6 \text{dyn/cm}^2. \tag{5}$$

Das Bar oder die 1000mal kleinere Einheit das Millibar wird in den Wetterkarten der Meteorologie allgemein angewandt.

Als empirisches Maß des Druckes wird außerdem die normale oder *physikalische Atmosphäre*, abgekürzt atm, benutzt, sie ist definiert durch die Gleichung

$$1 \text{ atm} = 101325 \text{ N/m}^2 = 760 \text{ Torr} \tag{6}$$

und gleich dem Druck einer Quecksilbersäule von 0 °C und 760 mm Höhe bei einer Dichte des Quecksilbers von 13,5951 g/cm³ an einem Ort mit der normalen Fallbeschleunigung von 9,80665 m/s². Der Druck von 1 mm dieser Q.-S. heißt *1 Torr*.

In der Technik wird der Druck meist in kp/m^2 und in kp/cm^2 angegeben. Den Druck von $1\,kp/cm^2$ bezeichnet man als *technische Atmosphäre*, abgekürzt 1 at, wobei

$$1\ \text{at} = 98066,5\ N/m^2 = 0,980665\ \text{bar} = 735,56\ \text{Torr} \qquad (7)$$

ist. Der Druck von $1\,kp/m^2$ ist gleich dem Druck einer Wassersäule von $+4\,°C$ und 1 mm Höhe, genauer 1,000028 mm, da 1 kg Wasser nach S. 7 den Raum von $1,000028\ dm^3$ einnimmt.

Die verschiedenen Druckeinheiten sind mit ihren Umrechnungszahlen in Tab. 6 zusammengestellt. Statt in N/m^2 kann man Drücke auch in Nm/m^3 oder J/m^3, also in Form einer Energiedichte angeben. Rechnet man hierbei die Arbeit in Wärmemaß um, so erhält man den Druck in $kcal/m^3$. Da dieses Druckmaß sich manchmal bei thermodynamischen Rechnungen ergibt, ist es in die Tabelle aufgenommen. Weiter ist auch die englische Druckeinheit Pfund je Quadratzoll (Lb/in^2) mit aufgeführt.

Tabelle 6. *Umrechnung von Druckeinheitcn.*

	at	Torr	atm	bar	kcal/m³	Lb/in²
1 at	1	735,56	0,96784	0,980665	23,4307	14,2234
1000 Torr . . .	1,35951	1000	1,31579	1,333224	31,8543	19,3368
1 atm . . .	1,03323	760	1	1,013250	24,2093	14,6960
1 bar . . .	1,01972	750,06	0,98692	1	23,8927	14,5038
10 kcal/m³ . .	0,42680	313,93	0,41310	0,41855	10	6,0704
10 Lb/in² . .	0,70307	517,15	0,68046	0,68948	16,4734	10

In dieser Tabelle sind die Zahlenwerte mit der höchstmöglichen Genauigkeit angegeben. Für das praktische Rechnen kann man sie natürlich abrunden.

In der Technik rechnet man manchmal mit dem Überdruck über die Atmosphäre, abgekürzt atü, und bezeichnet den absoluten Druck zum Unterschied mit ata. Wir werden diese Bezeichnungen nicht benutzen, sondern stets in absoluten Drücken rechnen.

Das historisch bedingte *Nebeneinander verschiedener Einheitensysteme* macht erfahrungsgemäß dem Anfänger erhebliche Mühe. Aber die Schwierigkeiten vermindern sich zu einer algebraischen Formalität, wenn man alle Formeln und Gleichungen als *Größengleichungen* schreibt, wie wir das im folgenden stets tum wollen, wenn nicht ausdrücklich etwas anderes gesagt ist. Dabei wird jede physikalische Größe aufgefaßt als Produkt aus dem Zahlenwert (der Maßzahl) und der Einheit. Physikalische Größen und alle Beziehungen zwischen ihnen sind unabhängig von den benutzten Einheiten, denn die Naturgesetze bleiben dieselben, gleichgültig mit welchen Maßstäben und Meßgeräten man sie feststellt. Benutzt man kleinere Maßeinheiten, so erhält man größere Maßzahlen, aber die physikalischen Größen als Produkt aus beiden bleiben ungeändert. Empirische Faktoren in Größengleichungen sind in der Regel keine Zahlen, sondern physikalische Größen.

Setzt man in Größengleichungen nicht nur die Zahlenwerte der Größen, sondern auch ihre Einheiten mit ein[1], so ist es gleichgültig, welche Einheiten und welches Maßsystem man benutzt. Mit Hilfe von Umrechnungsformeln von der Art der Beziehungen (3) bis (7), die den Charakter algebraischer Identitäten haben, kann man immer erreichen, daß auf beiden Seiten der Größengleichungen dieselben Einheiten stehen.

Ist z. B. in der Gleichung Geschwindigkeit = Weg : Zeit oder

$$w = \frac{s}{t}$$

der zurückgelegte Weg $s = 270$ km und die dabei verflossene Zeit $t = 3$ h, so hat man zu schreiben:

$$w = \frac{270 \text{ km}}{3 \text{ h}} = 90 \frac{\text{km}}{\text{h}}.$$

Will man auf andere Einheiten, z. B. cm und s übergehen, so braucht man nur km und h mit Hilfe der Gleichungen

$$\text{km} = 10^5 \text{ cm}$$
$$\text{h} = 3600 \text{ s}$$

zu ersetzen und erhält

$$w = 90 \frac{10^5 \text{ cm}}{3600 \text{ s}} = 2500 \frac{\text{cm}}{\text{s}}.$$

Für das praktische Rechnen mit Größengleichungen geben die Aufgaben und ihre am Ende dieses Buches durchgerechneten Lösungen weitere Beispiele. Dem Leser wird die Bearbeitung dieser Aufgaben dringend empfohlen.

5. Wärmemenge und spezifische Wärme.

Bringt man zwei Körper verschiedener Temperatur miteinander in Berührung, so kühlt sich der heißere ab und der kältere wird wärmer. Man sagt dann, es ist Wärme von dem heißeren auf den kälteren Körper übergegangen. Die Menge der übertragenen Wärme ist offenbar um so größer, je größer die Menge des erwärmten Körpers und je größer seine Temperaturerhöhung ist. Um ein zahlenmäßiges Maß der Wärme zu bekommen, benutzte man früher Wasser als Eichkörper und nahm als Einheit diejenige Wärmemenge, die erforderlich ist, um 1 kg Wasser bei normalem Atmosphärendruck von 760 Torr von 14,5° auf 15,5° zu erwärmen. Diese Einheit heißt *Kilokalorie*, abgekürzt kcal und ist in Deutschland durch das Gesetz über die Temperaturskala und die Wärmeeinheit gesetzlich eingeführt[2]. Zum Unterschied von etwas anders definierten Kalorien, auf die wir auf S. 23 eingehen, wollen wir sie wenn nötig als 15°-Kalorie ($\text{kcal}_{15°}$) bezeichnen.

---

[1] Dieses Verfahren ist auch vom Standpunkt der „höheren Algebra" gerechtfertigt; vgl. M. LANDOLT: Größe, Maßzahl und Einheit. Zürich 1943.

[2] Reichsgesetzblatt (1924) Teil I Nr. 52, S. 676 und Z. Physik Bd. 29 (1924), S. 392.

2*

Im internationalen Maßsystem ist die Einheit der Wärmemenge das Joule.

In den angelsächsischen Ländern benutzt man für technische Zwecke noch die British Thermal Unit (B.t.u.), d. i. die Wärmemenge, die ein engl. Pfund Wasser um 1 °Fahrenheit erwärmt.

Erwärmt man verschiedene Stoffe, so findet man, daß je nach ihrer Art verschieden große Wärmemengen nötig sind, um die Mengeneinheit um 1° zu erwärmen. Man nennt diejenige Wärmemenge, die erforderlich ist, um die Mengeneinheit eines Stoffes um 1° zu erwärmen, seine *spezifische Wärme* und bezeichnet sie mit c. Um einen Körper der Masse m um die Temperatur dt zu erwärmen, braucht man demnach die Wärmemenge

$$dQ = m \cdot c \cdot dt. \qquad (8)$$

Die Einheit der spez. Wärme ergibt sich daraus als $\dfrac{J}{kg\,grd}$ oder $\dfrac{kcal}{kg\,grd}$. In Formeln wollen wir für „Grad" die Abkürzung „grd" benutzen, wenn es sich um Temperaturdifferenzen handelt.

Im technischen Maßsystem wird die spez. Wärme auf die Gewichtseinheit 1 kp bezogen und hat dann den gleichen Zahlenwert wie im internationalen Maßsystem.

Die spez. Wärme hängt von der Temperatur ab, bei den meisten Stoffen nimmt sie mit steigender Temperatur zu. Bei Wasser hat sie bei $+34°$ ein Minimum, wie die Tabelle 7 zeigt.

Tabelle 7. *Wahre spez. Wärme c von luftfreiem Wasser bei normalem Atmosphärendruck* (1 atm = 760 Torr.) *in Abhängigkeit von der Temperatur t in °C.*

a) in kcal/kg grd nach Osborne (Nat. Bureau of Standards, 1938)

t	c	t	c	t	c	t	c	t	c	t	c
0°	1,00768	20°	0,99907	35°	0,99826	55°	0,99926	75°	1,00174	95°	1,00590
5	1,00398	25	0,99855	40	0,99835	60	0,99974	80	1,00260	100	1,00728
10	1,00154	30	0,99830	45	0,99856	65	1,00031	85	1,00357		
15	1,00000	34	0,99825	50	0,99887	70	1,00098	90	1,00467		

b) in kJ/kg grd, angenommen vom Internationalen Komitee für Maß und Gewicht 1950

t	0	1	2	3	4	5	6	7	8	9
0	4,2174	4,2138	4,2104	4,2074	4,2045	4,2019	4,1996	4,1974	4,1954	4,1936
10	4,1919	4,1904	4,1890	4,1877	4,1866	4,1855	4,1846	4,1837	4,1829	4,1822
20	4,1816	4,1810	4,1805	4,1801	4,1797	4,1793	4,1790	4,1787	4,1785	4,1783
30	4,1782	4,1781	4,1780	4,1780	4,1779	4,1779	4,1780	4,1780	4,1781	4,1782
40	4,1783	4,1784	4,1786	4,1788	4,1789	4,1792	4,1794	4,1796	4,1799	4,1801
50	4,1804	4,1807	4,1811	4,1814	4,1817	4,1821	4,1825	4,1829	4,1833	4,1837
60	4,1841	4,1846	4,1850	4,1855	4,1860	4,1865	4,1871	4,1876	3,1882	4,1887
70	4,1893	4,1899	4,1905	4,1912	4,1918	4,1925	4,1932	4,1939	4,1946	4,1954
80	4,1961	4,1969	4,1977	4,1985	4,1994	4,2002	4,2011	4,2020	4,2039	4,2039
90	4,2048	4,2058	4,2068	4,2078	4,2098	4,2100	4,2111	4,2122	4,2133	4,2145
100	4,2156									

Bei temperaturabhängiger spez. Wärme ergibt sich die bei Temperatursteigerung von t_1 auf t_2 zuzuführende Wärmemenge durch Integration von Gl. (8) zu

$$Q_{12} = m \int_{t_1}^{t_2} c \, dt = m \cdot [c]_{t_1}^{t_2} \cdot (t_2 - t_1), \qquad (9)$$

wobei man den Ausdruck

$$[c]_{t_1}^{t_2} = \frac{1}{t_2 - t_1} \int_{t_1}^{t_2} c \, dt \qquad (10)$$

als mittlere spez. Wärme zwischen den Temperaturen t_1 und t_2 bezeichnet. Meist wird die mittlere spez. Wärme zwischen $0°$ und t benutzt, sie ist neben den zum Unterschied auch als wahre spez. Wärme bezeichneten Werten von c in Tabellen angegeben.

Mischt man zwei Körper von den Massen m_1 und m_2, den spez. Wärmen c_1 und c_2 und den Temperaturen t_1 und t_2, so erhält man die Temperatur t_m der Mischung nach der Mischungsregel

$$t_m = \frac{m_1 c_1 t_1 + m_2 c_2 t_2}{m_1 c_1 + m_2 c_2} \quad \text{oder} \quad t_m = \frac{\Sigma \, m c t}{\Sigma \, m c} \qquad (11)$$

für beliebig viele Körper. Diese Formeln sind wichtig für die Messung von spez. Wärmen mit dem Mischungskalorimeter, dabei ist vorausgesetzt, daß sich bei der Mischung keine mit Wärmetönung verbundenen physikalischen oder chemischen Vorgänge abspielen.

Aufgabe 1. In ein vollkommen gegen Wärmeverluste geschütztes Kalorimeter, das mit $m = 800$ g Wasser von $t = 15°$ gefüllt ist und dessen Gefäß aus Silber der Masse $m_s = 250$ g und der spez. Wärme $c_s = 0{,}056$ kcal/kg grd besteht, werden $m_a = 200$ g Aluminium von der Temperatur $t_a = 100°$ geworfen. Nach dem Ausgleich wird eine Mischungstemperatur von $t_m = 19{,}24°$ beobachtet.

Wie groß ist die spez. Wärme c_a von Aluminium? (Lösung der Aufgaben am Ende des Buches.)

II. Erster Hauptsatz der Wärmelehre.

6. Das mechanische Wärmeäquivalent. Energieeinheiten.

Früher betrachtete man die Wärme als einen unwägbaren Stoff, der aus einem Körper in einen anderen übergehen kann. Diese Theorie wurde hauptsächlich von dem englischen Physiker BLACK vertreten, der 1760 den Begriff der spez. Wärme — oder der „Kapazität für Wärmestoff" in seiner Ausdrucksweise — einführte und dadurch eine klare Unterscheidung der bis dahin noch vielfach durcheinander geworfenen Begriffe Temperatur und Wärmemenge ermöglichte. Schon damals wurde aber auch die energetische Natur der Wärme behauptet.

Eine starke Stütze erhielt die energetische Auffassung 1798 durch die Versuche des Grafen RUMFORD in München, der beim Bohren von Kanonen fand, daß durch Reibung aus mechanischer Arbeit Wärme in beliebiger Menge erzeugt werden kann. Trotz der Beweiskraft dieser

Versuche konnte sich die stoffliche Auffassung der Wärme noch ein halbes Jahrhundert lang halten.

Die Erkenntnis der Gleichwertigkeit von Wärme und Arbeit wurde zuerst 1840 von dem Heilbronner Arzt Robert MAYER ausgesprochen, der auch schon das Umrechnungsverhältnis von Wärme in Arbeit, das *mechanische Wärmeäquivalent* aus den Versuchen von GAY-LUSSAC über die spez. Wärme bei konstantem Druck und bei konstantem Volum berechnete. POGGENDORFF lehnte die Aufnahme der Mayerschen Arbeit in die Annalen der Physik wegen einiger Unklarheiten ab. Sie wurde erst 1842 von LIEBIG in den Annalen der Chemie und Pharmazie veröffentlicht.

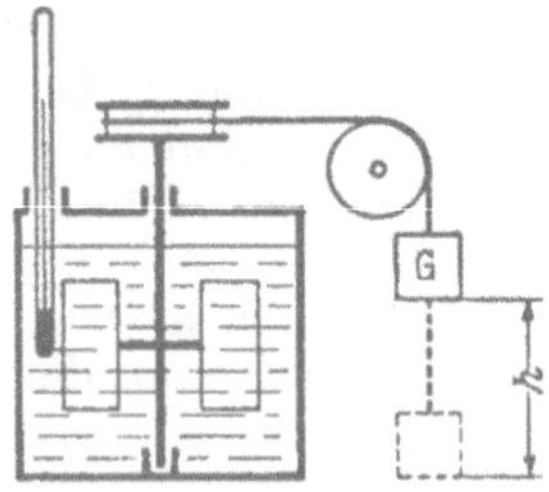

Abb. 4. Versuch von JOULE.

Ohne von MAYERS Arbeit zu wissen, bestimmte JOULE 1843 das mechanische Wärmeäquivalent, indem er nach Abb. 4 die Arbeit $G \cdot h$ eines um die Höhe h herabsinkenden Gewichtes G benutzte, um dadurch mit Hilfe eines Rührers Wasser in einem Gefäß zu erwärmen. Damit war die Umwandlung von Arbeit in Wärme auch unmittelbar zahlenmäßig festgestellt.

Diese Tatsache bezeichnet man als den *Ersten Hauptsatz der Wärmelehre*. Man kann ihn in der Form aussprechen:

Wärme ist eine Energieform, sie kann aus mechanischer Arbeit erzeugt und in solche umgewandelt werden.

Die neuesten Versuche ergaben für die Umwandlung von Arbeit in Wärme

$$1 \text{ kcal}_{15°} = 426{,}80 \text{ mkp} = 4185{,}5 \text{ J} = 4185{,}5 \text{ kg m}^2/\text{s}^2 . \tag{12}$$

Früher setzte man das mechanische Wärmeäquivalent

$$A = \frac{1}{426{,}8} \frac{\text{kcal}}{\text{mkp}} \tag{12a}$$

als Faktor A vor das Formelzeichen L der Arbeit, wenn diese im Wärmemaß angegeben werden sollte. Das ist überflüssig, und wir wollen davon absehen, denn nach (Gl. 12) ist A identisch gleich 1, und wenn man Größengleichungen benutzt, ist es gleichgültig, ob man eine Arbeit in Joule, in kcal oder in mkp angibt. Kommen beim Einsetzen verschiedene Einheiten in derselben Gleichung vor, so wird man selbstverständlich mit Hilfe der Gl. (12) die eine in die andere umrechnen, ohne daß es dazu eines besonderen Hinweises durch den Buchstaben A bedarf.

Heute führt man die elektrischen Einheiten, z. B. durch Messung der Kräfte zwischen stromdurchflossenen Spulen, unmittelbar auf die internationalen Einheiten zurück, und bezeichnet sie dann als *absolute elektrische Einheiten*. Früher hatte man zur Erleichterung durch internationale Vereinbarung empirische Maße für das Ampere und das Ohm festgelegt, die so genau, wie es die damalige Meßtechnik erlaubte, an die mechanischen Einheiten angeschlossen waren und die man *internationale elektrische Einheiten* nennt[1]. Nach den neuesten internationalen Vereinbarungen gelten zwischen den absoluten und den früheren internationalen Einheiten die Beziehungen

$$1 \text{ Amp}_{int} = 0{,}99985 \text{ Amp}_{abs}$$

$$1 \text{ Volt}_{int} = 1{,}00034 \text{ Volt}_{abs}$$

und damit

$$1 \text{ Joule}_{int} = 1{,}00019 \text{ Joule}_{abs}. \tag{12b}$$

In den Wasserdampftafeln wird noch die *internationale Tafelkalorie* (kcal_{IT}) benutzt, die mit Hilfe der Gleichung

$$860 \text{ kcal}_{IT} = 1 \text{ kWh}_{int} = 3{,}6 \cdot 10^6 \text{ Joule}_{int} \tag{12c}$$

durch die internationalen elektrischen Größen definiert ist. Dazu ist in Amerika neuerdings noch die sog. *thermochemische Kalorie* (cal_{thchem}) gekommen, die dort besonders in der chemischen Thermodynamik benutzt wird.

Für die Umrechnung dieser drei Kalorien gilt

$$1 \text{ kcal}_{15^\circ} = 0{,}99968 \text{ kcal}_{IT} = 1{,}00036 \text{ kcal}_{thchem} \tag{12d}$$

und

$$860{,}11 \text{ kcal}_{15^\circ} = 1 \text{ kWh}_{abs} = 3{,}6 \cdot 10^6 \text{ Joule}_{abs} = 36 \cdot 10^{12} \text{erg}. \tag{12e}$$

Um dieses Nebeneinander der verschiedenen Kalorien zu vermeiden, hat man 1948 das *absolute Joule als Wärmeeinheit* international vereinbart, wodurch die Wärmeeinheit unmittelbar auf die mechanische Energieeinheit, das Nm zurückgeführt wird.

Für technische Zwecke kann der kleine Unterschied der verschiedenen Kalorien im allgemeinen vernachlässigt werden. In genauen Zahlentafeln sollte aber die benutzte Wärmeeinheit angegeben werden.

Die wichtigsten Energieeinheiten und ihre Umrechnungszahlen sind in Tab. 8 zusammengestellt. Darin ist unter B.t.u. die an die IT-Kalorie durch die Gleichung

$$1 \text{ kcal}_{IT}/\text{kg} = 1{,}8 \text{ B.t.u.}/\text{Lb}$$

angeschlossene Wärmeeinheit verstanden, die heute von der British Standard Institution empfohlen wird.

Aufgabe. 2. Eine Bleikugel fällt aus $h = 100$ m Höhe auf eine harte Unterlage, wobei sich ihre kinetische Energie in Wärme verwandelt, von der $^2/_3$ in die Bleikugel gehen. Die spez. Wärme von Blei ist $c = 0{,}030$ kcal/kg grd.
Um wieviel Grad erwärmt sich das Blei?

Aufgabe 3. Eine Kraftmaschine wird bei $n = 1200$ Umdr/min durch eine Wasserbremse abgebremst, wobei ihr Drehmoment zu $M = 500$ mkp gemessen wurde. Der Bremse werden stündlich 8 m³ Kühlwasser von 10° zugeführt.
Mit welcher Temperatur fließt das Kühlwasser ab, wenn die ganze Bremsleistung sich in Wärme des Kühlwassers verwandelt?

---

[1] Genaueres darüber in dem umfassenden Buch von U. STILLE: Messen und Rechnen in der Physik, Braunschweig 1955.

Tabelle 8. *Umrechnung von Energieeinheiten.*
(Bei durch Vereinbarung festgelegten Zahlen ist die letzte Ziffer fett gedruckt.)

	$J = 10^7$ erg	mkp	$\mathrm{kcal}_{15°}$
1 J = 10^7 erg . .	1	0,1019716	$2,38920 \cdot 10^{-4}$
1 mkp	9,80665	1	$2,34301 \cdot 10^{-3}$
1 $\mathrm{kcal}_{15°}$	4185,5	426,80	1
1 kcal_{IT}	4186,8	426,935	1,00031
1 kWh	3 600 000	367 097,8	860,11
1 PSh	2 647 796	270 000	632,61
1 B.t.u.	1055,056	1 07,5857	0,252074

	kcal_{IT}	kWh	PSh	B.t.u.
1 J = 10^7 erg . .	$2,38846 \cdot 10^{-4}$	$2,77778 \cdot 10^{-7}$	$3,77673 \cdot 10^{-7}$	$9,47817 \cdot 10^{-4}$
1 mkp	$2,34228 \cdot 10^{-3}$	$2,72407 \cdot 10^{-6}$	$3,70370 \cdot 10^{-6}$	$9,29491 \cdot 10^{-3}$
1 $\mathrm{kcal}_{15°}$	0,99969	$1,16264 \cdot 10^{-3}$	$1,58075 \cdot 10^{-3}$	3,96709
1 kcal_{IT}	1	$1,16300 \cdot 10^{-3}$	$1,58111 \cdot 10^{-3}$	3,96832
1 kWh	859,845	1	1,35962	3412,14
1 PSh	632,416	0,735499	1	2509,63
1 B.t.u.	0,251996	$2,93071 \cdot 10^{-4}$	$3,98466 \cdot 10^{-4}$	1

7. Das Prinzip der Erhaltung der Energie und die mechanische Deutung der Wärmeerscheinungen.

Der durch die Erfahrung immer wieder bestätigte erste Hauptsatz ist, nachdem man die Gleichartigkeit von Wärme und Arbeit erkannt hat, nur die Anwendung des Prinzips der Erhaltung der Energie auf Wärmeerscheinungen, er kann auch ausgedrückt werden:

Es gibt keine Maschine, die dauernd Arbeit erzeugt, ohne daß ein gleichwertiger Betrag anderer Energie verschwindet.

Eine solche Maschine bezeichnet man als Perpetuum mobile erster Art. Der 1. Hauptsatz behauptet also: ein *Perpetuum mobile erster Art ist unmöglich.*

Der erste Hauptsatz bleibt auch in der Umkehrung richtig und lautet dann: *es gibt keine Maschine, die dauernd Energie vernichtet, ohne daß ein gleichwertiger Betrag anderer Energie entsteht.*

Deutet man nach CLAUSIUS die Wärme als eine ungeordnete Bewegung der Molekeln, so ist der erste Hauptsatz nichts anderes als der Energiesatz der Mechanik. Nach dieser mechanischen Auffassung der Wärme fliegen bei einem Gas die Molekeln nach allen Richtungen durcheinander, wobei sie miteinander und mit den Wänden des Raumes wie vollkommen elastische Körper zusammenstoßen. Bei jedem Stoß findet ein Austausch von kinetischer Energie statt, deren Gesamtbetrag aber unverändert bleibt, wenn das Gas nach außen weder Wärme noch Arbeit abgibt. Die Einzelmolekeln haben verschiedene und mit jedem Stoß sich ändernde kinetische Energien, aber im Mittel über genügend lange Zeit hat die kinetische Energie jeder Molekel einen bestimmten Wert, und die kinetischen Energien verschiedener Molekeln zu einem bestimmten Zeitpunkt gruppieren sich um diesen Mittelwert nach einem bestimmten statistischen Gesetz, das man in der kinetischen Theorie der Wärme als *Maxwellsche Geschwindigkeitsverteilung* bezeichnet.

Der Druck wird gedeutet als die Gesamtwirkung der Stöße der Molekeln auf die Wand.

Die Temperatur ist dem Mittelwert der kinetischen Energie der Molekeln proportional.

Wenn ein kälterer Körper mit einem wärmeren in Verbindung gebracht wird und dabei Wärme übergeht, so übertragen die Molekeln des wärmeren bei den Zusammenstößen im Mittel mehr kinetische Energie auf den kälteren als umgekehrt.

Der 1. Hauptsatz bedeutet dann weiter nichts, als daß z. B. durch Reibung in Wärme umgewandelte mechanische Energie sich aus der handgreiflich meßbaren Form in die verborgene Energie der Einzelmolekeln verwandelt.

Wärme ist also nur eine besondere Erscheinungsform mechanischer Energie, die auf die Einzelmolekeln in denkbar größter Unordnung verteilt ist. Es kommen alle möglichen Richtungen und Größen der Geschwindigkeit der Molekeln vor, für die sich nur Wahrscheinlichkeitsgesetze aufstellen lassen. Der Mittelwert der Geschwindigkeiten einer größeren herausgegriffenen Zahl von Molekeln nach Größe und Richtung ist bei der als Wärme bezeichneten Bewegung stets Null, d. h. es bewegen sich im Mittel immer ebensoviele Molekeln von links nach rechts wie umgekehrt.

Überwiegt in einem Gasvolum von merklicher Größe, also mit einer schon sehr großen Anzahl von Molekeln, eine Geschwindigkeitsrichtung, so lagert sich über die Wärmebewegung noch ein Strömungsvorgang, und man spricht außer von der Wärmeenergie auch noch von einer Energie dieser Strömung im Sinne der Aerodynamik.

Diese Überlegung betrachtet die Molekeln als harte elastische Kugeln, die nur Translationsenergie annehmen; tatsächlich haben mehratomige Molekeln auch noch Energie der Rotation und der Schwingung der Atome der Molekeln gegeneinander. Aber auch dann ist die Temperatur proportional der mittleren Translationsenergie.

Bei festen und flüssigen Körpern sind die Verhältnisse verwickelter als bei Gasen. Die kleinsten Teile, als die wir beim festen Körper zweckmäßig die Atome ansehen, werden hier nicht durch feste Wände zusammengehalten, sondern durch gegenseitige Anziehung. Jedes Atom hat dabei in dem Raumgitter des Körpers eine bestimmte mittlere Lage, um die es Schwingungsbewegungen ausführen kann.

Die mittlere kinetische Energie dieser Schwingungen, die sog. „fühlbare Wärme", ist hier ein Maß für die Temperatur.

Neben der kinetischen Energie tritt aber auch potentielle Energie auf, denn bei jeder Schwingung eines Atoms pendelt seine Energie zwischen der kinetischen und der potentiellen Form hin und her. Beim Durchgang durch die Ruhelage hat das Atom nur kinetische, in den Umkehrpunkten der Bewegung, wo seine Geschwindigkeit gerade Null ist, nur potentielle Energie.

Außer dieser potentiellen Energie der Schwingung besitzen die Atome aber in ihren mittleren Lagen eine zweite Art von potentieller Energie, die eine Funktion ihrer mittleren Abstände ist, denn es muß eine Arbeit aufgewandt werden, um diese Abstände gegen die Wirkung der zwischen den Atomen wirkenden anziehenden oder abstoßenden Kräfte zu ändern.

Die Kräfte zwischen den Atomen eines festen Körpers oder den Molekeln eines Gases oder einer Flüssigkeit setzen sich aus anziehenden und abstoßenden Kräften zusammen und hängen etwa nach Abb. 5 von der Entfernung ab, für große Abstände überwiegt die Anziehung, für kleine die Abstoßung. Für einen bestimmten Abstand a, der der Ruhe-lage der Teilchen entspricht, wenn keine Wärme-bewegung und kein äußerer Druck vorhanden sind, halten Anziehung und Abstoßung sich gerade die Waage. Verkleinert man den Abstand durch äußeren Druck, so wächst die abstoßende Kraft, bis sie dem äußeren Druck das Gleichgewicht hält. Vergrößert man den Abstand etwa durch allseiti-gen Zug, so überwiegen die anziehenden Kräfte, die mit wachsendem Abstand zunächst zunehmen, ein Maximum beim Abstand b erreichen und dann wieder abnehmen. Bei Überschreiten des Maxi-mums reißen die Teilchen unter der Wirkung einer konstanten Kraft auseinander, ähnlich wie ein Werkstoff beim Zugversuch.

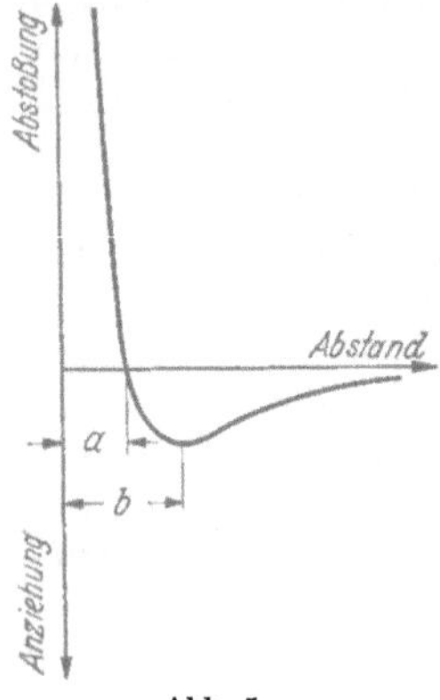

Abb. 5.
Kräfte zwischen Molekeln.

Durch die Wärmebewegung werden die Teil-chen des festen oder flüssigen Körpers zum Schwingen um ihre Ruhelage gebracht. Da das Kraftgesetz aber kein lineares ist, sondern bei Annäherung die Abstoßung stärker wächst als bei Entfernung die Anziehung, werden die Teilchen voneinander fort weiter ausschwingen als aufeinander zu. Ihr mittlerer Abstand wird sich also gegen den Abstand a der Ruhe vergrößern. Hier-durch erklärt sich die thermische Ausdehnung der Körper. Die dabei gegen die Anziehungskraft geleistete Arbeit ist die oben erwähnte zweite Art der potentiellen Energie.

Beginnt ein fester Körper zu schmelzen, so hat die Wärmebewegung den Gitterverband so weit aufgelockert, daß Teilchen aus dem Anziehungs-bereich eines Nachbarn in den eines andern hinüberwechseln können. Die kinetische Energie der Teilchen reicht aber noch nicht aus, um die ver-einte Anziehung sämtlicher Nachbarn zu überwinden.

Bei der Verdampfung ist die Wärmebewegung so stark geworden, daß in merklicher Anzahl Teilchen vorhanden sind, deren Energie groß genug ist, um dem Anziehungsbereich aller ihrer Nachbarn zu entfliehen.

Bei Gasen ist der Abstand der Molekeln so groß, daß ihre Anziehung sehr schwach und damit auch die potentielle Energie klein gegen die kinetische ist. Beim vollkommenen Gas sind außer beim unmittelbaren Zusammenstoß überhaupt keine Kräfte zwischen den Molekeln vor-handen. Aus dem asymptotischen Verlauf des Kraftgesetzes nach Abb. 5 folgt, daß die Molekeln jedes Körpers bei genügend großem Abstand, also bei großer Verdünnung sich dem Verhalten des vollkommenen Gases beliebig genau nähern.

Die kinetische Theorie der Wärme führt diese Gedanken näher aus und leitet aus ihnen auf mathematischem Wege das thermische Verhalten der Körper ab.

Der Druck eines Gases z. B. läßt sich in folgender Weise als Wirkung der Stöße der Molekeln auf die Wand deuten:

In einem Würfel von der Kantenlänge a mögen sich N Molekeln von der Masse m und der mittleren Geschwindigkeit c befinden. Wir denken uns nun die verwickelte ungeordnete Bewegung der Molekeln dadurch vereinfacht, daß sich je $^1/_3$ von ihnen senkrecht zu einer der drei Paare von Würfelflächen bewegen und daran wie vollkommen elastische Kugeln reflektiert werden. Bei jedem Stoß gibt dann die Einzelmolekel die Bewegungsgröße $2\,mc$ an die Wand ab, da sich ihre Geschwindigkeit von $+c$ in $-c$ ändert. Jede Molekel braucht bei der Geschwindigkeit c zum Hin- und Rückgang zwischen den beiden Würfelflächen die Zeit $2\,a/c$.

Die sekundliche Zahl der Stöße auf die Fläche a^2 ist daher $\dfrac{N}{3}\dfrac{c}{2\,a}$, und in der Sekunde wird die Bewegungsgröße

$$\frac{N}{3}\,\frac{c}{2\,a}\,2\,mc = \frac{N\,m\,c^2}{3\,a}$$

an die Fläche übertragen. Nach der Mechanik ist die sekundlich abgegebene Bewegungsgröße gleich der auf die Fläche ausgeübten Kraft. Teilt man diese Kraft durch die Fläche, so erhält man den Druck

$$p = \frac{1}{3}\,\frac{N\,m}{a^3}\,c^2 = \frac{1}{3}\,\varrho\,c^2,$$

da $\dfrac{N\,m}{a^3} = \varrho$ die Masse aller Molekeln geteilt durch das Volum und damit die Dichte des Gases ist. Für die mittlere Geschwindigkeit der Molekeln ergibt sich also

$$c = \sqrt{\frac{3\,p}{\varrho}}\,.$$

Luft hat bei $0°$ und 1 atm $= 1,0332$ at $= 101\,325$ N/m^2 $= 101\,325$ kg/ms^2 die Dichte $\varrho = 1,293$ kg/m^3, damit ist die mittlere Geschwindigkeit der Moleküle

$$c = \sqrt{\frac{3 \cdot 101\,325 \text{ kg/ms}^2}{1,293 \text{ kg/m}^3}} = 485 \text{ m/s}\,.$$

Bei Wasserstoff wird unter den gleichen Bedingungen $c = 1839$ m/s. Je leichter ein Gas ist, um so größer ist bei gleicher Temperatur die mittlere Geschwindigkeit seiner Molekeln. Da bei gleichbleibendem Volum die Temperaturen der Gase sich wie ihre Drücke verhalten, ist die Temperatur dem Quadrat der mittleren Geschwindigkeit der Molekeln proportional.

Die bevorstehende Berechnung ging von einem sehr vereinfachten Schema der Bewegung der Gasmolekeln aus. In Wirklichkeit kommen alle möglichen Richtungen und Größen der Molekelgeschwindigkeit vor, die sich um die mittlere Geschwindigkeit nach dem Maxwellschen Verteilungsgesetz gruppieren. Berechnet man damit die mittlere Molekelgeschwindigkeit, so erhält man aber dasselbe Ergebnis wie oben.

Wir wollen uns im folgenden der kinetischen Vorstellungen nur zur Veranschaulichung bedienen und die thermodynamischen Eigenschaften der Körper der Erfahrung entnehmen.

III. Der thermodynamische Zustand eines Körpers.

8. Die thermische Zustandsgleichung. Zustandsgrößen.

Unter dem *Zustand* eines Körpers versteht man die Gesamtheit der von der äußeren Form unabhängigen meßbaren Eigenschaften seines Stoffes. Die Erfahrung zeigt, daß sich diese Eigenschaften nicht unabhängig voneinander ändern, sondern daß durch wenige von ihnen alle andern mit bestimmt sind. Gase oder Flüssigkeiten gegebener chemischer Zusammensetzung und bestimmter Menge ändern ihr Volum, wenn ihre Temperatur oder der äußere Druck geändert werden. Unter einem bestimmten Druck und bei einer bestimmten Temperatur hat aber die Mengeneinheit des Stoffes stets ein ganz bestimmtes Volum.

Man kann diesen Zusammenhang, gleichgültig ob er durch eine mathematische Formel oder nur durch empirische Zahlentafeln gegeben ist, durch eine Funktionsbeziehung zwischen dem Druck p, dem Volum der Mengeneinheit oder dem spezifischen Volum v und der Temperatur T von der Form

$$F\,(p,\,v,\,T) = 0 \tag{13}$$

ausdrücken und nennt diese Beziehung die *thermische Zustandsgleichung* des Stoffes. Die drei Veränderlichen p, v und T heißen *Zustandsgrößen*, sind zwei davon bekannt, so wird die dritte durch die Zustandsgleichung bestimmt. Denkt man sich die Funktion nach einer der drei Veränderlichen aufgelöst, so kann man sie schreiben:

$$p = p\,(v,\,T), \qquad v = v\,(p,\,T) \quad \text{und} \quad T = T\,(p,\,v). \tag{13a}$$

Auch für feste Körper, die unter einem allseitigen Druck stehen, gilt eine solche Zustandsgleichung, sie kann mehrdeutig sein, wenn der feste Körper in verschiedenen Modifikationen vorkommt.

Die Zustandsgleichung läßt sich als Beziehung zwischen drei Unbekannten durch eine Fläche im Raum mit den drei Koordinaten p, v und T darstellen. In der Technik beschreibt man diese Fläche meist durch eine Kurvenschar in der Ebene zweier Koordinaten in derselben Weise wie ein Berggelände durch Höhenschichtlinien.

Die Zustandsgleichung muß im allgemeinen durch Versuche bestimmt werden. Zwei Zustandsgrößen bestimmen nicht nur die dritte der genannten, sondern auch alle andern Eigenschaften des Stoffes, wie Energie, Zähigkeit, Wärmeleitvermögen, optischen Brechungsindex usw. Man kann daher auch diese Größen als Zustandsgrößen bezeichnen. Aber auch Funktionen von Zustandsgrößen, z. B. die Ausdrücke $cT + pv$ oder $\ln (pv^{\varkappa})$, wobei c und $\varkappa$ konstante oder vom Zustand abhängige Größen sind, können als Zustandsgrößen betrachtet werden. Wir werden später eine Anzahl solcher Größen einführen.

Allgemein sind Zustandsgrößen dadurch gekennzeichnet, daß sie stets wieder denselben Wert annehmen, wenn der Zustand des Körpers wieder der gleiche ist, einerlei welche Änderungen er in der Zwischenzeit durchgemacht hat. Gleicher Zustand erfordert aber nicht, daß alle einzelnen Molekeln dieselben Lagen und Geschwindigkeiten haben — das ist weder zu erreichen, noch könnte man es feststellen —, sondern es müssen nur alle beobachtbaren Mittelwerte der Eigenschaften einer genügend großen Anzahl von Molekeln übereinstimmen.

Differenziert man die Zustandsgleichung z. B. in der Form

$$T = T\,(p,\,v),$$

so erhält man das vollständige Differential

$$dT = \left(\frac{\partial T}{\partial p}\right)_v dp + \left(\frac{\partial T}{\partial v}\right)_p dv. \qquad (14)$$

Dabei sind

$$\left(\frac{\partial T}{\partial p}\right)_v \quad \text{und} \quad \left(\frac{\partial T}{\partial v}\right)_p$$

die partiellen Differentialquotienten, deren Indizes jeweils die zweite, beim Differenzieren konstant zu haltende unabhängige Veränderliche angeben. In Abb. 6 ist Gl. (14) geometrisch veranschaulicht. Darin ist das umrandete Flächenstück ein Teil der Zustandsfläche, die Linien a_1 und a_2 sind Schnittkurven der Zustandsfläche mit zwei um dv voneinander entfernten Ebenen v = konst., die Linien b_1 und b_2 Schnittkurven mit zwei um dp entfernten Ebenen p = konst. Beide Kurvenpaare schneiden aus der Fläche das kleine Viereck *1 2 3 4* heraus. Durch die Punkte *1* und *3* sind dann zwei um dT entfernte Ebenen T = konst. gelegt, die mit der Zustandsfläche die Schnittkurven c_1 und c_2 ergeben.

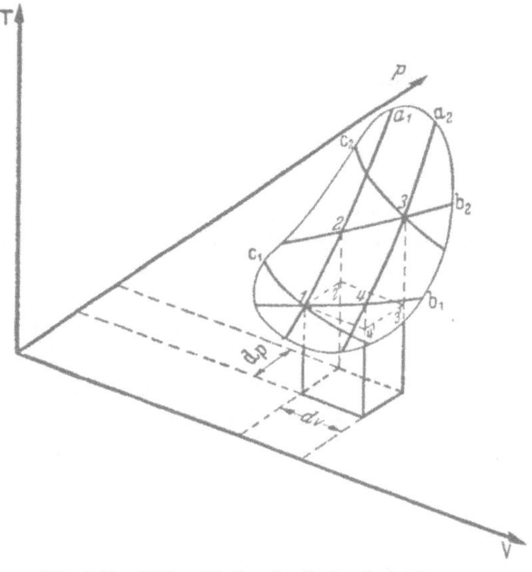

Abb. 6. Zur Differentiation der Zustandsgleichung.

Der partielle Differentialquotient $\left(\frac{\partial T}{\partial p}\right)_v$ bedeutet die Steigung des auf der Zustandsfläche parallel zur T,p-Ebene also unter konstantem v verlaufenden Weges *12*, und er ist gleich dem Tangens des Winkels, den *12* mit der p,v-Ebene bildet. Die Strecke *2 2'* ist der beim Fortschreiten um dp längs des Weges *12* überwundene Höhenunterschied $\left(\frac{\partial T}{\partial p}\right)_v dp$.

Entsprechend bedeutet der partielle Differentialquotient $\left(\dfrac{\partial T}{\partial v}\right)_p$ die Steigung des parallel zur T,v-Ebene also unter konstantem p verlaufenden Weges *14*, er ist gleich dem Tangens des Winkels von *14* gegen die p,v-Ebene. Die Strecke *44'* ist der beim Fortschreiten um dv längs des Weges *14* überwundene Höhenunterschied $\left(\dfrac{\partial T}{\partial v}\right)_p dv$. Das vollständige Differential dT ist dann nichts anderes als die Summe dieser beiden Höhenunterschiede, die man überwinden muß, wenn man zugleich oder nacheinander auf der Fläche um dp und dv fortschreitet und dadurch von *1* nach *3* gelangt, es ist gleich der Strecke $33' = 22' + 44'$.

In gleicher Weise kann man auch die anderen zwei Formen der Zustandsgleichung differenzieren und erhält

$$dp = \left(\frac{\partial p}{\partial v}\right)_T dv + \left(\frac{\partial p}{\partial T}\right)_v dT \tag{15}$$

und

$$dv = \left(\frac{\partial v}{\partial p}\right)_T dp + \left(\frac{\partial v}{\partial T}\right)_p dT. \tag{16}$$

Erwärmt man einen Körper um dT bei konstantem Druck also bei $dp = 0$, so ändert sich sein Volum nach der letzten Gleichung um

$$dv = \left(\frac{\partial v}{\partial T}\right)_p dT\,.$$

Man bezieht diese Volumänderung auf das Volum v_0 bei $0\,°C$ und nennt die Größe

$$\beta = \frac{1}{v_0}\,\frac{dv}{dT} = \frac{1}{v_0}\left(\frac{\partial v}{\partial T}\right)_p \tag{17}$$

den *Ausdehnungskoeffizienten*.

Erwärmt man um dT bei konstantem Volum, also bei $dv = 0$, so ändert sich der Druck nach Gl. (15) um

$$dp = \left(\frac{\partial p}{\partial T}\right)_v dT\,.$$

Man bezieht diese Druckänderung auf den Druck p_0, den der Körper bei $0\,°C$ hat und nennt *Spannungskoeffizient* den Ausdruck

$$\gamma = \frac{1}{p_0}\left(\frac{\partial p}{\partial T}\right)_v. \tag{18}$$

Steigert man endlich den Druck bei konstanter Temperatur durch Volumverkleinerung, so ist

$$dv = \left(\frac{\partial v}{\partial p}\right)_T dp$$

und wenn man auf das Volum v_0 bei $0\,°C$ bezieht, kann man die Größe

$$\chi = -\frac{1}{v_0}\left(\frac{\partial v}{\partial p}\right)_T \tag{19}$$

als *Kompressibilitätskoeffizient* bezeichnen.

Wendet man die Gl. (16) auf eine Linie $v =$ konst. an, so ist $dv = 0$, und es wird

$$\left(\frac{\partial v}{\partial p}\right)_T \frac{dp}{dT} = -\left(\frac{\partial v}{\partial T}\right)_p .$$

Dabei kann man für $\dfrac{dp}{dT}$ wegen der Voraussetzung $v =$ konst. auch $\left(\dfrac{\partial p}{\partial T}\right)_v$ schreiben und erhält

$$\left(\frac{\partial v}{\partial p}\right)_T \cdot \left(\frac{\partial p}{\partial T}\right)_v \cdot \left(\frac{\partial T}{\partial v}\right)_p = -1 . \tag{20}$$

Diese einfache Beziehung, in der v, p und T in zyklischer Reihenfolge vorkommen, muß offenbar zwischen den partiellen Differentialquotienten jeder durch eine Fläche darstellbaren Funktion mit drei Veränderlichen bestehen.

Führt man in Gl. (20) mit Hilfe von Gl. (17), (18) und (19) die Größen β, γ und χ ein, so erhält man die Beziehung

$$\beta = p_0 \gamma \chi \tag{20a}$$

zwischen den Koeffizienten der Ausdehnung, der Spannung und der Kompressibilität.

In der Mathematik pflegt man die Indizes bei den partiellen Differentialquotienten fortzulassen, was unbedenklich ist, solange man immer mit denselben unabhängigen Veränderlichen zu tun hat; wird nach einer von ihnen differenziert, so sind eben die anderen konstant zu halten. In der Thermodynamik werden wir aber später Zustandsgrößen durch verschiedene Paare von unabhängigen Veränderlichen darstellen und dann ist die Angabe der jeweils konstant gehaltenen Veränderlichen notwendig, wenn man die partiellen Differentialquotienten auch außerhalb ihrer Differentialgleichung benutzt, wie wir das z. B. in Gl. (17) bis (19) getan haben.

9. Äußere Arbeit, innere Energie und Enthalpie.

Ein beliebiger unter dem Druck p stehender Körper vom Volum V möge eine Zustandsänderung ausführen, bei der sein Volum zunimmt. Dann verschiebt sich ein Element dF seiner Oberfläche nach Abb. 7 um die Strecke ds und leistet dabei die Arbeit $p \cdot dF \cdot ds$. Durch Integrieren über die gesamte Oberfläche F erhält man die nach außen abgegebene Arbeit

$$dL = p\int_F dF \cdot ds = pdV, \tag{21}$$

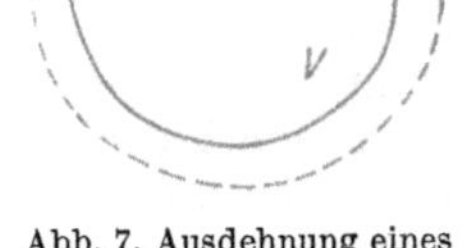

Abb. 7. Ausdehnung eines Gasvolums.

wobei dV die gesamte durch die Verschiebung aller Oberflächenteile hervorgerufene Volumänderung ist.

Beschreiben wir die Zustandsänderung eines Körpers, die wir etwa durch Verschieben eines Kolbens in einem Zylinder ausgeführt denken, nach Abb. 8 durch eine Kurve 12 in einem p,V-Diagramm, so ist pdV

der schraffierte Flächenstreifen und die gesamte während der Zustandsänderung geleistete Arbeit.

$$L_{12} = \int_1^2 p\, dV \tag{21a}$$

ist die Fläche *12ba* unter der Kurve *12*. Diese Darstellung wird in der
Technik sehr viel benutzt.

Die äußere Arbeit wollen wir als positiv rechnen, wenn sie vom
Arbeitskörper an die Umgebung abgeführt, als negativ, wenn sie ihm zugeführt wird.

Außer durch Volumänderung kann äußere Arbeit auch noch auf
andere Weise, z. B. durch Abgabe elektrischer Energie (elektrochemische
Zelle, Thermoelement) oder durch Vergröße-
rung der Oberfläche geleistet werden. Wir
wollen uns jedoch im allgemeinen auf die
Volumarbeit beschränken.

Die einem Körper in Form von Wärme,
mechanischer Arbeit oder in beliebig anderer
Form zugeführte Energie muß in ihm aufgespeichert bleiben, da sie nach dem ersten
Hauptsatz nicht verlorengehen kann.

*Man nennt die Summe aller einem ruhen-
den Körper in beliebiger Form zugeführten
Energien seine innere Energie U.*

In der Thermodynamik betrachtet man
in der Regel nur Energieunterschiede gegen
einen willkürlich gewählten Anfangszustand,
meistens 0 °C und normalen Atmosphären-

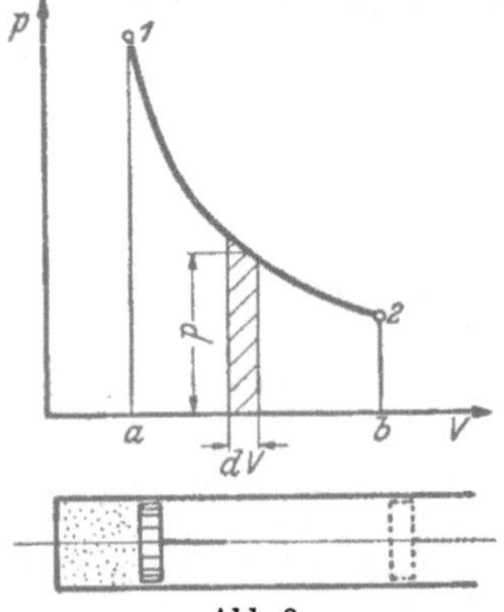

Abb. 8.
Ausdehnungsarbeit eines Gases.

druck. Kommt nur die Zufuhr einer Wärmemenge dQ und die Abgabe
einer äußeren Arbeit $dL = p\, dV$ in Frage, so kann man den ersten
Hauptsatz ausdrücken durch die Formel

$$dU = dQ - dL = dQ - p\, dV. \tag{22}$$

Die Änderung der inneren Energie beim Übergang eines Körpers
von einem beliebigen Zustand *1* in einen Zustand *2* ist unabhängig von
dem Wege, auf dem dieser Übergang erfolgt, d. h. unabhängig davon,
auf welcher Kurve von Zwischenzuständen z. B. im p, V-Diagramm der
Abb. 8 man von *1* nach *2* gelangt. Wäre das nicht der Fall und würde die
innere Energie des Körpers, dessen Zustand z. B. auf einem Wege von
1 nach *2* und auf einem andern Wege wieder zurück von *2* nach *1* gelangt, dabei nicht auch genau wieder den Ausgangswert erreichen, so
wäre dem Körper im ganzen ein endlicher Energiebetrag entzogen oder
zugeführt worden, und es wäre ohne erkennbares Äquivalent Energie
erzeugt oder vernichtet worden, was nach dem ersten Hauptsatz ausgeschlossen ist.

Die innere Energie ist also eine Zustandsgröße, d. h. sie hat immer denselben Wert, wenn der Körper nach einer Reihe von Zustandsänderungen
beliebiger Art den Ausgangszustand wieder erreicht.

Im Gegensatz zur inneren Energie ist die äußere Arbeit L, wie die Darstellung als Fläche in Abb. 8 zeigt, nicht durch Anfang und Ende einer Zustandsänderung bestimmt, sondern von ihrem durch die Kurve *12* dargestellten Verlauf abhängig. Dann ist wegen Gl. (22) auch die zugeführte Wärme dQ vom Wege abhängig. Beide Größen sind daher keine Zustandsgrößen.

Erwärmt man einen Körper bei konstantem Volum, so wird keine äußere Arbeit geleistet, und die zugeführte Wärme erhöht nur die innere Energie.

Bisher wurde die Arbeit einer bestimmten abgegrenzten Stoffmenge betrachtet. In der Technik handelt es sich aber meist darum, aus einem stetig durch eine Maschine fließenden Stoffstrom Arbeit zu gewinnen.

Einen solchen Vorgang stellt Abb. 9 dar, dabei ist I ein großer Behälter, in dem sich das Arbeitsmedium im Zustand *1*, gekennzeichnet durch p_1, T_1, befindet. Das Medium strömt dann durch die Maschine M, gibt dort eine Arbeit L ab und tritt mit dem Zustand p_2, T_2 in den Behälter II ein. Die Drücke in beiden Behältern denken wir uns, wie in der Abb. 9 angedeutet, durch belastete Kolben konstant gehalten. Die Maschine kann ganz beliebiger Art sein (Kolbenmaschine, Turbine usw.), die beiden Behälter und die Maschine sollen aber keine Wärme mit der Umgebung austauschen.

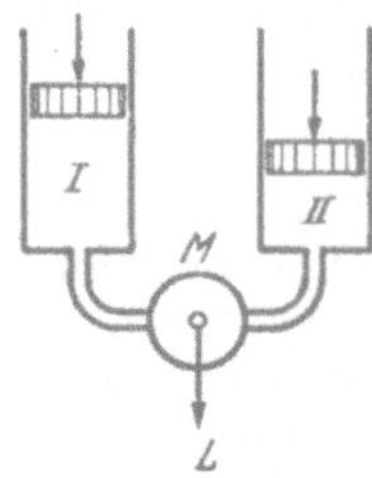

Abb. 9. Enthalpie und Arbeitsleistung.

Wenn wir z. B. die Gasmenge m durch die Maschine hindurchströmen und dort die Arbeit L abgeben lassen, so muß nach dem ersten Hauptsatz die Änderung der inneren Energie gleich der Summe der von außen unserem System zugeführten Energien sein. Im Behälter I führt der Kolben beim Austritt der Gasmenge m vom Volum V_1 die Arbeit $p_1 V_1$ zu, im Behälter II wird durch den Eintritt des Gases der Kolben gehoben und die Arbeit $p_2 V_2$ abgegeben, wenn V_2 das Volum des in den Behälter II eintretenden Gases ist.

Damit ergibt sich für die Änderung der inneren Energie des Gases

$$U_1 - U_2 = L + p_2 V_2 - p_1 V_1$$

oder
$$L = (U_1 + p_1 V_1) - (U_2 + p_2 V_2). \tag{23}$$

Für die Klammerausdrücke führt man die Bezeichnung

$$I = U + pV \tag{24}$$

ein, wobei I eine neue Zustandsgröße ist, die man *Enthalpie*[1] (früher Wärmeinhalt) nennt. Sie ist die Summe aus der inneren Energie U und dem Produkt pV, das man als *Verdrängungsarbeit* bezeichnet. Die Verdrängungsarbeit ist auch eine Zustandsgröße und bedeutet die Arbeit, die erforderlich ist, um in einem Raum vom Drucke p den Platz für das

---

[1] Von ἐν = darin und θάλπος = Wärme. Im englischen Schrifttum heißt Enthalpie auch heat content und wird mit H bezeichnet.

Gasvolum V freizumachen. Wir wollen die Bezeichnung „Enthalpie“ benutzen, denn „Wärmeinhalt“ ist mißverständlich, weil man dabei an die in einem Körper enthaltene Wärme denkt. Diese wird aber gerade als „innere Energie“ bezeichnet. Die in der Enthalpie enthaltene Verdrängungsarbeit befindet sich nicht mehr im betrachteten Körper, sondern ist an die Umgebung abgegeben worden. — Das Fremdwort hat hier, wie auch sonst manchmal, vor der deutschen Bezeichnung den Vorteil, daß man sich dabei zunächst gar nichts — und daher auch nichts Falsches — denken kann.

Die in unserer Maschine im Dauerbetrieb gewonnene Arbeit wollen wir zum Unterschied von der früheren, einmalig von einer bestimmten Gasmenge geleisteten, als *technische Arbeit* bezeichnen, sie ist gleich dem Unterschied der Enthalpie des Arbeitsmittels vor und nach der Arbeitsleistung entsprechend der Gleichung

$$I_1 - I_2 = L. \tag{23a}$$

Diese Beziehung ist für die Wärmetechnik von grundlegender Bedeutung. Sie gilt, wie ihre Ableitung zeigt, unabhängig von dem Wirkungsgrad der Maschine; wird weniger Arbeit gewonnen als möglich wäre, so ist L kleiner und dafür I_2 größer; sie gilt auch nicht nur für positive Werte von L, sondern ebenso für negative, also für den Fall, daß dem Gas Arbeit zugeführt wird. Die Maschine arbeitet dann als Gasverdichter oder auch nur als einfacher Rührer, der im Gas Arbeit durch Reibung in Wärme verwandelt.

Aus Gl. (24) erhält man durch Differenzieren

$$dI = dU + (pdV + Vdp). \tag{24a}$$

Damit kann man dem ersten Hauptsatz nach Gl. (22) die beiden Formen

$$dQ = dU + p\,dV \tag{25}$$

$$dQ = dI - Vdp \tag{26}$$

oder auf 1 kg bezogen

$$dq = du + pdv \tag{25a}$$

$$dq = di - vdp \tag{26a}$$

geben. Durch Integration wird daraus

$$Q_{12} = U_2 - U_1 + \int_1^2 p\,dV \tag{25b}$$

$$Q_{12} = I_2 - I_1 - \int_1^2 V\,dp, \tag{26b}$$

wobei wir mit Q_{12} die dem Gas auf dem Wege von *1* nach *2* zugeführte Wärme bezeichnen. Da Q keine Zustandsgröße ist, kann man nicht $Q_2 - Q_1$ dafür sagen.

Das Integral $\int_1^2 p\,dV$ hatten wir in Abb. 8 bereits geometrisch gedeutet.

In ähnlicher Weise ist $V\,dp$ in Abb. 10 der schraffierte waagerechte Flächenstreifen und $L = -\int V\,dp$ die Fläche $12cd$.

Für $dp = 0$ folgt aus Gl. (26), daß die bei konstantem Druck zugeführte Wärme gleich der Änderung der Enthalpie ist.

Wird in der Maschine der Abb. 9 vom Arbeitsmittel nicht nur die Arbeit L geleistet, sondern ihm auch eine positive oder negative Wärmemenge Q_{12} zugeführt, so gilt natürlich

$$I_2 - I_1 = Q_{12} - L, \qquad (23\,\mathrm{b})$$

eine Beziehung, die manchmal als Enthalpietheorem bezeichnet wird.

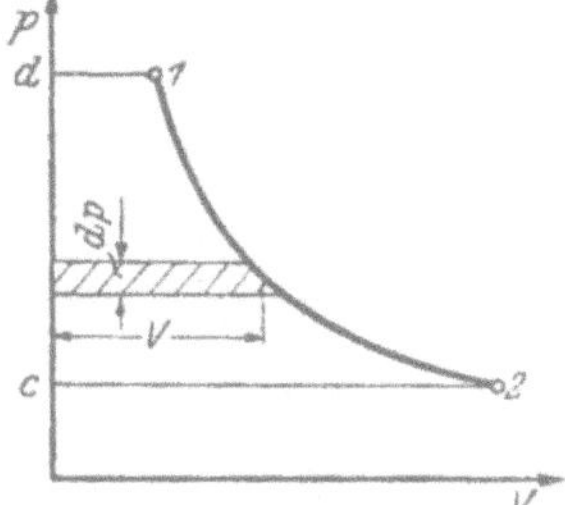

Abb. 10. Die technische Arbeit eines Gases.

Für eine beliebige Menge m eines Körpers wollen wir für Volum, innere Energie, Enthalpie, Wärme usw. die großen Buchstaben $V, U,$ I, Q benutzen, für die Mengeneinheit von 1 kg dagegen die kleinen $v, u,$ i, q, so daß also $\dfrac{V}{v} = \dfrac{U}{u} = \dfrac{I}{i} = \dfrac{Q}{q} = m$ ist. Große Buchstaben bezeichnen also der Menge proportionale oder *Quantitätsgrößen*, kleine Buchstaben spezifische oder *Intensitätsgrößen*, zu denen auch Druck und Temperatur gehören.

10. Die kalorischen Zustandsgleichungen.

Von den Zustandsgrößen p, v, T, u und i und ebenso von später noch einzuführenden sind bei homogenen Stoffen durch je zwei von ihnen die übrigen bestimmt durch eine Beziehung zwischen drei Veränderlichen, die sich als Fläche im Raum oder als Kurvenschar in der Ebene darstellen läßt. Die Beziehung zwischen den einfachen Zustandsgrößen p, v und T hatten wir als thermische Zustandsgleichung bezeichnet, Beziehungen zwischen u oder i und je zwei der einfachen Zustandsgrößen sollen *kalorische Zustandsgleichungen* heißen.

Für die innere Energie der Mengeneinheit eines Stoffes kann man z. B. schreiben $u = u\,(T, v)$.

Durch Differenzieren erhält man das vollständige Differential

$$du = \left(\frac{\partial u}{\partial T}\right)_v dT + \left(\frac{\partial u}{\partial v}\right)_T dv. \qquad (27)$$

Darin sind $\left(\dfrac{\partial u}{\partial T}\right)_v$ und $\left(\dfrac{\partial u}{\partial u}\right)_T$ die partiellen Differentialquotienten, deren Indizes jeweils die zweite unabhängige Veränderliche angeben, die beim Differenzieren konstant zu halten ist.

In Abb. 11 sind diese Differentialquotienten wieder geometrisch veranschaulicht. Darin ist das schraffierte Viereck ein aus der $u\,(T,v)$-Fläche

3*

herausgeschnittenes Element. Der partielle Differentialquotient $\left(\dfrac{\partial u}{\partial T}\right)_v$ bedeutet die Steigung eines parallel zur u, T-Ebene verlaufenden Weges auf der Fläche und ist gleich dem Tangens des Neigungswinkels dieses Weges gegen die v, T-Ebene. Der partielle Differentialquotient $\left(\dfrac{\partial u}{\partial v}\right)_T$ hat die entsprechende Bedeutung für einen zur u, v-Ebene parallelen Weg. Das vollständige Differential du ergibt sich dann aus der Abbildung als die Summe der beiden beim Fortschreiten um dT in der T- und um dv in der v-Richtung zu überwindenden Höhenunterschiede

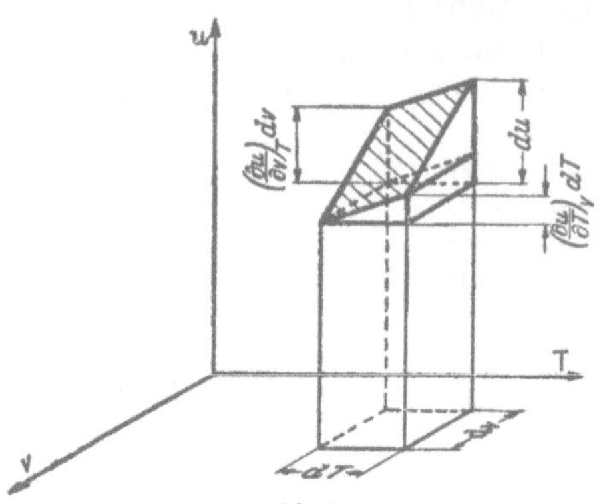

Abb. 11.
Zur Differentiation der kalorischen Zustandsgleichung.

$$\left(\frac{\partial u}{\partial T}\right)_v dT \quad \text{und} \quad \left(\frac{\partial u}{\partial v}\right)_T dv.$$

Setzt man du aus Gl. (27) in Gl. (25a) ein, so erhält man für die Mengeneinheit

$$dq = \left(\frac{\partial u}{\partial T}\right)_v dT + \left[\left(\frac{\partial u}{\partial v}\right)_T + p\right] dv. \tag{28}$$

Für eine Zustandsänderung bei konstantem Volum, also für $dv = 0$ gilt

$$dq = \left(\frac{\partial u}{\partial T}\right)_v dT = c_v dT,$$

wobei man

$$c_v = \left(\frac{\partial u}{\partial T}\right)_v \tag{29}$$

als *spez. Wärme bei konstantem Volum* bezeichnet, wenn es sich um einen homogenen Körper handelt.

In gleicher Weise erhält man für die Enthalpie $i(T, p)$ das vollständige Differential

$$di = \left(\frac{\partial i}{\partial T}\right)_p dT + \left(\frac{\partial i}{\partial p}\right)_T dp \tag{30}$$

und damit durch Einsetzen in Gl. (26a) für die zugeführte Wärme

$$dq = \left(\frac{\partial i}{\partial T}\right)_p dT + \left[\left(\frac{\partial i}{\partial p}\right)_T - v\right] dp. \tag{31}$$

Für eine Zustandsänderung bei konstantem Druck, also mit $dp = 0$ wird daraus

$$dq = \left(\frac{\partial i}{\partial T}\right)_p dT = c_p dT,$$

wobei man bei homogenen Körpern

$$c_p = \left(\frac{\partial i}{\partial T}\right)_p \tag{32}$$

als *spez. Wärme bei konstantem Druck* bezeichnet.

Die kalorischen Zustandsgleichungen lassen sich ebenso wie die thermischen durch Kurvenscharen darstellen. In der Technik werden benutzt das i,T- und das i,p-Diagramm, in denen die räumliche $i(p,T)$-Fläche durch Kurven $p =$ konst. in der i,T-Ebene bzw. durch Kurven $T =$ konst. in der i,p-Ebene dargestellt wird. Noch wichtiger ist das i,s-Diagramm, auf das wir später eingehen, wenn wir die Entropie s kennengelernt haben.

Man nennt Diagramme, in denen die Enthalpie als Koordinate benutzt wird, *Mollier-Diagramme* nach RICHARD MOLLIER, der sie 1904 zuerst einführte.

Auf weitere allgemeine Beziehungen zwischen den Zustandsgrößen soll später eingegangen werden, nachdem wir spezielle einfache Formen der Zustandsgleichung behandelt haben.

IV. Das vollkommene Gas.

11. Die Gesetze von BOYLE-MARIOTTE und GAY-LUSSAC und die thermische Zustandsgleichung der vollkommenen Gase.

BOYLE fand 1662 und MARIOTTE 1676, daß bei Änderung des Druckes p eines auf konstanter Temperatur gehaltenen Gases sein spez. Volum v sich umgekehrt proportional zum Druck ändert. Das Produkt

$$pv = f(t) \tag{33}$$

hängt demnach nur von der Art des Gases und von seiner Temperatur ab. GAY-LUSSAC fand 1802, daß sich alle Gase unter konstantem Druck bei Erwärmung von $0°$ auf $100°$ um denselben Bruchteil ihres Volums ausdehnen, der durch neuere Messungen zu $100/273{,}15$ bestimmt wurde. Der Ausdehnungskoeffizient der Gase, d. h. die je Grad Temperatursteigerung auftretende Volumzunahme im Vergleich zum Volum v_0 bei $0°$, ist also

$$\beta = 1/273{,}15°, \tag{34}$$

und das Volum bei der Temperatur t geben wir an durch die Gleichung

$$v = v_0(1 + \beta t). \tag{35}$$

Die Vereinigung der Gesetze von BOYLE-MARIOTTE und GAY-LUSSAC liefert, wie man leicht einsieht,

$$pv = p_0 v_0 (1 + \beta t),$$

wenn p_0 und v_0 zusammengehörige Werte von Druck und spez. Volum bei $0°$ sind, deren Produkt nach Gl. (33) für jedes Gas einen bestimmten Wert hat. Dann ist auch

$$p_0 v_0 \beta = R$$

eine konstante, nur von der Art des Gases abhängige Größe, die man *Gaskonstante* nennt. Damit wird

$$pv = R\left(\frac{1}{\beta} + t\right) = R\,(273{,}15° + t). \tag{36}$$

Diese Gleichung zeigt, daß bei konstantem Druck p das Volum v der Mengeneinheit des Gases proportional $273{,}15° + t$ wächst und daß bei konstantem Volum v der Druck proportional $273{,}15° + t$ ansteigt. Es ist daher zweckmäßig, eine neue Temperatur

$$T = 273{,}15° + t \qquad (37)$$

einzuführen, deren Nullpunkt bei $-273{,}15\,°C$ unter dem Eispunkt liegt.

Für $T = 0$, also $t = -273{,}15\,°C$, wird bei konstantem Druck das Volum Null und bei konstantem Volum der Druck Null. Da negative Volume unmöglich sind und da bei Gasen auch keine negativen Drücke vorkommen können, liegt es nahe, $-273{,}15°C$ als die tiefste überhaupt mögliche Temperatur anzusehen. Man nennt daher T die *absolute Temperatur*. Diese Bezeichnung wird durch die kinetische Gastheorie erklärt; denn wenn die Wärme in einer Bewegung der Molekeln besteht, und der Druck die Folge der Stöße der Gasmolekeln auf die Wände ist, muß das Verschwinden des Druckes bei $-273{,}15°C$ zugleich das Aufhören der Wärmebewegung der Molekeln bedeuten, und wir können mit Recht diese Temperatur als den absoluten, auf keine Weise unterschreitbaren Nullpunkt der Temperatur bezeichnen.

Für technische Zwecke ist es meist ausreichend, den absoluten Nullpunkt abgerundet bei $-273\,°C$ anzunehmen.

Durch Einführen von T nimmt Gl. (36) die einfache Form

$$pv = RT \quad oder \quad p = \varrho RT \qquad (36\,\text{a})$$

an, die man als *Zustandsgleichung der vollkommenen Gase* bezeichnet.

Die wirklichen Gase genügen dieser Gleichung nicht ganz, aber um so genauer, je kleiner ihr Druck ist. Die Gleichung hat also den Charakter eines Grenzgesetzes.

Ein gedachtes Gas, das ihr bei allen Drücken genügt, nennt man *vollkommenes* oder *ideales Gas*.

Die Konstante R wird also bestimmt durch die Gleichung

$$(pv)_{\text{Dampfpunkt}} - (pv)_{\text{Eispunkt}} = R \cdot 100°.$$

Wir werden später sehen, daß wir dieselbe Skala auch erhalten können, ohne die Eigenschaften des vollkommenen Gases zu kennen.

Durch Differenzieren erhält man aus Gl. (36a)

$$p\,dv + v\,dp = R\,dT \qquad (36\,\text{b})$$

oder wenn man vor dem Differenzieren logarithmiert

$$\frac{dp}{p} + \frac{dv}{v} = \frac{dT}{T}. \qquad (36\,\text{c})$$

Betrachtet man nicht $1\,\text{kg}$ des Gases, sondern eine beliebige Menge von der Masse m und dem Volum V, so geht Gl. (36a) über in

$$pV = mRT. \qquad (36\,\text{d})$$

Die Zustandsgleichung $pv = RT$ wird geometrisch durch die in Abb. 12 perspektivisch dargestellte Fläche wiedergegeben. Die Fläche wird von allen Ebenen $T =$ konst. in gleichseitigen Hyperbeln, von allen Ebenen $p =$ konst. und $v =$ konst. in geraden Linien geschnitten. Durch jeden Punkt der Fläche gehen also zwei ganz auf ihr liegende unendlich lange Gerade, und man sieht leicht ein, daß sie überall sattelförmig gekrümmt sein muß. Man nennt die Fläche „Hyperbolisches Paraboloid", denn jede Ebene parallel zur T-Achse schneidet sie in Parabeln, die zu Geraden ausarten, wenn die Ebene auch noch parallel zur p- oder v-Achse ist. Jede andere Ebene schneidet die Fläche in Hyperbeln, die zu einem Geradenpaar ausarten, wenn die Ebene zugleich die Fläche berührt. In der Abb. 12 ist die Schnittparabel mit der Ebene $p = v$ eingezeichnet.

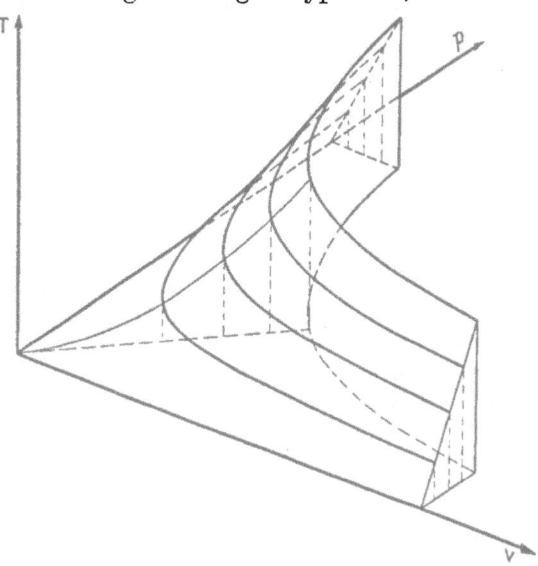

Abb. 12. Zustandsfläche des vollkommenen Gases.

Führt man die dimensionslosen Zustandsgrößen

$$\pi = \frac{p}{p_0}, \quad \nu = \frac{v}{v_0}, \quad \tau = \frac{T}{T_0}$$

ein, indem man jede Zustandsgröße durch einen vereinbarten, durch den Index $_0$ gekennzeichneten Normwert dividiert, so geht Gl. (36a) in die besonders einfache Form

$$\pi \nu = \tau \tag{36e}$$

über.

12. Die Gaskonstante und das Gesetz von AVOGADRO. Normtemperatur, Normdruck, Normzustand.

Die Gaskonstante R ist eine kennzeichnende Konstante jedes Gases, die durch Messen zusammengehöriger Werte von p, v und T ermittelt wird. Bei Luft z. B. ergibt die Wägung bei

$$p = 760 \text{ Torr} = 101\,325 \text{ N/m}^2 = 10\,332 \text{ kp/m}^2 \text{ und } T = 273{,}15\,°\text{K}$$

eine Dichte $\varrho = \dfrac{1}{v} = 1{,}293 \text{ kg/m}^3$.

Damit wird die Gaskonstante der Luft

$$R = \frac{p}{\varrho T} = \frac{101325 \text{ N/m}^2}{1{,}293 \text{ kg/m}^3 \cdot 273{,}15\,°\text{K}} = \frac{10332 \text{ kp/m}^2}{1{,}293 \text{ kg/m}^3 \cdot 273{,}15\,°\text{K}} =$$

$$= 286{,}9 = \frac{m^2}{s^2\,°\text{K}} = 286{,}9\,\frac{\text{J}}{\text{kg}\,°\text{K}} = 29{,}27\,\frac{\text{mkp}}{\text{kg}\,°\text{K}}.$$

Erwärmt man 1 kg Gas bei konstantem Druck p von T_1 auf T_2, wobei das spez. Volum von v_1 auf v_2 steigt, so gilt

$$pv_1 = RT_1,$$

$$pv_2 = RT_2.$$

Durch Subtrahieren wird $p\,(v_2 - v_1) = R\,(T_2 - T_1)$.
Dabei ist die linke Seite die bei der Expansion geleistete Arbeit, deren Zahlenwert für $T_2 - T_1 = 1°$ gerade R ist.

Die Gaskonstante ist also gleich der von 1 kg Gas bei der Erwärmung um 1° unter konstantem Druck geleisteten Arbeit.

Bei demselben Zustand, z. B. bei 760 Torr und 0 °C, ist die Gaskonstante verschiedener Gase ihrem spez. Volum direkt, ihrer Dichte und damit auch ihrem Molekulargewicht umgekehrt proportional.

Unter dem Molekulargewicht M versteht die Chemie bekanntlich das Verhältnis der Dichte eines Gases zur Dichte des Sauerstoffes, multipliziert mit dem Molekulargewicht des Sauerstoffes, das man gleich der Zahl 32 setzt. Dieser Dichtevergleich ist bei so kleinen Drücken auszuführen, daß sich die Gase wie vollkommene Gase verhalten. Das Molekulargewicht ist demnach kein wirkliches Gewicht, sondern eine dimensionslose Zahl.

Die Molekel des Sauerstoffes besteht aus zwei Atomen, sein Atomgewicht ist daher 16. Das Molekulargewicht des ebenfalls zweiatomigen Wasserstoffes ist 2,016, sein Atomgewicht also 1,008.

Ursprünglich hat man als Bezugsgröße für Atom- und Molekulargewichte das Atomgewicht des Wasserstoffes als des leichtesten Gases gleich 1 gesetzt, wobei dann Sauerstoff das Atomgewicht 15,87 erhielt. Da der Sauerstoff aber mit viel mehr Stoffen chemische Verbindungen eingeht als der Wasserstoff, ist man aus praktischen Gründen dazu übergegangen, den Sauerstoff als Bezugsgröße zu benutzen und sein Atomgewicht genau gleich 16 zu setzen, wobei dann Wasserstoff das Atomgewicht 1,008 erhält.

Ein *Mol* oder *Kilomol*, abgekürzt kmol, nennt man eine Menge von soviel Kilogramm, wie das Molekulargewicht angibt, es ist also

$$1 \text{ kmol} = M \text{ kg}. \tag{38}$$

Die Chemie pflegt mit dem kleinen Mol, 1 mol $= M$ g zu rechnen.

Nach dem Gesetze von Avogadro enthalten, wie die Chemie lehrt, alle Gase bei gleichem Druck und gleicher Temperatur in gleichen Räumen gleichviel Molekeln. Die Massen der Molekeln verschiedener Gase verhalten sich demnach wie die Molekulargewichte, und ein Mol enthält eine ganz bestimmte, für alle Gase gleiche Anzahl von Molekeln, die man LOSCHMIDTsche Zahl nennt und die $N_L = 6{,}0236 \cdot 10^{26}$/kmol beträgt[1].

Dann hat aber auch das Volum $\mathfrak{V}$ eines Mols bei allen Gasen dieselbe Größe. Nach den neuesten Messungen ist das Molvolum

$$\mathfrak{V} = 22{,}415 \ \text{m}^3/\text{kmol bei } 0\,^\circ\text{C und 1 atm oder 760 Torr.} \qquad (39)$$

Als *Normtemperaturen* gelten $0\,^\circ\text{C}$ und $20\,^\circ\text{C}$, als *Normdrücke* 1 atm $= 101\,325 \ \text{N/m}^2$ und 1 at $= 1 \ \text{kp/cm}^2$. Die Zusammenstellung $0\,^\circ\text{C}$ und 1 atm heißt „*physikalischer*" *Normzustand*, die Zusammenstellung $20\,^\circ\text{C}$ und 1 at „*technischer*" *Normzustand*. Die bei $0\,^\circ\text{C}$ und 1 atm in 1 m³ enthaltene Gasmenge von 1/22,415 kmol heißt *Normkubikmeter*, sie ist kein Volum, sondern die in Raumeinheiten ausgedrückte Angabe einer Gasmenge.

Wir wollen im allgemeinen mit dem physikalischen Normzustand, entsprechend einem Molvolum von abgerundet $\mathfrak{V} = 22{,}4 \ \text{m}^3/\text{kmol}$, rechnen.

Wendet man die Zustandsgleichung $pV = mRT$ auf ein Mol, also auf die Gasmenge M kg an und dividiert durch kmol, so tritt für V auf ihrer linken Seite das für alle Gase gleiche Molvolum $\mathfrak{V}$ ein. Dann muß auch auf der rechten Seite

$$(M \ \text{kg/kmol}) \, R = \boldsymbol{R} \qquad (40)$$

eine von der Gasart unabhängige Konstante sein, die wir *allgemeine Gaskonstante*[1] nennen. Mit ihr lautet die auf das Mol bezogene Zustandsgleichung

$$p\,\mathfrak{V} = \boldsymbol{R}\,T. \qquad (41)$$

Der Zahlenwert der allgemeinen Gaskonstanten ergibt sich daraus durch Einsetzen der Werte von p und $\mathfrak{V}$ bei 1 atm und $0\,^\circ\text{C}$ zu

$$\boldsymbol{R} = \frac{p\,\mathfrak{V}}{T} = \frac{101\,325 \ \text{N/m}^2 \cdot 22{,}415 \ \text{m}^3/\text{kmol}}{273{,}15\,^\circ\text{K}} = 8315 \ \text{J/}^\circ\text{K kmol.}$$

Die allgemeine Gaskonstante ist eine universelle Konstante der Physik, nach den neuesten Messungen hat sie in den verschiedenen Maßeinheiten folgende Größe:

$$\left.\begin{aligned}
\boldsymbol{R} &= 8315 \ \text{J/}^\circ\text{K kmol,} \\
&= 847{,}9 \ \text{mkp/}^\circ\text{K kmol,} \\
&= 1{,}987 \ \text{kcal/}^\circ\text{K kmol,} \\
&= 1{,}986 \ \text{kcal}_{\text{IT}}/^\circ\text{K kmol,} \\
&= 2{,}310 \cdot 10^{-3} \ \text{kWh/}^\circ\text{K kmol.}
\end{aligned}\right\} \qquad (42)$$

Bezieht man die Gaskonstante auf 1 Molekel, indem man durch die LOSCHMIDTsche Zahl dividiert, so erhält man die sog. BOLTZMANNsche Konstante[1]

$$\begin{aligned}
\boldsymbol{k} = \boldsymbol{R}/N_L &= 1{,}3803 \cdot 10^{-23} \ \text{J/}^\circ\text{K} = 1{,}3803 \cdot 10^{-16} \ \text{erg/}^\circ\text{K} \\
&= 3{,}298 \cdot 10^{-27} \ \text{kcal/}^\circ\text{K.}
\end{aligned}$$

---

[1] Die Grundkonstanten der Physik, wie die allgemeine Gaskonstante, die LOSCHMIDTsche Zahl, das Wirkungsquantum, die Lichtgeschwindigkeit usw. wollen wir durch Fettdruck kennzeichnen.

13. Die Zustandsgleichung von Gasgemischen.

Für Gemische von vollkommenen Gasen, die miteinander nicht chemisch reagieren, gilt nach der Erfahrung das Gesetz von DALTON: *Befinden sich mehrere Gase in demselben Raum, so verbreitet sich jedes von ihnen auf das ganze Volum so, als wenn das andere nicht vorhanden wäre, und der Druck ist gleich der Summe der Teildrücke der einzelnen Gase.*

Befinden sich im Volum V bei der Temperatur T zugleich die Mengen m_1 eines Gases mit der Gaskonstanten R_1 und dem Teildruck p_1 und m_2 eines Gases mit der Gaskonstanten R_2 und dem Teildruck p_2, so gelten demnach die Gleichungen

$$\begin{aligned} p_1 V &= m_1 R_1 T \\ p_2 V &= m_2 R_2 T \\ \hline (p_1 + p_2) V &= (m_1 R_1 + m_2 R_2) T \cdot \end{aligned}$$

Führt man an Stelle von V das spez. Volum des Gemisches $v = \dfrac{V}{m_1 + m_2}$ ein, bezeichnet mit $m = m_1 + m_2$ seine Menge und nennt $p = p_1 + p_2$ den Gesamtdruck der Mischung, so wird

$$p\,v = \left(\frac{m_1}{m} R_1 + \frac{m_2}{m} R_2\right) T.$$

Man kann daher die Größe

$$R_m = \frac{m_1}{m} R_1 + \frac{m_2}{m} R_2 = \frac{\varSigma\, m_i R_i}{\varSigma\, m_i} \tag{43}$$

als Gaskonstante des Gemisches bezeichnen, sie ergibt sich nach der gewöhnlichen Mischregel aus der Gaskonstanten der einzelnen Bestandteile.

Die Zusammensetzung eines Gemisches wird oft in Molbrüchen x_i angegeben, das ist das Verhältnis der Molzahl des Bestandteils i zur gesamten Molzahl der Mischung. Nach dem Gesetz von AVOGADRO ist der Molbruch gleich dem Verhältnis des Volums der vom Gemisch getrennten Komponenten i zum ganzen Gemischvolum bei demselben Druck. Dabei ist natürlich

$$\sum x_i = 1.$$

Mit dem Mengenverhältnis

$$\mu_i = \frac{m_i}{\varSigma\, m_i}$$

besteht die Beziehung

$$x_i = \mu_i \frac{R_i}{R_m}. \tag{44}$$

Für die spezifischen Wärmen und die Molwärmen der Mischung gilt, wenn wir die auf das Mol bezogenen Größen mit großen deutschen Buchstaben bezeichnen (vgl. S. 48) ebenso wie das Molvolum auf S. 41.

$$c_p = \sum \mu_i c_{pi} \qquad c_v = \sum \mu_i c_{vi} \qquad \mathfrak{C}_p = \sum x_i \mathfrak{C}_{pi} \qquad \mathfrak{C}_v = \sum x_i \mathfrak{C}_{vi} \tag{44a}$$

und für die Enthalpie und innere Energie entsprechend

$$i + \sum \mu_i i_i \qquad u = \sum \mu_i u_i \qquad \mathfrak{J} = \sum x_i \mathfrak{J}_i \qquad \mathfrak{U} = \sum x_i \mathfrak{U}_i. \tag{44b}$$

Mischungen wirklicher Gase weichen etwas von den vorstehenden Gleichungen ab besonders bei höheren Drücken, auch wenn die Gase nicht chemisch miteinander reagieren. Doch liegt hierüber nur spärliches Versuchsmaterial vor.

14. Die Abweichungen der wirklichen Gase von der Zustandsgleichung des vollkommenen Gases.

Die wirklichen Gase genügen der Zustandsgleichung des vollkommenen Gases genau nur im Grenzfall unendlich kleinen Druckes. Sie weichen um so mehr davon ab, je größer ihre Dichte ist und je näher sie dem Zustand der Verflüssigung kommen. Bei der Behandlung der Dämpfe werden wir darauf genauer eingehen.

Um einen Begriff von der Größe der Abweichungen zu geben, sind in Tab. 9 und 10 für Luft und für Wasserstoff von HOLBORN und OTTO[1] gemessene Werte des Ausdruckes $\frac{pv}{RT}$ angegeben, der beim vollkommenen Gas stets gleich 1 ist.

Tabelle 9. *Werte von* $\frac{pv}{RT}$ *für Luft.*

$t =$	0°	50°	100°	150°	200°
$p =$ 0	1	1	1	1	1
10	0,9945	0,9990	1,0012	1,0025	1,0031
20	0,9895	0,9984	1,0027	1,0051	1,0064
30	0,9851	0,9981	1,0045	1,0078	1,0097
40	0,9812	0,9982	1,0065	1,0108	1,0132
50	0,9779	0,9986	1,0087	1,0139	1,0168
60	0,9751	0,9993	1,0112	1,0172	1,0205
70	0,9730	1,0004	1,0139	1,0206	1,0243
80	0,9714	1,0018	1,0169	1,0242	1,0282
90	0,9704	1,0036	1,0201	1,0279	1,0322
100 kp/cm²	0,9699	1,0057	1,0235	1,0319	1,0364

Tabelle 10. *Werte von* $\frac{pv}{RT}$ *für Wasserstoff.*

$t =$	−150°	−100°	−50°	0°	50°	100°	200°
$p =$ 0	1	1	1	1	1	1	1
10	1,0032	1,0064	1,0064	1,0061	1,0055	1,0049	1,0039
20	1,0073	1,0130	1,0130	1,0122	1,0111	1,0098	1,0078
30	1,0122	1,0199	1,0197	1,0183	1,0166	1,0148	1,0118
40	1,0180	1,0271	1,0265	1,0245	1,0222	1,0197	1,0157
50	1,0245	1,0345	1,0334	1,0307	1,0277	1,0246	1,0196
60	1,0319	1,0422	1,0404	1,0370	1,0332	1,0295	1,0235
70	1,0402	1,0501	1,0476	1,0433	1,0388	1,0345	1,0274
80	1,0492	1,0584	1,0548	1,0496	1,0443	1,0394	1,0313
90	1,0591	1,0668	1,0622	1,0560	1,0498	1,0443	1,0353
100 kp/cm²	1,0699	1,0756	1,0697	1,0625	1,0554	1,0492	1,0392

[1] Z. Physik Bd. 33 (1935), S. 1.

Bei Drücken von etwa 20 at erreichen die Abweichungen vom vollkommenen Gaszustand bei Luft und Wasserstoff die Größenordnung 1%. Bis hinauf zum atmosphärischen Druck sind sie bei allen Gasen praktisch zu vernachlässigen.

Bei höheren Drücken, besonders in der Nähe der Verflüssigung, werden die Abweichungen größer. In Abb. 13 ist für Kohlensäure der Wert des Produktes $p\mathfrak{B}$ über dem Druck für verschiedene Temperaturen bis zu Drücken von 1000 at aufgetragen. Wäre die Kohlensäure ein vollkommenes Gas, so müßten alle Isothermen vom linken Rande der Abbildung an als waagerechte Gerade verlaufen. In Wirklichkeit sinken sie mit steigendem Druck, erreichen ein Minimum und steigen dann wieder. Durch die Minima aller Kurven ist die gestrichelte Kurve gelegt. Bei der Isotherme für 500° liegt dieses Minimum gerade auf der Ordinatenachse. Für diese Temperatur ist also $p\mathfrak{B}$ bis zu Drücken von über 100 at merklich konstant, wie es das Boylesche Gesetz für vollkommene Gase verlangt; man bezeichnet diese Temperatur daher auch als „Boyle-Temperatur". Das schraffierte Gebiet am linken unteren Rande der Abb. 13 entspricht dem Verflüssigungsbereich unter der Grenzkurve.

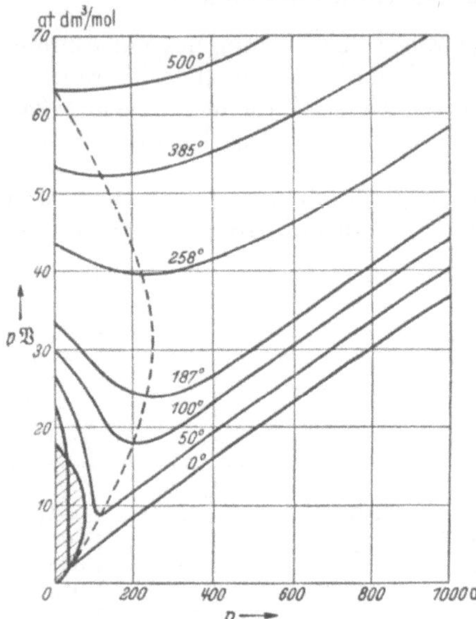

Abb. 13. Abweichungen der Kohlensäure vom Verhalten des vollkommenen Gases.

Für Luft liegt die BOYLE-Temperatur bei $+75\,°\mathrm{C}$, für Wasserstoff bei $-164\,°\mathrm{C}$. Eine etwas andere Darstellung der Abweichungen vom Gesetz der vollkommenen Gase, bei der $\dfrac{p v}{T}$ über t aufgetragen ist, werden wir später in Abb. 80 beim Wasserdampf kennenlernen.

15. Die spezifischen Wärmen und die kalorischen Zustandsgleichungen der vollkommenen Gase.

Erwärmt man ein Gas bei konstantem Volum, so dient die der Mengeneinheit zugeführte Wärmemenge dq allein zur Erhöhung der inneren Energie nach der Gleichung $dq = (du)_v = c_v dT$, wobei $c_v = \left(\dfrac{\partial u}{\partial T}\right)_v$ nach Gl. (29) die spez. Wärme bei konstantem Volum ist.

Im allgemeinen ist die innere Energie u eine Funktion von zwei Zustandsgrößen, z. B. von T und v, und nach Gl. (28) gilt für die zugeführte Wärme

$$dq = c_v dT + \left[\left(\frac{\partial u}{\partial v}\right)_T + p\right] dv,$$

wobei $\left(\dfrac{\partial u}{\partial v}\right)_T dv$ die Änderung der inneren Energie bei einer Volum-vergrößerung um dv, aber bei konstant gehaltener Temperatur ist. Das Verschwinden dieses Ausdruckes bei vollkommenen Gasen kann man mit Hilfe des folgenden zuerst von GAY-LUSSAC 1806 ausgeführten und später von JOULE mit besseren Mitteln wiederholten Versuches bestimmen:

Zwei Gefäße, von denen das erste mit einem Gas gefüllt, das zweite luftleer ist, sind nach Abb. 14 miteinander durch ein Rohr verbunden, das zunächst durch einen Hahn abgeschlossen ist. Beide Gefäße sind gegen die Umgebung völlig wärmeisoliert, kön-nen aber untereinander Wärme austauschen. Öffnet man den Hahn, so strömt Gas aus dem ersten Gefäß in das zweite über, dabei kühlt sich aus Gründen, die wir später untersuchen werden, das Gas im ersten Gefäß ab, während es sich im zweiten erwärmt. Wartet man aber den Tempera-

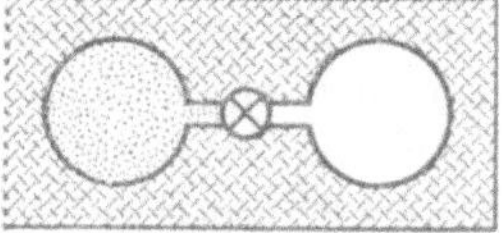

Abb. 14. Versuch von GAY-LUSSAC und JOULE.

turausgleich zwischen beiden Gefäßen ab, so zeigt der Versuch, daß dann das auf beide Gefäße verteilte Gas wieder dieselbe Temperatur hat wie zu Anfang im ersten Gefäß.

Bei dem Vorgang wurde mit der Umgebung keine Energie, weder in Form von Wärme, noch als mechanische Arbeit ausgetauscht. Die innere Energie des Gases ist also nach S. 32 ungeändert geblieben, ebenso wie die Temperatur, obwohl das Volum sich vergrößert hat. Daraus folgt, daß die innere Energie des vollkommenen Gases nicht vom Volum ab-hängen kann, sondern nur von der Temperatur, oder daß beim voll-kommenen Gas

$$\left(\frac{\partial u}{\partial v}\right)_T = 0 \tag{45}$$

ist[1]. Dann gilt für beliebige Zustandsänderungen, nicht nur für solche bei konstantem Volum,

$$du = c_v dT \tag{46}$$

oder

$$u = \int c_v dT = c_v T + u_0, \tag{46a}$$

wenn man die spez. Wärme als konstant ansieht und u_0 die willkürliche durch Verabredung festzusetzende Integrationskonstante ist.

Erwärmt man ein Gas bei konstantem Druck, also bei $dp = 0$, so dient die zugeführte Wärme nach Gl. (26) zur Erhöhung der Enthalpie, und es ist $dq = (di)_p = c_p dT$, wobei $c_p = \left(\dfrac{\partial i}{\partial T}\right)_p$ nach Gl. (32) die spez. Wärme bei konstantem Druck ist.

---

[1] Dies Ergebnis ist aber keine unabhängige Eigenschaft des vollkommenen Gases. Man kann es vielmehr, wie wir auf S. 102 sehen werden, mit Hilfe des zweiten Hauptsatzes aus der Zustandsgleichung $pv = RT$ ableiten. Die Erfüllung dieser Zustandsgleichung ist allein schon hinreichend für die Vollkommenheit eines Gases. Natürlich darf man dann die Temperatur nicht mit Hilfe dieser Gleichung definieren, sondern muß sie auf die thermodynamische Skala zurückführen.

Die zugeführte Wärmemenge erhöht hier nicht nur die innere Energie, sondern leistet wegen der Volumzunahme auch äußere Arbeit entsprechend der Gl. (28) bei Berücksichtigung von Gl. (46)

$$dq = c_p dT = c_v dT + p dv. \qquad (47)$$

Ersetzt man darin nach Gl. (36b) bei $dp = 0$ den Ausdruck $p dv$ durch $R dT$, so erhält man die wichtige Beziehung

$$c_p - c_v = R. \qquad (48)$$

Die beiden spez. Wärmen des vollkommenen Gases unterscheiden sich also nur um den Wärmewert der Gaskonstanten. Mit Hilfe dieser Gleichung berechnete ROBERT MAYER das mechanische Wärmeäquivalent, sie lieferte aus den durch Versuche bekannten spez. Wärmen c_p und c_v die Gaskonstante R in Kilokalorien. Der Vergleich mit ihrem durch Messung zusammengehöriger Werte von p, v und T nach der Gleichung $pv = RT$ in Meterkilopond bestimmten Wert ergab dann das mechanische Wärmeäquivalent.

Ersetzt man in Gl. (24) mit Hilfe der Zustandsgleichung pv durch RT und differenziert, so wird für die Mengeneinheit

$$di = du + R dT.$$

Mit $du = c_v dT$ und $c_p = c_v + R$ folgt daraus beim vollkommenen Gas für beliebige Zustandsänderungen, nicht nur für solche konstanten Druckes,

$$di = c_p dT$$

oder $\qquad\qquad i = \int c_p dT = c_p T + i_0, \qquad (49)$

wenn man die spez. Wärme als konstant ansieht und mit i_0 die Integrationskonstante bezeichnet.

Für die weitere Behandlung ist es zweckmäßig, das Verhältnis der beiden spez. Wärmen

$$\varkappa = c_p / c_v$$

einzuführen. Mit Hilfe von Gl. (48) ergibt sich dann

$$\frac{c_p}{R} = \frac{\varkappa}{\varkappa - 1} \quad \text{und} \quad \frac{c_v}{R} = \frac{1}{\varkappa - 1}. \qquad (51)$$

Berechnet man aus den Versuchswerten für verschiedene Gase das Verhältnis der beiden spez. Wärmen, so findet man, wie Tab. 11 zeigt, das $\varkappa$ für Gase gleicher Atomzahl im Molekül jeweils nahezu gleiche Werte hat, und zwar ist

$$\left.\begin{array}{l} \text{für einatomige Gase } \varkappa = 1{,}66 \\ \text{,, zweiatomige Gase } \varkappa = 1{,}40 \\ \text{,, dreiatomige Gase } \varkappa = 1{,}30 \,. \end{array}\right\} \qquad (52)$$

Bei den ein- und zweiatomigen Gasen stimmen diese Regeln recht genau, bei dreiatomigen treten etwas größere Abweichungen auf.

Tabelle 11. *Dichte und spezifische Wärme von Gasen.*

Die berechneten Werte der Dichte sind aus dem Molekulargewicht und dem normalen Molvolum berechnet, der Unterschied der gemessenen und der gerechneten Werte ist auf Abweichungen vom Verhalten der vollkommenen Gase zurückzuführen. Nach internationaler Tabelle (1940) sind die genauen Atomgewichte: $H = 1,0080$, $C = 12,010$, $N = 14,008$, $O = 16,0000$, $Cl = 35,457$, $S = 32,06$. Alle diese Atomgewichtsangaben gelten für die natürlich vorkommenden Elemente (chemische Atomgewichtsskala) ohne Rücksicht darauf, daß die meisten Elemente Gemische von Atomen verschiedenen Atomgewichtes — von Isotopen — sind.

| Gas | Chem. Zeichen | Atomzahl | Molekulargewicht M | | Gaskonstante R | | Dichte bei 0 °C und 760 Torr kg/m³ | | Relativgewicht bezogen auf Luft = 1 gemessen | Spezifische Wärme bei 0° und kleinem Drucke | | | | $\varkappa = \dfrac{c_p}{c_v}$ |
| | | | | | | | | | | in kcal/kg grd | | in kcal/kmol grd | | |
			rund	genau	$\dfrac{J}{°K\ kg}$	$\dfrac{mkp}{°K\ kg}$	berechnet	gemessen		c_p	c_v	$\mathfrak{C}_p$	$\mathfrak{C}_v$	
Helium	He	1	4	4,003	2078	211,9	0,1786	0,1785	0,1381	1,251	0,755	5,00	3,01	1,66
Argon	Ar	1	40	39,944	208,2	21,23	1,7821	1,7834	1,379	0,125	0,076	5,00	3,01	1,66
Wasserstoff . .	H_2	2	2	2,016	4124,0	420,55	0,08994	0,08987	0,0695	3,403	2,417	6,84	4,85	1,409
Stickstoff . . .	N_2	2	28	28,016	296,8	30,26	1,2499	1,2505	0,968	0,2482	0,1774	6,96	4,97	1,400
Sauerstoff . . .	O_2	2	32	32,000	259,8	26,49	1,4276	1,42895	1,105	0,2184	0,1562	6,99	5,00	1,399
Luft.	—		29	28,964	287,0	29,27	1,2922	1,2928	1,000	0,240	0,171	6,95	4,96	1,402
Kohlenoxyd . .	CO	2	28	28,01	296,8	30,27	1,2495	1,2500	0,967	0,2486	0,1775	6,96	4,97	1,400
Stickoxyd . . .	NO	2	30	30,008	277,0	28,25	1,3388	1,3402	1,037	0,2384	0,1722	7,16	5,17	1,385
Chlorwasserstoff	HCl	2	36,5	36,465	228,0	23,25	1,6265	1,6391	1,268	0,191	0,136	6,96	4,97	1,40
Kohlendioxyd .	CO_2	3	44	44,01	188.9	19,26	1,9634	1,9768	1,530	0,1957	0,1505	8,62	6,63	1,301
Stickoxydul . .	N_2O	3	44	44,016	188,9	19,26	1,9637	1,9878	1,538	0,2131	0,1680	9,36	7,47	1,270
Schweflige Säure	SO_2	3	64	64,06	129,8	13,24	2,8531	2,9265	2,264	0,1453	0,1143	9,29	7,30	1,272
Ammoniak . . .	NH_3	4	17	17,032	488,3	49,78	0,7598	0,7713	0,596	0,491	0,374	8,36	6,37	1,313
Azetylen	C_2H_2	4	26	26,036	319,6	32,59	1,1607	1,1709	0,906	0,3613	0,2904	10,13	8,14	1,255
Methan	CH_4	5	16	16,042	518,8	52,89	0,7152	0,7168	0,554	0,515	0,390	8,27	6,28	1,319
Methylchlorid. .	CH_3Cl	5	50,5	50,491	164,7	16,79	2,2522	2,3084	1,785	0,176	0,137	8,87	6,88	1,29
Äthylen₂	C_2H_4	6	28	28,052	296,6	30,25	1,2506	1,2604	0.975	0,385	0,308	10,02	8,03	1,249
Äthan	C_2H_6	8	30	30,068	276,7	28,22	1,3406	1,3560	1,049	0,413	0,345	12,41	10,34	1,20
Äthylchlorid . .	C_2H_5Cl	8	64,5	64,511	129,9	13,14	2,8776	2,8804	2,228	0,32	0,276	20,3	17,8	1,16

Wendet man weiter die Gl. (48) auf 1 Mol an, indem man sie mit M kg/kmol multipliziert, so erhält man

$$(M \text{ kg/kmol})\, c_p - (M \text{ kg/kmol})\, c_v = (M \text{ kg/kmol})\, R.$$

Die Ausdrücke auf der linken Seite bezeichnet man als Molwärmen $\mathfrak{C}_v$ und $\mathfrak{C}_p$. Der Ausdruck auf der rechten Seite ist nach Gl. (40) nichts anderes als die allgemeine Gaskonstante, so daß man schreiben kann

$$\mathfrak{C}_p - \mathfrak{C}_v = R, \tag{53}$$

$$\mathfrak{C}_p = \frac{\varkappa}{\varkappa - 1}\, R \quad \text{und} \quad \mathfrak{C}_v = \frac{1}{\varkappa - 1}\, R. \tag{54}$$

Durch Einsetzen der Zahlenwerte erhält man

$$R = \mathfrak{C}_p - \mathfrak{C}_v = \frac{847{,}8 \text{ mkp/°K kmol}}{426{,}8 \text{ mkp/kcal}} = 1{,}987 \text{ kcal/°K kmol}.$$

Die Differenz der Molwärmen bei konstantem Druck und bei konstantem Volum hat also für alle Gase denselben Wert. Da für Gase gleicher Atomzahl je Molekel auch die Verhältnisse der beiden spez. Wärmen übereinstimmen, sind die Molwärmen aller Gase gleicher Atomzahl und damit auch die spez. Wärmen je Kubikmeter dieselben.

Vergleicht man die spez. Wärmen mit ihrer unveränderlichen Differenz R, so findet man, daß beim

$$\left. \begin{array}{l} \text{einatomigen Gas } \mathfrak{C}_v \approx {}^3\!/_2\, R \text{ und } \mathfrak{C}_p = {}^5\!/_2\, R \\ \text{zweiatomigen Gas } \mathfrak{C}_v \approx {}^5\!/_2\, R \text{ und } \mathfrak{C}_p = {}^7\!/_2\, R \\ \text{dreiatomigen Gas } \mathfrak{C}_v \approx {}^6\!/_2\, R \text{ und } \mathfrak{C}_p = {}^8\!/_2\, R \end{array} \right\} \tag{55}$$

ist.

Die Molwärmen haben also für alle vollkommenen Gase gleicher Atomzahl je Molekel dieselben festen Werte und stehen bei Gasen verschiedener Atomzahlen in einfachen Zahlenverhältnissen. Die kinetische Gastheorie gibt hierfür folgende Erklärung:

Die Molekeln eines einatomigen Gases werden aufgefaßt als sehr kleine elastische Kugeln, deren jede drei Freiheitsgrade der Bewegung besitzt entsprechend den drei Verschiebungsrichtungen des Raumes. Drehungen der Molekel kommen nicht in Frage, da wir den Stoß zweier Molekeln als reibungsfrei ansehen oder besser annehmen, daß die Bewegung schon in dem die Molekel umgebenden Kraftfeld zur Umkehr gebracht wird. Bei zweiatomigen Molekeln, die wir uns als hantelähnliche Gebilde vorstellen, kommen zu den drei Freiheitsgraden der translatorischen Bewegung noch zwei Drehungen um die beiden zur Verbindungslinie der Atome senkrechten Achsen. Die Drehung um die Verbindungslinie selbst bleibt außer Betracht aus dem gleichen Grunde wie bei den einatomigen Gasen. Die zweiatomige Molekel hat demnach fünf Freiheitsgrade. Die dreiatomige Molekel kann Drehungen um alle drei Achsen ausführen und hat daher sechs Freiheitsgrade.

Die Molwärmen bei konstantem Volum verhalten sich also wie die Anzahl der Freiheitsgrade der Molekeln, und auf jeden Freiheitsgrad kommt je Grad Temperaturanstieg die Wärmemenge

$$^1/_2\, R = 4{,}158 \text{ k/grd kmol} = 0{,}9935 \text{ kcal/grd kmol}. \tag{56}$$

16. Die spezifischen Wärmen der wirklichen Gase.

Bei den einatomigen Gasen haben die spez. Wärmen bei Temperaturen, die genügend weit oberhalb der Verflüssigung liegen, tatsächlich die vorstehenden von der Theorie geforderten temperaturunabhängigen Werte.

Bei den zwei- und mehratomigen Gasen sind die spez. Wärmen aber größer, weil neben der Translation und Rotation der ganzen Molekel auch noch Schwingungen der Atome im Molekelverband auftreten. Bei zweiatomigen Gasen können die beiden Atome einer Molekel längs ihrer Verbindungslinie gegeneinander schwingen. Dieser sog. innere Freiheitsgrad wird aber, wie die Quantentheorie näher ausführt, nur durch Zusammenstöße angeregt, bei denen eine gewisse Mindestenergie übertragen werden kann. Er wird daher erst merklich bei höheren Temperaturen, wo genügend viele Molekeln größere Geschwindigkeiten haben.

Nach der Quantentheorie, auf die wir hier nicht näher eingehen können, braucht man zur Anregung eine Mindestenergie vom Betrage $h\,v$, wobei

$$h = 6{,}623 \cdot 10^{-27} \text{ erg sec} \tag{57}$$

das PLANCKsche *Wirkungsquantum* und v die Frequenz der Schwingung ist. Mit steigender Temperatur wächst die Anzahl der Molekeln, deren Energie den genannten Mindestwert übersteigt, es werden mehr Schwingungen angeregt, und die spez. Wärme der Gase nimmt zu.

Bei dreiatomigen Gasen wird dieser Anteil der inneren Schwingungsenergie noch stärker, da drei Atome gegeneinander schwingen können, es ist daher die Molwärme bei konstantem Volum merklich größer als $^6/_2\, R$.

Bei den zweiatomigen Gasen ist bei 100° die spez. Wärme bei konstantem Volum um etwa 2%, die spez. Wärme bei konstantem Druck um etwa 1,5% größer als bei 0°. Früher glaubte man, daß dieser Anstieg sich geradlinig bis zu hohen Temperaturen fortsetze. Aus der vorstehenden Deutung folgt aber in Übereinstimmung mit den Versuchen, daß die Zunahme nicht beliebig weitergeht, sondern sich asymptotisch einer oberen Grenze nähert, die der vollen Anregung der inneren Schwingungen entspricht. Die Quantentheorie kann diese Zunahme recht genau allein aus den spektroskopisch gemessenen Frequenzen der inneren Schwingungen der Molekel berechnen. Bei sehr hohen Temperaturen tritt eine weitere Zunahme der spezifischen Wärmen dadurch ein, daß Elektronen aus dem Grundzustand in angeregte Zustände höherer Energie übergehen. Doch wollen wir von dieser Erscheinung, die im allgemeinen erst bei Temperaturen von mehreren 1000° auftritt, hier absehen.

Tabelle 12. *Wahre spezifische Wärme* $\mathfrak{C}_p$ *von Gasen in kcal/grd kmol bei verschiedenen Temperaturen t in °C und konstantem Druck p = 0.*
Für $\mathfrak{C}_v$ gilt $\mathfrak{C}_v = \mathfrak{C}_p - 1{,}987$ kcal/grd kmol.
Zur Umrechnung auf 1 kg ist durch das Molekulargewicht M (letzte Zeile) zu dividieren.

t	H_2	N_2	N_2 aus Luft	O_2	OH	CO	NO	H_2O	CO_2	N_2O	SO_2	Luft
0	6,84	6,96	6,93	6,99	7,16	6,96	7,16	8,00	8,60	9,36	9,29	6,95
100	6,96	6,98	6,96	7,14	7,09	6,99	7,15	8,14	9,63	10,05	10,16	6,99
200	6,99	7,04	7,02	7,36	7,05	7,09	7,25	8,35	10,46	10,77	10,92	7,09
300	7,00	7,16	7,13	7,61	7,05	7,23	7,42	8,61	11,15	11,40	11,52	7,23
400	7,03	7,31	7,28	7,83	7,07	7,40	7,62	8,88	11,72	11,89	12,00	7,40
500	7,07	7,47	7,44	8,02	7,13	7,58	7,79	9,17	12,18	12,37	12,35	7,56
600	7,12	7,63	7,60	8,17	7,21	7,75	7,95	9,48	12,58	12,73	12,63	7,72
700	7,19	7,78	7,74	8,30	7,30	7,90	8,09	9,79	12,91	13,07	12,85	7,86
800	7,28	7,91	7,88	8,41	7,42	8,03	8,22	10,09	13,19	13,28	13,01	7,99
900	7,38	8,03	8,00	8,51	7,53	8,14	8,32	10,39	13,43	13,48	13,14	8,10
1000	7,48	8,14	8,10	8,59	7,64	8,24	8,41	10,68	13,63	13,66	13,25	8,20
1100	7,58	8,23	8,19	8,66	7,75	8,33	8,48	10,95	13,80	13,79	13,33	8,29
1200	7,69	8,31	8,27	8,72	7,85	8,40	8,55	11,20	13,96	13,92	13,40	8,37
1300	7,79	8,38	8,34	8,78	7,95	8,46	8,61	11,43	14,10	14,02	13,46	8,43
1400	7,89	8,44	8,40	8,84	8,04	8,52	8,65	11,64	14,21	14,11	13,51	8,49
1500	7,98	8,50	8,45	8,90	8,13	8,57	8,69	11,84	14,31	14,19	13,55	8,55
1600	8,07	8,55	8,50	8,95	8,22	8,62	8,73	12,02	14,40	14,25	13,59	8,60
1700	8,15	8,59	8,55	9,01	8,30	8,66	8,77	12,20	14,48	14,31	13,62	8,65
1800	8,23	8,63	8,59	9,07	8,36	8,69	8,80	12,35	14,55	14,36	13,65	8,69
1900	8,31	8,66	8,62	9,13	8,43	8,72	8,82	12,50	14,62	14,40	13,67	8,73
2000	8,38	8,69	8,65	9,18	8,49	8,75	8,85	12,64	14,68	14,44	13,69	8,76
2100	8,45	8,72	8,68	9,23	8,55	8,78	8,87	12,76	14,74	14,47	13,70	8,79
2200	8,51	8,75	8,71	9,28	8,60	8,80	8,89	12,87	14,79	14,50	13,72	8,82
2300	8,57	8,78	8,74	9,33	8,65	8,82	8,91	12,97	14,84	14,53	13,73	8,85
2400	8,63	8,80	8,76	9,37	8,69	8,84	8,93	13,06	14,88	14,56	13,74	8,88
2500	8,68	8,82	8,78	9,42	8,74	8,86	8,95	13,14	14,92	14,59	13,76	8,91
2600	8,73	8,84	8,80	9,46	8,78	8,88	8,96	13,22	14,96	14,61	13,77	8,94
2700	8,78	8,86	8,82	9,50	8,83	8,90	8,98	13,28	15,00	14,62	13,77	8,96
2800	8,83	8,88	8,84	9,55	8,88	8,91	8,99	13,34	15,04	14,64	13,78	8,98
2900	8,87	8,89	8,85	9,59	8,92	8,92	9,01	13,40	15,08	14,66	13,79	9,00
3000	8,91	8,90	8,86	9,63	8,97	8,94	9,02	13,46	15,12	14,67	13,79	9,02
$M =$	2,016	28,02	28,16	32,00	17,01	28,01	30,01	18,02	44,01	44,02	64,06	28,964

Tab. 12 und 13 enthalten für die wichtigsten Gase die quantentheoretisch berechneten wahren und mittleren spez. Wärmen in Abhängigkeit von der Temperatur[1]. (Vgl. auch die für absolute Temperaturen

---

[1] Die Werte von H_2, N_2, O_2, CO, H_2O, CO_2, CH_4, SO_2. Luft und Luftstickstoff wurden durch Interpolieren der Tabellen von WAGMAN, ROSSINI und Mitarbeitern (NBS Research Paper RP 1634, Febr. 1945) ermittelt, die übrigen unter Benutzung von E. JUSTI, Spez. Wärme, Enthalpie, Entropie und Dissoziation technischer Gase und Dämpfe. Berlin 1938, Springer-Verlag. Im Luftstickstoff ist der Argongehalt berücksichtigt. Das Absinken der spez. Wärmen zwischen O und 200° bei OH und von 0 bis 100° bei NO entsteht dadurch, daß die Molekeln dieser Gase schon bei so niederer Temperatur Elektronen aus dem Grundzustand in angeregte Zustände höherer Energie übertreten lassen. Der damit verbundene Beitrag zur spez. Wärme nimmt mit steigender Temperatur wieder ab, weil mit zunehmender Häufigkeit der angeregten Zustände die einer kleinen Temperatursteigerung entsprechende Zahl der Übergänge zu höheren Energiestufen sich wieder vermindert.

Tabelle 13. *Mittlere spezifische Wärme* $[\mathfrak{C}_p]_0^t$ *von Gasen in kcal/grd kmol zwischen 0 °C und t bei konstantem Druck p = 0 at.*
Die mittlere spezifische Wärme $[\mathfrak{C}_p]_0^t$ erhält man durch Verkleinern der Zahlen der Tabelle um 1,987.
Zur Umrechnung auf 1 kg sind die Zahlen durch die in der letzten Zeile angegebenen Molekulargewichte zu dividieren.

t	H_2	N_2	N_2 aus Luft	O_2	OH	CO	NO	H_2O	H_2S	CO_2	N_2O	SO_2	NH_3	Luft	CH_4	C_2H_4	C_2H_2
0	6,84	6,96	6,93	6,99	7,16	6,96	7,16	8,00	8,10	8,62	9,39	9,29	8,36	6,95	8,27	10,02	10,13
100	6,88	6,97	6,94	7,06	7,12	6,97	7,15	8,06	8,26	9,17	9,79	9,74	8,69	6,97	8,85	11,27	11,00
200	6,93	6,99	6,96	7,16	7,09	7,00	7,17	8,15	8,43	9,61	10,12	10,16	9,11	7,00	9,45	12,46	11,67
300	6,94	7,02	7,00	7,27	7,08	7,05	7,22	8,26	8,61	10,02	10,45	10,52	9,56	7,05	10,12	13,55	12,25
400	6,96	7,08	7,06	7,38	7,07	7,12	7,30	8,38	8,80	10,37	10,74	10,82	10,03	7,12	10,81	14,57	12,70
500	6,98	7,14	7,11	7,49	7,08	7,19	7,38	8,51	9,00	10,69	11,02	11,09	10,52	7,19	11,48	15,49	13,10
600	7,00	7,20	7,18	7,59	7,09	7,28	7,46	8,65	9,20	10,98	11,24	11,33	11,01	7,27	12,12	16,33	13,47
700	7,02	7,28	7,25	7,68	7,11	7,36	7,54	8,79	9,40	11,22	11,50	11,54	11,47	7,34	12,75	17,08	13,80
800	7,05	7,36	7,32	7,77	7,15	7,44	7,62	8,94	9,60	11,46	11,71	11,72	11,91	7,42	13,33	17,90	14,12
900	7,08	7,42	7,39	7,85	7,18	7,50	7,70	9,08	9,78	11,65	11,90	11,87	12,31	7,48	13,87	18,46	14,40
1000	7,12	7,49	7,46	7,92	7,22	7,57	7,76	9,22	9,96	11,85	12,07	12,00	12,68	7,56	14,40	19,08	14,67
1100	7,16	7,56	7,52	7,98	7,26	7,64	7,83	9,37	10,12	12,02	12,21	12,13	13,02	7,62	14,89		
1200	7,19	7,61	7,58	8,04	7,30	7,70	7,89	9,51	10,28	12,18	12,35	12,23	13,34	7,68	15,33		
1300	7,24	7,67	7,64	8,10	7,35	7,75	7,94	9,64	10,42	12,32	12,48	12,33	13,63	7,73			
1400	7,28	7,72	7,70	8,15	7,40	7,80	7,99	9,78	10,55	12,45	12,60	12,41	13,89	7,79			
1500	7,32	7,77	7,76	8,19	7,44	7,86	8,03	9,91	10,68	12,57	12,69	12,48	14,14	7,84			
1600	7,36	7,84	7,80	8,24	7,49	7,90	8,08	10,04	10,80	12,69	12,78	12,55	14,38	7,90			
1700	7,41	7,87	7,84	8,28	7,53	7,94	8,12	10,16	10,92	12,79	12,88	12,61	14,60	7,93			
1800	7,46	7,90	7,88	8,33	7,58	7,99	8,15	10,28	11,02	12,88	12,95	12,67	14,80	7,97			
1900	7,50	7,94	7,92	8,37	7,62	8,02	8,19	10,39	11,11	12,98	13,01	12,71	14,99	8,01			
2000	7,54	7,98	7,95	8,41	7,67	8,06	8,22	10,50	11,21	13,06	13,09	12,77	15,16	8,04			
2100	7,58	8,01	7,97	8,44	7,71	8,09	8,26	10,60	11,30	13,11	13,17	12,81	15,32	8,08			
2200	7,62	8,04	8,00	8,48	7,75	8,12	8,29	10,69	11,38	13,16	13,21	12,85	15,47	8,11			
2300	7,66	8,07	8,03	8,51	7,79	8,15	8,31	10,78	11,45	13,21	13,28	12,89	15,61	8,14			
2400	7,70	8,10	8,06	8,54	7,82	8,18	8,34	10,87	11,53	13,26	13,33	12,93	15,75	8,17			
2500	7,74	8,14	8,10	8,58	7,86	8,21	8,36	10,97	11,60	13,31	13,38	12,96	15,88	8,20			
2600	7,78	8,17	8,13	8,62	7,89	8,24	8,38	11,06	11,66	13,39	13,42	12,99	16,00	8,23			
2700	7,82	8,20	8,16	8,65	7,92	8,26	8,40	11,14	11,72	13,47	13,46	13,02	16,11	8,26			
2800	7,86	8,22	8,18	8,68	7,95	8,28	8,42	11,22	11,78	13,55	13,51	13,04	16,21	8,29			
2900	7,89	8,24	8,20	8,71	7,99	8,30	8,44	11,30	11,84	13,62	13,55	13,07	16,31	8,31			
3000	7,92	8,26	8,22	8,74	8,02	8,32	8,45	11,38	11,90	13,69	13,59	13,10	16,41	8,32			
$M =$	2,016	28,02	28,16	32,00	17,01	28,01	30,01	18,02	34,09	44,01	44,02	64,06	17,03	28,964	16,04	28,05	26,04

angegebenen Molwärmen und Enthalpien in Tabelle 55 und 56 in Abschnitt 138.) Die Zahlen gelten für niedere Drücke, also solange die Gase der Zustandsgleichung $pv = RT$ gehorchen. Bei den wirklichen Gasen hängt die spez. Wärme außer von der Temperatur auch noch vom Druck ab, wie das Tab. 14 beispielsweise für Luft zeigt. Die Druckabhängigkeit kann aus den Abweichungen des wirklichen Verhaltens der Gase von der Zustandsgleichung der vollkommenen Gase berechnet werden, wie wir später zeigen wollen.

Tabelle 14. *Mittlere spez. Wärme der Luft zwischen 0°C und 100°C bei verschiedenen Drücken nach* HOLBORN *und* JAKOB.

$p =$	1	25	50	100	150	200	300	at
c_p	0,242	0,249	0,255	0,269	0,282	0,292	0,303	kcal/kg grd

In den meisten Fällen, besonders bei der Berechnung von Verbrennungsvorgängen, wo man mit hohen Temperaturen, aber nur mit Drücken in der Nähe des atmosphärischen zu tun hat, ist es praktisch ausreichend, die Zustandsgleichung $pv = RT$ als gültig anzunehmen, damit die Druckabhängigkeit der spezifischen Wärme zu vernachlässigen und nur ihre Temperaturabhängigkeit zu berücksichtigen. Man bezeichnet solche Gase manchmal als halbvollkommene Gase. Wir wollen den Begriff „vollkommenes Gas" auch auf Gase mit nur von der Temperatur abhängiger spez. Wärme erstrecken.

In der Nähe der Verflüssigung bei höheren Drücken weisen alle Gase größere Abweichungen von der Zustandsgleichung der vollkommenen Gase und damit auch druckabhängige spez. Wärmen auf, worauf wir bei den Dämpfen näher eingehen.

17. Einfache Zustandsänderungen vollkommener Gase.

a) Zustandsänderung bei konstantem Volum oder Isochore.

Eine Zustandsänderung bei konstantem Volum oder „Isochore"[1] stellt sich im p,V-Diagramm als senkrechte Linie $1—2$ dar (Abb. 15).

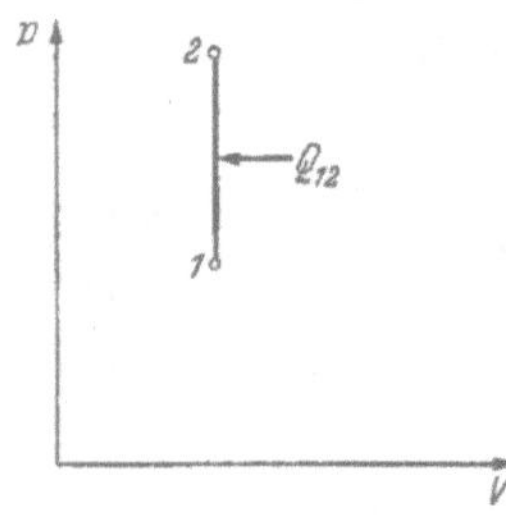
Abb. 15.
Isochore Zustandsänderung.

Wenn der Anfangszustand 1 durch p_1 und V_1 gegeben ist, so ist dadurch für eine bestimmte Menge Gas von bekannter Gaskonstanten auch die Temperatur T_1 bestimmt. Vom Endzustand sei $V_2 = V_1$ und T_2 gegeben, dann erhält man aus

$$p_1 V_1 = m R T_1 \quad \text{und} \quad p_2 V_2 = m R T_2$$

für den Druck p_2 des Endzustandes

$$\frac{p_2}{p_1} = \frac{T_2}{T_1}. \tag{58}$$

Bei der Isochore verhalten sich also die Drücke wie die absoluten Temperaturen. Die gesamte Wärmezufuhr längs des Weges $1—2$ ist

$$Q_{12} = U_2 - U_1 = m \int_{T_1}^{T_2} c_v \, dT. \tag{59}$$

---

[1] Von griech. ἴσος = gleich, χώρα = Raum, βαρύς = schwer.

b) Zustandsänderung bei konstantem Druck oder Isobare.

Eine Zustandsänderung unter konstantem Druck oder „Isobare"[1] wird im p,V-Diagramm durch eine waagerechte Linie $1\!-\!2$ dargestellt (Abb. 16). Die Volume verhalten sich dabei wie die absoluten Temperaturen nach der Gleichung

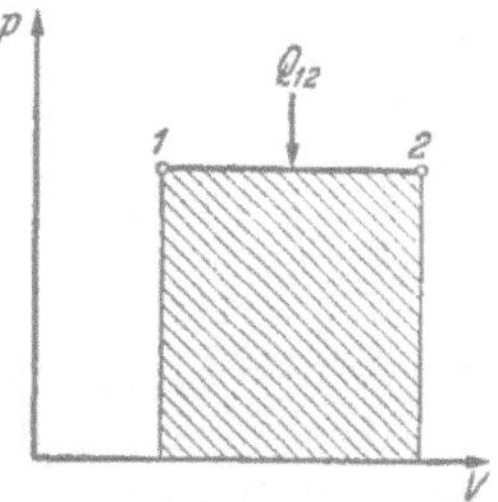

$$\frac{V_2}{V_1} = \frac{T_2}{T_1}. \tag{60}$$

Bei der Expansion, entsprechend der Richtung $1\!-\!2$ muß die Wärmemenge

$$\left. \begin{aligned} Q_{12} &= I_2 - I_1 = m \int_{T_1}^{T_2} c_p \, dT \\ &= m \int_{T_1}^{T_2} c_v \, dT + p\,(V_2 - V_1) \end{aligned} \right\} \tag{61}$$

Abb. 16.
Isobare Zustandsänderung.

zugeführt werden. Der größere Teil davon dient zur Erhöhung der inneren Energie $m \int_{T_1}^{T_2} c_v \, dT$, der kleinere verwandelt sich in die Arbeit $p\,(V_2 - V_1)$, die in der Abb. 16 durch das schraffierte Flächenstück dargestellt ist. Kehrt man den Vorgang um, komprimiert also in der Richtung $2\!-\!1$, so muß Arbeit zugeführt und Wärme abgeführt werden, und die Vorzeichen beider Größen werden negativ.

c) Zustandsänderung bei konstanter Temperatur oder Isotherme.

Bei einer Zustandsänderung bei konstant gehaltener Temperatur oder „Isotherme" bleibt das Produkt aus Druck und Volum konstant nach der Gleichung

$$pV = p_1 V_1 = R T_1 = \text{konst.} \tag{62}$$

oder differenziert

$$V dp + p dV = 0. \tag{62a}$$

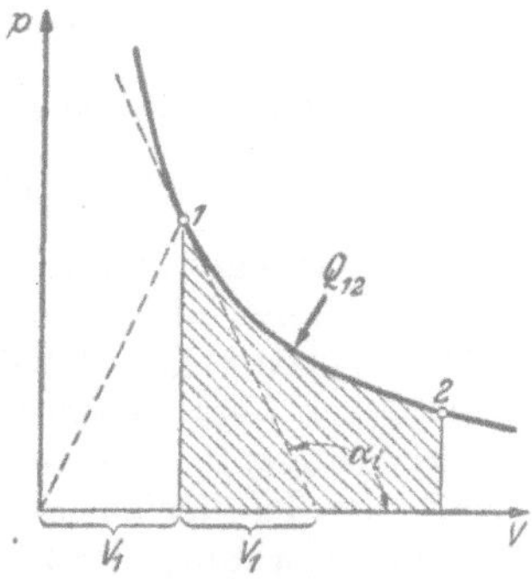

Diese Zustandsänderung wird im p,V-Diagramm nach Abb. 17 durch eine gleichseitige Hyperbel dargestellt. Die Drücke verhalten sich dabei umgekehrt wie die Volume. Bei der Expansion entsprechend der Richtung $1\!-\!2$ muß eine Wärmemenge zugeführt werden, die sich nach Gl. (47) für $dT = 0$ zu

$$dQ = p dV = dL_{12} \tag{63}$$

Abb. 17.
Isotherme Zustandsänderung.

ergibt. Die zugeführte Wärme dient also ausschließlich zur Leistung äußerer Arbeit und wird vollständig in mechanische Energie verwandelt.

---

[1] Siehe Fußnote [1] auf S. 52.

Ersetzt man p in Gl. (63) mit Hilfe der Zustandsgleichung durch T und V, so wird

$$dQ = mRT\frac{dV}{V} \qquad (64)$$

oder integriert

$$Q_{12} = L_{12} = mRT \ln \frac{V_2}{V_1} \qquad (64a)$$

oder

$$L_{12} = p_1 V_1 \ln \frac{V_2}{V_1} = p_1 V_1 \ln \frac{p_1}{p_2} . \qquad (64b)$$

Die Arbeit L_{12} ist die in Abb. 17 schraffierte Fläche unter der Hyperbel. Die Arbeit ist nur abhängig vom Produkt pV und vom Druckverhältnis, dagegen unabhängig von der Art des Gases.

Bei der isothermen Kompression entsprechend der Richtung *2—1* muß Arbeit zugeführt und ein äquivalenter Betrag von Wärme abgeführt werden.

d) Adiabate Zustandsänderung.

Die adiabate Zustandsänderung ist gekennzeichnet durch wärmedichten Abschluß des Gases von seiner Umgebung, bei ihr ist

$$dQ = mc_v dT + pdV = 0. \qquad (65)$$

Mit $c_v = \dfrac{R}{\varkappa - 1}$ und $mR\,dT = pdV + Vdp$ nach Gl. (36d) ergibt sich daraus die Differentialgleichung der adiabaten Zustandsänderung

$$\frac{dp}{p} + \varkappa \frac{dV}{V} = 0 \qquad (66)$$

oder integriert bei konstantem $\varkappa$, also konstanter spez. Wärme

$$\ln p + \varkappa \ln V = \ln \text{konst.} \qquad (66a)$$

Durch Delogarithmieren erhält man daraus die Gleichung der Adiabate

$$pV^\varkappa = \text{konst.} = p_1 V_1^\varkappa , \qquad (66b)$$

wobei die Integrationskonstante durch irgendein gegebenes Wertepaar p_1, V_1 bestimmt ist.

Den Verlauf der Adiabate im pV-Diagramm übersieht man am besten durch Vergleich der Neigung ihrer Tangente mit der Neigung der Hyperbeltangente an Hand der Abb. 18.

Für die Isotherme ist nach Gl. (62a) der Neigungswinkel α_i der Tangente bestimmt durch

$$\operatorname{tg} \alpha_i = \frac{dp}{dV} = -\frac{p}{V} .$$

Für den Neigungswinkel α_a der Tangente der Adiabate folgt aus Gl. (66) entsprechend

$$\operatorname{tg} \alpha_a = \frac{dp}{dV} = -\varkappa \frac{p}{V} .$$

Die Adiabate ist also $\varkappa$-mal steiler als die Isotherme durch denselben Punkt. Die Subtangente der Hyperbel ist bekanntlich gleich der Abszisse V, die Subtangente der Adiabate dagegen gleich $\dfrac{V}{\varkappa}$ (vgl. Abb. 17 und 18). In Abb. 19 sind die Isothermen und Adiabaten als Kurvenscharen im p, V-Diagramm gezeichnet.

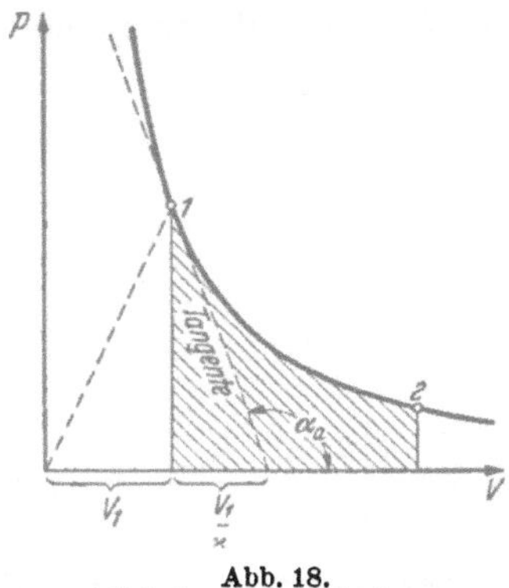

Abb. 18.
Adiabate Zustandsänderung.

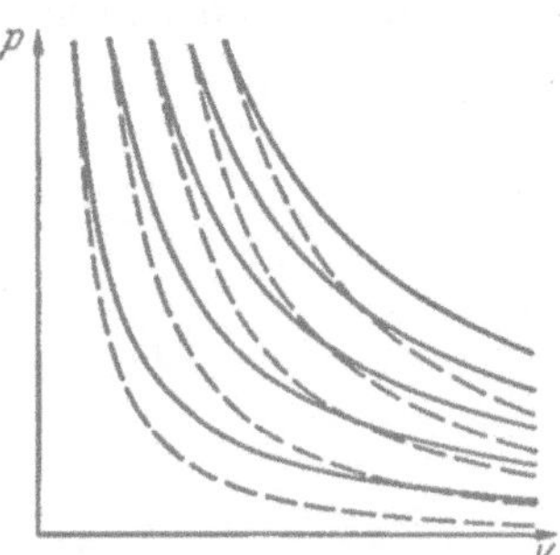

Abb. 19. Isothermen (ausgezogen) und Adiabaten (gestrichelt) des vollkommenen Gases.

Bei der Isotherme wurde die geleistete Arbeit von der zugeführten Wärme geliefert, bei der Adiabate kann sie, da keine Wärme zugeführt wird, nur von der inneren Energie bestritten werden. Es muß also u und damit auch T sinken, d. h. bei der adiabaten Expansion kühlt sich ein Gas ab, bei adiabater Kompression erwärmt es sich.

Für den Verlauf der Temperatur längs der Adiabate erhält man, wenn man in Gl. (66) mit Hilfe von Gl. (36c) den Druck eliminiert:

$$\frac{dT}{T} + (\varkappa - 1)\frac{dV}{V} = 0 \qquad (67)$$

oder bei konstantem $\varkappa$, d. h. bei konstanter spez. Wärme integriert

$$T V^{\varkappa - 1} = T_1 V_1^{\varkappa - 1} = \text{konst.} \qquad (67a)$$

oder, wenn V mit Hilfe von Gl. (66b) durch p ersetzt wird,

$$\frac{T}{p^{\frac{\varkappa - 1}{\varkappa}}} = \frac{T_1}{p_1^{\frac{\varkappa - 1}{\varkappa}}} = \text{konst.} \qquad (68)$$

Auch diese Gleichungen kann man als Gleichungen der Adiabate bezeichnen.

Die bei der adiabaten Expansion geleistete Arbeit dL_{12} ergibt sich aus Gl. (65) zu

$$dL_{12} = p\,dV = -m\,c_v\,dT \qquad (69$$

oder integriert zwischen den Punkten 1 und 2 unter der Voraussetzung konstanter spez. Wärme

$$L_{12} = \int\limits_{1}^{2} p\, dV = m\, c_v\, (T_1 - T_2).$$ (69a)

Führt man für T_1 und T_2 wieder $\dfrac{p_1 V_1}{m R}$ und $\dfrac{p_2 V_2}{m R}$ ein und berücksichtigt $\dfrac{c_v}{R} = \dfrac{1}{\varkappa - 1}$, so wird

$$L_{12} = \frac{1}{\varkappa - 1}\, (p_1 V_1 - p_2 V_2)$$ (69b)

oder

$$L_{12} = \frac{p_1 V_1}{\varkappa - 1} \left(1 - \frac{T_2}{T_1}\right)$$ (69c)

oder

$$L_{12} = \frac{p_1 V_1}{\varkappa - 1} \left[1 - \left(\frac{p_2}{p_1}\right)^{\frac{\varkappa - 1}{\varkappa}}\right].$$ (69d)

Setzt man in diese Gleichungen für V das spez. Volum v ein, so erhält man die Arbeit l_{12} für 1 kg Gas.

Die Arbeit eines vom Volum V_1 auf V_2 ausgedehnten Gases ist bei adiabater Entspannung kleiner als bei isothermer.

Bei der adiabaten Expansion ist $p_2 < p_1$ und daher L_{12} positiv entsprechend einer vom Gas unter Abkühlung abgegebenen Arbeit. Die Formeln gelten aber ohne weiteres auch für die Kompression, dann ist $p_2 > p_1$, es wird $1 - \left(\dfrac{p_2}{p_1}\right)^{\frac{\varkappa - 1}{\varkappa}}$ und damit L_{12} negativ entsprechend einer vom Gas unter Erwärmung aufgenommenen Arbeit.

e) Polytrope Zustandsänderung.

Die isotherme Zustandsänderung setzt vollkommenen Wärmeaustausch mit der Umgebung voraus. Bei der adiabaten Zustandsänderung ist jeder Wärmeaustausch verhindert. In Wirklichkeit läßt sich beides nicht völlig erreichen. Für die Vorgänge in den Zylindern unserer Maschinen werden wir meist Kurven erhalten, die zwischen Adiabate und Isotherme liegen. Man führt daher eine allgemeinere, die polytrope Zustandsänderung ein durch die Gleichung

$$p V^n = \text{konst.}$$ (70)

oder logarithmisch differenziert

$$\frac{dp}{p} + n \frac{dV}{V} = 0,$$ (70a)

wobei n eine beliebige Zahl ist, die in praktischen Fällen meist zwischen 1 und $\varkappa$ liegt.

Alle bisher betrachteten Zustandsänderungen können als Sonderfälle der Polytrope angesehen werden:

$n = 0$ gibt $pV^0 = p = $ konst. und ist die Isobare,

$n = 1$ gibt $pV^1 = $ konst. und ist die Isotherme,

$n = \varkappa$ gibt $pV^\varkappa = $ konst. und ist die Adiabate,

$n = \infty$ gibt $pV^\infty = $ konst.$^\infty$ oder $\mathrm{p}^{1/\infty}\ V = $ konst. oder $V = $ konst.

und ist die Isochore.

Für die Polytrope gelten die Formeln der Adiabate, wenn man darin $\varkappa$ durch n ersetzt. Insbesondere ist

$$pV^n = p_1 V_1^n = \text{konst.} \tag{70}$$

$$\frac{T}{T_1} = \left(\frac{p}{p_1}\right)^{\frac{n-1}{n}} \tag{71}$$

$$L_{12} = \int_1^2 p\, dV = \frac{p_1 V_1}{n-1}\left[1 - \left(\frac{p_2}{p_1}\right)^{\frac{n-1}{n}}\right]. \tag{72}$$

Ebenso kann man die früheren Ausdrücke hinschreiben

$$L_{12} = \frac{1}{n-1}\,(p_1 V_1 - p_2 V_2) \tag{72a}$$

$$L_{12} = m\,\frac{R}{n-1}\,(T_1 - T_2) \tag{72b}$$

$$L_{12} = m\,c_v\,\frac{\varkappa-1}{n-1}\,(T_1 - T_2). \tag{72c}$$

Im letzten Ausdruck darf im Zähler $\varkappa$ nicht durch n ersetzt werden, da hier $\varkappa - 1$ nur für das Verhältnis $\dfrac{R}{c_v}$ eingesetzt wurde. Für die bei polytroper Zustandsänderung zugeführte Wärme gilt nach dem ersten Hauptsatz

$$dQ = m\,c_v\,dT + dL.$$

Führt man darin aus Gl. (72c)

$$dL_{12} = -m\,c_v\,\frac{\varkappa-1}{n-1}\,dT$$

ein, so wird

$$dQ = m\,c_v\,\frac{n-\varkappa}{n-1}\,dT = m\,c_n\,dT,$$

wobei

$$c_n = c_v\,\frac{n-\varkappa}{n-1} \tag{73}$$

als spez. Wärme der Polytrope bezeichnet wird.

Für ein vollkommenes Gas mit temperaturunabhängiger spez. Wärme ist also auch die spez. Wärme längs der Polytrope eine Konstante, und für eine endliche Zustandsänderung gilt

$$Q_{12} = m\,c_v\,\frac{n-\varkappa}{n-1}\,(T_2 - T_1). \tag{74}$$

Vergleicht man damit den Ausdruck L_{12} nach Gl. (72c), so wird

$$\frac{Q_{12}}{L_{12}} = \frac{\varkappa - n}{\varkappa - 1}\,. \tag{75}$$

Für die Isotherme mit $n = 1$ ist, wie es sein muß, die zugeführte Wärme Q_{12} gleich der geleisteten Arbeit L_{12}, für die Adiabate mit $n = \varkappa$ ist $Q_{12} = 0$, für $1 < n < \varkappa$ wird $Q_{12} < L_{12}$, d. h. die äußere Arbeit wird zum Teil aus der Wärmezufuhr, zum Teil von der inneren Energie bestritten.

In Abb. 20 sind eine Anzahl von Polytropen für verschiedene n eingetragen. Geht man von einem Punkte der Adiabate längs einer beliebigen Polytrope in das schraffierte Gebiet hinein, so muß man Wärme zuführen, geht man nach der anderen Seite der Adiabate, so muß Wärme abgeführt werden.

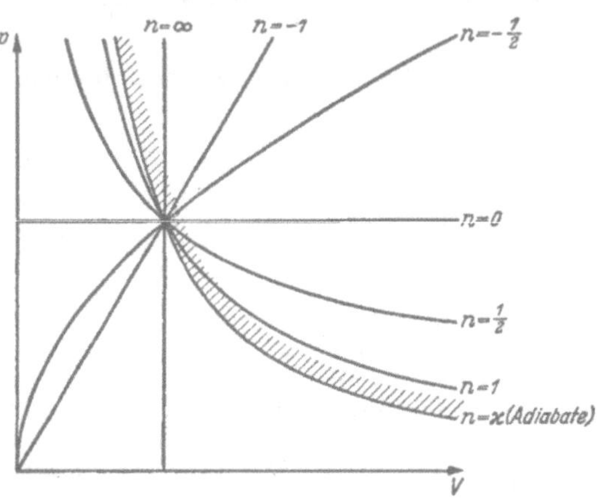

Abb. 20. Polytropen mit verschiedenen Exponenten.

f) Logarithmische Diagramme
zur Darstellung von Zustandsänderungen.

Verwendet man logarithmische Koordinaten für die Zustandsgrößen, so lassen sich die vorstehend behandelten Zustandsänderungen in besonders einfacher Weise darstellen[1]. Als logarithmische Koordinaten benutzen wir die Größen

$$\mathfrak{p} = \log \frac{p}{p_0},\ \mathfrak{v} = \log \frac{v}{v_0}$$

und
$$\mathfrak{T} = \log \frac{T}{T_0}\,.$$

Dabei sind p_0, v_0 und T_0 gewisse verabredete Normwerte der Zustandsgrößen z. B. $p_0 = 1$ at, $v_0 = 1\ \mathrm{m^3/kg}$ und $T_0 = p_0 v_0/R$, die wir einführen, weil man einen Logarithmus sinnvoll nur von einer reinen Zahl bilden kann. In diesen Koordinaten nimmt die Zustandsgleichung der vollkommenen Gase die einfache Form

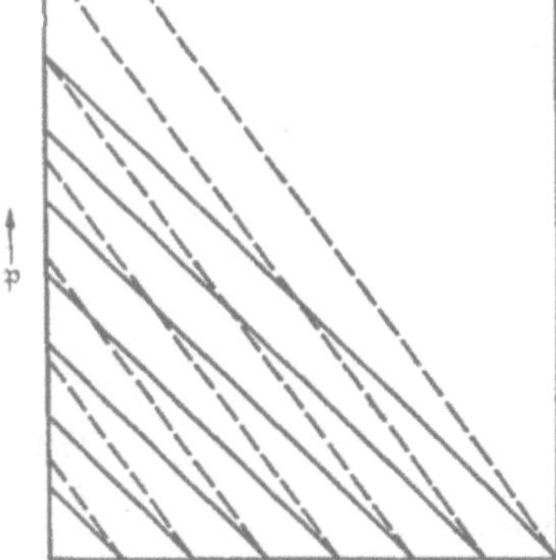

Abb. 21.   Isothermen (ausgezogen) und Adiabaten (gestrichelt) in logarithmischen Koordinaten.

$$\mathfrak{p} + \mathfrak{v} = \mathfrak{T} \tag{76}$$

---

[1] Vgl. R. Grammel, Ing. Arch. Bd. 2 (1931), S. 353.

an, das ist die Gleichung einer Ebene im Raum. Stellt man diese durch Höhenschichtlinien dar, so erhält man die Isothermen im $\mathfrak{p}\mathfrak{v}$-Diagramm als Schar paralleler unter 45° geneigter Geraden, wie das Abb. 21 zeigt.

Die Gleichung der Polytropen lautet in logarithmischen Koordinaten

$$\mathfrak{p} + n\,\mathfrak{v} = \text{konst.}$$

Bei Annahme temperaturunabhängiger spez. Wärmen sind die Polytropen also ebenfalls Scharen paralleler Geraden von der Neigung $-n$. Die Adiabaten für $n = \varkappa = 1,40$ sind gestrichelt in Abb. 21 eingetragen, diese ist damit gleichbedeutend mit Abb. 19.

Will man Polytropen in gewöhnlichen Koordinaten p und v darstellen, so zeichnet man sie am bequemsten erst auf übliches Logarithmenpapier als gerade Linien und überträgt sie dann punktweise in gewöhnliche Koordinaten.

18. Ermittlung des Temperaturverlaufes und des polytropen Exponenten bei empirisch gegebenen Zustandsänderungen.

Ist der Verlauf der Zustandsänderung einer bestimmten Gasmenge gegeben etwa durch die Aufzeichnung des Druckverlaufes in dem Zylinder einer Kolbenmaschine über dem Kolbenhub mit Hilfe eines Indikators, so kann man die Temperatur T an jedem beliebigen Punkte p,V der Kurve ermitteln, wenn für einen Punkt p_1,V_1 die Temperatur T_1 bekannt ist. Dazu schreibt man die Zustandsgleichung für beide Punkte hin und erhält durch Division

$$\frac{p\,V}{p_1\,V_1} = \frac{T}{T_1} \qquad \text{oder} \qquad T = \frac{T_1}{p_1} \cdot \frac{p\,V}{V_1}. \qquad (77)$$

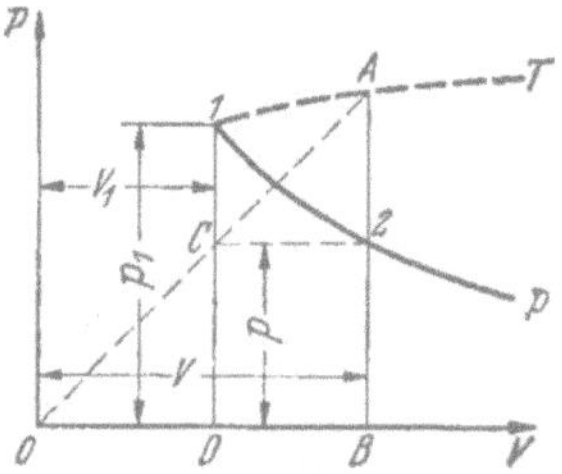

Abb. 22. Konstruktion des Temperaturverlaufes zu gegebener Expansionslinie.

Abb. 22 gibt eine einfache geometrische Lösung dieser Aufgabe. Für Punkt *1* mit den Koordinaten p_1,V_1 sei die Temperatur T_1 gegeben, für Punkt *2* mit den Koordinaten p,V sei T gesucht.

Man zieht die Senkrechten $1\,D$ und $2\,B$, die Waagerechte $2\,C$ und die Gerade OCA bis zum Schnitt mit der Verlängerung von $B\,2$ in A, dann ist

$$A\,B = \frac{p\,V}{V_1},$$

und die Temperatur T im Punkte *2* ist nach Gl. (77) von AB nur um den gegebenen Faktor T_1/p_1 verschieden. Trägt man die Temperatur als Ordinate über V auf und wählt den Maßstab so, daß $1\,D$ sowohl p_1 wie T_1 bedeutet, so stellt AB die Temperatur in *2* dar. Durch Wiederholen der Konstruktion erhält man punktweise die gestrichelte Kurve des Temperaturverlaufes.

Die Bestimmung des polytropen Exponenten einer im p,V-Diagramm gegebenen Zustandsänderung ist wichtig, um die dabei umgesetzte Wärme zu ermitteln. Man kann dann aus dem Indikatordiagramm, das unmittelbar nur die geleistete Arbeit als Fläche zeigt, nach Gl. (75) auch den Wärmeumsatz $Q_{12} = L_{12} \dfrac{\varkappa - n}{\varkappa - 1}$ erhalten. Meist ist bei empirisch gegebenen Kurven der Exponent nicht über größere Bereiche konstant, man muß deshalb im allgemeinen die Kurve stückweise untersuchen.

In Abb. 23 sei *12* ein solches Kurvenstück, dessen polytroper Exponent zu bestimmen ist. Wenn die Kurve eine Polytrope sein soll, muß gelten

$$p_1 V_1^n = p_2 V_2^n$$

oder

$$\ln p_1 + n \ln V_1 = \ln p_2 + n \ln V_2.$$

Daraus ergibt sich

$$n = - \frac{\ln p_1 - \ln p_2}{\ln V_1 - \ln V_2}. \tag{78}$$

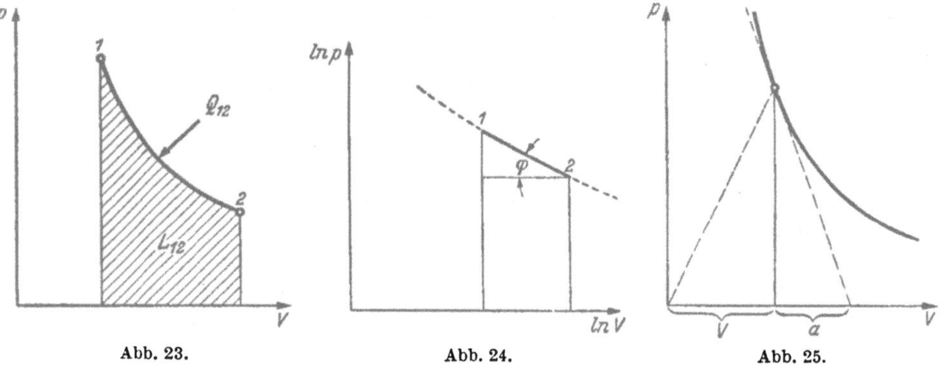

Abb. 23.   Abb. 24.   Abb. 25.

Abb. 23—25. Ermittlung des polytropischen Exponenten gegebener Kurven.

Diesen Ausdruck kann man ausrechnen oder auch graphisch auswerten, indem man das gegebene Kurvenstück *1 2* in einem logarithmischen Koordinatensystem nach Abb. 24 aufträgt. Dann ist $n = \mathrm{tg}\,\varphi$ die mittlere Neigung des Kurvenstückes oder, wenn die Punkte *1* und *2* im Grenzfall zusammenrücken, die Neigung seiner Tangente. Ergibt eine Kurve bei logarithmischer Auftragung eine Gerade, so hat sie auf ihrer ganzen Länge einen konstanten Exponenten.

Eine zweite Möglichkeit, n aus dem p,V-Diagramm zu bestimmen, bietet die Subtangente der Polytrope. Ähnlich wie bei der Adiabate ist

$$n = \frac{V}{a} \tag{79}$$

das Verhältnis der Abszisse V zur Subtangente a der Kurve nach Abb. 25.

Diese Verfahren sind aber nur anwendbar, wenn Menge und chemische Zusammensetzung des Gases während der Zustandsänderung gleich bleiben.

19. Das Verdichten von Gasen und der Arbeitsgewinn durch Gasentspannung.

In Abb. 26 ist a der Zylinder eines Kompressors, der Luft oder Gas aus der Leitung b ansaugt, verdichtet und dann in die Leitung c drückt. Das Ansaugeventil öffnet selbsttätig, sobald der Druck im Zylinder unter den der Saugleitung sinkt, das Druckventil öffnet, wenn der Druck im Zylinder den der Druckleitung übersteigt. Der Kompressor sei verlustlos und möge keinen schädlichen Raum haben, d. h. der Kolben soll in der linken Endlage (innerer Totpunkt) den Zylinderdeckel gerade berühren, so daß der Zylinderinhalt auf Null sinkt. Geht der Kolben nach rechts, so öffnet sich das Saugventil und es wird Luft aus der Saugleitung beim Drucke p_1 angesaugt, bis der Kolben die rechte Endlage (äußerer Totpunkt) erreicht hat. Bei seiner Umkehr schließt das Saugventil, und die nun im Zylinder abgeschlossene Luft wird verdichtet, bis sie den Druck p_2 der Druckleitung erreicht hat. Dann öffnet das Druckventil, und die Luft wird bei gleichbleibendem Druck in die Druckleitung ausgeschoben, bis der Kolben

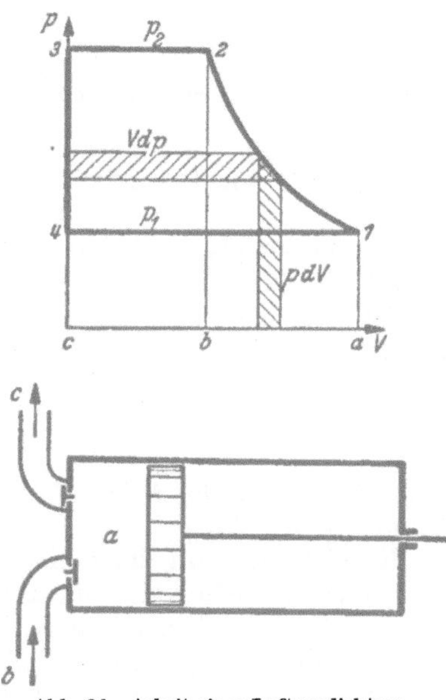

Abb. 26. Arbeit eines Luftverdichters.

sich wieder in der linken Endlage befindet. Bei seiner Umkehr sinkt der Druck im Zylinder von p_2 auf p_1, das Druckventil schließt, das Saugventil öffnet, und das Spiel beginnt von neuem.

Im oberen Teil der Abb. 26 ist der Druckverlauf im Zylinder über dem Hubvolum V dargestellt. Dabei ist

$4—1$ das Ansaugen beim Drucke p_1,

$1—2$ das Verdichten vom Ansaugedruck p_1 auf den Enddruck p_2,

$2—3$ das Ausschieben in die Druckleitung beim Drucke p_2, und

$3—4$ der Druckwechsel beim Schließen des Druck- und Öffnen des Saugventiles.

Auf der anderen Kolbenseite denken wir uns zunächst Luftleere und berechnen die während der einzelnen Teile des Vorganges geleisteten Arbeiten, die wir mit entsprechenden Indizes bezeichnen. Es ist

$L_{41} =$ Fläche $4\,1\,ac = p_1 V_1$ die vom angesaugten Gas geleistete Verschiebearbeit, sie ist als gewonnene Arbeit positiv,

$$L_{12} = \text{Fläche } 1\,2\,b\,a = \int_1^2 p\,dV \quad \text{die dem Gas zugeführte Kompressions-}$$

arbeit, sie kommt, wie es sein muß, negativ heraus, da dV bei Volumabnahme negativ ist,

$$L_{23} = \text{Fläche } 2\,3\,c\,b = -p_2 V_2 \quad \text{die zugeführte Ausschubarbeit, sie ist}$$

negativ,

$$L_{34} = 0 \qquad\qquad \text{der arbeitslose Druckwechsel.}$$

Die Summe dieser vier Teilarbeiten

$$L = L_{12} + L_{23} + L_{34} + L_{41} = \int_1^2 p\,dV - p_2 V_2 + p_1 V_1 \qquad (80)$$

bezeichnen wir als die *technische Arbeit* des Prozesses. Sie ist gleich der Fläche $1\,2\,3\,4$, kann also auch als Integral über dp dargestellt werden und ist nach Gl. (23a) gleich der Änderung der Enthalpie des Gases, so daß

$$L = -\int_1^2 V\,dp = I_1 - I_2$$

wird. Die technische Arbeit L ist wohl zu unterscheiden von der Kompressionsarbeit L_{12}.

Befindet sich auf der anderen Kolbenseite keine Luftleere, sondern der atmosphärische oder ein anderer konstanter Druck, so bleibt die technische Arbeit L ungeändert, da die Arbeiten des konstanten Druckes bei Hin- und Rückgang des Kolbens sich gerade aufheben. Bei doppelt wirkenden Zylindern sind die technischen Arbeiten beider Kolbenseiten zu addieren.

Der Betrag der technischen Kompressorarbeit hängt wesentlich vom Verlauf der Kompressionslinie $1\,2$ ab.

1. Bei *isothermer Kompression* ist

$$p_1 V_1 = p_2 V_2$$

und daher nach Gl. (64b)

$$L = L_{12} = p_1 V_1 \ln \frac{p_1}{p_2}. \qquad (81)$$

Während der Verdichtung muß eine der Kompressionsarbeit äquivalente Wärmemenge $Q = L$ abgeführt werden.

2. Bei *adiabater Kompression* ist nach Gl. (69b)

$$L_{12} = \frac{1}{\varkappa - 1}(p_1 V_1 - p_2 V_2).$$

Damit wird

$$L = \frac{1}{\varkappa - 1}(p_1 V_1 - p_2 V_2) + p_1 V_1 - p_2 V_2$$

$$L = \frac{\varkappa}{\varkappa - 1}(p_1 V_1 - p_2 V_2). \qquad (82)$$

Es ist also $L = \varkappa L_{12}$ oder

$$-\int_1^2 V dp = \varkappa \int_1^2 p\, dV. \tag{83}$$

Aus den Gl. (69c) und (69d) erhält man entsprechend

$$L = \frac{\varkappa}{\varkappa - 1}\, p_1 V_1 \left[1 - \frac{T_2}{T_1} \right] \tag{82a}$$

und

$$L = \frac{\varkappa}{\varkappa - 1}\, p_1 V_1 \left[1 - \left(\frac{p_2}{p_1}\right)^{\frac{\varkappa - 1}{\varkappa}} \right]. \tag{82b}$$

3. Bei *polytroper Kompression* hat man in Gl. (82b) nur $\varkappa$ durch n zu ersetzen und erhält

$$L = \frac{n}{n - 1}\, p_1 V_1 \left[1 - \left(\frac{p_2}{p_1}\right)^{\frac{n - 1}{n}} \right]. \tag{84}$$

Die genannten Formeln ergeben die Kompressorarbeit als negativ, wie es sein muß, da wir vom Gas abgegebene Arbeiten als positiv eingeführt hatten. In Büchern über Kompressoren wird das negative Vorzeichen oft fortgelassen.

Die Formeln zeigen weiter, daß die Kompressionsarbeit außer von dem Produkt $pV = mRT$ nur vom Druckverhältnis p_2/p_1 abhängt. Zur Verdichtung von 1 kg Luft von 20° braucht man also z. B. die gleiche Arbeit, einerlei, ob man von 1 auf 10 at, von 10 auf 100 at oder von 100 auf 1000 at verdichtet. Bei sehr hohen Drücken treten allerdings Abweichungen wegen der Druckabhängigkeit der spez. Wärmen auf (vgl. Tab. 14). Ferner ist zu beachten, daß unsere Formeln für die Adiabate und Polytrope temperaturunabhängige spez. Wärmen und damit konstante Werte von $\varkappa$ voraussetzten, in Wirklichkeit ist das nicht streng richtig, doch sind die Abweichungen bei Kompressoren bis 25 at praktisch belanglos.

Bei isothermer Verdichtung ist, wie Abb. 27 zeigt, eine kleinere Arbeit nötig als bei der Polytrope und Adiabate. Der

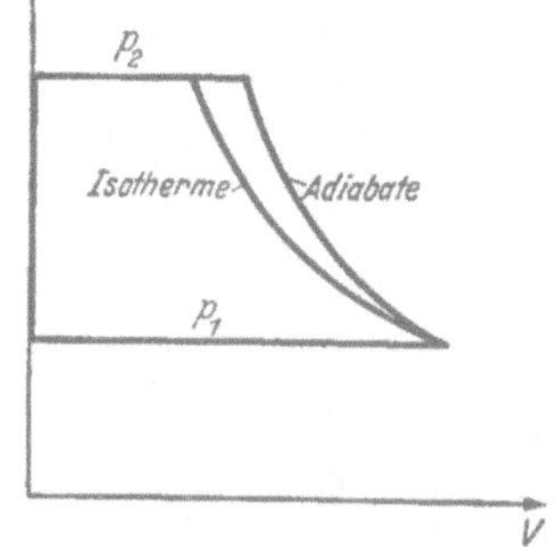

Abb. 27. Verdichterarbeit bei isothermer und adiabater Verdichtung.

Unterschied ist verhältnismäßig um so größer, je größer das Druckverhältnis p_2/p_1 ist. Die isotherme Kompression ist also der anzustrebende Idealfall. Dabei muß aber der volle Wärmewert der Kompressionsarbeit durch die Zylinderwände abgeführt werden, was praktisch unmöglich ist. Die Verdichtung in ausgeführten Kompressoren kann vielmehr nahezu als Adiabate angesehen werden.

Der Vorgang im Luftkompressor läßt sich umkehren, wenn man die Ventile entsprechend steuert. Man erhält dann die Preßluftmaschine, die Arbeit leistet unter Entspannung von Gas höheren Druckes. Alle Formeln der Luftverdichtung gelten auch hier, nur ist $p_2 < p_1$, und es ergeben sich für Arbeiten und Wärmemengen umgekehrte Vorzeichen.

In Tab. 15 sind zur Rechenerleichterung die häufig gebrauchten Ausdrücke $(p_1/p_2)^{1/n} = V_2/V_1$ und $(p_1/p_2)^{(n-1)/n} = T_1/T_2$ für einige Werte von n über dem Druckverhältnis p_1/p_2 dargestellt (nach Hütte 28. Aufl., Bd. I [1955], S. 452).

Tabelle 15. *Adiabate und polytrope Expansion von Gasen.*

Für $p_1/p_2 < 1$ hat man die Kehrwerte der Zahlen der Tafel zu bilden.

$\dfrac{p_1}{p_2}$	Für $n =$				Für $n =$			
	1,4 (Adiabate)	1,3	1,2	1,1	1,4 (Adiabate)	1,3	1,2	1,1
	ist $(p_1/p_2)^{1/n} = V_2/V_1 =$				ist $(p_1/p_2)^{(n-1)/n} = T_1/T_2 =$			
1,1	1,070	1,076	1,083	1,090	1,028	1,022	1,016	1,009
1,2	1,139	1,151	1,164	1,180	1,053	1,043	1,031	1,017
1,3	1,206	1,224	1,244	1,269	1,078	1,062	1,045	1,024
1,4	1,271	1,295	1,323	1,358	1,101	1,081	1,085	1,031
1,5	1,336	1,366	1,401	1,445	1,123	1,098	1,070	1,038
1,6	1,399	1,436	1,479	1,533	1,144	1,115	1,081	1,044
1,8	1,522	1,571	1,633	1,706	1,183	1,145	1,103	1,055
2,0	1,641	1,705	1,782	1,879	1,219	1,174	1,123	1,065
2,5	1,924	2,023	2,145	2,300	1,299	1,235	1,165	1,087
3,0	2,193	2,330	2,498	2,715	1,369	1,289	1,201	1,105
3,5	2,449	2,624	2,842	3,126	1,431	1,336	1,232	1,121
4,0	2,692	2,907	3,177	3,505	1,487	1,378	1,260	1,134
4,5	2,926	3,178	3,500	3,925	1,537	1,415	1,285	1,147
5,0	3,156	3,449	3,824	4,320	1,583	1,449	1,307	1,157
6,0	3,598	3,970	4,447	5,100	1,668	1,512	1,348	1,177
7,0	4,012	4,467	5,058	5,861	1,742	1,566	1,383	1,194
8,0	4,415	4,950	5,650	6,620	1,811	1,616	1,414	1,208
9,0	4,800	5,420	6,240	7,370	1,873	1,660	1,442	1,221
10,0	5,188	5,885	6,820	8,120	1,931	1,701	1,468	1,233
12	5,900	6,763	7,931	9,574	2,034	1,774	1,513	1,253
14	6,587	7,614	9,018	11,01	2,126	1,839	1,549	1,271
16	7,246	8,438	10,08	12,44	2,208	1,896	1,587	1,287
18	7,882	9,238	11,12	13,84	2,284	1,948	1,619	1,301
20	8,498	10,02	12,14	15,23	2,354	1,996	1,648	1,313
22	9,097	10,78	13,14	16,61	2,418	2,041	1,674	1,324
24	9,680	11,53	14,13	17,97	2,479	2,082	1,698	1,335
26	10,25	12,26	15,10	19,34	2,537	2,121	1,721	1,345
28	10,81	12,98	16,07	20,68	2,591	2,158	1,743	1,354
30	11,35	13,68	17,02	22,02	2,643	2,192	1,763	1,362
32	11,89	14,38	17,96	23,35	2,692	2,225	1,782	1,370
35	12,67	15,41	19,35	25,34	2,761	2,272	1,809	1,382
40	13,94	17,07	21,63	28,60	2,869	2,343	1,850	1,398

Aufgabe 4. Für Leuchtgas ergab die Analyse folgende Zusammensetzung in Raumteilen: 50% H_2, 30% CH_4, 15% CO, 3% CO_2, 2% N_2.

Welches ist die Gaskonstante und das mittlere Molekulargewicht des Leuchtgases? Wie ist die Zusammensetzung in Gewichtsteilen und wie groß die Dichte bei 25° und einem Druck von 750 Torr?

Aufgabe 5. In einer Stahlflasche von $V_1 = 20\,l$ Inhalt befindet sich Wasserstoff von $p_1 = 120$ at und $t_1 = 10°$.

Welchen Raum nimmt der Inhalt der Flasche bei $0°C$ und 760 Torr ein, wenn man die geringeren Abweichungen des Wasserstoffes vom Verhalten des vollkommenen Gases vernachlässigt?

Aufgabe 6. In einem geschlossenen Kessel von $V = 2\,m^3$ Inhalt befindet sich Luft von $t_1 = 20°$ und $p_1 = 5$ at.

Auf welche Temperatur t_2 muß der Kessel erwärmt werden, damit sein Druck auf $p_2 = 10$ at steigt? Welche Wärmemenge muß dabei der Luft zugeführt werden?

Aufgabe 7. Ein Zeppelinluftschiff von $200\,000\,m^3$ Inhalt der Gaszellen kann wahlweise mit Wasserstoff oder mit Helium gefüllt werden. Die Füllung wird so bemessen, daß die geschlossenen Zellen in $4500\,m$ Höhe, wo ein Druck von 400 Torr und eine Temperatur von $0°C$ angenommen wird, gerade prall sind.

Wieviel kg Wasserstoff bzw. Helium erfordert die Füllung? Zu welchem Bruchteil sind die Gaszellen am Erdboden bei einem Druck von 700 Torr und einer Temperatur von $20°$ gefüllt? Wie groß darf das zu hebende Gesamtgewicht von Hülle, Gerippe und allen sonstigen Lasten in beiden Fällen sein?

Aufgabe 8. Luft von $p_1 = 10$ at und $t_1 = 25°$ wird in einem Zylinder von $0{,}01\,m^3$ Inhalt, der durch einen Kolben abgeschlossen ist, a) isotherm, b) adiabat, c) polytrop mit $n = 1{,}3$ bis auf 1 at entspannt.

Wie groß ist in diesen Fällen das Endvolum, die Endtemperatur und die vom Gas geleistete Arbeit? Wie groß ist im Falle a) und c) die zugeführte Wärme?

Aufgabe 9. Ein Luftpuffer besteht aus einem zylindrischen Luftraum von 50 cm Länge und 20 cm Durchmesser, der durch einen Kolben abgeschlossen ist. Die Luft im Pufferzylinder habe ebenso wie in der umgebenden Atmosphäre einen Druck von $p_1 = 1$ at und eine Temperatur von $t_1 = 20°$.

Welche Stoßenergie in mkp kann der Puffer aufnehmen, wenn der Kolben 40 cm weit eindringt und wenn die Kompression der Luft adiabat erfolgt? Welche Endtemperatur und welchen Enddruck erreicht dabei die Luft?

Aufgabe 10. Eine Druckluftanlage soll stündlich 1000 Normkubikmeter Druckluft von 15 at liefern, die einem Drucke $p_1 = 1$ at und einer Temperatur $t_1 = 20°$ angesaugt wird.

Wieviel kW Antriebsleistung erfordert der als verlustlos angenommene Verdichter, wenn die Kompression a) isotherm, b) adiabat, c) polytrop mit $n = 1{,}3$ erfolgt? Welche Wärmemenge muß im Falle a) und c) abgeführt werden?

V. Kreisprozesse.

20. Die Umwandlung von Wärme in Arbeit durch Kreisprozesse.

Einen Vorgang, bei dem Wärme vollständig in Arbeit verwandelt wurde, haben wir bei der isothermen Expansion des vollkommenen Gases kennengelernt. Dabei war die zugeführte Wärme genau gleich der geleisteten Arbeit; zugleich war aber das Gas von hohem auf niederen Druck entspannt worden, d. h. der arbeitende Körper befand sich nach der Arbeitsleistung in einem anderen Zustand als vorher. Der Vorgang läßt sich also mit einer bestimmten Menge Druckgas nur einmal ausführen; er kann nicht periodisch wiederholt werden. Man kann ihn zwar auf demselben Wege wieder rückgängig machen, aber dann wird die gewonnene Arbeit gerade wieder verbraucht.

Wenn wir Arbeit gewinnen wollen und der Körper am Ende doch wieder in seinem Anfangszustand sein soll, müssen wir ihn nach einer Zustandsänderung auf einem anderen Wege wieder in den Anfangszustand zurückführen, so daß sein Zustand eine geschlossene Kurve durchläuft, die im p,V-Diagramm eine Fläche umfährt. Man nennt einen

solchen Vorgang einen *Kreisprozeß*. Er ist z. B. in Abb. 28 durch die
Kurve *1a 2b* dargestellt. Längs eines Elementes dieser Kurve wird eine
Arbeit $dL = p\,dV$ gewonnen oder zugeführt gleich dem schraffierten
kleinen Flächenstreifen, gleichzeitig wird eine kleine Wärmemenge $dQ = dU + p\,dV$ zu- oder abgeführt. Durchläuft man den ganzen Kreisprozeß in Richtung der Pfeile, so ist die bei der Volumzunahme $c \rightarrow d$ gewonnene Arbeit *1a 2dc* größer als die bei der Volumabnahme $d \rightarrow c$ zugeführte Arbeit *2b 1cd*. Im ganzen wird also eine Arbeit $L = \oint p\,dV$ gleich dem umfahrenen Flächenstück *1a 2b 1* gewonnen, dabei soll der Kreis am Integralzeichen die Integration über eine geschlossene Kurve angeben. Integriert man über die Wärmemengen in gleicher Weise, so erhält man nach dem ersten Hauptsatz

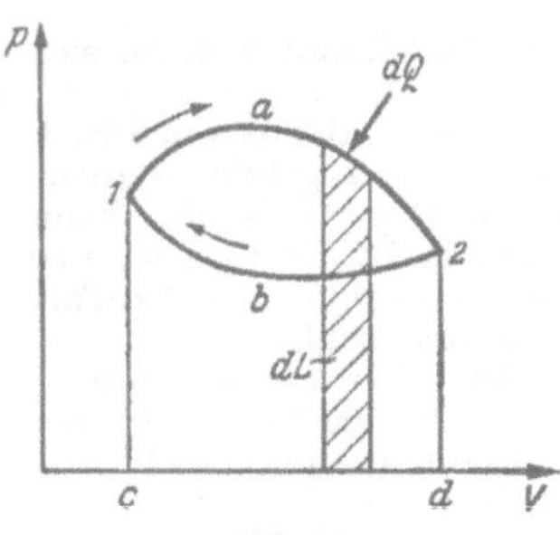

Abb. 28.
Kreisprozeß im p,V-Diagramm.

$$\oint dQ = \oint dU + \oint p\,dV.$$

Darin ist $\oint dU = 0$, da der Zustand des Körpers und damit auch seine
innere Energie nach Durchlaufen des Kreisprozesses wieder der gleiche
ist wie zu Anfang, und man erhält

$$\oint dQ = \oint dL. \tag{85}$$

Die geleistete Arbeit ist also gleich dem Überschuß der zugeführten über
die abgeführten Wärmebeträge, d. h. eine der geleisteten Arbeit äquivalente Wärmemenge ist verschwunden.

Wir bezeichnen die Summe aller zugeführten Wärmemengen mit Q,
die Summe aller abgeführten Wärmemengen mit $|Q_0|$. Die beiden
Striche vor und hinter Q_0 sollen anzeigen, daß es sich hier nicht um eine
zugeführte Wärmemenge von negativem Betrage handelt, sondern daß die
abgeführte Wärme als absoluter Betrag zu behandeln ist. Man kann also
schreiben

$$L = Q - |Q_0|. \tag{85a}$$

Unter dem *thermischen Wirkungsgrad* eines Kreisprozesses sei das
Verhältnis

$$\eta = \frac{L}{Q} \tag{86}$$

der gewonnenen Arbeit zur *zugeführten* Wärme Q verstanden.

Wird der Kreisprozeß in umgekehrter Richtung durchlaufen, so wird
mehr Arbeit zugeführt als gewonnen. Nach dem ersten Hauptsatz muß
sich diese Arbeit in Wärme verwandeln, und es muß die abgeführte
Wärme um das Äquivalent der verschwundenen Arbeit größer sein als die
zugeführte.

21. Der Carnotsche Kreisprozeß und seine Anwendung auf das vollkommene Gas.

Um den Wirkungsgrad eines Kreisprozesses ausrechnen zu können, müssen wir bestimmte Angaben über seinen Verlauf machen.

Von besonderer Bedeutung für die Thermodynamik ist der 1824 von CARNOT eingeführte Kreisprozeß, bestehend aus 2 Isothermen und 2 Adiabaten in der Reihenfolge: isotherme Expansion, adiabate Expansion, isotherme Kompression und adiabate Kompression zurück zum Anfangspunkt. Den Arbeitskörper denken wir uns dabei nach Abb. 29 in einen Zylinder eingeschlossen. Während der isothermen Expansion $1-2$ bringen wir den Arbeitskörper mit einem Wärmebehälter von der Temperatur T, während der isothermen Kompression $3-4$ mit einem solchen von der Temperatur T_0 in wärmeleitende Verbindung. Beide Wärmebehälter sollen so groß sein, daß ihre Temperatur sich durch Entzug oder Zufuhr der bei dem Kreisprozeß umgesetzten Wärmemengen nicht merklich ändert. Während der adiabaten Zustandsänderungen $2-3$ und $4-1$ ist der Körper wärmedicht abgeschlossen.

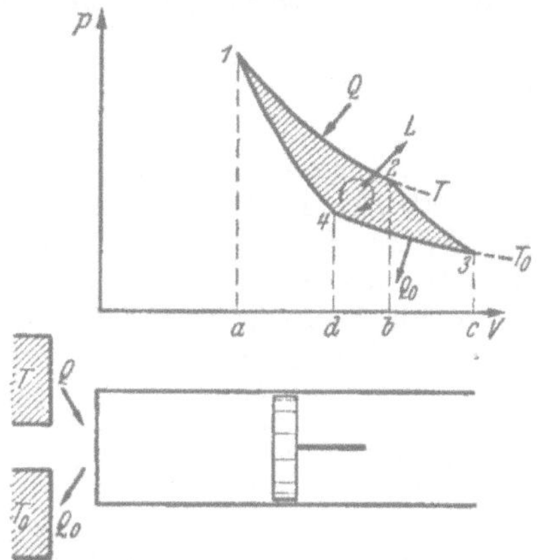

Abb. 29. Kreisprozeß nach CARNOT.

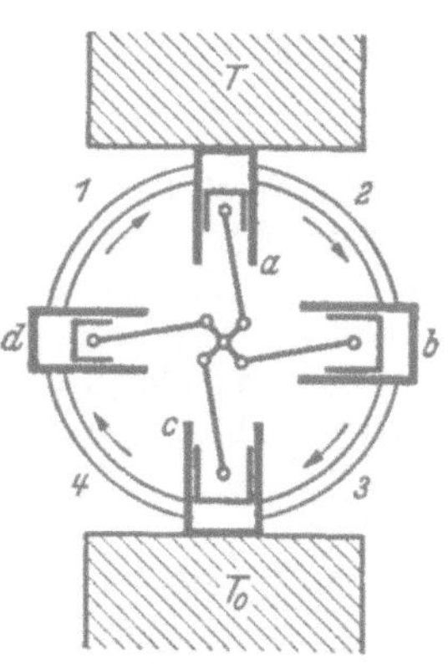

Abb. 30. Carnotscher Kreisprozeß in getrennten Zylindern.

Ebensogut können wir die einzelnen Teilvorgänge auch in getrennten Zylindern ausführen, die das Arbeitsmittel im Kreislauf durchströmt, wie das Abb. 30 zeigt. Dabei arbeiten Zylinder c und d als Kompressoren, Zylinder a und b als Expansionsmaschinen. In a wird isotherm expandiert unter Wärmezufuhr von dem Wärmespeicher T, in c wird isotherm komprimiert unter Wärmeabfuhr an den Wärmespeicher T_0. Die Zylinder b und d sind wärmedicht abgeschlossen; in b wird adiabat expandiert, in d adiabat komprimiert. Durch die als Viertelkreise gezeichneten Rohrleitungen strömt das Medium im Kreislauf in Richtung der Pfeile durch alle 4 Zylinder, wobei die Ziffern $1-4$ seinem Zustand im p,V-Diagramm der Abb. 29 entsprechen. Die Rohrleitungen müssen zugleich ein ausreichendes Speichervolum haben, damit trotz des absatzweisen Zu- und Abströmens von Gas keine zeitlichen Zustands-

5*

änderungen in ihnen auftreten. Durch entsprechende Steuerung der Ventile kann man den Prozeß leicht umkehren, wobei das Arbeitsmittel entgegengesetzt strömt, und der Maschine Arbeit zugeführt werden muß.

Statt der Kolbenmaschinen könnte man auch Turbinen und Turbokompressoren für die Entspannung und Verdichtung wählen.

Um den Wirkungsgrad des Carnotschen Kreisprozesses zu berechnen, führen wir ihn zunächst an einem vollkommenen Gase durch. Für ein solches Gas zeigt die Erfahrung nach Boyle und Mariotte, daß bei konstanter Temperatur das Produkt pV eine Konstante ist. Mit Hilfe der Zustandsgleichung

$$\frac{pV}{mR} = T$$

hatten wir dann unsere Temperaturskala des vollkommenen Gases definiert. Weiter zeigte uns der Versuch von Gay-Lussac und Joule, daß die innere Energie eines vollkommenen Gases nur von der Temperatur, nicht von seinem Volum abhängt, so daß man nach Gl. (46) schreiben kann:

$$dU = m\,c_v\,dT,$$

dabei darf c_v noch eine Funktion der Temperatur sein.

Wir betrachten nun den Wärme- und Arbeitsumsatz des Carnotschen Kreisprozesses. Längs der beiden Isothermen ist die innere Energie des Gases konstant und die zugeführte Wärme Q und die abgeführte Wärme $|Q_0|$ sind gleich der abgegebenen (Fläche $12\,ba$ in Abb. 29) und zugeführten Arbeit (Fläche $34\,dc$) nach den Gleichungen

$$Q = L_{12} = \int_1^2 p\,dV \quad \text{und} \quad |Q_0| = |L_{34}| = \left| \int_3^4 p\,dV \right|.$$

Setzt man in diese beiden Ausdrücke $p = \dfrac{mRT}{V}$ bzw. $p = \dfrac{mRT_0}{V}$ ein und nimmt die konstanten Temperaturen vor das Integral, so wird

$$\left.\begin{aligned}
Q &= mRT \int_1^2 \frac{dV}{V} = mRT \ln \frac{V_2}{V_1} \\[2ex]
|Q_0| &= \left| mRT_0 \int_4^3 \frac{dV}{V} \right| = \left| mRT_0 \ln \frac{V_3}{V_4} \right|.
\end{aligned}\right\} \tag{87}$$

Längs der Adiabaten $2-3$ und $1-4$ gilt auch bei temperaturabhängiger spez. Wärme die Differential-Gl. (67)

$$\frac{dT}{T} + (\varkappa - 1)\frac{dV}{V} = 0$$

oder integriert

$$\ln \frac{V_3}{V_2} = -\int\limits_{T}^{T_0} \frac{1}{\varkappa - 1} \frac{dT}{T}$$

$$\ln \frac{V_4}{V_1} = -\int\limits_{T}^{T_0} \frac{1}{\varkappa - 1} \frac{dT}{T}\, .$$

Da die rechten Seiten dieser beiden Gleichungen übereinstimmen, sind auch ihre linken gleich, und man erhält

$$\frac{V_3}{V_2} = \frac{V_4}{V_1} \qquad \text{oder} \qquad \frac{V_3}{V_4} = \frac{V_2}{V_1}\, . \tag{88}$$

Diese Beziehung muß zwischen den 4 Eckpunkten des Carnotschen Kreisprozesses erfüllt sein, damit das Diagramm sich schließt. Aus Gl. (87) folgt damit

$$\frac{Q}{|Q_0|} = \frac{T}{T_0} \qquad \text{und} \qquad \frac{Q - |Q_0|}{Q} = \frac{T - T_0}{T}\, , \tag{89}$$

d. h. die umgesetzten Wärmemengen verhalten sich wie die zugehörigen absoluten Temperaturen.

Längs der beiden Adiabaten werden nach Gl. (69) die Arbeiten

$$L_{23} = m\int\limits_{T_0}^{T} c_v\, dT \qquad \text{und} \qquad L_{41} = -\, m\int\limits_{T_0}^{T} c_v\, dT$$

geleistet, die auch bei temperaturabhängigem c_v entgegengesetzt gleich sind und sich daher aufheben. Da nur längs der Isothermen des Kreisprozesses Wärmemengen umgesetzt werden, gilt nach dem 1. Hauptsatz für die vom Kreisprozeß geleistete Arbeit

$$L = Q - |Q_0|,$$

und wir erhalten für den Wirkungsgrad den einfachen Ausdruck

$$\eta = \frac{L}{Q} = \frac{T - T_0}{T} = 1 - \frac{T_0}{T}\, . \tag{90}$$

Der Wirkungsgrad des Carnotschen Kreisprozesses mit einem vollkommenen Gase hängt also nur von den absoluten Temperaturen der beiden Wärmebehälter ab, mit denen die Wärmemengen ausgetauscht werden. Dabei wollen wir besonders beachten, daß wir zur Ausführung eines solchen Kreisprozesses, der Wärme in Arbeit verwandelt, zwei Wärmebehälter brauchen, von denen der eine Wärme abgibt, der andere Wärme aufnimmt.

Aus Gl. (89) folgt

$$\frac{Q}{T} - \frac{|Q_0|}{T_0} = 0\, .$$

Wenn wir die abgeführte Wärme nicht mehr als absoluten Betrag, sondern in algebraischer Weise als zugeführte aber mit negativem

Vorzeichen einführen und allgemein mit T die Temperatur bezeichnen, bei der der Umsatz erfolgt, so kann man dafür

$$\Sum \frac{Q}{T} = 0 \tag{91}$$

schreiben.

22. Die Umkehrung des Carnotschen Kreisprozesses.

Läßt man den Carnotschen Kreisprozeß in der umgekehrten Reihenfolge *4 3 2 1* durchlaufen (vgl. Abb. 31), so kehren sich die Vorzeichen der Wärmemengen und Arbeiten um. Es wird keine Arbeit gewonnen, sondern es muß die Arbeit $|L|$ zugeführt werden. Längs der Isotherme *4 3* wird die Wärmemenge Q_0 dem Behälter von der niederen Temperatur T_0 entzogen und längs der Isotherme *2 1* die Wärmemenge

$$|Q| = Q_0 + |L|$$

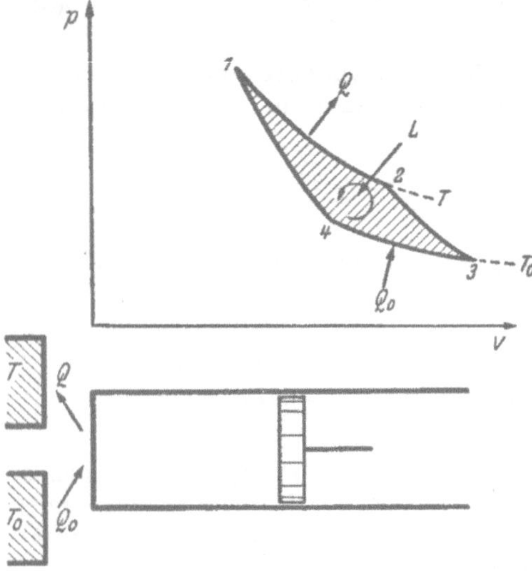

Abb. 31. Umkehrung des Carnotschen Kreisprozesses.

an den Behälter von der höheren Temperatur T abgeführt. Es wird also Arbeit in Wärme verwandelt, zugleich wird eine Wärmemenge einem Körper niederer Temperatur entnommen und zusammen mit der aus Arbeit gewonnenen an einen Körper höherer Temperatur übertragen.

Man kann den umgekehrten Carnotprozeß benutzen zur *reversiblen Heizung*. Dabei wird der Umgebung etwa beim Eispunkt $T_0 = 273°$K eine Wärmemenge Q_0 entzogen, um an die Heizkörper einer Heizanlage etwa bei 80°C entsprechend $T = 353°$K eine Wärmemenge $|Q|$ abzugeben. Dann ist

$$\frac{|L|}{|Q|} = \frac{T - T_0}{T} = \frac{80°\text{K}}{353°\text{K}}$$

oder

$$Q = 4{,}41\,L.$$

Würde man die Arbeit L etwa durch Reibung oder, falls sie als elektrische Energie vorhanden ist, durch elektrische Widerstandsheizung in Wärme verwandeln, so würden aus 427 mkp nur 1 kcal nach dem ersten Hauptsatz entstehen. Durch die reversible Heizung wird also das mehrfache, in unserem Beispiel das 4,41fache des Äquivalentes der aufgewendeten Arbeit als Wärme nutzbar gemacht. Man bezeichnet eine solche Maschine auch als *Wärmepumpe*.

Eine andere, wichtigere Anwendung des umgekehrten Carnotprozesses sind die Kältemaschinen; bei ihnen wird die Wärmemenge Q_0 einem Körper entzogen, dessen Temperatur T_0 unter der Umgebungstemperatur liegt, und es wird an die Umgebung oder an Kühlwasser von der Temperatur T eine Wärmemenge $|Q| = Q_0 + |L|$ abgegeben. In diesem Falle ist das als Leistungsziffer der Kälteanlage bezeichnete Verhältnis

$$\varepsilon = \frac{Q_0}{L} = \frac{T_0}{T - T_0} \tag{92}$$

maßgebend für die aus der Arbeit L gewinnbare Kälteleistung Q_0.

Will man einen Raum auf $0°$ halten in einer Umgebung von $+30°$, so muß die Kältemaschine die dem Kühlraum durch die Wände zufließende Wärme wieder herausschaffen. Da dann $\varepsilon = \dfrac{273°\,\mathrm{K}}{30°\,\mathrm{K}} = 9,1$ ist, kann also der 9,1-fache Betrag von L dem Kühlraum als Kälteleistung entzogen werden. Hierbei sind die Verluste durch Unvollkommenheiten aber noch nicht berücksichtigt.

In der Technik werden nach dem Carnotschen Prozeß arbeitende Kaltluftmaschinen zwar nicht gebaut, sondern man benutzt ausschließlich kondensierende Gase, sog. Kaltdämpfe als Arbeitsmedien und arbeitet auch nach einem vom Carnotschen etwas abweichenden Prozeß. Das ändert aber nichts an der grundsätzlichen Bedeutung des Carnotprozesses, der auch für die Kältetechnik der ideale Vergleichsprozeß ist, nach dem man die Güte der praktisch benutzten Arbeitsverfahren beurteilt.

VI. Der zweite Hauptsatz der Wärmelehre.

23. Umkehrbare und nichtumkehrbare Vorgänge.

Bisher hatten wir die Richtungen der betrachteten thermodynamischen Vorgänge nicht besonders unterschieden, vielmehr unbedenklich angenommen, daß jeder Vorgang, z. B. die Volumänderung eines Gases in einem Zylinder, sowohl in der einen Richtung (als Expansion) wie in der anderen Richtung (als Kompression) vor sich gehen kann. Auch bei Kreisprozessen hatten wir den Umlaufssinn ohne weiteres geändert.

Die Vorgänge der Mechanik sind, soweit keine Reibung mitspielt, von dieser Art und werden daher als *umkehrbar* oder *reversibel* bezeichnet: Ein Stein kann nicht nur unter dem Einfluß der Erdschwere fallen, sondern er kann dieselbe Bewegung auch in der umgekehrten Richtung steigend durchlaufen. Beim senkrechten Wurf nach oben treten beide Bewegungen unmittelbar nacheinander auf. Ein anderes Beispiel ist die im indifferenten Gleichgewicht befindliche Waage: Legt man ein beliebig kleines Gewicht auf die eine Schale, so sinkt sie herunter, während die andere steigt. Legt man dasselbe Gewicht auf die andere Schale, so vollzieht sich genau der umgekehrte Vorgang.

Auch die bisher von uns betrachteten thermodynamischen Vorgänge, z. B. die adiabate oder isotherme Volumänderung, kann man in gleicher Weise als umkehrbar ansehen. Belastet man den Kolben eines Zylinders mit Hilfe eines geeigneten Mechanismus, wie z. B. der in der Abb. 32 dargestellten Kurvenbahn, auf der das Seil eines Gewichtes abläuft und die durch Zahnrad und -stange mit dem Kolben gekuppelt ist, so läßt sich bei richtiger Form der Kurvenbahn erreichen, daß der Kolben bei

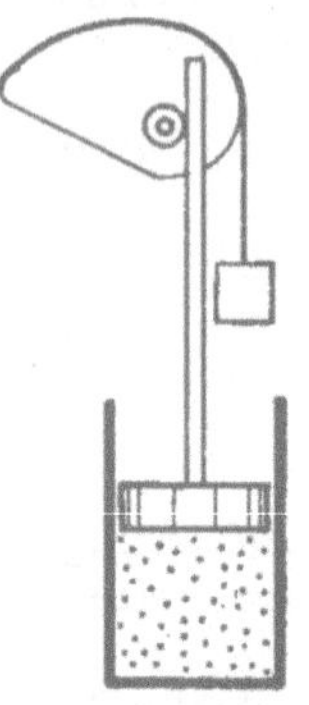

adiabater Expansion in jeder Lage stehenbleibt, gerade so wie eine im indifferenten Gleichgewicht befindliche Waage. Die Zugabe oder Wegnahme eines beliebig kleinen Gewichts genügt, um den Kolben sinken oder steigen zu lassen. Bei der isothermen Expansion ist dasselbe möglich, nur muß die Kurvenbahn, auf der das Seil des Gewichtes abrollt, eine andere Gestalt haben, und durch ein genügend großes Wasserbad ist dafür zu sorgen, daß die Temperatur des Zylinderinhaltes konstant bleibt.

Abb. 32. Umkehrbare Kompression und Expansion eines Gases.

Noch einfacher läßt sich die Umkehrbarkeit verdeutlichen beim Verdampfen unter konstantem Druck, wenn die Temperatur der verdampfenden Flüssigkeit durch wärmeleitende Verbindung mit einem genügend großen Wärmespeicher konstant gehalten wird. In der Abb. 33 möge der Kolben gerade dem Druck des Dampfes das Gleichgewicht halten. Legt man ein beliebig kleines Übergewicht auf den Kolben, so kondensiert der Dampf vollständig. Erleichtert man den Kolben beliebig wenig, so steigt er, bis alles Wasser verdampft ist.

Diese Beispiele zeigen, was man in der Thermodynamik unter umkehrbaren oder reversiblen Prozessen versteht.

Ein reversibler Vorgang besteht demnach aus lauter Gleichgewichtszuständen, derart, daß eine beliebig kleine Kraft je nach ihrem Vorzeichen den Vorgang sowohl in der einen wie in der anderen Richtung auslösen kann.

Bei Wärmeströmungen entspricht dem Übergewicht eine beliebig kleine Übertemperatur, denn durch das kleine Übergewicht kann eine

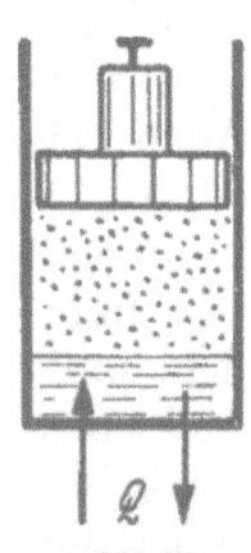

Kompression erzeugt werden, die mit einer kleinen Übertemperatur verbunden ist. Der Übergang von Wärme von einem Körper zu einem anderen ist also dann reversibel, wenn es nur einer beliebig kleinen Temperaturänderung bedarf, um die Wärme sowohl in der einen wie in der anderen Richtung zu befördern.

Außer diesen umkehrbaren Vorgängen gibt es aber erfahrungsgemäß noch andere, die man als *nichtumkehrbar* oder *irreversibel* bezeichnet.

Die Reibung der Mechanik ist ein solcher nichtumkehrbarer Vorgang. Denn wenn bei den vorhin betrachteten umkehrbaren Vorgängen, die Bewegung des Kolbens oder

Abb. 33. Umkehrbare Verdampfung.

der Mechanismen, nicht reibungslos stattfindet, so bedarf es eines endlichen Übergewichtes, das mindestens gleich dem Betrag der Reibungskraft ist, um den Vorgang in diesem oder jenem Sinne ablaufen zu lassen. Da bei den meisten Vorgängen der Mechanik Reibung auftritt, sind sie also genaugenommen nicht vollständig umkehrbar.

Die Erfahrung zeigt weiter, daß Wärme wohl ohne unser Zutun von einem Körper höherer Temperatur auf einen solchen niederer Temperatur übergeht, aber niemals tritt der umgekehrte Vorgang ein, d. h. Temperaturunterschiede gleichen sich wohl aus, aber sie entstehen nicht von selbst.

Diese Erfahrung von dem Vorkommen nicht umkehrbarer Vorgänge bezeichnet man als *zweiten Hauptsatz der Wärmelehre*, den CLAUSIUS 1850 zuerst erkannt hat und den wir mit ihm in folgender Form aussprechen wollen.

A. Wärme kann nie von selbst von einem Körper niederer Temperatur auf einen Körper höherer Temperatur übergehen.

Die Worte „*von selbst*" sind dabei wesentlich, sie sollen bedeuten, daß der genannte Vorgang sich nicht vollziehen kann, ohne daß in der Natur sonst noch Veränderungen eintreten, wie z. B. beim Jouleschen Versuch das Herabsinken eines Gewichtes. Dann ist aber der erfahrungsgemäß von selbst, d. h. ohne irgendwelche Veränderungen in der Umgebung, ablaufende Übergang von Wärme von einem Körper höherer Temperatur auf einen solchen niederer auf keine Weise vollständig rückgängig zu machen, wobei wir unter „*vollständig rückgängig machen*" verstehen, daß alle beteiligten Körper und alle zu Hilfe genommenen Gewichte und Apparate nachher wieder in derselben Lage und in demselben Zustand sind wie zu Anfang.

Ein Vorgang, der sich in diesem Sinne vollständig wieder rückgängig machen läßt, ist *umkehrbar* oder *reversibel*. Ein Vorgang, bei dem das nicht der Fall ist, ist *nichtumkehrbar* oder *irreversibel*. Damit haben wir eine zweite Definition dieses thermodynamischen Begriffes, die gleichbedeutend ist mit der oben gegebenen Erklärung eines umkehrbaren Vorganges als einer Folge von Gleichgewichtszuständen, die durch Herabsinken eines beliebig kleinen Übergewichts, also einer im Grenzfall verschwindend kleinen Veränderung der Umgebung, in der einen oder anderen Richtung zum Ablauf gebracht werden können.

Außer Ausdrucksform *A* des zweiten Hauptsatzes gibt es noch andere, auf die wir jetzt eingehen wollen und die trotz ihrer verschiedenen Gestalt damit dem Inhalt nach übereinstimmen und sich daraus ableiten lassen.

Der erste Hauptsatz der Wärmelehre hatte die Gleichwertigkeit von Wärme und Arbeit behauptet, wobei eine Einschränkung über die Umwandlung von Wärme in Arbeit weder in der einen noch in der anderen Richtung gemacht wurde. Die Aussage des Satzes kann man also umkehren.

Die Erfahrung zeigt aber, daß man zwar Arbeit beliebig, z. B. durch Reibung, in Wärme verwandeln kann, daß aber der umgekehrten Umwandlung von Wärme in Arbeit gewisse Grenzen gesetzt sind. Man kann z. B. nicht Arbeit aus der Wärme des Meerwassers gewinnen, wobei nichts anderes geschieht, als daß ein Teil des Meerwassers sich abkühlt. Es ist also unmöglich, den praktisch unerschöpflichen Wärmevorrat der Ozeane zu benutzen, um damit unsere Schiffe anzutreiben.

Eine Maschine, die Arbeit aus dem Nichts erzeugt, hatten wir das Perpetuum mobile erster Art genannt und den ersten Hauptsatz auch als die Unmöglichkeit des Perpetuum mobile erster Art ausgesprochen.

Als *Perpetuum mobile zweiter Art* bezeichnet man mit WILHELM OSTWALD eine Maschine, die nur durch Abkühlung eines Körpers Arbeit erzeugt. Eine solche Maschine würde dem Energieprinzip nicht widersprechen, da ja für die entstandene mechanische Energie ein entsprechender Betrag an Wärmeenergie verschwunden ist. Das Perpetuum mobile zweiter Art hätte für den Menschen durchaus die gleichen Vorteile wie ein solches erster Art, da uns in der Umgebung beliebige Wärmemengen kostenlos zur Verfügung stehen. Tatsächlich ist es aber nicht gelungen, ein Perpetuum mobile zweiter Art zu konstruieren, und wir folgern aus dieser Erfahrung den 1851 von THOMSON ausgesprochenen Satz:

B. Es ist keine Maschine möglich, die einem Wärmebehälter Wärme entzieht und in Arbeit verwandelt, ohne daß mit den beteiligten Körpern noch andere Veränderungen vorgehen.

M. PLANCK formuliert diesen Satz in ähnlicher Weise, nur spricht er von der Unmöglichkeit einer periodisch arbeitenden Maschine und drückt dadurch aus, daß die Maschine am Ende des Vorganges wieder in demselben Zustand sein soll wie zu Anfang. Das ist in der Fassung *B* dadurch berücksichtigt, daß auch die Maschine zu den beteiligten Körpern gehört, die keine Veränderungen erfahren dürfen.

Die Aussage *B* stellt eine weitere Form des zweiten Hauptsatzes dar, von der wir nachweisen wollen, daß sie mit der früheren gleichbedeutend ist.

Wäre nämlich eine solche Maschine möglich, so könnte man damit einem Körper z. B. bei Umgebungstemperatur Wärme entziehen, daraus Arbeit gewinnen, diese Arbeit bei beliebig höherer Temperatur durch Reibung in Wärme verwandeln und einem Körper dieser höheren Temperatur zuführen. Im Endergebnis wäre dann Wärme von der niederen Temperatur der Umgebung an einen Körper höherer Temperatur übertragen worden, ohne daß sonst Veränderungen eingetreten sind. Das ist aber nach der Form *A* des zweiten Hauptsatzes unmöglich. Damit sind die beiden Formen aufeinander zurückgeführt.

Bei der isothermen Expansion eines Gases hatten wir gesehen, daß die einem Speicherbehälter entzogene Wärme vollständig in Arbeit umgewandelt wird, und dieser Vorgang scheint zunächst der Form *B* des zweiten Hauptsatzes zu widersprechen. Hierbei wird aber nicht nur einem Wärmebehälter Wärme entnommen, sondern es geht mit dem beteiligten Gas noch eine andere Veränderung vor, indem es von höherem auf niederen Druck entspannt wird. Der Vorgang läßt sich mit einer bestimmten Menge Druckgas nur einmal ausführen, wobei das Gas seine Arbeitsfähigkeit verliert, man kann ihn nicht wiederholen.

Die durch Aussage *B* als unmöglich erklärte Maschine könnte auch den Vorgang der Verwandlung von Arbeit in Wärme durch Reibung vollständig rückgängig machen. Mit ihrer Hilfe wäre es z. B. möglich, beim

Jouleschen Versuch dem Wasser die Reibungswärme wieder zu entziehen, in Arbeit zu verwandeln und damit das Gewicht wieder auf seine ursprüngliche Höhe zu heben (S. 22). Man kann daher den zweiten Hauptsatz auch in der folgenden Form aussprechen:

C. Es ist auf keine Weise möglich, einen Vorgang, bei dem Wärme durch Reibung entsteht, vollständig rückgängig zu machen.

Beim Gay-Lussac-Jouleschen Versuch (S. 45) hatten wir ein Gas ohne Arbeitsleistung und ohne Wärmezufuhr sich auf ein größeres Volum ausdehnen lassen. Auch dieser Vorgang ist nicht umkehrbar. Wollte man ihn rückgängig machen, so müßte man das Gas zunächst unter Verbrauch von Arbeit, also z. B. durch Senken eines Gewichtes, auf das Anfangsvolum verdichten. Dabei entsteht ein gleich großer Betrag an Wärme, die entweder bei adiabater Verdichtung im Gase bleibt, oder bei isothermer Verdichtung an einen Wärmespeicher abgegeben wird. Um den Anfangszustand ganz wiederherzustellen, müßte man endlich noch das Gewicht wieder heben allein durch Verbrauch dieser Wärme, was nach Form *B* des zweiten Hauptsatzes unmöglich ist. Man kann diesen Satz daher auch in der folgenden Form aussprechen:

D. Die Expansion eines Gases ohne Arbeitsleistung und ohne Wärmezufuhr von außen ist auf keine Weise wieder vollständig rückgängig zu machen.

Der Inhalt des zweiten Hauptsatzes besteht also in der Erfahrungstatsache, daß es gewisse nichtumkehrbare Vorgänge gibt. Dabei genügt es, einen solchen Vorgang anzuführen, wie das in den obigen Aussagen *A* bis *D* geschah, da sich aus der Richtigkeit einer von ihnen die Gültigkeit der andern ableiten läßt, wie wir gezeigt haben.

Da alle Vorgänge mit Reibung oder mit Temperaturgefälle verbunden sind, gibt es strenggenommen nur nichtumkehrbare Vorgänge. Umkehrbare sind nur als Grenzfälle mit mehr oder weniger guter Annäherung zu verwirklichen. Die Annäherung ist dabei im allgemeinen um so besser, je langsamer wir die Vorgänge durchführen.

Die Feststellung, daß sich manche Vorgänge nicht umkehren lassen, ist von sehr allgemeiner Art und erlaubt noch nicht in jedem Einzelfall zu unterscheiden, ob ein Übergang eines Gebildes von einem Zustand in einen anderen umkehrbar ist oder nicht. Wir werden aber eine Zustandsgröße, die sog. Entropie, einführen, die sich für jeden Zustand eines Körpers aus anderen meßbaren Zustandsgrößen zahlenmäßig feststellen läßt und deren Veränderung in jedem Einzelfall angibt, ob ein Vorgang umkehrbar ist oder nicht.

24. Der Carnotsche Kreisprozeß mit beliebigen Stoffen.

Die bei einem Kreisprozeß gewinnbare Arbeit haben wir für den Carnotschen Kreisprozeß des vollkommenen Gases ausgerechnet. Dabei hatten wir diesen Prozeß stillschweigend als umkehrbar vorausgesetzt. Ein beliebiger Kreisprozeß ist aber keineswegs schon dann umkehrbar, wenn der Arbeitskörper sich am Ende wieder in dem gleichen Zustand befindet wie zu Anfang. Hat z. B. die Bewegung eines Kolbens Reibung oder treten zwischen dem Wärmebehälter und dem Arbeitskörper bei der Wärmeübertragung Temperaturunterschiede auf, so sind diese Vorgänge und damit der ganze Kreisprozeß nichtumkehrbar.

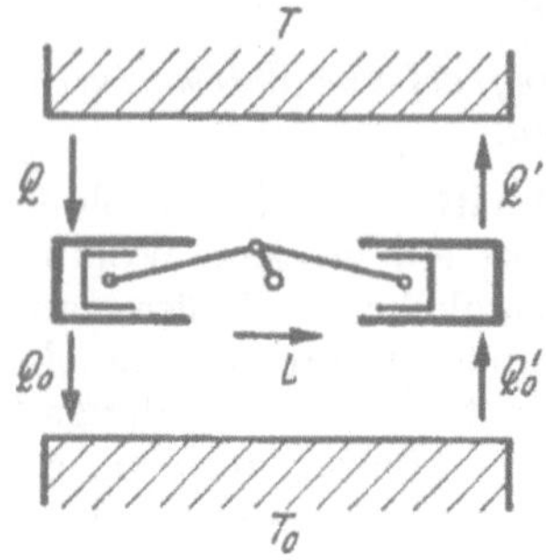

Wir wollen uns aber zunächst auf umkehrbare Kreisprozesse beschränken und für den wichtigsten Prozeß dieser Art, den Carnotschen Kreisprozeß, mit Hilfe des zweiten Hauptsatzes beweisen, daß sein Wirkungsgrad unabhängig vom Arbeitsmittel ist.

Dazu denken wir uns zwei Carnotsche Kreisprozesse nach Abb. 34, wovon der erste mit einem vollkommenen Gas, der zweite mit einem beliebigen Körper durchgeführt werde.

Abb. 34. Carnotscher Kreisprozeß mit zwei verschiedenen Stoffen.

Beide Prozesse sollen die gleiche Arbeit L umsetzen und zwischen den gleichen Temperaturen T und T_0 arbeiten, wobei $T > T_0$ sein soll. Dann gilt für den ersten Prozeß

$$|L| = |Q| - |Q_0|,$$

für den zweiten Prozeß

$$|L| = |Q'| - |Q_0'|,$$

wenn wir mit dem Index ' die Wärmeumsätze des zweiten Prozesses bezeichnen. Dabei sei angenommen, daß

$$|Q'| > |Q| \text{ und damit auch } |Q_0'| > |Q_0|$$

sei. Da beide Prozesse umkehrbar sind, können wir den ersten als Arbeitsprozeß, den zweiten als Kälteprozeß laufen lassen, wobei wegen der vorausgesetzten Gleichheit der Arbeitsbeträge die im ersten Prozeß gewonnene Arbeit gerade ausreicht, um den Arbeitsaufwand des zweiten zu bestreiten, ohne daß andere Energie benötigt wird. Zeitliche Verschiebungen der Energielieferung des einen Prozesses gegen den Energiebedarf des anderen kann man sich durch ein Schwungrad oder einen anderen verlustlosen Energiespeicher ausgeglichen denken.

Entnehmen wir die Wärmemenge $|Q|$ demselben Speicher von der Temperatur T, dem die Wärmemenge $|Q'|$ zufließt und führen wir ebenso die Wärmemenge $|Q_0|$ demselben Speicher von der Temperatur T_0 zu, dem wir auch die Wärmemenge $|Q_0'|$ entnehmen, so wird wegen der Voraussetzung im Endergebnis dem Speicher T_0 die Wärmemenge $|Q_0'|$ $- |Q_0|$ entnommen und an den Speicher von der höheren Temperatur T die gleich große Wärmemenge $|Q'| - |Q|$ abgegeben.

Durch die gekoppelten Carnotprozesse ist also ohne Aufwand von Energie Wärme von einem Körper niederer Temperatur an einen solchen höherer Temperatur übertragen worden, was nach dem zweiten Hauptsatz unmöglich ist.

Unsere Annahme $|Q'| > |Q|$ und $|Q_0'| > |Q_0|$ war also unrichtig und es bleibt nur die Möglichkeit

$$|Q'| \leqq |Q| \quad \text{und} \quad |Q_0'| \leqq |Q_0|.$$

Nehmen wir an, es sei

$$|Q'| < |Q| \quad \text{und} \quad |Q_0'| < |Q_0|,$$

dann brauchen wir nur unsere gekoppelten Carnotprozesse umzukehren, so daß der erste mit dem Wärmeumsatz $|Q|$ und $|Q_0|$ als Kälteprozeß, der zweite mit dem Wärmeumsatz $|Q'|$ und $|Q_0'|$ als Arbeitsprozeß läuft und können ebenso wie oben nachweisen, daß dadurch die Wärmemenge $|Q| - |Q'| = |Q_0| - |Q_0'|$ ohne Energieaufwand von dem Speicher niederer Temperatur an den höherer übertragen wird, was wieder gegen den zweiten Hauptsatz verstößt.

Nur die Möglichkeit $|Q'| = |Q|$ und $|Q'| = |Q_0|$ steht mit dem zweiten Hauptsatz nicht in Widerspruch, d. h. bei Carnotprozessen mit beliebigen Körpern zwischen denselben Temperaturen sind bei gleicher Arbeit auch die umgesetzten Wärmemengen gleich oder anders ausgedrückt:

Der Wirkungsgrad eines Carnotprozesses ist für alle Arbeitsmittel derselbe und hängt nur von den absoluten Temperaturen T und T_0 der beiden Wärmespeicher ab nach der Gleichung

$$\eta = 1 - \frac{|Q_0|}{Q} = 1 - \frac{T_0}{T}. \tag{93}$$

Dieser Satz ist die praktisch wichtigste Folgerung aus dem zweiten Hauptsatz. Weiter gilt die früher als Gl. (91) für das vollkommene Gas abgeleitete Beziehung

$$\sum \frac{Q}{T} = 0 \tag{94}$$

nunmehr auch für den Carnotprozeß mit beliebigen Stoffen. Dabei sind die Wärmemengen wieder als algebraische Größen einzusetzen.

Die vorstehende Beweisführung ist charakteristisch für die Thermodynamik. Ein Hauptsatz wird als allgemein gültiges Prinzip an die Spitze gestellt und die Richtigkeit oder Unrichtigkeit von Schlüssen dadurch nachgeprüft, daß man ihre Vereinbarkeit mit ihm untersucht.

25. Die Temperaturskala des vollkommenen Gases als thermodynamische Temperaturskala.

Aus Gl. (94) folgt, daß sich auch für ein beliebiges Arbeitsmedium die bei einem Carnotprozeß umgesetzten Wärmemengen wie die zugehörigen Temperaturen verhalten nach der Gleichung

$$\frac{Q}{|Q_0|} = \frac{T}{T_0}. \tag{94a}$$

Diese Beziehung führt die Temperaturskala allein auf die Messung von Wärmemengen zurück, die sich nach dem ersten Hauptsatz stets als Messungen mechanischer Energie ausführen lassen.

Da in Gl. (94a) nur Verhältnisse von Wärmemengen und von Temperaturen vorkommen, bleibt ein Faktor willkürlich, der den Maßstab der Temperaturskala bestimmt. Man erhält ihn wieder dadurch, daß man den Temperaturunterschied von Dampfpunkt und Eispunkt willkürlich gleich 100° setzt. Damit kann unsere aus den Eigenschaften des vollkommenen Gases abgeleitete Temperaturskala auch unabhängig von der Möglichkeit eines solchen Gases und ohne Bezugnahme auf irgendwelche Stoffeigenschaften nur durch thermische Energiemessungen mit Hilfe von Carnotschen Kreisprozessen erhalten werden. Man nennt sie daher auch *thermodynamische Temperaturskala.*

Würden wir z. B. bei so hohem Druck und bei so niedrigen Temperaturen leben, daß uns der gasförmige Zustand der Materie unbekannt wäre, so könnten wir mit Hilfe von Carnotschen Kreisprozessen an festen oder flüssigen Körpern doch zu derselben Temperaturskala kommen, die uns das vollkommene Gas in einfacherer Weise durch Druck- oder Volummessungen liefert.

26. Beliebige umkehrbare Kreisprozesse, Arbeitsverlust bei nichtumkehrbaren Prozessen.

Wir vergleichen nun den Carnotschen Prozeß mit einem beliebigen anderen, aber auch umkehrbaren Kreisprozeß, der zwischen denselben Wärmespeichern arbeitet und den gleichen Arbeitsumsatz hat. Dabei ist es gleichgültig, ob der zweite Prozeß wirklich durchführbar ist oder ob wir ihn uns nur vorstellen. (Denkbar wäre z. B. ein thermoelektrischer Prozeß, bei dem der warmen Lötstelle Wärme zugeführt, der kalten Wärme entzogen und so unmittelbar, also ohne Hilfe einer Wärmekraftmaschine Wärme in elektrische Energie verwandelt wird. Leider ist dieses verlockende Verfahren praktisch von sehr geringem Wirkungsgrad, da gute elektrische Leiter auch die Wärme gut leiten und daher zuviel Wärme nichtumkehrbar von der warmen zur kalten Lötstelle fließen lassen.) Denken wir uns beide Prozesse wieder wie in Abb. 34 so gekuppelt, daß der eine als Kraftmaschine, der andere als Wärmepumpe läuft, dann läßt sich durch dieselben Überlegungen wie oben nachweisen, daß gegen den zweiten Hauptsatz verstoßen würde, wenn beide Prozesse nicht auch denselben Wärmeumsatz hätten. Daraus folgt: *Der Wirkungsgrad aller zwischen Wärmespeichern derselben Temperaturen arbeitenden umkehrbaren Kreisprozesse ist derselbe.*

Wir wenden uns jetzt zur Behandlung nichtumkehrbarer Kreisprozesse und denken uns einen solchen mit einem Carnotprozeß derart gekuppelt, daß der nichtumkehrbare als Kraftmaschine, der Carnotsche als Wärmepumpe läuft. Beide Prozesse sollen wieder zwischen denselben Wärmespeichern arbeiten, und der erste soll dem wärmeren Speicher gerade die Wärmemengen entnehmen, die der zweite ihm zuführt.

Nach den Überlegungen des vorigen Abschnitts kann die Arbeitsausbeute des nichtumkehrbaren Prozesses keinesfalls größer sein als der Arbeitsbedarf des Carnotschen, denn sonst würden die gekuppelten Prozesse einen Arbeitsüberschuß liefern, wobei weiter keine Veränderungen stattfänden, als daß dem kälteren Wärmespeicher Wärme entzogen und in Arbeit verwandelt würde, was der zweite Hauptsatz ausschließt.

Der Arbeitsgewinn des nichtumkehrbaren Prozesses kann also nur ebenso groß oder kleiner sein als der Arbeitsbedarf des Carnotschen. Wäre das erste der Fall, so würde auch dem kälteren Speicher von dem ersten Prozeß gerade die Wärmemenge zugeführt, die ihm der zweite entzieht, d. h. im ganzen würden überhaupt keine Veränderungen eintreten, da der Carnotprozeß alles wieder rückgängig macht, was beim ersten Prozeß geschieht, dieser wäre also umkehrbar, was unserer Voraussetzung widerspricht. Daraus folgt:

Der Wirkungsgrad eines nichtumkehrbaren Prozesses ist stets kleiner als der eines umkehrbaren, wenn beide zwischen denselben Temperaturen arbeiten.

Jeder nichtumkehrbare Vorgang ist also gleichbedeutend mit einem Verlust an Arbeit, die dann als Wärme wieder erscheint.

Bei der Reibung ist der Arbeitsverlust offenbar. Er ist aber auch bei der Wärmeübertragung durch Leitung unter endlichem Temperaturgefälle vorhanden. Hätten wir nämlich in dieses Temperaturgefälle einen Carnotschen Kreisprozeß eingeschaltet, bei dem Wärme in umkehrbarer Weise von höherer auf niedere Temperatur gelangt und sich zugleich ein Wärmebetrag in Arbeit verwandelt, so wäre diese Arbeit gewonnen worden. Wird dagegen der Gegenwert dieser Arbeit als Wärme bei der niederen Temperatur abgegeben, so läßt sich daraus nach der Aussage B des zweiten Hauptsatzes auf keine Weise wieder Arbeit gewinnen.

In unseren thermodynamischen Maschinen müssen wir also stets umkehrbare Vorgänge anstreben, wenn wir hohe Wirkungsgrade erreichen wollen.

Umkehrbare Vorgänge lassen sich in Diagrammen als Linien darstellen. Bei nichtumkehrbaren ist das nicht ohne weiteres möglich, denn dabei besitzt das Arbeitsmittel im allgemeinen überhaupt keinen einheitlichen Zustand, sondern es kommen verschiedene Zustände nebeneinander vor. Wird z. B. Wärme unter endlichem Temperaturgefälle entzogen, so treten im Arbeitsmittel, das unter einheitlichem Druck stehen möge, örtliche Temperaturunterschiede auf und damit auch Verschiedenheiten des spez. Volums, der inneren Energie usw. Wenn man trotzdem manchmal den Verlauf nichtumkehrbarer Vorgänge als Kurven in Diagramme einzeichnet (vgl. S. 189ff.), so hat das nur insofern einen Sinn, als man sich in jedem Augenblick den nichtumkehrbaren Vorgang beendet und durch Mischung und Ausgleich einen einheitlichen Zwischenzustand hergestellt denken kann.

27. Die Entropie als Zustandsgröße. Das Clausiussche Integral des umkehrbaren Prozesses.

Betrachten wir einen schmalen Carnotprozeß mit einem beliebigen Körper zwischen benachbarten Adiabaten α und β nach Abb. 35, der durch die Isothermen T_a und T_b begrenzt wird und wobei dem Körper die Wärmemengen dQ_a und dQ_b zugeführt bzw. entzogen werden, so ist nach Gl. (94)

$$\frac{dQ_a}{T_a} + \frac{dQ_b}{T_b} = 0,$$

wenn die Wärmemengen als algebraische Größen betrachtet werden. Ändern wir den Carnotprozeß so, daß wir auf der Isotherme T'_a, von der Adiabate α auf die Adiabate β übergehen, so ist wieder

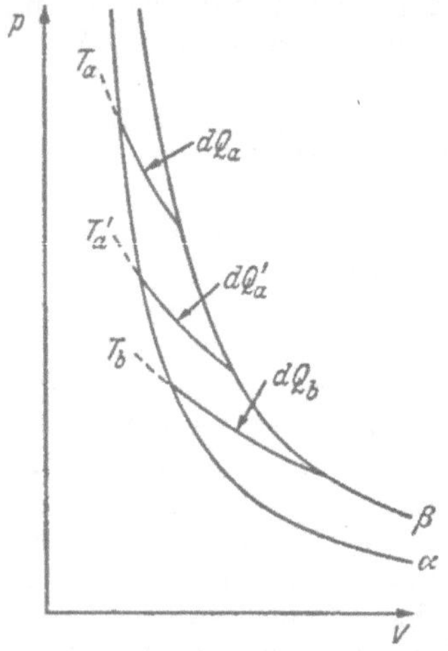

$$\frac{dQ'_a}{T'_a} + \frac{dQ_b}{T_b} = 0,$$

daraus folgt

$$\frac{dQ'_a}{T'_a} = \frac{dQ_a}{T_a},$$

d. h. gleichgültig, an welcher Stelle wir von einer Adiabate zur benachbarten übergehen, stets hat $\frac{dQ}{T}$ denselben Wert.

Wir können daher nach CLAUSIUS jeder Adiabaten eine Größe S zuordnen, die dadurch bestimmt ist, daß sie sich beim Übergang zur benachbarten Adiabaten um

$$dS = \frac{dQ}{T} \tag{95}$$

Abb. 35. Carnotprozeß zwischen benachbarten Adiabaten.

ändert. Diese Größe S nennen wir die *Entropie*[1] des arbeitenden Körpers. Ihre Änderung ist durch Messung der in umkehrbarer Weise zugeführten Wärme und der Temperatur zu ermitteln. Nach der Gl. (25) und (26) des ersten Hauptsatzes kann man dafür auch

$$dS = \frac{dU + p\,dV}{T} \tag{95a}$$

oder

$$dS = \frac{dI - V\,dp}{T} \tag{95b}$$

schreiben. Die Dimension der Entropie[2] ist kcal/°K, ihre Einheit 1 kcal/°K heißt auch 1 Clausius, abgekürzt Cl.

Längs jeder Adiabate ist $dQ = 0$ und daher $S =$ konst. Die Adiabaten sind also zugleich Linien konstanter Entropie oder *Isentropen*. Für jeden Körper lassen sich die Adiabaten durch Versuche bestimmen, sie bilden im p, V-Diagramm eine lückenlose Schar von sich nirgends schneidenden Kurven. Würden sich zwei Adiabaten schneiden, so ließe sich ein Kreisprozeß mit drei Ecken durchführen, der von diesen beiden

---

[1] von griech. $\dot{\varepsilon}\nu\tau\varrho\acute{\varepsilon}\pi\varepsilon\iota\nu$ verwandeln.

[2] In der Dimension der Entropie muß es °K heißen, da die Temperatur vom absoluten Nullpunkt an zu zählen ist; nur bei Temperaturdifferenzen schreibt man grd (vgl. S. 20).

Adiabaten bis zu ihrem Schnittpunkt und einer Isotherme begrenzt ist, bei dem Wärme nur längs dieser Isotherme zugeführt und daraus eine äquivalente Arbeit erzeugt wird, ohne daß sonst etwas geschieht. Das ist aber nach dem zweiten Hauptsatz unmöglich.

Nimmt man für *eine* Adiabate willkürlich den Wert der Entropie an, so kann man mit Hilfe der Gl. (95) die Entropie für die benachbarte und schrittweise weitergehend vermittels einer einfachen Integration auch für jede andere Adiabate ermitteln. Die Entropie hat also an jeder Stelle p, V einen bestimmten Wert und ist damit eine Zustandsgröße des Körpers. Die Schar der Adiabaten stellt die Entropie in derselben Weise dar wie die Isothermenschar die Temperatur.

Bringt man einen Körper umkehrbar von einem Zustand *1* auf einen Zustand *2*, so ändert sich die Entropie um

$$S_2 - S_1 = \int_1^2 \frac{dQ}{T}\,, \qquad (95\,\mathrm{c})$$

wobei der Wert dieser als *Clausiussches Integral* bezeichneten Größe unabhängig von dem Wege ist, auf dem man von *1* nach *2* gelangt. Denn jeder Weg kann beliebig genau durch eine Zickzacklinie aus kleinen Isothermen- und Adiabatenstücken ersetzt werden. Dabei liefern zu dem Integral nur die Isothermenstücke Beiträge. Die Größe dieser Beiträge zwischen denselben Adiabaten ist unabhängig davon, längs welcher Isotherme man integriert. In Abb. 28 ist also

$$\int_{1,a}^2 \frac{dQ}{T} = \int_{1,b}^2 \frac{dQ}{T}\,,$$

wenn mit a und b der obere bzw. der untere Integrationsweg der Abbildung bezeichnet wird.

Bringt man das rechte Integral auf die linke Seite, kehrt seine Grenzen um und faßt beide Integrale in eins zusammen, so folgt für jeden beliebigen geschlossenen Integrationsweg *1a2b* über einen *umkehrbaren* Kreisprozeß

$$\oint \frac{dQ}{T} = \oint dS = 0\,, \qquad (95\,\mathrm{d})$$

wobei der Kreis am Integralzeichen den geschlossenen Weg bezeichnet. Damit erhalten wir den wichtigen Satz:

Bei jedem umkehrbaren Kreisprozeß bleibt die Entropie ungeändert.

Dieser Satz gilt nicht nur für den Arbeitskörper allein, sondern auch für das ganze System mit Einschluß der beiden Wärmespeicher, denn bei umkehrbarer Wärmeübertragung sind die Entropieänderungen der Speicher denen des Arbeitskörpers entgegengesetzt gleich. Da wir ferner keinerlei Einschränkungen gemacht hatten, weder für das arbeitende Medium, noch für die Art des Kreisprozesses, wenn dieser nur umkehrbar war, gilt dieser Satz für beliebig zusammengesetzte Körper und sehr verschiedenartige Vorgänge, auch solche, bei denen sich umkehrbare chemische Reaktionen abspielen.

28. Die Entropie als vollständiges Differential und die absolute Temperatur als integrierender Nenner[1].

In der Mathematik bezeichnet man einen Differentialausdruck von zwei oder mehr unabhängigen Veränderlichen, dessen Integral vom Wege unabhängig ist, als *vollständiges Differential*. Die zugeführte Wärme Gl. (28)

$$dQ = dU + pdV = \left(\frac{\partial U}{\partial p}\right)_v dp + \left[\left(\frac{\partial U}{\partial V}\right)_p + p\right] dV$$

war ebenso wie die geleistete Arbeit vom Wege abhängig, wie wir bereits auf S. 33 gesehen hatten und daher kein vollständiges Differential. Durch Division mit der absoluten Temperatur T, die nach der Zustandsgleichung eine Funktion von p und V ist, entsteht daraus das vollständige Differential

$$dS = \frac{dU + pdV}{T(p,V)} = \frac{\left(\frac{\partial U}{\partial p}\right)_v dp + \left[\left(\frac{\partial U}{\partial V}\right)_p + p\right] dV}{T(p,V)} , \tag{96}$$

das die Entropie S als Zustandsgröße definiert. Die absolute Temperatur ist der integrierende Nenner, der aus dem unvollständigen Differential dQ das vollständige dS macht.

Ein vollständiges Differential entsteht immer durch Differenzieren (vgl. Abb. 6 und 11) einer Funktion zweier Veränderlicher

$$z = f(x,y),$$

die sich geometrisch als Fläche darstellen läßt, und lautet

$$dz = \frac{\partial f(x,y)}{\partial x} dx + \frac{\partial f(x,y)}{\partial y} dy = f_x(x,y)\, dx + f_y(x,y)\, dy.$$

Dabei sind die partiellen Differentialquotienten $\frac{\partial f(x,y)}{\partial x} = f_x(x,y)$ und $\frac{\partial f(x,y)}{\partial y} = f_y(x,y)$ wieder Funktionen von x und y. Da sie Ableitungen derselben Funktion sind, gilt zwischen ihnen die Gleichung

$$\frac{\partial f_x(x,y)}{\partial y} = \frac{\partial f_y(x,y)}{\partial x} , \tag{97}$$

wie man sofort erkennt, wenn man die partiellen Differentialquotienten $\frac{\partial f(x,y)}{\partial x}$ und $\frac{\partial f(x,y)}{\partial y}$ das zweite Mal nach der zuerst konstant gehaltenen Veränderlichen differenziert. Die Beziehung (97) ist die Bedingung für ein vollständiges Differential und heißt *Integrabilitätsbedingung*.

Zur Veranschaulichung betrachten wir die Fläche $z = f(x,y)$ wieder als topographische Darstellung z. B. eines Berggeländes mit x als Ost- und y als Nordrichtung. Dann ist $\frac{\partial f(x,y)}{\partial x}$ nichts anderes als die Steigung

---

[1] Die Abschnitte 28—30 stellen etwas höhere Ansprüche und können beim ersten Studium zunächst überschlagen und später nachgeholt werden, falls der Leser auf zu große Schwierigkeiten stößt.

an einer Stelle x, y, wenn man in östlicher Richtung fortschreitet, $\dfrac{\partial f(x, y)}{\partial y}$ die Steigung in nördlicher Richtung. Die Ausdrücke $\dfrac{\partial f(x, y)}{\partial x}\,dx$ und $\dfrac{\partial f(x, y)}{\partial y}\,dy$ sind die Höhenunterschiede, wenn man um dx bzw. dy fortschreitet, und das vollständige Differential

$$dz = \frac{\partial f(x, y)}{\partial x}\,dx + \frac{\partial f(x, y)}{\partial y}\,dy$$

ist der im ganzen überwundene Höhenunterschied, wenn man zugleich oder nacheinander um dx nach Osten und um dy nach Norden geht. Legt man einen beliebigen Weg zwischen den Punkten x_1, y_1 und x_2, y_2 zurück und integriert über alle dz, so leuchtet sofort ein, daß der Höhenunterschied $\int\limits_{x_1, y_1}^{x_2, y_2} dz = f(x_2, y_2) - f(x_1, y_1)$ unabhängig von dem gewählten Wege ist.

In der unmittelbaren Umgebung eines Punktes x_1, y_1 können die Steigungen $\dfrac{\partial f(x, y)}{\partial x} = A$ und $\dfrac{\partial f(x, y)}{\partial y} = B$ als feste Werte angesehen werden. Dann ist $dz = A\,dx + B\,dy$ die Gleichung eines kleinen Flächenelementes, das die Fläche $z = f(x, y)$ oder eine aus ihr durch Parallelverschiebung längs der z-Achse um eine Integrationskonstante z_0 hervorgegangene berührt. Die Wegunabhängigkeit des Integrals bedeutet geometrisch, daß sich die durch den vollständigen Differentialausdruck definierten Flächenelemente zu einer Schar diskreter Flächen zusammenschließen. Bei der Integration längs eines beliebigen Weges bleibt man immer auf einer und derselben Fläche dieser Schar. Es ist nicht möglich, einen Integrationsweg anzugeben, der von einer Fläche der Schar zu einer anderen führt.

In einem Differentialausdruck von der Form

$$dZ = X(x, y)\,dx + Y(x, y)\,dy \tag{98}$$

mit beliebigen $X(x, y)$ und $Y(x, y)$ ist im allgemeinen die Bedingung (97) nicht erfüllt und man kann keine Fläche $Z = f(x, y)$ angeben, deren Differentiation den Ausdruck (98) ergibt.

Aber stets läßt sich eine Funktion $N(x, y)$, der *integrierende Nenner*, finden, die (98) zu dem vollständigen Differential

$$d\varphi = \frac{dZ}{N(x, y)} = \frac{X(x, y)}{N(x, y)}\,dx + \frac{Y(x, y)}{N(x, y)}\,dy \tag{99}$$

macht. Um das einzusehen, setzen wir $dZ = 0$ in (98) und erhalten die sog. Pfaffsche Differentialgleichung

$$X(x, y)\,dx + Y(x, y)\,dy = 0 \tag{100}$$

der Höhenschichtlinien $Z = \text{konst.}$, durch die die Fläche Z dargestellt wird, falls sie überhaupt existiert. Schreiben wir

$$\frac{dy}{dx} = -\frac{X(x, y)}{Y(x, y)}, \tag{100a}$$

so ist

$$-\frac{X(x, y)}{Y(x, y)} = R(x, y) \tag{101}$$

eine gegebene Funktion von x und y. Dadurch ist in jedem Punkte x, y eine Richtung $\frac{dy}{dx}$ bestimmt, wie in Abb. 36 angedeutet. Die Differentialgleichung lösen oder integrieren heißt Kurven suchen, die an jeder Stelle die durch sie bestimmte Richtung haben. Man sieht aus der Abbildung, daß die Lösung eine Kurvenschar ist, die einen Bereich der Koordinatenebene stetig und lückenlos überdeckt, wenn die Funktionen $X(x, y)$ und $Y(x, y)$ gewissen Stetigkeitsbedingungen genügen. Diese Kurvenschar kann als topographische Darstellung der Fläche

$$\varphi(x, y) = z \qquad (102)$$

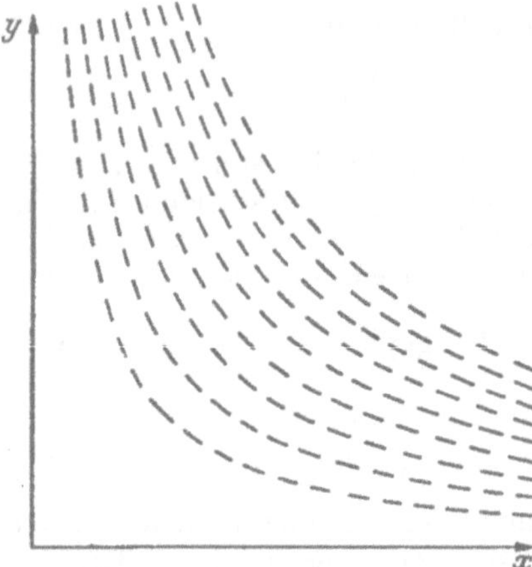

Abb. 36.
Integralkurven einer Differentialgleichung.

angesehen werden, wobei jeder Kurve ein bestimmter Wert c von z zugeordnet ist. Das Differential dieser Fläche ist natürlich ein vollständiges und lautet

$$d\varphi = dz = \frac{\partial \varphi}{\partial x} dx + \frac{\partial \varphi}{\partial y} dy. \qquad (102\,a)$$

Für jede Kurve $z =$ konst. dieser Fläche gilt

$$\frac{\partial \varphi}{\partial x} dx + \frac{\partial \varphi}{\partial y} dy = 0 \qquad \text{oder} \qquad \frac{dy}{dx} = - \frac{\dfrac{\partial \varphi}{\partial x}}{\dfrac{\partial \varphi}{\partial y}}.$$

Andererseits ist nach Gl. (100a)

$$\frac{dy}{dx} = - \frac{X(x, y)}{Y(x, y)}.$$

Diese beiden Gleichungen sind nur dann miteinander verträglich, wenn sich $\frac{\partial \varphi}{\partial x}$ und $\frac{\partial \varphi}{\partial y}$ von $X(x, y)$ und $Y(x, y)$ nur um denselben Nenner $N(x, y)$ unterscheiden, also wenn

$$\frac{\partial \varphi}{\partial x} = \frac{X(x, y)}{N(x, y)} \qquad \text{und} \qquad \frac{\partial \varphi}{\partial y} = \frac{Y(x, y)}{N(x, y)}$$

ist. Durch Division mit $N(x, y)$ wird also aus dem unvollständigen Differential dZ das vollständige $d\varphi$ der Gl. (99).

Der integrierende Nenner ist keine eindeutig bestimmte Funktion, sondern kann sehr viele verschiedene Formen haben. Ist nämlich ein integrierender Nenner $N(x, y)$ gefunden, derart, daß

$$d\varphi = \frac{X(x, y)}{N(x, y)} dx + \frac{Y(x, y)}{N(x, y)} dy$$

ein vollständiges Differential ist, und wird mit $F(\varphi)$ eine willkürliche Funktion von φ eingeführt, so sieht man sofort, daß auch

$$d\Phi = F(\varphi)\,d\varphi = \frac{X(x,y)}{\left[\dfrac{N(x,y)}{F(\varphi)}\right]}\,dx + \frac{Y(x,y)}{\left[\dfrac{N(x,y)}{F(\varphi)}\right]}\,dy \qquad (103)$$

ein vollständiges Differential und demnach $\dfrac{N(x,y)}{F(\varphi)}$ ein neuer integrierender Nenner ist. Dabei geht $d\Phi$ aus $d\varphi$ durch Multiplikation mit einer nur von φ abhängigen willkürlichen Funktion hervor, was mit einer willkürlichen Verzerrung des Maßstabes von φ gleichbedeutend ist.

Zur Erläuterung dieser mathematischen Überlegungen betrachten wir das Differential

$$dz = -y\,dx + x\,dy. \qquad (104)$$

Die Prüfung an Hand von Gl. (97) ergibt

$$\frac{\partial(-y)}{\partial y} = -1 \quad \text{und} \quad \frac{\partial x}{\partial x} = 1.$$

Beide Ausdrücke sind verschieden, das Differential ist also kein vollständiges.

Um ein Bild über die Lage der durch dieses Differential definierten Flächenelemente zu erhalten, führen wir in der x, y-Ebene Polarkoordinaten ein:

$$x = r\cos\alpha; \quad dx = \cos\alpha\,dr - r\sin\alpha\,d\alpha$$

$$y = r\sin\alpha; \quad dy = \sin\alpha\,dr + r\cos\alpha\,d\alpha,$$

dann geht Gl. (104) über in

$$dz = r^2 d\alpha.$$

Betrachtet man in dieser Gleichung dz und $d\alpha$ als Veränderliche, so wird ihr z. B. durch ein kleines Flächenelement genügt, das aus der Ebene $z = 0$ an der Stelle r durch Drehung um den Radiusvektor so weit herausgedreht ist, daß seine Neigung gegen diese Ebene die Größe $\dfrac{dz}{r\,d\alpha}$ $= r$ hat. Mit wachsendem r wächst also die Neigung des Flächenelementes proportional an. Alle Flächenelemente für die Punkte der Ebene $z = 0$ erhält man, indem man den Radiusvektor mit den an ihm befestigt gedachten Flächenelementen um die z-Achse dreht. Abb. 37 deutet die Lage dieser Flächenelemente für sieben solche Radienvektoren

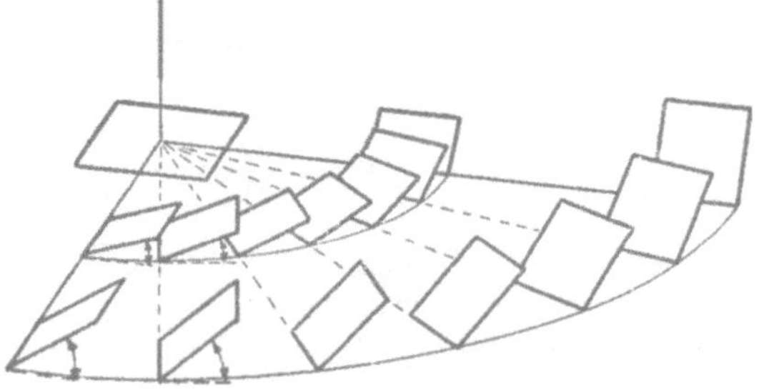

Abb. 37. Lage der durch das unvollständige Differential (104) definierten Flächenelemente.

an. Alle der Differentialgleichung überhaupt genügenden Flächenelemente erhält man, wenn man die bisher gewonnenen parallel zur z-Achse verschiebt. Jedem Punkt des Raumes ist so ein Flächenelement zugeordnet.

Von der Lage aller dieser Flächenelemente kann man sich auch auf folgende Weise ein Bild machen: Dreht man um eine in der z-Achse liegende Schraubenspindel eine Schraubenmutter, so beschreiben alle Punkte der beliebig ausgedehnt gedachten Mutter bei geeigneter Steigung und richtigem Drehsinn Schraubenlinien, die auf allen unseren Flächenelementen senkrecht stehen.

Durch diese Flächenelemente kann man, wie die Anschauung lehrt, keine zusammenhängenden Flächen legen. Versucht man im Sinne einer Integration von einem Punkte x_1, y_1 zu einem Punkte x_2, y_2 zu gelangen, indem man immer von einem Flächenelement zum nächsten in Richtung seiner Ebene anschließenden fortschreitet, so gelangt man je nach dem gewählten Integrationswege zu ganz verschiedenen Werten von z.

Durch den integrierenden Nenner $N(x,y)$ wird an Stelle von z die neue Variable φ nach der Gleichung

$$d\varphi = \frac{dz}{N(x,y)} = \frac{-y}{N(x,y)}\, dx + \frac{x}{N(x,y)}\, dy$$

eingeführt. Die durch diese Gleichung definierten Flächenelemente haben im Koordinatensystem x, y, φ offenbar eine andere Neigung gegen die Ebene $\varphi = $ konst. als vorher im System x, y, z gegen die Ebene $z = $ konst.

Da nur die dritte Koordinate um einen Faktor geändert wurde, ist die Neigungsänderung jedes Flächenelementes gleichbedeutend mit einer Drehung um die in ihm enthaltene, zur x, y-Ebene parallele Gerade. Diese Drehung ist für jede Stelle x, y eine andere, entsprechend dem Wert der Funktion $N(x, y)$.

Die Aufgabe, einen integrierenden Nenner zu finden, besteht also darin, die Funktion $N(x, y)$ so zu wählen, daß nach der Drehung sich alle Flächenelemente zu einer Schar in sich geschlossener Flächen zusammenlegen.

Dividiert man $dz = -y\,dx + x\,dy$ z. B. durch xy, so wird daraus das vollständige Differential

$$d\varphi = \frac{dz}{xy} = -\frac{dx}{x} + \frac{dy}{y}\,,$$

denn jetzt ist die Integrabilitätsbedingung (97) erfüllt, wie man durch Differenzieren leicht erkennt.

Die Integration ergibt

$$\varphi = \ln \frac{y}{x} + \text{konst.}$$

Das ist eine Schar von Flächen, die durch Parallelverschieben längs der φ-Achse auseinander hervorgehen. Der Ausdruck $N(x, y) = xy$ war also ein integrierender Nenner. Nach Gl. (103) sind Ausdrücke der Form

$F(\varphi) \cdot N(x, y)$ weitere integrierende Nenner, wobei $F(\varphi)$ eine willkürliche Funktion ist. Setzen wir z. B.

$$F(\varphi) = e^{\varphi} = e^{\ln \frac{y}{x}} = \frac{y}{x},$$

so erhalten wir in

$$N_1 = \frac{y}{x} N = y^2$$

einen anderen integrierenden Nenner; damit ergibt sich das vollständige Differential

$$d\Phi = \frac{dz}{y^2} = -\frac{1}{y}\, dx + \frac{x}{y^2}\, dy$$

oder integriert

$$\Phi = -\frac{x}{y} + \text{konst.}$$

Das ist wieder eine Schar von Flächen, die durch Parallelverschieben längs der Φ-Achse auseinander hervorgehen. In dieser Weise lassen sich durch Wahl anderer Funktionen $F(\varphi)$ beliebig weitere integrierende Nenner angeben.

29. Ableitung des Wirkungsgrades des Carnotschen Kreisprozesses und der absoluten Temperaturskala ohne Benutzung der Eigenschaften des vollkommenen Gases.

Die absolute Temperaturskala hatten wir zunächst mit Hilfe des vollkommenen Gases eingeführt und auch bei der Ermittlung des Wirkungsgrades des Carnotschen Kreisprozesses die Eigenschaften dieses Gases in Gestalt des Boyle-Mariotteschen und des Gay-Lussac-Jouleschen Gesetzes benutzt. Nachträglich wurde dann mit Hilfe des zweiten Hauptsatzes nachgewiesen, daß der berechnete Wirkungsgrad für alle Körper gilt und daß sich die Temperaturskala des vollkommenen Gases auch aus Carnotschen Kreisprozessen mit beliebigen Körpern ableiten läßt. Dieser Weg entspricht der historischen Entwicklung und ist zur Einführung am bequemsten, da er an das einfache und anschauliche Verhalten des vollkommenen Gases anknüpft. Vom axiomatischen Standpunkt sind die Ableitungen aber insofern nicht ganz befriedigend, als sie die Existenz eines Gases voraussetzen, das sich praktisch nur als Grenzfall verwirklichen läßt.

Im folgenden sollen dieselben Ergebnisse in strengerer Weise abgeleitet werden, ohne die Eigenschaften des vollkommenen Gases zu benutzen.

Wir gehen aus von einer beliebigen, temperaturabhängigen Eigenschaft, z. B. dem Druck oder der Volumänderung eines Stoffes oder von der thermoelektrischen Kraft eines Metallpaares und legen dadurch eine empirische Temperaturskala t fest, die wir für unsere Temperaturmessungen benutzen und die nicht mit der Skala des vollkommenen Gases übereinstimmt.

Wie früher seien zwei große Wärmespeicher vorhanden, deren Temperaturen nach unserer empirischen Temperaturskala zu t_1 und t_2 bestimmt wurden, wobei $t_1 > t_2$ ist. Wir führen mit einem beliebigen Arbeitsmedium einen Carnotschen Kreisprozeß durch, bei dem die längs der oberen Isotherme aufgenommene Wärme Q_1 dem Wärmespeicher *1* bei der Temperatur t_1 entzogen, die längs der unteren Isotherme abgegebene Wärme Q_2 an den Wärmespeicher *2* bei der Temperatur t_2 abgeführt wird. Dann verwandelt sich die bei dem Carnotprozeß verschwundene Wärme nach der Gleichung $Q_1 - |Q_2| = L$ in Arbeit, die wir uns etwa in Gestalt eines gehobenen Gewichtes aufgespeichert denken. Da der Vorgang umkehrbar ist, kann man ihn durch eine beliebig kleine Wirkung wieder rückgängig machen. Dabei sinkt das Gewicht wieder auf seine alte Höhe herab, wobei sich seine mechanische Energie wieder in Wärme verwandelt; dem kälteren Speicher *2* wird eine Wärmemenge $|Q_2|$ bei der Temperatur t_2 entzogen und dem wärmeren Speicher *1* die Wärmemenge Q_1 bei der Temperatur t_1 zugeführt im Sinne der Arbeitsweise einer Wärmepumpe.

Wir wollen nun beweisen, daß der Wirkungsgrad

$$\eta = \frac{Q_1 - |Q_2|}{Q_1} = \frac{L}{Q_1}$$

und damit auch das Verhältnis $\vartheta = \dfrac{Q_1}{|Q_2|}$ der umgesetzten Wärmemengen von der Wahl des Arbeitsmediums unabhängig ist.

Dazu denken wir uns zwei Maschinen a und b (vgl. Abb. 38), deren jede einen umkehrbaren Carnotschen Kreisprozeß zwischen denselben zwei Wärmespeichern von den Temperaturen t_1 und t_2 ausführen kann. Die Arbeitsstoffe beider Maschinen seien beliebig, die eine möge etwa mit Wasserdampf, die andere mit schwefliger Säure arbeiten. Beide Kreisprozesse sollen dieselbe Arbeit L liefern und nach Abbildung so miteinander gekoppelt sein, daß der eine zum Antrieb des andern dient, wobei ein Schwungrad die Ungleichmäßigkeit der Arbeitsabgabe und -aufnahme ausgleicht. Bezeichnen wir die umgesetzten Wärmemengen beider Maschinen mit entsprechenden Indizes, so gilt nach dem ersten Hauptsatz

$$|Q_{1a}| - |Q_{2a}| = |Q_{1b}| - |Q_{2b}|,$$

wobei aber noch $|Q_{1a}| \neq |Q_{1b}|$ und $|Q_{2a}| \neq |Q_{2b}|$ sein möge.

Wir nehmen zunächst an, daß $|Q_{1a}| < |Q_{1b}|$ also auch $|Q_{2a}| < |Q_{2b}|$ ist, lassen a als Arbeitsmaschine und b als Wärmepumpe laufen und b durch a antreiben. Da beide Maschinen zwischen denselben Wärmespeichern arbeiten, so würden sie im Ergebnis die Wärmemenge

$$|Q_{2b}| - |Q_{2a}| = |Q_{1b}| - |Q_{1a}|$$

von dem Speicher mit der Temperatur t_2 auf den Speicher mit der höheren Temperatur t_1 übertragen, ohne daß sonst irgendwelche Veränderungen auftreten. Das ist aber nach dem zweiten Hauptsatz ausgeschlossen. Es kann also nur $|Q_{1a}| \gtreqless |Q_{1b}|$ und damit auch $|Q_{2a}| \gtreqless |Q_{2b}|$ sein.

Wäre aber $|Q_{1a}| > |Q_{1b}|$ und $|Q_{2a}| > |Q_{2b}|$, so brauchte man nur die Arbeitsweise beider Maschinen umzukehren, also b als Arbeitsmaschine und a als Wärmepumpe laufen zu lassen, und würde ohne Energieaufwand die Wärmemenge $|Q_{2a}| - |Q_{2b}| = |Q_{1a}| - |Q_{1b}|$ von dem kälteren Speicher an den wärmeren übertragen, was wieder gegen den zweiten Hauptsatz verstößt. Dieser Satz wird nur dann nicht verletzt, wenn $|Q_{1a}| = |Q_{1b}|$ und $|Q_{2a}| = |Q_{2b}|$ ist. Daraus folgt, daß der Wirkungsgrad η und das Verhältnis ϑ der umgesetzten Wärmemengen unabhängig sind von der Art des Arbeitsmittels, sie können nur abhängen von den Temperaturen der beiden Wärmespeicher, und man kann schreiben

$$\frac{|Q_1|}{|Q_2|} = \frac{1}{1-\eta} = \vartheta(t_1, t_2). \tag{105}$$

Um die noch unbekannte Funktion $\vartheta(t_1, t_2)$ zu bestimmen, schalten wir nach Abb. 39 hinter einen zwischen den Temperaturen t_1 und t_2 arbeitenden Carnotprozeß einen zweiten, der zwischen den Temperaturen

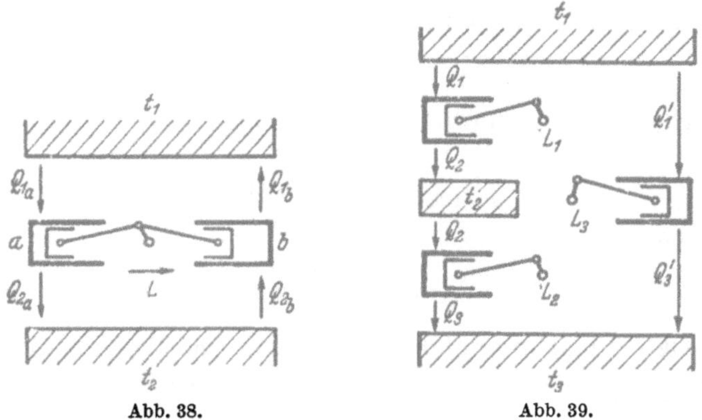

Abb. 38.   Abb. 39.

Abb. 38 und 39. Carnotsche Kreisprozesse bei beliebiger empirischer Temperaturskala.

t_2 und t_3 arbeitet, derart, daß die vom ersten Prozeß bei t_2 abgeführte Wärmemenge Q_2 zugleich die dem zweiten Prozeß zugeführte Wärme ist. Zum Ausgleich zeitlicher Verschiebungen des Wärmeumsatzes kann dabei ein Zwischenspeicher von der Temperatur t_2 eingeschaltet sein, der bei jedem Arbeitsspiel ebensoviel Wärme abgibt wie aufnimmt.

Wenn wir den Wärmemengen dieselben Indizes geben wie den zugehörigen Temperaturen, dann gilt

$$\frac{|Q_1|}{|Q_2|} = \vartheta(t_1, t_2)$$

$$\frac{|Q_2|}{|Q_3|} = \vartheta(t_2, t_3).$$

Daraus folgt durch Multiplikation

$$\frac{|Q_1|}{|Q_3|} = \vartheta(t_1, t_2) \cdot \vartheta(t_2, t_3). \tag{106}$$

Läßt man andererseits unmittelbar zwischen den Speichern t_1 und t_3 einen dritten Carnot-Prozeß arbeiten, der die Wärmemenge $|Q_1'| = |Q_1|$ vom Speicher t_1 aufnimmt und die Wärmemenge $|Q_3'|$ an den Speicher t_3 abgibt, so muß $|Q_3| = |Q_3|$ und damit die Arbeit L_3 des dritten Prozesses gleich der Summe der Arbeiten $L_1 + L_2$ der ersten beiden sein. Wäre das nicht der Fall und wäre etwa $L_3 > (L_1 + L_2)$ und damit $|Q_3| > |Q_3'|$, so könnte man die beiden hintereinander geschalteten Prozesse umkehren und zusammen durch den dritten antreiben, wobei noch ein Arbeitsüberschuß $L_3 - (L_1 + L_2)$ verfügbar bliebe. Da nach Voraussetzung $|Q_1 = |Q_1|$ war, wird dem Speicher t_1 ebensoviel Wärme zugeführt wie entzogen. Dasselbe gilt für den Speicher t_2. Nur bei Speicher t_3 gleichen sich die Wärmemengen nicht aus, sondern es wird ihm im ganzen die Wärmemenge $|Q_3| - |Q_3'|$ entzogen. Im Endergebnis wird also eine Arbeit $L_3 - (L_1 + L_2)$ geleistet allein dadurch, daß dem Speicher t_3 Wärme entzogen wird. Nach dem zweiten Hauptsatz ist aber ein solcher Vorgang unmöglich, es kann daher nicht $L_3 > (L_1 + L_2)$ und $|Q_3| > |Q_3'|$ sein.

In gleicher Weise kann man durch Umkehrung der drei Prozesse nachweisen, daß auch nicht $L_3 < (L_1 + L_2)$ und $|Q_3| < |Q_3'|$ sein kann. Nur $L_3 = L_1 + L_2$ und $|Q_3| = |Q_3'|$ ist mit dem zweiten Hauptsatz verträglich.

Dann gilt aber für den dritten Prozeß auch

$$\frac{|Q_1'|}{|Q_3'|} = \frac{|Q_1|}{|Q_3|} = \vartheta(t_1, t_3). \tag{107}$$

Aus Gl. (106) und (107) folgt

$$\vartheta(t_1, t_3) = \vartheta(t_1, t_2) \cdot \vartheta(t_2, t_3). \tag{108}$$

In dieser Gleichung steht auf der linken Seite eine Funktion nur von t_1 und t_3, auf der rechten Seite kommt noch t_2 in beiden Funktionen vor. Damit die Gleichung erfüllt ist, muß t_2 herausfallen. Das geschieht, wenn t_2 auf der rechten Seite bei der einen Funktion nur im Nenner, bei der anderen nur im Zähler vorkommt. Da alle drei Funktionen ϑ dieselbe Gestalt haben, muß ϑ von der Form $\vartheta(t_a, t_b) = \dfrac{\Theta(t_a)}{\Theta(t_b)}$ sein, wobei $\Theta(t)$ im Zähler und Nenner dieselbe Funktion der einzigen Veränderlichen t ist. Dann geht Gl. (108) über in

$$\frac{\Theta(t_1)}{\Theta(t_3)} = \frac{\Theta(t_1)}{\Theta(t_2)} \cdot \frac{\Theta(t_2)}{\Theta(t_3)},$$

und t_2 fällt auf der rechten Seite heraus.

Damit wird

$$\vartheta(t_1, t_3) = \frac{\Theta(t_1)}{\Theta(t_3)}, \tag{109}$$

und das Verhältnis der bei einem beliebigen Carnotprozeß zwischen den Temperaturen t_1 und t_2 umgesetzten Wärmemengen ist

$$\frac{|Q_1|}{|Q_2|} = \frac{\Theta(t_1)}{\Theta(t_2)}. \tag{110}$$

Die Funktion $\Theta(t)$ muß für eine gegebene empirische Temperaturskala t durch Versuche bestimmt werden, indem man Carnotsche Kreisprozesse zwischen einer festen Temperatur t_2, z. B. dem Eispunkt und allen möglichen Temperaturen t_1 ausführt und dabei jedesmal das Verhältnis der umgesetzten Wärmemengen $|Q_1|/|Q_2|$ mißt. Geht man von einer anderen empirischen Temperatur τ aus, indem man ein anderes Temperaturmeßgerät verwendet, dessen Skala durch die Gleichung $t = f(\tau)$ auf die zuerst benutzte bezogen ist, so ergibt sich für Θ als Funktion von τ die Form

$$\Theta[f(\tau)].$$

Da Θ nur aus dem Verhältnis der bei Carnotprozessen umgesetzten Wärmemengen bestimmt wird, kommt für gleiche Temperaturen, einerlei, welche Zahlen ihnen in den verschiedenen empirischen Skalen zugeordnet sind, immer derselbe Wert Θ heraus. Man bezeichnet daher die von den zufälligen Eigenschaften eines Temperaturmeßgeräts unabhängige Größe Θ als *thermodynamische Temperatur*. Da die Gl. (110) uns nur Verhältnisse von Θ liefert, ist in der thermodynamischen Temperatur noch ein konstanter Faktor willkürlich, den wir so bestimmen, daß die Differenz der Werte beim Dampfpunkt und Eispunkt

$$\Theta_D - \Theta_E = 100°$$

ist. Führt man einen Carnotprozeß zwischen diesen beiden Punkten durch, so wird der Versuch

$$\frac{|Q_E|}{|Q_D| - |Q_E|} = \frac{\Theta_E}{\Theta_D - \Theta_E} = 2{,}7315$$

ergeben, und der Eispunkt erhält den Zahlenwert

$$\Theta_E = 2{,}7315 \cdot (\Theta_D - \Theta_E) = 273{,}15°.$$

Damit ist ohne Bezug auf die Ausdehnungseigenschaften irgendeines Körpers die thermodynamische Temperaturskala festgelegt.

Früher hatten wir mit Hilfe des vollkommenen Gases durch die Gleichung

$$\frac{pv}{R} = T$$

eine Temperaturskala T auf Druck- und Volummessungen aufgebaut. Für den Carnotprozeß mit einem vollkommenen Gas hatte sich ergeben:

$$\frac{|Q_1|}{|Q_2|} = \frac{T_1}{T_2}.$$

Daraus folgt zusammen mit Gl. (110)

$$\frac{\Theta_1}{\Theta_2} = \frac{T_1}{T_2}. \tag{111}$$

Θ und T können sich also nur durch einen konstanten Faktor unterscheiden. Da wir aber den Gradwert von T auf S. 1 und 2 auch so bestimmt hatten, daß

$$T_D - T_E = 100°$$

wurde, stimmt die thermodynamische Temperaturskala mit der des vollkommenen Gases überein, und wir können diese mit Recht auch als thermodynamische oder als absolute Temperaturskala bezeichnen.

Da sich Druck- und Volummessungen sehr viel einfacher ausführen lassen als Wärmemengenmessungen an Carnotschen Kreisprozessen, verwirklicht man die absolute Temperaturskala praktisch mit Hilfe des vollkommenen Gases, wie wir bereits gezeigt haben.

30. Einführung der absoluten Temperaturskala und des Entropiebegriffes ohne Hilfe von Kreisprozessen.

Im vorigen Abschnitt hatten wir die Ableitung der absoluten Temperaturskala freigemacht von der Benutzung der Eigenschaften des vollkommenen Gases. Jetzt wollen wir dieselben Ergebnisse noch auf anderem von M. PLANCK angegebenem Wege ableiten, der auch ohne Kreisprozesse auskommt.

Der Ausdruck für die einem beliebigen Körper zugeführte Wärme

$$dQ = dU + p\,dV = \frac{\partial U}{\partial t}\,dt + \left(\frac{\partial U}{\partial V} + p\right)dV,$$

in dem U und p Funktionen von V und von der empirischen Temperatur t sein mögen, war, wie wir gesehen haben, kein vollständiges Differential. Wie sich rein mathematisch ergab, muß aber immer ein integrierender Nenner $N(t, V)$ existieren, der aus dem unvollständigen Differential das vollständige

$$dS = \frac{dU + p\,dV}{N(t, V)} \tag{112}$$

macht. Dann ist $S(t, V)$ eine Zustandseigenschaft des betrachteten Körpers, die für einen bestimmten integrierenden Nenner durch Angabe zweier Zustandsgrößen, z. B. von t und V, bis auf eine Integrationskonstante bestimmt ist. Wie wir gesehen haben, gibt es aber viele integrierende Nenner; denn jeder Ausdruck der Form $N(t, V) \cdot f(S)$, wobei $f(S)$ eine willkürliche Funktion von S bedeutet, ist ein solcher. Die Größe S, die wir Entropie nennen, ist daher erst dann eindeutig bestimmt, wenn wir diese willkürliche Funktion festgelegt haben. Wir lassen diese Unbestimmtheit, die durchaus von gleicher Art ist wie die der empirischen Temperaturskalen, vorläufig bestehen und rechnen zunächst mit einem willkürlich herausgegriffenen integrierenden Nenner, von dem wir nur fordern, daß

$$N > 0$$

ist.

Aus Gl. (112) folgt dann, daß die Adiabaten Kurven $S =$ konst. sind, und jeder Adiabate kann man einen bestimmten Wert von S zuordnen, wenn für *eine* Adiabate das zugehörige S vereinbart wird.

Wir betrachten nun das Verhalten zweier Körper, deren Zustand wir durch die unabhängigen Veränderlichen V_1, t_1 und V_2, t_2 kennzeichnen, wobei unter t die mit einer beliebigen empirischen Skala gemessene

Temperatur verstanden ist. Beide Körper sollen umkehrbare Zustandsänderungen ausführen können, wobei wir uns die mechanische Arbeit
durch Heben und Senken von Gewichten aufgespeichert denken. Ebenso
wie früher können dabei z. B. wie in der
Abb. 40 angedeutet die Gewichte an Fäden
hängen, die auf geeigneten, jederzeit abänder-
baren Kurven abrollen, derart, daß stets
Gleichgewicht besteht.

Sind beide Körper sowohl voneinander
wie von der Umgebung adiabat abgeschlossen,
so kann der Zustand jedes von ihnen sich
nur längs einer Adiabaten ändern, wobei die
Größe S_1 und S_2 bestimmte feste Werte behalten, wenn wir für jeden Körper bestimmte
integrierende Nenner $N_1(t_1, V_1)$ und $N_2(t_2, V_2)$
gewählt haben.

Änderungen von S_1 und S_2 sind aber in
umkehrbarer Weise auf folgende Weise möglich: Wir bringen beide Körper durch adiabate
Zustandsänderungen zunächst auf eine gemeinsame Temperatur t, stellen dann zwi-

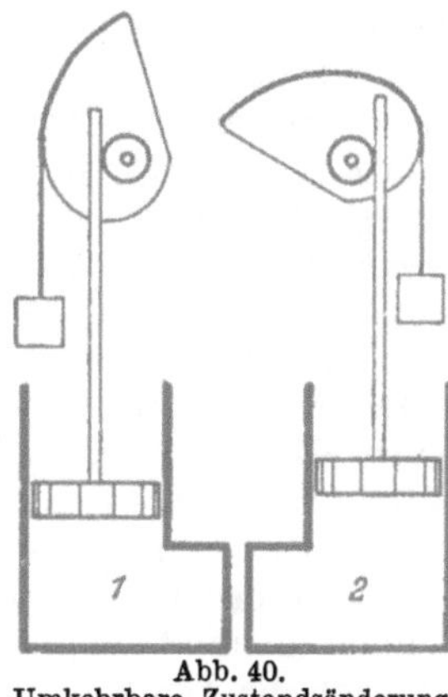

Abb. 40.
Umkehrbare Zustandsänderung
zweier Körper.

schen ihnen eine wärmeleitende Verbindung her und lassen die Wärmemenge dQ umkehrbar zwischen ihnen austauschen. Dann nimmt der eine
Körper gerade die Wärme auf, die der andere abgibt, und es ist

$$dU_1 + p_1\,dV_1 + dU_2 + p_2\,dV_2 = 0, \qquad (113)$$

wobei U_1 und U_2 bzw. p_1 und p_2 Funktionen von V_1 bzw. V_2 und der
gemeinsamen Temperatur t sind. Dafür kann man nach Gl. (112) schreiben

$$N_1 \cdot dS_1 + N_2 \cdot dS_2 = 0. \qquad (113\,\mathrm{a})$$

Durch die Gl. (113) bzw. (113 a) wird die Änderung der drei Veränderlichen V_1, V_2 und t, welche den Zustand des Systems bestimmen, einer
Bedingung unterworfen, so daß nur zwei von ihnen, z. B. V_1 und t, willkürlich wählbar sind. Wenn also der eine Körper auf einen Zustand V_1, t
gebracht ist, so ist dadurch auch der Zustand des anderen eindeutig
bestimmt.

Wir können aber darüber hinaus sagen: Jedesmal, wenn der erste
Körper wieder seine ursprüngliche Entropie S_1 hat, und zwar gleichgültig bei welcher Temperatur, muß auch der zweite Körper wieder die
ursprüngliche Entropie S_2 annehmen. Denn wenn der erste Körper wieder die alte Entropie hat, so liegt sein Zustand wieder auf der ursprünglichen Adiabaten und man kann beide Körper trennen und den ersten
adiabat und umkehrbar wieder auf den Anfangszustand bringen. Da
der ganze Vorgang als umkehrbar vorausgesetzt war, muß dann auch der
Zustand des zweiten Körpers wieder auf der ursprünglichen Adiabaten
entsprechend der Entropie S_2 liegen, so daß man auch ihn adiabat und
umkehrbar auf den Anfangszustand zurückführen kann. Würde der
Zustand des zweiten Körpers nach der Trennung nicht wieder auf der-

selben Adiabaten liegen, so könnte man ihn zunächst adiabat umkehrbar auf seine Anfangstemperatur zurückführen, so daß er von da
aus auf einer Isotherme umkehrbar ganz auf den Anfangszustand zurück-
gebracht würde. Längs dieser Isotherme muß entweder Wärme zugeführt
oder Wärme entzogen werden. Wäre eine Wärmezufuhr nötig, so müßte
diese Wärme, da sie nicht verschwinden kann und der Zustand beider
Körper wieder derselbe ist, sich vollständig in Arbeit verwandelt haben.
Das ist aber nach dem zweiten Hauptsatz unmöglich. Wäre ein Wärmeentzug erforderlich, so müßte diese Wärme aus Arbeit entstanden sein,
denn sie kann nicht aus der inneren Energie der beiden Körper stammen,
da diese wieder in ihrem Anfangszustand sind. Der Vorgang wäre also
nichtumkehrbar, was unserer Voraussetzung widerspricht.

Bei der betrachteten umkehrbaren Zustandsänderung zweier Körper
gehört also zu einem bestimmten Wert der Entropie des einen ein ganz
bestimmter Wert der Entropie des anderen, und zwar unabhängig davon,
bei welcher Temperatur die beiden Körper Wärme ausgetauscht hatten.
Wenn wir in Gl. (113) an Stelle der unabhängigen Veränderlichen V_1,
V_2 und t die unabhängigen Veränderlichen S_1, S_2 und t einführen, so muß
demnach die Temperatur herausfallen und eine Beziehung nur zwischen
S_1 und S_2 übrigbleiben von der Form

$$F(S_1, S_2) = 0 \tag{114}$$

oder differenziert

$$\frac{\partial F}{\partial S_1}\, dS_1 + \frac{\partial F}{\partial S_2}\, dS_2 = 0. \tag{114a}$$

Damit diese Gleichung mit Gl. (113a), in der auch die beiden Differentiale
dS_1 und dS_2 vorkommen, vereinbar ist, muß

$$-\frac{dS_2}{dS_1} = \frac{N_1}{N_2} = \frac{\dfrac{\partial F}{\partial S_1}}{\dfrac{\partial F}{\partial S_2}}$$

sein, d. h. der Quotient N_1/N_2 hängt nur von S_1 und S_2, nicht von der
Temperatur ab, da in F die Temperatur nicht vorkommt.

Nun ist aber N_1 nur eine Funktion von S_1 und t, N_2 nur eine Funktion
von S_2 und t. Es müssen daher N_1 und N_2 von der Form

$$N_1 = f_1(S) \cdot T \quad \text{und} \quad N_2 = f_2(S) \cdot T$$

sein, wobei T nur eine Funktion der Temperatur t ist, wenn diese bei der
Division herausfallen soll. Da die Funktionen $f_1(S)$ und $f_2(S)$ ganz will-
kürlich sind, also auch gleich 1 sein können, haben wir einen für alle
Körper verwendbaren integrierenden Nenner $T(t)$ gefunden, der nicht
mehr von zwei Veränderlichen abhängt, sondern eine Funktion der
Temperatur allein ist.

Diese Temperaturfunktionen T bezeichnen wir als *absolute Temperatur*.
Der in ihr noch unbestimmte willkürliche Faktor wird wieder mit Hilfe
des Eis- und Dampfpunktes festgelegt.

Die absolute Temperatur eines Körpers ist demnach definiert als diejenige Funktion seiner empirisch gewonnenen Temperatur, die als integrierender Nenner der zugeführten Wärme für alle Körper, unabhängig von ihren besonderen Eigenschaften, dienen kann.

Die Willkür in der Wahl der integrierenden Nenner beseitigen wir dadurch, daß wir die willkürlichen Funktionen $f_1(S)$ und $f_2(S)$ gleich 1 setzen, so daß

$$N_1 = N_2 = T$$

wird. Dann lautet Gl. (112)

$$dS = \frac{dU + p\,dV}{T}, \tag{115}$$

und wir können die so von der Willkür des Maßstabes befreite Größe S in Übereinstimmung mit unseren früheren Festlegungen als Entropie bezeichnen.

Die vorstehende Ableitung führt auf die absolute Temperaturskala und auf die Entropie mit einem Mindestaufwand von Erfahrungstatsachen, sie setzt weder das Vorhandensein eines vollkommenen Gases voraus, noch macht sie von Kreisprozessen Gebrauch. Vom logischen Standpunkt ist sie darum den andern Ableitungen überlegen. Für den Anfänger sind aber die von uns vorher begangenen Wege anschaulicher.

31. Die Entropie der Gase und anderer Körper.

Die Anwendung von Gl. (95a) auf die Menge von 1 kg eines vollkommenen Gases ergibt mit $du = c_v dT$ den Ausdruck

$$ds = \frac{c_v dT + p\,dv}{T}, \tag{116}$$

wenn wir die auf 1 kg bezogenen Größen wieder mit kleinem Buchstaben schreiben. Mit Hilfe der Zustandsgleichung kann man daraus eine der Größen p, v oder T eliminieren. Die Elimination von p liefert

$$ds = c_v \frac{dT}{T} + R \frac{dv}{v} = c_v \left(\frac{dT}{T} + (\varkappa - 1) \frac{dv}{v} \right) \tag{117}$$

oder integriert bei konstanter spezifischer Wärme

$$s = c_v \ln T + R \ln v + s_1 = c_v \left[\ln T + (\varkappa - 1) \ln v \right] + s_1 \tag{117a}$$

oder

$$s = c_v \ln (T v^{\varkappa - 1}) + s_1, \tag{117b}$$

wobei s_1 die Integrationskonstante ist. Eliminiert man v, so erhält man

$$s = c_p \ln \frac{T}{p^{\frac{\varkappa - 1}{\varkappa}}} + s_2. \tag{118}$$

Durch Elimination von T ergibt sich

$$s = c_v \ln (p v^\varkappa) + s_3. \tag{119}$$

Die Formeln zeigen, daß die Entropie, wie es sein muß, längs der Adiabate $p v^\varkappa =$ konst. unveränderlich ist, d. h. die Adiabate ist zugleich Isentrope.

Benutzt man das Mol als Mengeneinheit, so ergibt Gl. (95 b) in Verbindung mit Gl. (41) und mit $d\mathfrak{J} = \mathfrak{C}_p\, dT$ den Ausdruck

$$d\mathfrak{S} = \mathfrak{C}_p \frac{dT}{T} - \boldsymbol{R}\, \frac{dp}{p} = \mathfrak{C}_p\, d\,(\ln T) - \boldsymbol{R}\, d\,(\ln p) \qquad (120)$$

oder vom absoluten Nullpunkt, d. h. von $T = 0$ und $p = 0$ bis T und p integriert:

$$\mathfrak{S} = \int_0^T \mathfrak{C}_p\, d\,(\ln T) - \boldsymbol{R}\left[\ln p\right]_0^p + \mathfrak{S}_0, \qquad (121)$$

wobei $\mathfrak{S}_0$ die Integrationskonstante ist. Diese Gleichung ist insofern unbefriedigend, als ihre ersten zwei Ausdrücke für $T = 0$ und $p = 0$ beide den unbestimmten Wert $-\infty$ annehmen und daher auch die Integrationskonstante unsicher bleibt.

Man kann diese Schwierigkeit überwinden, wenn man voraussetzt, daß $\mathfrak{C}_p = \dfrac{\varkappa}{\varkappa - 1}\boldsymbol{R}$ in der Nähe des absoluten Nullpunktes einen konstanten Wert annimmt, dann ist dort

$$d\mathfrak{S} = \boldsymbol{R}\,d\left(\ln T^{\frac{\varkappa}{\varkappa - 1}}\right) - \boldsymbol{R}\, d\,(\ln p) = \boldsymbol{R}\,d\left(\ln \frac{T^{\frac{\varkappa}{\varkappa - 1}}}{p}\right) \qquad (120\,\text{a})$$

oder integriert

$$\mathfrak{S} = \boldsymbol{R} \ln \frac{T^{\frac{\varkappa}{\varkappa - 1}}}{p} + \mathfrak{S}_0. \qquad (121\,\text{a})$$

Da die Entropie eine Zustandsgröße ist, muß die Integration von $d\mathfrak{S}$ vom Wege unabhängig sein, man kann sie also vom absoluten Nullpunkt ausgehend längs der Adiabaten $T^{\frac{\varkappa}{\varkappa - 1}} = p$ vornehmen. Dabei ist stets $d\left(\ln T^{\frac{\varkappa}{\varkappa - 1}}\right) = d\,(\ln p)$ und $\ln \dfrac{T^{\frac{\varkappa}{\varkappa - 1}}}{p} = 0$, und wir erkennen, daß die Integrationskonstante $\mathfrak{S}_0$ in Gl. (121) den Wert der Entropie des vollkommenen Gases am absoluten Nullpunkt darstellt.

Zur Auswertung eines Integrals von der in Gl. (121) vorkommenden Form

$$\int \mathfrak{C}_p \frac{dT}{T} = \int \mathfrak{C}_p\, d\,(\ln T)$$

trägt man das von der Temperatur abhängige $\mathfrak{C}_p$ zweckmäßig über $\ln T$ auf und kann es dann durch Planimetrieren der Fläche zwischen den Grenzen T_1 und T_2 leicht ermitteln.

Für eine isotherme Zustandsänderung zwischen zwei Punkten 1 und 2 folgt aus Gl. (120) und (121)

$$\mathfrak{S}_1 - \mathfrak{S}_2 = \boldsymbol{R} \ln \frac{p_2}{p_1} = \boldsymbol{R} \ln \frac{\mathfrak{V}_1}{\mathfrak{V}_2}. \qquad (121\,\text{b})$$

Bei der Anwendung braucht man in der Regel nur Entropiedifferenzen. In Tab. 16 sind für die wichtigsten Gase, die mit Hilfe der spezifischen Wärme $\mathfrak{C}_p$ nach Tab. 12 gerechneten Entropieunterschiede zwischen $0\,°C$ und t bei konstantem, sehr kleinem Druck nach WAGMANN, ROSSINI und Mitarbeitern und nach JUSTI und LÜDER[1] zusammengestellt. Die Zahlen gelten genügend genau auch noch bei 1 at, nur bei den Dämpfen treten in der Nähe der Sättigung Abweichungen auf.

Tabelle 16. *Entropiedifferenz $\mathfrak{S}_{p_0}$ in kcal/kmol °K der Gase zwischen 0 °C und t bei $p = 0$.* Zur Umrechnung auf 1 kg ist durch das Molekulargewicht M (letzte Zeile) zu dividieren.

t	H_2	N_2	N_2 aus Luft	O_2	OH	CO	NO	H_2O	CO_2	N_2O	SO_2	Luft
100	2,10	2,18	2,17	2,21	2,31	2,18	2,30	2,50	2,72	3,86	3,09	2,18
200	3,75	3,82	3,81	3,93	4,18	3,86	4,00	4,46	5,15	6,41	5,62	3,83
300	5,10	5,17	5,15	5,37	5,33	5,18	5,40	6,05	7,20	8,53	7,82	5,16
400	6,18	6,32	6,29	6,62	6,46	6,35	6,60	7,43	9,05	10,41	9,75	6,34
500	7,20	7,34	7,31	7,71	7,42	7,40	7,61	8,67	10,69	12,07	11,47	7,38
600	8,06	8,25	8,22	8,69	8,32	8,35	8,55	9,82	12,18	13,63	13,00	8,33
700	8,84	9,09	9,05	9,59	9,12	9,17	9,43	10,89	13,57	15,01	14,40	9,20
800	9,54	9,85	9,81	10,41	9,83	10,00	10,23	11,87	14,87	16,30	15,68	10,00
900	10,19	10,56	10,51	11,17	10,50	10,73	10,96	12,80	16,06	17,50	16,86	10,72
1000	10,79	11,23	11,18	11,87	11,13	11,38	11,66	13,68	17,19	18,59	17,94	11,38
1100	11,35	11,86	11,80	12,52	11,72	12,03	12,33	14,50	18,24	19,62	18,96	12,01
1200	11,88	12,46	12,40	13,14	12,30	12,61	12,92	15,28	19,24	20,61	19,90	12,60
1300	12,38	13,00	12,93	13,71	12,82	13,16	13,47	16,03	20,19	21,53	20,78	13,15
1400	12,95	13,52	13,44	14,24	13,30	13,68	14,00	16,74	21,07	22,41	21,64	13,67
1500	13,40	14,02	13,94	14,75	13,73	14,18	14,48	17,41	21,89	23,25	22,41	14,16
1600	13,83	14,49	14,40	15,24	14,15	14,66	14,95	18,06	22,67	24,02	23,18	14,62
1700	14,24	14,93	14,84	15,71	14,57	15,02	15,40	18,68	23,40	24,75	23,87	15,06
1800	14,64	15,35	15,25	16,16	14,97	15,46	15,85	19,24	24,07	25,47	24,56	15,47
1900	15,02	15,75	15,65	16,59	15,35	15,88	16,26	19,81	24,72	26,14	25,18	15,87
2000	15,39	16,14	16,02	16,99	15,74	16,28	16,68	20,37	25,36	26,78	25,79	16,26
2100	15,75	16,52	16,40	17,40	16,11	16,66	17,07	20,91	26,00	27,40	26,38	16,64
2200	16,10	16,87	16,75	17,80	16,46	17,03	17,45	21,44	26,60	28,00	26,95	17,01
2300	16,44	17,22	17,09	18,17	16,81	17,39	17,85	21,96	27,20	28,58	27,50	17,36
2400	16,77	17,56	17,42	18,51	17,15	17,73	18,18	22,45	27,78	29,14	28,01	17,69
2500	17,09	17,88	17,74	18,85	17,48	18,06	18,57	22,92	28,34	29,68	28,52	18,02
2600	17,40	18,19	18,05	19,19	17,80	18,38	18,90	23,38	28,87	30,20	28,99	18,34
2700	17,70	18,50	18,35	19,52	18,09	18,68	19,25	23,83	29,38	30,70	29,47	18,66
2800	17,99	18,80	18,65	19,84	18,37	18,97	19,58	24,28	29,89	31,18	29,94	18,95
2900	18,27	19,09	19,94	20,14	18,65	19,25	19,91	24,72	30,38	31,65	30,42	19,23
3000	18,54	19,37	19,21	20,44	18,29	19,52	20,24	25,14	30,76	32,09	30,83	19,51
$M=$	2,02	28,02	28,16	32,00	17,01	28,01	30,01	18,02	44,01	44,03	64,07	28,964

Die Entropie anderer Körper ist mit Hilfe der allgemeinen Gleichung

$$ds = \frac{du + p\,dv}{T} \qquad \text{oder} \qquad ds = \frac{di - v\,dp}{T}$$

zu berechnen. Für feste und flüssige Körper kann man bei nicht zu hohen Drücken wegen ihrer kleinen Wärmeausdehnung in der Regel die Expansionsarbeit $p\,dv$ gegen du vernachlässigen. Dann verschwindet der

---

[1] Forschg. Ing.-Wes. Bd. 6 (1935), S. 209. Vgl. S. 50 Fußnote.

Unterschied zwischen zugeführter Wärme Q, innerer Energie u und Enthalpie i, und wir brauchen nur eine spezifische Wärme c einzuführen. Für die Mengeneinheit gilt dann

$$ds = \frac{du}{T} = c\,\frac{dT}{T} \tag{122}$$

oder

$$s = \int_0^T c\,\frac{dT}{T} + s_0, \tag{122a}$$

wobei s_0 die Integrationskonstante ist.

Neuere theoretische Untersuchungen, die zu dem sog. Nernstschen Wärmetheorem führten, das man auch als den dritten Hauptsatz der Wärmelehre bezeichnet, vgl. S. 179, haben ergeben, daß die Entropie aller festen Körper in der Nähe des absoluten Nullpunkts proportional der dritten Potenz der Temperatur nach Null geht. Die Integrationskonstante in Gl. (122a) fällt dann fort, und man kann für feste Körper schreiben

$$s = \int_0^T c\,\frac{dT}{T}. \tag{122b}$$

Für die praktische Anwendung dieser Gleichung ist zu beachten, daß die spezifische Wärme c bei festen Körpern in ihrem ganzen Verlauf bis herab zum absoluten Nullpunkt bekannt sein muß, wenn man die absoluten Werte der Entropie wirklich ausrechnen will.

32. Die Entropiediagramme.

Da die Entropie eine Zustandsgröße ist, kann man in Zustandsdiagramme Kurven gleicher Entropie einzeichnen. Diese sind, wie wir sahen, mit den Adiabaten identisch. Man kann aber auch die Entropie als unabhängige Veränderliche benutzen und andere Zustandsgrößen als Funktion der Entropie auftragen.

Von besonderer Bedeutung ist das von BELPAIRE 1874 eingeführte Entropiediagramm, in welchem die Temperatur als Ordinate über der Entropie als Abszisse aufgetragen ist. In diesem T,S-Diagramm stellen sich also die Isothermen als waagerechte, die Adiabaten oder Isentropen als senkrechte Linien dar. Für jede im p,V-Diagramm durch eine Kurve gegebene Zustandsänderung läßt sich im T,S-Diagramm eine entsprechende Kurve angeben. Längs eines Linienelementes *12* der Kurve des p,V-Diagramms der Abb. 41a wird eine Arbeit $dL = p\,dV$ geleistet gleich dem schraffierten Flächenstreifen. Zugleich wird im allgemeinen eine kleine Wärmemenge dQ zugeführt, die sich im p,V-Diagramm nicht veranschaulichen läßt. Dem Linienelement *12* entspricht im T,S-Diagramm Abb. 41b das Linienelement *12*. Nach dem zweiten Hauptsatz war bei umkehrbarer Zustandsänderung $dQ = T\,dS$, das ist gerade das schraffierte Flächenstück unter dem Linienelement *12*, d. h. die bei einer Zustandsänderung zugeführte Wärmemenge wird im T,S-Diagramm durch die Fläche unter der Kurve der Zustandsänderung dargestellt.

In dieser einfachen Veranschaulichung der Wärmemengen besteht die Bedeutung des T,S-Diagramms, das man daher auch *Wärmediagramm* nennt. Ein umkehrbarer Kreisprozeß wird im T,S-Diagramm durch eine geschlossene Kurve nach Abb. 42 wiedergegeben. Dabei ist die

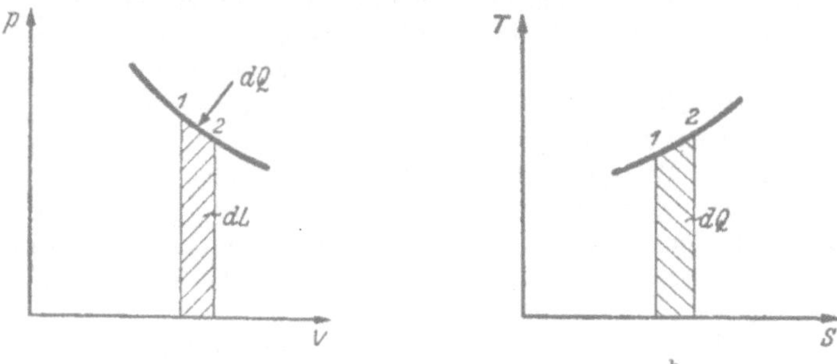

Abb. 41a und b. Übertragung einer Zustandsänderung aus dem p,V- ins T,S-Diagramm.

Fläche $1a2dc$ unter der oberen Kurve die zugeführte Wärme Q, die Fläche $1b2dc$ unter dem unteren Kurvenzweig die abgeführte Wärme $|Q_0|$. Die Differenz beider: das schraffierte, von der Zustandskurve umlaufene Flächenstück bedeutet den Wärmewert $L = Q - |Q_0|$ der geleisteten Arbeit. Besonders einfach, nämlich als Rechteck, stellt sich der Carnotprozeß nach Abb. 43 im T,S-Diagramm dar. Die zugeführte Wärme Q

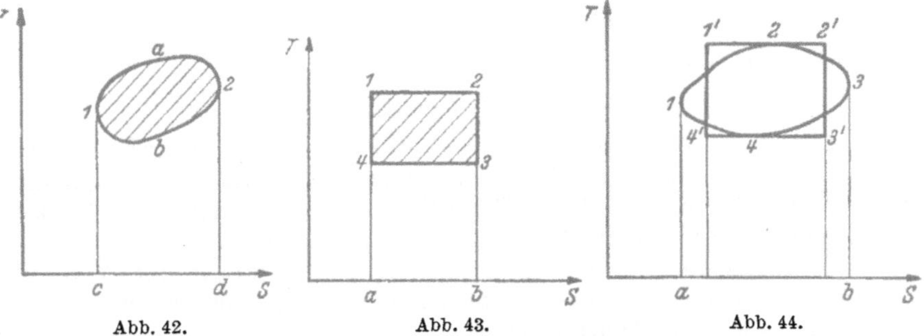

Abb. 42—44. Verschiedene Kreisprozesse im T,S-Diagramm.

ist gleich der Fläche $12ba$, die abgeführte $|Q_0|$ gleich der Fläche $43ba$ und die geleistete Arbeit $L = Q - |Q_0|$ ist das Rechteck 1234. Die Formel für den Wirkungsgrad $\eta = \dfrac{L}{Q} = \dfrac{T - T_0}{T}$ und die Beziehung $\dfrac{Q}{|Q_0|} = \dfrac{T}{T_0}$ lassen sich sofort aus der Abb. 43 ablesen, da die Rechtecke gleich breit sind und ihre Flächen sich daher wie ihre Höhen verhalten. Ebenso einfach erhält man die Leistungsziffer Gl. (92)

$$\varepsilon = \frac{Q_0}{L} = \frac{T_0}{T - T_0}$$

7*

eines in umgekehrter Richtung, also zur Kälteerzeugung durchgeführten Carnotprozesses. Es empfiehlt sich beim Rechnen mit Carnotprozessen, sich stets deren Bild im T, S-Diagramm vor Augen zu halten und daran die Formeln abzulesen.

Vergleicht man einen Carnotprozeß mit einem beliebigen anderen umkehrbaren Kreisprozeß von gleicher Arbeitsleistung, dessen Grenztemperaturen gerade den Isothermen des Carnotprozesses entsprechen, so sieht man aus Abb. 44, daß die abgeführte Wärme $|Q_0|$ entsprechend der Fläche $1\,2\,3\,b\,a$ und damit wegen der vorausgesetzten Gleichheit der Arbeitsleistung auch die zugeführte Wärme Q entsprechend der Fläche $1\,4\,3\,b\,a$ bei dem beliebigen Prozeß größer sind als bei dem Carnotschen $1'2'3'4'$, d. h. der Wirkungsgrad des Carnotprozesses wird von keinem anderen zwischen den gleichen Temperaturen als untere und obere Grenze verlaufenden umkehrbaren oder nicht umkehrbaren Prozeß übertroffen. Der Carnotprozeß ist also der bestmögliche Weg für die Umwandlung von Wärme in Arbeit überhaupt.

Außer dem T, S-Diagramm wird in der Technik besonders das von MOLLIER eingeführte I, S-Diagramm benutzt, auf das wir aber erst bei der Behandlung der Dämpfe eingehen wollen. Für Gase konstanter spezifischer Wärme unterscheiden sich die beiden Diagramme nur durch den Ordinatenmaßstab, denn es ist überall $di = c_p dT$.

33. Das Entropiediagramm der Gase.

Die Entropie der Mengeneinheit eines Gases von konstanter spezifischer Wärme war nach Gl. (117a)

$$s = c_v[\ln T + (\varkappa - 1)\ln v] + s_1,$$

bei konstantem Volum ist dann

$$s_v = c_v \ln T + C_1,$$

wobei $C_1 = c_v(\varkappa - 1)\ln v + s_1$ für jedes Volum v ein konstanter Wert ist. Die Isochoren sind demnach im T, S-Diagramm logarithmische Linien, die eine aus der anderen durch Parallelverschiebung längs der s-Achse hervorgehen, wie die gestrichelten Kurven der Abb. 45 zeigen.

Die Fläche unter der Isochore bedeutet die bei konstantem Volum zugeführte Wärme, d. h. die innere Energie. Längs eines kleinen Isochorenstücks wird die Wärmemenge

$$dq = Tds_v = c_v dT$$

zugeführt, demnach ist

$$\frac{c_v}{T} = \frac{ds_v}{dT}.$$

In Abb. 45 ist die Tangente an die Isochore gelegt und die Subtangente ac gezeichnet. Daraus folgt

$$ac = T\frac{ds_v}{dT},$$

d. h. die Subtangente ac der Isochore stellt zugleich die spezifische Wärme c_v dar.

Für die Isobare eines Gases von konstanter spezifischer Wärme folgt
aus Gl. (118)

$$s_p = c_p \ln T + C_2 ,$$

wobei $C_2 = - c_p \dfrac{\varkappa - 1}{\varkappa} \ln p + s_2$ für jeden Druck p eine Konstante ist. Die
Isobaren sind also im T,s-Diagramm auch logarithmische Linien, die
durch Parallelverschieben längs der s-Achse miteinander zur Deckung
gebracht werden können, wie die ausgezogenen Linien der Abb. 45 zeigen,
aber sie verlaufen flacher als die Isochoren. Die Fläche unter jeder Isobare
ist die bei konstantem Druck zuge-
führte Wärmemenge, und die spezifische Wärme c_p wird dargestellt
durch die Subtangente bc der Isobare.

Sind die spezifischen Wärmen
temperaturabhängig, so weichen
Isochoren und Isobaren etwas von
der Form logarithmischer Linien
ab und müssen nach Gl. (120) und
(121) durch Integration ermittelt
werden, sie gehen aber auch dann
durch Parallelverschieben in der s-
Richtung auseinander hervor. Aus
solchen Entropietafeln kann man
die Eigenschaften von Gasen veränderlicher spezifischer Wärme bequem entnehmen.

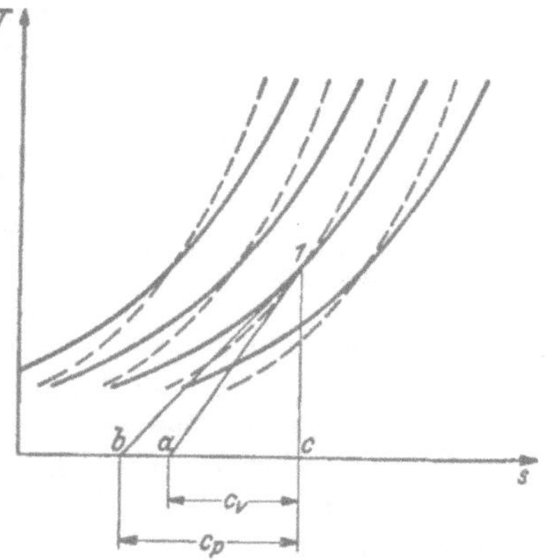

Abb. 45. T,s-Diagramm der vollkommenen
Gase mit Isobaren (ausgezogen) und Isochoren
(gestrichelt).

Benutzt man im T,s-Diagramm für die Temperatur logarithmische
Koordinaten, so werden die Isobaren und Isochoren des vollkommenen
Gases konstanter spezifischer Wärme gerade Linien, was das Zeichnen
der Diagramme erleichtert. Man kann dann aber die Flächen nicht mehr
als Wärmemengen deuten.

Eine logarithmische Temperaturskala ist auch sonst vorgeschlagen
worden, in ihr hätte der absolute Nullpunkt die Temperatur $-\infty$, was
die Schwierigkeit sich ihm zu nähern und die Unmöglichkeit, ihn zu
erreichen oder gar zu unterschreiten, gut veranschaulicht. Dabei gelten
aber nicht mehr so einfache Beziehungen zwischen Wärmemengen und
Temperaturen bei der Umwandlung von Wärme in Arbeit.

34. Beweis der Unabhängigkeit der inneren Energie eines vollkommenen Gases vom Volum bei konstanter Temperatur.

Der Vergleich von Zustandsänderungen im p,v- und T,s-Diagramm
liefert eine Reihe von wichtigen Erkenntnissen. Als erstes Beispiel dieses
Verfahrens[1] wollen wir die Unabhängigkeit der inneren Energie eines
vollkommenen Gases vom Volum und Druck bei konstant gehaltener
Temperatur nachweisen, einen Tatbestand, den wir auf S. 45 auf Grund

---

[1] Weitere Beispiele siehe S. 225 und 234.

der Versuche von GAY-LUSSAC und JOULE zunächst als empirische Feststellung eingeführt hatten.

Dazu betrachten wir einen kleinen, von benachbarten Isothermen und Isochoren begrenzten Kreisprozeß *1234* sowohl im T,s- wie im p,v-Diagramm der Abb. 46. Im T,s-Diagramm ist nach dem zweiten Hauptsatz die Fläche *1234* die in Arbeit verwandelte Wärme, im p,v-

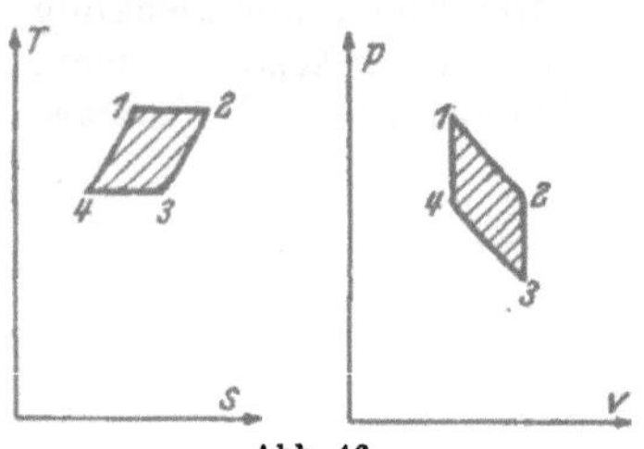

Abb. 46.
Kleiner Kreisprozeß im T,S- und p,v-
Diagramm.

Diagramm ist *1234* die gewonnene Arbeit selbst. Nach dem ersten Hauptsatz müssen beide Flächen, gemessen in denselben Energieeinheiten, einander gleich sein oder

$$dT\,ds = dp\,dv.$$

Im T,s-Diagramm kann man $ds = (\partial s/\partial v)_T dv$ setzen, da die Zustandsänderungen *12* und *34*, die die Größe von ds bestimmen, Isothermen zwischen zwei benachbarten Isochoren sind. In entsprechender Weise kann man im p,v-Diagramm $dp = (\partial p/\partial T)_v dT$ setzen, da dp bestimmt wird durch die Isochoren *23* und *41* zwischen zwei benachbarten Isothermen. Setzen wir diese Ausdrücke in die letzte Gleichung ein, so erhalten wir die wichtige, für beliebige Körper gültige und auf S. 229 in anderem Zusammenhang als Gl. (210) nochmal abgeleitete Beziehung

$$\left(\frac{\partial s}{\partial v}\right)_T = \left(\frac{\partial p}{\partial T}\right)_v. \tag{210}$$

Wenden wir den zweiten Hauptsatz in der Form $du + p\,dv = T\,ds$ auf isotherme Vorgänge an, so lautet er

$$\left(\frac{\partial u}{\partial v}\right)_T + p = T\left(\frac{\partial s}{\partial v}\right)_T,$$

woraus mit Hilfe von (210) die auch noch für Stoffe beliebiger Zustandsgleichung gültige Form

$$\left(\frac{\partial u}{\partial v}\right)_T + p = T\left(\frac{\partial p}{\partial T}\right)_v$$

entsteht.

Für das vollkommene Gas mit der Zustandsgleichung $pv = RT$ wird $T(\partial p/\partial T)_v = p$ und damit

$$\left(\frac{\partial u}{\partial v}\right)_T = 0,$$

was zu beweisen war.

Da demnach die innere Energie des vollkommenen Gases bei konstanter Temperatur unabhängig vom Volum ist, Volumänderungen bei konstanter Temperatur aber notwendig mit Druckänderungen verbunden sind, ist die innere Energie bei konstanter Temperatur auch vom Druck unabhängig. Das heißt, die innere Energie und damit auch die spez. Wärme $c_v = (\partial u/\partial T)_v$ und $c_p = c_v + R = (\partial i/\partial T)_p$ sowie das Verhältnis $\varkappa = c_p/c_v$ können beim vollkommenen Gas nur Funktionen der Temperatur allein sein.

35. Das Verhalten der Entropie bei nichtumkehrbaren Vorgängen. Der zweite Hauptsatz als das Prinzip der Vermehrung der Entropie.

Der zweite Hauptsatz lehrt, daß es außer den umkehrbaren Vorgängen in der Natur auch noch andere, nichtumkehrbare, gibt, die sich zwar in der einen Richtung von selbst, d. h. ohne Änderung in der Umgebung abspielen, die man aber nicht in der umgekehrten Richtung ausführen kann, ohne daß solche Änderungen auftreten.

Wir betrachten nun einen beliebigen Körper, z. B. ein in einem Zylinder unter dem Druck eines Kolbens stehendes Gas oder ein System solcher Körper, das von der Umgebung adiabat abgeschlossen ist, so daß kein Energieaustausch mit ihr stattfinden kann. Damit in dem System Energieänderungen möglich sind, sollen dazu auch Speicher für mechanische Energie gehören etwa in Form von Gewichten, die gehoben und gesenkt werden oder in Gestalt von Federn, die Arbeit aufspeichern können.

Der Zustand des Systems sei durch die erforderliche Anzahl von Zustandsgrößen eindeutig gekennzeichnet. Von einem bestimmten Anfangszustand ist eine Reihe anderer Zustände, wie wir gesehen hatten, in umkehrbarer Weise erreichbar. Nach dem zweiten Hauptsatz gibt es weiter Zustände, die sogar von selbst erreicht werden, von denen aber eine Rückkehr zum Ausgangszustand ohne Einwirkung von außen unmöglich ist. Wir hatten solche Zustandsänderungen als nichtumkehrbar bezeichnet. Ferner können wir leicht Zustände angeben, von denen man durch eine nichtumkehrbare Zustandsänderung zu unserm Anfangszustand gelangt. Diese sind von ihm offenbar nur durch Einwirkung von außen, also in einem von der Umgebung abgeschlossenen System überhaupt nicht zu erreichen, denn es müßte ja die nichtumkehrbare Zustandsänderung wieder rückgängig gemacht werden.

In einem abgeschlossenen System hat man demnach drei Arten von Vorgängen zu unterscheiden: *umkehrbare, nichtumkehrbare und unmögliche.*

In dieser Weise hat CARATHEODORY den zweiten Hauptsatz ausgesprochen, indem er im wesentlichen sagt:

In beliebiger Nähe jedes Zustandes eines Systems von Körpern gibt es Nachbarzustände, die von ihm nicht auf adiabat umkehrbarem Wege erreichbar sind.

Wir fügen noch hinzu: *Von den adiabat umkehrbar unerreichbaren Zuständen ist ein Teil auf nicht umkehrbarem Wege, ein Teil überhaupt nicht erreichbar.*

Alle auf umkehrbaren Wegen erreichbaren Zustände sind offenbar in gewisser Weise gleichwertig, da man stets von jedem Zustand zu einem beliebigen anderen dieser Art übergehen kann, ohne daß in der Umgebung Änderungen auftreten. Bei den nichtumkehrbaren ist dagegen der Endzustand irgendwie vor dem Anfangszustand ausgezeichnet. Wir wollen diese Bevorzugung vorläufig dadurch ausdrücken, daß wir sagen, der Endzustand hat eine größere *Wahrscheinlichkeit.* Dabei soll unter

Wahrscheinlichkeit nichts anderes verstanden werden als das Gesagte, insbesondere soll dabei noch nicht an den mathematischen Begriff der Wahrscheinlichkeit gedacht werden.

Ein einfaches mechanisches Bild dieser Vorstellung ist etwa der aus der Erfahrung abgeleitete Satz: „Wasser läuft in der Natur stets den Berg hinab, niemals bergauf." Verfolgen wir das Schicksal einer bestimmten kleinen Wassermenge im Gebirge, so brauchen wir sie nach einiger Zeit keinesfalls auf größerer Meereshöhe zu suchen, es kann sein, daß wir sie noch auf gleicher Höhe, wenn auch vielleicht an einer anderen Stelle finden, „wahrscheinlicher" ist aber, daß sie inzwischen ein Stück den Berg hinabgelaufen ist. Finden wir sie auf einer tieferen Höhe wieder, so werden wir sie noch später vielleicht wieder auf dieser Höhe, wahrscheinlich aber noch weiter unten antreffen.

In diesem Sinne ist auch die größere Wahrscheinlichkeit der auf nichtumkehrbaren Wegen erreichbaren thermodynamischen Zustände zu verstehen.

Wir wollen nun ein Maß der Wahrscheinlichkeit thermodynamischer Zustände aufstellen und lassen dazu unser System von einem beliebigen Anfangszustand Z_1 auf nichtumkehrbare Weise in einen beliebigen Endzustand Z_2 übergehen. Beide Zustände sind nur an die Bedingung gebunden, daß der Übergang weder mit einem Verlust von Materie noch von Energie verbunden ist, da er sonst schon nach dem ersten Hauptsatz und nach dem Satz von der Erhaltung der Materie unmöglich wäre.

Wir betrachten zunächst einen einzigen homogenen Körper, z. B. ein Gas, das bei der nichtumkehrbaren Zustandsänderung sein Volum von V_1 auf V_2, seine innere Energie von U_1 auf U_2 ändert, wobei wir uns die Differenz der inneren Energien dadurch aufgespeichert oder verfügbar gemacht denken, daß ein Gewicht G von der Höhe h_1 auf die Höhe h_2 gehoben oder gesenkt wird.

Wir bringen diesen Körper auf reversiblem Wege zunächst auf das Endvolum V_2, dann ist die innere Energie U_2' des so erreichten Endzustandes Z_2' im allgemeinen von U_2 verschieden, und das die Änderung der inneren Energien aufnehmende Gewicht G gelangt auf die Höhe h_2'. Wäre U_2' nicht von U_2 verschieden, so wären die Zustände Z_2 und Z_2' identisch, es müßte also auch die zuerst angenommene Zustandsänderung umkehrbar gewesen sein, was unserer Voraussetzung widerspricht. Es sind also nur die beiden Fälle $U_2' > U_2$ und $U_2' < U_2$ möglich.

Wäre $U_2' > U_2$ und damit $h_2' < h_2$, so müßte man, um vom Zustand Z_2' den Zustand Z_2 zu erreichen, bei konstantem Volum die innere Energie des Körpers vermindern und dabei das Gewicht G von der Höhe h_2' auf h_2 heben. Da bei konstantem Volum entzogene innere Energie nur abgeführte Wärme sein kann, ist der Übergang von Z_2' und Z_2 nach dem zweiten Hauptsatz (Form B auf S. 74) unmöglich.

Es kann also nur $U_2' < U_2$ und damit $h_2' > h_2$ sein und man gelangt vom Zustand Z_2' zum Zustand Z_2 dadurch, daß man das Gewicht G von h_2' auf h_2 herabsinken läßt, die geleistete Arbeit durch Reibung in Wärme verwandelt und durch die Zufuhr dieser Wärme die innere Energie des Körpers erhöht. Unser ursprünglich betrachteter nichtumkehrbarer Vorgang ist also in einen reversiblen adiabaten und in eine einfache Umwandlung von Arbeit in Wärme durch Reibung, die nach dem zweiten Hauptsatz nichtumkehrbar ist, zerlegt.

Wir fragen nun nach dem Verhalten der Entropie

$$dS = \frac{dU + p\,dV}{T}$$

bei diesen beiden Teilvorgängen. Bei einem reversiblen adiabaten Vorgang ist

$$dQ = dU + p\,dV = 0$$

und damit auch die Entropieänderung gleich Null.

Bei dem zweiten Teilvorgang der Zustandsänderung bei konstantem Volum — der Erzeugung von Reibungswärme — konnte, wie vorstehend aus dem zweiten Hauptsatz abgeleitet wurde, die innere Energie nur zunehmen, dann muß aber auch die Entropie wachsen, da dU und dS für $dV = 0$ stets das gleiche Vorzeichen haben.

Bei dem Reibungsvorgang entstand Wärme aus Arbeit, von außen wurde keine Wärme zugeführt, es war also $dQ = 0$, trotzdem nahm die Entropie zu. Daraus sehen wir, daß bei nichtumkehrbaren Vorgängen die Gleichung $dS = \dfrac{dQ}{T}$ nicht mehr zur Berechnung der Entropieänderung aus der von außen zugeführten Wärme verwendbar ist, sondern es wird

$$dS > \frac{dQ}{T}$$

(vgl. S. 107).

Was hier für einen einfachen Körper abgeleitet wurde, läßt sich auf ein System von beliebig vielen Körpern verallgemeinern. Um das zu beweisen, bringt man diese Körper nacheinander bis auf den letzten in reversibler Weise auf ihren Endzustand. Dabei sind außer adiabaten Zustandsänderungen auch solche zuzulassen, bei denen ebenso wie in Gl. (113) Wärme von einem Körper auf den anderen in reversibler Weise, also bei verschwindend kleinen Temperaturunterschieden übertragen wird. Dann ist die Entropiezunahme des wärmeaufnehmenden Körpers gerade so groß, wie die Entropieabnahme des wärmeabgebenden, und es tritt in der Summe keine Entropieänderung ein. Der letzte Körper wird umkehrbar adiabat auf sein Endvolum gebracht und kann dann ebenso wie der vorher betrachtete einzelne Körper nur in nichtumkehrbarer Weise unter Entropiezunahme seinen Endzustand erreichen. Damit ist für ein abgeschlossenes System allgemein der Satz bewiesen:

Bei allen umkehrbaren Vorgängen bleibt die Entropie konstant, bei nichtumkehrbaren nimmt sie zu. Die Entropie ist also das gesuchte Maß für die Wahrscheinlichkeit eines Zustandes. Man kann daher den zweiten Hauptsatz auch als das Prinzip von der Vermehrung der Entropie bezeichnen und folgendermaßen aussprechen:

Die Summe der Entropien aller an einem Vorgang beteiligten Körper nimmt stets zu, nur im Grenzfall der reversiblen Vorgänge bleibt sie ungeändert.

Eine Abnahme der Entropie könnte nur bei der Umkehrung nichtumkehrbarer Vorgänge auftreten und ist daher unmöglich. Dehnt man diese neue Formulierung des zweiten Hauptsatzes auf alle überhaupt vorhandenen Körper aus, so kann man mit CLAUSIUS sagen:

Die Entropie der Welt strebt einem Höchstwert zu.

Die Energie der Welt ist dagegen nach dem ersten Hauptsatz eine konstante Größe.

Die Darstellung des zweiten Hauptsatzes mit Hilfe der Entropie enthält durch die Einführung des Begriffes Entropie die Definition dieser Größe und damit auch die der absoluten Temperatur. Beide Definitionen lassen sich allein aus reversiblen Zustandsänderungen erhalten mit Hilfe der Aussage des zweiten Hauptsatzes, daß es gewisse Vorgänge wie den Übergang von Wärme von einem Körper niederer auf einen Körper höherer Temperatur nicht gibt. Außerdem sagt diese Darstellung aber noch, daß die Entropie eines abgeschlossenen, d. h. von außen keine Beeinflussungen erfahrenden Systems nur zunehmen kann.

Betrachten wir die von irgendeinem Zustand möglichen Zustandsänderungen eines abgeschlossenen Systems, so können wir auf reversiblem, adiabatem Wege eine gewisse Menge von benachbarten Zustandsänderungen erreichen. In dem einfachen Falle eines homogenen Körpers, z. B. eines Gases, dessem Druck wir uns nach Abb. 32 durch einen geeigneten Mechanismus das Gleichgewicht gehalten denken, liegen alle diese Zustände auf einer Kurve $pV^\varkappa =$ konst. Außerdem sind alle Zustände höherer Entropie erreichbar; sie liegen sämtlich auf der einen Seite der Adiabate. Alle auf der anderen Seite der Adiabate auch in beliebig kleiner Entfernung liegenden Zustände sind dagegen ohne von außen kommende Einwirkungen nicht erreichbar.

36. Spezielle nicht umkehrbare Prozesse.

a) Reibung.

Wir betrachten das gegen die Umgebung abgeschlossene System der Abb. 47 bestehend aus zwei Wärmespeichern von den Temperaturen T und T_0, einer Maschine zur Ausführung Carnotscher Kreisprozesse mit einem beliebigen Arbeitsmedium und einem Gewicht G zur Aufspeicherung mechanischer Arbeit. Durch einen Carnotschen Kreisprozeß können wir dem Behälter T die Wärmemenge Q entziehen, die Arbeit L gewinnen und die Wärmemenge Q_0 an den Behälter T_0 abführen. Dabei erfährt der Behälter T eine Entropieabnahme $\frac{Q}{T}$, der Behälter T_0, eine Entropiezunahme $\frac{Q_0}{T_0}$. Nach dem zweiten Hauptsatz ist

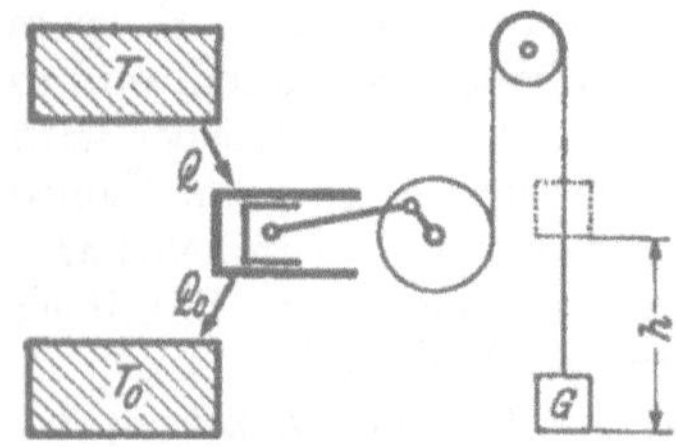

Abb. 47. Zustandsänderungen in einem abgeschlossenen System.

$$\Sigma\,\frac{Q}{T} = 0$$

also

$$\Delta S = \frac{Q}{T} + \frac{Q_0}{T_0} = 0\,.$$

Die Arbeit $L = G \cdot h$ ist dabei in dem gehobenen Gewicht aufgespeichert.

Lassen wir nun das Gewicht unter Reibung heruntersinken, wobei die entwickelte Reibungswärme $Q_r = L$ an den Behälter T_0 abgeführt wird, so erfährt dieser eine Entropiezunahme

$$\Delta S = \frac{Q_r}{T_0} = \frac{L}{T_0}. \tag{123}$$

Es ist also die vorher durch den reversiblen Vorgang gewonnene Arbeit wieder in Wärme verwandelt und dem kälteren Speicher zugeführt worden, so daß dieser gerade dieselbe Wärmemenge aufgenommen hat, die dem ersten Behälter entzogen wurde.

b) Wärmeleitung unter Temperaturgefälle.

Dasselbe Endergebnis wie durch den Carnotprozeß und die nachträgliche Verwandlung der gewonnenen Arbeit durch Reibung in Wärme von der Temperatur des kälteren Speichers ist auch durch Überströmen der Wärmemenge Q vom Behälter T auf den Behälter T_0 durch eine wärmeleitende Verbindung zu erreichen. Diese Wärmebrücke können wir uns von beliebig kleiner Masse vorstellen, so daß ihre Wärmeaufnahme gegen die fortgeleitete Wärme verschwindet. Dann erfährt der wärmere Speicher die Entropieverminderung $\frac{|Q|}{T}$, der kältere die Entropievermehrung $\frac{Q}{T_0}$ und im ganzen nimmt die Entropie also um $\Delta S = \frac{Q}{T_0} - \frac{|Q|}{T}$ zu.

Gleichen zwei Körper ihre Temperaturen aus, was entweder durch wärmeleitende Verbindung oder bei flüssigen und gasförmigen Körpern auch durch Mischung geschehen kann, so berechnet man nach der Mischungsregel zunächst die Ausgleichstemperatur. Aus den Temperaturänderungen beider Teile ergeben sich die Entropieänderungen, deren algebraische Summe die Entropiezunahme des Vorganges ist.

Hat der eine Körper die Masse m_1, die spezifische Wärme c_1 und die absolute Temperatur T_1, der andere, wärmere die Masse m_2, die spezifische Wärme c_2 und die Temperatur T_2, so ist die Ausgleichstemperatur nach Gl. (11)

$$t_m = \frac{m_1 c_1 t_1 + m_2 c_2 t_2}{m_1 c_1 + m_2 c_2},$$

und die Entropiezunahme des Vorganges beträgt bei konstanten spez. Wärmen

$$\Delta S = m_1 c_1 \int_{T_1}^{T_m} \frac{dT}{T} - m_2 c_2 \int_{T_m}^{T_2} \frac{dT}{T} = m_1 c_1 \ln \frac{T_m}{T_1} - m_2 c_2 \ln \frac{T_2}{T_m}. \tag{124}$$

Diese Gleichung gilt bei Mischungsvorgängen nur, wenn beide Körper gleiche chemische Zusammensetzung haben. Ist das nicht der Fall, wie z. B. bei der Mischung zweier verschiedener Gase, so tritt außer dem Ausgleich der Wärmen auch noch eine Diffusion der Gase ineinander ein, die mit einer weiteren Entropiezunahme verbunden ist, die wir später berechnen wollen.

c) Drosselung.

In eine Rohrleitung, durch die ein Gas strömt, denken wir uns einen Widerstand in Gestalt eines porösen Pfropfens aus Asbest, Ton, Filz oder dgl. eingebaut, derart, daß das Gas einen Druckabfall beim Durchströmen dieses Hindernisses erfährt. Dieser Vorgang, den man als Drosselung bezeichnet, ist offenbar nicht umkehrbar, denn wir müßten denselben endlichen Druckabfall, aber in der umgekehrten Richtung, überwinden, wenn wir das Gas wieder zurückströmen lassen wollten, ganz ähnlich wie es bei der Reibung eines Kolbens in einem Zylinder der Fall ist. Diese Ähnlichkeit wird noch deutlicher, wenn wir uns die Gasvolume in den engen Kanälen des Drosselpfropfens als kleine Kolben vorstellen, die unter Reibung hindurchgepreßt werden.

An der Drosselstelle und durch die Rohrwand überhaupt soll von außen weder Wärme zugeführt, noch entzogen werden, dann muß die ganze Reibungsarbeit als Wärme an das Gas übergehen. Die Wärmespeicherung des Drosselpfropfens spielt dabei keine Rolle, wenn man das Gas genügend lange hindurchströmen läßt, bis der Drosselpfropfen die Temperatur des Gases hat.

In Abb. 48 ist ein solcher Drosselpfropfen zwischen zwei Rohrleitungen dargestellt, durch die Gas in der Richtung der Pfeile hindurchströmt.

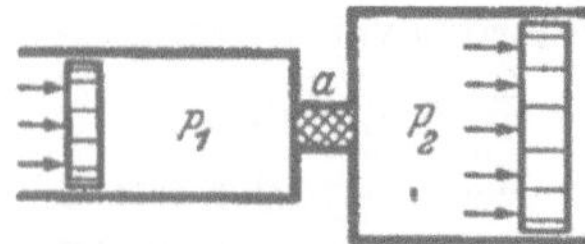

Abb. 48. Drosselung eines Gases durch einen porösen Pfropfen a.

Die Zustandsgrößen des Gases vor dem Drosselpfropfen seien mit dem Index 1, dahinter mit dem Index 2 bezeichnet.

Den Druck des Gases in den Leitungen denken wir uns durch zwei bewegliche Kolben aufrechterhalten, von denen der linke jedem Kilogramm Gas die Arbeit $p_1 v_1$ zuführt, während der rechte vom Gas die Arbeit $p_2 v_2$ empfängt. Da an der Drosselstelle kein Wärme- oder Energieaustausch mit der Umgebung stattfindet, ist nach dem ersten Hauptsatz die Zunahme der im Gas enthaltenen Energie gleich der Summe der von außen ausgeübten Wirkungen. Außer der inneren Energie hat das mit der Geschwindigkeit w strömende Gas auch noch eine mechanische Energie in Form der kinetischen Energie $\frac{w^2}{2}$ für ein Kilogramm Gas, deren Zunahme ebenfalls von der zugeführten Arbeit bestritten werden muß. Es gilt demnach

$$u_2 - u_1 + \left(\frac{w_2^2}{2} - \frac{w_1^2}{2}\right) = (p_1 v_1 - p_2 v_2)$$

oder

$$u_1 + p_1 v_1 + \frac{w_1^2}{2} = u_2 + p_2 v_2 + \frac{w_2^2}{2}$$

und mit

$$i = u + pv$$

$$i_1 + \frac{w_1^2}{2} = i_2 + \frac{w_2^2}{2} . \tag{125}$$

Vernachlässigt man die Änderung der Geschwindigkeitsenergie, indem man entweder die Geschwindigkeiten klein genug wählt (bei Gasen etwa

$w < 40$ m/s) oder indem man den Rohrquerschnitt hinter der Drosselstelle so viel größer wählt, daß trotz der Volumzunahme die Strömungsgeschwindigkeit nicht ansteigt, wie das in der Abb. 48 angedeutet ist, so erhält man

$$i_1 = i_2 \quad \text{oder} \quad di = 0, \tag{125a}$$

d. h. bei der Drosselung bleibt die Enthalpie ungeändert.

Bei vollkommenen Gasen ist dann wegen $di = c_p dT$ auch die Temperatur konstant. Bei wirklichen Gasen und Dämpfen nimmt dagegen im allgemeinen die Temperatur ab, wie wir später noch genauer sehen werden.

Wenden wir die Gl. (26) des ersten Hauptsatzes für 1 kg Gas

$$dq = di - v dp$$

auf den Drosselvorgang mit $di = 0$ an, so wird

$$dq = -v dp \quad \text{oder integriert} \quad q_{12} = -\int_{p_1}^{p_2} v \, dp.$$

Da dp bei der Drosselung negativ ist, ergibt sich also eine positive Wärmezufuhr, obwohl wir ausdrücklich bei der Drosselung jeden Wärmeaustausch mit der Umgebung ausgeschlossen hatten. Dieser Widerspruch klärt sich folgendermaßen: Die Arbeit $-\int_{p_1}^{p_2} v dp$ ist, wie wir bei der Umkehrung der Drucklufterzeugung gesehen hatten, die aus 1 kg Preßluft in der Preßluftmaschine gewinnbare Arbeit. Diese Arbeit könnte auch hier gewonnen werden, wenn wir die Drosselstelle durch eine Preßluftmaschine ersetzen und in dieser das Gas umkehrbar vom Drucke p_1 auf den Druck p_2 entspannen würden. Tatsächlich wird diese Arbeit aber nicht gewonnen, sondern im Drosselpfropfen durch Reibung in Wärme verwandelt und in dieser Form dem Gas zugeführt.

Wenn die Gl. (95) für Drosselvorgänge ihren Sinn behalten soll, muß demnach unter der zugeführten Wärme auch die auf nichtumkehrbare Weise aus Reibung entstandene und dann dem Gas zugeführte mitgerechnet werden. Das gilt auch für andere nichtumkehrbare Vorgänge.

Daher ist die Definitionsgleichung der Entropie je kg in der Form

$$ds = \frac{dq}{T}$$

für nichtumkehrbare Vorgänge nur richtig, wenn unter dq solche in nichtumkehrbarer Weise aus Arbeit entstandenen Wärmemengen mitgezählt werden. Dasselbe gilt für die aus der Verbindung der Gl. (25) und (26) mit der Entropiedefinition folgenden Gleichungen

$$ds = \frac{du + p\,dv}{T} \quad \text{und} \quad ds = \frac{di - v\,dp}{T}. \tag{126}$$

Bei irreversiblen Vorgängen ohne Wärmeaustausch mit der Umgebung ist

$$ds = \frac{dL_v}{T}, \tag{127}$$

wobei dL_v der durch irreversible Verwandlung in Wärme verlorene Teil der bei reversibler Durchführung des Prozesses bis zum gleichen Endvolum gewinnbaren Arbeit ist. Die zweite Gl. (126) liefert mit $di = 0$ den Entropiezuwachs bei der Drosselung

$$s_2 - s_1 = - \int_1^2 \frac{v}{T}\, dp. \tag{126a}$$

Um die Integration ausführen zu können, muß der Integrationsweg angegeben werden, da über die Abhängigkeit des spez. Volums v vom Druck in den Poren des Drosselpfropfens nichts gesagt werden kann. Wir wissen aber, daß die Enthalpie konstant bleibt und haben daher längs einer Linie $i = $ konst. zu integrieren. Bei vollkommenen Gasen ist das zugleich die Isotherme und wir erhalten mit Hilfe der Zustandsgleichung $pv = RT$ die Entropieänderung bei der Drosselung

$$s_1 - s_1 = - R \int_{p_1}^{p_2} \frac{dp}{p} = R \ln \frac{p_1}{p_2}. \tag{126b}$$

Auch der von uns früher betrachtete Joulesche Versuch, bei dem ein Gas aus einem geschlossenen Behälter in einen luftleeren zweiten ohne Arbeitsleistung überströmt, ist ein Drosselvorgang. Die bei reversibler Entspannung gewinnbare Arbeit wird hier durch turbulente Strömungsbewegungen wieder in Wärme verwandelt, und die Enthalpie bleibt ungeändert. Bei einem vollkommenen Gas muß daher auch die Temperatur im Endergebnis dieselbe sein.

Im einzelnen ist der Vorgang aber verwickelter. Denken wir uns die beiden Behälter nicht nur von der Umgebung, sondern zunächst auch voneinander wärmeisoliert, so wird das Gas im gefüllten Behälter adiabat expandieren und sich dabei abkühlen; denn es kann nicht wissen, ob die ausströmenden Teile nachher in einem Zylinder Arbeit leisten oder nur zum Auffüllen eines Vakuums dienen. Vor und hinter der Drosselstelle ist aber die Temperatur des Gases stets die gleiche, nachdem die lebhaften turbulenten Strömungsbewegungen durch innere Reibung zur Ruhe gekommen sind. Gleich nach Öffnen des Hahnes tritt das Gas also mit der Anfangstemperatur, die es im gefüllten Behälter hatte, in das Vakuum ein. Im weiteren Verlauf der Bewegung wird das zuerst überströmende Gas durch das nachströmende adiabat komprimiert und dadurch erwärmt. Andererseits werden die aus dem ersten Behälter kommenden und dort schon durch adiabate Expansion abgekühlten Gase mit dieser erniedrigten Temperatur in den zweiten Behälter eintreten und sich dort mit den vorher eingeströmten und durch Kompression erwärmten Gasen mischen. Unmittelbar nach dem Druckausgleich sind also erhebliche Temperaturunterschiede in beiden Behältern vorhanden, die sich später durch Wärmeleitung ausgleichen, derart, daß bei einem vollkommenen Gas die Anfangstemperatur gerade wieder erreicht wird.

d) Mischung und Diffusion.

Wenn sich in einem geschlossenen Gefäß zwei chemisch verschiedene vollkommene Gase befinden, die zunächst voneinander getrennt sind, so tritt im Laufe der Zeit auch ohne Umrühren allein durch Diffusion eine vollständige Mischung ein, wobei der Druck und die Temperatur sich nicht ändern, wenn das Gefäß keine Wärme mit der Umgebung austauscht. Die Erfahrung lehrt nun, daß Gase sich wohl freiwillig mischen, daß aber niemals der umgekehrte Vorgang der Entmischung von selbst stattfindet. Wir haben also offenbar einen nichtumkehrbaren Vorgang vor uns. Wenn die Nichtumkehrbarkeit nach dem zweiten Hauptsatz ganz allgemein durch eine Zunahme der Entropie gekennzeichnet ist, so muß auch hier eine solche Zunahme eintreten, deren Betrag wir berechnen wollen.

In Abb. 49 mögen die beiden Gase 1 und 2 mit den Massen m_1 und m_2 und den Gaskonstanten R_1 und R_2 sich zunächst getrennt in dem geschlossenen Raume V befinden, den sie bei der gemeinsamen Temperatur T und dem gemeinsamen Drucke p mit ihren Teilvolumen V_1 und V_2 gerade ausfüllen. Bei dem Mischungsvorgang verteilen sich beide Gase bei gleichbleibender Temperatur auf das ganze Volum V, und wir können bei nicht zu hohen Drücken nach dem Daltonschen Gesetz der Gasmischung jedes Gas so behandeln, als ob es allein in dem Raume V vorhanden wäre. Bei der Mischung haben dann beide Gase im Endergebnis eine isotherme Expansion von ihrem Anfangsvolum auf das Endvolum V ausgeführt, wobei ihre Drücke der Volumzunahme entsprechend auf die Teildrücke

$$p_1 = p\,\frac{V_1}{V} \quad \text{und} \quad p_2 = p\,\frac{V_2}{V} \qquad (128)$$

gesunken sind, deren Summe wieder den anfänglichen Druck p ergibt.

Um die Entropie auszurechnen, zerlegen wir den Mischvorgang wie früher in einen umkehrbaren mit gleichem Endvolum beider Gase und einen nicht umkehrbaren, dessen Entropiezunahme wir kennen.

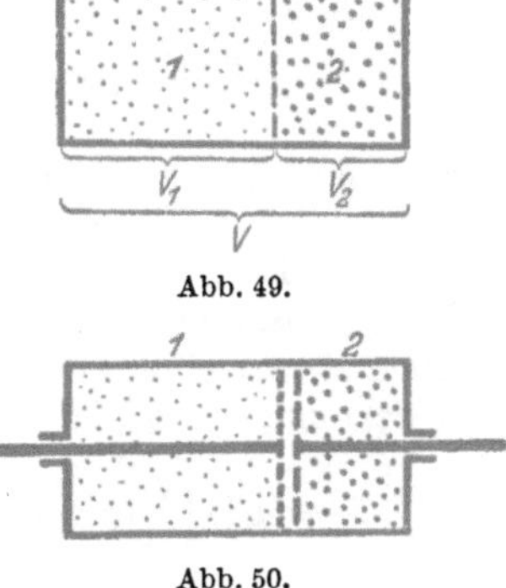

Abb. 49.

Abb. 50.

Abb. 49 und 50.
Umkehrbare Mischung zweier Gase.

Die umkehrbare Expansion der beiden Gemischteilnehmer gelingt mit Hilfe der von VAN 'T HOFF in die Thermodynamik eingeführten *halbdurchlässigen* oder *semipermeablen* Wände. Solche Wände lassen nur das eine der beiden Gase ungehindert durch, während sie für das andere völlig undurchlässig sind. Stoffe dieser Eigenschaften sind zwar nur für wenige Gase bekannt, aber dadurch ist ihre grundsätzliche Möglichkeit auch für beliebige Gasgemische sichergestellt. Glühendes Platin- oder Palladiumblech z. B. ist nur für Wasserstoff durchlässig, für andere Gase undurchlässig. Eine Wasserhaut läßt z. B. NH_3 oder SO_2 gut hindurch, da sich diese Gase leicht in Wasser lösen, schwer lösliche Gase werden dagegen zurückgehalten.

Zwei solche halbdurchlässige Wände denken wir uns nach Abb. 50 als Kolben an der Trennfläche der beiden noch ungemischten Gase eingesetzt. Der linke Kolben *1* sei für das Gas *1*, der rechte Kolben *2* nur für das Gas *2* durchlässig. In den schmalen Raum zwischen den sich gegenüberstehenden Kolbenoberflächen kann von beiden Seiten Gas gelangen und ein Gemisch bilden. Auf den Kolben *1* übt das Gas *1* keine Kräfte aus, da es durch ihn frei hindurchtreten kann, und sein Druck daher auf beiden Kolbenseiten derselbe ist. Das Gas *2* dagegen, das durch Kolben *2* frei hindurchtritt, aber von Kolben *1* aufgehalten wird, drückt mit seinem vollen Anfangsdruck auf diesen und schiebt ihn nach links, wobei der Druck allmählich abnimmt, das Gas von V_2 auf V expandiert und eine Arbeit L_2 geleistet wird. Damit die Expansion wie beim Diffusionsvorgang isotherm verläuft, muß aus der Umgebung eine Wärmemenge Q_2 zugeführt werden, wobei nach den Gesetzen der isothermen Expansion

$$L_2 = Q_2 = p\,V_2 \ln \frac{V}{V_2}$$

ist. Für das Gas *1* erhält man in gleicher Weise

$$L_1 = Q_1 = p\,V_1 \ln \frac{V}{V_1}$$

und die gesamte Arbeit der reversiblen Mischung wird:

$$L = L_1 + L_2 = p\,V \left(\frac{V_1}{V} \ln \frac{V}{V_1} + \frac{V_2}{V} \ln \frac{V}{V_2} \right), \tag{129}$$

wobei zugleich die Wärmemenge $L = Q$ aus der Umgebung zugeführt wird.

Für die Entmischung zweier Gase muß dieselbe Arbeit aufgewendet und eine entsprechende Wärmemenge abgeführt werden. Für ein aus gleichen Raumteilen zweier Gase bestehendes Gemisch der Masse m mit der Gaskonstante R_m ist die *Entmischungsarbeit* also

$$L = p\,V \left(\frac{1}{2} \ln 2 + \frac{1}{2} \ln 2 \right) = 0{,}693\,p\,V = 0{,}693\,m\,R_m\,T.$$

Sie beträgt in diesem Beispiel rd. 70% der Verdrängungsarbeit und nimmt wie diese für ein gegebenes Gasgewicht mit steigender Temperatur zu. Bei Gemischen aus ungleichen Raumteilen ist die Entmischungsarbeit kleiner.

Bei der irreversiblen Mischung wird von außen keine Wärme zugeführt und es wird auch keine Arbeit geleistet. Die gewinnbare Arbeit verwandelt sich vielmehr in Wärme, die an das Gas übergeht, während die beiden Gase durcheinander diffundieren. Man kann dabei das eine Gas gewissermaßen als den Drosselpfropfen betrachten, durch den hindurch das zweite Gas expandiert und hat dann die vollständige Analogie zur Drosselung. Die Entropiezunahme des Mischungsvorganges ist

$$\Delta S = \frac{L}{T} = \frac{p\,V}{T} \left(\frac{V_1}{V} \ln \frac{V}{V_1} + \frac{V_2}{V} \ln \frac{V}{V_2} \right) \tag{130}$$

oder wenn wir für beide Gasteile die Zustandsgleichung benutzen und nach Gl. (128) die Volumverhältnisse durch die Druckverhältnisse ersetzen

$$\Delta S = m_1 R_1 \ln \frac{p}{p_1} + m_2 R_2 \ln \frac{p}{p_2}. \qquad (130\,\text{a})$$

Die beiden Ausdrücke auf der rechten Seite sind die Entropieänderungen der Gasmengen m_1 und m_2 bei isothermer Expansion.

Die Entropie einer Mischung ist demnach gleich der Summe der Entropien ihrer Bestandteile, wenn für jeden sein Teildruck eingesetzt wird.

Die vorstehenden Überlegungen sind von grundlegender Bedeutung für die chemische Thermodynamik. Mit Hilfe halbdurchlässiger Wände kann man chemische Reaktionen wenigstens in Gedanken umkehrbar ablaufen lassen und dadurch die sog. maximale Arbeit, d. h. die bei umkehrbarer Ausführung gewinnbare Arbeit einer chemischen Reaktion ermitteln.

37. Die maximale Arbeit von physikalischen und chemischen Zustandsänderungen.

Geht ein Körper von einem Zustand in einen anderen über, so wird dabei das überhaupt mögliche Maximum an Arbeit umgesetzt, wenn die Zustandsänderung in umkehrbarer Weise erfolgt. Von besonderer praktischer Bedeutung sind Zustandsänderungen, bei denen anfangs nicht im Gleichgewicht befindliche Körper sich ins Gleichgewicht setzen mit der Temperatur und dem Druck der Umgebung, die für uns gegebene, feste Größen sind.

Wir wollen die hierdurch gewinnbare *maximale Arbeit L_m* ausrechnen. Dabei ist es gleichgültig, ob der Körper anfangs wärmer oder kälter als die Umgebung war oder ob er höheren oder niedrigeren Druck hatte. Endlich kann die Abweichung vom Gleichgewicht auch darin bestehen, daß der Körper bei gleichem Druck und gleicher Temperatur wie die Umgebung ein Arbeitsvermögen in Form von chemischer Energie besitzt, die durch einen chemischen Umsatz frei wird. Man spricht dann von der maximalen Arbeit einer chemischen Reaktion, die zugleich das Maß der *chemischen Affinität*[1] ist.

Damit der Körper mit der Umgebung ins Gleichgewicht kommt, müssen wir seine innere Energie durch Wärmezufuhr oder -entzug und durch Arbeitsleistung ändern. Dafür gilt allgemein nach dem ersten Hauptsatz Gl. (22)

$$dU = dQ - dL.$$

Die Wärme muß bei der konstanten Temperatur T_0 der Umgebung ausgetauscht werden. Da der Vorgang umkehrbar verlaufen soll, muß sie unserem Körper auch bei derselben Temperatur zugeführt oder entzogen werden, d. h. dieser muß vor dem Wärmeaustausch adiabat

---

[1] Vgl. Abschnitt XX, der diese Dinge genauer behandelt.

auf Umgebungstemperatur gebracht werden. Dann ist nach dem zweiten Hauptsatz $dQ = T_0\,dS$. Die geleistete Arbeit dL setzt sich zusammen aus der maximalen Arbeit dL_m, die wir nutzbar machen können, und der Arbeit $p_0\,dV$, die zur Überwindung des Druckes der Umgebung aufgewendet werden muß. Damit wird

$$dU = T_0\,dS - dL_m - p_0\,dV,$$

und die Integration ergibt für die maximale Arbeit

$$L_m = U_1 - U_2 - T_0(S_1 - S_2) + p_0(V_1 - V_2). \qquad (131)$$

Dabei gelten die Indizes *1* und *2* für die Zustandsgrößen des Körpers vor und nach dem Ausgleich, und es ist $T_2 = T_0$ und $p_2 = p_0$.

Wird nicht nur einmalig der Zustand einer bestimmten Stoffmenge geändert, sondern fortlaufend aus immer neu herangeführten Stoffmengen Arbeit gewonnen, so erhöht sich die maximale Arbeit um $(p_1 - p_0)\,V_1$, also um den Überschuß an Verdrängungsarbeit, den das Volum V_1 vom Drucke p_1 in der Umgebung vom Drucke p_0 besitzt. Damit ergibt sich ähnlich wie auf S. 34 unter Benutzung des Wärmeinhaltes oder der Enthalpie die technische maximale Arbeit

$$L_{mt} = I_1 - I_2 - T_0(S_1 - S_2). \qquad (131\,\mathrm{a})$$

Bei der Dampfmaschine mit adiabater Expansion und mit Kondensation bei der Temperatur T_0 der Umgebung ist z. B. I_1 der Wärmeinhalt des Frischdampfes, I_2 der des *Kondensates* und $T_0(S_1 - S_2)$ die an die Umgebung abgeführte Kondensationswärme.

Falls der arbeitende Stoff chemisch von anderer Art ist als die Umgebung, so ist er auch bei gleichem Druck und gleicher Temperatur noch nicht mit ihr im Gleichgewicht, sondern durch reversible Mischung kann, wie auf S. 111 gezeigt, eine weitere Arbeit gewonnen werden. Da mangels geeigneter halbdurchlässiger Wände diese umkehrbare Mischung sich praktisch doch nicht durchführen läßt, wird von diesem Teil der maximalen Arbeit gewöhnlich abgesehen.

Um die maximale Arbeit einer chemischen Reaktion zu berechnen, nehmen wir an, daß die Ausgangsstoffe vorher und die Endprodukte nachher denselben Druck und dieselbe Temperatur wie die Umgebung haben. Alle Wärmemengen müssen natürlich wieder ohne Temperaturgefälle zu- oder abgeführt werden, wenn der Vorgang umkehrbar sein soll.

Die übliche Art der Verbrennung in Feuerungen und Motoren ist nichtumkehrbar und kann daher nicht die höchst mögliche Arbeit liefern. Die elektrochemischen Elemente zeigen aber, daß chemische Energie auch ohne den Umweg über die Wärme in mechanische oder damit gleichwertige elektrische Arbeit verwandelt werden kann. Im Leclanché-Element z. B. wird Zink oxydiert und daraus elektrische Energie gewonnen, ohne daß überhaupt Temperatursteigerungen auftreten. Bei den Akkumulatoren verläuft die Umwandlung von chemischer Energie in elektrische nahezu umkehrbar, wie der hohe Wirkungsgrad des Ladens und Entladens beweist. Abgesehen von den geringen Verlusten ist dann die elektrische Energie unmittelbar ein Maß der maximalen Arbeit des chemischen Prozesses.

Auch die Verbrennung läßt sich wie VAN 'T HOFF gezeigt hat, mit Hilfe halbdurchlässiger Kolben umkehrbar ausführen. Wir wollen aber hierauf nicht näher eingehen, da die technische Ausführung dieses für die theoretische Ermittlung der maximalen Arbeit sehr fruchtbaren Gedankens wieder am Fehlen geeigneter halbdurchlässiger Wände scheitert.

Für eine umkehrbare chemische Reaktion gilt auch die durch Einsetzen von Gl. (95) in (22) erhaltene und beide Hauptsätze zusammenfassende Gleichung

$$dU = TdS - dL. \tag{132}$$

Darin kann man bei isothermer Durchführung der Reaktion T als konstante Größe auch hinter das Differentialzeichen setzen und erhält dann für die geleistete Arbeit

$$dL = - d(U - TS). \tag{132a}$$

Die vorausgesetzte isotherme Durchführung der Reaktion erscheint zunächst als wesentliche Einschränkung, ist es aber in Wirklichkeit nicht; denn wir haben zu beachten, daß die maximale Arbeit nur dann erhalten wird, wenn die Stoffe vor und nach dem Umsatz dieselbe Temperatur wie die Umgebung haben. Wäre das nicht der Fall, so ließe sich aus dem Temperaturunterschied noch weitere Arbeit gewinnen.

Tritt bei dem Prozeß eine Volumvergrößerung auf, so dient ein Teil der Arbeit zur Überwindung des konstanten Druckes der Umgebung und die eigentliche Nutzarbeit ist

$$dL_m = dL - p\,dV.$$

In der Chemie wird gewöhnlich dL selbst als maximale Arbeit des chemischen Prozesses bezeichnet. Nach Gl. (132a) ist dann diese maximale Arbeit gleich der Abnahme der Zustandsgröße

$$U - TS = F, \tag{133}$$

die man *freie Energie* nennt, und für einen endlichen Vorgang erhält man durch Integration

$$L = U_1 - U_2 - T(S_1 - S_2) = F_1 - F_2. \tag{133a}$$

Geht der Prozeß nicht einmalig mit einer bestimmten Stoffmenge vor sich, sondern werden dauernd neue Stoffmengen herbeigeschafft und nach der Reaktion wieder abgeführt, so tritt wie oben die Enthalpie an die Stelle der inneren Energie. Die maximale Arbeit wird dann

$$L = I_1 - I_2 - T(S_1 - S_2) = G_1 - G_2, \tag{134}$$

also gleich der Änderung der Zustandsgröße

$$I - TS = G, \tag{135}$$

die man *freie Enthalpie* (früher auch Gibbssches thermodynamisches Potential) nennt.

Freie Energie und freie Enthalpie sind in der üblichen Bezeichnungsweise *negative* Größen. Man kann sie im T, s-Diagramm anschaulich als Flächen darstellen, wie das Abb. 130 auf S. 224 am Beispiel des Wasserdampfes zeigt. Dabei teilt die Isobare das Rechteck $T \cdot s$ in die beiden Teile i und $-g$ entsprechend der Gleichung $Ts = i - g$, wenn wir wieder die auf 1 kg bezogenen Zustandsgrößen mit kleinen Buchstaben bezeichnen. In entsprechender Weise teilt die Isochore das Rechteck $T \cdot s$ in u und $-f$.

Bei einer Änderung der inneren Energie $U = F + TS$ bzw. der Enthalpie $I = G + TS$ ist also nur die Änderung von F bzw. G in Arbeit verwandelbar, während die Änderung vom TS als Wärme abgeführt wird. Man nennt daher TS auch gebundene Energie, sie nimmt mit steigender Temperatur in stärkerem Maße zu als U und I. Bei Umgebungstemperatur ist für die meisten chemischen Prozesse $T(S_1 - S_2)$ klein gegen $U_1 - U_2$ bzw. $I_1 - I_2$.

Auf die Ermittlung von TS oder, was dasselbe bedeutet, der absoluten Entropie chemischer Stoffe wird später in Abschnitt XXI eingegangen werden. Dagegen läßt sich bei Brennstoffen mit Hilfe des Verbrennungskalorimeters $U_1 - U_2$ als Wärmetönung bei konstantem Volum, $I_1 - I_2$ als Wärmetönung bei konstantem Druck leicht bestimmen. Da bei Verbrennung technischer Brennstoffe die Änderung der gebundenen Energie nur 1—3% der Wärmetönung ausmacht, sollte theoretisch fast der gesamte Heizwert in Nutzarbeit zu verwandeln sein.

Bei reinem Kohlenstoff (Graphit) ist die maximale Arbeit bei $+20\,°\mathrm{C}$ sogar um 0,2% größer als die Enthalpieänderung der Verbrennung.

Unsere Wärmekraftmaschinen, bei denen durch eine nichtumkehrbare Verbrennung erst Wärme und daraus dann Arbeit erzeugt wird, nutzen also die chemische Energie der Brennstoffe sehr schlecht aus. Leider hat man bisher keinen Prozeß gefunden, der die chemische Energie der Kohle etwa nach Art der elektrochemischen Elemente unmittelbar in Arbeit verwandelt. Ein solches Verfahren, das grundsätzlich nicht unmöglich erscheint, würde unsere Wärmetechnik völlig ändern.

Aufgabe 11. In einer Kesselanlage werden stündlich $Q = 500\,000$ kcal bei $t_1 = 300°$ zur Verfügung gestellt.
Welche Leistung in kW kann eine verlustlose, nach dem Carnotschen Kreisprozeß arbeitende Wärmekraftmaschine aus dieser Wärme erzeugen, wenn die Temperatur der Umgebung bzw. des verfügbaren Kühlwassers $t_2 = 20°$ beträgt? Welche Wärmemenge wird an das Kühlwasser abgeführt? Der Prozeß ist im T, s-Diagramm darzustellen.

Aufgabe 12. Aus der Umgebung mit der Temperatur $t_1 = +20°$ strömen in einen Kühlraum, in dem eine Temperatur von $t_2 = -15°$ herrscht, stündlich 30 000 kcal hinein.
Welche theoretische Leistung erfordert eine Kältemaschine, die dauernd $-15°$ im Kühlraum aufrechterhalten soll, wenn sie Wärme bei $+20°$ an Kühlwasser abgibt? Wieviel Kühlwasser wird stündlich verbraucht, wenn es sich um 7° erwärmt?

Aufgabe 13. Ein Elektromotor mit 5 kW Leistung wird eine Stunde lang abgebremst, wobei die Reibungswärme Q an die Umgebung bei $t = 20°$ abfließt.
Welche Entropiezunahme hat dieser Vorgang zur Folge?

Aufgabe 14. In einer Umgebung von $t_1 = +20°$ schmelzen 100 kg Eis von $-5°$ zu Wasser von $+20°$. Die Schmelzwärme des Eises ist $q_s = 79{,}7$ kcal/kg, seine spez. Wärme $c = 0{,}485$ kcal/kg grd.

Wie groß ist bei diesem nichtumkehrbaren Vorgang die Entropiezunahme? Welche Arbeit müßte man aufwenden, um ihn wieder rückgängig zu machen?

Aufgabe 15. In einer Preßluftflasche von $V = 100\,l$ Inhalt befindet sich Luft von $p_1 = 50$ at und $t_1 = 20°$. Die Umgebungsluft habe einen Druck $p_2 = 1$ at und eine Temperatur $t_2 = 20°$.

Wie groß ist die aus der Flasche gewinnbare Arbeit, wenn man den Inhalt a) isotherm, b) adiabat auf den Druck der Umgebung entspannt? Welche tiefste Temperatur tritt in der Flasche auf, wenn man das Ventil öffnet und den Inhalt in die Umgebung abblasen läßt, bis der Druck in der Flasche auch auf 1 at gesunken ist und wenn der Vorgang so schnell abläuft, daß kein merklicher Wärmeaustausch zwischen Flasche und Inhalt stattfindet? Welche Entropiezunahme ist durch das Abblasen eingetreten, nachdem auch die Temperaturen sich ausgeglichen haben?

Aufgabe 16. Zwei Behälter, von denen der eine von $V_1 = 5\ \mathrm{m}^3$ Inhalt mit Luft von $p_1 = 1$ at und $t_1 = 20°$, der andere von $V_2 = 2\ \mathrm{m}^3$ Inhalt mit Luft von $p_2 = 20$ at und $t_2 = 20°$ gefüllt ist, werden durch eine dünne Rohrleitung miteinander verbunden, so daß die Drücke sich ausgleichen.

Wie ist der Endzustand der Luft in beiden Behältern, wenn a) sie miteinander in Wärmeaustausch stehen, aber gegen die Umgebung isoliert sind, b) sie auch voneinander isoliert sind, so daß keine Wärme vom Inhalt des einen Behälters an den des anderen übertreten kann? Welche Entropiezunahme tritt durch den Druck und Temperaturausgleich ein? Welche Arbeit würde bei umkehrbarer Durchführung des Ausgleichs gewonnen werden, wenn beide Behälter mit der Umgebung von $+20°$ dauernd in vollkommenem Wärmeaustausch stehen?

Aufgabe 17. Welche theoretische Arbeit erfordert die Entmischung von 1 kg Luft von 20° und 1 at in ihre Bestandteile (79 Vol.-$\%$ N_2 und 21 Vol.-$\%$ O_2), wenn diese nachher denselben Druck und dieselbe Temperatur haben?

Aufgabe 18. Ein Raum von $V = 50\,l$ Inhalt, in dem sich ebenso wie in der umgebenden Atmosphäre Luft von 760 Torr und 20° befindet, soll auf 0,01 at evakuiert werden.

Welcher Arbeitsaufwand ist dazu erforderlich, wenn das Auspumpen umkehrbar und isotherm bei 20° erfolgt?

38. Statistische Deutung des zweiten Hauptsatzes.

a) Die thermodynamische Wahrscheinlichkeit eines Zustandes.

Durch die Auffassung der Wärme als einer ungeordneten Bewegung der Molekeln hatten wir die Wärmeenergie als eine besondere Form der mechanischen Energie gedeutet. Die Betrachtung der Bewegung der außerordentlich kleinen, aber noch endlichen Teilchen der Materie führt die Vorgänge der Wärmelehre auf die Dynamik zurück und vereinfacht unser physikalisches Weltbild erheblich. Die Dynamik erlaubt — wenigstens grundsätzlich —, aus den gegebenen Anfangsbedingungen aller Teilchen den ganzen Ablauf des Geschehens vorauszusagen.

Bei der Kleinheit einer Molekel können wir aber ihren durch Lage und Geschwindigkeit gekennzeichneten Anfangszustand niemals genau ermitteln, da jede Beobachtung einen Eingriff in diesen Zustand bedeutet, der ihn in unberechenbarer Weise verändert. Noch viel weniger ist es möglich, für alle die ungeheuer zahlreichen Molekeln, mit denen wir es bei unsern Versuchen zu tun haben, die Lagen und Geschwindigkeiten, den *Mikrozustand* anzugeben. Messen können wir nur makroskopische Größen, d. h. Mittelwerte über außerordentlich viele Molekeln, sind aber völlig außerstande, über das Verhalten der einzelnen Molekeln etwas Bestimmtes auszusagen. Durch den *Makrozustand* ist noch keineswegs der Mikrozustand bestimmt; derselbe Makrozustand kann vielmehr durch sehr viel verschiedene Mikrozustände verwirklicht werden.

Da nach der Dynamik der Mikrozustand den Ablauf des Geschehens bestimmt, erlaubt die Kenntnis des Makrozustandes noch keine bestimmte Voraussage der Zukunft, sondern je nach dem zufällig vorhandenen Mikrozustand kann Verschiedenes eintreten. Diese Unbestimmtheit umgehen wir dadurch, daß wir vom gleichen Makrozustand ausgehend sehr viele Versuche derselben Art ausführen und die Ergebnisse mitteln. Solche Mittelwerte können bei genügend großer Zahl der Versuche streng gültige Gesetze liefern, nur ist die Gesetzmäßigkeit von statistischer Art, sie hat Wahrscheinlichkeitscharakter und sagt nichts aus über das Schicksal des einzelnen Teilchens.

Der Mikrozustand ändert sich infolge der Bewegung der Teilchen auch bei gleichbleibendem Makrozustand dauernd, wobei alle aufeinanderfolgenden Mikrozustände gleich wahrscheinlich sind. Da ganz allgemein die Wahrscheinlichkeit eines Resultats der Anzahl der Fälle, die es herbeiführen können, proportional ist, liegt es nahe, die Wahrscheinlichkeit eines Makrozustandes zu definieren als die Anzahl aller Mikrozustände die ihn verwirklichen können.

Würfelt man z. B. mit 2 Würfeln, deren jeder die Augenzahlen 1 bis 6 hat, so ist der Wurf 2 nur auf eine Weise zu erreichen, dadurch, daß jeder Würfel 1 zeigt. Der Wurf 3 hat schon 2 Möglichkeiten, da der erste Würfel 1 oder 2 und der andere entsprechend 2 oder 1 zeigen kann. Für den Wurf 7 gibt es die größte Zahl der Möglichkeiten, nämlich 6, da der erste Würfel alle Zahlen 1 bis 6 und der andere entsprechend 6 bis 1 ergeben kann. Da bei jedem Würfel jede Ziffer gleiche Wahrscheinlichkeit hat, ist der Wurf 7 (Makrozustand) auf 6mal soviel Arten (Mikrozustände) zu erzielen wie der Wurf 2, er ist also 6mal so wahrscheinlich. Würfelt man vielmals, so nähert sich mit steigender Gesamtzahl der Würfe das Verhältnis der Zahl der Würfe mit 7 Augen zur Zahl der Würfe mit 2 Augen beliebig genau dem Wert 6.

In Tab. 17 ist das tatsächliche Ergebnis von 432 Würfen mit 2 Würfeln zusammen mit der statistisch zu erwartenden Häufigkeit zusammengestellt. Schon bei dieser im Vergleich zu den Vorgängen bei Gasen sehr kleinen Zahl kommen wir dem theoretischen Häufigkeitsverhältnis recht nahe.

Tabelle 17. Ergebnisse von 432 Würfen mit 2 Würfeln.

Augenzahl	2	3	4	5	6	7	8	9	10	11	12
Theoretische Häufigkeit	12	24	36	48	60	72	60	48	36	24	12
Wirkliche Häufigkeit .	11	16	38	53	69	75	57	45	27	29	12

Erhöht man die Zahl der Würfe, so werden die theoretischen Häufigkeitsverhältnisse immer genauer erreicht, und man erkennt, daß die Statistik sehr wohl Gesetze ergeben kann, die an Bestimmtheit denen der Dynamik nicht nachstehen.

In der Mathematik bezeichnet man als *Wahrscheinlichkeit* das Verhältnis der Zahl der günstigen Fälle zur Zahl der überhaupt möglichen. Die mathematische Wahrscheinlichkeit ist daher stets ein echter Bruch. In der Thermodynamik ist es üblich, unter der Wahrscheinlichkeit eines Makrozustandes die Anzahl der Mikrozustände zu verstehen, die ihn darstellen können. Die *thermodynamische Wahrscheinlichkeit* oder, wie man auch sagt, das *statistische Gewicht* eines Makrozustandes ist also eine sehr große ganze Zahl, da wir immer mit ungeheuer vielen Möglichkeiten zu tun haben.

Als einfachstes Beispiel betrachten wir einen aus 2 Hälften von je 1 cm³ bestehenden Raum, in dem sich $N = 10$ Gasmolekeln befinden und untersuchen die Wahrscheinlichkeit der verschiedenen Möglichkeiten der Verteilung der Molekeln auf beide Hälften. Wir denken uns die Molekeln zur Unterscheidung mit den Nummern 1 bis 10 versehen. Nach den Regeln der Kombinationslehre lassen sie sich in $N! = 3\,628\,800$ verschiedenen Reihenfolgen anordnen. Denkt man sich von allen diesen Anordnungen die ersten N_1 Molekeln in der linken, die übrigen $N_2 = N - N_1$ in der rechten Hälfte des Raumes, so ergeben alle Anordnungen, welche sich nur dadurch unterscheiden, daß in jeder Raumhälfte dieselben N_1 bzw. N_2 Molekeln ihre Reihenfolge vertauscht haben, ohne daß Molekeln zwischen beiden Hälften ausgewechselt wurden, keine Verschiedenheiten der Verteilung aller Molekeln auf beide Hälften. Solche Vertauschungen der Reihenfolge innerhalb jeder Hälfte gibt es aber $N_1!$ bzw. $N_2!$. Daraus folgt, daß sich N Molekeln in

$$\frac{N!}{N_1!\,N_2!}$$

verschiedenen Arten auf die beiden Raumhälften verteilen lassen, wenn N_1 Molekeln in die linke und N_2 in die rechte Hälfte kommen.

Die Gesamtzahl aller Anordnungen von N Molekeln in beliebiger Verteilung auf die beiden Raumhälften ist offenbar $2^N = 1024$, denn man kann die beiden Möglichkeiten jeder einzelnen Molekel mit den beiden Möglichkeiten jeder anderen Molekel kombinieren.

In Tab. 18 ist die thermodynamische Wahrscheinlichkeit W verschiedener Verteilungsmöglichkeiten von 10, 100 und 1000 Molekeln und das Verhältnis W/W_m der Häufigkeit jeder Verteilung zur Häufigkeit W_m der gleichmäßigen Verteilung angegeben. Abb. 51 stellt diese Häufigkeitsverhältnisse graphisch dar. Man erkennt, wie mit wachsender Zahl der Molekeln die Zahl der Möglichkeiten ungeheuer anwächst und wie erhebliche Abweichungen von der gleichmäßigen Verteilung außerordentlich rasch seltener werden. Daß sich alle Molekeln in einer Raumhälfte befinden, kommt schon bei 100 Molekeln nur einmal unter $2^{100} = 1{,}268 \cdot 10^{30}$ Möglichkeiten vor. Um uns einen Begriff von der Seltenheit dieses Falles zu machen, denken wir uns die 100 Molekeln in einem Raum von 1 cm Höhe und Breite und 2 cm Länge und nehmen wie auf S. 27 an, daß ein Drittel der Molekeln sich mit der mittleren Geschwindigkeit von 500 m/sec, wie sie etwa bei Luft von Zimmertemperatur vorhanden ist, in der Längsrichtung des Raumes bewegen. Dann legt eine Molekel die Strecke

Tabelle 18.

Thermodynamische Wahrscheinlichkeit W der Verteilung von $N = N_1 + N_2$ Molekeln auf 2 Raumhälften und relative Wahrscheinlichkeit W/W_m bezogen auf die gleichmäßige Verteilung.

$N = 10$ Molekeln:

N_1	0	1	2	3	4	5	6	7	8	9	10
N_2	10	9	8	7	6	5	4	3	2	1	0
W	1	10	45	120	210	252	210	120	45	10	1
W/W_m	0,0040	0,0397	0,1786	0,476	0,833	1,000	0,833	0,476	0,1786	0,0397	0,0040

$N = 100$ Molekeln:

N_1	0	10	20	30	40	45	50
N_2	100	90	80	70	60	55	50
W	1	$1,6 \cdot 10^{13}$	$5,25 \cdot 10^{20}$	$2,8 \cdot 10^{25}$	$1,31 \cdot 10^{28}$	$6,65 \cdot 10^{28}$	$11,15 \cdot 10^{28}$
W/W_m	$9 \cdot 10^{-30}$	$1,44 \cdot 10^{-16}$	$4,72 \cdot 10^{-9}$	$2,51 \cdot 10^{-4}$	0,1175	0,5970	1,0000

$N = 1000$ Molekeln:

N_1	400	450	460	475	490	500
N_2	600	550	540	525	510	500
W	$6,25 \cdot 10^{290}$	$1,82 \cdot 10^{297}$	$1,1 \cdot 10^{298}$	$7,7 \cdot 10^{298}$	$2,21 \cdot 10^{299}$	$2,70 \cdot 10^{299}$
W/W_m	$2,31 \cdot 10^{-9}$	$6,72 \cdot 10^{-3}$	0,0408	0,287	0,819	1,000

von 2 cm in der Sekunde 25 000mal zurück und in der Sekunde kommt es im Mittel $25\,000 \cdot \dfrac{100}{3} = 833\,000$mal vor, daß eine Molekel von einer Hälfte des Raumes in die andere hinüberwechselt[1]. Um alle $1,268 \cdot 10^{30}$ Möglichkeiten der Verteilung durchzuspielen, braucht man $\dfrac{1,268 \cdot 10^{30}}{833\,000}$ Sekunden oder $48\,300 \cdot 10^{12}$ Jahre. Erst etwa alle 50 000 Billionen Jahre ist demnach einmal zu erwarten, daß alle Molekeln sich in einer Raumhälfte befinden und dann dauert dieser Zustand nur etwa 1/25 000 sec.

Kleinere Abweichungen von der mittleren Verteilung sind zwar nicht so unwahrscheinlich, aber bei der großen Zahl von Molekeln, mit denen man bei Versuchen zu tun hat, doch noch von sehr geringer Wahrscheinlichkeit. Man kann die Häufigkeit ihres Auftretens berechnen, indem man die Zahl der Mikrozustände eines von der häufigsten Verteilung abweichen-

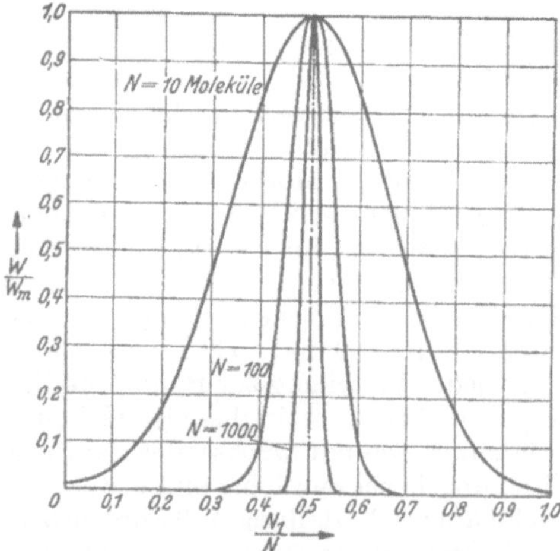

Abb. 51. Verhältnis der Häufigkeit W irgendeiner Verteilung N_1/N von N-Molekülen auf 2 Räume zur Häufigkeit W_m der gleichmäßigen Verteilung $N_1/N = 0,5$.

---

[1] Vgl. hierzu R. Plank: Z. VDI Bd. 70 (1926), S. 841 und die Behandlung dieses Beispiels von H. Hausen in Mitt. d. G. H. H.-Konzerns Bd. 2 (1932), S. 51.

den Makrozustandes mit der Zahl aller überhaupt möglichen Mikrozustände vergleicht. Dabei ergibt sich, daß bei 1 Million Molekeln in unserem Raum von 2 cm³ in einer Hälfte Druckschwankungen von 1/1000000 häufig vorkommen, daß aber solche von 1/1000 schon außerordentlich selten sind.

Denken wir uns in unserem Beispiel alle Molekeln zunächst in der einen etwa durch einen Schieber abgegrenzten Raumhälfte und nehmen die Trennwand plötzlich fort, so haben wir nichts anderes als den auf S. 45 behandelten Versuch von GAY-LUSSAC und JOULE. Zwischen beiden Räumen findet ein Druckausgleich statt, nach dem zweiten Hauptsatz nimmt die Entropie zu, und der Vorgang ist auf keine Weise wieder vollständig rückgängig zu machen. Im Gegensatz zu dieser Aussage schließt die statistische Behandlung die Wiederkehr eines unwahrscheinlichen Anfangszustandes zwar nicht völlig aus, aber sie erweist diese bei einigermaßen großen Molekelzahlen als so ungeheuer unwahrscheinlich, daß wir berechtigt sind, die Wiederkehr nach menschlichem Maß als unmöglich zu bezeichnen und von einem nichtumkehrbaren Vorgang zu sprechen.

Die Statistik deutet also den zweiten Hauptsatz als ein Wahrscheinlichkeitsprinzip, das mit einer an Gewißheit grenzenden Wahrscheinlichkeit gilt. Die Umkehrung von selbst verlaufender Vorgänge ist aber nicht völlig unmöglich, in sehr kleinen Räumen und bei nicht zu großen Molekelzahlen ereignen sich vielmehr dauernd solche Vorgänge. Damit sind der Gültigkeit des zweiten Hauptsatzes Grenzen gesetzt. Für makroskopische Vorgänge sind diese Grenzen praktisch bedeutungslos, jedenfalls ist es völlig unmöglich, etwa die kleinen Druckschwankungen zwischen zwei Gasräumen zum Betrieb eines Perpetuum mobile zweiter Art zu benutzen. Dazu müßten wir diese Schwankungen erkennen und stets im richtigen Augenblick eine Trennwand zwischen beide Räume schieben können. Bis aber die Wirkung des Eindringens eines Überschusses von Molekeln in dem einen Raum sich auf einem Druckmeßgerät bemerkbar macht, haben soviel neue Molekelübergänge zwischen beiden Räumen stattgefunden, daß die Verteilung schon wieder eine ganz andere geworden ist.

b) Entropie und thermodynamische Wahrscheinlichkeit.

Nach dem Vorstehenden folgen ohne unser Zutun auf Zustände geringer thermodynamischer Wahrscheinlichkeit höchst wahrscheinlich solche größerer Wahrscheinlichkeit. Es liegt daher nahe, jeden nichtumkehrbaren Vorgang als ein Übergehen zu Zuständen größerer Wahrscheinlichkeit zu deuten und einen universellen Zusammenhang

$$S = f(W) \tag{136}$$

zwischen der ebenfalls zunehmenden Entropie S und der thermodynamischen Wahrscheinlichkeit oder dem statistischen Gewicht W zu vermuten. Diese Beziehung hat L. BOLTZMANN gefunden in der Form $S = k \ln W$, entspr. Gl. (139), und sie wird streng abgeleitet mit den Hilfsmitteln der statistischen Mechanik. Man kann sie am einfachsten verstehen, indem man untersucht, wie sich bei zwei voneinander unabhängigen und zunächst getrennt betrachteten Gebilden 1 und 2 einerseits die Entropie, andererseits die thermodynamische Wahrscheinlichkeit aus den Eigenschaften der Einzelgebilde zusammensetzen.

Für die Entropie des Gesamtgebildes gilt

$$S = S_1 + S_2,$$

da Entropie ebenso wie Volum, innere Energie und Enthalpie der Stoffmenge verhältnisgleiche Zustandsgrößen sind. Für seine thermodynamische Wahrscheinlichkeit gilt

$$W = W_1 \cdot W_2,$$

da jeder Mikrozustand des einen Gebildes kombiniert mit jedem Mikrozustand des anderen einen Mikrozustand des Gesamtgebildes liefert. Für die gesuchte Funktion f muß dann die Funktionalgleichung

$$f(W_1 \cdot W_2) = f(W_1) + f(W_2) \tag{137}$$

gelten. Differenziert man zunächst nach W_1 bei konstant gehaltenem W_2, so wird

$$W_2 f'(W_1 \cdot W_2) = f'(W_1),$$

wobei f' der Differentialquotient von f nach dem jeweiligen Argument ist. Nochmaliges Differenzieren nach W_2 bei konstantem W_1 ergibt

$$f'(W_1 \cdot W_2) + W_1 \cdot W_2 f''(W_1 \cdot W_2) = 0$$

oder

$$f'(W) + W f''(W) = 0. \tag{138}$$

Die allgemeine Lösung dieser Differentialgleichung lautet

$$f(W) = k \ln W + \text{konst.},$$

wobei sich durch Einsetzen in Gl. (137) konst. $= 0$ ergibt.

Damit erhalten wir zwischen Entropie und thermodynamischer Wahrscheinlichkeit die universelle Beziehung

$$S = k \ln W. \tag{139}$$

Durch diese Gleichung erhält unsere auf S. 103 getroffene Verabredung, dem Endzustand eines nichtumkehrbaren Vorganges eine größere Wahrscheinlichkeit zuzuschreiben als dem Anfangszustand, eine tiefere Begründung und einen genaueren Inhalt.

Die Größe k ist dabei die bereits auf S. 41 erwähnte Boltzmannsche Konstante, d. h. die auf eine Molekel bezogene Gaskonstante, wie man auf folgende Weise einsieht:

Ein Kilomol eines Gases, das bekanntlich $N = 6{,}023 \cdot 10^{26}$ Molekeln enthält, fülle bei einer bestimmten Temperatur einen Raum vom Volum $\mathfrak{B}_1$ aus. Wir wollen uns nun vorstellen, daß alle Molekeln sich zufällig in einem Teil $\mathfrak{B}_2$ des Raumes $\mathfrak{B}_1$ zusammenfinden und den Rest $\mathfrak{B}_1 - \mathfrak{B}_2$

leer lassen. Dabei soll von außen keine Energie zugeführt werden, so daß die innere Energie und damit auch die Temperatur des als vollkommen angenommenen Gases unverändert bleibt. Aus der Erfahrung wissen wir, daß dieser Vorgang nicht von selbst verläuft, denn seine Umkehrung, die Expansion eines Gases ohne Leistung äußerer Arbeit vom Volum $\mathfrak{B}_2$ auf $\mathfrak{B}_1$ ist der früher als Drosselung bezeichnete nicht umkehrbare Vorgang. Dabei nahm nach Gl. (121 b) die auf das Kilomol bezogene Entropie um

$$\mathfrak{S}_1 - \mathfrak{S}_2 = \boldsymbol{R} \ln \frac{\mathfrak{B}_1}{\mathfrak{B}_2}$$

zu.

Wir fragen nun nach der thermodynamischen Wahrscheinlichkeit der Versammlung von N Molekeln in dem Teilraum $\mathfrak{B}_2$ verglichen mit der Wahrscheinlichkeit W_1 ihres Aufenthaltes im Gesamtraum $\mathfrak{B}_1$. Um die Zahl der möglichen Mikrozustände abzählen zu können, denken wir uns den Raum $\mathfrak{B}_1$ in eine sehr große Zahl n sehr kleiner, aber gleich großer Zellen aufgeteilt. Auf den Teilraum $\mathfrak{B}_2$ entfallen dann $\frac{\mathfrak{B}_2}{\mathfrak{B}_1} \cdot n$ Zellen. Eine einzelne Molekel im Raume $\mathfrak{B}_1$ kann sich in jedem der n Zellen befinden, sie kann also n Mikrozustände annehmen und hat demnach die thermodynamische Wahrscheinlichkeit n. Für ihren Aufenthalt in dem Teilraum $\mathfrak{B}_2$ besteht dagegen nur die thermodynamische Wahrscheinlichkeit $\frac{\mathfrak{B}_2}{\mathfrak{B}_1} \cdot n$. Für jede andere Molekel gilt dasselbe. Befinden sich gleichzeitig zwei Molekeln in dem Raum, so kann jeder Mikrozustand der einen mit jedem Mikrozustand der anderen kombiniert werden, und die thermodynamische Wahrscheinlichkeit für den Aufenthalt im Raume $\mathfrak{B}_1$ ist n^2, im Raume $\mathfrak{B}_2$ also $\left(\frac{\mathfrak{B}_2}{\mathfrak{B}_1}\right)^2 n^2$. Für drei Molekeln gilt entsprechend n^3 und $\left(\frac{\mathfrak{B}_2}{\mathfrak{B}_1}\right)^3 n^3$. Für N Molekeln sind demnach die thermodynamischen Wahrscheinlichkeiten

$$W_1 = n^N \quad \text{und} \quad W_2 = \left(\frac{\mathfrak{B}_2}{\mathfrak{B}_1}\right)^N \cdot n^N .$$

Setzt man die Werte in Gl. (139) ein, so erhält man

$$\mathfrak{S}_1 = k\,N \ln n \quad \text{und} \quad \mathfrak{S}_2 = k\,N \ln n + k\,N \ln \frac{\mathfrak{B}_2}{\mathfrak{B}_1}$$

oder

$$\mathfrak{S}_1 - \mathfrak{S}_2 = k\,N \ln \frac{\mathfrak{B}_1}{\mathfrak{B}_2}.$$

Vergleicht man diesen Ausdruck mit Gl. (121 b), so erhält man

$$k = \boldsymbol{R}/\boldsymbol{N} = 1{,}3805 \cdot 10^{-16}\ \text{erg/grd}, \tag{140}$$

also die Boltzmannsche Konstante.

Verkleinert man die Zellen, indem man ihre Zahl um den Faktor c auf $c \cdot n$ erhöht. so wächst W_1 um den Faktor c^N und $\mathfrak{S}_1$ erhöht sich um $k\,N \ln c$. Die Entropie enthält also eine willkürliche additive Konstante, deren Größe von der Feinheit der gewählten Zellenteilung abhängt. Diese Unbestimmtheit ist erst durch die Quantentheorie beseitigt worden (vgl. das Folgende).

c) Die endliche Größe der thermodynamischen Wahrscheinlichkeit, Quantentheorie, Nernstsches Wärmetheorem.

Oben hatten wir die thermodynamische Wahrscheinlichkeit der Verteilung einer bestimmten Anzahl von Molekeln auf zwei gleich große Raumhälften zahlenmäßig ausgerechnet. In jeder Hälfte können aber wieder Ungleichmäßigkeiten der Verteilung auftreten; um den Zustand genauer zu beschreiben, müssen wir also feiner unterteilen. Man erkennt leicht, daß die Zahl der Möglichkeiten, N Molekeln auf n Fächer zu verteilen, so daß in jedes $N_1, N_2, N_3 \ldots N_n$ Molekeln kommen,

$$\frac{N!}{N_1! N_2! N_3! \ldots N_n!}$$

beträgt. Mit der Zahl der Fächer, die wir uns etwa als Würfel von der Kantenlänge ε vorstellen, wächst die Zahl der möglichen Mikrozustände und damit die Größe der thermodynamischen Wahrscheinlichkeit.

Durch die räumliche Verteilung allein ist aber der Mikrozustand eines Gases noch nicht erschöpfend beschrieben, sondern wir müssen auch noch angeben, welche Energie und welche Geschwindigkeitsrichtungen oder einfacher, welche drei Impulskomponenten jede Molekel hat. Dabei ist „Impuls" bekanntlich das Produkt aus Masse und Geschwindigkeit. Tragen wir die Impulskomponenten in einem rechtwinkligen Koordinatensystem auf, so erhalten wir den sog. Impulsraum, den wir uns in würfelförmige Zellen von der Kantenlänge δ aufgeteilt denken können. Hat eine Molekel bestimmte Impulskomponenten, so sagen wir, sie befindet sich an einer bestimmten Stelle des Impulsraumes oder in einer bestimmten Zelle desselben. Die Verteilung der Impulskomponenten auf die Molekeln ist dann eine Aufgabe ganz derselben Art wie die Verteilung von Molekeln auf Raumteile. Auch hier ist die Zahl der Möglichkeiten und damit die thermodynamische Wahrscheinlichkeit um so größer, je kleiner die Kantenlängen δ der Zellen gewählt werden.

Die thermodynamische Wahrscheinlichkeit der Verteilung von Molekeln auf den gewöhnlichen Raum und den Impulsraum enthält also noch einen unbestimmten Faktor C, der von den, die Feinheit der Unterteilung von Raum und Impuls kennzeichnenden kleinen Größen ε und δ abhängt und der bei beliebig feiner Unterteilung über alle Grenzen wächst. Im Grenzfall unendlich feiner Unterteilung bildet dann die Gesamtheit der Mikrozustände ein Kontinuum. Dem unbestimmten Faktor C der Wahrscheinlichkeit entspricht nach Gl. (139) eine willkürliche Konstante der Entropie. Für alle Fragen, bei denen nur die Unterschiede des Wertes der Entropie gegen einen verabredeten Anfangszustand eine Rolle spielen, ist diese Unbestimmtheit bedeutungslos.

MAX PLANCK erkannte im Jahre 1900, daß sich die gemessene Energieverteilung im Spektrum des absolut schwarzen Körpers theoretisch er-

klären läßt, wenn man die Unterteilung für die Berechnung der Zahl der
Mikrozustände des als kleinen Oszillator gedachten strahlenden Körpers
nicht beliebig klein wählt, sondern für das Produkt $\varepsilon \cdot \delta$ von der Dimension eines Impulsmomentes (Länge · Impuls) oder einer Wirkung
(Energie · Zeit) eine bestimmte sehr kleine, aber doch endliche Größe,
das Plancksche Wirkungsquantum

$$h = 6{,}623 \cdot 10^{-27} \text{ erg sec}$$

annimmt. Dieses neue Prinzip bildet die Grundlage der *Quantentheorie*.
Danach ist jeder Mikrozustand vom benachbarten um einen endlichen
Betrag verschieden. Der zu einem sechsdimensionalen Raum der Lagen-
und Impulskomponenten zusammengefaßte Verteilungsraum der Molekeln hat nicht beliebig kleine Zellen, sondern nur solche der Kantenlänge h. Die Gesamtheit aller Mikrozustände bildet also kein Kontinuum
mehr, sondern eine sog. diskrete Mannigfaltigkeit, und man kann sagen:

Ein jeder Makrozustand eines physikalischen Gebildes umfaßt eine
ganz bestimmte Anzahl von Mikrozuständen, und diese Zahl stellt die
thermodynamische Wahrscheinlichkeit oder das statistische Gewicht des
Makrozustandes dar.

Damit ist nach Gl. (139) auch die willkürliche Konstante der Entropie
beseitigt und dieser ein bestimmter Wert zugeteilt.

Gegen unsere Überlegungen kann man einwenden, daß die Entropie
sich stetig verändert, während das statistische Gewicht W eine ganze
Zahl ist und sich daher nur sprunghaft ändern kann. Wenn aber W, wie
das in praktischen Fällen stets zutrifft, eine ungeheuer große Zahl ist,
beeinflußt ihre Änderung um eine Einheit die Entropie so verschwindend
wenig, daß man mit sehr großer Annäherung von einem stetigen Anwachsen sprechen kann. Diese Vereinfachung enthält eine grundsätzliche
Beschränkung der makroskopisch-thermodynamischen Betrachtungs-
weise insofern, als man sie nur auf Systeme mit einer sehr großen Zahl von
Mikrozuständen anwenden darf. Für mäßig viele Teilchen mit einer nicht
sehr großen Zahl von Mikrozuständen verliert die Thermodynamik ihren
Sinn. Man kann nicht von der Entropie und der Temperatur eines oder
weniger Moleküle sprechen.

Eine starke Abnahme der thermodynamischen Wahrscheinlichkeit
tritt bei Annäherung an den absoluten Nullpunkt ein; denn die Bewe-
gungsenergie der Teilchen und damit die Gesamtzahl der Impulsquanten
wird immer kleiner, um schließlich ganz zu verschwinden. Zugleich ord-
nen sich erfahrungsgemäß die Molekeln, falls es sich um solche gleicher
Art handelt, zu dem regelmäßigen Raumgitter des festen Kristalls, in
dem jede Molekel ihren bestimmten Platz hat, den sie nicht mit einer
andern tauschen kann. Es gibt also nur den einen gerade bestehenden
Mikrozustand, die Entropie muß den Wert Null haben und man kann
sagen:

*Bei Annäherung an den absoluten Nullpunkt nähert sich die Entropie
jedes chemisch homogenen, kristallisierten Körpers unbegrenzt dem Wert Null.*

Dieser Satz ist das sog. *Nernstsche Wärmetheorem* oder der *dritte
Hauptsatz* der Wärmelehre in der Planckschen Fassung.

VII. Anwendungen der Gasgesetze und der beiden Hauptsätze auf Gasmaschinen.

39. Der technische Luftverdichter.

Die in Ziffer 19 durchgeführte Behandlung der Preßlufterzeugung bezog sich auf einen vollkommenen Verdichter ohne schädlichen Raum und auf seine Umkehrung, die vollkommene Preßluftmaschine. Der wirkliche technische Verdichter unterscheidet sich davon in mehrfacher Weise und wir wollen den Einfluß dieser Abweichungen jetzt untersuchen[1].

a) Schädlicher Raum, Füllungsgrad.

Mit Rücksicht auf die Anordnung der Ventile und wegen der Gefahr des Anstoßens des Kolbens an den Zylinderdeckel ist es nicht möglich, den Zylinderraum beim Ausschieben des Gases auf Null zu bringen, d. h. es bleibt ein Restvolum verdichteter Luft im Zylinder, das nicht in die Druckleitung ausgeschoben werden kann. Man nennt dieses Restvolum den *schädlichen Raum* und kennzeichnet seine Größe durch das Verhältnis ε_0 des schädlichen Raumes zum Hubvolum.

In Abb. 52 ist das Diagramm eines Kompressors mit schädlichem Raum dargestellt, darin ist V_h das Hubvolum, $\varepsilon_0 V_h$ der schädliche Raum; seine Größe ist aus der Konstruktionszeichnung zu entnehmen, wird aber genauer durch Ausfüllen mit Öl an der fertigen Maschine bestimmt.

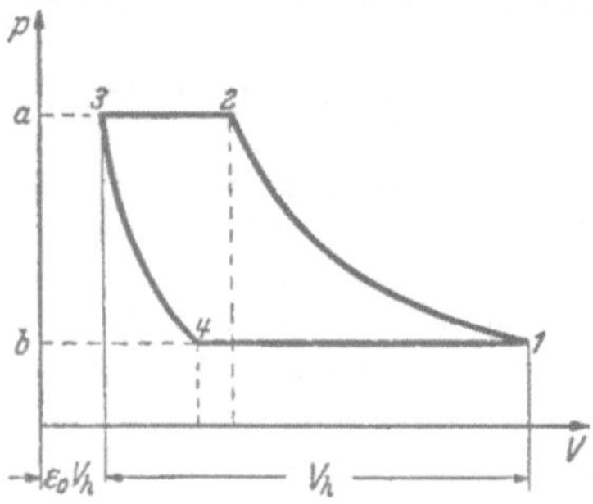

Abb. 52. Diagramm eines Kompressors mit schädlichem Raum.

Nach der Umkehr des Kolbens expandiert zunächst die im schädlichen Raum komprimierte Gasmenge längs der Kurve 34 und das Ansaugen erstreckt sich nur auf den Teil 41 des Hubes. Die Kompression 12 verläuft wie früher, aber das Ausschieben 23 endet bei dem Volum des schädlichen Raumes. Durch die Rückexpansion des darin enthaltenen Gasrestes wird die angesaugte Luftmenge und damit auch die Arbeitsfläche verkleinert. Nehmen wir für Kompression und Expansion Polytropen von gleichen Exponenten an, so ergibt sich die wirkliche Arbeitsfläche 1234 als Differenz der Flächen $12ab$ und $43ab$ nach der Gleichung

$$- L = \frac{n}{n-1} p_1 V_{1b} \left[\left(\frac{p_2}{p_1} \right)^{\frac{n-1}{n}} - 1 \right] - \frac{n}{n-1} p_1 V_{4b} \left[\left(\frac{p_2}{p_1} \right)^{\frac{n-1}{n}} - 1 \right]$$

oder

$$- L = \frac{n}{n-1} p_1 V_{14} \left[\left(\frac{p_2}{p_1} \right)^{\frac{n-1}{n}} - 1 \right],$$

---

[1] Regeln für Abnahme- und Leistungsversuche an Verdichtern. 3. Aufl. DIN 1945. Berlin: VDI-Verlag 1934.

wobei die Indizes der Volume den gleich bezeichneten Strecken der Abb. 52 entsprechen. Der Kompressor verhält sich also in. bezug auf Förderleistung und Arbeitsbedarf wie ein Kompressor ohne schädlichen Raum mit dem Hubvolum V_{14}. Der schädliche Raum erhöht den Arbeitsbedarf nicht unmittelbar, er vermindert aber die Leistung und macht für gegebene Förderung einen größeren Kompressor erforderlich, der mehr Reibung und daher auch höhere Verluste hat.

In der Praxis kann der schädliche Raum bei Ventilverdichtern bis auf 1—2%, bei Schieberverdichtern auf 3—4% des Hubvolums vermindert werden.

Das Verhältnis $\mu = \dfrac{V_{14}}{V_h}$ des Ansaugvolums zum Hubvolum nennt man *Füllungsgrad* (früher volumetrischen Wirkungsgrad), er ist ein Maß für den Einfluß des schädlichen Raumes auf die Fördermenge. Der Füllungsgrad wird bei gegebenem schädlichem Raum um so kleiner, je größer das Druckverhältnis ist. Nehmen wir wieder für Expansion und Kompression Polytropen von gleichem Exponenten an, so ist

$$\mu = \frac{V_{14}}{V_h} = \frac{V_h(1 + \varepsilon_0) - V_{4b}}{V_h} = 1 + \varepsilon_0 - \frac{V_{4b}}{V_h}$$

und mit

$$\frac{V_{4b}}{V_{3a}} = \frac{V_{4b}}{\varepsilon_0 V_h} = \left(\frac{p_2}{p_1}\right)^{\frac{1}{n}}$$

wird

$$\mu = 1 - \varepsilon_0 \left[\left(\frac{p_2}{p_1}\right)^{\frac{1}{n}} - 1\right]. \tag{141}$$

Diese Gleichung zeigt, daß der Füllungsgrad mit wachsendem schädlichem Raum und mit zunehmendem Druckverhältnis abnimmt. Für jeden schädlichen Raum gibt es ein Druckverhältnis, für das $\mu = 0$ wird, nämlich wenn

$$\varepsilon_0 \left[\left(\frac{p_2}{p_1}\right)^{\frac{1}{n}} - 1\right] = 1\,,$$

also

$$\frac{p_2}{p_1} = \left(\frac{1}{\varepsilon_0} + 1\right)^n \tag{142}$$

ist.

Bei $\varepsilon_0 = 0{,}05$ und $n = 1{,}3$ z. B. wird $\mu = 0$ für $\dfrac{p_2}{p_1} = 21^{1,3} = 52{,}5$. Bei diesem Druckverhältnis fördert der Kompressor überhaupt keine Preßluft mehr, sondern läßt nur die beim Hingang des Kolbens komprimierte Luft beim Rückgang wieder expandieren. Das Diagramm fällt dann zu einer doppelt durchlaufenen Linie zusammen (eine geringe Diagrammbreite bleibt bestehen wegen der Wandungsverluste, auf die wir später eingehen). Man sieht daraus, daß größere Druckverhältnisse mit einer Kompressionsstufe nur schwer zu erreichen sind. Es liegt daher die Unterteilung in mehrere hintereinander geschaltete Druckstufen nahe, wofür auch noch andere Gründe sprechen, wie wir später sehen werden.

Aus dem Indikatordiagramm des wirklichen Kompressors, das, wie
Abb. 53 zeigt, wegen der nachher behandelten Drosselwiderstände von
dem theoretischen Diagramm zwischen den Drucken p_1 und p_2 abweicht,
erhält man den Füllungsgrad als das Verhältnis der Strecke cd zum ganzen
Hub ab; dabei ist cd das von der Kompressions- und Expansionslinie
auf der Waagerechten des Druckes p_1 vor dem Kompressor abgeschnit-
tene Stück. Beim Ansaugen aus der Atmosphäre bezeichnet man diese
Waagerechte als atmosphärische Linie.

Der Füllungsgrad kann unter Umständen größer als 1 sein. Wenn
nämlich Eigenschwingungen der Luftsäule in der Ansaugeleitung auftreten, kann bei geeigneter Frequenz dieser Eigenschwingungen der
Druck am Ende des Ansaugehubes größer als p_1 werden, so daß die Kompressionslinie oberhalb der Linie $p_1 =$ konst. beginnt. In diesem Falle
hat man die Kompressionslinie über den Totpunkt hinaus bis zum

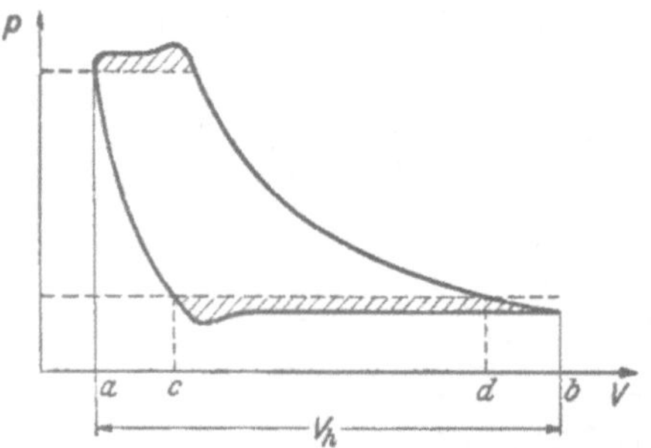

Abb. 53. Indikatordiagramm
eines wirklichen Kompressors.

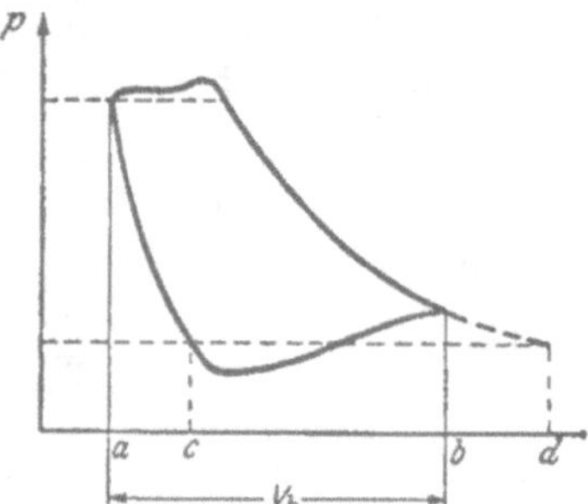

Abb. 54. Indikatordiagramm eines
Kompressors mit einem Füllungsgrad > 1.

Schnitt mit der Linie $p_1 =$ konst. zu verlängern, und dieser Schnittpunkt bestimmt dann den Füllungsgrad. Besonders bei kleinem Kom-
pressionsverhältnis kann dabei, wie die Abb. 54 zeigt, die Strecke cd
größer als das Hubvolum und damit der Füllungsgrad $\mu = \dfrac{cd}{ab}$ größer
als 1 werden. Es ist dann beim Hubende so viel Luft im Zylinder, als
ob der Kolben bei konstantem Ansaugedruck bis d gelaufen wäre.

Der Füllungsgrad spielt nicht nur bei den eigentlichen Kompressoren
eine Rolle, sondern auch bei andern Kolbenmaschinen, wie Wasser-
pumpen, Verbrennungsmotoren usw.

b) Drosselverluste.

Das an der Maschine aufgenommene Indikatordiagramm nach Abb. 53
unterscheidet sich von dem bisher betrachteten theoretischen Diagramm
durch die Abrundung der Ecken. Außerdem liegt die Ansaugelinie unterhalb des Druckes im Saugraum vor dem Kompressor und die Ausschub-
linie oberhalb des Druckes im Druckraum hinter dem Kompressor. Die
Ursache hierfür ist die endliche Öffnungszeit und der Widerstand der
Ventile und Strömungskanäle. Die in der Abb. 53 schraffierten Flächen-
teile entsprechen den Arbeitsverlusten durch solche Drosselwiderstände.

Die Drosselverluste sind um so höher, je kleiner die Ventilquerschnitte
sind und je weniger Zeit zur Füllung und Entleerung des Zylinders
vorhanden ist, sie wachsen also mit steigender Drehzahl.

Der Beginn des Ansaugens und des Ausschiebens ist bei selbsttätigen
Ventilen häufig durch eine kleine Nase am Diagramm gekennzeichnet, da
bei Beginn des Ventilhubes außer den Federkräften auch die Trägheitskräfte des Ventiles überwunden werden müssen. Ferner zeigt das Diagramm hinter den Ventilnasen oft Schwingungen, die durch Flattern der
Ventile oder durch Eigenschwingungen der Luftsäulen in den Leitungen
entstehen.

c) Liefergrad, Förderleistung, Wandungswirkungen, Undichtheiten.

Der Füllungsgrad ist noch kein Maß für die je Kolbenhub wirklich
geförderte Luftmenge, bezogen auf den Zustand der Luft beim Ansaugedruck. Man führt daher den *Liefergrad* λ ein[1] und versteht darunter
das Verhältnis der tatsächlich je Hub in den Druckraum geförderten
Luftmenge, ausgedrückt durch ihr Volum im Ansaugezustand, zum Hubvolum. Der Liefergrad ist zusammen mit dem Hubvolum ein einwandfreies
Maß für die Förderleistung des Kompressors, er kann aber nicht aus
dem Indikatordiagramm ermittelt werden.

Füllungsgrad μ und Liefergrad λ unterscheiden sich hauptsächlich
wegen der Erwärmung der Luft beim Ansaugen und wegen der nicht
vollkommenen Dichtheit von Kolben, Ventilen und Stopfbüchsen.

Die Zylinderwände werden durch die verdichtete Luft angewärmt und
erwärmen ihrerseits die angesaugte Luft beim Einströmen. Am Ende des
Saughubes ist daher Luft von höherer Temperatur und geringerer Dichte
im Zylinder als ihrem Zustand im Saugraum entspricht. Trotzdem erfordert die Verdichtung denselben Arbeitsaufwand wie bei kalter Luft.
Der aus dem Indikatordiagramm entnommene Füllungsgrad ändert sich
daher nicht, aber das geförderte Luftgewicht ist geringer geworden und
damit auch der Liefergrad.

Bei Kompressoren mit dichten Ventilen und Kolben ist annähernd

$$\frac{\lambda}{\mu} = \frac{T_0}{T_1}, \tag{143}$$

wenn T_0 die Temperatur der Luft im Ansaugeraum, T_1 die Temperatur
der Luft im Zylinder am Ende des Saughubes ist. Man kann das Verhältnis
T_0/T_1, das auch *thermometrischer Füllungsgrad* genannt wird, durch
Kühlen der Zylinderwände verbessern. Dadurch tritt zugleich eine Verminderung der Kompressorarbeit ein, da sich die Verdichtungslinie etwas
gegen die Isotherme hin verschiebt.

Bei längerem Lauf nehmen die Zylinderwände des Verdichters eine
mittlere Temperatur an, die zwischen den Temperaturen der Luft bei
Beginn und am Ende der Kompression liegt. Im Bereich niederer Drücke
wird daher Wärme von der Wand an das Gas, im Bereich höherer Drücke

---

[1] In den Verdichterregeln (vgl. S. 126, Fußnote) wird unser Liefergrad als „Aus-
nutzungsgrad" bezeichnet und das Wort „Liefergrad" in anderer Bedeutung benutzt.

vom Gas an die Wand abgegeben. Die Kompressionslinie und die Expansionslinie sind auch aus diesem Grunde keine genauen Polytropen, sondern anfangs steiler und gegen Ende flacher als diese. Dadurch erhöht sich die wirkliche Kompressionsarbeit um einen Betrag, den man als Wandverlust bezeichnet.

Undichtheiten an Kolben und Ventilen rufen einen steileren Verlauf der Expansionslinie und einen flacheren, der Isotherme ähnlichen Verlauf der Kompressionslinie hervor. Die steilere Expansionslinie vergrößert den aus dem Diagramm abgegriffenen Füllungsgrad, ist aber ohne Einfluß auf den Liefergrad. Die flachere Kompressionslinie vermindert den Liefergrad, ändert aber den Füllungsgrad kaum. Der Arbeitsaufwand steigt entsprechend.

Der Füllungsgrad ist demnach zwar einfach aus dem Indikatordiagramm abzugreifen, aber er ist nur von bedingtem Wert für die Beurteilung der Leistung des Verdichters. Man sollte daher stets den Liefergrad oder das geförderte Luftvolum, umgerechnet auf den Zustand vor dem Verdichter angeben. Eine genaue Bestimmung des Liefergrades und der Förderleistung ist nur durch Messen der geförderten Luft beim Austritt aus dem Verdichter möglich. Nur wenn keine Undichtheiten des Kompressors in die freie Atmosphäre vorhanden sind, kann dafür auch die angesaugte Luftmenge auf der Saugseite bestimmt werden.

d) Mehrstufige Verdichter.

Hohe Drücke lassen sich in einstufigen Verdichtern nicht wirtschaftlich erreichen, da der Füllungsgrad zu klein wird und da die hohen Verdichtungstemperaturen den Betrieb erschweren (Schmierung, Wärmespannungen) und den thermometrischen Füllungsgrad verkleinern. Diese Schwierigkeiten legen schon die mehrstufige Kompression in mehreren hintereinandergeschalteten Zylindern nahe. Der Hauptvorteil des Stufenkompressors liegt aber in der Möglichkeit, die Luft zwischen den Zylindern zu kühlen und dadurch den Verdichtungsvorgang der Isotherme zu nähern.

In Abb. 55 ist für einen einstufigen Verdichter, der Luft von p_1 auf p_2 verdichtet, die Fläche $1efabc$ die adiabate, $1dgabc$ die isotherme Kompressionsarbeit. Führt man die Kompression zweistufig durch, verdichtet im ersten Zylinder von p_1 auf p_x und kühlt die Luft bei konstantem Druck zwischen beiden Zylindern wieder auf ihre Anfangstemperatur bei Punkt 1, so beginnt die Kompressionsadiabate des zweiten Zylinders auf derselben Isotherme, und man hat als Arbeit des zweistufigen Kompressors bei adiabater Kompression die Summe der beiden Flächen

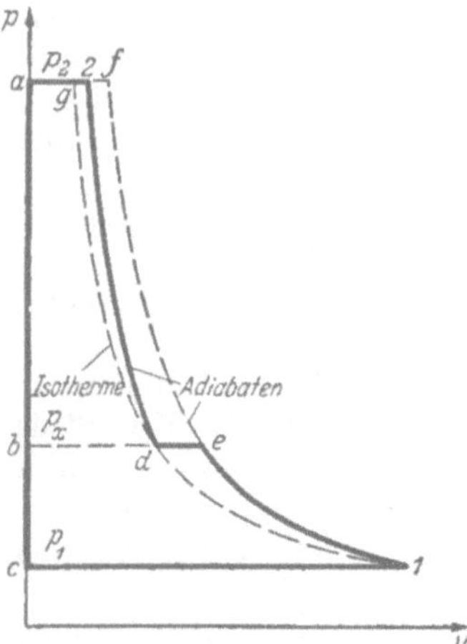

Abb. 55. Zweistufige Verdichtung.

1ebc und *d2ab*. Es wird also im Vergleich zur adiabaten Kompression in einer Stufe die Arbeitsfläche *ef2d* gespart. Zugleich vermindern sich die Verdichtungstemperaturen, damit verbessert sich der thermometrische Füllungsgrad, und es steigt die je Hub geförderte Luftmenge.

Wir wollen nun den günstigsten Wert des Zwischendruckes p_x bestimmen. Bei polytroper Kompression und für $n = \varkappa$ auch bei adiabater ist die Summe der Leistungen beider Stufen

$$- L = m R T_1 \frac{n}{n-1} \left[\left(\frac{p_x}{p_1} \right)^{\frac{n-1}{n}} - 1 \right] + m R T_1 \frac{n}{n-1} \left[\left(\frac{p_2}{p_x} \right)^{\frac{n-1}{n}} - 1 \right]$$

oder

$$- L = m R T_1 \frac{n}{n-1} \left[\left(\frac{p_x}{p_1} \right)^{\frac{n-1}{n}} + \left(\frac{p_2}{p_x} \right)^{\frac{n-1}{n}} - 2 \right].$$

Hierin muß p_x so gewählt werden, daß der von p_x abhängige Ausdruck

$$\left(\frac{p_x}{p_1} \right)^{\frac{n-1}{n}} + \left(\frac{p_2}{p_x} \right)^{\frac{n-1}{n}}$$

ein Minimum wird. Wir führen zur Vereinfachung $\frac{n-1}{n} = m$ ein, differenzieren nach p_x und setzen das Ergebnis gleich Null, dann wird

$$\frac{m\, p_x^{m-1}}{p_1^m} - \frac{m\, p_2^m}{p_x^{m+1}} = 0$$

oder $\qquad p_x^{2m} = p_1^m\, p_2^m \qquad$ oder $\qquad \dfrac{p_x}{p_1} = \dfrac{p_2}{p_x}$. $\qquad$ (144)

Die Arbeitsersparnis durch zweistufige Kompression ist also dann am größten, wenn beide Stufen dasselbe Druckverhältnis haben. Damit wird auch die Arbeit beider Stufen gleich, was für die Konstruktion von Vorteil ist. Bei drei- und mehrstufigen Verdichtern müssen dementsprechend die Druckverhältnisse aller Stufen gleich sein.

Bei sehr hohen Drücken (bei Luft etwa oberhalb 100 at) führt die Rechnung nach den vorstehenden Formeln zu merklichen Abweichungen von der Wirklichkeit, da die Zustandsgleichung der vollkommenen Gase, auf der sich unsere bisherigen Ableitungen aufbauen, ihre Gültigkeit verliert. Man arbeitet dann besser mit Zustandsdiagrammen, wie wir sie am Beispiel des Wasserdampfes ausführlich behandeln werden.

Neuerdings hat besonders für große Leistungen der Turboverdichter an Bedeutung gewonnen; für ihn bestehen in gleicher Weise wie beim Kolbenverdichter die Vorteile der Zwischenkühlung.

e) Wirkungsgrade.

Zur Beurteilung von ausgeführten Verdichtern ist die isotherme Verdichtungsarbeit N_{is} zugrunde zu legen, da sie den wirklichen Mindestaufwand darstellt. Aus dem Indikatordiagramm ergibt sich die indi-

zierte Leistung N_i. An der Welle wird die Leistung N_e von der Antriebs-
maschine zugeführt. Dann ist

$$\eta_i = \frac{N_{is}}{N_i} \quad \text{der indizierte Wirkungsgrad,}$$

$$\eta_m = \frac{N_i}{N_e} \quad \text{der mechanische Wirkungsgrad,}$$

$$\eta_g = \eta_i \cdot \eta_m \quad \text{der Gesamtwirkungsgrad.}$$

Manchmal werden die Wirkungsgrade noch auf die adiabate Verdichtungsarbeit bezogen, dabei ist aber zu beachten, daß man für
mehrstufige Verdichter und bei guter Kühlung der Zylinderwände auch
für einstufige die Wirkungsgrade größer als 1 werden können.

Was über den Verdichter gesagt wurde, gilt sinngemäß auch für seine
Umkehrung, die Preßluftmaschine. In ihr kühlt sich das Gas bei der
Entspannung im Zylinder ab. Es ist daher zweckmäßig, die Zylinder-
wände mit Warmwasser zu heizen oder die Luft vor dem Eintritt in die
Maschine vorzuwärmen.

40. Die Heißluftmaschine und die Gasturbine.

Schaltet man einen Verdichter und eine Preßluftmaschine hintereinander, so würde, wenn keine Verluste vorhanden wären, die Preßluftmaschine gerade den Verdichter zum Erzeugen ihres eigenen Preßluft-
bedarfes antreiben können. Erwärmt man die Luft auf dem Wege vom
Verdichter zur Preßluftmaschine, so wird die
Leistung der letzteren größer als der Leistungsbedarf des ersteren, und beide bilden zusammen eine Heißluftmaschine, die Wärme in Arbeit verwandelt. In Abb. 56 ist eine solche
Heißluftmaschine schematisch dargestellt. An
die Stelle der gezeichneten Kolbenmaschinen
können auch Turbomaschinen für Verdichtung
und Entspannung treten. Die folgende theoretische Behandlung gilt für beide Maschinen-
arten. Zur Vereinfachung sei das Arbeitsmittel
als vollkommenes Gas von konstanter spezifischer Wärme angenommen.

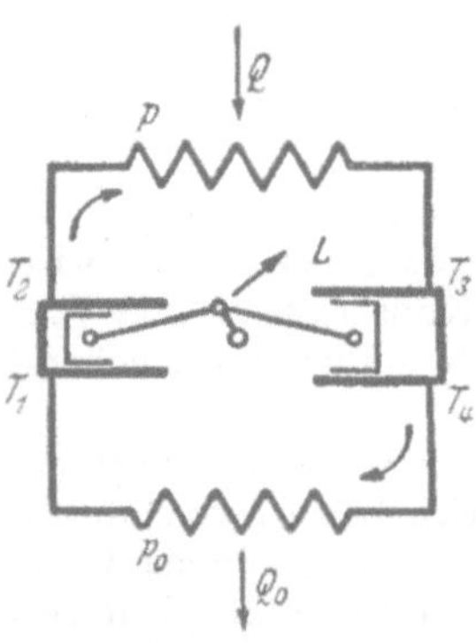

Abb. 56. Schema einer Heißluftmaschine mit adiabater Kompression und Expansion.

Im linken Zylinder wird die mit der Temperatur T_1 und dem Drucke p_0 angesaugte Luft
auf p verdichtet, wobei ihre Temperatur auf T_2
steigt. Dann wird die Luft in einem Erhitzer, etwa in Form einer Rohrschlange, bei dem konstanten Druck p unter Zufuhr der Wärmemenge

$$Q = m c_p (T_3 - T_2)$$

von T_2 auf T_3 erwärmt. Im Expansionszylinder wird sie dann vom
Drucke p auf p_0 entspannt, wobei ihre Temperatur von T_3 auf T_4 sinkt.
Dabei muß natürlich T_4 größer als T_1 sein. Man kann nun die Luft ins

Freie entweichen und vom Kompressor Frischluft ansaugen lassen. Das gleiche Ergebnis läßt sich dadurch erreichen, daß man die mit der Temperatur T_4 aus dem Expansionszylinder austretende Luft in einem Kühler bei dem konstanten Druck p_0 wieder auf die Anfangstemperatur T_1 bringt durch Entzug der Wärmemenge

$$|Q_0| = m\,c_p\,(T_4 - T_1)\,.$$

Auf diese Weise erhält man einen geschlossenen Kreisprozeß, der verschiedene Formen haben kann, je nachdem die Vorgänge in den Zylindern adiabat oder isotherm ablaufen.

Bei adiabaten Zustandsänderungen zwischen denselben Druckgrenzen und bei gleichen Exponenten $\varkappa$ für Expansion und Kompression gilt für die Temperaturen

$$\frac{T_1}{T_2} = \frac{T_4}{T_3} = \left(\frac{p_0}{p}\right)^{\frac{\varkappa-1}{\varkappa}} \qquad \text{und} \qquad \frac{T_4 - T_1}{T_3 - T_2} = \frac{T_1}{T_2} = \left(\frac{p_0}{p}\right)^{\frac{\varkappa-1}{\varkappa}}.$$

Die geleistete Arbeit ist die Differenz der zugeführten und der abgeführten Wärmen

$$L = Q - |Q_0| = m\,c_p\,(T_3 - T_2)\left[1 - \frac{T_4 - T_1}{T_3 - T_2}\right] = m\,c_p\,(T_3 - T_2)\left[1 - \frac{T_1}{T_2}\right],$$

und der Wirkungsgrad wird

$$\eta = \frac{L}{Q} = 1 - \frac{T_1}{T_2} = 1 - \left(\frac{p_0}{p}\right)^{\frac{\varkappa-1}{\varkappa}}. \tag{145}$$

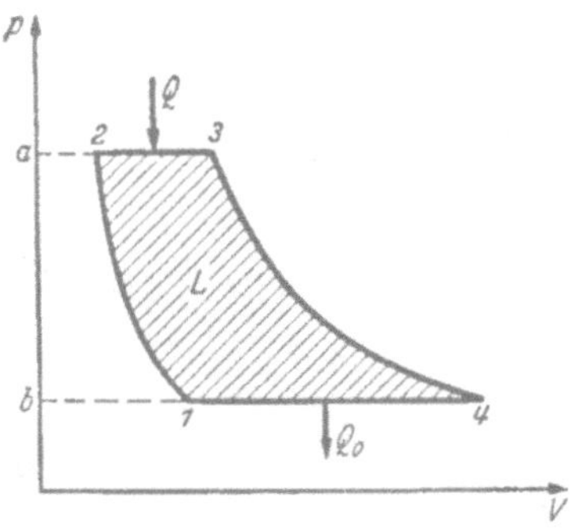

Abb. 57.

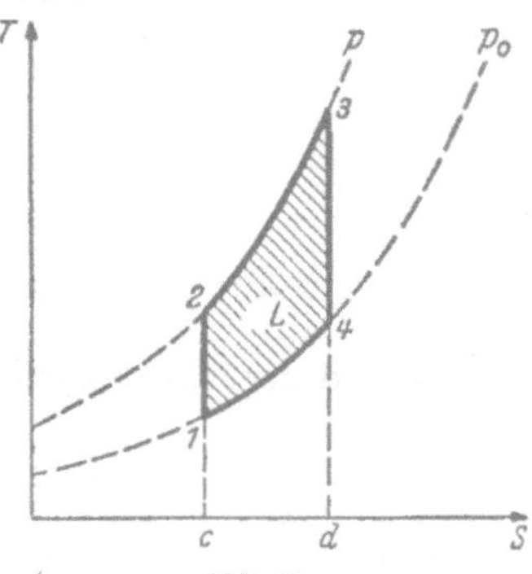

Abb. 58.

Abb. 57 u. 58. Prozeß der Heißluftmaschine und der Gasturbine mit adiabater Kompression und Expansion im p,V- und T,S-Diagramm. (Joule-Prozeß.)

Der Wirkungsgrad dieses, zuerst von Joule behandelten Prozesses der verlustlosen Heißluftmaschine hängt also nur vom Temperaturverhältnis T_1/T_2 oder dem Druckverhältnis p_0/p der Verdichtung ab, er ist unabhängig von der Größe der Wärmezufuhr und von der Höhe der damit verbundenen Temperatursteigerung. Abb. 57 und 58 zeigen den Vorgang im p,V- und im T,S-Diagramm. In beiden Diagrammen ist die Arbeitsfläche schraffiert, in Abb. 57 bedeutet die Fläche *1 2ab* die Kompressions-, *3 4ba* die Expansionsarbeit, in Abb. 58 ist *2 3dc* die zugeführte, *4 1cd* die abgeführte Wärme.

Bei isothermen Zustandsänderungen wird auch in den beiden Zylindern Wärme übertragen, und es ist

$$T_1 = T_2 \qquad \text{und} \qquad T_3 = T_4.$$

Die beiden in Erwärmer und Kühler umgesetzten Wärmemengen

$$Q_{23} = m\,c_p\,(T_3 - T_2) \qquad \text{und} \qquad |Q_{41}| = m\,c_p\,(T_4 - T_1)$$

dieses zuerst von ERICSON angegebenen Prozesses sind einander gleich und werden bei denselben Temperaturen übertragen. Man kann sie

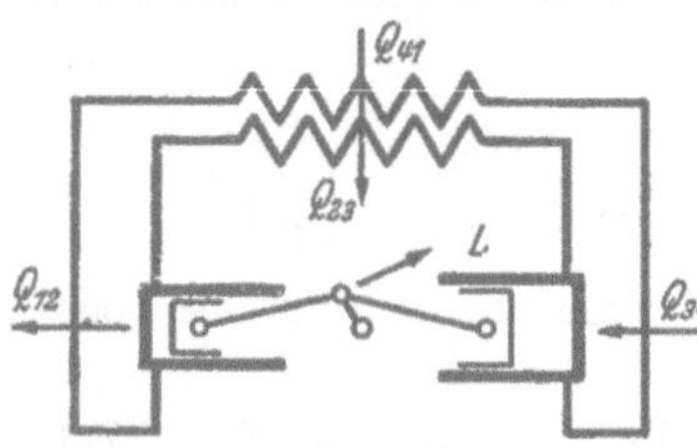

Abb. 59. Schema einer Heißluftmaschine mit isothermer Kompression und Expansion.

daher in umkehrbarer Weise mit Hilfe eines vollkommenen Gegenstromwärmeübertragers nach Abb. 59 umsetzen. Abb. 60 und 61 zeigen den Vorgang im p, V- und im T, S-Diagramm. Man sieht auch aus dem T, S-Diagramm, daß die Wärmemengen Q_{23} und Q_{41}, dargestellt durch die Flächen *2 3cb* und *4 1ad*, einander gleich sind. Wir brauchen daher nur die in den Zylindern bei den isothermen Zustandsänderungen umgesetzten Wärmemengen zu berücksichtigen. Ihr Betrag ist gleichwertig der Größe der Arbeitsflächen *3 4dc* und *1 2ba* im p, V-Diagramm und gleich den Flächen *3 4dc* und *1 2ba* im T, S-Diagramm, und es ist

$$Q_{34} = m R T_3 \ln \frac{p}{p_0}$$

$$|Q_{12}| = m\,R T_1 \ln \frac{p}{p_0}$$

$$L = Q_{34} - |Q_{12}| = m\,R\,(T_3 - T_1) \ln \frac{p}{p_0}.$$

Damit wird der Wirkungsgrad

$$\eta = \frac{L}{Q_{34}} = \frac{T_3 - T_1}{T_3} = 1 - \frac{T_1}{T_3}. \tag{146}$$

Der Wirkungsgrad der Heißluftmaschine mit isothermer Kompression und Expansion ist also gleich dem des CARNOTschen Prozesses.

Bei Anwendungen kommt es aber nicht nur auf den Wirkungsgrad, sondern auch auf den Maschinenaufwand an. Bei gegebenem Anfangsdruck (in der Regel 1 at) steigt dieser Aufwand mit wachsendem Höchstdruck und wird um so kleiner, je mehr Arbeit bei gegebenem Höchstdruck aus der Mengeneinheit angesaugter Luft zu gewinnen ist. Zeichnet man in einem T, s-Diagramm zwischen den Isobaren des kleinsten und größten Druckes Prozesse nach CARNOT und nach ERICSON ein, so sieht man, daß bei gleichen Temperaturgrenzen und daher auch gleichem Wirkungsgrad der ERICSON-Prozeß die größere Arbeitsfläche liefert, er nutzt

also die Maschine besser aus. Ähnliches gilt für den Vergleich mit dem
JOULE-Prozeß. Beim ERICSON-Prozeß ist aber ein guter Gegenstromwärmeübertrager nötig. Weiter ist zu beachten, daß sich im Zylinder
eine isotherme Entspannung und Verdichtung kaum erreichen läßt,
man sich ihr aber durch Mehrstufigkeit mit Zwischenkühlung bei der

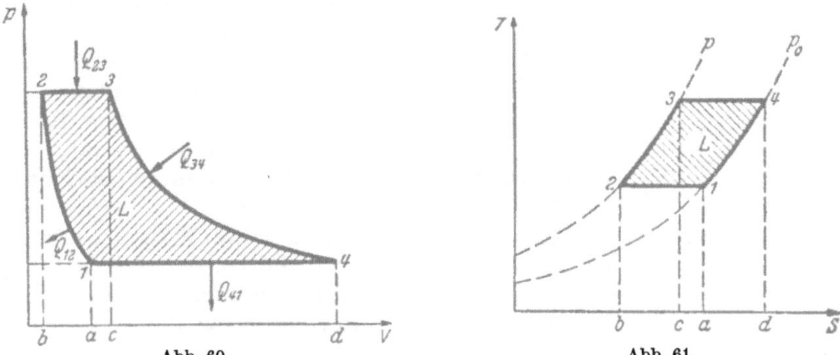

Abb. 60 u. 61. Prozeß der Heißluftmaschine und der Gasturbine mit isothermer Kompression und
Expansion im p,V- und T,S-Diagramm. (ERICSON-Prozeß.)

Kompression und Zwischenerhitzung bei der Expansion annähern kann,
wie das ACKERET und KELLER in ihren Gasturbinen-Anlagen tun, und
wie es auch von MANGOLD vorgeschlagen wurde (vgl. S. 136 und 137).
Eine genauere Untersuchung dieser Verhältnisse hat neuerdings R. PLANK[1]
gegeben.

Die bisherigen Überlegungen gelten für verlustlose Maschinen, bei
Berücksichtigung von Wirkungsgraden der Kompression und Expansion
werden die Ausdrücke verwickelter.

Die Heißluftmaschine als Kolbenmaschine ist heute ohne praktisches
Interesse, als Strömungsmaschine bestehend aus einem Turboverdichter
und einer Gasturbine beginnt sie dagegen größere Bedeutung zu gewinnen dank der Steigerung der Gütegrade dieser Maschine durch die
Fortschritte der Strömungslehre.

Bei der Gasturbine kann die Erhitzung der verdichteten Arbeitsluft
durch Einspritzen von Brennstoff als innere Wärmezufuhr oder wie beim
Dampfkessel durch Heizflächen hindurch als äußere Wärmezufuhr erfolgen. Bei dem sog. offenen Kreislauf saugt der Verdichter die Luft aus
dem Freien mit dem Druck und der Temperatur der Umgebung an, und
die Turbine läßt sie mit höherer Temperatur wieder ins Freie austreten.
Lufterhitzung durch innere Wärmezufuhr ist nur bei offenem Kreislauf
möglich. Bei geschlossenem Kreislauf läuft immer dasselbe Arbeitsgas
um, ihm wird im Erhitzer Wärme durch Heizflächen hindurch zugeführt
und hinter der Turbine vor Wiedereintritt in den Verdichter ebenfalls
durch Heizflächen hindurch wieder entzogen.

Will man hohe Wirkungsgrade erreichen, so ist bei beiden Systemen
ein Wärmeübertrager nötig, der im Gegenstrom Wärme von dem

---

[1] PLANK, R.: Z. VDI, Bd. 90 (1948), S. 19.

heißen Arbeitsgas hinter der Turbine an das aus dem Verdichter kommende kältere Gas überträgt, bevor ihm die Verbrennungswärme zugeführt wird.

Das Schema einer Gasturbinenanlage mit offenem Kreislauf[1] und innerer Wärmezufuhr zeigt Abb. 62. Die aus dem Freien angesaugte Luft wird im Verdichter a auf höheren Druck gebracht, vorgewärmt und dann in der Brennkammer b durch Einspritzen von Brennstoff erhitzt. Darauf wird sie in der Turbine c unter Arbeitsleistung entspannt, gibt im Wärmeübertrager d einen Teil ihrer Restwärme zur Luftvorwärmung ab und tritt dann ins Freie aus. Im Stromerzeuger e wird endlich die Nutzarbeit des Prozesses in elektrische Energie verwandelt. Das T,S-Diagramm des Vorganges zeigt Abb. 63. Dabei entspricht die Isobare AB der Erhitzung durch innere Verbrennung, BC ist die Expansionslinie, deren Neigung gegen die Senkrechte die Entropiezunahme durch Verluste angibt. Längs CD wird Wärme im Wärmeübertrager entzogen, DE entspricht dem mit dem Auspuff verbundenen Wärmeentzug. Bei E wird frische Luft angesaugt und längs EF verdichtet, wobei die Neigung der Kompressionslinie wieder die Entropiezunahme durch die Verluste des Verdichters darstellt. Längs FA wird der verdichteten Luft

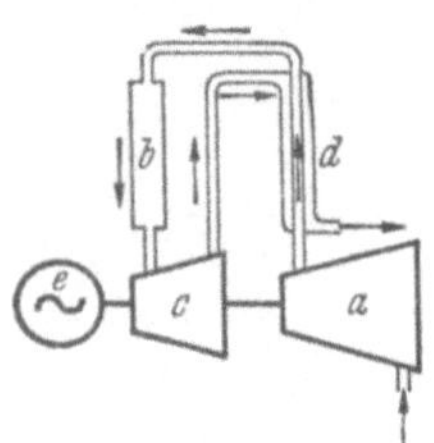

Abb. 62. Gasturbinenprozeß mit offenem Kreislauf.
a Verdichter, b Brennkammer, c Gasturbine, d Wärmeübertrager, e elektrischer Stromerzeuger.

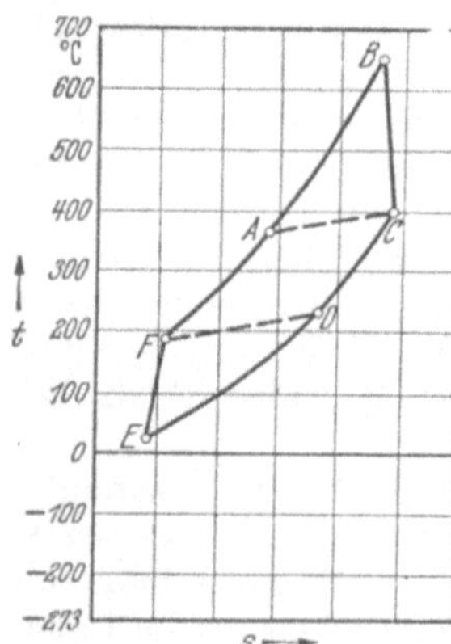

Abb. 63. Wärmediagramm des Gasturbinenprozesses mit offenem Kreislauf nach Abb. 62.

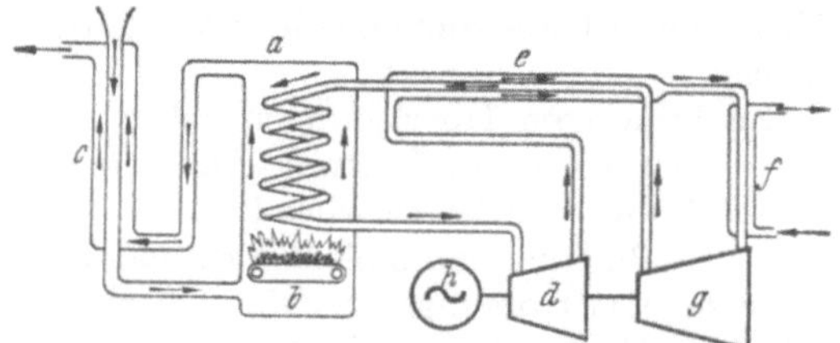

Abb. 64. Gasturbinenprozeß mit geschlossenem Kreislauf.
a Lufterhitzer, b Rostfeuerung, c Vorwärmer, d Gasturbine, e Wärmeübertrager, f Kühler, g Verdichter, h elektrischer Stromerzeuger.

die dem Abgas längs CD entzogene Wärme zugeführt. Da der Wärmeübertrager ein Temperaturgefälle benötigt, liegen die Punkte von CD bei höheren Temperaturen als die entsprechenden der Kurve AF.

Eine Gasturbine mit geschlossenem Kreislauf nach ACKERET und KELLER[2] zeigt schematisch die Abb. 64. Dabei ist a der Lufterhitzer mit

---

[1] STODOLA, A.: Z. VD Bd. 84 (1940), S. 17.
[2] ACKERET, J. und C. KELLER: Schweiz. Bauztg., Bd. 113 (1939), S. 229; Z. VDI, Bd. 85 (1941), S. 491. Engineering, Bd. 161 (1946), S. 1; C. KELLER: Transact. A. S. M. E. (1946), S. 791.

der Feuerung b und dem Vorwärmer c für die Verbrennungsluft. In der Rohrschlange des Lufterhitzers wird die in geschlossenem Kreislauf umlaufende Arbeitsluft erhitzt, dann leistet sie Arbeit in der Gasturbine d, gibt in dem Wärmeübertrager e einen Teil ihrer Restwärme an die aus dem Verdichter kommende Luft ab und wird in einem Flüssigkeitskühler f möglichst tief heruntergekühlt. Dann wird sie im Verdichter g auf höheren Druck gebracht, im Wärmeübertrager vorgewärmt und in der Feuerung weiter erhitzt. Das T,s-Diagramm des Vorganges für einen oberen Druck des Arbeitsmittels von 24 at und einen unteren Druck von 6 at zeigt Abb. 65. Dabei entspricht AB der Wärmezufuhr in der Feuerung, BC der Entspannung in der Turbine. Längs CD wird Wärme im Wärmeübertrager e wieder in den Kreislauf gegeben, längs DE wird Wärme durch den Kühler f abgeführt. Die Verdichtung erfolgt in diesem Beispiel in drei Stufen EF, GH und JK, dazwischen wird längs FG und HJ gekühlt. (Diese Zwischenkühler sind in dem Schema der Abb. 64 fortgelassen.) Auf der Strecke KA wird im Wärmeübertrager die längs CD abgegebene Wärme wieder aufgenommen. Die zugeführte Wärme entspricht der Fläche unter AB, die abgeführte der Summe der Flächen unter DE, FG und HJ.

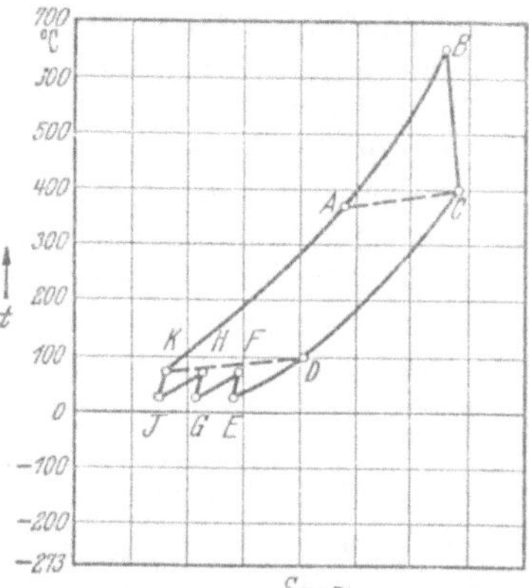

Abb. 65. Wärmediagramm des Gasturbinenprozesses mit geschlossenem Kreislauf nach Abb. 64.

Die gewonnene Nutzarbeit ist die Differenz beider. An Hand eines maßstäblichen T,S-Diagrammes der Luft lassen sich so alle Einzelheiten des Vorganges genau verfolgen.

Die stufenweise Verdichtung mit Zwischenkühlung ist bereits eine Annäherung an die theoretisch günstigere isotherme Verdichtung. Auch die Entspannung läßt sich der Isotherme annähern, indem man sie in mehrere Stufen zerlegt und dazwischen immer wieder Wärme zuführt[1]. Bei sehr vielen Stufen für Verdichtung und Entspannung nähert man sich dann dem Prozeß der Abb. 61, dessen Wirkungsgrad dem des Carnotprozesses entspricht und damit das absolute Optimum eines zwischen gegebenen Temperaturgrenzen arbeitenden Wärmekraftprozesses erreicht. Wie weit sich eine solche stufenweise Entspannung und Erhitzung durchführen läßt, müssen praktische Gesichtspunkte entscheiden. Ausgeführt wurden Anlagen mit zweistufiger Wärmezufuhr und dreistufiger Kühlung.

Der offene Gasturbinenprozeß mit innerer Verbrennung ist einfacher und benötigt weniger Heizfläche, er erfordert aber hochwertige ohne Rückstände wie Asche, Teer usw. verbrennende Brennstoffe, da sonst Wärmeübertrager und Turbine verschmutzt oder beschädigt werden. Der

---

[1] MANGOLD, G.: Z. VDI, Bd. 81 (1937), S. 489.

geschlossene Kreislauf braucht Heizflächen ähnlich einem Dampfkessel, er kommt mit beliebigem billigem Brennstoff aus. Wärmeübertrager und Turbine werden nur von reiner Luft oder einem andern Arbeitsgas beaufschlagt und bleiben sauber. Außerdem erlaubt er die Wahl eines erhöhten Druckniveaus für die Arbeitsluft, wodurch die Abmessungen von Verdichter, Turbine und Wärmeübertragern sich verkleinern. Die Leistung regelt man durch Steuern der Brennstoffzufuhr ebenso wie beim offenen Prozeß. Zugleich ändert man aber auch den Druck und damit die Dichte des Arbeitsmittels durch Zufuhr oder Ablassen von Luft, denn die Leistung aller Strömungsmaschinen ist der Dichte des Arbeitsmittels verhältnisgleich. Dieses Regelverfahren erlaubt es, Verdichter und Turbine auch bei Teillast an demselben günstigsten Betriebspunkt zu fahren, indem man zwar die Absolutwerte des Druckes ändert, aber alle Druckverhältnisse und damit auch alle Geschwindigkeiten ungeändert läßt.

Der offene Gasturbinenprozeß hat neuerdings eine wichtige Anwendung als Flugzeugantrieb gefunden. Dabei verarbeitet im einfachsten Falle die Turbine vom Druckgefälle nur soviel, wie der Antrieb des Verdichters benötigt. Der Rest des Druckgefälles dient zur Erzeugung eines Gasstrahles hoher Geschwindigkeit, dessen Reaktion unmittelbar das Flugzeug treibt, ohne daß ein Propeller nötig ist (vgl. S. 342).

41. Die Arbeitsprozesse bei Verbrennungsmotoren.

Die weitaus wichtigste Heißgasmaschine ist heute der Verbrennungsmotor als Kolbenmaschine mit innerer Verbrennung, wobei die Wärme durch Verbrennen eines Gemisches von Luft mit Gas oder mit einem nebelförmigen Kraftstoff[1] im Zylinder entwickelt wird.

Man unterscheidet zwei Verfahren, das Viertakt- und das Zweitaktverfahren.

Beim Viertaktverfahren, dessen Diagramm Abb. 66 darstellt, hat nur jede zweite Kurbeldrehung einen Arbeitshub, und es bedeutet:

0—1 das Ansaugen des brennbaren Gemisches (1. Takt),
1—2 die Verdichtung des Gemisches (2. Takt),
2—3 die Verbrennung,
3—4 die Expansion (3. Takt),
4—5 das Auspuffen,
5—0 das Ausschieben der Verbrennungsgase (4. Takt).

Beim Zweitaktverfahren, dessen Diagramm Abb. 67 gibt, hat jede Kurbelumdrehung einen Arbeitshub, und es bedeutet:

0—1 das Spülen und Einführen der neuen Ladung,
1—2 die Verdichtung (1. Takt),
2—3 die Verbrennung,
3—4 die Expansion (2. Takt),
4—0 den Auspuff.

Der Auspuff erfolgt bei Zweitaktmaschinen, wie in der Abb. 67 angedeutet, meist durch Schlitze, welche durch den Kolben freigelegt werden.

---

[1] Bei Verbrennungsmotoren wird der Brennstoff meist als „Kraftstoff" bezeichnet.

Ferner unterscheidet man: *Ottomotoren*, auch *Verpuffungs-* oder *Zündermotoren* genannt, mit plötzlicher durch besondere, in der Regel elektrische Zündung eingeleitete Verbrennung im Totpunkt mit raschem Druckanstieg entsprechend der Linie *2 3* der Abb. 66. *Dieselmotoren*, auch *Gleichdruck-* oder *Brennermotoren* genannt, saugen reine Luft an, verdichten sie und spritzen den Brennstoff bei nahezu gleichbleibendem Druck nach Linie *2 3* der Abb. 67 in die hochverdichtete und dadurch stark erhitzte Luft ein, wobei er sich von selbst entzündet.

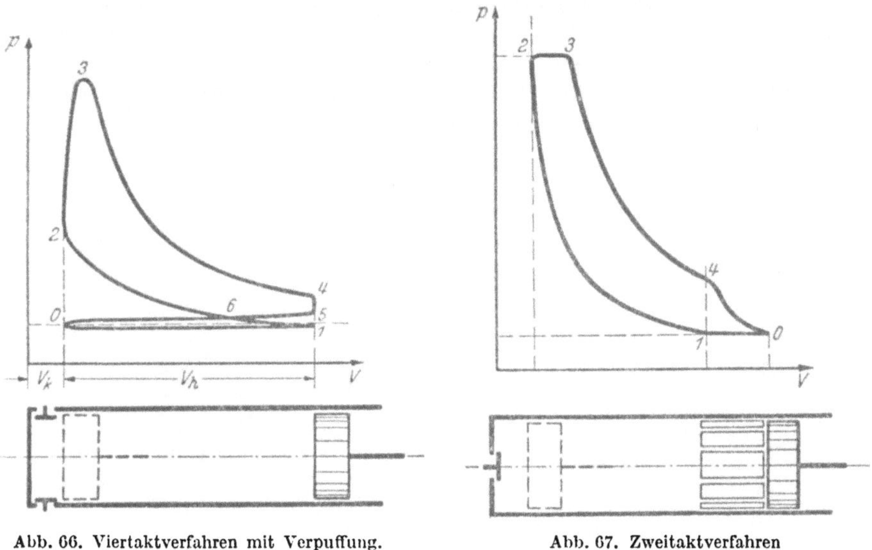

Abb. 66. Viertaktverfahren mit Verpuffung.

Abb. 67. Zweitaktverfahren
mit Gleichdruckverbrennung.

Beide Arten können als Viertakt- oder als Zweitaktmotoren gebaut werden.

Für die theoretische Behandlung vereinfacht man die Arbeitsprozesse gewöhnlich durch folgende Annahmen:

1. Der Zylinder enthält während des ganzen Vorganges stets Gas derselben Menge und Zusammensetzung.

2. Die Wärmeentwicklung durch innere Verbrennung wird wie eine Wärmezufuhr von außen behandelt.

3. Die Wärmeabgabe durch Auspuffen und das Einführen von frischem Gemisch wird durch Abkühlen des sonst unverändert bleibenden Zylinderinhaltes ersetzt.

4. Die spez. Wärme des Arbeitsgases wird als unabhängig von der Temperatur angenommen, und dieses als vollkommenes Gas angesehen.

a) Das Otto- oder Verpuffungsverfahren.

Am Ende der Saughubes ist der Zylinder in Punkt *1* der Abb. 68 mit dem brennbaren Gemisch von Umgebungstemperatur und atmosphärischem Druck gefüllt. Bei flüssigen Kraftstoffen kann das Gemisch ent-

weder vor dem Zylinder in einem Vergaser gebildet werden (Vergasermotor) oder durch Einspritzen des Kraftstoffes in den Zylinder während
des Saughubes (Einspritzmotor). Längs der Adiabate *1 2* wird das Gemisch vom Anfangsvolum $V_k + V_h$ auf das Kompressionsvolum V_k verdichtet. Im inneren Totpunkt erfolgt meist durch elektrische Zündung
plötzlich die Verbrennung. Wir denken uns die Verbrennungswärme von
außen zugeführt, wobei der Druck des sonst unveränderten Gases von
Punkt *2* auf *3* steigt. Beim Zurückgehen des Kolbens expandiert das
Gas längs der Adiabate *3 4*. Den in *4* beginnenden Auspuff denken wir
uns ersetzt durch den Entzug einer Wärmemenge Q_0 bei konstantem
Volum, wobei der Druck von Punkt *4* nach *1* sinkt. In Punkt *1* müßten
die Verbrennungsgase durch neues Gemisch ersetzt werden, wozu im
wirklichen Motor ein Doppelhub gebraucht wird.

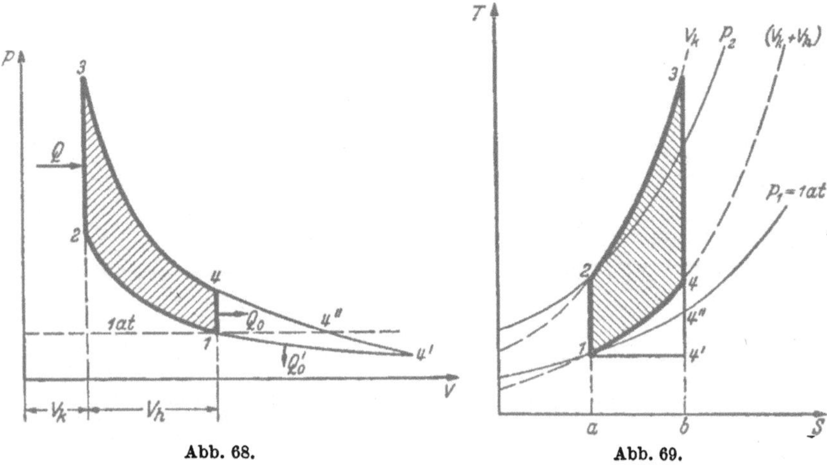

Abb. 68.   Abb. 69.

Abb. 68 u. 69. Theoretischer Prozeß des Verpuffungsmotors im p,V- und T,S-Diagramm.

Im T,S-Diagramm der Abb. 69 wird der Vorgang durch den Linienzug *1 2 3 4* dargestellt, wobei *2 3 b a* die zugeführte Wärme Q und *4 1 a b*
die abgeführte Wärme $|Q_0|$ ist.

Der Auspuffvorgang ist ein irreversibler Prozeß und demnach mit
Verlust verbunden. Auch die Abgabe der Wärmemenge $|Q_0|$ an die
Umgebung längs der Linie *4 1* ist irreversibel, da die Temperatur des
Gases höher ist als die der Umgebung und die Wärme daher unter einem
Temperaturgefälle abfließt.

Wollte man den Auspuffvorgang reversibel machen und dadurch
seine Verluste vermeiden, so müßte man die adiabate Expansion nach
Abb. 68 unter den Atmosphärendruck fortsetzen, bis das Gas in *4'* die
Temperatur der Umgebung erreicht hat, und es dann durch eine isotherme Kompression *4'1* unter Entzug der Wärmemenge $|Q_0'|$ auf den
Druck der Umgebung bringen. Dabei würde die Arbeit

$$L_v = \text{Fläche } 1\,4\,4' = Q_0 - |Q_0'|$$

gewonnen, die demnach den Arbeitsverlust durch unvollständige Expansion beim Auspuff darstellt.

Schickt man die Auspuffgase durch eine Abgasturbine und dann ins Freie, so kann das über der atmosphärischen Linie liegende Stück *144"* der Verlustfläche noch nutzbar gemacht werden.

Trotzdem pflegt man der theoretischen Betrachtung des Verbrennungsmotors die Zustandsänderung längs der Isochore *41* unter Entzug der Wärmemenge $|Q_0|$ zugrunde zu legen.

Bezeichnet man als *Verdichtungsverhältnis* den Ausdruck

$$\varepsilon = \frac{V_1}{V_2} = \frac{V_k + V_h}{V_k}, \tag{147}$$

so ist, wenn für Kompressions- und Expansionslinie Adiabaten mit gleichen Exponenten $\varkappa$ angenommen werden,

$$\frac{p_2}{p_1} = \frac{p_3}{p_4} = \varepsilon^{\varkappa}$$

und

$$\frac{T_2'}{T_1} = \frac{T_3}{T_4} = \frac{T_3 - T_2}{T_4 - T_1} = \varepsilon^{\varkappa-1}.$$

Bei konstanter spez. Wärme der Gase ist für die Arbeitsgasmenge m

die zugeführte Wärme $\quad Q \quad = Q_{23} \quad = m\,c_v\,(T_3 - T_2),$

„ abgeführte $\quad$ „ $\quad |Q_0| = |Q_{41}| = m\,c_v\,(T_4 - T_1),$

also die Arbeit $\qquad L = Q - |Q_0|$

und der Wirkungsgrad $\eta = \dfrac{L}{Q} = 1 - \dfrac{|Q_0|}{Q} = 1 - \dfrac{T_4 - T_1}{T_3 - T_2} = 1 - \dfrac{T_1}{T_2}$

oder

$$\eta = 1 - \frac{1}{\varepsilon^{\varkappa-1}} = 1 - \left(\frac{p_1}{p_2}\right)^{\frac{\varkappa-1}{\varkappa}}. \tag{148}$$

Der Wirkungsgrad hängt also ebenso wie bei der adiabaten Heißluftmaschine außer von $\varkappa$ nur vom Druckverhältnis $\dfrac{p_2}{p_1}$, und nicht von der Größe der Wärmezufuhr und damit nicht von der Belastung ab. Je höher man verdichtet, um so besser wird die Wärme ausgenutzt.

Das Verdichtungsverhältnis ist bei Ottomotoren durch die Selbstentzündungstemperatur des Gemisches begrenzt, die bei der adiabaten Verdichtung nicht erreicht werden darf, da sonst die Verbrennung schon während der Kompression einsetzen würde. Praktisch setzt aber das sogenannte Klopfen dem Verdichtungsverhältnis schon eher eine Grenze als die Selbstentzündungstemperatur (vgl. S. 257).

b) Das Diesel- oder Gleichdruckverfahren.

Die Beschränkung des Verdichtungsdruckes durch die Entzündungstemperatur des Gemisches fällt fort bei den Gleichdruck- oder Dieselmotoren, in denen die Verbrennungsluft durch hohe Verdichtung über die Entzündungstemperatur des Brennstoffes hinaus erhitzt wird und dieser in die heiße Luft eingespritzt wird, wobei er sich von selbst entzündet. Hält man den Druck während des ganzen Einspritzvorganges möglichst gleich, so verschwindet die bei den Verpuffungsmotoren vorhandene Druckspitze, und das Getriebe der Maschine wird trotz hohen Kompressionsenddruckes nicht so schwer.

Den Einspritzvorgang kennzeichnen wir nach Abb. 70 durch das Einspritzvolum V_e und bezeichnen

$$\varphi = \frac{V_k + V_e}{V_k} \tag{149}$$

als *Einspritzverhältnis*. Um den Wirkungsgrad des Gleichdruckprozesses *1 2 3' 4* unter denselben vereinfachten Annahmen wie beim Verpuffungs-

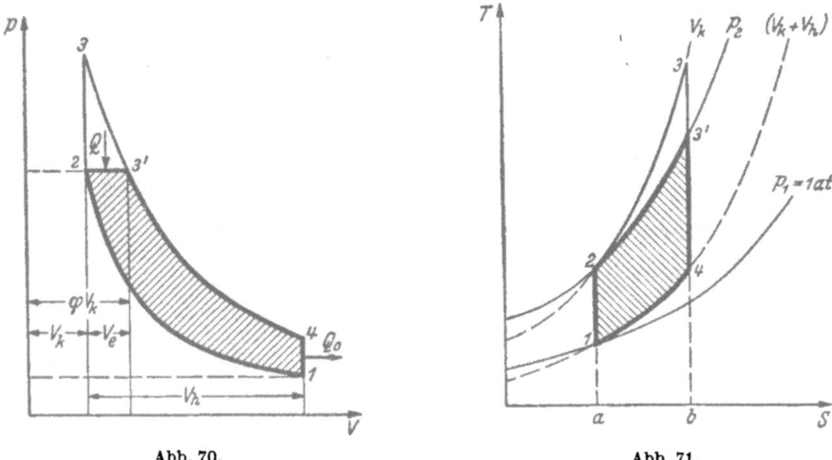

Abb. 70.   Abb. 71.

Abb. 70 u. 71. Theoretischer Prozeß des Gleichdruckmotors im p,V- und T,S-Diagramm.

prozeß zu berechnen, denken wir uns die Adiabate *3'4* über *3'* bis zum Punkte *3* fortgesetzt, und erhalten so den Verpuffungsprozeß *1234*, der sich vom Gleichdruckprozeß *1 2 3' 4* nur um die Fläche *2 3 3'* unterscheidet.

Die beim Gleichdruckprozeß längs der Isobare *2 3'* zugeführte Verbrennungswärme ist

$$Q = m c_p (T_{3'} - T_2),$$

die längs der Isochore *4 1* abgeführte gedachte Auspuffwärme ist

$$|Q_0| = m c_v (T_4 - T_1).$$

In Abb. 71 ist der Gleichdruckprozeß in ein T,S-Diagramm übertragen. Darin werden die Wärmemengen Q und $|Q_0|$ durch die Flächen *2 3' b a* und *4 1 a b* dargestellt. Da längs der Adiabaten *1 2* und *3' 4* ein Wärmeaustausch nicht stattfindet, ist

$$L = Q - |Q_0|$$

und

$$\eta = \frac{L}{Q} = 1 - \frac{1}{\varkappa} \frac{T_4 - T_1}{T_{3'} - T_2}$$

oder

$$\eta = 1 - \frac{1}{\varkappa} \frac{\dfrac{T_4}{T_3} \dfrac{T_3}{T_2} - \dfrac{T_1}{T_2}}{\dfrac{T_{3'}}{T_2} - 1}.$$

Für den Verpuffungsprozeß *1234* war

$$\frac{T_1}{T_2} = \frac{T_4}{T_3} = \frac{1}{\varepsilon^{\varkappa - 1}}.$$

Weiter ist auf der Isobaren *23'*

$$\frac{T_{3'}}{T_2} = \frac{\varphi V_k}{V_k} = \varphi,$$

auf der Adiabate *33'*

$$\frac{T_3}{T_{3'}} = \varphi^{\varkappa - 1}.$$

Damit wird

$$\frac{T_3}{T_2} = \frac{T_{3'}}{T_2} \frac{T_3}{T_{3'}} = \varphi^{\varkappa},$$

dieses eingesetzt ergibt

$$\eta = 1 - \frac{1}{\varkappa \, \varepsilon^{\varkappa - 1}} \frac{\varphi^{\varkappa} - 1}{\varphi - 1}. \tag{150}$$

Der theoretische Wirkungsgrad des Gleichdruckprozesses hängt also außer von $\varkappa$ nur vom Verdichtungsverhältnis ε und vom Einspritzverhältnis φ ab, das sich mit steigender Belastung vergrößert.

c) Der gemischte Vergleichsprozeß.

Die beiden Formeln (150) und (148) lassen sich in eine zusammenfassen, wenn man einen allgemeineren Prozeß betrachtet, bei dem der Druck nach Abb. 72 am Ende der Kompression im Totpunkt wie bei der Verpuffung plötzlich ansteigt und sich dann wie beim Gleichdruckmotor noch einige Zeit auf dieser Höhe hält. Führen wir als Drucksteigerungsverhältnis $\psi = \dfrac{p_{2'}}{p_2}$ das Verhältnis des Druckes nach der plötzlichen Drucksteigerung zu dem am Ende der Kompression vorhandenen ein, so erhält man für den Wirkungsgrad

$$\eta = 1 - \frac{\psi \varphi^{\varkappa} - 1}{\varepsilon^{\varkappa - 1} [\psi - 1 + \varkappa \psi (\varphi - 1)]}. \tag{151}$$

Darin sind Gl. (148) und (150) als Sonderfälle enthalten. (Ableitung s. Aufg. 22, S. 153.)

Tab. 19 zeigt für Verpuffungsmotoren die nach Gl. (148) für ein Gas mit $\varkappa = 1{,}35$ berechnete Zunahme des Wirkungsgrades mit dem Druckverhältnis p_2/p_1 der Kompression und dem zugehörigen Verdichtungsverhältnis ε.

Tabelle 19. *Theoretische Wirkungsgrade des Ottomotors.*

p_2/p_1	2	3	4	5	6	8	10	15	35
ε	1,67	2,26	2,79	3,29	3,77	4,67	5,51	7,45	13,9
η	0,165	0,248	0,302	0,342	0,372	0,417	0,450	0,504	0,602

Bei Benzinmotoren ist $\varepsilon = 4$ bis 7, bei Flugmotoren bis zu 9, bei Gasmotoren $= 6$ bis 7 der letzte Wert $p_2/p_1 = 35$ ist bei Motoren mit Gemischverdichtung nicht möglich, sondern kann nur bei Brennstoffeinspritzung erreicht werden.

In Tab. 20 ist für einen Gleichdruckmotor mit dem Druckverhältnis $p_2/p_1 = 35$, das ausgeführten Dieselmotoren entspricht und wieder für ein Gas mit $\varkappa = 1{,}35$ die Änderung des Wirkungsgrades mit dem Einspritzverhältnis nach Gl. (150) berechnet.

Tabelle 20. *Theoretische Wirkungsgrade des Dieselmotors.*

φ	1	1,5	2	2,5	3	4	5
η	0,602	0,570	0,553	0,519	0,497	0,459	0,427

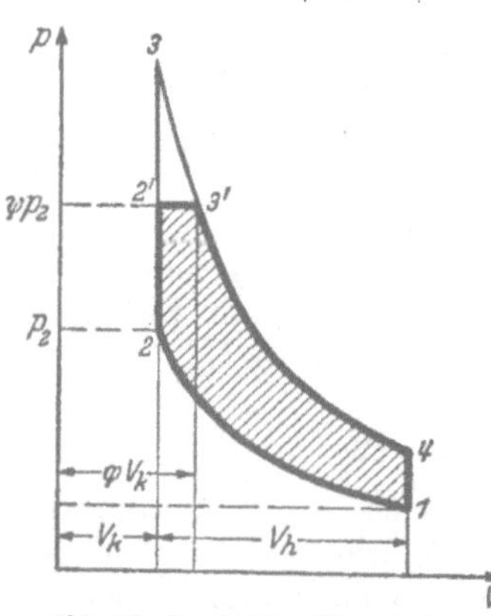

Abb. 72. Gemischter Prozeß des Verbrennungsmotors.

Der letzte Wert des Wirkungsgrades in Tab. 19 muß mit dem ersten der Tab. 20 übereinstimmen, da für $\varphi = 1$ also bei verschwindend kurzer Einspritzung sich der Gleichdruckmotor vom Verpuffungsmotor nicht mehr unterscheidet. Der Vergleich beider Tabellen zeigt den günstigen Einfluß des bei Gleichdruckmotoren möglichen hohen Verdichtungsverhältnisses auf den Wirkungsgrad. Mit wachsendem Einspritzverhältnis, d. h. mit wachsender Belastung nimmt der theoretische Wirkungsgrad des Gleichdruckprozesses ab im Gegensatz zum Verpuffungsprozeß.

d) Abweichungen des Vorganges in der wirklichen Maschine vom theoretischen Vergleichsprozeß; Wirkungsgrade.

Der Vorgang in der wirklichen Maschine hat aus folgenden Gründen eine geringere mechanische Arbeit auch als der unter Berücksichtigung der Temperaturabhängigkeit der spezifischen Wärmen durchgeführte theoretische Vergleichsprozeß:

1. Die Verbrennung erfolgt beim Verpuffungsprozeß nicht augenblicklich im Totpunkt, sondern erstreckt sich über längere Zeit. Dadurch

wird die scharfe Spitze des Verpuffungsprozesses abgerundet und die Arbeitsfläche verkleinert. Beim Gleichdruckprozeß beginnt und endet die Verbrennung nicht so plötzlich wie im theoretischen Diagramm angenommen, sondern reicht noch in den Beginn der Expansion hinein. Dadurch treten Abrundungen des Diagramms ein, die seine Fläche verkleinern.

2. Für das Ausschieben der Verbrennungsgase und das Ansaugen des neuen Gemisches ist Arbeit erforderlich, die im Diagramm des Viertaktmotors nach Abb. 66 durch die schmale Arbeitsfläche *016* dargestellt wird und von der eigentlichen Diagrammfläche abzuziehen ist. Beim Zweitaktmotor wird eine entsprechende Arbeit von der Spülpumpe geleistet.

3. Der Auspuffvorgang findet nicht genau im Totpunkt statt, sondern erfordert eine gewisse Zeit. Man öffnet daher das Ventil schon vor dem Totpunkt und schließt es erst einige Zeit dahinter. Dadurch treten Abrundungen der Diagrammfläche auf, die den Arbeitsgewinn verkleinern.

4. Die Abgabe von Wärme an die Zylinderwände während der Verbrennung und der Expansion hat eine wesentliche Verkleinerung der Diagrammfläche zur Folge. Diese Wärmeabgabe ist sehr erheblich, da die Temperaturen der Verbrennungsgase sehr hoch sind und da die Zylinderwände mit Rücksicht auf die Festigkeit des Baustoffes gekühlt werden müssen. Als rohen Überschlag kann man sich merken, daß bei einer guten Verbrennungsmaschine ein Drittel des Heizwertes des Brennstoffes an das Kühlwasser abgegeben wird, ein Drittel durch den Auspuff entweicht und ein Drittel als mechanische Arbeit gewonnen wird.

Die Wärmeübertragung im Zylinder von Verbrennungsmotoren ist wiederholt Gegenstand experimenteller und theoretischer Untersuchungen gewesen. Von besonderem Interesse ist dabei, daß die Wärmeabgabe des Gases nicht allein durch Berührung, sondern wesentlich auch durch Wärmestrahlung erfolgt, da der Wasserdampf und die Kohlensäure der Flammgase eine unsichtbare, langwellige Wärmestrahlung von bestimmten Wellenlängen aussenden (Gasstrahlung)[1].

Unter L haben wir die Arbeit des theoretischen Vergleichsprozesses einer vollkommenen Maschine verstanden, wobei aber je nach dem Arbeitsverfahren (Gasturbine, Otto- oder Dieselmotor) verschiedene Prozesse zugrunde gelegt werden können und auch keine Einheitlichkeit darüber herrscht, ob man die wirklichen Eigenschaften des Arbeitsmittels (Temperaturabhängigkeit der spez. Wärmen, Änderungen der Zusammensetzung durch Gaswechsel und gegebenenfalls durch Dissoziation) zugrunde legen oder mit einem idealisierten Arbeitsmittel konstanter spez. Wärme und unveränderlicher Zusammensetzung rechnen soll.

Unter Q haben wir die bei der Verbrennung entwickelte Wärme entsprechend dem Heizwert des Kraftstoffes verstanden. Wir bezeichnen

---

[1] NUSSELT, W.: Der Wärmeübergang in der Verbrennungsmaschine. VDI-Forsch.-H. 264, Berlin 1929.

mit L_i die mit Hilfe eines Indikatordiagrammes zu ermittelnde innere oder indizierte Arbeit, mit L_e die effektive oder Nutzarbeit an der Welle. Dann ist

$$\eta_{th} = \frac{L}{Q} \quad \text{der thermische Wirkungsgrad des theoretischen Prozesses der vollkommenen Maschine,}$$

$$\eta_i = \frac{L_i}{Q} \quad \text{der innere Wirkungsgrad der Maschine,}$$

$$\eta_g = \frac{L_i}{L} \quad \text{der Gütegrad (auch indizierter Wirkungsgrad),}$$

$$\eta_m = \frac{L_e}{L_i} \quad \text{der mechanische Wirkungsgrad,}$$

$$\eta_e = \eta_{th} \cdot \eta_g \cdot \eta_m = \eta_i \cdot \eta_m = \frac{L_e}{Q} \quad \text{der effektive oder Nutzwirkungsgrad.}$$

Berechnet man die theoretische Arbeit L mit den wirklichen Eigenschaften des Arbeitsmittels, so ist η_g der Gütegrad der *Maschine* und $1 - \eta_g$ ein Maß für die vorstehend unter 1 bis 4 angegebenen Verluste. Wird dagegen die theoretische Arbeit mit einem idealen Arbeitsmittel konstanter spez. Wärme und unveränderlicher Zusammensetzung berechnet, so kann man η_g in zwei Faktoren zerlegen, von denen der eine den Gütegrad der Maschine angibt, während der andere ein Maß für die Abweichung des Arbeitsmittels vom Idealfall ist und als Gütegrad des Arbeitsmittels bezeichnet werden kann.

Beim mechanischen Wirkungsgrad ist zu beachten, daß er nicht nur die Reibung des Kolbens und der Lager umfaßt, sondern auch die Antriebsarbeit für die Hilfsmaschinen, wie Zündmaschine, Pumpen zur Schmierung, Spülung und Einspritzung und gegebenenfalls des Laders.

Statt der Arbeit L benutzt man häufig die Arbeit je Zeiteinheit oder Leistung N. Ferner gebraucht man oft den Begriff des *mittleren Arbeitsdruckes* oder mittleren indizierten Druckes p_m, der sich in kp/m² aus der Leistung N in mkp/s, dem Hubvolum V_h in m³ und der sekundlichen Drehzahl n nach der Formel

$$p_m = k\,\frac{N}{n\,V_h}$$

ergibt. Dabei ist $k = 1$ für Zweitaktmotoren und $k = 2$ für Viertaktmotoren, da bei diesen nur auf jede zweite Umdrehung ein Arbeitshub kommt. Setzt man die Leistung in PS, die Drehzahl in U/min und das Hubvolum in Litern ein, so erhält man den mittleren Arbeitsdruck in at nach der Formel

$$p_{m\,[\mathrm{at}]} = K\,\frac{N_{[\mathrm{PS}]}}{n_{[1/\mathrm{min}]}\,V_{h\,[\mathrm{l}]}}\,,$$

die aber nun keine Größengleichung (vgl. S. 18) mehr darstellt und in der $K = 450$ für Zweitakt- und $K = 900$ für Viertaktmotoren ist. Bei doppeltwirkenden Zylindern sind die Hubräume von Kurbel- und Deckelseite zu addieren, bei Mehrzylindermaschinen ist unter V_h die Summe der Hubräume aller Zylinder zu verstehen.

Der Arbeit je Zeiteinheit entspricht eine Wärmezufuhr je Zeiteinheit oder Wärmeleistung, die man als Produkt BH_u aus dem meist in kg/h gemessenen Kraftstoffverbrauch B und dem in kcal/kg angegebenem unteren Heizwert H_u erhält. Die je Einheit der Zeit und Leistung verbrauchte meist in g/PSh angegebene Kraftstoffmenge heißt *spezifischer Kraftstoffverbrauch b.* In gleicher Weise spricht man von dem in g/PSh angegebenen *spezifischen Schmierstoffverbrauch b_s.* Bei Messungen ist zu beachten, daß auch der Schmierstoff teilweise mitverbrennen und zur Leistung der Maschine beitragen kann.

42. Die Berücksichtigung der Temperaturabhängigkeit der spezifischen Wärmen und der Änderung der Zusammensetzung des Arbeitsmittels bei Gasmaschinenprozessen.

Bei der Behandlung der Heißluftmaschine, der Gasturbine und des Verbrennungsmotors haben wir bisher angenommen, daß sich das Arbeitsmittel wie ein vollkommenes Gas konstanter spezifischer Wärme verhält, das chemisch unverändert bleibt und dem in einem Kreisprozeß nur Wärme und Arbeit zugeführt oder entzogen wird. Durch diese Vereinfachungen ergeben sich geschlossene Formeln, aus denen man leicht die wesentlichen Zusammenhänge erkennt. Die Ergebnisse weichen aber zahlenmäßig erheblich von der Wirklichkeit ab aus folgenden Gründen:

Bei hohen Temperaturen macht sich die Zunahme der spezifischen Wärme geltend. Dazu kommt, daß alle Gase, insbesondere gasförmige Verbindungen, bei Temperaturen über 1500 °C teilweise in ihre Bestandteile dissoziieren, wobei Wärme gebunden wird und sich im allgemeinen die Molzahl ändert. Für den Arbeitsprozeß des Ottomotors hat SCHNELL[1] die genauere Rechnung unter Berücksichtigung veränderlicher spezifischer Wärmen und der Dissoziation durchgeführt, sie ist recht umständlich und ergibt nicht unerheblich kleinere Wirkungsgrade als die vereinfachte Rechnung. Bei einem Benzinmotor mit einem Druckverhältnis der Verdichtung von z. B. $p_2/p_1 = 8$ erhält man nach SCHNELL $\eta = 0{,}34$ an Stelle des in Tab. 19 angegebenen Wertes von 0,417. Trotzdem werden der Einfachheit halber meist Vergleichsprozesse mit konstanter spezifischer Wärme benutzt. Man muß sich dann aber darüber klar sein, daß die Abweichungen des wirklichen Vorganges in der Maschine vom theoretischen Vergleichsprozeß nicht nur auf die Unvollkommenheit der Maschine, sondern auch auf die Abweichungen der Eigenschaften des Arbeitsmittels von denen eines vollkommenen Gases mit konstanter spezifischer Wärme zurückzuführen sind.

Auch mittels vollständiger Zustandsdiagramme, z. B. i,s-Tafeln, läßt sich die genaue Berechnung durchführen, aber diese Tafeln müssen genaugenommen für jede Gaszusammensetzung besonders gezeichnet werden. Praktisch genügt allerdings ein Satz von Tafeln für verschiedene typische Brennstoffe und für eine Anzahl von Brennstoff-Luft-Verhältnissen, wie sie

---

[1] SCHNELL, H.: Der indizierte Wirkungsgrad der Gasmaschine. VDI-Forsch.-Heft 316. Berlin 1929.

z. B. PFLAUM[1] berechnet hat. Ein Diagramm, das in einem Kurvenblatt Änderungen der Gaszusammensetzung und des Luftüberschusses näherungsweise bei Temperaturen bis zu 1400 °C zu berücksichtigen erlaubt, haben LUTZ und WOLF[2] angegeben. Dabei ist die Adiabate nicht mehr senkrecht, sondern nach dem Vorschlag von EICHELBERG[3] je nach der Gaszusammensetzung mehr oder weniger geneigt.

Für die Berechnung von Verbrennungsmotoren und Gasturbinen genügt es für alle praktischen Zwecke, nur die Temperaturabhängigkeit der spezifischen Wärmen zu berücksichtigen[3] und das Gas als vollkommen anzusehen. Im folgenden wollen wir zeigen, wie man dann ohne großen Aufwand die Rechnung durchführen kann.

Beziehen wir die Zustandsgrößen auf 1 kmol als Mengeneinheit des arbeitenden Gases und benutzen dafür wieder große deutsche Buchstaben, so lautet die Zustandsgleichung

$$p\,\mathfrak{V} = \boldsymbol{R}\,T$$

und es ist auch bei veränderlichen spezifischen Wärmen

$$\mathfrak{C}_p - \mathfrak{C}_v = \boldsymbol{R}.$$

Für den Arbeitsgewinn bei einmaliger Entspannung einer bestimmten Gasmenge gilt

$$L_{12} = \int_1^2 p\,d\mathfrak{V} = \mathfrak{U}_1 - \mathfrak{U}_2 \qquad \text{wobei} \qquad \mathfrak{U} = \mathfrak{U}(t) = \int_{0^0}^t \mathfrak{C}_v\,dt$$

wird. Die technische Arbeit eines durch eine Maschine dauernd hindurchtretenden Gases ist dagegen

$$L = \int_1^2 \mathfrak{V}\,dp = \mathfrak{J}_1 - \mathfrak{J}_2 \qquad \text{mit} \qquad \mathfrak{J} = \mathfrak{J}(t) = \int_{0^0}^t \mathfrak{C}_p\,dt.$$

Die Entropieänderung bei umkehrbaren Vorgängen ist (vgl. S. 95)

$$d\,\mathfrak{S} = \frac{\mathfrak{C}_v\,dT}{T} + \boldsymbol{R}\,\frac{d\mathfrak{V}}{\mathfrak{V}} = \frac{\mathfrak{C}_p\,dT}{T} - \boldsymbol{R}\,\frac{dp}{p}$$

oder integriert

$$\mathfrak{S}_1 - \mathfrak{S}_2 = \int_2^1 \mathfrak{C}_v\,\frac{dT}{T} + \boldsymbol{R}\ln\frac{\mathfrak{V}_1}{\mathfrak{V}_2} = \int_2^1 \mathfrak{C}_p\,\frac{dT}{T} - \boldsymbol{R}\ln\frac{p_1}{p_2}.$$

Die Entropieänderung setzt sich also zusammen aus einem nur von der Temperaturänderung abhängigen Teil

$$\mathfrak{S}_{v1} - \mathfrak{S}_{v2} = \int_2^1 \mathfrak{C}_v\,\frac{dT}{T} \qquad \text{bzw.} \qquad \mathfrak{S}_{p1} - \mathfrak{S}_{p2} = \int_2^1 \mathfrak{C}_p\,\frac{dT}{T}$$

---

[1] PFLAUM, W.: *J,s*-Diagramm für Verbrennungsgase und ihre Anwendung auf die Verbrennungsmaschine. Berlin: VDI-Verlag 1932.

[2] LUTZ, O. und F. WOLF: *J,S*-Tafel für Luft und Verbrennungsgase. Berlin 1938.

[3] Nach brieflicher Mitteilung hat G. EICHELBERG dies Verfahren seit etwa 1928 in seinen Vorlesungen an der E. T. H. Zürich vorgetragen, aber erst 1939 in einer Druckschrift behandelt. Engineering Bd. 148 (1930), S. 682.

und einem nur vom Volum bzw. vom Druck abhängigen Teil

$$R \ln \frac{\mathfrak{B}_1}{\mathfrak{B}_2} \quad \text{bzw.} \quad -R \ln \frac{p_1}{p_2}.$$

Die Ausdrücke $\mathfrak{S}_v = \int_{0\,°C}^{t} \mathfrak{C}_v \frac{dT}{T}$ und $\mathfrak{S}_p = \int_{0\,°C}^{t} \mathfrak{C}_p \frac{dT}{T}$ bei denen der Index angibt, ob sie aus der spezifischen Wärme bei konstantem Volum oder bei konstantem Druck gebildet sind, hängen nur von der Temperatur ab und werden als „Entropiefunktion" bezeichnet.

Da bei adiabater Zustandsänderung die Entropie konstant bleibt, muß die durch Verändern des Volums oder des Druckes verursachte Änderung des einen, von diesen Zustandsgrößen unmittelbar abhängigen Teils der Entropie gerade ausgeglichen werden durch eine entgegengesetzte gleiche Änderung des anderen Teils, also der zugehörigen Entropiefunktion, d. h. es muß sein

$$\mathfrak{S}_{v1} - \mathfrak{S}_{v2} = -R \ln \frac{\mathfrak{B}_1}{\mathfrak{B}_2}$$

bzw.

$$\mathfrak{S}_{p1} - \mathfrak{S}_{p2} = R \ln \frac{p_1}{p_2}.$$

Als Unterlage für die Rechnung sind für die wichtigsten in Verbrennungsgasen vorkommenden Gase innere Energie und Enthalpie und Entropiefunktion $\mathfrak{S}_v$ in Tab. 21, 22 und 23 in Abhängigkeit von der Temperatur dargestellt, sie sind[1] aus den spezifischen Wärmen

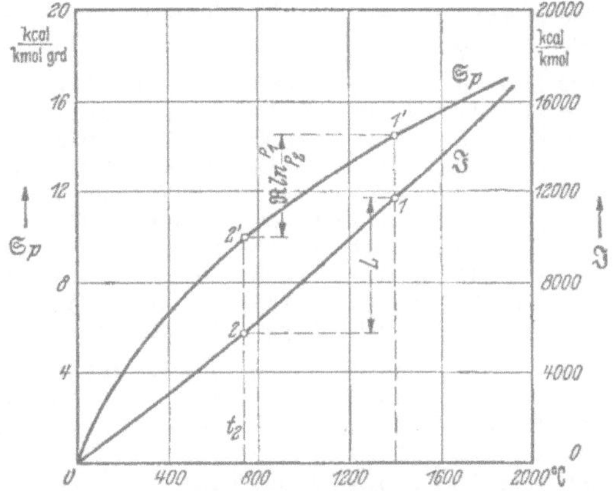

Abb. 73. Zur Berechnung von Gasmaschinenprozessen bei Berücksichtigung der Temperaturabhängigkeit der spez. Wärmen.

Das Diagramm ist maßstäblich richtig für die Verbrennung von Benzin ($c = 0,85$; $h = 0,15$) mit dem Luftverhältnis $\lambda = 1,4$. Die Zustandsänderung 12 entspricht einer adiabaten Entspannung im Verhältnis $p_1 : p_2 = 10$.

der Tab. 12 und 13 (S. 50 und 51) berechnet. Die Entropiefunktion $\mathfrak{S}_p$ ist mit der bereits in Tab. 16 (S. 97) wiedergegebenen Entropiedifferenz $\mathfrak{S}_{p_0}$ identisch.

Um z. B. die technische Arbeit $L = \mathfrak{J}_1 - \mathfrak{J}_2$ bei der adiabaten Entspannung eines Rauchgases zwischen gegebenen Druckgrenzen zu ermitteln, berechnet man zunächst für die gegebene Zusammensetzung des Gases mit Hilfe der Tab. 13 und 16 die Enthalpie $\mathfrak{J}$ und die Entropiefunktion $\mathfrak{S}_p$ nach der Mischungsregel und trägt sie, wie Abb. 73 zeigt, über der Temperatur t auf.

---

[1] Vgl. Fußnote S. 50. Die 4. und 5. Stelle der Zahlen von Tab. 21 und 22 kann keine absolute Genauigkeit beanspruchen. Die Ziffern wurden durch sorgfältiges Glätten der Kurven ermittelt und hinzugefügt, um die bei Anwendungen oft gebrauchten Differenzen bei wenig verschiedenen Temperaturen genau genug zu erhalten.

Tabelle 21.

Differenz der inneren Energie $\mathfrak{U}$ in kcal/kmol zwischen $0\,°C$ und der Temperatur t für einige Gase im idealen Gaszustand
(ohne Berücksichtigung der Dissoziation).

$\frac{t}{°C}$	H_2	N_2 rein	O_2	CO	H_2O	CO_2	SO_2	Luft	N_2 aus Luft[1]
0	0	0	0	0	0	0	0	0	0
25	122	124	125	124	150	169	184	124	123
100	493	498	506	498	607	715	775	498	495
200	993	1001	1034	1004	1233	1522	1634	1005	997
300	1493	1512	1583	1521	1880	2405	2558	1522	1505
400	1996	2035	2156	2054	2556	3451	3531	2053	2026
500	2502	2574	2751	2604	3261	4348	4551	2601	2562
600	3013	3132	3363	3173	3996	5388	5606	3168	3116
700	3530	3705	3988	3757	4760	6464	6677	3750	3686
800	4055	4292	4624	4354	5555	7572	7785	4345	4270
900	4689	4991	5270	4963	6480	8806	8894	5051	4965
1000	5133	5502	5926	5584	7235	9862	10016	5569	5472
1100	5686	6121	6589	6213	8117	11035	11145	6194	6088
1200	6241	6738	7249	6840	9014	12215	12281	6818	6701
1300	6829	7384	7936	7495	9956	13421	13420	7468	7343
1400	7416	8026	8618	8145	10910	14639	14580	8115	7981
1500	8011	8675	9306	8800	11885	15869	15740	8769	8626
1600	8614	9329	10000	9460	12878	17109	16910	9428	9277
1700	9226	9989	10705	10126	13889	18358	18090	10093	9933
1800	9845	10652	11409	10794	14915	19612	19270	10762	10591
1900	10472	11318	12118	11466	15956	20872	20460	11434	11352
2000	11108	11988	12837	12142	17013	22139	21660	12111	11917
2100	11751	12660	13559	12820	18084	23412	—	12790	12584
2200	12401	13335	14278	13500	19169	24692	—	13473	13253
2300	13057	14012	15018	14183	20268	25977	—	14158	13934
2400	13719	14693	15756	14869	21381	27268	—	14847	14608
2500	14385	15375	16497	15556	22506	28563	—	15537	15283
2600	15056	16058	17242	16244	23643	29862	—	16229	15961
2700	15732	16745	17992	16934	24793	31163	—	16926	16642
2800	16410	17433	18745	17625	25952	32468	—	17625	17325
2900	17090	18122	19502	18317	27121	33776	—	18324	18010
3000	17772	18813	20264	19012	28298	35086	—	19026	18698

[1] D. h. bei Berücksichtigung des Gehaltes an Argon.

Zu der gegebenen Temperatur t_1 des Anfangszustandes erhält man in den Punkten *1* und *1'* die zugehörigen Werte von $\mathfrak{J}_1$ und $\mathfrak{S}_{p1}$. Vermindert man $\mathfrak{S}_{p1}$ um $\boldsymbol{R}\ln\frac{p_1}{p_2}$, so ergibt sich im Punkte *2'* die Entropiefunktion des Endzustandes und als dessen Abszisse die Temperatur t_2 und dazu im Punkte *2* auch die Enthalpie $\mathfrak{J}_2$ des Endzustandes. Die Ordinatendifferenz der Punkte *1* und *2* ist dann die gesuchte technische Arbeit $L = \mathfrak{J}_1 - \mathfrak{J}_2$.

In entsprechender Weise erhält man die Arbeit L_{12} der einmaligen Entspannung, indem man von $\mathfrak{U}$ und $\mathfrak{S}_v$ ausgeht und $\mathfrak{S}_v$ um $\boldsymbol{R}\ln\frac{\mathfrak{B}_1}{\mathfrak{B}_2}$ vermindert.

Auch auf die adiabate Verdichtung reiner Luft oder eines Kraftstoffgas-Luft-Gemisches läßt sich das Verfahren anwenden, doch ist hier

Tabelle 22.

Differenz der Enthalpie $\mathfrak{J}$ in kcal/mol zwischen 0°C und der Temperatur t für einige Gase im idealen Gaszustand
(ohne Berücksichtigung der Dissoziation).

$\overset{t}{°C}$	H_2	N_2 rein	O_2	CO	H_2O	CO_2	SO_2	Luft	N_2 aus Luft
0	0	0	0	0	0	0	0	0	0
25	172	174	175	174	200	219	234	174	173
100	692	697	705	697	806	914	974	697	694
200	1390	1398	1431	1401	1630	1919	2031	1402	1394
300	2089	2108	2179	2117	2476	3001	3154	2118	2101
400	2791	2830	2951	2849	3351	4146	4325	2848	2821
500	3496	3568	3745	3598	4255	5342	5544	3595	3556
600	4205	4324	4555	4365	5188	6580	6798	4360	4308
700	4921	5096	5379	5148	6151	7855	8067	5141	5077
800	5645	5882	6214	5944	7145	9162	9374	5935	5860
900	6378	6680	7059	6752	8169	10495	10680	6740	6654
1000	7120	7489	7913	7571	9222	11849	12000	7556	7459
1100	7872	8307	8775	8399	10303	13221	13330	8380	8273
1200	8636	9133	9644	9235	11409	14610	14660	9213	9096
1300	9412	9967	10519	10078	12539	16004	16000	10051	9926
1400	10198	10808	11400	10927	13692	17421	17360	10897	10763
1500	10992	11656	12287	11781	14866	18850	18720	11750	11607
1600	11794	12509	13180	12640	16058	20289	20090	12608	12457
1700	12604	13367	14083	13504	17267	21736	21470	13471	13311
1800	13422	14229	14986	13371	18492	23189	22840	14339	14168
1900	14248	15094	15894	15242	19732	24648	24230	15210	15128
2000	15082	15962	16811	16116	20987	26113	25460	16085	15891
2100	15924	16833	17732	16993	22257	27585	—	16963	16757
2200	16773	17707	18650	17872	23541	29064	—	17845	17625
2300	17628	18583	19589	18754	24839	30548	—	18729	18505
2400	18488	19462	20525	19638	26150	32037	—	19616	19377
2500	19353	20373	21465	20524	27474	33531	—	20505	20251
2600	20223	21225	22409	21411	28810	35029	—	21396	21128
2700	21097	22110	23357	22299	30158	36528	—	22391	22007
2800	21974	22997	24309	23189	31516	38032	—	23189	22889
2900	22853	23885	25265	24080	32884	39539	—	24087	23773
3000	23734	24775	26226	24974	34260	41048	—	24988	24660

wegen der niedrigeren Temperaturen die elementare Rechnung mit konstanten spezifischen Wärmen weniger ungenau und bei Druckverhältnissen bis etwa 1:20 praktisch meist ausreichend.

Beachtet man, wie später im Abschn. XII gezeigt wird, daß bei der Verbrennung unter konstantem Druck die vom Eispunkt an gezählte Enthalpie sich um den Heizwert bei konstantem Druck, bei der Verbrennung unter konstantem Volum die innere Energie um den Heizwert bei konstantem Volum erhöht, so lassen sich alle einzelnen Zustandsänderungen und damit auch die ganzen Kreisprozesse von Gasturbinen und Verbrennungsmotoren unter Berücksichtigung der Temperaturabhängigkeit der spezifischen Wärmen und der Änderung der Zusammensetzung des Arbeitsmittels durch den Gaswechsel berechnen. Für Verbrennungsmotoren kann man dabei mit Vorteil von Leitertafeln

Tabelle 23.

Differenz der Entropie $\mathfrak{S}_v$ in kcal/kmol °K zwischen 0°C und der Temperatur t für einige Gase im idealen Gaszustand
(ohne Berücksichtigung der Dissoziation).

$\frac{t}{°C}$	H_2	N_2 rein	O_2	CO	H_2O	CO_2	SO_2	Luft	N_2 aus Luft
0	0	0	0	0	0	0	0	0	0
100	1,48	1,56	1,59	1,56	1,88	2,17	2,47	1,56	1,55
200	2,66	2,73	2,84	2,77	3,37	4,06	4,53	2,74	2,72
300	3,63	3,70	3,90	3,71	4,58	5,73	6,35	3,69	3,68
400	4,39	4,53	4,83	4,56	5,64	7,26	7,96	4,55	4,50
500	5,13	5,27	5,64	5,33	6,60	8,62	9,40	5,31	5,24
600	5,75	5,94	6,38	6,04	7,51	9,87	10,69	6,02	5,91
700	6,32	6,57	7,07	6,65	8,37	11,03	11,88	6,68	6,53
800	6,82	7,13	7,69	7,28	9,15	12,19	12,96	7,28	7,09
900	7,29	7,66	8,27	7,83	9,90	13,21	13,96	7,82	7,61
1000	7,73	8,17	8,81	8,32	10,62	14,14	14,88	8,32	8,12
1100	8,14	8,65	9,21	8,82	11,29	15,04	15,75	8,80	8,59
1200	8,53	9,11	9,79	9,26	11,93	15,87	16,55	9,25	9,05
1300	8,90	9,52	10,23	9,68	12,55	16,71	17,30	9,67	9,45
1400	9,35	9,92	10,64	10,08	13,14	17,46	18,04	10,07	9,84
1500	9,68	10,30	11,03	10,46	13,69	18,16	18,69	10,44	10,22
1600	10,00	10,66	11,41	10,83	14,23	18,83	19,35	10,79	10,57
1700	10,31	11,00	11,78	11,09	14,75	19,47	19,94	11,13	10,91
1800	10,61	11,32	12,13	11,43	15,21	20,02	20,53	11,44	11,22
1900	10,90	11,63	12,47	11,76	15,69	20,58	21,06	11,75	11,53
2000	11,18	11,93	12,78	12,07	16,16	21,15	21,58	12,05	11,81
2100	11,45	12,22	13,10	12,36	16,61	21,70	22,08	12,34	12,10
2200	11,72	12,49	13,42	12,65	17,06	22,22	22,57	12,63	12,37
2300	11,98	12,76	13,71	12,93	17,50	22,75	23,04	12,90	12,63
2400	12,24	13,03	13,98	13,20	17,92	23,25	23,48	13,16	12,89
2500	12,48	13,27	14,24	13,45	18,31	23,73	23,91	13,41	13,13
2600	12,72	13,51	14,51	13,70	18,70	24,21	24,31	13,66	13,37
2700	12,96	13,76	14,78	13,94	19,09	24,64	24,73	13,92	13,61
2800	13,18	13,99	15,03	14,16	19,47	25,07	25,13	14,14	13,84
2900	13,40	14,22	15,27	14,38	19,85	25,50	25,55	14,36	14,07
3000	13,60	14,43	15,50	14,58	20,20	25,93	25,89	14,57	14,27

Gebrauch machen[1]; für Gasturbinen ist eine Darstellung der Enthalpie und der Entropie über dem Luftverhältnis zweckmäßig[2].

Aufgabe 19. Ein einfachwirkender zweistufiger Kompressor soll bei $n = 300$ Umdr./min stündlich $V = 100 \text{ m}^3$ Luft von $p_1 = 760$ Torr und $t_1 = 15°$ auf $p_2 = 40$ at verdichten.

Wie groß ist die theoretische Leistung jeder Stufe, wenn die Kompression nach Polytropen mit dem Exponenten $n = 1,30$ erfolgt und die Luft nach Zwischenkühlung bei konstantem Druck $p_m = \sqrt{p_1 p_2}$ mit 50° in den Hochdruckzylinder eintritt? Welche Wärmemengen werden in den beiden Zylinder und im Zwischenkühler abgeführt? Mit welcher Temperatur verläßt die Luft den Hochdruckzylinder? Wie groß muß das Hubvolum der beiden Zylinder gewählt werden, wenn der Niederdruckzylinder einen Liefergrad von 90%, der Hochdruckzylinder einen solchen von 85% hat?

Aufgabe 20. Ein Ottomotor mit 6 Liter Hubvolum und 1 Liter Kompressionsvolum saugt brennbares Gasgemisch von 20° und 1 at an (1), verdichtet adiabat (2),

---

[1] SCHMIDT, E.: Jb. 1938, d. dtsch. Luftfahrtsforschg., Erg.-Bd. S. 314.
[2] SCHMIDT, E.: Forschg. Ing. Wes. Bd. 16 (1949), S. 19.

zündet und verbrennt bei konstantem Volum (3), wobei ein Druck von 25 at erreicht wird. Dann expandiert das Gas adiabat bis zum Hubende (4). Verbrennung und Auspuff werden durch Wärmezufuhr bzw. -entzug bei konstantem Volum ersetzt gedacht. Für das arbeitende Gas seien die Eigenschaften der Luft bei konstanter spez. Wärme angenommen.

Wie groß sind die Drücke und Temperaturen in den Punkten 1—4 des Prozesses? Welche Verbrennungswärme wurde frei und welche Wärmemenge wurde im äußeren Totpunkt entzogen? Welche theoretische Arbeit leistet die Maschine je Hub?

Aufgabe 21. Der Zylinder einer einfachwirkenden Dieselmaschine hat 13 l Hubraum und 1 l Verdichtungsraum. Der Arbeitsvorgang der Maschine werde durch folgenden Idealprozeß ersetzt: Adiabate Verdichtung der am Ende des Saughubes im Zylinder befindlichen Luft von 1 at und 70° (1) bis zum inneren Totpunkt (2). An Stelle der Einspritzung und Verbrennung des Treiböles werde Wärme längs 1/13 des Hubes zugeführt (3). Adiabate Ausdehnung der Verbrennungsgase bis zum Hubende (4). An Stelle des Auspuffes und des Ansaugens frischer Luft soll im äußeren Totpunkt Wärme entzogen werden bis zum Erreichen des Anfangszustandes der angesaugten Luft (1). Für das arbeitende Gas seien die Eigenschaften der Luft mit konstanter spez. Wärme angenommen.

Der Prozeß ist im p, V- und im T, S-Diagramm darzustellen. Wie groß sind die Temperaturen und Drücke in den Eckpunkten des Diagramms? Welche Wärmemengen werden bei jedem Hub zu- und abgeführt? Wie groß ist die theoretische Leistung der Maschine, wenn sie nach dem Zweitaktverfahren arbeitet und mit 250 Umdr./min läuft?

Aufgabe 22. Gleichung (151) ist abzuleiten.

VIII. Die Eigenschaften der Dämpfe.

43. Gase und Dämpfe, der Verdampfungsvorgang und die p, v, T-Diagramme.

Als *Dämpfe* bezeichnet man Gase in der Nähe ihrer Verflüssigung. Man nennt einen Dampf gesättigt, wenn schon eine beliebig kleine Temperatursenkung ihn verflüssigt, er heißt überhitzt, wenn es dazu einer endlichen Temperatursenkung bedarf. Gase sind nichts anderes als stark überhitzte Dämpfe. Da sich alle Gase verflüssigen lassen, besteht kein grundsätzlicher Unterschied zwischen Gasen und Dämpfen, bei genügend hoher Temperatur und niedrigen Drücken nähert sich das Verhalten beider dem des vollkommenen Gases.

Als wichtigstes Beispiel eines Dampfes behandeln wir den Wasserdampf, doch verhalten sich andere Stoffe, wie z. B. Kohlensäure Ammoniak, schweflige Säure, Luft, Sauerstoff, Stickstoff, Quecksilber usw. ganz ähnlich, nur liegen Zustände vergleichbaren Verhaltens in verschiedenen Druck- und Temperaturbereichen.

Bei der Verflüssigung trennt sich die Flüssigkeit vom Dampf längs einer deutlich erkennbaren Grenzfläche, bei deren Überschreiten sich gewisse Eigenschaften des Stoffes wie z. B. Dichte, innere Energie, Brechungsindex usw. sprunghaft ändern, obgleich Druck und Temperatur dieselben Werte haben. Eine Grenzfläche gleicher Art tritt beim Erstarren zwischen der Flüssigkeit und dem festen Körper auf. Man bezeichnet solche trotz gleichen Druckes und gleicher Temperatur durch sprunghafte Änderungen der Eigenschaften unterschiedene Zustandsgebiete eines Körpers als „Phasen". Eine *Phase* braucht nicht aus einem chemisch einheitlichen Körper zu bestehen, sondern kann auch ein Ge-

misch aus mehreren Stoffen sein, z. B. ein Gasgemisch, eine Lösung oder
ein Mischkristall. Da sich Gase stets unbeschränkt mischen, kann ein
aus mehreren chemischen Bestandteilen zusammengesetzter Körper nur
eine Gasphase haben. Dagegen sind immer so viele flüssige und feste
Phasen vorhanden wie nicht miteinander mischbare Bestandteile. Auch
ein chemisch einheitlicher Körper kann mehr als eine feste Phase haben,
wenn er in verschiedenen Modifikationen vorkommt (Allotropie).

In einem Zylinder befinde sich 1 kg Wasser von 0° unter konstantem,
etwa nach Abb. 74 durch einen belasteten Kolben hervorgerufenem
Druck. Erwärmen wir das Wasser, so zieht es sich zunächst ein wenig zusammen, erreicht sein kleinstes Volum bei +4°, falls der Druck gleich dem der normalen Atmosphäre ist, und dehnt sich dann bei weiterer Erwärmung wieder aus.

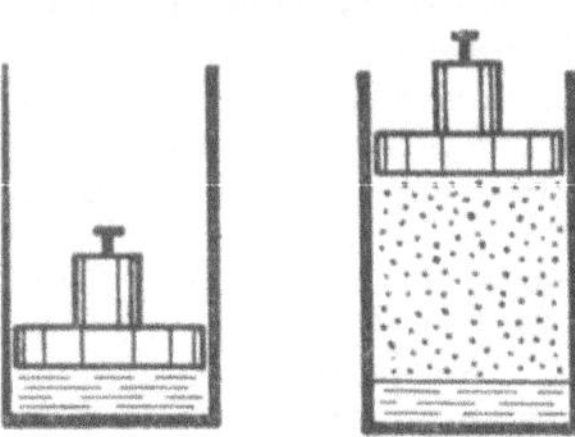

Abb. 74. Die Verdampfung.

Diese Volumabnahme des Wassers bei Erwärmung von 0 bis 4° ist eine ungewöhnliche,
bei anderen Flüssigkeiten nicht auftretende
Erscheinung. Man erklärt sie damit, daß im
Wasser außer H_2O-Molekülen auch noch die
Molekülarten H_4O_2 und H_6O_3 vorhanden sind,
die verschiedene Dichten haben und deren Mengenverhältnis von der Temperatur abhängt. Sind nun bei höherer Temperatur verhältnismäßig mehr
Moleküle der dichteren Arten vorhanden, so tritt eine Volumabnahme
auf, obwohl jede Molekülart ihr Volum mit steigender Temperatur
vergrößert.

Wenn bei dem konstant gehaltenen Druck von 760 Torr die Temperatur von 100° erreicht wird, beginnt sich aus dem Wasser unter sehr
erheblicher Volumvergrößerung Dampf von gleicher Temperatur zu
bilden. Solange noch Flüssigkeit vorhanden ist, bleibt die Temperatur
trotz weiterer Wärmezufuhr unverändert. Man nennt den Zustand, bei
dem sich flüssiges Wasser und Dampf im Gleichgewicht befinden, *Sättigungszustand*, gekennzeichnet durch Sättigungsdruck und Sättigungstemperatur. Erst nachdem alles Wasser zu Dampf geworden ist, dessen
Volum bei 100° das 1673fache des Volums von Wasser bei +4° beträgt, steigt die Temperatur des Dampfes weiter an, und der Dampf geht
aus dem gesättigten in den überhitzten Zustand über.

Führt man den Verdampfungsvorgang bei verschiedenen Drücken
durch, so ändert sich die Verdampfungstemperatur. Die Abhängigkeit
des Sättigungsdruckes von der Sättigungstemperatur heißt Dampfdruckkurve, sie ist in Abb. 75 für einige technisch wichtige Stoffe dargestellt.
Verdampft man bei verschiedenen Drücken und trägt die beobachteten
spezifischen Volume der Flüssigkeit bei Sättigungstemperatur vor der
Verdampfung und des gesättigten Dampfes nach der Verdampfung, die
wir von jetzt ab mit v' und v'' bezeichnen wollen, in einem p, v-Diagramm
auf, so erhält man zwei Kurven a und b der Abb. 76, die linke und die
rechte Grenzkurve. Bei nicht zu hohen Drücken verläuft die linke Grenzkurve fast parallel zur Achse. Mit steigendem Druck wird die Volumzunahme $v'' - v'$ bei der Verdampfung immer kleiner, die beiden Kurven

nähern sich und gehen schließlich, wie Abb. 76 zeigt, in einem Punkte K ineinander über, den man als *kritischen Punkt* bezeichnet. Versucht man bei noch höheren Drücken zu verdampfen, so tritt durch die

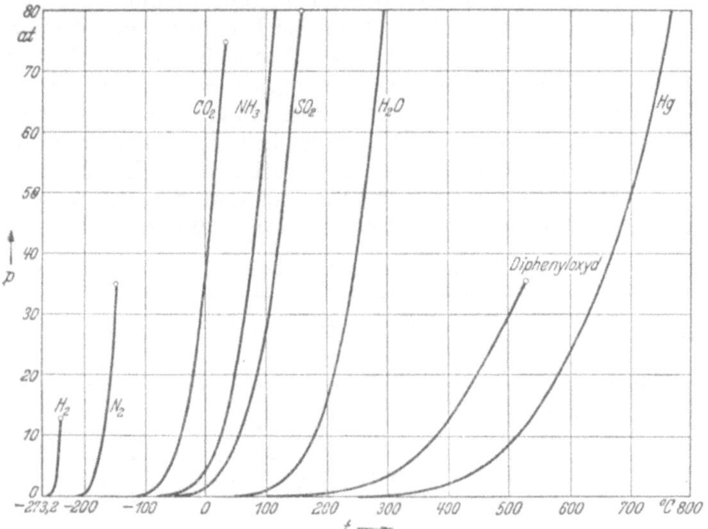

Abb. 75. Dampfdruckkurven einiger Flüssigkeiten (vgl. S. 174 und Abb. 233 auf S. 465).

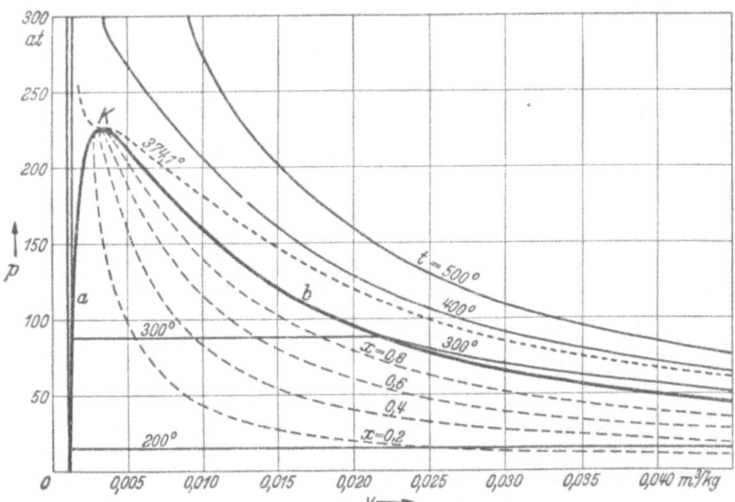

Abb. 76. p, v-Diagramm des Wasserdampfes.

Wärmezufuhr unter stetigem Steigen der Temperatur nur eine stetige Volumzunahme ein, ohne daß der Stoff sich in eine flüssige und eine gasförmige Phase trennt. In Dampfkesseln wird manchmal eine solche Erwärmung von Wasser oberhalb des kritischen Druckes ausgeführt.

Der Druck, bei dem die Verdampfung, d. h. die Volumzunahme durch Wärmezufuhr unter konstantem Druck ohne gleichzeitigen Temperaturanstieg, gerade aufhört, heißt kritischer Druck p_k, die zugehörige Temperatur kritische Temperatur T_k oder t_k und das dabei vorhandene spezifische Volum ist das kritische Volum v_k. Bei Wasser liegt nach den neuesten Messungen der kritische Punkt bei $p_k = 225{,}65$ at und $t_k = 374{,}15°$ und das kritische Volum beträgt $v_k = 3{,}18 \; 10^{-3}$ m³/kg.

In Tab. 24 sind die kritischen Daten einiger technisch wichtiger Stoffe angegeben. Das kritische Volum ist in allen Fällen rund dreimal so groß wie das spezifische Volum der Flüssigkeit bei kleinen Drücken in der Nähe ihres Erstarrungspunktes. Bei den meisten organischen Flüssigkeiten liegt der kritische Druck zwischen 30 und 80 at.

Tabelle 24. *Kritische Daten einiger Stoffe, geordnet nach den kritischen Temperaturen.*

Stoff	Zeichen	Krit. Druck kp/cm²	Krit. Temp. °C	Krit. Volum v_k dm³/kg	Normales Volum v_0 d. Flüssigkeit dm³/kg	$\dfrac{v_k}{v_0}$
Quecksilber	Hg	1077	1460	0,2	0,074	2,71
Anilin	C_6H_7N	54,1	425,7	—	—	—
Wasser	H_2O	225,65	374,15	3,18	1,00016	3,04
Benzol	C_6H_6	49,6	288,6	3,28	1,11	2,98
Alkohol	C_2H_6O	65,1	243	3,6	1,36	2,64
Äther	$C_4H_{10}O$	37,5	194	3,8	1,4	2,7
Äthylchlorid	C_2H_5Cl	54,8	185	—	—	—
Schwefl. Säure	SO_2	80,4	157,3	1,92	0,64	3,0
Methylchlorid	CH_3Cl	68,1	143,1	2,7	—	—
Ammoniak	NH_3	115,2	132,4	4,24	1,43	2,96
Chlorwasserstoff	HCl	85,8	51,4	—	—	—
Stickoxydul	N_2O	74,0	36,5	2,2	—	—
Azetylen	C_2H_2	64,1	35,7	4,33	—	—
Äthan	C_2H_6	50,5	35,0	4,8	—	—
Kohlendioxyd	CO_2	75,2	31,0	2,14	0,84	2,57
Äthylen	C_2H_4	52,3	9,5	4,7	—	—
Methan	CH_4	47,2	$-82{,}5$	6,18	—	—
Stickoxyd	NO	67,2	$-94{,}0$	—	—	—
Sauerstoff	O_2	51,4	$-118{,}8$	2,33	0,80	2,92
Argon	Ar	49,6	$-122{,}4$	1,9	0,698	2,75
Kohlenoxyd	CO	35,6	$-140{,}2$	3,22	1,17	2,76
Luft	—	38,5	$-140{,}7$	3,2	1,26	2,5
Stickstoff	N_2	34,6	$-147{,}1$	3,22	1,14	2,82
Wasserstoff	H_2	13,2	$-239{,}9$	32,3	13,3	2,43
Helium	He	2,34	$-267{,}9$	15	6,8	2,24

Damit ein Dampf sich merklich wie ein vollkommenes Gas verhält, hatten wir bisher verlangt, daß er noch genügend weit von der Verflüssigung entfernt ist. Besser würden wir sagen: sein Druck muß klein gegen den kritischen sein, denn bei kleinen Drücken verhält sich ein Dampf auch in der Nähe der Verflüssigung noch mit guter Annäherung wie ein vollkommenes Gas. Da der kritische Druck fast aller Stoffe groß gegen den atmosphärischen ist, weicht das Verhalten ihrer Dämpfe bei atmosphärischem Druck nur wenig von dem des vollkommenen Gases ab.

Verdichtet man überhitzten Dampf bei konstanter Temperatur z. B. von 300° durch Verkleinern seines Volums, so nimmt der Druck ähnlich wie bei einem vollkommenen Gase nahezu nach einer Hyperbel zu, vgl. Abb. 76. Sobald der Sättigungsdruck erreicht ist, beginnt die Kondensation, und das Volum verkleinert sich ohne Steigen des Druckes so lange, bis aller Dampf verflüssigt ist. Verkleinert man das Volum noch weiter, so steigt der Druck sehr stark an, da Flüssigkeiten ihrer Kompression einen sehr hohen Widerstand entgegensetzen. Trägt man das Ergebnis solcher bei verschiedenen konstanten Temperaturen durchgeführten Verdichtungen in ein p, v-Diagramm ein, so erhält man die Isothermenschar der Abb. 76. Bei Temperaturen unterhalb der kriti-

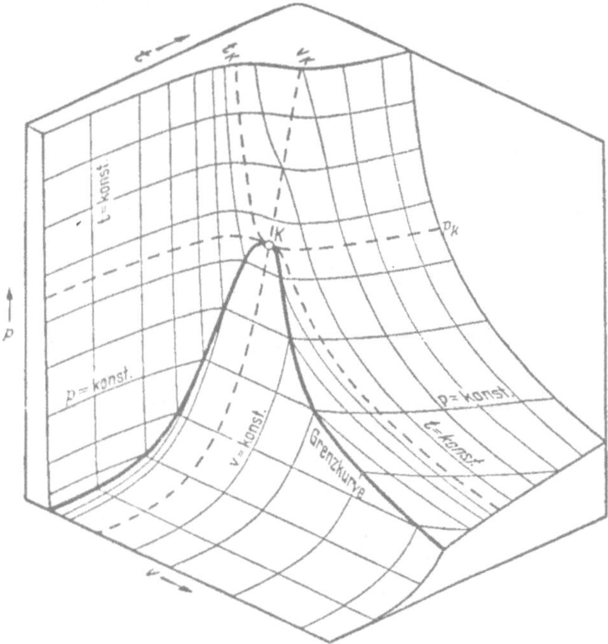

Abb. 77. Zustandsfläche des Wasserdampfes in perspektivischer Darstellung.

schen liegt zwischen den Grenzkurven ein waagerechtes Stück, dessen Punkte Gemischen aus Dampf und Wasser entsprechen und das mit steigender Temperatur immer kürzer wird und im kritischen Punkt zu einem waagerechten Linienelement zusammenschrumpft. Hier geht die Isotherme des Dampfes in einem Wendepunkt mit waagerechter Wendetangente stetig in die der Flüssigkeit über. Bei noch höheren Temperaturen bleibt der Wendepunkt zunächst noch erhalten, aber die Wendetangente richtet sich auf, bis schließlich der Kurvenverlauf sich immer mehr glättet und sich den hyperbelförmigen Isothermen des vollkommenen Gases angleicht.

Verdichtet man ein Gas bei einer Temperatur oberhalb der kritischen, so tritt bei keinem noch so hohen Druck eine Trennung in eine flüssige und eine gasförmige Phase ein, man kann also nicht sagen, wo der gasförmige Zustand aufhört und der flüssige beginnt. Man glaubte daher früher, daß es sog. permanente, d. h. nicht verflüssigbare Gase gäbe. Erst nachdem die Technik tiefer Temperaturen gelehrt hatte, unter die kritischen Temperaturen dieser Gase herunterzukommen, gelang es, sie zu verflüssigen.

Die Kurvenschar der Abb. 76 ist nichts anderes als eine empirische Darstellung der Zustandsgleichung eines Dampfes. Man kann sie als eine Fläche im Raum mit den Koordinaten p, v, T ansehen, ebenso wie wir das mit der Zustandsgleichung des vollkommenen Gases getan hatten. In Abb. 77 ist diese Fläche perspektivisch dargestellt. Das zwischen den Grenzkurven liegende Stück ist dabei nicht doppelt gekrümmt wie die übrige Fläche, sondern in eine Ebene abwickelbar.

Schneidet man die Fläche durch Ebenen parallel zur v, T-Ebene und projiziert die Schnittkurven auf diese, so erhält man die Darstellung der Zustandsgleichung durch Isobaren in der t, v-Ebene nach Abb. 78. Eine dritte Darstellung nach Abb. 79 durch Isochoren in der p, t-Ebene erhält man als Schar der Schnittkurven der Zustandsfläche mit den Ebenen $v = $ konst.; hierbei fallen die beiden Äste der Grenzkurve bei der Projektion in eine Kurve zusammen, die nichts anderes ist als die uns schon bekannte Dampfdruckkurve, und wir sehen jetzt auch, warum diese im kritischen Punkt plötzlich aufhört.

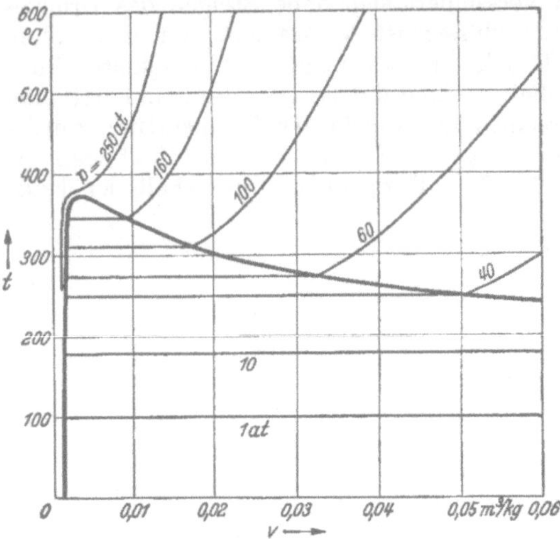

Abb. 78. t, v-Diagramm des Wasserdampfes.

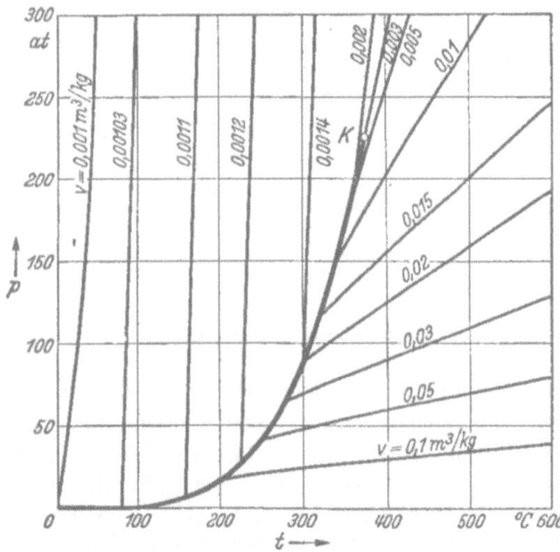

Abb. 79. p, t-Diagramm des Wasserdampfes.

Außerhalb der Grenzkurven ist der Zustand des Dampfes oder der Flüssigkeit stets durch zwei beliebige Zustandsgrößen gekennzeichnet.

Zwischen den Grenzkurven ist durch eine der beiden Angaben von p oder T die andere mitbestimmt, da während des ganzen Verdampfungsvorganges p und T unverändert bleiben. Es wächst daher aber das spezifische Volum, über das wir nun eine Angabe machen müssen. Bezeichnen wir den Dampfgehalt, d. h. den jeweils verdampften Bruchteil des Stoffes mit x, so daß $x = 0$ der Flüssigkeit bei Sättigungstemperatur an der linken Grenzkurve, $x = 1$ dem trocken gesättigten Dampf an der rechten Grenzkurve entspricht, so erhält man das spezifische Volum des Dampfwassergemisches für irgendeinen Dampfgehalt aus der linearen Gleichung

$$v = (1 - x)v' + xv'' = v' + x(v'' - v'). \qquad (152)$$

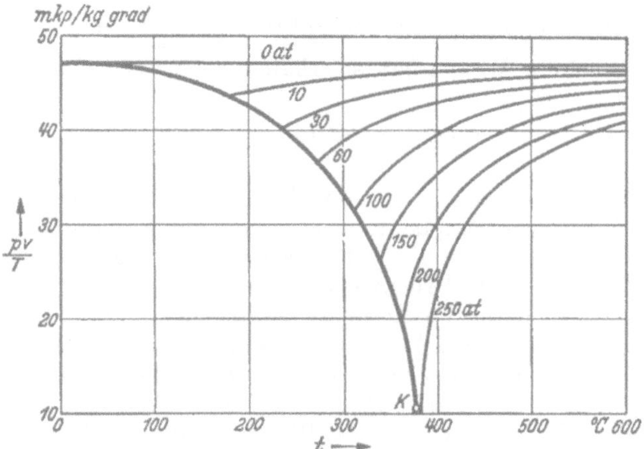

Abb. 80. $\dfrac{pv}{T}$, t-Diagramm des Wasserdampfes.

In Abb. 76 sind Kurven gleichen Dampfgehaltes für einige Werte von x gestrichelt eingezeichnet, sie teilen die Verdampfungsgeraden zwischen den Grenzkurven in gleichen Verhältnissen.

Da das Volum der Flüssigkeit und erst recht seine Änderungen durch Druck und Temperatur sehr klein sind, fallen die Isothermen des p,v-Diagramms und die Isobaren des T,v-Diagramms sehr nahe mit der Grenzkurve zusammen, und diese selber verläuft dicht neben der Achse.

Die Abweichungen des Verhaltens des Wasserdampfes von der Zustandsgleichung der vollkommenen Gase zeigt Abb. 80, in der $\dfrac{pv}{T}$ über t für verschiedene Drücke dargestellt ist. Für den Druck Null ist dieser Ausdruck gleich der Gaskonstanten R.

44. Die kalorischen Zustandsgrößen von Dämpfen.

Die Zustandsgrößen i, u und s von Dämpfen werden im allgemeinen aus kalorimetrischen Messungen bestimmt, bzw. daraus berechnet; später werden wir zeigen (S. 223), daß man sie auch aus der thermischen Zustandsgleichung ableiten kann. Ebenso wie beim spezifischen Volum sollen die Zustandsgrößen für Flüssigkeit im Sättigungszustand mit i', u' und s', für Dampf im Sättigungszustand mit i'', u'' und s'' bezeichnet werden. Für die Technik am wichtigsten sind die Enthalpie und die Entropie. Um nicht immer die Integrationskonstanten mitführen zu müssen, hat man verabredet, daß für Wasser von 0 °C und dem zugehörigen Sättigungsdruck von 0,00623 at die Enthalpie $i = i_0' = 0$ und die Entropie $s = s_0' = 0$ sein sollen. Die innere Energie u des Wassers hat dann bei diesem Zustand nach der Gleichung $i = u + pv$ den kleinen negativen Wert

$$u_0' = - p_0 v_0' = - 62,3 \ \frac{\mathrm{kp}}{\mathrm{m^2}} \cdot 0,001 \ \frac{\mathrm{m^3}}{\mathrm{kg}} = - 0,0623 \ \frac{\mathrm{mkp}}{\mathrm{kg}} \ .$$

Fügt man auf der rechten Seite den Faktor $\dfrac{1 \ \mathrm{kcal}}{426,8 \ \mathrm{mkp}}$ hinzu, der nach Gl. (12) auf S. 22 den Wert 1 hat, so erhält man in Wärmemaß

$$u_0' = - 0,000146 \ \frac{\mathrm{kcal}}{\mathrm{kg}} \ .$$

Das ist viel weniger als der unvermeidliche Fehler der besten kalorimetrischen Messungen. Man kann daher genau genug $u_0' = 0$ setzen.

Bringt man Wasser von 0° auf höheren Druck, ohne die Temperatur zu ändern, so bleibt bis zu Drücken von etwa 100 at die innere Energie u_0 praktisch gleich 0, denn die Kompressionsarbeit ist wegen der kleinen Kompressibilität des kalten Wassers sehr klein. Dann ist genügend genau $i_0 = pv_0$, d. h. die Enthalpie bei 0° wächst annähernd proportional dem Druck und erreicht z. B. bei 100 at den Wert 2,39 kcal/kg. Oberhalb 100 at ist auch die innere Energie bei 0° schon von merklichem Betrage und muß nach dem ersten Hauptsatz aus der Formel

$$u = \int dq - \int p \, dv$$

bestimmt werden; dabei ist $- \int p \, dv$ die zugeführte Kompressionsarbeit, $\int dq$ die zugeführte Wärmemenge, um die Temperatur auf 0° zu halten. In Gebieten, wo Wasser sich mit steigender Temperatur ausdehnt, ist dq negativ, also eine abzuführende Wärmemenge, ebenso wie die Kompressionswärme bei der isothermen Kompression eines Gases. Da in der Nähe von 0° Wasser sich aber mit steigender Temperatur zusammenzieht, muß hier Wärme zugeführt werden, da sonst durch die Kompression eine Abkühlung eintreten würde. Aus der so bestimmten inneren Energie u_0 bei 0° erhält man dann den genauen Wert von i_0 durch addieren von pv_0. Ist i_0 für alle Drücke bekannt, so ermittelt man die Enthalpie bei beliebigen Temperaturen durch Messen der bei konstantem Druck zur Erwärmung von 0° auf t notwendigen Wärmezufuhr.

Als *Flüssigkeitswärme* q_f bezeichnet man die Wärmemenge, die nötig ist, um Wasser bei irgendeinem beliebigen, konstant gehaltenen Druck von 0° auf Sättigungstemperatur zu bringen, sie hängt mit der Enthalpie durch die Gleichung

$$i' = i_0 + q_f \tag{153}$$

zusammen. Bei Temperaturen unter 100° sind i', u' und q_f praktisch gleich, bei hohen Temperaturen werden aber die Unterschiede merklich:

bei 200° entspr. 15,86 at ist $i' = 203,5$ $u' = 203,1$ $q = 203,1$
„ 300° „   87,6 „ „ $= 321,0$ $= 318,1$ $= 318,9$
„ 350° „ 168,6 „ „ $= 399$ $= 392$ $= 395$
„ 374° „ 225,2 „ „ $= 488$ $= 473$ $= 483$

Die Entropie erhält man für eine beliebige Zustandsänderung des Wassers, ausgehend vom Sättigungszustand bei 0 °C, nach der Gleichung

$$s = \int \frac{dq}{T} = \int c \frac{dT}{T}$$

durch Integration über alle in umkehrbarer Weise zugeführten Wärmemengen, nachdem jede durch die absolute Temperatur, bei der sie zugeführt wurde, dividiert ist. Da für flüssiges Wasser bei nicht zu hohen Temperaturen die spezifische Wärme im Sättigungszustand nahezu konstant ist, kann man bis etwa 150° näherungsweise setzen

$$s' = c \ln \frac{T}{273,15\,°\mathrm{K}} \; .$$

Zur Verdampfung bei konstantem Druck ist eine Wärmemenge r notwendig, die man *Verdampfungswärme* nennt und die in einem Verdampfungskalorimeter gemessen werden kann. Sie ist nach der Gleichung

$$r = i'' - i' = u'' - u' + p(v'' - v') \tag{154}$$

gleich der Zunahme der Enthalpie bei der Verdampfung und besteht nach

$$r = \varphi + \psi \tag{154a}$$

aus der *inneren* Verdampfungswärme

$$\varphi = u'' - u' \tag{154b}$$

und der *äußeren* Verdampfungswärme

$$\psi = p(v'' - v'). \tag{154c}$$

Die innere Verdampfungswärme dient zur Überwindung der Anziehungskräfte zwischen den Molekeln und ist gleich der Zunahme der inneren Energie. Die äußere Verdampfungswärme ist der bei der Verdampfung von 1 kg Wasser geleisteten Arbeit gleich. Sie ist nur ein kleiner Bruchteil, bei 100 °C etwa $1/13$ der gesamten Verdampfungswärme.

Die Summe

$$\lambda = q_f + r \tag{155}$$

aus Flüssigkeits- und Verdampfungswärme bezeichnet man auch als *Erzeugungswärme* des trocken gesättigten Dampfes.

Die Entropiezunahme bei der Verdampfung beträgt

$$s'' - s' = \frac{r}{T_s}, \tag{156}$$

wobei T_s die Sättigungstemperatur ist.

Für das überhitzte Gebiet bestimmt man die Enthalpie i entweder durch unmittelbare kalorimetrische Messungen oder aus den gemessenen spezifischen Wärmen c_p des überhitzten Dampfes durch Integration längs einer Isobare mit Hilfe der Gleichung

$$i = i'' + q_{\ddot{u}} = i'' + \int\limits_{T_s}^{T} c_p \, dT. \qquad (157)$$

Die Entropie des überhitzten Dampfes ergibt sich aus

$$s = s'' + \int\limits_{T_s}^{T} c_p \, \frac{dT}{T}, \qquad (158)$$

wobei wieder längs einer Isobare zu integrieren ist.

Die spezifische Wärme c_p des Dampfes hängt nach Versuchen von KNOBLAUCH und Mitarbeitern außer von der Temperatur in erheblichem Maße vom Druck ab, wie das Abb. 81 zeigt. Die eingezeichneten Isobaren endigen jeweils bei der Sättigungstemperatur auf der Grenzkurve. Beim Drucke 0 ist auch Wasserdampf ein vollkommenes Gas, dessen spezifische Wärme mit der Temperatur zunimmt. Für höhere Drücke wächst c_p bei Annäherung an die Grenzkurve mit abnehmender Temperatur stark an und wird im kritischen Punkt, wie wir später sehen werden, sogar unendlich groß. Durch Integrieren der Fläche unter einer Isobare erhält man unmittelbar das für die Berechnung der Enthalpie von überhitztem Dampf nach Gl. (157) gebrauchte Integral.

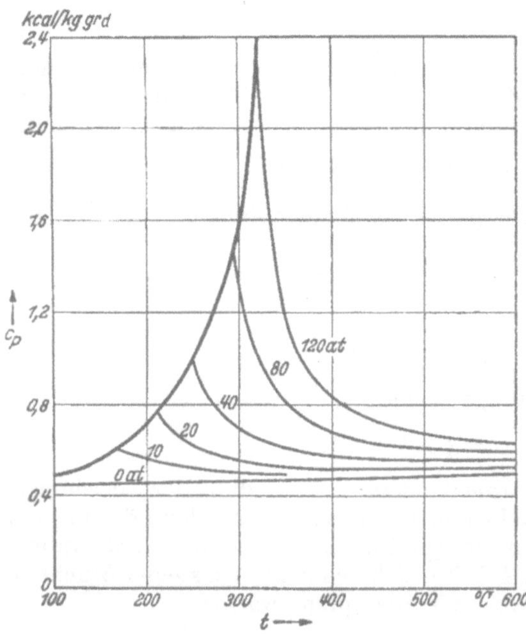

Abb. 81. Spezifische Wärme c_p des überhitzten Wasserdampfes nach KNOBLAUCH, JAKOB, RAISCH und KOCH.

Die innere Energie findet man entweder aus Werten der spezifischen Wärme bei konstantem Volum nach der Gleichung

$$u = u'' + \int\limits_{T_s}^{T} c_v \, dT, \qquad (159)$$

wobei längs einer Isochoren zu integrieren ist oder besser nach der Gleichung $u = i - pv$ auf dem Wege über die Enthalpie. Denn die spezifischen Wärmen bei konstantem Volum lassen sich nur schwer bestimmen, und bei Dämpfen ist die Differenz der spezifischen Wärmen $c_p - c_v$ keine konstante Größe mehr, wie bei den vollkommenen Gasen, da Enthalpie und innere Energie nicht vom Volum unabhängig sind.

Bei den vorstehenden Ermittlungen der Zustandsgrößen des Wasserdampfes ist der grundsätzlich einfachste Weg angegeben, daneben gibt es noch andere, die für die experimentelle Ausführung von Messungen oft vorteilhafter sind. Auf einige davon gehen wir später ein.

45. Tabellen und Diagramme der Zustandsgrößen von Dämpfen.

Die Zustandsgrößen von Wasser und Dampf im Sättigungszustand stellt man nach MOLLIER in Dampftabellen dar, die entweder nach Temperatur- oder nach Druckstufen fortschreiten.

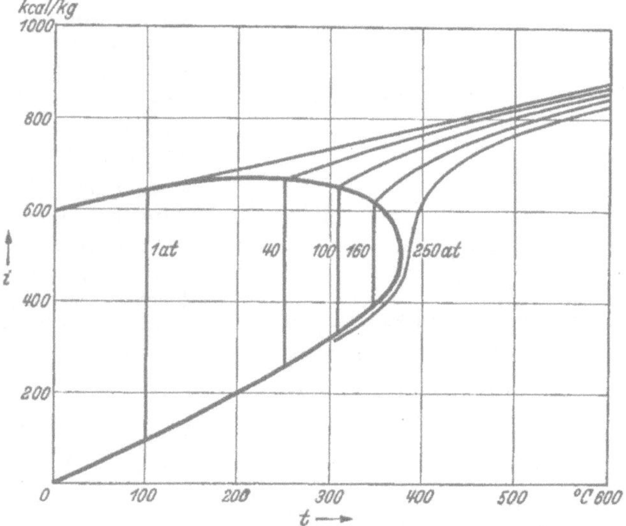

Abb. 82. i, t-Diagramm des Wasserdampfes.

Tab. I, III und IV des Anhanges zeigen solche Dampftafeln.

Für das Naßdampfgebiet zwischen den Grenzkurven erhält man die Zustandsgrößen für einen gegebenen Dampfgehalt x ebenso wie beim spezifischen Volum nach den Gleichungen

$$\left.\begin{aligned}
v &= (1 - x)v' + xv'' = v' + x(v'' - v'), \\
i &= (1 - x)i' + xi'' = i' + xr, \\
u &= (1 - x)u' + xu'' = u' + x(u'' - u'), \\
s &= (1 - x)s' + xs'' = s' + x\,\frac{r}{T}\,.
\end{aligned}\right\} \quad (160)$$

11*

Für das Gebiet der Flüssigkeit und des überhitzten Dampfes gibt
Tab. II des Anhanges das spezifische Volum, die Enthalpie und die
Entropie für eine Anzahl von Drücken und Temperaturen.

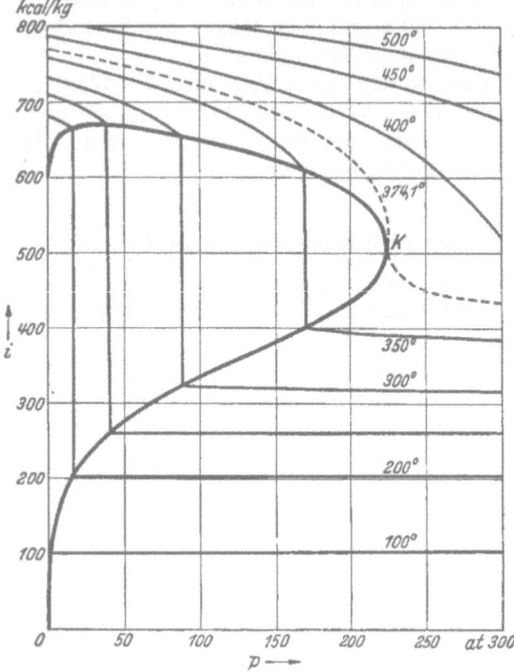

Abb. 83. i, p-Diagramm des Wasserdampfes.

Anschaulicher als Tabellen sind Darstellungen der Zustandsgrößen in Diagrammen. Die Enthalpie des Wassers und Dampfes in Abhängigkeit von der Temperatur und dem Druck gibt das i, t-Diagramm der Abb. 82, in das die Isobaren eingezeichnet sind. Man sieht daraus, daß die Enthalpie des gesättigten Dampfes i'' und damit auch die davon nur um die kleine, aus Tab. IIa des Anhanges entnehmbare Größe i_0 verschiedene Erzeugungswärme q_f mit steigender Temperatur zunächst ansteigt, ein Maximum überschreitet und dann wieder fällt. Gesättigter Dampf z. B. von 160 at läßt sich dem-

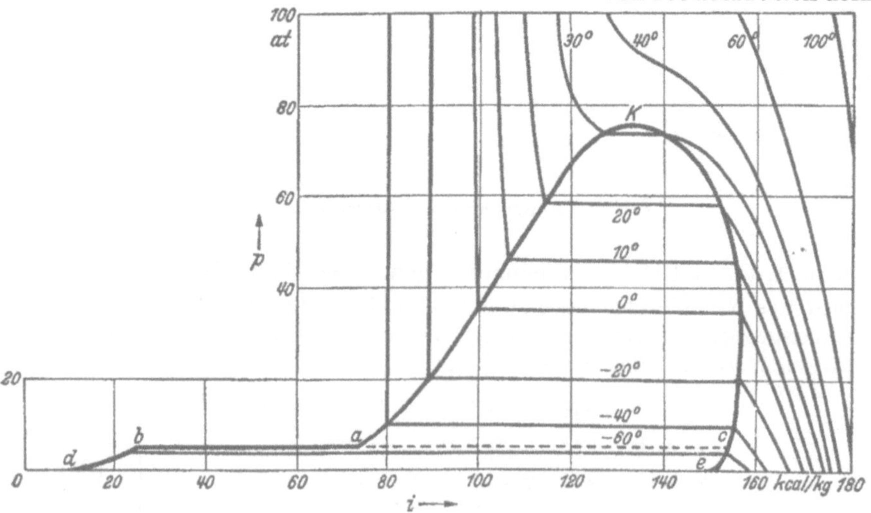

Abb. 84. p, i-Diagramm der Kohlensäure.

nach mit geringerem Wärmeaufwand herstellen als solcher von 40 at. Die Isobaren im Flüssigkeitsgebiet verlaufen so nahe der Grenzkurve, daß sie für praktische Zwecke als damit zusammenfallend angesehen werden können; nur bei Drücken, die dem kritischen nahekommen, ist der Unterschied bei hohen Temperaturen nicht zu vernachlässigen, wie die Isobare für 250 at zeigt.

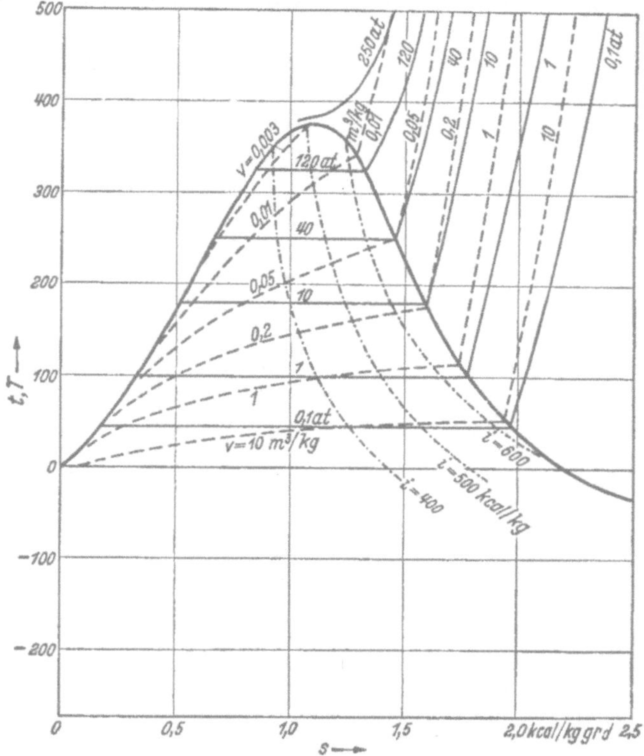

Abb. 85. *T, s*-Diagramm des Wasserdampfes mit Isobaren (ausgezogen), Isochoren (gestrichelt) und Kurven gleichen Wärmeinhaltes (strichpunktiert).

Eine etwas andere Darstellung gibt das i, p-Diagramm der Abb. 83 mit den Isothermen. Solche Diagramme sind besonders in der Kältetechnik gebräuchlich. Abb. 84 gibt ein mit der Enthalpie als Abszisse und dem Druck als Ordinate gezeichnetes p, i-Diagramm der Kohlensäure. Darin ist unten auch der Bereich der festen Kohlensäure enthalten. Der Sprung ab in der linken Grenzkurve bedeutet die Erstarrungswärme der Kohlensäure und das anschließende Stück bd ist die Grenzkurve für die Verdampfung oder Sublimation der festen Kohlensäure. Das Gebiet aKc des Diagramms gilt für Gemische von flüssiger und gasförmiger, das Gebiet $dbce$ für Gemische von fester und gasförmiger Kohlensäure.

Für Wasserdampf bevorzugt man in der Technik Diagramme mit der Entropie als Abszisse. Abb. 85 zeigt das T, s-Diagramm des Wasser-

dampfes. Darin sind die Isobaren in großer Entfernung von der Grenzkurve nahezu logarithmische Kurven wie bei den Gasen. Bei Annäherung
an die Grenzkurve wird ihre Neigung flacher, besonders in der Nähe des
kritischen Punktes. Die durch den kritischen Punkt selbst hindurch-
gehende Isobare hat dort einen Wendepunkt mit waagerechter Tangente.
Wie wir bei den Gasen gezeigt hatten, stellt die Subtangente der Isobare
die spezifische Wärme c_p dar, die daher dem Verlauf der Isobaren ent-

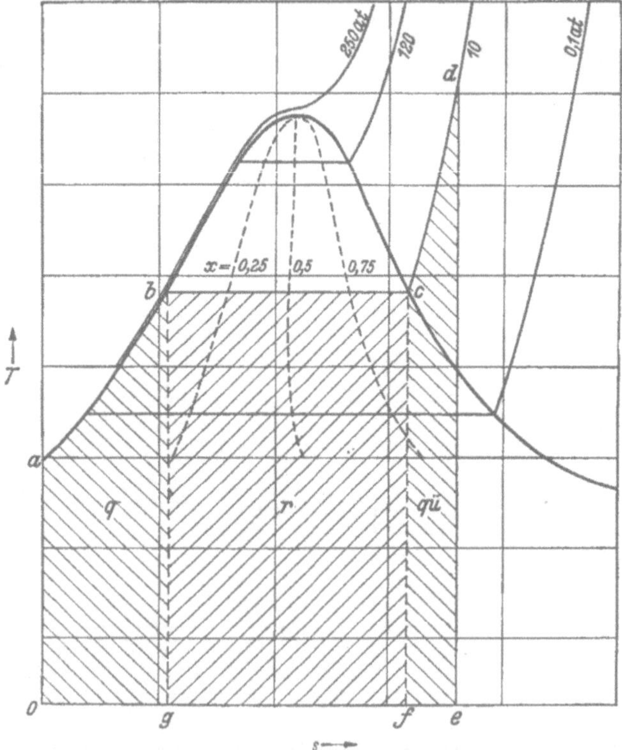

Abb. 86. T,s-Diagramm des Wasserdampfes mit Kurven gleichen Dampfgehaltes.

sprechend für höhere Drücke bei Annäherung an die Grenzkurve zunehmen und im kritischen Punkt unendlich werden muß. Im Gebiet der
Flüssigkeit fallen die Isobaren bei nicht zu hohen Drücken mit der Grenzkurve praktisch zusammen.

Die große technische Bedeutung des T,s-Diagramms liegt in der anschaulichen Darstellung der umgesetzten Wärmemengen als Flächen unter
der Kurve einer Zustandsänderung. Wenn die Flächen die Wärmemengen
in der Größe richtig wiedergeben sollen, muß das T,s-Diagramm aber un-
verkürzt, d. h. vom absoluten Nullpunkt und nicht nur vom Eispunkt
an aufgetragen sein.

Insbesondere stellt die ganze schraffierte Fläche $0\,abcde$ unter der
Isobare in Abb. 86 die Enthalpie von überhitztem Dampf dar. Dabei

ist $abg0$ die Enthalpie i' des Wassers im Sättigungszustand oder praktisch auch die Flüssigkeitswärme q_f, das Rechteck $gbcf$ die Verdampfungswärme r und die Fläche $cdef$ die Überhitzungswärme $q_{\ddot{u}}$. Die Verdampfungswärme nimmt, wie man aus ihrer Darstellung als Rechteck sofort erkennt, mit Annäherung an den kritischen Punkt schließlich bis auf 0 ab, da sie zu einem immer schmäler werdenden Streifen zusammenschrumpft.

Ermittelt man für alle Zustandspunkte T,s die Enthalpie als Fläche unter der zugehörigen Isobare und verbindet die Punkte gleicher Enthal-

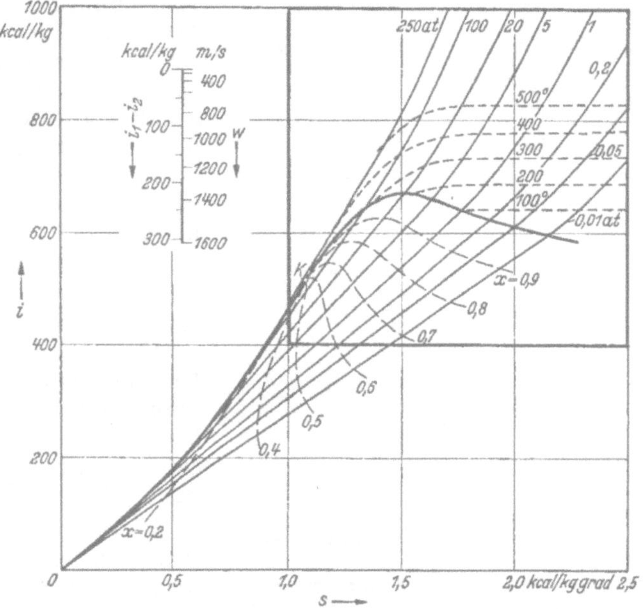

Abb. 87. i,s-Diagramm des Wasserdampfes.

pie, so erhält man im T,s-Diagramm die Kurven $i =$ konst. der Abb. 85. Zeichnet man auch die Isochoren ein, so hat man alle wichtigen Zustandsgrößen in diesem Diagramm vereint. Im überhitzten Gebiet sind die Isochoren den Isobaren ähnlich, aber steiler. Im Naßdampfgebiet sind es gekrümmte Kurven, die von der Nähe des Eispunktes fächerförmig auseinanderlaufen.

Bequemer als das T,s-Diagramm ist für die Ermittlung der aus Dampf gewinnbaren Arbeit das i,s-Diagramm der Abb. 87. Bei ihm liegt der kritische Punkt nicht auf dem Gipfel, sondern auf dem linken Hang der Grenzkurve. Die Isobaren und Isothermen fallen im Naßdampfgebiet zusammen und sind Gerade mit der Neigung $di/ds = T$, da längs der Isobare $di = dq = T \cdot ds$ ist. Im überhitzten Gebiet haben alle Isobaren an den Stellen, wo sie dieselbe Isotherme treffen, gleiche Neigung. In die linke Grenzkurve münden die Isobaren tangential ein und fallen im Flüssigkeitsgebiet praktisch mit ihr zusammen. Die rechte

Grenzkurve durchsetzen sie ohne Knick und sind im überhitzten Gebiet logarithmischen Kurven ähnlich.

Die Isothermen sind im Gebiet des hochüberhitzten Dampfes waagerechte Gerade und krümmen sich nach unten bei Annäherung an die Grenzkurve, die sie mit einem Knick überschreiten. Aus dem T,s-Diagramm kann man den Verlauf der Isothermen und Isobaren im einzelnen entwickeln. In das Naßdampfgebiet des i,s-Diagramms der Abb. 87 sind endlich noch die Kurven gleichen Dampfgehaltes x eingetragen, die die geraden Isobaren zwischen den Grenzkurven in gleichen Verhältnissen teilen.

Für die Zwecke der Dampftechnik kommt man in der Regel mit den in Abb. 87 durch starke Umrahmung abgegrenzten und in Tafel A des Anhanges in größerem Maßstab gezeichneten Teil des i,s-Diagramms aus.

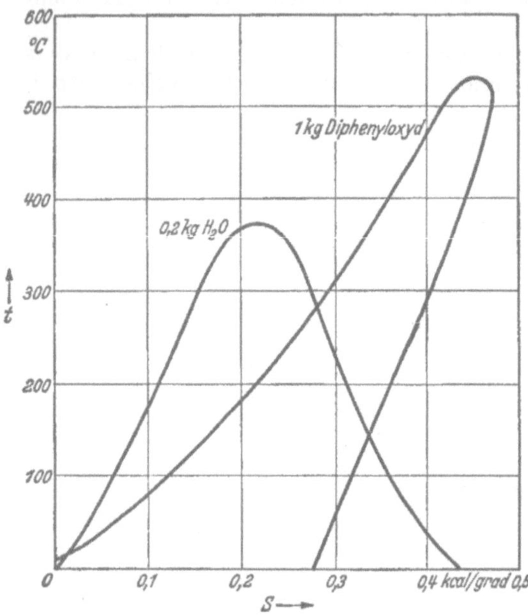

Abb. 88.
Grenzkurve von Diphenyloxyd, verglichen mit der von Wasser.

Bei anderen Dämpfen, wie Ammoniak, Kohlensäure, Quecksilber, Methylchlorid usw. haben die entsprechenden Diagramme grundsätzlich ähnlichen Verlauf, wenn auch die Zahlenwerte andere sind.

Bei einigen organischen Verbindungen, z. B. bei Benzol oder dem als Wärmetransportmittel bei hohen Temperaturen gebrauchten und auch als Betriebsflüssigkeit für Dampfkessel vorgeschlagenen Diphenyloxyd hängt die Grenzkurve, wie in Abb. 88 dargestellt, nach rechts über.

46. Einfache Zustandsänderungen von Dämpfen.

Zustandsänderungen von Dämpfen verfolgt man am besten an Hand der Diagramme. Besonders im überhitzten Gebiet werden fast alle praktischen Fragen durch Abgreifen der Zustandsgrößen aus einem MOLLIERschen i,s-Diagramm gelöst, in das außer den Isobaren und Isothermen auch die Isochoren eingetragen sind. Für das Sättigungsgebiet benutzt man die Dampftafeln, welche die Zustandsgrößen für die Grenzkurven enthalten und berechnet die Werte für nassen Dampf mit gegebenem Dampfgehalt x nach den Formeln (160). Im folgenden sollen einige einfache Zustandsänderungen näher behandelt werden.

a) Isobare Zustandsänderung.

Im Naßdampfgebiet ist die Isobare zugleich Isotherme. Geht man von einem Dampfzustand mit dem Dampfgehalt x_1 zu einem solchen mit dem größeren Dampfgehalt x_2 über, so verdampft die Menge $x_2 - x_1$ und es ist die Wärmemenge

$$q_{12} = (x_2 - x_1)\,r$$

zuzuführen. Dabei erhöht sich die innere Energie um

$$u_2 - u_1 = (u_2 - x_1)\,\varrho,$$

und es wird die Expansionsarbeit

$$L_{12} = (x_2 - x_1)\,p\,(v'' - v') = (x_2 - x_1)\,\psi$$

geleistet. In der letzten Gleichung kann für nicht zu große Drücke das Flüssigkeitsvolum v' gegen das Dampfvolum v'' in der Regel vernachlässigt werden. Aus den letzten drei Gleichungen folgt

$$q_{12} : (u_2 - u_1) : L_{12} = r : \varrho : \psi. \tag{161}$$

Im überhitzten Gebiet erhält man die Wärmezufuhr längs der Isobare aus den Diagrammen als Änderung der Enthalpie.

b) Isochore Zustandsänderung.

Führt man nassem Dampf bei konstantem Volum Wärme zu, so steigt sein Druck, und er wird im allgemeinen trockner, wie die Linie _1 2_

des p, v-Diagramms der Abb. 89 zeigt. Soll der Druck von p_1 im Punkte _1_ mit dem Anfangsdampfgehalt x_1 auf p_2 in Punkt _2_ mit dem noch unbekannten Dampfgehalt x_2 steigen, so gilt für die Volume beider Zustände nach Gl. (152)

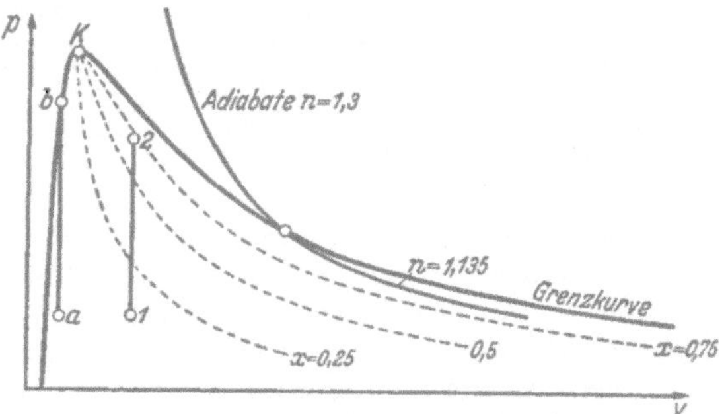

Abb. 89.
Isochoren und Adiabaten des Wasserdampfes im p,v-Diagramm.

$$v_1 = v_1' + x_1(v_1'' - v_1')$$
$$v_2 = v_2' + x_2(v_2'' - v_2').$$

Auf der Isochore ist $v_1 = v_2$, damit wird

$$x_2 = x_1\,\frac{v_1'' - v_1'}{v_2'' - v_2'} + \frac{v_1' - v_2'}{v_2'' - v_2'},$$

und es ist die Wärmemenge

$$q_{12} = u_2 - u_1 = u_2' = u_1' + x_2\varrho_2 - x_1\varrho_1$$

zuzuführen, wobei die Zustandsgrößen an den Grenzkurven für die Drücke p_1 und p_2 aus den Dampftafeln zu entnehmen sind. Die Formeln gelten natürlich nur bis zum Erreichen der Grenzkurve. Bei weiterer Wärmezufuhr kommt man ins überhitzte Gebiet, wo das Verhalten des Dampfes mit Hilfe der Diagramme weiter zu verfolgen ist.

Ist der Anfangsdampfgehalt x so klein, daß das spezifische Volum des Gemisches kleiner als das kritische Volum ist, so trifft die Isochore bei Drucksteigerung durch Wärmezufuhr den linken Ast der Grenzkurve entsprechend der Linie ab der Abb. 89, bei b ist dann aller Dampf wieder verflüssigt. Denken wir uns z. B. ein geschlossenes Gefäß mit dem unveränderlichen Volum von 0,002 m³, in dem sich zusammen 1 kg Wasser und Dampf von 0° befinden, so ist das spezifische Volum dieses Gemisches gerade $v = 0,002$ m³/kg. Der Dampfgehalt ergibt sich nach Gl. (152) mit Hilfe der Dampftafeln zu

$$x_a = \frac{v - v_a}{v_a'' - v_a} = \frac{0,002 - 0,001\,000}{206,31 - 0,001\,000} = 0,00\,000\,485\,.$$

Es ist also anfangs nur ein sehr kleiner Teil des Inhaltes dampfförmig und das Wasser füllt fast genau die Hälfte des Volums aus. Führt man Wärme zu, so steigt die Temperatur, das Wasser zieht sich zunächst zusammen, erreicht bei $+4°$ seinen niedrigsten Stand und dehnt sich dann stetig weiter aus; zugleich verdampft Wasser, aber die Volumzunahme des Wassers durch Temperatursteigerung ist größer als die Volumabnahme durch Verdampfung, so daß von dicht oberhalb $+4°$ an der Wasserspiegel dauernd steigt.

Die Rechnung ergibt für den Dampfgehalt bei verschiedenen Temperaturen die folgenden Werte

bei 100 °C	200°	300°	330°	340°	350°	360°	364°
$x = 0{,}000572$	0,00669	0,0295	0,0385	0,0394	0,0358	0,0185	0,000

Zunächst verdampft also Wasser, bis der Dampfgehalt bei etwa 340° und 149 at sein Maximum mit $x = 0,0394$ erreicht. Bei weiterer Temperatursteigerung kondensiert der Dampf wieder, bis bei etwa 364° und 200 at das ganze Gefäß mit Wasser gefüllt ist.

Die Wärmezufuhr bei der Zustandsänderung ab ist gleich der Zunahme der inneren Energie von ihrem Anfangswert bei 0°, der wegen des kleinen dampfförmigen Anteils praktisch gleich 0 ist, auf ihren Endwert bei 364° an der linken Grenzkurve, der nach den Dampftafeln rund 422 kcal/kg beträgt. Führt man noch weiter Wärme zu, so steigt der Druck der Flüssigkeit sehr stark an.

Aus dem p,v-Diagramm kann man die Isochoren in das T,s-Diagramm übertragen, indem man punktweise für jeden Zustand p, x einer Isochore des p,v-Diagramms den entsprechenden Punkt T, x in das T,s-Diagramm einzeichnet. Man erhält so den in Abb. 85 bereits dargestellten Verlauf der Isochoren. Die Flächen unter den Isochoren im T,s-Diagramm stellen die innere Energie dar.

c) Adiabate Zustandsänderung.

Adiabate Zustandsänderungen verfolgt man am besten im T,s-Diagramm, da die Adiabaten zugleich Isentropen und daher hier senk-

rechte Gerade sind. Entspannt man überhitzten Dampf adiabat genügend weit, entsprechend der Linie *1 2* der Abb. 90, so wird er trocken
gesättigt. Senkt man den Druck noch weiter nach der Linie *2 3*, so wird
der gesättigte Dampf naß, und man kann den Dampfgehalt x an den
gestrichelten Kurven konstanten Dampfgehaltes ablesen. Sinkt bei weiterer Entspannung längs der Linie *3 4* der Druck bis auf den des Tripelpunktes (vgl. S. 176), so gefriert das zunächst in Form feiner Flüssigkeits-
tropfen ausgeschiedene Wasser bei 0,01 °C zu Eis oder Schnee. Trifft die
Adiabate die Grenzkurve bei noch tieferen Temperaturen, so scheidet
sich gleich Schnee aus. Solche Zustandsänderungen spielen sich vor allem
in der freien Atmosphäre ab. Dabei treten aber häufig Unterkühlungen
und Übersättigungen auf, d. h. Wasser bleibt noch flüssig und Dampf
noch gasförmig bis herab zu Temperaturen, bei denen eigentlich schon
ein Teil fest oder flüssig sein sollte.

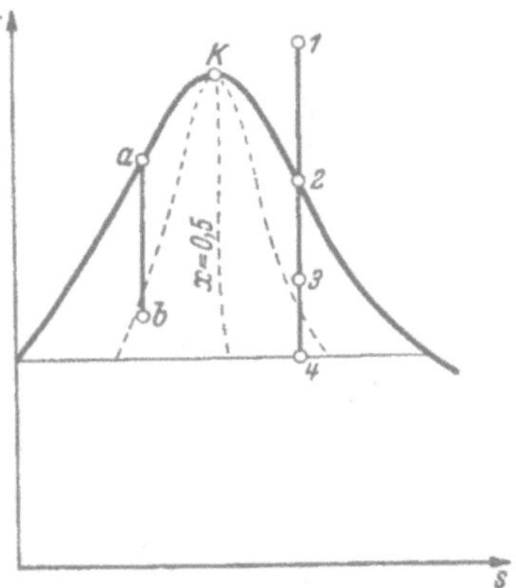

Abb. 90. Adiabate Expansion im T, s-Dia-
gramm von überhitzten Dampf (1 2 3 4) und
von Wasser im Sättigungszustand (a b).

Man spricht dann von „metastabilem"
Gleichgewicht (vgl. S. 215). Durch eine
geeignete Störung, z. B. durch Hineinbringen einer winzigen Menge der Gleich-
gewichtsphase — eines Eiskristalles oder
eines Wassertröpfchens — stellt sich
aber rasch das stabile Gleichgewicht
unter Entropiezunahme ein.

Entspannt man Wasser vom Sättigungszustand adiabat, so verdampft es
teilweise entsprechend der Linie $a b$ der
Abb. 90, und der Dampfgehalt wächst
mit abnehmendem Druck. Geht man
dabei gerade vom kritischen Punkt aus,
so bleibt der Zustand des Gemisches in
der Nähe der schwach s-förmig ge-
schwungenen, von der Senkrechten nur
wenig abweichenden Linie $x = 0,5$.

Im p, v-Diagramm (Abb. 89) kann man die Adiabaten des überhitzten
Dampfes für nicht zu hohe Drücke, wie bei den Gasen durch die Gleichung

$$pv^{1,30} = p_1 v_1^{1,30} = \text{konst.} \tag{162}$$

näherungsweise wiedergeben. Da die rechte Grenzkurve bei Drücken von
0,01 bis 20 at mit guter Näherung durch die Gleichung

$$pv^{19/18} = \text{konst.} \tag{163}$$

darstellbar ist, überschreiten die Adiabaten bei abnehmenden Drücken
die rechte Grenzkurve und sind auch im Naßdampfgebiet steiler als
diese. Bei etwa 30 at ist der Exponent einer Polytrope nach Gl. (163)
von gleicher Neigung wie die Grenzkurve auf 1 gesunken und er nimmt
mit steigendem Druck weiter ab bis auf Null am kritischen Punkt,
so daß die Grenzkurve überall von den Adiabaten (Isentropen) getroffen wird.

Der Vorschlag Zeuners, die Adiabaten auch im Naßdampfgebiet durch Gleichung der Form $pv^n = \text{konst.}$ mit linear vom Dampfgehalt x abhängigem Exponenten $n = 1{,}035 + 0{,}1\,x$ darzustellen, befriedigt nicht mehr, seit wir über genauere Dampftafeln verfügen. Man ermittelt deshalb die Adiabate am besten mit Hilfe eines T,s- oder i,s-Diagrammes oder an Hand der Dampftabellen. Aus Abb. 90 erkennt man sofort, daß bei adiabater Entspannung nasser Dampf hohen Dampfgehaltes (etwa $x > 0{,}5$) noch nasser, Dampf niederen Dampfgehaltes (etwa $x < 0{,}5$) trockener wird.

Ebenso wie bei den Gasen nach Gl. (72) kann man für überhitzten Dampf (aber bei Drücken > 25 at nicht bis zu nahe an die Grenzkurve heran) aus Adiabaten der Form $pv^n = \text{konst.}$ die Arbeit der adiabaten Expansion nach der Gleichung

$$L_{12} = \frac{p_1 v_1}{n-1}\left[1 - \left(\frac{p_2}{p_1}\right)^{\frac{n-1}{n}}\right]$$

berechnen. Falls die Adiabate die Grenzkurve überschreitet oder ihr bei hohen Drücken auch nur nahekommt, verfolgt man adiabate Zustandsänderungen bequemer und genauer mit Hilfe der Dampftafeln und -diagramme.

d) Drosselung.

Bei der Zustandsänderung durch Drosseln bleibt die Enthalpie konstant, sie kann daher am besten an Hand des i,s-Diagramms oder eines T,s-Diagramms mit eingezeichneten Kurven konstanter Enthalpie verfolgt werden. Die Drosselung kann als nichtumkehrbare Zustandsänderung nur in Richtung abnehmenden Druckes verlaufen. Dann muß nasser Dampf, wie aus dem T,s-Diagramm der Abb. 85 in Verbindung mit den Kurven $x = \text{konst.}$ der Abb. 86 hervorgeht, sich abkühlen und dabei im allgemeinen trockner werden. Nur wenn die Drosselung in einem gewissen Gebiet in der Nähe des kritischen Punktes beginnt, wird der Dampf zunächst nasser.

Man erkennt das noch besser an dem i,s-Diagramm der Abb. 87, in dem die Kurven konstanter Enthalpie waagerecht verlaufen. Drosselt man gesättigten Dampf, so fällt, wie die Isothermen im überhitzten Gebiet des i,s-Diagramms zeigen, die Temperatur in der Nähe der Grenzkurve zunächst, und zwar um so mehr, je höher der Anfangsdruck war. Entfernt man sich weiter von der Grenzkurve, so bleibt die Temperatur schließlich konstant, entsprechend dem sich asymptotisch der Waagerechten nähernden Verlauf der Isothermen.

Drosselt man gesättigten und überhitzten Dampf bei hohen Drücken und Temperaturen in der Nähe und oberhalb des kritischen Punktes, so kann die als *Thomson-Joule-Effekt* bezeichnete Abkühlung durch Drosselung sehr beträchtlich werden. LINDE hat diese Erscheinung bei seinem Verfahren der Luftverflüssigung benutzt. Bei vollkommenen Gasen bleibt die Temperatur beim Drosseln unverändert. Der Thomson-Joule-Effekt ist also ein Maß für die Abweichung des Verhaltens der wirklichen Gase von der Zustandsgleichung der vollkommenen und er liefert, wie wir später sehen werden, Unterlagen für die Aufstellung der kalorischen Zustandsgleichung von Dämpfen.

Durch Drosseln kann man den Feuchtigkeitsgehalt nassen Dampfes ermitteln, dessen unmittelbare Messung etwa durch Wägen des Wasseranteiles auf große Schwierigkeiten stößt, da durch Wärmeaustausch mit der Umgebung Feuchtigkeitsänderungen auftreten. Man läßt dazu nassen Dampf in einem gut vor Wärmeaustausch geschützten sog. Drosselkalorimeter durch eine Drosselstelle strömen, wobei der Druck so weit zu senken ist, daß der Dampf sich überhitzt. Mißt man nun Druck und Temperatur, so ist dadurch sein Zustand, z. B. in einem i,s-Diagramm, durch einen Punkt des überhitzten Gebietes eindeutig festgelegt. Von diesem Punkt braucht man nur waagerecht in das Naßdampfgebiet bis zur Geraden des gemessenen Anfangsdruckes zu gehen und kann dann an den Kurven $x =$ konst. den anfänglichen Dampfgehalt ablesen.

47. Die Gleichung von CLAUSIUS und CLAPEYRON.

Führt man im Sattdampfgebiet zwischen den Grenzkurven den im p,v-Diagramm der Abb. 91 dargestellten elementaren Kreisprozeß *1234*

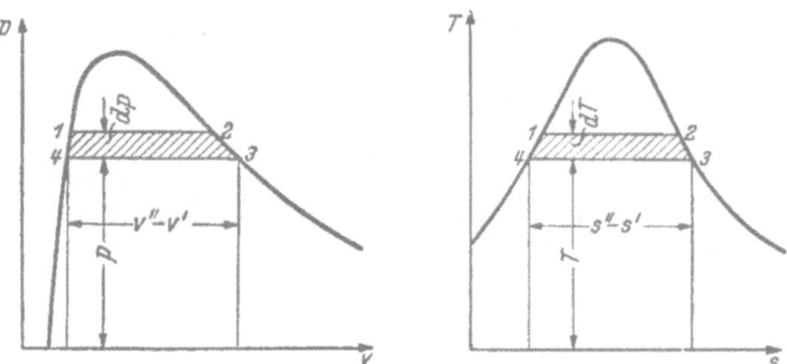

Abb. 91.   Abb. 92.
Abb. 91 u. 92. Zur Ableitung der CLAUSIUS-CLAPEYRONschen Gleichung.

durch, indem man von der linken Grenzkurve ausgehend beim Drucke $p + dp$ Wasser verdampft, den Dampf längs der rechten Grenzkurve ein wenig expandieren läßt, dann beim Drucke p kondensiert und die Flüssigkeit längs der linken Grenzkurve wieder auf den Druck $p + dp$ bringt, so wird dabei eine durch den schraffierten Flächenstreifen von der Höhe dp dargestellte Arbeit geleistet, die bei Vernachlässigung unendlich kleiner Größen zweiter Ordnung vom Betrage

$$dL = (v'' - v')\, dp$$

ist. Überträgt man den Kreisprozeß in das T,s-Diagramm nach Abb. 92, so ist dort der schraffierte Flächenstreifen von der Höhe dT und der Länge $s'' - s'$ das Wärmeäquivalent der geleisteten Arbeit, und mit Gl. (156) wird

$$dL = (s'' - s')\, dT = \frac{r}{T}\, dT .$$

Setzt man beide Ausdrücke einander gleich, so erhält man die *Clausius-Clapeyronsche Gleichung*

$$r = (v'' - v')\, T\, \frac{dp}{dT}\,. \tag{164}$$

Diese Bezeichnung verknüpft bei der Sättigungstemperatur T die Verdampfungswärme r mit der Volumänderung $(v'' - v')$ bei der Verdampfung und dem Differentialquotienten $\frac{dp}{dT}$ der Dampfdruckkurve. Man kann sie daher benutzen, um aus zweien dieser Größen die dritte zu ermitteln.

Insbesondere kann man mit ihrer Hilfe aus gemessenen Werten von Verdampfungswärme, Temperatur und Volumzunahme die Dampfdruckkurve erhalten. Davon wird bei kleinen Drücken, wo der Dampf sich praktisch wie ein vollkommenes Gas verhält, oft Gebrauch gemacht. Dann kann man v' gegen v'' vernachlässigen und nach der Zustandsgleichung der vollkommenen Gase $v'' = \frac{RT}{p}$ setzen. Damit wird

$$\frac{dp}{p} = \frac{r}{R}\, \frac{dT}{T^2}\,, \tag{165}$$

oder integriert bei konstanter Verdampfungswärme r

$$\ln p = -\,\frac{r}{RT} + \text{konst.} \tag{165a}$$

Nimmt man für Wasser zwischen $0°$ und $100°$ die Abhängigkeit der Verdampfungswärme von der Temperatur als gradlinig an von der Form

$$r = a - bT$$

mit $a = 755{,}5\ \frac{\text{kcal}}{\text{kg}}$ und $b = 0{,}58\ \frac{\text{kcal}}{\text{kg grd}}$, so erhält man für die Dampfdruckkurve

$$\ln p = -\,\frac{a}{RT} - \frac{b}{R}\ln T + \text{konst.} \tag{166}$$

Führt man Briggs'sche Logarithmen ein und bestimmt die Integrationskonstante so, daß $p = 62{,}3\ \text{kp/m}^2$ für $T = 273{,}15°$ wird, so erhält man mit $R = 47{,}06\ \frac{\text{mkp}}{\text{kg grd}}$ die Gleichung

$$\lg p = 25{,}51 - \frac{2976}{T} - 5{,}262\ \lg T, \tag{166a}$$

in die p in kp/m^2 einzusetzen ist, was hinzugefügt werden muß, da Gl. (166a) keine dimensionsrichtige Größengleichung ist.

Trägt man den Logarithmus des Sättigungsdruckes über dem Kehrwert $1/T$ der absoluten Temperatur auf, so erhält man bei allen Stoffen nahezu eine Gerade [bei strenger Gültigkeit der Gl. (165) würde es eine genaue Gerade sein]. Diese Auftragung eignet sich daher besonders gut zur Interpolation von Dampfdrücken, vgl. Abb. 233 auf S. 465.

Die Clausius-Clapeyronsche Gleichung gilt nur für den Verdampfungsvorgang, sondern auch für andere mit einer plötzlichen Volumzunahme
verbundene Zustandsänderungen wie das Schmelzen oder die Umwandlung in eine allotrope Modifikation.

Für die Schmelzwärme q_s von Eis gilt demnach

$$q_s = (v' - v''') \, T \, \frac{dp}{dT} \, . \tag{167}$$

Dabei ist das Volum v''' des Eises aber größer als das des Wassers v'.
Da q_s und T positive Größen sind, müssen dp und dT entgegengesetzte
Vorzeichen haben, d. h. mit steigendem Druck nimmt die Schmelztemperatur des Eises ab, was die Erfahrung bestätigt. Bei fast allen
anderen Stoffen verkleinert sich dagegen das Volum bei der Erstarrung
und die Schmelztemperatur nimmt mit steigendem Druck zu.

Löst man die Clausius-Clapeyronsche Gleichung nach T auf, so erhält man

$$\frac{dT}{T} = \frac{(v'' - v')}{r} \, dp \tag{168}$$

oder integriert

$$\ln(CT) = \int \frac{(v'' - v')}{r} \, dp, \tag{168a}$$

wobei C die willkürliche Integrationskonstante ist. Mit dieser Gleichung
kann man die absolute Temperaturskala bis auf eine willkürliche Maß-
stabkonstante C aus Messungen bei der Verdampfung, Erstarrung oder
der Umwandlung irgendeines Körpers gewinnen, ohne daß über sein Verhalten besondere Voraussetzungen gemacht werden müssen, wie es bei
der Einführung der absoluten Temperaturskala mit Hilfe des vollkommenen Gases der Fall ist.

48. Das schwere Wasser.

Im Jahre 1932 haben UREY, BRICKWEDDE und MURPHY gefunden,
daß es außer dem gewöhnlichen Wasserstoffatom vom Atomgewicht 1
(genauer 1,0080 bezogen auf Sauerstoff mit 16) noch eine zweite Atom-
art, ein Isotop vom Atomgewicht 2 (genauer 2,0160) gibt, die man schweren Wasserstoff oder Deuterium nennt und mit D bezeichnet. Dann gibt
es aber drei verschiedene Arten von Wassermolekeln, nämlich das gewöhnliche H_2O mit dem Molekulargewicht 18 und die beiden schwereren
HDO und D_2O mit den Molekulargewichten 19 und 20. Im natürlichen
Wasser verhält sich die Zahl der leichten H-Atome zu der der schweren
etwa wie 1:4500. Das schwere Wasser D_2O hat bei 20° eine Dichte von
1,1050 gegen 0,9982 kg/dm³ bei natürlichem Wasser. Unter normalem
Druck gefriert es bei $+3{,}8°$ und siedet bei $101{,}42°$. Sein Dichtemaximum
liegt bei 11,6 °C. Gemische von leichtem und schwerem Wasser können
also je nach dem Mischungsverhältnis verschiedene Schmelz- und Siede-
punkte haben. Die Festsetzungen unserer Temperaturskala beziehen sich
strenggenommen nur auf Wasser von einem bestimmten Mischungsverhältnis. Glücklicherweise ist schweres Wasser in so geringer Menge vor-

handen und das Mischungsverhältnis in der Natur so wenig veränderlich, daß das in üblicher Weise destillierte Wasser die Fixpunkte der Temperaturskala richtig liefert. Nur durch besondere Methoden, z. B. durch Elektrolyse, gelingt es, das schwere Wasser merklich anzureichern.

Aufgabe 23. Eine Kesselanlage erzeugt stündlich 20 t Dampf von 100 at und 450°. Dabei wird dem Vorwärmer des Kessels Speisewasser von 100 at und 30° zugeführt und darin auf 180° vorgewärmt. Von dort gelangt es in den Kessel, in dem es auf Siedetemperatur gebracht und verdampft wird. Dann wird der Dampf im Überhitzer auf 450° überhitzt.

Welche Wärmemengen werden in den einzelnen Kesselteilen zugeführt?

Aufgabe 24. In einem Kessel von 2 m³ Inhalt befinden sich 1000 kg Wasser und Dampf von 120 at und Sättigungstemperatur.

Welches spez. Volum hat der Dampf? Wieviel Dampf und wieviel Wasser befinden sich im Kessel? Welche Enthalpie haben der Dampf und das Wasser im Kessel?

Aufgabe 25. Einem kg Naßdampf von 10 at und einem Dampfgehalt von $x = 0,49$ wird bei konstantem Druck soviel Wärme zugeführt, daß sich sein Volum gerade verdoppelt.

Wie groß ist die zugeführte Wärme, und welchen Zustand hat der Dampf danach?

Aufgabe 26. Der Druck in einem Dampfkessel von 5 m³ Inhalt, in dem sich 3000 kg Wasser und Dampf befinden, ist in einer Betriebspause auf 2 at gesunken.

Wieviel Wärme muß dem Kesselinhalt zugeführt werden, um den Druck auf 20 at zu steigern? Wiviel Wasser verdampft dabei?

Aufgabe 27. Dampf von 15 at und 60° Überhitzung expandiert adiabat auf 1 at.

Welchen Endzustand erreicht der Dampf? Bei welchem Druck ist er gerade trocken gesättigt? Welche Arbeit gewinnt man je kg Dampf bei der Expansion in einer kontinuierlich arbeitenden Maschine?

Aufgabe 28. Nasser Dampf von 20 at wird zur Bestimmung seines Wassergehaltes in einem Drosselkalorimeter auf 1 at entspannt, wobei seine Temperatur auf 110° sinkt.

Wie groß ist der Wassergehalt? Welche Entropiezunahme erfährt der Dampf bei der Drosselung.

IX. Das Erstarren und der feste Zustand.

49. Das Gefrieren und der Tripelpunkt.

Nach der Definition des Eispunktes gefriert luftgesättigtes Wasser bei einem Druck von 760 Torr bei 0 °C. Da sich Wasser beim Gefrieren ausdehnt, kann man, wie auf S. 175 nachgewiesen, durch Drucksteigerung, also durch Behinderung dieser Ausdehnung den Gefrierpunkt senken, umgekehrt muß er bei Druckverminderung steigen. Unter seinem eigenen Dampfdruck von 0,006228 at gefriert Wasser daher schon bei 0,010 °C. Diesen Zustand, bei dem Flüssigkeit, Dampf und fester Stoff miteinander im Gleichgewicht sind, nennt man den *Tripelpunkt*. Nur in diesem durch Druck und Temperatur festgelegten Punkte können alle drei Phasen dauernd nebeneinander bestehen. Für zwei Phasen dagegen, z. B. Dampf und Wasser oder Wasser und Eis, gibt es innerhalb gewisser Grenzen zu jedem Druck eine Temperatur, bei der beide Phasen gleichzeitig beständig sind.

Der Tripelpunkt legt für jeden Stoff ohne weitere Angabe ein bestimmtes Wertepaar von Druck und Temperatur fest in ähnlicher Weise wie der kritische Punkt. Deshalb wird die thermodynamische Temperaturskala heute durch den absoluten Nullpunkt bei 0 °K und den Tripelpunkt mit dem vereinbarten Wert 273,16 °K festgelegt (vgl. S. 4). Die internationale oder gesetzliche Temperaturskala stützt sich dagegen auch heute noch auf den Eispunkt bei 273,15 °K und den Dampfpunkt bei 373,15 °K, da die notwendigen Gesetzesänderungen noch nicht durchgeführt sind.

Der Tripelpunkt des Wassers liegt so nahe am normalen Eispunkt, daß eine Unterscheidung beider in der Regel nicht notwendig ist. Für sehr genaue Untersuchungen ist auch zu beachten, daß der normale Eispunkt nicht genau auf der Grenzkurve liegt.

Beim Gefrieren wird die Schmelzwärme des Wassers von 79,7 kcal/kg bei 0° abgeführt. Die Entropie des Eises von 0° beträgt dann

$$s_0''' = -\frac{79,7}{273,16} = -0,292 \text{ kcal/kg grd}.$$

Bei weiterer Abkühlung erhält man die Entropie s''' des Eises bei Temperaturen T unter 0° aus

$$s''' = s_0''' - \int\limits_{T}^{3,16°} c\,\frac{dT}{T}, \tag{169}$$

wobei die spez. Wärme c des Eises nach folgender Tabelle von der Temperatur abhängt:

Tab. 25. *Spez. Wärme von Eis in kcal/kg grd.*

$t =$	0°	− 20°	− 40°	− 60°	− 80°	− 100°	− 250°
$c =$	0,487	0,465	0,434	0,396	0,350	0,325	0,030

Die so berechneten Werte der Entropie kann man in das T, s-Diagramm eintragen und erhält dann nach Abb. 93 eine Fortsetzung der Grenzkurve durch die der Erstarrung entsprechende waagerechte Gerade $a\,b$ und die die Abkühlung des Eises darstellende Kurve $b\,d$. Das Gebiet unterhalb der Eispunkttemperatur zwischen $b\,d$ und $c\,e$ entspricht der Sublimation, also dem unmittelbaren Übergang vom festen in den gasförmigen Zustand, wobei die Sublimationswärme gleich der Summe aus Schmelz- und Verdampfungswärme ist.

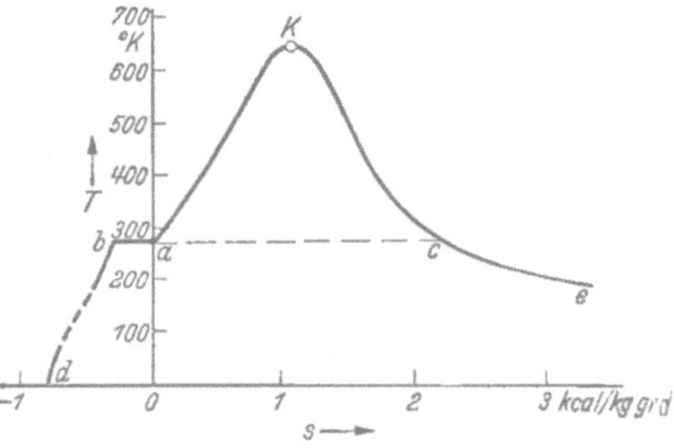

Abb. 93. Grenzkurven von Wasser und Eis.

50. Die spezifische Wärme fester Körper.

Bei den Gasen hatten wir gesehen, daß die Molwärmen von Gasen gleicher Atomzahl je Molekel nahezu übereinstimmen. Bei den kristallisierten festen Elementen haben DULONG und PETIT 1819 gefunden, daß das Produkt aus der auf 1 kg bezogenen spez. Wärme und dem Atomgewicht, die *Atomwärme*, unabhängig von der Art des Körpers nahezu gleich 6,2 kcal/grd ist. Für feste kristallisierte Verbindungen zeigt die Erfahrung, daß die durchschnittliche Atomwärme, d. h. die Molwärme geteilt durch die Anzahl der Atome je Molekel auch ungefähr den Wert 6,2 kcal/grd hat.

Wenn diese Regel auch nur roh gilt, so ist sie doch ein Ausdruck gemeinsamer Eigenschaften des festen Zustandes und es ist berechtigt, ebenso wie von einem vollkommenen Gas auch von einem vollkommenen festen Körper zu sprechen, der in den Kristallen nahezu verwirklicht ist. In einem solchen sind die Atome regelmäßig in einem räumlichen Gitter angeordnet und können Schwingungen um ihre mittleren Lagen ausführen, deren Energie die fühlbare Wärme des Festkörpers ist. Jedes punktförmig zu denkende Atom hat dabei drei Freiheitsgrade der Bewegung. Im Gegensatz zu den vollkommenen Gasen, wo nur kinetische Energie vorhanden ist, pendelt bei der Schwingung der Atome im Kristall die Energie dauernd zwischen der potentiellen und der kinetischen Form hin und her derart, daß immer ebensoviel potentielle wie kinetische Energie vorhanden ist. Die Gesamtenergie ist also das Doppelte der kinetischen und entspricht 6 Freiheitsgraden. Ebenso wie bei den Gasen liefert jeder Freiheitsgrad zur spez. Wärme einen Beitrag von rd. 1 kcal/grd.

Die Abweichungen von der Dulong-Petitschen Regel sind im wesentlichen auf die verschiedene Temperaturabhängigkeit der spez. Wärme zurückzuführen. Abb. 94 zeigt diese Temperaturabhängigkeit für einige Elemente und Verbindungen. Man sieht daraus, daß für alle

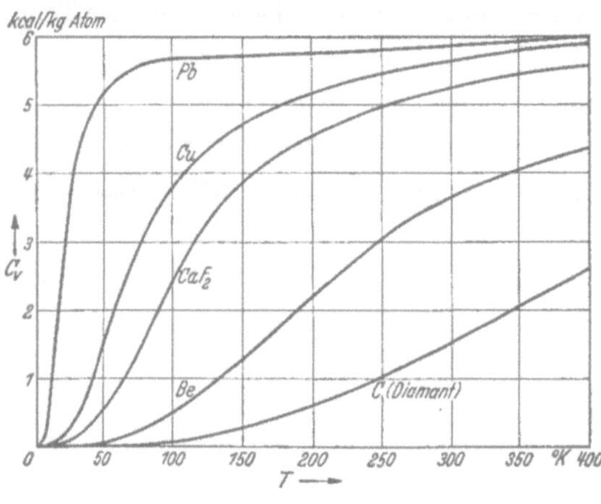

Abb. 94.
Spez. Wärme einiger fester Körper bei tiefen Temperaturen.

Körper die spez. Wärme bei abnehmender Temperatur zunächst langsam, bei Annäherung an den absoluten Nullpunkt aber sehr rasch bis auf außerordentlich kleine Werte sinkt. Für eine Gruppe besonders einfacher Körper, nämlich für regulär kristallisierende Elemente und für Verbindungen mit Atomen nicht allzu verschiedenen Atomgewichtes, die in nahezu gleichen Abständen aufgebaut sind, kann man die verschiedenen Kurven der spez. Wärme recht gut durch eine einzige darstellen, wenn man für jeden Körper eine besondere charakteristische Temperatur Θ einführt und seine spez. Wärme über T/Θ aufträgt. Für ganz tiefe Temperaturen in der Nähe des absoluten Nullpunktes ist, wie DEBEYE 1912 theoretisch ableitete, für alle Körper die Atomwärme bei konstantem Volum

$$C_v = a \left(\frac{T}{\Theta}\right)^3, \tag{170}$$

wobei a eine universelle für alle Stoffe gleiche Konstante ist, was die Erfahrung für sehr tiefe Temperaturen gut bestätigt.

Zählt man die innere Energie des Atoms vom absoluten Nullpunkt aus, so wird in seiner Nähe

$$U_{\mathrm{abs}} = a \int\limits_0^T \left(\frac{T}{\Theta}\right)^3 dT = \frac{a}{4}\,\Theta \left(\frac{T}{\Theta}\right)^4. \tag{171}$$

51. Der Absolutwert der Entropie und der Nernstsche Wärmesatz.

Wenn die spez. Wärme bis zum absoluten Nullpunkt hinab bekannt ist, kann man auch die Entropie für beliebig tiefe Temperaturen berechnen, wobei es nahe liegt, sie vom absoluten Nullpunkt an zu zählen und zu schreiben

$$s_{\mathrm{abs}} = \int\limits_{T=0}^T c\,\frac{dT}{T}. \tag{172}$$

Nach einem von NERNST gefundenen und von M. PLANCK verallgemeinerten Satz (vgl. S. 453) kann man die Integrationskonstante bei festen kristallisierten Körpern in Gl. (172) fortlassen und allgemein sagen:

Die Entropie aller homogenen kristallisierten Körper nähert sich im absoluten Nullpunkt dem Wert Null.

Mit Hilfe dieses Satzes, den man als *Nernstsches Wärmetheorem* oder auch als *dritten Hauptsatz* der Wärmelehre bezeichnet, ist es möglich, den absoluten Wert der Entropie aller Körper anzugeben[1]. Treten bei der Erwärmung vom absoluten Nullpunkt an außer der Temperatursteigerung Umwandlungen auf, wie Übergang in eine andere Modifikation, Schmelzen oder Verdampfen, so muß dafür jeweils eine Entropiezunahme berücksichtigt werden, die sich als Quotient aus der Wärmetönung (Umwandlungs-, Schmelz-, Verdampfungswärme) und der Umwandlungstemperatur ergibt.

Der dritte Hauptsatz ist für die Wärmetechnik im engeren Sinne von geringer Bedeutung, er hat sich aber als außerordentlich fruchtbar erwiesen zur Berechnung der Arbeit chemischer Reaktionen, worauf wir in Abschnitt XXI näher eingehen. Für Wasser von Eispunkttemperatur ist die absolute Entropie $s_{\mathrm{abs}} = 0{,}85$ kcal/kg°K. Dieser Wert ist aber wegen der Unsicherheit der Messung der spez. Wärme bei tiefen Temperaturen viel weniger genau als die Entropiedifferenzwerte der Dampftafeln. Man wird daher für technische Rechnungen auch in Zukunft die Zählung der Entropie vom Tripelpunkt an beibehalten.

---

[1] J. D'ANS und E. LAX: Taschenbuch für Chemiker und Physiker, Berlin (1943), Springer Verlag.

X. Anwendungen auf die Dampfmaschine.

52. Die theoretische Arbeit des Dampfes in der Maschine.

Der Arbeitsprozeß einer Dampfkraftanlage ist folgender: Im Dampfkessel a (vgl. Abb. 95) wird das Wasser bei konstantem Druck von

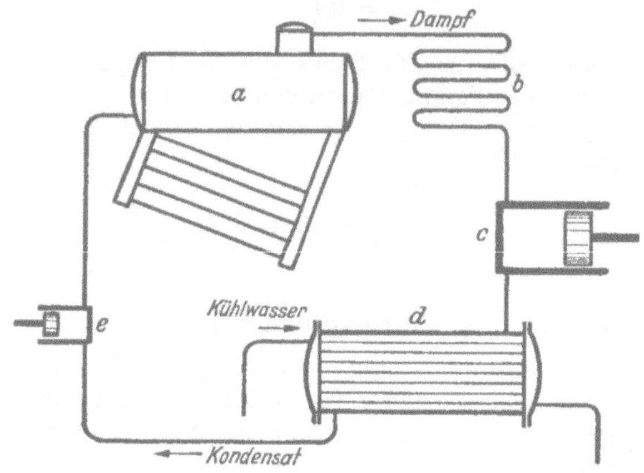

Abb. 95. Dampfkraftanlage.
a Kessel, b Überhitzer, c Arbeitszylinder, d Kondensator, e Speisepumpe.

Speisetemperatur bis zum Siedepunkt erwärmt und dann unter großer
Volumzunahme verdampft. Der Dampf wird in einem Überhitzer b
gewöhnlich noch überhitzt und tritt
dann in den Zylinder c ein, in dem
er unter Arbeitsleistung adiabat entspannt wird. Aus dem Zylinder gelangt
er in den Kondensator d, wo er sich
verflüssigt, indem seine Verdampfungswärme an das Kühlwasser übergeht.
Das Kondensat wird endlich durch
die Speisepumpe e auf Kesseldruck gebracht und wieder in den Kessel gedrückt.

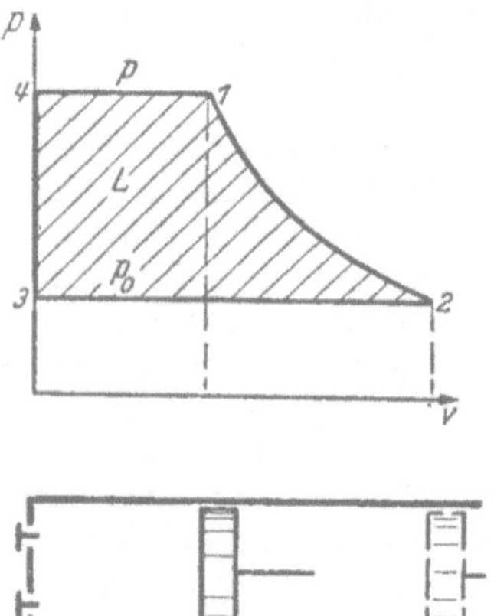

Abb. 96.
Arbeitsdiagramm der Dampfmaschine.

Das Arbeitsdiagramm eines verlustlosen Dampfmaschinenzylinders ohne
schädlichen Raum, der aus einem Kessel
mit dem Druck p gespeist wird und
den Dampf an einen Kondensator mit
dem Druck p_0 abgibt, zeigt Abb. 96.
Darin ist

$4-1$ die Füllung bei dem konstanten Drucke p,
$1-2$ die adiabate Expansion,
$2-3$ das Ausschieben des Dampfes in den Kondensator bei dem konstanten
Drucke p_0,
$3-4$ Umkehr des Kolbens mit Druckwechsel.

Der Dampfeintritt und -austritt sei durch Ventile gesteuert. Das Einlaßventil öffnet bei *4* und schließt bei *1*, das Auslaßventil öffnet bei *2* und schließt bei *3*.

Bezieht man die Arbeit L auf 1 kg Dampf, so ergibt die Integration der Arbeitsfläche

$$L = - \int_1^2 v\,dp = \int_2^1 v\,dp\,.$$

Das ist eine positive Größe, da der Druck bei der Expansion abnimmt, also dp bei der Integration in der Richtung *1 2* stets negativ ist. Nach Gl. (26a) kann man bei adiabater Expansion mit $q_{12} = 0$ auch schreiben

$$L = - \int_1^2 v\,dp = i_1 - i_2\,. \tag{173}$$

Die Arbeit des Dampfes ist also gleich der Abnahme seiner Enthalpie, wie wir bei Gasen auf S. 62 gesehen hatten. Die *Enthalpiedifferenz* $i_1 - i_2$ heißt auch *Wärmegefälle*.

Aus dem Kondensator wird das Wasser nach Abb. 95 durch die Speisepumpe *e* wieder in den Kessel gedrückt. Das Diagramm dieser Pumpe zeigt Abb. 97, darin bedeutet:

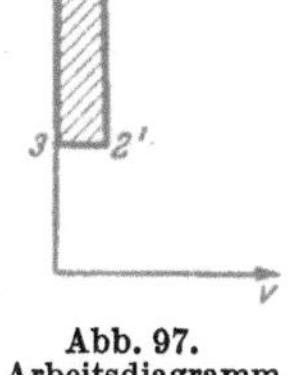

3 — 2′ das Ansaugen des Wassers,
2′ — 1′ das Verdichten des Wassers vom Kondensatordruck p_0
    auf den Kesseldruck p,
1′ — 4 das Ausschieben des Wassers in den Kessel,
4 — 3 das Umkehren des Kolbens mit Druckwechsel.

Die Kompressionslinie weicht wegen der geringen Kompressibilität des Wassers nur wenig von der Senkrechten ab.

Abb. 97.
Arbeitsdiagramm
der Speisepumpe.

Die Arbeit der Speisepumpe bezogen auf 1 kg Wasser vom spez. Volum v_w ist

$$L_w = - \int_{2'}^{1'} v_w\,dp = - (i_{1'} - i_{2'})\,, \tag{174}$$

die Enthalpie des Wassers wird also durch die Speisepumpe von $i_{2'}$ auf $i_{1'}$ erhöht. Die Zustandsgrößen beziehen sich dabei nicht genau auf die Grenzkurve, da der Zustand des Wassers, auch wenn er im Kondensator auf der Grenzkurve lag, bei der adiabaten Kompression sich von ihr entfernen muß. Praktisch sind aber die Abweichungen meist so klein, daß man v_w durch v' ersetzen und von der Kompressibilität des Wassers absehen kann; dann wird

$$L_w = - \int_{2'}^{1'} v'\,dp = - v'\,(p - p_0) = - \Delta i_w\,. \tag{174a}$$

Die Nutzarbeit der Dampfmaschine ist der Unterschied

$$L - |L_w| = i_1 - i_2 - \Delta i_w \tag{173a}$$

der Arbeit des Dampfmaschinenzylinders und der Speisepumpe. In den meisten praktischen Fällen ist L_w sehr klein gegen L. Bei $p = 20$ at und $p_0 = 0{,}1$ at ist z. B. die Speisepumpenarbeit

$$-L_w = 0{,}001\,(200\,000 - 1\,000)\,\frac{\mathrm{mkp}}{\mathrm{kg}} = \frac{199}{427}\,\frac{\mathrm{kcal}}{\mathrm{kg}} = 0{,}466\ \mathrm{kcal/kg},$$

während die Nutzarbeit des Dampfes z. B. von 350° und 20 at bei adiabater Entspannung bis auf 0,1 at, wie wir später sehen werden, etwa 223 kcal/kg beträgt. Von der Speisepumpenarbeit wird daher in der Regel abgesehen und als theoretische Arbeit der Dampfmaschine die des Dampfzylinders allein bezeichnet. Das ist auch insofern zweckmäßig, als die Speisepumpe nicht unmittelbar mit der Dampfmaschine zusammenhängt, sondern im Kesselhause steht und gesondert angetrieben wird. Bei der Berechnung des Wirkungsgrades der Anlage darf aber der Arbeitsbedarf der Speisepumpe nicht vergessen werden, der bei Kesseln, die in der Nähe des kritischen Druckes arbeiten, einen merklichen Bruchteil der Dampfmaschinenleistung erreicht.

Überträgt man den Dampfmaschinenprozeß in das T, s-Diagramm und bezieht auch die Verdampfung im Kessel und die Verflüssigung im Kondensator ein, so erhält man Abb. 98. Darin bedeutet:

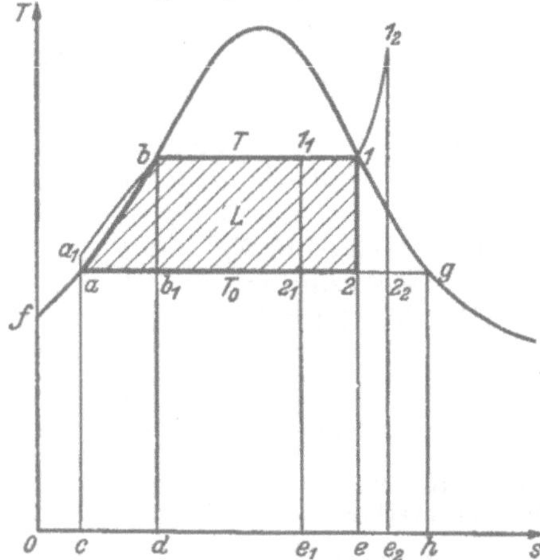

Abb. 98. Dampfmaschinenprozeß im T, s-Diagramm.

$1-2$ die adiabate Entspannung des trockengesättigten Dampfes, der dabei feucht wird,

$2-a$ das Ausschieben und die Verflüssigung des Dampfes im Kondensator unter Entzug der Wärmemenge $2\,a\,c\,e$,

$a-a_1$ die adiabate Verdichtung des Wassers in der Speisepumpe von Kondensator- auf Kesseldruck,

a_1-b die Erwärmung des Wassers unter Kesseldruck von Kondensator- auf Sattdampftemperatur unter Zufuhr der Flüssigkeitswärme $a_1\,b\,d\,c$,

$b-1$ die Verdampfung im Kessel unter Zufuhr der Verdampfungswärme $b\,1\,e\,d$.

In der Abb. 98 ist die Entfernung des Punktes a_1 und der Isobare $a_1\,b$ von der Grenzkurve stark übertrieben. Die wirkliche Abweichung geht aus der folgenden Tabelle hervor. Darin sind die Temperatursteigerungen Δt für verschiedene Sättigungstemperaturen t_s ausgerechnet, wenn man Wasser vom Sättigungszustand adiabat auf Enddrücke von 25, 100 und 200 at bringt.

Sättigungstemperatur t_s		0° C	50°	100°	150°	200°	250°	300°	350°
Temperatursteigerung	25 at	−0,013	+0,1	0,15	0,2	0,15	—	—	—
Δt bei Drucksteige-	100 at	−0,5	+0,35	0,7	1,1	1,4	1,5	0,5	—
rung von Sättigung auf	200 at	−0,8	+0,71	0,31	2,0	3,2	3,5	4,5	4,0

Die Isobare für 100 at liegt also im T, s-Diagramm höchstens um 1,5° über der Grenzkurve, die Isobare für 200 at bis 4,5° über ihr. Bei 0° tritt durch die adiabate Kompression eine Abkühlung des Wassers ein, da sich Wasser hier mit steigender Temperatur zusammenzieht. Beim Dichtemaximum schneiden die Isobaren die Grenzkurve. Im ganzen sind also die Abweichungen der Isobaren von der Grenzkurve sehr klein und wir wollen im folgenden die Isobaren als mit der Grenzkurve zusammenfallend ansehen.

Die Enthalpie i_1 des Dampfes im Punkte 1 ist dann dargestellt durch die Fläche $0\,fb\,12\,e$. Die Enthalpie des Dampfes i_2 im Punkte 2 durch die Fläche $0\,fa\,2\,e$ und die Arbeit $L = i_1 - i_2$ ist die schraffierte Fläche $ab\,12$. Tritt der Dampf feucht z. B. mit dem Zustande 1_1 in den Zylinder ein, so ist die Arbeit gleich der Fläche $ab\,1_1 2_1$ und die im Kondensator abgeführte Wärme gleich der Fläche $2_1\,ace_1$. Ist der Dampf bei Eintritt in den Zylinder überhitzt, entsprechend dem Zustand im Punkt 1_2, so ist die Arbeitsfläche $ab\,1\,1_2 2_2$ und die abzuführende Wärme gleich der Fläche $2_2\,ace_2$.

Dieser Arbeitsprozeß, gekennzeichnet durch isobare Wärmezufuhr im Kessel, adiabate Entspannung im Zylinder, isobare Wärmeabfuhr im Kondensator und adiabate Speisung des Kondensates in den Kessel dient heute allgemein als theoretischer Vergleichsprozeß für Dampfmaschinen. Man nennt ihn den *Clausius-Rankine-Prozeß*. Er wird sowohl für Kolbenmaschinen wie für Turbinen benutzt, denn die theoretische Arbeit ist unabhängig von der Art der Maschine.

Vom Carnot-Prozeß unterscheidet sich der Clausius-Rankine-Prozeß durch die bei konstantem Druck und steigender Temperatur erfolgende Wärmezufuhr an das Speisewasser, ferner, falls mit Überhitzung gearbeitet wird, durch die Zufuhr der Überhitzungswärme ebenfalls bei konstantem Druck und steigender Temperatur. Wollte man mit Wasserdampf den Carnot-Prozeß durchführen, so dürfte die Kondensation nicht vollständig, sondern nur bis zu dem senkrecht unter b liegenden Punkte b_1 durchgeführt werden, und man müßte das Dampfwassergemisch längs der Linie $b_1 b$ adiabat auf Kesseldruck komprimieren, wobei sein Dampfteil gerade kondensiert. Ein solcher Prozeß ist aber bisher praktisch nicht ausgeführt worden, da die Verdichtung eines Dampfwassergemisches kaum durchzuführen ist, ohne den Kompressionszylinder durch Wasserschläge zu gefährden.

Wir berechnen nun die Arbeit für verschiedene Anfangszustände des Dampfes und bezeichnen die Zustandsgrößen vor der Expansion durch Buchstaben ohne Index, nach der Expansion durch den Index 0.

Für trocken gesättigten Dampf

mit der Enthalpie i'' entspricht die Arbeit $L = i'' - i_0$ der Fläche $1\,2\,ab$. Die Enthalpie i_0 im Punkte 2 kann als Differenz der Flächen $0\,fagh$ und $2\,ghe$ ausgedrückt werden durch die Zustandswerte an den Grenzkurven und beträgt

$$i_0 = i_0'' - (s_0'' - s'')\,T_0,$$

damit wird

$$L = i'' - i_0'' + (s_0'' - s'')\,T_0\,. \tag{175}$$

Für nassen Dampf

vom Dampfgehalt x und der Enthalpie $i = i' + xr$ ist die Arbeitsfläche $ab\,1_1 2_1$ um das Stück $12 2_1 1_1$ kleiner als die Arbeit L des trocken gesättigten Dampfes. Da die Fläche $1\,bde$ gleich der Verdampfungswärme r ist, ergibt sich durch Vergleich der Höhen und Breiten die Fläche $12 2_1 1_1$ zu $r\,(1-x)\,\dfrac{T-T_0}{T}$. Damit wird die Arbeit des nassen Dampfes

$$L_n = L - r\,(1-x)\,\frac{T-T_0}{T}$$

oder

$$L_n = i'' - i_0'' + (s_0'' - s'')\,T_0 - r\,(1-x)\,\frac{T-T_0}{T}\,. \tag{176}$$

Für überhitzten Dampf

mit der Enthalpie i entspricht die Arbeit $L_{\ddot{u}} = i - i_0$ der Fläche $ab11_2 2_2$ und die Enthalpie i_0 im Endpunkt 2_2 der Entspannung ist um die Fläche $2_2 g h e_2$ gleich $T_0\,(s_0' - s)$ kleiner als die Enthalpie i_0'' an der Grenzkurve. Damit wird die Arbeit des überhitzten Dampfes

$$L_{\ddot{u}} = i - i_0'' + T_0\,(s_0'' - s)\,. \tag{177}$$

Liegt der Endzustand im überhitzten Gebiet, so kann man die Arbeit auch aus der Gleichung $p v^\varkappa = $ konst. der Heißdampfadiabate mit $\varkappa = {}= 1{,}30$ ermitteln und erhält entsprechend Gl. (82b)

$$L_{\ddot{u}} = -\int\limits_{p}^{p_0} v\,dp = \frac{\varkappa}{\varkappa - 1}\,p v\left[1 - \left(\frac{p_0}{p}\right)^{\frac{\varkappa-1}{\varkappa}}\right]\,. \tag{177a}$$

Einfacher und genauer ist aber bei überhitztem Dampf und in der Regel auch im Naßdampfgebiet die Ermittlung der Arbeit mit Hilfe des i,s-Diagramms. In dem i,s-Diagramm der Abb. 99 ist $1\,2ab$ das Bild eines Clausius-Rankine-Prozesses mit überhitztem Dampf, und die Arbeit ist unmittelbar der Unterschied der Ordinaten der Punkte 1 und 2 nach der Gleichung

$$L = i_1 - i_2\,.$$

Da diese Gleichung ganz allgemein auch für nichtumkehrbare Vorgänge gilt, liefert

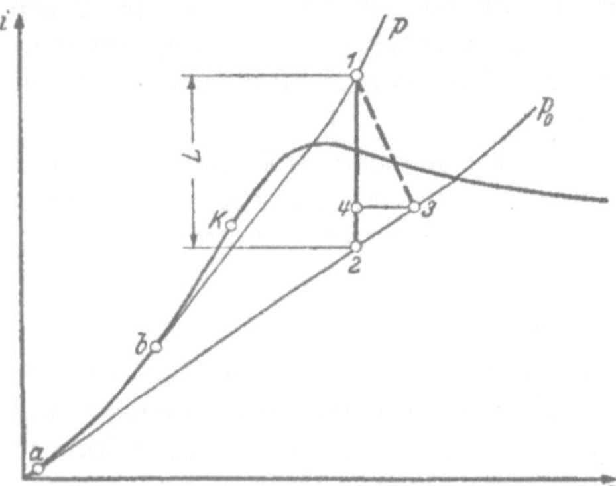

Abb. 99. Dampfmaschinenprozeß im i,s-Diagramm.

sie auch die Arbeit der wirklichen Maschine. Entspricht die Senkrechte *1 2* in Abb. 99 der adiabaten Expansion vom Drucke p auf p_0 in einer vollkommenen Maschine, so wird in der mit Verlusten behafteten wirklichen Maschine die Expansion vielleicht im Punkte *3* der Isobare p_0 endigen. Dann ist die Arbeit der wirklichen Maschine gleich dem durch die senkrechte Entfernung *1 4* der Punkte *1* und *3* dargestellten Wärmegefälle $i_1 - i_3$ und damit um die Verluste $i_4 - i_2$ kleiner als das adiabate und zugleich isentrope Wärmegefälle $i_1 - i_2$.

53. Wirkungsgrade, Dampf- und Wärmeverbrauch.

Unter L hatten wir die Arbeit der verlustlosen, nach dem Clausius-Rankine-Prozeß arbeitenden Maschine verstanden. An Wärme wurde dem Kessel der Unterschied $Q = i - i_w$ der Enthalpie i des Dampfes und i_w des Speisewassers zugeführt. Wir bezeichnen mit L_i die mit dem Indikator gemessene Arbeit der wirklichen Maschine, mit L_e die effektive Nutzarbeit an der Welle der Maschine und nennen

$$\eta_{th} = \frac{L}{Q} = \frac{i - i_0}{i - i_w} \text{ den thermischen Wirkungsgrad des theoretischen}$$
Prozesses nach CLAUSIUS-RANKINE,

$$\eta_g = \frac{L_i}{L} \text{ den Gütegrad der Maschine, oder den indizierten Wirkungsgrad,}$$

$$\eta_t = \frac{L_i}{i - i_w} \text{ den thermischen Wirkungsgrad des wirklichen Prozesses,}$$

$$\eta_m = \frac{L_e}{L_i} \text{ den mechanischen Wirkungsgrad,}$$

$$\eta_e = \eta_{th} \cdot \eta_g \cdot \eta_m = \frac{L_e}{Q} \text{ den effektiven Wirkungsgrad.}$$

In der Praxis rechnet man statt mit der Arbeit L in kcal je kg Dampf oft mit dem Kehrwert

$$D = \frac{1}{L},$$

dem Dampfverbrauch in kg je kcal Arbeit. Meist wird der Dampfverbrauch auf die Pferdekraftstunde D_{PSh} oder die Kilowattstunde D_{kWh} bezogen. Da

$$1 \text{ kcal} = \frac{1}{632} \text{ PSh} = \frac{1}{860} \text{ kWh}$$

ist, wird

$$D_{\text{PSh}} = \frac{1}{L} \cdot 632 \, \frac{\text{kcal}}{\text{PSh}}$$

und

$$D_{\text{kWh}} = \frac{1}{L} \cdot 860 \, \frac{\text{kcal}}{\text{kWh}}.$$

Zum Vergleich mit anderen Wärmekraftmaschinen (Verbrennungsmotoren usw.) benutzt man den Wärmeverbrauch W in kcal je Arbeitseinheit. Dann ist offenbar

$$W = \frac{1}{\eta}.$$

Bezogen auf die Pferdekraftstunde wird

$$W_{\mathrm{PSh}} = \frac{632}{\eta}\ \frac{\mathrm{kcal}}{\mathrm{PSh}},$$

bezogen auf die Kilowattstunde

$$W_{\mathrm{kWh}} = \frac{860}{\eta}\ \frac{\mathrm{kcal}}{\mathrm{kWh}},$$

wobei für η je nach Bedarf η_{th}, η_t oder η_6 einzusetzen ist.

Bei guten, ausgeführten Dampfmaschinen und -turbinen kommt je nach den Betriebsbedingungen etwa vor:

$$\eta_g = 0,5 \text{ bis } 0,9$$
$$\eta_t = 0,1 \text{ ,, } 0,35$$
$$\eta_m = 0,8 \text{ ,, } 0,9$$

und der Wärmeverbrauch bezogen auf die Effektivleistung wird

$$W_{\mathrm{kWh}} \approx 2300 \text{ bis } 8000 \text{ kcal/kWh.}$$

Dagegen ist bei der Gasmaschine etwa

$$W_{\mathrm{kWh}} \approx 3000 \text{ kcal/kWh,}$$

bei der Dieselmaschine

$$W_{\mathrm{kWh}} \approx 2000 \text{ kcal/kWh.}$$

54. Der Einfluß von Druck und Temperatur auf die Arbeit des Clausius-Rankine-Prozesses.

Der zweite Hauptsatz hatte ganz allgemein ergeben, daß der Wirkungsgrad der Umsetzung von Wärme in Arbeit um so besser ist, bei je höherer Temperatur die Wärme zugeführt und bei je tieferer ihr nicht in Arbeit verwandelbarer Teil abgeführt wird.

Das gilt auch für den Dampfmaschinenprozeß. Der Dampf muß also im Kondensator bei möglichst niedriger Temperatur verflüssigt werden. Die untere Grenze ist dabei durch das verfügbare Kühlwasser gegeben. Bei Maschinen mit Auspuff verläßt der Dampf den Zylinder noch mit 100°, und es bleibt ein erheblicher Teil des Wärmegefälles ungenutzt. Für eine Maschine, der trocken gesättigter Dampf von 16 at und 200,4° zugeführt wird, und deren Abdampf im Kondensator bei 30° und 0,0433 at kondensiert, ist in Abb. 100 die Arbeitsfläche stark umrandet in ein T, s-Diagramm eingezeichnet. Würde die Maschine mit Auspuff in die freie Atmosphäre arbeiten, so würde sich die Arbeitsfläche um den schraffierten Streifen auf fast die Hälfte vermindern. Auspuffmaschinen werden daher heute nur da benutzt, wo ihre große Einfachheit den Nachteil hohen Wärmeverbrauches zurücktreten läßt.

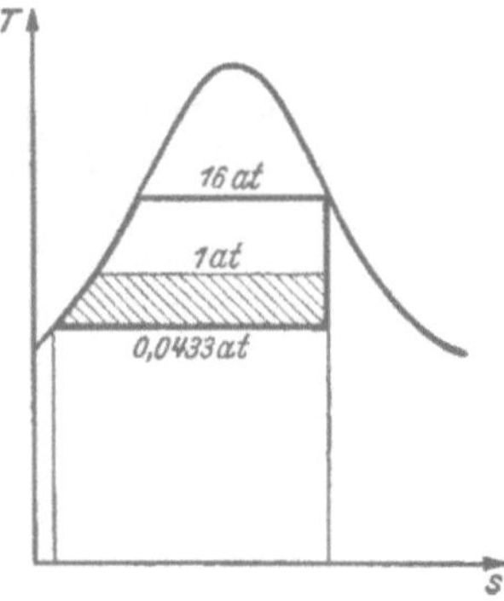

Abb. 100. Arbeit der Dampfmaschine bei Auspuff- und bei Kondensationsbetrieb.

Steigert man den Druck und die Temperatur im Kessel, so wachsen bei gesättigtem Dampf, wie die für Drücke von 20, 100 und 220 at gezeichneten Arbeitsflächen *abgh*, *acfi* und *adek* der Abb. 101 erkennen

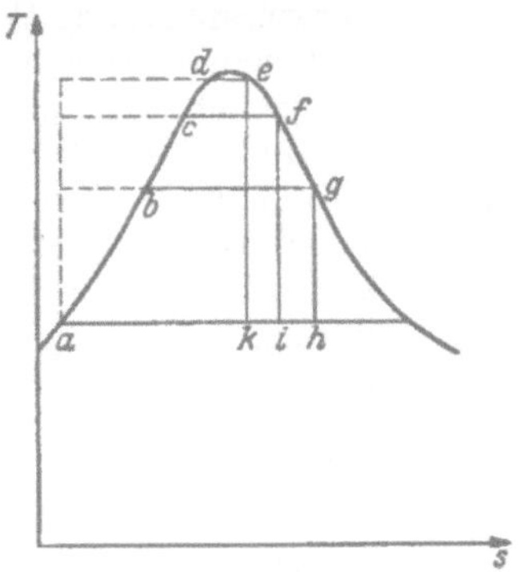

Abb. 101. Arbeit von Sattdampf bei verschiedenen Drücken.

Abb. 102. Einfluß der Überhitzung auf die Arbeit des Dampfes.

lassen, die Arbeiten beim Clausius-Rankine Prozeß nicht in demselben Maße wie beim Carnot-Prozeß, da dem ersteren die gestrichelt berandeten Stücke der Arbeitsfläche oberhalb der linken Grenzkurve fehlen.

Durch Überhitzen des Dampfes werden die Arbeitsflächen, wie Abb. 102 wieder bei 20, 100 und 220 at und für 400° Dampftemperatur zeigt, um die schraffierten Flächenstücke vergrößert. Dadurch steigt

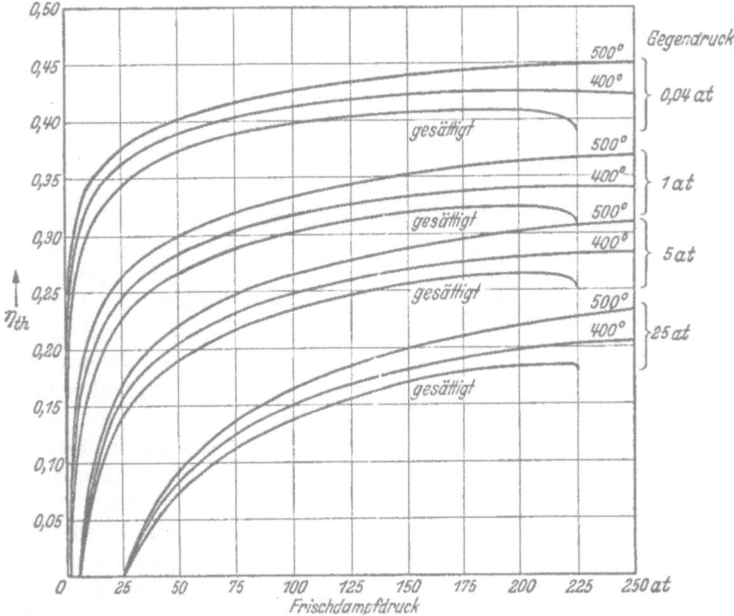

Abb. 103. Wirkungsgrad des CLAUSIUS-RANKINE-Prozesses für verschiedene Betriebsverhältnisse in Abhängigkeit vom Dampfdruck.

Tabelle 26. *Arbeit L von 1 kg Dampf und Wirkungsgrad η_{th} des Clausius-Rankine-Prozesses der Dampfmaschine in Abhängigkeit von Druck und Überhitzungstemperatur.*

a) Kondensationsbetrieb mit 0,04 at Kondensatordruck.

	p in at	1	5	10	15	20	30	50	75	100	150	200	225
trocken gesättigt	L in kcal/kg	109,3	165,8	189,9	203,9	213,0	224,7	237,9	245,0	246,6	243,4	224,9	190,5
	η_{th}	0,179	0,264	0,299	0,319	0,333	0,350	0,372	0,388	0,396	0,407	0,406	0,391
überhitzt auf 400°	L in kcal/kg	168,4	220,9	242,6	254,9	263,1	273,8	285,8	292,3	293,8	289,0	274,5	263,1
	η_{th}	0,223	0,293	0,323	0,340	0,352	0,368	0,389	0,403	0,412	0,423	0,426	0,424
überhitzt auf 500°	L in kcal/kg	194,5	250,3	272,3	285,1	294,0	305,7	318,9	328,0	332,7	336,7	335,6	333,4
	η_{th}	0,242	0,312	0,340	0,365	0,368	0,383	0,403	0,417	0,426	0,440	0,447	0,449

b) Auspuffbetrieb mit 1 at Gegendruck.

	p in at	1	5	10	15	20	30	50	75	100	150	200	225
trocken gesättigt	L in kcal/kg	—	65,6	93,3	109,3	120,5	135,3	151,7	162,3	166,9	168,4	155,6	129,0
	η_{th}	—	0,118	0,165	0,192	0,212	0,237	0,267	0,289	0,302	0,320	0,322	0,310
überhitzt auf 400°	L in kcal/kg	—	98,9	131,0	146,7	157,5	171,8	188,4	198,1	203,6	204,0	195,2	187,7
	η_{th}	—	0,145	0,192	0,216	0,233	0,255	0,283	0,303	0,317	0,333	0,340	0,341
überhitzt auf 500°	L in kcal/kg	—	116,5	152,0	171,1	183,0	198,2	216,1	228,0	236,2	244,0	246,0	246,0
	η_{th}	—	0,159	0,208	0,234	0,251	0,273	0,299	0,319	0,333	0,351	0,363	0,367

der Wirkungsgrad, wenn auch bei weitem nicht in dem Maße der Temperatursteigerung. Wenn trotzdem heute fast ausschließlich Heißdampf benutzt wird, so liegt der Grund in der durch die Überhitzung erreichten wesentlichen Verminderung der Verluste in der Maschine, worauf wir weiter unten eingehen.

Um den Einfluß des Druckes und der Überhitzung auf die theoretische Arbeit zahlenmäßig zu zeigen, sind in Tab. 26 in Abhängigkeit vom Druck die Arbeit L und der Wirkungsgrad η_{th} des Clausius-Rankine-Prozesses für Sattdampf und für überhitzten Dampf von 400° und 500°, sowohl für Kondensationsbetrieb mit 0,04 at, als auch für Auspuffbetrieb mit 1 at, mit Hilfe des i,s-Diagramms des Anhanges ermittelt. In Abb. 103 ist η_{th} für diese Betriebsbedingungen und weiter noch für Gegendrücke von 5 und 25 at graphisch dargestellt.

Gegendrücke über 1 at kommen vor, wenn der aus der Maschine austretende Dampf z. B. für Heizzwecke weiter verwendet werden soll. Die Angaben der Abb. 103 beziehen sich dann nur auf den ersten Teil des Gesamtvorganges.

55. Die Abweichungen des Vorganges in der wirklichen Maschine vom theoretischen Arbeitsprozeß.

Wenn die Zustandsänderungen des Dampfes in der Maschine vollständig umkehrbar wären, würde unabhängig von ihrer Bauart immer der volle Betrag der theoretischen Arbeit gewonnen werden. Da die Arbeitsausbeute der wirklichen Maschine geringer ist, müssen die Vorgänge in ihr teilweise irreversibel verlaufen. Die Verluste sind also gleichbedeutend mit nichtumkehrbaren Teilen des Arbeitsprozesses. Dabei kommen in Frage:

> Wärmeströmung unter Temperaturgefälle,
> Mischung von Dampf verschiedener Temperatur,
> Drosselung und innere Reibung,
> mechanische Reibung.

Die Mischung von Dampf verschiedener Temperatur kann auch als Wärmeströmung unter Temperaturgefälle, die Drosselung auch als Mischung von Dampf verschiedenen Druckes aufgefaßt werden.

Die mechanische Reibung der festen Teile der Maschine wird durch den mechanischen Wirkungsgrad berücksichtigt und soll uns hier nicht beschäftigen.

Auch bei nichtumkehrbaren Vorgängen bleibt die Gesamtenergie unverändert. Wenn also nicht der theoretische Höchstwert an Arbeit gewonnen wird, muß der Fehlbetrag als Wärme an das Kühlwasser oder die Umgebung abgegeben werden.

Unter dem Gesichtspunkt der Nichtumkehrbarkeit wollen wir nun die verschiedenen Verlustquellen der Dampfmaschinen behandeln.

Wenn man nichtumkehrbare Vorgänge durch Kurven in Diagrammen darstellt, ist zu beachten, daß in solchen Fällen, wie z. B. bei der Strömung mit Reibung oder bei der Wärmeleitung unter endlichem Temperaturgefälle, das Medium gar keinen einheitlichen Zustand hat, sondern daß die Temperatur und damit auch andere Zustandsgrößen örtlich verschiedene Werte zeigen. Dann kann aber der Zustand nicht durch einen Punkt des Diagramms und ein Zustandsverlauf nicht durch eine einzige Kurve gekennzeichnet werden. Wenn man trotzdem solche Darstellungen benutzt, so ist dabei stillschweigend vorausgesetzt, daß Mittelwerte von Zustandsgrößen gemeint sind, wie man sie sich etwa durch Umrühren in jedem Augenblick hergestellt denken kann.

a) Verluste durch Wärmeströmung unter Temperaturgefälle.

Um die Wärme im Kondensator vom kondensierenden Dampf an das Kühlwasser zu übertragen, ist ein Temperaturgefälle erforderlich, das für eine gegebene Kühlleistung um so kleiner wird, je größer die Kühlfläche des Kondensators ist und je besser sie die Wärme durchläßt. Außerdem ist die Menge des Kühlwassers insofern von Einfluß, als es sich bei großer Menge nur wenig erwärmt und daher seine für die Wärmeübertragung maßgebende Temperatur niedriger bleibt.

Der Wärmeübergang wird durch hohe Kühlwassergeschwindigkeit verbessert und kann durch Luftgehalt des Dampfes sowie durch Verschmutzung der Kühlflächen sehr verschlechtert werden. Deshalb ist jeder Kondensator mit einer Luftpumpe versehen, die die durch Undichtigkeiten eindringende oder durch den Kessel im Speisewasser gelöst hereinkommende Luft wieder entfernt. Die Kühlflächen müssen ferner von Zeit zu Zeit gereinigt werden. Bei der Wahl des Temperaturgefälles im Kondensator hat man die Verluste gegen den mit der Größe der Kühlfläche wachsenden Preis des Kondensators und die Kühlwasserkosten abzuwägen. Bei praktischen Anlagen beträgt das Temperaturgefälle zwischen Dampf- und Kühlwassereintrittstemperatur 10° bis 20°. Der Verlust durch Temperaturgefälle im Kondensator ist in dem T, s-Diagramm der Abb. 104 durch den schraffierten Flächenstreifen dargestellt, er beträgt in dem gezeichneten Falle bei einer Sattdampftemperatur von 200° bei etwa 16 at, einer Dampftemperatur im Kondensator von etwa 35°

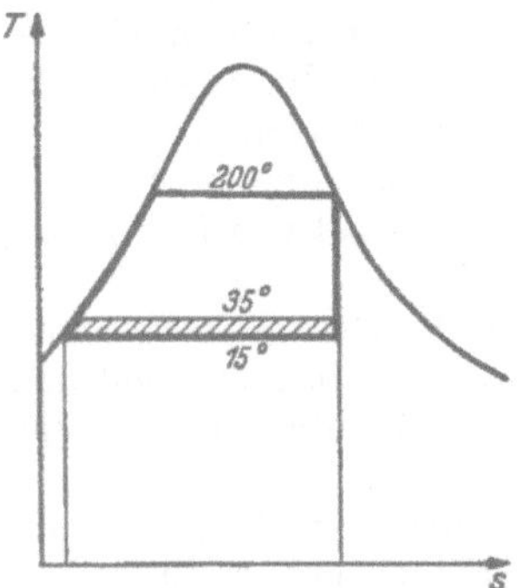

Abb. 104. Verlust durch Temperaturgefälle im Kondensator.

und einer Kühlwassereintrittstemperatur von 15° rd. 13% der theoretischen Arbeit.

Ein sehr erheblicher Verlust durch Temperaturgefälle tritt in der Feuerung auf, wo die Wärme von den anfänglich 1200 bis 2000° heißen Flammgasen an die 100 bis höchstens 680° warmen Heizflächen übergeht. Dieser Verlust fällt aber nicht der Maschine zur Last. Man kann ihn durch Steigern der Dampftemperatur verkleinern, aber die Festigkeit der Baustoffe erlaubt heute nicht über 680° hinauszugehen. Wie weit es grundsätzlich überhaupt möglich ist, die Verbrennungswärme der Brennstoffe in Arbeit zu verwandeln, zeigt die chemische Thermodynamik. Dabei ergibt sich, daß für Kohlenstoff die ganze chemische Energie in Arbeit umwandelbar ist. Der Wirkungsgrad unserer wärmetechnischen Arbeitsprozesse ist also recht bescheiden.

Weitere Verluste durch Wärmeströmung unter Temperaturgefälle entstehen durch unvollkommenen Wärmeschutz, wodurch Wärme von Dampftemperatur an die Umgebung abfließt und ihren Arbeitswert verliert. In den Dampfleitungen macht sich dies durch die Abnahme der Überhitzung oder, nachdem die Sättigungstemperatur erreicht ist, durch Kondensatbildung bemerkbar. Ebenso verliert auch der Dampfzylinder Wärme an den Maschinenraum. Außerdem tritt in ihm durch periodisches Hin- und Herfließen von Wärme zwischen Dampf und Zylinderwand noch ein sog. Wandverlust ein, auf den wir später eingehen.

b) Verlust durch unvollständige Expansion.

In der Kolbendampfmaschine expandiert der Dampf vom Anfangsdruck p in der Regel nicht bis auf den Kondensatordruck p_0, sondern man richtet es so ein, daß er am Hubende noch den höheren Druck p_2 hat, mit dem er in den Kondensator auspufft. Man verzichtet also auf die in Abb. 105 schraffiert gezeichnete Spitze *2 3d* der Arbeitsfläche, kommt dafür aber mit einem kürzeren Kolbenhub und einem kleineren Zylinder aus, wodurch die Kolbenreibungs- und Wandverluste kleiner ausfallen.

Der durch die Fläche *2 3d* der Abb. 105 dargestellte Verlust L_{vu} durch unvollständige Expansion ergibt sich als Differenz der Flächen *2 3cb* und *2dcb* entweder aus der Formel für die Arbeit der Adiabate zu

$$L_{vu} = \frac{\varkappa}{\varkappa - 1}\, p_2 v_2 \left[1 - \left(\frac{p_0}{p_2}\right)^{\frac{\varkappa - 1}{\varkappa}} \right] - v_2 (p_2 - p_0) \qquad (178)$$

oder bequemer mit Hilfe des *i, s*-Diagramms aus der Gleichung

$$L_{vu} = i_2 - i_3 - v_2 (p_2 - p_0), \qquad (178a)$$

wobei die Indizes 2 und 3 die Zustandsgrößen in den Punkten *2* und *3* kennzeichnen, die mit dem Punkt *1* auf derselben Senkrechten im *i, s*-Diagramm liegen.

Im *T, s*-Diagramm ist der Verlust durch unvollständige Expansion durch die Fläche *2 3d* der Abb. 106 darge-stellt, die ebenso wie im *p, v*-Diagramm von der Adiabate *23*, der Isobare *d3* und der Isochore *2d* begrenzt wird. Die nicht in Arbeit verwandelte Ener-

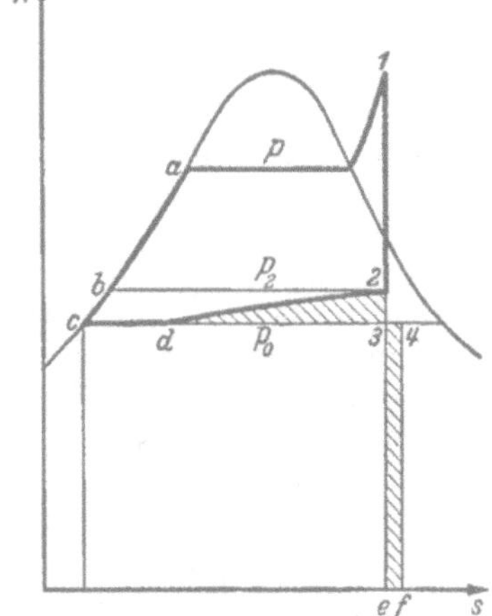

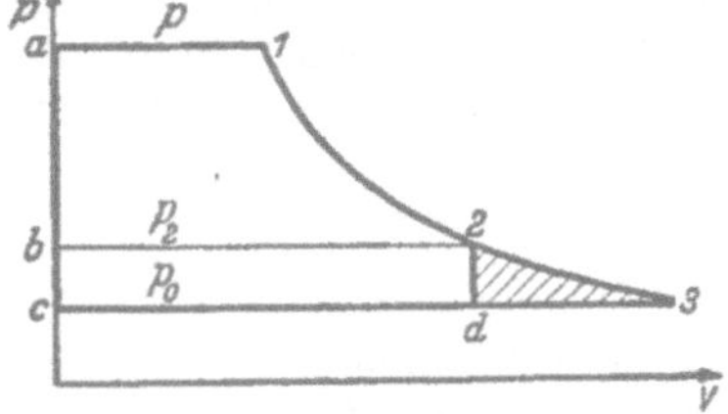

Abb. 105.   Abb. 106.

Abb. 105 u. 106. Verlust durch unvollständige Expansion, dargestellt im *p, v*- und *T, s*-Diagramm.

gie muß nach dem ersten Hauptsatz als Wärme wieder erscheinen. Der Dampf tritt daher mit dem Zustand *4* in den Kondensator ein, wobei seine Enthalpie um die der Fläche *d2 3* gleiche Fläche *3 4fe* größer ist als im Endpunkt *3* der vollständigen Expansion.

Der Verlust durch unvollständige Expansion steigt, wie Abb. 107 zeigt, mit wachsender Füllung, d. h. mit zunehmender Belastung der Maschine, und erreicht seinen höchstmöglichen Wert bei Volldruck-betrieb, wenn der Dampf nur die Gleichdruckarbeit $v_1 (p - p_0)$ leistet und die ganze in Abb. 107 schraffierte Fläche unter der Expansionslinie *1 2* verlorengeht.

Bei schwacher Belastung kann es besonders bei Gegendruckmaschinen vorkommen, daß die Expansion schon vor dem Hubende den Gegendruck erreicht und sich dann nach Kurve *3 2b* der Abb. 107 unter die Gegen-drucklinie hinab fortsetzt. Auch in diesem Falle tritt ein Verlust ein, da im letzten Teil des Hubes die Maschine nicht Arbeit leistet, sondern verbraucht, denn die Fläche $3\,2_b\,4$ entspricht einer negativen Arbeit und ist von dem über der Gegendrucklinie liegenden Teil der Arbeitsfläche abzuziehen.

Beim Auspuff unter dem Überdruck $p_2 - p_0$ verwandelt sich die noch verfügbare Dampfarbeit zunächst in kinetische Energie der Strömung, die im Kondensator durch Reibung wieder in Wärme übergeht. Man kann diese Strömungsenergie ebenso wie bei Verbrennungsmaschinen durch eine Auspuffturbine nutzbar machen, ein Verfahren, das bei Schiffsmaschinen wiederholt angewandt wurde (Bauer-Wach-Abdampfturbine).

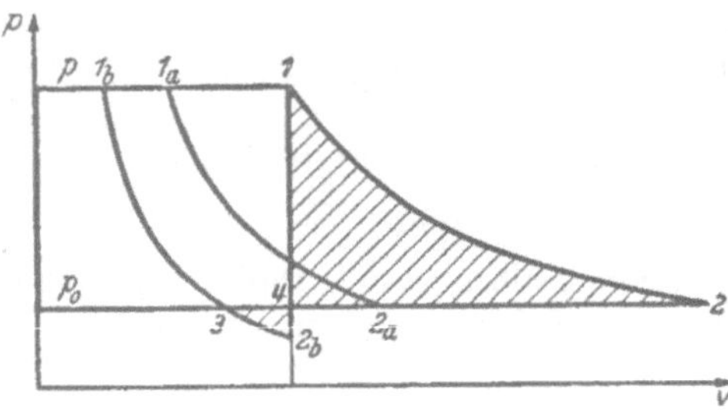

Abb. 107. Einfluß der Füllung auf den Verlust durch unvollständige Expansion.

Bei der Dampfturbine mit ihrer stetigen Dampfströmung treten Verluste durch unvollständige Expansion nicht auf. Sie hat gegenüber der Kolbendampfmaschine den großen Vorteil, daß der Dampf bis herab zu erheblich niedrigeren Kondensatordrücken ausgenutzt werden kann. Ein kleiner Austrittsverlust ist aber auch hier vorhanden, da der Dampf wegen der nicht beliebig groß ausführbaren Strömungsquerschnitte das letzte Laufrad mit endlicher, kinetischer Energie verläßt, die im Kondensator durch Reibung in Wärme verwandelt wird.

c) Wandverluste.

Der Dampf kühlt sich bei der Expansion im Zylinder ab. Die Wände von Zylinder und Kolben werden daher periodisch von Dampf wechselnder Temperatur bespült. Wegen der im Vergleich zum Dampf viel größeren Wärmekapazität je Volumeinheit des Eisens und der nicht unbeschränkten Möglichkeit der Wärmeübertragung kann die Wand den schnellen Temperaturschwankungen des Dampfes nicht folgen, sondern stellt sich auf eine mittlere Temperatur ein, die zwischen den Dampftemperaturen vor und nach der Expansion liegt. Nur die innere Wandoberfläche führt Schwankungen der Temperatur um diesen mittleren Wert aus, die aber schon wenige Zehntel Millimeter unter der Oberfläche abklingen.

Der eintretende Frischdampf trifft also auf kältere Zylinderwände, kühlt sich ab und kondensiert teilweise, wenn er gesättigt war; man spricht dann von Eintrittskondensation.

Dadurch tritt eine Volumabnahme ein und das spez. Volum des Dampfes ist am Ende der Füllung kleiner, als es ohne die Wirkung der Wände wäre. Im p,v-Diagramm der Abb. 108 mit der theoretischen Arbeitsfläche $1\,2\,b\,a$ beginnt dann die Expansion im Punkte 1_1 statt in 1.

Während des ersten Teiles der Expansion gibt der Dampf weiter Wärme an die Wand ab und seine Expansionslinie verläuft steiler als die gestrichelt in die Abb. 108 eingezeichnete Adiabate bis zu einem Punkt m, wo der Dampf sich gerade auf die Temperatur der Wand abgekühlt hat und die Expansion einen Augenblick der Adiabate durch diesen Punkt folgt. Im weiteren Verlauf wird der Dampf kälter als die Wand, nimmt Wärme von ihr auf und seine Expansionslinie verläuft flacher, schneidet die Adiabate 12 des theoretischen Prozesses in l und trifft schließlich die Gegendrucklinie in 2_1. Durch die Wirkung der Wand tritt im Vergleich zum theoretischen Prozeß eine Verminderung der Arbeit um die Differenz der beiden schraffierten Flächen 11_1ml-l2_12 ein, die man als Wandverlust bezeichnet.

Aus dem p,v-Diagramm der Abb. 108 ist die Zustandsänderung in das T,s-Diagramm der Abb. 109 übertragen, wobei angenommen ist, daß

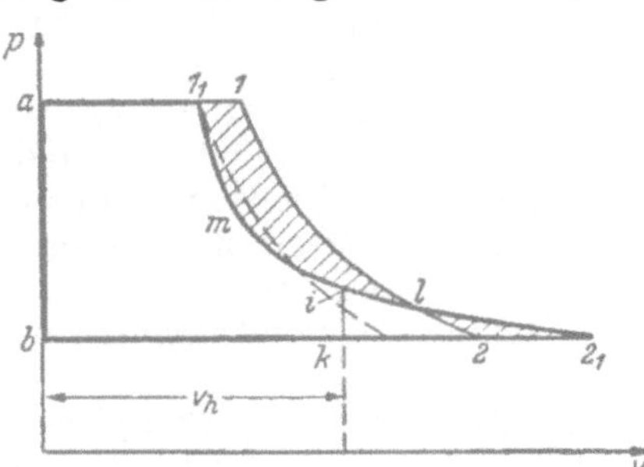

Abb. 108. Wandverlust im p, v-Diagramm.

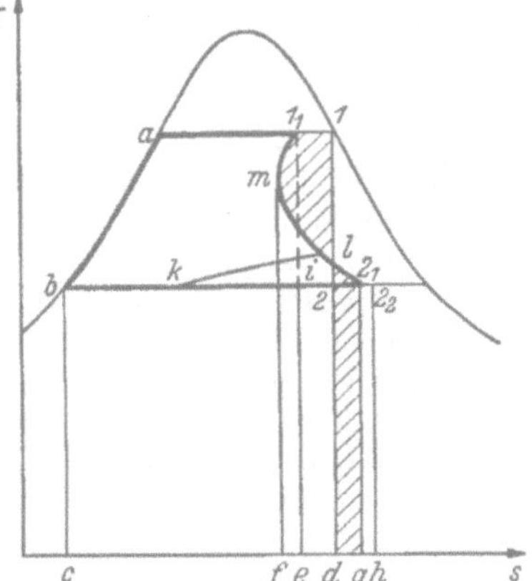

Abb. 109. Wandverlust im T, s-Diagramm.

der Dampf im Punkte 1 gerade gesättigt war, dann geht die rechte Grenzkurve durch diesen Punkt des Diagramms, während die linke im p,v-Diagramm bekanntlich fast genau mit der Ordinatenachse zusammenfällt. Die Übertragung führt man in der Weise aus, daß man zu dem Druck eines Punktes der Expansionslinie im p,v-Diagramm die Sättigungstemperatur im T,s-Diagramm sucht und den Punkt so in das T,s-Diagramm überträgt, daß er dort die Waagerechte zwischen den Grenzkurven in demselben Verhältnis teilt, wie im p,v-Diagramm. Auf diese Weise wurde für unsere Expansionslinie im T,s-Diagramm die Kurve 1_1ml2_1 gefunden, die uns nun auch Aufschluß über die ausgetauschten Wärmemengen gibt: Während der Eintrittskondensation führt der Dampf die Wärmemenge 11_1ed an die Wände ab. Während des ersten Teiles der Expansion wird weiter die Wärme 1_1mfe abgegeben. Dann kehrt der Wärmestrom seine Richtung um, und es fließt während des zweiten Teiles der Expansion die Wärmemenge $ml2_1gf$ von der Wand an den Dampf zurück, wobei ein Teil des ausgeschiedenen Wassers wieder verdampft (Nachverdampfung).

Im ganzen hat sich durch die Wandwirkungen die Arbeit um die Differenz der beiden Flächen 11_1ml-l2_12 verringert. Dieser Verlust erscheint im Dampf wieder als Wärme, indem sein Wärmeinhalt beim Eintritt in den Kondensator um die Fläche $2\,2_1\,g\,d = 1\,1_1\,m\,l - l\,2_1\,2$ größer ist als beim theoretischen Prozeß.

Arbeitet die Maschine mit unvollständiger Expansion bis zum spez. Volum v_h, so geht die im p,v-Diagramm rechts der Isochore $i\,k$ liegende Spitze der Arbeitsfläche verloren. Dem entspricht im T,s-Diagramm die Fläche $i\,k\,2_1$. Auch dieser Verlust muß als Wärme im austretenden Dampf bleiben, dessen Enthalpie sich noch um die Fläche $2_1\,2_2\,h\,g = i\,k\,2_1$ vergrößert.

Die Wärmeabgabe von der äußeren Zylinderwand an die Umgebung haben wir dabei nicht mit als Wandverlust gezählt, sondern zu den Wärmeverlusten durch Temperaturgefälle des Abschnittes a) gerechnet. Wandverluste treten also ein, trotzdem die beim Einströmen und während des ersten Teils der Expansion vom Dampf an die Wand abgegebene Wärme während des zweiten Teils der Expansion in vollem Betrage an den Dampf zurückfließt, sie entstehen allein dadurch, daß der Dampf diese Wärme bei hoher Temperatur abgibt und bei niederer Temperatur wieder aufnimmt.

Die Wandverluste sind, bezogen auf die theoretische Arbeit, um so größer, je größer die Wandflächen je Einheit des Zylinderinhaltes sind und je länger der Dampf ihrem Einfluß ausgesetzt ist. Die Wandverluste sind daher klein bei großen und bei schnellaufenden Maschinen, sie sind kleiner bei Drehschieber- und bei Ventilsteuerung als bei gewöhnlicher Schiebersteuerung, deren lange, mit dem Zylinder dauernd verbundene Kanäle große Oberfläche haben.

Bei derselbe Maschine nehmen die Wandverluste je kg Dampf mit wachsender Füllung und daher mit zunehmender Belastung ab. Die Verluste durch unvollständige Expansion nehmen dagegen, wie wir sahen, mit wachsender Füllung zu. Das Zusammenwirken dieser beiden wesentlichsten Verlustquellen hat zu Folge, daß die Kolbendampfmaschine meist bei Füllungen zwischen 15 und 40% des Hubes ein Maximum des Wirkungsgrades hat. Man legt deshalb die Normallast in dieses Gebiet. Da man durch Vergrößern der Füllung die Leistung wesentlich über ihren normalen Wert hinaus steigern kann, besitzt die Kolbendampfmaschine eine erhebliche Leistungsreserve, die sie für wechselnde Betriebsverhältnisse (z. B. Lokomotivbetrieb) besonders geeignet macht.

Da die Wandverluste einen sehr erheblichen Teil der Gesamtverluste bilden, hat das Streben nach ihrer Verkleinerung Betriebsweise und Bauart der Dampfmaschine wesentlich beeinflußt, worauf wir später eingehen.

Bei Dampfturbinen gibt es im allgemeinen keine Wandverluste, da die Schaufeln und der Leitapparat immer von Dampf derselben Temperatur berührt werden. Nur wenn man den Dampf nach Verlassen des Laufrades umleitet und nach weiterer Entspannung noch einmal durch dasselbe Laufrad führt, wie das bei der sog. Elektraturbine der Fall ist, hat man auch hier Wandverluste an den Schaufeln.

d) Drosselverluste.

Da die Größe der Eintrittsquerschnitte der Steuerorgane beschränkt ist und da jeder Verschluß eine gewisse Zeit zur Öffnung braucht, treten beim Strömen des Dampfes durch Schieber, Ventile usw. Druckverluste auf. Diese Drosselverluste sind durch die schraffierten Flächen der Abbildung 110 dargestellt. Um bei der Kolbenumkehr in den Totpunkten schon einen genügend großen freien Öffnungsquerschnitt zu haben, beginnt man mit dem Öffnen des Einlaßventils schon im Punkte VE (Voreinströmung), mit dem Öffnen des Auslaßventils im Punkte VA (Vorausströmung). Dadurch werden die Ecken des Diagramms abgerundet, wie die Abb. 110 zeigt.

Bei der Austrittsdrosselung erreicht der Dampf ebenso wie bei der unvollständigen Expansion in den Austrittsquerschnitten hohe Geschwindigkeiten, die sich durch innere Reibung in Wärme verwandeln, und er tritt mit entsprechend größerem Wärmeinhalt in den Kondensator ein.

Bei der Eintrittsdrosselung verwandelt sich die verlorene Arbeit zwar auch in Wärme, aber diese erhöht hier den Wärmeinhalt des Frischdampfes und wird teil-

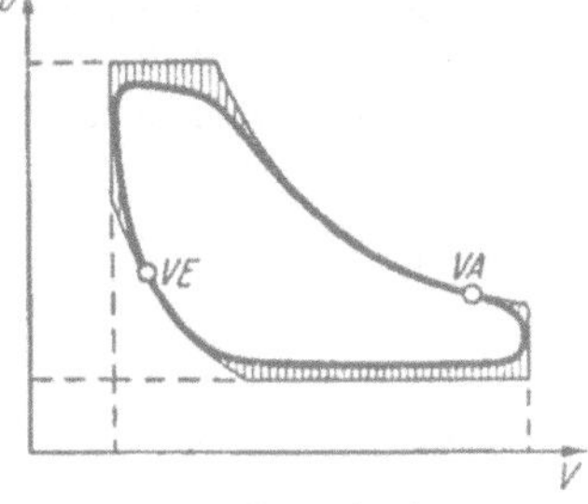

Abb. 110. Drosselverluste.

weise als Arbeit wiedergewonnen bei demselben Wirkungsgrad, mit dem unsere Maschine Überhitzungswärme in Arbeit verwandelt.

Die Drosselverluste hängen wesentlich von der Bauart der Steuerorgane ab, sie sind um so kleiner, je größer die Öffnungsquerschnitte der Ventile sind und je schneller diese freigelegt werden, sie nehmen zu mit steigender Drehzahl, da dann die zur Füllung und Entleerung des Zylinders verfügbare Zeit abnimmt.

Bei Dampfturbinen entspricht den Drosselverlusten die innere Reibung des Dampfes auf dem Wege durch die Schaufelkränze. Wegen der hohen Strömungsgeschwindigkeiten ist dies der wesentliche Verlust der Dampfturbine.

e) Verluste durch schädlichen Raum.

Wenn kein schädlicher Raum vorhanden, der Zylinderinhalt im inneren Totpunkt also Null wäre, dann würde der Druck wie beim theoretischen Diagramm plötzlich von Kondensator- auf Kesseldruck springen. Um Spielraum für das Arbeiten der Ventile zu haben und aus Gründen der Betriebssicherheit ist aber ein gewisser schädlicher Raum unvermeidlich. Wenn man ohne Kompression arbeitet, ist der schädliche Raum am Ende des Ausschiebens noch mit Dampf von Kondensatordruck gefüllt. Beim Öffnen des Einlaßventiles strömt in diesen Raum niederen Druckes Frischdampf hohen Druckes hinein, ohne daß dabei Arbeit geleistet wird. Die verlorene Arbeit erhöht nur die Enthalpie des Dampfes im Zylinder, wobei ein Teil des Verlustes ebenso wie bei der Eintrittsdrosselung wiedergewonnen wird.

13*

Den Verlust im schädlichen Raum kann man dadurch vermeiden, daß man den expandierten Dampf nicht bis zum Hubende ausschiebt, sondern das Auslaßventil schon vorher schließt, so daß der Kolben den Restdampf gerade bis zum Kesseldruck komprimiert. Diese Kompression ist bis auf die dabei eintretenden Wandverluste ein umkehrbarer Vorgang, und bei Öffnen des Einlaßventils herrscht im Zylinder der gleiche Druck wie in der Dampfleitung, so daß kein irreversibler Druckausgleich erfolgt. Das Diagramm erhält dann die Form *1234* der Abb. 111. Der Verlust im schädlichen Raum wird verhindert, aber es sinkt die Leistung der Maschine, denn der Zylinder vom Hubvolum V_h verhält sich wie ein solcher ohne schädlichen Raum mit dem kleineren Hubvolum V_h', ebenso wie wir es beim Luftverdichter gesehen hatten (S. 126). Die Fläche *43ba* ist keine Verlustfläche, da die Expansionslinie *12* sich nicht auf die der Einströmlinie *41* entsprechende Füllungsmenge m_f be-

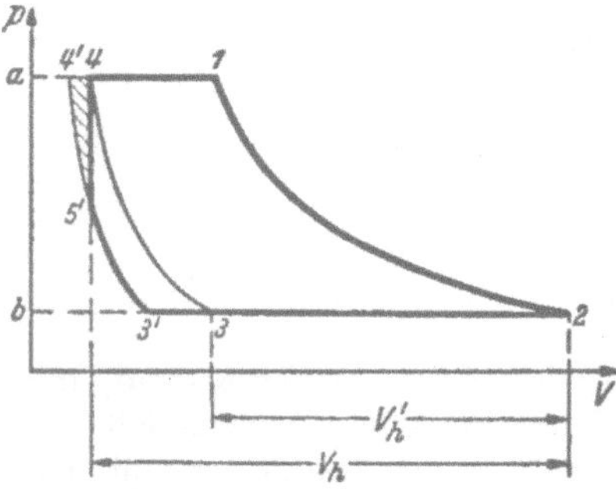

Abb. 111. Verlust durch schädlichen Raum.

zieht, sondern die gemeinsame Expansion des ganzen Zylinderinhaltes $m_f + m_r$, also von Füllung m_f und Restdampf m_r darstellt.

Die Kompression hat den weiteren Vorteil, daß sie die Umkehr der Kolbenmasse im inneren Totpunkt erleichtert. Der Kolben läuft gleichsam gegen ein federndes Dampfpolster an und braucht nicht allein von der Kurbel verzögert und wieder beschleunigt zu werden.

In der Praxis komprimiert man in der Regel nicht bis auf den Anfangsdruck, sondern schließt das Auslaßventil etwas später, so daß das Diagramm die Form *123'5'4* der Abb. 111 erhält. Man nimmt also den Verlust der kleinen Fläche *44'5'* in Kauf, vergrößert dafür aber das Diagramm um die Fläche *433'5'* und nutzt die Maschine besser aus. Man braucht dann keinen so großen Zylinder und hat weniger Wand- und Reibungsverluste. Die Fläche *44'5'* ist nicht völlig verloren, da ihr Wärmewert ebenso wie bei der Eintrittsdrosselung die Enthalpie des eintretenden Dampfes erhöht, aus dem Arbeit gewonnen wird.

Im idealen Falle wäre die Kompressionslinie des Dampfes eine Adiabate, die mit dem in der Regel im Naßdampfgebiet liegenden Zustand des beim Ausströmen im Zylinder gebliebenen Restdampfes beginnt. Dieser Rückstand nimmt während des Ausschiebens von den wärmeren Wänden Wärme auf und wird dabei trockener. Da man seinen Zustand kaum genau ermitteln kann, zumal seine Feuchtigkeit z. T. an den Wänden haftet, nimmt man gewöhnlich an, daß der Restdampf bei Beginn der Kompression gerade trocken gesättigt ist und bestimmt mit dieser Annahme seine Menge aus dem Zylindervolum bei Beginn der Kompression.

56. Trennung der Verluste durch Vergleich des Indikatordiagramms mit dem theoretischen Prozeß.

Die Verluste des wirklichen Vorganges in der Maschine sind die Differenz der Flächen des mit dem Indikator aufgenommenen und des theoretischen Diagramms für die adiabate Expansion der Füllungsmenge m_f. Das Verhältnis beider Diagrammflächen, das man auch als Völligkeitsgrad bezeichnet, ist der *Gütegrad* oder *indizierte Wirkungsgrad* der Maschine.

Eine genaue Aufteilung der Verluste auf die einzelnen von uns behandelten Ursachen ist aber nicht möglich, da sie zum großen Teil gleichzeitig auftreten und sich überdecken. Meist zeichnet man die beiden Diagramme nach Abb. 112 in folgender Weise übereinander:

Das Indikatordiagramm $abcdef$ wird so in die p, V-Ebene gelegt, daß seine linke Kante um die Größe V_s des schädlichen Raumes von der p-Achse entfernt ist. Das theoretische Diagramm $ghik$ für die aus der Messung des Dampfverbrauches je Kolbenhub erhaltene Füllungsmenge m_f trägt man dagegen so ein, daß seine linke Kante dem Volum V_r des auf den Frischdampfdruck komprimierten Restdampfes m_r entspricht.

Der Verlust durch unvollständige Expansion stellt sich dann dar als die schräg schraffierte Fläche lim, die durch das Endvolum des Zylinders vom theoretischen Diagramm

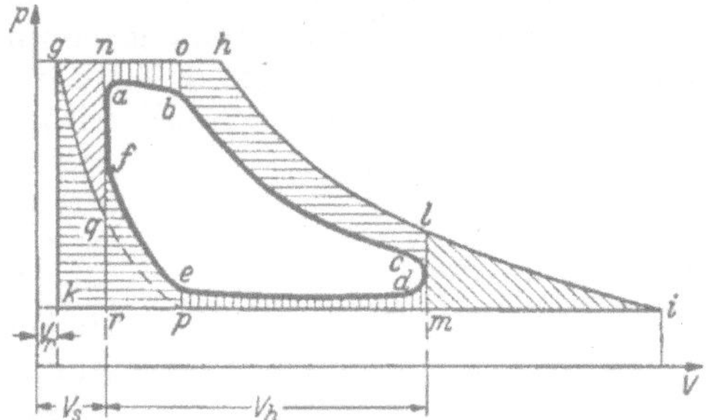

Abb. 112. Trennung der Verluste der Dampfmaschine.

abgeschnitten wird. Der Verlust durch schädlichen Raum ist die schräg schraffierte Fläche gnq, sie wird begrenzt durch das Stück qg der adiabaten Kompressionslinie des Restdampfes. Die Drosselverluste werden dargestellt durch die senkrecht gestrichelten Flächenstreifen $noba$ und $dmpe$. Die Fläche $noba$ wird aber ebenso wie der Verlust durch schädlichen Raum gnq, wie bereits angeführt, z. T. wiedergewonnen, da die verlorene Arbeit in Wärme umgewandelt im Dampf bleibt und seine Enthalpie erhöht. Die Expansionslinie bc verläuft daher im Indikatordiagramm etwas weiter rechts, als es sonst der Fall wäre. Die ganze waagerecht gestrichelte Fläche stellt den Wandverlust dar. Bei schlecht instand gehaltenen Maschinen sind darin auch die Verluste durch undichte Kolben und Ventile mit enthalten, bei guten Maschinen sind diese Lässigkeitsverluste meist zu vernachlässigen.

Bei dieser Verlustaufteilung muß auch die Fläche $gqrk$ unter der theoretischen Kompressionslinie qg als Wandverlust gerechnet werden, denn das theoretische Diagramm wurde für die Füllungsmenge m_f gezeichnet und enthält nicht die Expansionsarbeit des Restdampfes. Dieser Teil des Wandverlustes tritt aber nicht etwa bei der Kompression auf, sondern während der Füllung und Expansion; man sieht hier, daß es nicht möglich ist, die Teile der Verlustfläche den einzelnen Phasen des Prozesses eindeutig zuzuordnen.

Bei mehrstufigen Maschinen bringt man die Diagramme der verschiedenen Zylinder erst auf denselben Maßstab, man *rankinisiert* sie, und zeichnet sie dann übereinander in die theoretische Arbeitsfläche des gesamten Prozesses ein.

57. Die Übertragung des Indikatordiagramms in das T, S-Diagramm.

Bisher hatten wir nur den Expansionsvorgang im T, s-Diagramm abgebildet. Bei den anderen Teilen des Dampfmaschinenprozesses ist das nicht unmittelbar möglich, da die Dampfmenge im Zylinder bei der Kompression viel kleiner ist und da es sich während der Füllung und während des Ausschiebens dauernd ändert. Man umgeht diese Schwierigkeit nach BOULVIN dadurch, daß man während des ganzen Vorganges den Zylinder mit der Dampfmenge $m_f + m_r$ gefüllt annimmt und sich auch die Veränderungen, die der Füllungsdampf im Kessel und Kondensator erfährt, im Zylinder vollzogen denkt. Dabei hat man sich vorzustellen, daß der Dampf nicht ausgeschoben wird, sondern im Zylinder kondensiert, wobei sein Volum praktisch verschwindet und die Zylinderwand die sonst im Kondensator entzogenen Wärmemengen abführt. An Stelle der Füllung wird das Kondensat dann im Zylinder verdampft und gegebenenfalls überhitzt. Auf diese Weise führen wir mit der gleichbleibenden Dampfmenge $m_f + m_r$ einen Kreisprozeß im Zylinder durch, ähnlich, wie wir das bei der theoretischen Behandlung der Gasmaschinen getan hatten.

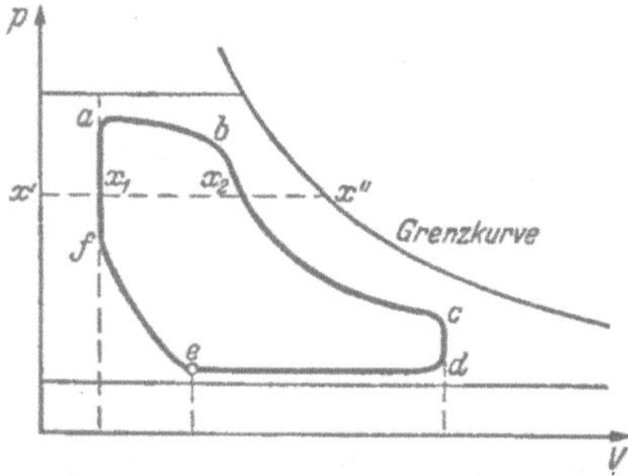

Abb. 113.
Indikatordiagramm der Dampfmaschine.

Die Füllungsmenge m_f erhält man aus dem gemessenen stündlichen Dampfverbrauch und der Drehzahl der Maschine, die Restdampfmenge m_r aus Druck und Volum des Zylinderinhaltes bei Beginn der Kompression mit Hilfe der Annahme, daß der Dampf dort gerade trocken gesättigt ist. Ist diese Annahme nicht genau erfüllt, so entsteht kein großer Fehler, da der Dampfrest nur wenige Prozent der Gesamtmenge beträgt.

Das Indikatordiagramm legen wir nach Abb. 113 so in die p, V-Ebene, daß der Beginn der Kompression bei e dem Volum des trocken gesättigt angenommenen Restdampfes m_r entspricht und zeichnen dazu die Grenzkurven für die Dampfmenge $m_f + m_r$ ein. Die linke Grenzkurve fällt dabei praktisch mit der p-Achse zusammen, die rechte verläuft außerhalb des Indikatordiagramms oder schneidet es, je nachdem der Dampf naß oder überhitzt ist. In der Abb. 113 ist nasser Dampf angenommen.

Die Übertragung in das für die Dampfmenge $m_f + m_r$ gezeichnete T, S-Diagramm der Abb. 114 erfolgt im Naßdampfgebiet wie früher dadurch, daß man zu einer das Indikatordiagramm in den Punkten x_1 und x_2 schneidenden Isobare $x'x''$ im T, S-Diagramm die entsprechende Isotherme $x'x''$ aufsucht und auf der letzteren zwei Punkte x_1 und x_2 so einträgt, daß sie hier die Strecke $x'x''$ in denselben Verhältnissen teilen, wie im p, V-Diagramm. Auf diese Weise wurde das ganze Indikatordiagramm $abcdef$ in das T, S-Diagramm der Abb. 114 übertragen und dort mit denselben Buchstaben bezeichnet. Reicht bei überhitztem Dampf das Indikatordiagramm über die Grenzkurve hinaus, so braucht man nur im überhitzten Gebiet in das p, V-Diagramm die Isothermen, in das T, S-Diagramm die Isobaren einzuzeichnen und kann dann jeden Punkt mit Hilfe seiner Zustandswerte T und p übertragen.

Die Flächen unter dem Linienzug $abcdef$ des T, S-Diagramms sind die Wärmemengen, welche der gesamten Dampfmenge $m_f + m_r$ zugeführt

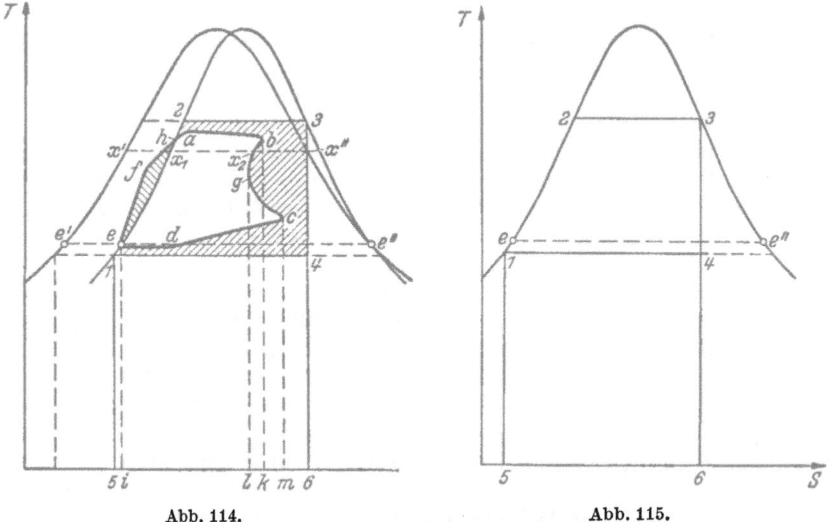

Abb. 114.   Abb. 115.

Abb. 114 u. 115. Übertragung des Prozesses der wirklichen Dampfmaschine in das T, S-Diagramm nach BOULVIN.

oder entzogen werden, gleichgültig, ob dieser Wärmeaustausch im Kessel, im Kondensator oder im Zylinder erfolgt. Der Wärmeumsatz im Kessel und im Kondensator, der die Füllungsdampfmenge m_f allein betrifft, ergibt sich aus dem für diese Dampfmenge gezeichneten T, S-Diagramm der Abb. 115. Danach wird dem Füllungsdampf im Kessel die Flüssigkeits- und Verdampfungswärme *12365* zugeführt und im Kondensator die Kondensationswärme *1465* entzogen.

Die Differenz der Wärmeumsätze beider Diagramme muß offenbar die Wärmemengen ergeben, die dem Dampf im Zylinder zugeführt oder entzogen werden, sei es durch Wärmeaustausch mit den Zylinderwänden oder durch innere Reibung.

Im Punkte e der Abb. 113 und 114 hatten wir den im Zylinder befindlichen Restdampf als trocken gesättigt angenommen. Der Füllungsdampf befindet sich gleichzeitig als Flüssigkeit im Kondensator. Die Strecke $e'e$ entspricht daher dem dampfförmigen Restdampf m_r, die Strecke ee'' dem flüssigen Füllungsdampf m_f und es ist

$$m_f : (m_f + m_r) = ee'' : e'e''.$$

Da das für m_f gezeichnete Diagramm der Abb. 115 im Verhältnis

$$m_f : (m_f + m_r)$$

schmaler ist als das für $m_f + m_r$, kann man das erste, wie in Abb. 114 gezeichnet, so auf das letzte legen, daß seine Grenzkurven durch die Punkte e und e'' gehen. Dann liegen ähnlich wie bei dem p, V-Diagramm der Abb. 112 wirkliche und theoretische Arbeitsflächen so aufeinander, daß der in Abb. 114 schraffierte Flächenunterschied unmittelbar die Verluste darstellt. Dabei ist das schmale Flächenstück $efhe$ mit anderem Vorzeichen zu zählen als die übrige schraffierte Fläche. Das T, S-Diagramm gibt nun Auskunft über die umgesetzten Wärmemengen. Von Beginn der Kompression bis zu Beginn der Expansion ist nach dem wirklichen Diagramm dem Dampf eine Wärmemenge gleich der Fläche $efabki$ unter der Kurve $efab$ zugeflossen. Im Kessel ist aber an den Füllungsdampf die Wärmemenge 12365 abgegeben worden. Die Differenz beider ist der Wärmeaustausch mit den Zylinderwänden. Insbesondere ist der zwischen den Senkrechten bk und 36 liegende Flächenstreifen die Wärmeabgabe durch Eintrittskondensation. Während der Expansion gibt der Dampf zunächst die Wärme $bglk$ an die Wand ab und nimmt dann die Wärme $gcml$ von der Wand wieder auf. Die schraffierte Fläche unter der Kurve cde ist schließlich der Wärmewert des Arbeitsverlustes durch unvollständige Expansion und durch Austrittsdrosselung, der im Kondensator mit an das Kühlwasser abfließt.

Das Boulvinsche Diagramm gibt also einen Überblick über die Wärmeaustauschvorgänge im Zylinder. Eine vollständige Aufteilung der Verluste läßt sich aber auch im T, S-Diagramm nicht durchführen.

58. Der Wärmeübergang im Zylinder und die Vorteile des überhitzten Dampfes.

Strömt bei der Füllung Sattdampf in den Zylinder, so schlägt sich an den kälteren Wänden Kondenswasser nieder. Das Volum des Dampfes schrumpft auf das der Flüssigkeit also praktisch auf Null zusammen. Das Wasser läuft an der Wand herunter und es kommt immer neuer Dampf mit der Wand in Berührung.

Durch die Kondensation wird die ganze Verdampfungswärme des Wassers von z. B. 500 kcal/kg bei 6 at frei und an die Wand abgegeben, auch wenn nur ein ganz geringer Temperaturunterschied zwischen Dampf und der Wand vorhanden ist. Die Wärmeübertragung wird nur begrenzt durch den Widerstand, den das an der Wand haftende Wasser dem Wärmestrom bietet und der ist bei dem guten Wärmeleitvermögen des Wassers sehr klein.

Ganz anders ist der Vorgang, wenn überhitzter Dampf in den Zylinder eintritt und die Temperatur der Zylinderwand über der Sättigung liegt, was bei ausreichend hoher Überhitzung stets der Fall ist. Dann kühlt sich der Dampf wohl auch an der Wand ab, aber er kann dabei nur seine spez. Wärme von rd. 0,5 kcal je kg und Grad Temperatursenkung abgeben, so daß selbst eine Abkühlung um 100° nur den zehnten Teil der Wärme liefert, die bei Sattdampf schon bei verschwindend kleiner Temperatursenkung frei wird. Durch die Abkühlung vermindert sich das Volum des Dampfes nur wenig und es muß weitere Wärme an die Wand entweder durch Wärmeleitung oder durch Mischbewegungen herangeführt werden, die den schon abgekühlten Dampf gegen frischen austauschen. Das Wärmeleitvermögen des Dampfes ist aber etwa zwanzigmal kleiner als das des flüssigen Wassers. Der an der Wand abgekühlte, aber nicht kondensierte Dampf bietet daher ein viel größeres Hindernis für den Wärmestrom als die rasch an ihr herablaufende dünne Kondensatschicht.

In der Technik kennzeichnet man den im einzelnen sehr verwickelten Vorgang der Wärmeübertragung zwischen flüssigen oder gasförmigen Körpern und festen Wänden durch die sog. Wärmeübergangszahl und versteht darunter die Wärmemenge in kcal, die stündlich je m² Oberfläche und je Grad Unterschied zwischen der mittleren Temperatur des beweglichen Mittels und der Temperatur der festen Oberfläche ausgetauscht wird. (Näheres darüber im Abschn. XVII.) Wie Versuche zeigten, erhält man in Dampfmaschinenzylindern bei

Sattdampf Wärmeübergangszahlen von 10000 bis 40000 kcal/m² h grd, bei Heißdampf solche von 100 bis 1000 kcal/m² h grd.

Heißdampf verkleinert also bei gleichem Temperaturunterschied gegenüber der Wand die Wärmeübertragung um ein Vielfaches und vermindert dadurch die Wandverluste erheblich. Aus diesem Grunde wird heute fast ausschließlich überhitzter Dampf zur Krafterzeugung benutzt.

Bei Dampfturbinen gibt es zwar im allgemeinen keine Wandverluste, dafür hat aber der überhitzte Dampf hier andere Vorteile: Bei der adiabaten Entspannung von Sattdampf wird der Dampf feucht und es entstehen in ihm kleine Flüssigkeitströpfchen, die wegen ihrer größeren Dichte bei Umlenkungen des Dampfstrahls aus dem Dampf herausgeschleudert werden und mit großer Geschwindigkeit auf die Schaufeln der Turbine aufprallen. Dabei verwandelt sich kinetische Energie in Reibung und außerdem werden die Schaufeln angegriffen. Man muß daher durch ausreichende Überhitzung des Frischdampfes dafür sorgen, daß der Dampf im letzten Schaufelkranz der Turbine keinen geringeren Dampfgehalt als etwa $x = 0,9$ besitzt.

59. Konstruktive Maßnahmen zur Verminderung der Wandverluste.

Außer durch Verwendung von überhitztem Dampf kann man die Wandverluste durch geeignete Bauart der Maschine herabsetzen. Die naheliegende Maßnahme, die innere Wandoberfläche des Zylinders aus schlecht wärmeleitendem Material herzustellen, ist zwar wiederholt vorgeschlagen

worden, hat sich aber praktisch nicht ausführen lassen. Dagegen sind die
im folgenden behandelten Konstruktionen von wesentlicher Bedeutung
für die Entwicklung der Dampfmaschine geworden.

a) Der Dampfmantel.

Um den Zylinder und meist auch in den Zylinderdeckeln sind mit
Frischdampf geheizte Hohlräume angeordnet, die die innere Wandtemperatur der Temperatur des eintretenden Dampfes nähern und dadurch die Wandverluste verkleinern. Ein solcher Dampfmantel macht
aber die Konstruktion des Zylinders verwickelt und verteuert die Maschine. Außerdem erhöht er wegen der Vergrößerung der äußeren Abmessungen die Wärmeabgabe an die Umgebung. Heute wird daher diese
Mantelheizung nicht mehr angewandt.

b) Die mehrstufige Expansion und die Zwischenüberhitzung.

Die Aufteilung des ganzen Druckgefälles auf mehrere hintereinander-
geschaltete Zylinder vermindert die Wandverluste, weil die Temperaturunterschiede des Dampfes bei der Expansion in jedem Zylinder kleiner
werden. Außerdem ist das Verhältnis der Zylinderoberfläche zur Füllungsmenge bei den kleineren Expansionsverhältnissen der einzelnen
Stufen günstiger als bei der Entspannung in einem einzigen Zylinder mit sehr großem Ex-
pansionsverhältnis. Man bezeichnet solche Maschinen als Verbundmaschinen, sie werden
zwei- und dreistufig, manchmal auch vier-
stufig gebaut.

Mehrstufige Expansion ermöglicht die
neuerdings bei Anlagen mit hohen Drücken
angewandte Zwischenüberhitzung, die ebenso
wie bei der mehrstufigen Preßluftmaschine
den Vorgang der thermodynamisch günstigeren Isotherme nähert.

Die Zwischenüberhitzung ist auch bei
Turbinen für hohe Druckgefälle von Bedeutung, da sie verhindert, daß der Dampf in
den letzten Schaufelreihen zu naß wird.

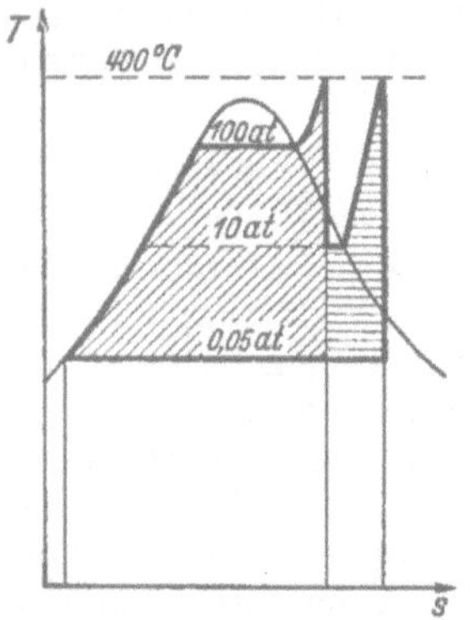

Abb. 116. Dampfmaschinenprozeß
mit Zwischenüberhitzung.

In Abb. 116 ist für ein Druckgefälle von 100 at auf 0,05 at ein Prozeß
mit Zwischenüberhitzung bei 10 at auf die anfängliche Überhitzungstemperatur von 400° gezeichnet. Die ursprüngliche Arbeitsfläche ist
schräg, der Arbeitsgewinn durch die Zwischenüberhitzung waagerecht
schraffiert. Die adiabate Entspannung in der ersten Stufe endet im Naßdampfgebiet bei einem Dampfgehalt von $x = 0,9$. Da wegen der Verluste
die Entspannung aber nicht genau adiabat, sondern unter Entropiezunahme erfolgt, wird die 10 at-Isobare wahrscheinlich noch im Heiß-
dampfgebiet getroffen. Ebenso wird auch der Endzustand der zweiten
Stufe näher an der Grenzkurve liegen. Für den gezeichneten Prozeß erhält man ohne Zwischenüberhitzung einen thermischen Wirkungsgrad

von $\eta_{th} = 39{,}0$ Prozent, mit Zwischenüberhitzung einen solchen von $\eta_{th} = 39{,}6$ Prozent.

c) Die Gleichstrommaschine.

Eine weitere Möglichkeit zur Verminderung der Wandverluste bietet die Gleichstrommaschine von STUMPF. Bei ihr tritt der Dampf nach Abb. 117 durch Schlitze aus, die von dem sehr langen Kolben gesteuert werden. Der Dampf strömt dann nur in einer Richtung durch die Maschine, und der kältere Auspuffdampf streicht beim Ausschieben nicht an den bei der Füllung vom Frischdampf berührten Oberflächen von Deckel und Zylinder vorbei. Zugleich wird durch den Fortfall des Auslaßventils der schädliche Raum verkleinert. Die Kompression beginnt gleich nach dem Abschluß der

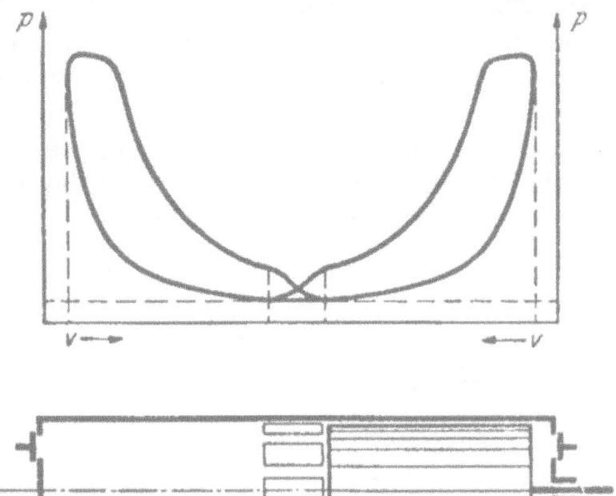

Abb. 117. Die Gleichstrommaschine von STUMPF.

Auspuffschlitze durch den Kolben und erstreckt sich über einen großen Teil des Hubes. Die Maschine ist daher für Kondensationsbetrieb mit großem Druckverhältnis geeignet. Ihr Diagramm ist in Abb. 117 für einen doppelt wirkenden Zylinder dargestellt.

60. Besondere Arbeitsverfahren.

a) Die Verwendung von Dampf in der Nähe des kritischen Zustandes.

Aus Abb. 103 ging hervor, daß durch Steigern des Dampfdruckes auf über 120 at nur noch bei Gegendruckmaschinen eine merkliche Steigerung des Wirkungsgrades des theoretischen Prozesses erreicht wird. Man geht daher mit den üblichen Kesselbauarten kaum über 120 at hinaus, da mit dem Druck die Kosten besonders der zur Trennung des Dampfes vom Wasser erforderlichen Kesseltrommel stark anwachsen. Entschließt man sich aber, den Druck gleich bis zum kritischen Wert von 225 at zu steigern, so ist keine Kesseltrommel mit Rücklaufrohren und Wasserumlauf mehr nötig, da das Wasser ohne plötzliche Volumzunahme stetig in den Dampfzustand übergeht. Man kann also Wasser in einem einfachen Rohr im Durchfluß vollständig in überhitzten Dampf vom kritischen Druck verwandeln. Eine solche Kesselbauart, bei der in der Regel mehrere Rohre von erheblicher Länge parallel geschaltet sind, ist unter dem Namen „Benson-Kessel" bekannt.

Heizt man ein von Wasser bei 225 at durchströmtes Rohr mit über die ganze Länge gleichmäßig verteilter Heizleistung, so ändert sich die

Wassertemperatur t längs des Rohres nach Abb. 118. Die Kurve der Temperatur steigt zunächst ungefähr geradlinig, wird dann flacher, hat im kritischen Punkt einen Wendepunkt mit waagerechter Tangente und wird bei weiterer Wärmezufuhr wieder steiler. Die Kurve ist nichts anderes als die kritische Isobare in einem T,i-Diagramm. Das spez. Volum ändert sich dabei nach der Kurve v, die bei gleichbleibendem Rohrdurchmesser zugleich die Strömungsgeschwindigkeit darstellt.

Dampf vom kritischen Zustand würde bei unmittelbarer Entspannung in der Maschine sehr naß werden, man muß ihn daher vor der Verwendung überhitzen. Manchmal wird er dann gedrosselt und noch ein zweites Mal überhitzt. Dadurch erreicht man, daß die adiabate Entspannung in der Maschine bei größeren Entropiewerten beginnt und die Grenzkurve erst bei kleineren Drucken wieder trifft.

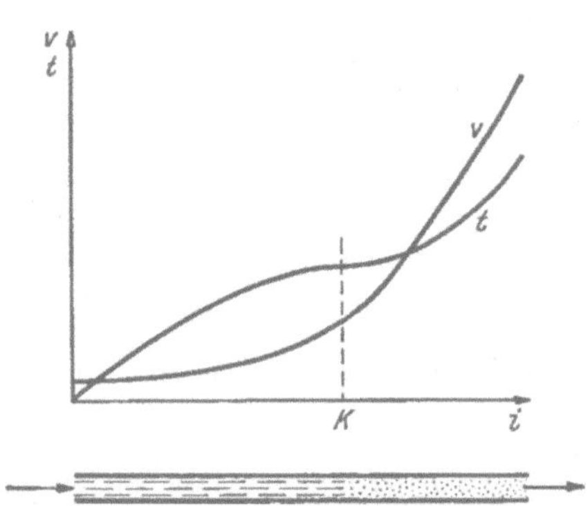

Abb. 118. Temperatur- und Volumzunahme von Wasser, das beim kritischen Druck durch ein gleichmäßig beheiztes Rohr strömt.

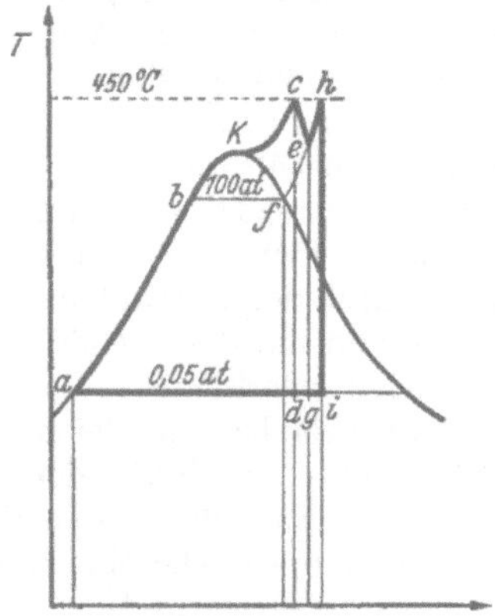

Abb. 119. Überhitzung und Drosselung von Dampf von kritischem Druck.

In Abb. 119 ist ein solcher Prozeß mit Überhitzung auf 450°, Drosselung auf 100 at und nochmalige Überhitzung auf 450° gezeichnet. Vor der Drosselung ist die theoretische Arbeit bei 0,05 at Kondensatordruck durch die Fläche $abcd$ dargestellt und die adiabate Entspannung führt im Punkte d zu sehr nassem Dampf von $x = 0{,}67$. Da bei der Drosselung auf 100 at längs der Linie ce die Enthalpie konstant bleibt, ist die theoretische Arbeit $abfeg$ um das Rechteck unter dg kleiner als $abcd$, und die adiabate Entspannung führt in g auf etwas weniger nassen Dampf mit $x = 0{,}71$. Erhitzt man von e nochmal auf 450°, so erhöht sich die theoretische Arbeit auf $abfehi$, und für den entspannten Dampf ist $x = 0{,}75$. In beiden Fällen kommt man bei Entspannung auf niedere Drücke so weit ins Naßdampfgebiet, daß eine nochmalige Zwischenüberhitzung notwendig wird, falls die Maschine nicht etwa mit Gegendruck arbeitet und ihren Abdampf für anderweitige Verwendung abgibt.

Nachdem einmal Rohrkessel für kritischen Druck im Betrieb waren, zeigte sich, daß sie auch bei niederen Drücken ohne Störung arbeiten. Die befürchteten Schwierigkeiten der Wasserverdampfung im Rohr treten nicht auf, wenn sich an die Verdampfung noch eine genügend hohe Überhitzung anschließt.

Diese Erfahrung führt auf eine neue Möglichkeit der Regelung von Hochdruckkraftanlagen durch Ändern des Kesseldruckes. Gewöhnliche Kesselanlagen mit großem Wasserinhalt und erheblichem Speichervermögen pflegt man mit konstantem Druck zu betreiben und die Kraftabgabe durch Regeln der Füllung der Dampfmaschine oder durch Drosseln des Dampfes vor der Turbine zu regeln. Bei dem Rohrkessel ohne Trommel kann man auf eine Regelung der Maschine verzichten und die Leistung der Anlage durch Ändern des Kesseldruckes dem Bedarf anpassen. Mit steigendem Druck erhöht sich die durch die Turbine hindurchtretende Dampfmenge und damit wächst die Maschinenleistung entsprechend.

b) Die Carnotisierung des Clausius-Rankine-Prozesses durch stufenweise Speisewasservorwärmung.

Wir hatten auf S. 183 gesehen, daß die Durchführung des Carnot-Prozesses bei Dampf an praktischen Schwierigkeiten scheitert. Durch stufenweise Vorwärmung des Speisewassers mit Anzapfdampf gelingt es aber, den Clausius-Rankine-Prozeß so abzuändern, ihn, wie man sagt, zu „carnotisieren", daß sich sein Wirkungsgrad dem des Carnot-Prozesses nähert.

Diesen Vorgang bei dreistufiger Vorwärmung zeigt Abb. 120 im T,s-Diagramm. Die Flüssigkeitswärme wird dabei nicht mehr im Kessel oder Rauchgasvorwärmer zugeführt, sondern das Speisewasser wird stufenweise durch Anzapfdampf erwärmt, den die Turbine bei verschiedenen Zwischendrücken p_1, p_2 und p_3 abgibt. Bei dem Druck p_3 z. B. wird soviel Anzapfdampf entnommen, daß seine Verdampfungswärme (Fläche $lm98$ der Abb. 120) bei der Kondensation in einem Wärmeübertrager die Flüssigkeitswärme des Speisewassers zwischen den Drucken p_2 und p_3

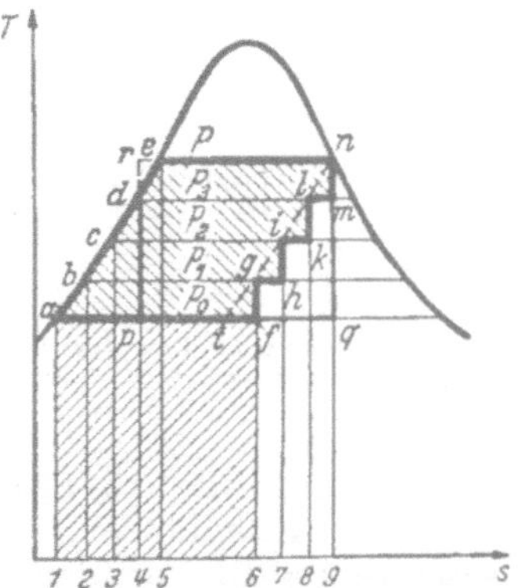

Abb. 120. Stufenweise Speisewasservorwärmung, dargestellt im T,s-Diagramm.

deckt (Fläche $cd43$). Beim Drucke p_2 wird so viel Dampf entnommen, daß er das Speisewasser von b auf c bringt, wobei die Verdampfungswärme $ik87$ die Flüssigkeitswärme $bc32$ bestreitet; und in der letzten Stufe bringt schließlich die Verdampfungswärme $gh76$ die Flüssigkeitswärme $ab21$ auf. Der Kessel braucht dann nur die Wärmemenge $den94$, die gleich $aenmlkihgf61$ ist, zu liefern, und die Arbeitsfläche wird dargestellt durch die Fläche $aenmlkihgf$, die gleich ist der Fläche $pdenq$. Die Arbeitsfläche ist um das Stück adp kleiner als beim Clausius-Rankine-Prozeß, aber dafür braucht von der Feuerung auch nicht die Flüssigkeitswärme $ad41$ zugeführt zu werden. Die Arbeits-

fläche unterscheidet sich nur um das kleine gestrichelt berandete Stück
dre von dem Rechteck $rnqp$ des Carnot-Prozesses zwischen denselben
Temperaturgrenzen.

Vergrößert man die Zahl der Anzapfungen, so wird die Annäherung
an den Carnot-Prozeß immer besser und im Grenzfall unendlich vieler
Stufen wird er völlig erreicht. Grundsätzlichen Betrachtungen legt man
gewöhnlich diesen Grenzfall zugrunde und erhält dann statt der Treppen-
linie die gestrichelt gezeichnete Linie nt, die zur Grenzkurve ea parallel verläuft und gegen sie nur um die Strecke en waagerecht verschoben
ist.

Ein schematisches Bild einer solchen Vorwärmanlage gibt Abb. 121.
Das von der Pumpe e aus dem Kondensator geförderte Speisewasser wird
in den Vorwärmern f_1, f_2 und f_3 durch Anzapfdampf aus der Turbine c
vorgewärmt. Das Kondensat der Vorwärmer strömt durch Drosselventile
g_3 und g_2 jeweils in die nächst niedere Vorwärmstufe. Dabei verdampft
ein Teil und der Dampf dient mit zur Vorwär-

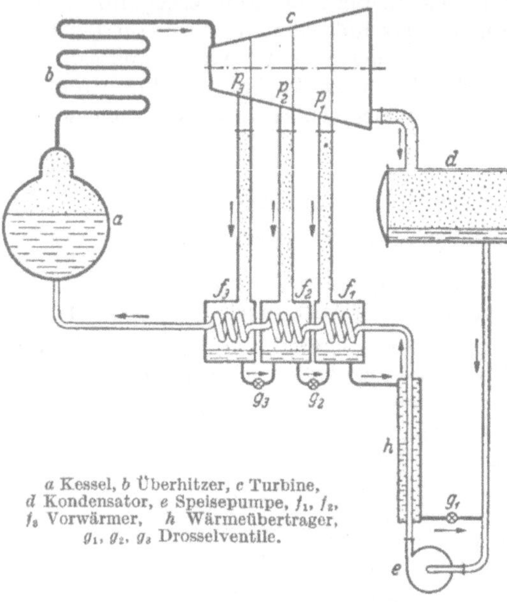

a Kessel, b Überhitzer, c Turbine,
d Kondensator, e Speisepumpe, f_1, f_2,
f_3 Vorwärmer,   h Wärmeübertrager,
g_1, g_2, g_3 Drosselventile.

Abb. 121.   Schema einer Dampfkraftanlage mit stufenweiser
Speisewasservorwärmung.

mung in dieser Stufe. Aus dem letzten Vorwärmer gelangt das Kondensat
in den Gegenstromkühler h, in dem es noch Flüssigkeitswärme an das
Speisewasser abgibt, um dann durch das Drosselventil g_1 in die Ansaugeleitung der Speisepumpe einzutreten.

Diese Speisewasservorwärmung durch Anzapfdampf mit vier und
mehr Stufen wird heute für große Hochdruckanlagen allgemein benutzt. Mit der Steigerung der Stufenzahl erhöht sich der Wirkungsgrad immer weniger und die Anlage wird verwickelter. Für die
Turbine hat das Anzapfen den Vorteil, daß die Dampfmenge im Niederdruckteil kleiner wird, was vom konstruktiven Standpunkt aus er-
wünscht ist.

Durch die Vorwärmung mit Anzapfdampf wird der Rauchgasvorwärmer überflüssig. Man ersetzt ihn durch einen Luftvorwärmer, der die
Rauchgase bis zu tieferen Temperaturen herab ausnutzt, als es den Kessel-
heizflächen möglich ist und der die entzogene Wärme der Feuerung mit
der Verbrennungsluft wieder zuführt.

c) Quecksilber und andere Stoffe hohen Siedepunktes als Arbeitsmittel für Kraftanlagen.

Um hohe Wirkungsgrade zu erreichen, braucht man hohe Dampftemperaturen. Bei Wasserdampf steigt bei hoher Temperatur aber der Druck sehr stark. Es liegt daher nahe, nach Arbeitsmitteln zu suchen, die hohe Sättigungstemperaturen des Dampfes bei niedrigeren Drücken liefern. Abb. 75 zeigte die Dampfdruckkurven einiger Stoffe. Praktisch angewandt wurde trotz seines hohen Preises bisher nur Quecksilber. Diphenyloxyd $(C_6H_5)_2O$ wurde zwar vorgeschlagen, aber noch nicht benutzt, da dieser Stoff sich wie die meisten organischen Verbindungen bei hoher

Temperatur langsam zersetzt unter Bildung von Gasen, die sich im Kondensator nicht mehr verflüssigen und dadurch das Vakuum in ähnlicher Weise verschlechtern, wie die Luft im Wasserdampf. Neuerdings wurden auch die Bromide von Aluminium Al_2Br_3, Antimon $SbBr_3$, Silicium $SiBr_4$ in Erwägung gezogen[1].

Quecksilber hat bei 500° erst einen Dampfdruck von 8,37 at, sein kritischer Punkt liegt bei 1076 at und 1460°. Bei Umgebungstemperatur ist sein Dampfdruck außerordentlich klein und beträgt z. B. bei 30° nur $3,7 \cdot 10^{-6}$ at, so daß dann 1 kmol Quecksilberdampf (einatomig, Atomgewicht 200,6) einen Raum von $6,82 \cdot 10^6$ m³ einnimmt, während 1 kmol Wasserdampf bei derselben Temperatur nur etwa $5,92 \cdot 10^3$ m³

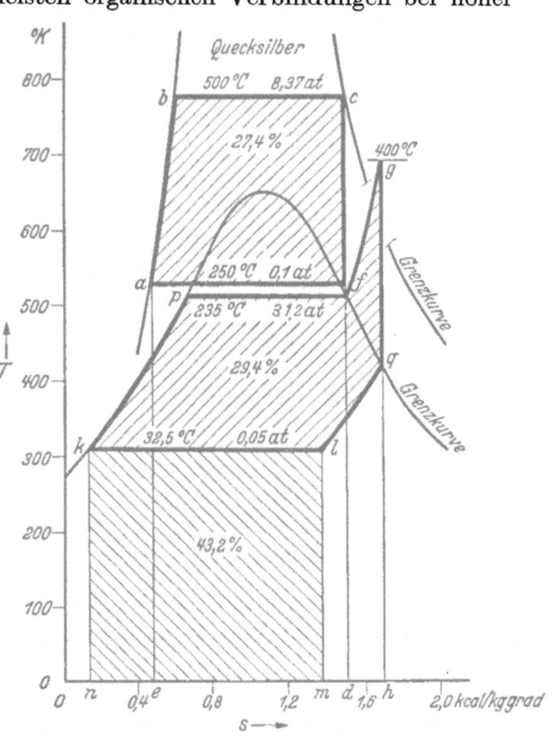

Abb. 122. Zweistoffprozeß Quecksilber—Wasserdampf im T, s-Diagramm. Das Diagramm des Wasserdampfes gilt für 1 kg, das des Quecksilbers für 9,73 kg.

ausfüllt. Wollte man daher Quecksilberdampf in einer Maschine bis auf Umgebungstemperatur entspannen, so brauchte man ungeheuer große praktisch unausführbare Räume und Querschnitte. Man kondensiert daher den Quecksilberdampf bei höherer Temperatur und nutzt den Rest des Wärmegefälles aus, indem man durch die Kondensationswärme Wasserdampf erzeugt und diesen in einer gewöhnlichen Dampfturbine

---

[1] Vgl. MARTIN, O.: Forschung Ing.-Wes. Bd. 16 (1949), S. 1.

verarbeitet. Dann sind zwei Arbeitsprozesse mit verschiedenen Stoffen so hintereinander geschaltet, daß die abgeführte Wärme des einen die zugeführte des anderen ist.

In Abb. 122 ist ein solcher Quecksilber-Wasserdampf-Prozeß dargestellt, wobei die T, s-Diagramme für 1 kg Wasserdampf und für 9,73 kg Quecksilber übereinander gezeichnet sind. Die gesamte von der Feuerung gelieferte Wärme setzt sich aus der dem Quecksilber zugeführten Wärme $abcde$ und der Überhitzungswärme $fghd$ des Wasserdampfes zusammen. Ein Teil der Flüssigkeitswärme des Wassers wird in Abb. 122 durch Anzapfdampf mit unendlich vielstufig angenommener Vorwärmung gedeckt. Den Rest der Flüssigkeitswärme und die Verdampfungswärme liefert der Quecksilberkondensator. Die obere schraffierte Fläche ist die theoretische Arbeit der Quecksilberturbine, die mittlere die der Dampfturbine. Bei den Bedingungen des für die Abb. 122 gewählten Beispiels, das einer ausgeführten Anlage entspricht, werden im Quecksilberteil (Verdampfung bei 500° und 8,37 at, Kondensation bei 250° 0,1 at) 27,4%, im Dampfteil (Verdampfung bei 235° und 31,2 at, Überhitzung auf 400° und Kondensation bei 32,5° und 0,05 at) 29,4% der in der Feuerung zugeführten Wärme bei verlustloser Maschine als Arbeit gewonnen. Der Wirkungsgrad des theoretischen Prozesses ist also 56,8% und nur 43,2% der zugeführten Wärme entsprechend der Fläche $klmn$ gehen in das Kühlwasser des Kondensators. Der Vergleich mit den Wirkungsgraden der Abb. 103 zeigt den Vorteil der Quecksilberdampfanlage gegenüber dem einfachen Wasserdampfverfahren.

Hier sei erwähnt, daß früher zur Verbesserung des Wirkungsgrades der Kolbendampfmaschine, die kleine Dampfdrücke nur schlecht ausnutzt, vorgeschlagen wurde, einen zweiten Arbeitsprozeß mit Stoffen von höherem Dampfdruck bei Umgebungstemperatur wie z. B. SO_2 oder NH_3 derart hinter die Dampfanlage zu schalten, daß die Kondensationswärme des Wasserdampfes zur Verdampfung des zweiten Stoffes dient. Durch die Entwicklung der Dampfturbine, die die großen Volume des Wasserdampfes in der Nähe der Umgebungstemperatur ohne Schwierigkeit und mit gutem Wirkungsgrade verarbeiten kann, sind diese Vorschläge überholt.

Der Wasserdampf erweist sich also abgesehen von seiner Billigkeit auch durch die günstige Lage seiner Dampfdruckkurve als ein besonders geeigneter Arbeitsstoff für Wärmekraftmaschinen.

d) Binäre Gemische als Arbeitsmittel.

Eine Steigerung der Dampftemperatur ohne Erhöhung des Dampfdruckes kann man auch dadurch erreichen, daß man den Dampf nicht aus der reinen Flüssigkeit, sondern aus einer Lösung, einem sog. binären Gemisch entwickelt. Kalilauge von 84,6% KOH siedet z. B. unter einem Druck von 15 at erst bei 480°. Dabei entsteht aus der Lösung überhitzter Dampf von 480°, während die Sättigungstemperatur bei diesem Druck 197,4° beträgt. Der Dampf wird nach seiner Arbeitsleistung in der Maschine in konzentrierter Kalilauge niederer Temperatur absorbiert, wobei erhebliche Wärmemengen frei werdem (Absorptionswärme), die man zur Verdampfung von Wasser in ähnlicher Weise verwenden kann, wie es im Kondensator der Quecksilberanlage geschieht.

Da wässerige Lösungen bei hoher Temperatur die üblichen Kesselbaustoffe angreifen, hat KOENEMANN vorgeschlagen, Flüssigkeiten zu benutzen, die bei hoher Temperatur ein Gas abspalten (dissoziieren) und sich bei tieferen Temperaturen mit ihm wieder verbinden (assoziieren). Eine solche Verbindung ist z. B. Zinkchloriddiammoniak $ZnCl_2(NH_3)_2$, ein bei 140° schmelzendes Salz, das bei Erwärmung auf 480° überhitztes NH_3 von gleicher Temperatur und 7,1 at abgibt, wobei es in Zinkchloridmonammoniak $ZnCl_2NH_3$ übergeht. Der überhitzte Ammoniakdampf leistet Arbeit in einer Turbine und wird bei 0,07 at und etwa 220° von Zinkchloridmonammoniak wieder gebunden. Dabei wird ebenso wie bei der Absorption Wärme frei (Bindungswärme), die zur Erzeugung von Wasserdampf in einem zweiten Arbeitsprozeß dient. Das Zinkchloridammoniak fließt im Kreislauf durch die Anlage und gibt abwechselnd bei hoher Temperatur NH_3 ab und nimmt es bei niederer wieder auf. Die Abkühlung und Erwärmung des Salzes erfolgt dabei in einem Gegenstromwärmeübertrager.

Eine technische Verwirklichung haben diese Verfahren für die Kraftgewinnung bisher nicht gefunden, ihre Umkehrung wird aber in den Absorptionskältemaschinen benutzt.

61. Die Umkehrung der Dampfmaschine.

Den Prozeß der Dampfmaschine kann man ebenso umkehren wie den Carnotschen Kreisprozeß. Dazu muß man Wasser bei niedriger Temperatur verdampfen, den Dampf z. B. in einem Kolbenkompressor oder einem Turboverdichter auf höheren Druck bringen und ihn bei der diesem Druck entsprechenden höheren Sättigungstemperatur kondensieren. Auf diese Weise wird der verdampfenden Flüssigkeit bzw. ihrer Umgebung bei niederer Temperatur Wärme entzogen und diese während der Kondensation bei höherer Temperatur zusammen mit der dabei in Wärme umgewandelten Kompressionsarbeit abgegeben.

Ein solcher Vorgang ist in dem T,s-Diagramm der Abb. 123 dargestellt. Dabei wird bei der Temperatur T_0 und dem zugehörigen Sättigungsdruck p_0 längs der Linie ab Wasser verdampft unter Aufnahme der Verdampfungswärme $ab41$ aus

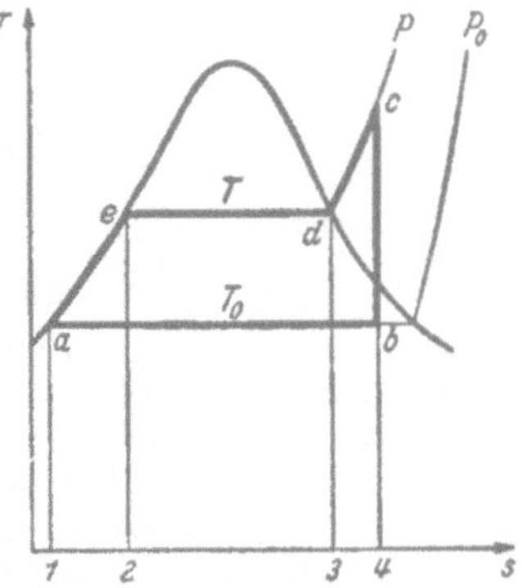

Abb. 123.
Umkehrung der Dampfmaschine.

der Umgebung. Der feuchte Dampf wird im Kompressor adiabat auf den Druck p komprimiert, wobei er sich überhitzt. Dann werden vom Dampf bei abnehmender Temperatur die Überhitzungswärme $cd34$, bei konstanter Sättigungstemperatur T die Verdampfungswärme $de23$ und endlich wieder bei abnehmender Temperatur die Flüssigkeitswärme $ea12$ abgegeben. Die kalte Flüssigkeit wird schließlich bei a von p auf p_0 entspannt und beginnt den Kreislauf von neuem.

a) Die reversible Heizung und die Wärmepumpe.

Liegt der Temperaturbereich dieses Prozesses oberhalb der Umgebungstemperatur, so spricht man von *reversibler Heizung*. In der Schweiz[1] hat man solche Heizungen für Gebäude benutzt. Ist die obere Temperatur z. B. $+80°C$, die untere $0°C$, so ist, wie das Verhältnis der Flächen $aedc41$ und $abcde$ der Abb. 123 zeigt, ein mehrfaches des Wärmewertes der etwa in Form von aus Wasserkraft gewonnener elektrischer Energie verfügbaren Arbeit zur Heizung nutzbar zu machen.

Eine wichtige Anwendung der reversiblen Heizung ist die zum Destillieren von Flüssigkeiten und zum Eindampfen von Lösungen benutzte Wärmepumpe, deren Schema Abb. 124 zeigt.

Der Kompressor a saugt beim Drucke p und der Temperatur T Dampf aus dem Verdampfer b an und komprimiert ihn um Δp, wobei seine Sättigungstemperatur um ΔT steigt. Der verdichtete Dampf kondensiert in der Rohrschlange c wieder, wobei er seine Kondensationswärme unter dem Temperaturgefälle ΔT an die verdampfende Flüssigkeit abgibt und damit ihre Verdampfungswärme bestreitet. Der Arbeitsaufwand L zur Verdampfung von 1 kg Flüssigkeit ist um so kleiner, ein je kleineres Temperaturgefälle ΔT man zur Übertragung der Verdampfungswärme r vom kondensierenden Dampf an die verdampfende Flüssigkeit braucht. Bei kleinem ΔT ist annähernd

$$\frac{L}{r} = \frac{\Delta T}{T}, \tag{179}$$

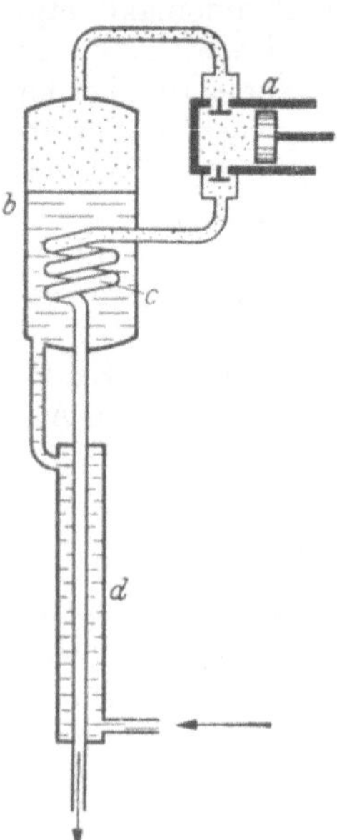

Abb. 124. Die Wärmepumpe zum Destillieren und Eindampfen.

a Kompressor, b Verdampfer, c Kondensator, d Gegenstromwärmeübertrager.

wie die Betrachtung des Vorganges im T,s-Diagramm sofort zeigt.

Ist z. B. bei Wasser $\Delta T = 10°$ und verdampft man unter Atmosphärendruck bei $T = 373°K$, so braucht nur 1/37,3 der Verdampfungswärme als Arbeit aufgebracht zu werden. Um bei der Verdampfung bei höherer Temperatur die Flüssigkeitswärme nicht zu verlieren, ist in Abb. 124 ein Gegenstromwärmeübertrager d vorgesehen, in dem das ablaufende Destillat seine Flüssigkeitswärme an die ankommende Flüssigkeit abgibt.

Benutzt man die Wärmepumpe zum Eindampfen von Lösungen, deren Siedetemperatur bekanntlich über der der reinen Flüssigkeit liegt, so steigt die Kompressionsarbeit, da das Temperaturgefälle sich noch um die Siedepunktsteigerung erhöht.

---

[1] EGLI, M.: Schweiz. Bauztg. Bd. 116 (1940), S. 59.

b) Die Kaltdampfmaschine als Kältemaschine.

Liegt der Temperaturbereich des umgekehrten Dampfmaschinenprozesses unter der Umgebungstemperatur, so erhält man eine Kältemaschine, die Körpern niederer Temperatur (einer Salzlösung oder einem Kühlraum) durch Verdampfung des Arbeitsmittels Wärme entzieht und bei Umgebungstemperatur Wärme an das Kühlwasser oder die Luft abgibt.

Da Wasserdampf bei Temperaturen unter Null Grad ein unbequem großes spezifisches Volum hat, verwendet man andere Dämpfe, wie Ammoniak NH_3, schweflige Säure SO_2, Kohlensäure CO_2, Methylchlorid CH_3Cl, Äthylchlorid C_2H_5Cl, Äthyldichlorid $C_2H_4Cl_2$, Dimethyläther $(CH_3)_2O$, Difluordichlormethan CF_2Cl_2 usw.

Das Schema einer Kälteanlage zeigt Abb. 125. Der Kompressor a saugt Dampf aus dem Verdampfer b beim Drucke p_0 und der zugehörigen Sättigungstemperatur T_0 an und verdichtet ihn längs der Adiabate 12 auf

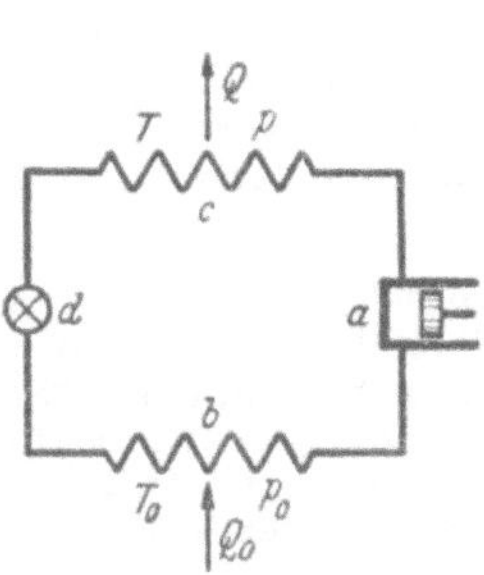

Abb. 125. Schema einer Kältemaschine mit einem Dampf als Arbeitsmittel.

a Kompressor, b Verdampfer, c Kondensator, d Drosselventil.

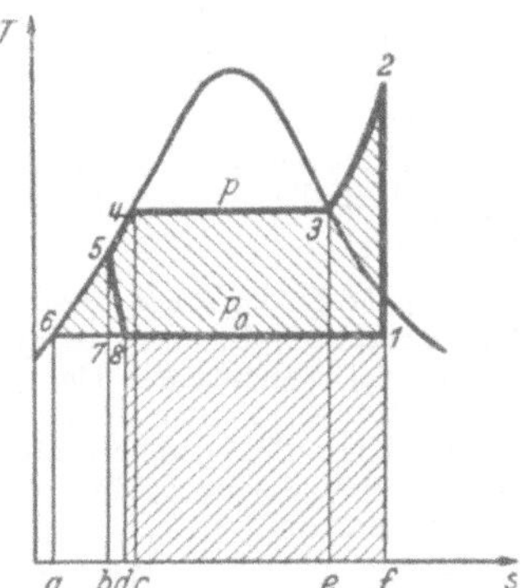

Abb. 126. Kältemaschinenprozeß im T, s-Diagramm.

p unter Aufwand der in Abb. 126 als schraffierte Fläche 123456 dargestellten Arbeit. Der Dampf wird dann im Kondensator c beim Drucke p niedergeschlagen. Das Kondensat kann aber nicht bis T_0, sondern je nach der Temperatur des Kühlwassers nur bis zum Punkte 5 abgekühlt werden. Das Kühlwasser nimmt dabei die in der Abb. 126 durch die Fläche $2345bf$ dargestellte Wärmemenge auf. Das flüssige Kältemittel könnte man in einem Expansionszylinder längs der Linie 57 adiabat entspannen, wobei es teilweise verdampft und die Arbeit 576 leistet. Dadurch würde sich der Arbeitsbedarf der Anlage auf Fläche 123457 vermindern und die Kälteleistung wäre gleich der Fläche $17bf$.

Im Interesse der Vereinfachung der Anlage verzichtet man in der Praxis in der Regel auf die Arbeit des Expansionszylinders und ersetzt diesen durch ein Drosselventil d, in dem die Flüssigkeit auf einer Linie konstanter Enthalpie 58 entspannt wird. Dabei verwandelt sich die im Expansionszylinder gewinnbare Arbeit 576 in eine gleichgroße durch

14*

Fläche *78db* dargestellte Wärmemenge, die die Kälteleistung auf die schraffierte Fläche *18df* vermindert.

Die Leistungsziffer $\varepsilon = \dfrac{Q_0}{L}$ der Kälteanlage mit Drosselventil ist dann dargestellt durch das Verhältnis der beiden in Abb. 126 schraffierten Flächen *18df* und *12346*.

Aufgabe 29. Einer Wärmekraftanlage werden stündlich 10000 kg Wasser von 32,5° zugeführt und in überhitzten Dampf von 25 at und 400° verwandelt. Der Dampf wird in einer Turbine mit einem thermodynamischen Wirkungsgrad von 80% auf 0,05 at entspannt und in einem Kondensator niedergeschlagen. Das Kondensat wird der Anlage mit 32,5° wieder zugeführt.

Welche Wärmemengen werden dem Arbeitsmedium im Kessel und im Überhitzer zugeführt und im Kondensator entzogen? Mit welchem Feuchtigkeitsgehalt gelangt der Dampf in den Kondensator? Welche Leistung in kW gibt die Turbine an der Welle ab, wenn ihr mechanischer Wirkungsgrad 95% beträgt? Wie groß ist der Dampf- und Wärmeverbrauch der Anlage je kWh?

Aufgabe 30. Wie groß ist der theoretische Wirkungsgrad einer Dampfkraftanlage, die Dampf von 100 at und 400° verarbeitet bei einem Kondensatordruck von 0,05 at:

a) bei dem gewöhnlichen Prozeß nach CLAUSIUS-RANKINE? b) bei zweimaliger Zwischenüberhitzung auf 400°, jeweils bei Erreichen der Grenzkurve? Welche Feuchtigkeit hat der Dampf im Falle a) und b) beim Eintritt in den Kondensator? Für beide Fälle ist der Prozeß im T, s- und im i, s-Diagramm maßstäblich darzustellen.

Aufgabe 31. In einer Hochdruckanlage wird folgender Prozeß durchgeführt: Beim kritischen Druck wird aus Wasser von 28,6° Dampf von 400° erzeugt. Der dem Kessel entnommene Dampf wird auf 100 at gedrosselt, dann wieder auf 400° überhitzt und so dem Hochdruckteil einer Turbine zugeführt, die ihn mit einem Gütegrad von 0,85 bis herab auf 12 at ausnutzt. Nach einer Zwischenüberhitzung auf 400° wird er im Niederdruckteil der Turbine bei einem Gütegrad von 0,7 auf 0,04 at entspannt.

Wie groß sind die Wärmemengen, die je kg Dampf im Kessel und den beiden Überhitzern zugeführt werden? Wie groß ist die im Kondensator abzuführende Wärmemenge? Wie groß ist der thermische Wirkungsgrad der Anlage? Wieviel mehr Arbeit je kg Dampf könnte gewonnen werden, wenn man die Drosselung vom kritischen Druck auf 100 at durch eine geeignete Turbine mit einem Gütegrad von 0,7 ersetzt und dann den Dampf wieder auf 400° überhitzt?

Aufgabe 32. Der Kompressor einer Ammoniak-Kältemaschine verdichtet NH_3-Dampf von $-10°C$ und 2% Feuchtigkeit auf 10 at mit einem auf die Adiabate bezogenen indizierten Wirkungsgrad von 75%. Der komprimierte Dampf wird in einem Kondensator niedergeschlagen und das verflüssigte Ammoniak bis auf $+15°$ unterkühlt. Durch ein Drosselventil tritt die Flüssigkeit in den Verdampfer ein, wo sie bei $-10°$ verdampft. Der Dampf wird wieder vom Kompressor angesaugt. Mit dieser Kälteanlage sollen stündlich 500 kg Eis von 0° aus Wasser von $+20°$ erzeugt werden.

Wieviel kg Ammoniak müssen vom Kompressor stündlich verdichtet werden und wie groß ist die Kälteleistung? Welche Wärmemenge ist an das Kühlwasser im Kondensator abzugeben und wie groß ist die Antriebsleistung des Kompressors bei einem mechanischen Wirkungsgrad von 80%? Um wieviel % ist die Leistungsziffer des Prozesses kleiner als die des Carnot-Prozesses zwischen den angegebenen Temperaturgrenzen? Wie groß ist der Dampfgehalt des Ammoniaks am Ende der Drosselung? Welches Hubvolum benötigt der als einfach wirkend angenommene Kompressor bei einer Drehzahl von $n = 500/\text{min}$ und einem Liefergrad von 90%?

XI. Zustandsgleichungen von Dämpfen.

62. Die van der Waalssche Zustandsgleichung.

Die Zustandsgleichung der vollkommenen Gase gilt für wirkliche Gase und Dämpfe nur als Grenzgesetz bei unendlich kleinen Drücken. Sie läßt sich nach der kinetischen Theorie der Gase herleiten mit Hilfe der Vorstellung, daß ein Gas aus im Verhältnis zu ihrem Abstand verschwindend kleinen Molekeln besteht, die sich bei Zusammenstößen wie vollkommen elastische Körper verhalten. Die wirklichen Gase zeigen ein verwickelteres Verhalten, das wir am Beispiel des Wasserdampfes an Hand der Erfahrung kennengelernt haben. Die Abweichungen von der Zustandsgleichung des vollkommenen Gases führt man zurück auf die Wirkung von anziehenden und abstoßenden Kräften zwischen den Molekeln und auf ihr bei größeren Drücken nicht mehr vernachlässigbares Eigenvolum.

Van der Waals gelang es, diese Umstände durch Korrekturglieder zu berücksichtigen, die man in der Zustandsgleichung des vollkommenen Gases am Druck und am Volum anbringt. Die van der Waalssche Zustandsgleichung lautet

$$\left(p + \frac{a}{v^2}\right)(v - b) = RT, \tag{180}$$

darin sind a und b für jedes Gas charakteristische Größen ebenso wie die Gaskonstante R.

Der als *Kohäsionsdruck* bezeichnete Ausdruck $\frac{a}{v^2}$ berücksichtigt die Anziehungskräfte zwischen den Molekeln, die den Druck auf die Wände vermindern. Man muß also statt des beobachteten Druckes p den größeren Wert $p + \frac{a}{v^2}$ in die Zustandsgleichung des vollkommenen Gases einsetzen. Der Nenner v^2 des Korrekturgliedes wird dadurch gerechtfertigt, daß einerseits die Wirkung der anziehenden Kräfte den Druck um so mehr vermindert, je größer die Zahl der Molekeln in der Volumeinheit ist, andererseits aber die anziehenden Kräfte mit abnehmenden Molekelabständen und also mit abnehmendem, spezifischem Volum zunehmen; der Einfluß des spezifischen Volums macht sich also in zweifacher Weise geltend.

Die als *Kovolum* bezeichnete Größe b trägt dem Eigenvolum der Molekeln Rechnung und ist ungefähr gleich dem Volum der Flüssigkeit bei niederen Drücken. In die Zustandsgleichung der vollkommenen Gase wird also nur das für die thermische Bewegung der Molekeln tatsächlich noch freie Volum eingesetzt.

Die van der Waalssche Zustandsgleichung ist im ganzen von viertem, für die Koordinate v von drittem Grade und enthält drei Konstante a, b und R, man kann sie schreiben:

$$(pv^2 + a)(v - b) = RTv^2$$

oder

$$v^3 - v^2\left(\frac{RT}{p} + b\right) + v\,\frac{a}{p} - \frac{ab}{p} = 0. \tag{180a}$$

In Abb. 127 ist sie durch Isothermen in der p, v-Ebene dargestellt, dabei sind als Koordinaten die weiter unten eingeführten reduzierten, d. h. durch die kritischen Werte dividierten Zustandsgrößen benutzt. Sämtliche Kurven haben die Senkrechte $v = b$ als Asymptote. Für $p \gg \frac{a}{v^2}$ und $v \gg b$ gehen die Isothermen in die Hyperbeln der Zustandsgleichung des vollkommenen Gases über. Für große Werte von T erhält man, wie die

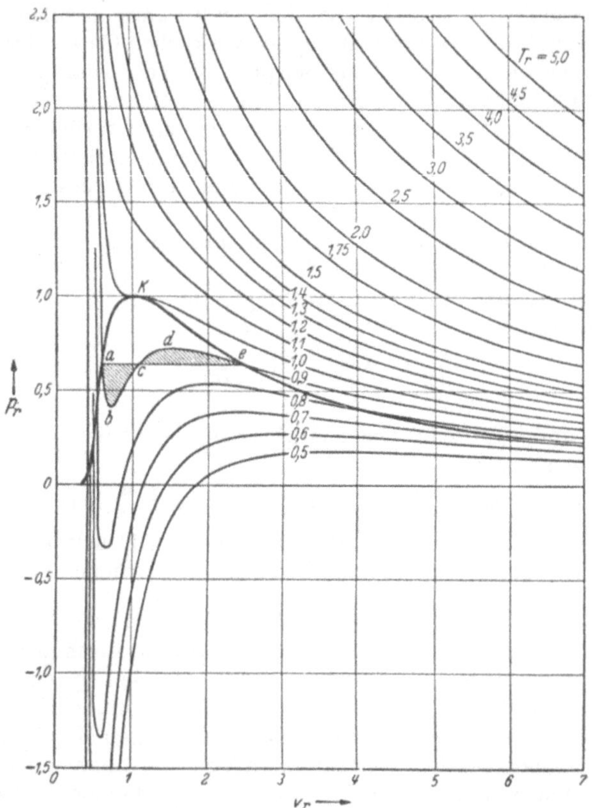

Abb. 127. Isothermen nach der VAN DER WAALSschen Zustandsgleichung.

Abb. 127 zeigt, zu einem bestimmten Wert von p nur einen reellen Wert von v, die anderen beiden Wurzeln sind komplex. Für nicht zu hohe Werte von T und p hat die Gleichung dagegen drei reelle Wurzeln für v. Für ein bestimmtes Wertepaar T, p fallen die drei reellen Wurzeln zusammen und wir erhalten hier den kritischen Punkt K des Gases.

Unterhalb der kritischen Temperatur zeigen die Isothermen nach VAN DER WAALS ein Minimum und ein Maximum dort, wo in Wirklichkeit das von waagerechten Isothermen durchzogene Naßdampfgebiet liegt. Die van der Waalsschen Isothermen haben aber auch über die Grenzkurven hinaus eine Bedeutung:

Zwischen der linken Grenzkurve und dem Minimum entsprechen sie nämlich überhitzter Flüssigkeit, deren Temperatur höher ist als der ihrem Druck entsprechende Siedepunkt. Solche Zustände lassen sich bei vorsichtigem Erwärmen tatsächlich herstellen und sind als Siedeverzug bekannt.

Bei niederen Temperaturen reichen die Isothermen nach van der Waals sogar unter die v-Achse in das Gebiet negativer Drücke hinab. Auch solche Zustände, bei denen die Flüssigkeit unter einem allseitigen Zug steht, ohne daß Verdampfung eintritt, sind bei kaltem Wasser bis zu negativen Drücken von etwa — 40 at, für andere Flüssigkeiten bis zu — 70 at beobachtet worden.

Zwischen der rechten Grenzkurve und dem Maximum entsprechen die van der Waalsschen Isothermen unterkühltem Dampf. Dabei besteht noch der dampfförmige Zustand, obwohl die Temperatur unter der Sättigungstemperatur des Dampfes bei dem vorhandenen Druck liegt. Unterkühlter Dampf tritt z. B. bei adiabater Entspannung in Turbinen und in der freien Atmosphäre auf, wenn keine Tröpfchen und Fremdkörper vorhanden sind, die als Kondensationskerne wirken können.

Die Zustände der überhitzten Flüssigkeit und des unterkühlten Dampfes sind metastabil, d. h. sie sind stabil gegen kleine Störungen, bei Störungen von einer gewissen Größe an klappt aber der metastabile einphasige Zustand unter Entropiezunahme in den stabilen zweiphasigen um. Ein mechanisches Bild eines metastabilen Zustands ist z. B. eine Kugel, die nach Abb. 128 auf einem Berge in einer kleinen Vertiefung liegt. Nach kleinen Stößen rollt sie in den Grund ihrer Vertiefung zurück. Größere Stöße können sie dagegen über den Wall hinaustreiben, so daß sie den Berg hinabrollt und erst auf einem Niveau geringerer potentieller Energie zur Ruhe kommt. Auch hierbei tritt durch Umwandlung von mechanischer Energie in Wärme im allgemeinen eine Entropiezunahme ein.

Abb. 128.
Metastabiles
Gleichgewicht.

Das mittlere Stück der van der Waalsschen Isothermen zwischen dem Maximum und dem Minimum ist dagegen instabil und nicht erreichbar, da hier der Druck bei Volumverkleinerung abnehmen würde.

Die Schnittpunkte der van der Waalsschen Isothermen mit den stabilen geradlinigen Isothermen konstanten Druckes erhält man aus der Bedingung, daß die von beiden begrenzten Flächenstücke abc und cde der Abb. 127 gleich groß sein müssen. Wäre das nicht der Fall und etwa $cde > abc$, so würde bei Druchlaufen eines aus der van der Waalsschen Isotherme $abcde$ und der geraden Isotherme ae gebildeten Kreisprozesses in dem einen oder anderen Umlaufssinn eine der Differenz der beiden Flächenstücke gleiche Arbeit gewonnen werden können, ohne daß überhaupt Temperaturunterschiede vorhanden waren. Das ist aber nach dem zweiten Hauptsatz unmöglich. Alle so erhaltenen Schnittpunkte bilden die Grenzkurven, aus denen man wieder die Dampfdruckkurve ermitteln kann.

Aus der van der Waalsschen Zustandsgleichung kann man in folgender Weise die kritischen Zustandswerte berechnen, d. h. auf die Konstanten a, b und R zurückführen:

Im kritischen Punkt hat die Isotherme einen Wendepunkt mit waagerechter Tangente, es ist dort also

$$\left(\frac{\partial p}{\partial v}\right)_T = 0 \quad \text{und} \quad \left(\frac{\partial^2 p}{\partial v^2}\right)_T = 0. \tag{181}$$

Mit Einschluß der van der Waalsschen Zustandsgleichung hat man dann die drei Gleichungen

$$p = \frac{RT}{v-b} - \frac{a}{v^2}$$

$$\left(\frac{\partial p}{\partial v}\right)_T = -\frac{RT}{(v-b)^2} + \frac{2a}{v^3} = 0$$

$$\left(\frac{\partial^2 p}{\partial v^2}\right)_T = \frac{2RT}{(v-b)^3} - \frac{6a}{v^4} = 0,$$

die die kritischen Werte v_k, T_k und p_k bestimmen. Ihre Auflösung ergibt die kritischen Zustandsgrößen

$$\left.\begin{aligned} v_k &= 3b \\[4pt] T_k &= \frac{8a}{27\,bR} \\[6pt] p_k &= \frac{a}{27\,b^2}, \end{aligned}\right\} \tag{182}$$

ausgedrückt durch die Konstanten der van der Waalsschen Gleichung. Löst man wieder nach b, a und R auf, so wird

$$\left.\begin{aligned} b &= \frac{v_k}{3} \\[4pt] a &= 3\,p_k v_k^2 \\[6pt] R &= \frac{8}{3}\frac{p_k v_k}{T_k}. \end{aligned}\right\} \tag{183}$$

Das kritische Volum ist also das Dreifache des Kovolums b, und die Gaskonstante ergibt sich aus den kritischen Werten p_k, v_k und T_k in gleicher Weise wie bei den vollkommenen Gasen, nur steht der sog. kritische Faktor $\frac{8}{3}$ davor.

Setzt man die Werte der Konstanten nach G. (183) in die van der Waalssche Gleichung ein und dividiert durch p_k und v_k, so wird

$$\left[\frac{p}{p_k} + 3\left(\frac{v_k}{v}\right)^2\right]\left[3\,\frac{v}{v_k} - 1\right] = 8\frac{T}{T_k}.$$

Führt man die auf die kritischen Daten bezogenen und dadurch dimensionslos gemachten Zustandsgrößen

$$\frac{p}{p_k} = p_r, \quad \frac{v}{v_k} = v_r \quad \text{und} \quad \frac{T}{T_k} = T_r$$

ein, so erhält man die reduzierte Form der van der Waalsschen Zustandsgleichung

$$\left(p_r + \frac{3}{v_r^2}\right)(3v_r - 1) = 8\,T_r,\tag{184}$$

in der nur dimensionslose Größen und universelle Zahlwerte vorkommen.
Man bezeichnet diese Gleichung als das *Gesetz der übereinstimmenden
Zustände*, da sie die Eigenschaften aller Gase durch Einführen der redu-
zierten Zustandsgrößen auf dieselbe Formel bringt.

Die van der Waalssche Zu-
standsgleichung gibt nicht nur
das Verhalten des Dampfes,
sondern auch das der Flüssigkeit wieder. In dieser Zusammenfassung der Eigen-
schaften des gasförmigen und
des flüssigen Zustandes liegt
ihre Bedeutung, sie bringt
mathematisch zum Ausdruck,
daß der gasförmige und flüssige
Zustand stetig zusammen-
hängen, was man oberhalb des
kritischen Punktes tatsächlich
beobachten kann.

Abb. 127 stellte bereits die
reduzierte Form der van der
Waalsschen Gleichung dar.
Abb. 129 gibt die nach van
der Waals berechneten Werte
der Verdrängungsarbeit $p_r\,v_r$
in Abhängigkeit vom Druck in
guter Übereinstimmung in der
allgemeinen Gesetzmäßigkeit
mit den Versuchsergebnissen
an Kohlensäure in Abb. 13.
Wir wollen ein Gas, das der
Zustandsgleichung (184) ge-
horcht, kurz als van der Waalssches Gas bezeichnen.

Die Darstellung der Ver-
drängungsarbeit als Funktion

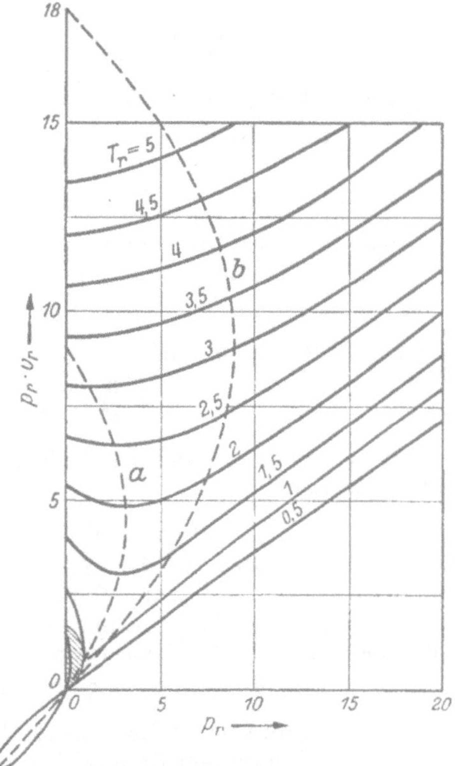

Abb. 129. Verdrängungsarbeit $p_r \cdot v_r$
nach der van der Waalsschen Gleichung.
a Boyle-Kurve, *b* Inversionskurve des Thomson-
Joule-Effektes. Das Verflüssigungsgebiet ist
schraffiert gezeichnet.

des Druckes bei konstanten Temperaturen wurde zuerst von Amagat
benutzt, um die Abweichungen eines realen Gases vom Verhalten des
vollkommenen zu beschreiben. Man nennt deshalb dieses Diagramm
auch eine Darstellung in Amagat-Koordinaten.

In der Nähe der Minima der Isothermen von Abb. 129 verhält sich
das reale Gas für nicht zu große Druckänderungen recht genau wie ein
vollkommenes, d. h. die Verdrängungsarbeit pv ist nach dem Boyle-

schen Gesetz Gl. (33) vom Druck unabhängig und nur eine Funktion der Temperatur. Man nennt daher die in Abb. 129 gestrichelte Verbindungslinie der Minima der Isothermen Boyle-Kurve. Ihre Gleichung ergibt sich für das van der Waalssche Gas folgendermaßen:

Für Gl. (184) kann man schreiben:

$$p_r v_r = \frac{8\,T_r v_r}{3\,v_r - 1} - \frac{3}{v_r}. \tag{184a}$$

Auf der Boyle-Kurve haben die Isothermen waagerechte Tangenten, und es gilt dort

$$\left(\frac{\partial(p_r v_r)}{\partial p_r}\right)_T = \left[\frac{\partial}{\partial v_r}\left(\frac{8\,T_r v_r}{3\,v_r - 1} - \frac{3}{v_r}\right)\right]_T \left(\frac{\partial v_r}{\partial p_r}\right)_T = 0.$$

Da $\left(\dfrac{\partial v_r}{\partial p_r}\right)_T$ die Kompressibilität bedeutet, die stets von 0 verschieden ist, gilt für die Boyle-Kurve

$$\left[\frac{\partial}{\partial v_r}\left(\frac{8\,T_r v_r}{3\,v_r - 1} - \frac{3}{v_r}\right)\right]_T = 0.$$

Die Ausführung der Differentiation ergibt

$$-\frac{8\,T_r}{(3\,v_r - 1)^2} + \frac{3}{v_r^2} = 0$$

oder mit Hilfe von Gl. (184)

$$p_r + \frac{3}{v_r^2} = \frac{3}{v_r^2}\,(3\,v_r - 1),$$

woraus man die Gleichung der Boyle-Kurve in Amagat-Koordinaten erhält in der Form

$$(p_r v_r)^2 - 9\,(p_r v_r) + 6\,p_r = 0.$$

Das ist eine Parabel mit dem Scheitel bei $p_r v_r = 4{,}5$ und $p_r = 3{,}375$, die die Ordinaten-Achse in den Punkten 0 und 9 schneidet, wie in Abb. 129 dargestellt. Zu dem oberen Schnittpunkt findet man die Temperatur mit Hilfe der aus Gl. (184a) beim Grenzübergang zu $v_r = \infty$ folgenden Beziehung $p_r v_r = \frac{8}{3}\,T_r$ zu $T_r = 3{,}375$. Bei atmosphärischem Druck liegt die Boyle-Temperatur für Luft bei $74°\,C$, für Wasserstoff bei $-174°\,C$.

Ein anderes wichtiges Kennzeichen für die Abweichungen eines realen Gases vom Verhalten des vollkommenen ist der *Thomson-Joule*-Effekt. Wenn man ein reales Gas drosselt, kühlt es sich ab, besonders bei hohen Drücken und niederen Temperaturen, während beim vollkommenen Gas die Temperatur konstant bleibt (vgl. S. 172). Die Erfahrung lehrt aber, daß es für jedes Gas eine Temperatur gibt, bei der der Thomson-Joule-Effekt verschwindet und bei deren Überschreitung er sein Vorzeichen ändert, so daß das Gas sich beim Drosseln erwärmt. Diese Temperatur nennt man *Inversionstemperatur*.

Wir wollen nun die Kurve der Inversionstemperatur in Amagat-Koordinaten ableiten. In den Punkten dieser Kurve soll beim Drosseln, also bei konstanter Enthalpie, keine Temperaturänderung eintreten. Es muß daher ebenso wie beim vollkommenen Gas $\left(\dfrac{\partial i}{\partial p}\right)_T = 0$ sein oder wegen $i = u + pv$ auch

$$\left(\frac{\partial u}{\partial p}\right)_T + \left(\frac{\partial (pv)}{\partial p}\right)_T = 0.$$

Setzen wir

$$\left(\frac{\partial u}{\partial p}\right)_T = \left(\frac{\partial u}{\partial v}\right)_T \left(\frac{\partial v}{\partial p}\right)_T$$

und berücksichtigen die später für beliebige Stoffe abgeleitete Beziehung Gl. (216) (S. 232),

$$\left(\frac{\partial u}{\partial v}\right)_T = T\left(\frac{\partial p}{\partial T}\right)_v - p,$$

so erhalten wir für die Inversionskurve die Bedingung

$$\left[T\left(\frac{\partial p}{\partial T}\right)_v - p\right]\left(\frac{\partial v}{\partial p}\right)_T + \left(\frac{\partial (pv)}{\partial p}\right)_T = 0.$$

Wenden wir diese Gleichung auf ein van der Waalssches Gas an, so erhalten wir in ähnlicher Weise wie bei der Ableitung der BOYLE-Kurve schließlich die Gleichung der Inversionskurve in Amagat-Koordinaten

$$(p_r v_r)^2 - 18(p_r v_r) + 9 p_r = 0.$$

Das ist die in Abb. 129 gestrichelt eingetragene zweite Parabel mit dem Scheitel bei $p_r v_r = 9$ und $p_r = 9$, entsprechend $v_r = 1$. Sie schneidet die Ordinatenachse in den Punkten 0 und 18, wobei dem oberen Schnittpunkt die Temperatur $T_r = \dfrac{3}{8} \cdot 18 = 6{,}75$ entspricht. Links dieser Kurve haben wir einen positiven Thomson-Joule-Effekt, d. h. Abkühlung beim Drosseln, rechts von ihr Erwärmung durch Drosseln (negativer Thomson-Joule-Effekt). Der Vergleich der Inversionskurve mit der Grenzkurve des gestrichelt eingetragenen Verflüssigungsgebietes zeigt, daß die Inversionstemperatur bei unterkritischen Drücken mehr als das Sechsfache der kritischen Temperatur beträgt. Nur bei Wasserstoff und Helium liegt daher die Inversionstemperatur bei Atmosphärendruck unter der gewöhnlichen Umgebungstemperatur, so daß sich diese Gase, wie die Erfahrung bestätigt, beim Drosseln erwärmen, wenn man sie nicht vorher auf tiefe Temperaturen abkühlt.

Die Zustandsbereiche, in denen das van der Waalssche Gas und in ähnlicher Weise die realen Gase dem Verhalten des vollkommenen Gases nahekommen, sind also hinsichtlich des Boyleschen Gesetzes andere als in bezug auf den Thomson-Joule-Effekt, was zu beachten ist.

Genau gilt die van der Waalssche Gleichung für keinen Stoff. Die Molekeln sind nach unserer heutigen Anschauung aus Kernen und Elektronen zusammengesetzte, von einem komplizierten Kraftfeld umgebene Körper, die sich nicht in so einfacher Weise anziehen, wie die van der Waalssche Gleichung voraussetzt. Auch das unveränderliche Kovolum ist eine starke Schematisierung, denn die Kompressibilität der festen Körper zeigt, daß man durch genügend hohe Drucke auch eine dichtgepackte Molekelanhäufung noch weiter zusammendrücken kann.

Eine bessere Anpassung an das wirkliche Verhalten der Stoffe ist nur durch verwickeltere Zustandsgleichungen mit mehr als drei empirischen Konstanten möglich. Die genaue Darstellung des ganzen flüssigen und gasförmigen Zustandsgebietes eines Stoffes durch eine Formel ist noch in keinem Falle gelungen.

Zur genaueren Darstellung von Beobachtungen hat KAMERLINGH ONNES die empirische Zustandsgleichung

$$pv = A + \frac{B}{v} + \frac{C}{v^2} + \frac{D}{v^4} + \frac{E}{v^6} + \frac{F}{v^8} \qquad (185)$$

angegeben, wobei die Koeffizienten die folgenden wieder durch Reihen dargestellten Temperaturfunktionen sind:

$$A = RT$$

$$B = b_1 T + b_2 + \frac{b_3}{T} + \frac{b_4}{T^2} + \cdots$$

$$C = c_1 T + c_2 + \frac{c_3}{T} + \frac{c_4}{T^2} + \cdots$$

usw. für D, E und F.

Mit der Zahl der Reihenglieder kann die Genauigkeit der Anpassung an gegebene Versuchswerte beliebig gesteigert werden.

Ausgehend von einer von A. WOHL aufgestellten Gleichung vierten Grades hat R. PLANCK[1] die Gleichung fünften Grades in v

$$p = \frac{RT}{v-b} - \frac{A_2}{(v-b)^2} + \frac{A_3}{(v-b)^3} - \frac{A_4}{(v-b)^4} + \frac{A_5}{(v-b)^5} \qquad (186)$$

vorgeschlagen, wobei A_2, A_3, A_4 und A_5 noch von T abhängen können. Mit dieser Gleichung läßt sich die Umgebung des kritischen Punktes bei Wasserdampf sehr gut darstellen.

63. Zustandsgleichungen des Wasserdampfes.

Die Eigenschaften des Wasserdampfes werden durch die van der Waalssche Gleichung für technische Zwecke nicht genau genug dargestellt. Man hat daher Gleichungen mit mehr als drei empirischen Konstanten vorgeschlagen, von denen die wichtigsten hier angeführt werden sollen.

Von CLAUSIUS stammt die Form

$$\left[p + \frac{\varphi(T)}{(v+c)^2} \right] (v-b) = RT \qquad (187)$$

oder

$$p(v-b) = RT - \varphi(T) \frac{v-b}{(v+c)^2}. \qquad (187a)$$

Darin ist das Gesetz der Anziehung zwischen den Molekeln allgemeiner gefaßt als bei VAN DER WAALS durch Einführen der Konstanten c und

---

[1] Forschg. Ing.-Wes. Bd. 7 (1936), S. 161.

der aus Versuchen zu bestimmenden Funktion $\varphi(T)$. Vernachlässigt man in dem bei kleinen Drücken nur die Rolle einer Korrektur spielenden zweiten Glied auf der rechten Seite von Gl. (187a) die Größen b und c gegen v, so wird

$$v - b = \frac{RT}{p} - \frac{\varphi(T)}{pv}.$$

Setzt man in dem Korrekturglied $pv = RT$ und führt $\frac{\varphi(T)}{RT} = \psi(T)$ als neue empirische Funktion ein, so erhält man die Gleichung

$$v - b = \frac{RT}{p} - \psi(T), \tag{188}$$

die wegen der gemachten Vernachlässigungen nur für Dämpfe nicht zu hohen Druckes gelten kann.

Für Wasserdampf setzte CALLENDAR auf Grund der Versuche

$$\psi(T) = 0,075 \left(\frac{273°}{T}\right)^{10/3}.$$

Mit $R = 47$ und $b = 0,001$ ergibt das die Callendarsche Zustandsgleichung in der historischen, nicht dimensionsrichtigen Schreibweise

$$v = 47 \frac{T}{p} + 0,001 - 0,075 \left(\frac{273°}{T}\right)^{10/3}, \tag{189}$$

die MOLLIER 1906 den älteren Auflagen seiner Dampftafeln zugrunde legte und die bis 20 at und 500° C ausreicht.

Für Drücke bis 150 at und oberhalb 400° C auch noch für höhere Drücke ist die von MOLLIER 1925 unter Anlehnung an eine 1920 von EICHELBERG vorgeschlagene Gleichung aufgestellte Form

$$v = 47,1 \frac{T}{p} - \frac{2}{\left(\frac{T}{100}\right)^{10/3}} - \frac{1,9}{\left(\frac{T}{100}\right)^{14} \cdot 10^4} p^2 \tag{190}$$

verwendbar. Sie liegt der 6. Auflage der Mollierschen Dampftafeln zugrunde und ist in der 25. und 26. Auflage der Hütte[1] benutzt. Dort sind zur Erleichterung der Rechnungen auch Tabellen für die Temperaturfunktionen

$$V_1 = \frac{2}{\left(\frac{T}{100}\right)^{10/3}} \quad \text{und} \quad V_2 = \frac{1,9 \cdot 10^8}{\left(\frac{T}{100}\right)^{14}} \tag{191}$$

angegeben.

Den deutschen Wasserdampftafeln von 1960[2] liegt die Kochsche Zustandsgleichung:

$$v = \frac{RT}{p} - \frac{A}{\left(\frac{T}{100°}\right)^{2,82}} - p^2 \left[\frac{B}{\left(\frac{T}{100°}\right)^{14}} + \frac{C}{\left(\frac{T}{100°}\right)^{31,6}}\right] \tag{192}$$

---

[1] „Hütte", des Ingenieurs Taschenbuch, Berlin 1925 und 1931 Ernst u. Sohn.
[2] VDI-Wasserdampftafeln, 5. Aufl. Berlin 1960, bearb. von E. SCHMIDT. Diese Tafeln sind an die Stelle der früheren von MOLLIER sowie von KNOBLAUCH, RAISCH, HAUSEN und KOCH getreten.

zugrunde mit

$$R = 47{,}06 \frac{\text{mkp}}{\text{kg} \cdot \text{grd}} = 0{,}110\ 226 \frac{\text{kcal}}{\text{kg grd}},$$

$$A = 0{,}9172 \frac{\text{m}^3}{\text{kg}} = 2{,}1483 \cdot 10^{-3} \frac{\text{kcal}}{\text{kg}} \cdot \frac{\text{m}^2}{\text{kp}},$$

$$B = 1{,}3088 \cdot 10^{-4} \frac{\text{m}^3}{\text{kg}} \cdot \left(\frac{\text{m}^2}{\text{kp}}\right)^2 = 3{,}0655 \cdot 10^{-7} \frac{\text{kcal}}{\text{kg}} \left(\frac{\text{m}^2}{\text{kp}}\right)^3,$$

$$C = 4{,}379 \cdot 10^7 \frac{\text{m}^3}{\text{kg}} \cdot \left(\frac{\text{m}^2}{\text{kp}}\right)^2 = 1{,}02567 \cdot 10^5 \frac{\text{kcal}}{\text{kg}} \left(\frac{\text{m}^2}{\text{kp}}\right)^3;$$

sie gilt nicht mehr in der Nähe des kritischen Punktes und wird hier durch die graphisch interpolierten Versuchswerte ersetzt.

Für die amerikanischen Wasserdampftafeln haben KEYES, SMITH und GERRY[1] eine Zustandsgleichung aufgestellt, die auf unser Maß-system, also auf p in kp/m², v in m³/kg umgerechnet und auf eine dimen-sionsrichtige Form gebracht, lautet

$$v = \frac{RT}{p} + B \left[1 + \frac{Bp}{RT} f_1(T) + \left(\frac{Bp}{RT}\right)^3 f_2(T) - \left(\frac{Bp}{RT}\right)^{12} f_3(T)\right], \quad (193)$$

dabei ist

$$R = 47{,}063 \frac{\text{mkp}}{\text{kg} \cdot \text{grd}}, \qquad T = 273{,}15^\circ + t,$$

$$B = \left[1{,}890 - \frac{2641{,}6^\circ}{T} \cdot 10^{(284{,}38^\circ/T)}\right] 10^{-3} \frac{\text{m}^3}{\text{kg}},$$

$$f_1(T) = \frac{376{,}00^\circ}{T} - 0{,}7400 \left(\frac{1000^\circ}{T}\right)^2,$$

$$f_2(T) = 20{,}630 - 12{,}000 \left(\frac{1000^\circ}{T}\right)^2,$$

$$f_3(T) = 28994 - 5{,}398 \left(\frac{1000^\circ}{T}\right)^{24}.$$

Bei empirischen Zustandsgleichungen ist zu beachten, daß sie leider meist nicht dimensionsrichtig geschrieben werden, sie gelten dann nur für bestimmte Maßeinheiten der Zustandsgrößen, die stets besonders an-gegeben werden müssen. In die vorstehenden Gl. (189) bis (191) ist p in kp/m², v in m³/kg und T in °K einzusetzen. Die Gl. (192) und (193) sind dagegen dimensionsrichtig angegeben, ebenso ist die reduzierte van der Waalssche Zustandsgleichung stets dimensionsrichtig. Man sollte in Zukunft auch die empirischen Zustandsgleichungen dimensionsgerecht schreiben.

Mit steigenden Ansprüchen an die Genauigkeit ist die Zahl der Kon-stanten in den Zustandsgleichungen dauernd gewachsen. Die Zustands-gleichung des vollkommenen Gases enthält nur die Gaskonstante, VAN DER WAALS benutzt 3, MOLLIER 6, KOCH 8, KEYES und Mitarbeiter 20 empirische Konstanten, wenn man auch die Exponenten der Zustands-größen mitzählt, soweit sie von 1 verschieden sind. Trotz dieses großen

---

[1] KEYES, F. G., L. B. SMITH und H. T. GERRY: Mech. Eng., Bd. 57 (1935), S. 164 und KEENAN, J. H. und F. G. KEYES: Thermodynamik properties of steam. New York 1936.

Aufwandes sind alle Gleichungen Näherungen, die in der Umgebung des kritischen Punktes nicht mehr gelten.

Die neueren Zustandsgleichungen sind viel zu verwickelt, um damit im Einzelfalle spezifische Volume auszurechnen. Man benutzt sie nur als Hilfsmittel zur Aufstellung von Tabellen und Diagrammen, denen man in der Praxis die Zustandsgrößen entnimmt. Außerdem kann man aus ihnen unter Zuhilfenahme von Messungen oder Berechnungen der spez. Wärmen bei niederen Drücken, wie wir im folgenden Abschnitt sehen werden, auch die kalorischen Zustandsgrößen berechnen.

64. Die Beziehungen der kalorischen Zustandsgrößen zur thermischen Zustandsgleichung.

Die thermische Zustandsgleichung wird durch unmittelbare Messung von p, v und T erhalten. Durch kalorimetrische Messungen kann man u und i bzw. ihre Differentialquotienten $c_v = \left(\dfrac{\partial u}{\partial T}\right)_v$ und $c_p = \left(\dfrac{\partial i}{\partial T}\right)_p$ gewinnen und daraus die Entropie s berechnen. Die thermische Zustandsgleichung ist, abgesehen von gewissen Stabilitätsbedingungen, die z. B. das Gebiet zwischen dem Minimum und Maximum der van der Waalsschen Isothermen als unmöglich nachweisen, keinen grundsätzlichen Beschränkungen unterworfen, d. h. mit den thermodynamischen Gesetzen sind beliebige Formen der Zustandsgleichung vereinbar, wenn auch in den uns zur Verfügung stehenden Stoffen nur wenige verwirklicht sind. Sobald aber die thermische Zustandsgleichung festliegt, können die kalorischen Zustandsgrößen nicht mehr willkürliche Werte haben, sondern sind durch den zweiten Hauptsatz der beschränkenden Bedingung unterworfen, daß das Integral $s = \int \dfrac{dq}{T}$ vom Wege unabhängig sein muß. Wenn also für eine bestimmte Zustandsänderung kalorimetrische Messungen ausgeführt sind, so ist für eine andere Zustandsänderung zwischen denselben Endpunkten das Ergebnis der kalorimetrischen Messungen nicht mehr beliebig. Diese beschränkende Bedingung ist, wie wir gesehen hatten, gleichbedeutend mit der Tatsache, daß die Entropie eine Funktion zweier anderer Zustandsgrößen und damit selbst eine Zustandsgröße ist.

Um die Beziehung zwischen den kalorischen Zustandsgrößen und der thermischen Zustandsgleichung aus dieser Tatsache abzuleiten, verbinden wir die Gl. (25a) und (26a) des ersten Hauptsatzes mit der Definitionsgleichung der Entropie und erhalten die beiden Gleichungen

$$dq = T\,ds = du + p\,dv \qquad (194)$$

$$dq = T\,ds = di - v\,dp, \qquad (195)$$

deren jede den Inhalt des ersten und zweiten Hauptsatzes zusammenfaßt.

Wendet man Gl. (194) auf die Isochore $dv = 0$ an, so erhält man

$$\left(\frac{\partial u}{\partial s}\right)_v = T. \qquad (196)$$

Führt man die spez. Wärme c_v ein, so wird

$$dq = c_v(dT)_v = T(ds)_v,$$

oder wenn man die partiellen Differentialquotienten benutzt

$$c_v = T\left(\frac{\partial s}{\partial T}\right)_v. \tag{197}$$

Wendet man Gl. (195) auf die Isobare $dp = 0$ an, so wird

$$\left(\frac{\partial i}{\partial s}\right)_p = T \tag{198}$$

und für die spez. Wärme c_p erhält man

$$c_p = T\left(\frac{\partial s}{\partial T}\right)_p. \tag{199}$$

Hält man in Gl. (194) u. (195) die Entropie konstant, wendet sie also auf die Adiabate an, so ergibt sich

$$\left(\frac{\partial i}{\partial p}\right)_s = v \tag{200}$$

und

$$\left(\frac{\partial u}{\partial v}\right)_s = -p. \tag{201}$$

Mit Hilfe der Gl. (194) u. (195) werden wir die vollständigen Differentiale ds, di und du aus der Zustandsgleichung ableiten für beliebige Änderungen von zweien der einfachen Zustandsgrößen p, v und T. Je nachdem, welches Paar man von den unabhängigen Differentialen dp, dv und dT auswählt, erhält man verschiedene Ausdrücke für ds, di und du, wobei sich noch zahlreiche Beziehungen zwischen den verschiedenen partiellen Differentialquotienten ergeben. Wir wollen diese Gleichungen hier nicht alle anführen, sondern im folgenden nur die wichtigsten ableiten.

65. Die Entropie als Funktion der einfachen Zustandsgrößen.

Mit Hilfe der mathematischen Formel für die Differentiation eines Produktes

$$d(Ts) = Tds + sdT$$

kann man Gl. (195) schreiben

$$Tds = d(Ts) - sdT = di - vdp$$

oder

$$d(i - Ts) = vdp - sdT. \tag{202}$$

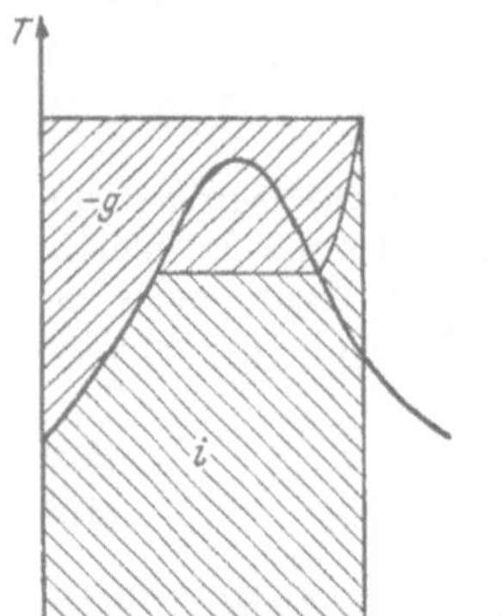

Abb. 130.
Enthalpie i und freie Enthalpie g.

Darin ist $i - Ts = g$ als Funktion der Zustandsgrößen i, T und s auch selbst eine Zustandsgröße, die wir *freie Enthalpie* nennen, sie ist eine negative Größe, da stets $Ts > i$ ist. Die freie Enthalpie ist in dem T,s-Diagramm z. B. des Wasserdampfes der Abb. 130 die schraffierte Fläche oberhalb der Isobare, ihr negativer Wert ergänzt die anders schraffierte Fläche der Enthalpie i zu dem Rechteck $T \cdot s$ aus den Koordinaten.

Da jede Zustandsgröße eine Funktion von zweien der einfachen Zustandsgrößen ist und also ein vollständiges Differential hat, muß auch das Differential der freien Enthalpie in Gl. (202) ein vollständiges sein von der Form

$$df(x, y) = \frac{\partial f(x,y)}{\partial x}\, dx + \frac{\partial f(x,y)}{\partial y}\, dy.$$

Es ist also

$$\left(\frac{\partial(i - Ts)}{\partial p}\right)_T = v \quad \text{und} \quad \left(\frac{\partial(i - Ts)}{\partial T}\right)_p = -s, \qquad (203)$$

und wenn man nochmal die linke Gleichung nach T, die rechte nach p partiell differenziert, erhält man

$$\frac{\partial^2(i - Ts)}{\partial p\, \partial T} = \left(\frac{\partial v}{\partial T}\right)_p \quad \text{und} \quad \frac{\partial^2(i - Ts)}{\partial T\, \partial p} = -\left(\frac{\partial s}{\partial p}\right)_T.$$

Da die Reihenfolge der beiden Differentiationen gleichgültig ist, folgt daraus

$$\left(\frac{\partial s}{\partial p}\right)_T = -\left(\frac{\partial v}{\partial T}\right)_p, \qquad (204)$$

worin außer s nur die drei einfachen Zustandsgrößen vorkommen.

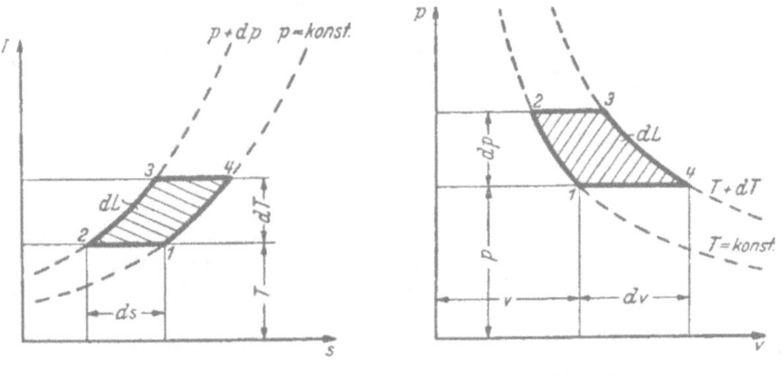

Abb. 131.   Abb. 132.

Abb. 131 u. 132. Zur Ableitung von Gl. (204).

Diese Gleichung läßt sich nach NUSSELT[1] anschaulicher auch durch Vergleich des T,s-Diagramms mit dem p,v-Diagramm ableiten. Dazu sind in das T,s-Diagramm der Abb. 131 benachbarte Isothermen und Isobaren eingetragen, die einen elementaren Kreisprozeß *1234* mit der Arbeit

$$dL = ds \cdot dT$$

---

[1] Forschg. Ing.-Wes. 3 (1932), S. 173.

umgrenzen. Dabei erfolgt die Entropieänderung ds auf Isothermen, also bei $T = $ konst., während man um dp von einer Isobaren zur benachbarten fortschreitet, man kann daher schreiben

$$ds = -\left(\frac{\partial s}{\partial p}\right)_T dp .$$

Damit wird

$$dL = -\left(\frac{\partial s}{\partial p}\right)_T dp\, dT . \qquad (205)$$

Im p,v-Diagramm der Abb. 132 ist der gleiche elementare Kreisprozeß *1234* gezeichnet, wobei

$$dL = dp\, dv$$

ist. Die Volumänderung dv erfolgt hier längs der Isobare, also bei $p = $ konst., während die Temperatur sich um dT ändert. Man kann daher schreiben

$$dv = \left(\frac{\partial v}{\partial T}\right)_p dT$$

und

$$dL = \left(\frac{\partial v}{\partial T}\right)_p dT\, dp . \qquad (206)$$

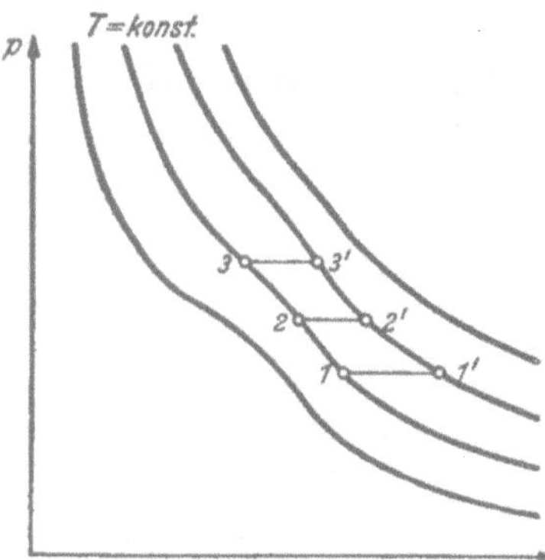

Abb. 133.
Geometrische Deutung von Gl. (204).

Durch Gleichsetzen von Gl. (205) und Gl. (206) folgt wieder Gl. (204).

Auch dieser Beweis beruht trotz seiner anderen äußeren Form auf der Tatsache, daß die Entropie ein vollständiges Differential hat, denn nur dadurch ist die Darstellung eines Vorganges im T,s-Diagramm überhaupt möglich.

Die partielle Differentialgleichung (204) kann man auf der in Abb. 133 durch die Isothermenschar dargestellten Zustandsfläche in folgender Weise geometrisch deuten:

Geht man auf der Zustandsfläche längs der Isobare vom Punkt *1* nach *1'*, so ist der Ausdruck $\left(\frac{\partial v}{\partial T}\right)_p$ der Tangens des Winkels der Schnittkurve der Zustandsfläche mit der Ebene $p = $ konst. gegen die T-Achse. Anderseits ist auf der linken Seite der Gleichung $\left(\frac{\partial s}{\partial p}\right)_T$ der Differentialquotient der Entropie nach dem Druck längs der Isotherme. Damit ist

$$\left(\frac{\partial s}{\partial p}\right)_T dp = -\left(\frac{\partial v}{\partial T}\right)_p dp$$

die Änderung der Entropie, wenn man auf der Isotherme von *1* nach *2* fortschreitet, so daß der Druck sich um dp ändert. Man kann nun in gleicher Weise von *2* nach *3* weitergehen und dabei wieder die Entropie-änderung aus der Neigung des Weges *2 2'* auf der Zustandsfläche ermitteln. In dieser Weise läßt sich schrittweise längs jeder Isotherme der ganze Verlauf der Entropie erhalten, wenn ihr Wert an einem Punkte bekannt ist. Mathematisch ist das nichts anderes als die Integration von Gl. (204) längs der Isotherme:

$$s = \int_{p_0}^{p} \left(\frac{\partial s}{\partial p}\right)_T dp = - \int_{p_0}^{p} \left(\frac{\partial v}{\partial T}\right)_p dp + f_s(T). \qquad (204\,\text{a})$$

Dabei ist die Integration auf jeder Isotherme bei einem endlichen, aber so kleinem Drucke p_0 begonnen, daß der Dampf noch als ideales Gas behandelt werden kann. Begänne man beim Drucke $p = 0$, so würde das Integral $- \int_{0}^{p} \left(\frac{\partial v}{\partial T}\right)_p dp$ für kleine Drücke, wo jedes reale Gas der Zustandsgleichung $pv = RT$ folgt, die Form $- R \int_{0}^{p} \frac{dp}{p} = - R \,[\ln p]_0^p$ annehmen und damit an der unteren Grenze ∞ werden.

Da es sich um die Integration eines partiellen Integrals bei konstantem T, also längs einer Isotherme handelt, ist eine willkürliche Konstante hinzuzufügen, die für jede Isotherme einen anderen Wert haben kann und deshalb in der Form $f_s(T)$ als eine Funktion von T angegeben ist, die wir nun ermitteln wollen.

Beim idealen Gas hängt die spezifische Wärme c_{p_0} nur von der Temperatur, nicht vom Druck ab und es ist $dq = T\,ds = c_{p_0} dT$ oder integriert

$$s_0 = \int_{T_0}^{T} c_{p_0} \frac{dT}{T} + s_{T_0}, \qquad (204\,\text{b})$$

wobei der Index 0 bei c_{p_0} und s_0 auf das Verhalten des Dampfes als ideales Gas hinweist und s_{T_0} die Entropie bei der gewählten Anfangstemperatur T_0 ist. Wendet man Gl. (204a) auf den Druck $p = p_0$ an, bei dem der Dampf nach Voraussetzung noch als ideales Gas behandelt werden kann, so liefert sie für die Entropie, der wir auch den Index 0 geben dürfen, den Wert

$$s_0 = f_s(T).$$

Aus dem Vergleich der beiden letzten Gleichungen ergibt sich

$$f_s[T) = \int_{T_0}^{T} c_{p_0} \frac{dT}{T} + s_{T_0} \qquad \text{und damit}$$

$$s = s_{T_0} + \int_{T_0}^{T} c_{p_0} \frac{dT}{T} - \int_{p_0}^{p} \left(\frac{\partial v}{\partial T}\right)_p dp. \qquad (204\,\text{c})$$

15*

Als Beispiel wollen wir die Entropie des Wasserdampfes mit Hilfe der Kochschen Zustandsgleichung (192) ausrechnen. Durch partielles Differenzieren folgt aus ihr

$$\left(\frac{\partial v}{\partial T}\right)_p = \frac{R}{p} + \frac{2{,}82\,A}{100°\left(\frac{T}{100°}\right)^{3{,}82}} + p^2\left[\frac{14\,B}{100°\left(\frac{T}{100°}\right)^{15}} + \frac{31{,}6\,C}{100°\left(\frac{T}{100°}\right)^{32{,}6}}\right]$$

und weiter durch Integration *von p_0 bis p*

$$\int_{p_0}^{p}\left(\frac{\partial v}{\partial T}\right)_p dp = R\ln\frac{p}{p_0} + \frac{2{,}82\,A}{100°}\frac{p-p_0}{\left(\frac{T}{100°}\right)^{3{,}82}} + \frac{p^3-p_0^3}{3}\left[\frac{14\,B}{100°\left(\frac{T}{100°}\right)^{15}} + \right.$$

$$\left. + \frac{31{,}6\,C}{100°\left(\frac{T}{100°}\right)^{32{,}6}}\right].$$

Für die Entropie ergibt sich damit

$$s = s_{T_0} + \int_{T_0}^{T} c_{p_0}\frac{dT}{T} - R\ln\frac{p}{p_0} - \frac{2{,}82\,A}{100°}\frac{(p-p_0)}{\left(\frac{T}{100°}\right)^{3{,}82}} -$$

$$- \frac{p^3-p_0^3}{3\cdot100°}\left[\frac{14\,B}{\left(\frac{T}{100°}\right)^{15}} + \frac{31{,}6\,C}{\left(\frac{T}{100°}\right)^{32{,}6}}\right]. \tag{207}$$

Die Intregationskonstante s_{T_0} erhält man mit Hilfe der Vereinbarung (vgl. S. 160), daß für flüssiges Wasser im Sättigungszustand bei $T_0 = 273{,}15\,°$C und $p_0 = 62{,}28$ kp/m² die Entropie den Wert Null haben soll. Dann ergibt sich für diesen Zustand, bei dem der Dampf noch als ideales Gas behandelt werden kann, die Entropie des gesättigten Dampfes aus der gemessenen Verdampfungswärme $r = 597{,}2$ kcal/kg bei $T_0 = 273{,}15\,°$K zu

$$s_{T_0} = \frac{597{,}2}{273{,}15}\frac{\text{kcal}}{\text{kg grd}} = 2{,}1863\frac{\text{kcal}}{\text{kg grd}}\,.$$

Für die Temperaturabhängigkeit von c_{p_0} und s_0 im idealen Gaszustand nach der Gleichung

$$s_0 = s_{T_0} + \int_{T_0}^{T} c_{p_0}\frac{dT}{T}$$

benutzen wir die Werte der Tabelle II b auf S. 520, die aus dem spektroskopisch ermittelten Schwingungsverhalten der Wassermolekel quantentheoretisch berechnet ist[1].

Bei den zwei letzten Gliedern der Gl. (207) können in den Differenzen $p - p_0$ und $p^3 - p_0^3$ die Größen p_0 und p_0^3 fortgelassen werden, da sie bei der Kleinheit der Konstanten A und B und wegen der hohen Potenzen

---

[1] A. G. FRIEDMAN und L. HAAR: Nat. Bureau of Standards, Report 3101, Washington, Febr. 1954.

der Temperatur im Nenner unter B und C den Wert s nicht merklich beeinflussen; d. h. bei Drücken von der Größenordnung p_0 sind diese Glieder verschwindend klein, da sich der Dampf noch als ideales Gas verhält.

Wegen der Wichtigkeit der Wasserdampftafeln sind wir auf ihre Berechnung etwas genauer eingegangen und kehren nun zu den allgemeinen Betrachtungen zurück.

Das vollständige Differential der Entropie

$$ds = \left(\frac{\partial s}{\partial T}\right)_p dT + \left(\frac{\partial s}{\partial p}\right)_T dp$$

für die unabhängigen Veränderlichen T und p lautet nach Einsetzen von Gl. (199) und (204)

$$ds = \frac{c_p}{T} dT - \left(\frac{\partial v}{\partial T}\right)_p dp. \tag{208}$$

Geht man von Gl. (194) aus, so erhält man an Stelle von Gl. (202) in gleicher Weise wie oben

$$d(u - Ts) = -pdv - sdT, \tag{209}$$

wobei $u - Ts = f$ eine neue Zustandsgröße ist, die man *freie Energie* nennt und die in der chemischen Thermodynamik viel benutzt wird, sie ist ebenso wie die freie Enthalpie eine negative Größe (vgl. 224). Da ihr Differential ein vollständiges sein muß, folgt

$$\left(\frac{\partial(u - Ts)}{\partial v}\right)_T = -p \qquad \text{und} \qquad \left(\frac{\partial(u - Ts)}{\partial T}\right)_v = -s$$

und durch nochmaliges Differenzieren

$$\left(\frac{\partial s}{\partial v}\right)_T = \left(\frac{\partial p}{\partial T}\right)_v. \tag{210}$$

Hiermit[1] und mit Gl. (197) erhält das vollständige Differential der Entropie

$$ds = \left(\frac{\partial s}{\partial T}\right)_v dT + \left(\frac{\partial s}{\partial v}\right)_T dv$$

in den unabhängigen Veränderlichen T und v die Form

$$ds = \frac{c_v}{T} dT + \left(\frac{\partial p}{\partial T}\right)_v dv. \tag{208a}$$

Wählt man endlich p und v als unabhängige Veränderliche, so ist

$$ds = \left(\frac{\partial s}{\partial p}\right)_v dp + \left(\frac{\partial s}{\partial v}\right)_p dv.$$

---

[1] Gl. (210) läßt sich in ähnlicher Weise wie wir das auf S. 225 nach Nusselt mit Gl. (204) getan hatten durch Vergleich eines kleinen von benachbarten Isothermen und Isochoren begrenzten Kreisprozesses im T,s- und p,v-Diagramm ableiten.

Setzt man darin

$$\left(\frac{\partial s}{\partial p}\right)_v = \left(\frac{\partial s}{\partial T}\right)_v \cdot \left(\frac{\partial T}{\partial p}\right)_v = \frac{c_v}{T}\left(\frac{\partial T}{\partial p}\right)_v$$

und

$$\left(\frac{\partial s}{\partial v}\right)_p = \left(\frac{\partial s}{\partial T}\right)_p \cdot \left(\frac{\partial T}{\partial v}\right)_p = \frac{c_p}{T}\left(\frac{\partial T}{\partial v}\right)_p,$$

so wird

$$ds = \frac{c_v}{T}\left(\frac{\partial T}{\partial p}\right)_v dp + \frac{c_p}{T}\left(\frac{\partial T}{\partial v}\right)_p dv. \qquad (208\,\mathrm{b})$$

Aus den Gl. (208), (208 a) und (208 b) erhält man die Ausdrücke für die zugeführten Wärmemengen mit Hilfe der Gleichung $dq = T ds$ durch Multiplikation mit T.

66. Die Enthalpie und die innere Energie als Funktion der einfachen Zustandsgrößen.

Um die Enthalpie durch die einfachen Zustandsgrößen auszudrücken, schreiben wir Gl. (195) in der Form

$$ds = \frac{di}{T} - \frac{v}{T}\,dp.$$

Mit Hilfe der bekannten mathematischen Formel

$$d\,\frac{i}{T} = \frac{di}{T} - i\frac{dT}{T^2}$$

für die Differentiation eines Quotienten erhält man daraus

$$d\left(s - \frac{i}{T}\right) = \frac{i}{T^2}dT - \frac{v}{T}\,dp. \qquad (211)$$

Dabei ist

$$s - \frac{i}{T} = \varphi$$

eine Zustandsgröße, die sich von der oben eingeführten freien Enthalpie g nur durch den Faktor $-\frac{1}{T}$ unterscheidet: Da φ eine Zustandsgröße ist, muß die Gl. (211) die Form eines vollständigen Differentials haben und es ist

$$\left[\frac{\partial\left(s - \frac{i}{T}\right)}{\partial T}\right]_p = \frac{i}{T^2} \quad \text{und} \quad \left[\frac{\partial\left(s - \frac{i}{T}\right)}{\partial p}\right]_T = -\frac{v}{T}. \qquad (212)$$

Nochmaliges Differenzieren ergibt

$$\frac{\partial^2\left(s-\dfrac{i}{T}\right)}{\partial T\,\partial p}=\frac{1}{T^2}\left(\frac{\partial i}{\partial p}\right)_T\quad\text{und}\quad\frac{\partial^2\left(s-\dfrac{i}{T}\right)}{\partial p\,\partial T}=-\left[\frac{\partial\left(\dfrac{v}{T}\right)}{\partial T}\right]_p.$$

Daraus folgt die Differentialgleichung

$$\left(\frac{\partial i}{\partial p}\right)_T=-T^2\left[\frac{\partial\left(\dfrac{v}{T}\right)}{\partial T}\right]_p=-T\left(\frac{\partial v}{\partial T}\right)_p+v,\qquad(213)$$

in der außer i nur die einfachen thermischen Zustandsgrößen vorkommen und die man wieder ähnlich wie Gl. (204) auf der Zustandsfläche anschaulich deuten kann.

Durch Integration längs einer Isotherme, beginnend beim Drucke $p=0$ erhält man

$$i=\int\left(\frac{\partial i}{\partial p}\right)_T dp=-T^2\int_0^p\left[\frac{\partial\left(\dfrac{v}{T}\right)}{\partial T}\right]_p dp+f_i(T),\qquad(213\,\mathrm{a})$$

wobei $f_i(T)$, der Integrationskonstante entsprechend, der Anfangswert der Enthalpie auf jeder Isotherme beim Drucke Null ist. Bei sehr kleinen Drücken verhält sich aber der Dampf wie ein vollkommenes Gas und es ist:

$$f_i(T)=i_0=\int c_{p_0}dT+\text{konst.},\qquad(213\,\mathrm{b})$$

wobei konst. die gewöhnliche, durch Vereinbarung festzusetzende Integrationskonstante ist. Damit wird

$$i=\int c_{p_0}dT-T^2\int_0^p\left[\frac{\partial\left(\dfrac{v}{T}\right)}{\partial T}\right]_p dp+\text{konst.}\qquad(213\,\mathrm{c})$$

Für Wasserdampf ergibt die Anwendung von Gl. (213c) auf die Kochsche Zustandsgleichung (192) den Ausdruck:

$$i=i_0-3{,}82\,A\,\frac{p}{\left(\dfrac{T}{100^\circ}\right)^{2,82}}-p^3\left[\frac{15}{3}\,B\,\frac{1}{\left(\dfrac{T}{100^\circ}\right)^{14}}+\frac{32,6}{3}\,C\,\frac{1}{\left(\dfrac{T}{100^\circ}\right)^{31,6}}\right].\quad(214)$$

Dabei bedeutet

$$i_0=\int_{273,15}^{T}c_{p_0}dT+i_{T_0}\qquad(214\,\mathrm{a})$$

die Enthalpie im idealen Gaszustand und $i_{T_0}=r=597{,}2$ kcal/kg ist die aus Messungen bekannte Verdampfungswärme bei $T_0=273{,}15\,^\circ$K. Das Enthalpieintegral (213c) darf mit der unteren Grenze $p=0$ berechnet werden, da es für diesen Wert nicht unendlich wird wie das Integral der Entropie nach Gl. (204a).

Das vollständige Differential der Enthalpie

$$di = \left(\frac{\partial i}{\partial T}\right)_p dT + \left(\frac{\partial i}{\partial p}\right)_T dp$$

für die unabhängigen Veränderlichen p und T ergibt sich mit den partiellen Differentialquotienten (32) und (213) zu

$$di = c_p\, dT - T^2 \left[\frac{\partial\left(\frac{v}{T}\right)}{\partial T}\right]_p dp \qquad (215)$$

oder

$$di = c_p\, dT - \left[T\left(\frac{\partial v}{\partial T}\right)_p - v\right] dp. \qquad (215\,\mathrm{a})$$

Das vollständige Differential der inneren Energie lautet

$$du = \left(\frac{\partial u}{\partial T}\right)_v dT + \left(\frac{\partial u}{\partial v}\right)_T dv$$

mit T und v als unabhängigen Veränderlichen.

Darin ist nach Gl. (29)

$$\left(\frac{\partial u}{\partial T}\right)_v = c_v\,,$$

aus Gl. (194) erhält man durch partielles Differenzieren

$$\left(\frac{\partial u}{\partial v}\right)_T = T\left(\frac{\partial s}{\partial v}\right)_T - p\,,$$

und mit Hilfe von Gl. (210)

$$\left(\frac{\partial u}{\partial v}\right)_T = T\left(\frac{\partial p}{\partial T}\right)_v - p\,, \qquad (216)$$

damit wird dann

$$du = c_v\, dT + \left[T\left(\frac{\partial p}{\partial T}\right)_v - p\right] dv. \qquad (216\,\mathrm{a})$$

In ähnlicher Weise kann man auch für die anderen Paare von unabhängigen Veränderlichen die vollständigen Differentiale von i und u angeben. Für die unabhängigen Veränderlichen p und v folgt z. B. aus Gl. (208b) mit Hilfe von Gl. (194) u. (195)

$$du = c_v\left(\frac{\partial T}{\partial p}\right)_v dp + \left[c_p\left(\frac{\partial T}{\partial v}\right)_p - p\right] dv \qquad (216\,\mathrm{b})$$

und

$$di = c_p\left(\frac{\partial T}{\partial v}\right)_p dv + \left[c_v\left(\frac{\partial T}{\partial p}\right)_v + v\right] dp. \qquad (215\,\mathrm{b})$$

67. Die spezifischen Wärmen als Funktion der einfachen Zustandsgrößen.

Differenziert man c_p in Gl. (199) partiell nach p bei konstantem T, so erhält man

$$\left(\frac{\partial c_p}{\partial p}\right)_T = T\,\frac{\partial^2 s}{\partial T\,\partial p},$$

andererseits ergibt Gl. (204) bei nochmaligem Differenzieren

$$\frac{\partial^2 s}{\partial p\,\partial T} = -\left(\frac{\partial^2 v}{\partial T^2}\right)_p.$$

Daraus folgt die *Clausiussche Differentialgleichung*

$$\left(\frac{\partial c_p}{\partial p}\right)_T = -\,T\left(\frac{\partial^2 v}{\partial T^2}\right)_p, \tag{217}$$

welche die Änderung von c_p längs der Isotherme für einen kleinen Druckanstieg verknüpft mit dem zweiten Differentialquotienten $\left(\frac{\partial^2 v}{\partial T^2}\right)_p$ eines isobaren Weges auf der Zustandsfläche. Wir können uns diese Gleichung in ähnlicher Weise veranschaulichen, wie es in Abb. 133 mit Gl. (204) geschah.

Integrieren wir Gl. (217) längs einer Isotherme, vom Drucke Null beginnend, so wird

$$c_p = \int\left(\frac{\partial c_p}{\partial p}\right)_T dp = -\,T\int_0^p \left(\frac{\partial^2 v}{\partial T^2}\right)_p dp + f_c(T). \tag{218}$$

Dabei ist $f_c(T)$ nichts anderes als die spezifische Wärme c_{p_0} beim Druck Null, und wir können schreiben

$$c_p = c_{p_0} - T\int_0^p \left(\frac{\partial^2 v}{\partial T^2}\right)_p dp. \tag{218a}$$

Wendet man diese Gleichung auf die Kochsche Zustandsgleichung des Wasserdampfes (192) an, so erhält man

$$c_p = c_{p_0} + 3{,}82 \cdot 2{,}82 \frac{A}{100°}\,\frac{p}{\left(\frac{T}{100°}\right)^{3{,}82}} + p^3\left[\frac{15\cdot 14}{3}\frac{B}{100°}\frac{1}{\left(\frac{T}{100°}\right)^{15}} + \right.$$

$$\left. + \frac{32{,}6\cdot 31{,}6}{3}\cdot\frac{C}{100°}\frac{1}{\left(\frac{T}{100°}\right)^{32{,}6}}\right], \tag{219}$$

wobei c_{p_0} als Funktion der Temperatur aus Tabelle IIb auf S. 520 zu entnehmen ist. Diese Formel entspricht der Darstellung der gemessenen c_p-Werte in Abb. 81; in der Nähe des kritischen Druckes, bei dem c_p unendlich groß wird, gibt sie aber die Versuchswerte nicht mehr genau wieder.

In entsprechender Weise kann man c_v in Gl. (197) bei konstantem T partiell nach v differenzieren und erhält dann mit Hilfe von Gl. (210) für c_v die Differentialgleichung

$$\left(\frac{\partial c_v}{\partial v}\right)_T = T\left(\frac{\partial^2 p}{\partial T^2}\right)_v. \tag{220}$$

Die Differenz der spezifischen Wärmen $c_p - c_v$ ist bei Dämpfen nicht mehr gleich R wie beim vollkommenen Gas. Setzt man die beiden Ausdrücke (208) und (208a) für das Differential der Entropie einander gleich, so erhält man

$$c_p - c_v = T\left[\left(\frac{\partial p}{\partial T}\right)_v \frac{dv}{dT} + \left(\frac{\partial v}{\partial T}\right)_p \frac{dp}{dT}\right]. \tag{221}$$

Da die Veränderlichen p, v und T durch die Zustandsgleichung verknüpft sind, gilt

$$dv = \left(\frac{\partial v}{\partial T}\right)_p dT + \left(\frac{\partial v}{\partial p}\right)_T dp.$$

Ersetzt man damit dv in Gl. (221) durch dT und dp und beachtet, daß wegen Gl. (20)

$$\left(\frac{\partial p}{\partial T}\right)_v \cdot \left(\frac{\partial v}{\partial p}\right)_T + \left(\frac{\partial v}{\partial T}\right)_p = 0$$

ist, so erhält man

$$c_p - c_v = T\left(\frac{\partial p}{\partial T}\right)_v\left(\frac{\partial v}{\partial T}\right)_p. \tag{222}$$

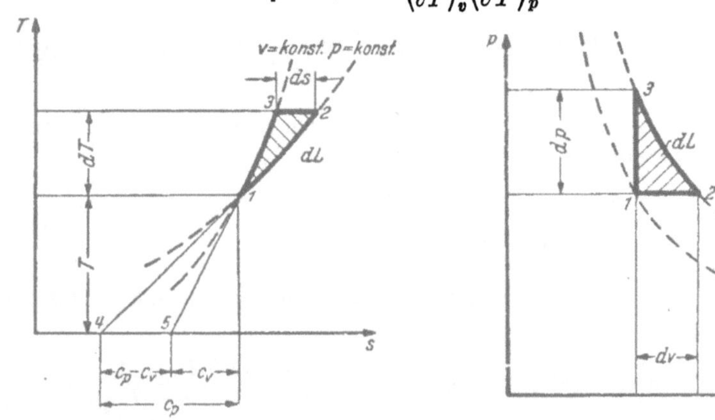

Abb. 134.   Abb. 135.

Abb. 134 u. 135. Zur Ableitung von Gl. (222).

Wendet man die Beziehung auf die Zustandsgleichung der vollkommenen Gase an, so muß ihre rechte Seite, wie man sich leicht überzeugt, natürlich R ergeben.

Auch die Gl. (222) läßt sich nach Nusselt[1] unmittelbar anschaulich ableiten. Dazu ist in dem T,s- und dem p,v-Diagramm der Abb. 134

---

[1] Forschg. Ing.-Wes. 3 (1932), S. 173.

und 135 derselbe elementare Kreisprozeß *123* dargestellt, begrenzt von einer Isobare, einer Isotherme und einer Isochore. Beachtet man, daß im T,s-Diagramm die Subtangenten der Isobaren und Isochoren die spezifischen Wärmen c_p und c_v darstellen, so ist die Strecke *45* gleich $c_p - c_v$ und aus der Ähnlichkeit der Dreiecke *123* und *145* folgt

$$\frac{ds}{dT} = \frac{c_p - c_v}{T}.$$

Damit kann man die Fläche des Dreieckes *123* schreiben

$$dL = \frac{1}{2}\,dT \cdot ds = \frac{c_p - c_v}{2T}\,(dT)^2.$$

Andererseits ist im p,v-Diagramm der Abb. 135

$$dL = \frac{1}{2}\,dv \cdot dp,$$

dabei ist $dv = \left(\dfrac{\partial v}{\partial T}\right)_p dT$, weil *12* auf einer Isobare und $dp = \left(\dfrac{\partial p}{\partial T}\right)_v dT$, weil *13* auf einer Isochore liegt. Setzt man nun die beiden Ausdrücke für dL einander gleich, so erhält man Gl. (222).

68. Die Ermittlung der kalorischen und der thermischen Zustandsgleichung aus kalorischen Messungen.

Wir waren bisher von der thermischen Zustandsgleichung ausgegangen und hatten daraus nach Gl. (213c) die Enthalpie durch partielle Differentiation und Integration erhalten, wobei die willkürliche Funktion die durch kalorische Messungen zu bestimmende spezifische Wärme c_{p_0} beim Drucke Null war. Da beim Differenzieren bekanntlich die Fehler einer durch Versuche aufgenommenen Funktion sich stark vergrößern, muß die Zustandsgleichung sehr genau bekannt sein, wenn die Enthalpie sich aus ihr ohne große Fehler ergeben soll.

Man bestimmt daher die Enthalpie besser unmittelbar, indem man in einem Kalorimeter strömendem Dampf bei konstantem Druck durch elektrische Heizung Wärme zuführt und den Temperaturanstieg beobachtet. Die zugeführte Wärme ist dann unmittelbar die Änderung der Enthalpie und wenn man durch den Temperaturanstieg dividiert, erhält man die spezifische Wärme $c_p = \left(\dfrac{\partial i}{\partial T}\right)_p$.

Außer dieser naheliegenden Methode kann auch der Drosseleffekt zur Messung der Enthalpie dienen. Entspannt man den Dampf in einem Drosselkalorimeter, das den Wärmeaustausch mit der Umgebung verhindert, um $\varDelta p$, so tritt bei konstanter Enthalpie eine Temperaturabnahme

$$\varDelta T = \left(\frac{\partial T}{\partial p}\right)_i \cdot \varDelta p,$$

der *Thomson-Joule-Effekt* auf, die man messen kann. Der Versuch liefert somit den Differentialquotienten $\left(\dfrac{\partial T}{\partial p}\right)_i$, d. h. die Neigung der

Kurve $i =$ konst. im p, T-Diagramm. Bestimmt man solche Neigungen für viele Punkte, so kann man daraus durch Integration die ganze Schar der Kurven gleicher Enthalpie erhalten.

Meßtechnisch noch günstiger ist die *isotherme Drosselung*, bei der während der Drosselung so viel Wärme zugeführt wird, daß gerade keine Temperatursenkung eintritt. Die zugeführte Wärme ist dann $\left(\dfrac{\partial i}{\partial p}\right)_T \Delta p$ und der Versuch ergibt den Differentialquotienten $\left(\dfrac{\partial i}{\partial p}\right)_T$, also die Neigung der Isotherme im i, p-Diagramm. Durch Integration erhält man daraus die Schar der Isothermen.

Aus den kalorischen Messungen kann man umgekehrt auch die thermische Zustandsgleichung ermitteln. Ist z. B. $c_p = f(T, p)$ aus Messungen bekannt, so liefert Gl. (217)

$$\left(\frac{\partial^2 v}{\partial T^2}\right)_p = -\frac{1}{T}\left(\frac{\partial c_p}{\partial p}\right)_T.$$

Durch Integrieren erhält man daraus

$$\frac{\partial v}{\partial T} = -\int\left(\frac{\partial c_p}{\partial p}\right)_T \frac{dT}{T} + f(p)$$

und

$$v = -\int\int\left(\frac{\partial c_p}{\partial p}\right)_T \frac{dT^2}{T} + T f(p) + f_1(p), \tag{223}$$

wobei zwei willkürliche Funktionen $f(p)$ und $f_1(p)$ auftreten. Um für kleine Drücke den Übergang in die Zustandsgleichung der vollkommenen Gase erkennen zu lassen, schreibt man meist

$$v = \frac{RT}{p} - \int\int\left(\frac{\partial c_p}{\partial p}\right)_T \frac{dT^2}{T} + f_1(p) + T f_2(p), \tag{223a}$$

indem man

$$f_2(p) = f(p) - \frac{R}{p}$$

als neue willkürliche Funktion einführt. Die willkürlichen Funktionen können nur durch Versuche bestimmt werden, sie müssen aber so beschaffen sein, daß im Grenzfall sehr kleinen Drucks $f_1(p) + T f_2(p)$ endlich bleibt, während $\dfrac{RT}{p}$ unendlich groß wird.

XII. Die Verbrennungserscheinungen.

69. Allgemeines, Grundgleichungen der Verbrennung, Heizwerte.

Die technische verwandte Wärme wird zum weitaus größten Teil durch Verbrennung von festen flüssigen, oder gasförmigen Brennstoffen unter Zufuhr von atmosphärischer Luft erzeugt, wobei gasförmige Verbrennungsprodukte entstehen.

Hiervon gibt es folgende Ausnahmen:

Ohne Luftzufuhr verbrennen die Sprengstoffe und Treibmittel, da sie den nötigen Sauerstoff in chemisch gebundener Form oder als flüssige

Luft enthalten. Die Sprengstoffe brennen außerordentlich rasch ab, worauf wir noch eingehen. Die Treibmittel leisten in Feuerwaffen Expansionsarbeit und erzeugen die kinetische Energie des Geschosses, ein Vorgang, der durchaus mit der Bewegung des Kolbens einer Verbrennungsmaschine zu vergleichen ist. Die Feuerwaffe ist demnach die älteste, in größerem Umfang benutzte thermodynamische Maschine. Bemerkenswert ist, daß der Wirkungsgrad von Geschützen, d. h. das Verhältnis der kinetischen Energie des Geschosses zur Verbrennungswärme der Treibladung etwa der gleiche ist wie von guten Verbrennungsmotoren. Das für eine bestimmte mechanische Arbeit erforderliche Treibmittelgewicht ist aber erheblich größer als z. B. der Ölverbrauch eines Dieselmotors, da der Sprengstoff auch den Sauerstoff enthält, den der Motor der umgebenden Luft entnimmt.

Zu *festen Endprodukten* verbrennen die Metalle. Beim Glühen und Schmelzen verbrennt z. B. Eisen an der Oberfläche zu schwarzem Eisenoxyd (Fe_3O_4). Aluminium wird beim Thermitschweißverfahren zu Tonerde (Al_2O_3) verbrannt, wobei es das beigemengte Eisenoxyd zu flüssigem Eisen reduziert.

Die Hauptbestandteile aller technisch wichtigen Brennstoffe sind Kohlenstoff C und Wasserstoff H, daneben kann in geringer Menge Schwefel S vorhanden sein. Die meisten Verbrennungsvorgänge lassen sich daher auf folgende Grundgleichungen zurückführen:

$$\left.\begin{aligned}
C + \ O_2 &= CO_2 & &+ 97\,200 \text{ kcal} \\
C + \tfrac{1}{2} O_2 &= CO & &+ 29\,620 \text{ kcal} \\
CO + \tfrac{1}{2} O_2 &= CO_2 & &+ 67\,580 \text{ kcal} \\
H_2 + \tfrac{1}{2} O_2 &= (H_2O)\text{fl} & &+ 68\,500 \text{ kcal} \\
H_2 + \tfrac{1}{2} O_2 &= (H_2O)\text{gas} & &+ 57\,750 \text{ kcal} \\
S + \ O_2 &= SO_2 & &+ 70\,860 \text{ kcal}
\end{aligned}\right\} \qquad (224)$$

In diesen Formeln bedeutet das chemische Symbol zugleich ein kmol des betreffenden Stoffes. Als Molekulargewicht ist für C und S das Atomgewicht einzusetzen, da im festen Zustand der Elemente jedes Atom mit allen Nachbarn durch die Gitterkräfte der Kristallstruktur verbunden ist, so daß Molekeln nicht mehr abgrenzbar sind, wenn man nicht den ganzen Kristall als eine Riesenmolekel ansehen will. C bedeutet also 12 kg Kohlenstoff (genauer 12,01 kg), S ist gleich 32 kg (genauer 32,06 kg) Schwefel, O_2 steht für 32 kg Sauerstoff, CO_2 für 44 kg Kohlensäure, H_2 für 2 kg (genauer 2,016 kg) Wasserstoff usw. Bei H_2O ist durch den Index der flüssige und der gasförmige Zustand unterschieden. Die Heizwerte sind bei 0 °C angegeben.

Da ein Mol bei allen Gasen denselben Raum einnimmt, ist bei der Verbrennung von C und S das Volum des gebildeten CO_2 und SO_2 gleich dem Volum des verbrauchten Sauerstoffes, natürlich bei derselben Temperatur verglichen. Wenn man das Volum der festen Brennstoffe gegen das der Verbrennungsluft und der Rauchgase vernachlässigt, tritt hier keine Volumänderung bei der Verbrennung ein. Bei der Verbrennung von C zu CO nimmt das Volum zu, da aus $^1/_2$ kmol O_2 sich 1 kmol CO bildet.

Bei der Verbrennung von CO und H_2 nimmt dagegen das Volum ab, da aus 1 kmol Brenngas und $^1/_2$ kmol Sauerstoff 1 kmol CO_2 bzw. H_2O entsteht.

Die Verbrennung aller Kohlenwasserstoffe läßt sich auf die obigen Grundgleichungen zurückführen, wobei sich wegen der Verbindungswärmen die Verbrennungswärmen aber nicht einfach durch Addieren der Werte für die Bestandteile aus Gl. (224) ergeben. Für Methan CH_4, Äthan C_2H_6 und Äthylen C_2H_4 erhält man z. B.

$$
\left.
\begin{aligned}
CH_4 + 2O_2 &= CO_2 + 2(H_2O)\,\text{fl} + 212\,400 \text{ kcal} \\
C_2H_6 + 3^1/_2O_2 &= 2CO_2 + 3(H_2O)\,\text{fl} + 372\,900 \text{ kcal} \\
C_2H + 3O_2 &= 2CO_2 + 2(H_2O)\,\text{fl} + 346\,200 \text{ kcal}
\end{aligned}
\right\} \qquad (225)
$$

Der Vergleich der Molzahlen auf beiden Seiten der Gleichung zeigt, daß bei Methan und Äthylen keine Volumänderung eintritt, daß aber bei Äthan und ebenso bei allen Kohlenwasserstoffen mit mehr als vier H-Atomen das Volum bei der Verbrennung zunimmt.

Die auf der rechten Seite der Gl. (224) u. (225) angegebenen Wärmemengen sind die auf 1 kmol bezogenen Verbrennungswärmen bei $0°$ Anfangs- und Endtemperatur. Die Verbrennungswärme der Mengeneinheit heißt auch *Heizwert*. Statt auf das Mol bezieht man in der Technik den Heizwert meist auf 1 kg oder auf 1 Normkubikmeter, abgekürzt[1] nm^3, wobei wir

$$
1 \text{ nm}^3 = 1/22{,}41 \text{ kmol}
$$

setzen, was bei idealen Gasen der bei $0°$ und 760 Torr in 1 m^3 enthaltenen Gasmenge entspricht.

Heizwertangaben gelten im allgemeinen für die Verbrennung bei normalem Atmosphärendruck von 760 Torr, wobei alle beteiligten Stoffe vorher und nachher die Temperatur von $0°$ haben. Der Heizwert

$$
\mathfrak{H} = i_1 - i_2 \qquad (226)
$$

ist daher der Unterschied der Enthalpien (Wärmeinhalte) i_1 und i_2 der Verbrennungsteilnehmer vor und nach der Verbrennung. Wird bei konstantem Volum verbrannt, so ist der Heizwert

$$
\mathfrak{H}_v = u_1 - u_2 \qquad (227)
$$

gleich dem Unterschied der inneren Energien. Beide Heizwerte unterscheiden sich um die bei der Verbrennung geleistete Ausdehnungsarbeit nach der Gleichung

$$
\mathfrak{H} = \mathfrak{H}_v + p(v_1 - v_2), \qquad (228)
$$

wenn v_1 und v_2 die spez. Volume der Verbrennungsteilnehmer vor und nach der Verbrennung sind. Auf die bei den gewöhnlichen Schwankungen der Umgebungstemperatur praktisch meist bedeutungslose Temperaturabhängigkeit der Heizwerte gehen wir später ein.

---

[1] Die früher gebrauchte Abkürzung Nm^3 ist nicht mehr möglich, da N die Krafteinheit Newton bezeichnet, n ist zwar die Abkürzung von Nano- $= 10^{-9}$, aber das führt hier nicht zu Mißverständnissen.

Je nach den Bedingungen kann Kohlenstoff vollständig zu CO_2 oder unvollständig zu CO verbrennen, im letzteren Falle wird nach Gl. (224) weniger als $^1/_3$ der gesamten Verbrennungswärme frei. Wasserstoff und alle wasserstoffhaltigen oder feuchten Brennstoffe haben einen verschiedenen Heizwert, je nachdem das entstehende Wasser nach der Verbrennung flüssig oder gasförmig ist. Man spricht dann von oberem Heizwert $\mathfrak{H}$ und von unterem Heizwert $\mathfrak{H}_u$. Beide unterscheiden sich durch die Verdampfungswärme r des in den Verbrennungserzeugnissen enthaltenen Wassers. Auf 1 kmol entstandenes H_2O bezogen ist demnach

$$\mathfrak{H} - \mathfrak{H}_u = M \cdot r = 18{,}016 \cdot 597{,}2 = 10\,750 \text{ kcal/kmol,}$$

d. h. der obere Heizwert ist bei H_2 um rund 19% größer als der untere.

Für grundsätzliche Überlegungen verdient der obere Heizwert den Vorzug. Da das Wasser aber technische Feuerungen als Dampf verläßt, kann praktisch nur der untere Heizwert nutzbar gemacht werden.

In Tab. 30 sind die Heizwerte bei 0° und 760 Torr nach den Verbrennungsgleichungen bezogen auf verschiedene Mengeneinheiten angegeben.

Tabelle 27. *Heizwerte der einfachsten Brennstoffe.*

Heizwert in kcal	C	CO	H₂ oberer	H₂ unterer	S
je kmol	97 200	67 580	68 500	57 750	70 860
„ kg	8 100	2 412	33 980	28 640	2 212
„ nm³	4 338	3 014	3 057	2 577	3 162

Der Heizwert des Kohlenstoffes bezieht sich im allgemeinen auf die amorphe Form, die als Ruß, Holzkohle und Koks vorkommt. Die kristallinen Modifikationen des Kohlenstoffes haben kleinere Heizwerte: α-Graphit 7832 kcal/kg, β-Graphit 7856 kcal/kg, Diamant 7873 kcal/kg, denn beim Übergang vom amorphen Zustand zur Ordnung des Kristallgitters wird Energie frei. Da auch in amorpher Kohle ein mehr oder weniger guter Ordnungszustand besteht, schwankt ihr Heizwert etwas.

Bei feuchten Brennstoffen besteht der Unterschied von oberem und unterem Heizwert aus der Verdampfungswärme nicht nur des bei der Verbrennung gebildeten Wassers, sondern auch des dabei verdampften Wassergehaltes des Brennstoffes.

Die Heizwerte von einigen festen, flüssigen und gasförmigen Brennstoffen sind in Tab. 27 bis 30 und 32 angegeben[1].

Der Heizwert von Brennstoffgemischen läßt sich nach der Mischungsregel aus den Heizwerten der Bestandteile berechnen. Der Heizwert von chemischen Verbindungen ist aber nicht in dieser Weise aus den Heizwerten der Elementarbestandteile zu ermitteln, da bei der Bildung von Verbindungen aus den Elementen eine positive oder negative Verbindungswärme auftritt, um die der Heizwert von dem der Summe der Bestandteile abweicht. Bei den meisten festen und flüssigen technischen

---

[1] Vgl. auch Hütte Bd. I, 28. Aufl. (1955), S. 1243 und 1263.

Tabelle 28. *Zusammensetzung und Heizwert fester Brennstoffe.*

Brennstoff	Asche Gew.-%	Wasser Gew.-%	Zusammensetzung der aschefreien Trockensubstanz in Gew.-%				N	Heizwert in kcal/kg im Verwendungszustand	
			C	H	S	O		oberer	unterer
Holz, lufttrocken	$< 0,5$	10—20	50	6	0,0	43,9	0,1	3800—4300	3500—4000
Torf, lufttrocken	< 15	15—35	50—60	4,5—6	0,3—2,5	30—40	1 —4	3300—3900	2800—3600
Rohbraunkohle	2— 8	50—60	65—75	5 —8	0,5—4	15—26	0,5—2	2500—3100	2000—2700
Braunkohlenbrikett . . .	4—10	12—18	65—75	5 —8	0,5—4	15—26	0,5—2	5000—5100	4700—4800
Steinkohle	3—12	0—10	80—90	4 —6	0,7—1,4	4 —12	0,6—2	7000—8400	6500—8150
Anthrazit	2— 6	0— 5	90—94	3 —4	0,7—1	0,5— 4	1 —1,5	8000—8300	7800—8100
Zechenkoks	8—10	1— 7	97	0,4—0,7	0,6—1	0,5— 1	1 —1,5	6700—7300	6650—7250

(Für Rohbraunkohle und Braunkohlenbrikett gelten die Werte der Spalten C, H, S, O und N gemeinsam: C 65—75, H 5—8, S 0,5—4, O 15—26, N 0,5—2.)

Brennstoffen ist die Verbindungswärme klein gegen den Heizwert, man kann diesen daher näherungsweise nach der sog. Verbandsformel

$$\mathfrak{H}_u = [8100\,c + 28000\,(h - o/8) \atop + 2500\,s - 600\,w]\,\text{kcal/kg} \Big\} \quad (229)$$

aus dem Heizwert der Bestandteile berechnen.

Eine Verbrennung heißt *vollkommen*, wenn alles Brennbare zu CO_2, H_2O und SO_2 verbrannt ist, sie heißt *unvollkommen*, wenn die Verbrennungserzeugnisse noch Kohle (in der Asche, der Schlacke oder als Ruß in den Abgasen) oder brennbare Gase (Kohlenoxyd, Wasserstoff, Methan oder andere Kohlenwasserstoffe) enthalten.

70. Sauerstoff- und Luftbedarf der vollkommenen Verbrennung, Menge und Zusammensetzung der Rauchgase.

Der Sauerstoffbedarf der vollkommenen Verbrennung, auf die wir uns hier beschränken, ergibt sich aus der Zusammensetzung der Brennstoffe mit Hilfe der Gleichungen (224). Bei festen und flüssigen Brennstoffen geben wir die Zusammensetzung in Gewichtsteilen (GT) an, bei gasförmigen Brennstoffen und Rauchgasen benutzen wir dagegen Raumteile (RT) und messen die Gase in Normkubikmeter. Auch für feste Stoffe kann man das nm³ als Mengenmaß benutzen, wobei statt des Molekulargewichtes bei C und S das Atomgewicht einzusetzen ist. Bei Kohlenstoff ist also $1\,\text{nm}^3 = \frac{12}{22{,}41}$ kg, bei Schwefel ist $1\,\text{nm}^3 = \frac{32}{22{,}41}$ kg.

Bei festen und flüssigen Brennstoffen bezeichnen wir[1] mit c, h, o, n, s, w und a den Gehalt in GT an Kohlenstoff, Wasserstoff, Sauerstoff, Stickstoff, Schwefel, Wasser und Asche. Es ist also

$$c + h + o + n + s + w + a = 1.$$

---

[1] Vgl. Hütte Bd. I, 28. Aufl., S. 507. Berlin 1955.

Tabelle 29. *Verbrennung flüssiger Brenn- und Kraftstoffe.*

Brennstoff	Mole-kular-gewicht M	Gehalt in Gew.-% C	Gehalt in Gew.-% H	Kenn-zahl σ	Dichte bei 15° kg/dm³	Siede-temperatur °C	Heizwert in kcal/kg oberer	Heizwert in kcal/kg unterer	Verbrennung erfordert O_{min} nm³/kg	Verbrennung erfordert L_{min} nm³/kg	Bei der Verbrennung entstehen CO_2 nm³/kg	Bei der Verbrennung entstehen H_2O nm³/kg
Alkohol C_2H_6O	46,1	52	13	1,50	0,794	78,5	7140	6440	1,45	6,93	0,97	1,46
Spiritus 95%	—	—	—	1,50	0,809	78,6	6740	6040	1,38	6,58	0,92	1,45
90%	—	—	—	1,50	0,823	78,7	6390	5700	1,31	6,23	0,87	1,44
85%	—	—	—	1,50	0,836	78,9	6030	5340	1,24	5,89	0,83	1,42
Benzol (rein) C_6H_6 . . .	78,1	92,2	7,8	1,25	0,884	80,2	10000	9590	2,16	10,28	1,72	0,87
Toluol (rein) C_7H_8 . . .	92,1	91,2	8,8	1,285	0,890	110,8	10210	9750	2,20	10,46	1,70	0,99
Xylol (rein) C_8H_{10} . . .	106	90,5	9,5	1,313	0,870	139,4	10270	9740	2,22	10,56	1,69	1,06
Handelsbenzol I (90er Benzol)[1]	—	92,1	7,9	1,26	0,882	—	10000	9600	2,16	10,30	1,72	0,89
Handelsbenzol II (50er Benzol)[2]	—	91,6	8,4	1,30	0,876	—	10100	9650	2,18	10,38	1,71	0,94
Naphthalin (rein) $C_{10}H_8$. (Schmelztemp. 80°) . .	128	93,7	6,3	1,20	0,977 (bei 80°) 1,152 (fest 15°)	218	9640	9300	2,10	10,01	1,75	0,71
Tetralin (rein) $C_{10}H_{12}$ . .	132	90,8	9,2	1,30	0,975	205	10240	9750	2,21	10,53	1,70	1,03
Pentan C_5H_{12}	72,1	83,2	16,8	1,60	0,627	36,0	11750	10850	2,49	11,88	1,55	1,88
Hexan C_6H_{14}	86,1	83,6	16,4	1,584	0,659	68,7	11550	10670	2,48	11,81	1,56	1,84
Heptan C_7H_{16}	100	83,9	16,1	1,571	0,683	98,4	11460	10600	2,47	11,75	1,57	1,80
Oktan C_8H_{18}	114	84,1	15,9	1,562	0,702	125,5	11500	10650	2,46	11,72	1,57	1,78
Benzin (Mittelwerte) . .	—	85	15	1,53	0,7—0,74	60—120	11000	10200	2,43	11,56	1,59	1,68

[1] 0,84 Benzol, 0,13 Toluol, 0,03 Xylol.

[2] 0,43 Benzol, 0,46 Toluol, 0,11 Xylol.

Tabelle 30. *Verbrennung einiger einfacher Gase.*

Gasart	Formel	Mole-kular-gewicht M	Dichte bezogen auf Luft = 1	Kenn-zahl σ	Sauerstoff-bedarf O_{min} nm³/nm³	Luftbedarf L_{min} nm³/nm³	Heizwert oberer kcal/nm³	Heizwert unterer kcal/nm³
Wasserstoff	H_2	2,016	0,0695	0	0,5	2,38	3 057	2 577
Kohlenoxyd	CO	28,00	0,967	0,50	0,5	2,38	3 014	3 014
Methan . .	CH_4	16,03	0,554	2,00	2,0	9,52	9 570	8 620
Äthan . .	C_2H_6	30,05	1,049	1,75	3,5	16,7	16 600	15 170
Propan . .	C_3H_8	44,06	1,52	1,67	5,0	23,8	22 500	21 670
Butan . .	C_4H_{10}	58,08	2,00	1,625	6,5	31,0	30 600	28 300
Äthylen .	C_2H_4	28,03	0,975	1,50	3,0	14,3	15 400	14 470
Propylen .	C_3H_6	42,05	1,45	1,50	4,5	21,4	22 270	20 850
Butylen .	C_4H_8	56,06	1,935	1,50	6,0	28,6	29 100	27 300
Azetylen .	C_2H_2	26,02	0,906	1,25	2,5	11,9	16 050	13 460

Bei gasförmigen Brennstoffen sei $(CO)_b$, $(H_2)_b$, $(CH_4)_b$, $(N_2)_b$ usw. der Gehalt des Brennstoffes an den betreffenden Gasen in RT.

O_{min} sei die zur vollkommenen Verbrennung der Mengeneinheit des Brennstoffes nach den stöchiometrischen Gleichungen gerade erforderliche Sauerstoffmenge in nm³ oder kmol.

L_{min} sei die dazu erforderliche Luftmenge in nm³ oder kmol.

Da Luft aus 21 Vol.-% Sauerstoff und 79 Vol.-% Stickstoff besteht, ist

$$O_{min} = 0{,}21\, L_{min}. \tag{230}$$

Dabei ist der Gehalt an Argon und anderen Gasen von rd. 1% zum Stickstoff gerechnet. Die genaue Zusammensetzung der trockenen atmosphärischen Luft zeigt Tab. 31.

$V_{r\,min}$ sei die bei der Verbrennung mit L_{min} entstehenden Rauchgasmenge. $[CO_2]_r$, $[O_2]_r$, $[N_2]_r$ sei der Gehalt des trockenen Rauchgases an dem betreffenden Einzelgas in RT. Weitere Bestandteile kommen nicht vor, da wir vollkommene Verbrennung voraussetzen und da bei der Abkühlung vor der Analyse sich mit dem Wasser auch die schweflige Säure ausscheidet.

Tabelle 31. *Zusammensetzung der trockenen atmosphärischen Luft.*

	N_2	O_2	Ar	CO_2	H_2	Ne	He	Kr	X
Vol.-%	78,03	20,99	0,933	0,030	0,01	0,0018	0,0005	0,0001	$0{,}0_5 9$
Gew.-%	75,47	23,20	1,28	0,046	0,001	0,0012	0,00007	0,0003	$0{,}0_4 4$

a) Feste und flüssige Brennstoffe.

Bei einem festen oder flüssigen Brennstoff ist die Zusammensetzung entweder durch Elementaranalyse oder bei einheitlichen Stoffen durch die chemische Formel gegeben. Es verbrennen

$$c \text{ kg C} \quad \text{mit} \quad \frac{c}{12} \text{ kmol } O_2 \quad \text{zu} \quad \frac{c}{12} \text{ kmol } CO_2$$

$$h \text{ kg } H_2 \text{ mit} \quad \frac{h}{4} \text{ kmol } O_2 \quad \text{zu} \quad \frac{h}{2} \text{ kmol } H_2O$$

$$s \text{ kg S} \quad \text{mit} \quad \frac{s}{32} \text{ kmol } O_2 \quad \text{zu} \quad \frac{s}{32} \text{ kmol } SO_2.$$

Nun sind in 1 kg sauerstoffhaltigem Brennstoff schon $\frac{o}{32}$ kmol Sauerstoff enthalten, um die sich der mit der Verbrennungsluft zuzuführende Sauerstoff vermindert. Damit ergibt sich für den Sauerstoffbedarf von 1 kg Brennstoff

$$O_{\min} = \left(\frac{c}{12} + \frac{h}{4} + \frac{s}{32} - \frac{o}{32}\right) \text{ kmol/kg} \qquad (231)$$

oder in nm³ $= \frac{1}{22,41}$ kmol.

$$O_{\min} = \frac{22,41}{12}\left[c + 3\left(h - \frac{o-s}{8}\right)\right] \text{nm}^3/\text{kg}$$
$$= 1,868\, c\, \sigma \ \text{nm}^3/\text{kg}, \qquad (231\,\text{a})$$

wobei wir nach MOLLIER die Größe

$$\sigma = 1 + 3\,\frac{h - (o - s)/8}{c} \qquad (232)$$

als *Kennzahl* des Brennstoffes einführen; sie ist das Verhältnis des Sauerstoffbedarfes des Brennstoffes zu seinem Kohlenstoffgehalt, wenn beide Größen in kmol oder nm³ gemessen werden oder auch das Verhältnis des gesamten Sauerstoffbedarfs des Brennstoffes zu dem zur Verbrennung des Kohlenstoffgehaltes allein erforderlichen Sauerstoff. Als Kohlenstoffgehalt ist dabei der gesamte im Brennstoff enthaltene Kohlenstoff zu zählen, auch wenn er schon z. B. bei Gasen als Kohlensäure oder Kohlenoxyd mit Sauerstoff verbunden ist.

Der Mindestluftbedarf an trockener Verbrennungsluft ist dann

$$L_{\min} = \frac{O_{\min}}{0,21}$$
$$= 8,89\left[c + 3\left(h - \frac{o-s}{8}\right)\right] \text{nm}^3/\text{kg}$$
$$= 8,89\, c\, \sigma \ \text{nm}^3/\text{kg}. \qquad (233)$$

Die Kennzahl σ ist zweckmäßig, weil ihr Wert für bestimmte Brennstoffgruppen nur wenig schwankt, für reinen Kohlenstoff ist $\sigma = 1,0$, für

16*

Tabelle 32. *Verbrennung einiger technischer Heizgase*

Gasart	Mittlere Zusammensetzung in Vol.-%						Scheinbares Molekulargewicht M	Dichte bezogen auf Luft $=1$	σ	ν	Sauerstoffbedarf $O_{\min}$ nm³/nm³	Luftbedarf $L_{\min}$ nm³/nm³	Heizwert oberer kcal/nm³	Heizwert unterer kcal/nm³
	H_2	CO	CH_4	$C_m H_n$ (C_2H_4)	CO_2	N_2								
Steinkohlen-Schwelgas	27	7	48	13	3	2	15,7	0,54	1,81	0,024	1,52	7,25	7630	6920
Leuchtgas I	51	8	32	4	2	3	11,2	0,39	2,11	0,060	1,055	5,03	5480	4890
Leuchtgas II	56	13	23	2,5	2	3,5	11,0	0,38	2,15	0,085	0,88	4,19	4690	4170
Koksofengas	50	8	29	4	2	7	11,85	0,41	2,11	0,149	0,99	4,72	5150	4600
Wassergas	49	42	0,5	—	5	3	15,9	0,55	0,979	0,063	0,465	2,215	2810	2580
Mischgas	12	28	3	0,2	3	54	25,1	0,87	0,773	1,57	0,266	1,267	1540	1440
Mondgas	25	12	4	0,3	16	43	23,7	0,82	0,840	1,32	0,274	1,305	1550	1390
Luftgas	6	23	3	0 2	5	62	26,6	0,92	0,672	1,97	0,211	1,005	1200	1150
Gichtgas	4	28	—	—	8	60	28,2	0,97	0,445	1,67	0,16	0,763	970	950

technische Kohlen $\sigma = 1{,}1$ bis $1{,}2$, für schwere Öle etwa $\sigma = 1{,}2$, für leichte Öle steigt es bis auf $1{,}55$.

Den Stickstoffgehalt des Brennstoffes kennzeichnet man nach MOLLIER durch die Kennzahl

$$\nu = \frac{n/28}{c/12} = \frac{3}{7}\,\frac{n}{c}\,, \qquad\qquad (234)$$

sie ist das Verhältnis des Stickstoffgehaltes in kmol zum Kohlenstoffgehalt in kmol. Bei festen und flüssigen Brennstoffen kann die Stickstoffkennzahl oft vernachlässigt werden, dagegen ist sie von Bedeutung bei den technischen Heizgasen.

Wir betrachten nun die Zusammensetzung der Rauchgase. Aus 1 kg stickstofffreiem Brennstoff entstehen bei vollkommener Verbrennung an

Kohlensäure $\dfrac{c}{12}$ kmol/kg $= \dfrac{22{,}41}{12}\,c$ nm³/kg $= \dfrac{11}{3}\,c$ kg/kg,

an Wasser $\left(\dfrac{h}{2} + \dfrac{w}{18}\right)$ kmol/kg $= \dfrac{22{,}41}{18}\,(9\,h + w)$ nm³/kg $= (9\,h + w)$ kg/kg,

an Schwefeldioxyd $\dfrac{s}{32}$ kmol/kg $= \dfrac{22{,}41}{32}\,s$ nm³/kg $= 2\,s$ kg/kg.

Beim Wasser tritt auch der Wassergehalt w des Brennstoffes in den Rauchgasen auf. Im ganzen werden also aus dem Brennstoff an Gasen gebildet

$$\left(\frac{c}{12} + \frac{h}{2} + \frac{w}{18} + \frac{s}{32}\right) \text{kmol/kg} = \frac{22{,}41}{12}\left(c + 6\,h + \frac{2}{3}\,w + \frac{3}{8}\,s\right) \text{nm}^3/\text{kg.} \quad (235)$$

Dafür wird der Verbrennungsluft an Sauerstoff $O_{\min}$ nach Gl. (231a) entzogen und wir erhalten die Rauchgasmenge

$$V_{r\,\min} = L_{\min} + \frac{22{,}41}{12}\left(3\,h + \frac{3}{8}\,o + \frac{2}{3}\,w\right) \text{nm}^3/\text{kg,} \qquad (236)$$

d. h. bei der Verbrennung wächst das Gasvolum um

$$\frac{22{,}41}{12}\left(3\,h + \frac{3}{8}\,o + \frac{2}{3}\,w\right) \text{nm}^3/\text{kg.}$$

Diese Zunahme wird bei vollkommener Verbrennung nur durch den Gehalt des Brennstoffes an Wasserstoff, Sauerstoff und Wasser hervorgerufen.

Erfahrungsgemäß kann man Brennstoffe in technischen Feuerungen nur bei Luftüberschuß vollständig verbrennen.

Man führt der Feuerung je kg Brennstoff daher die Luftmenge

$$L = \lambda\,L_{\min} \qquad\qquad (237)$$

zu, wobei λ das *Luftverhältnis*[1] (früher sagte man „Luftüberschußzahl")

---

[1] Die Bezeichnung „Luftüberschußzahl" ist irreführend, denn bei Verbrennung mit der stöchiometrischen Luftmenge ist $\lambda = 1$, während der Luftüberschuß Null ist. Ganz unsinnig wird die Bezeichnung bei Luftmangel $(0 < \lambda < 1)$, wo die Luftüberschußzahl positiv ist, obwohl man — wenn überhaupt — nur von einem negativen Luftüberschuß sprechen kann.

ist. Den Kehrwert $\beta = 1/\lambda$ nennt man auch *Brennstoffverhältnis*. Die Rauchgase haben dann das Volum

$$V_r = L + \frac{22,41}{12}\left(3\,h + \frac{3}{8}\,o + \frac{2}{3}\,w\right) \text{nm}^3/\text{kg}\,. \qquad (238)$$

Der überschüssige Sauerstoff $(\lambda - 1)\,O_{\min}$ und der gesamte Stickstoff $0{,}79 \cdot L$ gehen unverändert durch die Feuerung hindurch.

b) Gasförmige Brennstoffe.

Bei gasförmigen Brennstoffen geben wir die Zusammensetzung in Raumteilen einer willkürlichen Raumeinheit (RE) etwa kmol oder nm³ an und erhalten z. B. durch die Analyse

$$(CO)_b + (H_2)_b + (CH_4)_b + (C_2H_4)_b + (O_2)_b + (N_2)_b + (CO_2)_b = 1\,RE, \quad (239)$$

wobei die einzelnen Klammerausdrücke Zahlen sind, die den Gehalt des Brennstoffes an dem betreffenden Gas in Bruchteilen des Gesamtvolums angeben. Der Index b gibt an, daß es sich um Brenngas handelt, zum Unterschied von dem später für Rauchgas benutzten Index r. Die genannten Bestandteile sind nur als Beispiel gewählt, es können natürlich noch weitere vorkommen, wobei sich die Zahl der Glieder der Gl. (239) entsprechend erhöht.

Zur vollständigen Verbrennung dieses Brennstoffes braucht man nach den Gl. (224) und (225) die Sauerstoffmenge

$$O_{\min} = 0{,}5\,[(CO)_b + (H_2)_b] + 2\,(CH_4)_b + 3\,(C_2H_4)_b - (O_2)_b \quad (240)$$

und es sind bei Verbrennung mit der Luftmenge $L = \lambda\,L_{\min}$ in den Rauchgasen enthalten:

an Kohlensäure $(CO_2)_r = (CO_2)_b + (CO)_b + (CH_4)_b + 2\,(C_2H_4)_b,$
,, Wasser $(H_2O)_r = (H_2)_b + 2\,[(CH_4)_b + (C_2H_4)_b],$
,, Sauerstoff $(O_2)_r = (\lambda - 1)\,O_{\min} = 0{,}21\,L - O_{\min},$ $\qquad (241)$
,, Stickstoff $(N_2)_r = (N_2)_b + 0{,}79\,L,$

alles angegeben in RE je RE Brenngas, wobei der Index r angibt, daß es sich um die Zusammensetzung des Rauchgases handelt.

Der Vergleich der Summe von Brenngas und Luft mit dem Gesamtvolum der Rauchgase ergibt eine Volumverminderung um

$$0{,}5\,[(CO)_b + (H_2)_b],$$

die nur durch den CO- und H_2-Gehalt verursacht wird, da CH_4 und C_2H_4 ohne Volumänderung verbrennen.

Die Kennzahl σ unseres Gases ist

$$\sigma = \frac{0{,}5\,[(CO)_b + (H_2)_b] + 2\,(CH_4)_b + 3\,(C_2H_4)_b - (O_2)_b}{(CO)_b + (CH_4)_b + 2\,(C_2H_4)_b + (CO_2)_b}\,. \qquad (242)$$

Für die Stickstoffkennzahl des Brennstoffes ergibt sich

$$\nu = \frac{(N_2)_b}{(CO)_b + (CH_4)_b + 2\,(C_2H_4)_b + (CO_2)_b}\,. \qquad (243)$$

71. Die Beziehungen zwischen der Zusammensetzung der trockenen Rauchgase, der Zusammensetzung des Brennstoffes und dem Luftverhältnis.

Die Rauchgase werden vor der Analyse getrocknet, dabei scheidet sich ihr Gehalt an Wasser und schwefliger Säure aus, so daß man bei vollständiger Verbrennung, auf die wir uns hier beschränken wollen, nur Kohlensäure, Sauerstoff und Stickstoff feststellt. Das Analysenergebnis sei

$$[CO_2]_r + [O_2]_r + [N_2]_r = 1 \, RE, \tag{244}$$

wobei die Klammerausdrücke den Gehalt an dem betreffenden Gas in Bruchteilen einer willkürlichen Raumeinheit angeben und der Index r anzeigt, daß es sich um eine Angabe über die Zusammensetzung von Rauchgas handelt. In Gl. (244) sind eckige Klammern gewählt, da die Gase hier auf 1 RE trockenes Rauchgas bezogen sind, zum Unterschied von Gl. (241), wo die Zusammensetzung des Rauchgases je RE gasförmigen Brennstoffes mit runden Klammern bezeichnet war. Wir wollen nun das Verhältnis der Bestandteile durch das Luftverhältnis λ und die Kennzahlen σ und ν des Brennstoffes ausdrücken.

Die Kennzahl σ war das Verhältnis des gesamten Sauerstoffbedarfs des Brennstoffes zu seinem Kohlenstoffgehalt, beide in Mol angegeben. Nun entstehen bei der vollkommenen Verbrennung aus einer Mengeneinheit Brennstoff ebensoviel Mole CO_2 als Mole C im Brennstoff vorhanden waren. Es ist daher auch

$$\sigma = \frac{O_{min}^{kmol}}{[CO_2]_r^{kmol}}; \tag{245}$$

wenn $[CO_2]_r^{kmol}$ die CO_2-Menge des Rauchgases in kmol ist. Andererseits enthalten die Rauchgase an Sauerstoff in kmol

$$[O_2]_r^{kmol} = (\lambda - 1) \, O_{min}^{kmol}.$$

Damit ergibt sich für das Verhältnis des Sauerstoffgehaltes zum Kohlensäuregehalt des Rauchgases, das wir statt in Mol auch in willkürlichen RE angeben können

$$\frac{[O_2]_r^{kmol}}{[CO_2]_r^{kmol}} = \frac{[O_2]_r}{[CO_2]_r} = (\lambda - 1) \, \sigma. \tag{246}$$

Im ganzen tritt mit der Verbrennungsluft in die Feuerung die Sauerstoffmenge λO_{min}^{kmol} und die Stickstoffmenge $\frac{0{,}79}{0{,}21} \lambda O_{min}^{kmol}$ ein. Bezogen auf die CO_2-Menge der Rauchgase ergibt sich mit Hilfe von Gl. (245) für die Stickstoffmenge $\frac{0{,}79}{0{,}21} \lambda \sigma [CO_2]_r^{kmol}$. Den Stickstoffgehalt des Brenngases bezogen auf seinen Kohlenstoffgehalt hatten wir mit ν bezeichnet. Da der Stickstoff unverändert ins Rauchgas übergeht und da dieses ebenso viele Mol CO_2 enthält wie Mol C im Brennstoff waren, ist die aus dem Brennstoff stammende Stickstoffmenge des Rauchgases $\nu [CO_2]_r^{kmol}$. Damit erhalten wir für das Verhältnis des gesamten Stickstoffgehaltes des Rauchgases zu seinem Kohlensäuregehalt die Gleichung

$$\frac{[N_2]_r^{kmol}}{[CO_2]_r^{kmol}} = \frac{[N_2]_r}{[CO_2]_r} = \frac{0,79}{0,21}\,\lambda\sigma + \nu. \tag{247}$$

Löst man die drei Gl. (244), (246) u. (247) nach $[CO_2]_r$, $[O_2]_r$ und $[N_2]_r$ auf, so erhält man

$$\left.\begin{aligned}
[CO_2]_r &= \frac{0,21}{(\lambda - 0,21)\,\sigma + 0,21\,(\nu + 1)}\,, \\[2mm]
[O_2]_r &= \frac{0,21\,(\lambda - 1)\,\sigma}{(\lambda - 0,21)\,\sigma + 0,21\,(\nu + 1)}\,, \\[2mm]
[N_2]_r &= \frac{0,79\,\lambda\sigma + 0,21\,\nu}{(\lambda - 0,21)\,\sigma + 0,21\,(\nu + 1)}\,,
\end{aligned}\right\} \tag{248}$$

und aus der ersten dieser Gleichungen

$$\lambda = \frac{0,21}{\sigma}\left(\frac{1}{[CO_2]_r} + \sigma - 1 - \nu\right). \tag{249}$$

Bei festen und flüssigen Brennstoffen ist in der Regel der Stickstoffgehalt zu vernachlässigen und man erhält:

$$[CO_2]_r = \frac{0,21}{(\lambda - 0,21)\,\sigma + 0,21}\,,$$

$$[O_2]_r = \frac{0,21\,(\lambda - 1)\,\sigma}{(\lambda - 0,21)\,\sigma + 0,21}\,, \tag{250}$$

$$[N_2]_r = \frac{0,79\,\lambda\sigma}{(\lambda - 0,21)\,\sigma + 0,21}\,,$$

$$\lambda = \frac{0,21}{\sigma}\left(\frac{1}{[CO_2]_r} + \sigma - 1\right). \tag{251}$$

Diese Formeln erlauben aus dem CO_2-Gehalt der trockenen Rauchgase bei bekannten Kennziffern σ und ν des Brennstoffes auf das Luftverhältnis, mit dem die Verbrennung erfolgte, zu schließen.

Bei der vollkommenen Verbrennung von reinem Kohlenstoff ist stets $[N_2]_r = 0,79$ und $[CO_2]_r + [O_2]_r = 0,21$, da für den verbrauchten Sauerstoff das gleiche Volum Kohlensäure entsteht, unabhängig vom Luftverhältnis.

Bei stickstofffreiem Brennstoff kann man aus den ersten beiden Gl. (250) die Kennziffer σ entfernen und erhält, wenn man nach λ auflöst, für das Luftverhältnis

$$\lambda = \frac{1 - [CO_2]_r - [O_2]_r}{1 - [CO_2]_r - \dfrac{1}{0,21}\,[O_2]_r}\,.$$

Diese Formel ist aber unverwendbar, da sie eine praktisch nicht erreichbare Genauigkeit der Rauchgasanalyse voraussetzt.

72. Die Abhängigkeit der Verbrennungswärme von Temperatur und Druck.

Haben Brennstoff und Verbrennungsluft eine Temperatur von $0°$ und werden die Rauchgase nach der Verbrennung wieder auf diese Temperatur abgekühlt, so erhält man die Verbrennungswärme $\mathfrak{H}_0$ bei $0°$. Führt man den Vorgang bei anderen Temperaturen durch, so ergeben sich im allgemeinen andere Verbrennungswärmen $\mathfrak{H}_t$. Erwärmt man die Stoffe vor der Verbrennung von $0°$ auf t, verbrennt unter Abfuhr der Verbrennungswärme $\mathfrak{H}_t$ bei dieser Temperatur und kühlt dann wieder auf $0°$ ab, so muß nach dem ersten Hauptsatz im ganzen dieselbe Energie umgesetzt sein, wie bei der Verbrennung bei $0°$. Für die Verbrennungswärme bei konstantem Druck gilt dann

$$\mathfrak{H}_t = \mathfrak{H}_0 + t(\Sigma[m_1 c_{p1}] - \Sigma[m_2 c_{p2}]), \tag{252}$$

wobei m_1 und m_2 die Massen und c_{p1} und c_{p2} die spezifischen Wärmen der einzelnen Stoffe vor und nach der Verbrennung sind. Die Summen erstrecken sich über alle beteiligten Stoffe. Für die Verbrennungswärme bei konstantem Volum gilt der gleiche Ausdruck, wenn man darin c_p durch c_v ersetzt. Dasselbe ergibt sich, wenn man in den Gl. (226) und (227) die temperaturabhängigen Werte $i = i_0 + c_p t$ und $u = u_0 + c_v t$ einführt.

Auf gleiche Weise läßt sich die Temperaturabhängigkeit jeder Wärmetönung, sowie von Schmelz- und Verdampfungswärmen ausrechnen. Die Wärmetönung ist immer dann temperaturabhängig, wenn die Summen der Wärmekapazitäten aller beteiligten Stoffe vorher und nachher voneinander abweichen.

Für 1 kg reinen Kohlenstoff gilt bei $0°$ und konstantem Druck die Gleichung

$$1 \text{ kg C} + \frac{8}{3} \text{ kg O}_2 = \frac{11}{3} \text{ kg CO}_2 + 8100 \text{ kcal}.$$

Die spezifische Wärme von Kohlenstoff ist $c = 0{,}20$ kcal/kg grd von Sauerstoff $c_p = 0{,}218$ kcal/kg grd, von Kohlensäure $c_p = 0{,}202$ kcal/kg grd. Damit ergibt Gl. (252) für den Heizwert bei der Temperatur t

$$\mathfrak{H}_t = \mathfrak{H}_0 + t\left(0{,}20 + \frac{8}{3} \cdot 0{,}218 - \frac{11}{3} \cdot 0{,}202\right) \text{kcal/kg grd}$$

$$= \left(8100 + 0{,}04\,\frac{t}{\text{grd}}\right) \text{kcal/kg},$$

also nur eine sehr geringe Temperaturabhängigkeit.

Größer ist die Temperaturabhängigkeit des Heizwertes bei der Verbrennung von Wasserstoff zu flüssigem Wasser nach der Gleichung

$$1 \text{ nm}^3\text{H}_2 + \tfrac{1}{2}\text{nm}^3\text{O}_2 = 1 \text{ nm}^3(\text{H}_2\text{O})_{\text{fl}} + 3057 \text{ kcal}.$$

Mit den spez. Wärmen in kcal/kmol grd von 6,84 für H_2, 6,99 für O_2 und 18,016 für $(\text{H}_2\text{O})_{\text{fl}}$ erhält man

$$\mathfrak{H}_t = \mathfrak{H}_0 + \frac{t}{22{,}41}\left(6{,}84 + \frac{6{,}99}{2} - 18{,}016\right) \text{kcal/nm}^3\text{grd}$$

$$= \left(3057 - 0{,}342\,\frac{t}{\text{grd}}\right) \text{kcal/nm}^3.$$

Innerhalb der normalen Schwankungen der Umgebungstemperatur kann man die Temperaturabhängigkeit meist vernachlässigen.

Vom Druck hängt der Heizwert nicht ab, solange man — und das ist bei der begrenzten Genauigkeit technischer Heizungsrechnungen stets zulässig — Verbrennungsluft und Rauchgas als vollkommene Gase ansehen kann, denn innere Energie und Enthalpie (Wärmeinhalt) sind beim vollkommenen Gase von Druck und Volum unabhängig und nur Funktionen der Temperatur.

73. Verbrennungstemperatur und Wärmeinhalt (Enthalpie)[1] der Rauchgase.

Die bei der Verbrennung entstehende Wärme erhöht die Temperatur der Rauchgase. Wenn keine Wärme nach außen verlorengeht, und die Gase nicht dissoziieren, wird die *theoretische Verbrennungstemperatur* erreicht. Diese ist dadurch bestimmt, daß die mitgebrachte fühlbare Wärme von Brennstoff und Luft, vermehrt um den unteren Heizwert, dem Wärmeinhalt der Rauchgase bei der theoretischen Verbrennungstemperatur gleich sein muß.

Von 1 kg festem oder flüssigem Brennstoff von der Temperatur t und der mittleren spez. Wärme $[c]_0^{t_b}$ wird die fühlbare Wärme $[c]_0^{t_b} \cdot t_b$ mitgebracht, die Verbrennungsluft $\lambda L_{\min}$ in Mol je kg Brennstoff von der Temperatur t_l und der mittleren Molwärme $[\mathfrak{C}_p]_{0\,\mathrm{Luft}}^{t_l}$ bringt die Wärmemenge $\lambda L_{\min} [\mathfrak{C}_p]_{0\,\mathrm{Luft}}^{t_l} \cdot t_l$ mit. Der Wärmeinhalt des Rauchgases ergibt sich als Summe der Wärmeinhalte seiner einzelnen Bestandteile CO_2, H_2O, N_2 und O_2 aus ihren mittleren spez. Wärmen und der gesuchten theoretischen Verbrennungstemperatur. Es gilt also die Gleichung

$$\mathfrak{H}_u + [c]_0^{t_b} \cdot t_b + \lambda L_{\min}[\mathfrak{C}_p]_{0\,\mathrm{Luft}}^{t_l} \cdot t_l = \left\{ \frac{c}{12}[\mathfrak{C}_p]_{0\,CO_2}^{t} + \left(\frac{h}{2}+\frac{w}{18}\right)[\mathfrak{C}_p]_{0\,H_2O}^{t} \right.$$
$$\left. + 0{,}21\,(\lambda-1)\,L_{\min}[\mathfrak{C}_p]_{0\,O_2}^{t} + 0{,}79\,\lambda L_{\min}[\mathfrak{C}_p]_{0\,N_2}^{t} \right\} \cdot t, \qquad (253)$$

wobei die mittleren spez. Wärmen je kmol aus Tabelle 13, S. 51 zu entnehmen sind.

Bei gasförmigen Brennstoffen geht man besser von 1 kmol Brenngas aus und erhält die Gleichung

$$\mathfrak{H}_u^{\mathrm{kmol}} + t_b \cdot \sum(B)\,[C_p]_0^{t_b} + t_l \cdot \lambda L_{\min}[\mathfrak{C}_p]_{0\,\mathrm{Luft}}^{t_l} = t \cdot \sum(R)\,[\mathfrak{C}_p]_0^{t}. \qquad (254)$$

Dabei bezeichnet (B) die nach Gl. (239) im Brenngas, (R) die nach Gl. (241) im Rauchgas enthaltenen Bestandteile, jeweils gemessen in kmol je kmol Brenngas. Die Summen sind über alle Bestandteile nach Multiplikation mit den zugehörigen mittleren Molwärmen zu erstrecken.

---

[1] Bei den Verbrennungserscheinungen in Feuerungen, die unter gewöhnlichem Druck brennen, wollen wir die anschaulichere Bezeichnung „Wärmeinhalt" statt „Enthalpie" weiter benutzen, da hier keine Gefahr falscher Auffassung besteht (vgl. S. 34).

Die unbekannte theoretische Verbrennungstemperatur t kommt auf der rechten Seite von Gl. (253) und (254) auch noch in den mittleren spez. Wärmen vor. Man entnimmt daher der Tabelle 13 zunächst für einen geschätzten Wert von t die mittlere spez. Wärme der Rauchgasbestandteile und rechnet damit t nach Gl. (253) oder (254) aus. Für den so ermittelten Wert entnimmt man der Tabelle 13 verbesserte Werte der spez. Wärmen und wiederholt die Berechnung von t.

Setzt man an Stelle der theoretischen Verbrennungstemperatur t in Gl. (253) und (254) die Temperatur t_s ein, mit der die Gase in den Schornstein abziehen, so stellen die rechten Seiten dieser Gleichungen den *Schornsteinverlust* dar bei einer Umgebungstemperatur von $0°$.

Erfolgt die Verbrennung bei konstantem Volum, so sind in den vorstehenden Gleichungen statt der spezifischen Wärmen und Heizwerte bei konstantem Druck die bei konstantem Volum einzusetzen.

Die vorstehende Berechnung der theoretischen Verbrennungstemperatur berücksichtigt nicht die oberhalb $1500°$ merklich werdende Dissoziation. Bei hohen Temperaturen verläuft die chemische Reaktion nicht vollständig, sondern es bleibt ein mit steigender Temperatur und mit sinkendem Druck zunehmender Teil des Brennstoffes unverbrannt, trotzdem noch freier Sauerstoff vorhanden ist.

Durch die Dissoziation sinkt die Verbrennungstemperatur. Die chemische Thermodynamik erlaubt die Dissoziation genau zu berechnen, worauf wir in Kapitel XX eingehen. Im nächsten Abschnitt werden wir den Einfluß der Dissoziation in einem Wärmeinhaltsdiagramm für Rauchgas berücksichtigen.

Nach den abgeleiteten Formeln ist die Verbrennungstemperatur um so höher, je größer der Heizwert des Brennstoffes und je kleiner der Luftüberschuß ist. Man kann die Verbrennungstemperatur steigern durch Vorwärmen des Brennstoffes und der Verbrennungsluft (Luftvorwärmer bei Dampfkesseln, Regenerativfeuerung) und durch Verbrennen mit reinem Sauerstoff.

In praktischen Feuerungen bleibt die wirkliche Flammentemperatur wegen der Wärmeverluste stets unter der theoretischen Verbrennungstemperatur, auch wenn dabei die Dissoziation berücksichtigt ist. Schon von der Oberfläche der glühenden Kohle, also unmittelbar an der Entstehungsstelle der Verbrennungswärme geht durch Strahlung Wärme verloren, die gar nicht in den Flammgasen fühlbar wird. In der leuchtenden Flamme strahlt glühender, fein verteilter Kohlenstoff Wärme in die Umgebung aus. Sogar die schwach leuchtenden Gasflammen (Bunsenbrenner) senden in erheblichem Maße ultrarote Wärmestrahlung aus, die ihre Temperatur herabsetzt. Durch diese Wärmeverluste sinkt die wirkliche Flammtemperatur erheblich unter ihren theoretischen Wert.

Die höchsten Verbrennungstemperaturen von etwa $3100°C$ erreicht man mit einem Azetylen-Sauerstoffgemisch im Schweißbrenner, da Azetylen (C_2H_2) eine stark endotherme Verbindung ist, deren Bildungswärme zu dem Heizwert ihrer Bestandteile hinzukommt.

74. Das i,t-Diagramm und die näherungsweise Berechnung der Verbrennungsvorgänge.

Die Ermittlung der Verbrennungstemperatur nach den obigen Formeln ist recht umständlich. Man kann sie vereinfachen mit Hilfe des zuerst von W. SCHÜLE[1] vorgeschlagenen i, t-Diagramms, in dem der Wärmeinhalt je nm^3 Rauchgas über der Temperatur aufgetragen ist. Dabei ist als Wärmeinhalt i aber nur die fühlbare Wärme des Rauchgases verstanden, entsprechend dem unteren Heizwert, also ohne die latente Verdampfungswärme des Wassergehaltes. Genau genommen müßte man für jede mögliche Zusammensetzung des Rauchgases ein besonderes i, t-Diagramm zeichnen, wozu man die Tab. 22 benutzen kann. Die Erfahrung zeigt aber, wie P. ROSIN und R. FEHLING[2] nachgewiesen haben, daß man innerhalb der Genauigkeitsgrenzen, mit denen sich feuerungstechnische Rechnungen überhaupt ausführen lassen, mit einem einzigen Diagramm auskommt. Bei der Verbrennung mit der theoretischen Menge gewöhnlicher Luft (nicht bei der Verbrennung mit Sauerstoff!) ist nämlich der Wärmeinhalt i je nm^3 Rauchgas bei Kohlenstoff nahezu derselbe wie bei Wasserstoff. Denn aus $1\ nm^3 = 1/22{,}41$ kmol Kohlenstoff mit

$\mathfrak{H}_u = 4338\ kcal/nm^3$ entstehen $1 + \dfrac{79}{21}\ nm^3$ Rauchgas mit dem Wärmeinhalt

$$i = \frac{4338}{1 + \dfrac{79}{21}} = 910\ kcal/nm^3 .$$

Aus $1\ nm^3$ Wasserstoff mit $\mathfrak{H}_u = 2577\ kcal/nm^3$ entstehen $\left(1 + \dfrac{79}{2 \cdot 21}\right) nm^3$ Rauchgas mit dem Wärmeinhalt

$$i = \frac{2577}{1 + \dfrac{79}{2 \cdot 21}} = 894\ kcal/nm^3 .$$

Ferner ist auch die mittlere spez. Wärme von $1\ nm^3$ Kohlenstoffrauchgas nahezu die gleiche wie von $1\ nm^3$ Wasserstoffrauchgas. Bei $1500°$ z. B. ist mit den Zahlen der Tab. 13 (S. 51) bei vollständiger Verbrennung mit der theoretischen Luftmenge die mittlere Molwärme von Kohlenstoffrauchgas

$$[\mathfrak{C}_p]_0^{1500} = 0{,}21 \cdot 12{,}57 + 0{,}79 \cdot 7{,}76 = 8{,}78\ kcal/kmol\ grd$$

von Wasserstoffrauchgas

$$[\mathfrak{C}_p]_0^{1500} = (0{,}42 \cdot 9{,}91 + 0{,}79 \cdot 7{,}76)/1{,}21 = 8{,}51\ kcal/kmol\ grd .$$

Die Verschiedenheiten der Verbrennungswärmen von C und H_2 und der spez. Wärmen von CO_2 und H_2O werden also in ihrer Wirkung auf den Wärmeinhalt und die spez. Wärme von $1\ nm^3$ Rauchgas dadurch bis auf wenige Prozente ausgeglichen, daß nach den Verbrennungsgleichungen der Sauerstoff der Luft die gleiche Molzahl CO_2 aber die doppelte Molzahl H_2O entstehen läßt.

---

[1] Z. VDI, Bd. 60 (1916), S. 630.

[2] Z. VDI, Bd. 71 (1927), S. 383 und Das i, t-Diagramm der Verbrennung Berlin: VDI-Verlag 1929.

Da alle technischen Brennstoffe wesentlich aus Kohlenstoff und Wasserstoff bestehen und da die Verbindungswärme meist klein gegen den Heizwert ist, kann man für den Wärmeinhalt und die spez. Wärme der Rauchgase aller dieser Brennstoffe das Mittel der oben berechneten Werte der Rauchgase von C und H_2 einsetzen, ohne einen größeren Fehler als höchstens $\pm 1,5\%$ zu machen, der bei der sonstigen Unsicherheit der Verbrennungsrechnungen erträglich ist.

Wenn die spez. Wärmen praktisch dieselben sind, muß auch die Abhängigkeit des Wärmeinhaltes je nm^3 Rauchgas von der Temperatur für alle Brennstoffe dieselbe sein. Diese Abhängigkeit gibt die oberste Kurve des i,t-Diagramms der Abb. 136 nach ROSIN und FEHLING. Die Kurve berücksichtigt auch schon die oberhalb 1500° merklich werdende

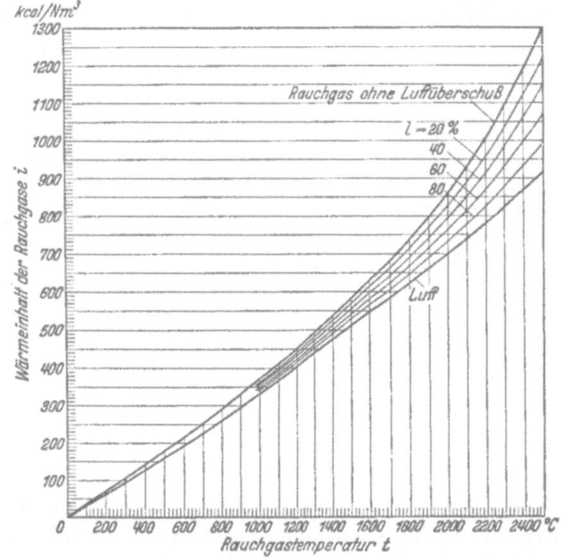

Abb. 136. Das i, t-Diagramm der Verbrennung nach ROSIN und FEHLING.

Dissoziation. Ihre Berechnung, auf die wir später eingehen wollen, zeigt, daß man auch hier mit einer Kurve für alle Brennstoffe auskommt, ohne praktisch ins Gewicht fallende Fehler zu machen. Die Dissoziation vermindert bei gleichem Wärmeinhalt die Temperatur, da ein Teil der Wärme zur Spaltung von CO_2 und H_2O aufgewandt wird.

Wird nicht mit der theoretischen Luftmenge, sondern mit Luftüberschuß verbrannt, so ist die spez. Wärme der Rauchgase kleiner, weil die Molwärme der beigemischten Luft merklich kleiner als die des luftfreien Rauchgases ist.

Bei 1500° z. B. ist nach Tabelle 13 für Luft

$$[\mathfrak{C}_p]_0^{1500} = 7,84 \ \text{kcal/kmol grd}.$$

Denken wir uns das Rauchgas nur aus Luft bestehend, so stellt die unterste Kurve der Abb. 136 die Abhängigkeit des Wärmeinhaltes von der Temperatur dar. Die zwischen den beiden Kurven des luftfreien Rauchgases und der reinen Luft, durch gleichmäßiges Teilen ihres senkrechten Abstandes erhaltenen dünn gezeichneten Linien entsprechen Rauchgasen mit verschiedenem Luftgehalt l. Mit dem Luftverhältnis λ ist der Luftgehalt durch die Gleichung

$$l = \frac{(\lambda - 1)\, L_{\min}}{V_r} = \frac{(\lambda - 1)\, L_{\min}}{V_{r\min} + (\lambda - 1)\, L_{\min}} \tag{255}$$

verknüpft, wobei V_r das gesamte Rauchgasvolumen nach Gl. (238) ist.

Das i, t-Diagramm kann in folgender Weise benutzt werden:

Man geht aus von dem Heizwert $\mathfrak{H}_u$ des Brennstoffes und bestimmt aus seiner Zusammensetzung nach Gl. (233) und (236) $L_{\min}$ und $V_{r\min}$ und erhält damit und mit dem nach der Erfahrung zu wählenden Luftüberschuß λ nach Gl. (255) den Luftgehalt des Rauchgases. Weiter bestimmt man den Wärmeinhalt des Rauchgases

$$i = \frac{\mathfrak{H}_u}{V_{r\min} + (\lambda - 1)\, L_{\min}}, \tag{256}$$

geht damit in das i, t-Diagramm der Abb. 136 hinein und findet mit Hilfe der Kurve des entsprechenden Luftgehaltes l die Verbrennungstemperatur.

Man kann aber, wie ROSIN und FEHLING gezeigt haben, auch ohne die Kenntnis der Brennstoffzusammensetzung auskommen, wenn man gewisse empirische Beziehungen zwischen dem unteren Heizwert und dem Rauchgasvolum bei Verbrennung ohne Luftüberschuß benutzt.

Zahlreiche mit verschiedenen Brennstoffen durchgeführte Verbrennungsrechnungen ergaben, daß jeweils für Gruppen verwandter Brennstoffe sich Mindestluftbedarf und Mindestrauchgasvolum als folgende lineare Funktionen des Heizwertes darstellen lassen:

Feste Brennstoffe

$$\left. \begin{aligned} V_{r\min} &= \left(\frac{0{,}89\, \mathfrak{H}_u}{1000 \text{ kcal/kg}} + 1{,}65 \right) \frac{\text{nm}^3}{\text{kg}}\,; \\ L_{\min} &= \left(\frac{1{,}01\, \mathfrak{H}_u}{1000 \text{ kcal/kg}} + 0{,}5 \right) \frac{\text{nm}^3}{\text{kg}}\,. \end{aligned} \right\} \tag{257}$$

Schweröle (nicht für Benzine gültig):

$$\left. \begin{aligned} V_{r\min} &= \left(\frac{1{,}11\, \mathfrak{H}_u}{1000 \text{ kcal/kg}} \right) \frac{\text{nm}^3}{\text{kg}}\,; \\ L_{\min} &= \left(\frac{0{,}85\, \mathfrak{H}_u}{1000 \text{ kcal/kg}} + 2{,}0 \right) \frac{\text{nm}^3}{\text{kg}}\,. \end{aligned} \right\} \tag{258}$$

Armgase (Hochofengas, Generatorgas, Wassergas):

$$\left. \begin{aligned} V_{r\min} &= \left(\frac{0{,}725\, \mathfrak{H}_u}{1000 \text{ kcal/nm}^3} + 1{,}0 \right) \frac{\text{nm}^3}{\text{nm}^3}\,; \\ L_{\min} &= \left(\frac{0{,}875\, \mathfrak{H}_u}{1000 \text{ kcal/nm}^3} \right) \frac{\text{nm}^3}{\text{nm}^3}\,. \end{aligned} \right\} \tag{259}$$

Reichgase (Leuchtgas, Koksofengas, Ölgas):

$$
\begin{aligned}
V_{r\,\text{min}} &= \left(\frac{1{,}14\ \mathfrak{H}_u}{1000\ \text{kcal/nm}^3} + 0{,}25\right)\frac{\text{nm}^3}{\text{nm}^3}\,; \\
L_{\text{min}} &= \left(\frac{1{,}09\ \mathfrak{H}_u}{1000\ \text{kcal/nm}^3} - 0{,}25\right)\frac{\text{nm}^3}{\text{nm}^3}\,.
\end{aligned}
\qquad (260)
$$

Bei den festen und flüssigen Brennstoffen ist $\mathfrak{H}_u$ je kg, bei den Gasen je nm³ angegeben.

Mit diesen Formeln ergibt sich aus dem Heizwert sofort L_{min} und $V_{r\,\text{min}}$. Mit Hilfe des Luftverhältnisses erhält man die gesamte Rauchgasmenge $V_r = V_{r\,\text{min}} + (\lambda - 1)\,L_{\text{min}}$ und den Luftgehalt l der Rauchgase nach Gl. (255). Mit dem Wärmeinhalt $i = \dfrac{\mathfrak{H}_u}{V_r}$ geht man nun in das i,t-Diagramm der Abb. 136 hinein und findet mit Hilfe der Kurve des Luftgehaltes die Verbrennungstemperatur.

Durch dieses empirische, für praktische Zwecke meist genügend genaue Näherungsverfahren wird die Verbrennungsrechnung außerordentlich vereinfacht. Man kann es aber nur auf die Verbrennung mit gewöhnlicher Luft, nicht auf die Verbrennung mit Sauerstoff anwenden.

75. Unvollkommene Verbrennung.

Bei Luftmangel bzw. nicht genügendem Luftüberschuß bleibt die Verbrennung unvollkommen, wobei die Rauchgase CO, H_2, CH_4 und andere Kohlenwasserstoffe sowie Ruß enthalten können. Daneben kann trotzdem noch freier Sauerstoff vorhanden sein, aus folgenden Gründen: Auf einem Rost z. B. liegt die glühende Kohle nicht überall gleich hoch. An Stellen großer Schichthöhe ist der Strömungswiderstand groß und daher die hindurchtretende Luftmenge klein. An Stellen geringer Schichthöhe ist dagegen der Widerstand klein und der Luftdurchtritt groß. In der dicken Schicht bleibt die Verbrennung unvollständig, durch die dünne Schicht tritt mehr Luft als nötig hindurch. Bietet der Feuerraum über dem Rost nicht genügend Gelegenheit zum Nachbrennen und werden die Gase vorher an den Heizflächen unter ihre Zündtemperatur abgekühlt, so enthalten sie freien Sauerstoff neben Unverbranntem.

Die Zusammensetzung der Rauchgase prüft man durch chemische Analyse. Es sind auch selbsttätige Rauchgasprüfer gebaut worden, die den Gehalt an Sauerstoff und an unverbrannten Gasen unmittelbar anzeigen.

Für den Betrieb gilt die Regel, daß der Luftüberschuß gerade so klein gehalten werden muß, daß noch nichts Unverbranntes im Rauchgas auftritt. Vermindert man den Luftüberschuß zu sehr, so wird die Verbrennung unvollständig, und es treten chemische Heizwertverluste auf, erhöht man ihn, so wachsen mit der größeren Rauchgasmenge die Schornsteinverluste, also die physikalischen Heizwertverluste. Da die chemischen Heizwertverluste stärker ins Gewicht fallen als die physikalischen, ist es besser mit etwas zu hohem als mit etwas zu kleinem Luftüberschuß zu fahren.

76. Einleitung und Ablauf der Verbrennung[1].

Das Vorstehende bezieht sich nur auf den bei der Verbrennung erreichten Endzustand und enthält keinerlei Aussagen darüber, ob und in welcher Weise sie stattfindet.

Die Erfahrung zeigt, daß in brennbaren Gasgemischen, z. B. im Knallgas, H_2 und O_2 bei gewöhnlicher Temperatur beliebig lange nebeneinander bestehen können. Damit Verbrennung eintritt, muß das Gemisch erst auf eine bestimmte Temperatur, die *Entzündungstemperatur*, gebracht werden, was durch örtliche Temperatursteigerung, z. B. mit einer Flamme oder einem elektrischen Funken geschehen kann.

Diese Erscheinung ist darauf zurückzuführen, daß die Molekeln des Brennstoffes und des Sauerstoffes erst in ihre Atome oder bei Molekeln mit vielen Atomen erst in Gruppen von Atomen zerschlagen oder wenigstens in einen Zustand höherer Energie versetzt werden müssen, bevor aus diesen Teilen die neue Verbindung entstehen kann. Diese Dissoziation oder Aktivierung der Molekeln erfolgt durch ihre mit steigender Temperatur zunehmende Wärmebewegung.

Damit die durch die Zündung eingeleitete Verbrennung sich im Gemisch fortpflanzt, muß die entstehende Verbrennungswärme ausreichen, um immer neue unverbrannte Gemischteile auf Entzündungstemperatur zu bringen. Die dabei auftretende Fortpflanzungsgeschwindigkeit der Verbrennung heißt *normale Verbrennungsgeschwindigkeit* oder kurz Brenngeschwindigkeit, sie hängt ab von den physikalischen und chemischen Eigenschaften des Gemisches, sie nimmt zu mit dem Heizwert und dem Wärmeleitvermögen des Gemisches und ist um so kleiner, je größer die Wärmekapazität des Gemisches ist und je höher seine Entzündungstemperatur liegt. Nach neueren Untersuchungen wirkt bei der Fortpflanzung der Verbrennung auch die Diffusion aktivierter Teilchen z. B. von H-Atomen wesentlich mit.

Die größten Zündgeschwindigkeiten besitzen Gemische von Wasserstoff mit Sauerstoff von 30 m/s und mit Luft von 12 m/s bei atmosphärischem Druck und Umgebungstemperatur. Für Gemische von Luft mit Benzin und Benzol beträgt die Zündgeschwindigkeit nach NÄGEL und NEUMANN[2] 2,3 m/s, mit CH_4 1,5 m/s, mit CO bei Anwesenheit von etwas Wasserdampf 1 m/s.

Man kann die Zündgeschwindigkeit messen, indem man das brennbare Gemisch ähnlich wie beim Bunsenbrenner durch ein Rohr strömen läßt, am Rohrende entzündet und beobachtet, bei welcher Strömungsgeschwindigkeit die Flamme in das Rohr eindringt. Kommt die Flammenfront im Rohr zum Stehen, so ist die Zündgeschwindigkeit gerade gleich der Strömungsgeschwindigkeit. Beim Bunsenbrenner ist die Strömungsgeschwindigkeit größer als die Zündgeschwindigkeit, und die Flammenfront bildet den bekannten grün leuchtenden Kegel (Brennfläche) über der Öffnung.

---

[1] Vgl. W. JOST: Explosions- und Verbrennungsvorgänge in Gasen, Berlin: Springer 1939. B. Lewis u. G. von Elbe: Combustion, Flames and Explosions of Gases. New York: Academic Press 1951.

[2] Forschungsarb. a. d. Geb. d. Ing.-Wes. VDI Heft 54 (1908) u. Heft 79 (1909).

Die Zündgeschwindigkeit wird herabgesetzt durch die abkühlende Wirkung von Gefäßwänden. Das Drahtnetz der Davyschen Sicherheitslampe und enge Metallrohre halten die Ausbreitung der Verbrennung eines explosiven Gasgemisches auf. Durch katalytische Einflüsse kann die Zündgeschwindigkeit andererseits stark steigen.

Durch Verdünnung eines brennbaren Gemisches mit inerten Gasen, wozu auch ein Überschuß an Brenngas oder an Sauerstoff gehört, sinkt die Brenngeschwindigkeit schließlich bis auf Null. Man spricht dann von *unterer* (bei Brennstoffmangel) und *oberer Zündgrenze* (bei Sauerstoffmangel). In Tabelle 33 sind die Zündgrenzen verschiedener Brennstoff-Luftgemische mit ihren Entzündungstemperaturen für einen Anfangszustand von 1 at und 20° angegeben.

Die höchste Zündgeschwindigkeit eines Gemisches tritt nicht bei der theoretischen Sauerstoffmenge ein, sondern ist etwas in das Gebiet des Sauerstoffmangels verschoben, um so mehr je stabiler die Brennstoffmolekel ist.

Die Schnelligkeit der Ausbreitung der Verbrennung kann durch starke turbulente Bewegung des Gemisches erheblich über die angegebenen Zündgeschwindigkeiten hinaus gesteigert werden. Diese Tatsache ist von größter Bedeutung für die Verbrennungsmotoren, ohne sie wären rasch laufende Motoren unmöglich.

Außer der beschriebenen verhältnismäßig langsam ablaufenden Form der Verbrennung, die man auch als *Explosion* bezeichnet, gibt es noch eine andere mit sehr viel höherer Geschwindigkeit erfolgende, die *Detonation*.

Tabelle 33. *Gasluftgemische*[1].

Zündgrenzen (in Vol.-% Brenngas im Gemisch) und Entzündungstemperatur in °C des Gemisches von stöchiometrischer Zusammensetzung bei 1 at.

Stoff	Zündgrenze		Entzündungstemperatur
	untere	obere	
Wasserstoff H_2	4,1—10,0	60—80	585
Dgl. mit reinem O_2	4,4—11,1	90,8—96,7	585
Kohlenoxyd CO (feucht)	12,5—16,7	70—80	650
Methan CH_4	5,3—6,2	11,9—15,4	650—750
Äthan C_2H_6	2,5—4,2	9,5—10,7	520—630
Pentan C_5H_{12}	1,1—2,4	4,5—5,4	—
Azetylen C_2H_2	1,5—3,4	46—82	425
Äthylen C_2H_4	3,3—5,7	13,7—25,6	545
Alkohol $C_2H_5(OH)$	2,6—4,0	12,3—13,6	350
Äther $(C_2H_5)_2O$	1,6—2,7	6,9—7,7	400
Benzin	1,4—2,4	4,0—5,0	415
Benzol C_6H_6	1,3—2,7	6,3—7,0	570

Die letzten vier Entzündungstemperaturen (350, 400, 415, 570) sind mit der Klammer "in O_2" zusammengefaßt.

Während bei der Explosion das unverbrannte Gemisch durch Wärmeleitung auf Entzündungstemperatur gebracht wird, erfolgt dies bei der Detonation durch die adiabate Kompression in der von der Verbrennung erzeugten Druckwelle. Die Detonation muß sich daher mindestens mit

---

[1] Nach Hütte, 27. Aufl. 1941, Bd. 1, S. 625.

der Schallgeschwindigkeit ausbreiten, die der hohen Temperatur und dem hohen Druck der Gase bei der Detonation entspricht. Im Wasserstoff-Sauerstoff-Knallgas wurden die Detonationsgeschwindigkeiten mit 2821 m/s, im Kohlenoxyd-Sauerstoff-Knallgas mit 1750 m/s gemessen. Am bekanntesten ist die Detonation der eigentlichen Sprengstoffe, von denen viele je nach der Art der Zündung sowohl verpuffen wie detonieren können. Dynamit z. B. verpufft bei Entzündung an einer Flamme, detoniert dagegen heftig bei Zündung mit Knallquecksilber. In festen Sprengstoffen beträgt die Detonationsgeschwindigkeit 5—8 km/s.

Eine Verbrennung, die als Explosion beginnt, kann unter Umständen in ihrem weiteren Verlauf in die Detonation übergehen, wenn größere Mengen zur Reaktion kommen.

In Detonationswellen treten außerordentlich hohe Drücke von der Größenordnung 10^5 at bei Sprengstoffen auf, was ihre zerstörende Wirkung erklärt. In technischen Maschinen und Apparaten muß man daher Detonationswellen vermeiden.

77. Das Klopfen von Verbrennungsmotoren.

Eine unerwünschte Form der Verbrennung ist das sog. *Klopfen* der Verbrennungsmotoren. In dem geschlossenen Verbrennungsraum des Motors wird durch die Volumzunahme des zuerst verbrannten Gemisches der noch unverbrannte Gemischrest adiabat auf hohe Temperatur verdichtet. Wird dadurch die Zündtemperatur überschritten, so tritt nach einer kleinen, von der Art des Kraftstoffes und dem Gemischzustand abhängigen Zeitspanne, dem sog. *Zündverzug*, Selbstzündung ein. Der schon stark verdichtete Gemischrest kommt augenblicklich auf sehr hohen Druck, der sich nicht mehr stetig ausgleicht, sondern in Form von Druckwellen hoher Amplitude und steiler Front, deren Auftreffen auf die Wände das harte metallische, als Klopfen bezeichnete Geräusch verursacht. Reicht die Ausbreitungsgeschwindigkeit der Verbrennung aus, um während des Zündverzuges den ganzen Gemischrest zu erfassen, so tritt kein Klopfen ein[1]. Außer der starken mechanischen Stoßbeanspruchung erhöht das Klopfen auch den Wärmeübergang an die Wand, dadurch sinkt der Wirkungsgrad und weniger gut gekühlte Wandteile werden zu heiß. Das Klopfen ist eine spezifische Eigenschaft des Kraftstoffes, es tritt bei jedem Kraftstoff um so eher auf, je stärker der Motor aufgeladen und je höher das Gemisch vorgewärmt oder verdichtet wird, außerdem hängt es vom Luftverhältnis und von der Bauart und der Betriebsweise des Motors ab. Gedrungene Form des Verbrennungsraumes, gute Kühlung, kleine Zylinderabmessungen, starke Verwirbelung des Gemisches, hohe Drehzahl vermindern die Klopfneigung.

Man kennzeichnet das Klopfverhalten eines Kraftstoffes durch seine „Oktanzahl" und mißt diese durch Vergleich mit einem Eichkraftstoff gleicher Klopffestigkeit. Als Eichkraftstoffe dienen Gemische aus dem sehr klopffesten Isooktan (2—2—4 Trimethylpentan), für das man die

---

[1] Vgl. W. Nusselt, Techn. Thermodynamik II, Sammlung Göschen Bd. 1115 (1944), S. 119.

Oktanzahl 100 festgesetzt hat und dem sehr klopffreudigen n-Heptan mit der verabredeten Oktanzahl Null. Ein Kraftstoff hat z. B. die Oktanzahl 70 (abgekürzt OZ. 70), wenn er unter den gleichen Bedingungen, d. h. bei gleicher Temperatur des angesaugten Gemisches und allmählich gesteigerter Verdichtung bei demselben Verdichtungsverhältnis in einem bestimmten Versuchsmotor unter gewissen verabredeten Betriebsbedingungen zu klopfen beginnt wie ein Gemisch aus 70 Vol.-% Isooktan und 30 Vol.-% n-Heptan. Statt das Verdichtungsverhältnis zu steigern, kann man auch den Druck der dem Motor zugeführten Luft erhöhen.

Kraftstoffe mit langen, gestreckten Molekeln (geradreihige Paraffine) sind um so weniger klopffest, je länger die Molekel ist. Gedrungene Form der Molekel (Isoparaffine mit verzweigten Reihen, Ringform der Molekel bei Benzol und anderen Aromaten) erhöht die Klopffestigkeit. Geringe Zusätze von manchen organischen Metallverbindungen (Klopffeinde) setzen die Klopfneigung stark herab, wie MIGLEY 1920 gefunden hat. Am wirksamsten ist Bleitetraäthyl. Da länger anhaltendes Klopfen den Bestand des Motors gefährdet, begrenzt der Klopfbeginn die Steigerung der Zylinderleistung durch Erhöhung des Verdichtungsverhältnisses oder des Druckes der zugeführten Luft (Aufladung).

Aufgabe 33. In einer Feuerung werden stündlich 500 kg Kohle von der Zusammensetzung $c = 0{,}78$; $h = 0{,}05$; $o = 0{,}08$; $s = 0{,}01$; $w = 0{,}02$; $a = 0{,}06$ mit einem Luftverhältnis von $\lambda = 1{,}4$ vollkommen verbrannt.

Welchen Heizwert hat die Kohle und wie groß ist ihre Kennzahl σ? Wieviel Luft muß der Feuerung zugeführt werden, wieviel Rauchgas entsteht dabei und wie ist seine Zusammensetzung?

Aufgabe 34. Benzol C_6H_6 wird mit 50% Luftüberschuß vollständig verbrannt.

Welche theoretische Temperatur hat die Flamme, wenn Luft und Brennstoff eine Anfangstemperatur von 20° haben? (Die spez. Wärme von Benzol ist 0,44 kcal/kg grd.)

Aufgabe 35. Wassergas von folgender Zusammensetzung $(H_2)_b = 0{,}50$; $(CO)_b = = 0{,}40$; $(CH_4)_b = 0{,}005$; $(CO_2)_b = 0{,}050$; $(N_2)_b = 0{,}045$ wird unter Luftüberschuß vollständig verbrannt. Die Analyse der trockenen Rauchgase ergab: $[CO_2]_r = = 0{,}136$; $[O_2]_r = 0{,}069$; $[N_2]_r = 0{,}795$.

Wie groß war das Luftverhältnis bei der Verbrennung?

Aufgabe 36. 100 Liter Wasserstoffknallgas $(2H_2 + O_2)$ von 80° und 1 at werden a) bei $p =$ konst.; b) bei $v =$ konst. verbrannt.

Wie groß ist die Wärmeabgabe, wenn das entstandene H_2O auf 80° abgekühlt wird?

Wie groß ist die Wärmeabgabe, wenn dieselbe Gasmenge auf 20 at komprimiert in einer Bombe bei konstantem Volum verbrannt wird und die Temperatur vor und nach der Verbrennung 20° ist?

Aufgabe 37. In einem Behälter von 50 l Inhalt explodiert bei konstantem Volum ein Gemisch von Kohlenoxyd und Luft mit einem Luftverhältnis $\lambda = 1{,}5$, einer Anfangstemperatur von 0° und einem Anfangsdruck von 1 at.

Wie groß sind Endtemperatur und Enddruck unmittelbar nach der Explosion, d. h. bevor merklich Wärme an die Wände abgegeben ist? Wieviel Wärme wurde an die Wände abgeführt, wenn der Druck auf die Hälfte seines Höchstwertes gesunken ist?

XIII. Strömende Bewegung von Gasen und Dämpfen.

78. Laminare und turbulente Strömung, Geschwindigkeitsverteilung und mittlere Geschwindigkeit.

Die bisherige Betrachtung der Zustände von Gasen und Dämpfen setzte ruhende Stoffe voraus. Befindet sich das Medium in Bewegung, so müßte man die Geräte zur Messung von Zustandsgrößen (Thermometer, Barometer usw.) sich mit dem Strom fortbewegt denken, etwa wie mit einem Freiballon in der Atmosphäre, um alle Zustandsgrößen in gleicher Weise definieren und messen zu können wie in einem ruhenden Gas. Zur Kennzeichnung der Strömung braucht man Größe und Richtung der Geschwindigkeit an jeder Stelle des Feldes.

Der wichtigste Fall der Strömung, auf den wir uns hier beschränken wollen, ist die Strömung durch Kanäle, die zylindrisch erweitert oder verjüngt sein können. Man nennt eine Strömung *stationär*, wenn die Geschwindigkeit an jeder Stelle im Laufe der Zeit nach Größe und Richtung unverändert bleibt. Der einfachste Kanal ist das kreiszylindrische Rohr. Die Erfahrung zeigt, daß die Strömungsgeschwindigkeit über den Querschnitt eines Rohres nicht konstant ist, sondern nach Abb. 137 gegen die Wände hin bis auf 0 abnimmt.

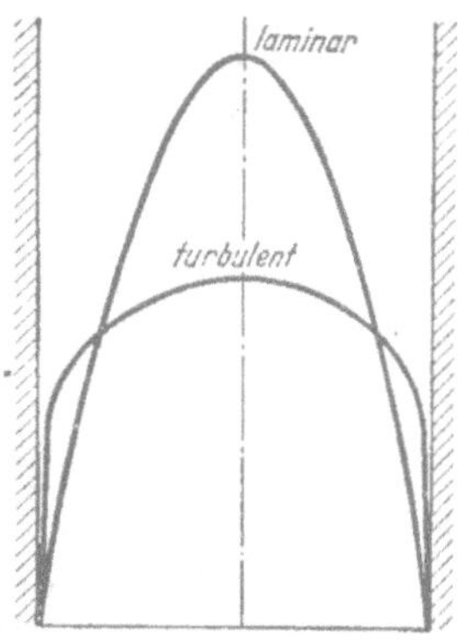

Abb. 137.
Geschwindigkeitsverteilung in einem Rohr bei laminarer und bei turbulenter Strömung.

Die Erfahrung zeigt weiter, daß nur bei geringen Geschwindigkeiten oder sehr engen Rohren die Strömung eine wirkliche Parallelströmung (laminare Strömung) ist, bei der die Teilchen des Mediums sich auf parallelen Bahnen bewegen, daß aber bei höheren Geschwindigkeiten auch Querbewegungen senkrecht zur Rohrachse auftreten, welche in ganz unregelmäßiger Weise schwanken (turbulente Strömung). Die Strömung ist dann nicht mehr im strengen Sinne stationär, man sieht sie aber noch als stationär an, wenn an jeder Stelle der zeitliche Mittelwert der Geschwindigkeit unverändert bleibt.

Ob eine Strömung laminar oder turbulent verläuft, hängt ab von der Größe der *Reynolds-Zahl*

$$Re = \frac{w\,d}{\nu}. \tag{261}$$

Dabei ist

w die mittlere Strömungsgeschwindigkeit [m/s],

d eine kennzeichnende Längenabmessung, bei der Strömung in Rohren der Durchmesser [m],

$\nu = \dfrac{\eta}{\varrho}$ die kinetische Zähigkeit [m²/s],

η die dynamische Zähigkeit [kg/m s oder kp s/m²],

$\varrho = \dfrac{\gamma}{g}$ die Dichte [kg/m³ oder kp s²/m⁴].

17*

Die dynamische Zähigkeit η der Flüssigkeit oder des Gases ist bestimmt durch die Gleichung für die Schleppkraft K oder die Schubspannung τ

$$K = \tau F = \eta F \frac{dw}{dy}, \qquad (262)$$

die eine Strömung nach Abb. 138 auf eine parallel zu ihrer Richtung liegende Fläche F ausübt, wenn das Geschwindigkeitsgefälle an der Fläche senkrecht zu ihr $\frac{dw}{dy}$ ist.

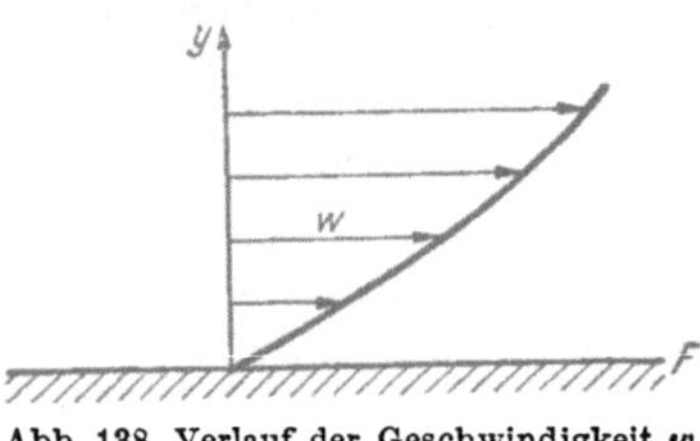

Abb. 138. Verlauf der Geschwindigkeit w einer Strömung nahe einer Wand.

Die kinematische Zähigkeit ν wird in m²/s oder in cm²/s gemessen, wobei man die Einheit cm²/s als Stokes (abgekürzt St) bezeichnet. Daneben sind das Zentistokes (cSt) und das Millistokes (mSt) gebräuchlich.

Die dynamische Zähigkeit η wird im MKSA-System in kg/ms, im technischen Maßsystem in kp s/m² gemessen, im physikalischen Maßsystem ist

$$1 \text{ g/cm s} = 1 \text{ dyn s/cm}^2 = 1 \text{ Poise} = 0,1 \text{ kg/ms}$$

die Maßeinheit. Neben dem Poise (abgekürzt P) wird das Zentipoise (cP) und Mikropoise ($1 \ \mu\text{P} = 10^{-6} \text{ P}$) benutzt. Für die Umrechnung gilt

$$1 \text{ kp s/m}^2 = 98,0665 \text{ Poise} . \qquad (262\text{a})$$

Zahlenwerte der Zähigkeit einiger Flüssigkeiten und Gase enthält Tabelle 49, S. 393—395.

Die Reynolds-Zahl ist eine dimensionslose Größe, die das Verhältnis der Trägheitskräfte zu den Zähigkeitskräften in der Strömung kennzeichnet. Ist bei zwei sich innerhalb geometrisch ähnlicher Grenzen und Randbedingungen abspielenden Strömungen die Reynolds-Zahl dieselbe, so sind auch die beiden Strömungsfelder einander ähnlich, d. h. die Geschwindigkeiten unterscheiden sich in beiden Fällen nur um einen für alle Stellen des Feldes gleichen Faktor.

Die Erfahrung zeigt nun, daß es für jede Strömung eine bestimmte kritische Reynolds-Zahl gibt, unterhalb der die Strömung laminar, oberhalb der sie turbulent ist. Der Wert der kritischen Reynolds-Zahl hängt von Art und Größe der Störungen ab, die die Flüssigkeit in Form von Wirbeln mitbringt, oder die durch scharfe Kanten und Rauhigkeiten der Oberfläche, besonders beim Einlauf in einen Strömungskanal entstehen. Näheres darüber findet man in Büchern über Strömungsmechanik[1]. Im allgemeinen kann man für $Re > 3000$ in technischen Rohren mit turbulenter Strömung rechnen.

Bei der Laminarströmung ist die Geschwindigkeitsverteilung über den Querschnitt im kreiszylindrischen Rohr in genügender Entfernung

---

[1] Z. B. PRANDTL-TIETJENS: Hydro- und Aeromechanik. Berlin: Julius Springer 1931. L. PRANDTL: Führer durch die Strömungslehre. Braunschweig: Vieweg & Sohn 1949. W. KAUFMANN: Technische Hydro- und Aeromechanik. Berlin/Göttingen/Heidelberg: Springer 1954.

von der Einlaufstelle eine Parabel. Bei turbulenter Strömung ist die Geschwindigkeitsverteilung in der Mitte flacher und fällt an den Rändern steiler ab (vgl. Abb. 137). Hinter Störungen (Einlauf, Krümmer, Ventile usw.) hat die Geschwindigkeit einen anderen Verlauf und nähert sich erst im Laufe eines längeren geraden Rohrstückes (Anlaufstrecke) den genannten Formen.

Bei unsern thermodynamischen Betrachtungen wollen wir im allgemeinen von den Verschiedenheiten der Geschwindigkeit über den Querschnitt absehen und mit einer mittleren Geschwindigkeit

$$w_m = \frac{1}{F} \int w \, dF \tag{263}$$

rechnen, wobei F die Querschnittsfläche der Strömung bezeichnet. Ist z. B. im Kreisrohr mit dem Radius $r = R$ bei kreissymmetrischer Strömung das Geschwindigkeitsprofil $w = f(r)$ durch Messung gegeben, so wird

$$w_m = \frac{1}{F} \int_{r=0}^{R} w \, dF = \frac{2}{R^2} \int_0^R r f(r) \, dr.$$

Man darf also nicht gleich die Ordinaten des Geschwindigkeitsprofils mitteln, sondern muß erst das Produkt $r f(r)$ nach Abb. 139 bilden und kann dann die schraffierte Fläche planimetrieren.

Die mittlere Strömungsgeschwindigkeit kann man auch mit Hilfe des durch das Rohr fließenden Mengenstromes m' in kg/s definieren nach der Gleichung

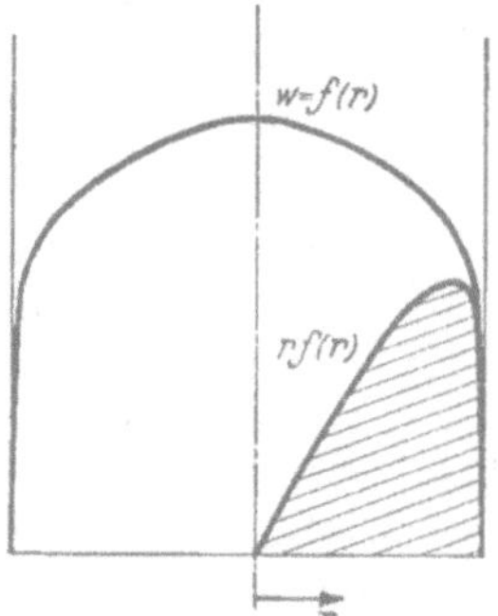

Abb. 139. Ermittlung der mittleren Geschwindigkeit in einem Kreisrohr.

$$w_m = \frac{m'}{\varrho F} = \frac{m' v}{F}. \tag{263a}$$

Beide Definitionen sind gleichbedeutend, wenn das spez. Volum des Mediums über den ganzen Querschnitt dasselbe ist, sie weichen aber voneinander ab, wenn z. B. Verschiedenheiten der Temperatur oder des Aggregatzustandes in einem Querschnitt vorhanden sind.

Da wir von jetzt ab nur mit mittleren Geschwindigkeiten rechnen, wollen wir unter w die mittlere Geschwindigkeit verstehen.

79. Kontinuitätsgleichung, Umwandlung von Druckenergie in kinetische Energie.

Bei stationärer Strömung tritt durch jeden Querschnitt eines Kanals die gleiche sekundliche Menge m' hindurch, wobei wir voraussetzen, daß das Medium den gebotenen Querschnitt vollständig ausfüllt, was bei Gasen immer zutrifft. Dann gilt für alle Querschnitte

$$m' = F_1 w_1 \varrho_1 = F_2 w_2 \varrho_2 = F w \varrho = \frac{F w}{v},$$

es besteht also die *Kontinuitätsgleichung*

$$\frac{F\,w}{v} = \text{konst.} \tag{264}$$

Durch Logarithmieren und Differenzieren erhält man daraus

$$\frac{dF}{F} + \frac{dw}{w} = \frac{dv}{v}, \tag{264a}$$

wodurch die relativen Änderungen der Querschnittsfläche, der Geschwindigkeit und des spez. Volums miteinander verknüpft sind.

Bei der Expansion eines Gases in einem Zylinder wurde mechanische Energie durch Verschieben des Kolbens gewonnen. Bei der Expansion in einem Strömungskanal beschleunigt das Gas die vor ihm befindlichen Gasteile, die gewissermaßen den Kolben vertreten. Dabei wird Expansionsarbeit in die mechanische Energie der Bewegung des Gases verwandelt, wie wir *kinetische Energie* nennen.

In dem verjüngten Kanal der Abb. 140 möge ein Gas in Richtung der positiven x-Achse strömen, wobei seine Geschwindigkeit zunehmen soll.

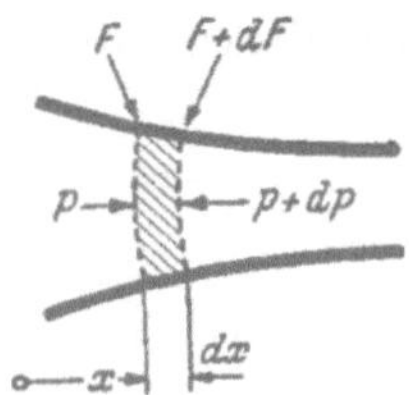

Abb. 140. Strömung im verjüngten Kanal.

Die Verjüngung erfolge so allmählich, daß Geschwindigkeiten senkrecht zur Achse gegen die Axialgeschwindigkeit vernachlässigt werden können, man spricht dann von *eindimensionaler* Strömung. Um das Gas in der Verjüngung zu beschleunigen, ist eine Kraft erforderlich, d. h. der Druck muß in Richtung der Strömung sinken. Auf die aus dem Gas senkrecht zur Geschwindigkeit herausgeschnittene und in Abb. 140 schraffierte Scheibe von der Fläche F und der Dicke dx wirken dann in Richtung der Achse folgende Kräfte, wobei wir von links nach rechts, also im Sinne wachsender x gerichtete als positiv bezeichnen:

Auf die linke Grundfläche wirkt $p \cdot F$, auf die rechte Grundfläche $-(p + dp)(F + dF)$, wobei dF und dp in unserem Beispiel negative Größen sind. Auf die von der Rohrwand gebildete Mantelfläche der Gasscheibe wirkt eine Kraft, die in Richtung der x-Achse die Komponente $\left(p + \frac{dp}{2}\right) dF$ hat. Die Summe dieser Kräfte unter Berücksichtigung ihres Vorzeichens ist

$$pF - (p + dp)(F + dF) + \left(p + \frac{dp}{2}\right) dF = -F\,dp,$$

wenn man unendlich kleine Größen zweiter Ordnung gegen solche erster Ordnung vernachlässigt. Nach dem Grundgesetz der Mechanik erteilt diese Kraft unserer Gasscheibe von der Masse $\varrho\,F\,dx$ die Beschleunigung $\frac{Dw}{dt}$ nach der Gleichung

$$-F\,dp = \varrho\,F\,dx \cdot \frac{Dw}{dt}.$$

Darin besteht die sog. substantielle, d. h. auf ein bestimmtes Massenteilchen bezogene Beschleunigung.

$$\frac{Dw}{dt} = \frac{\partial w}{\partial t} + w\frac{\partial w}{\partial x} \tag{265}$$

im allgemeinen aus einem Teil $\frac{\partial w}{\partial t}$, der den zeitlichen Anstieg der Geschwindigkeit an derselben Stelle angibt, und einem Teil $w\frac{\partial w}{\partial x}$, der die Zunahme der Geschwindigkeit infolge der Bewegung des Massenteilchens mit der Geschwindigkeit w durch ein Strömungsfeld mit dem Geschwindigkeitsgradienten $\frac{\partial w}{\partial x}$ darstellt. Bei stationärer Strömung ist $\frac{\partial w}{\partial t} = 0$, und es bleibt nur der zweite Teil übrig, in dem nun die partiellen Differentiale durch gewöhnliche ersetzt werden können, da die Geschwindigkeit nur von x abhängt. Damit ergibt sich

$$-dp = \varrho w\, dw = \varrho\, d\frac{w^2}{2} \tag{266}$$

oder

$$-v\, dp = w\, dw = d\frac{w^2}{2} = dL. \tag{266a}$$

In dieser Gleichung ist $-v\, dp$ die von 1 kg Gas bei der Entspannung z. B. in einer Kolbenmaschine geleistete Arbeit. Die als äußere Arbeit L gewinnbare Energie wird also in kinetische Energie der Strömung umgesetzt. Tritt neben kinetischer Energie noch Energie der Lage auf, indem das Gas in einem Schwerefelde aufwärts strömt, und ist der Strömungsvorgang mit Reibung verbunden, so ist allgemeiner

$$dL = -v\, dp = d\frac{w^2}{2} + g\, dh + dR, \tag{267}$$

dabei ist
dh die Hubhöhe und $g\, dh$ die Hubarbeit je 1 kg Gas,
dR die Reibungsarbeit je 1 kg Gas.
Durch Integration von Gl. (267) erhält man

$$\int_1^2 v\, dp + \frac{w_2^2 - w_1^2}{2} + g\,(h_2 - h_1) + R_{12} = 0, \tag{267a}$$

wobei R_{12} die Reibungsarbeit von 1 kg Gas auf dem Wege von 1 nach 2 ist.
Diese Gleichungen gelten sowohl für Gase wie für Flüssigkeiten. Bei Gasen ist die Hubarbeit meist klein gegen die anderen Ausdrücke. Vernachlässigt man auch die Reibung, so wird

$$L = -\int_1^2 v\, dp = \frac{w_2^2}{2} - \frac{w_1^2}{2}. \tag{268}$$

Diese durch Fläche *1 2 b a* der Abb. 141 dargestellte Arbeit kann man durch ein Rechteck *1' 2' b a* ersetzen nach der Gleichung

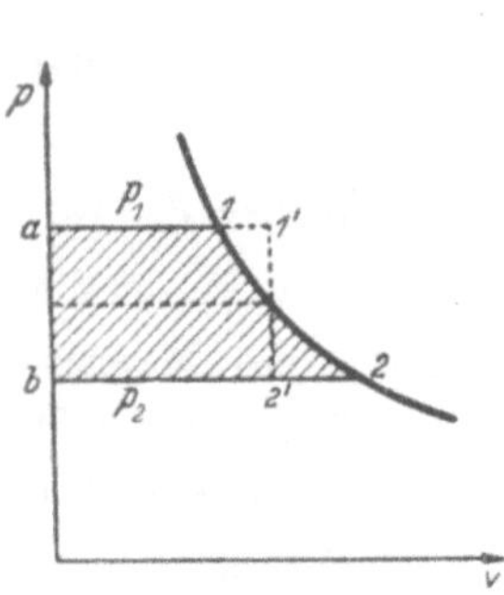

$$-\int_1^2 v\,dp = v_m\,(p_1 - p_2) = \frac{p_1 - p_2}{\varrho_m}, \qquad (268\,\mathrm{a})$$

wobei v_m bzw. ϱ_m mittlere Werte sind, die man bei nicht zu großen Druckunterschieden genau genug als zum Drucke $\frac{p_1 + p_2}{2}$ gehörig ansehen kann. Damit ergibt sich die *Bernoullische Gleichung* der Hydromechanik

$$p_1 + \frac{\varrho_m}{2}\,w_1^2 = p_2 + \frac{\varrho_m}{2}\,w_2^2. \qquad (269)$$

Abb. 141. Umsetzung von Ausdehnungsarbeit in kinetische Energie der Strömung.

Man bezeichnet $\frac{\varrho_m}{2}\,w^2 = p_d$ als *dynamischen Druck* oder *Staudruck* und nennt zum Unterschied den gewöhnlichen Druck, den ein mitbewegtes Manometer messen würde, *statischen Druck* p_{st}. Die Summe von beiden heißt *Gesamtdruck* p_g. Die Bernoullische Gleichung sagt also: *In einer Strömung ohne Reibung ist der Gesamtdruck an allen Stellen derselbe.*

80. Meßtechnische Anwendungen, Staurohr, Düse und Blende.

Der statische Druck p_{st}, den ein mit der Strömung bewegtes Manometer anzeigt, wird auch auf eine zur Strömung parallele Wand ausgeübt. Man kann ihn daher nach Abb. 142 in einer sauberen, gratfreien Anbohrung der Wand messen oder nach Abb. 143 mit Hilfe eines Rohres

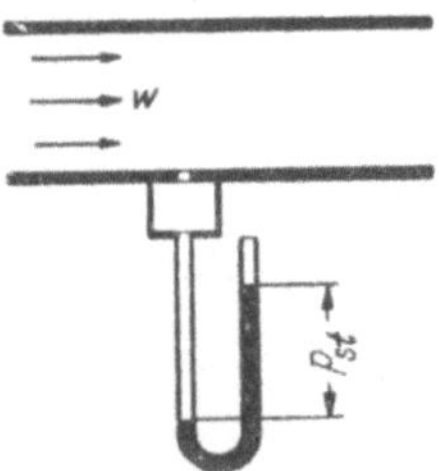

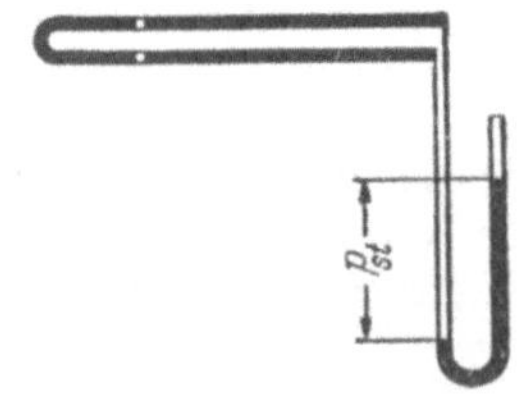

Abb. 142. Messung des statischen Druckes in der Anbohrung einer Rohrwand.

Abb. 143. Hakenrohr zur Messung des statischen Druckes in einer Strömung.

mit seitlichen Öffnungen, dessen Achse in Richtung der Strömung liegt (Hakenrohr).

Der Gesamtdruck tritt im Staupunkt vor einem Hindernis dort auf, wo die Geschwindigkeit bis auf Null abnimmt. Bringt man hier nach Abb. 144 eine Bohrung an, so wird in ihr der Gesamtdruck gemessen (Pitotrohr).

Hakenrohr und Pitotrohr sind vereinigt in dem *Staurohr* von PRANDTL, mit dem man nach Abb. 145 den Gesamtdruck und den statischen

Druck als Überdruck gegen die Atmosphäre und ihre Differenz, den dynamischen Druck, unmittelbar messen kann. In der Abb. 145 ist noch ein Barometer b eingetragen, um auch die absoluten Drücke angeben zu können. Die genauen Maße des Prandtlschen Staurohrs sind genormt, wobei alle Maße nach Abb. 146 auf zwei beliebig wählbare rund Gmaße d und δ bezogen sind[1].

Aus dem dynamischen Druck erhält man die Strö-

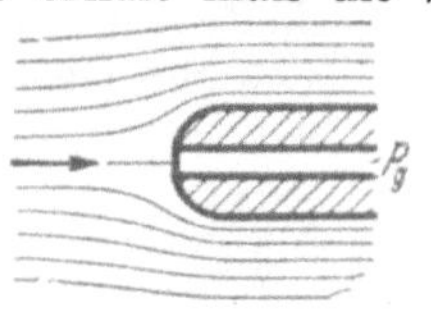

Abb. 144.
Messung des Gesamtdruckes
mit dem Pitotrohr.

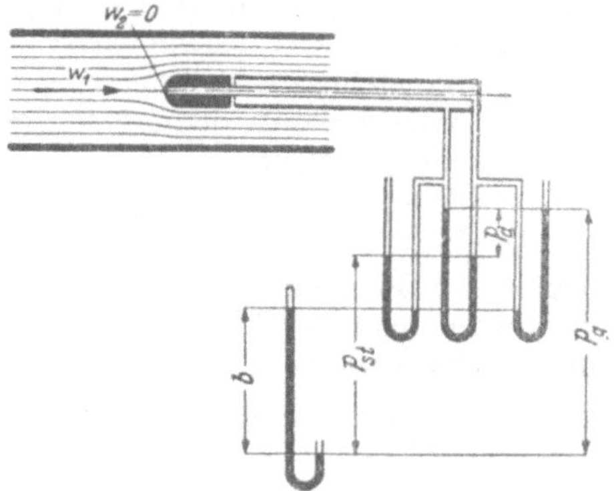

Abb. 145. PRANDTLsches Staurohr zur Messung des statischen, des dynamischen und des Gesamtdruckes in einer Strömung.

mungsgeschwindigkeit nach der Gleichung

$$w = \sqrt{\frac{2}{\varrho_m}\, p_d}\,. \tag{270}$$

Mit dem Staurohr kann man den dynamischen Druck und damit auch den Geschwindigkeitsverlauf über einen Strömungsquerschnitt punktweise abtasten und daraus die mittlere Geschwindigkeit erhalten. In Rohrleitungen kommt man einfacher zum Ziel, wenn man die Geschwindigkeit der Strömung durch eine Einschnürung des Querschnittes erhöht und die Drucksenkung beobachtet. Die Einschnürung kann durch Düsen mit abgerundetem Einlauf nach Abb. 147 oder durch Blenden in Form ebener Scheiben mit scharfkantiger Öffnung nach Abb. 148 erfolgen. Bei gerundetem Einlauf tritt das Medium als

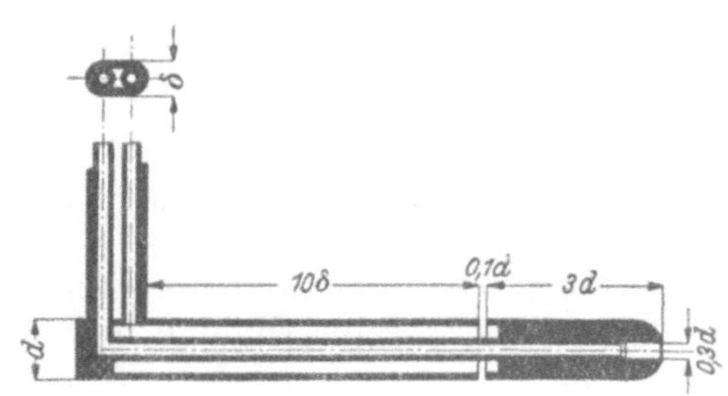

Abb. 146. Genormte Maße des PRANDTLschen Staurohres.

zylindrischer Strahl vom Querschnitt der Öffnung aus, bei der scharfkantigen Blende zieht er sich, wie Abb. 148 zeigt, nach dem Austritt zusammen (Strahleinschnürung) und erreicht seinen engsten Querschnitt und seine höchste Geschwindigkeit erst etwas hinter der Öffnung.

---

[1] Vgl. Regeln über Abnahme- und Leistungsversuche an Verdichtern DIN 1945 3. Aufl. Berlin 1934. Neue Auflage in Vorbereitung.

Zur Verminderung des Druckverlustes kann man an die Düse eine konische Erweiterung anschließen, die kinetische Energie wieder in Druck umsetzt (Venturidüse).

Ist F_1 der Rohrquerschnitt vor der Einschnürung,

 w'_1 die mittlere Geschwindigkeit darin,

 p'_1 der zugehörige statische Druck,

 F_0 der Querschnitt der Öffnung,

 F_2 der engste Querschnitt des austretenden Strahles,

 w'_2 die darin vorhandene mittlere Geschwindigkeit,

 p'_2 der zugehörige statische Druck,

so ergibt die Bernoullische Gleichung für Flüssigkeiten konstanter Dichte, wozu man bei kleinen Druckänderungen auch die Gase und Dämpfe rechnen kann,

$$p_1 - p'_2 = \frac{\varrho}{2}\,(w_2'^2 - w_1'^2), \qquad (271)$$

und die Kontinuitätsgleichung lautet

$$F_1 w'_1 = F_2 w'_2.$$

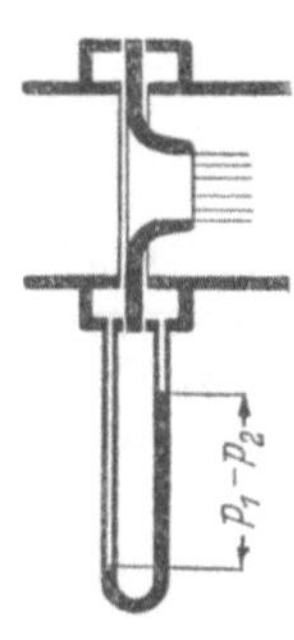

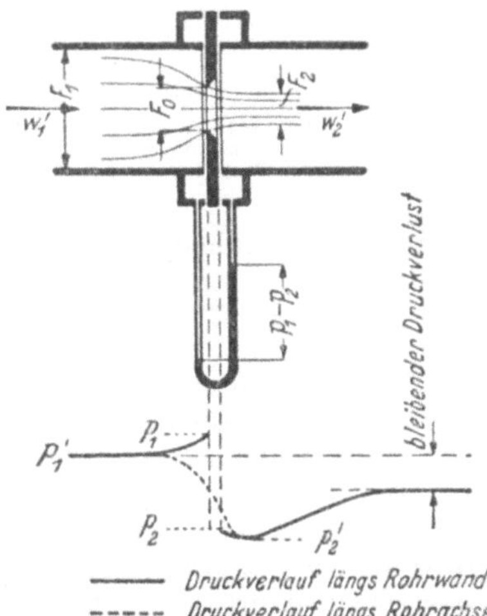

Abb. 147.
Abb. 148.

Abb. 147 u. 148. Mengenmessungen in Rohrleitungen mit Düse und mit Blende.

Der engste Querschnitt des austretenden Strahles ist wegen der Strahleinschnürung kleiner als die Öffnung, und man nennt

$$\mu = F_2/F_0 \qquad\qquad (272)$$

die *Einschnürungszahl*. Führt man das *Öffnungsverhältnis*

$$m = F_0/F_1 \qquad\qquad (273)$$

ein, so wird $w'_1 = w'_2 \mu m$. Damit erhält man Gl. (271) durch Auflösen

$$w'_2 = \frac{1}{\sqrt{1 - \mu^2 m^2}} \sqrt{\frac{2}{\varrho}(p'_1 - p'_2)}.$$

Statt der Drücke p_1 und p_2 führt man die bequemer zugänglichen Drücke p_1 und p_2, gemessen in einem ringförmigen Schlitz oder in

Bohrungen der Rohrwand unmittelbar vor und hinter der Düse oder Blende ein. Die dadurch hervorgerufenen Änderungen sowie die Abweichungen der wirklichen Strömung von den theoretischen Gleichungen infolge der Zähigkeit faßt man in einen empirischen Berichtigungsfaktor ζ zusammen, so daß die wirkliche Geschwindigkeit w_2 im engsten Querschnitt sich aus der Gleichung

$$w_2 = \frac{\zeta}{\sqrt{1 - \mu^2 m^2}} \sqrt{\frac{2}{\varrho} (p_1 - p_2)} \tag{274}$$

ergibt. Der Mengenstrom (Durchfluß) $m' = \mu \varrho F_0 w_2$ ist dann

$$m' = \frac{\zeta \mu}{\sqrt{1 - \mu^2 m^2}} F_0 \sqrt{2 \varrho (p_1 - p_2)} \,. \tag{275}$$

Da sich ζ und μ schlecht getrennt messen lassen, führt man eine *Durchflußzahl*

$$\alpha = \frac{\zeta \mu}{\sqrt{1 - \mu^2 m^2}} \tag{276}$$

ein. Damit erhält man zwischen Strom m' und Wirkdruck $p_1 - p_2$ die einfache Beziehung

$$m' = \alpha F_0 \sqrt{2 \varrho (p_1 - p_2)} \,. \tag{277}$$

Bei Gasen und Dämpfen berücksichtigt man für höhere Genauigkeitsansprüche und bei größeren Wirkdrücken die Dichteänderung durch eine Expansionszahl ε, die sich aus den Überlegungen des Abschnitt 83 ergibt. Unter Benutzung der Dichte ϱ_1 beim Drucke p_1 wird dann

$$m' = \alpha \, \varepsilon F_0 \sqrt{2 \varrho_1 (p_1 - p_2)} \,. \tag{277a}$$

Die Durchflußzahl α hängt außer von der Form der Düse oder Blende wesentlich vom Öffnungsverhältnis m ab. Die Maße der Normdüse und Normblende enthalten Abb. 149 und 150, wobei die oberen Hälften Druckentnahme durch Ringschlitze, die unteren durch einfache Anbohrungen zeigen. Die Normventuridüse

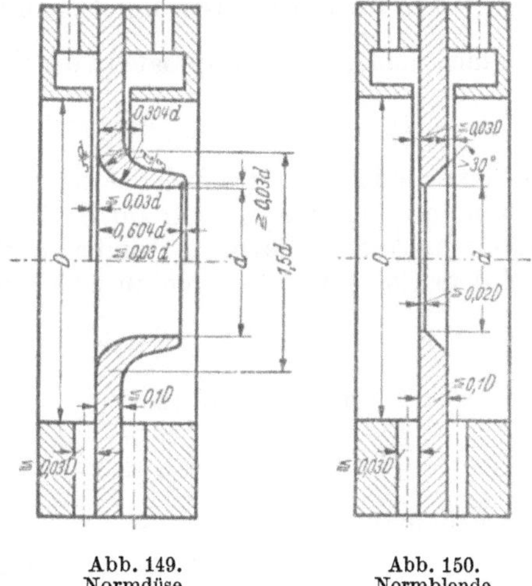

Abb. 149.
Normdüse.

Abb. 150.
Normblende.

entsteht aus der Normdüse der Abb. 149, indem man deren zylindrischen Teil um $0,2 d$ verlängert und daran ohne abgerundeten Übergang einen Diffusor vom halben Öffnungswinkel $\varphi/2 \leq 15°$ anschließt. Der Druck p_2 wird durch Bohrungen am Ort des Austrittsquerschnittes der Normdüse entnommen, aus der die Venturidüse entstanden ist. Die Durchflußzahlen oberhalb der Konstanzgrenze, d. h. für Reynolds-Zahlen $\dfrac{wD}{v} >$ etwa $2 \cdot 10^5$ nach den „VDI-Durchfluß-Meßregeln"[1] sind in Tab. 34 angegeben; für $Re < 2 \cdot 10^5$ hängen sie etwas von der Reynolds-Zahl ab, wie in den „Regeln" durch Kurventafeln dargestellt. Vor dem Meßgerät muß sich ein gerades Rohrstück von 20 bis 50 D Länge befinden, um Störungen der Geschwindigkeitsverteilung der Strömung auszugleichen.

Tabelle 34.

Durchflußzahlen α_d für Normdüse, α_v für Normventuridüse und α_b für Normblende bei verschiedenem Öffnungsverhältnis m

m	0,05	0,10	0,15	0,20	0,25	0,30	0,35	0,40	0,45	0,50	0,55	0,60	0,65	0,70
α_d	0,987	0,989	0,993	0,999	1,007	1,017	1,029	1,042	1,060	1,081	1,108	1,142	1,183	—
α_v	0,985	0,989	0,994	1,001	1,010	1,020	1,032	1,048	1,067	1,092	1,120	1,155	—	—
α_b	0,598	0,602	0,608	0,615	0,624	0,634	0,645	0,660	0,676	0,695	0,716	0,740	0,768	0,802

Die „Regeln" geben Auskunft über alles bei Mengenmessungen zu beachtende; sie enthalten auch Berichtigungszahlen ε für die Expansion, für Abweichungen der Gase vom idealen Gaszustand bei hohen Drücken, für nicht normgerechte Ausführung des Gerätes und seines Einbaues in die Rohrleitung usw.

81. Enthalpie und kinetische Energie der Strömung.

Nach dem ersten Hauptsatz in der Form der Gl. (26a) gilt für 1 kg Gas

$$dq = di - v\,dp\,.$$

Bei einer mit Reibung behafteten Strömung hat man dabei, wie die Behandlung der Drosselung auf S. 109 ergab, unter q nicht nur die von außen zugeleitete Wärme q_a, sondern auch die durch Reibung entstandene und dem Gas ebenfalls zugeführte Wärme q_r zu verstehen, es gilt also

$$dq = dq_a + dq_r = di - v\,dp\,.$$

Setzt man hierin nach Gl. (267)

$$- v\,dp = d\frac{w^2}{2} + g\,dh + dR\,,$$

so erhält man

$$dq_a + dq_r = di + d\frac{w^2}{2} + g\,dh + dR\,.$$

Hierin ist dq_r auf der linken Seite nichts anderes als das Wärmeäquivalent der Reibungsarbeit dR auf der rechten Seite. Beide Beträge sind

---

[1] DIN 1952 6. Ausg. Nov. 1948. Düsseldorf: Deutscher Ingenieur-Verlag.

also gleich und können gegeneinander gestrichen werden. Damit ergibt sich[1]

$$dq_a = d\,i + d\,\frac{w^2}{2} + g\,d\,h \qquad (278)$$

oder integriert:

$$q_{a12} = i_2 - i_1 + \frac{w_2^2 - w_1^2}{2} + g\,(h_2 - h_1). \qquad (278\,\mathrm{a})$$

In diesen auch bei Reibung gültigen Gleichungen kommt zwar die Reibungsarbeit nicht unmittelbar vor, aber wenn Reibung vorhanden ist, wird bei gleichbleibender äußerer Wärmezufuhr q_a die Zunahme der kinetischen Energie oder der Hubarbeit kleiner, wofür dann eine entgegengesetzt gleiche Änderung der Enthalpie eintritt.

Läßt man in Gl. (278) die bei Gasen meist vernachlässigbare Hubarbeit weg, so folgt daraus für eine Strömung ohne äußere Wärmezufuhr also bei $q_a = 0$

$$d\,\frac{w^2}{2} = -d\,i, \qquad (279)$$

oder integriert

$$\left(\frac{w_2^2}{2} - \frac{w_1^2}{2}\right) = i_1 - i_2. \qquad (279\,\mathrm{a})$$

Die Enthalpiedifferenz $i_1 - i_2 = H$ bezeichnet man auch als *Wärmegefälle*. Die Zunahme der kinetischen Energie der Strömung ist also gleich dem Wärmegefälle. Diese auch bei Reibung gültige Beziehung ist für die Theorie der Strömungsmaschinen grundlegend. Ist die Anfangsgeschwindigkeit $w_1 = 0$, so gilt für die Endgeschwindigkeit

$$\frac{w^2}{2} = i_1 - i_2, \qquad (280)$$

oder

$$w = \sqrt{2\,(i_1 - i_2)}. \qquad (280\,\mathrm{a})$$

Um die Geschwindigkeit ohne Rechnung zu ermitteln, ist neben das i,s-Diagramm für Wasserdampf der Abb. 87, aus dem man das Wärmegefälle abgreift, eine Leiter gezeichnet, die auf der einen Seite eine Skala der Wärmegefälle $i_1 - i_2 = H$, auf der anderen Seite die zugehörigen Werte der Geschwindigkeit nach Gl. (280a), also in quadratischer Skala enthält. Wird der Dampf aus der Ruhe beschleunigt, so liest man auf dieser Leiter neben dem Wert des Wärmegefälles die erreichte Geschwindigkeit ab. Hat der Dampf schon die Anfangsgeschwindigkeit w_1, so trägt man das Wärmegefälle von diesem Wert der Geschwindigkeit an als Strecke auf und erhält an ihrem Endpunkt die erreichte Endgeschwindigkeit

$$w_2 = \sqrt{w_1^2 + 2\,(i_1 - i_2)}. \qquad (281)$$

---

[1] Bei Zahlenrechnungen sind selbstverständlich alle Größen der Gl. (278) und (278a) in derselben Maßeinheit einzusetzen. Ist z. B. i in kcal/kg angegeben, w^2 und $g\,h$ aber in m²/s², so gilt nach Gl. (12) für die Umrechnung $1\,\dfrac{\mathrm{m}^2}{\mathrm{s}^2} = 1\,\dfrac{\mathrm{J}}{\mathrm{kg}} = \dfrac{1}{4185{,}5}\,\dfrac{\mathrm{kcal}}{\mathrm{kg}}$.

82. Die Reibungsarbeit der Strömung.

Für die Strömung ohne äußere Wärmezufuhr bei $dh = 0$ erhält man
aus Gl. (267) und (279) die Reibungsarbeit

$$dR = di - vdp = -\left(vdp + d\,\frac{w^2}{2}\right) \tag{282}$$

und integriert

$$R_{12} = -\int_1^2 vdp - (i_1 - i_2) \quad \text{oder} \quad R_{12} = -\int_1^2 vdp - \frac{w_2^2 - w_1^2}{2}. \tag{282a}$$

Die Reibungsarbeit ist also gleich dem Unterschied der Arbeitsfläche
des theoretischen Zustandsverlaufes und der Zunahme der kinetischen
Energie der Strömung bzw. der Änderung der Enthalpie.

Im p, v-Diagramm der Abb. 151 sei 13 die isentrope[1] Expansionslinie
der reibungsfreien Strömung eines Dampfes, dabei würde die Arbeitsfläche $a13b$ in kinetische Energie umgesetzt. Bei der wirklichen Strömung möge zunächst nur der Teil $a14c$ als Arbeit gewonnen und der
Rest $c43b$ in Reibungswärme verwandelt werden, die dem Gas gleichzeitig zugeführt wird und sein Volum erhöht, so daß der Verlauf seiner
Zustandsänderungen der Linie 12 entspricht[2]. Man veranschaulicht
sich den Vorgang am besten, indem man auch die Reibungsarbeit
erst in Form elektrischer Energie gewonnen
denkt und dann diese Energie dem Gas
durch elektrische Heizung zuführt. Durch

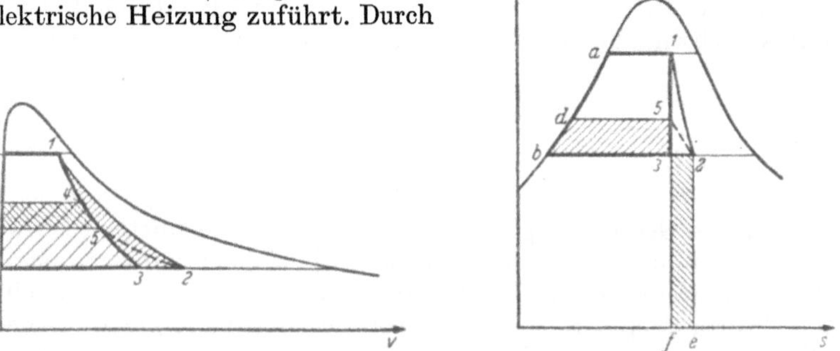

Abb. 151. Die Reibungsarbeit im p, v- und im T, s-Diagramm eines Dampfes.

diese Heizung vergrößert sich die Arbeitsfläche um das schräg schraffierte
Stück 123. Es geht also nicht die ganze Reibungsarbeit verloren, son-
dern ein Teil wird wieder gewonnen, ebenso wie es bei dem Verlust durch
Eintrittsdrosselung bei der Dampfmaschine der Fall war. Legen wir

---

[1] Wenn Reibung im Arbeitsmittel auftritt, verläuft ein Vorgang ohne äußere
Wärmezufuhr, also ein im wörtlichen Sinne adiabater Vorgang unter Zunahme der
Entropie. Wir bezeichnen deshalb den verlustlosen Fall besser als *isentrop*.

[2] Die Darstellung einer nichtumkehrbaren Zustandsänderung mit örtlich verschiedenen Zuständen durch eine Kurve ist, wie auf S. 189 ausgeführt, nur insofern
möglich, als die Punkte der Kurve in jedem Augenblick Mittelwerte der Zustandsgrößen bezeichnen.

durch den Punkt *2* eine Linie $i_2 = $ konst., so trifft diese die Isentrope in *5*, dann ist $c45d = 123$ der wiedergewonnene Teil der Reibungsarbeit, und nur die Fläche $d53b$ ist tatsächlicher Arbeitsverlust durch Reibung entsprechend dem Unterschied $i_2 - i_3$ der Enthalpien am Endpunkt der wirklichen und der verlustlosen Expansion.

Im T,s-Diagramm eines Dampfes der Abb. 151 sei *12* der Verlauf der Zustandsänderung bei der Strömung mit Reibung, *13* die Isentrope und *52* eine Linie konstanter Enthalpie, dann ist die Fläche *12ef* die Wärmeerzeugung durch Reibung. Darin ist wieder nur die Fläche *32ef* gleich $bd53$ entsprechend dem Unterschied der Enthalpien $i_2 - i_3$ wirklicher Verlust, und *123* ist der wiedergewonnene Teil der Reibungswärme.

Bei der reinen Drosselung wird die ganze theoretische Arbeit in Reibungswärme verwandelt. Die Linie *12* ist dann eine Isenthalpe ($i = $ konst.), beim vollkommenen Gas also zugleich eine Isotherme.

Als Wirkungsgrad der Umsetzung in Strömungsenergie bezeichnet man das Verhältnis

$$\eta = \frac{i_1 - i_2}{i_1 - i_3} \qquad (283)$$

des wirklichen Wärmegefälles zum isentropen, als Widerstandszahl oder Verlustziffer der Strömung den Ausdruck

$$\zeta = 1 - \eta = \frac{i_2 - i_3}{i_1 - i_3}. \qquad (284)$$

Am einfachsten liest man diese Größen als Verhältnisse von Ordinatenunterschieden im i,s-Diagramm ab, wie das Abb. 99 auf S. 184 zeigte. Dabei ist aber zu beachten, daß die Indexziffern in Abb. 99 z. T anders gewählt sind als hier.

Die durch die Reibungsverluste hervorgerufene Verkleinerung der Geschwindigkeit drückt man auch durch eine Geschwindigkeitsziffer φ aus, die das Verhältnis der wirklichen Geschwindigkeit zu ihrem theoretischen Wert angibt. Da die Energie dem Quadrat der Geschwindigkeit proportional ist, besteht die Beziehung

$$\varphi = \sqrt{\eta} = \sqrt{1 - \zeta}. \qquad (285)$$

Die wirkliche Größe der Strömungsverluste kann nur durch Versuche ermittelt werden. Für gut gerundete Düsen nicht zu großer Länge, wie sie z. B. in den Schaufelkanälen von Turbinen vorkommen, ist $\varphi = 0{,}95$ bis $0{,}98$.

83. Die Strömung eines vollkommenen Gases durch Düsen und Mündungen.

Wir lassen ein vollkommenes Gas aus einem großen Gefäß, das etwa durch Nachpumpen auf konstantem Druck gehalten wird und in dem es den Zustand p_0, v_0, T_0 und die Geschwindigkeit $w_0 = 0$ hat, durch eine gut gerundete Düse mit dem Endquerschnitt F_e, der zunächst auch ihr engster Querschnitt sein soll (verjüngte oder konvergente Düse), nach

Abb. 152 in einem Raum von dem niederen Drucke p_a austreten, und wollen die Endgeschwindigkeit w_e berechnen. Den Zustand im End-querschnitt bezeichnen wir mit p_e, v_e, T_e. Beim vollkommenen Gas mit konstanter spez. Wärme gilt

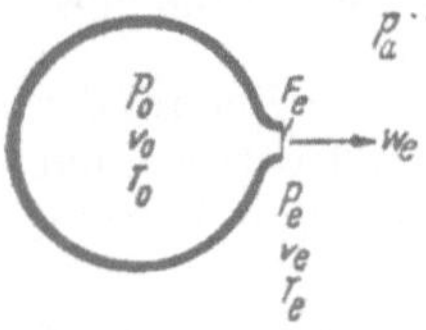

$$i_0 - i_e = c_p\,(T_0 - T_e)\,.$$

Damit folgt aus Gl. (280)

$$\frac{w_e^2}{2} = c_p\,(T_0 - T_e) = c_p\,T_0\left(1 - \frac{T_e}{T_0}\right).$$

Abb. 152. Ausfluß aus Druckbehälter.

Verläuft die Strömung reibungsfrei und ohne Wärme-austausch, so ändert der Zustand des Gases sich nach der Isentrope.

$$\frac{T_e}{T_0} = \left(\frac{p_e}{p_0}\right)^{\frac{\varkappa - 1}{\varkappa}},$$

und wenn wir noch $T_0 = \dfrac{p_0\,v_0}{R}$ und $\dfrac{c_p}{R} = \dfrac{\varkappa}{\varkappa - 1}$ setzen, wird

$$w_e = \sqrt{2\,\frac{\varkappa}{\varkappa - 1}\,p_0 v_0\left[1 - \left(\frac{p_e}{p_0}\right)^{\frac{\varkappa - 1}{\varkappa}}\right]}. \qquad (286)$$

Bei der Strömung mit Reibung ist die wirkliche Geschwindigkeit w_{er} kleiner als die theoretische, was wir durch eine Geschwindigkeitsziffer φ berücksichtigen, dann ist

$$w_{er} = \varphi w_e = \varphi\sqrt{2\,\frac{\varkappa}{\varkappa - 1}\,p_0 v_0\left[1 - \left(\frac{p_e}{p_0}\right)^{\frac{\varkappa - 1}{\varkappa}}\right]}. \qquad (286\,\text{a})$$

Ist die Mündung nicht gerundet, sondern eine scharfkantige Öffnung, so zieht der Strahl sich nach dem Austritt zusammen, wie wir es schon in Abb. 148 bei der Meßblende gesehen hatten und die Geschwindigkeit w_e tritt erst ein Stück hinter der Öffnung im engsten Querschnitt μF_e auf, wobei μ die Einschnürungszahl ist. Bei gut gerundeten Düsen mit zur Achse paralleler Austrittstangente ist $\mu = 1$.

Die in der Zeiteinheit ausströmende Gasmenge, der Mengenstrom, ist

$$m' = \mu\,\varphi\,w_e\,F_e\,\varrho_e = \alpha\,F_e\,\frac{w_e}{v_e}, \qquad (287)$$

wenn wir

$$\alpha = \mu\varphi$$

als Ausflußziffer bezeichnen. Um nicht immer den Faktor α mitschleppen zu müssen, wollen wir in den folgenden Formeln $\alpha = 1$ setzen, also die reibungsfreie Strömung in einer gut abgerundeten Düse betrachten. Durch Einsetzen von Gl. (286) in (287) und mit Hilfe der Adiabaten-gleichung

$$\frac{v_0}{v_e} = \left(\frac{p_e}{p_0}\right)^{\frac{1}{\varkappa}}$$

erhalten wir dann

$$m' = F_e \cdot \left(\frac{p_e}{p_0}\right)^{\frac{1}{\varkappa}} \sqrt{\frac{\varkappa}{\varkappa-1}\left[1-\left(\frac{p_e}{p_0}\right)^{\frac{\varkappa-1}{\varkappa}}\right]} \cdot \sqrt{2\,\frac{p_0}{v_0}}. \qquad (288)$$

Diese Gleichung gilt nicht nur für den Endquerschnitt F_e, sondern auch für jeden vorhergehenden F, wenn wir den Querschnitt über eine gekrümmte, überall senkrecht auf der Geschwindigkeit stehende Fläche messen. Wir wollen daher den Index bei F_e und p_e fortlassen und schreiben

$$m' = F\,\psi\sqrt{2\,\frac{p_0}{v_0}}, \qquad (288\,\mathrm{a})$$

wobei

$$\psi = \left(\frac{p}{p_0}\right)^{\frac{1}{\varkappa}}\sqrt{\frac{\varkappa}{\varkappa-1}\left[1-\left(\frac{p}{p_0}\right)^{\frac{\varkappa-1}{\varkappa}}\right]} = \sqrt{\frac{\varkappa}{\varkappa-1}}\sqrt{\left(\frac{p}{p_0}\right)^{\frac{2}{\varkappa}}-\left(\frac{p}{p_0}\right)^{\frac{\varkappa+1}{\varkappa}}} \qquad (289)$$

die Abhängigkeit der Ausflußmenge vom Druckverhältnis und von $\varkappa$ enthält, während der übrige Teil der Gl. (288a) nur von festen Größen und dem Zustand des Gases im Druckraum abhängt. In Abb. 153 ist die Funktion ψ, die wir als *Ausflußfunktion* bezeichnen wollen, über dem Druckverhältnis p/p_0 für einige Werte von $\varkappa$ dargestellt. Sie wird Null für $p/p_0 = 0$ und $p/p_0 = 1$ und hat, wie man aus der Gleichung

$$d\psi/d(p/p_0) = 0$$

leicht feststellt, ein Maximum bei einem bestimmten sog. *kritischen Druckverhältnis*, für das die Bezeichnung Laval-Druckverhältnis vorgeschlagen wird (vgl. S. 279)

$$\frac{p_s}{p_0} = \left(\frac{2}{\varkappa+1}\right)^{\frac{\varkappa}{\varkappa-1}} \qquad (290)$$

von der Größe

$$\psi_{\mathrm{max}} = \left(\frac{2}{\varkappa+1}\right)^{\frac{1}{\varkappa-1}}\sqrt{\frac{\varkappa}{\varkappa+1}}. \qquad (291)$$

Bei gleichem Druckverhältnis und damit gleichem ψ hängt die Ausflußmenge eines bestimmten Gases nur vom Anfangszustand im Druckraum ab. Für vollkommene Gase mit $pv = RT$ erhält man

$$m' = F\,\psi\,p_0\sqrt{\frac{2}{R\,T_0}}, \qquad (292)$$

d. h. bei gleichem Anfangsdruck nimmt die ausströmende Menge mit steigender Temperatur proportional $1/\sqrt{T_0}$ ab; das gilt näherungsweise auch für Dämpfe.

Bei stationärer Strömung, die wir hier voraussetzen und bei gleichbleibendem Zustand im Druckbehälter strömt durch alle aufeinanderfolgenden Querschnitte dieselbe Gasmenge, es muß daher an allen Stellen

$$F \cdot \psi = \mathrm{konst.}$$

sein. Bei einer Düse, deren Querschnitt F sich nach Abb. 152 in Richtung der Strömung stetig verjüngt, so daß sie ihren engsten Querschnitt am Ende hat, muß dann ψ in Richtung der Strömung und damit in Richtung abnehmenden Druckes bis zum Düsenende dauernd zunehmen.

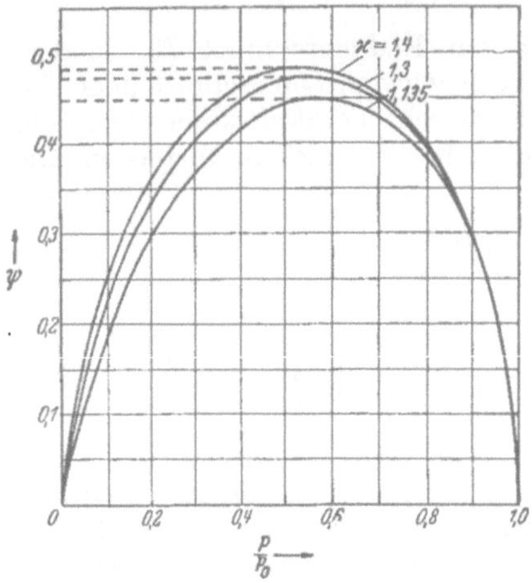

Nach Abb. 153 nimmt aber ψ vom Werte Null bei $p/p_0 = 1$ mit abnehmendem Druck nur so lange zu, bis es beim Laval-Druckverhältnis sein Maximum erreicht hat. Daraus folgt der zunächst überraschende Satz:

In einer in Richtung der Strömung verjüngten Düse kann der Druck im Austrittsquerschnitt nicht unter den Lavaldruck sinken, auch wenn man den Druck im Außenraum beliebig klein macht.

Nur solange $p_a \gtreqless p_s$ ist, darf man also $p_e = p_a$ setzen und schreiben

Abb. 153. Ausflußfunktion ψ.

$$w = \sqrt{2\,\frac{\varkappa}{\varkappa - 1}\, p_0 v_0 \left[1 - \left(\frac{p_a}{p_0}\right)^{\frac{\varkappa - 1}{\varkappa}} \right]}, \qquad (293)$$

$$m' = F_0 \sqrt{2\,\frac{\varkappa}{\varkappa - 1}\, \frac{p_0}{v_0} \left[\left(\frac{p_a}{p_0}\right)^{\frac{2}{\varkappa}} - \left(\frac{p_a}{p_0}\right)^{\frac{\varkappa + 1}{\varkappa}} \right]}. \qquad (294)$$

Ist gerade $p_a = p_s$, so ergibt Gl. (286) wegen Gl. (290) im engsten Querschnitt

$$w_s = \sqrt{2\,\frac{\varkappa}{\varkappa + 1}\, p_0 v_0} \qquad (295)$$

oder mit Benutzung der Enthalpie $i_0 = c_p T_0 = \dfrac{\varkappa}{\varkappa - 1}\, p_0 v_0$ im Behälter

$$w_s = \sqrt{2\,\frac{\varkappa - 1}{\varkappa + 1}\, i_0}. \qquad (295\,\mathrm{a})$$

Führen wir mit Hilfe der Adiabatengleichung $p_0 v_0^\varkappa = p_s v_s^\varkappa$ und der Gl. (290) in Gl. (295) an Stelle der Zustandsgrößen p_0, v_0 im Druckbehälter die Zustandsgrößen p_s und v_s des Gases im engsten Querschnitt ein, so wird

$$w_s = \sqrt{\varkappa\, p_s v_s}. \qquad (296)$$

Das ist der Wert der Schallgeschwindigkeit in einem Gas, wie wir im nächsten Abschnitt nachweisen wollen. Wenn der äußere Druck dem Lavaldruck gleich ist oder ihn unterschreitet, tritt also gerade Schallgeschwindigkeit im engsten Querschnitt auf.

Auch für $p_a < p_s$ kann im engsten Querschnitt der verjüngten Düse, den wir jetzt mit F_s bezeichnen wollen, keine größere Geschwindigkeit als die Schallgeschwindigkeit erreicht werden, da der Druck an dieser Stelle nicht unter p_s sinken kann. Für $p_a \leqq p_s$ gilt also

$$w = w_s = \sqrt{2 \, \frac{\varkappa}{\varkappa + 1} \, p_0 \, v_0}$$

$$m' = F_s \, \psi_{\max} \sqrt{2 \, \frac{p_0}{v_0}} = F_s \left(\frac{2}{\varkappa + 1}\right)^{\frac{1}{\varkappa - 1}} \sqrt{\frac{\varkappa}{\varkappa + 1}} \, \sqrt{2 \, \frac{p_0}{v_0}}. \qquad (297)$$

Die Ausflußmenge hängt dann außer von $\varkappa$ nur vom Zustand im Druckraum, nicht mehr vom Gegendruck ab.

In Tab. 35 sind für eine Anzahl von $\varkappa$-Werten die kritischen oder Laval-Druckverhältnisse und die Werte von $\psi_{\max}$ angegeben.

Tabelle 35. *Kritische oder Laval-Druckverhältnisse.*

$\varkappa =$	1,4	1,3	1,2	1,135
$p_s/p_0 =$	0,530	0,546	0,564	0,577
$\psi_{\max} =$	0,484	0,473	0,459	0,450

Ist die Geschwindigkeit im Druckraum nicht zu vernachlässigen, sondern strömt das Gas z. B. in einer Rohrleitung mit der Geschwindigkeit w_1 und einem ebenfalls durch den Index 1 gekennzeichneten Zustand p_1, v_1, i_1 der Düse zu, so erhält man nach Gl. (281) für die Austrittsgeschwindigkeit

$$w_e = \sqrt{2 \, (i_1 - i_e) + w_1^2}$$

oder bei Gasen

$$w_e = \sqrt{2 \, \frac{\varkappa}{\varkappa - 1} \, p_1 \, v_1 \left[1 - \left(\frac{p_e}{p_1}\right)^{\frac{\varkappa - 1}{\varkappa}}\right] + w_1^2}.$$

84. Die Schallgeschwindigkeit in Gasen und Dämpfen.

Um die Schallgeschwindigkeit auszurechnen, betrachten wir eine ebene, in der x-Richtung fortschreitende Welle. Dabei treten zeitliche und örtliche Änderungen des Druckes p, der Geschwindigkeit w und der Verschiebungen s der Gasteilchen aus ihrer Ruhelage auf. An der Stelle x mögen diese Größen s, w und p sein, dann haben sie gleichzeitig an der Stelle $x + dx$ die Werte $s + \frac{\partial s}{\partial x} dx$, $w + \frac{\partial w}{\partial x} dx$ und $p + \frac{\partial p}{\partial x} dx$. Auf die beiden Endflächen einer Gasschicht von der Dicke dx und 1 m² Querschnitt mit der Masse $\varrho \, dx$ wirkt dann nach Abb. 154 ein Druckunterschied $- \frac{\partial p}{\partial x} dx$, der ihr nach Gl. (265) die Beschleunigung

$$\frac{Dw}{dt} = \frac{\partial w}{\partial t} + w \, \frac{\partial w}{\partial x}$$

18*

in der x-Richtung erteilt. Beschränken wir uns auf kleine Ausschläge und damit auch auf kleine Geschwindigkeiten der Schwingung, so kann das in w quadratische Glied $w \dfrac{\partial w}{\partial x}$ gegen $\dfrac{\partial w}{\partial t}$ vernachlässigt werden und wir erhalten

$$\varrho \, \frac{\partial w}{\partial t} = - \, \frac{\partial p}{\partial x} \, . \tag{298}$$

Ferner muß der Unterschied der in die Schicht dx ein- bzw. aus ihr ausströmenden Gasmassen ϱw und $\varrho \left(w + \dfrac{\partial w}{\partial x} \, dx \right)$ eine Änderung $- \dfrac{\partial \varrho}{\partial t}$ der Dichte des Gases in der Schicht dx zur Folge haben nach der Gleichung

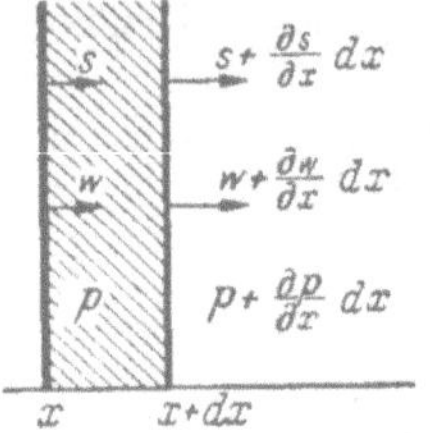

Abb. 154. Zur Ableitung der Schallgeschwindigkeit.

$$\varrho \, \frac{\partial w}{\partial x} = - \, \frac{\partial \varrho}{\partial t} \, . \tag{299}$$

Da die Zustandsänderungen in Schallwellen so rasch verlaufen, daß nicht genügend Zeit für die Abfuhr der Kompressionswärme ist, gilt zwischen den Druck- und Dichteänderungen die Differentialgleichung (66) der Adiabate, die man mit $v = 1/\varrho$ schreiben kann

$$\frac{dp}{d\varrho} = \varkappa \, \frac{p}{\varrho} \, . \tag{300}$$

In diesen drei Gleichungen können wir bei kleinen Amplituden der Schallwelle Druck und Dichte, soweit sie nicht als Differentiale auftreten, durch ihre anfänglichen Werte p_0 und ϱ_0 vor Auftreten der Schallwelle ersetzen.

Bei adiabater Zustandsänderung hängt p nach Gl. (300) nur von ϱ ab, gleichgültig zu welcher Zeit t und an welchem Ort x der Welle. Die partielle Ableitung $\dfrac{\partial p}{\partial \varrho}$ ist daher mit dem gewöhnlichen Differentialquotienten $\dfrac{dp}{d\varrho}$ identisch und auf der rechten Seite der Gl. (298) kann geschrieben werden

$$\frac{\partial p}{\partial x} = \frac{\partial p}{\partial \varrho} \cdot \frac{\partial \varrho}{\partial x} = \frac{dp}{d\varrho} \cdot \frac{\partial \varrho}{\partial x} = \varkappa \, \frac{p_0}{\varrho_0} \cdot \frac{\partial \varrho}{\partial x} \, ,$$

was in Gl. (298) eingesetzt, die drei Gl. (298) bis (300) auf das Gleichungspaar

$$\varrho_0 \, \frac{\partial w}{\partial t} = - \, \varkappa \, \frac{p_0}{\varrho_0} \cdot \frac{\partial \varrho}{\partial x} \tag{301}$$

$$\varrho_0 \, \frac{\partial w}{\partial x} = - \, \frac{\partial \varrho}{\partial t} \tag{301a}$$

vermindert, in dem nur mehr die zwei Unbekannten w und ϱ vorkommen. Differenziert man Gl. (301) nochmal partiell nach x, Gl. (301a) nochmal nach t, so liefert der Vergleich der Ergebnisse

$$\frac{\partial^2 \varrho}{\partial t^2} = \varkappa \, \frac{p_0}{\varrho_0} \, \frac{\partial^2 \varrho}{\partial x^2}$$

oder wenn wir zur Abkürzung $\varkappa\,\dfrac{p_0}{\varrho_0} = \varkappa p_0 v_0 = c^2$ einführen

$$\frac{\partial^2 \varrho}{\partial t^2} = c^2\,\frac{\partial^2 \varrho}{\partial x^2}. \tag{302}$$

Das ist die bekannte Wellengleichung, ihre allgemeine Lösung ist, wie man durch Einsetzen leicht nachweist

$$\varrho = f_1(x + ct) + f_2(x - ct). \tag{303}$$

Dabei sind f_1 und f_2 willkürliche Funktionen; $f_1(x + ct)$ ist eine Richtung negativer x und $f_2(x - ct)$ eine in Richtung positiver x mit der Geschwindigkeit c unter Erhaltung ihrer Form fortlaufende Welle. Damit ist bewiesen, daß

$$c = \sqrt{\varkappa\,\frac{p_0}{\varrho_0}} = \sqrt{\frac{dp}{d\varrho}}, \tag{304}$$

oder wenn wir den Index 0 fortlassen und $\dfrac{1}{\varrho}$ durch v ersetzen

$$c = \sqrt{\varkappa p v} = \sqrt{\varkappa R T} \tag{304a}$$

wirklich die Schallgeschwindigkeit in einem Gase ist, sie wächst beim vollkommenen Gas proportional $\sqrt{T}$.

Da die Schallgeschwindigkeit nichts anderes ist als die Geschwindigkeit, mit der sich Druckänderungen in einem Gas fortpflanzen, kann man auch in folgender Weise anschaulich machen, daß ein Senken des äußeren Druckes unter den kritischen die Vorgänge in der Düse nicht ändert: In Abb. 155 möge das Gas aus einem Raum 1 konstanten Druckes durch die konvergente Düse a in den Raum 2 eintreten, in dem gerade der Lavaldruck herrscht, so daß das Gas mit Schallgeschwindigkeit einströmt. Wir senken nun den Druck in 2, in dem wir etwa durch einen Lüfter b das Gas schneller nach rechts absaugen. Dann pflanzt sich, von der Schraube des Lüfters ausgehend, eine Drucksenkungswelle mit Schallgeschwin-

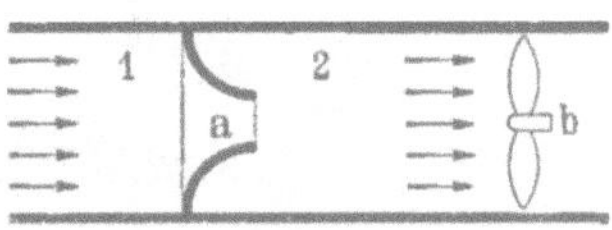

Abb. 155. Die Schallgeschwindigkeit als höchste Austrittsgeschwindigkeit konvergenter Düsen.

digkeit nach links fort, die nach kurzer Zeit die Mündung der Düse erreicht. Da aus ihr das Gas gerade mit Schallgeschwindigkeit austritt, also mit derselben Geschwindigkeit, mit der die Welle relativ zum Gas fortschreitet, muß diese vor der Mündung zum Stehen kommen, d. h. es ist unmöglich, die Drucksenkung bis in die Düse hinein wirksam werden zu lassen. Dann bleibt aber auch die Strömungsgeschwindigkeit in der Düse ungeändert, und die Austrittsgeschwindigkeit im engsten Querschnitt kann nicht über die Schallgeschwindigkeit bei dem dort vorhandenen Gaszustand steigen, selbst wenn wir den Raum 2 völlig evakuieren. Diese Tatsache wurde bereits 1839 von DE ST. VENANT und WANTZEL[1] erkannt, theoretisch und experimentell vollständig geklärt wurde sie von GRASHOF[2] und ZEUNER[3].

[1] Journ. école polyt. 27 (1839), S. 85.
[2] Theoretische Maschinenlehre Leipzig 1875.
[3] Technische Thermodynamik. Leipzig 1900.

Unsere Ausflußformeln Gl. (295) und (297) für konvergente Düsen bei kritischem Druckverhältnis gelten demnach auch für beliebig kleinere Druckverhältnisse. Wegen der Reibung ist die Ausflußmenge etwas kleiner, bei gut gerundeten Düsen um etwa 2—4%, die Ausflußziffer ist also $\alpha = 0{,}96 - 0{,}98$.

Versuche zeigen, daß die Form des aus einer Düse austretenden Strahles verschieden ist, je nachdem der Gegendruck über oder unter dem kritischen liegt. Im ersten Fall verläßt der Strahl die Düse nach Abb. 156 als zylindrischer Parallelstrahl, dessen Ränder allmählich von dem umgebenden Gas verzögert werden, wobei sich eine Mischzone bildet, in der die Geschwindigkeit von der des Strahlkernes auf die der Umgebung

Abb. 156.   Abb. 157.

Abb. 156. u. 157. Strahlformen, wenn Gegendruck über oder unter dem kritischen liegt.

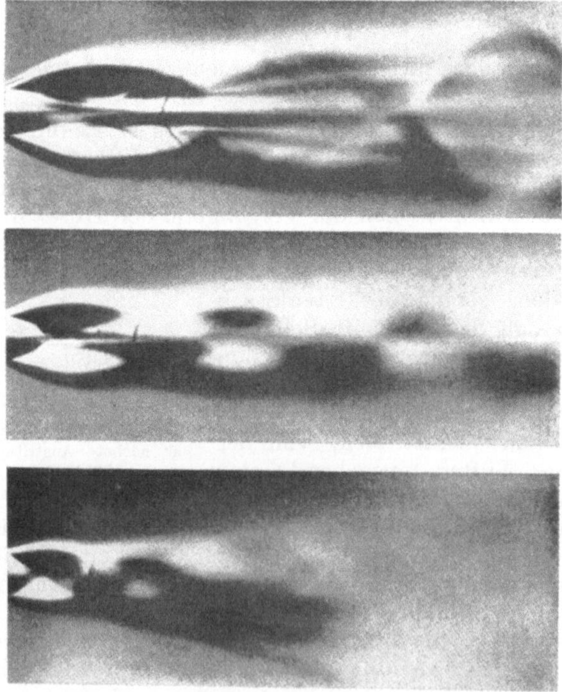

Abb. 158. Schlierenaufnahmen von Gasstrahlen aus einfachen Mündungen. Der Gegendruck ist am kleinsten im obersten und am größten im untersten Bilde (nach ACKERET, Hdb. d. Phys., Bd. 7, S. 321).

sinkt. Im zweiten Falle dagegen verbreitet sich nach Abb. 157 der Strahl sofort nach dem Austritt. Das in der Mündung noch unter dem Lavaldruck stehende Gas gelangt plötzlich in einen Raum niederen Druckes und dehnt sich explosionsartig aus wie der Inhalt einer platzenden Preßgasflasche, die Gasteilchen werden nach den Seiten beschleunigt, schießen infolge ihrer Trägheit über ihre Gleichgewichtslage hinaus und verursachen eine Drucksenkung im Strahlkern, die die Teilchen wieder umkehren läßt. Dieses Spiel wiederholt sich periodisch. Dabei kann in der Strahlachse die Lavalgeschwindigkeit örtlich überschritten werden. Da der Strahl zugleich im Raume fortschreitet, wird er, wie die Schlierenaufnahme der Abb. 158 erkennen läßt, periodisch dicker und dünner, wir beobachten stehende Schallwellen, die mit starkem Lärm verbunden sind, und die das Arbeitsvermögen des Gases unterhalb des Lavaldruckes aufzehren.

85. Die erweiterte Düse nach DE LAVAL.

Nach dem vorstehenden wird in einer verjüngten Düse nur der in Abb. 159 schraffierte Teil der Arbeitsfläche oberhalb des Lavaldruckes p_s in lebendige Kraft der Strömung umgesetzt, der untere Teil von p_s bis p_e verwandelt sich nach dem Austritt aus der Düse in Schallenergie und Reibungswärme und geht dadurch verloren. Wie DE LAVAL 1887 zeigte, kann man das ganze Wärmegefälle bis herab zum Druck p_e in lebendige Kraft verwandeln, wenn man nach Abb. 160 an die verjüngte Düse eine schlanke Erweiterung

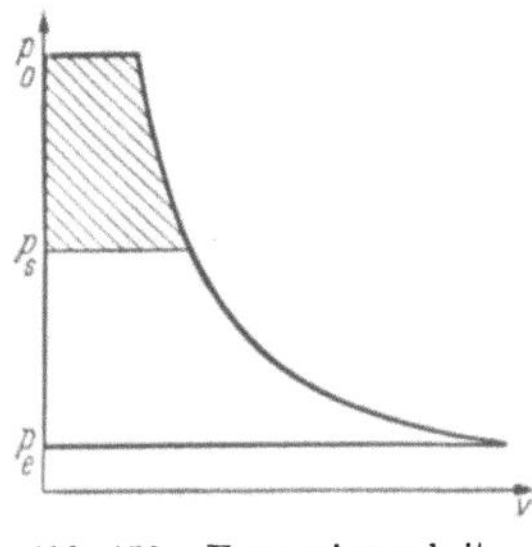

Abb. 159. Expansionsarbeit und kritischer Druck.

Abb. 160. Lavaldüse.

anschließt (Lavaldüse), in der der Querschnitt von seinem kleinsten Wert F_s auf F_e zunimmt. Da im engsten Querschnitt schon die Schallgeschwindigkeit erreicht wird, muß im erweiterten Teil Überschallgeschwindigkeit auftreten.

Für die im engsten Querschnitt einer Düse bei verlustloser Entspannung bis zum kritischen Druckverhältnis auftretende Geschwindigkeit wird die Bezeichnung *Lavalgeschwindigkeit* vorgeschlagen. Da das Wort „kritisch" schon eine andere Bedeutung hat (kritischer Punkt S. 155), haben wir das kritische Druckverhältnis auch *Laval-Druckverhältnis* genannt und von *Lavaldruck* gesprochen.

Zur Erklärung der Erscheinungen in der Lavaldüse gehen wir auf unsere Grundgleichungen für die reibungsfreie Strömung zurück. Nach Gl. (268) in Verbindung mit Gl. (286) ist die kinetische Energie der Strömung

$$L = \frac{w^2}{2} = -\int v\,dp = \frac{\varkappa}{\varkappa-1}\,p_0\,v_0\left[1-\left(\frac{p_e}{p_0}\right)^{\frac{\varkappa-1}{\varkappa}}\right]$$

und die Strahlgeschwindigkeit beträgt:

$$w = \sqrt{2\,L} = \sqrt{-2\int v\,dp} = \sqrt{2\,\frac{\varkappa}{\varkappa-1}\,p_0\,v_0\left[1-\left(\frac{p_e}{p_0}\right)^{\frac{\varkappa-1}{\varkappa}}\right]},$$

ferner ist nach der Kontinuitätsgleichung (264)

$$F = m' \frac{v}{w} \qquad (305)$$

oder nach Gl. (288a)

$$F\psi = \frac{m'}{\sqrt{2\,\dfrac{p_0}{v_0}}} = \text{konst.}$$

Den Inhalt dieser Gleichungen stellt Abb. 161 graphisch dar. Die kinetische Energie L ist die Fläche links der Expansionslinie v vom Drucke p_0 bis zu dem beliebigen Drucke p. Integriert man diese Flächen von p_0 bis p und trägt das Ergebnis als Abszisse zu jedem p auf, so erhält man die Kurve der kinetischen Energie L und daraus durch Wurzelziehen die Geschwindigkeit w, die auch als Abszisse zur Ordinate p aufgetragen ist. Damit sind v und w für alle Drücke bekannt, und die Kontinuitätsgleichung (305) liefert den Querschnitt F, der not-

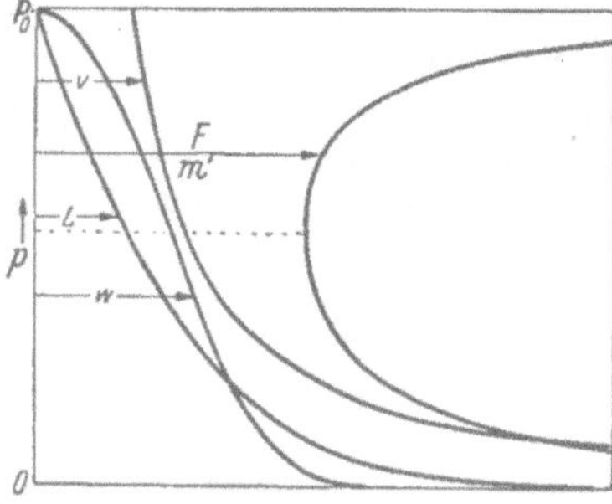

Abb. 161. Ermittlung der Zustandsänderungen
in der Lavaldüse.

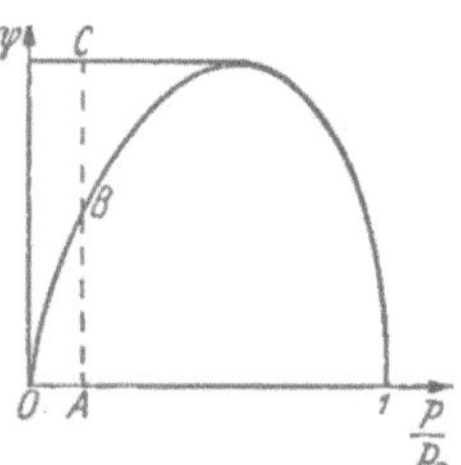

Abb. 162. Erweiterungs-
verhältnis von Lavaldüsen.

wendig ist, um die Expansion und die Geschwindigkeitssteigerung durchzuführen. Dabei ist die sekundliche Gasmenge m' natürlich für alle Querschnitte dieselbe. In Abb. 161 ist F/m' als Quotient aus v und w punktweise berechnet und als Abszisse für alle p aufgetragen. Man erkennt, daß der zur Durchführung der Expansion notwendige Querschnitt zunächst abnimmt, ein Minimum erreicht und dann wieder ansteigt, da unterhalb eines bestimmten Wertes des Druckes das spezifische Volum stärker zunimmt als die Geschwindigkeit. Es muß also durch seitliche Erweiterung des Strömungskanals Platz für die Volumzunahme geschaffen werden, damit eine Geschwindigkeitssteigerung möglich ist.

Dasselbe Ergebnis erhält man mit Hilfe der Gl. (288) und der in Abb. 153 dargestellten Abhängigkeit der Größe ψ vom Druckverhältnis der Expansion. Wie wir dort gesehen hatten, nimmt ψ mit abnehmendem Druck zunächst zu bis zu einem Maximum beim Lavaldruck. Da $F \cdot \psi$ wegen der Kontinuitätsgleichung konstant ist, konnte in einer konvergenten Düse ψ nur zunehmen und daher sein Maximum nicht überschreiten. Erweitern wir die Düse aber hinter ihrem engsten Querschnitt, in dem gerade die Schallgeschwindigkeit erreicht ist, wieder, so nimmt F zu, und damit muß ψ abnehmen, d. h. der Druck kann weiter sinken, und wir kommen auf den linken Ast der ψ-Kurve, der nun den Vorgang im erweiterten Teil der Düse beschreibt. Da an jeder Stelle wieder

$$F \cdot \psi = F_s \cdot \psi_{\max} = \text{konst.}$$

sein muß, ist nach Abb. 162

$$\frac{F}{F_s} = \frac{\psi_{\max}}{\psi} = \frac{A\,C}{A\,B}.$$

Die ψ-Kurve liefert damit das Erweiterungsverhältnis F/F_s der Düse, das notwendig ist, um das Wärmegefälle bis herab zu unterkritischen Drücken in kinetische Energie umzusetzen.

Führt man bei Gasen die Werte von ψ und $\psi_{\max}$ nach Gl. (289) und (291) ein, so erhält man für das Verhältnis des engsten Querschnittes F_s zum Endquerschnitt F_e einer Düse, die ein Gas von p_0 bis $p_e < p_s$ adiabat unter Umwandlung von Enthalpie in kinetische Energie entspannt, die Gleichung

$$\left.\begin{aligned}
\frac{F_s}{F_e} = \frac{\psi_e}{\psi_{\max}} &= \left(\frac{\varkappa+1}{2}\right)^{\frac{1}{\varkappa-1}} \sqrt{\frac{\varkappa+1}{\varkappa-1}\left[\left(\frac{p_e}{p_0}\right)^{\frac{2}{\varkappa}} - \left(\frac{p_e}{p_0}\right)^{\frac{\varkappa+1}{\varkappa}}\right]} \\
&= \left(\frac{\varkappa+1}{2}\right)^{\frac{1}{\varkappa-1}}\left(\frac{p_e}{p_0}\right)^{\frac{1}{\varkappa}} \sqrt{\frac{\varkappa+1}{\varkappa-1}\left[1 - \left(\frac{p_e}{p_0}\right)^{\frac{\varkappa-1}{\varkappa}}\right]}.
\end{aligned}\right\} \quad (306)$$

Das Erweiterungsverhältnis F_e/F_s hängt also außer von $\varkappa$ nur vom Druckverhältnis ab.

Für das Verhältnis der Geschwindigkeit erhält man aus Gl. (286) und (295)

$$\frac{w_e}{w_s} = \sqrt{\frac{\varkappa+1}{\varkappa-1}\left[1 - \left(\frac{p_e}{p_0}\right)^{\frac{\varkappa-1}{\varkappa}}\right]}. \qquad (307)$$

In Tab. 36 sind für zweiatomige Gase und für überhitzten Dampf, die zu verschiedenen Druckverhältnissen p_0/p_e gehörigen Werte von F_e/F_s und w_e/w_s ausgerechnet.

Von besonderem Interesse ist der Fall des Ausströmens in das Vakuum also bei $p_0/p_e = \infty$, dann gilt für ein unendlich großes Erweiterungsverhältnis bei 2-atomigen Gasen für die Grenzgeschwindigkeit $w_e = w_\infty$ die Gleichung

$$\frac{w_\infty}{w_s} = \sqrt{\frac{\varkappa+1}{\varkappa-1}} = 2{,}45. \qquad (307\,\mathrm{a})$$

Wir erreichen in diesem Grenzfalle am Düsenende das 2,45fache der Lavalgeschwindigkeit im engsten Querschnitt. Nach der Gleichung der Adiabate wird zugleich

$$\frac{T_e}{T_{\text{,}}} = \left(\frac{p_e}{p_0}\right)^{\frac{\varkappa-1}{\varkappa}} = 0.$$

Die Temperatur sinkt also bis auf den absoluten Nullpunkt, wenn wir annehmen, daß das Gas sich nicht verflüssigt. Es wird dann die ganze Enthalpie des Gases in kinetische Energie umgesetzt, die Molekeln haben keine ungeordneten Bewegungen mehr, sondern bewegen sich sämtlich auf fast parallelen Bahnen.

Tabelle 36. *Erweiterungsverhältnis F_e/F_s und Geschwindigkeitsverhältnis w_e/w_s bei Lavaldüsen für 2atomige Gase ($\varkappa = 1,4$) und überhitzten Dampf ($\varkappa = 1,3$) bei reibungsfreier Strömung.*

p_0/p_e	$\varkappa = 1,4$		$\varkappa = 1,3$	
	F_e/F_s	w_e/w_s	F_e/F_s	w_e/w_s
∞	∞	2,45	∞	2,77
100	8,13	2,10	9,71	2,24
80	7,04	2,07	8,26	2,21
60	5,82	2,03	6,76	2,17
50	5,16	2,01	5,97	2,14
40	4,46	1,98	5,12	2,10
30	3,72	1,93	4,20	2,04
20	2,90	1,86	3,22	1,96
10	1,94	1,72	2,08	1,78
8	1,70	1,64	1,82	1,71
6	1,47	1,55	1,55	1,61
4	1,21	1,40	1,26	1,45
2	1,02	1,04	1,03	1,07

In Abb. 161 hatten wir den zur Durchführung der Expansion erforderlichen Düsenquerschnitt graphisch ermittelt und als Abszisse zum Druck als Ordinate aufgetragen. Betrachten wir diese Kurve zugleich als Kurve des Querschnittsverlaufes längs der von oben nach unten auf der p-Achse aufgetragenen Entfernung vom Düsenanfang, so nimmt der Druck längs der Achse einer solchen Düse linear ab, sie hat also ein konstantes Druckgefälle. Wirkliche Düsen führt man aus praktischen Gründen nicht so aus. Druck- und Geschwindigkeitsverlauf längs einer gegebenen Düse mit beliebigem Querschnittsverlauf erhält man sehr einfach, indem man für die Düse konstanten Druckgefälles aus Abb. 161 die zu einem bestimmten Querschnitt gehörigen Werte von Druck und Geschwindigkeit entnimmt und sie an der Stelle gleichen Querschnittes der gegebenen Düse aufträgt. Dabei geht man am besten immer vom engsten Querschnitt aus.

86. Andere Behandlung der Düsenströmung.

Wegen ihrer Wichtigkeit wollen wir die wesentlichen Ergebnisse der vorstehenden Betrachtungen auch noch auf einem kürzeren, aber weniger anschaulichen Wege gewinnen:

Die Kontinuitätsgleichung lautete

$$\frac{Fw}{v} = \text{konst.} \quad \text{oder} \quad \frac{dF}{F} + \frac{dw}{w} = \frac{dv}{v},$$

die Strömungsgleichung ergab

$$- v\,dp = w\,dw \quad \text{oder} \quad - \frac{dw}{w} = \frac{v}{w^2}\,dp,$$

die Adiabatengleichung war

$$p v^{\varkappa} = \text{konst.} \quad \text{oder} \quad \frac{dp}{p} + \varkappa\,\frac{dv}{v} = 0.$$

Durch Einsetzen von $\dfrac{dw}{w}$ und $\dfrac{dv}{v}$ aus den beiden letzten Gleichungen in die erste erhält man

$$\frac{dF}{F} = \left(\frac{v}{w^2} - \frac{1}{\varkappa\,p}\right) dp. \qquad (308)$$

Darin ist der Klammerausdruck auf der rechten Seite positiv oder negativ je nachdem w^2 kleiner oder größer als $\varkappa p v$ ist, d. h. nach Gl. (304a), je nachdem w kleiner oder größer als die Schallgeschwindigkeit

$$w_s = \sqrt{\varkappa\,p\,v} \quad \text{ist}.$$

Im ersten Falle $w < w_s$ haben dF und dp gleiches Vorzeichen. In einem in Richtung der Strömung verjüngten Kanal (dF negativ) nimmt also der Druck ab (dp negativ) und dem abnehmenden Druck entspricht eine Zunahme der Geschwindigkeit. In einem in Richtung der Strömung erweiterten Kanal, den man auch als Diffusor bezeichnet, (dF positiv) nimmt der Druck zu (dp positiv) und daher die Geschwindigkeit ab.

Im zweiten Falle $w > w_s$ haben dagegen dF und dp entgegengesetztes Vorzeichen. In einem verjüngten Kanal (dF negativ) nimmt der Druck zu (dp positiv) und daher die Geschwindigkeit ab; in einem erweiterten Kanal (dF positiv) nimmt der Druck ab (dp negativ) und die Geschwindigkeit zu.

Querschnittsänderungen eines Strömungskanals haben also eine durchaus verschiedene Wirkung, je nachdem die Strömungsgeschwindigkeit kleiner oder größer als die Schallgeschwindigkeit ist. Zur Veranschaulichung betrachten wir Druck- und Geschwindigkeitsverlauf in einer Düse, die nach Abb. 163 aus einem verjüngten Teil und einem dazu symmetrischen erweiterten Teil besteht. Dabei sind folgende Fälle zu unterscheiden, wenn w_1 die Eintrittsgeschwindigkeit und w_d die Geschwindigkeit im engsten Querschnitt der Düse bezeichnet.

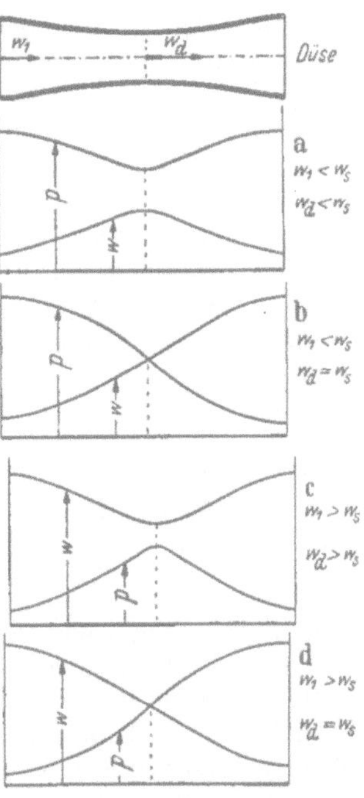

Abb. 163 a—d.
Druck und Geschwindigkeitsverlauf in einer Düse bei verschiedener Eintrittsgeschwindigkeit.

a) $w_1 < w_s$ und $w_d < w_s$.

Die Strömung zeigt das von den Flüssigkeiten her bekannte Bild: Die Strömungsgeschwindigkeit nimmt nach Abb. 163a im verjüngten Teil zu und verzögert sich im erweiterten Teil wieder auf den Anfangswert. Der Druck nimmt in der Verjüngung ab und steigt dann wieder, wobei aber wegen der Reibungswiderstände und vor allem wegen der Strahlablösung im erweiterten Teil der Anfangswert nicht ganz wieder erreicht wird.

b) $w_1 < w_s$ aber $w_d = w_s$.

Im verjüngten Teil nimmt wieder die Geschwindigkeit zu und der Druck ab, aber nachdem im engsten Querschnitt die Schallgeschwindigkeit erreicht ist, steigt im erweiterten Teil die Geschwindigkeit weiter und der Druck sinkt entsprechend, wie Abb. 163 b zeigt. Wir haben eine reine Expansionsströmung, in der, abgesehen von Verlusten durch Wandreibung, das ganze Druckgefälle in Geschwindigkeit umgesetzt wird.

c) $w_1 > w_s$ und $w_d > w_s$.

Das das Gas schon mit Überschallgeschwindigkeit in die Düse eintritt, nimmt die Geschwindigkeit im verjüngten Teil ab und der Druck zu. Bleibt die Geschwindigkeit auch im engsten Querschnitt oberhalb der Schallgeschwindigkeit, so wird im erweiterten Teil die Strömung nach Abb. 163 c wieder unter Druckabnahme beschleunigt.

d) $w_1 > w_s$ und $w_d = w_s$.

Im verjüngten Teil verläuft die Strömung wie unter c), aber wenn im engsten Querschnitt die Geschwindigkeit bis auf Schallgeschwindigkeit gesunken ist, nimmt sie im erweiterten Teil weiter ab und der Druck steigt. Wir haben nach Abb. 163 d eine reine Verdichtungsströmung, bei der ebenso wie unter a) im erweiterten Teil wegen der Strahlablösung erhebliche Druckverluste auftreten, die die gewöhnliche Wandreibung weit übersteigen.

87. Die Lavaldüse bei unrichtigem Gegendruck.

Zu einem bestimmten Erweiterungsverhältnis der Lavaldüse gehört nach dem vorstehenden ein ganz bestimmter Gegendruck, und es erhebt sich die Frage, wie sich die Strömung ändert, wenn der Gegendruck vom richtigen Wert abweicht.

Wird er unter den richtigen Wert gesenkt, so bleiben die Verhältnisse in der Düse ungeändert, da die Drucksenkung sich nicht gegen den mit Überschallgeschwindigkeit austretenden Gasstrom ausbreiten kann. Der Strahl expandiert aber nach dem Austreten ebenso, wie wir das bei der konvergenten Düse mit unterkritischem Gegendruck gesehen hatten.

Steigert man den Gegendruck über den richtigen Wert, so kann die Drucksteigerung als Druckwelle nur mit Schallgeschwindigkeit vom Rande des Strahls her in das mit Überschallgeschwindigkeit strömende Gas eindringen. Die Überlagerung beider Geschwindigkeiten liefert eine Druckwelle, die mit schräger Front an der Austrittskante der Düse beginnend, in den Strahl eindringt.

Ganz ähnliche Erscheinungen treten auf, wenn sich ein Körper (Geschoß) mit Überschallgeschwindigkeit durch ruhende Luft bewegt. Man kann sich vorstellen, daß von der Geschoßspitze in jedem Augenblick an

der Stelle, wo sie sich gerade befindet, eine kugelförmige Druckwelle ausgeht. Diese Druckwellen überlagern sich stetig und ergeben nach Abb. 164
eine sie einhüllende kegelförmige Druckwelle, die mit dem Geschoß fortschreitet, ebenso wie die Bugwelle mit einem
fahrenden Schiff. Abb. 165 zeigt eine der
schönen Schlierenaufnahmen einer solchen
Kopfwelle eines Gewehrgeschosses von CRANZ.
Für den halben Öffnungswinkel des Kegels,
den sog. Machschen Winkel ψ gilt die Beziehung

$$\sin \psi = \frac{w_s}{w}, \qquad (309)$$

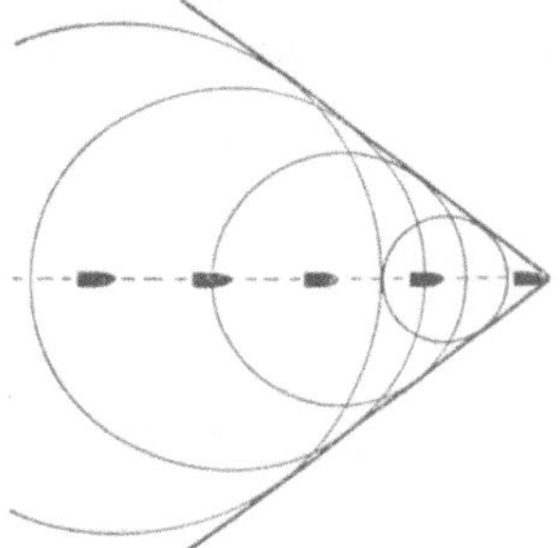

Abb. 164. Kopfwelle eines mit
Überschallgeschwindigkeit
fliegenden Geschosses.

wobei w die Geschoß- und w_s die Schallgeschwindigkeit ist. Bei Flachbahngeschützen
mit ihren hohen Geschoßgeschwindigkeiten
hört ein Beobachter, über den die Geschoß-
bahn hinweggeht, die Kopfwelle als scharfen,
sehr lauten Knall schon mehrere Sekunden früher als ihn die Kugel-
welle des Abschußknalles des Geschützes erreicht.

Bei unserer Düsenströmung hat die Austrittskante der Düse, an der
der höhere Druck der Umgebung zu wirken beginnt, relativ zum Strahl
Überschallgeschwindigkeit. Es geht daher von ihr unter dem Machschen

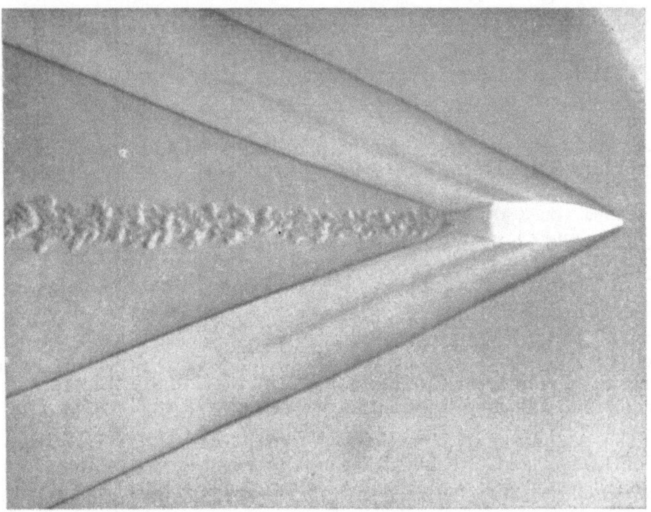

Abb. 165. Schlierenaufnahme der Kopfwelle eines Gewehrgeschosses nach CRANZ.

Winkel eine Welle aus, ebenso wie von der Spitze eines Geschosses. Man
bezeichnet diese Druckwelle, in der der Druck fast plötzlich von dem
Wert im Austrittsquerschnitt der Düse auf den Außendruck springt, als
Verdichtungsstoß. Dahinter zieht sich der Strahl auf einen kleineren Quer-

schnitt zusammen, der dem Volum des Gases beim Außendruck entspricht.

Steigert man den Außendruck weiter, so löst sich der Strahl nach Abb. 166 von der Wand der Düse ab. Denn wegen der Reibung muß die Geschwindigkeit bei Annäherung an die Wand bis auf Null sinken. In

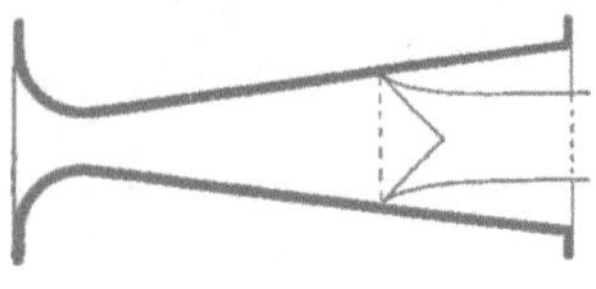

Abb. 166.
Strahlablösung in einer Lavaldüse
bei zu großem Gegendruck.

diese mit Unterschallgeschwindigkeit strömende Grenzschicht kann der größere Außendruck vordringen und den Strahl von der Wand abdrängen.

Diese Überlegungen werden bestätigt durch Messungen des Druckverlaufes längs der Achse einer Lavaldüse, die STODOLA[1] durchgeführt hat. Bei richtigem Gegendruck verläuft der Druck in Abb. 167 längs der Düse nach der untersten, alle anderen Kurven begrenzenden Linie. Steigert man den Außendruck, so tritt zunächst bei der Kurve L ein Drucksprung auf, der mit steigendem Gegendruck entsprechend den Kurven K, J, H, G stärker wird und weiter in die Düse hineinwandert. Die Wellungen der Kurve sind auf stehende Schallwellen im Strahle zurückzuführen von gleicher Art, wie wir sie in Abb. 158 kennengelernt hatten. Bei den Kurven F und E ist der steile Druckstoß gleich hinter dem Minimum besonders deutlich zu erkennen. Bei Kurve D wird die Schallgeschwindigkeit gerade noch erreicht, aber der Druckstoß liegt schon dicht am engsten Querschnitt. Die Kurven C, B und A verlaufen ganz im Bereich der Unterschallgeschwindigkeit, der erweiterte Teil der Düse setzt die Geschwindigkeit wieder in Druck um, wie uns das bei inkompressiblen Flüssigkeiten geläufig ist.

Aufgabe 38. In einem Flugzeug wird die Fluggeschwindigkeit aus dem Staudruck eines in die Flugrichtung eingestellten Prandtlschen Staurohrs gemessen, das bei einer Lufttemperatur von — 10° und einem absoluten Luftdruck von 700 Millibar einen Staudruck von 300 mm W. S. anzeigt.

Wie groß ist die Fluggeschwindigkeit?

Aufgabe 39. Ein Dampfkessel erzeugt stündlich 10 t Sattdampf von 15 at.

Wie groß muß der freie Querschnitt des Sicherheitsventils mindestens sein?

Aufgabe 40. In eine Dampfleitung von $D_1 = 100$ mm l. Weite, durch die Dampf von 1,5 at und 150° strömt, ist zur Messung der Dampfmenge eine Normblende von $d_0 = 60$ mm Öffnungsdurchmesser eingebaut. Der Differenzdruckmesser zeigt einen Druckunterschied vor und hinter der Blende von 200 mm Wassersäule an.

Wie groß ist die stündlich durch die Rohrleitung strömende Dampfmenge?

Aufgabe 41. Ein Dampfkessel liefert überhitzten Dampf von $p_0 = 10$ at und $t_0 = 350°$. Der Dampf wird durch ein kurzes gerades Rohrstück von $d_2 = 4$ cm Durchmesser einer Lavaldüse von $d_s = 2$ cm Durchmesser im engsten Querschnitt und $d_e = 5$ cm Durchmesser im Austrittsquerschnitt zugeführt und strömt nach Verlassen der Düse in einen Kondensator.

Welche Dampfmenge m' durchströmt die Düse? Welche Drücke, Temperaturen und Geschwindigkeiten hat der Dampf im geraden Rohrstück, im engsten Querschnitt und im Austrittsquerschnitt der Düse?

---

[1] STODOLA, A.: Dampf- und Gasturbinen. 6. Aufl. Berlin: Springer, S. 69.

Aufgabe 42. In einen vollständig evakuierten Behälter von $V = 1{,}5\,\mathrm{m}^3$ Rauminhalt strömt Luft aus der Atmosphäre von $t_0 = 20°$ und $p_0 = 1$ at durch eine gut gerundete Düse von $F_s = 2\,\mathrm{mm}^2$ engstem Querschnitt bei verlustloser Strömung.

Wie ist der zeitliche Verlauf des Druckes im Behälter, wenn a) der Wärmeaustausch der Luft im Behälter mit seinen Wänden so gut ist, daß die Lufttemperatur nicht merklich steigt, b) wenn kein Wärmeaustausch zwischen Luft und Behälterwand stattfindet.

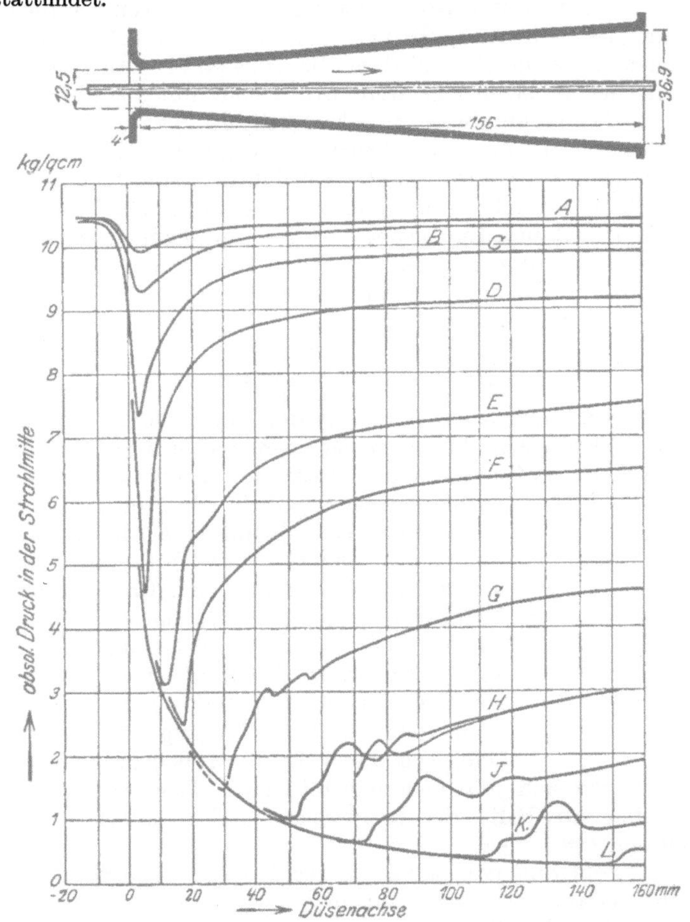

Abb. 167. Messungen des statischen Druckes längs der Achse einer Lavaldüse bei verschiedenen Gegendrücken nach STODOLA.

88. Verdichtungsstöße.

Außer den auf S. 275 behandelten Schallwellen kleiner Amplitude gibt es noch sogenannte Verdichtungsstöße, bei denen ein Drucksprung auftritt, d. h., ein steiler sich auf eine Strecke von der Größenordnung einiger freien Weglängen zusammendrängender Druckanstieg, dessen Höhe nicht mehr klein gegen den absoluten Druck des Gases ist und der mit mehr als Schallgeschwindigkeit fortschreitet. Ursprünglich stetige,

z. B. sinusförmige ebene Schallwellen großer Amplitude gehen, wie von
E. SCHMIDT und W. LETTAU[1] experimentell gezeigt wurde, und wie man
leicht theoretisch einsehen kann, schließlich in solche Verdichtungsstöße
über. Denn da die Schallgeschwindigkeit mit steigender Temperatur zunimmt, pflanzt sich eine kleine Drucksteigerung an Stellen hohen Druckes
wegen der durch adiabate Kompression gesteigerten Temperatur rascher
fort als an Stellen niederen Druckes. Die Teile der Welle mit höherem
Druck holen daher die Teile niederen Druckes ein, so daß schließlich die
Vorderseite der Welle in eine steile Druckfront mit unstetigem Drucksprung endlicher Höhe übergeht, während die Rückseite sich abflacht.

Ein solcher mit mehr als Schallgeschwindigkeit in das vor ihm
liegende ruhende Gas eindringender Verdichtungsstoß läßt sich im Zustand der Ruhe betrachten, wenn man ihn stationär macht, indem man
der ganzen betroffenen Luftmenge eine der Fortpflanzungsgeschwindigkeit des Stoßes entgegengesetzt gleiche Geschwindigkeit überlagert.
Solche stationären Verdichtungsstöße hat A. STODOLA[2] genauer behandelt,
ausgehend von einer älteren Arbeit von B. RIEMANN[3].

a) Der gerade Verdichtungsstoß.

Beim geraden oder senkrechten Verdichtungsstoß, den wir zunächst
behandeln wollen, steht die Ebene der Stoßfront senkrecht auf den Geschwindigkeiten des Gases vor und hinter dem Stoß, bei schiefem Stoß
ist sie geneigt dazu. In Abb. 168 ist ein gerader
stationärer Verdichtungsstoß dargestellt. Von
links strömt ihm Gas mit Überschallgeschwindigkeit zu. Im Stoß erfährt das Gas eine plötzliche
Drucksteigerung und fließt dann nach rechts ab,
wie wir sehen werden, mit weniger als Schallgeschwindigkeit. Die Zustände links vom Stoß bezeichnen wir mit dem Index 1, rechts davon mit
dem Index 2. Der Vorgang ist eindeutig beschrieben durch die 6 Größen p_1, v_1, w_1 und p_2,

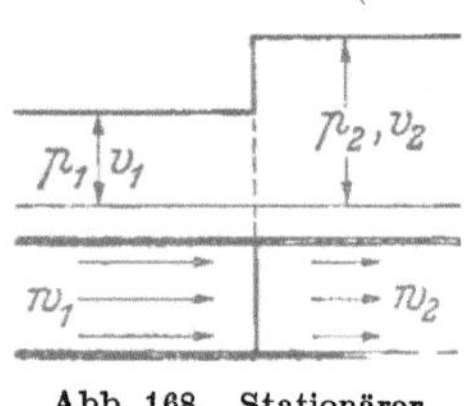

Abb. 168. Stationärer
senkrechter Verdichtungs-
stoß.

v_2, w_2, aus denen sich alle anderen Größen wie Temperatur, Enthalpie
und Entropie mit Hilfe der thermischen und kalorischen Zustandsgleichung ableiten lassen.

Da der Stoßfront von außen weder Energie zugeführt noch entzogen wird, verlangt der Energiesatz die Gleichheit der Energie des Gases
auf beiden Seiten des Stoßes:

$$\frac{w_1^2}{2} + i_1 = \frac{w_2^2}{2} + i_2 = i_0. \tag{310}$$

Dabei ist i_0 die Enthalpie des Gases von der Geschwindigkeit Null in
einem genügend großen Behälter oder Kessel, von dem ausgehend man

---

[1] Z. VDI Bd. 79 (1938), S. 671.
[2] A. STODOLA: Dampf- und Gasturbinen. 5. Aufl. S. 68. Berlin 1922.
[3] RIEMANN, B. und H. WEBER: Die partiellen Differential-Gleichungen der
math. Phys. 5. Aufl., Bd. 2, S. 503. Braunschweig 1910.

in Düsen und Kanälen von geeignetem Querschnittsverlauf unter Drucksenkung die Geschwindigkeiten w_1 erzeugt denken kann. Senkt man
den Druck auf Null, wobei sich die Enthalpie vollständig in kinetische
Energie umwandelt, so erhält man die Grenzgeschwindigkeit

$$w_\infty = \sqrt{2\,i_0} = \sqrt{2\,\frac{\varkappa}{\varkappa - 1}\,RT_0}. \tag{310a}$$

Weiter gilt die Kontinuitätsgleichung, nach der die Mengenstromdichte $\frac{m'}{f} = \frac{w}{v}$ durch den Stoß nicht geändert wird, oder

$$\frac{w_1}{v_1} = \frac{w_2}{v_2}. \tag{311}$$

Ferner verlangt der Impulssatz, daß die Änderung der Impulsstromdichte $\varrho\,w^2 = w^2/v$ gleich dem Druckunterschied sein muß oder

$$\frac{w_1^2}{v_1} - \frac{w_2^2}{v_2} = (p_2 - p_1), \tag{312}$$

wofür man unter Benutzung von (311) auch schreiben kann

$$\frac{w_1}{v_1}\,(w_1 - w_2) = (p_2 - p_1). \tag{313}$$

In diesen Gleichungen sind die Enthalpien i_1 und i_2 keine selbständigen
Veränderlichen, da sie sich mit Hilfe der kalorischen Zustandsgleichung
$i = i(p, v)$ oder eines Molierdiagramms auf p und v zurückführen
lassen. Wir haben demnach drei Gleichungen zwischen den 6 Veränder-
lichen p_1, v_1, w_1 und p_2, v_2, w_2, so daß, wenn 3 davon willkürlich gewählt
werden, die anderen bestimmt sind. Strömt z. B. ein Gas vom Zustand
p_1, v_1 mit der Überschallgeschwindigkeit w_1 durch ein Rohr und tritt
darin ein stationärer Verdichtungsstoß auf, so kann er nur einen durch die
Gleichungen (310) bis (313) gegebenen Endzustand p_2, v_2, w_2 zur Folge
haben.

Im allgemeinen, d. h. bei beliebigen, etwa durch Kurvenscharen gegebenen kalorischen und thermischen Zustandsgleichungen findet man
den Endzustand 2 für einen gegebenen Anfangszustand 1 z. B. durch
Eliminieren der Unbekannten w_2 in (310) mit Hilfe von (311), was auf

$$i_2 + \left(\frac{w_1}{v_1}\right)^2 \frac{v_2^2}{2} = i_1 + \frac{w_1^2}{2} = i_0 \tag{314}$$

führt. Das ist eine quadratische Gleichung von der Form $i_2 = A - B v_2^2$,
die zu jedem v_2 ein i_2 liefert und in einem Molierdiagramm mit eingezeichneten Isochoren aus den Schnittpunkten zusammengehöriger v_2 und i_2-
Linien als Kurve darstellbar ist. Man bezeichnet solche Kurven als
„Fanno"-Linien.

Die Elimination von w_2 aus (311) und (313) liefert in ähnlicher Weise
eine Beziehung zwischen p_2 und v_2, die man „Rayleigh"-Linie nennt.
Aus dem Schnitt der Fanno-Linie mit der entsprechenden Rayleigh-

Linie z. B. im i, s-Diagramm erhält man das Endergebnis im allgemeinen Falle beliebiger Zustandsgleichungen.

Die Fanno-Kurven geben zugleich die Zustandsänderung in einem zylindrischen Rohr, durch dessen konstanten Querschnitt f der Mengenstrom m' stationär hindurchströmt, wobei keine Wärme zwischen Rohrwand und Strömungsmedium ausgetauscht wird. Denn auch hier gilt $w/v =$ konstant wie in Gl. (311), und die Gesamtenergie bleibt konstant wie bei Gl. (310).

Im Falle des idealen Gases lassen sich, wie PRANDTL[1] zuerst gezeigt hat, geschlossene Formeln angeben. Mit $pv = RT$ und $i = c_p T = = \dfrac{\varkappa}{\varkappa - 1} pv$ lautet unsere Gl. (310), wenn man v_2 mit Hilfe von Gl. (311) entfernt:

$$\frac{w_1^2}{2} + \frac{\varkappa}{\varkappa - 1} p_1 v_1 = \frac{w_2^2}{2} + \frac{\varkappa}{\varkappa - 1} p_2 \frac{w_2}{w_1} v_1 .$$

Eliminiert man daraus p_2 mit Hilfe von Gl. (313), so erhält man

$$\frac{w_1^2 - w_2^2}{2} + \frac{\varkappa}{\varkappa - 1} p_1 v_1 \frac{w_1 - w_2}{w_1} = \frac{\varkappa}{\varkappa - 1} w_2 (w_1 - w_2) ,$$

woraus sich nach Kürzen durch $w_1 - w_2$ und einfaches Umformen ergibt

$$\frac{w_1^2}{2} + \frac{\varkappa}{\varkappa - 1} p_1 v_1 = \frac{\varkappa + 1}{\varkappa - 1} \frac{w_1 w_2}{2}$$

oder mit Einführung der Kesselenthalpie $i_0 = \dfrac{w_1^2}{2} + \dfrac{\varkappa}{\varkappa - 1} p_1 v_1$

$$\frac{w_1 w_2}{2} = \frac{\varkappa - 1}{\varkappa + 1} i_0 . \tag{315}$$

Nach Gl. (295a) können wir damit unter Benutzung der LAVAL-Geschwindigkeit w_s auch schreiben

$$w_1 w_2 = w_s^2 . \tag{316}$$

Das Produkt der Geschwindigkeiten vor und hinter einem stationären Verdichtungsstoß ist also gleich dem Quadrat der Lavalgeschwindigkeit im engsten Querschnitt einer Lavaldüse, mit deren Hilfe man den Zustand und die Überschallgeschwindigkeit vor dem Verdichtungsstoß herstellen kann.

Der gerade Verdichtungsstoß verursacht einen Übergang der Geschwindigkeit von Überschall auf Unterschall, und hinter dem Verdichtungsstoß wirkt die Düsenerweiterung als Diffusor mit Verzögerung der Strömung unter Druckanstieg.

In Abb. 169 unten ist eine Düse dargestellt, in der das Gas aus einem Kessel (Index 0), in dem es die Geschwindigkeit Null hat, über den engsten Querschnitt (Index s) in den Zustand 1 gelangt, von dem es durch den Verdichtungsstoß auf den Zustand 2 gebracht wird. Denken wir uns die

---

[1] Z. ges. Turbinenwes. Bd. 3 (1906), S. 241.

Düse bis auf unendlichen Querschnitt erweitert, so kommt das Gas bei Entspannung ins Vakuum auf die Grenzgeschwindigkeit w_∞.

Wird eine Lavaldüse mit erheblich größerem Gegendruck betrieben, als ihrem Erweiterungsverhältnis entspricht, so wandert ein gerader Verdichtungsstoß so weit in die Erweiterung hinein, daß sein Drucksprung zusammen mit der Drucksteigerung des Diffusors dahinter gerade den vorgegebenen Austrittsdruck liefert. In Abb. 169 sind die Druckverläufe in einer Lavaldüse bei verschiedenem Gegendruck über ihrer Längenkoordinate x aufgetragen. Soll die Düse in ihrer ganzen Länge die Strömung beschleunigen mit einem Druckverlauf nach der stark ausgezogenen Kurve Osa, so muß der Gegendruck am Austritt kleiner oder gleich den Werten dieser Kurve sein. Entspricht der Austrittsdruck dem Punkte d, so erhalten wir den Druckverlauf $Osbcd$ mit dem senkrechten Verdichtungsstoß bc. Für Gegendrucke oberhalb der gestrichelten Kurve scf erhalten wir solche Verdichtungsstöße. Ist der Gegendruck größer als im Punkt e, so erreichten wir nicht die Lavalgeschwindigkeit im Punkte s und bleiben, wie die oberen Kurven der Abbildung andeuten, ganz im Bereich der Unterschallströmung. Liegt der Gegendruck zwischen der gestrichelten Kurve scf und der Kurve sba, so reicht er nicht aus, um einen senkrechten Verdichtungsstoß aufzubauen, und der Druck kann nur in Form von schiefen Ver-

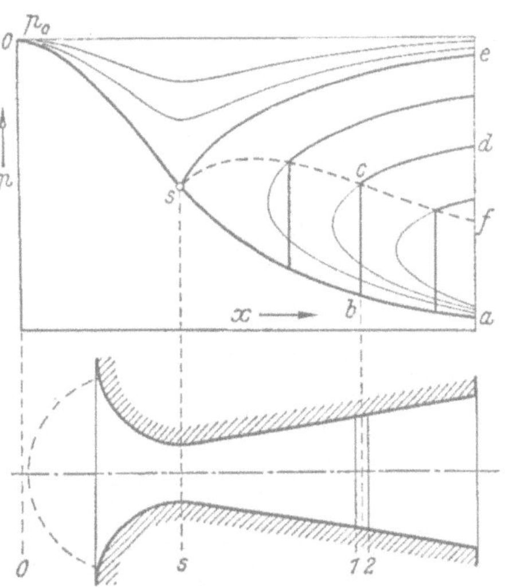

Abb. 169. Verdichtungsstöße in einer Lavaldüse.

dichtungsstößen, die wir nachher behandeln, in die Düse eindringen, wobei der Strahl sich, wie in Abb. 166 angedeutet, von der Wand ablöst. Dadurch werden die Verhältnisse verwickelter und lassen sich nicht mehr als Funktion nur einer Koordinaten darstellen.

Die Theorie des Verdichtungsstoßes erklärt somit die in Abb. 167 dargestellten Messungen STODOLAS. Die dort mit D, E und F bezeichneten Kurven enthalten senkrechte Verdichtungsstöße, wenn ihre Steilheit wegen der Unvollkommenheit der Messungen auch nicht voll zum Ausdruck kommt. Bei den Kurven G, H, I und K war der Gegendruck zu klein für einen senkrechten Verdichtungsstoß, und die verwickelteren Vorgänge der schiefen Verdichtungsstöße und der Ablösung des Strahles von der Wand drücken sich in der Wellung dieser Kurven aus.

Die Verhältnisse des geraden Verdichtungsstoßes lassen sich sehr anschaulich mit Hilfe eines p, w-Diagrammes darstellen, wie wir es be-

19*

reits bei der Kurve w in Abb. 161 benutzt hatten. Nach Gl. (286) ist die Strömungsgeschwindigkeit

$$w = \sqrt{2\,\frac{\varkappa}{\varkappa-1}\,p_0\,v_0}\;\sqrt{1-\left(\frac{p}{p_0}\right)^{\frac{\varkappa-1}{\varkappa}}} = \sqrt{2\,c_p\,T_0}\;\sqrt{1-\frac{T}{T_0}}\,, \quad (317)$$

wenn p_0, v_0 und T_0 den Anfangszustand des Gases in einem Druckkessel kennzeichnen, in dem es sich in Ruhe befindet. Führen wir weiter die Lavalgeschwindigkeit $\;w_s = \sqrt{2\,\dfrac{\varkappa}{\varkappa+1}\,p_0\,v_0}\;$ nach Gl. (295) ein und benützen die dimensionslosen Koordinaten[1]

$$\omega = \frac{w}{w_s}\,, \;\; \pi = \frac{p}{p_0}\,, \;\; \tau = \frac{T}{T_0} \;\text{ und }\; \nu = \frac{v}{v_0}\,,$$

so vereinfacht sich Gl. (317) zu

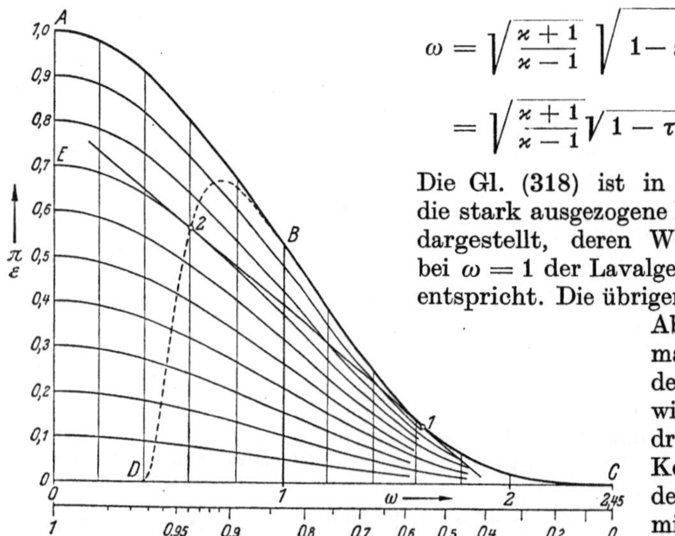

Abb. 1 0. Druck-Geschwindigkeitsdiagramme in dimensionslosen Koordinaten $\pi = \dfrac{p}{p_0}$, $\omega = \dfrac{w}{w_s}$ für $\varkappa = 1{,}4$.

$$\omega = \sqrt{\frac{\varkappa+1}{\varkappa-1}}\;\sqrt{1-\pi^{\frac{\varkappa-1}{\varkappa}}}$$

$$= \sqrt{\frac{\varkappa+1}{\varkappa-1}}\sqrt{1-\tau}\,. \quad (318)$$

Die Gl. (318) ist in Abb. 170 als die stark ausgezogene Kurve $A\,B\,1\,C$ dargestellt, deren Wendepunkt B bei $\omega = 1$ der Lavalgeschwindigkeit entspricht. Die übrigen Kurven der Abbildung kann man auf folgende Weisen gewinnen: Man drosselt den Kesseldruck auf den Wert $\varepsilon\,p_0$ mit $\varepsilon < 1$, wobei die Temperatur beim vollkommenen Gas sich nicht ändert, das Gas in Ruhe bleibt, sein spezifisches Volum auf $\dfrac{v_0}{\varepsilon}$ steigt und die Entropie zunimmt. Von diesen gedrosselten Drücken $\varepsilon\,p_0$ entspannt man das Gas durch eine Lavaldüse, wobei es die Geschwindigkeiten

$$w = w_s\sqrt{\frac{\varkappa+1}{\varkappa-1}}\;\sqrt{1-\left(\frac{p}{\varepsilon\,p_0}\right)^{\frac{\varkappa-1}{\varkappa}}} \quad (319)$$

---

[1] In diesen Koordinaten hat die Zustandsgleichung des vollkommenen Gases die einfache Form $\pi\nu = \tau$. Vgl. S. 39.

erreicht oder mit $\pi_\varepsilon = \dfrac{p}{\varepsilon\,p_0}$ als dimensionsloser Ordinaten einer der Kurven

$$\omega = \sqrt{\frac{\varkappa+1}{\varkappa-1}}\;\sqrt{1-(\pi_\varepsilon)^{\frac{\varkappa-1}{\varkappa}}} = \sqrt{\frac{\varkappa+1}{\varkappa-1}}\;\sqrt{1-\tau}\,. \qquad (320)$$

Diese Gleichung ist durch die schwach ausgezogenen Kurven der Abbildung dargestellt mit $\varepsilon = 0{,}9;\ 0{,}8 \ldots 0{,}1$. Die Kurven unterscheiden sich nur durch den jeweiligen Faktor ε der Ordinaten, und sie endigen in demselben Punkt $\omega = \sqrt{\dfrac{\varkappa+1}{\varkappa-1}} = 2{,}45$ der Abszissenachse. Alle Kurven entsprechen einer verlustlosen adiabaten Umwandlung von Enthalpie in kinetische Energie und sind daher Isentropen, wobei die Entropie mit abnehmendem ε wächst. Jedem ω entspricht nach Gl. (320) eine bestimmte Temperatur τ, die Vertikalen konstanter Geschwindigkeit sind daher zugleich Isothermen und Linien konstanter Enthalpie. Die Temperaturteilung ist aber nicht linear, sondern nach Gl. (320) eine quadratische Funktion von ω, sie ist in Abb. 170 unter der Geschwindigkeitsskala gezeichnet. Das ganze Diagramm kann daher auch als ein p, T oder p, i-Diagramm mit verzerrtem Abszissenmaßstab aufgefaßt werden, in das Isentropen eingetragen sind. In dieser dimensionslosen Form ist es für alle Gase von gleichem $\varkappa$ bei beliebigem Anfangszustand (Kesselzustand) verwendbar. Abb. 170 ist für 2atomige Gase mit $\varkappa = 1{,}40$ gezeichnet. Für andere Werte von $\varkappa$ verlaufen die Kurven etwas anders.

Die gestrichelte Kurve $B\,2\,D$ verbindet die Berührungspunkte aller Tangenten, die die Kurve $A\,B\,C$ von unten und eine der anderen Kurven von oben berühren. Sie begrenzt das Zustandsfeld $O\,A\,B\,2\,D\,O$, das, wie wir sehen werden, hinter einem Verdichtungsstoß erreicht wird.

Durch Differenzieren von Gl. (319) erhält man

$$-\frac{dp}{dw} = 2\,\frac{\varkappa}{\varkappa+1}\,\frac{\varepsilon\,p_0}{w_s^2}\left(\frac{p}{\varepsilon\,p_0}\right)^{\frac{1}{\varkappa}}\cdot w\,. \qquad (321)$$

Bei isentroper Expansion von einem Zustand εp_0 und v_0/ε, wie er dem Punkt ε der Ordinatenachse entspricht, ist

$$p\,v^\varkappa = \varepsilon\,p_0\left(\frac{v_0}{\varepsilon}\right)^\varkappa \quad \text{oder} \quad \left(\frac{p}{\varepsilon\,p_0}\right)^{\frac{1}{\varkappa}} = \frac{v_0}{\varepsilon\,v}$$

und Gl. (321) wird bei Beachtung von $w_s^2 = 2\,\dfrac{\varkappa}{\varkappa+1}\,p_0\,v_0$

$$-\frac{dp}{dw} = 2\,\frac{\varkappa}{\varkappa+1}\,\frac{p_0\,v_0}{w_s^2}\,\frac{w}{v} = \frac{w}{v}$$

oder in dimensionslosen Koordinaten

$$-\frac{d\pi}{d\omega} = 2\,\frac{\varkappa}{\varkappa+1}\,\frac{\omega}{v}\,, \qquad (321\,\text{a})$$

d. h. die Neigung aller Kurven der Abb. 170 ist proportional der Mengenstromdichte ω/v. Zieht man demnach eine Gerade, z. B. 12, die eine der π, ω-Kurven im Überschallbereich von unten (Punkt 1), eine andere im Unterschallbereich von oben (Punkt 2) berührt, so sind die Mengenstromdichten an beiden Stellen dieselben, was Gl. (311) für den Verdichtungsstoß verlangt. Für die Neigung der Geraden 12 gilt aber auch

$$\frac{\pi_2 - \pi_1}{\omega_1 - \omega_2} = -\frac{d\pi}{d\omega} = 2\,\frac{\varkappa}{\varkappa + 1}\,\frac{\omega}{v}$$

oder mit Gl. (295) in gewöhnlichen Koordinaten

$$\frac{p_2 - p_1}{w_1 - w_2} = \frac{w_1}{v_1} = \frac{w_2}{v_2}$$

in Übereinstimmung mit Gl. (313). Schließlich haben wir der Energiegleichung (310) dadurch genügt, daß unser Diagramm nichts anderes ist als ein p, T- oder p, i-Diagramm mit einem entsprechend der Energiegleichung verzerrten Abszissenmaßstab.

Die gemeinsame Tangente 12 zweier Kurven unseres Diagrammes entspricht somit dem Verdichtungsstoß. Tritt in der Erweiterung einer Lavaldüse ein Verdichtungsstoß auf, so ist die Strömung vom Druckkessel über die engste Stelle bis zum Verdichtungsstoß durch das Kurvenstück $A\,B\,1$ dargestellt. Im Stoß springt der Zustand von 1 nach 2, und danach verläuft die Strömung ganz im Unterschallgebiet entsprechend der Kurve $2\,E$, wenn man sie durch einen ausreichend erweiterten Diffusor auf Null verzögert. Dabei wird nur der Druck εp_0 erreicht; dem Druckverlust $(1 - \varepsilon)p_0$ entspricht eine Entropiezunahme

$$s_2 - s_1 = R \ln \frac{1}{\varepsilon} \tag{322}$$

und wir sehen, daß der Verdichtungsstoß ein nichtumkehrbarer Vorgang ist.

Die Druckeinbuße und damit die Entropiezunahme bleiben klein, wie man aus der Abbildung sofort erkennt, wenn die Strömung die Schallgeschwindigkeit (Punkt B) nicht erheblich überschreitet, sie werden sehr beträchtlich, wenn die Geschwindigkeit der Grenzgeschwindigkeit w_∞ nahekommt.

b) Der schräge Verdichtungsstoß.

Außer den senkrechten gibt es auch schräge Verdichtungsstöße, bei denen die Strömung unter beliebigem Winkel in die Stoßfront eintritt. Ein solcher schräger Verdichtungsstoß ist z. B. die Kopfwelle eines mit mehr als Schallgeschwindigkeit fliegenden Geschosses (vgl. Abb. 165 auf S. 285). Man kann den schrägen Verdichtungsstoß dadurch erzeugt denken, daß dem senkrechten Verdichtungsstoß ein Feld konstanter Geschwindigkeit parallel zur Stoßfront überlagert wird. Das entspricht der Betrachtung von einem mit konstanter Geschwindigkeit parallel zur Stoßfront bewegten Koordinatensystem, in dem der Verdichtungsstoß seinen stationären Charakter behält.

Abb. 171 zeigt die Geschwindigkeiten beim schrägen Verdichtungsstoß in einem Vektordiagramm. Dabei sind w_1 und w_2 die Geschwindigkeiten vor und hinter dem senkrechten Verdichtungsstoß, w_t ist die konstante Geschwindigkeit des überlagerten Feldes und somit zugleich die gemeinsame zur Stoßfront parallele Komponente der wirklichen Geschwindigkeiten w_a und w_b vor und hinter dem schrägen Stoß.

Zu einer gegebenen Anfangsgeschwindigkeit w_a bei gegebenem Anfangszustand p_1, v_1 vor dem Stoß und für einen gegebenen Neigungswinkel α der Geschwindigkeit w_a zur Stoßfrontnormalen findet man die Geschwindigkeit w_b nach dem Stoß folgendermaßen: Man zeichnet aus

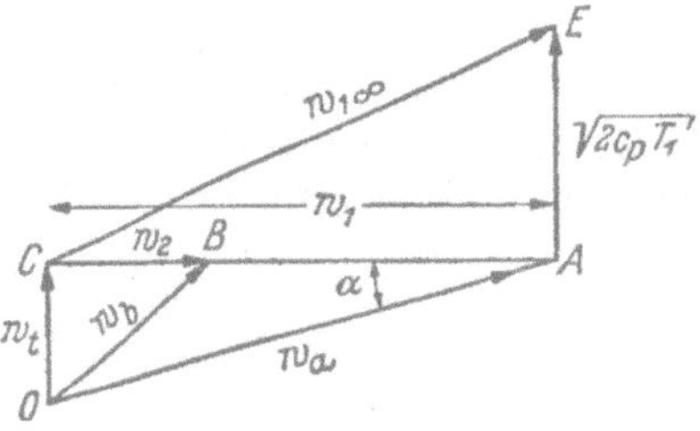

Abb. 171. Vektor-Diagramm der Geschwindigkeiten beim schrägen Verdichtungsstoß.

w_a und α das rechtwinklige Dreieck OAC, wodurch w_t und AC als geometrischer Ort für den Endpunkt von w_b gefunden sind. Nun zieht man

$$AE = \sqrt{2\,c_p\,T_1} = \sqrt{2\,\frac{\varkappa}{\varkappa-1}\,p_1\,v_1}\ \text{senkrecht zu}\ CA\ \text{entsprechend der aus}$$

der Enthalpie $c_p T_1$ bei Entspannung auf den Druck 0 gewinnbaren Geschwindigkeit. Dann ist

$$CE = \sqrt{w_1^2 + 2\,c_p\,T_1} = \sqrt{w_1^2 + 2\,\frac{\varkappa}{\varkappa-1}\,p_1\,v_1} = w_{1\infty} \qquad (323)$$

die zu der Geschwindigkeit w_1 des senkrechten Stoßes gehörige Grenzgeschwindigkeit $w_{1\infty}$. Damit kennt man auch die zu w_1 gehörige Lavalgeschwindigkeit

$$w_{1s} = w_{1\infty}\sqrt{\frac{\varkappa-1}{\varkappa+1}} \qquad (324)$$

und nach Gl. (315a) und (316) gilt jetzt

$$w_1 w_2 = w_{1s}^2 = \frac{\varkappa-1}{\varkappa+1}\,w_{1\infty}^2 . \qquad (325)$$

Zur übersichtlichen Darstellung der Verhältnisse beim schrägen Verdichtungsstoß benutzt man zweckmäßig das von A. BUSEMANN angegebene Stoßpolarendiagramm. Es gibt für beliebig gegebene Geschwin-

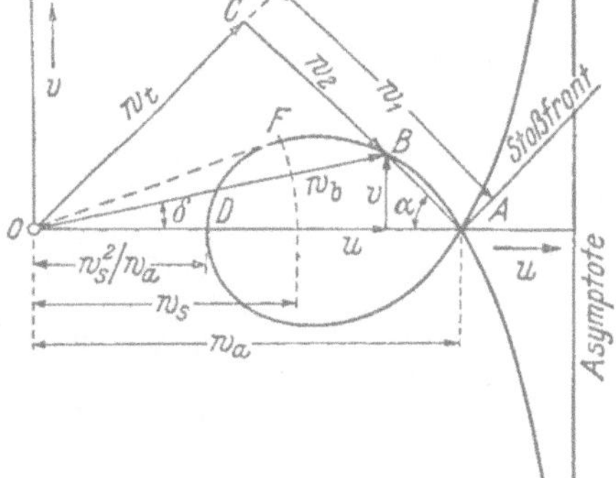

Abb. 172. Stoßpolare des schrägen Verdichtungsstoßes.

digkeitsvektoren w_a vor dem Stoß die zugehörigen Geschwindigkeitsvektoren w_b hinter dem Stoß durch die geometrischen Orte ihrer Endpunkte, die sogenannten Stoßpolaren. In Abb. 172 ist die blattförmige Kurve eine solche Stoßpolare, deren Gleichung wir nun ableiten wollen. Dazu denken wir uns die Geschwindigkeit w_a aus dem ruhenden Gas eines

Druckkessels mit der Enthalpie $i_0 = c_p T_0 = \dfrac{\varkappa}{\varkappa-1}\,p_0 v_0$ erzeugt. Diesem

Kesselzustand entspricht die Grenzgeschwindigkeit $w_\infty = \sqrt{2\,i_0}$ und die Lavalgeschwindigkeit

$$w_s = \sqrt{\frac{\varkappa - 1}{\varkappa + 1}}\;\sqrt{2\,i_0}\,.$$

Wenn wir wieder die Geschwindigkeitskomponenten w_1 und w_2 senkrecht zur Stoßfront einführen, gilt für die Enthalpien vor und hinter dem Stoß

$$i_1 = \frac{\varkappa}{\varkappa - 1}\,p_1 v_1 = i_0 - \left(\frac{w_1^2}{2} + \frac{w_t^2}{2}\right)$$

$$i_2 = \frac{\varkappa}{\varkappa - 1}\,p_2 v_2 = i_0 - \left(\frac{w_2^2}{2} + \frac{w_t^2}{2}\right)$$

und mit $i_0 = w_\infty^2/2$ erhält man durch Auflösen nach p_1 und p_2

$$p_1 = \frac{1}{v_1}\,\frac{\varkappa - 1}{\varkappa}\left(\frac{w_\infty^2}{2} - \frac{w_1^2}{2} - \frac{w_t^2}{2}\right)$$

$$p_2 = \frac{1}{v_2}\,\frac{\varkappa - 1}{\varkappa}\left(\frac{w_\infty^2}{2} - \frac{w_2^2}{2} - \frac{w_t^2}{2}\right).$$

Setzt man diese Werte in Gl. (313) ein und beachtet Gl. (311), so wird

$$\frac{\varkappa - 1}{\varkappa}\left(\frac{w_\infty^2}{2} - \frac{w_t^2}{2} - \frac{w_1^2}{2}\right) + w_1^2 = \frac{w_1}{w_2}\left[\frac{\varkappa - 1}{\varkappa}\left(\frac{w_\infty^2}{2} - \frac{w_t^2}{2} - \frac{w_2^2}{2}\right) + w_2^2\right]$$

oder $w_2\left(w_\infty^2 - w_t^2 + \dfrac{\varkappa + 1}{\varkappa - 1}\,w_1^2\right) = w_1\left(w_\infty^2 - w_t^2 + \dfrac{\varkappa + 1}{\varkappa - 1}\,w_2^2\right),$

was auch

$$(w_2 - w_1)\,(w_\infty^2 - w_t^2) = \frac{\varkappa + 1}{\varkappa - 1}\,(w_2 - w_1)\,w_1 w_2$$

geschrieben werden kann. Kürzen durch $(w_2 - w_1)$ gibt schließlich

$$w_1 w_2 = \frac{\varkappa - 1}{\varkappa + 1}\,(w_\infty^2 - w_t^2) \tag{326}$$

oder

$$w_1 w_2 = w_s^2 - \frac{\varkappa - 1}{\varkappa + 1}\,w_t^2. \tag{326a}$$

Vergleicht man (326) mit (325), so findet man

$$w_\infty^2 = w_{1\infty}^2 + w_t^2, \tag{327}$$

die Grenzgeschwindigkeit des Kessels ist also die Hypotenuse eines rechtwinkligen Dreieckes mit den Katheten der Grenzgeschwindigkeit $w_{1\infty}$ des zugehörigen senkrechten Verdichtungsstoßes und der Tangentialkomponente w_t.

Um die Gleichung der Stoßpolaren zu finden, führen wir nach Abb. 172 ein rechtwinkliges Koordinatensystem[1] $u,\ v$ ein, dessen u-Achse mit w_a zusammenfällt. Dann muß die Stoßpolare sich durch eine Gleichung der

---

[1] Die Koordinate v hat natürlich nichts mit dem spezifischem Volum v zu tun.

Form $v = f(u)$ darstellen lassen. Aus der Abbildung lesen wir die folgenden einfachen Beziehungen ab:

$$w_1 = w_a \cos \alpha; \quad w_2 = w_a \cos \alpha - \frac{v}{\sin \alpha}; \quad w_t = w_a \sin \alpha \quad \text{und} \quad \text{tg } \alpha = \frac{v}{w_a - u}$$

Einsetzen dieser Werte in Gl. (326a) liefert

$$w_a^2 \cos^2 \alpha - w_a (w_a - u) = w_s^2 - \frac{\varkappa - 1}{\varkappa + 1} w_a^2 \sin^2 \alpha.$$

Ersetzt man hierin cos und sin durch tg mit Hilfe der Gleichungen

$$\cos^2 \alpha = \frac{1}{1 + \text{tg}^2 \alpha} = \frac{(w_a + u)^2}{v^2 + (w_a - u)^2} \quad \text{und} \quad \sin^2 \alpha = \frac{\text{tg}^2 \alpha}{1 + \text{tg}^2 \alpha} = \frac{v^2}{v^2 + (w_a - u)^2}$$

und dividiert durch w_a, so erhält man

$$\frac{w_a (w_a - u)^2}{v^2 + (w_a - u)^2} + \frac{\varkappa - 1}{\varkappa + 1} \cdot \frac{w_a v^2}{v^2 + (w_a - u)^2} = w_a - u + \frac{w_s^2}{w_a}$$

und nach v^2 aufgelöst

$$v^2 = \frac{(u - w_a)^2 \left(u - \dfrac{w_s^2}{w_a} \right)}{\dfrac{w_s^2}{w_a} + \dfrac{2}{\varkappa + 1} w_a - u}. \tag{328}$$

Das ist die Gleichung der Strophoide oder des Cartesischen Blattes, wie in Abb. 172 dargestellt. Die Kurve schneidet die u-Achse einmal bei $u_1 = \dfrac{w_s^2}{w_a}$ und nochmal in einem Doppelpunkt bei $u_2 = w_a$. Für Abszissenwerte $u > w_a$, die natürlich keine physikalische Bedeutung haben, da die Geschwindigkeit des Gases beim Durchgang durch den Verdichtungsstoß nicht zunehmen kann, laufen die Kurvenäste ins Unendliche mit der gemeinsamen Asymptote $u = \dfrac{w_s^2}{w_a} + \dfrac{2}{\varkappa + 1} w_a$. Die Abszisse w_s der Lavalgeschwindigkeit ist das geometrische Mittel der beiden Abszissenwerte u_1 und u_2.

In Abb. 173 ist eine Schar von Stoßpolaren mit $\varkappa = 1{,}40$, wie es 2atomigen Gasen entspricht, für verschiedene Werte von w_a bei gleichgehaltenem w_s und somit gleichgehaltener Kesseltemperatur gezeichnet. Mit kleinerem Verhältnis w_a/w_s werden die Stoßpolaren kleiner und schrumpfen für $w_a = w_s$ auf einen Punkt zusammen. Mit wachsendem w_a/w_s werden sie größer und gehen für $w_a = w_\infty = \sqrt{\dfrac{\varkappa + 1}{\varkappa - 1}}\, w_s$ schließlich in einen Kreis über, die der Abszissenachse bei w_∞ und bei $w_s \sqrt{\dfrac{\varkappa - 1}{\varkappa + 1}}$ schneidet. In diesem Falle vereinfacht sich ihre Gleichung zu

$$v^2 = \left(u - \sqrt{\frac{\varkappa - 1}{\varkappa + 1}}\, w_s \right) \left(\sqrt{\frac{\varkappa + 1}{\varkappa - 1}}\, w_s - u \right). \tag{329}$$

Der Kreis um den Nullpunkt mit $r = w_s$ trennt das Überschall- vom Unterschallgebiet.

Um zu einer gegebenen Geschwindigkeit w_a und gegebener Enthalpie i_a vor dem Stoß bei gegebener Neigung der Stoßfront die Geschwindigkeit w_b nach dem Stoß mit Hilfe des Stoßpolarendiagramms zu finden, verfährt man wie folgt: Man ermittelt zunächst die Kesselenthalpie $i_0 = i_a + \dfrac{w_a^2}{2}$ und daraus nach Gl. (295a) die Lavalgeschwindigkeit

$$w_s = \sqrt{\frac{\varkappa - 1}{\varkappa + 1}}\ \sqrt{2\,i_0}\,,$$

dann trägt man w_a in dem zur Wiedergabe von w_s benutzten Maßstab

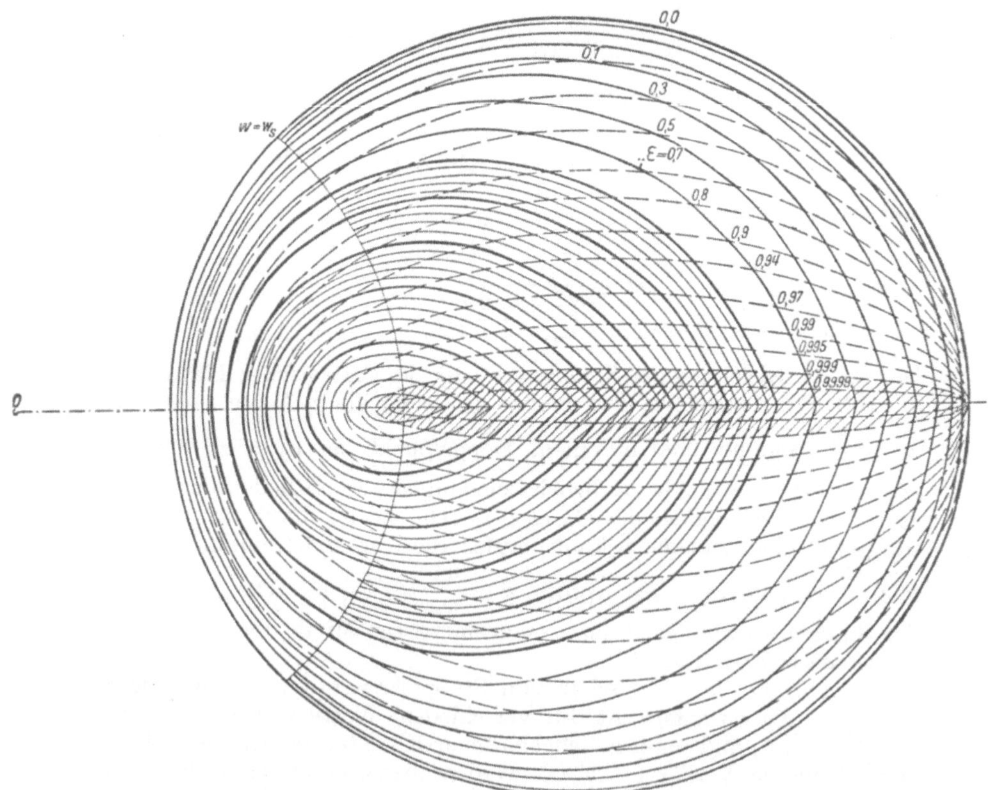

Abb. 173. Stoßpolaren-Diagramm für zweiatomige Gase nach A. BUSEMANN.

auf der waagerechten Achse des Stoßpolarendiagramms ab (Strecke $0\,A$ der Abb. 172). Die Stoßpolare durch Punkt A ist nun der geometrische Ort der Endpunkte aller möglichen Geschwindigkeitsvektoren w_b nach dem Stoß. Legt man durch den Punkt A die Stoßfront, deren Normale die Stoßpolare in B schneidet, so ist $0\,B$ der Vektor w_b der Geschwindigkeit nach dem Stoß.

Die gestrichelten Kurven der Abb. 173 entsprechen dem bereits in Abb. 170 behandelten Verhältnis ε der Kesseldrucke nach und vor dem

Stoß und sind damit nach Gl. (322) Linien gleicher Entropiezunahme $R \ln \frac{1}{\varepsilon}$ des Stoßvorganges. In dem schraffierten Gebiet mit $0{,}999 < \varepsilon < 1$ ist die Entropiezunahme sehr klein, der Stoß also fast reversibel, und man erkennt, daß nicht allzu große Richtungsänderungen bei schrägen Verdichtungsstößen mit geringen Verlusten möglich sind.

Der schräge Verdichtungsstoß bewirkt eine plötzliche Umlenkung der Strömung um den endlichen Winkel δ zwischen den Geschwindigkeitsvektoren vor und nach dem Stoß. Er entspricht daher einer Strömung mit Überschallgeschwindigkeit über eine einspringende Ecke oder gegen einen Keil nach Abb. 174. Bei kleinem Keilwinkel des symmetrisch angeströmten Keils gehen von ihm nach beiden Seiten schräge Verdichtungsstöße aus, deren Front-

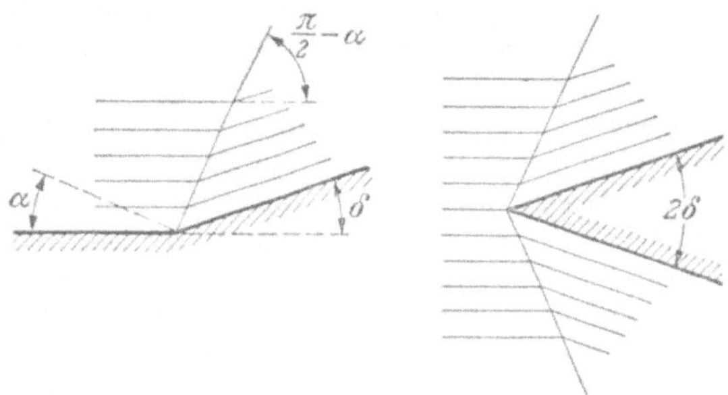

Abb. 174a und b. Strömung mit Überschallgeschwindigkeit durch eine einspringende Ecke und gegen einen Keil.

normale mit der Anströmrichtung einen Winkel bildet, den wir in Abb. 172 mit α bezeichnet hatten. Für kleine Richtungsänderungen δ der Strömung ist dieser Winkel α gleich der Neigung der Tangenten im Doppelpunkt der Stoßpolaren und sein Komplement $\frac{\pi}{2} - \alpha$ ist der sogenannte Machsche Winkel, unter dem eine kleine Störung in eine Überschallströmung eindringt.

Vergrößert man den Ablenkungswinkel δ der Strömung, so wird α kleiner, bis $w_b = w_s$ wird und die Stoßpolare Abb. 172 in F berührt. Noch größere Ablenkungswinkel liefern keinen reellen Schnittpunkt mit der Stoßpolaren und führen nicht mehr zu schrägen Verdichtungsstößen, die von der Keilkante ausgehen. In diesem Falle tritt nach Abb. 175a in endlichem Abstand vor der Keilkante ein gerader Verdichtungsstoß auf, in dem die Geschwindigkeit ohne Richtungsänderung

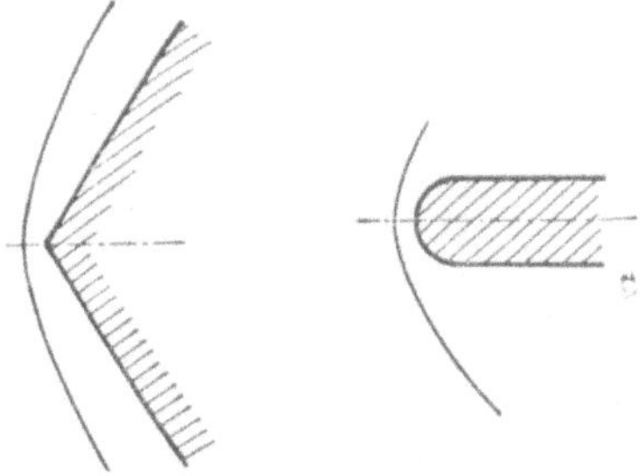

Abb. 175a und b. Verdichtungsstöße vor stumpfem Keil und vor abgerundetem Körper.

von OA auf den Unterschallwert OD (Abb. 172) springt. Je höher die Anströmgeschwindigkeit, um so näher kommt der Verdichtungsstoß der Keilkante. Nach den Seiten krümmt sich die Stoßfront, der gerade Verdichtungsstoß geht allmählich in einen schrägen über, und die Endpunkte der Geschwindigkeiten w_b wandern auf der Stoßpolaren langsam von D nach F, die Geschwindigkeiten hinter der Stoßfront bleiben aber kleiner als w_s und damit im Unterschallbereich.

Ähnlich liegen die Verhältnisse vor einem abgerundeten Körper in der Überschallströmung, wie das Abb. 175b zeigt. Auch hier tritt unmittelbar vor dem Hindernis ein gerader Verdichtungsstoß auf, der nach den Seiten hin in einen schrägen übergeht, wobei der Endpunkt des Geschwindigkeitsvektors im Polardiagramm der Abb. 172 zunächst von D nach F wandert. Von einer gewissen Entfernung an geht die Geschwindigkeit aber über F hinaus, um in großer Entfernung schließlich nach A mit $w_b = w_a$ zu gelangen.

Die Tatsache, daß vor einem stumpfen Hindernis ein gerader Verdichtungsstoß auftritt, ist wichtig für die Messung von Staudrücken mit Pitotrohren in Strömungen mit Überschallgeschwindigkeit. Das Staurohr mißt hier nicht einen dem vollen Betrag der kinetischen Energie entsprechenden Druck p_0 (Kesseldruck), sondern nur den Bruchteil εp_0, den wir am einfachsten mit Hilfe des p,w-Diagrammes der Abb. 170 ermitteln können. Um aus dem gemessenen Druck, dem sogenannten Pitotdruck, die wirkliche Strömungsgeschwindigkeit zu erhalten, brauchen wir außer der Gaskonstanten oder dem Molekulargewicht aber noch die Kenntnis zweier Zustandsgrößen, z. B. des Druckes und der Temperatur in der ungestörten Strömung oder noch einfacher bei Kesselszustand.

Der schwache gerade Verdichtungsstoß und der schwache schiefe Verdichtungsstoß sind, wie das schraffierte Gebiet des Polarendiagrammes gezeigt hatte, fast reversibel und nur mit geringen Verlusten verbunden. Bei kleinem Ablenkungswinkel geht die Entropiezunahme so stark gegen Null, daß man den Stoß praktisch als verlustlos ansehen kann.

Es ist deshalb mit weniger Verlust verbunden, wenn man die Geschwindigkeit einer Überschallströmung erst durch mehrere schräge Verdichtungsstöße der Lavalgeschwindigkeit nähert und sie dann durch einen schwachen, geraden Verdichtungsstoß auf Unterschallgeschwindigkeit bringt, als wenn man dieselbe Verzögerung auf einmal durch einen starken, geraden Verdichtungsstoß bewirkt. Auf die technischen Möglichkeiten dieser Überlegungen hat, soweit mir bekannt, zuerst K. Oswatitsch 1944 hingewiesen.

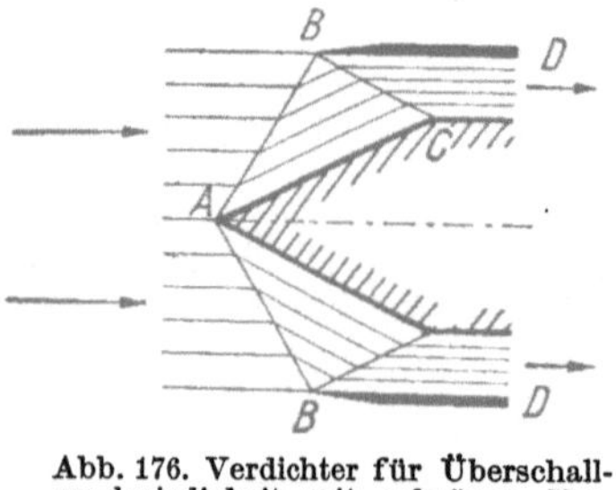

Eine solche Strömung mit Überschallgeschwindigkeit durch einen ebenen Kanal mit eingebautem scharfkantigen Verdrängungskörper zeigt z. B. Abb. 176. Von der scharfen Schneide A gehen nach beiden Seiten schräge Verdichtungsstöße AB aus, hinter denen sich die Strömung schräg zur Kanalachse bewegt. Das Wandstück BD wirkt daher wie ein angeströmter Keil, von dem ein neuer Verdichtungsstoß BC ausgeht, der die Strömung wieder in die alte Richtung einlenkt. Sorgt man dafür, daß an der Stelle C, wo der Verdichtungsstoß BC den Verdrängungskörper trifft, dessen Wand parallel zu BD umbiegt, so ist die Strömung hinter BC wieder eine reine Parallelströmung, aber mit geringerer Geschwindig-

Abb. 176. Verdichter für Überschallgeschwindigkeit mit schrägen Verdichtungsstößen.

keit und höherem Druck als vor dem ersten Verdichtungsstoß AB. Man kann dieses Verfahren mehrmals wiederholen und dadurch die Geschwindigkeit der Lavalgeschwindigkeit nähern. Die Umlenkung um einen endlichen Winkel bei A und C kann man auch in eine Folge von unendlich kleinen Umlenkungen auflösen. Dabei erhält man statt der Geraden AC eine Kurve, die bei entsprechender Ausbildung der gegenüberliegenden Wand eine, abgesehen von der Wandreibung, isentrope und daher verlustlose Verzögerung der Überschallströmung bis auf wenig mehr als Lavalgeschwindigkeit liefert. Diese Strömung kann man durch einen schwachen geraden Verdichtungsstoß auf Unterschallgeschwindigkeit bringen und in gewöhnlichen Diffusoren weiter verzögern. Dieses des leichteren Verständnisses wegen zunächst am ebenen Fall erläuterte Verfahren läßt sich auch auf Kanäle mit Kreisquerschnitt übertragen[1].

Wenn Flugzeuge schneller als der Schall fliegen, wird man die Öffnungen für den Eintritt der Verbrennungsluft in die Triebwerke in dieser Weise ausbilden[2]. Denn die Verbrennung muß notwendig bei höherem Druck stattfinden, wenn man aus Verbrennungswärme Vortriebsenergie gewinnen will. Eine große praktische Schwierigkeit für die Anwendung ist, daß die nach vorstehenden Überlegungen ermittelten Kanalformen der Überschallströmung immer nur für eine ganz bestimmte Eintrittsgeschwindigkeit richtig sind und daß schon bei wenig abweichenden Geschwindigkeiten erhebliche Verluste auftreten im Gegensatz zum Diffusor als Verzögerungsorgan im Unterschallbereich, dessen Wirkungsgrad von der Geschwindigkeit kaum abhängt.

XIV. Strömungsmaschinen.

89. Allgemeines, Arbeitsumsatz bei strömendem Gas.

Kolbenmaschinen in Gestalt von Dampfmaschinen, Verbrennungsmotoren, Verdichtern und Kältemaschinen bildeten die ersten praktischen Anwendungen der Thermodynamik zur Umwandlung von Wärme in mechanische Energie und umgekehrt. Bei Verdichtern und Kältemaschinen ist zwar die Umwandlung von mechanischer Energie in Wärme nicht der eigentliche Zweck, aber sie ist nach dem zweiten Hauptsatz eine unumgängliche Begleiterscheinung. Bei Verdichtern soll Druckgas erzeugt werden, die zugeführte Arbeit wird dabei in Wärme verwandelt, die bei der isothermen Verdichtung abgeführt wird, bei der adiabaten als innere Energie im Gas bleibt. Bei den Kältemaschinen soll einem Körper niederer Temperatur Wärme entzogen und bei höherer Temperatur abgeführt werden. Mit diesem Vorgang notwendig verknüpft ist die Umwandlung der aufgewendeten Arbeit in Wärme, die bei der höheren Temperatur mit abgeführt wird.

Heute ist man bestrebt, von Kolbenmaschinen zu Strömungsmaschinen überzugehen, die unmittelbar Drehbewegungen liefern ohne

---

[1] Vgl. R. SAUER: Theoretische Einführung in die Gasdynamik. 2. Aufl. Berlin/Göttingen/Heidelberg: Springer 1951.
[2] Vgl. den Vorschlag von A. TROMSDORF, S. 339.

den Umweg über den Kurbeltrieb, und die von den arbeitenden Gasen kontinuierlich durchströmt werden. Strömungsmaschinen sind einfacher im Aufbau und nicht so schwer, da sie wesentlich höhere Drehzahlen zulassen als Kolbenmaschinen mit ihren hin- und hergehenden Massen.

Alle Betrachtungen über die theoretische Arbeit der thermodynamischen Prozesse gelten für Strömungsmaschinen in gleicher Weise wie für Kolbenmaschinen, da es gleichgültig ist, welche Maschinenart man verwendet, um nach dem zweiten Hauptsatz Wärme reversibel in Arbeit zu verwandeln oder umgekehrt.

An Wirkungsgrad blieben die Strömungsmaschinen zunächst hinter den Kolbenmaschinen erheblich zurück. Zuerst gelang es der Dampfturbine, die Kolbenmaschine, wenigstens für große Leistungen, aus dem Felde zu schlagen. Dann kam der Turbokompressor in seiner radialen Bauart. Der Axialverdichter und die Gasturbine wurden erst durch die von der Luftfahrt angeregten Fortschritte der Strömungslehre möglich. Heute hat die Gasturbine mit Strahlvortrieb den Kolbenflugmotor bei großen Fluggeschwindigkeiten bereits überholt, und es ist vorauszusehen, daß die Gasturbine in naher Zukunft mit dem Dampfkraftwerk in ernsthaften Wettbewerb treten wird.

Außer den Hubkolbenmaschinen mit geradlinig auf und ab bewegtem Kolben gibt es auch Maschinen mit rotierendem Kolben, von denen die Bauart von F. WANKEL als Verbrennungsmotor Erfolg verspricht.

Bei Kolbenmaschinen erfolgt die Umwandlung von Wärmeenergie in mechanische Energie letzten Endes dadurch, daß die den bewegten Kolben treffenden Gasmolekeln mit anderer Geschwindigkeit reflektiert werden, als sie auftreffen. Bei dem Arbeitsgewinn aus Wärme bewegt sich der Kolben in Richtung einer Komponente der Auftreffgeschwindigkeit der Molekeln, bei der Umwandlung von Arbeit in Wärme in entgegengesetzter Richtung.

Bei der Strömungsmaschine wird die Wärmeenergie durch Düsen oder ruhende Schaufelkränze zunächst in eine gerichtete Strömung des Gases und damit in mechanische Energie verwandelt. Dieser Strömung wird dann mit Hilfe von bewegten Schaufelkränzen Arbeit entnommen oder zugeführt, wobei sich im allgemeinen sowohl die Größe wie die Richtung der Strömungsgeschwindigkeit ändern. Hat die Änderung der Strömungsgeschwindigkeit eine Komponente in Richtung der Schaufelgeschwindigkeit, so wird der Strömung Energie zugeführt, im entgegengesetzten Falle entzogen. Was am bewegten Kolben die Einzelmolekeln bewirkten, geschieht an der bewegten Schaufel durch makroskopische Gasströmung. Eine Strömungsmaschine mit vier ruhenden und vier bewegten Schaufelkränzen ist in Abb. 177 dargestellt. Dabei ist oben ein axialer Schnitt der Maschine gezeigt, in der Mitte die Abwicklung eines zylindrischen Schnittes durch die Schaufelmitten und unten ein Plan des Verlaufes von Druck und Geschwindigkeit. Laufen die beweglichen Schaufelkränze von unten nach oben, und strömt das Gas von links nach rechts durch die Maschine, wie das die Pfeile der Abbildung andeuten, so arbeitet sie als Verdichter. Bewegen sich Gas und Schaufeln entgegengesetzt der Pfeilrichtung, so wirkt dieselbe Maschine als Turbine.

Wir betrachten zunächst die Wirkung als Verdichter. Das Verhältnis der Zuströmgeschwindigkeit des Gases zur Umfangsgeschwindigkeit der Schaufel ist so zu wählen, daß die Strömung das Schaufelblatt in Richtung der Eintrittstangente seiner Mittellinie trifft. Durch die Krümmung der Schaufeln erfährt die Strömung eine Richtungsänderung und eine Zunahme ihrer Absolutgeschwindigkeit. Relativ zu den Schaufeln verzögert sich aber die Strömung, weil der verfügbare Querschnitt zunimmt. Nach dem BERNOULLIschen Satz muß somit der Druck steigen.

Nach dem Verlassen der Laufschaufeln trifft die Strömung auf die feststehenden Leitschaufeln, deren Eintrittstangente wieder der Richtung der Strömung entsprechen muß. Im Leitschaufelkranz verzögert sich die Strömung entsprechend der Erweiterung der Querschnitte, und der Druck steigt. Die Krümmung der Leitschaufeln ist in der Abbildung so bemessen, daß die Strömung den Kranz wieder in axialer Richtung verläßt. Damit trotz der mit dem Druckanstieg verbundenen Volumabnahme die Axialgeschwindigkeit die alte bleibt, ist die radiale Ausdehnung der Schaufelkanäle verkürzt worden, wie

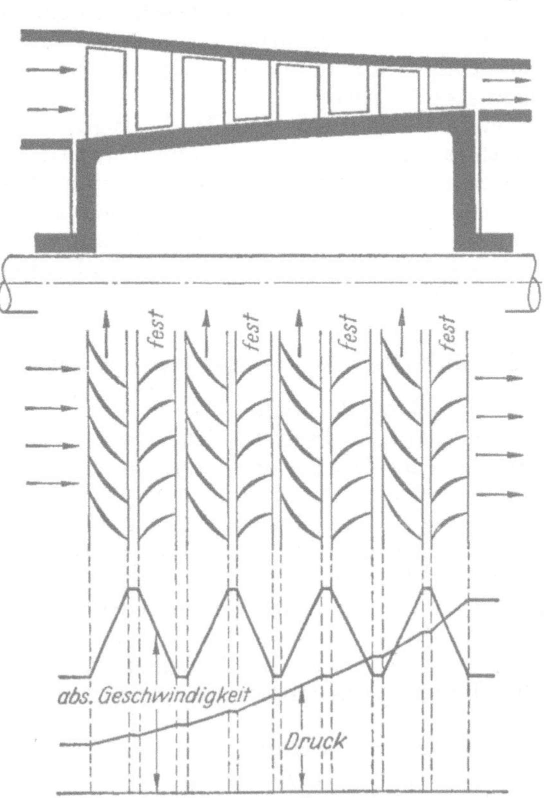

Abb. 177. Schaufelplan einer vierstufigen Strömungsmaschine mit Druck- und Geschwindigkeitsverlauf.

das der obere Teil der Abbildung zeigt. In den folgenden Schaufelkränzen wiederholt sich dasselbe Spiel, wobei der Druck dauernd zunimmt, während die absolute Geschwindigkeit der Strömung steigt und fällt, wie das im unteren Teil der Abb. 177 dargestellt ist.

Kehrt man die Richtung der Geschwindigkeit des Gases und der Laufschaufeln um, so läuft dieselbe Maschine als Turbine, wobei das Druck- und Geschwindigkeitsdiagramm das gleiche bleibt. In diesem Falle verjüngen sich die Kanäle sowohl des Lauf- wie des Leitschaufelkranzes in Richtung der Strömung, und wir haben eine beschleunigte Strömung.

Erfahrungsgemäß ist die Beschleunigung einer Strömung in einem
sich verjüngenden Kanal von gutem Wirkungsgrad, wenn man für
glatte, gut gerundete Form der Wand sorgt. Die Verzögerung einer
Strömung ist viel schwieriger und nur bei sehr allmählicher Kanal-
erweiterung von gutem Wirkungsgrad. Bei konischen Diffusoren wählt
man Erweiterungswinkel (Mantellinie gegen Achse) von höchstens 6°.
Bei Schaufelkanälen kann man auch keine größeren Erweiterungswinkel zulassen, wenn man hohe Wirkungsgrade fordert. Eine Turbine
ist daher mit erheblich größeren Geschwindigkeits- und Druckänderungen
je Schaufelkranz ausführbar als ein Verdichter. Für dasselbe gesamte
Druckgefälle braucht ein Verdichter deshalb eine größere Anzahl von
Stufen als eine Turbine.

Gute Verdichter erreichen Wirkungsgrade (bezogen auf die adiabate
Verdichtungsarbeit) von $85-90\%$ bei Druckverhältnissen von etwa
1,2 je Stufe (d. h. für einen Lauf- und einen Leitradkranz). Verdichter-
schaufeln sind schwächer gekrümmt als Turbinenschaufeln. Ein Verdichter wird bei Umkehrung der Richtung von Strömung und Drehung
auch als Turbine mit gutem Wirkungsgrad laufen, eine Turbine dagegen
nicht als Verdichter.

90. Die Stufe einer Strömungsmaschine. Geschwindigkeitsdiagramme.

Ein feststehender Schaufelkranz (Leitkranz) und ein beweglicher
Schaufelkranz (Laufkranz) bilden zusammen eine Stufe einer Strömungsmaschine. Zum Zwecke der Darstellung denkt man sich den Schaufelkranz einer axialen Strömungsmaschine geschnitten durch einen Zylinder,
dessen Achse mit der Drehachse zusammenfällt, und rollt diesen Zylinder in eine Ebene, die Profilebene, ab (s. den mittleren Teil der Abb. 177).
Längs der Schaufeln tritt wegen des fächerförmigen Auseinandergehens
und der mit dem Radius zunehmenden Umfangsgeschwindigkeit eine
Änderung der Verhältnisse ein. Von diesen Unterschieden wollen wir
hier absehen und uns auf die Betrachtung der Schaufelmitte beschränken,
d. h., wir denken uns den Schaufelkranz ersetzt durch ein ebenes Schaufelgitter.

Ein Schaufelgitter wird wesentlich gekennzeichnet durch die Teilung t,
die Profiltiefe l der Schaufeln bzw. das dimensionslose Teilungs-
verhältnis t/l und die Ein- und Austrittswinkel, gemessen von der Gitter-
front, d. h., von der die Profilreihe an der Eintrittsseite berührenden
Ebene. Dabei benutzen wir nach Abb. 178 die folgenden Bezeichnungen:

α = Winkel der absoluten Geschwindigkeiten,
β = Winkel der Geschwindigkeiten relativ zu den bewegten Schaufeln,
c = absolute Geschwindigkeiten,
w = relative Geschwindigkeit,
u = Umfangsgeschwindigkeiten.

Index *1* bezeichnet die eintretende Strömung vor dem Gitter,
Index *2* die austretende Strömung hinter dem Gitter,

Index m gilt für die Meridiankomponente der Geschwindigkeit,
Index u für die Umfangskomponente der Geschwindigkeit,
Index r für die radiale Komponente der Geschwindigkeit,
Index a für die axiale Komponente der Geschwindigkeit.

Die Winkel der Relativgeschwindigkeit der Strömung β_1 und β_2 fallen bei richtig beaufschlagten Schaufeln mit den Winkeln β_1' und β_2' der Ein- und Austrittstangenten der Profilmittellinie zusammen. Diese Mittellinie ist die Verbindung der Mittelpunkte aller dem Profil einbeschriebenen Kreise. Da die Eintrittskante der Schaufeln gewöhnlich abgerundet ausgeführt wird, würde die Mittellinie im Mittelpunkt des letzten Kreises endigen. Man setzt sie deshalb durch ihre Endtangente bis zur Profilkontur fort. Die Verbindungslinie der Schnittpunkte der Mittellinie mit der Profilkontur heißt Profilsehne.

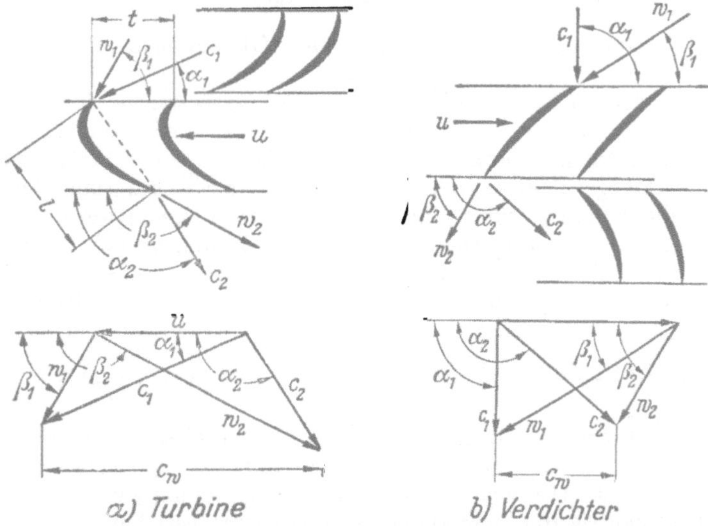

Abb. 178. Schaufeldaten und Geschwindigkeitsdiagramme der Stufe einer Turbine und eines Verdichters.

Auf weitere das Profil genauer kennzeichnende Abmessungen (Wölbung, Dickenverhältnis, Kurvenform) brauchen wir hier nicht einzugehen, wir setzen aber ein nach aerodynamischen Gesichtspunkten gut durchgebildetes Profil voraus.

Durch Zusammensetzen der Geschwindigkeitsvektoren zu Dreiecken erhält man nach Abb. 178 die Geschwindigkeitsdiagramme für eine Turbine und einen Verdichter. Daraus liest man leicht die folgenden Gleichungen ab:

$$\left. \begin{aligned} c_{1u} &= c_1 \cos \alpha_1 = u + w_{1u} \quad \text{und} \quad c_{2u} = c_2 \cos \alpha_2 = u + w_{2u} \\ w_1^2 &= c_1^2 + u^2 - 2uc_{1u} \qquad \text{und} \quad w_2^2 = c_2^2 + u^2 - 2uc_{2u}. \end{aligned} \right\} \tag{330}$$

Wenn die Schaufelgeschwindigkeit am Eintritt anders ist als am Austritt, wie bei Radialturbinen, hat man sie als u_1 und u_2 in die vorstehenden Formeln einzusetzen. Die Kraft K in Richtung der Schaufelgeschwindigkeit erhält man nach dem Impulssatz aus dem Massenfluß m' und der Änderung der Umfangsgeschwindigkeit der Strömung:

$$K = m'\,(c_{1u} - c_{2u}) = m'\,c_w, \tag{331}$$

wobei man $c_m = c_{1u} - c_{2u}$ als Wirbelgeschwindigkeit bezeichnet.

Die Leistung der Stufe gleich dem Produkt aus der Umfangsgeschwindigkeit und der sekundlichen Impulsänderung ist

$$N = m'u\,(c_{1u} - c_{2u}) = m'\,u c_w \tag{332}$$

oder bei Maschinen mit verschiedener Umfangsgeschwindigkeit der Schaufeln beim Ein- und Austritt der Strömung:

$$N = m'\,(u_1 c_{1u} - u_2 c_{2u}). \tag{332a}$$

Das sind die sogenannten EULERschen Gleichungen der Turbinentheorie.

Unter den Zustandsgrößen strömender Gase werden in der Regel die statischen Werte verstanden (ohne Index oder wenn zur Unterscheidung nötig mit dem Index st), wie sie ein in der Strömung mitbewegtes Meßgerät anzeigt. In der Theorie der Strömungsmaschinen ist es aber manchmal zweckmäßig, die sogenannten Gesamtwerte (Index g) zu benutzen, die man erhält, wenn die Strömung umkehrbar adiabat (isentrop) auf die Geschwindigkeit 0 verzögert wird. Beide Angaben sind für ideale Gase mit konstantem c_p verbunden durch die Gleichungen

$$i_g = i + \frac{w^2}{2}; \; T_g = T + \frac{w^2}{2\,c_p} \text{ und } \frac{p_g}{p} = \left(\frac{T_g}{T}\right)^{\frac{\varkappa}{\varkappa-1}} = \left(1 + \frac{w^2}{2\,c_p T}\right)^{\frac{\varkappa}{\varkappa-1}}. \tag{333}$$

Der Gesamtdruck kann mit dem Staurohr, die Gesamttemperatur mit einem Diffusorthermometer gemessen werden, das die Temperatur am Staupunkt eines Hindernisses mißt, wo die Strömung zur Ruhe kommt, nachdem man sie in einem kleinen Diffusor verzögert hat.

Bei Benutzung der Gesamtenthalpie ist die von der Stufe geleistete Arbeit in jedem Falle gleich der Enthalpiedifferenz h_g oder

$$L = h_g = i_{1g} - i_{2g}. \tag{334}$$

Im allgemeinen ist die Austrittsgeschwindigkeit einer Stufe verschieden von ihrer Eintrittsgeschwindigkeit, und die statische Enthalpiedifferenz (Wärmegefälle) $h = i_1 - i_2$ hat dann nicht nur die von der Stufe entnommene Arbeit, sondern auch den Unterschied der kinetischen Energie der Strömung vor und hinter der Stufe zu decken.

Bei einer Strömung mit Verlusten ist weiter zu unterscheiden zwischen dem isentropen und dem wirklichen Enthalpiegefälle. Die Austrittsgeschwindigkeit ist nur bei der letzten Stufe einer Turbine wirklicher Verlust, sonst kommt sie jeweils der folgenden Stufe zugute.

Bei der Gasturbine als Flugzeugantrieb leistet gerade die Austrittsgeschwindigkeit der in diesem Falle meist nur aus einer Stufe bestehenden

Turbine die eigentliche Vortriebsarbeit, worauf wir noch genauer eingehen werden.

Der Wirkungsgrad η einer Turbinenstufe ist das Verhältnis der spezifischen Nutzarbeit zur isentropen Differenz der Gesamtenthalpien:

$$\eta = \frac{u\,(c_{1u} - c_{2u})}{h_g}.$$

Für ein Geschwindigkeitsdiagramm gegebener Form hängt die Wirbelgeschwindigkeit c_w nur von der Schaufelgeschwindigkeit u und den Diagrammwinkeln ab. Aus einfachen geometrischen Beziehungen ergibt sich an Hand der Abb. 178

$$\frac{c_w}{u} = \frac{\operatorname{tg}\alpha_1\,\operatorname{tg}\beta_2 - \operatorname{tg}\alpha_2\,\operatorname{tg}\beta_1}{(\operatorname{tg}\alpha_1 - \operatorname{tg}\beta_1)(\operatorname{tg}\alpha_2 - \operatorname{tg}\beta_2)} \tag{336}$$

und für die Leistung mit Hilfe von Gl. (332)

$$N = m'\,u^2\,\frac{\operatorname{tg}\alpha_1\,\operatorname{tg}\beta_2 - \operatorname{tg}\alpha_2\,\operatorname{tg}\beta_1}{(\operatorname{tg}\alpha_1 - \operatorname{tg}\beta_1)(\operatorname{tg}\alpha_2 - \operatorname{tg}\beta_2)}. \tag{337}$$

Für gegebene Diagrammwinkel ist die Leistung also proportional dem Quadrat der Schaufelgeschwindigkeit, und alle Geschwindigkeiten vergrößern sich im gleichen Verhältnis.

91. Reaktionsgrad. Aktions- und Reaktionsturbine.

Ist h das statische isentrope Enthalpiegefälle der ganzen Stufe und sind h_e und h_a die Enthalpiegefälle der Leit- und Laufschaufeln[1], so kann man eine theoretische Geschwindigkeit c_0 einführen durch die Gleichung

$$h = h_e + h_a = \frac{c_0^2}{2}. \tag{338}$$

Das Verhältnis $v = \dfrac{u}{c_0}$ der Schaufelgeschwindigkeit zur theoretischen Geschwindigkeit c_0 ist ein Maß für die Schnelläufigkeit der Stufe und heißt *Schnellaufzahl*. Statt auf die Einzelstufe kann man auch für eine ganze mehrstufige Turbine eine Schnellaufzahl

$$v_t = \frac{U}{C_0} = \sqrt{\frac{\Sigma\,u^2}{2\,\Sigma h}} \tag{339}$$

definieren, wobei aber, wie wir im folgenden Kapitel sehen werden, Σh größer ist als das isentrope Gefälle der ganzen Turbine.

Das als *Reaktionsgrad* r bezeichnete Verhältnis des Laufschaufelgefälles zum Gefälle der ganzen Stufe ist eine wichtige Kennzahl. Bei $r = 0$ wird das ganze Stufengefälle im Leitrad in Geschwindigkeit umgesetzt, wobei der Druck schon auf seinen Endwert sinkt. In diesem Falle sind die Drücke vor und hinter den Laufschaufeln gleich, und die Umwandlung von kinetischer Energie der Strömung in Wellenleistung

---

[1] Da die Worte Leit- und Laufschaufel gleiche Anfangsbuchstaben haben, werden ihre zweiten Buchstaben als Indexbezeichnung benutzt.

findet in ähnlicher Weise statt wie bei einem von einem Wasserstrahl beaufschlagten Peltonrad. Die erste DE LAVAL-Turbine war eine solche Aktionsturbine.

Für Überschlagsbetrachtungen sieht man manchmal zur Vereinfachung von der Axialkomponente der Geschwindigkeiten ab. Dann sind Ein- und Austrittsgeschwindigkeit mit der Umfangsgeschwindigkeit durch die einfache Formel

$$c_2 = 2\,u - c_1$$

verbunden. Die spezifische Nutzarbeit ist

$$N = \frac{c_1^2}{2} - \frac{c_2^2}{2}$$

und der Wirkungsgrad

$$\eta = \frac{N}{c_1^2/2} = 4\left[\frac{u}{c_1} - \left(\frac{u}{c_1}\right)^2\right] \tag{340}$$

wird 0 für $u = 0$ und $u = c_1$, er erreicht seinen Höchstwert für $u = c_1/2$. Der beste Wirkungsgrad wird also erreicht, wenn die Schaufelgeschwindigkeit gleich der halben Strahlgeschwindigkeit ist, wobei sich die ganze kinetische Energie der Strömung in Nutzarbeit verwandelt. Aus dem i, s-Diagramm ergibt sich z.B., daß die Entspannung von überhitztem Dampf von 500° und 10 at vor dem Leitrad auf einen Kondensatordruck von 0,1 at ein Enthalpiegefälle von rund 240 kcal verfügbar macht, was eine Strahlgeschwindigkeit von etwa 1400 m/s liefert. Um guten Wirkungsgrad zu erreichen, sollte die Schaufelgeschwindigkeit der Aktionsturbine 700 m/s nahekommen. Da sich wegen der großen Zentrifugalkräfte in den Schaufeln kaum die Hälfte dieser Geschwindigkeit erreichen läßt, hat die LAVAL-Turbine nur bescheidenen Wirkungsgrad.

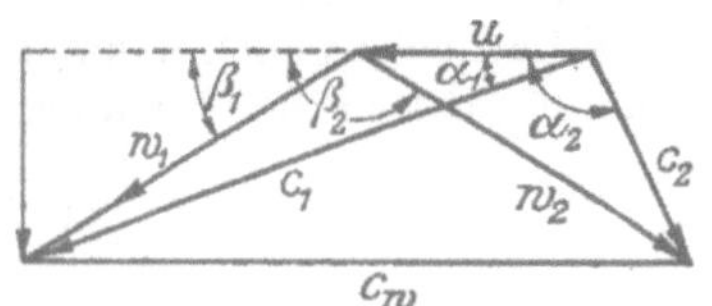

Abb. 179. Geschwindigkeitsdiagramm einer einstufigen Aktionsturbine.

Das Geschwindigkeitsdiagramm einer einstufigen Aktionsturbine, bei der die Axialkomponente der Geschwindigkeit nicht vernachlässigt ist und die Schaufelgeschwindigkeit kleiner als die halbe Umfangsgeschwindigkeit des eintretenden Strahls ist, zeigt Abb. 179.

Bei Vernachlässigung von Strömungsverlusten durch Reibung ergibt sich mit Hilfe der Gleichung

$$c_{2u} = 2\,u - c_{1u}$$

durch einfache geometrische Überlegungen der Wirkungsgrad

$$\eta = 4\left[\frac{u}{c_1}\cos\alpha_1 - \left(\frac{u}{c_1}\right)^2\right] \tag{341}$$

als eine quadratische Funktion des Verhältnisses der Schaufelgeschwindigkeit zum Absolutwert der Eintrittsgeschwindigkeit c_1 der Strömung in das Laufrad. Der Höchstwert des Wirkungsgrades $\eta_{\max} = \cos^2 \alpha_1$ wird erreicht, wenn die Schaufelgeschwindigkeit

$$u = \frac{1}{2}\, c_1 \cos \alpha_1 = \frac{1}{2}\, c_{1u}$$

gleich der halben Umfangskomponente der Laufrad-Eintrittsgeschwindigkeit ist. In diesem Falle verläßt die Strömung das Laufrad in axialer Richtung. Der Wirkungsgrad einer Aktionsturbine mit mäßiger Schaufelgeschwindigkeit wird verbessert durch ein Laufrad mit 2 Kränzen und einem zwischen ihnen angeordneten festen Leitkranz, der die Strömung nur in der Richtung umlenkt, ohne den absoluten Betrag der Geschwindigkeit zu ändern. Diese als CURTIS-Rad bekannte Anordnung bildet meist die erste Stufe von vielstufigen Dampfturbinen.

Bei Gasturbinen hat das Aktionsprinzip den Vorteil einer möglichst großen Senkung der Temperatur der Gase, bevor sie auf das durch Fliehkräfte hoch beanspruchte Laufrad treffen. Die reine Reaktionsturbine mit dem Reaktionsgrad $r = 1$, bei der das Laufrad zugleich die Strömungsgeschwindigkeit erzeugt, wurde bereits im Altertum durch HERON VON ALEXANDRIA als interessantes Phänomen beschrieben (Herons Ball). Praktisch sind aber reine Reaktionsturbinen für Dampf oder Gas nicht gebaut worden, da die Schaufelgeschwindigkeit der Strömungsgeschwindigkeit nahekommen muß, wenn man gute Wirkungsgrade erreichen will. Dagegen arbeiten Windmühlen und Windräder mit reiner Reaktion.

Die modernen Dampfturbinen sind mehrstufige Reaktionsturbinen mit einem Reaktionsgrad $r \leqq 0{,}5$, wie sie zuerst PARSONS entwickelt hat. Das ganze Enthalpiegefälle wird dabei in eine große Anzahl von Stufen aufgeteilt, so daß nur mäßige Strömungsgeschwindigkeiten auftreten. Bei dem Reaktionsgrad $r = 0{,}5$ bekommen Leit- und Laufschaufeln gleiche Form, und es können sogar für alle Stufen dieselben Schaufelprofile benutzt werden, wenn man die Schaufellänge dem mit abnehmendem Druck wachsenden Volum des Arbeitsmittels anpaßt. In diesem Falle sind die Geschwindigkeitsdiagramme aller Stufen kongruent.

92. Das Mollierdiagramm der vielstufigen Strömungsmaschine. Einfluß der Verluste auf das wirksame Enthalpiegefälle.

In einer vielstufigen Strömungsmaschine verteilt sich das ganze Enthalpiegefälle auf eine Anzahl von Stufen entsprechend den Drücken p_1, p_2, p_3 usw., wie es das i, s-Diagramm der Abb. 180 für eine 5-stufige Turbine zeigt. In der dritten Stufe z. B. expandiert das Arbeitsmittel von p_3 auf p_4, und die theoretische (isentrope) Arbeit der Stufe wird durch die Strecke $\overline{a_3 c_3}$ dargestellt. Wegen der Verluste nimmt aber die Entropie zu, und die wirkliche Arbeit der Stufe gibt die Strecke $\overline{a_3 b_3}$, entsprechend der Enthalpiedifferenz der Zustandspunkte a_3 und a_4. Das Verhältnis

$$\eta_s = \frac{\overline{a_3\, b_3}}{\overline{a_3\, c_3}}$$

ist dann der Stufenwirkungsgrad (genauer: innerer Wirkungsgrad im Gegensatz zum äußeren, der auch Lagerverluste und anderes mit umfaßt).

Die Summe der Arbeiten aller Stufen der Turbine ist

$$L = \Sigma\,\overline{ab} = \Sigma\,\eta_s\,\overline{ac}$$

oder, wenn wir für alle Stufen gleichen inneren Wirkungsgrad voraussetzen,

$$L = \eta_s\,\Sigma\,\overline{ac},$$

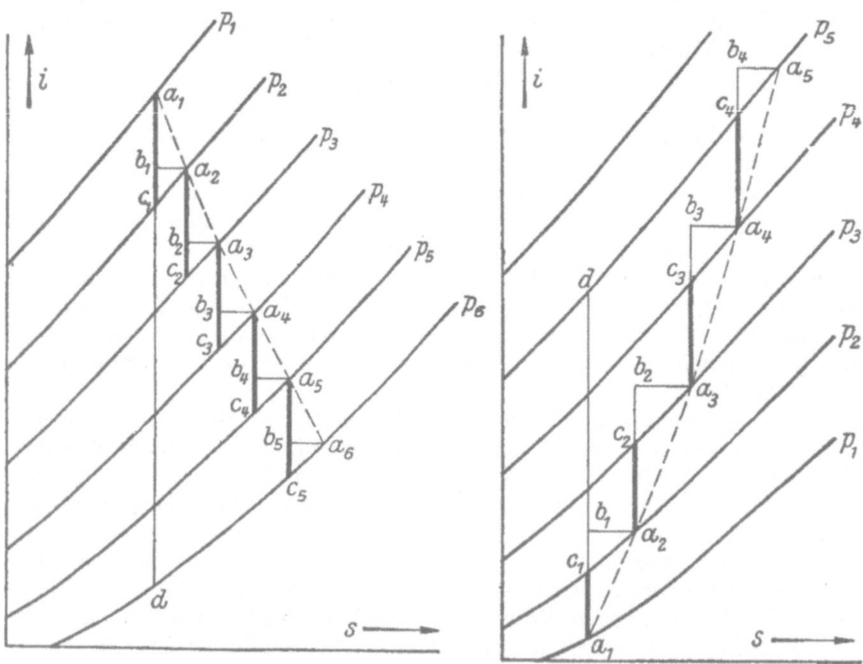

Abb. 180. Mollierdiagramm einer fünfstufigen Turbine mit Verlusten.

Abb. 181. Mollierdiagramm eines vierstufigen Verdichters mit Verlusten.

wobei $\Sigma\,\overline{ac}$ die Summe der isentropen Enthalpiegefälle aller Stufen ist. Diese Summe ist größer als das durch die Senkrechte $\overline{a_1 d}$ dargestellte gesamte isentrope Enthalpiegefälle der Turbine. Es tritt also eine Gefällevermehrung durch teilweisen Rückgewinn der Verlustwärme auf. Das Verhältnis

$$\tau_t = \frac{\Sigma\,\overline{ac}}{\overline{a_1 d}} \tag{342}$$

nennt man den *Rückgewinnfaktor* der vielstufigen Turbine. Da stets $\tau_t > 1$ sein muß, ist der innere Wirkungsgrad η_g der vielstufigen Turbine stets größer als der Wirkungsgrad der Einzelstufe, und es gilt

$$\eta_g = \tau_t \cdot \eta_s. \tag{343}$$

Die Verlustwärme der ersten Stufen wird also in den folgenden Stufen teilweise wiedergewonnen, und es empfiehlt sich, den letzten Stufen besondere Sorgfalt zu widmen.

Bei vielstufigen Verdichtern liegen die Verhältnisse anders, wie das i, s-Diagramm eines vierstufigen Verdichters (Abb. 181) zeigt. Der innere Wirkungsgrad der Einzelstufe ist hier gegeben durch das Verhältnis

$$\eta_s = \frac{\overline{a\,c}}{\overline{a\,b}}$$

und der Gesamtwirkungsgrad

$$\eta_g = \eta_s \frac{\overline{a_1\,d}}{\Sigma\,\overline{a\,c}} \qquad (344)$$

der ganzen Maschine ist offenbar kleiner als der Wirkungsgrad der Einzelstufen entsprechend einem Faktor

$$\tau_v = \frac{\overline{a_1\,d}}{\Sigma\,\overline{a\,c}}, \qquad (345)$$

den man als *Zusatzverlustfaktor* des vielstufigen Verdichters bezeichnen kann.

In einem Verdichter erhöhen demnach die Verluste der ersten Stufen Temperatur und Volum des Arbeitsmittels und damit die von den späteren Stufen aufzuwendende Verdichtungsarbeit. Dieser Umstand ist neben der bereits erwähnten größeren Schwierigkeit, strömende Medien zu verzögern als sie zu beschleunigen, der wesentliche Grund dafür, daß man bei vielstufigen Verdichtern nicht so gute Wirkungsgrade erreicht wie bei vielstufigen Turbinen.

93. Der Einfluß der endlichen Schaufellänge.

Bisher haben wir auf die Unterschiede der Geschwindigkeit längs der Schaufeln keine Rücksicht genommen. Bei unverwundenen Schaufeln mit gleichem Profil über die ganze Länge der Schaufel, ändert sich wegen der verschiedenen Umfangsgeschwindigkeit das Geschwindigkeitsdiagramm, und die Richtung der Eintrittsgeschwindigkeit der Strömung kann nur an einer Stelle (in der Regel in Schaufelmitte: bei dem sogenannten Konstruktionsdurchmesser) mit der Eintrittstangente der Mittellinie des Profiles zusammenfallen. Ein dieser Bedingung nicht entsprechender schiefer Einfall der Strömung verursacht Ablösung der Strömung von den Schaufeln und damit turbulente Wirbelbildung. Außerdem ändert sich der Reaktionsgrad über die Länge der Schaufel. Um bei Schaufeln, deren Länge nicht mehr klein gegen den Radius des Schaufelfußes ist, gute Wirkungsgrade zu erzielen, muß man die Schaufeln verwinden.

Die Art und den Grad der Verwindung kann man nach verschiedenen Gesichtspunkten bemessen. Am wichtigsten sind die freie Wirbelströmung und die Beschaufelung konstanten Reaktionsgrades über die ganze Schaufellänge. Bei der freien Wirbelströmung ist die Veränderung des Schaufelprofiles so zu wählen, daß die Umfangskomponente der Absolutgeschwindigkeit der Strömung vor und hinter jedem Schaufelkranz sich umgekehrt proportional zum Radius ändert. In diesem Falle ist die Strömung von der Art eines Potentialwirbels oder freien Wirbels, in dem Schubspannungen und damit Verluste durch innere Reibung nur von den Wänden ausgehen und nicht in der Flüssigkeit selbst entstehen.

Vom theoretischen Standpunkt ist die freie Wirbelströmung die aerodynamisch beste: die Axialgeschwindigkeit ist dabei konstant, und für jeden Radius besteht Gleichgewicht zwischen dem Druck und den Zentrifugalkräften der Umfangsgeschwindigkeiten, wie es die Potentialströmung bei konstanter Axialgeschwindigkeit fordert. Da die Umfangskomponenten der Strömungsgeschwindigkeit bei der freien Wirbelströmung am Schaufelfuß am größten sind, also gerade da, wo die Schaufelgeschwindigkeit am kleinsten ist, erhalten wir Schaufeln mit flachem Eintrittswinkel am Fuß und größeren Eintrittswinkeln am Kopf, was eine starke Verwindung der Laufschaufeln und eine schwächere der Leitschaufeln notwendig macht.

Die Beschaufelung konstanten Reaktionsgrades gibt eine Zunahme der Umfangskomponente der Geschwindigkeit mit dem Radius, die nicht vereinbar ist mit konstanter Axialgeschwindigkeit. Nach dem Bernoullischen Satz von der Konstanz des Gesamtdruckes kann Gleichgewicht in Anbetracht der Zentrifugalkraft nur vorhanden sein, wenn die Axialgeschwindigkeit mit abnehmendem Radius zunimmt. Dadurch wird die Neigung der Eintrittstangente am Schaufelfuß kleiner, und die Verwindung erhält gleiche Beträge für Lauf- und Leitkranzschaufeln. Bei dieser Strömung treten Schubspannungen auch im Innern des strömenden Mediums auf.

Im allgemeinen empfiehlt es sich, Geschwindigkeitsdiagramme außer für den Konstruktionsdurchmesser auch für den Fuß- und den Kopfdurchmesser des Kranzes zu zeichnen, um ein Bild von den Abweichungen der Verhältnisse von denen eines ebenen Gitters zu gewinnen. Bei unverwundenen Schaufeln mit großer Länge oder bei unzweckmäßiger Verminderung kann es, wie E. ECKERT[1] gezeigt hat, vorkommen, daß die Axialkomponente der Strömungsgeschwindigkeit längs der Schaufel das Vorzeichen ändert, so daß sie teilweise als Turbinen-, teilweise als Verdichterschaufel wirkt. Damit sind natürlich erhebliche Verluste verbunden.

Das unvermeidliche Spiel zwischen den Enden der Laufschaufeln und dem Gehäuse bzw. zwischen den Leitschaufeln und dem Körper des Läufers ist die Quelle der sogenannten Spaltverluste. Diese sind bei gleichem Spiel relativ größer bei kurzen Schaufeln. Auf die Verluste durch Grenzschichtreibung, Wirbelbildung und Ablösung wollen wir hier nicht eingehen, da ihre Behandlung mehr ein aerodynamisches Problem ist.

---

[1] In einer noch nicht veröffentlichten Arbeit.

XV. Thermodynamik des Raketenantriebes.

94. Allgemeines. Schub und Impuls eines Strahles.

Die Gesetze der Ausströmung von Gasen unter Umwandlung von Druckenergie in Impuls haben neuerdings eine wichtige Anwendung beim sogenannten Strahlantrieb gefunden. Dabei ist das Druckgefäß, aus dem das Gas ausströmt, als Brennkammer ausgebildet, in der das Arbeitsgas durch Verbrennung von Kraftstoffen mit Luft, Sauerstoff oder einem Sauerstoffträger erzeugt wird.

Man hat dabei zwei Verfahren zu unterscheiden:

1. Raketenantrieb, bei dem auch der für die Verbrennung benötigte Sauerstoff mitgeführt wird.

2. Luftstrahlantrieb, bei dem der Sauerstoff der Atmosphäre entnommen wird.

Beim Raketenantrieb werden die beiden Komponenten entweder durch Pumpen bei konstantem Druck in die Brennkammer gefördert (Flüssigkeitsrakete), oder es wird ein festes Treibmittel, das den Sauerstoff meist in chemisch gebundener Form enthält, abgebrannt (Pulverrakete)[1].

Die Pulverrakete ist außerordentlich einfach, aber sie ist auf kurze Brennzeiten und verhältnismäßig kleine Einheiten beschränkt, da die zugleich als Treibmittelbehälter dienende Brennkammer für den vollen Betriebsdruck gebaut werden muß und daher für größere Treibstoffmengen sehr schwer wird, zumal der spezifische Energieinhalt der festen sauerstoffhaltigen Treibmittel klein ist (Tabelle 39). Die Pulverrakete hat daher nur für Geschosse auf kleine und mittlere Entfernungen bis etwa 15 km im letzten Kriege ausgedehnte Anwendung gefunden.

Man hat auch versucht, flüssige Treibmittel mit chemisch nach Art der Sprengstoffe gebundenem Sauerstoff oder flüssige Gemische von Brennstoffen mit Sauerstoffträgern aus einem nicht unter Druck stehenden und daher leichten Vorratsbehälter durch Pumpen in die Brennkammer einzuspeisen. Diese Versuche sind aber aufgegeben worden wegen der Schwierigkeit, die Ausbreitung der Zündung von der Brennkammer auf den Vorratsbehälter zu verhindern.

Nur hochprozentiges Wasserstoffsuperoxyd, das flüssig in die Reaktionskammer eingespritzt wird und sich hier durch Berührung mit einem Katalysator (z. B. Kaliumpermanganat) in ein Gemisch von Wasserdampf und Sauerstoff zersetzt, ist erfolgreich angewandt worden (WALTER, Kiel). Mit der Flüssigkeitsrakete lassen sich dagegen, wie die unter dem Namen V 2 bekanntgewordene deutsche Fernwaffe gezeigt hat, erheblich größere Leistungen erzielen. Ihre Weiterentwicklung zur dreistufigen Rakete in Rußland und Amerika ermöglichte mit Projektilen, den Anziehungsbereich der Erde zu verlassen, den Mond zu erreichen und sie in Ellipsenbahnen um die Sonne kreisen zu lassen

---

[1] Vgl. E. SÄNGER: Raketenflugtechnik. München und Berlin 1933. Dort auch Hinweise auf ältere Literatur vor allem von OBERTH, GODDARD, HOHMANN, ZIELKOWSKY. — G. P. SUTTON: Rocket Propulsion Elements, Wiley, New York 1949.

(vergl. S. 333). Allerdings erfordert dieses Ziel einen sehr erheblichen Aufwand, da nur ein kleiner Bruchteil des Anfangsgewichtes als Nutzlast das Ziel erreicht. Der weitaus größere Teil verpufft als Treibmittel oder wird als nutzlos gewordenes Geräte- und Behältergewicht unterwegs abgeworfen.

Die Rakete ist das einzige Antriebsmittel, das auch im leeren interplanetaren Raum wirksam ist, da es keiner Abstützung auf andere Körper bedarf. Ein moderner Archimedes brauchte keinen außenliegenden Festpunkt mehr um die Erde zu bewegen. Auch beim Flug in der Atmosphäre stützt sich der Gasstrahl der Rakete nicht auf die Umgebungsluft ab. Die Vortriebswirkung ist in gleicher Weise im luftleeren Raum vorhanden. Bei einer Düse mit genügend großem Erweiterungsverhältnis ist die Wirkung im Vakuum sogar merklich größer, da der fehlende Gegendruck größere Austrittsgeschwindigkeit und damit auch größeren Schub zuläßt.

Wird aus der Rakete je Sekunde die Masse $m' = \dfrac{dm}{dt}$ mit der Geschwindigkeit w relativ zur Brennkammer ausgestoßen, so erfährt sie einen Schub, der nach dem Impulssatz entgegengesetzt gleich ist der zeitlichen Änderung des Impulses der ausgestoßenen Masse. Da die Geschwindigkeit des Gases vom Wert 0 in der Brennkammer auf die Austrittsgeschwindigkeit w ansteigt, ist der Schub

$$-S = m'w \, . \tag{346}$$

Dabei ist vorausgesetzt, daß die Schubdüse sich hinter dem engsten Querschnitt genügend erweitert, um die Expansion der Gase bis auf den Außendruck zu ermöglichen. Ist bei ungenügender Erweiterung der Druck p_e im Endquerschnitt F_e der Düse größer als der Druck p_a der Atmosphäre, so ist der Schub

$$-S = m'w + (p_e - p_a)\, F_e \, . \tag{347}$$

Die Rakete führt, wie erwähnt, auch den für die Verbrennung notwendigen Sauerstoff mit. Das gesamte Treibstoffgewicht ist dann bei Wasserstoff als Brennstoff das neunfache, bei Kohlenstoff das 44/12 = 3,67fache, bei gebräuchlichen Kohlenwasserstoffen etwa das fünffache des eigentlichen Brennstoffgewichtes. Es ist daher zweckmäßig, den Sauerstoff der Luft zur Verbrennung heranzuziehen. Dann muß aber auch der Stickstoff der Luft den Prozeß durchlaufen und auf den Brennkammerdruck verdichtet werden.

95. Raketentreibstoffe und ihre Bewertung.

Bei Raketen kommt es darauf an, mit einem gegebenen sekundlichen Treibstoffverbrauch m' einen möglichst großen Schub zu erzeugen. Der Schub je sekundlichem Treibstoffverbrauch, der sogenannte spezifische Schub,

$$s = \frac{S}{m'} = -w \tag{348}$$

ist nach Gl. (346) nichts anderes als die Ausströmgeschwindigkeit des Gasstrahles aus einer richtig bemessenen Düse.

Mißt man im technischen Maßsystem den Schub S in Kilopond und gibt den sekundlichen Treibstoffverbrauch G' in Kilogramm Gewicht an, so wird wegen $G' = m'g$ der spezifische Schub

$$s = \frac{S}{G'} = -\frac{w}{g},\qquad\qquad (348\,\mathrm{a})$$

wobei $g = 9{,}80665$ m/sec² der Normwert der Fallbeschleunigung ist.

Benutzt man das Massenkilogramm (kg) neben dem Kraftkilogramm (kp), so ist der spezifische Schub in kp je kg/sec ebenfalls durch Gl. (348) oder (348a) gegeben, die wegen der Beziehung 1 kp $= g \cdot$ kg dasselbe sagen.

In der Literatur finden sich beide Definitionen des spezifischen Schubes nach Gl. (348) und (348a). Wir wollen im allgemeinen die erstere benutzen, weil damit die anschauliche Vorstellung einer Ausströmgeschwindigkeit verbunden ist. Demnach ergibt sich ein Schub von 1 kp, wenn in jeder Sekunde die Masse 1 kg aus der Düse mit einer Geschwindigkeit von 9,81 m/sec ausströmt.

Für den Vergleich mit motorgetriebenen Luftschrauben wird der Treibstoffverbrauch von Raketen manchmal in Gramm je Kilopond Schubsekunde oder in Kilogramm je Kilopond Schubstunde angegeben, was man mit Hilfe von Gl. (348) leicht auf unsere Definition des spezifischen Schubes zurückführt.

Die höchste Geschwindigkeit w_∞ wird erreicht, wenn die Gase in den luftleeren Raum austreten durch eine Lavaldüse mit unendlichem Erweiterungsverhältnis. Dabei kühlt sich das Gas von der absoluten Flammtemperatur T_0 in der Brennkammer bis auf den absoluten Nullpunkt ab (bei Annahme eines idealen sich nicht verflüssigenden Gases), und die ganze Enthalpie i_0, bestehend aus der Anfangsenthalpie vor der Verbrennung und dem Heizwert, verwandelt sich in kinetische Energie. In diesem Fall ist

$$w_\infty = \sqrt{2\,i_0} = \sqrt{2\,\frac{\varkappa}{\varkappa-1}\,\frac{R}{M}\,T_0},$$

wobei $\varkappa$ der Adiabatenexponent, R die universelle Gaskonstante und M das Molekulargewicht ist und die Umwandlung von Wärme in kinetische Energie verlustlos erfolgt. Die Anfangsenthalpie vor der Verbrennung wechselt mit der Temperatur und den Eigenschaften der Treibmittel. Sie ist in der Regel nicht größer als 10% des Heizwertes. Andererseits ist ein unendlich großes Erweiterungsverhältnis der Düse nicht zu verwirklichen. Darum benutzt man einen Vergleichsprozeß, bei dem die Anfangsenthalpie des Treibmittels unberücksichtigt bleibt und sich nur seine Verbrennungswärme in kinetische Energie umwandelt. Ist H_u der untere Heizwert je kg Treibstoff (Brennstoff $+$ Sauerstoffträger) so ist demnach

$$\frac{1}{2}\,w_{th}^2 = H_u,\qquad\qquad (350)$$

Tabelle 37. *Verhältnisse der Drücke p, Temperaturen T, Geschwindigkeiten w und Querschnitte F bei Lavaldüsen für vollkommene Gase mit dem Adiabatenexponenten $\varkappa$.*

Die Indices haben folgende Bedeutung: 0 für den Druckraum, e für den Austrittsquerschnitt, s für den engsten Querschnitt und ∞ für den Austrittsquerschnitt einer Düse mit unendlichem Erweiterungsverhältnis.

$\dfrac{p_0}{p_e}$	$\varkappa = 1{,}4$				$\varkappa = 1{,}3$				$\varkappa = 1{,}2$			
	$\dfrac{T_0}{T_e}$	$\dfrac{w_e}{w_s}$	$\dfrac{w}{w_\infty}$	$\dfrac{F_e}{F_s}$	$\dfrac{T_0}{T_e}$	$\dfrac{w_e}{w_s}$	$\dfrac{w}{w_\infty}$	$\dfrac{F_e}{F_s}$	$\dfrac{T_0}{T_e}$	$\dfrac{w_e}{w_s}$	$\dfrac{w_e}{w_\infty}$	$\dfrac{F_e}{F_s}$
1	1	0	0	—	1	0	0	—	1	0	0	—
2	1,219	1,037	0,424	1,02	1,174	1,07	0,386	1,03	1,123	1,095	0,331	1,01
4	1,487	1,402	0,572	1,21	1,378	1,45	0,523	1,26	1,260	1,506	0,454	1,31
6	1,668	1,550	0,633	1,47	1,512	1,61	0,581	1,55	1,348	1,685	0,509	1,64
8	1,811	1,640	0,669	1,70	1,616	1,71	0,614	1,82	1,414	1,798	0,542	1,95
10	1,931	1,700	0,694	1,93	1,701	1,78	0,643	2,07	1,468	1,874	0,566	2,26
15	2,168	1,798	0,735	2,44	1,868	1,89	0,683	2,67	1,570	1,998	0,603	2,97
20	2,354	1,858	0,758	2,90	1,996	1,96	0,707	3,22	1,648	2,080	0,628	3,63
25	2,508	1,900	0,775	3,33	2,102	2,01	0,725	3,74	1,710	2,138	0,645	4,24
30	2,643	1,931	0,789	3,73	2,192	2,04	0,736	4,20	1,763	2,183	0,659	4,84
40	2,869	1,977	0,806	4,47	2,343	2,10	0,758	5,12	1,850	2,25	0,679	5,97
50	3,06	2,010	0,820	5,15	2,467	2,14	0,772	5,97	1,921	2,30	0,695	7,03
60	3,22	2,030	0,829	5,82	2,571	2,17	0,783	6,76	1,981	2,33	0,704	8,09
80	3,50	2,070	0,845	7,00	2,750	2,21	0,797	8,26	2,078	2,39	0,721	10,02
100	3,73	2,093	0,854	8,13	2,892	2,24	0,809	9,68	2,155	2,43	0,734	11,86
200	4,54	2,163	0,883	12,91	3,395	2,33	0,840	15,90	2,42	2,54	0,766	20,24
500	5,90	2,230	0,910	24,10	4,20	2,42	0,871	31,0	2,82	2.66	0,804	41,40
10^3	7,20	2,273	0,927	38,72	4,92	2,47	0,891	51,6	3,162	2,74	0,828	71,60
10^4	13,90	2,360	0,963	193,3	8,36	2.60	0,939	288,2	4,64	2,94	0,887	455
10^5	26,80	2,402	0,981	985,0	14,23	2,67	0,964	1656	6,81	3,06	0,924	2980
10^6	51,80	2,427	0,990	5037	24,2	2,71	0,979	9570	10,0	3,15	0,951	20400
∞	∞	2,450	1,00	∞	∞	2,77	1	∞	∞	3,317	1,000	∞

wobei w_{th} die theoretische Austrittsgeschwindigkeit bei verlustloser Strömung ist, wenn die Gase bis auf die Ausgangstemperatur, bei der der Heizwert bestimmt wurde, in einer Düse mit entsprechendem Erweiterungsverhältnis expandieren.

Die Verhältnisse in der Lavaldüse überblickt man leicht an Hand der Tabelle 37, in der für die Entspannung eines vollkommenen Gases die Verhältnisse der Temperaturen T, der Geschwindigkeiten w und der Querschnitte F in Abhängigkeit vom Druckverhältnis der Entspannung p_0/p_e aufgetragen sind, dabei gilt Index 0 für die Brennkammer, e für den Austrittsquerschnitt, s für den engsten Querschnitt und ∞ für den Austritt in ein Vakuum bei unendlich erweiterter Düse.

Da die Flammtemperatur flüssiger Brennstoffe bei der Verbrennung mit Sauerstoff 3000 °K übersteigt und die normale Bezugstemperatur für Heizwerte 293 °K beträgt, entspricht das einem Verhältnis der Temperaturen von mehr als 10:1. Zu diesem Temperaturverhältnis gehört bei einem vollkommenen Gase mit $\varkappa = 1{,}2$, wie es für heiße Flammgase gilt, ein Druckverhältnis von 10^6:1 und ein Erweiterungsverhältnis von 20400, was praktisch schon nicht mehr möglich ist, da eine solche Düse viel zu schwer und zu sperrig wäre.

Der Heizwert wird gewöhnlich auf ein Kilogramm oder bei Gasen auch auf ein Normkubikmeter Brennstoff bezogen. Der Strahl wird aber

aus den Produkten der Reaktion des Brennstoffes mit dem Sauerstoffträger gebildet, deshalb bezieht man bei Raketen den Heizwert und den
spezifischen Schub zweckmäßig auf die Menge des Treibgases, d. h. auf
die Summe von Brennstoff und Sauerstoffträger, die wir unter der
Bezeichnung Treibmittel oder Treibstoff zusammenfassen wollen.

Der Sauerstoff wird in der Rakete entweder flüssig oder als Sauer-
stoffgehalt einer chemischen Verbindung mitgeführt. In flüssiger Form
ist seine Temperatur sehr niedrig, und es müssen etwa 3% des Heizwertes des Brennstoffes aufgewandt werden, um ihn zu verdampfen
und auf gewöhnliche Temperatur zu bringen. Aus einer Verbindung muß
der Sauerstoff erst frei gemacht werden, womit eine positive oder negative
Wärmetönung verbunden sein kann.

Tabelle 38 enthält die wesentlichen Daten der wichtigsten Sauerstoffträger. Die Bildungsenthalpie in Spalte 6 ist die zum Aufbau der
flüssigen oder gasförmigen Sauerstoffträger aus den gasförmigen Elementen H_2, N_2 und O_2 bei 18 °C nötige Wärme, sie ist positiv für endotherme, negativ für exotherme Verbindungen, sowie für Kühlen und
Kondensieren des Sauerstoffträgers. Die 7. Spalte enthält die chemische
Formel der Reaktion für ein mol gasförmigen Sauerstoff. Dieser Prozeß
liefert (positiv) oder verbraucht (negativ) die in Spalte 8 angegebene
Reaktionswärme, gleich der Differenz der Bildungsenthalpien der Stoffe
auf beiden Seiten der Reaktionsgleichung. Die letzte Spalte gibt schließlich das Verhältnis des Gewichtes des Sauerstoffträgers zum Gewicht
des daraus entwickelten Sauerstoffes, das wir kurz *Massenfaktor*
nennen wollen. Da die Verbrennungsgase Wasser und Kohlensäure enthalten, sind diese Stoffe in die Tabelle mit aufgenommen. Für Tetranitromethan waren Angaben der Verdampfungswärme nicht zu erhalten.

Die Tabelle zeigt, daß flüssiges Ozon besser ist als flüssiger Sauerstoff
wegen seiner höheren Dichte, seines nicht so niedrigen Siedepunktes und
vor allem wegen der hohen Bildungsenthalpie von 30,6 kcal/mol. Bei
der Umwandlung in O_2 wird deshalb je mol O_2 eine Reaktionswärme
von 20,4 kcal/mol frei, die den Heizwert von Kohlenwasserstoffen um
etwa 20% im Vergleich mit Sauerstoff erhöht. Leider ist Ozon teuer in
der Herstellung und wenig haltbar, da es sich allmählich in gewöhnlichen Sauerstoff zersetzt; man hat deshalb flüssige Ozon-Sauerstoff-
gemische vorgeschlagen.

Wasserstoffsuperoxyd entwickelt eine noch größere Reaktionswärme
von 25,4 kcal/mol O_2 als Ozon, aber es ist mit einem großen Wasserballast behaftet entsprechend dem Massenfaktor 2,13. Praktisch ist der
Wasserballast sogar noch größer, da die Herstellung von wasserfreiem
H_2O_2 zu hohen Aufwand erfordert.

Der billigste Sauerstoffträger ist Salpetersäure. Trotz ihrer ätzenden
Eigenschaften stand ihre Anwendung als Raketentreibstoff in großem
Maßstabe bei Kriegsende 1945 bevor. Vom Standpunkt der Reaktionswärme und des Massenfaktors ist Stickstoffperoxyd N_2O_4 günstiger, aber
es siedet bereits bei 21,2 °C und entwickelt durch Zersetzung giftige
NO_2-Dämpfe. Beide Stoffe werden wahrscheinlich von Tetranitromethan
$C(NO_2)_4$ übertroffen, das in Amerika in großem Stile hergestellt wird.

Tabelle 38. *Eigenschaften von flüssigen Sauerstoffträgern.*

Art der Flüssigkeit		Dichte g/cm^3	Siede- punkt °C	Ver- dampf.- Wärme kcal/mol	Bildungs- enthalpie bei 18°C kcal/mol	Reaktion, um 1 mol Sauerstoffgas O_2 freizumachen	Reak- tions- wärme kcal je mol O_2gas	Massen- faktor
Sauerstoff	O_2	1,14	-183	1,63	$-2,9$ (flüss.)	O_2 flüss. $= O_2$	$-2,9$	1
Ozon	O_3	1,45	$-112,5$	2,88	$+30,6$ flüss. $+34,5$ (gas)	$^2/_3\,O_3$ flüss. $= O_2$	$+20,4$	1
Wasserstoffsuperoxyd . . .	H_2O_2	1,46	157,8	10,27	$-45,2$ (flüss.)	$2\,H_2O_2$ flüss. $= 2\,H_2O$ gas $+ O_2$	$+25,2$	2,13
Salpetersäure	HNO_3	1,52	86	—	$-45,2$ (flüss.) $-34,4$ (gas)	$^4/_5\,HNO_3$ flüss. $= {}^2/_5\,H_2O$ gas $+ {}^2/_3\,N_2 + O_2$	$-12,2$	1,58
Stickstoffperoxyd	N_2O_4	1,49	21,1	9,11	$-6,05$ (flüss.) $+3,06$ (gas)	$^1/_2\,N_2O_4$ flüss. $= {}^1/_2\,N_2 + O_2$	$+\ 3,0$	1,44
Tetranitromethan	$C(NO_2)_4$	1,65	126	—	$+8,9$ (flüss.)	$^1/_3\,C(NO_2)_4 = {}^1/_3\,CO_2 + {}^2/_3 N_2 + O_2$	$+34,3$	2,04
Wasser	H_2O	1,00	100	10,6	$-68,4$ (flüss.) $-57,8$ (gas)	—	—	—
Kohlensäure	CO_2	1,56 (fest)	$-78,5$ (subl.)	3,88 (subl.)	$-94,05$	—	—	—

Tabelle 39. *Eigenschaften von Brennstoffen und Sprengstoffen als Treibmittel für Raketen.*

Art des Stoffes		Dichte g/cm³	Siedepunkt °C	Bildungsenthalpie bei 18°C, 1 Atm kcal/mol	Reaktionsgleichung	Menge der Flamm-Gase kg	Hu je Mol oder kg Brennstoff kcal/mol	Heizwert je kg Flamm-gas kcal/kg	Theor. Ausströmgeschwindigkeit m/sec	Spezifischer Schub kp sec/kg
Wasserstoff (gas)	H_2	0,090	$-252,8$	0	$H_2 + {}^1\!/_2\,O_2 = H_2O$	18,02	57,75	3204	5180	528
Atomarer Wasserstoff	H			$+51,9$	$H + H = H_2$	2,02		51400	20770	2116
Methan (gas)	CH_4		-164	$-17,87$	$CH_4 + 2O_2 = 1\,CO_2 + 2\,H_2O$	80,05	191,8	2381	4468	455
Acetylen (gas)	C_2H_2	0,613	$-83,8$	$+53,9$	$C_2H_2 + 2^1\!/_2\,O_2 = 2\,CO_2 + 1\,H_2O$	106,04	301,9	2848	4885	498
Butadien (gas)	C_4H_6	0,650	-6	$+37,3$	$C_4H_6 + 5^1\!/_2\,O_2 = 4\,CO_2 + 3\,H_2O$	230,1	586,9	2550	4523	471
Pentan	C_5H_{12}	0,634	$+36,2$	$-40,2$	$C_5H_{12} + 8O_2 = 5\,CO_2 + 6\,H_2O$	328,2	777,0	2368	4455	454
Octan	C_8H_{18}	0,704	125,8	$-20,8$	$C_8H_{18} + 12^1\!/_2\,O_2 = 8\,CO_2 + 9\,H_2O$	514,2	1174	2288	4375	446
Decan	$C_{10}H_{22}$	0,730	173	$-61,4$	$C_{10}H_{22} + 15^1\!/_2\,O_2 = 10\,CO_2 + 11\,H_2O$	638,3	1506	2360	4446	453
Dodecan	$C_{12}H_{26}$	0,751	214,5	$-82,4$	$C_{12}H_{26} + 18^1\!/_2\,O_2 = 12\,CO_2 + 13\,H_2O$	762,3	1798	2283	4442	453
Benzol	C_6H_6	0,879	80,1	$+11,12$	$C_6H_6 + 7^1\!/_2\,O_2 = 6\,CO_2 + 3\,H_2O$	318,1	750,6	2360	4450	454
Toluol	C_7H_8	0,872	110,8	$+3,6$	$C_7H_8 + 9\,O_2 = 7\,CO_2 + 4\,H_2O$	380,2	893,1	2348	4436	452
Methylalkohol	CH_3OH	0,792	64,2	-57	$CH_3OH + 1^1\!/_2\,O_2 = 1\,CO_2 + 2\,H_2O$	80,1	152,6	1894	3984	406
Äthylalkohol	C_2H_5OH	0,789	78,3	$-66,52$	$C_2H_5OH + 3\,O_2 = 2\,CO_2 + 3\,H_2O$	142,1	294,9	2070	4164	424
Äthylalkohol 75%		0,860			$0,75\,C_2H_5OH + 0,25\ \text{Wasser} + 0,75\cdot3\,O_2$	111,1	219,5 kcal/kg	1816	3901	398
Kohlenstoff (Graphit)	C	2,25			$C + O_2$	44,01	7850	1782	3864	394
Steinkohle		2,00				45	8050	1790	3872	395
Flugbenzin		0,72	35 bis 150		$1\ kg + 3,457\ kg\ O_2$ (gas)	4,457	10500	2360	4447	453,6
$c = 0,85, h = 0,15$					$1\ kg + 3,457\ kg\ O_2$ (flüss.)	4,457	10186	2285	4377	446,3
mit verschiedenen Sauerstoffträgern					$1\ kg + 3,457\ kg\ O_3$ (flüss.)	4,457	12710	2850	4888	498,3
					$1\ kg + 7,36\ kg\ H_2O_2$ (flüss.)	8,36	13220	1580	3640	371
					$1\ kg + 5,46\ kg\ HNO_3$ (flüss.)	6,46	9180	1420	3450	352
Nitroglycerin	$C_3H_5N_3O_9$	1,60	160	$-85,7$	$C_3H_5N_3O_9 = 2\,CO_2 + 2^1\!/_2\,H_2O + 1^1\!/_2\,N_2 + {}^1\!/_4\,O_2$	1	1485	1485	3582	360
Nitroglycol	$C_2H_4N_2O_6$	1,50			$C_2H_4N_2O_6 = 2\,CO_2 + 2\,H_2O + N_2$	1	1575	1575	3632	370
Schwarzpulver		1,50				1	655	665	2360	241

Einzelheiten über seine Verwendung als Raketentreibstoff sind aber nicht bekannt geworden. Flüssige Mischungen von Tetranitromethan mit Kohlenwasserstoffen dienen als Sprengstoff, sie übertreffen die bekannten Sprengmittel (Nitroglycerin, Nitropentaerythrit usw.) dadurch, daß sie ihre volle Brisanz schon bei sehr kleinen Mengen des Initialzündmittels (Knallquecksilber) erreichen.

Die Haupteigenschaften der Kohlenwasserstoffe, von Kohlenstoff und Wasserstoff sowie von einigen Treibmitteln mit chemisch gebundenem Sauerstoff sind in Tabelle 39 zusammengestellt. Der Heizwert, die theoretische Ausströmgeschwindigkeit nach Gl. (350) und der spezifische Schub sind dabei auf Brennstoff von 25° und gasförmigem Sauerstoff von gleicher Temperatur bezogen. Bei Verwendung verflüssigter Gase vermindern sich die Werte etwas wegen des Wärmebedarfs zum Verdampfen und Aufheizen auf 25°. Für Flugbenzin sind auch andere Sauerstoffträger mit angeführt, um die Unterschiede erkennen zu lassen.

Die höchste theoretische Geschwindigkeit und den größten spezifischen Schub ergibt Wasserstoff, aber seine Verwendung ist praktisch schwierig wegen seiner geringen Dichte und seines tiefen Siedepunktes im flüssigen Zustande. Atomarer Wasserstoff mit seiner sehr großen Rekombinationswärme und daher ungewöhnlich großem spezifischen Schub ist nur des Interesses halber hinzugefügt. Es ist unmöglich, seine Rückbildung zu molekularem H_2 für länger als Bruchteile von Sekunden zu verhindern.

Das nächstbeste Treibmittel ist Acetylen mit einem Heizwert von 2795 kcal/kg, einer brauchbaren Dichte und einem nicht zu niedrigen Siedepunkt. Flüssiges Acetylen neigt aber sehr zu Explosionen, da es mit seiner dreifachen Kohlenstoffbindung eine stark endotherme Verbindung ist. Butadien mit 2520 kcal/kg kommt dem Acetylen an Heizwert am nächsten, es ist mit seiner doppelten Kohlenstoffbindung auch endotherm, aber die kleinere positive Bildungsenthalpie vermindert die Explosionsneigung auf ein erträgliches Maß. Dazu hat es ein höheres spezifisches Gewicht und einen günstigeren Siedepunkt als Acetylen.

Die gewöhnlichen Kohlenwasserstoffe (Paraffine, Aromaten und Naturbenzine) unterscheiden sich kaum im spezifischen Schub. Alkohole haben kleinere Werte, die man durch Zusatz von Wasser leicht weiter herabsetzen kann, das sich mit ihnen in jedem Verhältnis mischt. Bei der deutschen V 2 wurde eine Mischung von 75% Äthylalkohol und 25% Wasser mit nur bescheidenem Heizwert benutzt, um die Verbrennungstemperatur so weit herabzusetzen, daß die gekühlte Brennkammer und Düse noch aus unlegiertem Stahl hergestellt werden konnten.

Inzwischen hat man gelernt, die Schwierigkeiten der hohen Verbrennungstemperatur durch bessere Kühlung zu überwinden und die Möglichkeiten des größeren spezifischen Schubes der Kohlenwasserstoffe auszunutzen.

Die gewöhnlichen Explosivstoffe mit chemisch gebundenem Sauerstoff haben, wie die letzten Zeilen der Tabelle 39 zeigten, nur geringen spezifischen Schub, was zusammen mit der Notwendigkeit, den ganzen Vorrat in der Brennkammer unterzubringen, ihre Anwendung beschränkt.

Tabelle 40. *Eigenschaften fester Brennstoffe für Raketen.*

Name		Fester Brennstoff					Reaktionsprodukt						
	Zeichen	Atom-gewicht	Dichte	Schmelz-punkt	Siede-punkt	Reaktionsgleichung (O_2, O_3, F_2 gasförmig H_2O_2 flüssig)	Mole-kular-gewicht	Schmelz-punkt	Siede-punkt	Reak-tions-wärme	Heiz-wert H	Theo-retische Aus-ström-ge-schwin-digkeit	Spez. Schub
			g/cm³	°C	°C			°C	°C	kcal/mol	kcal/kg	m/sec	$\dfrac{\text{kp sec}}{\text{kg}}$
Lithium . .	Li	6,94	0,534	179	1372	$2\,Li + 1/2\,O_2 = Li_2O$	29,88	1700	—	142,3	4764	6320	644
						$2\,Li + 1/3\,O_3 = Li_2O$	29,88			153,8	5150	6570	670
Bor	B	10,82	2,3	2300	2550	$2\,B + 3/2\,O_2 = B_2O_3$	69,64	294	—	279,9	4018	5800	592
						$2\,B + O_3 = B_2O_3$	69,64			314,4	4501	6140	626
Kohlenstoff	C	12,01	2,25	subl.	3540	$C + O_2 = CO_2$	44,01	subl.	−78,5	94,45	2148	4242	433
						$C + 2/3\,O_3 = CO_2$	44,01			117,45	2668	4728	482
Natrium . .	Na	23,00	0,97	97,7	883	$2\,Na + 1/2\,O_2 = Na_2O$	62,00	992	1704	99,45	1650	3718	379
						$Na + 1/2\,F_2 = NaF$	42,00			135,95	3236	5048	525
Magnesium .	Mg	24,32	1,74	657	1102	$Mg + 1/2\,O_2 = MgO$	40,32	2642	2800	146,1	3623	5510	562
						$Mg + 1/3\,O_3 = MgO$	40,32			157,6	3910	5720	583
						$Mg + H_2O_2 = Mg(OH)_2$	58,34			150,3	2577	4646	474
Aluminium .	Al	26,97	2,70	658	2500	$2\,Al + 3/2\,O_2 = Al_2O_3$	101,94	2046	2700	380,0	3730	5590	570
						$2\,Al + O_3 = Al_2O_3$	101,94			414,5	4070	5840	595
Phosphor .	P	30,98	1,82	44,1	282	$2\,P + 5/2\,O_2 = P_2O_5$	141,96	subl.	358	360,0	2538	4610	470
						$2\,P + 5/3\,O_3 = P_2O_5$				417,5	2940	4960	506
Calcium . .	Ca	40,08	1,55	850	1439	$Ca + 1/2\,O_2 = CaO$	56,08	2570	2850	151,7	2706	4762	486
						$Ca + F_2 = CaF_2$	78,08	1392	2500	290,2	3720	5580	569

Wasserstoff, Kohlenstoff und ihre Verbindungen sind jedoch nicht die einzig möglichen Energiequellen für den Raketenantrieb. Tabelle 40 enthält Angaben über andere chemische Reaktionen von hoher Energie. Man erkennt, daß feste Metalle von niedrigem Atomgewicht und hoher chemischer Valenz die Kohlenwasserstoffe und selbst reinen Wasserstoff an spezifischem Schub übertreffen. Den höchsten Wert erreicht Lithium, aber vielleicht ist Bor wegen seiner höheren Dichte vorzuziehen. Dabei ist zu beachten, daß die Angaben über die Austrittsgeschwindigkeit und den spezifischen Schub sich auf den festen Zustand der Reaktionsprodukte beziehen. Nur bei Metalloxyden sehr hohen Siedepunktes wird die Kondensation in einer Düse ausführbarer Erweiterung möglich sein. Wenn das Oxyd die Düse in gasförmigem Zustand verläßt, vermindert sich die Reaktionsenthalpie um die Sublimationswärme.

Natürlich hat die Verbrennung von festen Stoffen in großer Menge ihre Schwierigkeit, und es wird nicht leicht sein, Metallpulver in die Brennkammer zu fördern. Bisher scheint nur Aluminiumpulver als suspendierte Beimischung zu flüssigen Kohlenwasserstoffen in Versuchsraketen benutzt worden zu sein (nach einer Mitteilung, die ich E. SÄNGER verdanke). Der Umstand, daß die Reaktionsprodukte der Metalle bei ziemlich hohen Temperaturen kondensieren, ist kein Nachteil, da die höhere Dichte eines mit flüssigen oder festen Partikeln beladenen Gases das notwendige Erweiterungsverhältnis der Düse vermindert oder in einer gegebenen Erweiterung einen größeren Druckabfall zuläßt. Die Kondensation der Metalloxyde an der inneren Oberfläche der Düse kann für sie ein Schutz gegen die hohe Temperatur sein. Statt Kohlenwasserstoffe werden auch Borwasserstoffe in Betracht gezogen, von denen B_5H_{11} eine bei etwa 80 °C siedende Flüssigkeit ist, die mit Sauerstoff einen etwa 40% höheren spezifischen Schub liefert als übliche Kohlenwasserstoffe.

Um im Falle des Aussetzens der Zündung die Anhäufung eines explosiven Gemisches in der Brennkammer und die Gefahr des Zerknallens beim Wiedereinsetzen der Zündung zu vermeiden, sind Brennstoffe wichtig, die bei der Berührung mit dem Sauerstoffträger von selbst zünden (Hypergole). Für Wasserstoffsuperoxyd ist (nach HAUSSMANN, LUTZ und NOEGGERATH) Hydrazinhydrat $N_2H_4H_2O$ zusammen mit darin gelöstem Kupfersulfat als Katalysator ein solcher Selbstzünder. Neuerdings verwende man das wegen seines Heizwertes günstigere Dimethylhydrazin $CH_3 \cdot N_2H_2 \cdot CH_3$ mit unsymmetrischer Bindung der Methylgruppen. Mit Salpetersäure selbstzündend sind organische Amine und Kohlenwasserstoffe mit doppelten Kohlenstoffbindungen, die sich vom Acetylen und Butadien ableiten.

96. Die Strömung in der Düse einer Rakete.

Die Umwandlung von chemischer Reaktionsenthalpie in Energie der Strömung in der Schubdüse kann bei wirklichen Gasen genauer nur mit Hilfe umständlicher Rechnungen untersucht werden, welche die

Dissoziation bei den hohen Gastemperaturen berücksichtigen. Bei Annahme eines vollkommenen Gases als Treibmittel kann man aber die wesentlichen Zusammenhänge an Hand von einfachen Formeln erkennen.

In Abb. 182 ist eine Brennkammer mit Schubdüse gezeichnet, die in ihrer Gestalt etwa dem Antrieb der V 2 entspricht. Die verschiedenen Stellen werden durch folgende Indices bezeichnet:

Index 0 für die Brennkammer nach der Verbrennung,

Index s für den engsten Querschnitt der Düse,

Index e für die Austrittsöffnung der Düse,

Index ∞ für den Austritt einer angenommenen Düse mit unendlich großem Erweiterungsverhältnis.

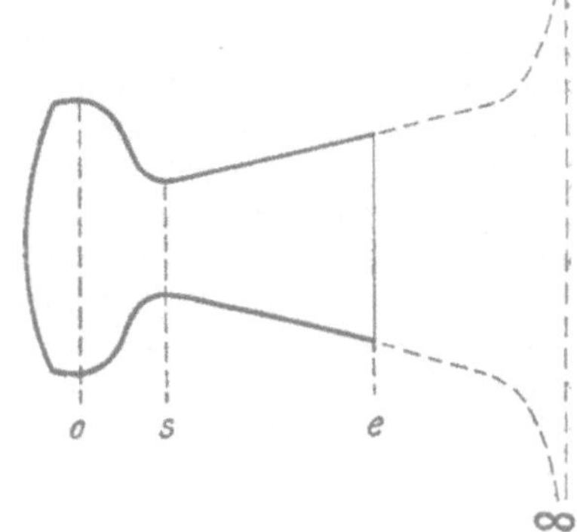

Abb. 182. Raketenbrennkammer mit Schubdüse.

Dann sind die Geschwindigkeiten, das Erweiterungsverhältnis und die sekundliche Gasmenge durch die folgenden Gleichungen gegeben:

$$w_s = \sqrt{2\,\frac{\varkappa}{\varkappa+1}\,p_0 v_0} = \sqrt{2\,\frac{\varkappa}{\varkappa+1}\,\frac{\boldsymbol{R}}{\boldsymbol{M}}\,T_0} \tag{351}$$

$$\frac{w_\infty}{w_s} = \sqrt{\frac{\varkappa+1}{\varkappa-1}}\,;\quad w_\infty = \sqrt{2\,\frac{\varkappa}{\varkappa-1}}\,\sqrt{\frac{\boldsymbol{R}}{\boldsymbol{M}}\,T_0} \tag{352}$$

$$\left.\begin{aligned} \frac{w_e}{w_s} &= \sqrt{\frac{\varkappa+1}{\varkappa-1}}\,\sqrt{1-\left(\frac{p_e}{p_0}\right)^{\frac{\varkappa-1}{\varkappa}}}\,;\\[2ex] w_e &= \sqrt{2\,\frac{\varkappa}{\varkappa-1}}\,\sqrt{\frac{\boldsymbol{R}}{\boldsymbol{M}}\,T_0}\,\sqrt{1-\left(\frac{p_e}{p_0}\right)^{\frac{\varkappa-1}{\varkappa}}} \end{aligned}\right\} \tag{353}$$

$$\frac{F_e}{F_s} = \left(\frac{2}{\varkappa+1}\right)^{\frac{1}{\varkappa-1}}\cdot\left(\frac{p_0}{p_e}\right)^{\frac{1}{\varkappa}}\cdot\frac{w_s}{w_e} \tag{354}$$

$$m' = F_s\left(\frac{2}{\varkappa+1}\right)^{\frac{1}{\varkappa-1}}\sqrt{\frac{\varkappa}{\varkappa+1}}\,\sqrt{2\,p_0\varrho_0}\,. \tag{355}$$

Nach diesen Formeln berechnete Werte sind in Tabelle 37 für verschiedene Druckverhältnisse und einige Werte von $\varkappa = c_p/c_v$ angegeben. Tabelle 39 und 40 zeigen, daß hoher Heizwert zusammen mit einem niedrigen Molekulargewicht des Verbrennungsgases hohe Ausströmgeschwindigkeiten mit großem spezifischem Schub liefert.

Der wirkliche Vorgang unterscheidet sich von der vereinfachenden Annahme des idealen Gases hauptsächlich durch die Dissoziation, die

21*

die Temperatur und das mittlere Molekulargewicht des Gasgemisches herabsetzt.

Die Verbrennung eines flüssigen Kohlenwasserstoffes mit der stöchiometrischen Menge flüssigen Sauerstoffes liefert eine wirkliche Flammentemperatur von etwa 3300 °K, bei der schon mehr als die Hälfte der Kohlensäure und des Wasserdampfes in H_2, O_2, CO, OH, O und H dissoziiert sind. Die Dissoziation nimmt mit fallender Temperatur ab, aber im engsten Querschnitt der Düse, wo die Temperatur etwa bei 2900 °K liegt, ist sie noch nicht zu vernachlässigen, und dieser muß deshalb wegen des kleineren mittleren Molekulargewichtes etwas größer bemessen werden als im Falle des vollkommenen Gases (vgl. Abschnitt XX). Die Dissoziation wird vernachlässigbar unterhalb 2000 °K.

Wenn Kohlenwasserstoffe mit weniger als der stöchiometrischen Sauerstoffmenge verbrennen, muß das Wassergasgleichgewicht auch bei niederen Flammtemperaturen bis herab zu etwa 1000 °K beachtet werden. In jedem Falle ist die kinetische Energie des Strahles gleich der Differenz zwischen dem unteren Heizwert und der von der Bezugstemperatur der Heizwertbestimmung an gezählten Enthalpie des Gases in dem Zustand, mit dem es die Düse verläßt.

Wenn der Austrittsdruck der Düse größer ist als der Umgebungsdruck wie in Gl. (347), können wir eine effektive Austrittsgeschwindigkeit w_e' einführen durch die Gleichung

$$m' w_e' = m' w_e + (p_e - p_a) F_e. \tag{356}$$

Das Verhältnis

$$\zeta = \frac{w_e'}{w_{th}} = \frac{w_e + (p_e - p_a) F_e/m'}{w_{th}} \tag{357}$$

dieser effektiven Geschwindigkeit zur theoretischen Geschwindigkeit w_{th} bei richtig erweiterter Düse nennen wir *Schubverhältnis*. Es kennzeichnet den Einfluß einer aus praktischen Gründen verkürzten Düse. Der Ausdruck „Wirkungsgrad" ist hier vermieden, da dieser Begriff das Verhältnis von Energien und nicht von Impulsen angibt. Der Wirkungsgrad würde gleich dem Verhältnis der Geschwindigkeitsquadrate sein. Daß das Schubverhältnis den Wert 1 nicht erreicht, ist auf die Schwierigkeit zurückzuführen, ein Druckverhältnis zu verwirklichen, das die Austrittstemperatur des Strahles auf die Temperatur des Treibmittels vor der Verbrennung erniedrigt.

Einige Daten der deutschen V 2-Rakete seien hier als Beispiel[1] angeführt: Der Brennstoff, bestehend aus 75% Äthylalkohol (C_2H_6O) und 25% Wasser, wurde bei einem Druck von etwa 20 atm mit flüssigem Sauerstoff verbrannt und bei einer Temperatur von etwa 3000 °K. Der wirksame Heizwert dieses Brennstoffes war 1567 kcal je kg Verbrennungsgas; das ist weniger als in Tabelle 39 für gasförmigen Sauerstoff angegeben, da hier der flüssige Sauerstoff erst verdampft und angewärmt werden mußte und außerdem ein Teil des Brennstoffs zur Bildung

---

[1] PERRING, W. S.: A Critical Review of Long Range Rocket Development. Journal Roy. Aer. Soc. 50 (1946) S. 483. — ZEUNERT, G.: Zur Entwicklung der Flüssigkeitsrakete. Z. VDI, Bd. 91 (1949) S. 57.

eines Kühlfilms auf der Innenwand der Düse diente und nicht verbrannte. Aus Gl. (350) folgt eine theoretische Austrittsgeschwindigkeit $w_{th} = 3620$ m/sec. Die aus dem gemessenen Schub ermittelte tatsächliche Austrittsgeschwindigkeit bei einem Erweiterungsverhältnis von 1 : 3,4 und dem entsprechenden Druckverhältnis $p_0/p_e = 20$ war 2136 m/sec. Damit ergibt sich ein Schubverhältnis von

$$\zeta = \frac{2136}{3620} = 0{,}59.$$

Wenn wir $\varkappa = 1{,}2$ annehmen für das Verbrennungsgas bei hoher Temperatur, finden wir für ein Druckverhältnis $p_0/p_e = 20$ aus Tab. 37 das zugehörige Erweiterungsverhältnis $F_e/F_s = 3{,}63$ und das Geschwindigkeitsverhältnis $w_e/w_\infty = 0{,}628$. Für die theoretische Geschwindigkeit, die sich bei einem Temperaturverhältnis von etwa $T_0/T_e = 10$ und dem zugehörigen Druckverhältnis $p_0/p_e = 10^6$ ergeben würde, wird $w_{th}/w_\infty = 0{,}951$. Damit ergibt sich das Verhältnis $w_e/w_{th} = 0{,}628/0{,}951 = 0{,}66$ in befriedigender Übereinstimmung mit dem oben angegebenen aus der Schubmessung bestimmten Wert von 0,59. Der Unterschied ist leicht zu erklären mit ungenauer Schätzung des Adiabatenexponenten $\varkappa$, durch unvollständige Verbrennung, mit Verlusten durch innere Reibung usw. Die für ein ideales Gas berechnete Tabelle 37 erweist sich somit als ganz brauchbar für die erste Abschätzung.

Der Austrittsdruck der Düse bei dem angegebenen Erweiterungsverhältnis ist nahezu gleich dem Atmosphärendruck, wenn der Druck in der Brennkammer 20 atm beträgt. Der Gesamtschub bei einem Gasstrom von 125 kg/sec ist dann 27 000 kg am Erdboden und erhöht sich in großer Höhe mit praktisch verschwindendem Atmosphärendruck um weitere 4300 kg.

Die Geschwindigkeit nach 70 Sekunden Brennzeit ist 1500 m/sec. Die Leistung der Rakete bei dieser Höchstgeschwindigkeit kurz vor dem Ende der Verbrennung erreicht den bemerkenswerten Betrag von 625 000 PS. Der Treibmittelverbrauch ist $125 \cdot 3600 = 450\,000$ kg/h oder 0,72 kg/PSh, davon sind aber nur 29% wirklicher Brennstoff (Äthylalkohol), der Rest etwa 10% Wasser und 61% Sauerstoff. Rechnet man nur den Alkohol als Brennstoff, so beträgt der Brennstoffverbrauch 0,21 kg/PSh. Im Vergleich mit dem Kraftstoffverbrauch des Kolbenflugmotors eines schnellen Flugzeuges, der etwa 0,34 kg/PSh bezogen auf den Nutzschub des Propellers beträgt, erscheint der Raketenantrieb sehr wirtschaftlich, zumal er Geschwindigkeiten erzielt, die weit über das mit Flugzeugen Erreichbare hinausgehen, und das mit einem Triebswerksgewicht einschl. der Hilfsantriebe von nur 1200 kg oder 2,0 g/PS. Das Leistungsgewicht eines Kolbenflugmotors ist dagegen etwa 450 g/PS. Das Startgewicht der V 2 war 12 500 kg einschl. 5000 kg flüssigen Sauerstoff, 3800 kg Äthylalkohol und 200 kg Wasserstoffsuperoxyd und Permanganat für die Antriebsturbine der Treibstoffpumpen. Diese Turbine von etwa 500 PS Leistung wurde mit dem Wasserdampf-Sauerstoff-Gemisch betrieben, das sich durch die katalytische Zersetzung des Wasserstoff-Superoxyds bildet.

Beim Vergleich von Rakete und Flugmotor darf aber nicht übersehen werden, daß der Wirkungsgrad der Rakete bei niedrigen Fluggeschwindigkeiten weit geringer und daher für einen wirtschaftlichen Lufttransport viel zu klein ist. Den Grund dafür werden wir im folgenden Abschnitt erkennen.

97. Wirkungsgrad des Raketenantriebes.

Bisher haben wir wesentlich den Impuls betrachtet und gesehen, daß etwa der Bruchteil $\varepsilon = w_e/w_{th} = 0,60$ des theoretischen Impulses bei praktischen Ausführungen erreicht wurde. Das entspricht einem Wirkungsgrad von $\eta_i = u_e^2/w_{th}^2 = 0,36$ der Umsetzung von Verbrennungswärme in kinetische Energie. Diesen Wirkungsgrad wollen wir *inneren Wirkungsgrad* nennen, sein Wert hängt von der Ausführung und den Betriebsbedingungen von Brennkammer und Düse ab; die Fluggeschwindigkeit ist darauf ohne Einfluß. Um den inneren Wirkungsgrad zu verbessern, braucht man höhere Brennkammerdrücke und längere Düsen von größerem Erweiterungsverhältnis, was beides seine Schwierigkeiten hat.

Der innere Wirkungsgrad von Raketen ist bemerkenswerterweise etwa der gleiche wie der einer guten Brennkraftmaschine oder der eines schweren Langrohrgeschützes, wenn man unter dem Wirkungsgrad des letzteren das Verhältnis der kinetischen Energie des Geschosses zum Heizwert der Treibladung versteht.

Die dem inneren Wirkungsgrad entsprechenden Verluste erscheinen als Enthalpie der Gase, welche die Düsenöffnung verlassen. Aber der Strahl führt außerdem kinetische Energie fort, da er eine Geschwindigkeit gegen die Umgebung hat. Dieser Verlust verschwindet nur, wenn die Fluggeschwindigkeit gleich der Austrittsgeschwindigkeit des Strahles relativ zur Düse ist.

Wir wollen das Verhältnis der bei der jeweils vorhandenen Geschwindigkeit nutzbar auf die Rakete übertragenen Leistung zur kinetischen Energie des je Zeiteinheit verbrauchten Treibstoffes *äußeren Wirkungsgrad η_a* nennen. Dabei ist zu beachten, daß die verfügbare mechanische Energie des Treibstoffes nicht nur aus der durch die Verbrennung und Expansion freigemachten kinetischen Energie des Strahles, sondern auch aus der kinetischen Energie des Treibmittels vor der Verbrennung besteht, die während der vorausgegangenen Beschleunigung der Rakete angesammelt wurde. Die nutzbare Leistung ist gleich dem Produkt $m' w_e c$ aus Schub $m' w_e$ und Fluggeschwindigkeit c. Die verfügbare Leistung des je Zeiteinheit verbrauchten Treibmittels ist $\frac{m'}{2} w_e^2 + \frac{m'}{2} c^2$. Damit wird der äußere Wirkungsgrad der Rakete

$$\eta_a = \frac{2 \dfrac{w_e}{c}}{1 + \left(\dfrac{w_e}{c}\right)^2} = \frac{2 \dfrac{c}{w_e}}{1 + \left(\dfrac{c}{w_e}\right)^2} \tag{358}$$

eine Funktion der Fluggeschwindigkeit, er ist Null beim Start, steigt bis auf 1, wenn die Geschwindigkeit des Fluges die des austretenden

Strahles erreicht und geht gegen Null bei sehr hohen Fluggeschwindigkeiten, wie das Abb. 183 zeigt. Die Funktion η_a der Gl. (358) ist invariant
gegen die reziproke Transformation der unabhängigen Veränderlichen
w_e/c, d. h., der Wirkungsgrad ist derselbe für c/w_e wie für w_e/c. Für Fluggeschwindigkeiten von einem Drittel bis zur dreifachen Strahlgeschwindigkeit liegt η_a zwischen 0,6 und 1 mit dem Mittelwert $\eta_a = 0,823$.
Damit ist der äußere Wirkungsgrad in diesem Geschwindigkeitsbereich
etwa derselbe wie der einer Luftschraube bei den gewöhnlichen Geschwindigkeiten von schnellen Propellerflugzeugen.

Demnach erreicht der Raketenantrieb an Wirkungsgrad die besten
Brennkraftmaschinen und übertrifft sie sogar, wenn die Fluggeschwindigkeit der Strahlgeschwindigkeit nahekommt. Aber für kleine Fluggeschwindigkeiten wird der Wirkungsgrad sehr schlecht. Man kann
auch Fluggeschwindigkeiten größer als die Geschwindigkeit des Strahles
erreichen, aber wieder mit abnehmendem Wirkungsgrad.

Als Gesamtwirkungsgrad des
Raketenantriebes wird von einigen
Autoren das Produkt $\eta_i \cdot \eta_a$ eingeführt. Es ist aber zu beachten,
daß der äußere Wirkungsgrad sich
wegen seiner Abhängigkeit von
der Fluggeschwindigkeit im Laufe
des Fluges stark ändert. Dazu
nimmt der beim Start den überwiegenden Teil des Gesamtge-
wichtes bildende Treibstoff gegen
Ende der Brennzeit auf Null ab.
Es ist daher zweifelhaft, ob man
den zur Beschleunigung des Treib-
stoffes aufgewendeten Teil des Schubes als Nutzarbeit ansehen soll.

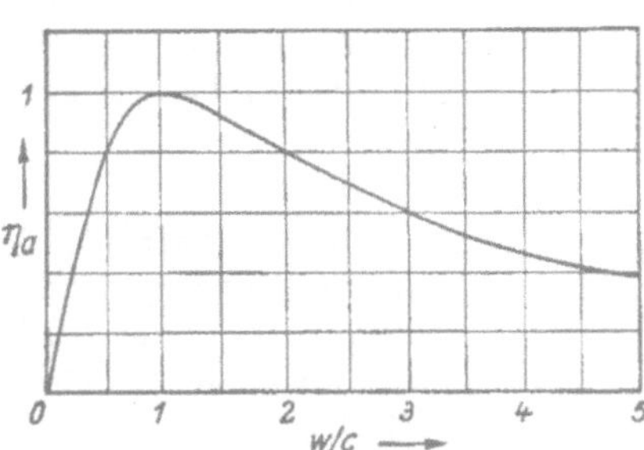

Abb. 183. Äußerer Wirkungsgrad einer Rakete
in Abhängigkeit vom Verhältnis w/c von Strahlgeschwindigkeit zu Fluggeschwindigkeit.

Die beste Definition eines Gesamtwirkungsgrades ist wohl das Verhältnis der kinetischen und potentiellen Energie der Rakete bei
Brennschluß zur Verbrennungswärme des Treibstoffes. Vergleiche auch
die Behandlung des Wirkungsgrades der Rakete im schwerefreien
Raum auf S. 329.

Für die V 2 mit einem Gewicht von 4000 kg bei Brennschluß in 36 km
Höhe war die Gesamtenergie (kinetische und potentielle) $602 \cdot 10^6$ mkp.
Verglichen mit dem mechanischen Äquivalent der Verbrennungs-
wärme von $12 \cdot 10^9$ mkp des gesamten Treibstoffes einschl. Sauerstoff
von 19000 kg ergibt das einen Gesamtwirkungsgrad von $\eta = 0,05$.
Dieser, im Vergleich zum momentanen Gesamtwirkungsgrad kurz vor
Brennschluß niedrige Wert ist zum Teil auf den Luftwiderstand der
Atmosphäre zurückzuführen, in der Hauptsache jedoch auf den schlechten
Wirkungsgrad der Beschleunigung des großen Treibstoffgewichtes von
der Geschwindigkeit 0 an. Aber der Wirkungsgrad ist auf diesem Gebiet
nicht das Ausschlaggebende, wenn sonst keine anderen Möglichkeiten
bestehen, so hohe Geschwindigkeiten zu erreichen.

98. Bewegung der Rakete.

a) Die Rakete im schwerefreien Raum.

Die Rakete führt ihren Treibstoffvorrat mit sich, den wir proportional der Zeit abbrennen lassen wollen, wobei die Treibgase mit konstanter Geschwindigkeit nach hinten, also entgegengesetzt zur Flugrichtung, ausströmen. Wir bezeichnen (vgl. Abb. 184) mit

m_0 die Anfangsmasse beim Start, also bei $w = 0$ zur Zeit $t = 0$,

m die Masse zur Zeit t,

w die Geschwindigkeit der Rakete zur Zeit t,

$w_e = a$ die konstante Ausströmgeschwindigkeit der Treibgase relativ zur Rakete.

Ist $dm/dt = -k$ die konstante Abbrandgeschwindigkeit des Treibstoffes, so würde die Rakete in der Zeit $T = m_0/k$ abgebrannt sein, wenn sie ganz aus Treibstoff bestünde. Dabei übt der Treibstrahl auf sie den konstanten Schub ak aus und nach der Zeit t hat sie noch die Masse

$$m = m_0 - kt .\tag{359}$$

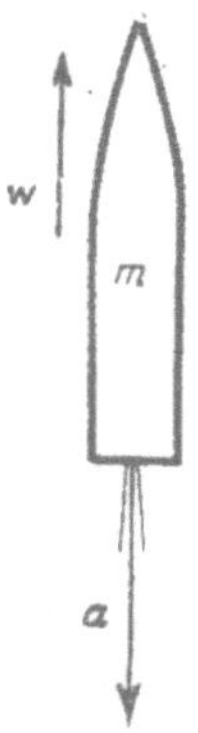

Nach dem Satz von der Erhaltung des Impulses muß die Summe der Impulse von Rakete und ausströmendem Treibmittel im Laufe der Zeit ungeändert bleiben. Zur Zeit t hat die Rakete den Impuls $(m_0 - kt)w$, zur Zeit $t + dt$ ist er auf $m_0 - k(t + dt) \cdot (w + dw)$ angewachsen. Außerdem ist aber der Impuls $(w - a)kdt$ der Masse kdt vorhanden, die von der Rakete mit der absoluten Geschwindigkeit $w - a$ zurückgelassen wird. Der Impulssatz fordert die Unveränderlichkeit des Impulses oder

Abb. 184. Geschwindigkeiten bei der fliegenden Rakete.

$$(m_0 - kt)w = [m_0 - k(t + dt)] (w + dw) + (w - a) kdt,$$

woraus sich die Differentialgleichung der Raketenbewegung

$$ak = (m_0 - kt) \frac{dw}{dt} \tag{360}$$

ergibt. Da beide Seiten dieser Gleichung die Dimension einer Kraft haben, kann man ak als die Kraft auffassen, die der Masse $(m_0 - kt)$ der Rakete die Beschleunigung dw/dt erteilt und deren „reactio“ das Treibmittel nach rückwärts ausstößt.

Wir hätten die Gl. (360) auch aus dem Satz: Kraft = Masse $\times$ Beschleunigung gewinnen können; da dessen Anwendung auf Systeme mit veränderlicher Masse aber Vorsicht erfordert, haben wir den Weg über den allgemein gültigen Impulssatz vorgezogen.

Führt man in Gl. (360) an Stelle von t als unabhängige Veränderliche $m = m_0 - kt$ ein, setzt also $dm = -kdt$, so lautet sie

$$\frac{dm}{m} = -d\left(\frac{w}{a}\right) . \tag{361}$$

Die Integration ergibt mit Berücksichtigung der Startbedingung $m = m_0$ und $w = 0$ bei $t = 0$ die Lösung

$$\frac{w}{a} = -\ln\frac{m}{m_0} \qquad \text{oder} \qquad \frac{m}{m_0} = e^{-\frac{w}{a}}. \tag{362}$$

Wenn wir das Massenverhältnis $\mu = m/m_0$ und das Geschwindigkeitsverhältnis $\nu = w/a$ einführen, wird daraus

$$\mu = e^{-\nu}. \tag{363}$$

Damit die Rakete eine Geschwindigkeit gleich der Austrittsgeschwindigkeit ihrer Treibgase erreicht, muß demnach ihr Startgewicht sich um den Faktor $e = 2{,}718$ verkleinert haben, d. h. es muß der Bruchteil $1 - \dfrac{1}{e} = = 0{,}6321$ des Startgewichtes an Treibstoff verbraucht sein. Für eine Geschwindigkeit gleich dem νfachen der des Treibstrahles ist das Restgewicht der e^ν-te Teil des Startgewichtes.

Bezeichnet man als äußeren Gesamtwirkungsgrad η_{ag} das Verhältnis der kinetischen Energie des Restgewichtes zur kinetischen Energie des verbrannten Treibstoffes, die dieser relativ zur Rakete, d. h. beim Ausströmen aus der festgehaltenen Rakete entwickelt, so ist

$$\eta_{ag} = \frac{\nu^2}{e^\nu - 1}. \tag{364}$$

In Tabelle 41 und Abb. 185 ist das Massenverhältnis $\mu = m/m_0$ und der Gesamtwirkungsgrad η_{ag} als Funktion des Geschwindigkeitsverhältnisses $\nu = w/a$ angegeben. Man sieht, daß der Raketenantrieb bei Geschwindigkeiten von dem 0,7- bis dreifachen der

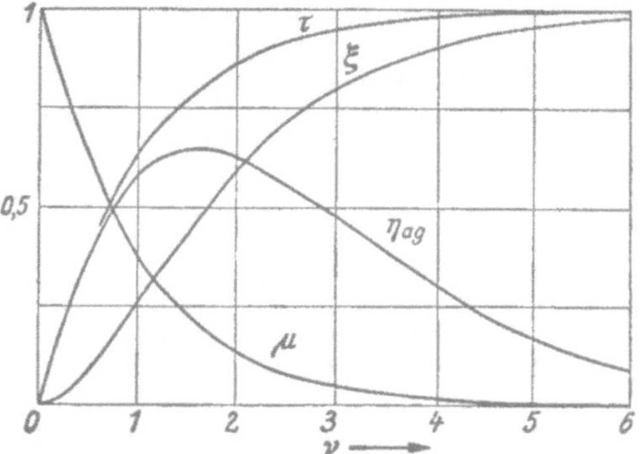

Abb. 185. Verhältnisse beim Raketenflug im schwerefreien Raum in dimensionsloser Darstellung.

Treibstrahlgeschwindigkeit einen recht guten äußeren Wirkungsgrad hat, der ein Maximum von $\eta_{ag} = 0{,}648$ bei $\nu = 1{,}593$ und dem Massenverhältnis $\mu = 0{,}203$ erreicht. Wegen des stark abnehmenden Restgewichtes, von dem nur ein Teil Nutzlast sein kann, dürfte es aber schwer sein, mit der Rakete die Geschwindigkeit ihres Treibstrahles wesentlich zu überschreiten. Der hier behandelte auf die ganze Flugdauer vom Start bis zur Endgeschwindigkeit bezogene äußere Wirkungsgrad ist natürlich wohl zu unterscheiden von dem früher behandelten und in Abb. 183 dargestellten Augenblickswirkungsgrad, der für $\nu = 1$ den Wert 1 erreichte.

Wegen $\mu = \dfrac{m}{m_0} = 1 - \dfrac{k}{m_0}\, t = 1 - \dfrac{t}{T}$ kann man Gl. (363) auch schreiben

$$\nu = \frac{w}{a} = -\ln\mu = -\ln\left(1 - \frac{t}{T}\right) \tag{365}$$

und hat damit die Geschwindigkeit als Funktion der Zeit. Für den Flugweg $x = \int\limits_0^t w\,dt$ ergibt sich

$$\frac{x}{aT} = -\int\limits_0^t \ln\left(1 - \frac{t}{T}\right) d\left(\frac{t}{T}\right) = \int\limits_1^\mu \ln\mu\,d\mu = \mu\ln\mu + 1 - \mu \qquad (366)$$

und bei Einführung der dimensionslosen Größen

$$\xi = \frac{x}{aT} \quad \text{und} \quad \tau = \frac{t}{T} = 1 - \mu \qquad (367)$$

für Weg und Zeit erhält man

$$\xi = \tau + (1 - \tau)\ln(1 - \tau) = \tau + \mu\ln\mu, \qquad (366\,\mathrm{a})$$

woraus sich mit Hilfe von Gl. (365) die überraschend einfache Beziehung

$$\xi = \tau - \mu\nu \qquad (368)$$

ergibt. Kehrt man zu den dimensionsbehafteten Größen zurück, so erhält sie die weniger durchsichtige Form

$$\frac{k}{a\,m_0}\,x = \frac{k}{m_0}\,t - \left(1 - \frac{k}{m_0}\,t\right)\frac{w}{a}. \qquad (368\,\mathrm{a})$$

In Tabelle 41 und Abb. 185 sind die Größen μ, τ, ξ und η_{ag} als Funktion der dimensionslosen Geschwindigkeit ν dargestellt. Durch einfaches Umzeichnen können alle Größen statt über der Geschwindigkeit ν auch über der Zeit oder dem Wege aufgetragen werden. Die Abbildung zeigt, daß sich mit der einfachen Rakete größere Werte von ν nur bei sehr kleinen Verhältnissen der Nutzlast zur Startgewicht erreichen lassen. Von praktischem Interesse ist daher heute nur der linke Teil der Abbildung mit Geschwindigkeiten bis zu etwa $\nu = 2$.

Tabelle 41. *Beziehungen zwischen den dimensionslosen Veränderlichen beim Raketenflug im schwerefreien Raum.*

$$\nu = \frac{w}{a} = \text{dimensionslose Geschwindigkeit}, \qquad \mu = \frac{m}{m_0} = \text{Massenverhältnis},$$

$$\tau = \frac{k}{m_0}\,t = \text{dimensionslose Zeit}, \qquad \xi = \frac{k}{a\,m_0}\,x = \text{dimensionsloser Flugweg},$$

$\eta_{ag} = $ äußerer Gesamtwirkungsgrad.

$\nu =$	0	0,1	0,2	0,5	1,0	1,593	2	3	4	5	6
$\mu =$	1	0,905	0,819	0,606	0,368	0,203	0,135	0,050	0,0183	0,0067	0,0028
$\tau =$	0	0,095	0,181	0,394	0,632	0,797	0,865	0,950	0,9817	0,9933	0,9972
$\xi =$	0	0,0045	0,0172	0,091	0,264	0,473	0,595	0,800	0,9055	0,9598	0,9804
$\eta_{ag} =$	0	0,095	0,181	0,385	0,582	0,648	0,626	0,473	0,299	0,1695	0,0895

b) Die Rakete im Schwerefelde.

Nehmen wir zunächst ein Schwerefeld mit der konstanten Fall-beschleunigung $g = 9{,}81$ m/sec^2 an, was bei Flughöhen bis zu einigen hundert Kilometern praktisch zutrifft, so geht Gl. (360) über in

$$a\,k = (m_0 - k\,t)\left(\frac{dw}{dt} + g\right). \qquad (369)$$

Die Integration liefert die Lösung:

$$\frac{w}{a} = -\ln\frac{m}{m_0} - \frac{g}{a}\,t = -\ln\mu - \frac{gT}{a}\,\tau$$

oder

$$\frac{m_0 - kt}{m_0} = \frac{m}{m_0} = e^{-\frac{w}{a}} \cdot e^{-\frac{g}{a}t}. \qquad (370)$$

Sie unterscheidet sich von Gl. (362) durch den Faktor $e^{-\frac{g}{a}t}$, der stets kleiner als 1 ist. Für denselben Abbrand kt ist demnach die Geschwindig-keit w um so größer, je kleiner t ist und je näher damit $e^{-\frac{g}{a}t}$ dem Wert 1 kommt. Das heißt, man muß einen bestimmten Abbrand kt mit großer Abbrandkonstanten k in möglichst kurzer Zeit, am besten durch plötzliches Abbrennen der ganzen Ladung erreichen. In diesem letzten Falle kann die zu einem Wert von μ gehörende Geschwindigkeit v aus Abb. 185 entnommen werden.

In Wirklichkeit findet die Schnelligkeit des Abbrennens ihre Grenze in der Größe und dem Gewicht der Brennkammer, außerdem ist es wegen des von uns nicht berücksichtigten Luftwiderstandes günstiger, die Rakete nicht gleich am Erdboden auf ihre Höchstgeschwindigkeit zu beschleunigen, sondern sie die unteren dichten Teile der Atmosphäre mit langsam ansteigender Geschwindigkeit durchlaufen zu lassen und hohe Geschwindigkeiten erst in Höhen sehr kleiner Luftdichte zu er-reichen.

Die dimensionslosen Formeln (365) und (368) gehen, wie man leicht einsieht, über in

$$v = -\ln\mu - \left(\frac{gT}{a}\right)\tau \qquad (371)$$

und

$$\xi = \int_0^\tau v\,d\tau = \tau - \mu\left(v + \frac{gT}{a}\tau\right) - \frac{gT}{a}\frac{\tau^2}{2} = \tau + (1-\tau)\ln(1-\tau) - \frac{gT}{a}\frac{\tau^2}{2}. \qquad (372)$$

Gegenüber dem Flug im schwerefreien Raum ist die Geschwindigkeit um einen proportional der Zeit zunehmenden Betrag und der Weg um eine quadratische Funktion der Zeit kleiner, wobei der Parameter $\frac{gT}{a} = \frac{g\,m_0}{a\,k}$ auftritt.

Die Gleichungen (371) u. (372) gelten natürlich nur bis zum Ende des Treibmittelabbrandes und liefern bei gegebenem Verhältnis des Treib-mittelgewichtes zum Gesamtgewicht die bei Brennschluß erreichte Geschwindigkeit und Höhe. Danach gelten für die antriebslos gewordene Rakete die Gesetze des freien Falles.

Berücksichtigt man die Abnahme der Fallbeschleunigung mit der Höhe nach der Gleichung

$$g = g_0 \frac{R^2}{r^2}, \tag{373}$$

wobei $R = 6370$ km der Erdradius, $g_0 = 9,81$ m/sec^2 der Normwert der Schwerebeschleunigung am Erdboden, und r die Entfernung des Ortes der Rakete vom Erdmittelpunkt ist, so lautet die Differentialgleichung der Bewegung

$$a k = - a \frac{dm}{dt} = (m_0 - kt) \left(\frac{dw}{dt} + g_0 \frac{R^2}{r^2} \right). \tag{374}$$

Die etwas umständlichere Diskussion dieser Gleichung zeigt, daß es auch bei mit der Höhe abnehmendem g zweckmäßig ist, die Rakete in der Nähe der Erdoberfläche auf ihre Höchstgeschwindigkeit zu bringen, d. h. in einem Gebiet, wo man praktisch noch mit konstanter Schwere rechnen kann. Man wird den Abbrand des Treibmittels so einrichten, daß die unteren dichten Teile der Atmosphäre noch mit mäßiger Geschwindigkeit durchfahren werden und die hohen Geschwindigkeiten erst bei sehr geringen Luftdichten mit kleinen Widerständen auftreten.

Man kann die Zweckmäßigkeit dieses Verfahrens auch ohne Lösung der Differentialgleichung (374) in folgender Weise einsehen: Brennt man das Treibmittel zu langsam ab, so werden wesentliche Teile davon auf große Höhe gebracht, wobei die potentielle Energie durch den gerade bei kleinen Geschwindigkeiten besonders ungünstigen Raketenantrieb geliefert werden muß. Diese potentielle Energie wird beim Abbrennen in der Nähe des Erdbodens gespart. Die in den Abgasen enthaltene kinetische Energie ist natürlich in jedem Falle für den Antrieb der Rakete verloren.

99. Möglichkeit der Weltraumfahrt.

Berücksichtigt man die Abnahme der Beschleunigung im Schwerefelde mit der Entfernung r vom Erdmittelpunkt nach der Gl. (373), so ist die Änderung der kinetischen Energie einer in diesem Felde fallenden Masse m bestimmt durch die Gleichung

$$d \left(m \frac{w^2}{2} \right) = - m g_0 \left(\frac{R}{r} \right)^2 dr \tag{375}$$

und für die Endgeschwindigkeit eines aus dem Unendlichen auf die Erdoberfläche fallenden Körpers ergibt die Integration

$$w^2 = - 2 g_0 R^2 \left[\frac{1}{r} \right]_R^\infty = 2 g_0 R \tag{376}$$

oder ausgerechnet

$$w = 11,18 \, \text{km/sec}.$$

Um aus dem Bereich des Schwerefeldes der Erde herauszukommen, muß man einem Körper an der Erdoberfläche diese Anfangsgeschwindigkeit erteilen. Da die Geschwindigkeit des Treibstrahls aus Düsen ausführbaren Erweiterungsverhältnissen nach Tab. 39 und den Ausführungen auf S. 320 bei Kohlenwasserstoffen rund 4000 m/sec erreicht, muß man die Rakete etwa auf die dreifache Geschwindigkeit des Treibstrahles bringen. Dabei beansprucht nach Abb. 185 der Treibstoff 95% der Gesamtmasse, und es bleiben nur 5% für die ganze Konstruktion und die Nutzlast übrig, was eine unerfüllbare Forderung ist.

Bei der V 2 erreichte der Treibstoff 69% der Gesamtmasse, und die Geschwindigkeit kam mit 1500 m/sec auf 65% der Treibstrahlgeschwindigkeit von 2136 m/sec, obwohl nach Abb. 185 bei diesem Treibstoffverhältnis in einem idealen Gerät schon etwa das 1,2fache der Treibstrahlgeschwindigkeit hätte erreicht werden können.

Demnach ist es unmöglich, mit einer einstufigen Rakete von der Erde fortzukommen.

Erheblich günstiger sind mehrstufige Anordnungen. Dabei trägt eine große Rakete als Nutzlast eine kleinere Tochterrakete. Wenn die Mutterrakete ihre höchste Geschwindigkeit erreicht hat, startet die Tochter und läßt den nutzlos gewordenen Rest der Mutterrakete hinter sich. Die Tochterrakete trägt als dritte Stufe eine Enkelrakete, die ihren Start bei der Höchstgeschwindigkeit der zweiten Stufe beginnt und deren leere Hülle zurückläßt.

Nimmt man an, daß es in weiterer Entwicklungsarbeit gelingt, den Anteil des Treibstoffes an der Gesamtmasse auf 75% zu steigern, so kommt man nach Verbrauch des Treibstoffes (vgl. Abb. 185) auf eine theoretische Geschwindigkeit von dem 1,4fachen der Treibstrahlgeschwindigkeit. Unterstellen wir, daß infolge ungenügender Düsenerweiterung und unvermeidlicher Verluste nur der einfache Wert der Treibstrahlgeschwindigkeit eines Kohlenwasserstoffes von etwa 4000 m/sec in der ersten Stufe zu erreichen ist, so würde die Enkelrakete ihre Nutzlast auf 12000 m/sec bringen und damit aus dem Bereich der Erdschwere hinausbefördern können. Setzen wir voraus, daß von jeder Stufe 15% der Startmasse auf die Konstruktion entfallen und 10 % Nutzlast sind, so würde bei 100 kg Nutzlast der Enkelrakete diese selbst eine Startmasse von 1000 kg haben. Die Tochterrakete würde 10000 kg und die Mutterrakete 100000 kg wiegen, also ein sehr großer Aufwand, um damit 100 kg z. B. auf den Mond zu befördern.

Nicht ganz so schwierig ist die Aufgabe, eine Rakete als künstlichen Mond um die Erde kreisen zu lassen. Dazu genügt eine Anfangsgeschwindigkeit von

$$w = \sqrt{g_0 R} = 7{,}91 \text{ km/sec}. \tag{377}$$

Infolge der Geschwindigkeit der Erddrehung ist dieser Betrag am Äquator beim Schießen nach Westen um 0,462 km/sec zu vergrößern, beim Schießen nach Osten um denselben Betrag zu verkleinern.

Mehrere künstliche Satelliten in Gestalt von etwa 10 bis 500 kg schweren, mit Meßinstrumenten und einem Funksender gefüllten Kugeln umkreisen die Erde und die Sonne. Über Bauart und Treibstoff der Raketen sind genaue Einzelheiten nicht bekannt geworden, bemerkenswert ist aber das hohe Gewicht des zweiten russischen Satelliten Sputnik 2 von 508,2 kg.

In der Umwandlung von Atomkernen stehen heute Energiequellen zur Verfügung, deren Konzentration, bezogen auf die Masseneinheit, etwa um den Faktor 10^6 größer ist als die Energie chemischer Reaktionen. Damit eröffnen sich auch für die Weltraumfahrt zum Mond und zu den Planeten neue Möglichkeiten. Es wäre aber verfrüht, darüber heute schon konkrete Angaben machen zu wollen.

XVI. Thermodynamischer Strahlantrieb.

100. Allgemeines, innerer und äußerer Wirkungsgrad.

Im Gegensatz zu den Raketen, die auch den Sauerstoff für die Verbrennung mitführen, entnehmen die Luftstrahltriebwerke eine bestimmte sekundliche Luftmasse m' mit Fluggeschwindigkeit aus der Umgebung, führen ihr Energie in einer Brennkammer zu und stoßen sie mit größerer Geschwindigkeit nach hinten aus. Damit das austretende Gas eine höhere Geschwindigkeit bekommt, als die eintretende Luft sie hatte (relativ zur Brennkammer), muß man vor der Verbrennung den Druck erhöhen. Am einfachsten geschieht dies in dem sogenannten Schubrohr, d. h. in einem Diffusor, der die Luft verzögert und dadurch auf höheren Druck bringt. Dies Verfahren gibt wesentliche Drucksteigerungen erst bei sehr hohen Fluggeschwindigkeiten und wird für unbemannte Flugkörper beim Flug mit etwa Schallgeschwindigkeit und darüber angewandt.

Bei kleineren Fluggeschwindigkeiten muß man die Luft durch besondere Maschinen verdichten, um einen erträglichen Wirkungsgrad des Prozesses zu erhalten. Die bisher ausgeführten Strahltriebwerke benutzen einen Turboverdichter mit Antrieb durch eine Gasturbine, die ihre Leistung dem heißen Gasstrom entnimmt, bevor dieser als Schubstrahl wirkt. Es wurde auch die Verdichtung der Luft mit Hilfe von Kolbenflugmotoren ausgeführt (CAMPINI), wobei man der verdichteten Luft erst die Kühlwärme des Motors zuführen kann, bevor man sie durch Verbrennung eingespritzten Kraftstoffes weiter erhitzt. Dieses Verfahren ist heute überholt durch die Entwicklung der Turboverdichter mit Gasturbinenantrieb.

Für kleine und mittlere Fluggeschwindigkeiten bleibt der Propeller das beste Vortriebsmittel, da er große Luftmengen erfaßt und ihnen nur eine kleine Zusatzgeschwindigkeit erteilt, so daß die Verluste klein bleiben. Man hat deshalb auch Gasturbinen entwickelt, die dem Gasstrom mehr Leistung entnehmen, als der Verdichter benötigt, und den Mehrbetrag über einen Propeller in Vortrieb verwandeln unter entsprechender Verminderung der Leistung des Schubstrahles.

Beim reinen Strahlantrieb (d. h. ohne Propeller), auf den wir uns im folgenden beschränken wollen, wird die Verbrennungswärme auf thermodynamischem Wege in die kinetische Energie des Treibstrahles verwandelt. Die Güte dieses Umsatzes kennzeichnet der thermodynamische oder *innere Wirkungsgrad* η_i.

Die sekundliche Strahlenergie ist aber noch kein Maß für die Nutzleistung, die sich als Produkt aus Schubkraft und Fluggeschwindigkeit ergibt. Man hat vielmehr noch einen Vortriebs- oder *äußeren Wirkungsgrad* η_a einzuführen gleich dem Verhältnis von Schubleistung am Flugzeug zur sekundlichen Energie des Strahles. Dieser Vortriebswirkungsgrad hängt wesentlich von der Fluggeschwindigkeit ab. Der Gesamtwirkungsgrad des Antriebes ist dann das Produkt

$$\eta = \eta_i \eta_a \tag{378}$$

beider Wirkungsgrade.

In beweglichen Medien wie Luft oder Wasser kann ein Vortrieb nur erzeugt werden, indem man Teilen des Mediums eine Geschwindigkeit entgegengesetzt der Fahrzeugbewegung erteilt, wobei die Reaktion des Impulses den Vortrieb liefert. Die mit dieser Geschwindigkeit verbundene kinetische Energie ist ein unvermeidlicher Verlust, der in gleicher Weise beim Propeller und beim thermodynamischen Strahlantrieb auftritt und der den Vortriebswirkungsgrad bestimmt.

Wir behandeln zunächst den Schraubenpropeller. Ist w_1 die Fluggeschwindigkeit, w_4 die Geschwindigkeit des Propellerstrahles relativ zum Flugzeug, so überträgt der Propeller, abgesehen von dem geringen Drall, an den Strahl vom Massenstrom m' die mechanische Leistung

$$N_{\text{mech}} = m' \left(\frac{w_4^2}{2} - \frac{w_1^2}{2} \right). \tag{379}$$

Nach dem Impulssatz ist der Schub des Propellers

$$S = m'(w_4 - w_1), \tag{380}$$

der am Flugzeug die Nutzleistung

$$N_n = w_1 S = m' w_1 (w_4 - w_1) \tag{381}$$

vollbringt. Damit ergibt sich der Vortriebswirkungsgrad

$$\eta_a = \frac{N_n}{N_{\text{mech}}} = \frac{2}{1 + \dfrac{w_4}{w_1}}, \tag{382}$$

der in Abb. 186 dargestellt ist, oder wenn wir den vom Propeller erzeugten Geschwindigkeitszuwachs $\Delta w = w_4 - w_1$ einführen,

$$\eta_a = \frac{1}{1 + \dfrac{1}{2} \dfrac{\Delta w}{w_1}}. \tag{382a}$$

Um gute Vortriebswirkungsgrade zu erzielen, muß man also kleine Zusatz-
geschwindigkeiten Δw anwenden und so nach Gl. (380) möglichst viel Luft

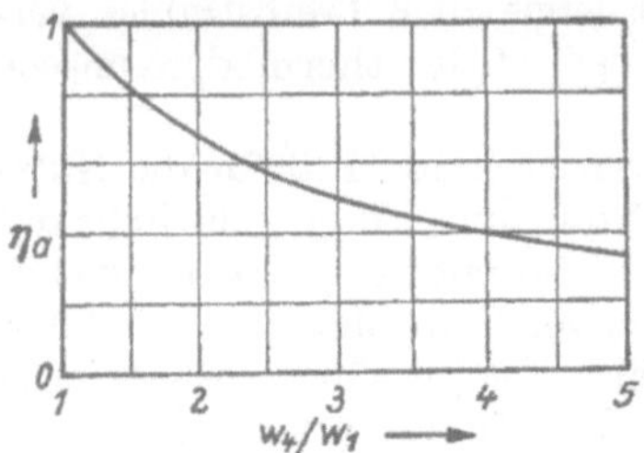

Abb. 186. Äußerer oder Vortriebswirkungsgrad η_a eines Schubstrahles als Funktion des
Verhältnisses w_4/w_1 von Strahlgeschwindigkeit
zu Fluggeschwindigkeit.

erfassen durch Wahl eines großen
Propellerdurchmessers. Dem stehen
andere Rücksichten entgegen, auf
die wir hier nicht eingehen wollen.
Der wirkliche Propeller hat noch
zusätzliche Verluste durch Strahl-
drall, Oberflächenreibung, Wirbelbildung, die man durch einen Gütegrad ζ erfaßt, der bei guten Ausführungen etwa bei 0,90 liegt.

Bei der Strahlerzeugung durch
Verbrennung ist die Masse des austretenden Strahles um die Masse m_b'
des je sec verbrauchten Brennstoffes größer als die erfaßte Luftmasse m_l'. Damit ändern sich die Gl. (379) bis (381) in

$$N_{\mathrm{mech}} = (m_l' + m_b') \frac{w_4^2}{2} - m_l' \frac{w_1^2}{2} \tag{379a}$$

$$S = (m_l' + m_b')\, w_4 - m_l' w_1 \tag{380a}$$

$$N_n = (m_l' + m_b')\, w_1 w_4 - m_l' w_1^2 \tag{381a}$$

und, wenn wir zur Abkürzung das Brennstoff-Luftverhältnis $b = m_b'/m_l'$
einführen, wird der äußere Wirkungsgrad

$$\eta_a = \frac{2}{1 + \dfrac{w_4}{w_1}}\left[1 + \frac{b}{(1+b)\dfrac{w_4}{w_1} - \dfrac{w_1}{w_4}}\right]. \tag{382a}$$

Hierin ist bei stöchiometrischer Verbrennung $b \approx {}^1/_{15}$. Wirkliche Strahlantriebe arbeiten mit etwa 4fachem Luftüberschuß, um die Verbrennungstemperatur in zulässigen Grenzen zu halten, also mit $b \approx {}^1/_{60}$. Ferner
ist bei ihnen die Strahlgeschwindigkeit mindestens das Doppelte der
Fluggeschwindigkeit oder $w_4/w_1 > 2$. Damit ist das zweite Glied in der
Klammer von Gl. (382a) nur von der Größenordnung 0,01, d. h. wir
können auch für thermodynamische Strahlantriebe ohne wesentlichen
Fehler mit der einfachen Propellerformel Gl. (382) für den äußeren
Wirkungsgrad rechnen.

Diese Vernachlässigung der Brennstoffmenge im Vergleich zur Luftmenge hatten wir übrigens auch bei der vereinfachten Behandlung der
Verbrennungskraftmaschinen angewandt, als wir während des ganzen
Prozesses mit derselben Gasmenge im Zylinder rechneten und Verbrennung und Auspuff durch Wärmezufuhr und -entzug ersetzten.

Nachdem durch Einführung des Vortriebswirkungsgrades der wesentlich von der Fluggeschwindigkeit abhängige Teil der Verluste erfaßt ist,
soll die thermodynamische Erzeugung des Strahles behandelt werden.
Dabei ist es für den thermodynamischen Vorgang gleichgültig, ob wir
die mechanische Arbeit als Wellenleistung eines Propellers oder als

kinetische Energie des Schubstrahles erzeugen, zumal der Vortriebswirkungsgrad, wie wir gezeigt haben, in beiden Fällen durch dieselbe Formel (382) gegeben ist. Wir können daher die an der Heißluftmaschine und Gasturbine bei adiabaten Volumänderungen und isobarer Wärmezufuhr gefundenen Beziehungen ohne weiteres übernehmen.

101. Das Schubrohr (Lorin-Düse).

Wir behandeln wegen seiner bestechenden Einfachheit zunächst das Schubrohr oder die Lorin-Düse (Englisch: Propulsive duct oder aerothermodynamic duct, abgekürzt athodyd). In Abb. 187 ist ein solcher Antrieb schematisch im Längsschnitt dargestellt. Bei *1* tritt die Luft mit Fluggeschwindigkeit w_1 und einem durch den Index 1 gekennzeichneten Zustand ein. Im Diffusor *12* wird sie auf die Geschwindigkeit w_2 bei dem Zustand

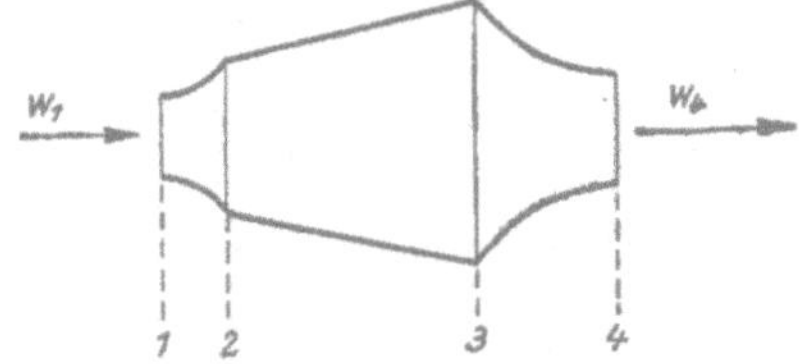

Abb. 187. Schema des Schubrohres (Lorindüse).

Index *2* verzögert. Zwischen den Querschnitten *2* und *3* wird Brennstoff eingespritzt und verbrannt, wobei wir den Querschnitt entsprechend der Volumzunahme so erweitern, daß die Geschwindigkeit $w_2 = w_3$ konstant bleibt und damit die Wärmezufuhr bei konstantem Druck $p_2 = p_3$ stattfindet. (Bildet man diesen Teil zylindrisch aus, so findet in ihm bei der Verbrennung eine Geschwindigkeitszunahme mit Drucksenkung statt, deren Behandlung auch nicht schwierig ist, aber die Theorie weniger übersichtlich

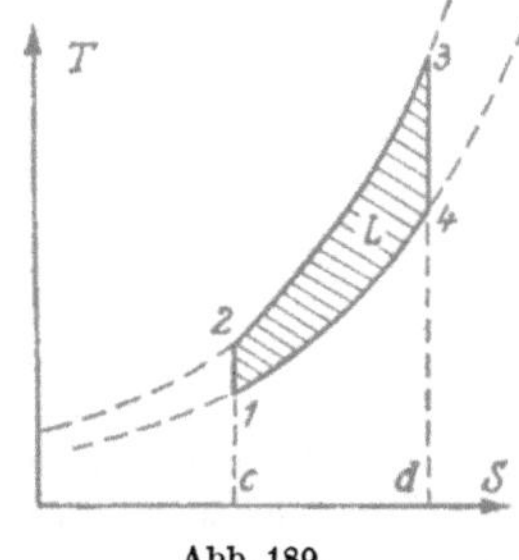

Abb. 188. Abb. 189.

Abb. 188 und 189. Prozeß des Schubrohres im p, V- und T, S-Diagramm.

macht.) In der Düse *34* wird das Gas auf die Geschwindigkeit $w_4 > w_1$ beschleunigt, wobei der Druck wieder den Anfangsdruck $p_4 = p_1$ erreicht.

Die Zustandsänderungen des Vorganges sind in den p, v- und T, s-Diagrammen der Abb. 188 und 189 dargestellt, die völlig den Diagrammen einer Heißluftmaschine Abb. 57 und 58 auf S. 133 entsprechen, wenn wir wie damals die Verbrennung durch Wärmezufuhr an das chemisch gleichbleibende Arbeitsmittel ersetzen. In beiden Diagrammen ist *12* die Verdichtung im Diffusor, *23* die der Verbrennung entsprechende Wärmezufuhr und *34* die Entspannung in der Austrittsdüse. Die Verdichtungsarbeit ist gleich der Fläche *12ab*, die Expansionsarbeit gleich *34ab*. Die schraffierte Differenz *1234* dieser beiden Flächen gibt die kinetische Energie des Schubstrahles, die im T, s-Diagramm in gleicher Weise bezeichnet ist. In Abb. 189 bedeutet $23dc$ die bei der Verbrennung je kg Gas zugeführte Wärme

$$q = c_p(T_3 - T_2)$$

und $14dc$ die mit dem austretenden Gas abgeführte Wärme

$$q_0 = c_p(T_4 - T_1).$$

Der Wirkungsgrad der Umsetzung von Wärme in kinetische Energie des Schubstrahles ist in Übereinstimmung mit Gl. (145) auf S. 133

$$\eta_i = 1 - \frac{T_1}{T_2} = 1 - \left(\frac{p_1}{p_2}\right)^{\frac{\varkappa-1}{\varkappa}}. \tag{383}$$

Er hängt nur vom Druckverhältnis p_1/p_2 bzw. vom Temperaturverhältnis T_1/T_2 ab, das durch die im günstigsten Fall isentrope Verzögerung der Strömung von der Fluggeschwindigkeit w_1 auf die Geschwindigkeit w_2 in der Brennkammer erzeugt wird.

Nehmen wir die Umsetzung von Geschwindigkeit in Druck und umgekehrt als adiabat und verlustlos an, so folgt aus Gl. (279a), wenn für c_p dem Temperaturbereich entsprechende Mittelwerte eingesetzt werden,

$$w_1^2 - w_2^2 = 2c_p(T_2 - T_1).$$

Setzt man hieraus

$$\left(\frac{p_2}{p_1}\right)^{\frac{\varkappa-1}{\varkappa}} = \frac{T_2}{T_1} = 1 + \frac{w_1^2 - w_2^2}{2\,c_pT_1} \tag{384}$$

in die Gl. (383) des inneren Wirkungsgrades ein, so erhält man

$$\eta_i = \frac{1}{1 + \dfrac{2c_pT_1}{w_1^2 - w_2^2}}. \tag{385}$$

Der innere Wirkungsgrad des Schubrohres hängt also wesentlich von der Fluggeschwindigkeit w_1 und der Anfangstemperatur T_1 ab, während der Einfluß der kleinen Geschwindigkeit in der Brennkammer gering bleibt.

Für die Geschwindigkeit w_2 besteht nämlich eine nicht hohe obere Grenze, die durch die Fortpflanzungsgeschwindigkeit der Verbrennung im Brennraum gegeben ist. Wird diese von der Strömungsgeschwindigkeit übertroffen, so wird die Flamme von der Strömung mitgerissen und ausgeblasen. Die Flammgeschwindigkeit hängt vom Mischungsverhältnis des Brennstoffluftgemisches und in hohem Maße von seinem Turbulenzzustand ab. Da die Luft aus der Atmosphäre praktisch turbulenzfrei eintritt, muß sie durch geeignete Einbauten, die zugleich der Brennstoffverteilung dienen, künstlich turbulent gemacht werden, was Druckverlust kostet.

Bei gebräuchlichen Kohlenwasserstoffen (Benzin) und den in solchen Brennkammern erreichbaren Turbulenzzuständen sind nach bisherigen

Erfahrungen Flammengeschwindigkeiten zwischen 25 und 50 m/sec möglich. Nur bei Wasserstoff-Luftgemischen kommen höhere Werte vor. Da das Schubrohr, wie wir sehen werden, nur für sehr hohe Fluggeschwindigkeiten in Frage kommt, ist w_2 ein kleiner Bruchteil der Fluggeschwindigkeit, und man kann praktisch w_2^2 gegen w_1^2 vernachlässigen. Beim Flug mit Überschallgeschwindigkeit sind gasdynamische Betrachtungen notwendig (vgl. S. 287—301).

Die Erweiterung des Verbrennungsraumes zwischen den Querschnitten 2 und 3 ist günstig für die Stabilität der Verbrennung. Wird nämlich zufällig die Flamme von der Strömung stärker mitgenommen, so verzögert sich das unverbrannte Gemisch in der Erweiterung, und die Flamme kann wieder leichter gegen die Strömung anlaufen.

In Tabelle 42 ist η_i nach Gl. (385) für Luft mit $c_p = 0,240$ kcal/kg grd und $T_1 = 273°$ für drei Werte $w_2 = 0$; 25 und 50 m/s berechnet. Die Fluggeschwindigkeit ist dabei absichtlich über die Schallgeschwindigkeit von 331 m/s hinaus angegeben ohne Rücksicht auf die Schwierigkeiten der Verwandlung von Geschwindigkeit in Druck besonders bei Überschallgeschwindigkeit (vgl. den Abschnitt über Verdichtungsstöße). Die Wirkungsgrade der Tabelle sind deshalb theoretische Höchstwerte, die von einer praktischen Ausführung nicht erreicht werden können. Sie zeigen, daß das Schubrohr für kleine und mittlere Geschwindigkeiten wegen seines schlechten inneren Wirkungsgrades nicht in Frage kommt, daß es aber in der Nähe der Schallgeschwindigkeit, wo der Gütegrad des Propellers sehr schlecht wird, Möglichkeiten bietet, die sich bei Überschallgeschwindigkeit wesentlich steigern, wenn es gelingt, die dort auftretenden Schwierigkeiten der Umwandlung von Geschwindigkeit in Druck zu überwinden.

Man hat auch versucht, nach dem Vorschlag von A. Tromsdorf, diesen Antrieb für Geschosse zu verwenden, die durch den Abschuß in einer Kanone auf Überschallgeschwindigkeit gebracht werden und damit in ein Gebiet günstigen inneren Wirkungsgrades der Schubdüse kommen. Ohne schweres Geschützrohr erreicht man dasselbe, indem man Flugkörper mit Schubrohrantrieb durch Hilfsraketen startet, deren ausgebrannte Hüllen nach Gebrauch abfallen.

Ein Nachteil des Schubrohres ist, daß sein Schub sich mit abnehmender Geschwindigkeit stark vermindert und im Stand auf Null sinkt. Man braucht daher für den Start einen anderen Antrieb, z. B. Raketen.

Der äußere Wirkungsgrad des Schubrohres läßt sich in einfacher Weise auf das Verhältnis der Temperatur vor und nach der Verbrennung zurückführen, was wir nun zeigen wollen: Da Diffusor und Strahldüse bei gleichen Druckverhältnissen arbeiten, gilt

$$w_4^2 - w_2^2 = 2 \frac{\varkappa}{\varkappa - 1} R T_3 \left[1 - \left(\frac{p_1}{p_2} \right)^{\frac{\varkappa - 1}{\varkappa}} \right]$$

und

$$w_1^2 - w_2^2 = 2 \frac{\varkappa}{\varkappa - 1} R T_2 \left[1 - \left(\frac{p_1}{p_2} \right)^{\frac{\varkappa - 1}{\varkappa}} \right].$$

22*

Tabelle 42. *Innerer Wirkungsgrad η_i des Schubrohres in Abhängigkeit von der Fluggeschwindigkeit w_1 für mehrere Geschwindigkeiten w_2 in der Brennkammer.*

$w_1 =$	100	200	300	400	500	600	700	800	900	1000 m/s
$w_2 = 0$	0,0179	0,0680	0,1407	0,226	0,313	0,396	0,472	0,538	0,596	0,646
$w_2 = 25$ m/s	0,0168	0,0670	0,140	0,225	0,313	0,396	0,471	0,538	0,596	0,646
$w_2 = 50$ m/s	0,0135	0,0636	0,1376	0,223	0,311	0,395	0,470	0,537	0,595	0,645

Daraus ergibt sich, wenn wir w_2^2 gegen w_1^2 und w_4^2 vernachlässigen

$$\frac{w_4}{w_1} = \sqrt{\frac{T_3}{T_2}} \tag{386}$$

und damit nach Gl. (382)

$$\eta_a = \frac{2}{1 + \sqrt{T_3/T_2}} . \tag{387}$$

Der äußere Wirkungsgrad hängt also nur vom Verhältnis der absoluten Temperaturen nach und vor der Verbrennung ab.

Verbindet man hiermit den inneren Wirkungsgrad η_i nach Gl. (385), so erhält man für den theoretischen Gesamtwirkungsgrad des Schubrohres mit guter Näherung

$$\eta_{th} = \eta_i \, \eta_a = \frac{2 \, (T_2 - T_1)}{T_2 + \sqrt{T_2 T_3}} . \tag{388}$$

In Tabelle 43 ist η_a als Funktion der Verbrennungstemperatur T_3 angegeben bei Annahme einer Fluggeschwindigkeit von 300 m/sec in Luft von $T_1 = 273\,°\mathrm{K}$, was einem Druckverhältnis

$$p_1/p_2 = 0,535$$

und einer Temperatur vor der Verbrennung von $T_2 = 326\,°\mathrm{K}$ entspricht.

Da der äußere Wirkungsgrad mit abnehmender Verbrennungstemperatur zunimmt, könnte man geneigt sein, das Gerät mit der kleinstmöglichen Verbrennungstemperatur zu betreiben. Dadurch sinkt aber die spezifische Leistung (je kg Luftdurchsatz), und man kommt zu sehr großen Geräten, die Widerstand und Gewicht kosten. Man wird deshalb die Verbrennungstemperatur so hoch wählen, wie es die Vollständigkeit der Verbrennung zuläßt.

Bei einer Verbrennungstemperatur von etwa 2000°K, wie sie bei Kohlenwasserstoffen mit einem für die vollständige Verbrennung gut ausreichenden Luftüberschuß erreichbar ist und einer Fluggeschwindig-

Tabelle 43. *Äußerer Wirkungsgrad η_a des Schubrohres in Abhängigkeit von der Verbrennungstemperatur T_3 bei einer Fluggeschwindigkeit $w_1 = 300$ m/s in Luft von 0°C, entsprechend einer Lufttemperatur vor der Verbrennung von $T_2 = 326\,°K$.*

$T_3 =$	326	500	600	800	1000	1200	1500	1800	2000	2200	2500° K
$\eta =$	1	0,894	0,850	0,779	0,727	0,685	0,636	0,597	0,575	0,555	0,530

keit von 300 m/s in Luft von 0 °C, erhält man aus Tabelle 43 einen äußeren Wirkungsgrad $\eta_a = 0{,}575$. Verknüpft man dies mit dem inneren Wirkungsgrad $\eta_i = 0{,}140$, wie er nach Tabelle 42 einer Eintrittsgeschwindigkeit in die Brennkammer von $w_2 = 25$ m/s entspricht, so erhält man den theoretischen Gesamtwirkungsgrad

$$\eta_{th} = 0{,}140 \cdot 0{,}575 = 0{,}0805 \, .$$

Dieser Wirkungsgrad würde in der praktischen Ausführung mindestens auf 0,06 herabgesetzt werden durch unvollständige Umwandlung von Geschwindigkeit in Druck, durch Reibung und durch den Druckabfall zur Turbulenzerzeugung und Verteilung des Brennstoffes. Hierzu kommt der aerodynamische Widerstand der äußeren Gestalt des ganzen Gerätes. Diese Angaben zeigen die praktischen Grenzen des Schubrohres beim Flug mit Unterschallgeschwindigkeit.

Die Zunahme des inneren Wirkungsgrades im Überschallgebiet nach Tab. 42 ist aber sehr zu beachten und wird zu weiterer Entwicklung des Schubrohres führen, vor allem als Antrieb militärischer Flugkörper trotz der Zunahme des äußeren Widerstandes beim Überschallflug und der erwähnten anderen Schwierigkeiten.

Zum Schluß wollen wir noch eine einfache Formel für das Verhältnis der Größe der Ein- und Austrittsöffnungen F_1 und F_4 ableiten. Bei Vernachlässigung der Brennstoffmasse gegen die Luftmasse lautet die Kontinuitätsgleichung

$$F_1 \frac{w_1}{v_1} = F_4 \frac{w_4}{v_4} \, .$$

Das Verhältnis der Geschwindigkeiten ist nach Gl. (386)

$$\frac{w_4}{w_1} = \sqrt{\frac{T_3}{T_2}}$$

und zwischen den vier Temperaturen besteht wegen der Gleichheit der Druckverhältnisse bei Verdichtung und Entspannung die Beziehung

$$\frac{T_2}{T_1} = \frac{T_3}{T_4} \quad \text{oder} \quad \frac{T_4}{T_1} = \frac{T_3}{T_2} \, .$$

Da die absoluten Drücke beim Eintritt und Austritt gleich sind, gilt für die spezifischen Volume:

$$\frac{v_4}{v_1} = \frac{T_4}{T_1} = \frac{T_3}{T_2}$$

und wir erhalten durch Einsetzen

$$\frac{F_1}{F_4} = \sqrt{\frac{T_2}{T_3}} \tag{389}$$

und für den äußeren Wirkungsgrad nach Gl. (387)

$$\eta_a = \frac{2}{1 + \dfrac{F_4}{F_1}} \, . \tag{390}$$

Die Temperatursteigerung bei der Verbrennung bestimmt also das Verhältnis der Querschnitte bei Ein- und Austritt, und der äußere Wirkungsgrad läßt sich auf dieses Querschnittsverhältnis zurückführen.

Die vorstehenden Überlegungen sind für konstante spez. Wärmen und bei Vernachlässigung der Brennstoffmenge gegen die Luftmenge durchgeführt worden, um die Grundzüge der Theorie so klar wie möglich hervortreten zu lassen. Mit etwas mehr Rechenaufwand ist es ohne Schwierigkeit möglich, diese Vereinfachungen fallen zu lassen. Dabei werden aber die Zusammenhänge verwickelter, und die Abhängigkeit des Wirkungsgrades von den wesentlichen Einflußgrößen verliert ihre Durchsichtigkeit.

102. Der Turbinenstrahlantrieb.

Die Verbrennungsturbine hat sich als Flugzeugantrieb früher durchgesetzt als für stationäre Kraftanlagen, obwohl die Luftfahrt wegen ihrer Beschränkungen an Raum und Gewicht höhere Anforderungen an die Konstruktion stellt. Der Grund hierfür ist die Einfachheit des Strahlantriebes, bei dem die Nutzleistung nicht erst in das Drehmoment einer Welle verwandelt zu werden braucht, sondern unmittelbar in der Reaktion des Impulses der austretenden Gase auftritt.

Beim reinen Strahlantrieb dient die ganze Wellenleistung der Turbine nur zum Antrieb des Verdichters, der im Gegensatz zum Schubrohr ein von der Fluggeschwindigkeit nur wenig abhängendes höheres Druckverhältnis liefert und damit auch im Stand und bei kleinen Fluggeschwindigkeiten einen brauchbaren inneren Wirkungsgrad des Prozesses ergibt.

Wie wir gesehen haben, sind vernünftige äußere Wirkungsgrade des Strahlantriebes nur zu erreichen bei Fluggeschwindigkeiten, die mindestens der halben Geschwindigkeit des Schubstrahles nahekommen. Bei nicht sehr großen Fluggeschwindigkeiten erhält man bessere Wirkungsgrade, wenn man in der Turbine mehr Wellenleistung erzeugt, als der Verdichter braucht und den Überschuß durch eine Luftschraube in Vortrieb verwandelt.

Der theoretische innere Wirkungsgrad, d. h. das Verhältnis der kinetischen Energie des Schubstrahles zum Heizwert des Brennstoffes ist

$$\eta_i = 1 - \left(\frac{p_1}{p_2}\right)^{\frac{\varkappa - 1}{\varkappa}} \tag{391}$$

und hängt nur vom Druckverhältnis der Verdichtung ab. Die Fluggeschwindigkeit verbessert ihn ein wenig, da der Flugstau den Druck am Verdichtereintritt und damit das wirksame Druckverhältnis etwas erhöht. Dieser Einfluß läßt sich, wie wir zeigen werden, am einfachsten dadurch berücksichtigen, daß man ein Schubrohr mit der Verbrennungsturbine verbunden denkt. Zunächst soll aber der Turbinenprozeß ohne diese Staudruckaufwertung behandelt werden, also unter Verhältnissen, wie sie auf dem Prüfstand oder bei langsamem Fluge auftreten.

a) Der Turbinenstrahlantrieb im Stand.

Den Kreisprozeß eines Verbrennungsturbinen-Strahltriebwerkes zeigt Abb. 190 im I,S-Diagramm unter der vereinfachenden Annahme eines während des ganzen Prozesses chemisch gleichbleibenden Arbeitsmittels, wobei Verbrennung und Gaswechsel durch Wärmezufuhr und Wärmeentzug ersetzt sind. Dabei ist *12* die Kompression, *23* die der Verbrennung entsprechende Wärmezufuhr, *354* die Expansion und *41* der durch Wärmeentzug ersetzte Gaswechsel. Die Verluste bei der Kompression und Expansion sind durch die Neigung der Linien im Sinne zunehmender Entropie berücksichtigt.

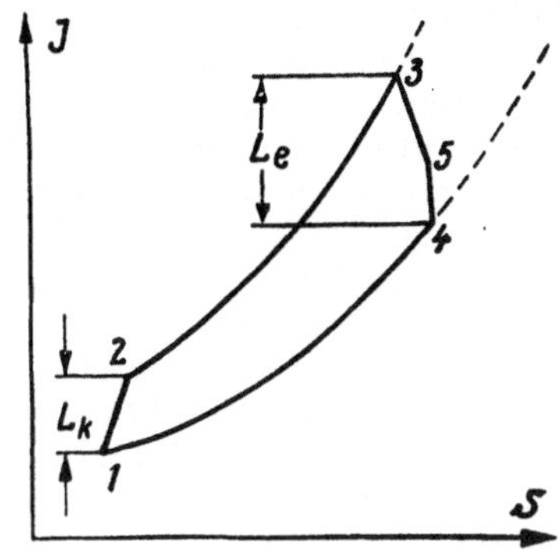

Abb. 190. I,S-Diagramm des Gasturbinen-Strahltriebwerkes.

Von der gesamten Expansionsarbeit $L_e = I_3 - I_4$ dient der Teil $I_3 - I_5$ zur Deckung der Verdichterarbeit $L_k = I_2 - I_1$ und der Teil $L_n = I_5 - I_4$ ist Nutzarbeit, die beim reinen Strahlantrieb als kinetische Energie des Schubstrahles auftritt. Da die Strahlerzeugung in einer Düse mit geringeren Verlusten verbunden ist als die Erzeugung von Arbeit durch die Turbine, ist die Linie *54* steiler gezeichnet als *35*.

Die Geschwindigkeit des Schubstrahles ergibt sich nach

$$m' \frac{w^2}{2} = L_n \qquad (392)$$

aus dem Massenstrom m' und der Enthalpiedifferenz L_n.

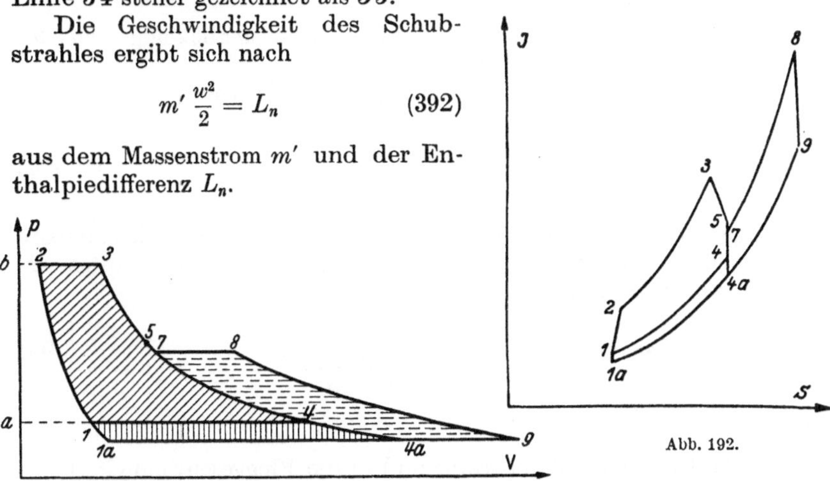

Abb. 191.

Abb. 192.

Abb. 191 und 192.
p, V- und I,S-Diagramm des Gasturbinen-Strahltriebwerkes im Fluge und mit Zusatzverbrennung.

Die Berücksichtigung der Änderung der chemischen Zusammensetzung des Arbeitsgases durch die Verbrennung kann in bekannter Weise wie bei anderen Gasmaschinenprozessen erfolgen (vgl. S. 147).

b) Der Turbinenstrahlantrieb im Fluge.

Wie bereits kurz erwähnt, erhöht sich der Wirkungsgrad des Turbinenprozesses im Fluge, da der Staudruck eine mit wachsender Fluggeschwindigkeit steigende Zunahme des Druckverhältnisses der Verdichtung zur Folge hat.

Man kann diesen Einfluß der Fluggeschwindigkeit am einfachsten verstehen, wenn man als Anfangs- und Enddruck des Turbinenprozesses den Staudruck am Eingang des Verdichters ansieht und einen Schubrohrprozeß damit gekoppelt denkt[1], der zwischen diesem Staudruck und dem statischen Druck der umgebenden Atmosphäre arbeitet, so daß die Turbine gleichsam als Brennkammer für das Schubrohr anzusehen ist. Abb. 191 und 192 zeigt dies im p,V- und im I,S-Diagramm, wobei 1234 der Prozeß der Turbine und $1_a 1 4 4_a$ der des Schubrohres ist. In Abb. 191 wird von der Arbeit $b34a$ der Turbine der Teil $12ba$ zum Antrieb des Verdichters verbraucht und Fläche 1234 zusammen mit der Arbeitsfläche $1_a 1 4 4_a$ des Schubrohrprozesses entsprechen der kinetischen Energie des Schubstrahles.

Bei Annahme isentroper Verdichtung und Entspannung ist der auf den Heizwert H_u des Brennstoffes bezogene innere Wirkungsgrad des Turbinenprozesses mit der Arbeit L_t = Fläche 1234

$$\eta_{it} = \frac{L_t}{H_u} = 1 - \left(\frac{p_1}{p_2}\right)^{\frac{\varkappa - 1}{\varkappa}} = 1 - \frac{T_1}{T_2} \qquad (393)$$

nur eine Funktion des Druckverhältnisses und unabhängig von der absoluten Höhe des Anfangsdruckes.

Die mit den Abgasen der Turbine abgeführte Wärme

$$H_u \frac{T_1}{T_2} = H_u \left(\frac{p_1}{p_2}\right)^{\frac{\varkappa - 1}{\varkappa}} \qquad (394)$$

ist die zugeführte Wärme des Schubrohrprozesses, der daraus den Beitrag L_s = Fläche $1_a 1 4 4_a$ zur kinetischen Energie des Schubstrahles erzeugt mit dem Wirkungsgrad Gl. (385)

$$\eta_{is} = \frac{L_s}{H_u \left(\frac{p_1}{p_2}\right)^{\frac{\varkappa - 1}{\varkappa}}} = \frac{1}{1 + \dfrac{2\, c_p\, T_a}{w^2}}, \qquad (395)$$

wenn T_a die Umgebungstemperatur und w die Fluggeschwindigkeit ist. Die in Gl. (385) auftretende Geschwindigkeit w_2 ist hier Null, da die als Brennkammer wirkende Turbine die Luft aus der Ruhe ansaugt und wie vorausgesetzt ihr Abgas auch mit der Geschwindigkeit Null wieder freigibt.

---

[1] Nach einem im Februar 1940 von meinem damaligen Mitarbeiter O. Lutz gemachten Vorschlag.

Für den inneren Wirkungsgrad des Turbinentriebwerkes im Fluge mit der Geschwindigkeit w erhält man somit

$$\eta_i = \frac{L_t + L_s}{H_u} = 1 - \left(\frac{p_1}{p_2}\right)^{\frac{\varkappa-1}{\varkappa}} \left[1 - \frac{1}{1 + \dfrac{2\,c_p T_a}{w^2}}\right] \qquad (396)$$

oder

$$\eta_i = 1 - \frac{\left(\dfrac{p_1}{p_2}\right)^{\frac{\varkappa-1}{\varkappa}}}{1 + \dfrac{w^2}{2\,c_p T_a}}. \qquad (396\,\mathrm{a})$$

Wenn wir nach Gl. (304 a) die Schallgeschwindigkeit $c = \sqrt{\varkappa R T_a}$ in der umgebenden Atmosphäre und die Mach-Zahl $(Ma) = w/c$ der Fluggeschwindigkeit einführen, können wir dafür schreiben

$$\eta_i = 1 - \frac{\left(\dfrac{p_1}{p_2}\right)^{\frac{\varkappa-1}{\varkappa}}}{1 + \dfrac{\varkappa-1}{2}\,(Ma)^2}, \qquad (396\,\mathrm{b})$$

woraus hervorgeht, daß der innere Wirkungsgrad des Turbinenstrahlantriebes mit der Fluggeschwindigkeit oder der entsprechenden Mach-Zahl zunimmt.

Da die Schallgeschwindigkeit der Wurzel aus der absoluten Temperatur proportional ist, nimmt die Mach-Zahl bei gleicher Fluggeschwindigkeit mit der Höhe zu (wenigstens bis zur Stratosphärengrenze).

Die Leistung eines gegebenen Turbinentriebwerkes und ebenso eines Schubrohres ist der Dichte der angesaugten Luft proportional und nimmt daher mit der Höhe ab. In demselben Maße vermindert sich der Widerstand, so daß die Fluggeschwindigkeit von der Flughöhe in erster Näherung unabhängig sein sollte. Tatsächlich nimmt die Geschwindigkeit des Fluges bei Turbinentriebwerken mit der Höhe etwas zu: Denn mit Rücksicht auf den Werkstoff betreibt man die Turbine mit konstanter Verbrennungstemperatur, was bei kälterer Ansaugeluft einer größeren Wärmezufuhr und damit auch einer größeren Nutzarbeit je kg Ansaugeluft (bei gleich angenommenem Wirkungsgrad) entspricht.

Selbstverständlich geben diese Überlegungen die Verhältnisse nur in großen Zügen wieder. Für eine genauere Untersuchung braucht man die Kenntnis der Aerodynamik des Flugzeuges und genauere Angaben über die Güte des Triebwerks, bei dem wir uns auf die Betrachtung des theoretischen Wirkungsgrades beschränkt hatten.

Im Interesse der einfachen Darstellung der wesentlichen Zusammenhänge haben wir auch von der Änderung der Gaszusammensetzung und der Temperaturabhängigkeit der spezifischen Wärme des Arbeitsmittels abgesehen. Ohne diese Vereinfachungen und mit Berücksichtigung der zusätzlichen Verluste durch die Unvollkommenheit der Maschinen läßt sich die Rechnung durchführen in gleicher Weise, wie wir das auf S. 149 bei der stationären Gasmaschine getan haben. Der einzige Unterschied ist, daß die Nutzarbeit nicht mehr als Drehmoment einer Welle, sondern als kinetische Energie des Strahles auftritt.

Im Gegensatz zur Rakete, wo der Hauptteil der Antriebsleistung zur Beschleunigung ihrer während der Flugzeit stark abnehmenden Masse und nur ein kleinerer Teil zur Überwindung des Flugwiderstandes gebraucht wird, haben wir beim Luftstrahlantrieb den stationären Flug mit gleichbleibender Geschwindigkeit zugrunde gelegt, bei dem die Antriebsleistung nur zur Überwindung des Widerstandes und zur Erzeugung des Auftriebes dient. Bei sehr hohen Fluggeschwindigkeiten ist aber die Beschleunigung auf diese Geschwindigkeit ein wesentlicher Teil des ganzen Fluges, und bei dem hohen Kraftstoffverbrauch kann man auch von der Änderung des Fluggewichtes nicht mehr absehen. Man muß daher die bei der Rakete behandelten Gesichtspunkte als Korrekturen anbringen. Wenn alte, schon im letzten Kriege erörterte Vorschläge einer Verbindung des geschoßartigen Raketenfluges mit dem Schweben des Flugzeuges sich verwirklichen, etwa indem man eine Rakete nach Art der V 2 nach ihrem ballistischen Höhenflug beim Wiedereintauchen in die Atmosphäre Flügel ausstrecken und zur Steigerung der Reichweite im Gleitflug landen läßt, sind beide Betrachtungsweisen von gleicher Bedeutung.

c) Leistungssteigerung durch Zusatzverbrennung.

Die Gasturbine mit Treibstrahl bietet eine einfache Möglichkeit der Leistungssteigerung durch Verbrennen von Brennstoff, den man in die aus der Turbine kommenden Gase einspritzt, bevor diese auf die Geschwindigkeit des Treibstrahles beschleunigt werden. Der innere Wirkungsgrad dieses Verfahrens ist zwar sehr bescheiden, da er vom Verhältnis des Druckes am Ort der Zusatzverbrennung und im Austrittsquerschnitt des Strahles abhängt. Dieses Verhältnis wird in der Regel den Wert 2 nicht überschreiten. Man kann daher von dieser Leistungssteigerung nur kurzzeitig Gebrauch machen. Im p,V-Diagramm der Abb. 191 ist die Arbeit dieser Zusatzverbrennung durch die Arbeitsfläche 47894_a dargestellt, der im I,S-Diagramm der Abb. 192 der Unterschied der Enthalpiedifferenzen $I_8 - I_9$ und $I_7 - I_{4a}$ entspricht. Da die Gase nach der Zusatzverbrennung keine hoch beanspruchten Maschinenteile wie Turbinenschaufeln u. dgl. mehr treffen, kann man auf erheblich höhere Verbrennungstemperaturen gehen als vor der Turbine, was in Abb. 192 durch die im Vergleich zu Punkt 3 große Enthalpie des Punktes 8 zum Ausdruck kommt. Natürlich ist dann auch die Temperatur des austretenden Strahles in Punkt 9 erheblich höher als vorher in Punkt 4_a. Wegen Gl. (389) benötigen diese heißen Gase einen größeren Austrittsquerschnitt, was eine Regelungseinrichtung für diesen Querschnitt erfordert. Die Verwendung dieses Verfahrens der Leistungssteigerung wird wegen des schlechten Wirkungsgrades auf militärische Zwecke beschränkt bleiben.

XVII. Die Grundbegriffe der Wärmeübertragung.

103. Allgemeines.

Bei unseren bisherigen Betrachtungen wurde oft Wärme von einem Körper an einen andern übertragen, aber dabei spielte die Zeit keine Rolle. Wir haben im Gegenteil oft angenommen, daß die Wärme mit verschwindend kleinem Temperaturgefälle und damit unendlich langsam überging. Je langsamer aber die Wärme übertragen wird, um so größer werden die dazu notwendigen Einrichtungen. Die Kenntnis der unter gegebenen Verhältnissen auszutauschenden oder abzuführenden Wärmemengen bestimmt also die Abmessungen von Dampfkesseln, Heizapparaten, Wärmeübertragern usw. Aber auch die Berechnung von elektrischen Maschinen, Transformatoren, hoch beanspruchten Lagern usw. hat wesentlich auf die Möglichkeit der Abfuhr der Verlustwärme Rücksicht zu nehmen. Viele Vorgänge bei hoher Temperatur sind nur bei intensiver Kühlung der Wände möglich (Dieselmotor, Gasturbinen, Brennkammern, Strahldüsen von Raketen usw.). Ferner lassen sich alle Vorgänge, bei denen ein Stoff in einen andern hinein diffundiert, wie bei der Lösung von festen Körpern in Flüssigkeiten, bei der Verdunstung oder bei chemischen Umsetzungen, zum Wärmeaustausch in Parallele stellen, da sie verwandten Gesetzen gehorchen.

Bei der Wärmeübertragung haben wir im wesentlichen drei Fälle zu unterscheiden.

1. Die Wärmeübertragung durch *Leitung* in festen oder in unbewegten flüssigen und gasförmigen Körpern.

2. Die Wärmeübertragung durch *Mitführung* oder *Konvektion* durch bewegte flüssige oder gasförmige Körper.

3. Die Wärmeübertragung durch *Strahlung*, die sich ohne materiellen Träger vollzieht.

Bei technischen Anwendungen wirken oft alle drei Arten der Wärmeübertragung zusammen. In einem Dampfkessel wird z. B. die Wärme von der Feuerung durch Strahlung und durch Konvektion vom Kohlebett und den Flammgasen an den Kessel übertragen. Die Wand des Kessels durchdringt sie durch Wärmeleitung im Eisen. An das Wasser geht sie wieder durch Wärmeleitung und Konvektion über. Da die einzelnen Arten der Wärmeübertragung verschiedenen Gesetzen gehorchen, kann man nur zu einem Einblick kommen, wenn man sie zunächst gesondert behandelt. Die Konvektion ist allerdings von der Wärmeleitung nicht ganz zu trennen, da an der wärmeabgebenden Oberfläche selbst die Wärme durch Leitung in die vorbeiströmenden Teile des bewegten Mediums eindringen muß.

104. Stationäre Wärmeleitung.

Werden die beiden Oberflächen einer ebenen Wand von der Dicke δ auf verschiedenen Temperaturen ϑ_1 und ϑ_2 gehalten[1], so strömt durch

---

[1] In den folgenden Abschnitten bezeichnen wir Temperaturen mit ϑ, da wir den Buchstaben t für die Zeit gebrauchen.

die Fläche F der Wand in der Zeit t nach dem Fourierschen Gesetz die
Wärmemenge

$$Q = \lambda F \frac{\vartheta_1 - \vartheta_2}{\vartheta} t \qquad (397)$$

hindurch. Dabei ist λ eine Stoffkonstante, die man *Wärmeleitfähigkeit*
oder *Wärmeleitzahl* nennt, sie wird in der Technik meist angegeben in
kcal/m h grd. Im CGS-System ist ihre Einheit cal/cm s grd und das
MKSA-System mißt sie in Watt/m grd.

Für die Umrechnung gilt

$$1 \frac{\text{kcal}}{\text{m h grd}} = \frac{1}{360} \frac{\text{cal}}{\text{cm s grd}} = 1{,}163 \frac{\text{W}}{\text{m grd}} ,$$

wobei sich der Faktor 1,163 genau auf die heute bevorzugte IT-Kalorie
bezieht. Da die IT-Kalorie aber nur um $0{,}31^0/_{00}$ größer ist als die 15°-
Kalorie, können wir diesen kleinen Unterschied vernachlässigen und der
Einfachheit halber den Zusatz „IT" fortlassen. Denn die Genauigkeit
der Zahlenangaben und Berechnungen dieses Abschnittes erreicht selten
$\pm 1\%$ und überschreitet niemals $\pm 1^0/_{00}$.

Wir führen als neue Begriffe ein den *Wärmestrom*

$$\mathfrak{Q} = \frac{Q}{t} = \lambda F \frac{\vartheta_1 - \vartheta_2}{\delta} , \qquad (398)$$

das ist die in der Zeiteinheit durch eine Oberfläche hindurchströmende
Wärmemenge und die *Wärmestromdichte*

$$\mathfrak{q} = \frac{\mathfrak{Q}}{F} = \lambda \frac{\vartheta_1 - \vartheta_2}{\delta} , \qquad (399)$$

das ist die in der Zeiteinheit durch die Flächeneinheit hindurchtretende
Wärmemenge. Die Wärmestromdichte ist dasselbe wie die Heizflächenbelastung der Feuerungstechnik.

Betrachten wir statt der Wand von der endlichen Dicke δ eine aus
ihr senkrecht zum Wärmestrom herausgeschnittene Scheibe von der
Dicke dx, so können wir an Stelle von Gl. (398) und (399) schreiben:

$$\mathfrak{Q} = - \lambda F \frac{d\vartheta}{dx} \qquad (398\,\text{a})$$

und

$$\mathfrak{q} = - \lambda \frac{d\vartheta}{dx} , \qquad (399\,\text{a})$$

wobei das negative Vorzeichen ausdrückt, daß die Wärme in Richtung
abnehmender Temperatur strömt.

Tabelle 44 gibt die Wärmeleitzahlen einiger Stoffe. Danach leiten
die Metalle die Wärme am besten, dann kommen die nichtmetallischen
Elemente und die Verbindungen. Die schlechtesten Wärmeleiter sind die
Gase. Zwischen den Verbindungen und den Gasen stehen die Wärme-
schutzstoffe, deren Wirkung auf ihrer Porosität beruht. Ihr aus organischen
oder anorganischen Stoffen bestehendes Gerippe hat nur die Aufgabe,

Tabelle 44. *Wärmeleitzahlen λ in* kcal/m h grd. Vgl. auch Tabelle 49 auf S. 392.

Feste Körper bei 20°	λ	Feste Körper bei 20	λ
Silber	350—360	Ziegelmauerwerk, ganz	
Kupfer, rein	340	trocken	0,3—0,5
„ Handelsware . .	300—320	Anorganische Wärme-	
Gold, rein	267	schutzstoffe	0,04—0,10
Aluminium	175—200	(Kieselgur, Magnesia,	
Magnesium	120—130	Wärmeschutzmassen,	
Messing	70—100	Schlackenwolle, Glaswolle)	
Platin, rein	60	Organische Wärmestoffe	
Nickel	50	(Kork, Torf, Faserstoffe.	0,03—0,06
Eisen	40—50		
Gußeisen	50	Flüssigkeiten	λ
Stahl	40		
Konstantan	20	Wasser (nach bei 0°	0,477
Manganin	20	E. Schmidt und „ 20°	0,514
Nickelstahl mit 40% Ni .	9	W. Sellschopp) „ 50°	0,554
Graphit, mit Dichte und		„ 100°	0,586
Reinheit steigend. . . .	10—150	„ 150°	0,590
Steinkohle, natürlich. . .	0,21—0,23	„ 200°	0,572
Quarzit	5,2	„ 250°	0,538
Gesteine, verschiedene . .	1—4	„ 300°	0,48
Quarzglas	1,2—1,6	Schmieröle „ 20°	0,10—0,15
Beton, Eisenbeton . . .	0,7—1,5	Kohlensäure bei 10° u. 80 at	0,089
Feuerfeste Steine	0,5—1,5	(nach W. Sellschopp)	
Glas.	0,5—1,0		
Eis, bei 0°	1,9	Gase bei 1 at und bei der Temperatur t	
Erdreich, feucht. . . .	0,5—1,0		
Quarzsand, trocken . . .	0,25	Wasserstoff $\lambda = 0,149\ (1 + 0,003\,t)$	
Ziegelmauerwerk normal		Luft $\lambda = 0,0207\ (1 + 0,003\,t)$	
feucht.	0,6—0,9	Kohlensäure $\lambda = 0,0124\ (1 + 0,004\,t)$	

ihnen eine gewisse Festigkeit zu verleihen und die Wärmeübertragung durch Strahlung und Konvektion in den mit Luft gefüllten Räumen zu vermindern.

Oft benutzt man den Begriff des *Wärmeleitwiderstandes*

$$R_l = \frac{\delta}{\lambda F}, \tag{400}$$

mit dessen Hilfe man in Anlehnung an das Ohmsche Gesetz schreiben kann:

Temperaturunterschied = Wärmewiderstand × Wärmestrom

oder

$$\vartheta_1 - \vartheta_2 = R_l \cdot \mathfrak{Q}.$$

Den Kehrwert der Wärmeleitfähigkeit

$$\varrho_l = \frac{1}{\lambda} \tag{400 a}$$

nennt man den *spezifischen Wärmeleitwiderstand.*

Bei einer aus mehreren hintereinander liegenden Schichten bestehenden Wand addieren sich die Wärmewiderstände R_i der einzelnen Schichten und man erhält für den Wärmestrom

$$\mathfrak{Q} = \frac{\vartheta_1 - \vartheta_2}{\Sigma R_i}. \qquad (401)$$

Nächst der ebenen Wand ist die Wärmeströmung durch zylindrische Schichten (Rohrschalen) am wichtigsten. In einer solchen Rohrschale von der Länge l tritt durch eine in ihr liegende, in der Abb. 193 gestrichelt angedeutete konzentrische Zylinderfläche vom Radius r nach Gl. (398a) der Wärmestrom

$$\mathfrak{Q} = -\lambda \cdot 2\pi r l \frac{d\vartheta}{dr}$$

hindurch. Bei stationärer Strömung ist der Wärmestrom für alle Radien gleich und der vorstehende Ausdruck ist die Differentialgleichung des Temperaturverlaufes. Trennt man die Veränderlichen ϑ und r und integriert, so erhält man den Temperaturverlauf

$$-\vartheta = \frac{\mathfrak{Q}}{\lambda\, 2\pi l} \ln r + C.$$

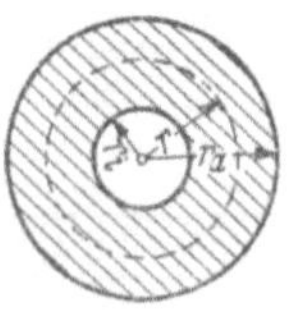

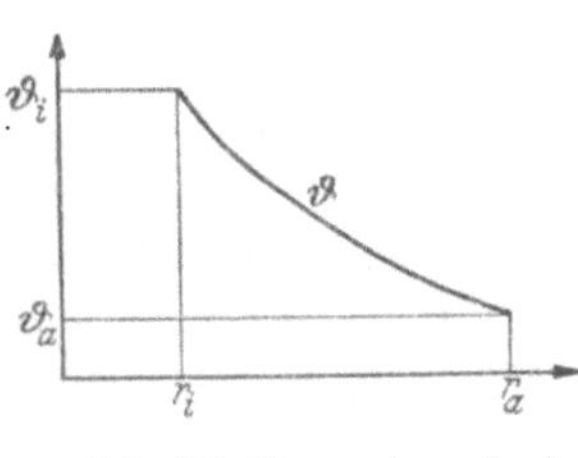

Abb. 193.
Rohrschale.

Abb. 194. Temperaturverlauf
in einer Rohrschale.

Ist für die innere Oberfläche der Schale bei $r = r_i$ die Temperatur ϑ_i gegeben, so muß

$$-\vartheta_i = \frac{\mathfrak{Q}}{\lambda\, 2\pi l} \ln r_i + C$$

sein und durch Subtraktion fällt die Integrationskonstante C heraus, sodaß wir erhalten

$$\vartheta_i - \vartheta = \frac{\mathfrak{Q}}{\lambda\, 2\pi l} \ln \frac{r}{r_i}.$$

Die Temperatur nimmt also, wie Abb. 194 zeigt, nach einer logarithmischen Linie ab. Ist auch auf der äußeren Oberfläche der Schale bei $r = r_a$ die Temperatur $\vartheta = \vartheta_a$ vorgeschrieben, so kann man diese Werte in die letzte Gleichung einsetzen und erhält durch Auflösen nach $\mathfrak{Q}$ den Wärmestrom durch eine Zylinderschale

$$\mathfrak{Q} = \lambda\, 2\pi l \frac{\vartheta_i - \vartheta_a}{\ln \dfrac{r_a}{r_i}}. \qquad (402)$$

Diese Gleichung ist wichtig für die Berechnung des Wärmeverlustes von Rohrisolierungen.

105. Wärmeübergang und Wärmedurchgang.

Der Wärmeaustausch zwischen einer Flüssigkeit oder einem Gas, das wir im folgenden der Einfachheit halber auch als Flüssigkeit bezeichnen wollen, und einer festen Oberfläche ist ein außerordentlich verwickelter Vorgang, weil dabei Bewegungen der Flüssigkeit mitwirken, die sich in den weitaus meisten Fällen der Berechnung entziehen. An der Oberfläche selbst haften Flüssigkeit und fester Körper aneinander und haben gleiche Temperatur und keine Geschwindigkeit gegeneinander. Mit dem Abstand von der Oberfläche tritt ein wachsender Temperatur- und Geschwindigkeitsunterschied auf.

Es hat sich nun als zweckmäßig erwiesen, so zu rechnen, als ob zwischen der mittleren Temperatur ϑ_f der Flüssigkeit und der Temperatur ϑ_o der Wandoberfläche ein Temperatursprung vorhanden wäre, dem der übergehende Wärmestrom

$$\mathfrak{Q} = \alpha \, F (\vartheta_f - \vartheta_0) \qquad (403)$$

proportional gesetzt wird, wobei man den Faktor α, der alle Einflüsse der Eigenschaften und des Bewegungszustandes der Flüssigkeit zusammenfaßt, als *Wärmeübergangszahl* bezeichnet. α hat die Dimension kcal/m²h grd.

Als mittlere Flüssigkeitstemperatur ϑ_f wählt man bei der Strömung in geschlossenen Kanälen die sogenannte

$$Str\ddot{o}mungsmitteltemperatur : \frac{\int w\vartheta\,dF}{\int w\,dF},$$

bei frei angeströmten Körpern die Temperatur in genügender Entfernung, die sogenannte *Freistromtemperatur*.

Ist die Strömungsgeschwindigkeit in Gasen von der Größenordnung der Schallgeschwindigkeit oder allgemein von solcher Größe, daß die Wärmeerzeugung durch Reibung merklich wird, so ist unter ϑ_0 die *Eigentemperatur* zu verstehen, d. h. die Temperatur, welche die Oberfläche des weder beheizten noch gekühlten und auch keine Wärme fortleitenden Körpers unter der alleinigen Wirkung der Strömung annehmen würde.

Die Größe

$$R_{\ddot{u}} = \frac{1}{\alpha F} \qquad (404)$$

bezeichnet man als *Wärmeübergangswiderstand* und den Kehrwert der Wärmeübergangszahl

$$\varrho_{\ddot{u}} = \frac{1}{\alpha} \qquad (404\,\mathrm{a})$$

als *spezifischen Wärmeübergangswiderstand*.

Geht von einer Flüssigkeit Wärme an eine Wand über, wird darin fortgeleitet und auf der anderen Seite an eine zweite Flüssigkeit übertragen, so spricht man von *Wärmedurchgang*. Dabei sind zwei Wärmeübergänge und ein Wärmeleitvorgang hintereinander geschaltet. Bei stationärer Strömung ist der Wärmestrom überall derselbe, und wenn ϑ_a und ϑ_b die Temperaturen der beiden Flüssigkeiten, ϑ_1 und ϑ_2 die der beiden Oberflächen und α_1 und α_2 die zugehörigen Wärmeübergangszahlen sind, gilt für die Temperaturdifferenzen nach Gl. 398) und (403)

$$\left.\begin{aligned}
\vartheta_a - \vartheta_1 &= \frac{\mathfrak{Q}}{\alpha_1 F} = R_{\ddot{u}_1} \cdot \mathfrak{Q}, \\
\vartheta_1 - \vartheta_2 &= \frac{\delta \mathfrak{Q}}{\lambda F} = R_l \cdot \mathfrak{Q}, \\
\vartheta_2 - \vartheta_b &= \frac{\mathfrak{Q}}{\alpha_2 F} = R_{\ddot{u}_2} \cdot \mathfrak{Q}.
\end{aligned}\right\} \qquad (405)$$

Die Temperaturdifferenzen verhalten sich also wie die Wärmewiderstände. Durch Addieren ergibt sich

$$\vartheta_a - \vartheta_b = \left(\frac{1}{\alpha_1 F} + \frac{\delta}{\lambda F} + \frac{1}{\alpha_2 F}\right) \mathfrak{Q} = (R_{\ddot{u}_1} + R_l + R_{\ddot{u}_2}) \mathfrak{Q}.$$

Es summieren sich einfach die Wärmewiderstände zu dem Gesamtwiderstand

$$R = \frac{1}{\alpha_1 F} + \frac{\delta}{\lambda F} + \frac{1}{\alpha_2 F}. \qquad (406)$$

Schreibt man den Wärmestrom in der Form

$$\mathfrak{Q} = \frac{1}{\dfrac{1}{\alpha_1} + \dfrac{\delta}{\lambda} + \dfrac{1}{\alpha_2}} F (\vartheta_a - \vartheta_b) = k F (\vartheta_a - \vartheta_b), \qquad (407)$$

so bezeichnet man

$$k = \frac{1}{\dfrac{1}{\alpha_1} + \dfrac{\delta}{\lambda} + \dfrac{1}{\alpha_2}} \qquad (407\,\text{a})$$

als *Wärmedurchgangszahl*, sie hat die Dimension kcal/m² h grd.

Trägt man nach Abb. 195 bei einem Wärmedurchgangsvorgang die Temperatur der Wand über ihrem Querschnitt und die mittleren Temperaturen ϑ_a und ϑ_b der beiden Flüssigkeiten in den Entfernungen λ/α_1 und λ/α_2 von der Wandoberfläche auf, so müssen die beiden Endpunkte A und B dieser Temperaturen nach der Gl. (405) auf der Verlängerung der Linie der Wandtemperatur liegen, wie es Abb. 195 zeigt.

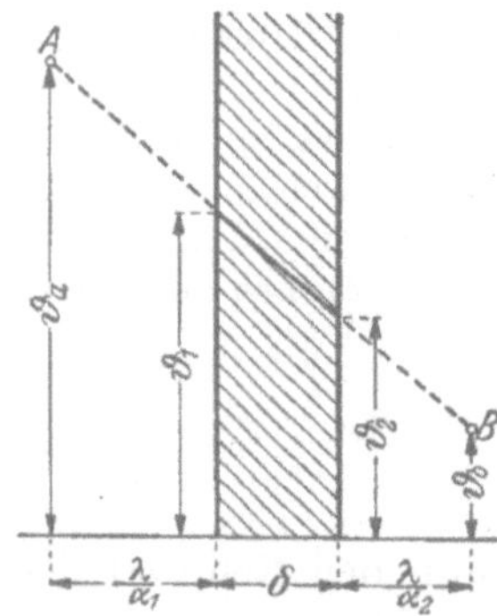

Abb. 195. Wärmedurchgang durch ebene Wand.

Bei jedem Wärmeübergang besteht demnach zwischen dem Temperaturgefälle $\left(\dfrac{\partial \vartheta}{\partial x}\right)_0$ im festen Körper unmittelbar unter seiner Oberfläche, gemessen in der zur Fläche senkrechten x-Richtung, und dem Unterschied der Temperatur ϑ_0 der Oberfläche und ϑ_f der Flüssigkeit die Gleichung

$$\lambda \left(\frac{\partial \vartheta}{\partial x}\right)_0 = \alpha (\vartheta_0 - \vartheta_1). \qquad (408)$$

Diese Beziehung gilt auch für nichtstationäre Wärmeströmungen, weshalb das partielle Differentialzeichen benutzt wurde.

Die in Abb. 195 gestrichelte Verlängerung der Temperaturverteilung des festen Körpers hat nichts mit dem wirklichen Verlauf der Flüssigkeitstemperatur zu tun, sondern diese folgt einer gekrümmten Linie, die an der Oberfläche mit einem Knick an den Temperaturverlauf im festen Körper anschließt. Dabei verhalten sich die Neigungen der Temperaturkurve beiderseits der Oberfläche umgekehrt wie die Leitfähigkeiten der die Oberfläche berührenden Stoffe, denn die an der Oberfläche haftende Schicht des flüssigen Mediums kann die Wärme nur durch Leitung aufnehmen. Erst mit wachsendem Abstand von der Oberfläche wird die Wärme in zunehmendem Maße durch Konvektion meist turbulenter Art abgeführt, wodurch sich der Temperaturverlauf abflacht.

106. Nichtstationäre Wärmeströmungen.

Bei nichtstationären Wärmeströmungen ändert sich die Temperatur im Laufe der Zeit. In einem festen Körper, in dem Wärme nur in Richtung der x-Achse strömt, ist dann der Temperaturverlauf nicht mehr geradlinig und aus einer aus dem Körper herausgeschnittenen Scheibe von der Dicke dx nach Abb. 196 tritt an der Stelle x ein Wärmestrom $-\lambda F \dfrac{\partial \vartheta}{\partial x}$ aus, der im allgemeinen von dem an der Stelle $x + dx$ in die Scheibe eintretenden Wärmestrom $-\lambda F \left(\dfrac{\partial \vartheta}{\partial x} + \dfrac{\partial^2 \vartheta}{\partial x_2} dx \right)$ verschieden ist. Der Wärmegewinn $\lambda F \dfrac{\partial^2 \vartheta}{\partial x^2} dx$ erhöht die Temperatur der Scheibe von der Dichte ϱ und der spezifischen Wärme c im Laufe der Zeit t nach der Gleichung

$$c \varrho F dx \frac{\partial \vartheta}{\partial t} = \lambda F dx \frac{\partial^2 \vartheta}{\partial x^2}$$

oder

$$\frac{\partial \vartheta}{\partial t} = a \frac{\partial^2 \vartheta}{\partial x^2}, \qquad (409)$$

wobei

$$a = \frac{\lambda}{c \cdot \varrho} \qquad (410)$$

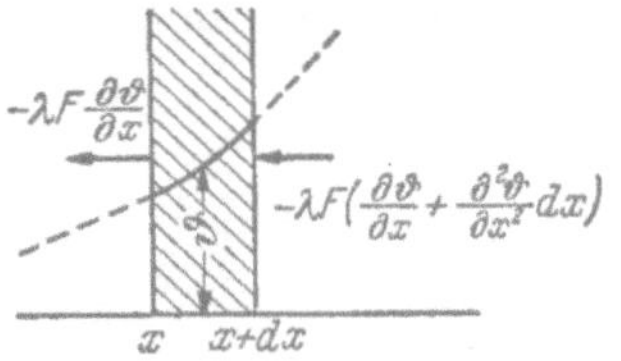

Abb. 196. Temperaturanstieg bei nichtstationärer Wärmeströmung.

als *Temperaturleitfähigkeit* bezeichnet wird.

Die Gl. 409 ist eine partielle Differentialgleichung, um deren analytische Lösung sich FOURIER sehr verdient gemacht hat, wobei er die Methode der Fourierschen Reihen entwickelte. Man kann sie nach einem vom Verfasser[1] angegebenen Verfahren aber auch ohne großen mathematischen Aufwand graphisch in folgender Weise lösen:

---

[1] SCHMIDT, E.: Über die Anwendung der Differenzenrechnung auf technische Anheiz- und Abkühlungsprobleme. Beiträge zur technischen Mechanik und technischen Physik (FÖPPL-Festschrift). Berlin: Springer 1924. Vgl. auch die auf Kugel- und Zylinderkoordinaten erweiterte Darstellung in Forschg. Ing.-Wes. Bd. 13 (1942), S. 177/85.

Schreibt man die Differentialgleichung (409) als Differenzengleichung, so lautet sie:

$$\Delta_t \vartheta = a \frac{\Delta t}{(\Delta x)^2} \Delta_x^2 \vartheta. \tag{411}$$

Dabei ist dem Differenzenzeichen Δ der betreffende Index zur Kennzeichnung des partiellen Charakters der Differenzenbildung beigefügt. Unter Δt und Δx sind feste, kleine, aber endliche Werte zu verstehen, welche als Einheit des Zeit- und Längenmaßstabes dienen. Wird mit $\vartheta_{n,k}$ die Temperatur an der Stelle $n \cdot \Delta x$ zur Zeit $k \cdot \Delta t$ bezeichnet, so ist:

$$\Delta_t \vartheta = \vartheta_{n,\,k+1} - \vartheta_{x,\,k},$$
$$\Delta_x \vartheta = \vartheta_{n+1,\,k} - \vartheta_{n,\,k},$$
$$\Delta_x^2 \vartheta = \vartheta_{n+1,\,k} + \vartheta_{n-1,\,k} - 2\vartheta_{n,\,k}.$$

Durch Einsetzen dieser Werte geht die Differenzengleichung über in die Rekursionsformel:

$$\vartheta_{n,\,k+1} - \vartheta_{n,\,k} = a \frac{\Delta t}{(\Delta x)^2} (\vartheta_{n+1,\,k} + \vartheta_{n-1,\,k} - 2\vartheta_{n,\,k}). \tag{412}$$

Ist die Temperaturverteilung zur Zeit $k \cdot \Delta t$ durch die Reihe der Werte

$$\vartheta_{1,\,k}, \qquad \vartheta_{2,\,k}, \qquad \ldots \vartheta_{n,\,k} \ldots$$

in der Mitte jeder der n-Schichten von der Dicke Δx gegeben, so erlaubt Gl. (412) die Berechnung der Verteilung

$$\vartheta_{1,\,k+1}, \qquad \vartheta_{2,\,k+1}, \qquad \ldots \vartheta_{n,\,k+1} \ldots$$

zu der um Δt späteren Zeit. Sind diese Werte errechnet, so kann man in gleicher Weise um Δt fortschreiten und so schließlich den ganzen zeitlichen Verlauf der Temperatur ermitteln.

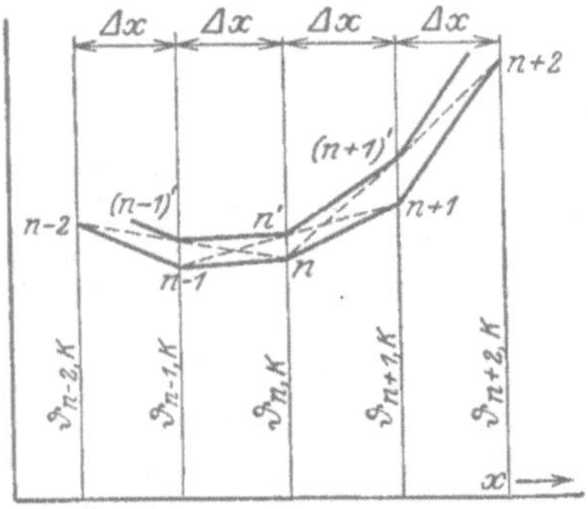

Die Formel (412) läßt sich sehr anschaulich geometrisch deuten:

In Abb. 197 soll die Linie $n-2$, $n-1$, n, $n+1$, $n+2$ eine Temperaturverteilung zur Zeit $k \cdot \Delta t$ darstellen; ihre Ordinaten sind also die Werte $\vartheta_{n-2,\,k}$, $\vartheta_{n-1,\,k}$, $\vartheta_{n,\,k}$, $\vartheta_{n+1,\,k}$, $\vartheta_{n+2,\,k}$. Verbindet man die Punkte $n-1$ und $n+1$ durch eine Gerade, welche die Senkrechte durch n in n' schneidet, so ist, wie man leicht einsieht, die Strecke

Abb. 197. Konstruktion des Temperaturverlaufs.

$$nn' = \tfrac{1}{2} (\vartheta_{n+1,\,k} + \vartheta_{n-1,\,k} - 2\vartheta_{n,\,k})$$

und der Zuwachs der Temperatur an der Stelle n in der Zeit Δt wird erhalten durch Multiplikation dieser Strecke mit dem konstanten Faktor

$2a \dfrac{\Delta t}{(\Delta x)^2}$. Geht man in gleicher Weise für alle Punkte vor, so ergibt sich der Temperaturverlauf zur Zeit $(k + 1)\,\Delta t$, und so kann man, jeweils um Δt fortschreitend, die aufeinanderfolgenden Temperaturkurven zeichnen.

Bei der praktischen Ausführung des Verfahrens ist es zweckmäßig, die Werte von Δt und Δx so zu wählen, daß

$$a\,\frac{\Delta t}{(\Delta x)^2} = \frac{1}{2} \tag{413}$$

wird.

Das ist ohne Einschränkung der Allgemeinheit immer möglich. In diesem Falle gibt der Punkt n' unmittelbar die Temperatur $\vartheta_{n,\,k+1}$ der nächsten Kurve an und die Rekursionsformel vereinfacht sich zu:

$$\vartheta_{n,\,k+1} = \tfrac{1}{2}\,(\vartheta_{n+1,\,k} + \vartheta_{n-1,\,k})\,.$$

Man kann also allein mit Hilfe eines Lineals aus einer gegebenen Anfangsverteilung schrittweise den ganzen zeitlichen Verlauf der Temperaturkurven ermitteln. Wird mit fortschreitendem Ausgleich das Liniengewirr zu groß, so braucht man nur die Δx-Teilung zu vergrößern, also z. B. jeden zweiten Punkt ausfallen zu lassen. Soll der Faktor $a\,\dfrac{\Delta t}{(\Delta x)^2}$ trotz dieser Verdoppelung von Δx den Wert $\tfrac{1}{2}$ behalten, so muß Δt und damit der zeitliche Abstand aufeinanderfolgender Temperaturkurven vervierfacht werden.

Das Vorstehende erlaubt die Ermittlung der Temperaturkurven für das Innere einer Platte. Für die Anwendung auf technische Fragen muß noch eine Vorschrift für die Behandlung des Wärmeüberganges an der Oberfläche hinzutreten. Hierbei wird der Vorteil unseres Verfahrens besonders deutlich, denn es erlaubt die Anpassung an beliebige, auch zeitlich veränderliche Grenzbedingungen.

Ist ϑ_f die Temperatur der Flüssigkeit, α die Wärmeübergangszahl, λ die Wärmeleitzahl des Körpers und ϑ_0 die Temperatur seiner Oberfläche, so gilt nach Gl. (408)

$$\lambda\left(\frac{\partial \vartheta}{\partial x}\right)_0 = \alpha\,(\vartheta_0 - \vartheta_f)\,.$$

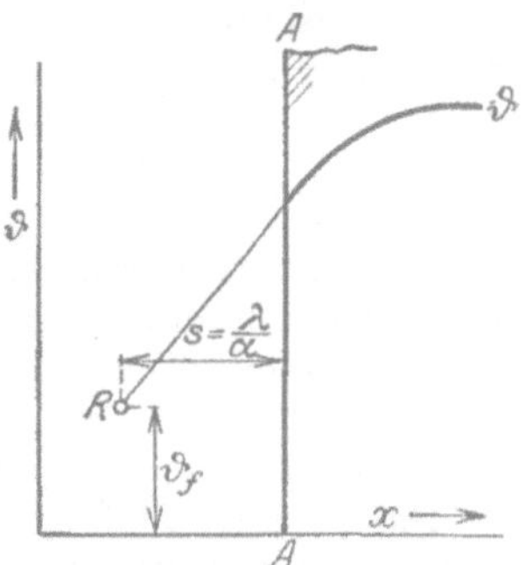

Abb. 198.   Erfüllung der Randbedingung.

Stellt man die Temperaturverteilung als Kurve über der x-Achse dar (Abb. 198), so bedeutet diese Bedingung, daß die Tangente an die Temperaturkurve in der Oberfläche $A{-}A$ durch einen Richtpunkt R gehen muß, dessen Ordinate ϑ_f und dessen Abstand von der Oberfläche $s = \dfrac{\lambda}{\alpha}$ ist. Mit dem Verlauf der Temperatur in der Flüssigkeit hat diese Tangente natürlich nichts zu tun (vgl. die Ausführungen auf S. 352 zu Abb. 195).

Die Wärmeübergangszahl hängt im allgemeinen in komplizierter Weise von der Temperatur und Beschaffenheit der Oberfläche, der Art

23*

und Temperatur des bespülenden Mediums sowie von seiner Geschwindigkeit ab; dabei können diese Einflüsse noch mit der Zeit in vorgegebener oder erst durch den Verlauf des Ausgleichsvorganges bedingter Weise schwanken. Geometrisch kann man diese Veränderlichkeit durch eine Verschiebung des Richtpunktes R längs einer Kurve darstellen. In solchen Fällen dürfte der Versuch einer Lösung nach FOURIER aussichtslos sein. Unserem Lösungsverfahren erwachsen dadurch, wie wir nun zeigen wollen, keine Schwierigkeiten.

In Abb. 199 denken wir uns den Körper von der Oberfläche $A-A$ an in Schichten von der Dicke Δx geteilt, in deren Mitte jeweils die Temperatur gegeben sein soll. Der Temperaturverlauf zur Zeit t ist also durch den gebrochenen Linienzug 0, $1, 2, 3 \ldots$ dargestellt. Die Änderung der Temperaturkurve in der Zeit Δt ergibt sich für die Punkte $2, 3$ usw. wie bisher. Den Punkt $2'$ z. B. erhält man als Schnittpunkt der Linie 13 mit der Ordinate von 2 usw. Um die Änderung des Punktes 1 zu ermitteln,

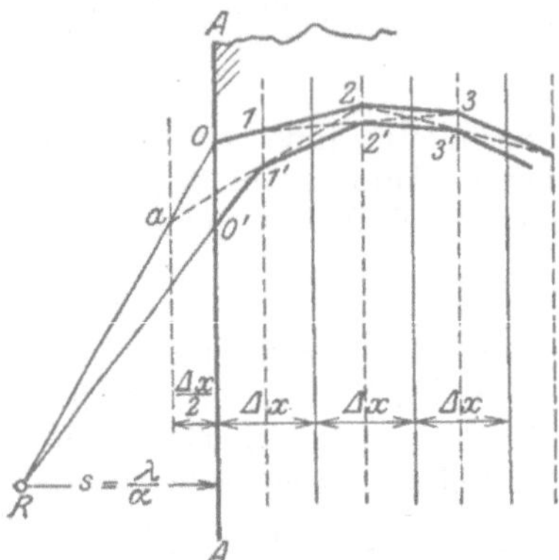

Abb. 199. Konstruktion des Temperaturverlaufes in der Nähe der Oberfläche.

zeichnen wir eine Parallele zur Oberfläche im Abstande $\frac{\Delta x}{2}$ und verbinden den die Temperatur der Oberfläche kennzeichnenden Punkt 0 mit dem durch Flüssigkeitstemperatur und Wärmeübergangszahl bestimmten Richtpunkt R. Der Schnittpunkt dieser beiden Linien ergibt den Hilfspunkt a, welcher die Anfangstemperaturverteilung über die Oberfläche hinaus fortsetzt. Der Punkt $1'$ ergibt sich nun als Schnittpunkt der Verbindungslinie $a\,2$ mit der Ordinate durch 1. Ziehen wir noch die Verbindungslinie $R\,1'$, welche die Körperoberfläche in $0'$ schneidet, so ist $0', 1', 2', 3' \ldots$ die gesuchte Temperaturkurve zur Zeit $t + \Delta t$. In dieser Weise setzt man die Konstruktion fort, wobei der Richtpunkt R entsprechend zu verschieben ist, wenn sich Wärmeübergangszahl und Flüssigkeitstemperatur ändern.

Die Anwendung des Verfahrens sei an folgendem Beispiel gezeigt:

Eine Betonwand von der Dicke $2 \cdot X = 0,4$ m, der Wärmeleitzahl $\lambda = 1,0$ kcal/m h grd, der spezifischen Wärme $c = 0,25$ kcal/kg grd und der Dichte $\varrho = 2000$ kg/m³ soll eine gleichmäßige Temperatur von $20°$ haben und werde plötzlich in einen Raum von $0°$ gebracht, wobei die Wärmeübergangszahl $\alpha = 5$ kcal/m² h grd sein soll. Die Temperaturleitfähigkeit ist

$$a = \frac{\lambda}{c \cdot \varrho} = 0,0020 \text{ m}^2/\text{h} \,.$$

Der Abstand des Richtpunktes R von der Oberfläche ist dann

$$s = \frac{\lambda}{\alpha} = 0,2 \text{ m} \,.$$

Die Wand soll in 8 Schichten von der Dicke $\varDelta x = 5$ cm unterteilt werden. Der zeitliche Abstand zweier aufeinanderfolgender Temperaturkurven ist dann nach Gl. (413)

$$\varDelta t = \frac{(\varDelta x)^2}{2\,a} = \frac{0{,}0025}{2 \cdot 0{,}002} = \frac{5}{8}\ \text{Std.}$$

Die graphische Konstruktion ist in Abb. 200 durchgeführt, wobei wegen der Symmetrie nur etwas mehr als eine Hälfte der Mauer ge-

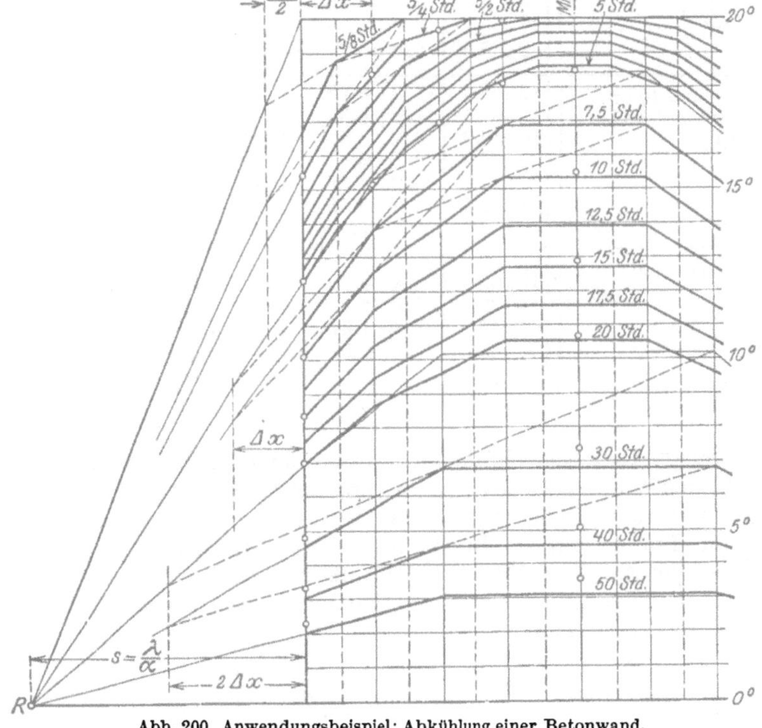

Abb. 200. Anwendungsbeispiel: Abkühlung einer Betonwand.

zeichnet ist. Die Linienzüge geben die Temperaturverteilung nach den angeschriebenen Zeiten $\frac{5}{8}$, $\frac{5}{4}$, $1\frac{5}{8}$, $\frac{5}{1}$ ... bis 5 Stunden. Von hier an ist $\varDelta x$ verdoppelt worden, der zeitliche Abstand $\varDelta t$ also vervierfacht, und es ergeben sich die Kurven für 7,5, 10, 12,5, 15, 17,5 und 20 Std. wie gezeichnet. Nun wurde $\varDelta x$ noch einmal verdoppelt, $\varDelta t$ also auf $16 \cdot \frac{5}{8} = {}$ $= 10$ Std. gebracht und die Temperaturverteilung nach 30, 40, 50 Stunden gezeichnet.

Bei dem Übergang auf größere $\varDelta x$-Teilung wird zweckmäßig nicht von den Punkten der Kurve der bisherigen Teilung ausgegangen, sondern von einem Linienzug der größeren Teilung, welcher mit der ersteren gleichen Flächeninhalt hat und sich ihr möglichst gut anpaßt, wie es Abb. 200 bei 5 und bei 20 Std. zeigt.

Tabelle 45. *Rechnerische Durchführung des Differenzenverfahrens nach E. Schmidt.*

	Zeit in Δt	Std.	ϑ_0	ϑ_a	ϑ_1	ϑ_2	ϑ_3	ϑ_4	ϑ_5	—
$\Delta x = 5$ cm $\Delta t = \frac{5}{8}$ Std. $\vartheta_a = \dfrac{17,5}{22,5}\vartheta_1$ $\vartheta_0 = \dfrac{20,0}{22,5}\vartheta_1$	0	0	20	17,50	20	20	20	20	20	—
	1	—	16,67	14,59	18,75	20	20	20	20	—
	2	1,25	15,38	13,46	17,30	19,38	20	20	20	—
	3	—	14,60	12,78	16,42	18,65	19,69	20	20	—
	4	2,50	13,98	12,23	15,72	18,06	19,33	19,85	19,85	—
	5	—	13,47	11,78	15,15	17,53	18,96	19,59	19,59	—
	6	3,75	13,02	11,39	14,66	17,06	18,56	19,28	19,28	—
	7	—	12,65	11,08	14,23	16,61	18,17	18,92	18,92	—
	8	5,00	12,31	10,77	13,85	16,20	17,77	18,55	18,55	—
$\Delta x' = 2\,\Delta x = 10$ cm $\Delta t' = 4\,\Delta t = 2,5$ Std. $\vartheta_a = \dfrac{15}{25}\vartheta_1$ $\vartheta_0 = \dfrac{20}{25}\vartheta_1$	8	5,0	12,31	9,23	15,30		18,42		18,42	
	12	7,5	11,06	8,30	13,83		16,86		16,86	
	16	10,0	10,06	7,54	12,58		15,33		15,33	
	20	12,5	9,16	6,87	11,44		13,96		13,96	
	24	15,0	8,34	6,25	10,42		12,70		12,70	
	28	17,5	7,59	5,68	9,48		11,56		11,56	
	32	20,0	6,90	5,18	8,62		10,52		10,52	
$\Delta x'' = 4\,\Delta x = 20$ cm $\Delta t'' = 16\,\Delta t = 10$ Std. $\vartheta_a = \dfrac{10}{30}\vartheta_1$ $\vartheta_0 = \dfrac{20}{30}\vartheta_1$	32	20	6,90	3,45	10,17				10,17	
	48	30	4,54	2,27	6,81				6,81	
	64	40	3,02	1,51	4,54				4,54	
	80	50	2,02	1,01	3,03				3,03	

Die rechnerische Durchführung der vorstehenden Konstruktion zeigt
Tab. 45, welche ebenso wie die Zeichnung wegen der Symmetrie nur um
einen Punkt über die Mitte hinaus ausgeführt ist. Die Spalten ϑ_1 bis ϑ_5
geben die Temperatur im Innern der Wand, Spalte ϑ_0 gibt die Ober-
flächentemperatur, und Spalte ϑ_a enthält die dem äußeren Hilfspunkte
entsprechende Temperatur. ϑ_0 ergibt sich der geometrischen Konstruktion
gemäß nach der Formel

$$\vartheta_0 = \vartheta_1 \frac{s}{s + \dfrac{\Delta x}{2}}$$

und für den Hilfspunkt gilt

$$\vartheta_a = \vartheta_0 \frac{s - \dfrac{\Delta x}{2}}{s}\,.$$

Jede Ziffer der Tabelle wurde erhalten als Mittelwert der benachbarten in der darüberstehenden Zeile nach der Rekursionsformel (412 a).

Zur Beurteilung der Genauigkeit der Differenzenmethode wurden die
Temperaturverteilung nach 5/4 und nach 5 Std. sowie die Temperaturen der Mitte und der Oberfläche der Platte nach 10, 15, 20, 30,
40 und 50 Std. nach der Methode der Fourierschen Reihen berechnet.
Die erhaltenen Werte sind als kleine Kreise in Abb. 200 eingetragen und
zeigen die Genauigkeit unseres graphischen Verfahrens.

Das Differenzenverfahren läßt sich in gleicher Weise auch auf zylindrische und kugelförmige Körper anwenden, indem man das Temperaturfeld über dem Logarithmus bzw. dem Reziprokwert des Radius aufträgt. Weitere Verallgemeinerungen der Methode ergeben sich, wenn man den Körper nicht in gleich dicke Schichten unterteilt, sondern die Schichtdicke nach einer geeigneten Funktion abstuft[1]. Deformiert man in dieser Weise eine konstante Größe h mit Hilfe einer Funktion $\varphi(x)$ zu der Teilung $\varDelta x = h \cdot \varphi(x)$ und trägt diese nach weiterer Verzerrung mit Hilfe einer zweiten Funktion $\psi(x)$ in der Form

$$\varDelta \xi = \psi(x) \cdot \varDelta x = h \cdot \varphi(x) \cdot \psi(x)$$

auf, so kann man mit Hilfe unserer Methode des Eckenabschneidens die partielle Differentialgleichung

$$\frac{\partial \vartheta}{\partial t} = a \cdot P(x) \left[\frac{\partial^2 \vartheta}{\partial x^2} + Q(x)\, \frac{\partial \vartheta}{\partial x} \right] \tag{414}$$

lösen. Darin sind $P(x)$ und $Q(x)$ zwei beliebig vorgegebene Funktionen von x, aus denen man die beiden Verzerrungsfunktionen mit Hilfe der Gleichungen

$$\varphi^2 = P(x) \quad \text{und} \quad \psi'/\psi = -Q(x)$$

erhält.

Sonderfälle der Differentialgleichung (414) sind für das zylindrische Problem

$$\frac{\partial \vartheta}{\partial t} = a \left(\frac{\partial^2 \vartheta}{\partial r^2} + \frac{1}{r}\, \frac{\partial \vartheta}{\partial r} \right)$$

und für das kugelsymmetrische Problem

$$\frac{\partial \vartheta}{\partial t} = a \left(\frac{\partial^2 \vartheta}{\partial r^2} + \frac{2}{r}\, \frac{\partial \vartheta}{\partial r} \right).$$

In beiden Fällen ist $P(x) = 1$ und dann auch $\varphi = 1$, d. h. wir dürfen wieder in Schichten gleicher Dicke aufteilen, wir müssen diese aber in verzerrter Form auftragen, wobei die Verzerrungsfunktion für den Zylinder $\varphi_z(r) = \ln r$ und für die Kugel $\varphi_k(r) = \dfrac{1}{r}$ lautet.

Strömt die Wärme nicht nur in einer Richtung, so hat man die Wärmeeinströmung aller drei Koordinatenrichtungen zu addieren und erhält dann die Differentialgleichung

$$\frac{\partial \vartheta}{\partial t} = a \left(\frac{\partial^2 \vartheta}{\partial x^2} + \frac{\partial^2 \vartheta}{\partial y^2} + \frac{\partial^2 \vartheta}{\partial z^2} \right). \tag{415}$$

---

[1] Vgl. E. Schmidt: Das Differenzenverfahren zur Lösung von Differentialgleichungen der nichtstationären Wärmeleitung, Diffusion und Impulsausbreitung. Forschg. Ing.-Wes. Bd. 13 (1942), S. 177/85.

Dividiert man die Veränderlichen durch bestimmte feste, gleichsam als Maßeinheiten dienende Bezugsgrößen l, t_0 und Θ, so erhält man die Gl. (415) in der dimensionslosen Form

$$\frac{\partial \dfrac{\vartheta}{\Theta}}{\partial \dfrac{t}{i_0}} = \frac{a\,t_0}{l^2}\left[\frac{\partial^2 \dfrac{\vartheta}{\Theta}}{\left(\partial \dfrac{x}{l}\right)^2} + \frac{\partial^2 \dfrac{\vartheta}{\Theta}}{\left(\partial \dfrac{y}{l}\right)^2} + \frac{\partial^2 \dfrac{\vartheta}{\Theta}}{\left(\partial \dfrac{z}{l}\right)^2}\right]. \qquad (415\,\mathrm{a})$$

Darin ist, wie man sich leicht überzeugt, auch der Faktor

$$Fo = \frac{a\,t_0}{l^2}$$

eine dimensionslose Größe, die man Fourier-Zahl, abgekürzt Fo, nennt.

Um den räumlich-zeitlichen Verlauf der Temperatur in einem bestimmten Körper berechnen zu können, muß man die Randbedingungen kennen, d. h. es muß z. B. die Temperatur auf gewissen, das zu berechnende Temperaturfeld begrenzenden Flächen für alle Zeiten vorgegeben und zu einer bestimmten Zeit im ganzen Felde bekannt sein. Dann bestimmt die Differentialgleichung eindeutig den ganzen weiteren Verlauf der Temperatur. Da die Temperatur in allen Gliedern der Gleichung in der ersten Potenz vorkommt, sieht man sofort, daß sie mit einem beliebigen konstanten Faktor multipliziert werden darf, ohne daß sich etwas ändert. Daraus folgt, daß ähnliche, d. h. nur um einen konstanten Faktor der Temperatur verschiedene Randbedingungen auch im ganzen Gebiet die Temperatur nur um denselben Faktor ändern.

Vergrößert oder verkleinert man den Körper ähnlich durch Verändern seiner linearen Maße im Verhältnis μ, so bleiben die dimensionslosen Koordinaten x/l, y/l und z/l dieselben, wenn man auch die Bezugslänge l im gleichen Verhältnis μ ändert. Damit ändert sich in der Differentialgleichung die dimensionslose Konstante; man kann sie aber wieder auf ihren alten Wert zurückführen, wenn man t_0 mit dem Faktor μ^2 multipliziert. Das heißt in einem im Maßstab μ vergrößerten Körper treten bei ähnlichen Randbedingungen ähnliche Temperaturfelder zu im Verhältnis μ^2 vergrößerten Zeiten auf.

Betrachtet man schließlich einen Körper anderer Temperaturleitfähigkeit a, so gilt die Lösung auch für diesen Fall, wenn man den Maßstab der Länge oder der Zeit so ändert, daß die Fourier-Zahl $Fo = \dfrac{a\,t_0}{l^2}$ denselben Wert behält.

Eine für bestimmte Randbedingungen gefundene Lösung gilt also bei entsprechender Wahl der Bezugsgrößen von Länge und Zeit auch für alle ähnlichen Fälle.

107. Die Ähnlichkeitstheorie der Wärmeübertragung.

Die Wärmeübertragung zwischen einer festen Oberfläche und einem flüssigen oder gasförmigen Medium ist ein Problem der Hydrodynamik, wobei sich über die mechanischen Bewegungsvorgänge Wärmeströmungen lagern. Wir müssen daher die hydrodynamischen Grundgleichungen mit der Gl. (415) für die Wärmeleitung verbinden.

Beschränken wir uns auf *stationäre* Vorgänge, setzen die Geschwindigkeiten als klein gegen die Schallgeschwindigkeit voraus und lassen nur kleine Dichteänderungen zu, so gelten folgende Gleichungen:

1. Die *Kontinuitätsgleichung* sagt aus, daß die Summe aller in ein Volumelement durch seine Oberflächen aus- und einströmenden Flüssigkeitsmengen Null sein muß und lautet

$$\frac{\partial}{\partial x}(\varrho\,w_x) + \frac{\partial}{\partial y}(\varrho\,w_y) + \frac{\partial}{\partial z}(\varrho\,w_z) = 0\,, \qquad (416)$$

wobei w_x, w_y und w_z die drei Komponenten des Geschwindigkeitsvektors w und ϱ die Dichte sind.

2. Die *Bewegungsgleichungen für zähe Flüssigkeiten* wenden die Grundgesetze der Dynamik auf Flüssigkeiten an und setzen die zur Beschleunigung eines Massenteilchens erforderliche Kraft gleich der Summe aus Druckgefälle, Zähigkeitskräften und Auftrieb. Bei stationärer Strömung kann ein Teilchen nur dadurch beschleunigt werden, daß es sich in Gebiete anderer Geschwindigkeit begibt. Die Beschleunigung ist dann gleich dem Produkt aus seiner Geschwindigkeit und dem Gradienten des Geschwindigkeitsfeldes in der durchlaufenen Richtung, entsprechend den linken Seiten der drei Gl. (417). Der Auftrieb je Volumeinheit ist $-\,\mathfrak{g}\varrho\beta\vartheta$, wenn $\mathfrak{g}$ der Vektor der Fallbeschleunigung mit dem Normwert $g = 9{,}80665\ \mathrm{m/s^2}$ und ϱ die Dichte der Flüssigkeit vor der Erwärmung, β ihr Ausdehnungskoeffizient und ϑ die Übertemperatur der erwärmten Teile der Flüssigkeit gegen die kalt gebliebenen ist. Wir legen im allgemeinen die x-Achse senkrecht nach oben, dann hat der Auftrieb nur eine Komponente, die der Richtung des Vektors der Fallbeschleunigung entgegengesetzt ist und daher negatives Vorzeichen erhält. Das Druckgefälle hat dagegen im allgemeinen die drei Komponenten $\frac{\partial p}{\partial x}$, $\frac{\partial p}{\partial y}$ und $\frac{\partial p}{\partial z}$. Die Zähigkeitskräfte wirken beschleunigend, wenn der Geschwindigkeitsgradient am Ort eines Teilchens sich ändert, sie sind also den zweiten Differentialquotienten der Geschwindigkeit proportional und durch die Laplaceschen Operatoren auf den rechten Seiten der Gl. (417) dargestellt. Manchmal werden noch die Gradienten der Divergenz hinzugefügt, so daß z. B. die x-Komponente des Zähigkeitsgliedes die Form

$$\eta\left[\frac{\partial^2 w_x}{\partial x^2} + \frac{\partial^2 w_x}{\partial y^2} + \frac{\partial^2 w_x}{\partial z^2} + \frac{1}{3}\,\frac{\partial}{\partial x}\left(\frac{\partial w_x}{\partial x} + \frac{\partial w_y}{\partial y} + \frac{\partial w_z}{\partial z}\right)\right]$$

erhält. Aber bei den von uns vorausgesetzten kleinen Dichteänderungen und bei Geschwindigkeiten klein gegen die des Schalles sind die Gradienten der Divergenz vernachlässigbar; wir wollen sie daher gleich weglassen.

Dividieren wir noch durch die Dichte ϱ und führen die kinematische Zähigkeit $\nu = \eta/\varrho$ ein, so liefern die Bedingungen für das Gleichgewicht der Kräfte in den drei Koordinatenrichtungen die folgenden Bewegungsgleichungen:

$$w_x \frac{\partial w_x}{\partial x} + w_y \frac{\partial w_x}{\partial y} + w_z \frac{\partial w_x}{\partial z} = -\frac{1}{\varrho}\frac{\partial p}{\partial x} + \nu\left(\frac{\partial^2 w_x}{\partial x^2} + \frac{\partial^2 w_x}{\partial y^2} + \frac{\partial^2 w_x}{\partial z^2}\right)$$
$$ + g\beta\vartheta$$
$$w_x \frac{\partial w_y}{\partial x} + w_y \frac{\partial w_y}{\partial y} + w_z \frac{\partial w_y}{\partial z} = -\frac{1}{\varrho}\frac{\partial p}{\partial y} + \nu\left(\frac{\partial^2 w_y}{\partial x^2} + \frac{\partial^2 w_y}{\partial y^2} + \frac{\partial^2 w_y}{\partial z^2}\right) \quad (417)$$
$$w_x \frac{\partial w_z}{\partial x} + w_y \frac{\partial w_z}{\partial y} + w_z \frac{\partial w_z}{\partial z} = -\frac{1}{\varrho}\frac{\partial p}{\partial z} + \nu\left(\frac{\partial^2 w_z}{\partial x^2} + \frac{\partial^2 w_z}{\partial y^2} + \frac{\partial w_z}{\partial z^2}\right).$$

3. Die *Energiegleichung* sagt aus, daß im stationären Zustand in ein Volumelement gerade so viel Energie durch Strömung hineingeführt werden muß, als durch Wärmeleitung daraus abfließt. Dabei wollen wir die Druckenergie vernachlässigen gegenüber der fühlbaren Wärme und auch von der Wärmeerzeugung durch Reibung in der Strömung absehen. Mit diesen in der Regel zulässigen Vereinfachungen lautet die Energiegleichung

$$w_x \frac{\partial \vartheta}{\partial x} + w_y \frac{\partial \vartheta}{\partial y} + w_z \frac{\partial \vartheta}{\partial z} = a\left(\frac{\partial^2 \vartheta}{\partial x^2} + \frac{\partial^2 \vartheta}{\partial y^2} + \frac{\partial^2 \vartheta}{\partial z^2}\right), \qquad (418)$$

wobei a wieder die Temperaturleitfähigkeit nach Gl. (410) ist.

In Vektorschreibweise lauten die Gleichungen:

$$\mathrm{div}\,(\varrho\,\mathfrak{w}) = 0. \qquad (416\,\mathrm{a})$$

$$(\mathfrak{w}\,\mathrm{grad})\,\mathfrak{w} = -\frac{1}{\varrho}\,\mathrm{grad}\,p + \nu\varDelta\,\mathfrak{w} + \mathfrak{g}\beta\vartheta \qquad (417\,\mathrm{a})$$

$$(\mathfrak{w}\,\mathrm{grad})\,\vartheta = a\varDelta\vartheta. \qquad (418\,\mathrm{a})$$

In diesen drei Gleichungen, von denen eine aus drei Komponentengleichungen besteht, kommen als unabhängige Veränderliche die drei Koordinaten x, y, z und als Unbekannte die drei Größen $\mathfrak{w}$, ϑ und p vor, wovon der Vektor $\mathfrak{w}$ drei Komponenten hat. Die Lösungen dieses Gleichungssystemes sind die folgenden räumlichen Felder:

das Geschwindigkeitsfeld $\quad w_x = f_{wx}(x, y, z)$
$$w_y = f_{wy}(x, y, z)$$
$$w_z = f_{wz}(x, y, z)$$
„ Temperaturfeld $\qquad \vartheta \;= f_\vartheta(x, y, z)$
„ Druckfeld $\qquad\quad p \;= f_p(x, y, z).$

Dabei ist das Druckfeld nach den Gl. (417) durch die Felder der Geschwindigkeit und der Temperatur bereits bestimmt. Der Druck ist also keine selbständige Veränderliche, denn man kann ihn aus diesen Gleichungen eliminieren, indem man z.B. die erste partiell nach y, die zweite partiell nach x differenziert und dann beide voneinander abzieht. In gleicher Weise kann man die zweite und dritte Gleichung nach z bzw. y differenzieren und voneinander abziehen. Auf diese Weise erhält man an Stelle der drei Gl. (417) zwei neue Bewegungsgleichungen, in denen der Druck nicht mehr vorkommt.

In die Funktionen f gehen die folgenden fünf Konstanten der Differentialgleichungen ein:

die Fallbeschleunigung $\qquad\qquad\qquad\qquad\qquad\qquad g$

,, Dichte der Flüssigkeit beim Ausgangszustand $\qquad\quad \varrho$

,, kinematische Zähigkeit $\qquad\qquad\qquad\qquad\qquad v = \dfrac{\eta}{\varrho}$

,, Temperaturleitfähigkeit (mit $c = c_p$ bei Gasen) $\quad a = \dfrac{\lambda}{c_p \varrho}$

der Ausdehnungskoeffizient $\qquad\qquad\qquad\qquad\qquad \beta$

Der Ausdehnungskoeffizient $\beta = \dfrac{1}{v}\left(\dfrac{\partial v}{\partial T}\right)_p$ ergibt sich aus der Zustandsgleichung; bei vollkommenen Gasen wird $\beta = 1/T$. Die Stoffwerte können bei nicht zu großen Temperaturunterschieden als konstante Größen angesehen werden, die man gewöhnlich bei der mittleren Flüssigkeitstemperatur einsetzt.

Weiter sind die Lösungen abhängig von den Grenzbedingungen. An bestimmten Flächen, welche die Ausdehnung des Feldes begrenzen, müssen gewisse Vorschriften für die Unbekannten $\mathfrak{w}$ und ϑ bestehen; meist haben diese selbst oder ihre Gradienten dort gegebene Werte.

Lösungen der Differentialgleichungen (416) bis (418) sind nur in wenigen einfachen Fällen bekannt. NUSSELT hat aber in einer für die Theorie der Wärmeübertragung grundlegenden Arbeit[1] gezeigt, daß man durch sog. Dimensions- oder Ähnlichkeitsbetrachtungen zu wichtigen allgemeinen Aussagen kommen kann[2]. Dabei vergleicht man ähnliche Probleme, d. h. Vorgänge, die sich in Räumen geometrisch ähnlicher Begrenzung abspielen und deren Grenzbedingungen sich auch nur durch konstante Faktoren unterscheiden. Ein einfaches Beispiel ist etwa ein sehr langes Rohr von kreisförmigem Querschnitt, das von einem ausgedehnten Flüssigkeitsstrom senkrecht zu seiner Achse bespült und dessen Wand durch Heizung auf einer höheren Temperatur gehalten wird. Alle Rohre von verschiedenem Durchmesser sind dann ähnliche Begrenzungen, deren Durchmesser sie kennzeichnet. Damit auch die Grenzbedingungen ähnlich sind, muß z. B. die Temperaturverteilung über den Umfang .bei Rohren verschiedenen Durchmessers durch dieselbe Funktion darstellbar sein und darf sich nur durch einen konstanten Zahlenfaktor unterscheiden, weiter muß auch die Anströmgeschwindigkeit in gleicher Weise, z. B. längs der Rohrachse, verteilt und darf nur ihrer absoluten Größe nach verschieden sein.

Um die Bedingungen für die Ähnlichkeit der ganzen Felder bei vorausgesetzter Ähnlichkeit der Begrenzung und der Randbedingungen ab-

---

[1] NUSSELT, W.: Das Grundgesetz des Wärmeüberganges. Gesundh.-Ing. Bd. 38 (1915), S. 477/490.

[2] Vgl. M. WEBER: Das allgemeine Ähnlichkeitsprinzip der Physik und sein Zusammenhang mit der Dimensionslehre und der Modellwissenschaft. Jb. schiffbautechn. Ges. 1930, S. 274. — BRIDGMAN-HOLL: Theorie der physikalischen Dimensionen. Leipzig und Berlin 1932. — MERKEL: Die Grundlagen der Wärmeübertragung: Dresden und Leipzig 1927. — GROEBER-ERK-GRIGULL: Die Grundgesetze der Wärmeübertragung. 3. Aufl. Berlin 1955. — TEN BOSCH: Die Wärmeübertragung. Berlin 1936.

zuleiten, schreiben wir Gl. (417) auf dimensionslose Veränderliche um, ähnlich wie wir das bei Gl. (415) getan hatten, indem wir die Komponenten der Geschwindigkeit w_x, w_y, w_z, die Übertemperatur ϑ und die Längenkoordinaten x, y, z auf gewisse kennzeichnende Werte w_0, Θ und l beziehen. Diese kennzeichnenden Werte sind in der Regel durch die Grenzbedingungen gegeben, indem w_0 und Θ z. B. an gewissen Stellen des Randes vorgegebene Größen sind und l eine die Größe des Körpers kennzeichnende Abmessung ist. Meist wird Θ der Unterschied der Temperatur der Wand ϑ_0 und der in geeigneter Weise gemittelten Temperatur (vgl. Seite 351) der Flüssigkeit ϑ_f sein. Wir multiplizieren Gl. (417) mit $l/w_0{}^2$ und erhalten die dimensionslose Form

$$
\frac{w_x}{w_0}\,\frac{\partial}{\partial\frac{x}{l}}\left(\frac{w_x}{w_0}\right) + \frac{w_y}{w_0}\,\frac{\partial}{\partial\frac{y}{l}}\left(\frac{w_x}{w_0}\right) + \frac{w_z}{w_0}\,\frac{\partial}{\partial\frac{z}{l}}\left(\frac{w_x}{w_0}\right) = -\,\frac{\partial\frac{p}{\varrho w_0^2}}{\partial\frac{x}{l}} +
$$

$$
+\,\frac{\nu}{w_0\,l}\left[\frac{\partial^2\frac{w_x}{w_0}}{\left(\partial\frac{x}{l}\right)^2} + \frac{\partial^2\frac{w_x}{w_0}}{\left(\partial\frac{y}{l}\right)^2} + \frac{\partial^2\frac{w_x}{w_0}}{\left(\partial\frac{z}{l}\right)^2}\right] + \frac{lg\beta\vartheta}{w_0^2}
$$

und zwei entsprechende Gleichungen für w_y/w_0 und w_x/w_0, die wir nicht hinzuschreiben brauchen. Der Druck ist dabei dimensionslos gemacht mit Hilfe des Impulsflusses ϱw_0^2, der dem doppelten Staudruck gleich ist. Ordnet man etwas anders und führt zur Erleichterung der Übersicht für die dimensionslosen Veränderlichen die Buchstaben

$$
\xi = \frac{x}{l},\ \eta = \frac{y}{l},\ \zeta = \frac{z}{l},\ \omega_x = \frac{w_x}{w_0},\ \omega_y = \frac{w_y}{w_0},\ \omega_z = \frac{w_z}{w_0},\ \pi = \frac{p}{\varrho w_0^2}
$$

und $\vartheta_\Theta = \dfrac{\vartheta}{\Theta}$ ein, so erhält man:

$$
\frac{\partial^2\omega_x}{\partial\xi^2} + \frac{\partial^2\omega_x}{\partial\eta^2} + \frac{\partial^2\omega_x}{\partial\zeta^2} = \frac{w_0\,l}{\nu}\left[\omega_x\frac{\partial\omega_x}{\partial\xi} + \omega_y\frac{\partial\omega_x}{\partial\eta} + \omega_z\frac{\partial w_x}{\partial\zeta} + \frac{\partial\pi}{\partial\xi}\right]
$$

$$
-\,\frac{l^2 g\beta\Theta}{w_0\nu}\cdot\vartheta_\Theta \tag{417 b}
$$

und zwei entsprechende Gleichungen für ω_y und ω_z, aber ohne das Auftriebsglied. Aus Gl. (418) ergibt sich ebenso

$$
\frac{\partial^2\vartheta_\Theta}{\partial\xi^2} + \frac{\partial^2\vartheta_\Theta}{\partial\eta^2} + \frac{\partial^2\vartheta_\Theta}{\partial\zeta^2} = \frac{w_0 l}{a}\left[\omega_x\frac{\partial\vartheta_\Theta}{\partial\xi} + \omega_y\frac{\partial\vartheta_\Theta}{\partial\eta} + \omega_z\frac{\partial\vartheta_\Theta}{\partial\zeta}\right]. \tag{418 b}
$$

In der Kontinuitätsgleichung können wir bei Beschränkung auf kleine Dichteänderungen ϱ fortlassen und erhalten

$$
\frac{\partial\omega_x}{\partial\xi} + \frac{\partial\omega_y}{\partial\eta} + \frac{\partial\omega_z}{\partial\zeta} = 0. \tag{416 b}
$$

In diesen Differentialgleichungen kommen außer den Veränderlichen die drei dimensionslosen Parameter $\dfrac{w_0 l}{\nu}$, $\dfrac{w_0 l}{a}$ und $\dfrac{l^2 g\beta\Theta}{w_0\nu}$ vor. Damit bei

ähnlicher Berandung und ähnlichen Grenzbedingungen auch die Felder
in ihrer ganzen Ausdehnung einander ähnlich sind, müssen die dimensionslos gemachten Veränderlichen denselben Differentialgleichungen gehorchen, d. h. es müssen auch die genannten drei Parameter der Differentialgleichungen übereinstimmende Werte haben. Davon ist der Ausdruck

$$Re = \frac{w_0 l}{\nu} \qquad\qquad (419)$$

die uns schon bekannte *Reynolds-Zahl*, den Parameter

$$Pe = \frac{w_0 l}{a} \qquad\qquad (420)$$

nennen wir *Péclet-Zahl*. Statt des Parameters $\dfrac{l^2 g \beta \Theta}{w_0 \nu}$ ist es zweckmäßiger,
die sog. *Grashof-Zahl*

$$Gr = \frac{l^3 g \beta \Theta}{\nu^2} = \frac{l^2 g \beta \Theta}{w_0 \nu} \cdot Re \qquad\qquad (421)$$

zu benutzen. Das kommt auf dasselbe hinaus, denn wenn jede der drei
Größen Re, Pe und $\dfrac{l^2 g \beta \Theta}{w_0 \nu}$ einen bestimmten Wert hat, muß auch jede

Funktion dieser Größen einen bestimmten Wert annehmen, also auch
die Grashof-Zahl. Allgemein kann man statt der genannten drei Größen
auch drei beliebige voneinander unabhängige Funktionen von ihnen
verwenden. Wir wollen insbesondere die sog. *Prandtl-Zahl*

$$Pr = \frac{\nu}{a} = \frac{Pe}{Re} \qquad\qquad (422)$$

benutzen. Die Wahl von Re, Pr und Gr hat den Vorteil, daß die Geschwindigkeit nur in Re vorkommt und daß Pr nur von Stoffeigenschaften
abhängt. Man bezeichnet diese dimensionslosen Parameter auch als
Kenngrößen.

Im allgemeinen Fall, d. h. für beliebige Werte der Kenngrößen hängen
die gesuchten Felder der Geschwindigkeit und der Temperatur außer
von Ortskoordinaten noch von den drei Kenngrößen ab, und wir können
die Lösungen in der Form

$$\left. \begin{aligned} \frac{\mathfrak{w}}{w_0} &= f_{\mathfrak{w}}\left(\frac{x}{l},\ \frac{y}{l},\ \frac{z}{l},\ Re,\ Pr,\ Gr\right) \\[2mm] \frac{\vartheta}{\Theta} &= f_{\vartheta}\left(\frac{x}{l},\ \frac{y}{l},\ \frac{z}{l},\ Re,\ Pr,\ Gr\right) \end{aligned} \right\} \qquad (423)$$

schreiben, wobei die erste Gleichung für drei Komponentengleichungen
steht.

Ähnlich berandete Felder sind also durch dieselben Funktionen $f_{\mathfrak{w}}$
und f_{ϑ} darstellbar, wenn die Kenngrößen dieselben Zahlenwerte haben.
Die Größen $\mathfrak{w}$ und ϑ unterscheiden sich dann nur durch konstante,
an allen Stellen gleiche Faktoren. Man nennt alle Felder, die so durch
dieselben Funktionen darstellbar sind, einander *ähnlich*.

Die Ähnlichkeit der Felder setzt nicht voraus, daß alle Stoffwerte einzeln übereinstimmen, diese können vielmehr recht verschiedene Werte haben, nur muß ihre Zusammenfassung in den Kenngrößen dieselben Zahlen ergeben.

Für die Anwendungen braucht man meist nicht alle Einzelheiten des Temperatur- und Geschwindigkeitsfeldes, sondern es genügt die Kenntnis der auf S. 351 eingeführten Wärmeübergangszahl α an gewissen festen Begrenzungen des Temperaturfeldes. Benutzt man als kennzeichnende Temperatur den Unterschied $\Theta = \vartheta_0 - \vartheta_f$ der Temperatur der Wand ϑ_0 und der Flüssigkeit ϑ_f (vgl. S. 351), so geht durch die Fläche F der Wärmestrom $\alpha F \Theta$. Da in der unmittelbar an der Wand haftenden Flüssigkeitsschicht von der Wärmeleitzahl λ die Wärme nur durch Leitung übertragen wird, kann man den Wärmestrom auch durch $\lambda F \left(\dfrac{\partial \vartheta}{\partial n}\right)_0$ ausdrücken, wenn n die auf der Normalen zur wärmeabgebenden Oberfläche gemessene Koordinate ist. Durch Gleichsetzen beider Ausdrücke und Einführen dimensionsloser Veränderlicher erhält man

$$\frac{\alpha l}{\lambda} = \frac{\partial \dfrac{\vartheta}{\Theta}}{\partial \dfrac{n}{l}} = \frac{\partial}{\partial \dfrac{n}{l}} f_\vartheta \left(\frac{x}{l}, \ \frac{y}{l}, \ \frac{z}{l}, \ Re, Pr, Gr\right) \tag{424}$$

durch Differentiation des dimensionslosen Temperaturfeldes nach einer auf der Normalen zur wärmeaustauschenden Oberfläche gemessenen Koordinate n.

Die dimensionslose Wärmeübergangszahl bezeichnet man auch als

$$\textit{Nusselt}\text{sche Kenngröße oder } \textit{Nusselt-Zahl } Nu = \frac{\alpha l}{\lambda}. \tag{425}$$

Man kann sie wie folgt anschaulich deuten:

Denkt man sich den Wärmeübergangswiderstand $1/\alpha$ erzeugt durch eine an der Oberfläche haftende ruhende Schicht des Mediums (Film) von der Dicke δ, die das ganze Temperaturgefälle aufnimmt, so ist

$$\frac{1}{\alpha} = \frac{\delta}{\lambda}; \tag{426}$$

dieser Film muß also die Dicke $\delta = \dfrac{\lambda}{\alpha}$ haben. Die Größe $Nu = \dfrac{l}{\lambda/\alpha}$ ist dann nichts anderes als das Verhältnis der kennzeichnenden Abmessung l zur Filmdicke.

An Stelle der Nusselt-Zahl ist manchmal die Benutzung der dimensionslosen Größe

$$\frac{Nu}{Re \cdot Pr} = \frac{\alpha}{w \varrho c_p} \tag{427}$$

zweckmäßig, die man *Stanton-Zahl*, abgekürzt *St* nennt. Man kann sie anschaulich deuten als das Verhältnis der aus der Wand je Grad Temperaturdifferenz heraustretenden Wärmestromdichte zu der je Grad Übertemperatur von der strömenden Flüssigkeit konvektiv beförderten

Wärmestromdichte. Bei der Wärmeübertragung in einem Rohr von der Querschnittsfläche f und der wärmeabgebenden Mantelfläche F ist St ein Maß für den Temperaturanstieg $\varDelta \vartheta$ der Flüssigkeit im Vergleich zur Übertemperatur Θ der Wand gegen die Flüssigkeit. Denn durch Gleichsetzen der von der Wand abgegebenen Wärme $\alpha F \Theta$ und der von der Flüssigkeit aufgenommenen Wärme $w \varrho c_p f \varDelta \vartheta$ erhält man

$$St = \frac{Nu}{Re \cdot Pr} = \frac{\alpha}{w \varrho c_p} = \frac{\varDelta \vartheta}{\Theta} \frac{f}{F}, \qquad (427\,\text{a})$$

woraus für ein zylindrisches Rohr vom Durchmesser d und der Länge L

$$St = \frac{Nu}{Re \cdot Pr} = \frac{\varDelta \vartheta}{\Theta} \cdot \frac{d}{4L} \qquad (427\,\text{b})$$

wird. Man kann auch die Größe

$$\frac{\varDelta \vartheta}{\Theta} = \frac{\alpha F}{w \varrho c_p f} = \frac{Nu}{Re \cdot Pr} \cdot \frac{F}{f}, \qquad (428)$$

für die ich die Bezeichnung *Temperatursteigerungsverhältnis* vorschlage, als neue Kenngröße einführen; sie ist anschaulicher und hat in praktischen Fällen die Größenordnung 1, während St meist eine sehr kleine Zahl ist. Für das Rohr wird, wie man aus Gl. (427 b) abliest, St das Temperatursteigerungsverhältnis eines Rohrstückes von der Länge $d/4$.

In der Regel sieht man auch noch von den Verschiedenheiten der Wärmeübergangszahl an verschiedenen Stellen ab und benutzt Mittelwerte, die einer Integration über die betrachtete Fläche entsprechen. Dabei fallen die Raumkoordinaten heraus und es bleibt für alle ähnlich berandeten Probleme nur die Abhängigkeit von den Kenngrößen

$$\frac{\alpha l}{\lambda} = \varphi \; (Re, \, Pr, \, Gr) \qquad (429)$$

übrig. Über die Form der Funktion φ können Ähnlichkeitsbetrachtungen nichts aussagen, sondern sie muß für jeden Fall meist durch Versuche gefunden werden.

Die Ähnlichkeitstheorie gibt aber den Rahmen für solche Messungen, indem sie die Zahl der Veränderlichen auf einen Mindestwert beschränkt und zeigt, wie man das Ergebnis eines Versuches auf eine ganze Reihe ähnlicher Fälle übertragen kann. Manchmal erweitert man die Gl. (429) durch Einführung weiterer Maßverhältnisse, so daß sie nicht nur geometrisch ähnliche Fälle umfaßt. Bei der Strömung durch ein Rohr von kreisförmigem Querschnitt z. B. wird als kennzeichnende Längenabmessung gewöhnlich der Durchmesser d benutzt. Verschiedene Rohrlängen L bei gleichem Durchmesser berücksichtigt man dadurch, daß man das Verhältnis L/d der Länge zum Durchmesser als weitere Kenngröße einführt und

$$\frac{\alpha d}{\lambda} = \varphi\left(Re, \; Pr, \; Gr, \; \frac{L}{d}\right) \qquad (430)$$

schreibt. In dieser Weise können noch mehr Veränderliche, z. B. bei gekrümmten Rohren das Verhältnis des Krümmungsradius zum Rohrdurchmesser eingeführt werden.

In Wirklichkeit braucht man nur selten die Abhängigkeit der Wärmeübergangszahl von allen drei Kenngrößen der Gl. (429) zu berücksichtigen.

Bei vielen Anwendungen ist die durch äußere Kräfte erzeugte Bewegung so stark, daß sie durch die kleinen thermischen Auftriebskräfte
nicht merklich verändert wird. Das letzte Glied der Differentialgleichung
(417b) fällt dann fort, das Geschwindigkeitsfeld wird unabhängig vom
Temperaturfeld, und man spricht von *aufgezwungener Strömung*. Dabei
verschwindet die Abhängigkeit von der Grashof-Zahl und Gl. (429) vereinfacht sich zu

$$\frac{\alpha l}{\lambda} = \varphi \, (Re, \, Pr) \, . \tag{431}$$

Bei einer anderen Gruppe von Problemen wird die Bewegung allein
durch die Auftriebskräfte hervorgerufen. Man spricht dann von *freier
Strömung* oder von *natürlicher Konvektion*. Dabei existiert keine durch
die äußeren Grenzbedingungen gegebene Bezugsgeschwindigkeit w_0
mehr, mit der man die Geschwindigkeit w dimensionslos machen könnte.
Zu diesem Zweck läßt sich aber die Größe $l^2 g \beta \Theta / \nu$ verwenden, die — wie
man aus dem auf S. 364 eingeführten dimensionslosen Parameter
$l^2 g \beta \Theta / w_0 \nu$ leicht erkennt — die Dimension einer Geschwindigkeit hat.
Setzt man in dieser Weise in Gl. (417b) und (418b)

$$w_0 = \frac{l^2 g \beta \Theta}{\nu} \, , \tag{432}$$

so erhält man

$$\frac{\partial^2 \omega_x}{\partial \xi^2} + \frac{\partial^2 \omega_x}{\partial \eta^2} + \frac{\partial^2 \omega_x}{\partial \zeta^2} = \frac{l^2 g \beta \Theta}{\nu^2} \left[\omega_x \frac{\partial \omega_x}{\partial \xi} + \omega_y \frac{\partial \omega_x}{\partial \eta} + \omega_z \frac{\partial \omega_x}{\partial \zeta} + \frac{\partial \pi}{\partial \xi} \right] - \vartheta_\Theta \tag{433}$$

mit entsprechenden Gleichungen ohne ϑ_Θ für ω_y und ω_z sowie

$$\frac{\partial^2 \vartheta_\Theta}{\partial \xi^2} + \frac{\partial^2 \vartheta_\Theta}{\partial \eta^2} + \frac{\partial^2 \vartheta_\Theta}{\partial \zeta^2} = \frac{l^3 g \beta \Theta}{\nu^2} \cdot \frac{\nu}{a} \left[\omega_x \frac{\partial \vartheta_\Theta}{\partial \xi} + \omega_y \frac{\partial \vartheta_\Theta}{\partial \eta} + \omega_z \frac{\partial \vartheta_\Theta}{\partial \zeta} \right] . \tag{434}$$

In Vektor-Schreibweise und mit Benutzung der Kenngrößen Gr und Pr,
lauten die Gleichungen

$$\Delta \omega = Gr \, [(\omega \, \mathrm{grad}) \, \omega + \mathrm{grad} \, \pi] - \vartheta_\Theta \tag{433a}$$

$$\Delta \vartheta_\Theta = Gr \cdot Pr \cdot (\omega \, \mathrm{grad}) \, \vartheta_\Theta \, , \tag{434a}$$

wobei ω der dimensionslos gemachte Geschwindigkeitsvektor ist. Man
sieht, daß die Lösung nur von den beiden Kenngrößen Gr und Pr abhängt, und es wird

$$\frac{\alpha d}{\lambda} = \varphi \, (Gr, \, Pr) \, . \tag{435}$$

Bei natürlicher Konvektion in zähen Flüssigkeiten können die Trägheitskräfte oft gegen die Zähigkeit und den Auftrieb vernachlässigt
werden, man spricht dann von *schleichender* Bewegung. Dabei verschwinden die linken Seiten der Differentialgleichung (417) und in

Gl. (433a) ist auch das in ω quadratische Glied $(\omega \, \mathrm{grad})\omega$ zu vernachlässigen, so daß sie die Form

$$\vartheta_\Theta + \Delta\omega = Gr \cdot \mathrm{grad}\, \pi \qquad (433\mathrm{b})$$

annimmt. Hierin ist der Druck π keine selbständige Veränderliche, denn man kann ihn aus den drei Komponentengleichungen eliminieren, wie wir das auf S. 362 bei der Besprechung von Gl. (417) gezeigt hatten. Durch diese Operation ergeben sich zwei partielle Differentialgleichungen dritter Ordnung, denen die Komponenten des Vektors ω genügen müssen, und dabei fällt der Parameter Gr ganz heraus. Es bleibt als einzige Kenngröße nur das Produkt $Gr \cdot Pr$ in Gl. (434a) übrig, und wir sehen, daß

$$\frac{\alpha\, d}{\lambda} = \varphi \,(Gr \cdot Pr) \qquad (436)$$

bei der schleichenden Bewegung als Funktion einer einzigen Kenngröße darstellbar ist.

Endlich hat die Prandtl-Zahl für Gase gleicher Atomzahl denselben Wert und unterscheidet sich bei allen Gasen nicht sehr von 1. Man kann daher auch von ihrem Einfluß oft absehen.

108. Wärmeübergang und Strömungswiderstand.

Der ähnliche Bau der Differentialgleichungen (417b) und (418b) der Geschwindigkeit und der Temperatur im Falle der aufgezwungenen Strömung, also bei Fortfall des Auftriebsgliedes, läßt eine Verwandtschaft zwischen den Feldern beider Größen erkennen. Man kann diese Zusammenhänge auch ohne Benutzung der Differentialgleichungen auf einfachere Weise verstehen, wenn man die Ausdrücke für die Wärmestromdichte q nach Gl. (399a) und die Schubspannung τ nach Gl. (262) für den Fall einer laminar und parallel zur Wand strömenden Flüssigkeit miteinander vergleicht, sie lauten[1]

$$-q_l = \lambda \frac{d\vartheta}{dy} \quad \text{und} \quad -\tau_l = \eta \frac{dw}{dy}, \qquad (437)$$

wobei ϑ und w nur von der zur Wand senkrechten Koordinate y abhängen und der Index l auf den laminaren Charakter der Strömung hinweist. Die Analogie wird noch anschaulicher, wenn man die Gleichungen mit Hilfe der kinematischen Zähigkeit $\nu = \eta/\varrho$ und der Temperaturleitfähigkeit $a = \lambda/c_p\varrho$ auf die Form

$$-q_l = a \frac{d(c_p\varrho\vartheta)}{dy} \quad \text{und} \quad -\tau_l = \nu \frac{d(\varrho w)}{dy} \qquad (437\mathrm{a})$$

bringt. Die Differentialquotienten stellen jetzt das senkrecht zur Wand gemessene Gefälle des Wärmeinhaltes oder der Enthalpie $c_p\varrho\vartheta$ und des

---

[1] Die Schubspannung ist hier mit dem negativen Vorzeichen versehen, um die Analogie deutlicher hervortreten zu lassen.

Impulses ϱw dar, und die Größen a und ν haben beide dieselbe Dimension m²/s. Aus beiden Gleichungen folgt

$$q_l = \tau_l \, \frac{c_p}{Pr} \, \frac{\partial \vartheta}{d\,w} \tag{438}$$

oder für eine endliche Schichtdicke

$$q_l = \tau_l \, \frac{c_p}{Pr} \, \frac{\vartheta_2 - \vartheta_1}{w_2 - w_1}, \tag{438a}$$

wobei $Pr = \dfrac{\nu}{a}$ die Prandtl-Zahl ist, die bei Gasen wesentlich von der Zahl der Atome je Molekel abhängt.

Nach der kinetischen Gastheorie ist bei idealen zweiatomigen Gasen $Pr = 0{,}70$, bei dreiatomigen $= 0{,}89$, bei vieratomigen etwa $= 1{,}00$. Für einige reale Gase und Flüssigkeiten ist Pr in Tab. 49 in Abhängigkeit von der Temperatur angegeben. Man sieht, daß die Werte für Luft im Temperaturbereich $0-1000°$ zwischen $0{,}71$ und $0{,}77$ liegen und für manche Gase, wie z. B. Wasserdampf dem Wert 1 sehr nahekommen. Vom Druck hängt die Prandtl-Zahl praktisch nicht ab. Bei Flüssigkeiten kann Pr wesentlich größer als 1 sein und bei zähen Ölen, wie die Tab. 49 zeigt, sehr hohe Werte erreichen. Bei flüssigem Wasser nähert sich die Prandtl-Zahl mit zunehmenden Drücken den Werten des dampfförmigen Zustandes. Dasselbe gilt auch für andere Flüssigkeiten.

In turbulenter Strömung übersteigt der Austausch durch turbulente Mischbewegung wesentlich den durch Wärmeleitung und Reibung. Dabei werden durch die unregelmäßigen Schwankungen der Geschwindigkeit Flüssigkeitsballen von makroskopischer Ausdehnung hin und her bewegt, wobei sie Wärmeinhalt und Impuls ihres alten Ortes quer zur Hauptrichtung der Strömung an den neuen Platz überführen. Zur Veranschaulichung stellen wir uns eine Strömung parallel zu einer Wand vor, in der Temperatur ϑ und Geschwindigkeit w mit dem Abstand von der Wand zunehmen. In dieser Strömung betrachten wir nach Abb. 201 den turbulenten Stoffaustausch zwischen zwei zur Wand parallelen Flüssigkeitsschichten 1 und 2, von denen die der Wand nähere 1 die Temperatur ϑ_1 und die Geschwindigkeit w_1, die entferntere die entsprechenden Werte ϑ_2 und w_2 besitzen möge.

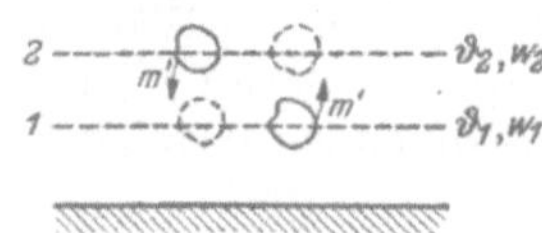

Abb. 201. Schema des turbulenten Austausches in der Nähe einer Wand.

Die turbulente Querbewegung denken wir uns in der Weise ausgeführt, daß je Flächeneinheit der Schicht und je Zeiteinheit Flüssigkeitsballen der Gesamtmasse m' von der Schicht 2 zur Schicht 1 hinüberwandern. Dann müssen natürlich aus Gründen der Kontinuität an irgendwelchen anderen Stellen der Schicht andere Ballen eine gleich große Flüssigkeitsmenge m' in der umgekehrten Richtung befördern. Betrachten wir den Flüssigkeitstransport in beiden Richtungen und nehmen an, daß jeder Ballen den mittleren Zustand der Schicht, aus der er kommt, mitbringt, so ergibt sich ein Wärmetransport von der Stromdichte

$$- q_t = m' c_p \, (\vartheta_2 - \vartheta_1), \tag{439}$$

der wie eine Erhöhung der Wärmeleitfähigkeit des Mediums wirkt. Die Flüssigkeitsballen befördern gleichzeitig auch Impuls von der Stromdichte $m'(w_2 - w_1)$ von einer Schicht zur anderen. Ein Impulstransport wirkt aber wie eine Erhöhung der Zähigkeit und vergrößert daher auch die Schubspannung, denn wenn z. B. ein Flüssigkeitsballen hoher Geschwindigkeit in ein Gebiet niederer Geschwindigkeit eindringt, so gibt er von seinem größeren Impuls an die langsamere Umgebung ab und sucht diese zu beschleunigen in gleicher Weise wie eine auf die Flüssigkeit parallel zur Strömungsrichtung wirkende Schubspannung. Wir können daher die Impulsstromdichte durch eine turbulente Schubspannung ausdrücken nach der Gleichung

$$- \tau_t = m'(w_2 - w_1) ; \qquad (440)$$

denn nach dem Impulssatz der Mechanik ist die sekundliche Änderung des Impulses oder der Impulsstrom gleich der angreifenden Kraft, die Impulsänderung je Zeit- und Flächeneinheit demnach gleich der angreifenden Spannung, in unserem Falle also gleich der Schubspannung τ_t. Aus den beiden letzten Gleichungen folgt die von REYNOLDS 1875 gefundene Beziehung

$$q_t = \tau_t c_p \frac{\vartheta_2 - \vartheta_1}{w_2 - w_1} \qquad (441)$$

oder wenn man die Schichten sehr nahe zusammenrücken läßt

$$q_t = \tau_t c_p \frac{d\vartheta}{dw} . \qquad (441\,a)$$

Das sind bis auf die fehlende Prandtlsche Kennzahl im Nenner dieselben Ausdrücke wie wir sie für den laminaren Austausch in Gl. (438) und (438a) gefunden hatten. Für $Pr = 1$ werden beide Ausdrücke identisch, und für die Summe aus laminarem und turbulentem Austausch $q = q_l + q_t$ nebst der entsprechenden Schubspannung $\tau = \tau_l + \tau_t$ gilt dann

$$q = \tau c_p \frac{\vartheta_2 - \vartheta_1}{w_2 - w_1} \qquad (442)$$

und

$$q = \tau c_p \frac{d\vartheta}{dw} . \qquad (442\,a)$$

Ist die Prandtl-Zahl Pr wenig von 1 verschieden, was bei Gasen der Fall ist, so kann man ihren Einfluß praktisch vernachlässigen, besonders bei großen Reynolds-Zahlen, wo der Austausch durch turbulente Mischbewegung wesentlich den durch Wärmeleitung und Reibung übersteigt. In unmittelbarer Nähe der Wand wird sich zwar immer eine laminare Grenzschicht ausbilden, aber sie ist bei großen Reynolds-Zahlen so dünn, daß sie nicht besonders berücksichtigt zu werden braucht. Bei Flüssigkeiten mit großen Prandtl-Zahlen ist diese Näherung nicht mehr zulässig, worauf wir bei der Wärmeübertragung im Rohr noch eingehen.

24*

Für $Pr = 1$ werden die Differentialgleichungen (417 b) und (418 b) für den Fall der aufgezwungenen Strömung, also bei Fortfall des Auftriebsgliedes noch ähnlicher und unterscheiden sich nur um das dem Druckabfall Rechnung tragende Glied $\partial\pi/\partial\xi$. Bei einer längs angeströmten wärmeabgebenden Platte in einer ausgedehnten Parallelströmung ist der Druck an allen Stellen derselbe, also $\partial\pi/\partial\xi = 0$. In diesem Falle sind bei Vernachlässigung der Geschwindigkeitskomponente senkrecht zur Wand für $Pr = 1$, also für $\nu = a$, die Differentialgleichung (417 b) und (418 b) identisch, und es wird das Geschwindigkeitsfeld dem Temperaturfeld ähnlich. Näherungsweise besteht diese Ähnlichkeit bei $Pr \approx 1$ und bei genügend hohen Reynolds-Zahlen auch noch für die Strömung im Rohr.

Bei Voraussetzung der Ähnlichkeit des Temperaturfeldes und des wesentlich nur aus einer Komponente bestehenden Geschwindigkeitsfeldes entsprechend der Gleichung

$$\vartheta = C\,w \tag{443}$$

ergibt sich eine von Reynolds schon 1874 angegebene und 1910 von Prandtl[1] ohne Kenntnis der Reynoldsschen Arbeit wiedergefundene und in mathematisch schärferer Form dargestellte Beziehung zwischen der Wärmeabgabe einer Oberfläche und ihrem Strömungswiderstand, die wir nun ableiten wollen.

Dazu wenden wir die Gl. (442) auf den Wärmeübergang an einer ebenen Platte von der Fläche F an. Dabei möge die Flüssigkeitsschicht 1 der Wand unmittelbar anliegen und somit die Temperatur $\vartheta_1 = \vartheta_w$ der Wand und die Geschwindigkeit $w_1 = 0$ besitzen. Die Schicht 2 befinde sich in genügend großer Entfernung von der Wand, wo die Strömung noch nicht beeinflußt ist und die Temperatur $\vartheta_2 = \vartheta_0$ und die Geschwindigkeit $w_2 = w_0$ herrschen. Führen wir zur Abkürzung den Temperaturunterschied $\Theta = \vartheta_w - \vartheta_0$ ein, so kann man für die Dichte des von der Wand in die Flüssigkeit eintretenden Wärmestromes schreiben

$$\mathfrak{q} = \tau\, c_p\, \frac{\Theta}{w_0} \tag{444}$$

oder für den Wärmestrom durch die Fläche F

$$\mathfrak{Q} = \tau\, F\, c_p\, \frac{\Theta}{w_0}. \tag{444a}$$

Darin ist $\tau F = W_r$ der Reibungswiderstand der wärmeabgebenden Fläche, und wir erhalten

$$\mathfrak{Q} = W_r\, c_p\, \frac{\Theta}{w_0}. \tag{445}$$

Diese Gleichung zeigt, daß eine gegebene Wärmeleistung bei um so kleinerem Widerstand übertragen wird, je kleiner die Anströmgeschwindigkeit w_0 ist.

---

[1] Physik. Z. Bd. 11 (1910), S. 1072.

Außer dem Reibungswiderstand hat jede materielle, also nicht unendlich dünne Fläche auch noch Formwiderstand, die Summe beider ist der Gesamtwiderstand W. Geht man mit diesem in Gl. (445) hinein, so bleibt sie nur richtig, wenn man einen Berichtigungsfaktor ζ einführt und schreibt:

$$Q = \zeta W c_p \frac{\Theta}{w_0}. \qquad (446)$$

Dabei kann dieser Faktor zugleich berücksichtigen, daß bei indirekten Heizflächen, d. h. bei Kühlrippen, die äußeren Teile dieser Rippen eine niedrigere Übertemperatur haben als die Heizfläche, auf der sie sitzen. Bei nur direkten Heizflächen ist $\zeta = 0{,}90$ bis $0{,}95$, bei Rippenrohren und Kühlrippen auf ebenen Flächen kann es zwischen 0,4 und 0,7 liegen.

Die vorstehenden Gleichungen lassen sich auch auf Kühler mit zahlreichen parallel durchströmten Kanälen anwenden (Lamellenkühler, Röhrchenkühler). Dabei ist besonders in der Luftfahrt neben dem Widerstand W die Schleppleistung $W \cdot w_0$ von Bedeutung, für die man nach Gl. (446) schreiben kann

$$N = W \cdot w_0 = \frac{\mathfrak{Q} w_0^2}{\zeta c_p \Theta}. \qquad (447)$$

Die Schleppleistung wächst demnach bei gegebener Wärmeleistung mit dem Quadrat der Geschwindigkeit und ist um so kleiner, je höher die Übertemperatur. Es ist daher vorteilhaft, die anströmende Luft zu verzögern und erst dann mit den Kühlflächen in Berührung zu bringen (Düsenkühler). Das Verzögern und Wiederbeschleunigen muß bei möglichst geringem Verlust erfolgen. Außerdem darf die mit der Verzögerung notwendig verbundene Querschnittsvergrößerung keinen zu großen zusätzlichen Widerstand ergeben. Ein solcher Düsenkühler besitzt nach Abb. 202 vor dem eigentlichen Kühlerblock einen Diffusor und dahinter eine Düse. Im Diffusor wird die von links her eintretende Luft verzögert und dadurch auf den zur Überwindung des Strömungswiderstandes des Kühlers erforderlichen Überdruck gebracht. In der Düse wird die Luft wieder beschleunigt. Bei sorgfältig gebauten Düsenkühlern gelingt es, die Luft mit höherer Geschwindigkeit

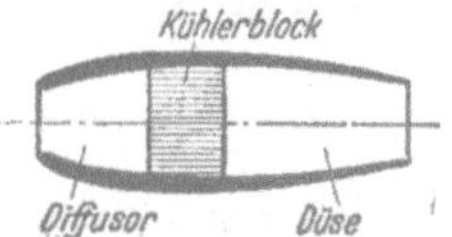

Abb. 202. Düsenkühler.

aus der Düse austreten zu lassen, als sie in den Diffusor eintritt. Diese Steigerung des Impulses der Luft beim Durchtritt durch den Kühler hat einen Vortrieb zur Folge ebenso wie eine Luftschraube. In praktischen Fällen wird jedoch dieser Vortrieb durch die Widerstände des Düsenkühlers wieder aufgezehrt, so daß zwar kein nutzbarer Vortrieb, aber immerhin eine merkliche Verkleinerung des Schleppwiderstandes erzielt wird.

In den Gl. (445) bis (447) kommt überraschenderweise die Wärmeübergangszahl α nicht vor. Es ist also für den Kühlerwiderstand gleichgültig, ob eine gegebene Wärmeleistung $\mathfrak{Q} = \alpha F \Theta$ bei hohen Wärmeübergangszahlen, d. h. bei großen Strömungsgeschwindigkeiten über der

Kühlfläche und somit kleinen Kühlflächen oder mit kleinen Wärmeübergangszahlen und großen Kühlflächen abgeführt wird. Da auch die Dichte der Kühlluft nicht auftritt, ist es vom Standpunkt des Widerstandes demnach einerlei, ob man die gegebene Wärmeleistung bei großer Luftdichte am Boden oder bei der geringeren Luftdichte der Höhe abführt. Die Kühlung wird beim Höhenflug wegen der größeren Temperaturdifferenz sogar noch günstiger. Nicht gleichgültig ist aber die mit abnehmender Luftdichte ϱ und somit abnehmender Wärmeübergangszahl wachsende Kühlerfläche [s. Gl. (457)] vom Standpunkt des Kühlergewichtes, denn dieses wächst mit der Kühlfläche und erfordert auch größere Tragflächen und somit indirekt größere Schleppleistung.

Bei der Strömung durch ein Rohr kann man statt der bei der Platte benutzten Temperatur ϑ_0 und der Geschwindigkeit w_0 in größerer Entfernung die Werte in der Rohrachse oder auch die über den Rohrquerschnitt gemittelten Werte

$$w_m = \frac{1}{f}\int w\,df \quad \text{und} \quad \vartheta_m = \frac{1}{f}\int \vartheta\,df \qquad (448)$$

einführen; das sind die mittleren Höhen der über dem Querschnitt errichteten Profilflächen von Geschwindigkeit und Temperatur. Besser benutzt man allerdings an Stelle von ϑ_m den Strömungsmittelwert

$$\vartheta_m' = \frac{\int w\vartheta\,df}{\int w\,df} = C\,\frac{\int w^2\,df}{\int w\,df}, \qquad (449)$$

der die mittlere Temperatur der durch den Rohrquerschnitt hindurchgegangenen Flüssigkeitsmenge angibt; dabei ist C die für die Ähnlichkeit der Felder von Temperatur und Geschwindigkeit maßgebende Konstante der Gl. (443). Diese Ähnlichkeit ist bei Gasen mit wenig von 1 verschiedener Prandtl-Zahl auch im Rohr genügend genau vorhanden. Für $\vartheta = \vartheta_m'$ und $w = w_m$ gilt die Beziehung (445) nicht mehr genau, denn die rechten Seiten der Gl. (443) und (449) sind voneinander verschieden, weil

$$\int w^2\,df \neq w\int w\,df$$

ist. Bei der ohnehin beschränkten Genauigkeit von Wärmeübergangsrechnungen kann von diesem Unterschied in der Regel abgesehen werden, er ist um so kleiner, je näher die Profile der gleichmäßigen Verteilung über den ganzen Querschnitt kommen.

Bei der axialen Durchströmung eines Einzelrohres oder des Bündels paralleler Rohre eines Wärmeaustauschers tritt ein Druckverlust Δp auf, und man kann damit die Widerstandsleistung der Durchströmung auch schreiben

$$N = f w_m \cdot \Delta p, \qquad (450)$$

wenn f der lichte Querschnitt des Einzelrohres oder die Summe der lichten Querschnitte der Rohre des Bündels ist. Bei der Durchströmung erwärmt sich das Gas um

$$\Delta \vartheta = \frac{\mathfrak{Q}}{m' c_v}, \qquad (451)$$

wenn m' die je Zeiteinheit hindurchströmende Gasmasse ist. Aus diesen Gleichungen folgt in Verbindung mit Gl. (447), in der w_0 für die Rohrströmung durch die mittlere Geschwindigkeit w_m zu ersetzen ist:

$$\frac{w_m}{f} = \zeta \frac{\Delta p}{m'} \frac{\Theta}{\Delta \vartheta}. \tag{452}$$

Andererseits ist nach der Kontinuitätsgleichung (264)

$$w_m f = \frac{m'}{\varrho},$$

aus diesen beiden Gleichungen ergibt sich bei turbulenter Strömung

$$f = m' \sqrt{\frac{1}{\zeta \varrho \Delta p} \cdot \frac{\Delta \vartheta}{\Theta}} \tag{453}$$

$$w_m = \sqrt{\zeta \frac{\Delta p}{\varrho} \cdot \frac{\Theta}{\Delta \vartheta}}. \tag{454}$$

Dabei ist $\frac{\Delta \vartheta}{\Theta}$ das von uns bereits auf S. 367 benutzte Verhältnis der Temperatursteigerung des Gases zum Temperaturgefälle der Wärmeübertragung, das wir als *Temperatursteigerungsverhältnis* bezeichnet hatten.

Die Gl. (453) und (454) sind für die überschlägliche Berechnung von Wärmeaustauschern sehr bequem, denn sie liefern unmittelbar den gesamten Querschnitt der Strömung und ihre mittlere Geschwindigkeit, wenn gegeben sind die sekundliche Gasmenge m', ihre Dichte ϱ, der Druckabfall Δp, das Temperatursteigerungsverhältnis $\frac{\Delta \vartheta}{\Theta}$ und der Faktor ζ des Wärmeaustauschers. Sie lassen aber noch offen, ob man den gesamten Strömungsquerschnitt in viele enge oder in wenige entsprechend weitere Rohre aufteilt, im ersten Falle erhält man einen kurzen, im zweiten Falle einen langen Wärmeaustauscher mit entsprechend großem Raumbedarf. Man wird daher möglichst enge und demnach entsprechend zahlreiche Rohre verwenden und den Rohrdurchmesser so klein wählen, wie es die Herstellbarkeit und praktische Rücksichten auf Preis, Verschmutzungs- und Korrosionsgefahr zulassen.

Für die Berechnung der Rohrlänge zu dem gewählten Durchmesser braucht man die im nächsten Abschnitt behandelten Wärmeübergangsgleichungen für das Rohr, auf die wir hier vorgreifen. Am genauesten wäre Gl. (461a); um die Rechnung aber übersichtlicher zu machen, wollen wir darin $Pr = 1$ setzen, was nach Tab. 49 z. B. für Wasserdampf von etwa 190 °C zutrifft. Wenn wir den Zahlenfaktor von 0,0396 auf 0,040 abrunden, erhalten wir die unter Beachtung von Gl. (427b) mit der Merkelschen Gleichung (464) übereinstimmende Form

$$\frac{L}{d} = \frac{\sqrt[4]{Re}}{0,16} \cdot \frac{\Delta \vartheta}{\Theta}. \tag{455}$$

Setzt man in $Re = \dfrac{w_m d}{\nu} = \dfrac{w_m d \varrho}{\eta}$ den Wert w_m aus Gl. (454) ein, so erhält man

$$\frac{L}{d} = 6{,}25 \left(\frac{\Delta \vartheta}{\Theta}\right)^{7/8} \left(\zeta\, \frac{\varrho\, d^2}{\eta^2} \cdot \Delta p\right)^{1/8}. \qquad (456)$$

Die für das Gewicht des Wärmeaustauschers maßgebende Größe der Heizfläche F ergibt sich aus der Oberfläche $L d \pi$ jedes Röhrchens und ihrer Anzahl $n = \dfrac{4 f}{d^2 \pi}$ mit Hilfe von Gl. (453) zu

$$F = 25\, m' \left(\frac{\Delta \vartheta}{\Theta}\right)^{11/8} \frac{d^{1/4}}{(\zeta \varrho \Delta p)^{3/8}\, \eta^{1/4}}. \qquad (457)$$

Von Interesse ist noch das Gesamtvolum der Röhrchen

$$V = f L = F\, \frac{d}{4} = 6{,}25\, m' \left(\frac{\Delta \vartheta}{\Theta}\right)^{11/8} \frac{d^{5/4}}{(\zeta \varrho \Delta p)^{3/8}\, \eta^{1/4}}, \qquad (458)$$

da es einen Anhalt für den Raumbedarf des Wärmeaustauschers liefert. Die Länge und das Volum der Röhrchen wachsen also mit der 1,25ten Potenz ihres Durchmessers.

Bei der vorliegenden Betrachtung haben wir nur den Wärmeaustausch zwischen der inneren Wand der Röhrchen und dem durchströmenden Gas betrachtet. Das genügt, wenn der Wärmeübergang auf der anderen Seite sehr gut ist, etwa bei kondensierendem Dampf oder bei einer verdampfenden Flüssigkeit. Werden die Röhrchen aber außen auch von Luft oder Gas im Gleich- oder Gegenstrom bespült, so hat man hierfür die gleichen Überlegungen nochmal durchzuführen. Die Wahl des an die Stelle des Rohrdurchmessers tretenden hydraulischen Durchmessers des Zwischenraumes zwischen den Rohren ist dann aber nicht mehr frei, sondern muß so getroffen werden, daß Gl. (455) auf dieselbe Rohrlänge L führt[1].

Man kann die Betrachtungen noch verfeinern, indem man an Stelle von Gl. (455) die genauere auch für $Pr \neq 1$ gültige Gl. (461a) benutzt. Bei Gasen ist das aber in der Regel nicht nötig, da wegen der praktisch kaum genau zu definierenden Einlaufverhältnisse die Rechnung doch mit Unsicherheiten behaftet ist, die den Einfluß der Prandtl-Zahl übersteigen. Bei Wärmeübertragern mit großen Änderungen $\Delta \vartheta$ der Gastemperatur muß man die Gesamtlänge in Teilstücke zerlegen, in denen jeweils mit einem konstanten mittleren Zustand des Gases gerechnet werden kann. Bei gleichbleibenden Rohrquerschnitten ist dabei aber zu beachten, daß die Änderung der Strömungsgeschwindigkeit des Gases längs des Austauschers Druckänderungen hervorruft, die nach dem Impulssatz zu ermitteln und zu den Reibungsdruckverlusten hinzuzurechnen sind.

---

[1] Vgl. E. Schmidt: The Design of Contra-flow Heat-Exchangers. Inst. Mech. Eng. Proc. Vol. 159 (1948), S. 351.

109. Einzelprobleme der Wärmeübertragung ohne Zustandsänderung des Mittels.

Entsprechend der Vielheit der Formen von Wärmeübertragern gibt es eine kaum übersehbare Fülle von Versuchsergebnissen, die nur zum kleinen Teil über den gerade behandelten Sonderfall hinaus Bedeutung haben. Zahlreiche Formeln mit mehr oder weniger engem Anwendungsbereich waren und sind noch verbreitet, von denen die wenigsten in ihrem Aufbau theoretischen Forderungen genügen. Erst die im wesentlichen von NUSSELT entwickelte Ähnlichkeitstheorie hat hier Ordnung geschaffen, und der Praktiker, dem das Rechnen mit Kenngrößen zunächst als unnötige Belastung erschien, hat die Vorteile der dimensionslosen Darstellung erkannt. Alle neueren Formeln sind daher auf den Kenngrößen aufgebaut. Im folgenden sollen solche Formeln für einige Sonderfälle angegeben werden.

a) Aufgezwungene Strömung.

Der häufigste und zugleich technisch wichtigste Fall dieser Art ist die Wärmeübertragung an ein Gas oder eine Flüssigkeit, die durch ein Rohr strömen.

Bei *laminarer Strömung*, wie sie in engen Rohren und bei zähen Flüssigkeiten vorkommt, wenn die Reynolds-Zahl unter ihrem kritischen Wert von etwa 3000 liegt, ist die mittlere Wärmeübergangszahl im Rohr vom Durchmesser d und der Länge L nach NUSSELT[1] und HAUSEN[2]

$$\frac{\alpha d}{\lambda} = 3{,}65 + \frac{0{,}0668\, Pe\, \dfrac{d}{L}}{1 + 0{,}045 \left(Pe\, \dfrac{d}{L}\right)^{2/3}} . \tag{459}$$

Dabei ist $Pe = Re \cdot Pr = \dfrac{wd}{a}$, und es ist angenommen, daß die Strömung bereits mit parabolischer Geschwindigkeitsverteilung in das Rohr eintritt. Die Strömung ist also hydrodynamisch bereits ausgebildet, wenn die thermische Einwirkung beginnt. Findet auch der hydrodynamische Anlaufvorgang erst im Bereich der thermischen Einwirkung statt, so sind die Wärmeübergangszahlen am Rohranfang bzw. bei kurzen Rohren größer. In jedem Falle nähert sich aber für lange Rohre die Wärmeübergangszahl dem Wert 3,65.

Bei *turbulenter Strömung* vollzieht sich der Wärmeaustausch wesentlich durch turbulente Mischbewegung. In der Nähe der Wand ist aber stets eine an ihr haftende laminare Grenzschicht vorhanden, welche die Wärme nur durch gewöhnliche Leitung überträgt. Bei Gasen mit $Pr \approx 1$ verursacht diese Verschiedenheit des Mechanismus der Wärmeübertragung an der Wand und in größerer Entfernung von ihr keine Schwierigkeit, da Wärme- und mechanischer Impulsaustausch sowohl im laminaren wie im turbulenten Gebiet im gleichen Verhältnis stehen. Bei

---

[1] NUSSELT, W.: Z. VDI. Bd. 61 (1917), S. 685/89.
[2] HAUSEN, H.: Z. VDI.-Beiheft Verfahrenstechnik (1943), S. 91/98.

Flüssigkeiten mit $Pr > 1$ sind die Verhältnisse verwickelter, man kommt aber, wie PRANDTL[1] gezeigt hat, auch hier zu einer Lösung, wenn man die Flüssigkeit zerlegt in eine laminare Randzone, in der die Wärmeübertragung nur durch Leitung erfolgt, und in einen turbulenten Kern, der Wärme nur durch Mischbewegung überträgt. Diese in Wirklichkeit nicht genau erfüllte Annahme ermöglicht die Berechnung der Wärmeübertragung allein aus Messungen des Druckabfalles.

Für den Druckabfall in Rohren hat sich bei Reynolds-Zahlen bis zu 100000 die Blasiussche Gleichung

$$\Delta p = \xi \frac{l}{d} \varrho \frac{w^2}{2} \quad \text{mit} \quad \xi = 0{,}3164 \, (Re)^{-1/4} \tag{460}$$

gut bewährt, wobei w die mittlere Geschwindigkeit ist. Damit ergibt sich für den Wärmeübergang im Rohr bei ausgebildeter Strömung, also nach Abklingen der Einlaufstörung die Prandtlsche Formel

$$\frac{\alpha d}{\lambda} = 0{,}0396 \, Pr \, \frac{(Re)^{3/4}}{1 + A \, (Re)^{-1/8} \, (Pr - 1)}, \tag{461}$$

wobei die Größe A durch Versuche zu bestimmen ist und nach HOFMANN[2] durch $A = 1{,}5 (Pr)^{-1/6}$ dargestellt werden kann. Damit ergibt sich unter Benutzung von Gl. (427 b)

$$\frac{Nu}{Re \cdot Pr} = \frac{\Delta \vartheta}{\Theta} \frac{d}{4 L} = 0{,}0396 \, \frac{(Re)^{-1/4}}{1 + 1{,}5 \, (Re)^{-1/8} \, (Pr)^{-1/6} \, (Pr - 1)}. \tag{461 a}$$

Neben der Prandtlschen Formel hat sich die einfachere Nusseltsche Gleichung mit den von KRAUSSOLD[3] an Hand umfangreicher eigener und. fremder Versuche neu bestimmten Zahlenwerten in der für das beheizte Rohr gültigen Form

$$Nu = 0{,}024 \, (Re)^{0,8} \, (Pr)^{0,37} \tag{462}$$

sehr gut bewährt. Bei gekühlten Rohren, also Wärmeströmung von der Flüssigkeit zum Rohr, ist der Wärmeübergang nach KRAUSSOLD bei Flüssigkeiten mit ihrer stark temperaturabhängigen Zähigkeit merklich anders und kann durch die Gleichung

$$Nu = \frac{\alpha d}{\lambda} = 0{,}024 \, (Re)^{0,8} \, (Pr)^{0,31} \tag{462 a}$$

dargestellt werden. Die Stoffwerte sind auf den arithmetischen Mittelwert der Wand- und der mittleren Flüssigkeitstemperatur zu beziehen.

Neuerdings hat HAUSEN[4] die Formel angegeben:

$$Nu = 0{,}116 \left[(Re)^{2/3} - 125 \right] (Pr)^{1/3} \left[1 + \left(\frac{d}{L} \right)^{2/3} \right] \left(\frac{\eta_m}{\eta_w} \right)^{0,14}. \tag{463}$$

[1] PRANDTL, L.: Phys. Z. Bd. 11 (1910), S. 1072.
[2] HOFMANN, E.: Z. ges. Kälteind. Bd. 44 (1936), S. 44.
[3] KRAUSSOLD, H.: Forschg. a. d. Geb. d. Ing.-Wes. Bd. 4 (1933), S. 39/44.
[4] Vgl. S. 377, Fußnote 2.

Dabei berücksichtigt das letzte Glied mit dem Verhältnis der Zähigkeit η_m bei mittlerer Flüssigkeitstemperatur und η_w bei Wandtemperatur den Einfluß der Richtung des Wärmestromes. Bei Gasen und bei Flüssigkeiten mit geringer Temperaturabhängigkeit der Zähigkeit kann dieses Glied fortgelassen werden. Die Stoffwerte in Re und Pr sind auf mittlere Flüssigkeitstemperatur zu beziehen.

Bei geringeren Genauigkeitsansprüchen ist die folgende Merkelsche Formel[1] bequem:

$$Nu = \frac{\alpha d}{\lambda} = 0{,}040 \, (Pe)^{0{,}75} = 0{,}040 \left(\frac{wd}{a}\right)^{0{,}75} \tag{464}$$

oder

$$\alpha = 0{,}040 \, (w \varrho c_p)^{0{,}75} \left(\frac{\lambda}{d}\right)^{0{,}25} . \tag{464a}$$

Die Formeln (461) bis (462a) gelten für *gerade* Rohre von größerer Länge als $L' = 0{,}015 (Pe) d$. Für Rohre von der Länge $L < L'$ ist $(Nu)_L = \zeta \cdot Nu$, wobei ζ in folgender Weise von L/L' abhängt:

$L/L' =$	0	0,01	0,05	0,1	0,2	0,4	0,6	0,8	1,0	∞
$\zeta =$	∞	1,26	1,16	1,12	1,08	1,05	1,03	1,01	1,00	1,00

Bei gekrümmten Rohren vom Krümmungshalbmesser R ist α mit $1 + 1{,}77 \, d/R$ nach Versuchen von JESCHKE[2] zu vervielfachen.

Eine sorgfältige theoretische Untersuchung des Wärmeüberganges im Rohr hat REICHARDT[3] durchgeführt.

Für *senkrecht zur Achse angeströmte Rohre* gilt näherungsweise nach MERKEL beim Einzelrohr

$$\frac{\alpha d}{\lambda} = 0{,}092 \, (Pe)^{0{,}75}, \tag{465}$$

beim Rohrbündel

$$\frac{\alpha d}{\lambda} = \zeta \cdot 0{,}075 \, (Pe)^{0{,}75}, \tag{466}$$

wobei der Faktor ζ in folgender Weise von der Zahl z der versetzt hintereinanderliegenden Rohrreihen abhängt

$z =$	4	6	8	10
$\zeta =$	1,23	1,36	1,43	1,47

Beim Rohrbündel ist für w die Geschwindigkeit an der engsten Stelle zwischen nebeneinanderliegenden Rohren einzusetzen.

Für die Strömung *längs einer ebenen Platte* von der Länge L gilt bei Geschwindigkeiten $w > 5$ m/s

$$\frac{\alpha L}{\lambda} = 0{,}075 \, (Pe)^{0{,}75} = 0{,}075 \left(\frac{wL}{a}\right)^{0{,}75} . \tag{467}$$

[1] Vgl. Hütte, 27. Aufl., Berlin 1941. Bd. 1, S. 592.
[2] JESCHKE, H.: Techn. Mech. Ergänzungsheft zur Z. VDI, Bd. 69 (1925), S. 24.
[3] REICHARDT, H.: ZAMM Bd. 20 (1940), S. 297.

Für das Rechnen mit diesen für die Anwendungen meist genügend genauen Formeln (464) bis (467) sind in der Hütte Zahlentafeln angegeben, die auch Umrechnungsfaktoren auf andere Gase als Luft enthalten. Die Stoffwerte λ und a sind dabei auf den Mittelwert der Wandtemperatur und der mittleren Flüssigkeitstemperatur zu beziehen.

Für das *von Luft quer angeströmte Einzelrohr* fand HILPERT[1] in sorgfältigen, über einen weiten Bereich von Reynolds-Zahlen erstreckten Versuchen bei Rohrtemperaturen von 100° und Lufttemperaturen von etwa 20° die Gleichung

$$Nu = C(Re)^m, \tag{468}$$

wobei C und m jeweils für gewisse Bereiche der Reynolds-Zahl die in Tab. 46 angegebenen konstanten Werte haben und sich an den Grenzen der Bereiche sprunghaft ändern.

Tabelle 46.

Konstanten der Gleichung des Wärmeüberganges am quer von Luft angeströmten Rohr nach HILPERT[1].

Reynolds-Zahl		C	m
von	bis		
1	4	0,891	0,330
4	40	0,821	0,385
40	4000	0,615	0,4666
4000	40000	0,174	0,618
40000	400000	0,0239	0,805

Bei Messungen der Verteilung der Wärmeabgabe über den Umfang eines quer angeströmten Rohres fanden E. SCHMIDT und K. WENNER[2], daß die Wärmeabgabe im vorderen Staupunkt ein flaches Maximum besitzt, das nach den Seiten bis zu den Ablösungspunkten hin abfällt. Hinter den Ablösungsstellen in etwa 115° Entfernung vom vorderen Staupunkt treten zwei steile Maxima der Wärmeabgabe auf, die sich bei großen Reynolds-Zahlen so vergrößern, daß die rückwärtige Hälfte des Rohres im ganzen mehr Wärme abgibt als die vordere.

Der besonders für den Dampfkesselbau wichtige Wärmeübergang und Druckverlust bei quer angeströmten Rohrbündeln verschiedener Anordnung wurde von E. D. GRIMISON eingehend behandelt, worüber HOFMANN[3] berichtet hat. Für den Wärmeübergang ist dabei die Formel (468)

$$Nu = C(Re)^m$$

zugrunde gelegt, und für den Druckverlust wird

$$\Delta p = n \xi \varrho \, \frac{w^2}{2}$$

---

[1] HILPERT, Forsch. a. d. Geb. d. Ing.-Wes. Bd. 4 (1933), S. 215/24.

[2] SCHMIDT E. und K. WENNER: Forschg. a. d. Geb. d. Ing.-Wes. Bd. 12 (1941), S. 65/73.

[3] E. HOFMANN: Z. VDI. Bd. 84 (1940), S. 97/101; sowie E. ECKERT: Wärme- und Stoffaustausch. Berlin: Springer-Verlag 1949.

angesetzt, wobei n die Zahl der hintereinanderliegenden Rohrreihen und ξ die Widerstandsziffer ist. Je nach der Anordnung der Rohre (Verhältnis von Abstand zu Durchmesser, fluchtend oder versetzt) schwankt C in den Grenzen 0,1 bis 0,5 und m zwischen 0,55 und 0,75. Genaueres hierüber und über die Widerstandsziffer ξ ist in der zitierten Arbeit von HOFMANN zu finden.

b) Freie Strömung.

In ruhenden Gasen und Flüssigkeiten von gleichmäßiger Temperatur ändert ein wärmerer oder kälterer Körper durch Wärmeleitung die Temperatur und damit das spezifische Gewicht der angrenzenden Schichten des Mediums, so daß diese in Bewegung geraten.

Die Erfahrung zeigt nun, daß die Temperaturänderungen und die Bewegungen sich im allgemeinen auf eine Schicht geringer Dicke beschränken, von der Art einer Grenzschicht. Bei der Wärmeabgabe an atmosphärische Luft ist die Größenordnung der Schichtdicke 1 cm. Die Strömung ist dabei in den meisten praktischen Fällen laminar, wie man an Schlierenbildern erkennt, die E. SCHMIDT an wärmeabgebenden Oberflächen verschiedener Gestalt aufgenommen hat[1]. Abb. 203 zeigt das Schlierenbild eines beheizten zylindrischen Rohres in Luft. Dabei streift paralleles Licht den Zylinder so, daß die Lichtstrahlen seiner Mantellinie parallel sind und fällt dann auf einen ziemlich weit entfernten Schirm. Ist das Rohr unbeheizt, so wirft es einen Schatten, der dem gestrichelten Kreis der Abbildung entspricht. Beim warmen

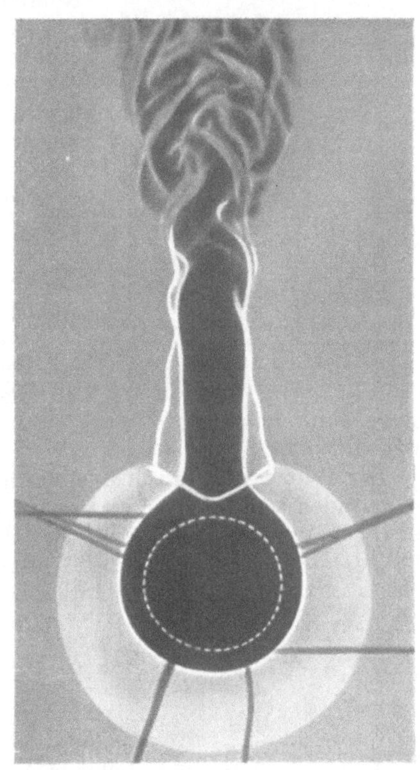

Abb. 203. Schlierenfeld eines wärmeabgebenden Rohres von 50 mm Dmr. bei freier Strömung.

Rohr werden Lichtstrahlen aus dem Temperaturfeld nach außen abgelenkt, so daß dieses in seiner ganzen Ausdehnung einen tiefen Kernschatten wirft. Die erwärmte Luft strömt, wie die Abbildung zeigt, um das Rohr herum und vereinigt sich oben zu einem Band, das noch etwa 10 cm turbulenzfrei aufsteigt und sich dann erst im Wirbel auflöst. Die aus dem Temperaturfeld abgelenkten Lichtstrahlen treffen den

---

[1] Forschg. Ing.-Wes. Bd. 3 (1932), S. 181.

Schirm in der hellen, den Kernschatten umgebenden Zone, deren äußerer Rand von den Strahlen gebildet wird, die das Rohr gerade streiften. Die Ablenkung dieser streifenden Strahlen ist, wie man leicht einsieht,

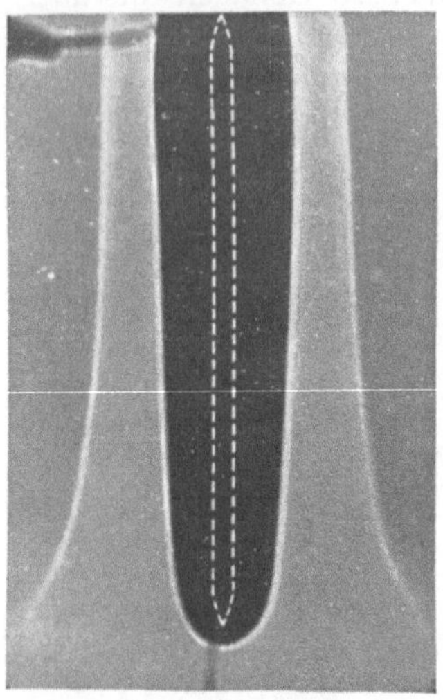

Abb. 204. Schlierenaufnahme einer wärmeabgebenden Platte von 12,5 cm Höhe.

dem Temperaturgefälle in der die Oberfläche berührenden Luft und damit der Wärmeabgabe an jeder Stelle proportional. Dann stellt aber der radiale Abstand dieses äußeren Randes der hellen Zone von dem gestrichelten Rohrumriß zugleich die Verteilung der Wärmeübergangszahl über den Rohrumfang dar. Man sieht, daß die Wärmeübergangszahl an der Rohrunterseite ein flaches Maximum hat, um das Rohr herum abnimmt und oben, wo die beiden aufsteigenden Luftströme sich wieder vereinen, ein ausgesprochenes Minimum besitzt. Ein Schlierenbild einer senkrechten ebenen Platte mit zugeschärften Kanten, deren Umriß der gestrichelten weißen Linie entspricht, zeigt Abb. 204. Der dunkle Kernschatten ist wieder das Abbild des Temperaturfeldes, und der Abstand der beiden äußeren hellen Linien von dem gestrichelten Umriß ist ein Maß für die Wärmeübergangszahl an jeder Stelle, sie hat ihren größten Wert an der Unterkante und nimmt nach oben ab.

Das Temperatur- und Geschwindigkeitsfeld in der Nähe einer wärmeabgebenden senkrechten Platte und eines waagerechten Rohres wurde auch genau ausgemessen und theoretisch abgeleitet, wobei E. Schmidt und H. Beckmann[1] für die Wärmeabgabe einer senkrechten ebenen Platte an Luft in der Höhe h über der Unterkante die Formel

$$\frac{\alpha h}{\lambda} = 0{,}360 \sqrt[4]{Gr} = 0{,}360 \sqrt[4]{\frac{g h^3 (T_w - T_0)}{v^2 T_0}} \tag{469}$$

fanden.

Darin sind T_w und T_0 die absoluten Temperaturen der Wand und des ungestörten Mediums, und bei Gasen ist der Ausdehnungskoeffizient $\beta = 1/T_0$ eingesetzt. Die kinematische Zähigkeit v der Luft ist bei der Temperatur T_w einzusetzen.

Für die mittlere Wärmeübergangszahl α_m einer Platte von der Höhe H erhält man durch Integration

$$\frac{\alpha_m H}{\lambda} = \frac{4}{3}\, 0{,}360 \sqrt[4]{Gr} = 0{,}480 \sqrt[4]{\frac{g H^3 (T_w - T_0)}{v^2 T_0}}. \tag{470}$$

---

[1] Techn. Mech. u. Thermodyn. (Forschung) Bd. 1 (1930), S. 341.

Nach den Arbeiten von K. JODLBAUER[1] und R. HERMANN[2] kann man für die mittlere Wärmeübergangszahl des waagerechten Rohres vom Durchmesser d schreiben

$$\frac{\alpha_m d}{\lambda} = 0{,}37 \sqrt[4]{Gr} = 0{,}37 \sqrt[4]{\frac{g\,d^3(T_w - T_0)}{v^2 T_0}}. \tag{471}$$

Für die Wärmeabgabe senkrechter Platten von der Höhe H an zähe Flüssigkeiten kann man die mittlere Wärmeübergangszahl α_m aus der Gleichung

$$\frac{\alpha_m H}{\lambda} = 0{,}52 \sqrt[4]{Gr \cdot Pr} = 0{,}52 \sqrt[4]{\frac{g\beta H^3 (T_w - T)}{a\,v}} \tag{472}$$

berechnen, für das waagerechte Rohr gilt

$$\frac{\alpha_m d}{\lambda} = 0{,}40 \sqrt[4]{Gr \cdot Pr} = 0{,}40 \sqrt[4]{\frac{g\beta d^3 (T_w - T_0)}{a\,v}}. \tag{473}$$

Auf weitere Fälle des Wärmeüberganges an flüssige und gasförmige Medien soll hier nicht eingegangen werden, sie sind in Sonderwerken ausführlich behandelt[3].

110. Wärmeübertragung beim Kondensieren und Verdampfen.

Bisher hatten wir vorausgesetzt, daß das wärmeaustauschende flüssige oder gasförmige Mittel seinen Aggregatzustand nicht ändert. Ist die Temperatur einer Wandoberfläche aber kleiner als die Sättigungstemperatur des berührenden Dampfes, so kondensiert dieser, ist die Wandtemperatur größer als die Siedetemperatur der berührenden Flüssigkeit, so verdampft sie. In beiden Fällen wird die erhebliche Verdampfungswärme des Mittels umgesetzt. Mit kleinen Temperaturunterschieden lassen sich daher beträchtliche Wärmemengen übertragen, d. h. es treten große Wärmeübergangszahlen auf.

Die Wärmeübertragung bei der Kondensation hat NUSSELT[4] 1916 theoretisch behandelt, indem er die Dicke δ der an der gekühlten Wand herablaufenden Wasserhaut unter der Annahme laminarer Strömung berechnete. Die Wärmeübergangszahl ist dann der Kehrwert des Wärmewiderstandes dieses Wasserfilmes nach der Gleichung

$$\alpha = \frac{\lambda}{\delta}.$$

Die Rechnung, auf die wir hier nicht eingehen wollen, ergibt, daß die Dicke der Wasserhaut nach unten mit der Entfernung x von der Oberkante der Wand zunimmt nach der Gleichung

$$\delta = \sqrt[4]{\frac{4\,v\,\lambda\,(\vartheta_s - \vartheta_w)x}{g\varrho r}}. \tag{474}$$

---

[1] Forschg. Ing.-Wes. Bd. 4 (1933), S. 157.

[2] Wärmeübergang bei freier Strömung am waagerechten Zylinder in zweiatomigen Gasen. Hab.-Schrift Aachen 1935.

[3] GRÖBER, H. und S. ERK: Die Grundgesetze der Wärmeübertragung. 3. Auflage von U. GRIGULL. Berlin 1955. — SCHACK. A.: Der industrielle Wämeübergang. Düsseldorf 1949. — ECKERT, E.: Wärme und Stoffaustausch. Berlin 1949.

[4] NUSSELT, W.: Z. VDI, Bd. 60 (1916), S. 541.

Dabei ist ϑ_s die Sättigungstemperatur des Dampfes
              ϑ_w die Temperatur der Wandoberfläche
              v die kinematische Zähigkeit des Wassers
              λ die Wärmeleitzahl des Wassers
              ϱ die Dichte des Wassers
              r die Verdampfungswärme des Wassers
              g $= 9{,}81$ m/s² die Fallbeschleunigung.

Für die örtliche Wärmeübergangszahl an der Stelle x ergibt sich daraus

$$Nu = \frac{\alpha x}{\lambda} = \sqrt[4]{\frac{g \varrho r x^3}{4\, v\, \lambda (\vartheta_s - \vartheta_w)}}\,. \tag{475}$$

Bei Höhen der Wand von der Größenordnung 10 cm erhält man nach der Nusseltschen Formel Wärmeübergangszahlen von der Größenordnung

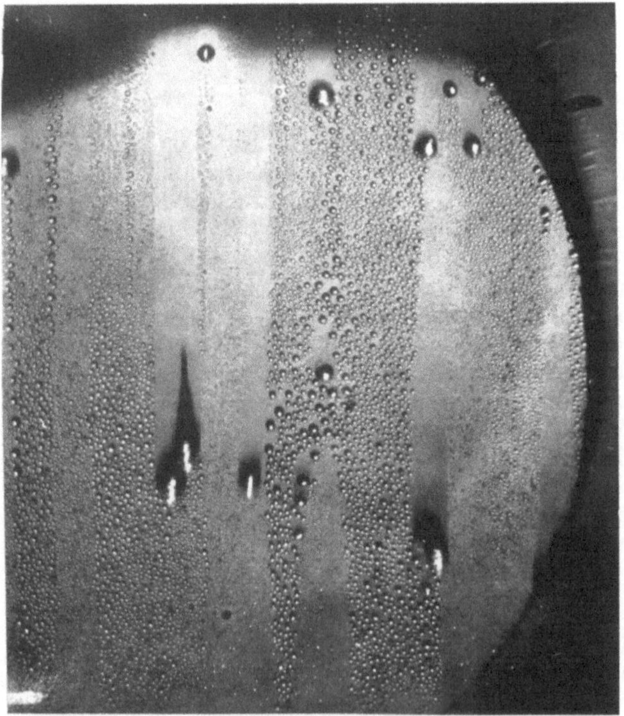

Abb. 205.   Tropfenkondensation an einer polierten und verchromten Kupferplatte (der rechts sichtbare Rand der kreisförmigen Platte hat einen Dmr. von 15 cm).

$5000-10000$ kcal/m²hgrd. Bei großen Höhen der Wand (senkrechte Rohre) kann die Wasserhaut turbulent werden; für diesen Fall hat GRIGULL die Wärmeübergangszahl berechnet[1].

---

[1] GRIGULL, U.: Forsch. Ing.-Wes., Bd. 13 (1942), S. 49/57.

Die Nusseltsche Gleichung (475) stimmt im allgemeinen mit der Erfahrung gut überein. Hin und wieder z. B. in den Zylindern von Kolbendampfmaschinen werden aber auch wesentlich größere Wärmeübergangszahlen beobachtet. Die Erklärung hierfür gaben E. Schmidt, Schurig und Sellschopp[1], die beobachteten, daß an glatten Oberflächen, besonders wenn diese leicht eingefettet sind, sich keine zusammenhängende Wasserhaut bildet, sondern der Dampf in Form kleiner Tropfen kondensiert, die sich vergrößern, bis sie unter dem Einfluß der Schwere herunterlaufen. Dabei fegen sie eine Bahn frei, auf der sich ein neuer Pelz feiner Tröpfchen bildet. Abb. 205 zeigt ein Bild des Vorganges. Bei dieser Tröpfchenkondensation wurden besonders hohe Wärmeübergangszahlen von der Größenordnung 30000—40000 kcal/m²hgrd gemessen. Tropfenkondensation tritt am leichtesten an sauberen glatten Oberflächen auf, besonders wenn sie eine dünne Fetthaut haben, die sie für Wasser unbenetzbar macht.

Da Tropfenkondensation sich im Betriebe nicht mit Sicherheit auf die Dauer aufrechterhalten läßt, rechnet man zweckmäßig nach den Formeln der Hauttheorie.

Noch verwickelter als bei der Kondensation ist der Wärmeübergang bei der Verdampfung. Bei kleinen Heizflächenbelastungen wird die der Wand unmittelbar anliegende Flüssigkeit etwas über die Sättigungstemperatur erwärmt, und es entsteht eine Auftriebsströmung. Steigert man die Wärmezufuhr, so treten Dampfblasen auf, die meist von Rauhigkeiten der Wand ausgehen und sich beim Aufsteigen durch Verdampfen aus der umgebenden etwas über Sättigungstemperatur befindlichen Flüssigkeit vergrößern. Diese aufsteigenden Dampfblasen üben eine kräftige Rührwirkung auf die Flüssigkeit aus, die den Wärmeübergang mit steigender Heizflächenbelastung zunehmend erhöht. Anhaltswerte für die Wärmeübergangszahl an siedendes Wasser von 100° in Abhängigkeit von der Heizflächenbelastung auf Grund eigener und fremder Ver-

Tabelle 47. *Mittlere Anhaltswerte für die Wärmeübergangszahl α an siedendes Wasser von 100°.*

Heizflächenbelastung (Wärmestromdichte)	Waagerechte Platte. Gefäße, Pfannen (ohne Rührer)		Rohr, 30 bis 60 mm l. W. bis 2 m Länge natürlicher Umlauf	
q	α	Δt	α	Δt
kcal/m² h	kcal/m² h grd	°C	kcal/m² h grd	°C
10000	1700	6,0	2100	4,8
20000	2500	8,0	3300	6,0
40000	4200	9,5	5400	7,4
60000	5700	10,5	7200	8,3
80000	7000	11,3	8800	9,1
100000	8300	12,0	10300	9,7
150000	11300	13,3	13700	11,0
200000	14000	14,3	—	—
250000	16500	15,1	—	—

---

[1] Schmidt, E., W. Schurig und W. Sellschopp: Techn. Mech. Thermodyn., Bd. 1 (1930), S. 53.

suche sind nach W. Fritz[1] in Tab. 47 angegeben. Das Rohr ist dabei, ähnlich wie bei einem Wasserrohrkessel, so angeschlossen zu denken, daß die Flüssigkeit in ihm aufsteigt und auf einem andern Wege wieder zurückläuft.

111. Wärmeübertrager (Wärmeaustauscher)[2]. Gleichstrom, Gegenstrom, Kreuzstrom.

In den vorstehenden Kapiteln haben wir den Wärmeübergang zwischen festen Oberflächen und gasförmigen oder flüssigen Medien behandelt, wobei die Temperaturen als gegebene konstante Größen angesehen wurden. Bei der Wärmeübertragung von einem beweglichen Medium durch eine Wand hindurch an ein zweites bewegliches Medium hatten wir mit Gl. (407) die Wärmedurchgangszahl k eingeführt und den Wärmestrom in der Form

$$\mathfrak{Q} = kF(t_1 - t_2) \qquad (476)$$

angegeben, wobei $t_1 - t_2 = \Theta$ der Temperaturunterschied beider Medien war.

Beim Verdampfen und Kondensieren sind die Temperaturen praktisch dieselben an allen Stellen der Heizfläche. Beim Wärmeübergang ohne Änderung des Aggregatzustandes ändert sich aber im allgemeinen die Temperatur der strömenden Medien längs der Heizfläche f von Anfangswerten t_{10} und t_{20} bei $f = 0$ bis auf Endwerte t_{1F} und t_{2F} bei $f = F$, und es ist in der Regel auch die Differenz Θ nicht mehr konstant. Zur Vereinfachung behält man aber die Form der Gl. (476) bei, indem man geeignete Mittelwerte t_{1m}, t_{2m} und Θ_m einführt und

$$\mathfrak{Q} = kF(t_{1m} - t_{2m}) = kF\Theta_m \qquad (476\,\text{a})$$

schreibt. Bei annähernd linearem Verlauf der Temperaturen kann man diese Mittelwerte algebraisch aus den Anfangs- und Endtemperaturen nach den Gleichungen

$$t_{1m} = \frac{t_{10} - t_{1F}}{2}, \qquad t_{2m} = \frac{t_{20} - t_{2F}}{2}, \qquad \Theta_m = \frac{\Theta_0 - \Theta_F}{2} \qquad (476\,\text{b})$$

bilden. Bei nicht linearem Temperaturverlauf muß man in anderer Weise mitteln, wie im folgenden gezeigt werden soll:

Für einen beliebigen Wärmeübertrager seien

m_1 und m_2 die Mengenströme beider Medien in kg/h

c_1 und c_2 ihre spezifischen Wärmen und

$m_1 c_1 = W_1$ und $m_2 c_2 = W_2$ ihre Wasserwertströme in kcal/h grd,

---

[1] Fritz, W.: Z. VDI, Beihefte Verfahrenstechnik Nr. 5 (1937), S. 149—55.
[2] An Stelle von Wärmeaustauscher (heat exchanger) sagen wir besser Wärmeübertrager (heat transmitter), da es sich dabei um einen Vorgang nur in einer Richtung ohne Gegenleistung in der andern Richtung handelt.

dann gilt, wenn man von den meist vernachlässigbar kleinen Wärmeverlusten an die Umgebung absieht, für den übertragenen Wärmestrom die Bilanzgleichung

$$\mathfrak{Q} = m_1 c_1 (t_{10} - t_{1F}) = m_2 c_2 (t_{2F} - t_{20}) \qquad (477)$$

daraus folgt:

$$\frac{t_{10} - t_{1F}}{t_{2F} - t_{20}} = \frac{m_2 c_2}{m_1 c_1} = \frac{W_2}{W_1}, \qquad (477\,\text{a})$$

d. h. die Temperaturänderungen beider Medien verhalten sich umgekehrt wie ihre Wasserwertströme.

Um den Temperaturverlauf längs der Heizfläche ermitteln zu können, müssen wir auf die Bauart des Wärmeübertragers eingehen. Man unterscheidet, wie in Abb. 206 dargestellt, je nach der Führung der Strömung die drei Bauarten:

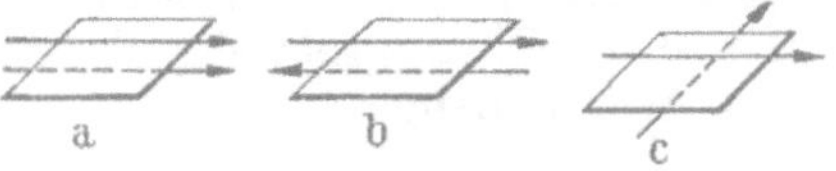

Abb. 206. Arten des Wärmeaustausches.
a) Gleichstrom, b) Gegenstrom, c) Kreuzstrom.

a) Gleichstrom, b) Gegenstrom, c) Kreuzstrom oder Querstrom.

a) Gleichstrom.

Beim Wärmeübergang im Gleichstrom nähern sich die Temperaturkurven beider Medien, und ihr Temperaturunterschied wird längs der Heizfläche f von $f = 0$ bis $f = F$ stetig kleiner, wie das Abb. 207 zeigt. Dann gilt Gl. (476) nur für ein Element df der Heizfläche in der Form

$$d\mathfrak{Q} = k(t_1 - t_2)df, \qquad (478)$$

und die Temperaturänderung beider Medien längs der Heizfläche ergibt sich aus

$$d\mathfrak{Q} = - W_1 dt_1 = W_2 dt_2 .$$

Durch Eliminieren von $d\mathfrak{Q}$ erhält man

$$\left.\begin{aligned} dt_1 &= -\frac{k}{W_1}(t_1 - t_2)\,df \\ dt_2 &= \frac{k}{W_2}(t_1 - t_2)\,df \end{aligned}\right\} \qquad (479)$$

Abb. 207. Temperaturverlauf längs der Heizfläche beim Wärmeübergang im Gleichstrom ($W_2 > W_1$).

und hieraus durch Subtrahieren

$$- d(t_1 - t_2) = \left(\frac{1}{W_1} + \frac{1}{W_2}\right)(t_1 - t_2)\,k\,df$$

oder mit den Abkürzungen

$$t_1 - t_2 = \Theta \quad \text{und} \quad \frac{1}{W_1} + \frac{1}{W_2} = \mu \qquad (480)$$

erhält man

$$\frac{d\Theta}{\Theta} = - \mu\,k\,df. \qquad (481)$$

25*

Die Integration dieser Differentialgleichung ergibt

$$\Theta = \Theta_0 e^{-\mu k f}, \tag{482}$$

wenn als Integrationskonstante der anfängliche Temperaturunterschied Θ beider Medien bei $f = 0$ benutzt wird. Für die Temperaturdifferenz am Ende des Wärmeübertragers bei $f = F$ gilt dann

$$\Theta_F = \Theta_0 e^{-\mu k F} \qquad \text{oder} \qquad \mu k F = \ln \frac{\Theta_0}{\Theta_F}. \tag{482a}$$

Setzt man $t_1 - t_2 = \Theta$ aus Gl. (482) in (478) ein und integriert über df von 0 bis F, so ergibt sich die durch die ganze Heizfläche F übertragene Wärmemenge

$$\mathfrak{Q} = \frac{\Theta_0}{\mu}\left(1 - e^{-\mu k F}\right), \tag{483}$$

oder wenn man daraus μ mit Hilfe der Beziehungen (482a) eliminiert,

$$\mathfrak{Q} = k F \frac{\Theta_0 - \Theta_F}{\ln \Theta_0 - \ln \Theta_F}. \tag{484}$$

Das ist dieselbe Form wie Gl. (476a), wenn wir

$$\Theta_m = \frac{\Theta_0 - \Theta_F}{\ln \Theta_0 - \ln \Theta_F} = \Theta_0 \frac{1 - \dfrac{\Theta_F}{\Theta_0}}{\ln \dfrac{\Theta_0}{\Theta_F}} \tag{484a}$$

als mittlere Temperaturdifferenz einführen. Diese logarithmisch gemittelte Temperaturdifferenz ist kleiner als der arithmetische Mittelwert $\frac{1}{2}(\Theta_0 + \Theta_F)$ und erreicht ihn beim Grenzübergang zu $\Theta_0 = \Theta_F$, wie man durch Reihenentwicklung des Ausdrucks (484a) erkennt.

Setzt man $t_1 - t_2 = \Theta$ aus Gl. (482) in die Ausdrücke (479) für dt_1 und dt_2 ein und integriert, so ergeben sich, wenn man vor den eckigen Klammern für μ wieder seinen Wert einführt, die Gleichungen der Kurven des Temperaturverlaufs beider Stoffe in der Form

$$\left. \begin{aligned} t_1 &= t_{10} - \Theta_0 \frac{W_2}{W_1 + W_2}\left[1 - e^{-\mu k f}\right], \\ t_2 &= t_{20} + \Theta \frac{W_1}{W_1 + W_2}\left[1 - e^{-\mu k f}\right]. \end{aligned} \right\} \tag{485}$$

Denkt man sich die Heizfläche über den Wert F hinaus ins Unendliche verlängert, so erkennt man leicht, daß sich beide Temperaturen demselben Grenzwert

$$t_\infty = t_{10} - \Theta_0 \frac{W_2}{W_1 + W_2} = t_{20} + \Theta_0 \frac{W_1}{W_1 + W_2} \tag{486}$$

asymptotisch nähern. In Abb. 207 sind die Temperaturkurven und ihre gemeinsame Asymptote t_∞ eingezeichnet, dabei ist stets

$$(t_1 - t_\infty):(t_\infty - t_2) = W_2 : W_1. \tag{486a}$$

Ist auf der einen Seite etwa für das Medium 2 die Wärmeübergangszahl sehr groß gegen die andere Seite, wie z. B. beim Kondensieren eines Dampfes und beim Verdampfen einer Flüssigkeit oder bei sehr großem Mengenstrom, so bleibt die Temperatur $t_2 = t_{20}$ ungeändert, und die Temperatur t_1 nähert sich asymptotisch diesem Wert.

b) Gegenstrom.

Die vorstehend für Gleichstrom abgeleiteten Formeln gelten unverändert für Gegenstrom, wenn man beachtet, daß hierbei die beiden Mengenströme entgegengesetzt gerichtet sind. In den Ausdruck

$$\mu = \frac{1}{m_1 c_1} + \frac{1}{m_2 c_2} = \frac{1}{W_1} + \frac{1}{W_2}$$

muß daher der Strom $m_2 c_2$ als negative Größe eingeführt werden, wenn er, wie in Abb. 208 angenommen, der positiven Zählrichtung der Heizfläche entgegenströmt. Dabei bekommt μ

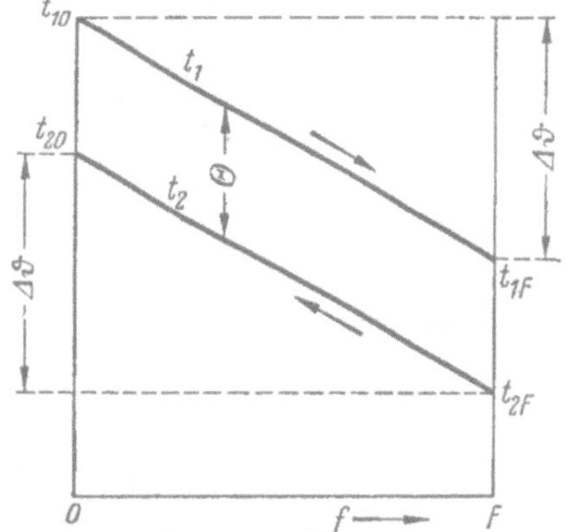

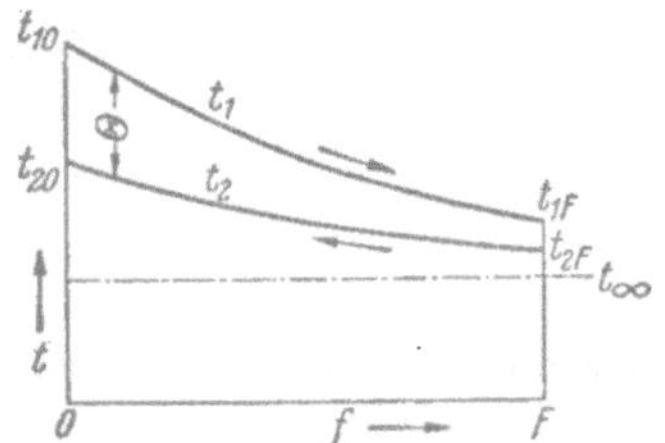

Abb. 208. Temperaturverlauf längs der Heizfläche beim Wärmeübergang im Gegenstrom ($W_2 > W_1$).

Abb. 209. Temperaturverlauf längs der Heizfläche bei Gegenstrom mit gleichen Wasserwerten beider Flüssigkeitsströme ($W_2 = W_1$).

einen wesentlich kleineren Wert als im Falle des Gleichstroms, und man erkennt aus Gl. (486), daß die Grenztemperatur t_∞ unterhalb der Temperaturen beider Medien liegt, wenn $W_1 < |W_2|$ ist, wie das in Abb. 207 und 208 angenommen ist.

Von besonderem Interesse ist der Grenzfall $W_1 = W_2$, für den beide Temperaturen sich nach parallelen Geraden ändern. In diesem einfachsten Fall, der bei Wärmeübertragern für Gasturbinen ziemlich genau zutrifft, ist der Wärmeübergang gekennzeichnet durch das Verhältnis $\Delta\vartheta/\Theta$ der Temperaturänderung beider Medien zum verlorenen Temperaturgefälle oder durch das Verhältnis

$$\frac{\Delta\vartheta}{\Delta\vartheta + \Theta} = \frac{\Delta\vartheta}{t_{10} - t_{2F}} \tag{487}$$

der Temperaturänderung zum anfänglichen Temperaturunterschied beider Medien, das manchmal als Wirkungsgrad des Wärmeübertragers bezeichnet wird. Doch sollte man diese Bezeichnung besser vermeiden und etwa von *thermischem Austauschgrad* sprechen, weil dabei nur die thermischen Verhältnisse beachtet sind und die Druckverluste nicht berücksichtigt werden[1].

Gegenstrom ist günstiger als Gleichstrom oder Kreuzstrom, denn er ermöglicht im Grenzfalle eines unendlich großen Produkts kF und bei verschwindenden Druckverlusten der Strömung einen reversiblen Wärmeübertrag ohne Entropiezunahme.

c) Kreuzstrom.

Bei dem von NUSSELT[2] eingehend behandelten Wärmeübergang im Kreuzstrom strömen die Wärme übertragenden Flüssigkeiten beiderseits der Heizfläche senkrecht zueinander. Die Temperaturen der Flüssigkeiten sind Funktionen beider Ortskoordinaten der Heizfläche und daher beim Austritt nicht konstant. Bezeichnen wir mit t und ϑ die Temperaturen der wärmeren und der kälteren Flüssigkeit und setzen die Wärmedurchgangszahl auf der ganzen Fläche als konstant voraus, so wird von dem Flächenelement $dx\,dy$ der als Rechteck mit den Seitenlängen X und Y gedachten Heizfläche der Wärmestrom

$$d\mathfrak{Q} = k(t - \vartheta)\,dx\,dy \tag{488}$$

übertragen. Vernachlässigt man die Wärmeleitung parallel zur Heizfläche, so kühlt dieser Wärmestrom die wärmere in y-Richtung strömende Flüssigkeit ab nach der Gleichung

$$-d\mathfrak{Q} = \frac{W_w}{X}\,\frac{\partial t}{\partial y}\,dy\,dx \tag{489}$$

und erwärmt die kältere in x-Richtung strömende Flüssigkeit nach

$$d\mathfrak{Q} = \frac{W_k}{Y}\,\frac{\partial \vartheta}{\partial x}\,dx\,dy, \tag{489a}$$

wenn mit W_w und W_k die stündlichen Wasserwerte des Mengenstroms der warmen und der kalten Flüssigkeit bezeichnet werden. Treten beide Flüssigkeiten mit den konstanten Anfangstemperaturen t_0 und ϑ_0 in den Wärmeübertrager ein, so lauten die Grenzbedingungen

$$t = t_0 \text{ für } y = 0 \quad \text{und} \quad \vartheta = \vartheta_0 \text{ für } x = 0. \tag{489b}$$

Führen wir zur Vereinfachung die dimensionslosen Veränderlichen

$$\xi = \frac{x}{X} \text{ und } \eta = \frac{y}{Y} \text{ sowie } T = \frac{t - \vartheta_0}{t_0 - \vartheta_0} \text{ und } \Theta = \frac{\vartheta - \vartheta_0}{t_0 - \vartheta_0} \tag{490}$$

ein und setzen zur Abkürzung

$$a = \frac{kXY}{W_k} \quad \text{und} \quad b = \frac{kXY}{W_w}, \tag{491}$$

---

[1] Zur Berücksichtigung der Druckverluste von Wärmeübertragern vgl. E. SCHMIDT: The Design of Contra-flow Heat Exchangers. The Inst. of Mech. Eng. Proc. 1948, Vol. 159, pag. 351.

[2] NUSSELT, W.: Z. VDI Bd. 55 (1911), S. 2021, und Forschg. Ing.-Wes. Bd. 1 (1930), S. 417.

so entstehen aus Gl. (488) bis (489a) die beiden gekoppelten partiellen Differentialgleichungen

$$T - \Theta = \frac{\partial \Theta}{\partial (a\xi)} \qquad \Theta - T = \frac{\partial T}{\partial (b\eta)} \tag{492}$$

mit den Grenzbedingungen

$$T = 1 \quad \text{für} \quad \eta = 0 \quad \text{und} \quad \Theta = 0 \quad \text{für} \quad \xi = 0. \tag{492a}$$

Dieses Gleichungssystem wurde von NUSSELT gelöst, und er berechnete die dimensionslose mittlere Austrittstemperatur

$$T_m = \frac{t_m - \vartheta_0}{t_0 - \vartheta_0}. \tag{493}$$

Sie hängt nur von a und b ab und ist in Tabelle 48 und Abb. 210 als Funktion dieser beiden Parameter dargestellt. Mit Hilfe des aus Tabelle 48 entnommenen Wertes von T_m ergibt sich die von der Heizfläche XY übertragene Wärme nach der Gleichung

$$\mathfrak{Q} = W_w(t_0 - \vartheta_0)(1 - T_m). \tag{494}$$

Damit kann man die bei Querstrom übertragene Wärmemenge sehr einfach berechnen, wenn die Wärmedurchgangszahl, die Anfangstemperaturen und die stündlichen Wasserwerte beider Flüssigkeitsströme bekannt sind. Die mittlere Austrittstemperatur der anderen Flüssigkeit ergibt sich einfach aus dem Verhältnis der Wasserwerte nach der Formel

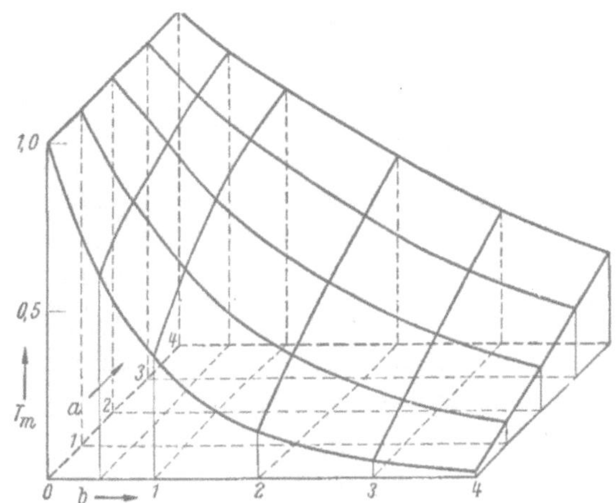

Abb. 210. Dimensionslose mittlere Austrittstemperatur als Funktion der Parameter a und b nach NUSSELT.

$$\frac{t_0 - t_m}{\vartheta_m - \vartheta_0} = \frac{W_k}{W_w}. \tag{495}$$

Tabelle 48.

Dimensionslose mittlere Austrittstemperatur $T_m = \dfrac{t_m - \vartheta_0}{t_0 - \vartheta_0}$ *als Funktion der Parameter a und b nach* NUSSELT.

$b =$	0	0,5	1	2	3	4
$a = 0$	1	0,6065	0,3679	0,1353	0,0498	0,0183
1	1	0,7263	0,5238	0,2676	0,1340	0,0660
2	1	0,8012	0,6338	0,3857	0,2271	0,1284
3	1	0,8455	0,7113	0,4846	0,3277	0,2027
4	1	0,8799	0,7665	0,5645	0,4018	0,2709

Tabelle 49. *Wärmetechnische Stoffwerte*, vgl. auch Tabelle 44, S. 349.   a) Feste Körper.

Stoff	t °C	ϱ kg/m³	c kcal/kg grd	λ kcal/m h grd	a m²/h
Metalle					
Silber	20	10500	0,0559	353	0,602
Kupfer, sehr rein . .	20	8930	0,0915	340	0,416
Handelsware . . .	20	8900	0,100	320	0,37
Gold, rein	20	19290	0,0309	267	0,448
Aluminium 99, 75 Al .	20	2700	0,214	197	0,341
Duraluminium	20	2700	0,218	142	0,241
94—96 Al, 3—5 Cu,	100	—	—	156	—
0,5 Vg	200	—	—	167	—
Magnesium, rein . . .	20	1740	0,243	123	0,291
Elektron 93,5 Mg,					
4 Zn, 0,5 Cu	20	1800	—	100	—
Messing	20	8600	0,091	70—100	0,09—0,13
Zink	20	7130	0,092	97	0,148
Zinn	20	7280	0,0541	57	0,145
Eisen:					
Schmiedeeisen, rein .	0	7850	0,111	51	0,0585
	200	—	—	45	—
	400	—	0,15	38	—
	600	—	—	32	—
	800	—	—	25	—
Gußeisen 3% C . .	20	7000—7700	0,129	50	0,053
Chromstahl 0,8 Cr,					
0,2 C	20	—	—	34	—
Chromnickelstahl,	20	7900	0,114	12,5	0,0139
nichtr. 17—19 Cr,	200	—	—	14,8	—
8 Ni, 0,1—0,2 C	500	—	0,145	18	—
V 2 A-Stahl, verg. .	20	8000	0,114	13	0,0143
Blei, rein	0	11340	0,0306	30,2	0,0870
	100	—	0,0320	28,7	—
	300	—	0,0338	25,6	—

Verschiedene, anorganische, feste Körper.

Stoff	t °C	ϱ kg/m³	c kcal/kg grd	λ kcal/m h grd	a m²/h
Graphit, fest	20	—	—	10—150	—
Silikasteine	100	1700—2000	—	0,7 —1,15	—
	500	—	—	1,0 —1,3	—
	1000	—	—	1,2 —1,6	—
Schamottesteine . . .	100	1700—2000	0,20	0,4 —1,0	0,0012—0,0025
	500	—	0,27	—	—
	1000	—	—	0,6 —1,2	—
Kesselstein	100	300—2700	—	0,07—2	—
Beton	20	1900—2300	0,21	0,7 —1,2	0,0018—0,0025
Ziegelstein, trocken . .	20	1600—1800	0,20	0,33—0,45	0,0010—0,0012
Ziegelmauerwerk. . .	20	—	—	0,60—0,75	—
Verputz	20	1690	—	0,68	—
Spiegelglas	20	2700	0,2	0,65	0,0012
Kies (Schotter) . . .	20	1850	—	0,32	—
Erdreich, grobkiesig .	20	2040	0,44	0,45	0,00050
Sandboden	20	1600	—	0,92	—
Tonboden	20	1450	0,21	1,10	0,0036
Sandstein	20	2150—2300	0,17	1,4—1,8	0,0038—0,0046
Marmor	20	2500—2700	0,193	2,4	0,0050
Schnee (Reif)	0	200	—	0,13	—
Eis	0	917	0,46	1,9	0,0045
	—60	924	—	2,5	—

Tabelle 49 (Fortsetzung).

Stoff	t °C	ϱ kg/m³	c kcal/gk grd	λ kcal/m h grd	a m²/h
Organische, feste Stoffe:					
Bakelit	20	1270	0,38	0,200	0,00041
Gummi	20	1100	—	0,11—0,2	—
Gummischwamm . .	20	224	—	0,047	—
Leder	20	1000	—	0,12—0,14	—
Papier	20	—	—	0,12	—
Plexiglas	20	—	—	0,158	—
Zelluloid	20	1400	—	0,185	—
Buche, axial	20	700	—	0,30	—
Eiche, radial	20	600—800	0,57	0,15—0,18	0,00040—0,00044
Eiche, axial	—	—	—	0,32	—
Eiche, tangential . .	—	—	—	0,10	—
Tanne (Fichte), radial .	20	410—420	0,65	0,12	0,00045
Tanne, axial	—	—	—	0,22	—
Tanne, tangential . .	—	—	—	0,093	—
(20% Feuchtigkeit)					
Steinkohle	20	1200—1500	0,30	0,22	0,0005—0,0006
Kohlenstaub	30	730	0,31	0,10	0,00044

b) Flüssigkeiten (bei 1 atm und, wenn der Dampfdruck größer ist, bei dem zu der angegebenen Temperatur gehörigen Sättigungsdruck).

Stoff	t °C	ϱ kg/m³	c_p kcal/kg grd	$10^6\eta$ kp s/m²	$10^6\nu$ m²/s	λ kcal/m h grd	$10^4 a$ m²/h	Pr	β 1/grd
Hg	20	13546	0,0333	159	0,115	8	180	0,023	0,00181
Wasser	0	999,8	1,008	182,4	1,789	0,477	4,73	13,6	−0,00006
	20	998,2	0,999	102,5	1,006	0,514	5,16	7,03	0,00020
	40	992,1	0,998	66,6	0,658	0,539	5,44	4,35	0,00038
	60	983	1,001	47,9	0,478	0,560	5,71	3,01	0,00054
	80	972	1,003	36,1	0,364	0,575	5,91	2,22	0,00065
	100	958	1,007	28,8	0,294	0,586	6,08	1,75	0,00078
	150	917	1,020	18,8	0,201	0,587	6,28	1,15	0,00113
	200	865	1,075	14,1	0,160	0,572	6,16	0,94	0,00155
	250	799	1,16	11,4	0,140	0,537	5,80	0,87	0,00229
CO₂	20	771	0,87	4,9	0,062	0,075	1,12	2,00	0,0066
	30	596	—	3,3	0,054	0,061	—	—	0,0147
NH₃	0	639	1,11	24,5	0,376	0,464	6,54	2,07	0,00211
	20	610	1,14	22,4	0,361	0,425	6,11	2,12	0,00244
SO₂	−20	1485	0,304	47,4	0,313	0,192	4,25	2,65	0,00178
	0	1435	0,324	37,5	0,257	0,182	3,91	2,36	0,00172
	+20	1383	0,332	31,0	0,220	0,171	3,72	2,14	0,00194
Benzol C_6H_6	20	879,1	0,415	66,3	0,740	0,132	3,62	7,33	0,00106
Äthylen- glykol $C_2H_4(OH)_2$	20	1113	0,569	2173	19,15	0,215	3,39	203	0,00064
	40	1099	0,591	984	8,79	0,220	3,39	93,2	0,00065
	60	1085	0,612	541	4,89	0,223	3,36	52,4	0,00065
	80	1070	0,633	337	3,08	0,225	3,32	33,4	0,00066
	100	1056	0,655	245	2,27	0,226	3,28	24,9	0,00067

Tabelle 49 (Fortsetzung).

Stoff	t °C	ϱ kg/m³	c_p kcal/kg grd	$10^6\eta$ kp s/m²	$10^6\nu$ m²/s	λ kcal/m h grd	$10^4 a$ m²/h	Pr	β 1/grd
Spindelöl	20	871	0,442	1331	15,0	0,124	3,22	168	0,00074
	40	858	0,462	694	7,93	0,123	3,10	92,0	0,00075
	60	845	0,482	426	4,95	0,122	3,00	59,4	0,00075
	80	832	0,502	289	3,40	0,121	2,90	42,1	0,00076
	100	820	0,522	204	2,44	0,120	2,80	31,4	0,00077
	120	807	0,542	157	1,91	0 119	2,72	25,3	0 00078
Transforma-torenöl	20	866	0,452	3222	36,5	0,107	2,73	481	0,00069
	40	854	0,476	1450	16,7	0,106	2,61	230	0,00069
	60	842	0,500	746	8,7	0,105	2,49	126	0,00070
	80	830	0,525	440	5,2	0,103	2,36	79,4	0,00071
	100	818	0,548	316	3,8	0,102	2,28	60,3	0,00072
Flugmotoren-öl Rotring	20	893	0,439	81192	892	0,125	3,18	10100	0,00068
	40	881	0,459	20808	231	0,123	3,04	2750	0,00069
	60	868	0,479	7262	82,0	0,121	2,92	1020	0,00070
	80	856	0,499	3213	36,7	0,120	2,81	471	0,00071
	100	844	0,520	1693	19,7	0,118	2,70	263	0,00072
	120	832	0,542	1010	11,9	0,117	2,59	166	0,00073
	140	819	0,564	663	7,94	0,115	2,50	115	0,00074
Sole 20% MgCl₂	20	1184	0,736	291	2,41	—	—	—	—
	0	1184	0,725	560	4,64	0,389	4,53	36,9	—
	—20	1184	0,714	1321	10,94	0,337	3,98	98,8	—

c) Gase (bei 1 at).

Stoff	t °C	ϱ kg/m³	c_p kcal/kg grd	$10^6\eta$ kp s/m²	$10^6\nu$ m²/s	λ kcal/m h grd	a m²/h	Pr
Luft	—50	1,533	0,240	1,49	9,5	0,0176	0,0473	0,72
	0	1,251	0,240	1,74	13,6	0,0208	0,0693	0,71
	50	1,057	0,240	2,00	18,6	0,0239	0,0942	0,71
	100	0,916	0,241	2,22	23,8	0,0267	0,121	0,71
	200	0,722	0,245	2,64	35,9	0,0316	0,179	0,72
	300	0,596	0,250	3,02	49,7	0,0369	0,248	0,72
	400	0,508	0,255	3,36	64,8	0,0417	0,322	0,73
	600	0,391	0,266	3,96	99,3	0,0500	0,481	0,74
	800	0,318	0,276	4,53	140	0,0575	0,655	0,77
	1000	0,268	0,283	5,03	184	0,0655	0,864	0,77
	1200	0,232	0,289	5,48	232	0,0727	1,084	0,77
	1400	0,204	0,294	5,90	284	0,080	1,33	0,76
	1600	0,182	0,296	6,28	339	0,087	1,61	0,76
Wasserstoff H₂	—50	0,1064	—	0,75	69	0,126	—	—
	0	0,0869	3,40	0,86	97	0,151	0,511	0,68
	50	0,0734	3,43	0,96	128	0,174	0,691	0,67
	100	0,0636	3,45	1,05	162	0,197	0,898	0,65
	200	0,0502	3,47	1,23	241	0,237	1,36	0,64
	300	0,0415	3,48	1,42	336	0,255	1,77	0,64
Wasserdampf H₂O	100	0,578	0,450	1,31	22,1	0,0208	0,0706	1,12
	200	0,452	0,460	1,69	36,8	0,0282	0,1356	0,97
	300	0,372	0,480	2,05	54,1	0,0367	0,2055	0,95
	400	0,316	0,490	2,40	74,4	0,0474	0,306	0,88
	500	0,275	0,52	2,73	97,5	0,0647	0,452	0,78

Tabelle 49 (Fortsetzung).

Stoff	t °C	ϱ kg/m³	c_p kcal/kg grd	$10^6\eta$ kp s/m²	$10^6\nu$ cm²/s	λ kcal/m h grd	a m²/h	Pr
Kohlen-	−50	2,373	—	1,15	4,8	0,0094	—	—
dioxyd	0	1,912	0,198	1,41	7,2	0,0123	0,0325	0,80
CO_2	50	1,616	0,209	1,65	10,0	0,0153	0,0453	0,80
	100	1,400	0,221	1,89	13,2	0,0183	0,0591	0,80
	200	1,103	0,238	2,34	20,8	0,0243	0,0926	0,81
Schwefel-	0	2,83	0,149	1,18	4,1	0,0072	0,0171	0,86
dioxyd	50	—	0,155	1,43	—	—	—	—
SO_2	100	—	0,161	1,66	—	—	—	—
	200	—	0,172	2,11	—	—	—	—
Ammoniak	0	0,746	0,518	0,95	12,5	0,0189	0,0489	0,92
NH_3	50	0,626	0,525	1,13	17,7	—	—	—
	100	0,540	0,533	1,33	24,1	0,0258	0,0896	0,97
	200	0,425	0,572	1,69	39,1	—	—	—

Wegen der Einzelheiten der Berechnung der mittleren Austrittstemperatur wird auf die zitierten Arbeiten NUSSELTS verwiesen.

Die Leistung einer gegebenen Heizflächengröße ist bei Querstrom günstiger als bei Gleichstrom, und es kann bei Querstrom die mittlere Austrittstemperatur der anfangs kälteren Flüssigkeit merklich höher sein als die Austrittstemperatur der anfangs wärmeren Flüssigkeit, aber der gute, im Grenzfall isentrope Austausch des Gegenstroms ist nicht erreichbar.

XVIII. Die Wärmeübertragung durch Strahlung.

112. Grundbegriffe, Gesetz von KIRCHHOFF.
Emissionsverhältnis bei festen Körpern und bei Gasen.

Außer durch Berührung kann Wärme auch ohne jeden materiellen Träger durch Strahlung übertragen werden. Die Wärmestrahlung besteht aus einem kontinuierlichen Spektrum elektromagnetischer Wellen, die durch materielle Körper bei der Emission im allgemeinen aus fühlbarer Wärme erzeugt und bei der Absorption wieder in solche verwandelt werden.

Bei hohen Temperaturen wird die Strahlung sichtbar und ihre Energie steigt stark an. Für die Wärmeübertragung ist sie aber auch bei niedrigen Temperaturen von Bedeutung. Die für den Wärmeaustausch wichtigsten Strahlungsgesetze seien daher hier kurz behandelt.

Von der Oberfläche fester und flüssiger Körper wird Strahlung teils reflektiert, teils durchgelassen. Man nennt eine Oberfläche

spiegelnd, wenn sie einen auftreffenden Strahl unter gleichem Winkel gegen die Flächennormale reflektiert,

matt, wenn sie ihn zerstreut zurückwirft.

Der von der Oberfläche nicht reflektierte Teil der Strahlung. wird entweder in tieferen Schichten des Körpers absorbiert oder durchgelassen. Bei inhomogenen Körpern kann auch eine Reflexion im Innern an eingebetteten Inhomogenitäten auftreten.

Fällt Strahlung der Intensität 1 auf einen Körper, so messen wir
den reflektierten Bruchteil durch die *Reflexionszahl R,*
den absorbierten Bruchteil durch die *Absorptionszahl A,*
den durchgelassenen Bruchteil durch die *Durchlaßzahl D.*

Dann gilt die Gleichung

$$R + A + D = 1. \tag{496}$$

Je nach der Größe des reflektierten Anteils nennen wir einen Körper

weiß, wenn er alle auffallenden Strahlen reflektiert,

grau, wenn er von allen Wellenlängen den gleichen Bruchteil zurückwirft,

farbig, wenn er bei der Reflexion gewisse Wellenlängen bevorzugt,

schwarz, wenn er alle auffallenden Strahlen absorbiert und nichts zurückwirft.

Diese für sichtbare Strahlung gebräuchlichen Ausdrücke übertragen wir auch auf die unsichtbare Wärmestrahlung.

Für die Emission gilt das Kirchhoffsche Gesetz:

Der schwarze Körper emittiert den überhaupt möglichen Höchstbetrag, die sog. *schwarze Strahlung.* Jeder andere Körper emittiert weniger, und das Verhältnis seiner Emission zu der des schwarzen Körpers, das wir *Emissionsverhältnis* ε nennen, ist gleich seiner Absorptionszahl A.

Dieses Gesetz gilt nicht nur für die Gesamtstrahlung, sondern auch für die Strahlung jeder Wellenlänge. Man kann es in folgender Weise aus dem zweiten Hauptsatz ableiten:

In einem geschlossenen Hohlraum, dessen Wände überall gleiche Temperatur haben, mögen sich nach Abb. 211 zwei Körper *1* und *2* von der Temperatur der Wände befinden, von denen *1* einen merklichen Bruchteil der auffallenden Strahlung reflektiert, während *2* alles absorbiert, also eine schwarze Oberfläche hat. Dann muß jeder der beiden Körper gerade so viel Strahlung emittieren, wie er absorbiert. Wäre das nicht der Fall und für einen Körper die Emission größer oder kleiner als seine Absorption, so müßte er im Laufe der Zeit kälter oder wärmer werden als der ihn umgebende

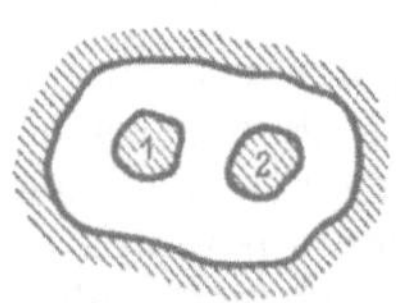
Abb. 211. Zum Beweis des KIRCHHOFFschen Gesetzes.

Hohlraum. Es wären also in einem auf gleicher Temperatur befindlichen System von selbst Temperaturunterschiede entstanden, was nach dem zweiten Hauptsatz unmöglich ist. Die Emission muß demnach der Absorption gleich sein, wie es das Kirchhoffsche Gesetz behauptet.

Die Absorption von Strahlung erfordert stets eine gewisse Weglänge. Längs der Strecke dx nimmt die Strahlung der Wellenlänge λ von der Intensität J_λ um dJ_λ ab, und es gilt

$$dJ_\lambda = -a_\lambda \cdot J_\lambda \cdot dx,$$

wobei a_λ der Absorptionskoeffizient für die Wellenlänge λ ist. Durch Integration folgt daraus für die Intensität J_λ eines Strahles nach Zurücklegen des Weges s

$$J_\lambda = J_{\lambda_0} \cdot e^{-a_\lambda s}, \tag{497}$$

wenn seine Intensität zu Anfang J_{λ_0} war.

Eine Schicht von der Dicke s absorbiert demnach von der auffallenden Strahlung J_{λ_0} den Betrag

$$J_{\lambda_0}\left(1 - e^{-a_\lambda s}\right) \tag{498}$$

und hat nach dem Kirchhoffschen Gesetz für die Wellenlänge λ das Emissionsverhältnis

$$\varepsilon_\lambda = 1 - e^{-a_\lambda s}. \tag{499}$$

Diese Beziehung ist für die Berechnung der Strahlung von Gasen wichtig. Der Absorptionskoeffizient a_λ ist der Zahl der Molekeln des absorbierenden Gases je Raumeinheit und damit seinem Partialdruck p proportional nach der Gleichung $a_\lambda = \delta_\lambda \dfrac{p}{p_0}$, wobei p_0 ein Bezugsdruck z. B. 1 at ist und δ_λ nur von der Wellenlänge, der Art des Gases und von seiner Temperatur abhängt. Damit ergibt sich für das Emissionsverhältnis

$$\varepsilon_\lambda = 1 - e^{-\delta_\lambda \frac{p}{p_0} s}. \tag{499a}$$

Mit wachsendem Produkt ps nimmt demnach die Absorption der Gase zu. Die elementaren Gase wie H_2, N_2, O_2 usw. lassen Wärmestrahlen ohne Absorption durch und emittieren daher auch keine. Die gasförmigen Verbindungen, z. B. H_2O und CO_2 haben dagegen bei gewissen Wellenlängen Absorptionsbanden im Spektrum und strahlen daher in diesen Bereichen Wärme aus. Die zuerst von SCHACK[1] durchgeführte Berechnung der Gasstrahlung ist recht umständlich, da der Absorptionskoeffizient a_λ und damit auch das Emissionsverhältnis ε_λ in verwickelter Weise von der Wellenlänge abhängen und sich außerdem die Intensitätsverteilung der schwarzen Strahlung mit steigender Temperatur nach kürzeren Wellenlängen verschiebt.

Die festen und flüssigen Körper absorbieren dagegen meist so stark, daß schon Schichten von wenigen hundertstel Millimetern keine Strahlung mehr durchlassen. Man kann daher bei ihnen praktisch von absorbierenden Oberflächen sprechen.

113. Die Strahlung des schwarzen Körpers.

Die schwarze Strahlung läßt sich mit Hilfe geschwärzter, z. B. berußter Oberflächen nur bis auf einige Prozent erreichen. Man kann sie aber beliebig genau verwirklichen durch einen Hohlraum, dessen Wände,

---

[1] Vgl. dazu SCHACK: Der industrielle Wärmeübergang. Stahl u. Eisen, Düsseldorf 1949, sowie E. ECKERT: Einführung in den Wärme- und Stoffaustausch. Berlin: Springer 1949.

wie in Abb. 211, überall gleiche Temperatur haben und in dem man eine im Vergleich zu seiner Ausdehnung kleine Öffnung zum Austritt der Strahlung anbringt.

Die Energie der schwarzen Strahlung verteilt sich auf die einzelnen Wellenlängen nach dem in Abb. 212 dargestellten Planckschen Strahlungsgesetz. Danach ist die Intensität J_λ der Wellenlänge λ gegeben durch

$$J_\lambda = \frac{c_1}{\lambda^5 \left(e^{c_2/\lambda T} - 1 \right)}, \tag{500}$$

wobei man aus den experimentell ermittelten grundlegenden Konstanten der Physik (Boltzmannsche Konstante k, Lichtgeschwindigkeit c und Planckschen Wirkungsquantum h) auf theoretischem Wege

$$c_1 = 3{,}74 \cdot 10^{-8}\,\text{Watt m}^2 = 0{,}893 \cdot 10^{-12}\,\text{cal cm}^2/\text{s} = 0{,}321 \cdot 10^{-15}\,\text{kcal m}^2/\text{h}$$

$$c_2 = 1{,}438\ \text{cm grd}$$

erhält. Im technischen Maßsystem hat $J_\lambda\, d\lambda$ die Dimension kcal/m² h, also die einer Wärmestromdichte und ist bei dem zuerst angegebenen Wert von c_1 die je Quadratmeter und Stunde von einer schwarzen Oberfläche innerhalb des Wellenlängenbereiches λ bis $\lambda + d\lambda$ nach allen Richtungen des Halbraumes ausgestrahlte Energie in kcal.

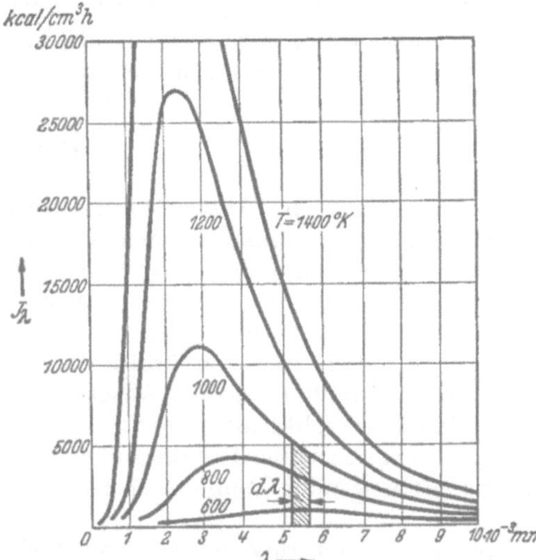

Abb. 212. Energieverteilung der schwarzen Strahlung nach dem PLANCKschen Gesetz.

Integriert man Gl. (500) über alle Wellenlängen, so erhält man das Stefan-Boltzmannsche Gesetz der Gesamtstrahlung

$$e = \sigma T^4, \tag{501}$$

wobei die unmittelbare Messung der Strahlung

$$\sigma = 5{,}77 \cdot 10^{-8}\ \text{Watt/m}^2\ \text{grd}^4$$
$$= 4{,}96 \cdot 10^{-8}\ \text{kcal/m}^2\ \text{hgrd}^4$$

ergibt. (Die theoretische Berechnung über Gl. (500) aus den Grundkonstanten der Physik ergibt den etwas kleineren Wert $\sigma = 5{,}68 \cdot 10^{-8}$ Watt/m²grd⁴, den wir nicht benutzen werden.) In der Technik schreibt man Gl. (501) meist in der handlicheren Form

$$E = C_s \left(\frac{T}{100}\right)^4, \tag{502}$$

wobei man

$$C_s = 5{,}77\ \text{Watt/m}^2\ \text{grd}^4 = 4{,}96\ \text{kcal/m}^2\ \text{h grd}^4$$

als Strahlungskonstante des schwarzen Körpers bezeichnet.

Bisher hatten wir nur die Gesamtstrahlung aller Richtungen betrachtet und wollen nun auf die Richtungsverteilung der von einem Flächenelement ausgehenden Strahlung eingehen.

In Richtung der Flächennormalen muß die von einer schwarzen Oberfläche ausgesandte oder aus der Öffnung eines Hohlraumes herauskommende schwarze Strahlung offenbar ihren größten Wert haben und in Richtung φ gegen die Flächennormale entsprechend der Projektion der strahlenden Fläche in dieser Richtung abnehmen. Ist E_n die Strahlung in normaler Richtung, E_φ die in der Richtung φ gegen die Normale, so gilt demnach für die Strahlung das Lambertsche Cosinusgesetz

$$E_\varphi = E_n \cos \varphi. \tag{503}$$

Mit wachsender Entfernung vom Strahler nimmt die auf die Einheit einer zur Richtung der Strahlung senkrechten Fläche fallende Strahlung proportional $1/r^2$ ab. Da die scheinbare Größe der strahlenden Fläche, d. h. der Raumwinkel, unter dem sie von der bestrahlten Fläche aus gesehen erscheint, sich im gleichen Verhältnis verkleinert, bleibt die Flächenhelligkeit des Strahlers ungeändert.

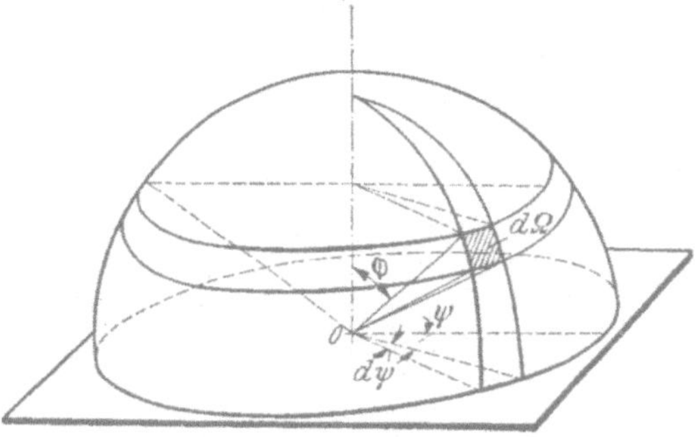

Abb. 213. Raumwinkelelement der Halbkugel.

Die Gesamtstrahlung E aller Richtungen des Halbraumes über einem Flächenelement erhält man durch Integration über alle Raumwinkelelemente $d\Omega$ der Halbkugel nach der Gleichung

$$E = \int E_n \cos \varphi \, d\Omega,$$

wobei nach Abb. 213

$$d\Omega = \sin \varphi \, d\varphi \, d\psi$$

ist. Die Integration ergibt

$$E = \pi E_n. \tag{504}$$

Die Gesamtstrahlung ist also das π-fache der Strahlung je Raumwinkeleinheit in senkrechter Richtung.

114. Die Strahlung technischer Oberflächen.

Die Strahlung wirklicher Körper weicht von der des schwarzen Körpers wesentlich ab, sie hat im allgemeinen eine andere Verteilung über die Wellenlängen und folgt auch nicht dem Lambertschen Cosinusgesetz. Die schwarze Strahlung bildet aber stets die obere Grenze, die für keine Wellenlänge und in keiner Richtung von anderen Körpern übertroffen werden kann, wenn diese nur auf Grund ihrer Temperatur strahlen.

Für andere Arten der Strahlungserzeugung durch elektrische Entladungen in Gasen, durch chemische Vorgänge usw. gilt diese Begrenzung nicht.

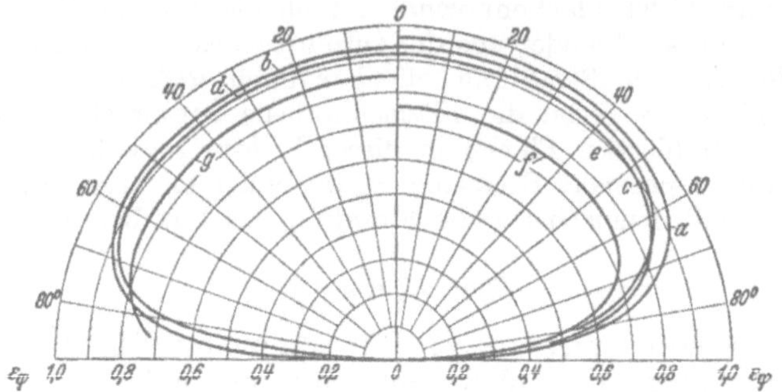

Abb. 214. Richtungsverteilung der Wärmestrahlung einiger Nichtleiter.
a feuchtes Eis, *b* Holz, *c* Glas, *d* Papier, *e* Ton, *f* Kupferoxyd, *g* rauher Korund.

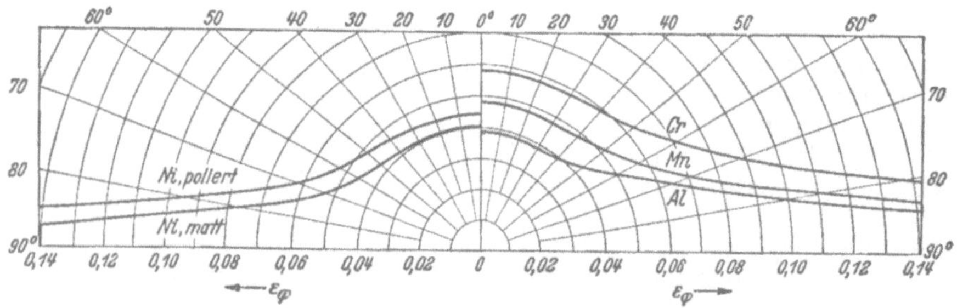

Abb. 215. Richtungsverteilung der Wärmestrahlung einiger Metalle.

Für die Zwecke der Wärmeübertragung genügt es in der Regel, das Emissionsverhältnis ε als unabhängig von der Wellenlänge, die strahlenden Körper also als *grau* anzusehen. Dann kann man das Stefan-Boltzmannsche Gesetz der Gesamtstrahlung in der Form

$$E = \varepsilon C_s \left(\frac{T}{100}\right)^4 = C \left(\frac{T}{100}\right)^4 \quad (505)$$

auf alle Körper anwenden, wobei C ihre Strahlungskonstante ist.

Die Richtungsverteilung der Strahlung weicht, wie Messungen von E. Schmidt und Eckert[1] gezeigt haben, bei vielen Körpern erheblich vom Lambertschen Cosinusgesetz ab. Abb. 214 bis 216 zeigen die gemessenen Emissionsverhältnisse ε_φ einiger Körper in Polardiagrammen.

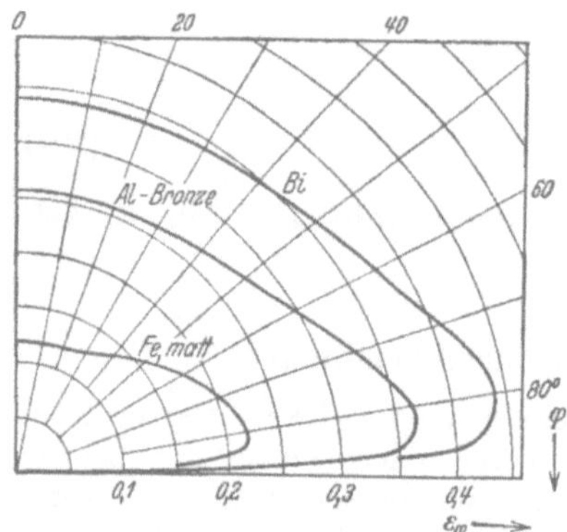

Abb. 216. Richtungsverteilung der Wärmestrahlung von Wismut, mattblankem Eisen und Aluminium-Bronze-Lackanstrich.

[1] Forschung, Bd. 6 (1935), S. 175.

Das Lambertsche Cosinusgesetz wird dabei durch eine Halbkugel über der strahlenden Fläche dargestellt. Man erkennt, daß in der Nähe der streifenden Emission die Nichtleiter erheblich weniger, die blanken Metalle aber erheblich mehr strahlen als in Richtung der Flächennormalen. Das Emissionsverhältnis ε für die Gesamtstrahlung ist daher verschieden von dem Emissionsverhältnis ε_n in Richtung der Flächennormalen.

In Tab. 50 sind die Emissionsverhältnisse einiger Oberflächen bei der Temperatur t angegeben.

115. Der Wärmeaustausch durch Strahlung.

Bisher betrachteten wir die Strahlung eines einzigen Körpers. In der Regel haben wir es aber mit zwei Körpern zu tun, die miteinander im Strahlungsaustausch stehen. Dabei bestrahlt nicht nur der wärmere den kälteren, sondern auch der kältere den wärmeren, und die übertragene Wärme ist die Differenz der jeweils absorbierten Anteile dieser beiden Strahlungsbeträge.

Als einfachsten Fall betrachten wir den Wärmeaustausch durch Strahlung zwischen zwei parallelen ebenen sehr großen Flächen 1 und 2 mit den Temperaturen T_1 und T_2, den Emissionsverhältnissen ε_1 und ε_2 oder den Strahlungskonstanten C_1 und C_2. Dann emittieren nach dem Stefan-Boltzmannschen Gesetz die beiden Flächen die Strahlungen

$$E_1 = \varepsilon_1 C_s \left(\frac{T_1}{100}\right)^4 \quad \text{und} \quad E_2 = \varepsilon_2 C_s \left(\frac{T_2}{100}\right)^4. \qquad (506)$$

Da beide Flächen aber nicht schwarz sind, wird die von 1 auf 2 fallende Strahlung dort teilweise reflektiert, der zurückgeworfene Teil fällt wieder auf 1, wird dort teilweise reflektiert, dieser Teil fällt wieder auf 2 usw. Das gleiche gilt für die Strahlung der Fläche 2. Es findet also ein dauerndes Hin- und Herwerfen von immer kleiner werdenden Strahlungsbeträgen statt, deren absorbierte Teile alle zur Wärmeübertragung beitragen. Man kann die übertragene Wärme durch Summieren aller dieser Einzelbeträge ermitteln, einfacher kommt man aber in folgender Weise zum Ziel:

Die gesamte je Flächeneinheit von jeder der beiden Oberflächen ausgehende Strahlung bezeichnen wir mit H_1 und H_2. Im sichtbaren Bereich würde man von *Helligkeit* der Flächen sprechen, und wir wollen diesen Begriff hier auf die Gesamtstrahlung übertragen. In H_1 und H_2 sind außer der eigenen Emission der Flächen auch alle an ihnen reflektierten Strahlungsbeträge enthalten.

Die ausgetauschte Wärmestromdichte ist dann gleich dem Unterschied

$$q_{12} = H_1 - H_2$$

der Gesamtstrahlung beider Richtungen. Die von der Fläche 1 ausgehende Strahlung besteht aus der eigenen Emission E_1 und dem an ihr reflektierten Bruchteil der Strahlung H_2 nach der Gleichung

$$H_1 = E_1 + (1 - \varepsilon_1) H_2.$$

Tabelle 50.

Emissionsverhältnis ε_n der Strahlung in Richtung der Flächennormalen und ε der Gesamtstrahlung für verschiedene Körper bei der Temperatur t nach Messungen von E. Schmidt[1] und von E. Schmidt und E. Eckert[2]. Bei Metallen nimmt das Emissionsverhältnis mit steigender Temperatur zu, bei nichtmetallischen Körpern (Metalloxyde, organische Körper) in der Regel etwas ab. Soweit genauere Messungen nicht vorliegen, kann für blanke Metalloberflächen im Mittel $\varepsilon/\varepsilon_n = 1{,}2$, für andere Körper bei glatter Oberfläche $\varepsilon/\varepsilon_n = 0{,}95$, bei rauher Oberfläche $\varepsilon/\varepsilon_n = 0{,}98$ gesetzt werden.

Oberfläche	t	ε_n	ε
Gold, Silber poliert	20°	0,020—0,030	
Kupfer, poliert	20°	0,030	
„ , „ leicht angelaufen	20°	0,037	
„ geschabt	20°	0,070	
„ schwarz oxydiert	20°	0,78	
„ oxydiert	130°	0,76	0,725
Aluminium, walzblank	170°	0,039	0,049
Aluminiumbronzeanstrich	100°	0,20—0,40	
Nickel, blank matt	100°	0,041	0,046
„ poliert	100°	0,045	0,053
Manganin, walzblank	118°	0,048	0,057
Chrom, poliert	150°	0,058	0,071
Eisen, blank geätzt	150°	0,128	0,158
„ blank abgeschmirgelt	20°	0,24	
„ rot angerostet	20°	0,61	
„ Walzhaut	20°	0,77	
„ Gußhaut	100°	0,80	
„ stark verrostet	20°	0,85	
Zink, grau oxydiert	20°	0,23—0,28	
Blei, grau oxydiert	20°	0,28	
Wismut, blank	80°	0,340	0,366
Korund-Schmirgel, rauh	80°	0,855	0,84
Ton, gebrannt	70°	0,91	0,86
Heizkörperlack	100°	0,925	
Mennigeanstrich	100°	0,93	
Emaille, Lacke	20°	0,85—0,95	
Ziegelstein, Mörtel, Putz	20°	0,93	
Porzellan	20°	0,92—0,94	
Glas	90°	0,940	0,876
Eis, glatt, Wasser	0°	0,966	0,918
Eis, rauher Reifbelag	0°	0,985	
Wasserglasrußanstrich	20°	0,96	
Papier	95°	0,92	0,89
Holz	70°	0,935	0,91
Dachpappe	20°	0,93	

Entsprechend gilt für die von der Fläche 2 ausgehende Strahlung

$$H_2 = E_2 + (1 - \varepsilon_2)\, H_1\,.$$

Berechnet man aus den beiden letzten Gleichungen H_1 und H_2 und setzt in die vorhergehende Gleichung ein, so wird

$$q_{12} = \frac{\varepsilon_2 E_1 - \varepsilon_1 E_2}{\varepsilon_2 + \varepsilon_1 - \varepsilon_1 \varepsilon_2}$$

---

[1] Wärmestrahlung technischer Oberflächen bei gewöhnlicher Temperatur. München: Oldenbourg-Verlag 1927.

[2] Forschung Bd. 6 (1935), S. 175.

oder wenn man E_1 und E_2 nach Gl. (506) einsetzt

$$q_{12} = \frac{C_s}{\frac{1}{\varepsilon_1} + \frac{1}{\varepsilon_2} - 1} \left[\left(\frac{T_1}{100}\right)^4 - \left(\frac{T_2}{100}\right)^4\right] = C_{12}\left[\left(\frac{T_1}{100}\right)^4 - \left(\frac{T_2}{100}\right)^4\right]. \quad (507)$$

Dabei bezeichnet man

$$C_{12} = \frac{C_s}{\frac{1}{\varepsilon_1} + \frac{1}{\varepsilon_2} - 1} = \frac{1}{\frac{1}{C_1} + \frac{1}{C_2} - \frac{1}{C_s}} \quad (507\,\mathrm{a})$$

als *Strahlungsaustauschkonstante*, sie ist stets kleiner als die Strahlungskonstante jedes der beiden Körper. Ist eine der Oberflächen, z. B. die erste schwarz, so wird $C_{12} = C_2$, sind beide schwarz, so wird $C_{12} = C_s$.

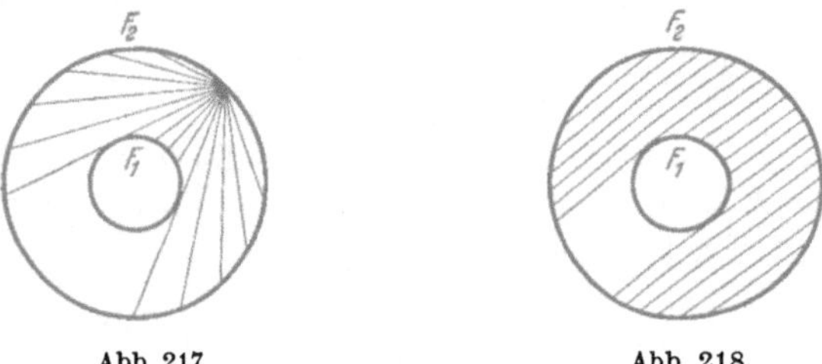

Abb. 217.   Abb. 218.

Abb. 217 u. 218. Strahlungsaustausch zwischen konzentrischen Flächen.

Als nächsten Fall betrachten wir zwei im Strahlungsaustausch stehende, einander vollständig umschließende konzentrische Kugeln oder Zylinder nach Abb. 217 und 218. Die beiden einander zugekehrten Oberflächen F_1 und F_2 sollen diffus reflektieren und das Lambertsche Cosinusgesetz befolgen. Dann fällt von der Strahlung des Körpers 2 nur der Bruchteil φ auf 1, und der Bruchteil $1 - \varphi$ fällt auf 2 selbst zurück. Andererseits wird ein Flächenelement von 2 auch nur zum Bruchteil φ von 1 und zum Bruchteil $1 - \varphi$ von 2 angestrahlt.

Den Bruchteil φ erhält man in folgender Weise: Von jedem Punkt der Fläche 2 gehen nach allen Richtungen des Halbraumes Strahlen aus. Die Gesamtheit dieser Strahlen gruppieren wir nun zu lauter Bündeln von Parallelstrahlen nach Abb. 218, deren jedes einer Richtung des Raumes zugeordnet ist. Von jedem dieser Bündel, dessen Querschnitt die Projektion der Kugel 2 ist, fällt ein Teil auf die Kugel 1, der ihrem projizierten Querschnitt entspricht. Da die Projektionen im gleichen Verhältnis stehen wie die Flächen selbst, ist

$$\varphi = \frac{F_1}{F_2}.$$

Dasselbe Ergebnis erhält man durch die gleichen Überlegungen für konzentrische Zylinder, und man kann diesen Wert von φ näherungsweise auch auf andere einander vollständig umhüllende Flächen anwenden.

26*

Sind wieder H_1 und H_2 die Helligkeiten der beiden Oberflächen, so geht von der Fläche F_1 die Wärmemenge $F_1 H_1$, von der Fläche F_2 die Wärmemenge $F_2 H_2$ aus, von der letzten fällt aber nur der Betrag

$$\varphi F_2 H_2 = F_1 H_2$$

auf F_1, und die übertragene Wärmemenge ist dann

$$\mathfrak{q}_{12} \cdot F_1 = \mathfrak{Q}_{12} = F_1 (H_1 - H_2),$$

und für H_1 gilt wie früher

$$H_1 = E_1 + (1 - \varepsilon_1) H_2.$$

Bei H_2 besteht die reflektierte Strahlung aber aus zwei Teilen, von denen der eine die von 1 kommende Strahlung φH_1, der andere die von 2 wieder auf 2 zurückfallende Strahlung $(1 - \varphi) H_2$ berücksichtigt. Dann gilt

$$H_2 = E_2 + (1 - \varepsilon_2)\varphi H_1 + (1 - \varepsilon_2)(1 - \varphi) H_2.$$

Entfernt man aus diesen drei Gleichungen wieder H_1 und H_2 und setzt $\varphi = F_1/F_2$ sowie E_1 und E_2 aus Gl. (506) ein, so gilt für den Strahlungsaustausch solcher Flächenpaare

$$\mathfrak{q}_{12} = \frac{\mathfrak{Q}_{12}}{F_1} = \frac{C_s}{\dfrac{1}{\varepsilon_1} + \dfrac{F_1}{F_2}\left(\dfrac{1}{\varepsilon_2} - 1\right)}\left[\left(\frac{T_1}{100}\right)^4 - \left(\frac{T_2}{100}\right)^4\right] = C_{12}\left[\left(\frac{T_1}{100}\right)^4 - \left(\frac{T_2}{100}\right)^4\right], \quad (508)$$

wobei

$$C_{12} = \frac{C_s}{\dfrac{1}{\varepsilon_1} + \dfrac{F_1}{F_2}\left(\dfrac{1}{\varepsilon_2} - 1\right)} = \frac{1}{\dfrac{1}{C_1} + \dfrac{F_1}{F_2}\left(\dfrac{1}{C_2} - \dfrac{1}{C_s}\right)} \qquad (508\,\mathrm{a})$$

die Strahlungsaustauschzahl ist. Wenn $F_2 \gg F_1$ ist, wird $C_{12} = C_1$, d. h. dann ist die Strahlungszahl der Fläche F_2 gleichgültig. Dieser Fall trifft z. B. auf ein Thermometer zu, das im Strahlungsaustausch mit den Zimmerwänden steht.

Bei einander nicht umschließenden Flächen ist die Berechnung des Strahlungsaustausches verwickelter. In Abb. 219 seien df_1 und df_2 Elemente zweier solcher beliebig im Raum liegenden Flächen mit den Temperaturen T_1 und T_2, den Emissionsverhältnissen ε_1 und ε_2 und der Entfernung r.

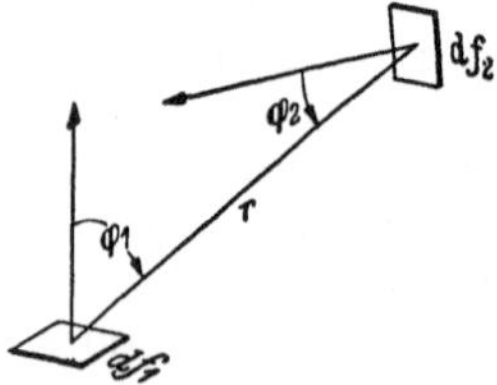

Abb. 219. Strahlungsaustausch zweier Flächenelemente.

Das Element df_1 strahlt dann im ganzen die Wärmemenge

$$\varepsilon_1 E_s df_1 = \varepsilon_1 C_s \left(\frac{T_1}{100}\right)^4 df_1$$

aus, davon fällt je Raumwinkeleinheit in die Richtung φ_1 der Betrag

$$\frac{\varepsilon_1}{\pi} E_s \cos \varphi_1 df_1 .$$

Auf das Element df_2, das von df_1 gesehen den Raumwinkel

$$d\Omega = \frac{df_2 \cos \varphi_2}{r^2}$$

ausfüllt, trifft dann

$$\frac{\varepsilon_1}{\pi} E_s \cos \varphi_1 df_1 d\Omega = \frac{\varepsilon_1}{\pi} E_s \frac{\cos \varphi_1 \cos \varphi_2}{r^2} df_1 df_2,$$

hiervon absorbiert df_2 den Betrag

$$\frac{\varepsilon_1 \varepsilon_2}{\pi} E_s \frac{\cos \varphi_1 \cos \varphi_2}{r^2} df_1 df_2 = \frac{\varepsilon_1 \varepsilon_2}{\pi} C_s \left(\frac{T_1}{100}\right)^4 \frac{\cos \varphi_1 \cos \varphi_2}{r^2} df_1 df_2.$$

In gleicher Weise kann man die von df_1 absorbierte Strahlung des Elementes df_2 ausrechnen und erhält

$$\frac{\varepsilon_1 \varepsilon_2}{\pi} C_s \left(\frac{T_2}{100}\right)^4 \frac{\cos \varphi_1 \cos \varphi_2}{r^2} df_1 df_2.$$

Die Differenz dieser Beträge ist die ausgetauschte Wärmemenge

$$d^2 \mathfrak{Q}_{12} = \frac{\varepsilon_1 \varepsilon_2}{\pi} C_s \left[\left(\frac{T_1}{100}\right)^4 - \left(\frac{T_2}{100}\right)^4\right] \frac{\cos \varphi_1 \cos \varphi_2}{r^2} df_1 df_2. \tag{509}$$

Für endliche Flächen ergibt die Integration die ausgetauschte Wärme

$$\mathfrak{Q}_{12} = \frac{\varepsilon_1 \varepsilon_2}{\pi} C_s \left[\left(\frac{T_1}{100}\right)^4 - \left(\frac{T_2}{100}\right)^4\right] \iint\limits_{f_1\, f_2} \frac{\cos \varphi_1 \cos \varphi_2}{r^2} df_1 df_2. \tag{509a}$$

Das über beide Flächen f_1 und f_2 zu erstreckende Doppelintegral ist dabei eine Größe, die nur von der räumlichen Anordnung der Flächen abhängt. Bei dieser Rechnung ist die Reflexion unberücksichtigt geblieben, d. h. es ist nicht beachtet, daß ein Teil der z. B. von f_1 kommenden und an f_2 reflektierten Strahlung wieder auf f_1 zurückgeworfen wird, hier teils absorbiert, teils reflektiert wird usw. Der Ausdruck gilt daher nur, wenn diese wieder zurückgeworfenen Beträge klein gegen die ursprüngliche Emission sind. Das ist der Fall, wenn die Oberflächen wenig reflektieren, also in ihren Eigenschaften dem schwarzen Körper nahekommen oder, wenn die Raumwinkel, unter denen die Flächen voneinander gesehen erscheinen, klein sind. In der Feuerungstechnik, wo man solche Berechnungen der gegenseitigen Zustrahlung braucht, haben die Flächen meist Emissionsverhältnisse von 0,8 bis 0,9, so daß Gl. (509a) anwendbar ist. Die unbequeme Integration kann man oft dadurch umgehen, daß man für $\cos \varphi_1$, $\cos \varphi_2$ und r mittlere geschätzte Werte einsetzt[1].

116. Die Strahlung beim Wärmedurchgang durch Luftschichten.

Die Wärmestrahlung ist schon bei Zimmertemperatur von wesentlicher Bedeutung für den Wärmedurchgang durch Luftschichten, da diese Wärmestrahlen ungeschwächt durchlassen. Bei nicht zu großen

---

[1] Vgl. ECKERT, E.: Technische Strahlungsaustauschrechnungen. VDI-Verlag, Berlin 1937.

Tabelle 51. Temperaturfaktor $a = \dfrac{(T_1/100)^4 - (T_2/100)^4}{T_1 - T_2}$ in grd^3 nach Gl. (511) zur Berechnung des Strahlungsaustausches.

$t_2 =$	-273	-200	-100	0	100	200	300	400	500	600	700	800	900	$1000°$
$t_1 = -273°$	0													
$-200°$	0,0039	0,0156												
$-100°$	0,0518	0,0867	0,207											
$0°$	0,2034	0,2764	0,465	0,814										
$100°$	0,519	0,644	0,923	1,380	2,076									
$200°$	1,058	1,251	1,630	2,225	3,07	4,233								
$300°$	1,882	2,155	2,673	3,408	4,42	5,77	7,53							
$400°$	3,05	3,418	4,08	4,99	6,19	7,75	9,73	12,19						
$500°$	4,62	5,10	5,94	7,03	8,44	10,23	12,46	15,19	18,48					
$600°$	6,66	7,24	8,28	9,59	11,30	13,27	15,77	18,70	22,38	26,61				
$700°$	9,21	9,96	11,19	12,72	14,62	16,92	19,71	23,04	26,96	31,55	36,84			
$800°$	12,35	13,26	14,72	16,50	18,66	21,26	24,36	28,01	32,29	37,29	42,93	49,5		
$900°$	16,14	17,21	18,92	20,97	23,42	26,33	29,76	33,76	38,41	43,75	49,85	56,8	64,6	
$1000°$	20,45	21,88	23,87	26,21	28,96	32,20	35,98	40,35	45,38	51,1	57,6	65,0	73,3	82,6

Temperaturunterschieden ist es zweckmäßig, die Strahlung durch Gleichungen ähnlicher Art auszudrücken wie die durch Leitung und Konvektion übertragene Wärme. Dazu führt man eine Wärmeübergangszahl der Strahlung α_s ein nach der Gleichung

$$\left.\begin{aligned}\mathfrak{Q} &= \alpha_s F(T_1 - T_2) = \\ &= F C_{12}\left[\left(\frac{T_1}{100}\right)^4 - \left(\frac{T_2}{100}\right)^4\right],\end{aligned}\right\} \quad (510)$$

wobei

$$\alpha_s = C_{12}\frac{\left(\dfrac{T_1}{100}\right)^4 - \left(\dfrac{T_2}{100}\right)^4}{T_1 - T_2} = C_{12}\cdot a \quad (511)$$

ist. Für den nur von den beiden Temperaturen T_1 und T_2 abhängigen Ausdruck a erhält man

$$\left.\begin{aligned}a &= 10^{-8}\left[T_1^3 + T_1^2 T_2 + \right.\\ &\left.\quad + T_1 T_2^2 + T_2^3\right] = \\ &= 10^{-8}\cdot 4\cdot T_m^3,\end{aligned}\right\} \quad (511\,a)$$

wobei T_m ein geeigneter zwischen T_1 und T_2 liegender Mittelwert ist, der bei kleinen Temperaturunterschieden gleich $\frac{T_1 + T_2}{2}$ gesetzt werden kann.

In Tab. 51 sind Werte von a für eine Reihe von Temperaturen

$$t_1 = T_1 - 273°$$
$$\text{und} \quad t_2 = T_2 - 273°$$

ausgerechnet. In der Nähe der Zimmertemperatur ist $a \approx 1$, mit steigender Temperatur nimmt es stark zu. Der andere Faktor von α_s, die Strahlungsaustauschzahl C_{12}, hängt von den Strahlungszahlen der beiden die Luftschicht begrenzenden Oberflächen ab.

Um einen Überblick über die Größe der Strahlung im Vergleich zu der Wärmeübertragung durch Leitung und Konvektion in einer senkrechten Luftschicht zu gewinnen, wollen wir die einzelnen Anteile für Luftschichten verschiedener Dicke δ und bei

Temperaturen der Begrenzungen von $t_1 = 30\,°C$ und $t_2 = 10°$ ausrechnen. Dazu ergibt sich $a = 1,01\ \text{grd}^3$. Die beiden Begrenzungsflächen der Luftschicht sollen einmal aus Körpern hoher Strahlungszahl (wie Holz, Mauerwerk, Glas, oxydiertem Metall usw.) mit einem Emissionsverhältnis von $\varepsilon = 0,90$, das andere Mal aus Körpern niederer Strahlungszahl (blankem Metall, z. B. Aluminium) mit einem Emissionsverhältnis von $\varepsilon = 0,05$ bestehen. Nach Gl. (507a) ist die Strahlungsaustauschzahl im ersten Falle $C_{12} = 4,05\ \text{kcal/m}^2\ \text{h grd}^4$, im zweiten $0,127\ \text{kcal/m}^2\ \text{h grd}^4$, und die entsprechenden Wärmeübergangszahlen der Strahlung sind $\alpha_s = 4,09\ \text{kcal/m}^2\ \text{h grd}$ und $0,128\ \text{kcal/m}^2\ \text{h grd}$.

Zum Vergleich der Wärmeübertragung durch Strahlung und durch natürliche Konvektion mit dem durch Leitung in der ruhenden Luft, die bei $+20°$ Mitteltemperatur die Wärmeleitzahl $\lambda = 0,0215\ \text{kcal/m h grd}$ hat, führen wir *scheinbare Wärmeleitzahlen* $\lambda_s = \alpha_s \cdot \delta$ der Strahlung und λ_k der Konvektion ein. Diese scheinbaren Wärmeleitzahlen müßten den Luftraum ausfüllende feste Körper haben, um dieselbe Wärmemenge zu übertragen, wie sie zusätzlich über die Leitung in der ruhenden Luft hinaus durch Strahlung und durch Konvektion übertragen wird. Die Summe aller drei Beträge ist dann die äquivalente oder wirksame Wärmeleitzahl

$$\lambda_w = \lambda + \lambda_k + \lambda_s \tag{512}$$

der Luftschicht.

Tabelle 52. *Aufteilung des Wärmedurchganges durch eine Luftschicht von 20° Mitteltemperatur bei Begrenzung durch Oberflächen hoher Strahlungszahl ($\varepsilon = 0,90$) und niederer Strahlungszahl (Aluminium $\varepsilon = 0,05$).*

Dicke	λ	λ_k	λ_s in kcal/m h grd		λ_w in kcal/m h grd		λ_w/λ	
m	kcal/m h grd	kcal/m h grd	$\varepsilon = 0,9$	$\varepsilon = 0,05$	$\varepsilon = 0,9$	$\lambda = 0,05$	$\varepsilon = 0,9$	$\varepsilon = 0,05$
0,001	0,0215	0,000	0,00409	0,000128	0,0256	0,0216	1,19	1,005
0,01	0,0215	0,002	0,0409	0,00128	0,0644	0,0248	3,00	1,15
0,02	0,0215	0,01	0,0818	0,00256	0,1133	0,0341	5,28	1,59
0,05	0,0215	0,04	0,205	0,0064	0.2665	0,0679	12,40	3,16
0,10	0,0215	0,10	0,409	0,0128	0,5305	0,1343	24,70	6,25

In Tab. 52 sind diese Beträge für verschiedene Dicken der Luftschicht angegeben, wobei λ_k den Versuchen verschiedener Beobachter bei Temperaturgefällen von etwa 10° bis 20° entnommen ist.

Hauptsächlich durch die Wärmestrahlung wird also, wie die vorletzte Spalte der Tabelle zeigt, bei Begrenzung durch Oberflächen hoher Strahlungszahl der Wärmedurchgang durch eine Luftschicht von 20° Mitteltemperatur schon bei 1 cm Schichtdicke verdreifacht und wächst bei größerer Schichtdicke auf ein Vielfaches an. Die Konvektion ist an diesem Anstieg, wie die Spalte 3 zeigt, weniger, bei Schichtdicken bis 2 cm nur in sehr geringem Maße beteiligt. Bei Begrenzung durch blanke Metalle nimmt dagegen der Wärmedurchgang durch die Luftschicht bis zu Schichtdicken von 2 cm sehr viel weniger zu. Von dieser Tatsache wird Gebrauch gemacht bei dem von E. Schmidt[1] angegebenen Wärme-

---

[1] Z. VDI. Bd. 71 (1927), S. 1395.

isolierverfahren, das Aluminiumfolien zur Begrenzung und Unterteilung von Luftschichten verwendet (Alfol-Isolierung). Die Begrenzung durch blanke Metalle macht also den guten Wärmeschutz der Luft noch bis zu Schichtdicken von einigen Zentimetern wirksam.

Der relative Konvektionsanteil λ_k/λ ist natürlich nicht nur von der Dicke der Luftschicht abhängig, wie wir das zur ersten Orientierung in Tab. 52 angenommen hatten, sondern er ist für Luftschichten, deren Flächenabmessungen groß gegen ihre Dicke sind, eine Funktion der mit der Dicke δ der Schicht und dem Temperaturunterschied Θ ihrer Begrenzungsflächen gebildeten Grashof-Zahl $\delta^3 g \beta \Theta / \nu^2$.

Da λ_k/λ mit steigender Grashof-Zahl zunimmt, erkennt man, daß eine Zunahme des Temperaturgefälles in demselben Sinne wirkt wie eine Vergrößerung der Schichtdicke, wenn auch — der Verschiedenheit der Exponenten entsprechend — in geringerem Maße. Bezieht man auch Flüssigkeiten mit ihrer erheblich von 1 abweichenden Prandtlschen Zahl in die Betrachtung ein, so wird λ_k/λ eine Funktion des Produkts $Gr \cdot Pr$, wie wir das bei der schleichenden Bewegung gefunden hatten.

Für verschiedene Arten von Luftschichten (eben und zylindrisch, in waagerechter, senkrechter und geneigter Lage) hat NIEMANN[1] auf Grund der vorliegenden Versuchswerte solche Funktionen zusammengestellt und Kurventafeln zur bequemen Berechnung der wirksamen Wärmeleitzahl von Luftschichten angegeben.

Aufgabe 43. Die Wand eines Kühlhauses besteht aus folgenden Schichten:
einer äußeren Ziegelmauer von 50 cm Dicke   ($\lambda = 0{,}75$ kcal/m h grd)
„ Korksteinisolierung von 10 cm Dicke   ($\lambda = 0{,}04$ „   „)
„ inneren Betonschicht von 5 cm Dicke   ($\lambda = 1{,}0$ „   „).
Die Temperatur der Außenluft beträgt 25°, die der Luft im Innern −5°. Die Wärmeübergangszahl ist auf der Außenseite der Wand $\alpha_a = 20$ kcal/m² h grd, auf der Innenseite $\alpha_i = 7$ kcal/m² h grd.
Wieviel Wärme strömt stündlich durch einen m² Wand hindurch?

Aufgabe 44. Ein Wasservorwärmer besteht aus vier versetzt hintereinanderliegenden Rohrreihen mit je 10 Stahlrohren von 50 mm innerem und 56 mm äußerem Durchmesser, einer Länge der einzelnen Rohre von 2 m und einem lichten Abstand von 50 mm zwischen benachbarten Rohren.
Durch das Rohrbündel strömen Rauchgase im Querstrom mit einer mittleren Geschwindigkeit von 6 m/s (bezogen auf den zwischen den Rohren freigebliebenen Querschnitt), in den Rohren strömt Wasser mit einer mittleren Geschwindigkeit von 0,15 m/s.
Wie groß sind die Wärmeübergangszahlen an der Rauchgas- und der Wasserseite der Rohre, wenn für die Rauchgase die Eigenschaften von Luft bei normalem Atmosphärendruck und eine mittlere Temperatur von 325°, für das Wasser eine mittlere Temperatur von 175° angenommen wird? Welche Abkühlung erfahren die Rauchgase? Um wieviel erwärmt sich das Wasser, wenn es alle Rohre nacheinander durchströmt?

Aufgabe 45. Ein Feuerbett von 4 m² Fläche und einer Temperatur von 1300° C strahlt eine Kesselheizfläche von 200° an. Die Verbindungslinie von Feuerbettmitte zu Heizflächenmitte ist 5 m lang, sie steht senkrecht auf der Heizfläche und ist gegen die Normale der Feuerbettebene um 30° geneigt. Die Entfernung des Feuerbettes von der Heizfläche ist also so groß, daß für alle Teile beider Flächen im Durchschnitt derselbe Neigungswinkel wie für die Verbindungslinie der Flächenmitten angesetzt werden kann. Die Strahlungszahl des Feuerbettes beträgt $\varepsilon_1 = 0{,}95$, die der Heizfläche $\varepsilon_2 = 0{,}80$.
Wie groß ist die je m² Heizfläche durch Strahlung übertragene Wärmemenge?

---

[1] H. NIEMANN, Ges. Ing. Bd. 69 (1948), S. 224.

XIX. Dampf-Gas-Gemische.

117. Allgemeines.

Mischungen von Gasen mit leicht kondensierenden Dämpfen kommen in Physik und Technik häufig vor. Das größte und wichtigste Beispiel ist die Atmosphäre. Die meteorologischen Vorgänge — das Wetter — werden entscheidend bestimmt durch die Aufnahme und das Wiederausscheiden von Wasser aus dem Luftmeer. In der Technik sind alle Trocknungsvorgänge und das ganze Gebiet der Klimatisierung Anwendungen der Gesetze der Dampfluftgemische. Ein Beispiel mit einem anderen Dampf ist die Bildung des Brennstoffdampf-Luftgemisches bei Verbrennungsmotoren. Wir wollen uns hier im wesentlichen auf den wichtigsten Fall der Wasserdampf-Luftgemische beschränken. Die allgemeinen Beziehungen gelten aber auch für Gemische anderer Gase und Dämpfe.

Im folgenden setzen wir für die Luft oder das Gas die Eigenschaften eines vollkommenen, in den betrachteten Zustandsbereichen nicht kondensierbaren Gases voraus. Auch der Dampf soll sich abgesehen von seiner Verflüssigung wie ein vollkommenes Gas verhalten. Weiter sei angenommen, daß der verflüssigte Dampf das Gas nicht in wesentlicher Menge löst (also nicht wie etwa bei Ammoniakgas-Wasserdampfgemischen). Zum Unterschied vom Verdampfen und Kondensieren reinen Dampfes, wobei der Sättigungsdruck gleich dem Gesamtdruck ist, wollen wir bei Dampfgasgemischen von *Verdunsten* und *Tauen* sprechen, wenn der Sättigungsdruck nur einen Teil des Gesamtdruckes ausmacht.

Für das Dampfgasgemisch gelten die Gesetze der Gasgemische, insbesondere das Daltonsche Gesetz (vgl. S. 42), aber mit der Einschränkung, daß der Teildruck des Dampfes im allgemeinen durch seinen Sättigungsdruck bei der betr. Temperatur begrenzt ist. Unter Umständen, z. B. in der Atmosphäre kann allerdings der Teildruck des Dampfes den Sättigungsdruck überschreiten (Übersättigung, Unterkühlung des Dampfes), aber ein solcher Zustand ist metastabil (vgl. S. 215) und geht in der Regel bald unter Ausscheidung von Flüssigkeit in den stabilen Zustand über.

Bei Zustandsänderungen von Dampfluftgemischen bleibt die beteiligte Luftmenge dieselbe, es ändert sich nur die zugemischte Dampfmenge durch Tauen oder Verdunsten. Deshalb hat es sich als zweckmäßig erwiesen, alle spezifischen Zustandsgrößen auf 1 kg *trockene* Luft als Mengeneinheit zu beziehen und nicht auf 1 kg Gemisch. Einem Kilogramm trockener Luft seien dann x kg Wasser als Dampf oder auch in flüssiger Form zugesetzt, wobei wir x als *Feuchtegrad*[1] bezeichnen. Der Feuchtegrad kann zwischen 0 und ∞ liegen. Alle Zustandsänderungen sollen bei konstantem Druck, der gewöhnlich der atmosphärische ist,

---

[1] Als kurze Bezeichnung für x schlage ich „Feuchtegrad" vor. Im Feuchtegrad ist also der Gehalt des Gemisches an Wasser in kondensierter Form (als Nebel, Schnee, flüssiger oder fester Bodenkörper) eingeschlossen.

erfolgen. Es sei

p_0 der Gesamtdruck des Gemisches (in der Regel der atmosphärische),

p der Teildruck des Dampfes,

p_0-p der Teildruck der Luft des Gemisches,

p' der Sättigungsdruck des Dampfes bei der gegebenen Temperatur,

x der Feuchtegrad, d. h. der Wassergehalt des Gemisches in kg Dampf und Wasser je kg trockene Luft,

x' der Dampfgehalt des Gemisches bei Sättigung,

M_d = 18,02 das Molekulargewicht des Dampfes,

M_l = 28,96 das Molekulargewicht der Luft,

R_d = 47,06 mkp/kg grd die Gaskonstante des Dampfes,

R_l = 29,27 mkp/kg grd die Gaskonstante der Luft,

c_{pd} = 0,46 kcal/kg grd die spez. Wärme des Dampfes bei konstantem Druck,

c_{pl} = 0,240 kcal/kg grd die spez. Wärme der Luft bei konstantem Druck,

r = 597 kcal/kg die Verdampfungswärme des Wassers bei 0 °C.

Dabei sind für die kalorischen Größen abgerundete Werte eingesetzt, und die Temperaturabhängigkeit der spezifischen Wärmen ist vernachlässigt, da sich die Überlegungen ohnehin nur auf einen begrenzten Temperaturbereich von vielleicht — 60° bis + 100° beziehen.

Als relatives Maß für den Dampfgehalt benutzen wir den

$$\text{\textit{Sättigungsgrad }} \psi = x/x'. \tag{513}$$

In der Meteorologie wird dagegen meist mit der

$$\text{\textit{relativen Feuchte }} \varphi = p/p' \tag{514}$$

gerechnet, was aber für uns weniger zweckmäßig ist. Zwischen beiden Größen besteht, wie man leicht erkennt, die Beziehung

$$\psi : \varphi = (p_0 - p') : (p_0 - p). \tag{515}$$

Da bei atmosphärischen Vorgängen p und p' klein gegen p_0 sind, weichen beide Größen, besonders in der Nähe der Sättigung nur wenig voneinander ab.

Für die Enthalpie i_{1+x} des Gemisches aus 1 kg trockener Luft und x kg Dampf gilt

$$i_{1+x} = c_{pl}\, t + x(c_{pd}\, t + r) \tag{516}$$

und im besonderen für Wasserdampf-Luftgemische

$$i_{1+x} = 0{,}24\, \frac{\text{kcal}}{\text{kg grd}} \cdot t + x\left(0{,}46\, \frac{\text{kcal}}{\text{kg grd}}\, t + 597\, \frac{\text{kcal}}{\text{kg}}\right). \tag{516a}$$

Bei Sättigung ist damit

$$i_{1+x'} = c_{pl}\, t + x'\, (c_{pd}\, t + r)\,. \tag{516b}$$

Enthält das Gemisch mehr Feuchtigkeit als der Sättigung entspricht, so gilt bei Übersättigung Gl. (516) auch über den Sättigungsgehalt hinaus. Ist dagegen der Teil $x - x'$ etwa in Form von Nebeltröpfchen oder als Schnee oder auch als Bodenkörper in dem Gemisch enthalten, so ist die Enthalpie bei flüssigem Wasser

$$i_{1+x} = i_{1+x'} + (x - x')\, c_w t\,, \tag{517}$$

bei Eis

$$i_{1+x} = i_{1+x'} - (x - x')\, (s - c_e t)\,, \tag{517a}$$

dabei ist $c_w =\ \ 1{,}00$ kcal/kg grd die spez. Wärme des Wassers,

$\qquad\ c_e =\ \ 0{,}50$ kcal/kg grd die des Eises und

$\qquad\ s\ \ =79{,}7\ \ $ kcal/kg die Schmelzwärme des Eises bei $0\,°\mathrm{C}$.

Das Volum von $(1 + x)$ kg feuchter Luft ist für $x < x'$ und bei Übersättigung auch für $x > x'$

$$v_{1+x} = R_d\, (M_d/M_l + x)\, \frac{T}{p_0}\,, \tag{518}$$

also für Wasserdampf

$$v_{1+x} = 47{,}06\ \frac{\mathrm{mkp}}{\mathrm{kg\ grd}}\, (0{,}622 + x)\, \frac{T}{p_0}\,. \tag{518a}$$

Das spez. Volum für 1 kg Gemisch ist

$$v = \frac{v_{1+x}}{1 + x}\,. \tag{519}$$

Ist der Sättigungsüberschuß $x - x'$ in flüssiger oder fester Form im Gemisch enthalten, so bleibt das Volum praktisch dasselbe wie bei $x = x'$, da das Volum der kondensierten Phase gegen das des Dampfluftgemisches vernachlässigt werden kann.

In Tab. 53 sind die Teildrucke, Dampfgehalte und Enthalpien gesättigter feuchter Luft für Temperaturen zwischen -20 und $+100°$ und für einen Gesamtdruck von $p_0 = 1$ at angegeben. Sie wurden in folgender Weise ermittelt: Aus den Wasserdampftafeln des Anhanges erhält man zu einer gegebenen Temperatur t den Sättigungsdruck p' des Dampfes. Von einem gegebenen Gesamtdruck p_0 bleibt dann für die Luft der Teildruck $p_0 - p'$ übrig, bei dem 1 kg Luft nach der Zustandsgleichung das Volum $v = \dfrac{R_l T}{p_0 - p'}$. Die in diesem Volum gleichzeitig anwesende Dampfmenge x' ergibt sich dann aus $p'v = x' R_d T$ zu

$$x' = \frac{R_l}{R_d}\, \frac{p'}{p_0 - p'}\,. \tag{520}$$

Die Enthalpie bei Sättigung $i_{1+x'}$ ist schon oben in Gl. (516b) angegeben.

Tabelle 53. *Teildruck p′, Dampfgehalt x′ und Enthalpie $i_{1+x'}$, gesättigter feuchter Luft der Temperatur t, bezogen auf 1 kg trockene Luft bei einem Gesamtdruck von 1 kp/cm² (unter 0° über Eis).*

t °C.	p' kp/m²	Torr	x' kg/kg	$i_{1+x'}$ kcal/kg	t °C	p' kp/m²	Torr	x' kg/kg	$i_{1+x'}$ kcal/kg
−20	10,50	0,772	0,000654	−4,42	25	322,9	23,76	0,02077	18,6
−19	11,56	0,850	0,000720	−4,14	26	342,6	25,21	0,02209	19,6
−18	12,71	0,935	0,000792	−3,86	27	363,4	26,74	0,02347	20,7
−17	13,96	1,027	0,000870	−3,57	28	385,3	28,35	0,02493	21,9
−16	15,33	1,128	0,000955	−3,28	29	408,3	30,04	0,02649	23,2
−15	16,82	1,238	0,001048	−2,98	30	432,5	31,82	0,02814	24,4
−14	18,44	1,357	0,001150	−2,68	31	458,0	33,70	0,02988	25,7
−13	20,19	1,486	0,001260	−2,37	32	484,7	35,66	0,03169	27,1
−12	22,12	1,627	0,001379	−2,06	33	512,8	37,73	0,03364	28,5
−11	24,20	1,780	0,001509	−1,75	34	542,3	39,90	0,03569	30,0
−10	26,46	1,946	0,001650	−1,43	35	573,3	42,18	0,0379	31,6
− 9	28,89	2,125	0,001801	−1,10	36	605,7	44,56	0,0401	33,3
− 8	31,56	2,321	0,001969	−0,76	37	639,8	47,07	0,0425	35,0
− 7	34,43	2,532	0,002149	−0,41	38	675,5	49,69	0,0451	36,8
− 6	37,54	2,761	0,002343	−0,05	39	712,9	52,44	0,0478	38,7
− 5	40,90	3,008	0,002552	+0,31	40	752,0	55,32	0,0506	40,7
− 4	44,54	3,276	0,002781	0,69	41	793,0	58,34	0,0536	42,8
− 3	48,48	3,566	0,003030	1,08	42	836,0	61,50	0,0568	45,1
− 2	52,74	3,879	0,00330	1,48	43	880,9	64,80	0,0601	47,4
− 1	57,32	4,216	0,00359	1,89	44	927,9	68,26	0,0637	49,9
0	62,28	4,579	0,00390	2,33	45	977,1	71,88	0,0674	52,3
1	66,94	4,93	0,00420	2,75	46	1028,4	75,65	0,0714	55,2
2	71,93	5,29	0,00451	3,09	47	1082,1	79,60	0,0755	58,1
3	77,23	5,69	0,00485	3,62	48	1138,2	83,71	0,0799	61,0
4	82,89	6,10	0,00520	4,07	49	1196,7	88,02	0,0846	64,2
5	88,90	6,54	0,00558	4,51	50	1257,8	92,51	0,0895	67,5
6	95,30	7,01	0,00598	5,02	51	1321,6	97,20	0,0947	71,0
7	102,10	7,51	0,00642	5,53	52	1388,1	102,1	0,1003	74,8
8	109,32	8,05	0,00688	6,06	53	1457,5	107,2	0,1061	78,6
9	116,99	8,61	0,00736	6,59	54	1529,8	112,5	0,1123	82,8
10	125,13	9,21	0,00788	7,15	55	1605,1	118,0	0,1189	87,3
11	133,76	9,84	0,00844	7,72	56	1683,5	123,8	0,1259	92,2
12	142,91	10,52	0,00902	8,32	57	1765,3	129,8	0,1333	96,8
13	152,61	11,23	0,00964	8,93	58	1850,4	136,1	0,1412	102,0
14	162,89	11,99	0,01030	9,58	59	1939,0	142,6	0,1495	107,5
15	173,76	12,79	0,01100	10,2	60	2031	149,4	0,1585	113,3
16	185,27	13,63	0,01174	10,9	61	2127	156,4	0,1680	119,6
17	197,45	14,53	0,01254	11,6	62	2227	163,8	0,1783	126,4
18	210,3	15,48	0,01337	12,4	63	2330	171,4	0,1888	133,2
19	223,9	16,48	0,01425	13,2	64	2438	179,3	0,2005	141,0
20	238,3	17,54	0,01519	14,0	65	2550	187,5	0,2129	149,1
21	253,4	18,65	0,01618	14,8	66	2666	196,1	0,2260	157,5
22	269,4	19,83	0,01724	15,7	67	2787	205,0	0,2403	166,9
23	286,3	21,07	0,01833	16,6	68	2912	214,2	0,2559	177,1
24	304,1	22,38	0,01951	17,6	69	3042	223,7	0,2721	187,8
25	322,9	23,76	0,02077	18,6	70	3177	233,7	0,2897	199,0

Tabelle 53: Fortsetzung.

t °C	p' kp/m²	Torr	x' kg/kg	$i_{1+x'}$ kcal/kg	t °C	p' kp/m²	Torr	x' kg/kg	$i_{1+x'}$ kcal/k
70	3177	233,7	0,2897	199,0	85	5894	433,6	0,894	589
71	3317	243,9	0,3086	212	86	6129	450,9	0,986	648
72	3463	254,6	0,329	225	87	6372	468,7	1,093	717
73	3613	265,7	0,352	239	88	6623	487,1	1,219	798
74	3769	277,2	0,376	256	89	6882	506,1	1,373	897
75	3931	289,1	0,403	273	90	7149	525,8	1,559	1017
76	4098	301,4	0,432	291	91	7425	546,1	1,794	1168
77	4272	314,1	0,463	312	92	7710	567,0	2,092	1359
78	4451	327,3	0,499	334	93	8004	588,6	2,491	1615
79	4637	341,0	0,538	359	94	8307	610,9	3,05	1980
80	4829	355,1	0 580	387	95	8619	633,9	3,88	2510
81	5028	369,7	0,628	418	96	8942	657,6	5,25	3390
82	5234	384,9	0,683	453	97	9274	682,1	7,94	5120
83	5447	400,6	0,744	493	98	9616	707,3	15,60	10040
84	5667	416,8	0,813	537	99	9969	733,2	198,2	128500
85	5894	433,6	0,894	589	100	10332	760,0	—	—

118. Das i, x-Diagramm der feuchten Luft nach MOLLIER.

Für die graphische Ausführung von Rechnungen mit feuchter Luft hat MOLLIER[1] ein sehr zweckmäßiges Diagramm angegeben, das in Abb. 220 dargestellt ist und in vergrößerter Form als Tafel C dem Anhang beiliegt. Darin ist die Enthalpie von $(1 + x)$ kg feuchter Luft in einem schiefwinkligen Koordinatensystem über dem Dampfgehalt x aufgetragen, wobei die Enthalpie von trockener Luft von 0° und von flüssigem Wasser von 0° gleich Null gesetzt ist. Da nach Gl. (516) u. (517) die Enthalpie eine lineare Funktion von x und t ist, sind die in das Diagramm eingetragenen Isothermen gerade Linien. Ein schiefwinkliges Achsenkreuz wurde nur gewählt, weil in einem rechtwinkligen das interessierende Gebiet zu einem schmalen, keilförmigen Bereich zusammenschrumpfen würde.

Auf der Ordinatenachse $x = 0$ ist vom Eispunkt beginnend die Enthalpie der trockenen Luft aufgetragen. Die Achse $i = 0$, entsprechend trockener Luft und flüssigem Wasser von 0°, ist schräg nach rechts unten gelegt, derart, daß die 0° Isotherme der feuchten ungesättigten Luft waagerecht verläuft. (Im Diagramm ist sie nur als kurzes Stück zwischen dem Nullpunkt und der Grenzkurve sichtbar.) Die Linien $x = $ konst. sind Senkrechte, die Linien $i = $ konst. zur Achse $i = 0$ parallele Geraden. In das Diagramm ist die Grenzkurve $\psi = 1$ für den Gesamtdruck 1 kp/cm² = $= 1$ at eingezeichnet; sie verbindet alle Taupunkte und trennt das Gebiet der ungesättigten Gemische (oben) von dem Nebelgebiet (unten), in dem die Feuchtigkeit teils als Dampf, teils in flüssiger (Nebel, Niederschlag) oder fester Form (Eisnebel, Schnee) im Gemisch enthalten ist. Die Isothermen sind nach Gl. (516) im ungesättigten Gebiet schwach

---

[1] MOLLIER, R.: Z. VDI, Bd. 67 (1923), S. 869—72 und Bd. 73 (1929), S. 1009—13.

nach rechts ansteigende Gerade, die an der Grenzkurve nach unten abknicken und im Nebelgebiet den Geraden konstanter Enthalpie nahezu parallel verlaufen entsprechend Gl. (517).

Für einen Punkt des Nebelgebietes mit der Temperatur t und dem Wassergehalt x findet man den dampfförmigen Anteil, indem man die Isotherme t bis zum Schnitt mit der Grenzkurve verfolgt. Der für den Schnittpunkt abgelesene Anteil x' ist als Dampf und damit der Teil $x - x'$ als Flüssigkeit im Gemisch enthalten.

Die schrägen strahlenartigen Geradenstücke am Rande außerhalb des um das Diagramm gezogenen Rahmens legen zusammen mit dem Nullpunkt Richtungen fest, parallel zu denen man sich, ausgehend von einem beliebigen Diagrammpunkt bewegt, wenn man dem Gemisch Wasser oder Dampf zusetzt, dessen Enthalpie in kcal/kg gleich den den Randstrahlen beigeschriebenen Zahlen ist.

Um uns mit der Anwendung des i, x-Diagramms vertraut zu machen, betrachten wir einige einfache Zustandsänderungen:

a) Enthalpieänderung bei gleichbleibendem Wassergehalt.

Wird die Enthalpie eines gegebenen Gemisches durch Zufuhr oder Entzug von Wärme geändert, so bewegt man sich im Diagramm auf einer Senkrechten nach oben oder nach unten, wobei die senkrechte Entfernung zweier Zustandspunkte gemessen im Enthalpiemaßstab die ausgetauschte Wärmemenge bezogen auf $(1 + x)$ kg Gemisch oder auf 1 kg Trockenluft ist. Für eine Trockenluftmenge L, entsprechend einer Gemischmenge $L(1 + x)$ kann, solange man im ungesättigten Gebiet bleibt, die Wärmezufuhr bei Steigerung der Temperatur von t_1 auf t_2 nach der Formel

$$Q = L\,(0{,}24 + 0{,}46\,x)\,\frac{\text{kcal}}{\text{kg grd}} \cdot (t_2 - t_1) \qquad (521)$$

berechnet werden.

b) Mischung zweier Luftmengen.

Mischt man zwei Gemischmengen $L_1(1 + x_1)$ von der Temperatur t_1 und $L_2(1 + x_2)$ von der Temperatur t_2, in denen die Trockenluftmengen L_1 und L_2 enthalten sind, miteinander und sorgt dafür, daß kein Wärmeaustausch mit der Umgebung erfolgt, so liegt im i, x-Diagramm der Zustand nach der Mischung auf der geraden Verbindungslinie der Anfangszustände 1 und 2 im Schwerpunkt der in den Zustandspunkten 1 und 2 angebrachten Trockenluftmengen L_1 und L_2 ,was man wie folgt einsieht:

Wir gehen aus von $(1 + x_1)$ kg Gemisch des Zustandes 1 und setzen allmählich immer mehr Gemisch vom Zustand 2 zu. Dabei ist offenbar die Änderung von i stets derjenigen von x proportional, denn in jeder zugesetzten Teilmenge sind x und i in gleichem Verhältnis enthalten. Der Zustand der Luft im i, x-Diagramm ändert sich also längs einer vom Zustandspunkt 1 ausgehenden Geraden und da bei Zumischung einer unendlich großen Menge des Zustandes 2 dieser erreicht werden muß, liegen alle Mischungszustände auf der geraden Verbindungslinie der beiden Zustände 1 und 2. Nennen wir x_m den Wassergehalt nach der Mischung, so gilt

$$L_1(1 + x_1) + L_2(1 + x_2) = (L_1 + L_2)(1 + x_m) \qquad (522)$$

oder
$$(L_1 + L_2)\,x_m = L_1 x_1 + L_2 x_2. \qquad (522\,a)$$

Danach ist also x_m die Koordinate des Schwerpunktes der beiden in den Zustandspunkten 1 und 2 angebracht gedachten Massen L_1 und L_2, was zu beweisen war.

Diese einfache Ermittlung des Zustandes von Mischungen gilt allgemein, auch wenn die Mischungsgerade die Sättigungsgrenze schneidet.

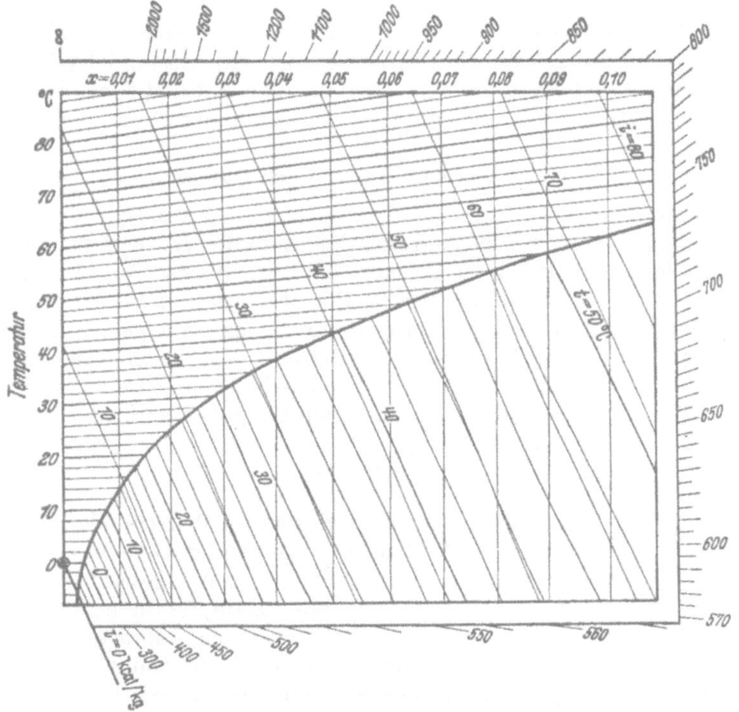

Abb. 220. i, x-Diagramm der feuchten Luft nach MOLLIER.

Die Mischungstemperatur kann unmittelbar an der Lage des Mischungspunktes im Felde der Isothermenschar abgelesen werden.

Mischen von gesättigten Luftmengen verschiedener Temperatur liefert stets Nebel unter Ausscheidung der Wassermenge $x_m - x'$, wobei x' der Sättigungsgehalt auf der Nebelisotherme durch den Mischungspunkt ist.

Die häufigen Nebel in der Gegend von Neufundland z. B. entstehen durch die Mischung nahezu gesättigter Luft verschiedener Temperatur, die durch Berührung einerseits mit dem Golfstrom, andererseits mit dem aus der Arktis kommenden kälteren Wasser entsteht. Daß gesättigte

Luft höherer Temperatur, wie sie sich an einer warmen Wasseroberfläche
bildet, mit kalter Luft auch von geringem Sättigungsgrad Nebel bildet,
kann man an jeder Tasse heißen Tees beobachten.

Will man den Nebel eines Gemisches von der Trockenluftmenge L_1,
der Temperatur t_1 und dem Feuchtegrad $x_1 > x_1'$ durch Zusatz eines ungesättigten Gemisches von L_2, t_2 und $x_2 < x_2'$ gerade aufzehren, so ergibt sich die notwendige Menge L_2, indem man die gerade Verbindungslinie beider Zustände mit der Grenzkurve schneidet und hier den Feuchtegrad x_m abliest. Dann folgt aus Gl. (522)

$$L_2 = L_1 \frac{x_1 - x_m}{x_m - x_2}. \tag{523}$$

Wird gleichzeitig zur Erleichterung der Entnebelung eine Wärmemenge Q
aus der Umgebung zugeführt, so trägt man im Zustand 1 oder 2 die
Enthalpie Q/L_1 oder Q/L_2 senkrecht nach oben auf und führt den einen
Mischungspartner dann mit dem so erreichten neuen Zustand ein.

c) Zusatz von Wasser oder Dampf.

Zusatzpunkte, die reinem, d. h. luftfreiem Wasser oder Dampf
entsprechen, liegen im i,x-Diagramm im Unendlichen, denn man müßte
einem Kilogramm Trockenluft unendlich viel Wasser oder Dampf zu-
setzen, um sie zu erreichen. Solche Punkte lassen sich im Diagramm
nicht mehr darstellen, aber man kann die Richtung angeben, in der sie
liegen und damit die Mischgeraden zeichnen, auf denen man sich von
einem beliebigen Zustand feuchter Luft ausgehend bei Zusatz von Wasser
oder Dampf bewegt. Diese Richtungen sind gegeben durch

$$\frac{di_{1+x}}{dx} = i, \tag{524}$$

wobei i die Enthalpie in kcal/kg des zugesetzten Wassers oder Dampfes
ist. Die strahlenartig vom Nullpunkt ausgehenden Geradenstücke des
Randmaßstabes der Abb. 220 bezeichnen mit den angeschriebenen Enthalpiewerten des zugesetzten Wassers oder Dampfes diese Richtungen.
Parallel zu ihnen hat man durch den gegebenen Anfangszustand der
feuchten Luft die Mischungsgeraden für die Zumischung von reinem
Wasser oder Dampf zu legen. Bei Zusatz von gesättigtem Dampf von 0°,
dessen Enthalpie gleich seiner Verdampfungswärme von 597 kcal/kg ist,
bewegt man sich also waagerecht von links nach rechts; Wasser von 0°
verschiebt den Zustand nach rechts unten parallel zu den Linien konstanter Enthalpie des Gemisches. Da die Enthalpie gesättigten Dampfes von
1 at rd. 639 kcal/kg beträgt, zeigt das Diagramm, daß im Bereich der in
der Außenluft vorkommenden Zustände durch Mischung von Sattdampf
mit Luft stets Nebel entsteht, was die Erfahrung an ausströmendem
Dampf bestätigt, denn dabei treten vom unendlich fernen Zustandspunkt
des reinen Dampfes ausgehend bei immer stärkerer Vermischung mit
Luft alle Zustände der zunächst im Nebelgebiet verlaufenden Mischgeraden auf. War die Luft nicht mit Feuchtigkeit gesättigt, so überschreitet die Mischgerade die Grenzkurve und der Nebel verschwindet

wieder. Der Schnittpunkt der Mischgeraden mit der Grenzkurve im Punkte x' liefert die Dampfmenge $x' - x_1$, die einem Kilogramm Luft vom Anfangsfeuchtegrad x_1 zugesetzt werden kann, bevor Nebel entsteht. Erwärmt man die Luft vorher, so kann sie mehr Dampf aufnehmen, ohne Nebel zu bilden. Setzt man überhitzten Dampf zu, so tritt kein Nebel auf, wenn die Mischgerade das Nebelgebiet nicht trifft, oder anfangs gebildeter Nebel verschwindet wieder, wenn die Mischgerade das Nebelgebiet erst betritt und dann wieder verläßt.

Spritzt man Wasser in ungesättigte Luft ein, so kühlt diese sich ab, solange die Sättigungsgrenze nicht erreicht wird und zwar auch dann, wenn das Wasser *wärmer* als die Luft ist. Man erkennt dies leicht an Hand des i,x-Diagramms, indem man von dem gegebenen Anfangszustand der Luft auf einer Parallelen zu dem Strahl des Randmaßstabes, der der Enthalpie des zugesetzten Wassers entspricht, fortschreitet. Für Temperaturen des Wassers, die noch im Nebelgebiet vorkommen, in Abb. 220 also bis etwa 50°, kann man die Parallele auch zu der entsprechenden Isotherme des Nebelgebietes ziehen (vgl. den folgenden Abschn. d).

d) Feuchte Luft streicht über eine Wasser- oder Eisfläche.

Mischt man gesättigte Luft mit Wasser von gleicher Temperatur, so ist die Richtung der Mischungsgeraden, wie unter c ausgeführt, durch den Strahl des Randmaßstabes gegeben, der der Enthalpie des Wassers entspricht. Da bei dieser Mischung keine Temperaturänderung eintritt, sind die Isothermen des Nebelgebietes zugleich solche Mischungsgeraden und demnach parallel zu den Strahlen des Randmaßstabes entsprechender Enthalpie.

Mischt man nasse gesättigte Luft, die also noch Wasser von gleicher Temperatur in Form von Tröpfchen oder als Bodenkörper enthält und deren Zustand z. B. durch Punkt *1* der Abb. 221 gegeben ist, mit ungesättigter Luft von Zustand *2* der Abbildung, so liegen, wenn Wärmeaustausch mit der Umgebung ausgeschlossen wird, alle Mischungszustände auf der gestrichelten Verbindungsge-

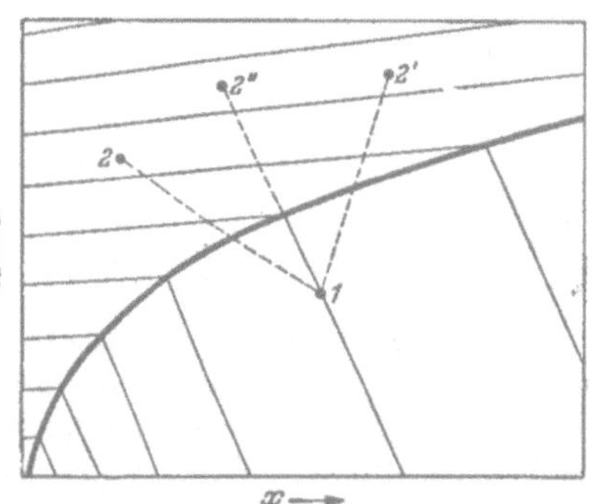

Abb. 221. Mischung von nasser Luft (Zustand *1* mit ungesättigter Luft (Zustand *2*, *2'* oder *2''*)

raden. In dem betrachteten Falle kühlt sich der nasse Mischungspartner mit Einschluß des in ihm als Tröpfchen oder Bodenkörper enthaltenen Wassers durch Zumischen von ungesättigter Luft ab. Ebenso sinkt, wenn wir das Schicksal der ungesättigten Luft betrachten, deren Temperatur durch Zusatz der nassen Luft.

Liegt dagegen der Zustand des Mischungspartners *2* rechts von der Verlängerung der Nebelisotherme bei Punkt *2'*, so nimmt, wie die gestrichelte Verbindungslinie *1*, *2'* zeigt, die Temperatur des nassen Partners mit dem in ihm enthaltenen Wasser durch Zumischen von ungesättigter Luft zu. Die Temperatur des ungesättigten Partners nimmt auch hier durch Mischen mit dem nassen ab. Nur wenn der Zustand des Mischungspartners *2* auf der ins ungesättigte Gebiet verlängerten Nebelisotherme etwa bei Punkt *2″* liegt, fällt auch die Mischungsgerade mit der Nebelisotherme zusammen, und die Temperatur des nassen Partners mit Einschluß des in ihm enthaltenen Wassers bleibt bei der Mischung ungeändert. Die ungesättigte Luft wird auch in diesem Falle durch die Verdampfungswärme des aufgenommenen Wassers abgekühlt.

Läßt man immer neue Mengen ungesättigter Luft über die Oberfläche einer nicht zu großen Wassermenge streichen, so ist die Luft in unmittelbarer Nähe der Oberfläche stets gerade gesättigt und das Wasser wird sich, je nachdem ob der Anfangszustand der Luft links oder rechts von der verlängerten Nebelisotherme liegt, so lange abkühlen oder erwärmen und damit die Nebelisotherme so lange verschieben, bis ihre Verlängerung gerade durch den Anfangszustand der Luft geht. Die so erreichte Flüssigkeitstemperatur nennt man *Kühlgrenze*, denn durch Anblasen mit Luft kann Wasser nur höchstens bis auf diese Temperatur gekühlt (oder erwärmt) werden. Alle Luftzustände auf derselben verlängerten Nebelisotherme ergeben demnach die gleiche Kühlgrenze. Hat Wasser gerade die Temperatur der Kühlgrenze, so bleibt seine

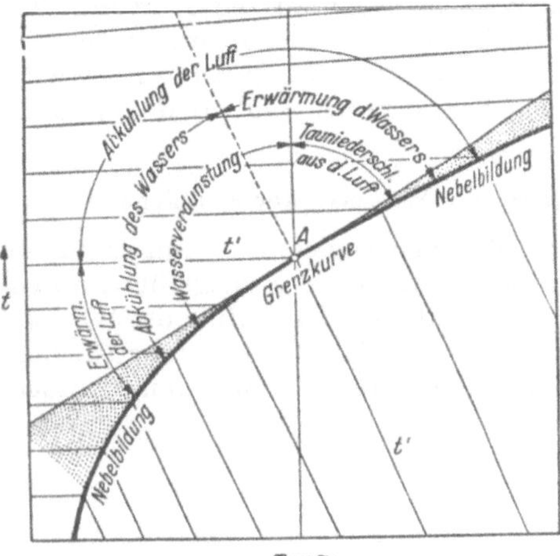

Abb. 222. Wechselbeziehung zwischen einer Wasseroberfläche und der berührenden Luft.

Temperatur trotz darüber hinstreichender wärmerer Luft ungeändert, und die sich abkühlende Luft führt der Wasseroberfläche nur gerade so viel Wärme zu, als zur Deckung der Verdampfungswärme nötig ist. Liegt die Temperatur des Wassers oberhalb der Kühlgrenze, so kühlt es sich ab und bestreitet dabei einen Teil der Verdunstungswärme. Liegt die Wassertemperatur unter der Kühlgrenze, so gibt die Luft auch noch Wärme an das flüssige Wasser ab.

In Abb. 222 sind die Wechselbeziehungen zwischen einer Wasseroberfläche vom Zustand *A* und der berührenden Luft dargestellt. Je nach der Lage des Anfangszustandes der Luft kann der Erfolg des Austausches ein recht verschiedener sein.

Eine Anwendung des Vorstehenden ist die Messung der Luftfeuchte mit dem Aspirationspsychrometer, bestehend aus zwei durch ein kleines Gebläse gut belüfteten Thermometern, von denen das eine mit einem feucht gehaltenen Überzug versehen ist. Hierbei zeigt das feuchte Thermometer die Kühlgrenze t', das trockene die Lufttemperatur t an. Den gesuchten Luftzustand erhält man sehr einfach als Schnitt der Isotherme t mit der verlängerten Nebelisotherme t' im i, x-Diagramm. Über einer Eisoberfläche gelten dieselben Überlegungen, wenn man die dem Gleichgewicht zwischen Dampf und Eis entsprechende Grenzkurve benutzt.

Bei der Anwendung des i, x-Diagrammes ist vorausgesetzt, daß der verdunstenden Oberfläche Wärme nur durch die vorbeistreichende Luft und nicht etwa durch Wärmestrahlung oder durch Wärmeleitung, z. B. im Falle des Psychrometers durch das Glas des Thermometerrohres zugeführt wird. Um solche Störungen möglichst klein gegen den Wärmeumsatz an der verdunstenden Oberfläche zu halten, versieht man das Aspirationspsychrometer mit einem Strahlungsschutz und saugt durch ein Gebläse Luft über die beiden Thermometer.

119. Der Stofftransport durch Diffusion.

Im vorstehenden hatten wir nur Gleichgewichtszustände betrachtet, wie sie sich einstellen, wenn die beiden in Austausch tretenden Stoffe, z. B. eine verdunstende Flüssigkeitsoberfläche und ein sie berührendes Gas genügend lange in Verbindung bleiben. In Wirklichkeit stehen aber nur endliche Zeiten zur Einstellung solcher Gleichgewichte zur Verfügung. Der an der Flüssigkeitsoberfläche gebildete Dampf dringt erst allmählich durch Diffusion in das Gas ein, wobei seine Verteilung auf das ganze Volum des Gases meist durch Strömungsbewegungen (Konvektion) unterstützt wird. Die Verhältnisse entsprechen durchaus der Übertragung von Wärme (vgl. S. 347 ff.), nur tritt an die Stelle der Temperatur die Konzentration $c = 1/v$ des Dampfes in kg/m³ oder in kmol/m³ und an die Stelle der Wärmeleitzahl λ die Diffusionskonstante D. In Analogie zu Gl. (398a) und (399a) gilt dann bei konstanter Temperatur für den *Diffusionsstrom*, d. h. für die durch die Fläche F in Richtung der Flächennormalen n je Zeiteinheit beförderte Stoffmenge die Gleichung

$$\mathfrak{G} = -DF\frac{dc}{dn} \tag{525}$$

und die *Diffusionsstromdichte* ist

$$\mathfrak{g} = -D\frac{dc}{dn}. \tag{525a}$$

In diesen auch als *Ficksches Gesetz* bezeichneten Gleichungen erhält die Diffusionskonstante D die Dimension m²/h. Führt man mit Hilfe der Zustandsgleichung des vollkommenen Gases $pv = RT$ oder $p = cRT$ an Stelle der Konzentration den Partialdruck p ein, so gilt, wenn wir von jetzt an die Größen der einen Komponente (des Dampfes) mit dem Index d, die der anderen Komponente (der Luft) mit dem Index l bezeichnen:

$$\mathfrak{g}_d = -\frac{D}{R_d T}\frac{dp_d}{dn}. \tag{526}$$

27*

Da die Summe der Teildrücke p_d und p_l den konstanten Gesamtdruck ergibt, entspricht einem Teildruckgefälle dp_d/dn an jeder Stelle ein entgegengesetzt gleich großes Teildruckgefälle der Luft nach der Gleichung

$$\frac{dp_d}{dn} + \frac{dp_l}{dn} = 0\,, \tag{527}$$

und es gilt für die Luft

$$\mathfrak{g}_l = -\frac{D}{R_l T}\frac{dp_l}{dn}\,. \tag{526a}$$

Die Gl. (526) und (526a) gelten auch dann, wenn neben den Partialdruckgradienten noch Temperaturgefälle vorhanden sind, während die Gl. (525) und (525a) nur auf Bereiche konstanter Temperatur anwendbar sind. Bei sehr starken Temperaturgefällen ist zu beachten, daß diese selbst Partialdruckunterschiede auch in anfangs gleichmäßigen Gemischen hervorrufen, doch wollen wir von dieser als *Thermodiffusion* bezeichneten Erscheinung hier absehen.

Befindet sich ein Dampfluftgemisch in Ruhe, so müssen durch eine beliebige Fläche in jedem Augenblick ebensoviel Mole Dampf in einer Richtung hindurch diffundieren, wie Mole Luft in der anderen. Bei Benutzung des Mol als Mengeneinheit ist dann $g_d = -g_l$. Dabei tritt zugleich an Stelle der Gaskonstanten R_d und R_l die universelle Gaskonstante $\boldsymbol{R}$, und es folgt, daß die Diffusionskonstante für die Diffusion von Dampf in Luft denselben Wert haben muß wie für die Diffusion von Luft in Dampf. Treten durch eine Fläche in einer Richtung mehr Molekeln hindurch als in der anderen, wie es z. B. bei der Verdunstung an einer Flüssigkeitsoberfläche der Fall ist, an der wohl Dampfmolekeln in die Luft hinauswandern, aber keine Luftmolekeln in die Flüssigkeit eintreten, so lagert sich über die Diffusion noch eine aus der Oberfläche austretende Strömung. In den meisten praktischen Fällen ist aber die Geschwindigkeit dieser Strömung so klein, daß sie vernachlässigt werden kann.

120. Stoffaustausch und Wärmeübergang.

Beim Wärmeübergang hatte es sich als zweckmäßig erwiesen, die Dichte des aus einer Oberfläche in eine berührende Flüssigkeit oder ein Gas austretenden Wärmestromes nach Gl. (403) in der Form

$$\mathfrak{q} = \frac{\mathfrak{Q}}{F} = \alpha(\vartheta_0 - \vartheta_f) \tag{527}$$

zu schreiben, wobei die Wärmeübergangszahl α in kcal/m²h die Wärmemenge angibt, die je Einheit des Unterschiedes der Temperatur ϑ_0 der Oberfläche und der Temperatur ϑ_f der Flüssigkeit in großer Entfernung je h und m² übertragen wird.

In entsprechender Weise kann man die Flüssigkeitsmenge, die unter der Wirkung eines Unterschiedes des Feuchtegrades x' der gesättigten Luft an der Oberfläche und des Feuchtegrades x der Luft in großer Entfernung, verdunstet, ausdrücken durch die Dichte des aus der Oberfläche austretenden Diffusionsstromes des Dampfes:

$$\mathfrak{g}_d = \sigma(x' - x)\,. \tag{528}$$

Dabei wird σ in kg/m²h oder in kmol/m²h als *Verdunstungszahl* bezeichnet.

Werden Stoffaustausch und Wärmeübergang durch die gleiche turbulente Mischbewegung bewirkt, derart, daß die aus großer Entfernung an die Oberfläche herangeführte Luft den unmittelbar an der Oberfläche herrschenden Zustand annimmt und sich mit diesem Zustand wieder entfernt, so wird dabei durch die Mengeneinheit der Luft die Dampfmenge $x' - x$ und die Wärmemenge $c_{p,1+x}(\vartheta_0 - \vartheta_f)$ fortgeführt, wobei $c_{p,1+x}$ die auf $(1 + x)$ kg feuchte Luft bezogene spez. Wärme ist. Das Verhältnis $(x' - x):c_{p,1+x}(\vartheta_0 - \vartheta_f)$ dieser beiden von der Luft aufgenommenen Mengen muß offenbar gleich dem Verhältnis der aus der Oberfläche austretenden Stromdichten der Wärme und der Dampfdiffusion nach Gl. (527) und (528) sein. Daraus folgt die Lewissche Beziehung[1]

$$\frac{\alpha}{\sigma} = c_{p,1+x},\tag{529}$$

wobei im Falle der Wasserverdunstung in atmosphärische Luft als spez. Wärme abgerundet

$$c_{p,1+x} = 0{,}25 \text{ kcal/kg grd}$$

gesetzt werden kann. Die Gl. (529) gilt für die Verdunstung von Wasser in Luft genau auch noch bei laminarer Strömung. Man kann sie benutzen, um von einem reinen Wärmeübergangsproblem auf ein reines Verdunstungsproblem gleicher Art zu schließen. Man kann damit aber auch bei feuchten Oberflächen, die gleichzeitig verdunsten und Wärme übertragen, aus dem einen Vorgang den anderen berechnen, sofern der Austausch bei erzwungener Konvektion erfolgt. Bei freier Konvektion sind die Verhältnisse verwickelter[2]. Ebenso wie für die Wärmeübertragung lassen sich auch für den Stoffaustausch Ähnlichkeitsbeziehungen ableiten, die E. Schmidt[2] und kurz nachher und unabhängig davon W. Nusselt[3] angegeben haben. Auf diese Veröffentlichungen sowie auf die Ausdehnung dieser Untersuchungen auf große Teildruckgefälle durch G. Ackermann[4] und durch E. Eckert und V. Lieblein[5] sei hier verwiesen.

XX. Die Anwendung des I. und II. Hauptsatzes der Thermodynamik auf chemische Vorgänge.

121. Einleitung, maschinentechnische und chemische Thermodynamik.

Bisher haben wir die Thermodynamik wesentlich im Hinblick auf die Umsetzung von Wärme in mechanische Energie mit Hilfe einfacher Stoffe behandelt, die zwar ihren Aggregatzustand ändern konnten, aber keine chemischen Umwandlungen erfuhren. Die behandelten Grund-

---

[1] Lewis, W. K.: Mech. Eng., Bd. 44 (1922), S. 455.
[2] Schmidt, E.: Gesundh.-Ing., Bd. 52 (1929), S. 525.
[3] Nusselt, W.: Z. angew. Math. Mech., Bd. 10 (1930), S. 105.
[4] Ackermann, G.: VDI-Forsch.-Heft 382, Berlin 1937.
[5] Eckert, E. und V. Lieblein: Forschg. a. d. Geb. d. Ing.-Wes. Bd. 16 (1949), S. 33.

gesetze sind jedoch allgemein gültig, wie bei ihrer Ableitung betont wurde, und gelten daher auch für chemische Vorgänge.

Im folgenden sollen die Grundlagen der chemischen Thermodynamik dargestellt werden, deren Kenntnis heute auch für den Ingenieur von Bedeutung ist. Bei Verbrennungsvorgängen, insbesondere bei der unvollständigen Verbrennung, bei der Vergasung der Kohle und bei vielen anderen Prozessen spielen die sogenannten chemischen Gleichgewichte eine Rolle. Außerdem muß der in der chemischen Industrie und auf dem weiten Gebiete der Verfahrenstechnik tätige Ingenieur die Grundlagen der chemischen Prozesse kennen, die sich in den von ihm gebauten oder betriebenen Apparaturen abwickeln.

Es gibt eine Reihe von ausgezeichneten Darstellungen der chemischen Thermodynamik in den bekannten Lehrbüchern der physikalischen Chemie und chemischen Physik, die sich im wesentlichen an den Chemiker und Physiker wenden, bei dem die Kenntnis der maschinentechnischen Anwendungen nicht vorausgesetzt werden kann[1].

Der Zweck der folgenden Ausführungen ist es, dem Ingenieur den Zugang zur chemischen Thermodynamik dadurch zu erleichtern, daß sie auf den ihm vertrauten Tatsachen der technischen Thermodynamik aufbauen und so auf kürzestem Wege zu den chemischen Anwendungen führen.

122. Innere Energie und Enthalpie.

Der erste Hauptsatz oder die Anwendung des Prinzips der Erhaltung der Energie auf die Wärme muß auch für chemische Vorgänge gelten, bei denen Wärme erzeugt oder in andere Energieformen verwandelt wird, d. h., es ist auch mit Hilfe chemischer Vorgänge nicht möglich, Wärme entstehen oder verschwinden zu lassen, ohne daß ein anderer gleich großer Energiebetrag verbraucht oder erzeugt wird.

Man kann den uns bekannten Begriff der inneren Energie auf chemische Vorgänge übertragen und versteht darunter die Summe aller einem System bei physikalischen und chemischen Veränderungen zugeführten Energien beliebiger Art, gezählt von einem willkürlich gewählten Ausgangszustand. Die wichtigsten Energieformen sind zugeführte Wärme Q und zugeführte Arbeit oder mechanische Energie A. Anders als in der technischen Thermodynamik, wo wir die abgeführte, d. h. nutzbar gewonnene Arbeit positiv gerechnet und mit L bezeichnet hatten, wollen wir hier in Übereinstimmung mit den meisten Büchern über physi-

---

[1] EUCKEN, A.: Grundriß der physikalischen Chemie, 9. Aufl., Leipzig 1958. — Lehrbuch der chemischen Physik, Bd. I und II, 3. Aufl., Leipzig 1948. — EGGERT, I.: Lehrbuch der physikalischen Chemie, 8. Aufl., Leipzig 1958. — KUHN, W.: Physikalische Chemie. 5. Aufl., Heidelberg 1948. — LEWIS, G. N. und M. RANDALL (übersetzt von O. REDLICH): Thermodynamik und die freie Energie chemischer Substanzen. Wien 1927. — ULICH, H.: Chem. Thermodynamik. Dresden und Leipzig 1930. — Ders. und W. JOST: Kurzes Lehrbuch der Physikalischen Chemie 11. Aufl., Darmstadt 1957. — G. KORTÜM: Einführung in die chemische Thermodynamik. 3. Aufl., Göttingen 1960. — PARTINGTON, I. R.: Chemical Thermodynamics, 3. Aufl., London 1940. — TAYLOR, H. S. und H. A. TAYLOR: Elementary Physical Chemistry, 3. Aufl., New York 1942. — DENBIGH, K.: Prinzipien des chemischen Gleichgewichtes, Darmstadt 1959.

kalische Chemie die *zugeführte* Arbeit *positiv* ansetzen, so daß also $A = - L$ ist.

Außer Wärme und mechanischer Energie spielt bei chemischen Vorgängen die elektrische Energie oft eine wichtige Rolle (Elektrochemie). Da elektrische Energie praktisch vollständig in mechanische Energie umzuwandeln ist, werden wir sie in der Regel in die mechanische Energie einbeziehen. Ebenso wollen wir gegebenenfalls mit der Oberflächenenergie verfahren, die bei der Vergrößerung der Oberfläche eines Körpers als Arbeit gegen die Kapillarkräfte auftritt.

Wärmestrahlung ist wie Wärmeenergie zu behandeln, wenn sie als schwarze Strahlung erscheint, d. h. im Gleichgewicht mit Körpern bestimmter Temperatur steht. Ist das nicht der Fall, wie bei der sogenannten Lumineszenzstrahlung oder bei photochemischen Prozessen, so sind die Verhältnisse verwickelter.

Im folgenden sollen im allgemeinen Änderungen der inneren Energie und anderer Zustandsgrößen nur durch Zufuhr oder Entzug von Wärme und mechanischer Energie in Betracht gezogen werden. Unter Arbeit oder mechanischer Energie A ist die bei der Änderung eines Volums gegen den darin herrschenden Druck geleistete Arbeit verstanden. Dann gilt

$$U = Q + A' \quad \text{oder} \quad dU = dQ + dA',\tag{530}$$

wobei die Arbeit

$$dA' = - p\,dV \quad \text{oder} \quad A' = -\int p\,dV\tag{531}$$

ist[1], was wieder auf unsere frühere Gl. (22)

$$dU = dQ - p\,dV$$

führt, wenn wir eine Volumzunahme als positiv rechnen.

Zweckmäßiger als die Benutzung der inneren Energie erweist sich bei den meist unter konstantem Druck verlaufenden chemischen Vorgängen die Verwendung der Enthalpie nach Gl. (24)

$$I = U + pV \quad \text{oder} \quad dI = dU + p\,dV + V\,dp\,.$$

Damit kann man $dI = dQ + dA$ setzen, wobei $dA = V\,dp$ das Differential der sogenannten „*technischen Arbeit*" (vgl. S. 34) ist, die bei stetigem Durchströmen eines Arbeitsmittels durch eine Maschine oder einen Apparat umgesetzt wird.

EUCKEN[2] benutzt dafür im reversiblen Falle die Bezeichnung *Reaktionsarbeit* oder (*maximale*) *Nutzarbeit*.

Wenn keine Phasenänderungen auftreten, besteht bekanntlich bei konstantem Volum oder konstantem Druck ein einfacher Zusammenhang der inneren Energie und Enthalpie je Mengeneinheit mit den spezifischen Wärmen nach den Gl. (29) und (32) auf S. 36.

$$\left.\begin{aligned}(du)_{v\,=\,\text{const}} &= c_v\,dT\\(di)_{p\,=\,\text{const}} &= c_p\,dT\end{aligned}\right\}.\tag{532}$$

---

[1] Zur Unterscheidung von der von uns meist benutzten Arbeit A bezeichnen wir die durch Gl. (531) definierte Arbeit der einmaligen Expansion mit A'.

[2] EUCKEN: Zit. S. 422.

123. Energieumsatz bei chemischen Reaktionen.

Bei chemischen Reaktionen findet ein Energieumsatz statt; so sind
z. B. Verbrennungsvorgänge, mit einer erheblichen Wärmeentwicklung,
der sogenannten Wärmetönung W, verbunden, wenn wir die Endprodukte
wieder auf die Ausgangstemperatur der Stoffe vor der Reaktion abkühlen. Bei geeigneter Durchführung kann, wie das Beispiel der Verbrennung eines Gas-Luft-Gemisches im Verbrennungsmotor zeigte
(S. 137), ein mehr oder weniger großer Teil des Energieumsatzes als Arbeit
gewonnen werden. Bei reversibler Durchführung kann, wie wir später
sehen werden, die gewonnene Arbeit sogar größer sein, als die Wärmetönung des irreversiblen Ablaufes und es wird ähnlich wie bei der isothermen Expansion eines Druckgases der Umgebung Wärme entzogen,
die sich in Arbeit umsetzt. In diesem Falle hat die Reaktion einen positiven Wärmebedarf und einen negativen Arbeitsbedarf. Bei praktischen
Prozessen wird weniger Arbeit gewonnen; aber was nicht an Arbeit erhalten wird, tritt als Wärme auf, denn gleichgültig, ob der Prozeß reversibel oder irreversibel abläuft, die Änderung der inneren Energie bzw.
der Enthalpie des Systems muß dieselbe sein, wenn der Vorgang sich zwar
auf verschiedenen Wegen, aber zwischen denselben Anfangs- und End-
zuständen abspielt, da U und I Zustandsgrößen sind.

Als einfaches Beispiel betrachten wir die Reaktion

$$H_2 + Cl_2 = 2\,HCl. \tag{533}$$

Füllen wir 1 Mol H_2 und 1 Mol Cl_2 etwa von $18°$ und 1 atm in einen durch
einen zunächst festgehaltenen Kolben abgeschlossenen Zylinder und
leiten die Reaktion durch einen Funken oder einen Lichtstrahl ein, so
entstehen 2 Mol praktisch[1] reinen HCl-Gases von hoher Temperatur
und entsprechend hohem Druck. Kühlen wir den Zylinderinhalt bei konstant gehaltenem Volum auf die Anfangstemperatur von $18°$ ab, so ergibt die kalorimetrische Messung eine Wärmetönung von 43 780 cal oder
bezogen auf 1 Mol des gebildeten HCl von 21 890 cal/mol. Da die Molzahl
sich bei der Reaktion nicht geändert hat, ist nach der Abkühlung der
Druck des HCl-Gases der gleiche wie der des Ausgangsgemisches von H_2
und Cl_2. Da das Volum konstant geblieben ist, wurde keine Arbeit geleistet. Die Abnahme der inneren Energie ist daher gleich der Wärmetönung oder gleich dem negativen Wärmebedarf der Reaktion entsprechend der Gleichung

$$U_1 - U_2 = W_v, \tag{534}$$

wenn U_1 und U_2 die inneren Energien vor und nach der Reaktion sind.
Man kann daher allgemein sagen: Bei chemischen Reaktionen, die bei
konstantem Volum und auch ohne Leistung anderer — etwa elektrischer
Arbeit ablaufen, ist die Abnahme der inneren Energie gleich der Wärmetönung.

Bei Annahme der Gültigkeit der Zustandsgleichung der vollkommenen
Gase für die Teilnehmer ist die Änderung der inneren Energie auch un-

---

[1] Später werden wir sehen, daß bei jeder chemischen Reaktion von Gasen ein
meist allerdings äußerst kleiner Bruchteil der Ausgangsstoffe erhalten bleibt.

abhängig von der Größe des Volums, denn bei isothermer Expansion eines vollkommenen Gases bleibt seine innere Energie ungeändert. Die Vergrößerung des Volums kann auch durch Zusatz von beliebigen an der Reaktion unbeteiligten Fremdgasen, z. B. Stickstoff, erfolgen, ohne daß die Wärmetönung beeinflußt wird.

Die Reaktion läßt sich leicht so leiten, daß dabei Arbeit geleistet wird: Gibt man den Kolben unmittelbar nach der Reaktion frei, so wird er von den heißen Gasen hohen Druckes vorwärts getrieben, und man kann die Arbeit aus dem Verlauf der Expansionslinie in einem p, V-Diagramm nach Abb. 223 ermitteln. Dabei entspricht Punkt *1* dem Zustand des H_2, Cl_2-Gemisches vor der Reaktion, die Senkrechte *1 2* stellt die Drucksteigerung durch die Reaktion dar, *2 3* ist die adiabat angenommene Expansion des HCl-Gases auf den Anfangsdruck von 1 atm, und längs der Linie *3 1* wird das Volum des Gases bei konstantem Druck durch Wärmeentzug wieder auf den Anfangswert von 18° verkleinert. Bei dem Vorgang wird eine Arbeit gleich der Fläche *1 2 3* gewonnen, es tritt also ein negativer Arbeitsbedarf von der Größe dieser Fläche auf.

Der Arbeitsgewinn läßt sich erhöhen durch Ausdehnen der Expansion bis unter den Anfangsdruck von 1 atm so weit, bis das Gas die Anfangstemperatur von 18° erreicht hat, entsprechend der Linie *3 3'* der Abb. 223. Längs der Linie *3' 1* wird das Gas isotherm verdichtet und auf den Anfangsdruck von 1 atm zurückgeführt. Die Arbeitsausbeute erhöht sich so auf die Fläche *1 2 3'*. Aber damit ist noch nicht die Grenze des Möglichen erreicht. Nach dem zweiten Hauptsatz ist die größtmögliche Arbeit zu erhalten, wenn der ganze Vorgang umkehrbar geleitet wird. Die Teilvorgänge *2 3'* und *3' 1* sind schon von dieser Art, aber die eigentliche Reaktion *1 2* verläuft in nichtumkehrbarer Weise. In den folgenden Abschnitten werden wir zeigen, wie man eine chemische Reaktion umkehrbar durchführen und den maximalen Arbeitsgewinn ermitteln kann. Die Erhöhung des Arbeitsgewinns setzt natürlich die Wärmetönung herab, da die Summe beider gleich der von der Art der Durchführung unabhängigen Änderung der inneren Energie sein muß.

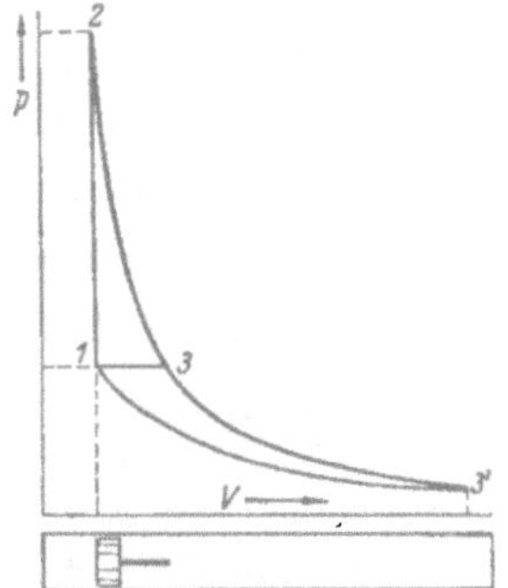

Abb. 223. Arbeit durch Expansion nach einer chemischen Reaktion.

Bei der betrachteten Gasreaktion blieb die Molzahl ungeändert, und infolgedessen wurde bei konstantem Volum durch Abkühlung auf die Anfangstemperatur auch der Anfangsdruck wieder erreicht. Die Wärmetönung W_v bei konstantem Volum ist in diesem Falle gleich der Wärmetönung W_p bei konstantem Druck, und beide Beträge sind gleich der Änderung der inneren Energie, wenn keine Arbeit gewonnen wird.

Oft verlaufen chemische Reaktionen bei konstantem Druck, z. B. bei atmosphärischem Druck. In diesem Falle bleibt das Volum nicht konstant, wenn sich die Molzahl oder der Aggregatzustand der beteiligten Stoffe ändert. Ein Beispiel dieser Art ist die Knallgasverbrennung

$$H_2 + \tfrac{1}{2} O_2 = H_2O, \tag{535}$$

wobei aus $1^1/_2$ Mol Knallgas 1 Mol-Wasser entsteht, das je nach Umständen als Gas oder als Flüssigkeit auftritt. Allgemein kann man eine
Gasreaktion darstellen durch die Gleichung

$$v_a A + v_b B + \cdots = v_e E + v_f F + \cdots, \qquad (536)$$

wobei die großen Buchstaben die Stoffe und v_a, v_b usw. die zugehörigen
Molzahlen darstellen, von denen man diejenigen des hauptsächlich inter-
essierenden Stoffes willkürlich gleich 1 setzen kann. Natürlich können
auch mehr als vier Stoffe bei der Reaktion vorkommen, was die Punkte
in Gl. (536) andeuten sollen.

Reaktionsgleichungen wollen wir in der Regel so schreiben, daß die
Durchführung der Reaktion von links nach rechts exotherm, d. h. mit
positiver Wärmetönung, verläuft. Fügt man auf der rechten Seite die
Wärmetönung hinzu, und betrachtet man die chemischen Symbole der
Stoffe zugleich als Ausdruck ihres Energieinhaltes, so stellt die Reaktionsgleichung nicht nur eine Stoffbilanz, sondern auch eine Energiebilanz dar.

Bei Reaktionen, die unter konstantem Druck verlaufen, schreibt man
die Energiebilanz zweckmäßig in der Form

$$dI = dA + dQ \quad \text{und} \quad I = A + Q, \qquad (537)$$

oder bei reversibler Durchführung

$$dI = dA_{\text{rev}} + dQ_{\text{rev}} \quad \text{und} \quad \Delta I = A_{\text{rev}} + Q_{\text{rev}}, \qquad (537\,\text{a})$$

d. h. die Enthalpieänderung setzt sich aus einem Arbeits- und einem
Wärmebetrag zusammen. Bei reversibler Durchführung hat der Arbeits-
betrag seinen Größtwert. Bei irreversibler Durchführung verwandelt er
sich je nach dem Grade der Irreversibilität teilweise oder ganz in Wärme,
die den Wärmebetrag erhöht. Die *reversible Arbeit* wird deshalb auch
maximale Arbeit genannt, wir werden die erste Bezeichnung benutzen.

Bei irreversibler Durchführung einer Reaktion unter konstantem
Druck ohne Leistung von Nutzarbeit ist die Wärmetönung gleich der
Änderung der Enthalpie nach der Gleichung

$$I_2 - I_1 = - W_p = U_2 - U_1 + p(V_2 - V_1). \qquad (538)$$

Hierbei ergeben sich die Enthalpien, inneren Energien und Volume vor
(Index 1) und nach (Index 2) der Reaktion durch Summieren über alle
auf der linken bzw. rechten Seite der Reaktionsgleichung vorkommenden Partner nach den Gleichungen

$$\left.\begin{array}{l} U_1 = \Sigma v_1 \mathfrak{U}_1, \ \ I_1 = \Sigma v_1 \mathfrak{I}_1, \ \ V_1 = \Sigma v_1 \mathfrak{V}_1 \\ U_2 = \Sigma v_2 \mathfrak{U}_2, \ \ I_2 = \Sigma v_2 \mathfrak{I}_2, \ \ V_2 = \Sigma v_2 \mathfrak{V}_2, \end{array}\right\} \qquad (539)$$

wobei $\mathfrak{U}$, $\mathfrak{I}$ und $\mathfrak{V}$ die auf das Mol bezogenen Größen sind.

Erstreckt man die Summation über alle Stoffe der Reaktionsgleichung, wobei die Molzahlen der entstehenden Endprodukte (rechte
Seite der Reakt.-Gl.) mit positiven, die der verbrauchten Ausgangsstoffe
(linke Seite) mit negativen Vorzeichen einzusetzen sind, entsprechend
der Gleichung

$$\Sigma v = \Sigma v_2 - \Sigma v_1, \qquad (540)$$

so ergibt sich zusammenfassend für die Änderungen

$$\left.\begin{aligned}
\varDelta U &= U_2 - U_1 = \varSigma\, \nu\, \mathfrak{U} = -W_v \\
\varDelta I &= I_2 - I_1 = \varSigma\, \nu\, \mathfrak{I} = -W_p \\
\varDelta V &= V_2 - V_1 = \varSigma\, \nu\, \mathfrak{V} = \mathfrak{V}\,\varSigma\,\nu,
\end{aligned}\right\} \qquad (541)$$

wobei wir $\varDelta U$ als *Reaktionsenergie*, $\varDelta I$ als *Reaktionsenthalpie* bezeichnen wollen. In der Gleichung für die Volumänderung $\varDelta V$ konnten wir am Schluß das Molvolum $\mathfrak{V}$ vor das Summenzeichen schreiben, da es bei idealen Gasen von der Art des Gases unabhängig ist.

Mit den neuen Bezeichnungen wird

$$W_v - W_p = \varDelta I - \varDelta U = p\,\mathfrak{V}\,\varSigma\,\nu = R\,T\,\varSigma\,\nu. \qquad (542)$$

In Tabellenwerken[1] wird die Reaktionsenthalpie $\varDelta I$ der Bildung einer Verbindung aus den Elementen bei einem vereinbarten Normzustand (meist 1 atm und 25 °C) angegeben und als *Bildungsenthalpie* $\varDelta I_B$ bezeichnet.

Als Zahlenbeispiel betrachten wir die Knallgasreaktion nach Gl. (535) bei einem Druck von 1 atm und einer Temperatur von 25°. Ihre Reaktions- oder Bildungsenthalpie ist[2] $\varDelta I_{gas} = -57\,798$ cal/mol, wenn das Wasser als gasförmig angenommen wird, und $\varDelta I_{fl} = -68\,317$ cal/mol, wenn es in flüssiger Form auftritt. Der Unterschied ist die Verdampfungswärme $\varDelta I = 10\,519$ cal/mol. Führt man die Reaktion bei konstantem Volum durch, so bleiben nach den Wasserdampftabellen des Anhanges bei dem Sättigungsdruck $0{,}03229$ at $= 0{,}03125$ atm des Wassers von 25° nur $\nu_2 = 1{,}5 \cdot 0{,}03125$ mol gasförmig, wenn wir das Volum der Flüssigkeit gegen das des Dampfes vernachlässigen. Damit wird

$$W_p - W_v = -(\varSigma\nu)\,R\,T = 1{,}5\,(1 - 0{,}03125) \cdot 1{,}987 \cdot 298 = 860 \text{ cal/mol.}$$

Treten bei einer Reaktion nur feste und flüssige Stoffe auf, so kann man die Unterschiede von W_p und W_v vernachlässigen, da die Molvolume kondensierter Stoffe und damit auch die Arbeiten ihrer Änderung vernachlässigbar klein sind, wenn man nicht mit Drücken von der Größenordnung 100 at und darüber zu tun hat.

Bei vollkommenen Gasen ist sowohl W_p wie W_v von der Höhe des Druckes unabhängig, da bei der isothermen Kompression das Äquivalent der dem Gas als Arbeit zugeführten Energie als Wärme wieder abgeführt wird.

124. Die Temperaturabhängigkeit der Reaktionsenergien.

Da der Energieumsatz einer chemischen Reaktion nach dem ersten Hauptsatz vom Wege unabhängig ist, läßt sich seine Temperaturabhängigkeit leicht ermitteln. Dazu betrachten wir neben dem unmittelbaren Übergang bei der Temperatur T vom Zustand 1 vor der Reaktion zum Zustand 2 nach der Reaktion einen zweiten Weg, bei

---

[1] Z. B. D'Ans, J. und E. Lax: Taschenbuch für Chemiker und Physiker. Berlin 1943.

[2] Nach Wagman, Rossini und Mitarbeitern: N. B. S. RP 1634 Febr. 1945.

dem die Ausgangsstoffe bei konstantem Volum zunächst um dT erwärmt, dann bei der Temperatur $T + dT$ zur Reaktion gebracht und die Endprodukte wieder um dT auf die Anfangstemperatur abgekühlt werden. Bezeichnen wir mit W_v die bei der Temperatur T und mit $W_v + dW_v$ die bei $T + dT$ auftretende Wärmetönung, so folgen aus der Gleichheit des Energieumsatzes auf beiden Wegen die sogenannten KIRCHHOFFschen Gleichungen

$$W_v = + \Sigma v_2 \mathfrak{C}_{v2} dT + W_v + dW_v - \Sigma v_1 \mathfrak{C}_{v1} dT$$

oder

$$\frac{d\Delta U}{dT} = -\frac{dW_v}{dT} = \Sigma v_2 \mathfrak{C}_{v2} - \Sigma v_1 \mathfrak{C}_{v1} = \Sigma v \mathfrak{C}_v . \tag{543}$$

Für eine Reaktion bei konstantem Druck findet man in gleicher Weise

$$\frac{d\Delta I}{dT} = -\frac{dW_p}{dT} = \Sigma v_2 \mathfrak{C}_{p2} - \Sigma v_1 \mathfrak{C}_{p1} = \Sigma v \mathfrak{C}_p . \tag{544}$$

Der Temperaturgradient der Wärmetönungen ist also gleich dem Unterschied der Wärmekapazität der Stoffe vor und nach der Reaktion.

Bei der Integration der Gl. (543) und (544) auf endliche Temperaturunterschiede ist natürlich zu beachten, daß die spezifischen Wärmen im allgemeinen Funktionen der Temperatur sind. Kommen Phasenänderungen vor (Schmelzen, Verdampfen), so ist der damit verbundene Umsatz an innerer Energie und Enthalpie zu berücksichtigen.

Die Gl. (543) und (544) gelten auch für Wärmetönungen bei Schmelz- und Verdampfungsvorgängen, Wasser kann z. B. unter gewissen Vorsichtsmaßregeln bei normalem Atmosphärendruck auf Temperaturen unter 0° abgekühlt werden, ohne daß es erstarrt. Da die spezifische Wärme des Eises nur etwa 0,5 kcal/kg ist gegen 1 kcal/kg des flüssigen Wassers, ergibt sich aus Gl. (544), daß die Schmelzwärme je Grad Temperatursenkung um etwa 0,5 kcal/kg abnimmt. Die KIRCHHOFFschen Gleichungen gelten ferner für sogenannte *„allotrope“ Umwandlungen*, bei denen die Eigenschaften eines Stoffes unstetige Änderungen erfahren bei gleichbleibendem Aggregatzustand. Solche allotrope Modifikationen kennt man z. B. bei Schwefel (rhombische und monokline Kristallform), Phosphor (roter und gelber) und beim Kohlenstoff (Graphit und Diamant).

Auf den Verdampfungsvorgang läßt sich Gl. (544) anwenden, solange man den Dampf als vollkommenes Gas ansehen kann, und man erhält dann für die Verdampfungswärme r von 1 kg Wasser

$$\frac{dr}{dT} = c_{pd} - c_{pfl} , \tag{545}$$

wenn c_{pd} und c_{pfl} die spezifischen Wärmen des Dampfes und der Flüssigkeit sind.

Weicht der Dampf vom Zustand des vollkommenen Gases merklich ab, so muß man auf den bei beliebiger Form der Zustandsgleichung gültigen Ausdruck des Enthalpiedifferentials nach Gl. (215a)

$$di = c_p dT - \left[T \left(\frac{\partial v}{\partial T} \right)_p - v \right] dp$$

zurückgehen. Betrachten wir in einem T,s-Diagramm nach Abb. 224 einerseits die Verdampfung von E nach A bei der Temperatur T, andererseits die Verdampfung von F nach B bei $T + dT$, so unterscheiden sich die beiden Verdampfungswärmen um die Differenz der Enthalpieänderungen längs der Wege EF und AB, die wir nach der vorstehenden Gleichung ermitteln können. Dabei sind von A nach B die Eigenschaften c_{pd} und v_d des Dampfes im Sättigungszustand, von E nach F die Werte c_{pfl} und v_{fl} der Flüssigkeit einzusetzen. Damit ergibt sich schließlich die bis zum kritischen Druck anwendbare PLANCKsche Gleichung

$$\left. \begin{array}{l} \dfrac{dr}{dT} = c_{pd} - c_{pfl} + \\[2mm] + \left[v_d - v_{fl} - T \left(\dfrac{\partial (v_d - v_{fl})}{\partial T} \right)_p \right] \dfrac{dp}{dT} \cdot \end{array} \right\} \quad (546)$$

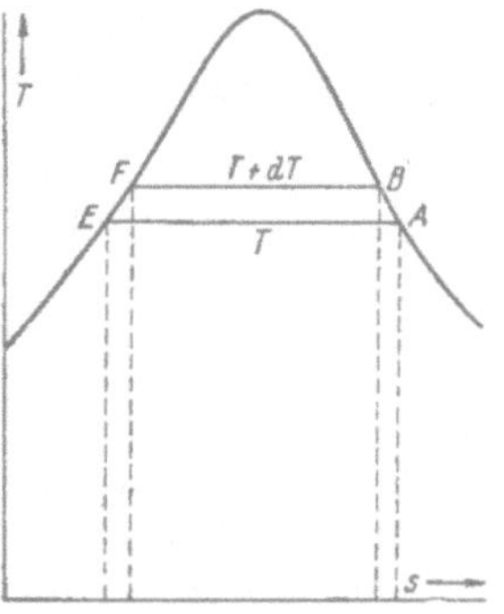

Abb. 224. Zur Ableitung der Planckschen Gleichung.

125. Das Gesetz der konstanten Energiesummen.

Schon vor der Formulierung des ersten Hauptsatzes der Wärmelehre hatte H. HESS 1840 das *Gesetz der konstanten Wärmesummen* aufgestellt in der Form: Die Summe der Wärmetönungen einer Folge von chemischen Reaktionen ist gleich derjenigen einer beliebigen anderen Reaktionsfolge mit denselben Ausgangs- und Endstoffen.

Dabei ist vorausgesetzt, daß Energieänderungen nur als Wärmetönungen auftreten, oder falls mechanische Energien vorkommen, diese in allen Fällen den gleichen Wert haben. Wir sprechen den Satz besser in der folgenden Form aus:

Der Energiebedarf einer chemischen Reaktion ist gleich dem Unterschied des Energieinhaltes der Endprodukte und der Ausgangsstoffe, unabhängig davon, ob die Reaktion direkt oder über irgendwelche Zwischenstufen erfolgt.

In dieser Gestalt ist er eine unmittelbare Folge des Satzes von der Erhaltung der Energie. Die praktische Bedeutung des HESSschen Satzes ist sehr groß, da er die Bestimmung des Energiebedarfs von nicht direkt ausführbaren Reaktionen mit Hilfe von Umwegreaktionen erlaubt. Als Beispiel betrachten wir die Verbrennung von festem Kohlenstoff in graphitischer Form unmittelbar zu CO_2 und auf dem Umwege über CO.

Für die Verbrennung von festem C zu CO_2 bei 25° ergibt die kalorimetrische Messung

$$C_{\text{graph}} + O_2 = CO_2 + 94052 \text{ cal/mol}, \qquad (547)$$

für die Verbrennung von CO zu CO_2 gilt

$$CO + \tfrac{1}{2} O_2 = CO_2 + 67636 \text{ cal/mol}. \qquad (548)$$

Durch algebraisches Subtrahieren beider Gleichungen erhält man die nur schwierig direkt meßbare Verbrennung von festem C zu CO in der Form

$$C_{\text{graph}} + \tfrac{1}{2} O_2 = CO + 26416 \text{ cal/mol}. \qquad (549)$$

Der feste Kohlenstoff mußte ausdrücklich als Graphit bezeichnet werden, da er in allotroper Modifikation als Diamant einen etwas größeren Heizwert hat, entsprechend der Gleichung

$$C_{diam} + O_2 = CO_2 + 94505 \ cal/mol. \tag{550}$$

Durch algebraisches Subtrahieren der Gl. (55) und (547) ergibt sich

$$C_{diam} = C_{graph} + 453 \ cal/mol, \tag{551}$$

wonach die Umwandlung von Diamant in Graphit ein exothermer Vorgang ist.

Als weiteres Beispiel soll die unmittelbar kaum bestimmbare Bildungswärme von Methan CH_4 aus den gemessenen Verbrennungswärmen der Verbindung und ihrer elementaren Bestandteile C und H_2 berechnet werden. Da das bei der Verbrennung entstehende Wasser gasförmig oder flüssig auftreten kann, ist in den folgenden Gleichungen jedem Teilnehmer die Zustandsform als Index beigefügt.

Für die Verbrennung von Methan gilt

$$CH_{4\,gas} + 2\,O_{2\,gas} = CO_{2\,gas} + 2\,H_2O_{fl} + 212{,}79 \ kcal^{[1]}$$

für die Verbrennung von Kohlenstoff und Wasserstoff

$$C_{graph} + O_{2\,gas} = CO_{2\,gas} + \ 94{,}05 \ kcal.$$
$$2\,H_{2\,gas} + O_{2\,gas} = 2\,H_2O_{fl} + 136{,}63 \ kcal.$$

Subtrahiert man die erste Gleichung von der Summe der beiden letzten und bringt in algebraischer Weise das Methan auf die rechte Seite, so erhält man

$$C_{graph} + 2\,H_{2\,gas} = CH_{4\,gas} + 17{,}89 \ kcal.$$

Damit ist die Bildungswärme von Methan aus den Elementen C_{graph} und $H_{2\,gas}$ mit 17,89 kcal je mol gefunden in Übereinstimmung mit dem in Tabelle 60 auf S. 473 angegebenen Wert $\Delta I = -17\,889$ cal/mol. Methan ist demnach eine exotherme Verbindung mit negativer Bildungsenthalpie.

126. Thermodynamisches und chemisches Gleichgewicht. Unvollständigkeit des Ablaufes chemischer Reaktionen. Das Prinzip von LE CHATELIER und BRAUN.

Den Begriff des thermodynamischen Gleichgewichtes hatten wir am Beispiel der Verdampfung und der isothermen und adiabaten Zustandsänderung von Gasen erläutert (vgl. S. 72). Dabei ist der Makrozustand des Systems im Laufe der Zeit unveränderlich, aber es ist eine gewisse Beweglichkeit vorhanden, derart, daß kleine äußere Eingriffe kleine Verschiebungen des Gleichgewichtes hervorrufen, die beim Aufhören des Eingriffes wieder zurückgehen ähnlich einer im stabilen Gleichgewicht befindlichen Waage, deren Schale durch ein kleines Übergewicht gesenkt wird und bei Fortnehmen desselben wieder in die alte Lage zurückkehrt. Ein Unterschied besteht nur insofern, als bei mechanischen Gleichgewichten die Ruhelage im allgemeinen nach einer Anzahl von

---

[1] Vgl. D'ANS-LAX: Taschenbuch für Chemiker und Physiker.

Schwingungen erreicht wird, während im thermodynamischen Falle die Rückkehr in der Regel aperiodisch wie bei einem stark gedämpften mechanischen System erfolgt.

Von dieser Art sind bei Gasreaktionen die chemischen Gleichgewichte zwischen den Ausgangsstoffen und den Endprodukten. Durch Ändern der Temperatur und durch Zusatz eines oder mehrerer Reaktionspartner unter Änderung der Bruttozusammensetzung treten solche Verschiebungen des Gleichgewichtes auf.

Früher glaubte man, daß jede zwischen Gasen verlaufende chemische Reaktion zu einem vollständigen Umsatz der Ausgangsstoffe zu den Endprodukten führe. Danach müßte die Verbrennung von 1 mol H_2 mit $^1/_2$ mol O_2 reines H_2O liefern. Die Entwicklung der Chemie in der 2. Hälfte des 19. Jahrhunderts hat aber gezeigt, daß bei allen chemischen Reaktionen im Gaszustande die Ausgangsstoffe niemals vollständig verschwinden, sondern daß stets gewisse, manchmal allerdings außerordentlich kleine Reste davon übrigbleiben und daß sich zwischen sämtlichen bei einer Reaktion als Ausgangsstoffe und Endprodukte auftretenden Teilnehmern ein Gleichgewicht herstellt. Zwar ist bei den meisten Reaktionen das Gleichgewicht so sehr nach der einen Seite der Reaktionsgleichung verschoben, daß man den Eindruck eines vollständigen Umsatzes erhält. Bei der Reaktion

$$H_2 + Cl_2 = 2\,HCl$$

bleibt z. B. bei 18° nur der Bruchteil $10^{-17,1}$ des H_2 und Cl_2 unvereinigt, wenn man von reinem H_2 und Cl_2 ausgegangen war.

Eine Reaktion, die auch bei niederer Temperatur merklich unvollständig abläuft, ist dagegen

$$H_2 + J_2 = 2\,HJ.$$

Bei 25° bleiben hier 8,2% der Ausgangsstoffe unvereinigt, bei 327° sogar 19,4%.

Mit steigender Temperatur tritt bei exothermen Reaktionen eine Erhöhung des unvereinigt bleibenden oder, wie man auch sagt, dissoziierten Teiles ein, bei endothermen Reaktionen eine Erniedrigung. Die Temperaturabhängigkeit werden wir später berechnen. Dabei stellt sich bei jeder Temperatur dasselbe Gleichgewicht ein, gleichgültig, ob man von einem Gemisch der reinen Ausgangsstoffe oder vom reinen Endprodukt ausgeht, wenn nur die Geschwindigkeit des Reaktionsablaufes ausreichend groß ist. Bei niederen Temperaturen ist diese Reaktionsgeschwindigkeit allerdings oft so klein, daß auch in Wochen und Monaten noch kein merklicher Umsatz erkennbar wird. Ein Gemisch von H_2 und O_2 kann bei Zimmertemperatur jahrelang aufbewahrt werden, ohne daß sich H_2O in merklicher Menge bildet.

In der Chemie hat man sehr oft mit gehemmten Reaktionen zu tun, die ein Gleichgewicht nur vortäuschen. Eine solche Hemmung des Gleichgewichtes kann man mit einer arretierten Waage vergleichen. Das einfachste und vom Chemiker am meisten angewandte Mittel zur Beseitigung von Hemmungen ist die Erwärmung, wobei man als rohe Faustregel für jeweils 10° Temperatursteigerung etwa eine Verdoppelung der Reaktionsgeschwindigkeit annehmen kann. Ein anderes sehr oft benütztes Mittel bilden Reaktionsbeschleuniger oder Katalysatoren, das sind gewisse in der Regel für die betreffende Reaktion spezifische Stoffe, die die Geschwindigkeit oft in außerordentlichem Maße beschleunigen und das Gleichgewicht herbeiführen, ohne aber am Gleichgewichtszustand selbst irgend etwas zu ändern.

Bringt man Ausgangsstoffe und Endprodukte einer Reaktion in anderer Zusammensetzung zusammen, als dem Gleichgewicht entspricht, so findet, falls die Bedingungen für eine ausreichende Reaktionsgeschwindigkeit vorhanden sind, eine Vereinigung der Ausgangsstoffe statt, wenn diese zu reichlich vorhanden sind, dagegen eine Dissoziation, wenn die Endprodukte die Gleichgewichtszusammensetzung übersteigen. Man hat es also durch Wahl der Mischungsverhältnisse in der Hand, eine Reaktion in dem einen oder anderen Sinne ablaufen zu lassen. Dieses Verhalten drückt man manchmal dadurch aus, daß man das Gleichheitszeichen der Reaktionsgleichung durch einen Doppelpfeil ersetzt, also z. B. schreibt:

$$H_2 + Cl_2 \rightleftharpoons 2\,HCl.$$

Der Druck ist auf das chemische Gleichgewicht nur von Einfluß, wenn die Reaktion unter Änderung der Molzahl abläuft oder wenn die Gase (bei hohen Drücken) nicht mehr als ideal angesehen werden können.

Für die Richtung der Verschiebung eines Gleichgewichtes durch Ändern irgendeiner Einflußgröße fanden LE CHATELIER (1884) und BRAUN (1888) das folgende allgemeine Prinzip:

Ändert man eine der das Gleichgewicht beeinflussenden Größen, so verschiebt es sich in solcher Weise, daß dadurch die Wirkung der Änderung verkleinert wird.

Verkleinert man z. B. das Volum des Gleichgewichtsgemisches einer Reaktion, die unter Abnahme der Molzahl verläuft ($\Sigma\,\nu_2 < \Sigma\,\nu_1$), so verschiebt sich das Gleichgewicht nach der rechten Seite der Reaktionsgleichung, wodurch die Molzahl kleiner wird und der Druck durch die Volumverkleinerung weniger stark ansteigt, als es ohne die Gleichgewichtsverschiebung der Fall wäre. Ein solches Gleichgewichtsgemisch ist also leichter zu verdichten als ein ideales Gas. Steigert man die Temperatur eines Gleichgewichtsgemisches durch Wärmezufuhr, so verschiebt das Gleichgewicht sich nach der Seite, die mit einem positiven Wärmebedarf verbunden ist, also im Sinne einer Verminderung des Temperaturanstieges. Erhöht man die Menge irgendeines Bestandteiles, so verschiebt sich das Gleichgewicht im Sinne eines Verbrauches dieses Teilnehmers also nach der Seite der Reaktionsgleichung, auf der dieser Bestandteil nicht vorkommt.

127. Beispiele für die reversible, isotherme Durchführung chemischer Reaktionen.

Eine reversible Durchführung chemischer Reaktionen gelingt nach dem Gedanken von VAN'T HOFF mit Hilfe *halbdurchlässiger* oder *semi-*

permeabler Wände, wie wir sie auf S. 111 bereits zur reversiblen Trennung von Gasgemischen benutzt haben.

Bei der theoretischen Behandlung sei angenommen, daß alle beteiligten Gase der Zustandsgleichung $p\mathfrak{B} = RT$ des vollkommenen Gases gehorchen, die Drücke also nicht zu hoch sind. Die Teilnehmer an der Reaktion sollen in reiner Form in getrennten Behältern bei jeweils konstanten Drücken zur Verfügung stehen, und die Endprodukte mögen von Gefäßen mit ebenfall konstanten Drücken aufgenommen werden.

Bevor wir den allgemeinen Fall behandeln, betrachten wir als erstes Beispiel die technisch wichtige Ammoniaksynthese nach der Formel

$$N_2 + 3\,H_2 = 2\,NH_3.$$

Dabei entstehen aus 1 Mol N_2 und 3 Mol H_2 nur 2 Mole des Endproduktes, es tritt also eine erhebliche Volumabnahme ein.

Zur reversiblen Durchführung der Reaktion benutzen wir die Apparatur der Abb. 225. Dabei sind a_1, a_2 und a_3 drei Behälter für die Teilnehmer, in denen die konstanten Drücke p_{N_2}, p_{H_2} und p_{NH_3} herrschen, was wir durch die gezeichneten Kolben andeuten. In vielen Fällen werden diese Drücke gleich dem der Atmosphäre sein. Die Buchstaben b_1, b_2 und b_3 bezeichnen drei Kolbenmaschinen, die je nach ihrer Drehrichtung sowohl als Kompressoren wie als Expansionsmaschinen laufen können und dabei Arbeit aufnehmen oder liefern. Um den Energiebedarf dieser Maschinen

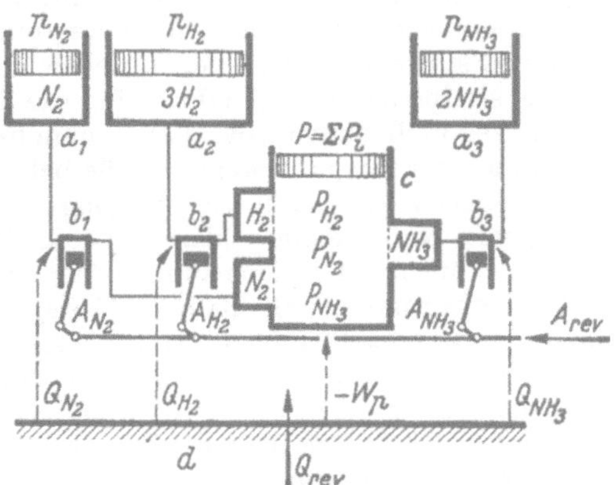

Abb. 225. Vorrichtung zur reversiblen Durchführung der Reaktion $N_2 + 3\,H_2 = 2\,NH_3$.

gegeneinander abgleichen zu können, denken wir sie durch eine als gerade Linie angedeutete Welle gekuppelt, der in verlustloser Weise die mechanische Energie A_{rev} zugeführt oder entnommen werden kann. Schließlich ist c ein Reaktionsgefäß, in dem durch einen belasteten Kolben ein konstanter Druck

$$P = \Sigma P_i = P_{N_2} + P_{H_2} + P_{NH_3}$$

aufrechterhalten wird, der sich aus der Summe der Teildrücke der darin enthaltenen Gase zusammensetzt. Diese durch große Buchstaben P gekennzeichneten Drücke sollen einem chemischen Gleichgewicht entsprechen. Das Reaktionsgefäß steht durch drei semipermeable, d. h. jeweils nur für ein Gas durchlässige, in der Abbildung durch gestrichelte Linien angedeutete Membranen mit drei Entnahmeräumen in Verbindung, in die aus dem Reaktionsgefäß nur je eines der reinen Gase eintreten kann. Die für den Gastransport nötigen Rohrleitungen sind durch einfache Striche dargestellt. Die drei Zylinder der Kolbenmaschinen und das Reaktionsgefäß stehen mit demselben großen Wärmespeicher d konstanter Temperatur T in ideal wärmeleitender Berührung, so daß sowohl die Expansionen und Kompressionen als auch die Vorgänge im Reaktionsgefäß *isotherm* bei der Temperatur T verlaufen.

Man könnte einwenden, daß in dem Entnahmeraum für NH_3 und damit auch in dem entsprechenden Vorratsbehälter die reine Verbindung nicht für längere Zeit bestehen kann, auch wenn die semipermeable Membran nur NH_3 durchläßt, denn es wird sich im Entnahmeraum wieder Gleichgewicht mit demselben H_2- und N_2-Gehalt wie im Reaktionsgefäß einstellen. Diesem Einwand kann man dadurch begegnen, daß man im Reaktionsgefäß Katalysatoren anbringt, welche die Reaktionsgeschwindigkeit in erheblichem Maße vergrößern, während im Entnahme- und im Vorratsraum die Reaktionshemmungen bestehen bleiben. Der Einwand wird auch ohne diese Maßnahme praktisch belanglos, wenn das Gleichgewicht bei stark überwiegendem NH_3-Gehalt des Gemisches liegt. Dann macht es für den Arbeitsbedarf des NH_3-Verdichters kaum etwas aus, ob er die reine Verbindung oder ein Gemisch mit schwachem H_2 und N_2-Gehalt fördert und man kann sogar auf die semipermeable Membran für die NH_3-Entnahme verzichten. Diesen Weg muß man in der Praxis ohnehin gehen, da semipermeable Membranen nur für ganz wenige Stoffe bekannt sind. Das Gemisch wird dann nachher z. B. durch Verflüssigung des Ammoniaks getrennt, wobei H_2 und N_2 gasförmig bleiben. Diese Gase lösen sich in flüssigem Ammoniak nicht in nennenswerter Menge, die Flüssigkeitsoberfläche wirkt gewissermaßen als halbdurchlässige Membran, indem sie den Durchtritt von gasförmigem Ammoniak auf dem Wege des Kondensierens oder Verdampfens erlaubt, aber die anderen Gase nicht in die Flüssigkeit eintreten läßt. Da es Membranen, die allein für H_2 oder N_2 durchlässig sind, von praktischer Brauchbarkeit nicht gibt, muß man die semipermeablen Membranen auch auf der Eintrittsseite des Reaktionsgefäßes fortlassen. Damit geht der bei kleinen Gleichgewichtsdrücken dieser Gase recht große Arbeitsgewinn der Entspannungsmaschinen b_1 und b_2 verloren, und die Gase müssen beim Eintreten in den Reaktionsraum den darin herrschenden Gesamtdruck überwinden.

Um die Reaktion reversibel durchzuführen, gehen wir in drei Schritten vor:

1. Mit Hilfe der Maschinen b_1 und b_2 entnehmen wir den Behältern a_1 und a_2 ein Mol N_2 und 3 Mole H_2 bei den Drücken p_{N_2} und p_{H_2}, bringen sie isotherm auf die Gleichgewichtsdrücke P_{N_2} und P_{H_2} und drücken sie über die Entnahmeräume durch die semipermeablen Membranen in den Reaktionsraum. Dieser Vorgang erfordert bei isothermer reversibler Durchführung den Arbeitsbedarf

$$A_{N_2} + A_{H_2} = - \, RT \left(1 \ln \frac{p_{N_2}}{P_{N_2}} + 3 \ln \frac{p_{H_2}}{P_{H_2}} \right)$$

und den entgegengesetzt gleich großen Wärmebedarf

$$Q_{N_2} + Q_{H_2} = RT \left(1 \ln \frac{p_{N_2}}{P_{N_2}} + 3 \ln \frac{p_{H_2}}{P_{H_2}} \right).$$

2. Im Reaktionsraum lassen wir bei konstantem Druck P die Reaktion ablaufen, wobei die Wärmetönung W_p abzuführen ist, also ein Wärmebedarf der Reaktion

$$Q_r = -W_p$$

auftritt. Der Arbeitsbedarf ist

$$A_r = 0,$$

wenn wir dafür sorgen, daß das aus dem eingeführten N_2 und H_2 entstandene NH_3 gleich durch die Maschine b_3 abgeführt wird, ein Vorgang, der den folgenden Schritt bildet.

3. Mit Hilfe der Maschine b_3 entnehmen wir aus dem Reaktionsraum über die semipermeable Membran und den Entnahmeraum beim Drucke P_{NH_3} zwei Mole NH_3, bringen sie isotherm auf den Druck p_{NH_3} und drücken sie in den Behälter a_3. Damit ist ein Arbeitsbedarf

$$A_{NH_3} = RT \cdot 2 \ln \frac{p_{NH_3}}{P_{NH_3}}$$

und ein entgegengesetzt gleicher Wärmebedarf

$$Q_{NH_3} = -RT \cdot 2 \ln \frac{p_{NH_3}}{P_{NH_3}}$$

verbunden.

Addieren wir die Ergebnisse dieser drei Schritte, so erhalten wir für den reversiblen Arbeits- und Wärmebedarf des ganzen Vorganges

$$A_{\text{rev}} = -RT \left(\ln \frac{p_{N_2}}{P_{N_2}} + 3 \ln \frac{p_{H_2}}{P_{H_2}} - 2 \ln \frac{p_{NH_3}}{P_{NH_3}} \right)$$

$$Q_{\text{rev}} = RT \left(\ln \frac{p_{N_2}}{P_{N_2}} + 3 \ln \frac{p_{H_2}}{P_{H_2}} - 2 \ln \frac{p_{NH_3}}{P_{NH_3}} \right) - W_p$$

oder

$$\left. \begin{aligned} A_{\text{rev}} &= -RT \left(\ln \frac{P_{NH_3}^2}{P_{N_2} P_{H_2}^3} - \ln \frac{p_{NH_3}^2}{p_{N_2} p_{H_2}^3} \right) \\ Q_{\text{rev}} &= RT \left(\ln \frac{P_{NH_3}^2}{P_{N_2} P_{H_2}^3} - \ln \frac{p_{NH_3}^2}{p_{N_2} p_{H_2}^3} \right) - W_p \cdot \end{aligned} \right\} \qquad (552)$$

Dabei wird der aus den Gleichgewichtsdrücken gebildete Ausdruck

$$K_p = \frac{P_{NH_3}^2}{P_{N_2} P_{H_2}^3} \qquad (553)$$

als *Gleichgewichtskonstante* der Reaktion bezeichnet.

Im vorstehenden haben wir uns auf den Standpunkt der „technischen Arbeit" oder „Nutzarbeit" (vgl. S. 423) gestellt, wie es bei Maschinen und bei chemischen Produktionsanlagen zweckmäßig ist, die das Arbeitsmittel in stetigem Stoffstrom aufnehmen und wieder abgeben. Bei der Auspuffdampfmaschine z. B. wurde die Verdrängungsarbeit auch nicht berücksichtigt, obwohl sie für das in den Kessel gespeiste Wasser sehr viel kleiner ist als für den Auspuffdampf. Der Prozeß leistete gegen den atmosphärischen Druck p_a noch die Arbeit $p_a\,(v'' - v')$, die außer Betracht gelassen wurde. Ähnliches gilt für die Verbrennungskraftmaschine, wo wegen des Wasserstoffgehaltes des Kraftstoffes und wegen der hohen Abgastemperatur das Volum der Auspuffgase und damit ihre Verdrängungsarbeit erheblich größer ist als für die angesaugte Luft.

Zieht man die Verdrängungsarbeit mit in Rechnung, so erhöht sich in unserem Falle der Arbeitsbedarf, da die Molzahl und damit das Volum der Gase vor der Reaktion größer ist als danach, um den Betrag $RT\,(1 + 3 - 2)$, und wir erhalten die reversible Arbeit

$$A'_{\mathrm{rev}} = -RT\left(\ln \frac{P^2_{\mathrm{NH_3}}}{P_{\mathrm{N_2}}\,P^3_{\mathrm{H_2}}} - \ln \frac{p^2_{\mathrm{NH_3}}}{p_{\mathrm{N_2}}\,p^3_{\mathrm{H_2}}}\right) + RT\,(1 + 3 - 2).$$

Im allgemeinen wollen wir aber von dem Unterschied der Verdrängungsarbeiten absehen und als *Maß* der *Affinität* der Ammoniakbildung die reversible Nutzarbeit

$$A_{\mathrm{rev}} = -RT\left(\ln K_p - \ln \frac{p^2_{\mathrm{NH_3}}}{p_{\mathrm{N_2}}\,p^3_{\mathrm{H_2}}}\right) \tag{554}$$

ansehen.

Nach Gl. (552) wird die reversible Arbeit Null, wenn

$$\frac{p^2_{\mathrm{NH_3}}}{p_{\mathrm{N_2}}\,p^3_{\mathrm{H_2}}} = \frac{P^2_{\mathrm{NH_3}}}{P_{\mathrm{N_2}}\,P^3_{\mathrm{H_2}}}$$

ist, insbesondere also, wenn die Partialdrücke der Einzelgase vor der Reaktion gleich denen des chemischen Gleichgewichtes sind. Das ist einleuchtend, denn in diesem Falle tritt keine Reaktion ein, da ihr Endergebnis bereits vorliegt. Auch die reversible Mischung der Gase ist hier mit keinem Arbeitsumsatz verbunden, da die Drücke in den Vorratsbehältern gleich den Partialdrücken der betreffenden Gase im Reaktionsraum sind:

Bei

$$\ln \frac{p^2_{\mathrm{NH_3}}}{p_{\mathrm{N_2}}\,p^3_{\mathrm{H_2}}} < \ln \frac{P^2_{\mathrm{NH_3}}}{P_{\mathrm{N_2}}\,P^3_{\mathrm{H_2}}}$$

wird der Arbeitsbedarf der Reaktion negativ, d. h. die Reaktion vermag Nutzarbeit nach außen abzugeben und kann daher auch in irreversibler Weise ablaufen, indem sich diese Nutzarbeit ganz oder teilweise in Wärme verwandelt. Ist dagegen

$$\ln \frac{p^2_{\mathrm{NH_3}}}{p_{\mathrm{N_2}}\,p^3_{\mathrm{H_2}}} > \ln \frac{P^2_{\mathrm{NH_3}}}{P_{\mathrm{N_2}}\,P^3_{\mathrm{H_2}}},$$

so fordert die Reaktion zu ihrer Durchführung einen Arbeitsaufwand und kann nicht von selbst ablaufen, ebensowenig, wie es möglich ist, Wärme ohne Arbeitsaufwand von einem Körper niederer Temperatur auf einen solchen höherer Temperatur zu schaffen.

Führen wir dieselben Überlegungen an der Reaktion

$$\mathrm{H_2} + \tfrac{1}{2}\,\mathrm{O_2} = \mathrm{H_2O}$$

durch, so erhalten wir die Gleichgewichtskonstante

$$K_p = \frac{P_{\mathrm{H_2O}}}{P_{\mathrm{H_2}}\, P_{\mathrm{O_2}}^{1/2}}\,,$$

die nach Tabelle 61 bei 25 °C den außerordentlich hohen Wert $K_p = 1,114 \cdot 10^{40}$ hat. Nehmen wir den Druck des Wasserdampfes mit 1 atm an und beachten, daß bei der Dissoziation $P_{\mathrm{O_2}} = \frac{1}{2}\, P_{\mathrm{H_2}}$ ist, so ergibt sich für diesen Wert der Gleichgewichtskonstanten

$$P_{\mathrm{H_2}} \sqrt{\frac{1}{2}\, P_{\mathrm{H_2}}} = \frac{1}{1,114 \cdot 10^{40}}$$

oder

$$P_{\mathrm{H_2}} = 2,528 \cdot 10^{-27}\ \mathrm{atm}.$$

Demnach ist von den $6,0228 \cdot 10^{26}$ Molekeln eines Kilomols nur ungefähr eines dissoziiert. Mit steigender Temperatur nimmt der dissoziierte Bruchteil rasch zu und erreicht bei 1300 °K mit $K_p = 1,158 \cdot 10^7$ den Wert $P_{\mathrm{H_2}} = 2,463 \cdot 10^{-5}$.

Die Bildungsenthalpie der Reaktion bei 25 °C ist nach Tabelle 60 auf Grund kalorischer Messungen $\Delta I = -57\,798$ cal/mol, und die reversible Arbeit beträgt

$$A_{\mathrm{rev}} = -RT \ln K_p = -54\,635\ \mathrm{cal/mol}.$$

Damit ergibt sich aus $\Delta I = A_{\mathrm{rev}} + Q_{\mathrm{rev}}$ ein reversibler Wärmebedarf von $Q_{\mathrm{rev}} = -3163$ cal/mol. Von der bei irreversibler Verbrennung auftretenden Wärmetönung von 57 798 cal/mol kann demnach der weitaus größte Teil von 54 635 cal/mol als Arbeit gewonnen werden, und nur 3163 cal/mol sind als Wärme abzuführen. Diese große Arbeitsausbeute des Prozesses wird dadurch möglich, daß wir die Ausgangsstoffe $\mathrm{H_2}$ und $\mathrm{O_2}$ aus ihren Vorratsbehältern von 1 atm auf den außerordentlich kleinen Druck $2,528 \cdot 10^{-27}$ atm bzw. $1,264 \cdot 10^{-27}$ atm isotherm expandieren lassen und dann durch die semipermeablen Membranen doch ohne Arbeitsaufwand in den Reaktionsraum von 1 atm hineinbringen können. Die Wärmetönung der Reaktion deckt den Wärmebedarf der isothermen Expansion, wobei noch ein kleiner Rest als reversibler Wärmeumsatz Q_{rev} übrigbleibt, der bei der konstanten Temperatur T an die Umgebung abgeführt wird.

128. Ein thermisch-mechanisches Modell der reversiblen chemischen Reaktion.

Die isotherm und reversibel durchgeführte chemische Reaktion kann man als eine verlustlose Speicherung von Wärme und Arbeit in der latenten Form der chemischen Energie auffassen. Dazu denken wir uns die Vorratsbehälter und Kolbenmaschinen der Abb. 225 in den geschlossenen Kasten a der Abb. 226 eingebaut. Aus dem Kasten ragt eine Welle b heraus, über die mit Hilfe einer verlustlosen elektrischen Maschine eine Arbeit A_{rev} zugeführt oder entnommen werden kann.

Der Kasten ist andererseits in vollkommenem Wärmekontakt mit einem großen Wärmespeicher c von der konstanten Temperatur T, mit dem er in reversibler Weise die Wärmemenge Q_{rev} austauschen kann. Wenn die chemische Reaktion einen positiven Arbeits- und Wärmebedarf hat, wird durch sie die Arbeit A_{rev} und die Wärmemenge Q_{rev} als chemische Energie gespeichert, wobei die Summe der Enthalpien der Reaktionsprodukte um die Reaktionsenthalpie

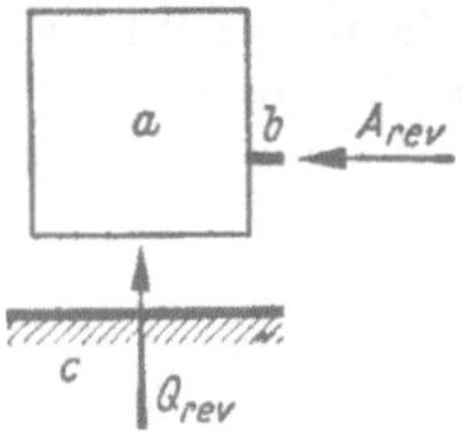

$$\Delta I = A_{rev} + Q_{rev}$$

größer ist als die Summe der Enthalpien der Ausgangsstoffe. Gleichzeitig wird die Summe der Entropien der Endprodukte um den Betrag

$$\Delta S = \frac{Q_{rev}}{T},$$

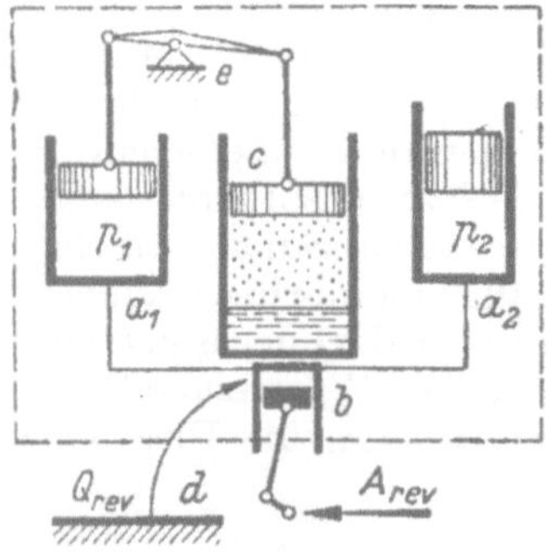
Abb. 226. Die chemische Reaktion als Speicher für Wärme und Arbeit.

den wir später als *Reaktionsentropie* einführen, größer als die Entropiesumme der Ausgangsstoffe, denn dem Wärmespeicher war die Entropie Q_{rev}/T entzogen worden, und nach dem zweiten Hauptsatz muß die Entropie im ganzen bei einem reversiblen Vorgang ungeändert bleiben. In der Regel ist Q_{rev} nur ein Bruchteil der zugeführten Arbeit A_{rev}, und in vielen Fällen haben beide Größen verschiedenes Vorzeichen, so daß eine Arbeitszufuhr mit einer Wärmeabfuhr verbunden ist und umgekehrt.

Die gleiche Energiespeicherung läßt sich ohne Zuhilfenahme einer chemischen Reaktion mit dem Ingenieur vertrauten Mitteln in folgender Weise erreichen: Wir entnehmen einem Behälter mit dem konstanten Druck p_1 ein Mol Gas, verdichten es in einem Kompressor isotherm auf den Druck p_2 und speichern es bei diesem Druck in einem zweiten Behälter. Dabei findet (mit den in diesem Abschnitt benutzten Bezeichnungen) der Arbeits- und Wärmeumsatz

$$A_{rev} = -\boldsymbol{R}T\,(\ln p_1 - \ln p_2)$$
$$Q_{rev} = \boldsymbol{R}T\,(\ln p_1 - \ln p_2)$$

Abb. 227. Thermisch-mechanisches Modell der chemischen Reaktion.

statt. Diese Ausdrücke haben denselben Bau wie die Gleichungen (552), nur sind an die Stelle der Potenzprodukte von der Art der Gleichgewichtskonstanten gewöhnliche Drücke getreten, und es fehlt beim Wärmeumsatz die Wärmetönung W_p, so daß die Arbeit dem Wärmeumsatz entgegengesetzt gleich ist. Wir können unseren Apparat aber leicht so ergänzen, daß er auch eine Wärmetönung darstellt. Denn in der isothermen Verdampfung haben wir die Möglichkeit einer reversiblen Wärmespeicherung ohne Arbeitsumsatz, abgesehen von der Verdrängungsarbeit, die wir außer Betracht lassen wollen. Durch die Verbindung eines Verdampfungsvorganges mit der isothermen Verdichtung erhalten wir ein vollständiges Analogon zur chemischen Reaktion, wie in Abb. 227 dargestellt. Darin sind a_1 und a_2 zwei Gasbehälter für die konstanten Drücke p_1 und p_2, b ist ein isothermer Verdichter, der seine Verdichtungswärme ganz oder teilweise an den mit ihm wärmeleitend verbundenen Verdampfungszylinder c abgibt. In dem Zylinder c befindet sich eine geeignete Flüssigkeit im Gleichgewicht mit ihrem Dampf bei der Temperatur T. Durch mehr oder weniger starkes Heben des Verdampferkolbens hat man es in der Hand, die Verdichterwärme des Kompressionszylinders ganz oder teilweise zu binden und dadurch den Betrag der vom Wärmespeicher d zu liefernden oder aufzunehmenden Wärmemenge Q_{rev} zu ändern. Ein gewünschtes Verhältnis Q_{rev} zu A_{rev} läßt sich z. B. dadurch erreichen, daß man das Hubvolum des Verdampferkolbens in ein bestimmtes Verhältnis zu dem Hub eines der beiden Gasbehälterkolben bringt, wie das in Abb. 227 durch den Hebelmechanismus e veranschaulicht ist.

Denken wir uns nun den ganzen Mechanismus in einen Kasten eingeschlossen (in der Abb. 227 durch das gestrichelte Rechteck angedeutet), der mit der Umgebung nur Arbeit und Wärme in reversibler Weise austauscht, so verhält er sich genauso wie der Kasten der Abb. 226, in dem sich eine chemische Reaktion umkehrbar abspielte. Damit haben wir ein mechanisches Modell einer chemischen Reaktion, das nur die isotherme Verdichtung eines Gases sowie die isotherme Verdampfung einer Flüssigkeit benutzt und doch die thermodynamischen Vorgänge einer chemischen Reaktion vollständig wiedergibt.

129. Die reversible Durchführung beliebiger homogener Gasreaktionen.

Nachdem wir durch die behandelten Beispiele konkrete Vorstellungen gewonnen haben, wenden wir uns dem allgemeinen Fall einer beliebigen chemischen Gasreaktion zu entsprechend der Gleichung

$$v_a A + v_b B \cdots = v_e E + v_f F \cdots + W_p \,. \tag{555}$$

Dabei sind A, $B \cdots$ die Ausgangsstoffe, E, $F \cdots$ die Endprodukte der Reaktion, v_a, $v_b \cdots v_e$, $v_f \cdots$ die zugehörigen Molzahlen und W_p ist die Wärmetönung bei konstantem Druck. Denken wir uns wieder alle beteiligten Stoffe in getrennten Behältern bei den Drücken p_a, $p_b \cdots p_e$, $p_f \cdots$ gespeichert, so ist, wie man leicht durch Verallgemeinerung der Gl. (552) und (553) erkennt, der reversible Arbeits- und Wärmebedarf der Reaktion

$$A_{\mathrm{rev}} = - R T \left(\ln K_p - \ln \frac{p_e^{v_e} \cdot p_f^{v_f} \cdots}{p_a^{v_a} \cdot p_b^{v_b} \cdots} \right) \tag{556}$$

$$Q_{\mathrm{rev}} = R T \left(\ln K_p - \ln \frac{p_e^{v_e} \cdot p_f^{v_f} \cdots}{p_a^{v_a} \cdot p_b^{v_b} \cdots} \right) - W_p, \tag{557}$$

wobei

$$K_p = \frac{P_e^{\nu_e} P_f^{\nu_f} \cdots}{P_a^{\nu_a} P_b^{\nu_b} \cdots} \qquad (558)$$

mit P_a, $P_b \cdots P_e$, $P_f \cdots$ als Gleichgewichtsdrücken die Gleichgewichts-konstante ist. Die von VAN T'HOFF gefundene Gleichung für die rever-sible Arbeit bezeichnet man auch als Reaktionsisotherme. Zum Herbei-schaffen und Wegführen der Stoffe von und nach den Vorratsbehältern ist im ganzen die Verdrängungsarbeit

$$- RT \, \Sigma \, \nu \qquad (559)$$

erforderlich, die wir aber, wie verabredet, nicht zur reversiblen Arbeit der Reaktion rechnen wollen. Dabei sind in

$$\Sigma \, \nu = \nu_e + \nu_f + \cdots - \nu_a - \nu_b \cdots \qquad (560)$$

die Molzahlen der auf der rechten Seite von Gl. (555) stehenden End-produkte mit positivem Vorzeichen, die Molzahlen der Ausgangsstoffe auf der linken Seite mit negativem Vorzeichen einzusetzen. Entspre-chend der Summierung nach Gl. (560) kann man zur Abkürzung

$$\ln \frac{p_e^{\nu_e} p_f^{\nu_f} \cdots}{p_a^{\nu_a} p_b^{\nu_b} \cdots} = \Sigma \, \nu_i \ln p_i \qquad (561)$$

schreiben. Damit erhält Gl. (556) und (557) die einfachere Form

$$A_{\mathrm{rev}} = - RT \, (\ln K_p - \Sigma \, \nu_i \ln p_i) \qquad 556\,a)$$
$$Q_{\mathrm{rev}} = RT \, (\ln K_p - \Sigma \, \nu_i \ln p_i) - W_p \qquad (557\,a)$$

und der Ausdruck für die Gleichgewichtskonstante vereinfacht sich zu

$$\ln K_p = \Sigma \, \nu_i \ln P_i \quad \text{oder} \quad K_p = \Pi P_i^{\nu_i}, \qquad (558\,a)$$

wobei Π das Zeichen der Produktbildung über alle Faktoren $P_i^{\nu_i}$ ist. Setzen wir die Drücke aller Gase in ihren Vorratsgefäßen einander gleich und gleich der Druckeinheit, in der Regel 1 atm, so wird der Ausdruck (561) zu Null, und wir erhalten die Beziehung

$$A_{\mathrm{rev}} = - RT \ln K_p, \qquad (562)$$

welche die reversible Arbeit mit der Gleichgewichtskonstanten ver-knüpft. Wir wollen die unter diesen Bedingungen aus der Reaktion gewinnbare Arbeit $- A_{\mathrm{rev}}$ als Normalfall ansehen und mit *Normalaffinität* bezeichnen.

Bei einer bestimmten Temperatur wird die reversible Arbeit nach Gl. (562) allein durch den Wert der Gleichgewichtskonstanten bestimmt, gleichgültig, aus welchen Einzeldrücken sich diese zusammensetzt und unabhängig von der Summe aller Teildrücke. Durch Erhöhung des Gesamtdruckes im Reaktionsraum verschieben sich nur die Verhältnisse der Teildrücke im Sinne des Prinzips von LE CHATELIER und BRAUN, wenn die Reaktion mit einer Änderung der Molzahl verbunden ist, in der Weise, daß mit steigendem Gesamtdruck die Teildrücke der Partner auf der Seite der Reaktionsgleichung mit der kleineren Molzahl zunehmen.

Würde die Gleichgewichtskonstante und damit die reversible Arbeit der Reaktion bei derselben Temperatur aber bei Durchführung auf voneinander abweichenden Wegen verschiedene Werte aufweisen, so könnte man zwei solcher Reaktionen mit verschiedenen Gleichgewichtskonstanten bei entgegengesetztem Richtungssinn so miteinander koppeln, daß die mit dem kleineren Arbeitsbedarf von der mit der größeren Arbeitsausbeute angetrieben wird, und noch ein Arbeitsüberschuß bliebe. Da die chemischen Vorgänge gerade wieder rückgängig gemacht wurden, hätten wir ein Perpetuum mobile zweiter Art, was der zweite Hauptsatz ausschließt. Die Gleichgewichtskonstante hat also tatsächlich bei einer gegebenen Temperatur einen festen Wert.

Den vorstehenden Betrachtungen, die der üblichen Darstellung entsprechen, haftet ein Schönheitsfehler insofern an, als der Zahlenwert der Gleichgewichtskonstanten K_p von der gewählten Druckeinheit abhängt und eine je nach der Art der Reaktion verschiedene Dimension $(\text{atm})^{\Sigma \nu}$ hat. Von einer solchen dimensionsbehafteten Größe muß der Logarithmus gebildet werden, was mathematisch nicht befriedigt, da die Operation ln nur auf reine Zahlen anwendbar ist.

Man kann diesen Schönheitsfehler vermeiden und zu einer dimensionslosen Gleichgewichtskonstanten kommen, wenn man alle Drücke durch die Druckeinheit dividiert, d. h., in die Formel nur mit den Zahlwerten der Drücke ohne ihre Dimension hineingeht. Der Zahlwert der Gleichgewichtskonstanten bleibt auch dann von der Größe der Druckeinheit abhängig, was zu beachten ist. Diese Mehrdeutigkeit wird durch die Verabredung beseitigt, daß man als Druckeinheit allgemein die Normatmosphäre ($1\ \text{atm} = 760\ \text{Torr} = 1\,013\,250\ \text{dyn/cm}^2$) benutzt.

Manchmal ist es üblich, statt von den Partialdrücken, von den Konzentrationen oder den Molenbrüchen der beteiligten Stoffe auszugehen und damit Ausdrücke für die Gleichgewichtskonstante zu bilden. Bezeichnen wir mit $c = v/V = 1/\mathfrak{V}$ die Konzentration in Mol je Volumeinheit, wobei V das Volum von v Molen und $\mathfrak{V}$ das Volum eines Mols ist, so gilt wegen der Zustandsgleichung $pV = v\boldsymbol{R}T$ die Beziehung

$$p = c\boldsymbol{R}T. \tag{563}$$

Benutzt man für die Konzentrationen bei chemischem Gleichgewicht große Buchstaben C und versteht unter

$$K_c = \frac{C_e^{v_e}\,C_f^{v_f}\cdots}{C_a^{v_a}\,C_b^{v_b}\cdots} \tag{564}$$

die auf die Konzentrationen bezogene Gleichgewichtskonstante, so ist

$$K_p = K_c(\boldsymbol{R}T)^{\Sigma \nu} \tag{565}$$

und es wird

$$A_{\text{rev}} = -\,\boldsymbol{R}T\left(\ln K_c - \ln \frac{c_e^{v}\,c_f^{v_f}\cdots}{c_a^{v_a}\,c_b^{v_b}}\right), \tag{566}$$

$$Q_{\text{rev}} = \boldsymbol{R}T\left(\ln K_c - \ln \frac{c_e^{v_e}\,c_f^{v_f}}{c_a^{v_a}\,c_b^{v_b}}\right) - W_p. \tag{567}$$

Kennzeichnet man das Gleichgewicht durch die Molenbrüche $X_i = P_i/P$, wobei $P = \Sigma P_i$ der Gesamtdruck im Gleichgewichtsbehälter ist, so gelten für die entsprechende Gleichgewichtskonstante K_x die Beziehungen

$$K_p = K_x \cdot P^{\Sigma \nu} \quad \text{und} \quad K_x = K_c \cdot \mathfrak{B}^{\Sigma \nu}. \tag{568}$$

Die Ausdrücke K_c und K_x werden besonders bei Gleichgewichten in flüssigen Systemen, z. B. bei Lösungen, gebraucht. Im Gegensatz zu K_p und K_c hat K_x den Vorteil der Dimensionslosigkeit, ist aber nach Gl. (568) vom Gesamtdruck abhängig.

Die Zahlenwerte von K_p, K_c und K_x stimmen nur überein, wenn $\Sigma \nu = 0$ ist; bei Reaktionen mit Änderung der Molzahl muß man sich daher, z. B., wenn man aus Tabellen Werte entnimmt, stets vergewissern, welche Art der Gleichgewichtskonstanten gemeint ist. Bei unserer Definition, wobei die Endprodukte auf der rechten Seite der Reaktionsgleichung im Zähler und die Ausgangsstoffe der linken Seite im Nenner stehen, besteht bei großen Werten von K_p das Gleichgewichtsgemisch hauptsächlich aus den Endprodukten, bei kleinen Werten überwiegend aus den Ausgangsstoffen. In manchen Darstellungen stehen die Ausgangsstoffe im Zähler und die Endprodukte im Nenner, wobei die Gleichgewichtskonstante in ihren Reziprokwert übergeht, d. h., ihr Logarithmus das Vorzeichen wechselt. Gewöhnlich ist dann auch für $\Sigma \nu$ das umgekehrte Vorzeichen benutzt.

Weiter ist darauf zu achten, welche Gestalt der Reaktionsgleichung der Gleichgewichtskonstanten zugrunde gelegt ist. Die Wasserbildung aus den Elementen kann in folgenden beiden Formen geschrieben werden:

$$1. \quad H_2 + \frac{1}{2} O_2 = H_2O \quad \text{mit} \quad K_{p1} = \frac{P_{H_2O}}{P_{H_2} \cdot P_{O_2}^{1/2}}$$

$$2. \quad 2H_2 + O_2 = 2H_2O \quad \text{mit} \quad K_{p2} = \frac{P_{H_2O}^2}{P_{H_2}^2 \cdot P_{O_2}}.$$

Dabei treten 2 verschiedene Gleichgewichtskonstanten auf, zwischen denen die Umrechnung $K_{p2} = K_{p1}^2$ gilt. Auf diese Mehrdeutigkeit sei ausdrücklich hingewiesen, um dem Leser Schwierigkeiten beim Studium der Literatur zu ersparen.

130. Chemisches Gleichgewicht und Massenwirkungsgesetz.

Bisher waren wir von den getrennt vorliegenden reinen Stoffen ausgegangen und hatten diese mit Hilfe des Gleichgewichtskastens in die reinen Endprodukte umgewandelt. Jetzt wollen wir von den in einem Vorratsraum konstanten Volums bereits gemischten Stoffen ausgehen, deren Partialdrücke p_a, $p_b \cdots p_e$, p_f aber nicht dem chemischen Gleichgewicht entsprechen, wobei die Reaktion durch Hemmungen verhindert ist. Gefragt wird nach der reversiblen Arbeit, die notwendig ist, um einen Teil der Ausgangsstoffe im Vorratsraum bei konstant gehaltenem Behältervolum in die Endprodukte zu überführen. Dazu benutzen wir einen Reaktionsraum ebenfalls konstanten Volums, in dem die Partialdrücke

P_a, P_b $\cdots$ P_e, P_f der Stoffe dem chemischen Gleichgewicht entsprechen, und durch geeignete Katalysatoren die Reaktionshemmung aufgehoben ist. In Abb. 228 sei a der Vorratsraum und b der Reaktionsraum, beide sollen, wie in der Abbildung durch gestrichelte Linien angedeutet, mit semipermeablen Membranen versehen sein zur Zufuhr oder Entnahme der reinen Gase. Die Behälter seien so groß, daß die Änderung des Inhaltes um wenige Mole eines oder mehrerer der darin enthalte- nen Gase den Druck und die Zusammen- setzung des Gasinhaltes nicht merklich än- dern. Mit Hilfe der in Abb. 228 gezeigten drei Arbeitszylinder c_1, c_2 und c_3 mögen die mit den Behältern ausgetauschten reinen Gase isotherm auf andere Drücke gebracht werden können. Die für den Gastransport nötigen Rohrleitungen sind durch einfache Striche angedeutet. Vorratsraum, Reaktionsraum und

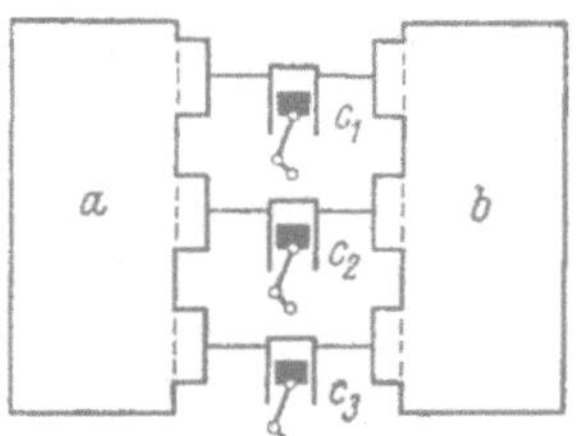

Abb. 228. Reversible Durchführung einer chemischen Reaktion bei konstantem Volum.

die Arbeitszylinder sollen mit einem genügend großen Wärmespeicher von der Temperatur T in idealem Wärmeaustausch stehen, so daß sich alle Vorgänge isotherm bei dieser Temperatur abspielen.

Die Reaktion, die der Gleichung

$$v_a A + v_b B = v_e E + W_v \tag{569}$$

entsprechen möge, wobei W_v die Reaktionswärme bei konstantem Volum ist, führen wir in folgender Weise durch: Mit Hilfe der Zylinder c_1 und c_2 entnehmen wir dem Vorratsraum v_a Mole des Stoffes A und v_b Mole des Stoffes B. Damit ist je Mol ein Arbeitsgewinn gleich der Verdrängungs- arbeit $p\,\mathfrak{V} = \boldsymbol{R}T$ verbunden, dem wegen der isothermen Ausdehnung der Gase im Vorratsraum eine ebenso große Wärmezufuhr an diesen ent- spricht. Der reversible Arbeits- und Wärmebedarf dieses ersten Schrittes ist also

$$A_1 = -\,\boldsymbol{R}T(v_a + v_b) \quad \text{und} \quad Q_1 = \boldsymbol{R}T(v_a + v_b).$$

In den Arbeitszylindern werden die Gase von den Teildrücken p im Vorratsraum auf die Gleichgewichtsdrücke P im Reaktionsraum gebracht. Dabei ist je Mol die Arbeit $\boldsymbol{R}T \ln P/p$ aufzuwenden und eine gleich große Wärmemenge an den Speicher abzuführen. Der Arbeits- und Wärme- bedarf dieses zweiten Schrittes ist somit

$$A_2 = \boldsymbol{R}T \left(v_a \ln \frac{P_a}{p_a} + v_b \ln \frac{P_b}{p_b} \right) \quad \text{und} \quad Q_2 = -\,\boldsymbol{R}T \left(v_a \ln \frac{P_a}{p_a} + v_b \ln \frac{P_b}{p_b} \right).$$

Die auf Gleichgewichtsdruck gebrachten Gase werden im dritten Schritt in den Reaktionsraum geschoben, womit der Arbeits- und Wärme- bedarf

$$A_3 = \boldsymbol{R}T(v_a + v_b) \quad \text{und} \quad Q_3 = -\,\boldsymbol{R}T(v_a + v_b)$$

verbunden ist, da der Arbeitsbedarf der isothermen Verdichtung wieder als Wärme abgeführt werden muß.

Im Reaktionsraum lassen wir als vierten Schritt bei konstantem Volum die Reaktion sich abspielen mit dem Arbeits- und Wärmebedarf

$$A_4 = 0 \quad \text{und} \quad Q_4 = -W_v.$$

Aus dem Reaktionsraum entnehmen wir die gebildeten ν_e Mole des Reaktionsproduktes E unter dem Arbeits- und Wärmebedarf

$$A_5 = -RT\nu_e \quad \text{und} \quad Q_5 = RT\nu_e$$

bringen sie von dem Druck P_e im Reaktionsgefäß auf den Druck p_e im Vorratsraum mit dem Aufwand von

$$A_6 = RT\nu_e \ln \frac{p_e}{P_e} \quad \text{und} \quad Q_6 = -RT\nu_e \ln \frac{p_e}{P_e}$$

und drücken sie in den Vorratsraum unter dem Arbeits- und Wärmeaufwand

$$A_7 = RT\nu_e \quad \text{und} \quad Q_7 = -RT\nu_e.$$

Addieren wir alle Umsätze dieser 7 Schritte, so fallen die Umsätze der Schritte 1, 3, 5 und 7 fort, da sie paarweise entgegengesetzt gleich sind und wir erhalten für den ganzen Vorgang den Arbeitsbedarf

$$A_{\mathrm{rev}} = -RT\left(\ln K_p - \ln \frac{p_e^{\nu_e}}{p_a^{\nu_a} \cdot p_b^{\nu_b}}\right)$$

und den Wärmebedarf

$$Q_{\mathrm{rev}} = -A_{\mathrm{rev}} - W_v = RT\left(\ln K_v - \ln \frac{p_e^{\nu_e}}{p_a^{\nu_a} p_b^{\nu_b}}\right) - W_v,$$

wobei

$$K_p = \frac{P_e^{\nu_e}}{P_a^{\nu_a} \cdot P_b^{\nu_b}}$$

wieder die Gleichgewichtskonstante ist.

Die reversible Arbeit wird Null für

$$\frac{p_e^{\nu_e}}{p_a^{\nu_a} \cdot p_b^{\nu_b}} = \frac{P_e^{\nu_e}}{P_a^{\nu_a} \cdot P_b^{\nu_b}},$$

also z. B. für $p_a = P_a$, $p_b = P_b$ und $p_e = P_e$, was sofort einleuchtet, denn in diesem Falle ist das Mischungsverhältnis des Gleichgewichtes schon im Vorratsgefäß vorhanden. Aber die reversible Arbeit verschwindet auch für andere Partialdrücke im Vorratsraum, wenn diese nur der Bedingung

$$\frac{p_e^{\nu_e}}{p_a^{\nu_a} p_b^{\nu_b}} = K_p \tag{570}$$

genügen. Wenn aber der Übergang von den Partialdrücken p_a, p_b und p_e zu den davon verschiedenen Gleichgewichtsdrücken P_a, P_b und P_e

keine reversible Arbeit liefert, so liegt nach dem zweiten Hauptsatz
kein Grund vor, daß sich eine Reaktion abspielt, auch wenn man die
Reaktionshemmung, z. B. durch einen Funken oder einen Katalysator,
aufhebt. Das bedeutet: jede Partialdruckverteilung, die der Bedingung
(570) genügt, ist ein Gleichgewichtszustand. Man erhält Gleichgewicht
sogar, wenn man bei n beteiligten Gasen die Partialdrücke für $n-1$ Gase
willkürlich vorschreibt und den Partialdruck des letzten Gases so wählt,
daß die auf beliebig viele Gase erweiterte Gleichgewichtsbedingung
(558 a)

$$\Sigma \nu_i \ln P_i = \ln K_p \quad \text{oder} \quad K_p = \Pi P_i^{\nu_i}$$

erfüllt ist. Diese Tatsache bezeichnet man als *Massenwirkungsgesetz*,
denn wenn z. B. für eine isotherme Reaktion mit drei Partnern nach
Gl. (569) der Teildruck p_a durch Vergrößern der Menge von A bei konstant bleibendem Teildruck p_b des anderen Ausgangsstoffes B erhöht
wird, so erhöht sich auch der Teildruck des Endproduktes, bis die Gleichgewichtsbedingung (570) wieder erfüllt ist. Erhöht man p_a bei konstant
gehaltenem Teildruck p_e, so vermindert sich der Teildruck p_b.

Das Massenwirkungsgesetz wurde 1867 von GULDBERG und WAAGE
gefunden mit Hilfe von kinetischen Überlegungen, auf die wir im nächsten Abschnitt eingehen werden.

131. Kinetische Deutung des Massenwirkungsgesetzes.

Das Massenwirkungsgesetz haben wir vorstehend allein mit Hilfe
der beiden Hauptsätze der Thermodynamik und der Zustandsgleichung
der vollkommenen Gase abgeleitet, also auf einem rein thermodynamischen
Wege unabhängig von irgendwelchen Vorstellungen über die Struktur
der beteiligten Stoffe, die ebenso gut Kontinua wie von molekularem
Aufbau sein können. Das Massenwirkungsgesetz läßt sich aber durch die
Vorstellungen der kinetischen Gastheorie in anschaulicher Weise ver-
ständlich machen, was wir nun zeigen wollen.

Bei jedem echten chemischen Gleichgewicht besteht eine gewisse
Beweglichkeit derart, daß zwischen den Molekeln immer wieder Reaktionen sowohl in der einen als auch in der entgegengesetzten Richtung
stattfinden. Das mit unseren makroskopischen Mitteln beobachtete
Gleichgewicht kommt dadurch zustande, daß die Häufigkeit der Reaktionen in der einen und der entgegengesetzten Richtung gleich groß ist.
Eine notwendige, wenn auch noch nicht hinreichende Bedingung, daß
eine Einzelreaktion stattfindet, ist, daß die beteiligten Molekeln bei der
thermischen Bewegung zusammentreffen. Die Häufigkeit solcher Begegnungen in der Volumeinheit eines Gasgemisches läßt sich in einfacher
Weise zu der Konzentration der verschiedenen Molekelarten in Beziehung
setzen, was wir zunächst an dem einfachen Beispiel der Reaktion

$$H_2 + Cl_2 = 2\,HCl$$

zeigen wollen.

Damit eine Einzelreaktion von links nach rechts stattfinden kann,
muß eine H_2-Molekel mit einer Cl_2-Molekel zusammentreffen. Für eine

bestimmte H_2-Molekel ist die Häufigkeit solcher Begegnungen offenbar der Anzahl der Cl_2-Molekeln oder, bezogen auf die Volumeinheit, ihrer Konzentration bzw. ihrem Partialdruck p_{Cl_2} proportional. Da jede H_2-Molekel sich in der gleichen Lage befindet, ist die Gesamtzahl aller solcher Begegnungen offenbar dem Produkt $p_{H_2} \cdot p_{Cl_2}$ proportional. Zwar führt nicht jeder Zusammenstoß zu einer Reaktion, denn damit eine HCl-Molekel entsteht, muß erst die ziemlich feste Verknüpfung, die auch gleichartige Atome in einer Molekel zusammenhält, gelöst werden. In der Regel geschieht dies durch besonders energiereiche Stöße der thermischen Molekularbewegung. Die mittlere Energie dieser Stöße steigt mit der Temperatur, so daß bei höherer Temperatur die Häufigkeit der wirksamen Stöße zunimmt. Außerdem ist noch die gegenseitige Lage der Molekeln im Augenblick des Zusammenstoßes von Bedeutung, was man als *sterischen* Einfluß bezeichnet.

Fassen wir diese im einzelnen nicht genauer bekannten Bedingungen der HCl-Bildung in einen Proportionalitätsfaktor k_b zusammen, so kann man für die Häufigkeit der Reaktion in dieser Richtung den Ausdruck

$$k_b \cdot p_{H_2} p_{Cl_2}$$

schreiben.

Für die umgekehrte Reaktion, den Zerfall zweier HCl-Molekeln unter Bildung je einer Molekel H_2 und Cl_2 müssen zwei HCl-Molekeln zusammenkommen. Die Häufigkeit dieser Begegnungen ist nach der vorstehenden Überlegung offenbar dem Quadrat der Anzahl der HCl-Molekeln proportional, und für die Häufigkeit dieser Zerfallsreaktion können wir

$$k_z \cdot p_{HCl}^2$$

schreiben. Bei chemischem Gleichgewicht muß die Häufigkeit der Reaktion in beiden Richtungen gleich groß, also

oder

$$k_b \cdot p_{H_2} p_{Cl_2} = k_z \cdot p_{HCl}^2$$

$$\frac{p_{HCl}}{p_{H_2} \cdot p_{Cl}} = \frac{k_b}{k_z} = K_p \tag{571}$$

sein, wobei k_b und k_z noch Funktionen der Temperatur sind. Ihr Verhältnis nach Gl. (571) ist nichts anderes als die Gleichgewichtskonstante K_p, die bei einer bestimmten Temperatur einen festen Wert hat. Für die Gleichheit der Häufigkeit der Reaktionen beider Richtungen kommt es nur auf den Wert von K_p an, der durch eine Vielzahl von Kombinationen verschiedener Partialdrücke verwirklicht werden kann.

Bei der Reaktion

$$2H_2 + O_2 = 2H_2O$$

müssen zur H_2O-Bildung 2 Molekeln H_2 mit einer O_2-Molekel, also drei Molekeln in einem sogenannten Dreierstoß zusammentreffen, ein Vorgang, dessen Häufigkeit dem Produkt $p_{H_2}^2 p_{O_2}$ proportional ist, während für die umgekehrte Reaktion der Stoß zweier H_2O-Molekel genügt. Damit erhält man die Gleichgewichtsbedingung

$$\frac{p_{H_2O}^2}{p_{H_2}^2 \cdot p_{O_2}} = K_p.$$

Man könnte einwenden, daß zur H_2O-Bildung auch schon der Stoß einer H_2-Molekel mit einer O_2-Molekel genügen würde. Aber bei der Reaktion

$$H_2 + O_2 = H_2O + O$$

entsteht außer der H_2O-Molekel noch ein einzelnes O-Atom, das einen hohen Energieinhalt gleich der halben Trennungsarbeit der O_2-Molekel besitzt. Diese bimolekulare Reaktion wird daher nur bei sehr energiereichen und deshalb äußerst seltenen Zusammenstößen mit verschwindender Häufigkeit auftreten. Tatsächlich verläuft die H_2O-Bildung nicht als Dreierstoß, sondern in verwickelter Weise über eine Anzahl von Zwischenreaktionen, aber die Gleichgewichtsbedingung ist schließlich dieselbe wie bei dem von uns angenommenen Dreierstoß.

Beim Zusammenstoß einer H_2- mit einer O_2-Molekel kann sich auch Wasserstoffsuperoxyd nach der Formel

$$H_2 + O_2 = H_2O_2$$

bilden. Aber diese Reaktion ist stark endotherm und wird deshalb in merklicher Häufigkeit erst bei sehr hohen Temperaturen auftreten, wo die kinetische Energie der stoßenden Molekeln hinreicht, den Bedarf an Bildungsenergie zu decken.

Der Druck ist auf die Wirkung der Zusammenstöße und damit auch auf die Gleichgewichtskonstante offenbar so lange ohne Einfluß, als die Kraftwirkungen der andern, nicht unmittelbar am Stoßvorgang beteiligten Molekeln auf diesen vernachlässigt werden können, was der vorausgesetzten Gültigkeit der Zustandsgleichung der vollkommenen Gase entspricht.

Wie man leicht erkennt, kann man auch für beliebig komplizierte Reaktionen die Gleichgewichtskonstanten aus Häufigkeitsbetrachtungen der Zusammenstöße gewinnen.

132. Entropie, freie Energie und freie Enthalpie bei chemischen Reaktionen.

Nachdem gezeigt wurde, daß eine chemische Reaktion auch umkehrbar verlaufen kann, wobei sie sich als eine Folge von thermodynamisch wohlbekannten Teilprozessen abspielt, sind alle Aussagen des zweiten Hauptsatzes über Umkehrbarkeit und Nichtumkehrbarkeit auf sie anwendbar. Dabei erweist sich die Benutzung des Begriffes der Entropie, deren Verhalten wir als Kriterium der Umkehrbarkeit erkannt hatten, als besonders vorteilhaft.

Die Entropie hat den Charakter einer Zustandsgröße, deren Änderung im Gegensatz zum Wärme- und Arbeitsumsatz eines Vorganges nur vom Anfangs- und Endzustand, nicht von dem gewählten Wege, abhängig ist. Ihre Änderung ergibt sich allgemein aus

$$dS = \frac{dQ_{\mathrm{rev}}}{T},$$

448 Die Anwendg. des I. und II. Hauptsatzes d. Thermodyn. auf chem. Vorgänge.

wofür man bei homogenen Körpern unter Benutzung der Molwärmen $\mathfrak{C}_p$ und $\mathfrak{C}_v$

$$d\mathfrak{S}_p = \frac{\mathfrak{C}_p\, dT}{T} \quad \text{und} \quad d\mathfrak{S}_v = \frac{\mathfrak{C}_v\, dT}{T}$$

schreiben kann, je nachdem, ob man die isobare oder isochore Entropie-änderung meint. Treten bei der Erwärmung Phasenumwandlungen bei konstantem Druck, z. B. Schmelzen oder Verdampfen, auf, so sind damit Entropieänderungen

$$\Delta\mathfrak{S}_p = \frac{\Delta\mathfrak{J}_u}{T_u}$$

verbunden, wobei $\Delta\mathfrak{J}_u$ die Enthalpieänderung der Umwandlung bei der konstanten Umwandlungstemperatur T_u ist.

Auf diese Weise kann man für alle einheitlichen Stoffe die Entropie in Abhängigkeit von der Temperatur durch Bestimmung der spezifischen Wärmen und der Umwandlungsenthalpie in dem ganzen für Messungen zugänglichen Temperaturbereich bis herab in die Nähe des absoluten Nullpunktes festlegen. Dabei bleibt unbestimmt aber noch die Integrationskonstante. Sie wird gewöhnlich nach Zweckmäßigkeitsrücksichten vereinbart. In den Wasserdampftafeln (vgl. S. 160) z. B. wurde die Entropie des flüssigen Wassers bei 0° und dem zugehörigen Sättigungsdruck willkürlich zu Null angenommen. Bei Gasen wird in der Regel von 0° und 1 atm ausgegangen. Bei Ammoniak und bei Kohlensäure setzt man die Entropie je kg der Flüssigkeit bei 0° und dem zugehörigen Sättigungsdruck willkürlich gleich 1 kcal/kg grd, um in dem für Kältemaschinen wichtigen Anwendungsgebiet negative Werte zu vermeiden. Erst der NERNSTsche Wärmesatz, auf den wir später eingehen, beseitigt diese Unbestimmtheit.

Bei isotherm und reversibel durchgeführten chemischen Reaktionen trat ein Wärmeumsatz Q_{rev} auf, mit dem eine Entropieänderung der Teilnehmer

$$\Delta S = \frac{Q_{\mathrm{rev}}}{T}$$

verbunden ist, die wir, bezogen auf einen vollständigen Umsatz nach der chemischen Reaktionsgleichung *Reaktionsentropie* nennen wollen. Um die Reaktionsentropie ist die Summe der Entropien der Endprodukte größer als die Summe der Entropien der Ausgangsstoffe, entsprechend der Formel

$$\Delta S = \sum \nu\, \mathfrak{S}. \tag{572}$$

Im ganzen, d. h. mit Einschluß des Wärmespeichers bleibt natürlich bei jeder reversiblen Änderung die Entropie konstant, da dem Wärmespeicher dieselbe Wärmemenge Q_{rev} und damit auch dieselbe Entropie $\Delta S = Q_{\mathrm{rev}}/T$ entzogen wird, die die Reaktionsteilnehmer gewinnen.

Kennen wir z. B. durch Messung der Gleichgewichtskonstanten die reversible Arbeit und damit über die Reaktionsenthalpie auch die reversible Wärme und haben wir die Integrationskonstanten der Entropie

der Ausgangsstoffe willkürlich verabredet, so ist durch die Reaktionsentropie die Entropiesumme der Endprodukte bestimmt. Nehmen wir
z. B. die Entropiekonstanten von Wasserstoff und Sauerstoff irgendwie
an, so ist damit die Entropiekonstante des Wassers festgelegt. In gleicher
Weise ist über die Entropiekonstanten aller Verbindungen bereits ver-
fügt, wenn die der chemischen Elemente willkürlich gewählt sind. Später
werden wir die unbestimmte Integrationskonstante der Entropie ganz
beseitigen und zu Absolutwerten der Entropie kommen, die von grundlegender Bedeutung für die Chemie sind. Vorher soll aber das Verhalten
der Entropie bei der isothermen chemischen Reaktion noch etwas
näher betrachtet werden.

Durch Einsetzen von $Q_{\mathrm{rev}} = T \varDelta S$ in Gl. (537a) erhalten wir die
wichtige beide Hauptsätze zusammenfassende Beziehung

$$\varDelta I = A_{\mathrm{rev}} + T \varDelta S \quad \text{oder} \quad A_{\mathrm{rev}} = \varDelta I - T \varDelta S. \tag{573}$$

Dadurch wird Q_{rev} auf die beiden Zustandsgrößen T und S und A_{rev}
auf die drei Zustandsgrößen T, S und I zurückgeführt. Somit erweisen
sich bei der isothermen chemischen Reaktion Q_{rev} und A_{rev} selbst als
Zustandsgrößen, die nur von Anfang und Ende einer Zustandsänderung
nicht von ihrem sonstigen Verlauf abhängen. Die reversible Wärme ist
der Teil der Enthalpie, der nur in Form von Wärme auftreten kann.
Man betrachtet bei der isothermen Reaktion $T \varDelta S = \varDelta (TS)$ als Änderung der Größe TS, die man *gebundene Enthalpie* nennt. Die reversible
Arbeit kann bei reversibler Reaktion als Arbeit, bei irreversibler als
Wärme erscheinen.

Da die reversible Arbeit der isothermen Reaktion nur von Anfang
und Ende einer Zustandsänderung, nicht vom durchlaufenen Wege abhängt, kann man sie als Änderung der Zustandsgröße

$$G = I - TS \tag{574}$$

auffassen, die man „*freie Enthalpie*" nennt und die zuerst von GIBBS
unter dem Namen „thermodynamisches Potential" in die Thermodynamik eingeführt wurde. Die freie Enthalpie ergibt sich wie die andern
kalorischen Größen bei Gasgemischen durch Summieren über die molaren
freien Enthalpien $\mathfrak{G}$ der Bestandteile, so daß man für ihre Änderung
bei einer chemischen Reaktion schreiben kann

$$A_{\mathrm{rev}} = \varDelta G = G_2 - G_1 = \sum \nu_2 \mathfrak{G}_2 - \sum \nu_1 \mathfrak{G}_1. \tag{575}$$

Führt man die vorstehenden Überlegungen für die isotherme Reaktion bei konstantem Volum durch, so wird

$$Q_{\mathrm{rev}} = T \varDelta S_v = \varDelta (TS_v)$$

und

$$\varDelta U = A_{\mathrm{rev}} + T \varDelta S_v, \tag{576}$$

wobei man $T \varDelta S_v$ oder TS_v als *gebundene Energie* bezeichnet, da sie nur
als Wärme auftreten kann.

Die reversible Arbeit

$$A'_{\mathrm{rev}} = \varDelta F = F_2 - F_1 = \sum \nu_2 \mathfrak{F}_2 - \sum \nu_1 \mathfrak{F}_1 \tag{577}$$

kann man nach Gl. (576) hier als Änderung einer Zustandsgröße $F =$ $= U - T S_v$ schreiben, die man *freie Energie* nennt, da sie je nach dem Grade der Reversibilität der Reaktion als Wärme oder als Arbeit erscheint.

In der Literatur wird manchmal auch G als freie Energie bezeichnet. Es ist aber zweckmäßig, die Begriffe freie Energie F und freie Enthalpie G auseinanderzuhalten, ebenso wie man innere Energie U und Enthalpie I unterscheidet.

Da die freie Energie F und die freie Enthalpie G Zustandsgrößen sind, kann man sie durch zwei der drei elementaren Zustandsgrößen p, V und T darstellen, wozu bei Systemen mit mehreren Komponenten noch deren Mengenverhältnisse kommen. Für die freie Energie ist die Darstellung als Funktion von Volum und Temperatur, also in der Form

$$F = F(V, T)$$

zweckmäßig, was, wie auf S. 229 bereits abgeleitet, auf die partiellen Ableitungen

$$\left(\frac{\partial F}{\partial V}\right)_T = - p \quad \text{und} \quad \left(\frac{\partial F}{\partial T}\right)_v = - S \tag{578}$$

führt. Bei der freien Enthalpie ist die Darstellung

$$G = G(p, T)$$

bequemer, woraus sich, wie auf S. 225 gezeigt, die partiellen Ableitungen

$$\left(\frac{\partial G}{\partial p}\right)_T = V \quad \text{und} \quad \left(\frac{\partial G}{\partial T}\right)_p = - S \tag{579}$$

ergeben. Für die freie Enthalpie eines homogenen Stoffes (z. B. Wasserdampf) hatten wir auf S. 224 auch eine anschauliche Deutung als Fläche im T, s-Diagramm gegeben.

XXI. Das Nernstsche Wärmetheorem
oder der dritte Hauptsatz der Wärmelehre.

133. Die Gibbs-Helmholtzschen Gleichungen.
Die Temperaturabhängigkeit der reversiblen Arbeit
und der Gleichgewichtskonstanten.

Für die reversible Arbeit der isothermen Reaktion bei konstantem Druck hatten wir Gl. (573)

$$A_{\text{rev}} = \Delta I - T \Delta S$$

gefunden und wollen jetzt auf ihre Temperaturabhängigkeit eingehen. Durch Differenzieren nach T bei konstantem Druck erhält man

$$\left(\frac{\partial A_{\text{rev}}}{\partial T}\right)_p = \frac{\partial \Delta I}{\partial T} - \Delta S_p - T \frac{\partial \Delta S_p}{\partial T},$$

wobei $\dfrac{\partial \Delta I}{\partial T} = \sum \nu \, \mathfrak{C}_p$ und $\dfrac{\partial \Delta S_p}{\partial T} = \sum \nu \, \dfrac{\mathfrak{C}_p}{T}$ ist, so daß

$$\frac{\partial \Delta I}{\partial T} = T \frac{\partial \Delta S_p}{\partial T}$$

wird: Damit ergibt sich die GIBBS-HELMHOLTZsche Gleichung

$$\left(\frac{\partial A_{\mathrm{rev}}}{\partial T}\right)_p = -\,\varDelta S_p \tag{580}$$

oder, wenn wir die isochore Reaktion betrachtet hätten,

$$\left(\frac{\partial A'_{\mathrm{rev}}}{\partial T}\right)_v = -\,\varDelta S_v. \tag{581}$$

Da die Form für konstanten Druck und konstantes Volum dasselbe ist, läßt man den Index fort und schreibt die GIBBS-HELMHOLTZsche Gleichung einfach in der Form

$$\frac{\partial A_{\mathrm{rev}}}{\partial T} = -\,\varDelta S = -\,\sum \nu_i \mathfrak{S}_i. \tag{582}$$

Ohne Benutzung der Entropie, d. h., mit $\varDelta S_p = \dfrac{Q_{\mathrm{rev}}}{T}$ und $\varDelta I = A_{\mathrm{rev}} +$
$+\,Q_{\mathrm{rev}} = -\,W_p$ kann man

$$\left(\frac{\partial A_{\mathrm{rev}}}{\partial T}\right)_p = \frac{A_{\mathrm{rev}} - \varDelta I}{T} \tag{580a}$$

und entsprechend für die isochore Reaktion

$$\left(\frac{\partial A'_{\mathrm{rev}}}{\partial T}\right)_v = \frac{A'_{\mathrm{rev}} - \varDelta U}{T} \tag{581a}$$

schreiben, in welcher Form HELMHOLTZ die Gleichungen angegeben hat. Man kann sie noch etwas vereinfachen, wenn man $\dfrac{A_{\mathrm{rev}}}{T}$ als neue Veränderliche an Stelle von A_{rev} einführt. Dann ist nach der Regel für die Differentiation eines Quotienten

$$\frac{\partial}{\partial T}\left(\frac{A_{\mathrm{rev}}}{T}\right) = \frac{1}{T}\,\frac{\partial A_{\mathrm{rev}}}{\partial T} - \frac{A_{\mathrm{rev}}}{T^2},$$

was bei Einsetzen von $\dfrac{\partial A_{\mathrm{rev}}}{\partial T}$ nach Gl. (580a) auf die einfache Form

$$\frac{\partial}{\partial T}\left(\frac{A_{\mathrm{rev}}}{T}\right) = -\frac{\varDelta I}{T^2} = \frac{W_p}{T^2} \tag{583}$$

führt. Da nach Gl. (562)

$$\frac{A_{\mathrm{rev}}}{T} = -\,R \ln K_p$$

ist, haben wir damit zugleich die Temperaturabhängigkeit der Gleichgewichtskonstanten in der Form

$$\frac{d}{dT}\,(\ln K_p) = \frac{\varDelta I}{R\,T^2} = -\frac{W_p}{R\,T^2} \tag{584}$$

gefunden, wobei $\varDelta I$ die Reaktionsenthalpie bei konstantem Druck bedeutet und die partiellen Differentialzeichen durch gewöhnliche ersetzt sind, da K_p eine Funktion von T allein ist.

Die Gl. (582)

$$\frac{\partial A_{\mathrm{rev}}}{\partial T} = -\,\varDelta S = -\,\sum \nu_i \mathfrak{S}_i$$

enthält eine wesentliche Unbestimmtheit insofern, als die Molentropie $\mathfrak{S}_i$ jedes Teilnehmers mit einer willkürlichen Integrationskonstanten behaftet ist, die man als die Entropie $\mathfrak{S}_{i0}$ des betreffenden Stoffes beim absoluten Nullpunkt auffassen kann. Die Entropie des Stoffes i bei der Temperatur T ist dann

$$\mathfrak{S}_i = \mathfrak{S}_{i0} + \int\limits_0^{T_s} \frac{\mathfrak{C}}{T}\,dT + \frac{\varDelta\mathfrak{J}_s}{T_s} + \int\limits_{T_s}^{T_k} \frac{\mathfrak{C}_{fl}}{T}\,dT + \frac{\varDelta\mathfrak{J}_k}{T_k} + \int\limits_{T_k}^{T} \frac{\mathfrak{C}_p}{T}\,dT, \qquad (585)$$

wobei $\varDelta\mathfrak{J}_s$ und $\varDelta\mathfrak{J}_k$ die Schmelz- und Verdampfungsenthalpien bei den Temperaturen T_s und T_k sind.

Beschränken wir uns auf den festen Zustand, so wird für $T < T_s$

$$\mathfrak{S}_i = \mathfrak{S}_{i0} + \int\limits_0^{T} \frac{\mathfrak{C}_i}{T}\,dT. \qquad (585\,\mathrm{a})$$

Dabei ist vorausgesetzt, daß $\int\limits_0^{T} \frac{\mathfrak{C}_i}{T}\,dT$ einen bestimmten definierten Wert

hat und nicht unendlich wird, wie es der Fall wäre, wenn $\mathfrak{C}$ bis herab zu $T = 0$ eine endliche Größe bliebe. Es muß demnach $\mathfrak{C}$ für alle Festkörper bei Annäherung an den absoluten Nullpunkt mindestens proportional T gegen Null gehen. Die Erfahrung hat gezeigt, daß dem so ist, und die Quantentheorie hat nachgewiesen, daß für sehr kleine

Temperaturen $\mathfrak{C}$ sogar proportional T^3 wird, so daß $\int\limits_0^{T} \frac{\mathfrak{C}}{T}\,dT$ für $T \to 0$ mit der dritten Potenz von T verschwindet.

Setzt man die Werte $\mathfrak{S}_i$ aus Gl. (585a) in Gl. (582) ein, so wird, solange wir im Bereich des festen Zustandes bleiben,

$$\frac{\partial A_{\mathrm{rev}}}{dT} = -\sum \nu_i\,\mathfrak{S}_{i0} - \sum \nu_i \int\limits_0^{T} \frac{\mathfrak{C}_i}{T}\,dT. \qquad (586)$$

Für $T = 0$ folgt daraus:

$$-\left(\frac{\partial A_{\mathrm{rev}}}{\partial T}\right)_{T=0} = \sum \nu_i\,\mathfrak{S}_{i0}, \qquad (587)$$

d. h. die unbestimmte Konstante in der Gibbs-Helmholtzschen Differentialgleichung kann entweder als der Temperaturgradient der reversiblen Arbeit am absoluten Nullpunkt oder als die Reaktionsentropie in diesem Punkte gedeutet werden.

Setzen wir den Ausdruck (586) in die Helmholtzsche Gleichung (580a) ein, so ergibt sich

$$A_{\mathrm{rev}} = \varDelta I - T\sum \nu_i \int\limits_0^{T} \frac{\mathfrak{C}}{T}\,dT - T\sum \nu_i\,\mathfrak{S}_{i0} \qquad (588)$$

oder

$$A_{\mathrm{rev}} = \varDelta I - T\sum \nu_i \int\limits_0^{T} \frac{\mathfrak{C}}{T}\,dT + T\left(\frac{\partial A_{\mathrm{rev}}}{\partial T}\right)_{T=0}. \qquad (588\,\mathrm{a})$$

Dabei ist

$$\Delta I = \Delta I_0 + \sum \nu_i \int_0^T \mathfrak{C}_i \, dT, \qquad (589)$$

wenn ΔI_0 die Reaktionsenthalpie am absoluten Nullpunkt bedeutet und $\mathfrak{C}_i$ die Molwärmen der Teilnehmer im festen Zustande sind.

Abgesehen von der unbestimmten Integrationskonstanten in der Form $\left(\dfrac{\partial A_{\mathrm{rev}}}{\partial T}\right)_{T=0}$ oder $\sum \nu_i \mathfrak{S}_{i\,0}$ führen die GIBBS-HELMHOLTZschen Gleichungen die reversible Arbeit und die Gleichgewichtskonstante auf die Enthalpien und Entropien der Reaktionsteilnehmer zurück, die sich in ihrer Temperaturabhängigkeit durch Messung der spezifischen Wärmen, etwaiger Umwandlungsenthalpien (Kondensieren, Erstarren, allotrope Phasenänderungen) und Messung der Reaktionsenthalpie bei einer Temperatur, also allein durch thermisch-kalorische Messungen ergeben.

Die Integrationskonstante läßt sich bis hierher aber nur durch Messung der reversiblen Arbeit oder der Gleichgewichtskonstanten bei einer Temperatur bestimmen. Bei elektrochemischen Reaktionen erscheint die reversible Arbeit als elektrische Energie und ist daher leicht zu messen. Bei vielen auf elektrischem Wege nicht durchführbaren Reaktionen ist die reversible Arbeit kaum zu bestimmen, da semipermeable Membranen nur für wenige Stoffe bekannt sind und ihre Trennwirkung nicht sauber genug ist. Die Gleichgewichtskonstanten sind für die meisten Reaktionen schwer zu ermitteln, da die in sie eingehenden Gleichgewichtsdrücke oft nur bei sehr hohen Temperaturen für alle Teilnehmer Werte von meßbarer Größe haben.

Im nächsten Abschnitt werden wir im NERNSTschen Wärmesatz ein Hilfsmittel kennenlernen, das die willkürliche Integrationskonstante bestimmt und damit die Ermittlung der reversiblen Arbeit und der Gleichgewichtskonstanten allein auf thermisch-kalorische Messungen zurückführt.

134. Der dritte Hauptsatz der Wärmelehre in der Fassung von Nernst und Planck

Bei elektrochemischen Vorgängen zwischen festen und flüssigen Partnern tritt die reversible Arbeit als elektrische Energie auf und ist daher leicht zu messen. Da kein Partner in gasförmigem Zustande vorhanden ist, wird Arbeit durch Volumänderungen nicht in merklichen Beträgen geleistet. Der Vergleich der gemessenen reversiblen Arbeit mit der bei irreversiblem Ablauf der Reaktion ermittelten Reaktionsenthalpie ergab die praktische Übereinstimmung beider Größen, was man auch aus dem sehr geringen Wärmeumsatz der reversiblen Reaktion entnehmen kann. Aus diesen Erfahrungen folgerte NERNST den Satz: *Bei Reaktionen im kondensierten Zustande ist am absoluten Nullpunkt und in seiner Nähe die reversible Arbeit gleich der Reaktionsenthalpie.* Die BERTHELOTsche Annahme, daß die Wärmetönung das Maß der chemischen Affinität ist, gilt also nur in der Nähe des absoluten Nullpunktes.

Wenn die reversible Arbeit bei *endlichen*, wenn auch sehr kleinen Temperaturen gleich der Reaktionsenthalpie wird, muß nach Gl. (580a) der Temperaturgradient der reversiblen Arbeit $\left(\dfrac{\partial A_{\text{rev}}}{\partial T}\right)$ schon bei kleinen endlichen Temperaturen den Wert Null erreichen. Damit nähern sich reversible Arbeit und Reaktionsenthalpie einander in der in Abb. 229 dargestellten Weise. Da die Molwärmen fester Körper nach Debye unterhalb etwa $T = 20\,°\text{K}$ der 3. Potenz der Temperatur proportional sind, muß sich auch ihre Summe in der Form

$$\sum \nu_i \mathfrak{C}_i = a T^3 \tag{590}$$

darstellen lassen, wobei a eine positive oder negative Konstante ist. Setzen wir diesen Ausdruck in Gl. (589) und (588a) ein, so wird, wie man durch Ausführen der Integrationen leicht erkennt,

$$\Delta I = \Delta I_0 + \frac{a}{4}\,T^4 \tag{591}$$

$$A_{\text{rev}} = \Delta I_0 - \frac{a}{12}\,T^4. \tag{592}$$

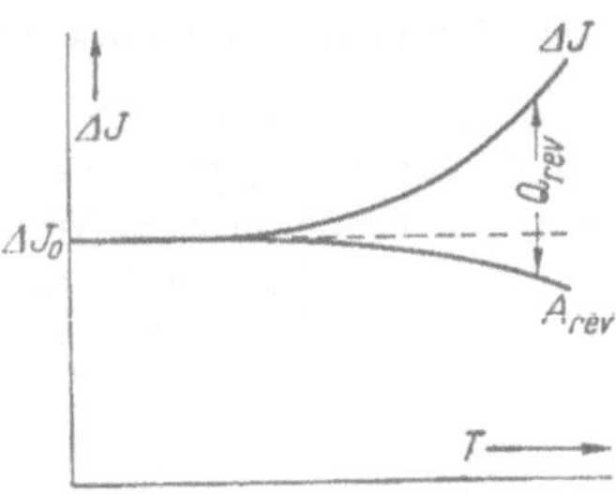

Abb. 229. Temperaturabhängigkeit der Reaktionsenthalpie ΔI, der reversiblen Arbeit A_{rev} und der reversiblen Wärme Q_{rev} in der Nähe des absoluten Nullpunkts.

Beide Größen entfernen sich also, wie in Abb. 229 dargestellt, von der Waagrechten ΔI_0 nach verschiedenen Seiten proportional T^4, und zwar ΔI dreimal so schnell wie A_{rev}. Außer dem ersten verschwindet auch der 2. und 3. Differentialquotient bei $T = 0$; diese Berührung höherer Ordnung hat zur Folge, daß die beiden Größen auch noch bei kleinen endlichen Temperaturen praktisch gleich sind. Für die reversible Wärme als Unterschied beider Größen gilt

$$Q_{\text{rev}} = T \Delta S = \frac{a}{3}\,T^4.$$

Mit steigender Temperatur nimmt die reversible Wärme zu, und beide Kurven streben auseinander. Natürlich gelten diese einfachen Beziehungen nur für feste Körper im Bereich der Gültigkeit des T^3-Gesetzes der Molwärmen.

Mit dem Nullwerden von $\dfrac{\partial A_{\text{rev}}}{\partial T}$ bei $T = 0$ verschwindet die unbestimmte Konstante bei der Integration von Gl. (582) und man erhält

$$A_{\text{rev}} = \Delta I - T \sum \nu_i \int_0^T \frac{\mathfrak{C}_i}{T}\,dT.$$

Führen wir nach Gl. (589)

$$\Delta I = \Delta I_0 + \sum \nu_i \int_0^T \mathfrak{C}_i\,dT$$

ein, so ergibt sich

$$A_{\text{rev}} = \Delta I_0 + \sum \nu_i \int_0^T \mathfrak{C}_i\,dT - T \sum \nu_i \int_0^T \frac{\mathfrak{C}_i}{T}\,dT. \tag{593}$$

Das Nullwerden von $\dfrac{\partial A_{\mathrm{rev}}}{\partial T}$ für $T = 0$ war, wie wir gezeigt hatten, gleichbedeutend mit dem Verschwinden der Summe $\sum v_i \mathfrak{S}_{i0}$ der unbestimmten Integrationskonstanten der Entropien der Teilnehmer am absoluten Nullpunkt, wo nur der feste Zustand möglich ist. Diese Summe muß für alle überhaupt möglichen Reaktionen zwischen festen Körpern am absoluten Nullpunkt verschwinden. Das ist sicher der Fall, wenn die Nullpunktsentropie $\mathfrak{S}_{i0}$ für jeden festen Körper einzeln zu Null wird. Dieser über den NERNSTschen Satz hinausgehende Schluß wurde von PLANCK gezogen und bildet den Inhalt der PLANCKschen Fassung des dritten Hauptsatzes:

Die Entropie jedes festen kristallisierten aus lauter gleichartigen und gleich orientierten Teilen bestehenden Körpers nähert sich bei Annäherung an den absoluten Nullpunkt dem Wert Null.

Die Beschränkung auf den kristallisierten Zustand und auf einen aus lauter gleichen und gleich orientierten Teilen bestehenden Körper (einen sogenannten NERNSTschen Körper) ist nötig aus folgendem Grunde: Die Entropie hatten wir nach BOLTZMANN (vgl. S. 122) gedeutet als den Logarithmus der Wahrscheinlichkeit eines Zustandes, wobei unter der Wahrscheinlichkeit eines Makrozustandes die Anzahl der Mikrozustände verstanden wurde, durch die er verwirklicht werden kann. Wenn die Entropie den Wert Null annehmen soll, muß der Zustand des Körpers nur eine Verwirklichungsmöglichkeit haben. Das ist im Kristall der Fall, wo alle Molekeln bei Fehlen jeder Wärmebewegung, also bei $T = 0$, an genau bestimmten Plätzen sitzen. Die Molekeln müssen auch alle gleich und gleichartig eingebaut sein, da sonst an jedem Platze eine Molekel der einen oder der anderen Art sitzen könnte, was einer Vielheit von Mikrozuständen entspräche. Bei gleichartigen Molekeln ergibt dagegen die Vertauschung zweier Molekeln beim absoluten Nullpunkt keinen neuen Mikrozustand, da keine Möglichkeit besteht, zwei völlig gleiche, auch nicht durch ungleiche Energieinhalte voneinander verschiedene Teilchen zu unterscheiden. Bei diesen tiefen Temperaturen verliert die BOLTZMANNsche Statistik, die die Molekeln als unterscheidbar ansieht, ihre Gültigkeit. Doch wollen wir hier nicht näher auf diese Fragen eingehen.

Wenn die Entropie eines festen Körpers am absoluten Nullpunkt den Wert Null hat, vereinfacht sich Gl. (585) zu

$$\mathfrak{S} = \int\limits_{0}^{T_s} \mathfrak{C}\,\frac{dT}{T} + \frac{\varDelta\,\mathfrak{J}_s}{T_s} + \int\limits_{T_s}^{T_k} \mathfrak{C}_{fl}\,\frac{dT}{T} + \frac{\varDelta\,\mathfrak{J}_k}{T_k} + \int\limits_{T_k}^{T} \mathfrak{C}_p\,\frac{dT}{T}, \qquad (594)$$

und man kann für jede Temperatur auch des flüssigen und gasförmigen Bereiches einen eindeutigen absoluten Wert der Entropie angeben, wenn die Molwärmen für alle Temperaturen und die Entropieänderungen der Phasenumwandlungen bekannt sind. Da für kleine Temperaturen die Molwärme des festen Körpers nach DEBYE der dritten Potenz der Temperatur proportional ist, braucht man die Messungen nicht bis in die unmittelbare Nähe des absoluten Nullpunktes auszudehnen, zumal die

Integration im Bereich sehr kleiner Molwärmen wenig zum Endwert beiträgt, so daß sich Ungenauigkeiten in diesem Bereich für die Entropie, z. B. bei Zimmertemperatur, kaum auswirken.

Sind die Absolutwerte der Entropie aller Körper für eine bestimmte Normtemperatur durch Integration über ihre Molwärmen und mit Berücksichtigung der Entropieänderungen bei Phasenumwandlungen ermittelt und ist bei derselben Temperatur die Reaktionsenthalpie gemessen, so ist die reversible Arbeit

$$A_{\mathrm{rev}} = \Delta I - T\Delta S = \Delta I - T \sum \nu_i \mathfrak{S}_i. \tag{595}$$

In der Regel gibt man in Tabellenwerken die Bildungsenthalpie ΔI und die Normalentropie ΔS bei $25\,^{\circ}\mathrm{C} = 298{,}15\,^{\circ}\mathrm{K}$ an und hat damit alle Unterlagen für die Bestimmung der reversiblen Arbeit und der Gleichgewichtskonstanten.

Bei niederen Temperaturen ist das zweite Glied in Gl. (595) wegen des Faktors T meist klein gegen das erste. Exotherme Reaktionen mit negativem ΔI haben dann einen negativen Arbeitsbedarf und laufen von selbst ab, wenn die Hemmungen durch Katalysatoren, örtliche Erhitzung usw. aufgehoben werden. Bei genügend hoher Temperatur können aber auch endotherme Reaktionen von selbst ablaufen, wenn sie mit einer Zunahme der Entropie verbunden sind, so daß das zweite Glied das Vorzeichen der reversiblen Arbeit bestimmt. Entropiezunahme tritt vor allem dann ein, wenn die Reaktion von festen Ausgangsstoffen zu gasförmigen Endprodukten führt. So wird z. B. bei der Temperatur des elektrischen Lichtbogens die endotherme Reaktion der Acetylenbildung

$$\mathrm{C_{2\,fest} + H_2 = C_2H_2}$$

möglich, da sie ein positives ΔS hat.

135. Die Verdampfung als chemische Reaktion und die chemische Konstante.

Auch der Vorgang der Verdampfung läßt sich als eine reversible chemische Reaktion einfachster Form auffassen, z. B. bei Wasser nach der Gleichung

$$\mathrm{H_2O_{fl} \rightleftharpoons H_2O_{gas}}.$$

Um die reversible Arbeit in ähnlicher Weise ermitteln zu können, wie wir das früher bei der Ammoniaksynthese getan haben, benutzen wir eine Apparatur nach Abb. 230. Darin sind a_1 und a_2 zwei Vorratsbehälter konstanten Druckes für die Flüssigkeit und den Dampf, die im Normalfall unter dem Druck von 1 atm stehen, b_1 und b_2 sind zwei Maschinen zur isothermen Entspannung oder Verdichtung, und c ist der Gleichgewichtskasten für die Verdampfung, in dem sich Wasser und Dampf von gleichem Druck und gleicher Temperatur befinden. Semipermeable Membranen sind hier nicht erforderlich, da der Wasserspiegel den Zweck der Trennung beider Phasen in vollkommener Weise erfüllt.

Führen wir in dieser Apparatur Wasser von 100° bei 1 atm isotherm in Dampf von 100° über, so herrschen in beiden Vorratsgefäßen und im Verdampfungskasten dieselben Drücke. Die beiden Kolbenmaschinen arbeiten ohne Druckdifferenz, und die reversible Arbeit wird Null. Bei genügender Vorsicht können Flüssigkeiten und Gase auch über die Grenzkurven hinaus erwärmt oder abgekühlt werden, ohne daß Verdampfen oder Kondensieren eintritt. Sie befinden sich dann in metastabilen Zuständen ähnlich einem reaktionsfähigen Gemisch bei Vorliegen einer Hemmung der Reaktion z. B. durch zu niedrige Temperatur. Es steht daher nichts im Wege, in den Vorratsbehältern Flüssigkeit und Dampf bei beliebigem Druck und bei beliebiger vom Sättigungszustand abweichender Tempera-

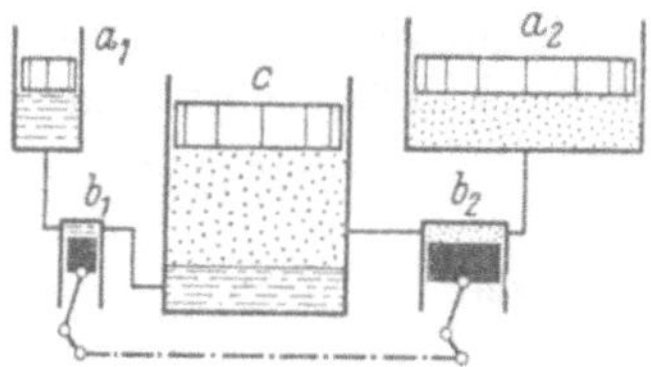

Abb. 230. Apparatur zur Durchführung der Verdampfung nach Art einer reversiblen chemischen Reaktion.

tur anzunehmen und die Verdampfung im Gleichgewichtsbehälter bei dem zu dieser beliebigen Temperatur gehörenden Sättigungsdruck erfolgen zu lassen.

Wir wollen im besonderen bei der üblichen Normaltemperatur von $25\,°C = 298{,}15\,°K$ verdampfen, also bei einem Druck (nach den VDI-Wasserdampftafeln) $P = 0{,}03229$ at $= 0{,}03125$ atm, während in den Vorratsgefäßen der Normaldruck $p = 1$ atm aufrechterhalten bleibt bei einer Temperatur von ebenfalls $25\,°C$.

Bei der Entspannung auf den Druck im Verdampferkasten leistet das Wasser in der Maschine b_1 eine kleine Entspannungsarbeit, die wir wegen des im Vergleich zum Dampf verschwindend kleinen Wasservolums vernachlässigen können. Die Maschine b_2 hat dagegen zur Verdichtung vom Verdampfungsdruck P auf den Normaldruck p eine erhebliche Kompressionsarbeit

$$A_{\text{rev}} = - RT \ln \frac{P}{p}$$

zu leisten.

Für den Normalfall mit den Drücken $p = 1$ atm in den Vorratsbehältern ist demnach der Sättigungsdruck P die Gleichgewichtskonstante der als chemische Reaktion aufgefaßten Verdampfung, und nach Gl. (562) und (573) ergibt sich

$$A_{\text{rev}} = - RT \ln P = \Delta I - T \Delta S$$

oder

$$\ln P = - \frac{\Delta I}{RT} + \frac{\Delta S}{R} = - \frac{\mathfrak{L}}{RT} + \frac{\mathfrak{S}_g - \mathfrak{S}_k}{R}, \tag{596}$$

wobei $\Delta I = \mathfrak{L}$ die Verdampfungswärme und

$$\Delta S = \sum v_i \mathfrak{S}_i = \mathfrak{S}_g - \mathfrak{S}_k$$

die Entropiedifferenz von Gas und Kondensat in den Vorratsbehältern a_2 und a_1 bei der Temperatur T ist.

Bei der Normtemperatur von 298,15 °K ist nach (614) auf S. 473 für Wasser als verdampfende Flüssigkeit.

$$\mathfrak{L} = \varDelta I = 10\,520 \text{ cal/mol}$$
$$\text{und } \mathfrak{S}_g - \mathfrak{S}_k = \varDelta S = 28{,}390 \text{ cal/mol grd}$$
$$\text{woraus mit } \mathfrak{S}_g = 45{,}106 \qquad \text{,,} \qquad \text{aus Tab. 57}$$
$$\text{für das Kondensat } \mathfrak{S}_k = 16{,}716 \qquad \text{,,} \qquad \text{folgt.}$$

Durch Einsetzen dieser Werte und der Gaskonstanten $R = 1{,}987$ cal/mol grd in Gl. (596) erhält man

$$\ln P = -\frac{10\,519}{1{,}987 \cdot 298{,}15} + \frac{28{,}390}{1{,}987}$$

und damit

$$P = 0{,}03\,125 \text{ atm} = 0{,}03\,229 \text{ at}$$

in voller Übereinstimmung mit der Angabe der VDI-Wasserdampftafeln. Durch die Verdampfungswärme und die Werte der absoluten Entropien von Gas und Flüssigkeit ist also der Dampfdruck nach Gl. (596) vollständig bestimmt.

Andererseits hatte die CLAUSIUS-CLAPEYRONsche Gleichung bei Behandlung des Dampfes als vollkommenes Gas und bei Vernachlässigung des Volums der Flüssigkeit gegen das des Dampfes Gl. (165)

$$\frac{dp}{p} = \frac{r}{R}\frac{dT}{T^2}$$

ergeben oder für das Mol als Mengeneinheit mit der molaren Verdampfungs- bzw. Sublimationswärme $\mathfrak{L}$

$$d(\ln P) = \frac{\mathfrak{L}}{R}\frac{dT}{T^2}, \tag{597}$$

wobei wir für den Druck den großen Buchstaben P benutzen dürfen, da der Druck der Verdampfung ein Gleichgewichtsdruck derselben Art ist wie bei chemischen Gleichgewichten.

Für die Verdampfungs- bzw. Sublimationswärme gilt

$$\frac{d\mathfrak{L}}{dT} = \mathfrak{C}_p - \mathfrak{C}_k,$$

wenn $\mathfrak{C}_p$ die Molwärme des Gases und $\mathfrak{C}_k$ die des Kondensates ist. Durch Integration vom absoluten Nullpunkt bis T ergibt sich daraus

$$\mathfrak{L} = \mathfrak{L}_0 + \int\limits_0^T (\mathfrak{C}_p - \mathfrak{C}_k)\, dT,$$

wobei $\mathfrak{L}_0$ die Sublimationswärme bei $T = 0$ ist.

Die spezifische Wärme $\mathfrak{C}_k$ fester Körper in der Nähe des absoluten Nullpunktes ist nach DEBEYE bekanntlich proportional T^3. Für Gase gilt das nicht, solange sie nicht kondensieren. Man kann den gasförmigen Zustand bis zu sehr tiefen Temperaturen aufrechterhalten, wenn man den Druck entsprechend vermindert.

Die Molwärme der Gase setzt sich bekanntlich aus den Energien der translatorischen, rotatorischen und oszillatorischen Bewegung der

Molekeln zusammen, wobei auf jeden voll angeregten Freiheitsgrad der Betrag $\frac{1}{2} R$ kommt. Bei Zimmertemperatur sind die Schwingungsfreiheitsgrade praktisch noch gar nicht angeregt, da sie den Quantengesetzen unterliegen und eine Mindestenergie $h\nu$ brauchen, die erst bei höherer Temperatur in merklicher Häufigkeit aus den Stoßenergien bestritten werden kann. Es ist deshalb

$$\text{für 1atomige Gase } \mathfrak{C}_v = \tfrac{3}{2} R \text{ und } \mathfrak{C}_p = \tfrac{5}{2} R \text{ und}$$
$$\text{„ 2 „ „ } \mathfrak{C}_v = \tfrac{5}{2} R \text{ „ } \mathfrak{C}_p = \tfrac{7}{2} R.$$

Die Erfahrung zeigt, daß auch die rotatorischen Freiheitsgrade gequantelt sind, denn die Rotation kann man durch zwei aufeinander senkrechte Schwingungen mit 90° Phasenverschiebung erzeugt denken. Da die Frequenzen der Rotation niedrig gegen die der Schwingungen sind, ist die Mindestenergie $h\nu$ der Rotation klein, und die Rotation fällt erst bei sehr viel tieferen Temperaturen aus als die Schwingung. Am ehesten beginnt der Ausfall bei Wasserstoff, da diese leichteste Molekel das kleinste Trägheits-

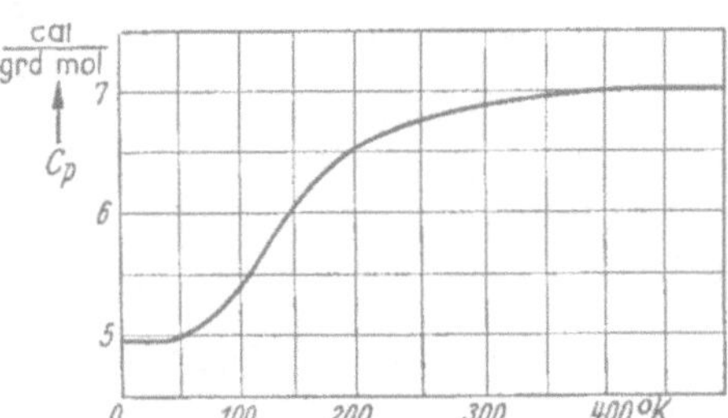

Abb. 231. Molwärme des gasförmigen Wasserstoffs bei tiefen Temperaturen nach EUCKEN.

moment und damit die höchsten Rotationsfrequenzen hat. Messungen der spezifischen Wärme von Wasserstoff nach A. EUCKEN[1] zeigt Abb. 231. Danach verhält sich Wasserstoff unterhalb —50°K wie ein einatomiges Gas von nur 3 Freiheitsgraden mit $\mathfrak{C}_p = \tfrac{5}{2} R = 4{,}968$ cal/mol. Bei anderen zweiatomigen Gasen ist ein ähnliches Verhalten, wenn auch erst bei noch tieferen Temperaturen, zu erwarten. Man zerlegt daher zweckmäßig die spezifische Wärme der Gase nach der Gleichung

$$\mathfrak{C}_p = \mathfrak{C}_{p0} + \mathfrak{C}_{pv} \tag{598}$$

in den konstanten translatorischen Teil $\mathfrak{C}_{p0} = \tfrac{5}{2} R$, der bis herab zum absoluten Nullpunkt erhalten bleibt, und den mit der Temperatur veränderlichen, der Quantelung unterliegenden Teil $\mathfrak{C}_{pv}$. Damit erhält man für die Verdampfungswärme

$$\mathfrak{L} = \mathfrak{L}_0 + \mathfrak{C}_{p0} T + \int_0^T \mathfrak{C}_{pv}\, dT - \int_0^T \mathfrak{C}_k\, dT$$

oder

$$\mathfrak{L} = \mathfrak{L}_0 + \mathfrak{C}_{p0} T + \int_0^T \varDelta \mathfrak{C}_p\, dT, \tag{599}$$

---

[1] EUCKEN, A.: Lehrbuch der Chemischen Physik, 3. Aufl., Bd. 2, S. 259. Leipzig 1948.

wenn man zur Vereinfachung den Unterschied des quantenartigen Teiles der Molwärme des Dampfes und der Molwärme des Kondensates

$$\Delta \mathfrak{C}_p = \mathfrak{C}_{pv} - \mathfrak{C}_k \tag{600}$$

einführt. Damit geht die CLAUSIUS-CLAPEYRONsche Gleichung über in

$$\frac{d\,(\ln P)}{dT} = \frac{\mathfrak{L}_0}{\boldsymbol{R}\,T^2} + \frac{\mathfrak{C}_{p0}}{\boldsymbol{R}\,T} + \frac{1}{\boldsymbol{R}\,T^2} \int\limits_0^T \Delta\,\mathfrak{C}_p\,dT$$

oder integriert

$$\ln P = -\,\frac{\mathfrak{L}_0}{\boldsymbol{R}\,T} + \frac{\mathfrak{C}_{p0}}{\boldsymbol{R}}\ln T + \frac{1}{\boldsymbol{R}}\int\limits_0^T \frac{dT}{T^2}\int\limits_0^T \Delta\,\mathfrak{C}_p\,dT + j, \tag{601}$$

wobei j die Integrationskonstante ist, die man nach NERNST als *chemische Konstante* bezeichnet.

Das Doppelintegral läßt sich durch partielle Integration umformen nach der Formel $\int u\,dv = uv - \int v\,du$, indem man

$$u = \int \Delta\,\mathfrak{C}_p\,dT \quad \text{und} \quad dv = \frac{dT}{T^2}$$

setzt, wozu $du = \Delta\,\mathfrak{C}_p\,dT$ und $v = -\,\frac{1}{T}$ gehört. Damit ergibt sich

$$\int\limits_0^T \frac{dT}{T^2}\int\limits_0^T \Delta\,\mathfrak{C}_p\,dT = \left[-\,\frac{1}{T}\int\limits_0^T \Delta\,\mathfrak{C}_p\,dT \right]_0^T + \int\limits_0^T \frac{\Delta\,\mathfrak{C}_p}{T}\,dT,$$

wobei der Klammerausdruck, wie man leicht einsieht, für die untere Grenze $T = 0$ selbst zu Null wird, wenn $\Delta\,\mathfrak{C}_p$ in der Nähe von $T = 0$ mindestens der ersten Potenz von T proportional ist. Tatsächlich ist aber $\Delta\,\mathfrak{C}_p$ die Differenz zweier quantenartigen Molwärmen, deren jede am absoluten Nullpunkt sogar von dritter Ordnung Null wird. Deshalb dürfen wir

$$\int\limits_0^T \frac{dT}{T^2}\int\limits_0^T \Delta\,\mathfrak{C}_p\,dT = -\,\frac{1}{T}\int\limits_0^T \Delta\,\mathfrak{C}_p\,dT + \int\limits_0^T \frac{\Delta\,\mathfrak{C}_p}{T}\,dT$$

schreiben und Gl. (601) vereinfacht sich zu

$$\ln P = -\,\frac{\mathfrak{L}_0}{\boldsymbol{R}\,T} + \frac{\mathfrak{C}_{p0}}{\boldsymbol{R}}\ln T - \frac{1}{\boldsymbol{R}}\left[\frac{1}{T}\int\limits_0^T \Delta\,\mathfrak{C}_p\,dT - \int\limits_0^T \frac{\Delta\,\mathfrak{C}_p}{T}\,dT \right] + j. \tag{601a}$$

Zu einem Ausdruck für $\ln P$ können wir auf anderem Wege über die Gl. (120) auf S. 96 für das Differential der Entropie des vollkommenen Gases

$$d\,\mathfrak{S} = \mathfrak{C}_p\,\frac{dT}{T} - \boldsymbol{R}\,\frac{dP}{P}$$

kommen. Mit $\mathfrak{C}_p = \mathfrak{C}_{p0} + \mathfrak{C}_{pv}$ erhält man daraus durch Integration

$$\mathfrak{S} = \mathfrak{C}_{p0} \ln T + \int_0^T \mathfrak{C}_{pv} \frac{dT}{T} - R \ln P + \mathfrak{S}_{p0}, \qquad (602)$$

wobei $\mathfrak{S}_{p0}$ die Integrationskonstante bedeutet. Das Integral $\displaystyle\int_0^T \mathfrak{C}_{pv} \frac{dT}{T}$

wird für $T = 0$ von dritter Ordnung zu Null und verschwindet deshalb praktisch schon bei kleinen endlichen Temperaturen und man kann in der Nähe des absoluten Nullpunktes

$$\mathfrak{S} = \mathfrak{C}_{p0} \ln T - R \ln P + \mathfrak{S}_{p0}$$

schreiben. Da hier T und P gleichzeitig gegen Null gehen müssen, wenn der gasförmige Zustand bei Annäherung an den absoluten Nullpunkt erhalten bleiben soll, wird für $T = 0$

$$\mathfrak{C}_{p0} \ln T - R \ln P = + \infty - \infty \qquad (603)$$

ein unbestimmter Ausdruck, dessen Wert wir in folgender Weise ermitteln können: Die Entropie ist eine Zustandsgröße, deren Änderung vom Wege unabhängig ist. Man kann sich dem absoluten Nullpunkt nun in solcher Weise nähern, daß stets

$$\mathfrak{C}_{p0} \ln T = R \ln P$$

gilt. Das ist wegen $R/\mathfrak{C}_{p0} = (\varkappa - 1)/\varkappa$ längs der Isentropen $T = P^{\frac{\varkappa-1}{\varkappa}}$ der Fall, der unbestimmte Ausdruck (603) ist dauernd Null, und die Integrationskonstante $\mathfrak{S}_{p0}$ erweist sich damit als die Entropie des vollkommenen Gases am absoluten Nullpunkt.

Die absolute Entropie des vollkommenen Gases können wir andererseits durch Integration über die spezifische Wärme des kondensierten Zustandes und die Entropiezunahme bei der Sublimation schreiben in der Form

$$\mathfrak{S} = \int_0^T \mathfrak{C}_k \frac{dT}{T} + \frac{\mathfrak{L}}{T}$$

oder mit Hilfe von (599)

$$\mathfrak{S} = \int_0^T \mathfrak{C}_k \frac{dT}{T} + \frac{\mathfrak{L}_0}{T} + \mathfrak{C}_{p0} + \frac{1}{T} \int_0^T \Delta \mathfrak{C}_p \, dT. \qquad (604)$$

Setzt man die beiden Ausdrücke für die Entropie (602) und (604) einander gleich und löst nach $\ln P$ auf, so erhält man bei Beachtung von Gl. (600)

$$\ln P = - \frac{\mathfrak{L}_0}{RT} + \frac{\mathfrak{C}_{p0}}{R} \ln T - \frac{1}{R} \left[\frac{1}{T} \int_0^T \Delta \mathfrak{C}_p \, dT - \int_0^T \frac{\Delta \mathfrak{C}_p}{T} \, dT \right] \left.\vphantom{\int_0^T}\right\} \quad (605)$$
$$+ \frac{\mathfrak{S}_{p0} - \mathfrak{C}_{p0}}{R}.$$

Vergleicht man diesen Ausdruck mit Gl. (601), so ergibt sich

$$j\boldsymbol{R} = \mathfrak{S}_{p0} - \mathfrak{C}_{p0} . \tag{606}$$

Damit ist die NERNSTsche Konstante auf die Nullpunktsentropie und den Translationsanteil der Molwärme des vollkommenen Gases zurückgeführt. Da die Nullpunktsentropie der Gase die Absolutentropien aus den Molwärmen zu berechnen erlaubt und da wir aus den Absolutentropien der Teilnehmer und den Reaktionsenthalpien die reversiblen Arbeiten und die Gleichgewichtskonstanten chemischer Reaktionen berechnen konnten, leistet die Größe j uns für die Berechnung der reversiblen Arbeit chemischer Reaktionen und damit der chemischen Affinität dieselben Dienste wie der Absolutwert der Entropie. Deshalb wurde die Integrationskonstante j der Dampfdruckformel eines Stoffes von NERNST mit Recht als chemische Konstante bezeichnet.

136. Die praktische Ermittlung und die zweckmäßige Darstellung der Temperaturabhängigkeit von Gleichgewichtskonstanten und des Dampfdruckes reiner Stoffe.

Wegen der Unbequemlichkeit der Integration der spezifischen Wärmen vom absoluten Nullpunkt an macht man heute von der NERNSTschen chemischen Konstanten kaum mehr Gebrauch, sondern zieht es vor, die Bildungsenthalpie $\varDelta I$ einer Reaktion und die absoluten Entropien $\mathfrak{S}$ ihrer Teilnehmer bei einem verabredeten Normzustand in der Regel bei 25°C = 298,15 °K und 1 atm = 760 Torr anzugeben.
Bei beliebiger Temperatur gelten, wie wir gezeigt haben, für chemische Reaktionen die Gleichungen

$$A_{\text{rev}} = \varDelta I - T \varDelta S = \varDelta I - T \sum \nu_i \, \mathfrak{S}_i$$

oder

$$\frac{A_{\text{rev}}}{T} = - \boldsymbol{R} \ln K_p = \frac{\varDelta I}{T} - \sum \nu_i \, \mathfrak{S}.$$

und für die Dampfdrücke reiner Stoffe ist nach Gl. (596)

$$\ln P = - \frac{\mathfrak{L}}{\boldsymbol{R}T} + \frac{1}{\boldsymbol{R}} (\mathfrak{S}_g - \mathfrak{S}_k) .$$

Für vom Normalwert 298,15 °K abweichende Temperaturen ist dann

$$\varDelta I = \varDelta I_{298,15} + \sum \nu_i \int\limits_{298,15}^{T} \mathfrak{C}_p \, dT \tag{607}$$

$$\varDelta S = \sum \nu_i \, \mathfrak{S}_{i\,298,15} + \sum \nu_i \int\limits_{298,15}^{T} \frac{\mathfrak{C}_{pi}}{T} \, dT , \tag{608}$$

wobei für diese Umrechnung nur die gut bekannten Molwärmen von der Umgebungstemperatur nach oben und unten gebraucht werden. Das Integral von Gl. (608) ermittelt man wegen $\frac{dT}{T} = d\,(\ln T)$ am einfachsten, indem man $\sum \nu_i \mathfrak{C}_{pi}$ über $\ln T$ aufträgt und die Fläche planimetriert.

Geht man vom absoluten Nullpunkt aus, so ist

$$\Delta I = \Delta I_0 + \sum \nu_i \int_0^T \mathfrak{C}_p \, dT = \Delta I_0 + \sum \nu_i \, (\mathfrak{J} - \mathfrak{J}_0), \qquad 609)$$

wobei ΔI_0 die Reaktionsenthalpie am absoluten Nullpunkt und

$$\int_0^T \mathfrak{C}_p \, dT = \mathfrak{J} - \mathfrak{J}_0 \qquad (610)$$

die Enthalpiedifferenz der Teilnehmer gegen den Wert $\mathfrak{J}_0$ am absoluten Nullpunkt ist. Für die Gleichgewichtskonstante gilt dann

$$- \boldsymbol{R} \ln K_p = \frac{A_{\mathrm{rev}}}{T} = \frac{\Delta I_0}{T} + \sum \nu_i \left(\frac{\mathfrak{J} - \mathfrak{J}_0}{T} - \mathfrak{S} \right)$$

oder bei Benutzung der freien Enthalpie $\mathfrak{G} = \mathfrak{J} - T \mathfrak{S}$

$$- \boldsymbol{R} \ln K_p = \frac{\Delta I_0}{T} + \sum \nu_i \frac{\mathfrak{G} - \mathfrak{J}_0}{T} . \qquad (611)$$

Um die Integration über die spezifischen Wärmen zu vermeiden, werden manchmal die Enthalpie $\mathfrak{J} - \mathfrak{J}_0$, die Enthalpiefunktion $\dfrac{\mathfrak{J} - \mathfrak{J}_0}{T}$ und die freie Enthalpiefunktion $\dfrac{\mathfrak{G} - \mathfrak{J}_0}{T}$ tabelliert (vgl. Tab. 56, 58 und 59). Am absoluten Nullpunkt wird natürlich $\mathfrak{G}_0 = \mathfrak{J}_0$, aber diese Größe wird hier nicht Null wie die Entropie, denn nach dem EINSTEINschen Äquivalentgesetz von Masse und Energie hat jeder Körper allein auf Grund seiner Masse m die sehr große Energie mc^2, wobei c die Lichtgeschwindigkeit ist. Diese Energie bleibt auch am absoluten Nullpunkt als Enthalpie $\mathfrak{J}_0$ erhalten. Bei Kernprozessen treten bekanntlich Elementumwandlungen auf, bei welchen die großen erzeugten Energien nach dem Äquivalentgesetz eine entsprechende Abnahme der Massen zur Folge haben. Bei chemischen Reaktionen, die nur die äußeren Elektronenschalen der Atome betreffen, sind die Energieumsätze so klein, daß sie die Massen nicht in meßbarer Weise ändern. Wir brauchen uns daher nicht um die Nullpunktsenergie zu kümmern und können ihren Wert $\mathfrak{J}_0$ unbestimmt lassen.

Der dritte Hauptsatz hat die Bedeutung der Kenntnis der spezifischen Wärmen gezeigt, und seit NERNST sind zahlreiche kalorimetrische Messungen bis herunter zu tiefsten Temperaturen ausgeführt worden. Nachher hat aber die theoretische Physik in der Quantenstatistik eine Methode gefunden, die allein aus den spektroskopisch ermittelten Frequenzen der Molekelschwingungen die Molwärmen der Gase und die Absolutwerte ihrer Entropie bei kleinen Drücken, d. h. im Bereich der Gültigkeit der Zustandsgleichung der vollkommenen Gase zu berechnen erlaubt. Nach diesem Verfahren, auf das einzugehen hier zu weit führen würde, sind die meisten in Tabellenwerken angegebenen Werte dieser Größen ermittelt, und man hält diese Rechnungen bei Molekeln nicht zu hoher Atomzahl für genauer als die besten kalorimetrischen Messungen.

Um ein anschauliches Bild der Temperaturabhängigkeit der Gleichgewichtskonstanten K_p einer Reaktion oder des Dampfdruckes P einer reinen Substanz zu gewinnen, gehen wir zurück auf die Gl. (584) und (597)

$$d\,(\ln K_p) = \frac{\varDelta I}{R}\frac{dT}{T^2} \quad \text{und} \quad d\,(\ln P) = \frac{\mathfrak{L}}{R}\frac{dT}{T^2}.$$

Wegen $\dfrac{dT}{T^2} = -\,d\!\left(\dfrac{1}{T}\right)$ können wir sie schreiben

$$\frac{d(\ln K_v)}{d\!\left(\dfrac{1}{T}\right)} = -\frac{\varDelta I}{R} \quad \text{und} \quad \frac{d(\ln P)}{d\!\left(\dfrac{1}{T}\right)} = -\frac{\mathfrak{L}}{R}. \tag{612}$$

Wir gehen zu dekadischen Logarithmen über und tragen $\log K_p$ bzw. $\log P$ über $1/T$ auf, d. h., wir wählen für K_p und P einen logarithmischen und für T einen reziproken Maßstab, dann ist die Neigung der Kurven der Wärmetönung des Vorganges proportional. Da die Reaktionsenthalpien und die Verdampfungswärmen nur in geringem Grade von der Temperatur abhängen, erhalten wir nahezu gerade Linien, wie

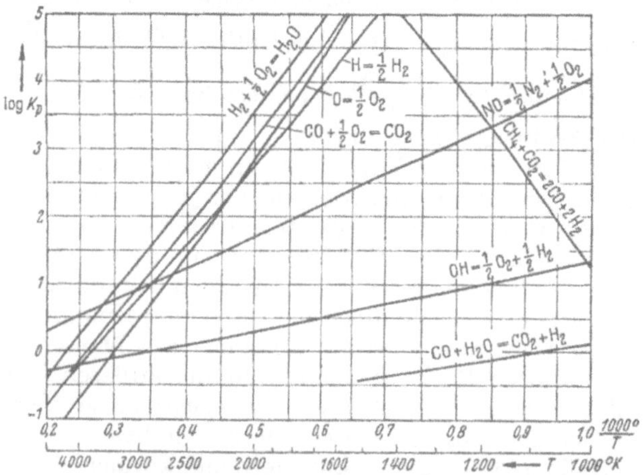

Abb. 232. Gleichgewichtskonstanten einiger chemischer Reaktionen als Funktion der Temperatur im log K_p, 1/T-Diagramm.

das Abb. 232 für den Temperaturverlauf einiger Gleichgewichtskonstanten und Abb. 233 für die Dampfdrücke einiger reiner Stoffe zeigt. Bei den Dampfdruckkurven, die bis zum kritischen Druck maßstäblich gezeichnet sind, sollte man keinen so geraden Verlauf, sondern gegen den kritischen Punkt hin entsprechend der Abnahme der Verdampfungswärme eine starke Verminderung der Kurvensteilheit bis zu einer waagerechten Endtangente im kritischen Punkt erwarten. Die Kurven behalten aber ihren Charakter bis zum kritischen Punkt. Dieser Umstand ist darauf zurückzuführen, daß wir in unseren Ableitungen den Dampf als ideales Gas mit nur von der Temperatur, nicht vom Druck abhängiger Molwärme vorausgesetzt haben. Tatsächlich nimmt aber die

Molwärme bei höheren Drücken bei Annäherung an die Grenzkurve erheblich zu. Wenn man den Dampf als vollkommenes Gas behandelt, müßte man den nach der Verdampfung wegen der Druckabhängigkeit der spezifischen Wärme aufzuwendenden Mehrbetrag an Wärme mit zur Verdampfungswärme rechnen, wodurch diese nahezu konstant wird entsprechend der bis in die Nähe des kritischen Punktes ziemlich gleichbleibenden Neigung der Kurven der Abb. 233. Der Knick in der Kurve für Kohlendioxyd ist der Tripelpunkt. Die Neigung oberhalb davon entspricht der Verdampfungswärme, unterhalb davon der Sublimationswärme.

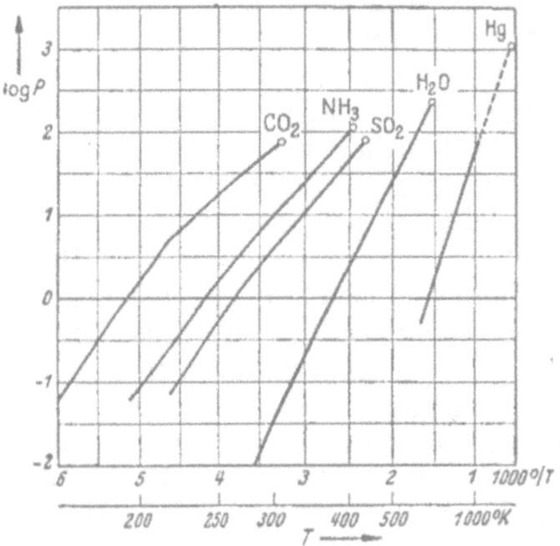

Abb. 233. Dampfdruckkurven einiger reiner Stoffe im $\log P$, $1/T$-Diagramm.

137. Heterogene Reaktionen.

An vielen chemischen Reaktionen sind kondensierte Teilnehmer in fester oder flüssiger Form als sogenannte Bodenkörper beteiligt z. B. bei der Verbrennung von Kohlenstoff mit Sauerstoff zu CO oder CO_2. Man spricht dann von einer *heterogenen* Reaktion. In dem Gasraum über den festen Teilnehmern wird sich nach dem Massenwirkungsgesetz ein Gleichgewicht zwischen den darin enthaltenen Gasen einstellen, wobei die Erhöhung des Teildruckes eines gasförmigen Bestandteiles, etwa durch Einführen zusätzlicher Mengen davon, das Gleichgewicht so verschiebt, daß nach Gl. (558a) die Gleichgewichtskonstante

$$K_p = \Pi\, P_i^{\nu_i} \qquad \text{oder} \qquad \ln K_p = \sum \nu_i \ln P_i$$

bei jeder Temperatur einen konstanten Wert behält.

Bei Anwesenheit kondensierter reiner Körper (nicht in Form von Gemischen oder Lösungen veränderlicher Zusammensetzung) im Gleichgewichtsraum ist Gleichgewicht nur möglich, wenn der Teildruck dieses Bestandteiles gleich seinem Sättigungsdruck ist, der für jede Temperatur einen festen Wert hat. Wäre der Druck des kondensierten Bestandteils in der Gasphase niedriger als der Sättigungsdruck, so würde er verdampfen, wäre er höher, so würde Gas kondensieren, so lange bis das Sättigungsgleichgewicht bei der betreffenden Temperatur hergestellt ist. Der Dampfdruck des Bodenkörpers nimmt also an den Partialdruckverschiebungen, die sich nach dem Massenwirkungsgesetz bei ungeänderter Gleichgewichtskonstanten z. B. durch Erhöhen des Partialdruckes eines Partners abspielen, nicht teil.

Es muß daher

$$\ln K_p = \sum \nu_i \ln P_i$$

auch dann noch bei jeder Temperatur eine konstante Größe bleiben, wenn man darin nur die allein als Gas vorhandenen Reaktionsteilnehmer berücksichtigt und alle zugleich in kondensierter Form auftretenden Stoffe fortläßt.

Die meisten festen Körper, z. B. Kohle, Metalle und ihre Oxyde, haben bei niedriger Temperatur außerordentlich kleine Dampfdrücke, aber das hindert nicht, mit dem Dampfdruck als einer für jede Temperatur fest gegebenen Größe zu rechnen.

Bei Lösungen oder Mischkristallen als Bodenkörper werden die Verhältnisse verwickelter, da der Dampfdruck jedes Bestandteiles einer Lösung vom Mischungsverhältnis abhängt und sich bei Entnahme einer Komponente ändert. Auf diese Dinge soll hier nicht eingegangen werden.

Nun wollen wir die bisher an der homogenen Gasreaktion durchgeführte Ermittelung der reversiblen Arbeit auf die heterogene Reaktion übertragen. Dabei sind die Gase als Gase, die kondensierten Reaktionspartner aber in fester oder flüssiger Form mit Hilfe von Kolbenmaschinen in den Gleichgewichtskasten einzuführen oder aus ihm herauszubefördern. Da wir die Gase als ideal angesehen hatten, ist ihr Volum sehr groß gegen das der kondensierten Teilnehmer, und wir können die Förderarbeit der letzteren gegen die der Gase vernachlässigen, wie wir das bereits bei der Bestimmung der Dampfdruckkurve eines reinen Körpers getan hatten. Damit brauchen wir in den Gl. (556a) und (557a) für die reversible Arbeit und den reversiblen Wärmeumsatz der heterogenen Reaktion

$$A_{\mathrm{rev}} = -RT \left(\ln K_p - \sum v_i \ln p_i \right)$$
$$Q_{\mathrm{rev}} = RT \left(\ln K_p - \sum v_i \ln p_i \right) - W_p$$

nur die als Gase vorhandenen Teilnehmer zu berücksichtigen. Das Massenwirkungsgesetz gilt demnach allein für die gasförmigen Partner. Die Einführung einer beliebigen Menge eines Partners in kondensierter Form in den Reaktionsraum hat keine Verschiebung des Gleichgewichtes zur Folge. Die Wärmetönung W_p der Reaktion bezieht sich natürlich auf den Zustand der Teilnehmer, in dem sie den Reaktionsraum betreten oder verlassen, gegenüber einer reinen Gasreaktion ist sie also um die Differenz der Verdampfungs- bzw. Sublimationswärmen der Teilnehmer vor und nach der Reaktion größer.

Besonders einfach werden die Verhältnisse, wenn nur ein Teilnehmer die Gasphase bildet und die andern als reine Bodenkörper auftreten. Ein Beispiel dieser Art ist die Reaktion

$$CaCO_3 = CaO + CO_2,$$

die sich beim Kalkbrennen abspielt. Dabei reduziert sich die Gleichgewichtskonstante auf den Druck P_{CO_2} der Kohlensäure, die mit dem aus CaO und $CaCO_3$ bestehenden Bodenkörper in ähnlicher Weise im Gleichgewicht ist wie der Dampf eines reinen Stoffes mit seinem Kondensat. Man bezeichnet diesen Gleichgewichtsdruck P_{CO_2} deshalb auch als *„Zersetzungsdruck"* des Kalkes, er steigt mit wachsender Temperatur in derselben Art wie der Dampfdruck eines reinen Stoffes.

Die reversible Arbeit dieser Reaktion ist

$$A_{\text{rev}} = -R\,T\,(\ln P_{CO_2} - \ln p_{CO_2}),$$

wenn p_{CO_2} der tatsächliche Partialdruck der Kohlensäure über dem Kalk ist. Bei gegebenem Druck p_{CO_2} kann je nach der Höhe der Temperatur P_{CO_2} größer oder kleiner als p_{CO_2} sein und damit die Reaktion in dem einen oder anderen Sinne ablaufen.

Sorgfältige Messungen des Zersetzungsdruckes von $CaCO_3$ wurden von S. TAMARU, K. SIOMI und M. ADATI[1] ausgeführt, indem sie in einem vorher evakuierten Gefäß ein Platintiegelchen mit $CaCO_3$ und CaO verschiedenen Temperaturen aussetzten und den CO_2-Druck bestimmten. Danach erreicht bei etwa 1150 °K der Zersetzungsdruck 1 atm, aber auch schon bei niederer Temperatur zersetzt sich $CaCO_3$ zu CaO (bei 1100 °K ist der Zersetzungsdruck 0,466 atm, bei 1000 °K nur 0,079 atm), wenn man soviel Gas (in der Regel Verbrennungsgas) über den Kalk leitet, daß der Teildruck der Kohlensäure des Gases unter dem Zersetzungsdruck bleibt. Bei Zersetzungsdrücken größer als Umgebungsdruck verläuft der Vorgang rasch, da auch im Inneren der Kalkstücke Kohlensäure gebildet wird. Bei kleineren Zersetzungsdrücken beschränkt sich die Reaktion dagegen auf die Oberfläche, von der die Kohlensäure nur durch Diffusion und Mischbewegung fortgeführt wird. Beide Fälle unterscheiden sich in derselben Weise wie bei einer Flüssigkeit Verdampfung und Verdunstung: Bei der Verdampfung entstehen Dampfblasen auch im Innern der Flüssigkeit, bei der Verdunstung diffundiert der Dampf nur an ihrer freien Oberfläche in das umgebende Gas anderer Art (meist Luft) hinein.

Bei heterogenen Reaktionen ist die vollständige Umwandlung der reinen kondensierten Teilnehmer möglich, ebenso, wie sich eine Flüssigkeit restlos in Dampf verwandelt, wenn die Gleichgewichtstemperatur nur um ein Geringes überschritten wird. Wenn semipermeable Membranen für alle Teilnehmer vorhanden sind, kann auch bei homogenen Reaktionen z. B. der Inhalt der Vorratsbehälter vollständig in das Reaktionsprodukt verwandelt werden, obwohl im Gasgemisch des Gleichgewichtsbehälters stets alle Partner vertreten sind. Lassen wir die Reaktionspartner auch in kondensierter Form im Gleichgewichtsbehälter anwesend sein, so kann zwischen ihnen eine Reaktion vollständig durchgeführt werden, wenn die Kondensate sich nicht ineinander lösen (als flüssige Lösung oder als Mischkristallbildung), da die Oberflächen der Kondensate gegen den Gasraum die Wirkung semipermeabler Membranen haben.

138. Tabellen für Reaktionen bei Verbrennungs- und Vergasungs-Vorgängen.

Die technisch wichtigsten chemischen Reaktionen sind die Verbrennungs- und Vergasungsvorgänge, an denen die Elemente C, H_2 und O_2 nebst ihren Verbindungen CO, CO_2, H_2O und CH_4 beteiligt sind. Für

---

[1] Z. physik. Chem. Abt. A Bd. 157 (1931), S. 447.

30*

die Berechnung der reversiblen Arbeit und der Gleichgewichtskonstanten braucht man, wie wir gezeigt haben, nach Gl. (573) die Reaktionsenthalpie und die Reaktionsentropie, die sich nach Gl. (572) durch Summation über die absoluten Entropien der Reaktionsteilnehmer ergeben. Für die Umrechnungen dieser Werte von einem vereinbarten Normwert — in der Regel 298,15 °K = 25 °C — auf andere Temperaturen benötigt man die Molwärmen aller Partner in Abhängigkeit von der Temperatur.

Die für die Berechnung von Reaktionen der beschriebenen Art notwendigen Zahlenwerte nebst den daraus ermittelten Umsatzgrößen haben WAGMAN, ROSSINI und Mitarbeiter[1] in einer bemerkenswerten Arbeit zusammengestellt, der für Verbrennungs- und Vergasungsvorgänge etwa dieselbe Bedeutung zukommt wie den Wasserdampftafeln für die Thermodynamik der Dampfkraftmaschinen. Die Zahlenwerte stützen sich auf größtenteils in USA während der letzten 25 Jahre durchgeführte statistische Berechnungen der Zustandsgrößen und sind von den Verfassern nach den neuesten Werten der grundlegenden Konstanten der Physik berichtigt. In den folgenden Tabellen sind diese Zahlenwerte wiedergegeben. Die Genauigkeit geht im allgemeinen um eine Stelle über das vertretbare Maß hinaus, der letzten Ziffer kommt also bestenfalls ein Wahrscheinlichkeitswert zu.

In Tabelle 54 sind die benutzten Werte der grundlegenden Konstanten zusammengestellt[2].

Tabelle 55 enthält die statistisch berechneten Molwärmen einiger Gase in Abhängigkeit von der Temperatur unter der Voraussetzung der Gültigkeit der Zustandsgleichung der vollkommenen Gase sowie die kalorimetrisch gemessenen Atomwärmen von Kohlenstoff als Graphit und als Diamant. Oberhalb 1500° wurde die Molwärme von Graphit vom Verfasser extrapoliert unter der Annahme, daß sie sich bei 5000 °K nach der DULONG-PETITschen Regel einem Endwert von 6,25 cal/mol grd asymptotisch nähert. In Tabelle 56 sind für dieselben Gase die statistisch berechneten Enthalpiedifferenzen $\mathfrak{J} - \mathfrak{J}_0$ angegeben, wobei $\mathfrak{J}_0$ die Enthalpie des Gases bei $T = 0$ ist, über die Zahlenangaben hier nicht gebraucht werden. Die Enthalpien des festen Kohlenstoffes sind wieder Versuchswerte. Tabelle 57 enthält für die Gase die statistisch berechnete und für festen Kohlenstoff die durch Integration über die spezifischen Wärmen gewonnene Entropie. In den Tabellen 58 und 59 sind schließlich die bei der Berechnung der reversiblen Arbeit A_{rev} und der Gleichgewichtskonstanten K_p in Gl. (611) und (611a) gebrauchten Werte der Enthalpiefunktion $\dfrac{\mathfrak{J} - \mathfrak{J}_0}{T}$ und der freien Enthalpiefunktion $\dfrac{\mathfrak{G} - \mathfrak{J}_0}{T}$ tabelliert. Natürlich stützen sich die Werte aller Tabellen auf dieselben Unterlagen.

---

[1] WAGMAN, DONALD D., JOHN E. KILPATRICK, WILLIAM J. TAYLOR, KENNET S. PITZER, and FREDERICK D. ROSSINI: N. B. S. Research Paper RP 1634. J. Research N. B. S. Vol. 34, Febr. 1945, S. 143—161.

[2] Vgl. auch SCHMIDT, ERNST: Die Naturwissenschaften, Bd. 34 (1947), S. 62 u. 93.

Tabelle 54. *Zahlenwerte der grundlegenden Konstanten.*

Bezeichnung	Zahlenwert	
Volum von 1 kg Wasser	1 Liter	$= 1000,028 \pm 0,004 \text{ cm}^3$
Normatmosphäre	1 atm	$= 1013250 \text{ dyn/cm}^2$
Internationales Joule (N. B. S.)	1 int. Joule	$= 1,00017 \pm 0,00005$ abs. Joule
Kalorie	1 cal	$= 4,18401 \pm 0,00021$ abs. Joule
		$= 4,1833$ int. Joule (N. B. S.)
Eispunkttemperatur	T_0	$= 273,15 \pm 0,01\,°\text{K}$
Gaskonstante	R	$= 1,98718 \pm 0,00013$ cal/grd mol
		$= 8,31439 \pm 0,00034$ abs. Joule/ grd mol
		$= 8,31298 \pm 0,00054$ int. Joule/ grd mol
Loschmidtsche Zahl	N	$= (6,02283 \pm 0,0022) \cdot 10^{23}/\text{mol}$
Boltzmannsche Konstante	$k = R/N$	$= (1,38048 \pm 0,00050) 10^{-16} \text{erg/ grd}$
Plancksches Wirkungsquantum	h	$= (6,6242 \pm 0,0044) 10^{-27} \text{erg/sec}$
Lichtgeschwindigkeit	c	$= 299776 \pm 8$ km/sec

Tabelle 55. *Molwärmen einiger Gase beim Drucke 0 und von festem Kohlenstoff als Graphit und Diamant* (nach NBS. RP 1634).

Temp. °K	Mol.-Wärme C_p in cal/grd mol von								
	O_2	H_2	H_2O	N_2	CO	CO_2	CH_4	Graphit	Diamant
0	0	0	0	0	0	0	0	0	0
100	—	—	—	—	—	—	—	0,394	0,0673
150	—	—	—	—	—	—	—	0,767	0,246
200	6,961	—	—	6,957	6,956	—	—	1,190	0,587
250	6,970	6,769	—	6,959	6,958	—	—	1,632	1,013
298,15	7,017	6,892	8,025	6,960	6,965	8,874	8,536	2,066	1,449
300	7,019	6,895	8,026	6,961	6,965	8,894	8,552	2,083	1,466
400	7,194	6,974	8,185	6,991	7,013	9,871	9,736	2,851	2,38
500	7,429	6,993	8,415	7,070	7,120	10,662	11,133	3,496	3,14
600	7,670	7,008	8,677	7,197	7,276	11,311	12,546	4,03	3,79
700	7,885	7,035	8,959	7,351	7,451	11,849	13,88	4,43	4,29
800	8,064	7,078	9,254	7,512	7,624	12,300	15,10	4,75	4,66
900	8,212	7,139	9,559	7,671	7,787	12,678	16,21	4,98	4,90
1000	8,335	7,217	9,869	7,816	7,932	12,995	17,21	5,14	5,03
1100	8,440	7,308	10,172	7,947	8,058	13,26	18,09	5,27	5,10
1200	8,530	7,404	10,467	8,063	8,167	13,49	18,88	5,42	5,16
1250	8,570	7,454	10,611	8,116	8,218	13,59	19,23	5,50	—
1300	8,608	7,505	10,749	8,165	8,265	13,68	19,57	5,57	—
1400	8,676	7,610	11,015	8,253	8,349	13,85	20,18	5,67	—
1500	8,739	7,713	11,263	8,330	8,419	13,99	20,71	5,76	—
1750	8,885	7,957	11,80	8,486	8,561	14,3	—	5,92	—
2000	9,024	8,175	12,24	8,602	8,665	14,5	—	6,02	—
2500	9,280	8,526	12,9	8,759	8,806	14,8	—	6,13	—
3000	9,518	8,791	13,3	8,862	8,899	15,0	—	6,19	—
3500	9,711	8,993	—	8,934	8,963	15,2	—	6,22	—
4000	9,879	9,151	—	8,989	9,015	—	—	6,24	—
4500	10,003	9,282	—	9,036	9,059	—	—	6,25	—
5000	10,105	9,389	—	9,076	9,099	—	—	6,25	—

Tabelle 56. *Enthalpie $\mathfrak{J} - \mathfrak{J}_0$ einiger Gase beim Drucke 0 und von festem Kohlenstoff als Graphit und Diamant* (nach NBS. RP 1634).

Temp. °K	Enthalpien $\mathfrak{J} - \mathfrak{J}_0$ in cal/mol von								
	O_2	H_2	H_2O	N_2	CO	CO_2	CH_4	Graphit	Diamant
0	0	0	0	0	0	0	0	0	0
100	—	—	—	—	—	—	—	14,45	1,66
150	—	—	—	—	—	—	—	43,16	8,88
200	1384,4	—	—	1389,3	1389,4	—	—	91,97	29,06
250	1732,7	1694,3	—	1737,1	1737,4	—	—	162,47	68,87
273,15	1895	1852	2164	1898	1899	2030	2220	202	115
298,15	2069,8	2023,8	2365,1	2072,3	2072,6	2238,11	2397	251,56	128,13
300	2082,7	2036,5	2379,9	2085,1	2085,5	2254,6	2413	255,31	130,81
400	2792,4	2731,0	3190,0	2782,4	2783,8	3194,8	3323	502,6	325
500	3524,2	3429,5	4019,5	3485,0	3490,0	4222,8	4365	820,8	602
600	4279,2	4128,6	4873,2	4198,0	4209,5	5322,4	5549	1198,1	950
700	5057,4	4831,5	5755,4	4925,3	4945,8	6481,3	6871	1622,0	1355
800	5854,1	5537,4	6666,4	5668,6	5699,8	7689,4	8321	2081,7	1804
900	6669,6	6248,0	7606,8	6428,0	6470,6	8939,9	9887	2569,4	2284
1000	7497,0	6965,8	8580,0	7202,5	7256,5	10222	11560	3074,6	2782
1100	8335,2	7692,0	9579,9	7991,5	8056,2	11536	13320	3596	3289
1200	9183,9	8427,5	10613	8792,8	8867,8	12872	15170	4130	3802
1250	9611,6	8798,4	11140	9197,5	9277,6	13551	16130	4403	—
1300	10041,0	9173,2	11675	9604,7	9689,9	14234	17100	4680	—
1400	10905,1	9928,7	12762	10425,4	10520,9	15611	19090	5242	—
1500	11776,4	10694,2	13876	11253,6	11358,8	17004	21130	5814	—
1750	13980	12653,7	16748	13357	13481	20542	—	7276	—
2000	16219	14672	19760	15499	15636	24144	—	8769	—
2500	20799	18851	26050	19839	20007	31480	—	11803	—
3000	25500	23186	32580	24245	24434	38950	—	14889	—
3500	30308	27637	39310	28695	28900	46520	—	17994	—
4000	35215	32168	46160	33178	33395	—	—	21109	—
4500	40183	36780	53110	37690	37907	—	—	24232	—
5000	45220	41449	60130	42202	42452	—	—	27357	—

Tabelle 57. *Entropien $\mathfrak{S}$ einiger Gase im idealen Gaszustand bei 1 atm und von festem Kohlenstoff als Graphit und Diamant* (nach NBS. RP 1634).

Temp. °K	Entropie $\mathfrak{S}$ in cal/grd mol								
	O_2	H_2	H_2O	N_2	CO	CO_2	CH_4	Graphit	Diamant
0	0	0	0	0	0	0	0	0	0
100	—	—	—	—	—	—	—	0,2184	0,0221
150	—	—	—	—	—	—	—	0,4459	0,0778
200	46,219	—	—	42,990	44,521	—	—	0,7238	0,1915
250	47,766	30,108	—	44,543	46,074	—	—	1,0365	0,3674
298,15	49,003	31,211	45,106	45,767	47,301	51,061	44,50	1,3609	0,5829
300	49,048	31,253	45,154	45,809	47,342	51,116	44,55	1,3737	0,5918
400	51,093	33,250	47,483	47,818	49,352	53,815	47,17	2,081	1,14
500	52,723	34,809	49,334	49,385	50,927	56,113	49,48	2,788	1,76
600	54,100	36,084	50,890	50,685	52,238	58,109	51,64	3,474	2,39
700	55,296	37,167	52,248	51,805	53,373	59,895	53,68	4,127	3,01
800	56,362	38,108	53,464	52,797	54,379	61,507	55,61	4,740	3,61
900	57,322	38,946	54,572	53,692	55,287	62,980	57,45	5,314	4,18
1000	58,194	39,704	55,598	54,509	56,116	64,331	59,21	5,846	4,70

Tabelle 57 (Fortsetzung).

Temp. °K	Entropie $\mathfrak{S}$ in cal/grd mol								
	O_2	H_2	H_2O	N_2	CO	CO_2	CH_4	Graphit	Diamant
1100	58,992	40,395	56,551	55,259	56,878	65,583	60,89	6,342	5,18
1200	59,730	41,035	57,449	55,955	57,586	66,746	62,50	6,807	5,63
1250	60,079	41,344	57,880	56,287	57,919	67,301	63,28	7,031	—
1300	60,419	41,632	58,299	56,606	58,243	67,836	64,04	7,247	—
1400	61,061	42,190	59,105	57,215	58,860	68,857	65,51	7,663	—
1500	61,659	42,720	59,873	57,786	59,436	69,817	66,93	8,057	—
1750	63,015	43,928	61,65	59,082	60,744	72,00	—	8,991	—
2000	64,212	45,005	63,26	60,228	61,896	73,92	—	9,861	—
2500	66,250	46,868	66,07	62,163	63,845	77,19	—	11,355	—
3000	67,968	48,448	68,45	63,770	65,458	80,09	—	12,609	—
3500	69,458	49,818	—	65,141	66,835	82,27	—	13,648	—
4000	70,762	51,030	—	66,338	68,037	—	—	14,540	—
4500	71,920	52,115	—	67,402	69,100	—	—	15,319	—
5000	72,991	53,099	—	68,351	70,056	—	—	16,018	—

Tabelle 58. *Enthalpiefunktion* $\dfrac{\mathfrak{J}-\mathfrak{J}_0}{T}$ *einiger Gase beim Drucke 0 und von festem Kohlenstoff als Graphit und Diamant* (NBS. RP 1634).

Temp. °K	Enthalpiefunktion $\dfrac{\mathfrak{J}-\mathfrak{J}_0}{T}$ in cal/grd mol								
	O_2	H_2	H_2O	N_2	CO	CO_2	CH_4	Graphit	Diamant
0	0	0	0	0	0	0	0	0	0
100	—	—	—	—	—	—	—	0,1445	0,01664
150	—	—	—	—	—	—	—	0,28770	0,05920
200	6,9221	—	—	6,9465	6,9470	—	—	0,45986	0,14528
250	6,9307	6,7771	—	6,9482	6,9495	—	—	0,64987	0,27549
298,15	6,9418	6,7877	7,934	6,9502	6,9514	7,5064	8,039	0,84369	0,4297
300	6,9424	6,7882	7,933	6,9503	6,9515	7,5154	8,042	0,85101	0,4360
400	6,9811	6,8275	7,975	6,9559	6,9594	7,9870	8,307	1,2565	0,8125
500	7,0484	6,8590	8,039	6,9701	6,9799	8,4455	8,730	1,6416	1,204
600	7,1320	6,8810	8,122	6,9967	7,0159	8,8707	9,249	1,9968	1,583
700	7,2248	6,9022	8,222	7,0361	7,0654	9,2590	9,816	2,3171	1,936
800	7,3176	6,9218	8,333	7,0857	7,1247	9,6117	10,401	2,6021	2,255
900	7,4107	6,9423	8,452	7,1422	7,1895	9,332	10,985	2,8549	2,538
1000	7,4970	7,9658	8,580	7,2025	7,2565	10,222	11,56	3,0746	2,782
1100	7,5775	6,9927	8,709	7,2650	7,3238	10,487	12,11	3,269	2,990
1200	7,6533	7,0230	8,844	7,3273	7,3898	10,727	12,65	3,442	3,168
1250	7,6893	7,0387	8,912	7,3580	7,4221	10,841	12,90	3,522	—
1300	7,7238	7,0563	8,981	7,3882	7,4538	10,949	13,15	3,600	—
1400	7,7893	7,0919	9,116	7,4467	7,5149	11,151	13,63	3,744	—
1500	7,8509	7,1295	9,251	7,5024	7,5725	11,336	14,09	3,876	—
1750	7,9885	7,2307	9,57	7,6327	7,7033	11,74	—	4,158	—
2000	8,1094	7,3358	9,88	7,7497	7,8182	12,07	—	4,385	—
2500	8,3196	7,5402	10,42	7,9356	8,0028	12,59	—	4,721	—
3000	8,5000	7,7286	10,86	8,0816	8,1448	12,98	—	4,963	—
3500	8,6595	7,8963	—	8,1986	8,2572	13,29	—	5,141	—
4000	8,8038	8,0420	—	8,2944	8,3487	—	—	5,277	—
4500	8,9295	8,1733	—	8,3756	8,4238	—	—	5,385	—
5000	9,0440	8,2898	—	8,4405	8,4905	—	—	5,472	—

Tabelle 59. *Freie Enthalpiefunktion* $\dfrac{\mathfrak{G}-\mathfrak{J}_0}{T}$ *einiger Gase beim Drucke 0 und von festem Kohlenstoff als Graphit und Diamant* (NBS. RP 1634).

Temp. °K	Freie Enthalpiefunktion $\dfrac{\mathfrak{G}-\mathfrak{J}_0}{T}$ in cal/grd mol								
	O_2	H_2	H_2O	N_2	CO	CO_2	CH_4	Graphit	Diamant
0	0	0	0	0	0	0	0	0	0
100	—	—	—	—	—	—	—	—0,0739	—0,0055
150	—	—	—	—	—	—	—	—0,1582	—0,0186
200	—39,297	—	—	—36,044	—37,574	—	—	—0,2639	—0,0462
250	—40,835	—23,331	—	—37,595	—39,124	—	—	—0,3866	—0,0919
298,15	—42,061	—24,423	—37,172	—38,817	—40,350	—43,555	—36,46	—0,5172	—0,1532
300	—42,106	—24,465	—37,221	—38,859	—40,391	—43,601	—36,51	—0,5227	—0,1558
400	—44,112	—26,422	—39,508	—40,861	—42,393	—45,828	—38,86	—0,8245	—0,331
500	—45,675	—27,950	—41,295	—42,415	—43,947	—47,667	—40,75	—1,146	—0,554
600	—46,968	—29,203	—42,768	—43,688	—45,222	—49,238	—42,39	—1,477	—0,808
700	—48,071	—30,265	—44,026	—44,769	—46,308	—50,636	—43,86	—1,810	—1,078
800	—49,044	—31,186	—45,131	—45,711	—47,254	—51,895	—45,21	—2,138	—1,385
900	—49,911	—32,004	—46,120	—46,550	—48,097	—53,047	—46,47	—2,459	—1,640
1000	—50,697	—32,738	—47,018	—47,306	—48,860	—54,109	—47,65	—2,771	—1,920
1100	—51,415	—33,402	—47,842	—47,994	—49,554	—55,096	—48,78	—3,073	—2,195
1200	—52,077	—34,012	—48,605	—48,629	—50,196	—56,019	—49,86	—3,365	—2,46
1250	—52,390	—34,305	—48,968	—48,929	—50,497	—56,460	—50,38	—3,509	—
1300	—52,695	—34,576	—49,318	—49,218	—50,789	—56,887	—50,89	—3,647	—
1400	—53,272	—35,098	—49,989	—49,768	—51,345	—57,706	—51,88	—3,919	—
1500	—53,808	—35,590	—50,622	—50,284	—51,884	—58,461	—52,84	—4,181	—
1750	—55,027	—36,696	—52,08	—52,449	—53,041	—60,26	—	—4,833	—
2000	—56,103	—37,669	—53,38	—52,478	—54,078	—61,85	—	—5,476	—
2500	—57,930	—39,328	—55,65	—54,228	—55,842	—64,60	—	—6,634	—
3000	—59,468	—40,719	—57,59	—55,687	—57,314	—67,11	—	—7,645	—
3500	—60,798	—41,922	—	—56,941	—58,578	—68,98	—	—8,507	—
4000	—61,958	—42,988	—	—58,043	—59,688	—	—	—9,263	—
4500	—62,990	—43,942	—	—59,025	—60,676	—	—	—9,934	—
5000	—63,947	—44,809	—	—59,910	—61,566	—	—	—10,546	—

Mit Hilfe dieser Tabellen wurden für die Bildung von H_2O, CO_2, CO und CH_4 aus den Elementen die Reaktionsenthalpien ΔI, die freien Bildungsenthalpien ΔG, die Gleichgewichtskonstanten $\log K_p$ und K_p in ihrer Abhängigkeit von der Temperatur berechnet und in Tabelle 60 und 61 wiedergegeben. Dabei wurde von folgenden Werten für die Reaktion im Normalfall, d. h. bei 298,15 °K ausgegangen:

Für die Bildung flüssigen Wassers aus den gasförmigen Elementen

$$\left.\begin{aligned}
\Delta I_{298.15} &= -68317{,}4 \pm 9{,}6 \text{ cal/mol} \\
\Delta G_{298.15} &= -56689{,}9 \pm 11{,}2 \text{ cal/mol} \\
\Delta S_{298.25} &= -38{,}997 \pm 0{,}019 \text{ cal/mol grd.}
\end{aligned}\right\} \qquad (613)$$

Tabelle 60. *Reaktionsenthalpie ΔI und freie Reaktionsenthalpie ΔG in cal/mol einiger Verbindungen von Elementen in ihrem Normalzustand. Außer dem in fester Form als Graphit vorliegenden Kohlenstoff sind alle anderen Stoffe als vollkommene Gase angenommen.*

Temp. °K	$H_2 + \frac{1}{2} O_2 = H_2O$		$C + \frac{1}{2} O_2 = CO$		$C + O_2 = CO_2$		$C + 2H_2 = CH_4$	
	ΔI	ΔG	ΔI	ΔG	ΔI	ΔG	ΔI	ΔG
0	− 57104	− 57104	− 27202	− 27202	− 93969	− 93969	− 15987	− 15987
298,15	− 57798	− 54635	− 26416	− 32808	− 94052	− 94260	− 17889	− 12140
300	− 57802	− 54615	− 26413	− 32846	− 94053	− 94260	− 17903	− 12104
400	− 58042	− 53516	− 26317	− 35007	− 94069	− 94325	− 18629	− 10048
500	− 58276	− 52358	− 26295	− 37184	− 94091	− 94392	− 19302	− 7840
600	− 58499	− 51154	− 26330	− 39358	− 94123	− 94444	− 19893	− 5490
700	− 58709	− 49912	− 26407	− 41526	− 94167	− 94497	− 20401	− 3050
800	− 58902	− 48643	− 26511	− 43677	− 94215	− 94539	− 20823	− 550
900	− 59080	− 47349	− 26635	− 45816	− 94268	− 94578	− 21166	+ 2010
1000	− 59239	− 46036	− 26768	− 47942	− 94318	− 94610	− 21430	+ 4610
1100	− 59384	− 44710	− 26909	− 50053	− 94364	− 94637	− 21650	7220
1200	− 59511	− 43310	− 27056	− 52153	− 94410	− 94661	− 21790	9850
1300	− 59623	− 42077	− 27212	− 54235	− 94456	− 94677	− 21920	12500
1400	− 59724	− 40661	− 27376	− 56308	− 94505	− 94690	− 22000	15140
1500	− 59811	− 39296	− 27545	− 58370	− 94555	− 94707	− 22060	17800
1750	− 60000	− 35874	− 27985	− 63414	− 94683	− 94673	−	−
2000	− 60126	− 32424	− 28445	− 68303	− 94813	− 94507	−	−
2500	− 60255	− 25447	− 29398	− 77811	− 95091	− 94053	−	−
3000	− 60460	− 18514	− 30407	− 86996	− 95408	− 93947	−	−
3500	− 60585	−	− 31450	− 96053	− 95751	− 92825	−	−

Für die Wasserverdampfung

$$\left.\begin{aligned} \Delta I_{298.15} &= 10519{,}5 \pm 3{,}1 \text{ cal/mol} \\ \Delta G_{298.15} &= 2054{,}8 \pm 1{,}0 \text{ cal/mol} \\ \Delta S_{298.15} &= 28{,}390 \pm 0{,}012 \text{ cal/mol grd.} \end{aligned}\right\} \qquad (614)$$

Für die Bildungswärme von Kohlendioxyd aus Graphit und gasförmigen Sauerstoff

$$\Delta I_{298.15} = -94051{,}8 \pm 10{,}8 \text{ cal/mol.} \qquad (615)$$

Für die Verbrennung von Kohlenoxyd zu Kohlendioxyd

$$\Delta I_{298.15} = -67636{,}1 \pm 28{,}7 \text{ cal/mol} \qquad (616)$$

und somit für die unvollständige Verbrennung von Graphit zu Kohlenoxyd

$$\Delta I_{298.15} = -26415{,}7 \pm 30{,}7 \text{ cal/mol.} \qquad (617)$$

Für die Bildung von Methan aus Graphit und Wasserstoff

$$\Delta I_{298.15} = -17889 \pm 75 \text{ cal/mol.} \qquad (618)$$

In den Tabellen 62—65 sind in gleicher Weise die Enthalpien, freien Enthalpien und Gleichgewichtskonstanten der folgenden Reaktionen angegeben:

$$\begin{aligned} C + CO_2 &= 2\,CO \\ C + H_2O &= CO + H_2 \\ CO + 1/2\,O_2 &= CO_2 \end{aligned}$$

Tabelle 61. *Werte von* $\log K_p$ *und der Gleichgewichtskonstanten* K_p *einiger Reaktionen (der Kohlenstoff ist in fester Form als Graphit, die anderen Teilnehmer sind als ideale Gase angenommen).*
Für die Drücke, aus denen sich K_p zusammensetzt, ist die physikalische Atmosphäre (atm) als Maßeinheit gewählt.

Temp. °K	$H_2 + {}^1/_2 O_2 = H_2O$		$C + {}^1/_2 O_2 = CO$		$C + O_2 = CO_2$		$C + 2 H_2 = CH_4$	
	$\log K_p$	K_p	$\log K_p$	K_p	$\log K_p$	K_p	$\log K_p$	K_p
298,15	40,0470	$1{,}114 \cdot 10^{40}$	24,0479	$1{,}117 \cdot 10^{24}$	69,0915	$1{,}234 \cdot 10^{69}$	8,8985	$7{,}916 \cdot 10^{8}$
300	39,7868	$6{,}121 \cdot 10^{39}$	23,9285	$8{,}481 \cdot 10^{23}$	68,6680	$4{,}656 \cdot 10^{68}$	8,8177	$6{,}572 \cdot 10^{8}$
400	29,2397	$1{,}737 \cdot 10^{29}$	19,1267	$1{,}339 \cdot 10^{19}$	51,5365	$3{,}439 \cdot 10^{51}$	5,4899	$3{,}090 \cdot 10^{5}$
500	22,8855	$7{,}683 \cdot 10^{22}$	16,2528	$1{,}790 \cdot 10^{16}$	41,2582	$1{,}812 \cdot 10^{41}$	3,4268	$2{,}672 \cdot 10^{3}$
600	18,6323	$4{,}288 \cdot 10^{18}$	14,3362	$2{,}169 \cdot 10^{14}$	34,4011	$2{,}518 \cdot 10^{34}$	2,0001	100
700	15,5832	$3{,}830 \cdot 10^{15}$	12,9648	$9{,}221 \cdot 10^{12}$	29,5031	$3{,}185 \cdot 10^{29}$	0,9526	8,966
800	13,2285	$1{,}943 \cdot 10^{13}$	11,9319	$8{,}549 \cdot 10^{11}$	25,8266	$6{,}709 \cdot 10^{25}$	0,1494	1,411
900	11,4978	$3{,}146 \cdot 10^{11}$	11,1256	$1{,}335 \cdot 10^{11}$	22,9665	$9{,}257 \cdot 10^{22}$	$-0{,}4881$	0,3250
1000	10,0610	$1{,}151 \cdot 10^{10}$	10,4777	$3{,}004 \cdot 10^{10}$	20,6768	$4{,}751 \cdot 10^{20}$	$-1{,}0075$	$9{,}829 \cdot 10^{-2}$
1100	8,8830	$7{,}638 \cdot 10^{8}$	9,9445	$8{,}800 \cdot 10^{9}$	18,8026	$6{,}347 \cdot 10^{18}$	$-1{,}4345$	$3{,}677 \cdot 10^{-2}$
1200	7,8986	$7{,}918 \cdot 10^{7}$	9,4983	$3{,}150 \cdot 10^{9}$	17,2400	$1{,}738 \cdot 10^{17}$	$-1{,}7936$	$1{,}608 \cdot 10^{-2}$
1300	7,0637	$1{,}158 \cdot 10^{7}$	9,1176	$1{,}311 \cdot 10^{9}$	15,9165	$8{,}252 \cdot 10^{15}$	$-2{,}1006$	$7{,}932 \cdot 10^{-3}$
1400	6,3475	$2{,}226 \cdot 10^{6}$	8,7900	$6{,}166 \cdot 10^{8}$	14,7816	$6{,}040 \cdot 10^{14}$	$-2{,}3638$	$4{,}327 \cdot 10^{-3}$
1500	5,7254	$5{,}314 \cdot 10^{5}$	8,5045	$3{,}195 \cdot 10^{8}$	13,7986	$6{,}290 \cdot 10^{13}$	$-2{,}5927$	$2{,}554 \cdot 10^{-3}$
1750	4,4796	$3{,}017 \cdot 10^{4}$	7,9182	$8{,}283 \cdot 10^{7}$	12,0392	$1{,}095 \cdot 10^{12}$	—	—
2000	3,546	$3{,}516 \cdot 10^{3}$	7,4623	$2{,}900 \cdot 10^{7}$	10,3258	$2{,}117 \cdot 10^{10}$	—	—
2500	2,232	$1{,}706 \cdot 10^{2}$	6,8008	$6{,}321 \cdot 10^{6}$	8,2212	$1{,}664 \cdot 10^{8}$	—	—
3000	1,344	$2{,}208 \cdot 10^{1}$	6,3372	$2{,}173 \cdot 10^{6}$	6,8437	$6{,}977 \cdot 10^{6}$	—	—
3500	—	—	5,9968	$9{,}926 \cdot 10^{5}$	5,7954	$6{,}243 \cdot 10^{5}$	—	—

Tabelle 62. *Reaktionsenthalpie ΔI und freie Reaktionsenthalpie ΔG einiger Reaktionen in cal/mol (Kohlenstoff in fester Form als Graphit, die anderen Teilnehmer als ideale Gase angenommen).*

Temp. °K	$C + CO_2 = 2\,CO$		$C + H_2O = CO + H_2$		$CO + \tfrac{1}{2}\,O_2 = CO_2$		$CO + H_2O = CO_2 + H_2$	
	ΔI	ΔG	ΔI	ΔG	ΔI	ΔG	ΔI	ΔG
0	39 565	39 565	29 902	29 902	— 66 767	— 66 767	— 9662	— 9662
298,15	41 220	28 644	31 382	21 827	— 67 636	— 61 452	— 9838	— 6817
300	41 226	28 567	31 389	21 768	— 67 639	— 61 414	— 9837	— 6799
400	41 435	24 311	31 725	18 509	— 67 752	— 59 318	— 9710	— 5802
500	41 501	20 024	31 981	15 219	— 67 796	— 57 208	— 9520	— 4850
600	41 463	15 727	32 169	11 794	— 67 793	— 55 086	— 9294	— 3933
700	41 353	11 446	32 302	8387	— 67 760	— 52 971	— 9051	— 3059
800	41 193	7185	32 391	4966	— 67 704	— 50 862	— 8802	— 2219
900	40 997	2946	32 445	1533	— 67 632	— 48 761	— 8552	— 1413
1000	40 781	— 1275	32 470	— 1906	— 67 550	— 46 668	— 8311	— 631
1100	40 545	— 5468	32 474	— 5354	— 67 455	— 44 584	— 8071	+ 125
1200	40 298	— 9645	32 454	— 8783	— 67 355	— 42 509	— 7844	862
1300	40 031	— 13 792	32 411	— 12 217	— 67 243	— 40 442	— 7620	1575
1400	39 754	— 17 926	32 348	— 15 646	— 67 129	— 38 382	— 7406	2280
1500	39 464	— 22 034	32 265	— 19 074	— 67 010	— 36 338	— 7199	2960
1750	38 709	— 32 161	32 013	— 27 541	— 66 696	— 31 255	— 6695	4621
2000	37 924	— 42 098	31 681	— 35 879	— 66 369	— 26 205	— 6242	6220
2500	36 296	— 61 567	30 907	— 52 313	— 65 694	— 16 244	— 5388	9255
3000	34 594	— 70 057	30 053	— 68 488	— 65 001	— 6969	— 4540	11 546
3500	32 851	— 99 281	29 135	—	— 64 201	+ 3328	—	—

Tabelle 63. *Reaktionsenthalpie ΔI und freie Reaktionsenthalpie ΔG einiger Reaktionen in cal/mol (die Reaktionsteilnehmer sind als vollkommene Gase angenommen).*

Temp. °K	$CH_4 + \tfrac{1}{2}\,O_2 = CO + 2\,H_2$		$CH_4 + CO_2 = 2\,CO + 2\,H_2$		$CH_4 + H_2O = CO + 3\,H_2$		$CH_4 + 2\,H_2O = CO_2 + 4\,H_2$	
	ΔI	ΔG	ΔI	ΔG	ΔI	ΔG	ΔI	ΔG
0	— 11 215	— 11 215	55 552	55 552	45 889	45 889	36 227	36 227
298,15	— 8527	— 20 668	59 109	40 783	49 271	33 967	39 433	27 150
300	— 8511	— 20 742	59 128	40 672	49 291	33 873	39 454	27 074
400	— 7688	— 24 944	60 063	34 376	50 353	28 573	40 643	22 771
500	— 6993	— 29 344	60 803	27 863	51 283	23 013	41 763	18 163
600	— 6437	— 33 868	61 356	21 218	52 062	17 285	42 768	13 352
700	— 6006	— 38 474	61 754	14 497	52 703	11 437	43 652	8378
800	— 5689	— 43 130	62 016	7732	53 214	5512	44 412	3293
900	— 5470	— 47 826	62 162	935	53 610	— 478	45 058	— 1891
1000	— 5335	— 52 552	62 214	— 5884	53 903	— 6517	45 592	— 7148
1100	— 5262	— 57 272	62 192	— 12 687	54 122	— 12 563	46 051	— 12 438
1200	— 5254	— 62 000	62 100	— 19 492	54 257	— 18 631	46 413	— 17 769
1300	— 5299	— 66 729	61 944	— 26 287	54 324	— 24 713	46 704	— 23 138
1400	— 5379	— 71 450	61 750	— 33 068	54 344	— 30 789	46 938	— 28 509
1500	— 5486	— 76 165	61 524	— 39 828	54 325	— 36 869	47 126	— 33 909

Tabelle 64. *Werte von* log K_p *und der Gleichgewichtskonstanten* K_p *einiger Reaktionen mit C und CO (der Kohlenstoff ist in fester Form als Graphit, die anderen Teilnehmer sind als ideale Gase angenommen).* Maßeinheit für die in Kp eingehenden Drücke ist 1 atm.

Temp. °K	C + CO$_2$ = 2 CO		C + H$_2$O = CO + H$_2$		CO + ¹/₂ O$_2$ = CO$_2$		CO + H$_2$O = CO$_2$ + H$_2$	
	log K_p	K_p	log K_p	K_p	log K_p	K_p	log K_p	K_p
298,15	$-20{,}9958$	$1{,}012 \cdot 10^{-21}$	$-15{,}9990$	$1{,}002 \cdot 10^{-16}$	$+45{,}0437$	$1{,}106 \cdot 10^{45}$	$+4{,}9968$	$9{,}926 \cdot 10^{4}$
300	$-20{,}8109$	$1{,}546 \cdot 10^{-21}$	$-15{,}8579$	$1{,}387 \cdot 10^{-16}$	$44{,}7397$	$5{,}492 \cdot 10^{44}$	$4{,}9530$	$8{,}975 \cdot 10^{4}$
400	$-13{,}2828$	$5{,}214 \cdot 10^{-14}$	$-10{,}1128$	$7{,}713 \cdot 10^{-11}$	$32{,}4096$	$2{,}568 \cdot 10^{32}$	$3{,}1700$	$1{,}479 \cdot 10^{3}$
500	$-8{,}7524$	$1{,}768 \cdot 10^{-9}$	$-6{,}6522$	$2{,}228 \cdot 10^{-7}$	$25{,}0054$	$1{,}013 \cdot 10^{25}$	$2{,}1003$	$1{,}260 \cdot 10^{2}$
609	$-5{,}7285$	$1{,}868 \cdot 10^{-6}$	$-4{,}2959$	$5{,}059 \cdot 10^{-5}$	$20{,}0649$	$1{,}161 \cdot 10^{20}$	$1{,}4326$	$27{,}08$
700	$-3{,}5736$	$2{,}669 \cdot 10^{-4}$	$-2{,}6185$	$2{,}407 \cdot 10^{-3}$	$16{,}5382$	$3{,}453 \cdot 10^{16}$	$0{,}9551$	$9{,}017$
800	$-1{,}9628$	$1{,}098 \cdot 10^{-2}$	$-1{,}3566$	$4{,}399 \cdot 10^{-2}$	$13{,}8948$	$7{,}848 \cdot 10^{13}$	$0{,}6062$	$4{,}038$
900	$-0{,}7154$	$0{,}1926$	$-0{,}3723$	$0{,}4244$	$11{,}8407$	$6{,}930 \cdot 10^{11}$	$0{,}3431$	$2{,}204$
1000	$+0{,}2787$	$1{,}900$	$+0{,}4166$	$2{,}609$	$10{,}1992$	$1{,}582 \cdot 10^{10}$	$0{,}1379$	$1{,}374$
1100	$1{,}0864$	$12{,}2$	$1{,}0637$	$11{,}58$	$8{,}8580$	$7{,}210 \cdot 10^{8}$	$-0{,}0248$	$0{,}9444$
1200	$1{,}7566$	$57{,}09$	$1{,}5996$	$39{,}77$	$7{,}7419$	$5{,}519 \cdot 10^{7}$	$-0{,}1570$	$0{,}6966$
1300	$2{,}3186$	$2{,}083 \cdot 10^{2}$	$2{,}0539$	$1{,}135 \cdot 10^{2}$	$6{,}7989$	$6{,}293 \cdot 10^{6}$	$-0{,}2648$	$0{,}5435$
1400	$2{,}7984$	$6{,}286 \cdot 10^{2}$	$2{,}4424$	$2{,}770 \cdot 10^{2}$	$5{,}9917$	$9{,}810 \cdot 10^{5}$	$-0{,}3559$	$0{,}4406$
1500	$3{,}2103$	$1{,}623 \cdot 10^{3}$	$2{,}7791$	$6{,}013 \cdot 10^{2}$	$5{,}2944$	$1{,}970 \cdot 10^{5}$	$-0{,}4313$	$0{,}3704$
1750	$4{,}0161$	$1{,}038 \cdot 10^{4}$	$3{,}4395$	$2{,}751 \cdot 10^{3}$	$3{,}9021$	$7{,}982 \cdot 10^{3}$	$-0{,}5777$	$0{,}2644$
2000	$4{,}5989$	$3{,}971 \cdot 10^{4}$	$3{,}9198$	$8{,}313 \cdot 10^{3}$	$2{,}8633$	$7{,}299 \cdot 10^{3}$	$-0{,}6791$	$0{,}2094$
2500	$5{,}3805$	$2{,}402 \cdot 10^{5}$	$4{,}5722$	$3{,}734 \cdot 10^{4}$	$1{,}4203$	$26{,}320$	$-0{,}8083$	$0{,}1555$
3000	$5{,}8308$	$6{,}773 \cdot 10^{5}$	$4{,}9887$	$9{,}744 \cdot 10^{4}$	$0{,}5065$	$3{,}210$	$-0{,}8421$	$0{,}1438$
3500	$6{,}1979$	$1{,}577 \cdot 10^{6}$	—	—	$-0{,}2012$	$0{,}6292$	—	—

Tabelle 65. *Werte von log K_p und der Gleichgewichtskonstanten K_p einiger Gasreaktionen mit CH_4 beim Drucke Null.*
Maßeinheit für die in Kp eingehenden Drücke ist 1 atm.

Temp. °K	$CH_4 + \frac{1}{2}O_2 = CO + 2H_2$		$CH_4 + CO_2 = 2CO + 2H_2$		$CH_4 + H_2O = CO + 3H_2$		$CH_4 + 2H_2O = CO + 4H_2$	
	log K_p	K_p	log K_p	K_p	log K_p	K_p	log K_p	K_p
298,15	$+15,1494$	$1,411 \cdot 10^{15}$	$-29,8935$	$1,278 \cdot 10^{-30}$	$-24,8975$	$1,266 \cdot 10^{-25}$	$-19,9007$	$1,257 \cdot 10^{-20}$
300	15,1104	$1,290 \cdot 10^{15}$	$-29,6293$	$2,348 \cdot 10^{-30}$	$-24,6763$	$2,107 \cdot 10^{-25}$	$-19,7233$	$1,891 \cdot 10^{-20}$
400	13,6287	$4,253 \cdot 10^{13}$	$-18,7820$	$1,652 \cdot 10^{-19}$	$-15,6114$	$2,447 \cdot 10^{-16}$	$-12,4409$	$3,623 \cdot 10^{-13}$
500	12,8262	$6,710 \cdot 10^{12}$	$-12,1788$	$6,625 \cdot 10^{-13}$	$-10,0589$	$8,732 \cdot 10^{-11}$	$-\ 7,9390$	$1,151 \cdot 10^{-8}$
600	12,3363	$2,169 \cdot 10^{12}$	$-\ 7,7286$	$1,868 \cdot 10^{-8}$	$-\ 6,2960$	$5,058 \cdot 10^{-7}$	$-\ 4,8634$	$1,369 \cdot 10^{-5}$
700	12,0120	$1,028 \cdot 10^{12}$	$-\ 4,5261$	$2,978 \cdot 10^{-5}$	$-\ 3,5708$	$2,687 \cdot 10^{-4}$	$-\ 2,6157$	$2,423 \cdot 10^{-3}$
800	11,7825	$6,060 \cdot 10^{11}$	$-\ 2,1123$	$7,722 \cdot 10^{-3}$	$-\ 1,5058$	$3,120 \cdot 10^{-2}$	$-\ 0,8996$	0,126
900	11,6137	$4,108 \cdot 10^{11}$	$-\ 0,2271$	0,5929	$+\ 0,1161$	1,306	$+\ 0,4592$	2,879
1000	11,4851	$3,056 \cdot 10^{11}$	$+\ 1,2859$	19,32	1,4243	26,56	1,5622	36,49
1100	11,3788	$2,392 \cdot 10^{11}$	2,5207	$3,316 \cdot 10^{2}$	2,4960	$3,133 \cdot 10^{2}$	2,4712	$2,959 \cdot 10^{2}$
1200	11,2917	$1,957 \cdot 10^{11}$	3,5500	$3,548 \cdot 10^{3}$	3,3931	$2,473 \cdot 10^{3}$	3,2362	$1,723 \cdot 10^{3}$
1300	11,2181	$1,652 \cdot 10^{11}$	4,4192	$2,626 \cdot 10^{4}$	4,1546	$1,428 \cdot 10^{4}$	3,8898	$7,759 \cdot 10^{3}$
1400	11,1538	$1,425 \cdot 10^{11}$	5,1621	$1,452 \cdot 10^{5}$	4,8063	$6,402 \cdot 10^{4}$	4,4504	$2,821 \cdot 10^{4}$
1500	11,0972	$1,251 \cdot 10^{11}$	5,8029	$6,352 \cdot 10^{5}$	5,3718	$2,354 \cdot 10^{5}$	4,9405	$8,720 \cdot 10^{4}$

Tabelle 66. *Änderung ΔI der Enthalpie und ΔG der freien Enthalpie bei der Umwandlung von Graphit in Diamant bei Atmosphärendruck.*

Temp.	°K	0	298,15	300	400	500	600	700	800	900	1000	1100	1200
ΔI	cal/mol	576,6	453,2	452,1	399,0	358	328	310	299	291	284	270	249
ΔG	cal/mol	576,6	685,0	686,7	774,0	873	978	1089	1201	1314	1428	1543	1663

Tabelle 67. *Enthalpien und absolute Entropien von NO, OH, H und O nach* O. Lutz.
Die Entropiewerte beziehen sich aber auf den Druck 1 atm der Normatmosphäre.
Für einen Druck von 1 at = 1 kg/cm² hat man die Entropiewerte der Tabelle um
den konstanten Betrag **R** ln 1,03323 = 0,065 cal/grd mol zu erhöhen.

Temp. °K	Enthalpie in cal/mol von				Entropie in cal/grd mol von			
	NO	OH	H	O	NO	OH	H	O
273,15	2019	1929	1357	1475	—	—	—	—
298,15	2193	2106	1481	1608	50,335	43,886	27,391	38,463
300	2207	2119	1490	1617	50,477	43,929	27,421	38,497
400	2920	2829	1987	2135	52,431	45,976	28,850	39,986
500	3643	3536	2484	2646	54,044	47,551	29,959	41,126
600	4380	4241	2981	3152	55,389	48,837	30,864	42,050
700	5134	4948	3478	3655	56,552	49,924	31,629	42,826
800	5908	5661	3974	4157	57,586	50,874	32,292	43,496
900	6700	6380	4471	4658	58,519	51,721	32,878	44,086
1000	7508	7107	4968	5159	59,368	52,487	33,401	44,612
1100	8327	7844	5465	5658	60,148	53,189	33,874	45,087
1200	9157	8593	5962	6157	60,869	53,841	34,306	45,521
1300	9995	9354	6458	6656	61,539	54,449	34,703	45,920
1400	10841	10127	6955	7155	62,167	55,022	35,071	46,290
1500	11693	10910	7452	7653	62,754	55,563	35,414	46,634
1600	12551	11703	7949	8151	63,308	56,075	35,735	46,955
1700	13415	12505	8446	8649	63,831	56,561	36,036	47,257
1800	14283	13316	8942	9147	64,327	57,024	36,320	47,542
1900	15155	14135	9439	9645	64,799	57,466	36,589	47,811
2000	16030	14962	9936	10143	65,248	57,889	36,844	48,066
2100	16908	15796	10433	10641	65,676	58,296	37,086	48,309
2200	17790	16637	10929	11139	66,086	58,687	37,317	48,540
3200	18674	17484	11426	11637	66,479	59,063	37,538	48,761
2400	19561	18337	11923	12135	66,857	59,426	37,749	48,973
2500	20450	19195	12420	12633	67,220	59,776	37,952	49,177
2600	21340	20057	12917	13132	67,569	60,115	38,147	49,373
2700	22232	20924	13413	13631	67,906	60,443	38,335	49,561
2800	23126	21797	13910	14130	68,231	60,760	38,516	49,743
2900	24022	22673	14407	14629	68,546	61,069	38,690	49,918
3000	24918	23555	14904	15129	68,850	61,369	38,858	50,087
3100	25816	24442	15401	15630	69,145	61,659	39,021	50,251
3200	26716	25333	15897	16132	69,430	61,942	39,179	50,410
3300	27618	26228	16394	16635	69,707	62,217	39,332	50,564
3400	28521	27126	16891	17140	69,976	62,485	39,480	50,715
3500	29425	28027	17388	17646	70,238	62,746	39,624	50,861
3600	30331	28931	17885	18152	70,493	63,001	39,764	51,004
3700	31238	29838	18381	18658	70,743	63,250	39,900	51,143
3800	32146	30748	18878	19164	70,986	63,493	40,032	51,278
3900	33056	31661	19375	19670	71,223	63,731	40,161	51,410
4000	33967	32576	19872	20176	71,454	63,963	40,287	51,538

Tabelle 68. *Gleichgewichtskonstanten von Reaktionen mit NO, OH, H und O* unter Benutzung der von O. Lutz gegebenen Tabelle der K_p-Werte, aber umgerechnet auf 1 atm als Druckeinheit. Um Platz zu sparen, ist bei Werten $K_p > 100$ die Zehnerpotenz fortgelassen, ihr Exponent ist gleich der ganzen Zahl des Wertes von $\log K_p$. Demnach ist z. B. die erste Ziffer der dritten Spalte $1{,}754 \cdot 10^{15}$ zu lesen. Ebenso ist bei negativen Werten von $\log K_p$ der Summand -1 fortgelassen, er ist überall hinzuzufügen, wo $K_p < 1$ ist.

Temp. °K	$NO = {}^1/_2 N_2 + {}^1/_2 O_2$		$OH = {}^1/_2 O_2 + {}^1/_2 H_2$		$H = {}^1/_2 H_2$		$O = {}^1/_2 O_2$	
	$\log K_p$	K_p	$\log K_p$	K_p	$\log K_p$	K_p	$\log K_p$	K_p
298,15	15,20391	1,754	6,39772	2,499	35,31976	2,079	40,27084	1,865
300	15,09603	1,219	6,35360	2,257	35,09372	1,240	40,26352	1,835
400	11,16935	1,476	4,55768	3,609	25,66374	4,610	29,22709	1,687
500	8,80465	6,378	3,48043	3,023	19,98885	9,747	22,74280	5,531
600	7,22827	1,692	2,75326	5,666	16,19585	1,570	18,41027	2,572
700	6,10144	1,263	2,25267	1,781	13,47847	3,009	15,30874	2,036
800	5,25641	1,805	1,87128	74,349	11,43392	2,716	12,97840	9,915
900	4,59929	3,975	1,57577	37,651	9,83983	6,916	11,16292	1,455
1000	4,07407	1,186	1,34046	21,901	8,56177	3,646	9,71908	5,117
1100	3,64359	4,401	1,14880	14,087	7,50850	3,225	8,51756	3,293
1200	3,28500	1,928	0,98928	10,231	6,63658	4,331	7,52317	3,336
1300	2,98172	9,588	0,85636	7,179	5,89347	7,825	6,68089	4,796
1400	2,72193	5,271	0,74208	5,519	5,27556	1,886	5,95861	9,091
1500	2,49553	3,130	0,64225	4,388	4,69984	5,010	5,32985	2,137
1600	2,29860	1,989	0,55642	3,601	4,21453	1,639	4,78146	6,046
1700	2,12430	1,331	0,48030	3,022	4,00700	1,016	4,29585	1,976
1800	1,96981	93,283	0,41386	2,593	3,40230	2,525	3,86519	7,331
1900	1,83091	67,751	0,35409	2,260	3,05839	1,144	3,48149	3,003
2000	1,70531	50,761	0,30086	1,999	2,74885	5,609	3,13018	1,699
2100	1,59380	39,247	0,25220	1,787	2,46865	2,942	2,81474	6,527
2200	1,49080	30,959	0,20817	1,615	2,21289	1,633	2,52637	3,360
2300	1,39751	24,975	0,16839	1,473	1,98005	95,511	2,26640	1,847
2400	1,31176	20,500	0,13318	1,357	1,76599	58,343	2,02595	1,061
2500	1,23166	17,077	0,09821	1,253	1,56848	37,023	1,80382	63,654
2600	1,15964	14,443	0,06709	1,167	1,38563	24,301	1,59894	39,714
2700	1,09275	12,381	0,03901	1,063	1,21710	16,485	1,41083	25,753
2800	1,02979	10,710	0,01269	1,029	1,05874	11,448	1,23284	17,094
2900	0,97184	9,372	0,98801	0,9728	0,91222	8,170	1,07007	11,751
3000	0,91793	8,278	0,96738	0,9276	0,77314	5,967	0,99793	8,278
3100	0,86742	7,369	0,94424	0,8803	0,64782	4,444	0,77495	5,956
3200	0,81987	6,605	0,92409	0,8410	0,52681	3,364	0,64035	4,373
3300	0,77521	5,959	0,90588	0,8051	0,40121	2,519	0,51913	3,267
3400	0,73377	5,376	0,88807	0,7728	0,30680	2,027	0,39513	2,484
3500	0,69521	4,958	0,87322	0,7468	0,20621	1,608	0,28458	1,926
3600	0,65857	4,556	0,85824	0,7215	0,11182	1,293	0,17914	1,510
3700	0,62306	4,198	0,84375	0,6978	0,02182	1,051	0,07883	1,227
3800	0,58973	3,888	0,82974	0,6757	0,93908	0,8651	0,98380	0,9634
3900	0,55736	3,609	0,81616	0,6549	0,85480	0,7158	0,89279	0,7813
4000	0,52754	3,369	0,80382	0,6366	0,77833	0,6003	0,80743	0,6418

$$CO + H_2O = CO_2 + H_2$$
$$CH_4 + 1/2\,O_2 = CO + 2\,H_2$$
$$CH_4 + CO_2 = 2\,CO + 2\,H_2$$
$$CH_4 + H_2O = CO + 3\,H_2$$
$$CH_4 + 2\,H_2O = CO_2 + 4\,H_2$$

Dabei ist der Kohlenstoff in fester Form als Graphit angenommen, alle anderen Teilnehmer sind gasförmig.

In den Tabellen 60—65 sind die Werte für Temperaturen bis 1500°K der genannten amerikanischen Arbeit entnommen, die für höhere Temperaturen vom Verfasser berechnet worden sind, wobei für die spezifische Wärme von Graphit oberhalb 1500°K extrapolierte Werte entsprechend den kursiv gedruckten Zahlen der Tabelle 55 eingesetzt sind. Wegen dieser Extrapolation besitzen die Zahlen oberhalb 1500°K nicht die Genauigkeit der amerikanischen Werte, es erschien dem Verfasser aber doch zweckmäßig, sie hinzuzufügen, da sie praktisch oft gebraucht werden.

In Tabelle 66 sind schließlich noch die Enthalpie und die freie Enthalpie der Umwandlung von Graphit in Diamant bei dem Drucke 1 atm angegeben. Dabei ist für 298,15°K von dem Normwert

$$\varDelta\Im = 453{,}2 \pm 20{,}3 \text{ cal/mol}$$

ausgegangen.

In dem ganzen Temperaturbereich der Tabelle 66 ist $\varDelta G$ positiv, d. h. die Umwandlung von Graphit in Diamant erfordert einen mit steigender Temperatur wachsenden Arbeitsaufwand und kann daher nicht von selbst erfolgen. Graphit ist immer die stabilere Modifikation. Bei sehr hohen Drücken von der Größenordnung 20000 atm und mehr ändern sich aber die Verhältnisse, und es wird Diamant die stabilere Form, entsprechend dem Gesetz von BRAUN und LE CHATELIER, denn die Dichte von Diamant mit $\varrho = 3{,}51$ g/cm^3 ist größer als die von Graphit mit $\varrho = 2{,}25$ g/cm^3. Die Bildung von Diamant in der Natur muß also in Tiefen stattgefunden haben, wo infolge der darüber liegenden Erdschicht so hohe Drücke vorhanden waren.

Ein Teil der Werte der vorstehenden Tabellen ist bereits durch eine Arbeit von O. LUTZ[1] im deutschen Schrifttum bekannt geworden, der aus der amerikanischen Quelle die Enthalpien und Entropien sowie die Gleichgewichtskonstanten der wichtigsten Reaktionen, umgerechnet auf 1 at als Druckeinheit veröffentlichte und oberhalb 1500°K, wo die Originaltabellen in Temperaturstufen von 250 und 500° fortschreiten, auf Stufen von 100° interpolierte. Weiter hat er aus anderen amerikanischen Quellen die Enthalpien, Entropien und Gleichgewichtskonstanten von NO, OH, H und O zusammengestellt. Dieser Werte wurden für die Tabellen 67 und 68 benutzt, die Entropien und Gleichgewichtskonstanten sind aber auf 1 atm zurückgerechnet, da diese Druckeinheit von der überwiegenden Mehrheit der Autoren auf physikalisch-chemischem Gebiet benutzt wird.

---

[1] LUTZ, O.: Ing.-Arch. Bd., 16 (1948), S. 377.

Für die Umrechnung der Entropie auf den Druck 1 at gilt die einfache Formel

$$\mathfrak{S}_{1\,at} = \mathfrak{S}_{1\,atm} + R \ln 1{,}03323$$

oder

$$\mathfrak{S}_{1\,at} = \mathfrak{S}_{1\,atm} + 0{,}065 \text{ cal/mol grd}.$$

Die Gleichgewichtskonstanten sind bei Reaktionen ohne Änderung der Molzahl von der gewählten Druckeinheit unabhängig. Bei Änderung der Molzahl hat man die Gleichgewichtskonstante mit $1{,}03323^{\Sigma\nu}$ zu multiplizieren bzw. ihren Logarithmus um $\Sigma\nu \cdot \log 1{,}03323$ zu vergrößern, wenn man von der Druckeinheit 1 atm auf 1 at übergehen will. Bei der Reaktion $H_2 + {}^1/_2 O_2 = H_2O$ mit $\Sigma\nu = -{}^1/_2$ hat man also die Tabellenwerte von K_p durch $\sqrt{1{,}03323}$ zu dividieren bzw. die Werte von $\log K_p$ um ${}^1/_2 \log 1{,}03323 = 0{,}00720$ zu vermindern, wenn man die technische Atmosphäre als Druckeinheit benutzen will.

Die Gleichgewichtskonstanten der wichtigsten Reaktionen der vorstehenden Tabellen sind in Abb. 232 durch Auftragen von $\log K_p$ über $1000°/T$ dargestellt.

139. Ausbeute einer chemischen Reaktion, Reaktionsgrad, Dissoziationsgrad.

Als charakteristische Kennzeichnung einer Reaktion hatten wir die reversible Arbeit oder die Gleichgewichtskonstante in Abhängigkeit von der Temperatur entsprechend der Gleichung

$$\frac{A_{\text{rev}}}{T} = -R \ln K_p = \frac{\Delta I}{T} - \Delta S$$

kennengelernt. Praktisch interessiert besonders die Ausbeute, d. h. der Bruchteil des vollständigen Umsatzes, den ein gewünschter Teilnehmer im Gleichgewicht erreicht, und die Abhängigkeit dieser Ausbeute von Druck und Temperatur.

Als Maß der Ausbeute benutzt man zweckmäßig den Reaktionsgrad λ (auch Reaktionslaufzahl genannt) und versteht darunter den Bruchteil der Mole der Ausgangsstoffe auf der linken Seite der Reaktionsgleichung, der sich in Mole der rechten Seite der Reaktionsgleichung verwandelt hat. Der Reaktionsgrad ändert sich also von 0—1, wenn die Reaktion vollständig von links nach rechts im Sinne der Gleichung abläuft. Reaktionen, die im Aufbau einer Molekel aus zwei oder mehreren einfacheren Molekeln bestehen, betrachtet man oft in umgekehrter Richtung, d. h. im Sinne eines Zerfalls oder einer Dissoziation und führt als Maß ihres Ablaufs den Dissoziationsgrad α ein, d. h. den Bruchteil der ursprünglich vorhandenen Molekeln, die bei Gleichgewicht in ihre Bestandteile zerfallen sind. Bei Reaktionen mit mehr als einem Teilnehmer auf beiden Seiten der Gleichung ist es natürlich willkürlich, ob man vom Reaktionsgrad oder vom Dissoziationsgrad spricht.

Als Beispiele für die Berechnung der Ausbeute betrachten wir zunächst Reaktionen ohne Änderung der Molzahl, bei denen also auch keine Änderung des Volums eintritt.

Von besonderer Bedeutung für die Entwicklung unserer Kenntnis der Gesetze des chemischen Gleichgewichtes war die Reaktion

$$H_2 + J_2 = 2\,HJ$$

mit der Gleichgewichtskonstanten

$$K_p = \frac{P_{HJ}^2}{P_{H_2} \cdot P_{J_2}}, \qquad (620)$$

an der BODENSTEIN[1] 1897 seine berühmt gewordenen Gleichgewichtsuntersuchungen ausgeführt hat. Bringt man gleiche Mengen der gasförmigen Ausgangsstoffe H_2 und J_2 beim Gesamtdruck P zusammen, so bildet sich Jodwasserstoff, und bei Gleichgewicht hat sich der Bruchteil λ der H_2- und der J_2-Molekeln in $2\,\lambda$ Mole HJ Molekeln verwandelt, während der Molenbruch $1 - \lambda$ an Ausgangsstoffen übriggeblieben ist. Setzt man die entstandenen Teildrücke

$$P_{H_2} = (1 - \lambda)\,P/2, \quad P_{J_2} = (1 - \lambda)\,P/2 \text{ und } P_{HJ} = \lambda P$$

in die Gleichgewichtskonstante (620) ein, so ergibt sich

$$K_p = 4\left(\frac{\lambda}{1-\lambda}\right)^2, \qquad (620\,a)$$

wodurch der Reaktionsgrad und damit die Ausbeute auf die Gleichgewichtskonstante zurückgeführt ist.

Ebenso einfach ist die Behandlung des Wassergasgleichgewichtes

$$CO + H_2O = CO_2 + H_2 \text{ mit } K_p = \frac{P_{CO_2} \cdot P_{H_2}}{P_{CO} \cdot P_{HO_2}}.$$

Hat sich im Gleichgewicht beim Gesamtdruck P der Bruchteil λ der linken Seite der Reaktionsgleichung umgesetzt, so sind die Partialdrücke $P_{CO_2} = \lambda P/2,\ P_{H_2} = \lambda P/2,\ P_{CO} = (1 - \lambda)\,P/2$ und $P_{H_2O} = (1 - \lambda)\,P/2$ und durch Einsetzen dieser Werte in die Gleichgewichtskonstante erhält man

$$K_p = \left(\frac{\lambda}{1-\lambda}\right)^2. \qquad (621)$$

Im allgemeinen Fall einer Reaktion ohne Volumänderung bei dem konstanten Drucke P nach der Formel

$$\left.\begin{aligned} aA + bB + cC \cdots &= eE + fF + gG \cdots \\ a + b + c \cdots &= e + f + g \cdots = n \end{aligned}\right\} \qquad (622)$$

mit

lautet die Gleichgewichtskonstante

$$K_p = \frac{P_E^e\,P_F^f\,P_G^g \cdots}{P_A^a\,P_B^b\,P_C^c \cdots} \qquad (623)$$

---

[1] BODENSTEIN, M.: Z. physik. Chem., Bd. 22 (1897), S. 1; Bd. 29 (1899), S. 295.

und mit den Teildrücken

$$P_A = \frac{a}{n}\,(1-\lambda)\,P \qquad\qquad P_E = \frac{e}{n}\,\lambda P$$
$$P_B = \frac{b}{n}\,(1-\lambda)\,P \qquad\qquad P_F = \frac{f}{n}\,\lambda P \qquad\qquad (623\,\text{a})$$
$$P_C = \frac{c}{n}\,(1-\lambda)\,P \qquad\qquad P_G = \frac{y}{n}\,\lambda P$$

wird

$$K_p = \frac{e^e\,f^f\,g^g\ldots}{a^a\,b^b\,c^c\ldots}\left(\frac{\lambda}{1-\lambda}\right)^n \qquad\qquad (623\,\text{b})$$

oder logarithmiert

$$\log K_p = n\log\frac{\lambda}{1-\lambda} + \log\frac{e^e\,f^f\,g^g\ldots}{a^a\,b^b\,c^c\ldots}. \qquad\qquad (623\,\text{c})$$

Um eine Anschauung zu gewinnen, ist in Abb. 234 die Funktion $K_p = \left(\dfrac{\lambda}{1-\lambda}\right)^n$ über λ in gewöhnlichen Koordinaten für $n = 1$; 2 und 5 auf-

getragen. Die Kurven sind Parabeln der Ordnung $n+1$, die monoton von 0 bei $\lambda = 0$ auf ∞ bei $\lambda = 1$ ansteigen und alle durch den Punkt 1 bei $\lambda = {}^1/_2$ gehen. In Abb. 235 ist die Funktion

$$\log K_p = n\log\frac{\lambda}{1-\lambda}$$

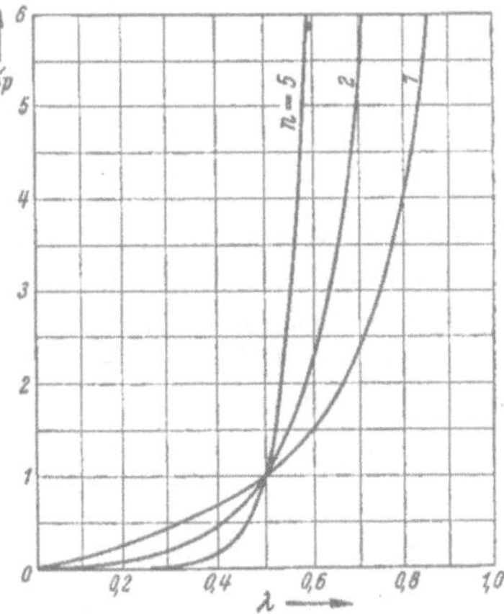

Abb. 234.

Gleichgewichtskonstante $K_p = \left(\dfrac{\lambda}{1-\lambda}\right)^n$ als Funktion des Reaktionsgrades λ.

für die drei Werte $n = 1$, 2 und 5 dargestellt, indem λ über $\log K_p$ als Abszisse aufgetragen wurde. Die Kurven sind symmetrisch zum Wert $\lambda = {}^1/_2$ und unterscheiden sich nur um den Faktor n ihrer Abszissen. Alle anderen Funktionen (623 c) lassen sich daraus durch waagerechtes Verschieben und Ändern des Abszissenmaßstabes gewinnen. Der Reaktionsgrad $\lambda = {}^1/_2$ tritt ein bei

$$\log K_p = \log\frac{e^e\,f^f\,g^g\ldots}{a^a\,b^b\,c^c\ldots} \qquad\qquad (624)$$

oder

$$K_p = \Pi v^v, \qquad\qquad (624\,\text{a})$$

wobei in den Exponenten v des Produktes die Molzahlen der linken Seite der Reaktionsgleichung wieder mit negativen Vorzeichen einzusetzen sind.

Von den Reaktionen mit Änderung der Molzahl sind die einfachsten die Zerfallsreaktionen, bei denen aus einer Molekel zwei oder mehr Teilchen entstehen. Wichtig ist besonders der Vorgang der Dissoziation einer

31*

Molekel in ihre Atome, denn Reaktionen zwischen Molekeln setzen im allgemeinen deren vorherige Dissoziation in Atome voraus. Für eine zweiatomige Molekel, z. B. Wasserstoff, lautet die Gleichung des Zerfalls

$$H_2 = 2H$$

mit der Gleichgewichtskonstanten

$$K_p = \frac{P_H^2}{P_{H_2}}. \tag{625}$$

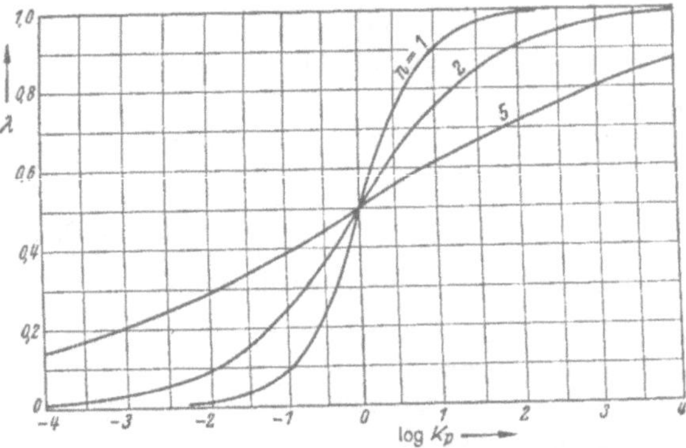

Abb. 235. Reaktionsgrad λ als Funktion von log K_p.

Gehen wir von einem Mol reinen H_2 beim Drucke P aus, so sind nach Zerfall des Bruchteiles α vorhanden $(1 - \alpha)$ Mole H_2 und 2α Mole H, zusammen also $(1 + \alpha)$ Mole. Damit ergeben sich die Teildrücke aus dem Verhältnis der Molzahl des betreffenden Partners zur Gesamtzahl der Mole in der Form:

$$P_{H_2} = \frac{1 - \alpha}{1 + \alpha} P \quad \text{und} \quad P_H = \frac{2\alpha}{1 + \alpha} P$$

und, eingesetzt in (625) erhält man

$$K_p = 4 \frac{\alpha^2}{1 - \alpha^2} P. \tag{625a}$$

Da die Gleichgewichtskonstante eine Funktion allein der Temperatur ist und da $\frac{\alpha^2}{1 - \alpha^2}$ ähnlich wie die Funktionen $\left(\frac{\lambda}{1 - \lambda}\right)^n$ der Abb. 234 mit wachsendem α monoton ansteigt, nimmt demnach bei derselben Temperatur der Dissoziationsgrad von Zerfallsreaktionen mit wachsendem Druck ab. Für kleine Dissoziationsgrade, mit denen man es oft zu tun hat, können wie α^2 gegen 1 vernachlässigen und erhalten $\alpha^2 P =$ $=$ konst., also α proportional $1/\sqrt{P}$.

Eine Reaktion vom Typus $AB = A + B$ ist der Zerfall des Hydroxylradikals, der bei sehr hoher Temperatur in Verbrennungsgasen auftritt nach der Gleichung

$$OH = O + H \quad \text{mit der Gleichgewichtskonstanten } K_p = \frac{P_O\, P_H}{P_{OH}}.$$

Aus einem Mol OH entstehen dabei $(1 - \alpha)$ Mole OH und je α Mole O und H, zusammen also $(1 + \alpha)$ Mole beim Drucke P. Aus den Partialdrücken $P_{\mathrm{OH}} = \dfrac{1 - \alpha}{1 + \alpha}\, P$, $P_{\mathrm{O}} = P_{\mathrm{H}} = \dfrac{\alpha}{1 + \alpha}\, P$ erhält man für die Gleichgewichtskonstante

$$K_p = \frac{\alpha^2}{1 - \alpha^2}\, P. \tag{626}$$

Bei der Dissoziation von Wasserdampf nach der Gleichung

$$2\,\mathrm{H_2O} = 2\,\mathrm{H_2} + \mathrm{O_2} \quad \text{mit} \quad K_p = \frac{P_{\mathrm{H_2}}^2\, P_{\mathrm{O_2}}}{P_{\mathrm{H_2O}}^2}$$

entstehen aus 2 Molen Wasserdampf $2\,(1 - \alpha)$ Mole $\mathrm{H_2O}$, 2α Mole $\mathrm{H_2}$ und α Mole $\mathrm{O_2}$, zusammen also $(2 + \alpha)$ Mole. Aus den Teildrücken $P_{\mathrm{H_2O}} = \dfrac{2\,(1 - \alpha)}{2 + \alpha}\, P$, $P_{\mathrm{H_2}} = \dfrac{2\alpha}{2 + \alpha}\, P$ und $P_{\mathrm{O_2}} = \dfrac{\alpha}{2 + \alpha}$ ergibt sich für die Gleichgewichtskonstante

$$K_p = \frac{\alpha^3}{(1 - \alpha)^2(2 + \alpha)}\, P. \tag{627}$$

Bei schwacher Dissoziation ist also α umgekehrt proportional $\sqrt[3]{P}$.

Bei der Ammoniakbildung nach der Gleichung $3\,\mathrm{H_2} + \mathrm{N_2} = 2\,\mathrm{NH_3}$ mit der Gleichgewichtskonstanten $K_p = \dfrac{P_{\mathrm{NH_3}}^2}{P_{\mathrm{H_2}}^3\, P_{\mathrm{N_2}}}$ sind beim Reaktionsgrad λ vorhanden $3\,(1 - \lambda)$ Mole $\mathrm{H_2}$, $(1 - \lambda)$ Mole $\mathrm{N_2}$ und 2λ Mole $\mathrm{NH_3}$ also zusammen $(4 - 2\,\lambda)$ Mole. Aus den Partialdrücken ergibt sich für die Gleichgewichtskonstante

$$K_p = \frac{2^2}{3^3}\, \frac{\lambda^2(4 - 2\,\lambda)^2}{(1 - \lambda)^4}\, \frac{1}{P^2} \tag{628}$$

oder bei Reaktionsgraden $\lambda \ll 1$

$$K_p = \frac{64}{27}\, \frac{\lambda^2}{P^2}.$$

Bei konstanter Temperatur ist demnach die Ausbeute dem Druck proportional. Diese von HABER zuerst erkannte Beziehung bildet die Grundlage der Hochdrucksynthese des Ammoniaks nach dem Verfahren von HABER-BOSCH.

Wenden wir diese Überlegungen auf den allgemeinen Fall einer Reaktion

$$aA + bB + cC + \cdots = eE + fF + gG + \cdots$$

mit der Gleichgewichtskonstanten

$$K_p = \frac{P_E^e\, P_F^f\, P_G^g \cdots}{P_A^a\, P_B^b\, P_C^c \cdots} \tag{629}$$

an und setzen zur Abkürzung für die Summen der Molzahlen auf beiden Seiten

$$a + b + c + \cdots = m \quad \text{und} \quad e + f + g + \cdots = n,$$

so wird, wie man leicht ableitet,

$$K_p = \frac{e^e\, f^f\, g^g \ldots}{a^a\, b^b\, c^c \ldots} \frac{\lambda^n}{(1-\lambda)^m} \left(\frac{P}{m + (n-m)\,\lambda}\right)^{n-m}, \qquad (630)$$

d. h. bei kleinen Reaktionsgraden ist λ proportional $P^{\left(\frac{m}{n}-1\right)}$. Die Formel (630) enthält natürlich alle vorher gerechneten Einzelfälle, wobei, je nachdem, ob man eine Reaktion als Bildung oder als Zerfall eines Stoffes hinschreibt, unter λ der Reaktionsgrad oder der Dissoziationsgrad zu verstehen ist. Es wird dem Leser empfohlen, die allgemeine Formel, z. B. bei der Ammoniakbildung nachzuprüfen.

140. Die Verbrennung fester Kohle als heterogene Reaktion.

Die Verbrennung der Kohle erfolgt bei den dabei auftretenden Temperaturen stets als heterogene Reaktion, denn die Sublimationstemperatur von reinem Kohlenstoff liegt bei etwa 3800 °K. (Ungefähr entspricht diese Temperatur und ein Druck von wenig mehr als 1 atm zugleich dem Tripelpunkt des Kohlenstoffes.) Bei der Verbrennung kann sowohl CO wie CO_2 entstehen. In den meisten technischen Feuerungen bildet sich auch Kohlenoxyd, das erst nachträglich mit schwach bläulicher Flamme z. B. über dem glühenden Bett einer Koksfeuerung zu CO_2 verbrennt.

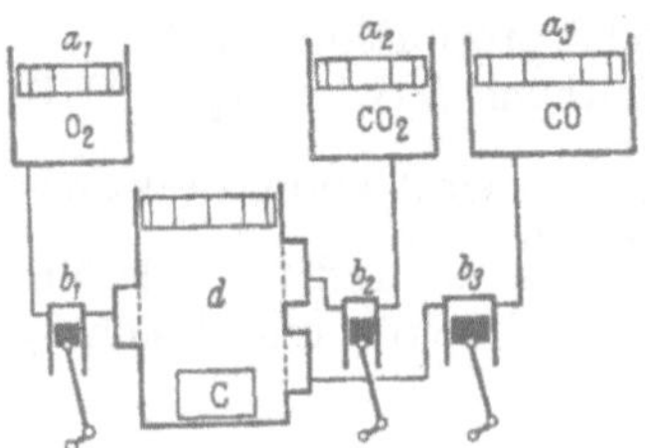

Abb. 236. Vorrichtung zur reversiblen Verbrennung von festem Kohlenstoff.

In einer Gleichgewichtskammer, in der fester Kohlenstoff neben gasförmigem Sauerstoff anwesend ist, wird sich demnach bei jeder Temperatur ein Gleichgewicht zwischen den drei Gasen O_2, CO_2 und CO einstellen, da der Teildruck des Kohlenstoffes durch seinen bei den in Frage kommenden Temperaturen allerdings äußerst kleinen Dampfdruck festgelegt ist.

Die Verbrennung können wir reversibel mit Hilfe der in Abb. 236 skizzierten Apparatur durchführen, die mit ihren Vorratsbehältern a_1, a_2, a_3, ihren Kolbenmaschinen b_1, b_2, b_3, und einem Gleichgewichtsbehälter d mit semipermeablen Membranen durchaus der Apparatur der Abb. 225 für die reversible Ammoniakbildung entspricht. Bei der Ammoniaksynthese waren die drei Kolbenmaschinen so miteinander gekoppelt, daß die Zufuhr von 1 Mol N_2 und 3 Mol H_2 zum Gleichgewichtsbehälter mit der Entnahme von 2 Mol NH_3 verbunden war, um das Gleichgewichtsgemisch nicht zu ändern. Bei unserer Apparatur zur Kohleverbrennung können wir wegen der Anwesenheit eines Überschusses von festem Kohlenstoff als Bodenkörper im Gleichgewichtsgefäß reversible Reaktionen auch schon durchführen, wenn wir nur je zwei der drei Kolbenmaschinen laufen lassen entsprechend den ersten beiden der drei Reaktionen

$$\left.\begin{aligned}
&(1) \quad C + O_2 \;\; = CO_2 \\
&(2) \quad C + \tfrac{1}{2}O_2 = CO \\
&(3) \quad CO + \tfrac{1}{2}O_2 = CO_2 .
\end{aligned}\right\} \qquad (631)$$

Dann bleibt bei (1) und (2) die Gaszusammensetzung im Gleichgewichtskasten unverändert, und sein Volum ändert sich auch nicht, wenn wir dafür sorgen, daß die eine Maschine ebensoviel Sauerstoff in den Gleichgewichtsraum hineinbefördert, wie die andere daraus entnimmt. Die Kohlenstoffbilanz braucht nicht zu stimmen, da ihre Differenz durch den Kohlenstoffvorrat des Bodenkörpers gedeckt wird. Die drei Gleichungen sind nicht unabhängig voneinander, denn (3) erhält man durch algebraische Subtraktion von (1) und (2), da die durch die Operation (1)−(2) zunächst entstehende Gleichung $^1/_2\,O_2 = CO_2 - CO$ mit (3) algebraisch identisch ist. Zu den drei Reaktionen gehören die folgenden Gleichgewichtskonstanten und reversiblen Reaktionsarbeiten

$$
\begin{aligned}
&(1) \quad K_{p1} = \frac{P_{CO_2}}{P_{O_2}} && \text{und } A_{\mathrm{rev}_1} = -\,RT \ln K_{p1} \\[2mm]
&(2) \quad K_{p2} = \frac{P_{CO}}{\sqrt{P_{O_2}}} && \text{und } A_{\mathrm{rev}_2} = -\,RT \ln K_{p2} \\[2mm]
&(3) \quad K_{p3} = \frac{P_{CO_2}}{P_{CO}\cdot\sqrt{P_{O_2}}} && \text{und } A_{\mathrm{rev}_3} = -\,RT \ln K_{p3}.
\end{aligned}
\qquad (632)
$$

Da die reversible Arbeit isothermer Reaktionen als Zustandsgröße nicht von dem Wege der Durchführung abhängt, ist

$$
A_{\mathrm{rev}_3} = A_{\mathrm{rev}_1} - A_{\mathrm{rev}_2},
$$

denn die Reaktion (3) ließ sich als Differenz der Reaktionen (1) und (2) darstellen und kann deshalb auf auch dem Umwege über (2) und (1) verwirklicht werden, indem man das CO in (3) erst nach (2) in C und $^1/_2\,O_2$ zerlegt und dann C nach (1) zu CO_2 verbrennt. Wegen der logarithmischen Beziehung zwischen A_{rev} und $\ln K_p$ folgt daraus

$$
K_{p3} = K_{p1}/K_{p2}.
$$

Bei einem Gleichgewicht, das durch das Zusammenwirken mehrerer Reaktionen zustande kommt, kann man also jede einzelne Reaktion so behandeln, als wenn sie nur allein stattfände. Natürlich müssen dabei die dem Gleichgewichtsraum zugeführten Stoffmengen entsprechend der Reaktionsgleichung gleich den entnommenen Mengen sein, nur für die im Überschuß als Bodenkörper im Reaktionsraum vorhandenen Stoffe ist das nicht nötig, da dieser Vorrat die Stoffbilanz ausgleicht. Die an der durchgeführten Reaktion unbeteiligten Gase wirken als indifferente Fremdkörper, wie z. B. der Stickstoff der Luft bei der gewöhnlichen Verbrennung und erhöhen nur den Gesamtdruck im Gleichgewichtsraum.

Nach diesen allgemeinen Bemerkungen kehren wir zu unserer Kohlenstoffverbrennung zurück und behandeln zunächst die Reaktion

$$
C + O_2 = CO_2 \text{ mit } K_p = P_{CO_2}/P_{O_2}.
$$

Bei 298,15 °K ist nach Tabelle 60 auf S. 473 die Reaktionsenthalpie

$$
\varDelta I = -\,94052 \text{ cal/mol}
$$

und für die Reaktionsentropie ergibt sich aus den Einzelwerten der Tabelle 57 auf S. 470

$$\varDelta S = \mathfrak{S}_{CO_2} - \mathfrak{S}_{Graphit} - \mathfrak{S}_{O_2} = 51{,}061 - 1{,}361 - 49{,}003 =$$
$$= + 0{,}697 \; cal/mol \; grd.$$

Damit wird die reversible Arbeit bei 298,15 °K

$$A_{rev} = \varDelta I - T\varDelta S = -94052 - 298{,}15 \cdot 0{,}697 = -94\,260 \; cal/mol.$$

Bei der reversiblen Kohleverbrennung läßt sich somit sogar um rund 0,2% mehr Arbeit gewinnen als dem Äquivalent des Heizwertes entspricht, während unsere besten Wärmekraftmaschinen es auf höchstens 40% bringen (Dieselmotor, Quecksilberdampfprozeß). Auf diese Tatsache hat zuerst W. NERNST hingewiesen, und es sind auch verschiedene Vorschläge gemacht worden, mit Hilfe elektrolytischer Prozesse die chemische Energie der Kohle ohne den Umweg über die Wärme unmittelbar in elektrische Arbeit umzuwandeln, bisher leider ohne praktischen Erfolg.

Für die Gleichgewichtskonstante der Reaktion erhält man aus Gl. (562) bei Übergang auf Briggsche Logarithmen mit dem Umrechnungsfaktor $\ln 10 = 2{,}3026$

$$\log \frac{P_{CO_2}}{P_{O_2}} = - \frac{A_{rev}}{2{,}3026\,RT} = \frac{94\,260}{2{,}3026 \cdot 1{,}987 \cdot 298{,}16} = 69{,}091$$

und somit das Druckverhältnis

$$P_{CO_2} : P_{O_2} = 1{,}234 \cdot 10^{69}.$$

Der Gleichgewichtsdruck des Sauerstoffes über fester Kohle von 25 °C ist also außerordentlich klein.

Die Temperaturabhängigkeit der Reaktionsenthalpie und die reversiblen Arbeit kann man, wie gezeigt, auf dem Wege über die Molwärmen berechnen. Die Ergebnisse solcher Rechnungen sind in Tab. 60 auf S. 473 enthalten. Demnach hängen Reaktionsenthalpie und reversible Arbeit der Kohleverbrennung von der Temperatur nur in sehr geringem Maße ab. Der Logarithmus der Gleichgewichtskonstanten muß sich mit steigender Temperatur natürlich proportional $1/T$ verkleinern.

Die vorstehenden Überlegungen, durchgeführt an der Reaktion

$$C + {}^1\!/_2\,O_2 = CO \quad \text{mit} \quad K_p = \frac{P_{CO}}{\sqrt{P_{O_2}}}$$

ergeben bei 298,15 °K mit der Reaktionsenthalpie $\varDelta I = -26416$ cal/mol die reversible Arbeit $A_{rev} = -32808$ cal/mol und die Gleichgewichtskonstante

$$\log \frac{P_{OC}}{\sqrt{P_{O_2}}} = 24{,}048 \quad \text{mit dem Druckverhältnis}$$

$$P_{CO} : \sqrt{P_{O_2}} = 1{,}117 \cdot 10^{24}.$$

Mit steigender Temperatur bleibt, wie Tab. 60 auf S. 473 zeigt, auch hier die Reaktionsenthalpie fast unverändert. Dagegen steigt die reversible Arbeit erheblich an und erreicht bei 1000 °C etwa das Zweifache der Reaktionsenthalpie. Bei der unvollständigen Verbrennung der Kohle zu CO sollte demnach das Doppelte des Heizwertes als Arbeit gewonnen werden können. Natürlich muß dann bei der Verbrennung von CO zu CO_2 die reversible Arbeit entsprechend kleiner sein. Da die erste Verbrennungsstufe bekanntlich nur etwa ein Drittel des gesamten Heizwertes liefert, die Heizwerte beider Stufen sich also wie 1:2 verhalten, gilt für die reversiblen Arbeiten das umgekehrte Verhältnis.

141. Der Gasgenerator zur Kohlenoxyderzeugung.

Bläst man Sauerstoff oder Luft durch glühende Kohle von genügender Schichthöhe, wie das im Gasgenerator geschieht, so bildet sich brennbares Gas nach der Gleichung

$$(4) \quad C + CO_2 = 2CO, \qquad (633)$$

indem das zuerst gebildete Kohlendioxyd durch die glühende Kohle zu Kohlenoxyd reduziert wird.

Die Gleichgewichtskonstante

$$K_{p_4} = \frac{P_{CO}^2}{P_{CO_2}} \qquad (634)$$

dieser Reaktion bestimmt das Gleichgewicht zwischen CO_2 und CO über fester Kohle. Der Stickstoff der Luft kann bei den in Frage kommenden Temperaturen als unbeteiligt angesehen werden. Die Reaktion (4) der Gl. (633) läßt sich auffassen als algebraische Differenz der Reaktionen (2) und (1) der Gl. (631) und (632)

$$(2) \quad 2C + O_2 = 2CO \ \text{ mit } \ K_{p_2}^2 = \frac{P_{CO}^2}{P_{O_2}} \ \text{ und}$$

$$(1) \quad C + O_2 = CO_2 \ \text{ mit } \ K_{p_1} = \frac{P_{CO_2}}{P_{O_2}}.$$

Damit ergibt sich

$$K_{p_4} = \frac{P_{CO}^2}{P_{CO_2}} = \frac{K_{p_2}^2}{K_{p_1}}.$$

In Tab. 69 auf S. 490 ist die Temperaturabhängigkeit dieser Größe angegeben, sie steigt von sehr kleinen Werten bei Zimmertemperatur bis auf etwa 0,01 bei 800 °K, erreicht bei etwa 990 °K den Wert 1 und steigt bei 1300 °K auf etwa 200. Bei Temperaturen unter 800 °K, d. h. bis zu dunkler Rotglut entsteht also bei der Kohleverbrennung praktisch reine Kohlensäure, bei Temperaturen oberhalb 1300 °K, d. h. bei heller Gelbglut, wesentlich nur Kohlenoxyd. Dementsprechend beobachtet man in Rostfeuerungen über der glühenden Kohle bei schwacher Rotglut keine bläulichen Flammen, sondern diese erscheinen erst bei heller Rotglut als Zeichen der nachträglichen Verbrennung von CO.

Tabelle 69. Gleichgewichtskonstante $K_p = \dfrac{\overset{2}{P}_{CO}}{P_{CO_2}}$ und Molverhältnis $\beta = \dfrac{P_{CO}}{P_{CO}+P_{CO_2}} = \dfrac{2}{1+\sqrt{\dfrac{4P}{K_p}+1}}$ der CO-Bildung im mit O_2 betriebenen Gasgenerator als Funktion der Temperatur für verschiedene Drücke $P = P_{CO}+P_{CO_2}$.

P		$T=$ 600	700	800	900	1000	1100	1200	1300	1400	1500	1600
1 atm	$K_p =$	$1{,}868 \cdot 10^{-6}$	$2{,}669 \cdot 10^{-4}$	$1{,}098 \cdot 10^{-2}$	$0{,}1926$	$1{,}900$	$12{,}20$	$57{,}09$	$208{,}3$	$628{,}6$	1623	3050
1 atm	$\beta =$	$13{,}65 \cdot 10^{-4}$	$16{,}1 \cdot 10^{-3}$	$9{,}94 \cdot 10^{-2}$	$35{,}3 \cdot 10^{-2}$	$0{,}724$	$0{,}929$	$0{,}992$	$0{,}996$	$0{,}9985$	$0{,}9994$	$0{,}9999$
5 "	$\beta =$	$6{,}128 \cdot 10^{-4}$	$7{,}18 \cdot 10^{-3}$	$4{,}576 \cdot 10^{-2}$	$17{,}79 \cdot 10^{-2}$	$0{,}471$	$0{,}7616$	$0{,}924$	$0{,}978$	$0{,}992$	$0{,}997$	$0{,}9984$
25 "	$\beta =$	$2{,}73 \cdot 10^{-4}$	$3{,}263 \cdot 10^{-3}$	$2{,}074 \cdot 10^{-2}$	$8{,}405 \cdot 10^{-2}$	$0{,}2403$	$0{,}496$	$0{,}752$	$0{,}902$	$0{,}964$	$0{,}984$	$0{,}992$
100 "	$\beta =$	$1{,}365 \cdot 10^{-4}$	$1{,}632 \cdot 10^{-3}$	$1{,}042 \cdot 10^{-2}$	$4{,}293 \cdot 10^{-2}$	$0{,}1287$	$0{,}2937$	$0{,}522$	$0{,}738$	$0{,}878$	$0{,}944$	$0{,}968$

Betrachtet man die CO-Bildung als den Zweck des Generators, so interessiert besonders der CO-Molenbruch

$$\beta = \frac{P_{CO}}{P_{CO}+P_{CO_2}}, \qquad (635)$$

d. h. das Verhältnis des CO Teildruckes zur Summe $P = P_{CO} + P_{CO_2}$ der Drücke beider Gase. Im Abschnitt 139 hatten wir den Reaktionsgrad oder die Ausbeute λ eingeführt. Beim Reaktionsgrad λ sind im Gleichgewicht $(1 - \lambda)$ Mole CO_2 und 2λ Mole CO, im ganzen also $(1 + \lambda)$ Mole Verbrennungsgas vorhanden. Damit wird

$$\beta = \frac{2\lambda}{1+\lambda} = \frac{2}{\dfrac{1}{\lambda}+1}. \qquad (635\,\text{a})$$

Für die Beziehung zwischen Gleichgewichtskonstante und Reaktionsgrad gilt nach Gl. (630) mit $a = m = 1$ und $e = n = 2$ (der feste Bodenkörper ist wie stets bei heterogenen Reaktionen in den Gleichgewichtskonstanten fortzulassen):

$$K_p = 4P \, \frac{\lambda^2}{(1-\lambda)(1+\lambda)}$$

oder nach λ aufgelöst

$$\lambda = \sqrt{\frac{K_p}{K_p+4P}}. \qquad (636)$$

Damit wird

$$\beta = \frac{2}{1+\sqrt{\dfrac{4P}{K_p}+1}}. \qquad (637)$$

In Tab. 69 sind für Temperaturen bis $1600\,°\text{K}$ die Gleichgewichtskonstanten K_p und die CO Molenbrüche für einige Drücke $P = P_{CO} + P_{CO_2}$ angegeben, wie das Boudouard[1] zuerst getan hat. In Abb. 237 sind solche Boudouardschen Gleichgewichtskurven gezeichnet, wobei β über T für einige Drücke aufgetragen ist.

In einem mit Luft betriebenen Gasgenerator gelten auch die Gleichungen (633)

---

[1] Boudouard: Ann. Chim. VII, Bd. 24 (1901), S. 1—85.

und (634) und die Erzeugung des sogenannten Luftgases aus 1 Mol Luft
verläuft nach der Gleichung

$$0{,}21\,C + 0{,}21\,CO_2 + 0{,}79\,N_2 = 2 \cdot 0{,}21\,CO + 0{,}79\,N_2.$$

Für den Reaktionsgrad λ sind bei dem konstanten Gesamtdruck $P = P_{CO} +$
$+ P_{CO_2} + P_{N_2}$ aus ein Mol Luft entstanden die Gase $2 \cdot 0{,}21\,\lambda\,CO +$
$+ 0{,}21\,(1 - \lambda)\,CO_2 + 0{,}79\,N_2$ von
der Molzahl $1 + 0{,}21\,\lambda$ mit den
Partialdrücken

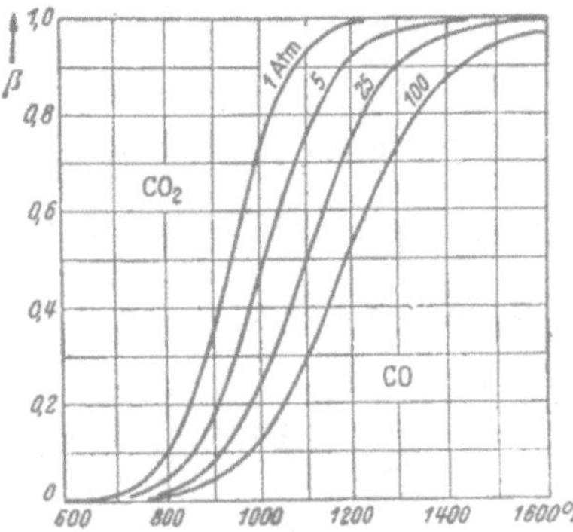

Abb. 237. Gleichgewichte von CO_2 und CO
über festem Kohlenstoff.

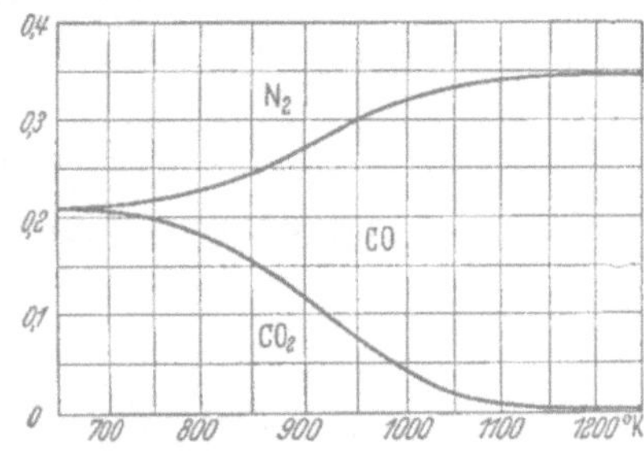

Abb. 238. Luftgasgleichgewicht bei 1 atm in
Abhängigkeit von der Temperatur.

$$P_{CO} = P\,\frac{2 \cdot 0{,}21\,\lambda}{1 + 0{,}21\,\lambda}$$

$$P_{CO_2} = P\,\frac{0{,}21\,(1 - \lambda)}{1 + 0{,}21\,\lambda}$$

$$P_{N_2} = P\,\frac{0{,}79}{1 + 0{,}21\,\lambda}$$

Damit wird
$$K_p = \frac{P_{CO}^2}{P_{CO_2}} = 4\,P\,\frac{0{,}21\,\lambda^2}{(1 + 0{,}21\,\lambda)\,(1 - \lambda)}$$

oder nach λ aufgelöst:

$$\lambda = \frac{K_p}{K_p + 4\,P}\left[\sqrt{\left(\frac{0{,}79}{2 \cdot 0{,}21}\right)^2 + \frac{K_p + 4\,P}{0{,}21\,K_p}} - \frac{0{,}79}{2 \cdot 0{,}21}\right].$$

Hieraus wurde mit Hilfe der in Tab. 64 auf S. 476 angegebenen Temperaturabhängigkeit von K_p die Abhängigkeit des Reaktionsgrades λ und damit auch der drei Partialdrücke von der Temperatur für den Gesamtdruck $P = 1$ atm berechnet. Das Ergebnis ist in Abb. 238 dargestellt.

142. Die Dissoziation von Kohlendioxyd und Wasserdampf.

Bringt man Kohlendioxyd in *Abwesenheit* von festem Kohlenstoff auf hohe Temperaturen, so zersetzt es sich in Kohlenoxyd und Sauerstoff entsprechend der von rechts nach links ablaufenden Reaktion

$$CO + \tfrac{1}{2}\,O_2 = CO_2$$

mit der Gleichgewichtskonstanten

$$K_p = \frac{P_{CO_2}}{P_{CO}\sqrt{P_{O_2}}} \,. \tag{638}$$

Beim Zerfall entstehen doppelt so viel CO-Molekeln wie O_2-Molekeln, es ist daher $P_{O_2} = \frac{1}{2}\,P_{CO}$. Damit lautet die Gleichgewichtskonstante

$$K_p = \frac{P_{CO_2}\sqrt{2}}{(P_{CO})^{3/2}} \,, \tag{638a}$$

und den Gesamtdruck $P = P_{CO_2} + P_{CO} + P_{O_2}$ kann man schreiben

$$P = P_{CO_2} + \frac{3}{2}\,P_{CO} \,. \tag{639}$$

Aus Gl. (638a) und (639) folgt durch Eliminieren von P_{CO_2}

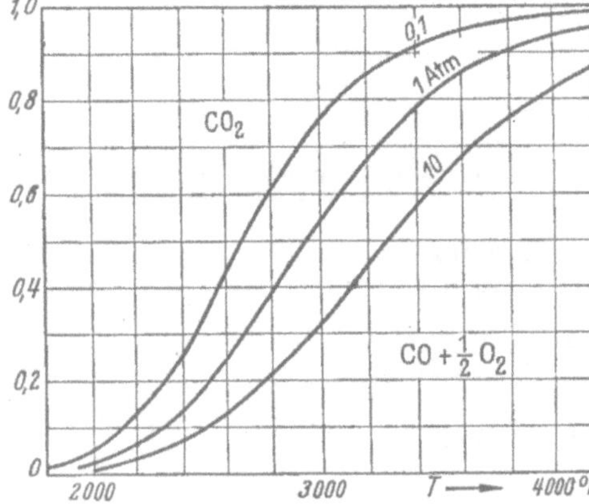

Abb. 239. Dissoziation von CO_2 bei Abwesenheit von festem Kohlenstoff.

$$\frac{P - \frac{3}{2}\,P_{CO}}{(P_{CO})^{3/2}}\sqrt{2} = K_p \quad \text{oder}$$

$$\frac{1 - \frac{3}{2}\,P_{CO}/P}{(P_{CO}/P)^{3/2}} = K_p\sqrt{\frac{P}{2}} \,.$$

Da K_p in Tabelle 64 oder in Abb. 232 als Temperaturfunktion gegeben ist, kann man den Molenbruch $\frac{3}{2}\,P_{CO}/P$ des aus CO und O_2 im Verhältnis 2:1 bestehenden Zersetzungsgases als Funktion von Druck und Temperatur ausrechnen. Abb. 239 zeigt das Ergebnis für drei Drücke, demnach ist bei 1 atm bei 2000 °K nur sehr wenig CO_2 zersetzt, entsprechend einem Molenbruch von etwa 0,02 und erst bei 2960 °K besteht das Gemisch zur Hälfte aus Zersetzungsgas.

Die Zersetzung von Wasserdampf nach der Gleichung

$$H_2 + \frac{1}{2}\,O_2 = H_2O \quad \text{mit } K_p = \frac{P_{H_2O}}{P_{H_2}\sqrt{P_{O_2}}}$$

ergibt in derselben Weise für den Molenbruch $\frac{3}{2}\,P_{H_2}/P$ des Zersetzungsgases (H_2 und O_2) die Beziehung

$$\frac{1 - \frac{3}{2}\,P_{H_2}/P}{(P_{H_2}/P)^{3/2}} = K_p\sqrt{\frac{P}{2}} \,. \tag{640}$$

Benutzt man für die Temperaturabhängigkeit von K_p die Gerade im $\log K_p$, $\frac{1}{T}$-Diagramm der Abb. 232, so erhält man für drei Drücke die in

Abb. 240 dargestellten Zersetzungsverhältnisse. Die Kurven sind von gleichem Charakter wie bei der CO_2-Zersetzung, nur sind sie nach höheren Temperaturen hin verschoben.

Die Zersetzung des Wasserdampfes ist aber insofern verwickelter als die von CO_2, als neben der bisher behandelten Art auch eine Dissoziation nach der Gleichung[1]

$$(1) \qquad OH + \frac{1}{2}\,H_2 = H_2O \ \text{ mit } \ K_1 = \frac{P_{H_2O}}{P_{OH}\sqrt{P_{H_2}}} \qquad (641)$$

möglich ist. Dazu gilt die frühere Gleichung

$$(2) \qquad H_2 + \frac{1}{2}\,O_2 = H_2O \ \text{ mit } \ K_2 = \frac{P_{H_2O}}{P_{H_2}\sqrt{P_{O_2}}} \qquad (642)$$

und der Gesamtdruck ist die Summe von vier Partialdrücken

$$P = P_{H_2O} + P_{H_2} + P_{O_2} + P_{OH}. \qquad (643)$$

Damit haben wir erst drei Gleichungen für die vier unbekannten Partialdrücke. Die notwendige vierte Gleichung ergibt sich aus dem Umstand, daß bei der Zersetzung von reinem H_2O stets die Zahl der im ganzen vorhandenen H-Atome doppelt so groß sein muß wie die Zahl der O-Atome, in der Form

$$\frac{2P_{H_2O} + P_{OH} + 2P_{H_2}}{P_{H_2O} + P_{OH} + 2P_{O_2}} = 2$$

oder

$$P_{OH} = 2P_{H_2} - 4P_{O_2}. \qquad (644)$$

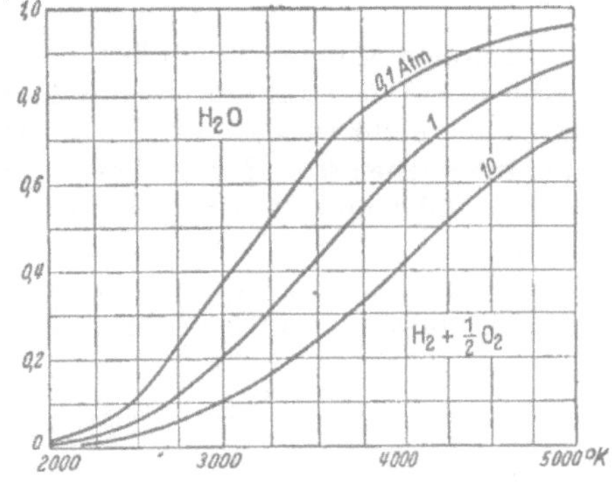

Abb. 240. Dissoziation des Wasserdampfes.

Aus den vier Gl. (641) bis (644) mit vier Unbekannten lassen sich P_{OH} und P_{H_2O} nach (644) und (642) leicht eliminieren, und man erhält für die beiden Unbekannten P_{O_2} und P_{H_2} die zwei Gleichungen.

$$K_1 = \frac{P + 3\,(P_{O_2} - P_{H_2})}{(2P_{H_2} - 4P_{O_2})\sqrt{P_{H_2}}} \ \text{ und } \ K_2 = \frac{P + 3\,(P_{O_2} - P_{H_2})}{P_{H_2}\sqrt{P_{O_2}}} \qquad (645)$$

oder, wenn wir zur Abkürzung

$$P_{O_2}/P = x \ \text{ und } \ P_{H_2}/P = y$$

einführen:

$$K_1\sqrt{P} = \frac{1 + 3\,(x - y)}{(2y - 4x)\sqrt{y}} \ \text{ und } \ K_2\sqrt{P} = \frac{1 + 3\,(x - y)}{y\sqrt{x}}.$$

---

[1] Um die Gleichungen nicht unnötig zu überlasten, wollen wir von jetzt ab bei der Gleichgewichtskonstanten K_p manchmal den Index p weglassen.

Man kann die Lösung vereinfachen, indem man beide Gleichungen durcheinander dividiert und so

$$\frac{K_2}{K_1} = \left(2 - 4\,\frac{x}{y}\right)\sqrt{\frac{y}{x}} \quad \text{und} \quad K_2\sqrt{P} = \frac{1 + 3\,(x - y)}{y\,\sqrt{x}}$$

erhält oder mit den neuen Unbekannten $\sqrt{\dfrac{x}{y}} = u$ und $\dfrac{1}{\sqrt{x}} = v$

$$\frac{K_2}{K_1} = \frac{2}{u} - 4\,u \tag{646}$$

und

$$K_2\sqrt{P} = v(u^2 v^2 + 3\,u^2 - 3). \tag{647}$$

Darin ist P der gegebene Gesamtdruck, und K_1 und K_2 sind für jede Temperatur gegebene Werte, wovon K_2 das für die Reaktion $H_2 + \frac{1}{2}O_2 = H_2O$ in Tab. 61 und Abb. 232 angegebene K_p ist. Der Quotient K_2/K_1 bzw. sein Kehrwert K_1/K_2 ist, wie sich aus Gl. (641) und (642) ergibt, das in Tabelle 68 und Abb. 232 angegebene K_p der Reaktion $OH = \frac{1}{2}O_2 + \frac{1}{2}H_2$.

Betrachtet man die linken Seiten der Gl. (646) und (647) als abhängige Veränderliche, so stellt Gl. (646) eine Hyperbel dar und Gl. (647) kann aufgefaßt werden als eine Schar von Kurven mit der unabhängigen Veränderlichen u und dem Parameter v. Mit Hilfe dieser Kurven lassen sich u und v und damit auch die vier gesuchten Partialdrücke bestimmen.

Wenn man die Temperatur auf über 2500 °K steigert, dissoziieren H_2, O_2 und OH in ihre Atome nach den Gleichungen

$$\left.\begin{aligned} H &= \frac{1}{2}\,H_2 \quad \text{mit } K_3 = \frac{\sqrt{P_{H_2}}}{P_H} \\[2ex] O &= \frac{1}{2}\,O_2 \quad \text{mit } K_4 = \frac{\sqrt{P_{O_2}}}{P_O} \end{aligned}\right\} \tag{648}$$

und

$$OH = O + H \quad \text{mit } K_5 = \frac{P_O \cdot P_H}{P_{OH}} = \frac{K_1}{K_2 \cdot K_3 \cdot K_4}.$$

Dabei genügen die ersten beiden Gleichungen, denn die dritte kann, wie man leicht erkennt, aus den ersten beiden in Verbindung mit Gl. (641) und (642) abgeleitet werden. Für die Zersetzung des Wasserdampfes bei Temperaturen oberhalb etwa 3000 °K haben wir somit für die sechs unbekannten Teildrücke aus den Gleichgewichtskonstanten die vier Gleichungen

$$\left.\begin{aligned} K_1 &= \frac{P_{H_2O}}{P_{OH}\sqrt{P_{H_2}}} \qquad & K_3 &= \frac{\sqrt{P_{H_2}}}{P_H} \\[2ex] K_2 &= \frac{P_{H_2O}}{P_{H_2}\sqrt{P_{O_2}}} \qquad & K_4 &= \frac{\sqrt{P_{O_2}}}{P_O} \end{aligned}\right\} \tag{649}$$

gewonnen. Dazu kommt die Gleichung für den Gesamtdruck

$$P = P_{H_2O} + P_{H_2} + P_{O_2} + P_{OH} + P_H + P_O, \qquad (650)$$

und schließlich muß die Zahl der Wasserstoffatome stets doppelt so groß sein wie die Zahl der Sauerstoffatome, da wir von reinem H_2O ausgegangen waren. Daraus ergibt sich die sogenannte *Atombilanz*.

$$\frac{2P_{H_2O} + P_{OH} + 2P_{H_2} + P_H}{P_{H_2O} + P_{OH} + 2P_{O_2} + P_O} = 2$$

und somit als sechste Gleichung die Beziehung

$$P_{OH} = 2P_{H_2} + P_H - 4P_{O_2} - 2P_O. \qquad (651)$$

Die etwas umständliche Auflösung dieses Gleichungssystems soll hier nicht durchgeführt werden.

143. Das Wassergasgleichgewicht und die Zersetzung von Wasserdampf durch glühende Kohle.

Bringt man Wasserdampf und Kohlenoxyd in gleichen Molzahlen zusammen, so stellt sich bei ausreichender Reaktionsgeschwindigkeit das Gleichgewicht

$$CO + H_2O = CO_2 + H_2$$

$$\text{mit } K_p = \frac{P_{CO_2}\,P_{H_2}}{P_{CO}\,P_{H_2O}} \text{ und } \Delta I_{298,16} = -\,9838 \text{ cal}$$

ein. Die Gleichgewichtskonstante dieses Wassergasgleichgewichtes ist in Tab. 64 als Funktion der Temperatur angegeben, und auf S. 482 hatten wir zwischen der Gleichgewichtskonstanten und dem Reaktionsgrad λ die Beziehung (621)

$$K_p = \left(\frac{\lambda}{1-\lambda}\right)^2$$

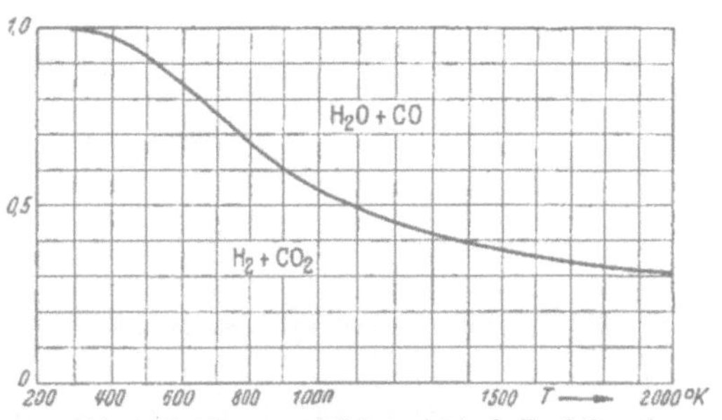

Abb. 241. Wassergasgleichgewicht als Funktion der Temperatur.

gefunden. Betrachten wir die Reaktion als ein Verfahren zur Gewinnung von Wasserstoff, so ist

$$\lambda = \frac{P_{CO_2} + P_{H_2}}{P_{CO} + P_{H_2O} + P_{CO_2} + P_{H_2}} = \frac{P_{H_2}}{P_{H_2O} + P_{H_2}} \qquad (652)$$

zugleich die Wasserstoffausbeute, sie ist auf Grund dieser Gleichung mit Hilfe der Tab. 64 berechnet und in Abb. 241 aufgetragen. Man sieht, daß bei 1100 °K die Ausbeute etwa 50 % beträgt und bei 500 °K auf 92 % ansteigt, d. h. das Gemisch besteht dann zu mehr als $^9/_{10}$ aus Wasserstoff und Kohlensäure. Um viel Wasserstoff zu erhalten, muß man deshalb die Reaktion bei Temperaturen möglichst unter 500 °K durchführen. Bei hohen Temperaturen bleibt aber, wie Abb. 241 zeigt, der CO_2-Gehalt beträchtlich. Der Anteil an brennbarem Gas, d. h. die Summe des CO- und H_2-Gehaltes ist stets 50%, da für jede auf der linken Seite der Reaktionsgleichung verschwindende CO-Molekel auf der rechten Seite eine H_2-Molekel entsteht. Nach Tab. 62 hat die Reaktion eine negative Reaktionsenthalpie, verläuft also unter Erwärmung des Gases. Die Verhältnisse ändern sich wesentlich bei Anwesenheit glühender Kohle, wie das in einem Gasgenerator der Fall ist. Läßt man Wasserdampf über glühende Kohle strömen, so spielt sich oberhalb etwa 1150 °K, wo beim Druck 1 Atm nach Abb. 237 und 238 praktisch kein CO_2 mehr auftritt, die Reaktion $C + H_2O = CO + H_2$ ab, wenn der erhebliche Wärmebedarf von 32464 cal/mol bei 1150 °K (nach Tabelle 62) durch Wärmezufuhr gedeckt wird. Von der Größe dieses Betrages gewinnt man eine Vorstellung, wenn man bedenkt, daß die Wasserstoffverbrennung bei 300 °K etwa 57802 cal/mol, die CO-Bildung 26413 cal/mol liefert und daß die CO_2-Bildung aus den Elementen 94052 cal/mol ergibt.

Um auf diese Weise das sogenannte Wassergas herzustellen, muß man deshalb die Kohle des Gasgenerators erst durch „Heißblasen" mit Luft auf hohe Temperatur bringen, bevor man in dem eigentlichen Arbeits-

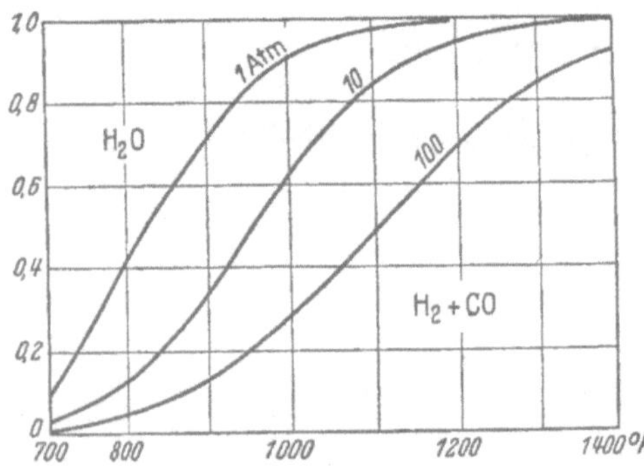

Abb. 242. Gleichgewicht von Wasserdampf mit glühender Kohle.

prozeß Wasserdampf über die glühende Kohle leitet. Auf diese Weise deckt die in der heißen Kohle gespeicherte Wärme den Wärmebedarf der Wasserzersetzung, bis die Kohle einen Teil ihrer Wärme verloren hat und man sie von neuem mit Luft heiß blasen muß.

Oberhalb etwa 1150 °K, wo nach Abb. 237 die glühende Kohle das bei niederer Temperatur entstehende CO_2 zu CO reduziert hat, und darum auch das an das Vorhandensein von CO_2 gebundene Wassergasgleichgewicht bedeutungslos wird, genügt deshalb die Gleichung

$$C + H_2O = CO + H_2 \text{ mit } K = \frac{P_{CO}\, P_{H_2}}{P_{H_2O}}. \tag{653}$$

Wenn wir beachten, daß CO und H_2 stets in gleicher Menge auftreten müssen, haben wir damit zur Bestimmung der drei Partialdrücke die drei Gleichungen

$$\left. \begin{array}{ll} (1) & P_{CO}\,P_{H_2} = K P_{H_2O} \\ (2) & P = P_{CO} + P_{H_2} + P_{H_2O} \\ (3) & P_{CO} = P_{H_2}. \end{array} \right\} \tag{654}$$

Eliminiert man daraus P_{CO} und P_{H_2O} und löst nach P_{H_2} auf, so wird

$$P_{H_2} = -K + \sqrt{KP + K^2}, \tag{655}$$

wobei K als Funktion der Temperatur aus Tab. 64 zu entnehmen ist. In dieser Weise wurde P_{H_2} berechnet und in Abb. 242 ist der relative Partialdruck

$$\frac{P_{H_2} + P_{CO}}{P} = \frac{2P_{H_2}}{P}$$

an brennbarem Gas als Funktion der Temperatur aufgetragen für Gesamtdrücke P von 1, 10 und 100 atm. Man beachte die starke Zunahme des brennbaren Teils mit steigender Temperatur im Gegensatz zum Wassergasgleichgewicht, wo in Abwesenheit glühender Kohle der Gehalt an Brennbarem für alle Temperaturen 50% blieb.

Da der intermittierende Betrieb eines Generators mit abwechselndem Einblasen von Luft und Wasserdampf wenig befriedigend ist, hat man kontinuierlichen Betrieb angestrebt. Eine Möglichkeit dieser Art besteht in dem Zusatz von Sauerstoff zu dem in den Generator eingeführten Wasserdampf. Dann bildet der Sauerstoff mit der Kohle zusätzlich CO, dessen Bildungswärme den Wärmebedarf der Wasserzersetzung deckt. Gewöhnlich führt man gleiche Volume Wasserdampf und Sauerstoff zu, wobei die folgenden Reaktionen auftreten:

$$\left. \begin{aligned} C + H_2O &= CO + H_2 - 31\,382 \text{ cal} \\ 2C + O_2 &= 2\,CO + 52\,832 \text{ cal} \end{aligned} \right\} \tag{656}$$

oder summiert:

$$3C + O_2 + H_2O = 3\,CO + H_2 + 21\,480 \text{ cal}. \tag{656a}$$

Im ganzen wird also noch eine erhebliche Wärmemenge erzeugt, die aber auch nötig ist, da die Gase die Reaktionszone mit einer Temperatur von etwa 1000 °K verlassen. Gegenüber dem Normalzustand von 298,15 °K erhält man die Enthalpiedifferenz $\varDelta\Im = \Im_{1000} - \Im_{298.15}$ aus Tabelle 56

$$\text{für } H_2 \text{ mit } \varDelta\Im = 6966 - 2024 = 4942 \text{ cal/mol}$$
$$\text{für } CO \text{ mit } \varDelta\Im = 7257 - 2073 = 5184 \text{ cal/mol},$$

demnach für $3\,CO + H_2$ mit $\varDelta I = 20\,494$ cal/mol. Nehmen wir an, daß der Überschuß der Wärmeerzeugung über den Wärmebedarf im Betrage von 986 cal die unvermeidlichen Wärmeverluste an die Umgebung und durch fühlbare Wärme von Asche und Schlacke deckt, so geht die Bilanz gerade auf, und die Reaktionszone kann im Dauerzustand auf einer Temperatur von 1000 °K gehalten werden.

In der Reaktionsgleichung

$$3C + O_2 + H_2O = 3\,CO + H_2 \text{ mit } K = \frac{P_{CO}^3\,P_{H_2}}{P_{O_2}P_{H_2O}}$$

kann man die Gleichgewichtskonstante durch die Gleichung

$$K = K_1^2\,K_2$$

auf die Gleichgewichtskonstanten K_1 der Reaktion $C + \frac{1}{2}\,O_2 = CO$ und K_2 der Reaktion $C + H_2O = CO + H_2$ zurückführen, die wir bereits behandelt hatten. Berechnet man K aus den Werten von K_1 und K_2 der Tabellen 61 und 64, so findet man, daß es in dem ganzen für Generatorbetrieb in Frage kommenden Temperaturbereich von der Größenordnung 10^{20} und darüber ist. Das Gleichgewicht ist also ganz nach der rechten Seite verschoben und die Gase enthalten kein O_2 in merklicher Menge.

Der reine Sauerstoff muß in einer Lindeschen Luftverflüssigungsanlage hergestellt werden. Mit gewöhnlicher Luft kann man nicht arbeiten, denn dabei müßte auch der Stickstoff aufgeheizt werden, und die Temperatur der Reaktionszone würde so tief sinken, daß merklich CO_2 entsteht. Diesem Sinken ließe sich durch Heißblasen begegnen, wobei man auf den intermittierenden Betrieb zurückkäme; oder man müßte die Wasserdampfmenge herabsetzen und wäre dann wieder beim Luftgasprozeß mit seinem Gas von geringem Heizwert.

Der Wassergasprozeß dient nicht nur zur Herstellung von Gas für Heizzwecke, sondern er ist neuerdings von besonderer Bedeutung geworden zur Herstellung von sogenanntem Synthesegas. Für Hydrierzwecke braucht man z. B. reinen Wasserstoff mit geringem CO-Gehalt. Dazu erzeugt man im Gasgenerator ein möglichst nur aus CO_2 und H_2 bestehendes Gemisch, aus dem man das Kohlendioxyd leicht abtrennen kann, da es sich bei höherem Druck in Wasser in viel stärkerem Maße löst als Wasserstoff. Ein CO-armes und CO_2-reiches Gas erhält man nach Abb. 241 bei niederer Temperatur, also durch Erhöhen der Dampfmenge im Vergleich zur Sauerstoffmenge.

Durch den größeren Wasserdampfteildruck wird nämlich das bei der erniedrigten Temperatur wieder eine Rolle spielende Wassergasgleichgewicht

$$CO + H_2O = CO_2 + H_2 \ \ \text{mit} \ \ K = \frac{P_{CO_2}\,P_{H_2}}{P_{CO}\,P_{H_2O}}$$

nach der rechten Seite in erwünschter Weise verschoben. Steigert man z. B. den Wasserdampfteildruck auf das Vierfache, so ändert sich der Nenner der Gleichgewichtskonstanten um den Faktor 4. Damit sie im ganzen unverändert bleibt, müssen sich z. B. die Teildrücke P_{CO_2} und P_{H_2} je um den Faktor 2 vergrößern, d. h. der CO-Teildruck des Wassergasgleichgewichtes hat sich gegenüber dem CO_2-Teildruck um die Hälfte verkleinert. Durch Ändern des Wasserdampf-Sauerstoffverhältnisses hat man es also in der Hand, die Zusammensetzung des erzeugten Gases in gewünschter Weise zu beeinflussen. Der Wasserdampfüberschuß fällt bei der Abkühlung durch Kondensieren von selbst heraus.

Ein anderes wichtiges Verfahren, dessen Entwicklungsmöglichkeiten noch keinesfalls ausgeschöpft sind, ist die Vergasung bei Drücken von der Größenordnung 10—100 at. Auch für Druckbetrieb lassen sich die Gleichgewichtszusammensetzungen nach den entwickelten Methoden berechnen, wie wir an einfachen Beispielen gezeigt haben; sie verschieben sich bei höheren Drücken nach der Seite der kleineren Molzahlen, also bei $C + CO_2 = 2\,CO$; $H_2O = H_2 + \tfrac{1}{2}\,O_2$ und $CO_2 = CO + \tfrac{1}{2}\,O_2$ nach links. Nur das Wassergasgleichgewicht und die Kohlendioxydbildung aus den Elementen sind vom Druck unabhängig.

Bei nicht zu hohen Temperaturen tritt als weitere Reaktion Methanbildung auf nach der Gleichung

$$C + 2H_2 = CH_4 \text{ mit } K = \frac{P_{CH_4}}{P_{H_2}^2}, \tag{657}$$

deren Bedeutung mit wachsendem Drucke erheblich zunimmt, da aus zwei Molen H_2 nur ein Mol CH_4 entsteht. In Tab. 61 sind die Gleichgewichtskonstanten dieser Reaktion und in Tab. 65 für einige andere Reaktionen angegeben, bei denen Methan beteiligt ist. Wie die Tabellen erkennen lassen, tritt Methan nur bei Temperaturen unter etwa 1000 °K in merklicher Menge auf. Man ist deshalb in der Lage, im Druckgasgenerator bei nicht zu hoher Temperatur ein Gas mit erheblichem Methangehalt und daher von größerem Heizwert herzustellen als bei Betrieb mit atmosphärischem Druck.

Für die Synthese von flüssigen Kohlenwasserstoffen nach dem Verfahren von FISCHER-TROPSCH braucht man als Ausgangsprodukt ein Gas, das möglichst nur aus H_2 und CO im Verhältnis 2:1 besteht. Man stellt es her, indem man im Druckgasgenerator bei etwa 10 at durch geeignete Führung des Betriebes (Verhältnis der Dampf- und Sauerstoffzufuhr) ein aus H_2O, CO_2, CO und H_2 bestehendes Gas erzeugt, in dem das Verhältnis von H_2 zu CO den gewünschten Wert hat, und entfernt in der erwähnten Weise den Wasserdampf und das Kohlendioxyd.

Eine wichtige Rolle spielen bei Reaktionen, besonders, wenn man sie mit Rücksicht auf das gewünschte Produkt bei tiefen Temperaturen ablaufen lassen muß, die Katalysatoren oder Kontaktstoffe als Reaktionsbeschleuniger. Mit ihrer Hilfe gelingt es z. B., Methanol CH_4O und flüssige Kohlenwasserstoffe aus den im Gasgenerator erzeugten Gasen herzustellen. Natürlich kann kein Kontaktstoff einen Stoff liefern, dessen Herstellung nach den Gleichgewichtsbedingungen eine positive reversible Arbeit erfordert und der deshalb nach dem zweiten Hauptsatz nicht auch von selbst, wenn auch mit verschwindend kleiner Reaktionsgeschwindigkeit, entstehen könnte. Kontaktstoffe beschleunigen nur die an sich möglichen Reaktionen. Dabei kann, je nach der chemischen Art des Kontaktes, die Wirkung durchaus spezifisch sein, d. h., aus einem gegebenen Ausgangsgemisch kann ein Kontaktstoff dieses, ein anderer jenes Endprodukt bevorzugt liefern.

Die vorstehenden Überlegungen gelten streng nur bei Gleichgewicht. In praktischen Generatoren steht wegen der endlichen Durchströmgeschwindigkeiten der Gase in der Regel nicht genügend Zeit zur vollständigen Einstellung der Gleichgewichte zur Verfügung. Deshalb weicht die Zusammensetzung des erzeugten Gases mehr oder weniger vom Gleichgewicht ab, und es sind Gase, die nach der Gleichgewichtskonstanten nur in verschwindenden Mengen auftreten sollten, doch in merklichen Teildrücken vorhanden.

Die Geschwindigkeit der Gleichgewichtseinstellung ist ein Problem der Reaktionsfähigkeit fester Oberflächen sowie der Diffusion und des Stoffaustausches zwischen der Oberfläche der glühenden Kohle bzw. des

Kontaktstoffes und dem darüber hinstreichenden Gas. Dafür gelten die auf S. 420 für den einfachsten Fall der Verdunstung behandelten Gesetze des Stoffaustausches.

144. Die Dissoziation der Verbrennungsgase eines Kohlenwasserstoffes.

Bei den in technischen Feuerungen gewöhnlich auftretenden Temperaturen genügt es, den Stickstoff als unbeteiligtes Fremdgas anzusehen, das nur den Druck erhöht. Bei Temperaturen oberhalb 2500°K beginnt aber die Stickoxydulbildung und gewinnt als endotherme Reaktion mit steigender Temperatur zunehmend an Bedeutung. Bekanntlich stellt man dieses Gas auch her, indem man Luft im elektrischen Lichtbogen auf sehr hohe Temperatur bringt und dann rasch abkühlt.

Für den allgemeinen Fall der Verbrennung eines Kohlenwasserstoffes mit Luft gelten somit die sechs Reaktionsgleichungen

$$\left. \begin{aligned} &CO + \tfrac{1}{2}\, O_2 = CO_2; \qquad H = \tfrac{1}{2}\, H_2 \\[4pt] &H_2 + \tfrac{1}{2}\, O_2 = H_2O; \qquad O = \tfrac{1}{2}\, O_2 \\[4pt] &\tfrac{1}{2}\, H_2 + OH = H_2O; \qquad NO = \tfrac{1}{2}\, N_2 + \tfrac{1}{2}\, O_2. \end{aligned} \right\} \tag{658}$$

Dabei ist angenommen, daß fester Kohlenstoff nicht anwesend ist (weder als Bodenkörper oder als Ruß, noch als Gas von merklichem Druck), was nur bei großem Sauerstoffmangel oder bei Temperaturen oberhalb des Sublimationspunktes des Kohlenstoffs möglich wäre. Auch von der Dissoziation des Stickstoffes wird abgesehen, da sie erst oberhalb 3500°K merklich wird, worin übrigens neben dem endothermen Charakter vieler Stickstoffverbindungen das chemisch träge Verhalten des Stickstoffs zum Ausdruck kommt.

Die sechs Reaktionen (658) liefern durch ihre Gleichgewichtskonstanten die folgenden sechs Gleichungen:

$$\left. \begin{aligned} K_1 &= \frac{P_{CO_2}}{P_{CO}\sqrt{P_{O_2}}}; & K_4 &= \frac{\sqrt{P_{H_2}}}{P_{H}} \\[10pt] K_2 &= \frac{P_{H_2O}}{P_{H_2}\sqrt{P_{O_2}}}; & K_5 &= \frac{\sqrt{P_{O_2}}}{P_{O}} \\[10pt] K_3 &= \frac{P_{H_2O}}{P_{HO}\sqrt{P_{H_2}}}; & K_6 &= \frac{\sqrt{P_{N_2}}\,\sqrt{P_{O_2}}}{P_{NO}} \end{aligned} \right\} \tag{659}$$

für die 10 unbekannten Teildrücke, aus denen sich der Gesamtdruck

$$P = P_{CO_2} + P_{CO} + P_{H_2O} + P_{H_2} + P_{O_2} + P_{N_2} + P_{OH} + P_{NO} + P_{O} + P_{H} \tag{660}$$

zusammensetzt. Betrachten wir zunächst das Volum als gegeben, so kann man die Stoffbilanzen durch die Größen n_C, n_H, n_O und n_N ausdrücken, worunter Drücke verstanden seien, die jedes der beteiligten Elemente annehmen würde, wenn es in dem gegebenen Volum allein als *ein*atomiges Gas vorhanden wäre. Für diese durch die Elementaranalyse des Gases gegebenen Größen n, die man zweckmäßig als *Atomdrücke* bezeichnet, gelten die vier Beziehungen

$$\left.\begin{aligned}
n_C &= P_{CO_2} + P_{CO} \\
n_H &= 2\,P_{H_2O} + 2\,P_{H_2} + P_H + P_{OH} \\
n_O &= 2\,P_{CO_2} + 2\,P_{O_2} + P_{CO} + P_{H_2O} + P_O + P_{NO} + P_{OH} \\
n_N &= 2\,P_{N_2} + P_{NO}.
\end{aligned}\right\} \quad (661\,\mathrm{a}-\mathrm{d})$$

Damit haben wir 10 Gleichungen für die 10 unbekannten Partialdrücke, wenn wir den Gesamtdruck nicht als besondere Unbekannte zählen, da er sich nach Gl. (660) einfach als Summe der Teildrücke ergibt.

Ist nicht das Volum, sondern der Druck gegeben, so vermindern sich die vier Gleichungen der Atomdrücke um eine, da dann nur die drei Verhältnisse

$$n_H/n_C, \quad n_O/n_C \quad \text{und} \quad n_N/n_C$$

gegeben sind. Dafür liefert der gegebene Gesamtdruck in Gl. (660) die fehlende letzte Bestimmungsgleichung.

Für die Lösung des Gleichungssystems ist es zweckmäßig, als neue Veränderlichen die Größen

$$\sqrt{P_{O_2}} = x, \quad \sqrt{P_{H_2}} = y \quad \text{und} \quad \sqrt{P_{N_2}} = z \tag{662}$$

einzuführen. Dann lassen sich, wie man den Gl. (659) sofort ansieht, auch die anderen Partialdrücke auf diese drei Unbekannten zurückführen durch die Gleichungen

$$\left.\begin{aligned}
\frac{P_{CO_2}}{P_{CO}} &= K_1 x & P_H &= \frac{y}{K_4} \\[2mm]
P_{H_2O} &= K_2 x y^2 & P_O &= \frac{x}{K_5} \\[2mm]
P_{OH} &= \frac{K_2}{K_3}\,x y & P_{NO} &= \frac{x z}{K_6}.
\end{aligned}\right\} \tag{663}$$

Unter Beachtung von Gl. (658) und (661a) sind damit alle 10 Partialdrücke

$$\left.\begin{aligned}
P_{O_2} &= x^2 & P_{CO} &= n_C\,\frac{1}{1+K_1 x} \\[2mm]
P_{H_2} &= y^2 & P_H &= \frac{y}{K_4} \\[2mm]
P_{N_2} &= z^2 & P_O &= \frac{x}{K_5} \\[2mm]
P_{H_2O} &= K_1 x y^2 & P_{OH} &= \frac{K_2}{K_3}\,x y \\[2mm]
P_{CO_2} &= n_C\,\frac{K_1 x}{1+K_1 x} & P_{NO} &= \frac{x z}{K_6}
\end{aligned}\right\} \tag{664}$$

auf die drei Unbekannten x, y und z zurückführt. Dazu liefert Gl. (661b) mit den Unbekannten x und y

$$n_H = 2\,K_2\,y^2 x + 2\,y^2 + \frac{y}{K_4} + \frac{K_2}{K_3}\,y x$$

oder nach y aufgelöst die Beziehung

$$y = - \frac{\dfrac{1}{K_4} + \dfrac{K_2}{K_3}\,x}{4\,K_2\,x + 4} + \sqrt{\frac{n_{\mathrm{H}}}{2\,K_2\,x + 2} + \left(\frac{\dfrac{1}{K_4} + \dfrac{K_2}{K_3}\,x}{4\,K_2\,x + 4}\right)^2} \qquad (665)$$

die y auf x zurückführt. Andererseits ergibt Gl. (661 d)

$$n_{\mathrm{N}} = 2\,z^2 + \frac{x z}{K_6}$$

oder nach z aufgelöst

$$z = - \frac{x}{4\,K_6} + \sqrt{\frac{n_{\mathrm{N}}}{2} + \left(\frac{x}{4\,K_6}\right)^2}, \qquad (666)$$

wodurch auch z durch x und gegebene Größen ausgedrückt wird. Alle Partialdrücke sind somit direkt oder über die Gl. (665) und (666) nur mehr Funktionen der einzigen Veränderlichen

$$x = \sqrt{P_{\mathrm{O}_2}} = \frac{1}{K_1}\,\frac{P_{\mathrm{CO}_2}}{P_{\mathrm{CO}}}. \qquad (667)$$

Zu ihrer Bestimmung und damit zur endgültigen Lösung unseres Problems steht noch die Gl. (661 c) zur Verfügung, von der wir bisher keinen Gebrauch gemacht haben. Man löst sie durch Probieren, indem man einen mutmaßlichen Wert von x schätzt, dazu die Partialdrücke berechnet und in Gl. (661 c) einsetzt, wobei diese Gleichung im allgemeinen nicht erfüllt ist. Man verändert dann x so lange, bis Gl. (661 c) stimmt und hat damit die Lösung. Die Schätzung eines nicht allzuweit daneben gegriffenen Ausgangswertes von x wird nach Gl. (667) dadurch erleichtert, daß $K_1 x = P_{\mathrm{CO}_2}/P_{\mathrm{CO}}$ zugleich das Verhältnis des CO_2- zum CO-Gehalt ist. Dieses Verhältnis wird bis zu Temperaturen von etwa 3000 °K bei stöchiometrischer Luftmenge und bei Luftüberschuß durch das Gleichgewicht CO_2, CO und O_2, bei Luftmangel durch das Wassergasgleichgewicht zwischen H_2O, H_2, CO_2 und CO bestimmt. Man benutzt daher zweckmäßig diese Gleichgewichte mit den gegebenen, nur auf die hierin vorkommenden Partner aufgeteilten Atomdrücken zu einer vorläufigen Berechnung des Verhältnisses $P_{\mathrm{CO}_2}/P_{\mathrm{CO}}$. Dabei wird demnach so getan, als ob nur die genannten einfachen Reaktionen sich abspielten.

Da die Rechnung wegen der Temperaturabhängigkeit aller Gleichgewichtskonstanten für jede Temperatur besonders durchgeführt werden muß, ist die allgemeine Lösung der Dissoziation von Verbrennungsgasen eine zwar mathematisch einfache, aber doch langwierige Rechenarbeit.

Ist nicht das Volum, sondern der Gesamtdruck gegeben, so geht man so vor, daß man probeweise ein festes Volum annimmt und dafür in der beschriebenen Weise alle Partialdrücke berechnet. Der daraus ermittelte Gesamtdruck wird von dem gegebenen Wert abweichen. Man hat deshalb das angenommene Volum so lange zu verändern und die Rechnung zu wiederholen, bis der gegebene Gesamtdruck herauskommt. Während man bei gegebenem Volum mit einfacher Interpolation auskommt, handelt es sich bei gegebenem Druck um ein zweifaches Interpolationsverfahren, dessen Rechenaufwand insofern nicht vertan ist, als in der Regel die Verhältnisse bei benachbarten Drücken auch interessieren. Für solche Rechnungen ist die Beziehung

$$P = \tfrac{1}{2}\,[n_C + n_H + n_O + n_N + (P_H + P_O) - (P_{CO_2} + P_{H_2O})] \qquad (668)$$

zwischen dem Gesamtdruck und der Summe der Atomdrücke von Nutzen, die man leicht aus Gl. (660) und (661a—d) ableitet. Der Gesamtdruck übersteigt demnach die halbe Summe der Atomdrücke, wenn mehr einatomige Teilchen auftreten als dreiatomige, er unterschreitet sie im umgekehrten Falle. Für die praktische Durchführung können zweckmäßig angelegte Kurventafeln vorteilhaft sein, etwa wie bei der zweifachen Wasserdampfzersetzung die auf S. 494 vorgeschlagene Kurvenschar.

Ein zweifaches Interpolationsverfahren, bei dem die Rechnung gleich mit zwei willkürlich angenommenen Veränderlichen begonnen wird, haben G. Damköhler und R. Edse[1] angegeben. Es werden dabei gewissermaßen von der über diesen Veränderlichen zweidimensional aufgetragen gedachten Fläche des Gesamtdruckes so viel Punkte bestimmt, bis der gegebene Druck dazwischen liegt und eingegabelt werden kann.

Man kann diese Probierverfahren durch die algebraische Lösung des Systems der 10 Gleichungen mit 10 Unbekannten ersetzen, indem man so lange eliminiert, bis nur eine Gleichung mit einer Unbekannten bleibt. Auf diese Weise ist M. Ritter von Stein[2] vorgegangen und kommt so zu einer Gleichung 10. Grades, die sich aber auch nur durch Probieren lösen läßt. Dabei

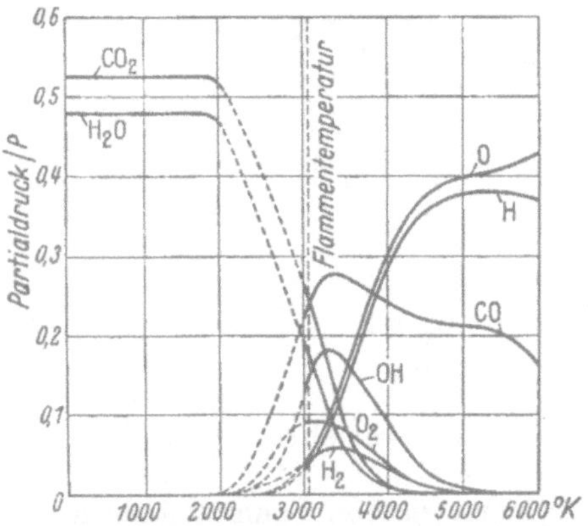

Abb. 243. Dissoziation des Verbrennungsgases eines Kohlenwasserstoffes bei stöchiometrischer Sauerstoffmenge nach R. von Stein.

muß man von den 10 Lösungen der Gleichung 10. Grades die physikalisch sinnvollen auswählen, was allerdings dadurch erleichtert wird, daß komplexe und negative Teildrücke gleich ausscheiden. Für die Verbrennung eines Kohlenwasserstoffes von dem Atomverhältnis $n_H/n_C = 1,82$ mit reinem Sauerstoff bei $P = 1$ at hat er die Berechnungen für viele Temperaturen durchgeführt. Als Ergebnis dieser Rechnungen sind in Abb. 243 und 244 die relativen Partialdrücke oder die Molenbrüche der Teilnehmer über der Temperatur aufgetragen. In Abb. 243 ist das Öl (der Kohlenwasserstoff) mit der stöchiometrischen Sauerstoffmenge von

---

[1] Z. Elektrochem., Bd. 49 (1943), S. 178—186.
[2] Forschg. Ing.-Wes. Bd. 14 (1943), S. 113.

3,37 kg Sauerstoff auf 1 kg Öl verbrannt. Man sieht, wie bei niederen Temperaturen nur CO_2 und H_2O entstehen und wie bei etwa 2000 °K erst CO, dann O_2, H_2 und OH auftreten, denen bei 2500 °K atomarer Sauerstoff O und Wasserstoff H folgen. Mit steigender Temperatur überschreiten die Partialdrücke H_2, O_2, OH und CO ein Maximum und von etwa 5000 °K an besteht das Gas praktisch nur noch aus CO, O und H, was die Berechnung der Gleichgewichte in diesem Bereich wieder erheblich vereinfacht. So hohe Temperaturen sind nur durch zusätzliche Erwärmung, z. B. im elektrischen Lichtbogen zu erreichen, denn die Verbrennungswärme liefert bei 0° Ausgangstemperatur von Öl und Sauerstoff nur die in die Abbildung eingetragene Flammentemperatur von 3050 °K (natürlich unter Berücksichtigung der Dissoziation).

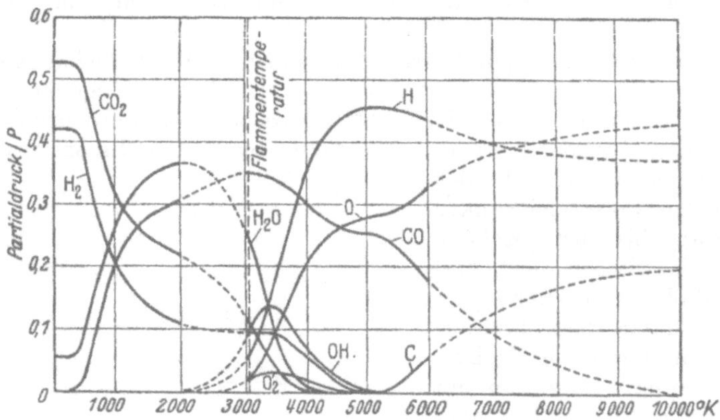

Abb. 244. Dissoziation des Verbrennungsgases eines Kohlenwasserstoffes bei Luftmangel nach R. VON STEIN.

Abb. 244 bezieht sich auf die Verbrennung desselben Kohlenwasserstoffes mit nur 2,44 kg Sauerstoff auf 1 kg Öl, d. h. mit 72,5% der stöchiometrischen Sauerstoffmenge. Bei Temperaturen von 400 °K aufwärts bestimmt hier das Wassergasgleichgewicht den Vorgang, wozu sich zwischen 2000 und 5000 °K noch O_2, OH, H und O als weitere Partner gesellen. Oberhalb 5000 °K hat man nach Abb. 244 außer H, O und CO wegen des Sauerstoffmangels auch gasförmigen Kohlenstoff in Form von C_2-Molekeln und C-Atomen zu berücksichtigen. Bei 4700 °K sind etwa 25% des Kohlenstoffgases einatomig, und mit wachsender Temperatur dissoziieren die C_2-Molekeln immer stärker in Atome mit einer Dissoziationsenergie von 83 kcal/mol. Wie die extrapolierten gestrichelten Linien andeuten, nimmt der Anteil des Kohlenstoffgases auf Kosten des CO-Gehaltes immer mehr zu, bis bei etwa 10000 °K nur noch die Atome der drei beteiligten Elemente C, H und O übrigbleiben. Heute, wo die Energie von Kernreaktionen zu weit höheren Temperaturen vorzudringen erlaubt, als man es noch bis vor kurzem für möglich hielt, ist es vielleicht nicht ohne praktisches Interesse, auf diese Extrapolationen hinzuweisen.

Wenn man einmal Kernenergie als Raketenantrieb in Betracht zieht, wird man den Treibstrahl aus wasserstoffreichen Kohlenwasserstoffen gewinnen, die oberhalb etwa 10000°K ein nur aus H- und C-Atomen bestehendes Gas von kleinem Atomgewicht und daher hoher Austrittsgeschwindigkeit bei gegebener Temperatur liefern. Reiner Wasserstoff wäre noch besser, aber seine Mitnahme ist unbequem wegen der geringen Dichte und des tiefen Siedepunktes der Flüssigkeit.

145. Der Plasmazustand der Materie und die Erreichung sehr hoher Temperaturen.

Durch Verbrennen von Wasserstoff oder von Kohlenwasserstoffen mit reinem Sauerstoff kommt man auf Temperaturen von etwas über 3000 °K, wenn die Partner vor der Reaktion eine Temperatur von 20 °C haben. Mit Acetylen, dessen Bildung aus den Elementen ein endothermer Vorgang ist, erreicht man etwa 3400 °K und die Bildung von Fluorwasserstoff aus den Elementen liefert noch um einige hundert Grad höhere Temperaturen. Durch Vorwärmen der Ausgangsstoffe kann man die Temperatur noch etwas weiter hinaufrücken. Wesentlich höher kann man aber nicht kommen, da mit steigender Temperatur immer mehr Molekeln unvereint bleiben oder sich nach erfolgter Reaktion in ihre Ausgangsstoffe zurückbilden, deren Molekeln außerdem unter Energieverbrauch in Atome zerfallen. Wie die Abb. 243 und 244 zeigten, ist bei Kohlenwasserstoffen und ihren Verbrennungsprodukten diese Dissoziation bei etwa 6000 °K praktisch beendet und oberhalb etwa 10000 °K besteht jedes Gas nur mehr aus Atomen.

Wie die Physik dieses Jahrhunderts gefunden hat, ist das Atom aber kein einfaches Gebilde, sondern es besteht aus einem sehr kleinen positiv geladenen Kern von nur etwa 10^{-12} cm Durchmesser, der fast die ganze Masse des Atoms enthält und einer sich um den Kern bewegenden Wolke von negativ geladenen Elektronen, die durch elektrostatische Anziehung vom Kern festgehalten werden. Der Durchmesser dieser Elektronenwolke von der Größenordnung 10^{-8} cm ist das Maß der Größe des Atoms in befriedigender Übereinstimmung mit den Werten, die man aus seinem Raumbedarf in der dichten Packung eines Kristallgitters oder aus der Größe der freien Weglänge im Gaszustand ermittelt. Der Betrag der positiven Ladung des Kernes oder die Anzahl der Elektronen, die die Ladung des Kernes gerade neutralisieren, bestimmen die Art des Atoms, entsprechend den verschiedenen Elementen der Chemie.

Die Atome eines Gases sind aber nicht alle in dem gleichen Zustand, sondern durch die thermische Bewegung können die Elektronen verschiedene Energiebeträge (Energieniveaus) aufnehmen und es können ein oder mehrere Elektronen aus dem Atomverband herausgeschlagen sein, die sich selbständig bewegen als sogenannte freie Elektronen, wobei das Restatom eine positive Ladung behält und als Ion bezeichnet wird. Es können sich an ein neutrales Atom auch ein oder mehrere Elektronen anlagern, wodurch negative Ionen entstehen. Bei hoher Temperatur besteht ein Gas demnach nicht nur aus den neutralen Atomen, sondern auch aus positiv und negativ geladenen Ionen und aus freien Elektronen. Dazu kommt noch die von den Atomen beim Übergang eines Elektrons von einem höheren zu einem niederen Energieniveau ausgesandte Strahlungsenergie, die den Raum zwischen den Atomen mit elektrischen Wellen füllt und die wir uns als Lichtquanten oder Photonen auch korpuskular vorstellen dürfen.

Ein solches Gemisch aus neutralen Atomen, positiven und negativen Ionen, Elektronen und Photonen bezeichnet man als *Plasma* und spricht vom *Plasmazustand der Materie*. Bei genügend hoher Temperatur gehen alle Stoffe in den Plasmazustand über. Insbesondere befindet sich die Substanz der Fixsterne in diesem Zustand. Bei den hohen Temperaturen von einigen Millionen °K, wie sie im Innern der Fixsterne vorkommen, haben die meisten Atome alle Elektronen verloren und das Plasma besteht zum größten Teil aus Kernen, freien Elektronen und Photonen. Leichte Kerne können dabei so hohe Geschwindigkeiten erreichen, daß die elektrostatische Abstoßung ihrer positiven Ladungen überwunden wird und sie so nahe zusammenkommen, daß Kernreaktionen möglich werden.

Auf diese Weise können Wasserstoffkerne sich in einem als *Kern-Fusion* bezeichneten Prozeß zum Heliumkern verbinden, wobei ein Mehrfaches der Energie frei wird, die beim Zerfall des Uranisotops vom Atomgewicht 235 auftritt. Dabei wirkt das Kohlenstoffatom als eine Art von Katalysator mit. Die Wärmetönung dieser Kernverschmelzung bestreitet den Energieverlust der Fixsterne durch Ausstrahlung.

Da das Plasma zum großen Teil aus elektrisch geladenen Teilchen besteht, leitet es den elektrischen Strom sehr gut, was den elektrischen Lichtbogen in freier Luft und den Stromdurchgang durch das Gas niederen Druckes in Leuchtröhren ermöglicht. Beim Lichtbogen zwischen Kohleelektroden ist deren Temperatur durch die bei 4000 °K eintretende Sublimation der Kohle begrenzt. Im Bogenplasma sind die Temperaturen höher, aber wegen der geringen Dichte ist seine Leuchtkraft geringer als die der festen Elektroden.

Durch Zusätze von Chemikalien zur Kohle, z. B. von Cerfluorid, kann man die Leitfähigkeit und die Leuchtdichte des Plasmas erhöhen, in dem bei genügend hohen Stromstärken Temperaturen bis 10000 °K gemessen wurden[1].

Auf noch höhere Temperaturen zu kommen, gelingt in freier Atmosphäre ohne besondere Maßnahmen nicht, da das heiße Bogenplasma die umgebende Luft erhitzt und leitend macht, so daß jede weitere Erhöhung der Stromstärke nur den Querschnitt des Bogens vergrößert, ohne seine Temperatur zu steigern.

Verhindert man aber nach dem Vorgehen von GERDIEN[2] die Ausbreitung des Bogens dadurch, daß man ihn durch die mit einem Kühl-

---

[1] W. LOCHTE-HOLTGREVEN: Production and measurement of high temperatures. Report on progress in physics 21 (1958), S. 312, sowie vom gleichen Verfasser: Hohe Temperaturen. Die Naturwissenschaften 46 (1959), S. 341/344.

[2] H. GERDIEN und A. LOTZ: Über eine Lichtquelle von sehr hoher Flächenhelligkeit. Wiss. Veröff. a. d. Siemens-Konzern 2 (1922), S. 489—496.

wasserfilm überzogene Bohrung einer Kupferplatte hindurch brennen läßt, so umschließt der sich bildende Wasserdampf den Bogen mit einer Schicht kalten, elektrisch nicht leitenden Gases und hindert ihn, auf dem Metall Fuß zu fassen. Der Bogen wird dabei durch einen dünnen Draht eingeleitet, der beide Elektroden durch die Bohrung hindurch verbindet und sich bei Anlegen der Spannung bis zur Verdampfung des Metalles erhitzt. Auf diese Weise konnte MAECKER[1] bei 2,4 mm Querschnitt und 1500 Amp. Stromstärke im Kern des Bogens Temperaturen von 50 000 °K erreichen.

Die hohe Temperatur kommt dadurch zustande, daß geladene Teilchen im elektrischen Felde beschleunigt werden in gleicher Weise wie eine Masse im Schwerefelde. Die kinetische Energie, die ein Elektron oder ein einfach geladenes Ion nach freiem Durchlaufen einer Potentialdifferenz von 1 Volt angenommen hat, bezeichnet man als ein *Elektronenvolt* (eV). Die kinetische Energie einzelner Teilchen wird meist in Elektronenvolt gemessen, wobei

$$1 \text{ eV} = 1{,}6020 \cdot 10^{-19} \text{ Joule} \tag{669}$$

ist.

Das Anwachsen der kinetischen Energie eines geladenen Teilchens im elektrischen Feld wird durch jeden Zusammenstoß mit anderen Teilchen oder mit der Wand des Gefäßes unterbrochen. Die erreichbare kinetische Energie wächst also mit der freien Weglänge. Deshalb lassen sich Teilchenenergien, welche Temperaturen von 100 000 °K und darüber entsprechen, nur im Vakuum erreichen.

Da die mittlere thermische Energie eines Freiheitgrades eines Teilchens je Grad Temperatur (S. 41) durch die BOLTZMANNsche Konstante

$$k = 1{,}3803 \cdot 10^{-23} \text{ J/°K}$$

gegeben ist, entspricht die kinetische Energie eines einfach geladenen Ions oder eines Elektrons nach freiem Durchfallen eines elektrischen Feldes von der Spannungsdifferenz 1 Volt einer Temperatur von

$$1 \text{ eV}/k = 11\,600 \text{ °K}.$$

Dabei fällt die Geschwindigkeit der Teilchen vorzugsweise in die Richtung des elektrischen Feldes, was einer strömenden Bewegung entspricht. Deshalb kann man dieser Geschwindigkeit nicht die angegebene hohe Temperatur von über 11 000 °K zuordnen, denn unter Temperatur versteht man eine alle Richtungen gleichmäßig berücksichtigende und in der Größe nicht konstante, sondern nach dem BOLTZMANNschen Gesetz auf eine große Zahl von Teilchen verteilte Größe der Geschwindigkeit. Die Definition der Temperatur in einem Plasma, das unter dem Einfluß eines elektrischen Feldes steht, hat also seine Schwierigkeiten.

Dazu kommt, daß ein Atom nicht nur als Ganzes kinetische Energie aufnimmt, sondern seine Elektronen können auf höhere Energiestufen

---

[1] H. MAECKER Z. Phys. **129** (1951), S. 108; F. BURHORN, H. MAECKER u. TH. PETERS; Z. Phys. **131** (1951), S. 28.

gehoben und schließlich unter Aufnahme der Dissoziationsenergie ganz
vom Atom gelöst und zu freien Elektronen werden. Dieser sich bei der
Ablösung eines jeden weiteren Elektrons wiederholende Vorgang hat
starke stufenweise Änderungen der Enthalpie des Plasmas zur Folge, bei
denen mit steigender Temperatur die spezifische Wärme jeweils ein
Maximum erreicht und danach wieder absinkt.

Im Lichtbogen bei atmosphärischem und höherem Druck sind die
freien Weglängen noch so klein, daß ein thermisches Gleichgewicht mit
einer Verteilung der Energie auf alle Freiheitsgrade nahezu vorhanden
ist und man von einer einheitlichen Temperatur sprechen kann. Der Lichtbogen hat außerdem den großen Vorteil, daß man Temperaturen bis etwa
50 000 °K längere Zeit aufrechterhalten kann.

Noch höhere Temperaturen hat man bisher nur für kurze Zeiten von
weniger als einer Millisekunde mit Hilfe von explodierenden Drähten
oder starken Funkenüberschlägen erreichen können, wobei Stoßwellen
mit sehr hohen Drucksprüngen auftreten. Auch bei der Explosion von
Atombomben sind solche Stoßwellen zu beobachten, denen man Temperaturen bis zu 300 000 °K zuordnen muß. In der Atombombe selbst werden
Temperaturen von der Größenordnung 10^8 °K erreicht, mit denen es
gelingt, in der Wasserstoffbombe die Verschmelzung (Fusion) von Deu-
terium-Kernen zu Helium mit ihrer großen Energieausbeute einzuleiten.
Es besteht deshalb ein sehr großes Interesse an der Erreichung so hoher
Temperaturen ohne das Mittel einer Bombenexplosion, in der Hoffnung
auf diese Weise die Kernfusion zur friedlichen Energieerzeugung nutzen
zu können. Eine besondere Rolle spielt dabei der „pinch"-Effekt[1], das ist
die Kompression des Stromweges in einem Plasma durch das von dem
Strom selbst erzeugte und ihn umschließende Magnetfeld, das die Ausbreitung der Entladung in ähnlicher Weise verhindert wie der gekühlte
Kupferblock von GERDIEN. Auf diese Weise wurden Temperaturen
von etwa 10^6 °K für die Dauer einer Millisekunde erreicht. Leider
ist der durch sein eigenes Magnetfeld eingeschnürte Bogen nicht stabil,
sondern er krümmt sich und bricht nach der Seite aus. Das Studium des
Einflusses von Magnetfeldern auf das stromdurchflossene Plasma ist
unter dem Namen *Magnetohydrodynamik* zu einem eigenen Wissenschafts-
zweig geworden. Da die Bewegung geladener Teilchen in einer Richtung
einen elektrischen Strom darstellt, läßt sich auch die Bewegung eines
nicht von einem elektrischen Strom durchflossenen Plasmas durch Ma-
gnetfelder beeinflussen.

---

[1] Vom englischen Verbum „pinch", das mit einklemmen, quetschen zu über-
setzen ist.

Anhang.

Dampftabellen.

Tabelle I a[1]. *Zustandsgrößen von Wasser*

Temperatur °C	Druck kp/cm²	Spez. Volum. des Wassers dm³/kg	des Dampfes m³/kg	Dichte des Dampfes kg/m³	Entropie IT kcal/kg °K des Wassers	des Dampfes	$s'' - s$ =
t	p	v'	v''	ϱ''	s'	s''	r/T
0	0,006228	1,0002	206,3	0,004847	0	2,1865	2,1865
5	0,008894	1,0000	147,1	0,006798	0,0182	2,1552	2,1370
10	0,012517	1,0002	106,4	0,009399	0,0361	2,1254	2,0893
15	0,017381	1,0008	77,96	0,01283	0,0536	2,0969	2,0433
20	0,02383	1,0017	57,84	0,01729	0,0708	2,0697	1,9989
25	0,03229	1,0029	43,40	0,02304	0,0876	2,0436	1,9560
30	0,04325	1,0043	32,94	0,03036	0,1042	2,0187	1,9144
35	0,05732	1,0059	25,25	0,03960	0,1205	1,9946	1,8742
40	0,07519	1,0078	19,56	0,05113	0,1366	1,9718	1,8352
45	0,09770	1,0099	15,28	0,06544	0,1524	1,9497	1,7973
50	0,12577	1,0121	12,05	0,08298	0,1679	1,9286	1,7607
55	0,16050	1,0146	9,583	0,1044	0,1832	1,9082	1,7250
60	0,2031	1,0172	7,682	0,1302	0,1983	1,8887	1,6904
65	0,2550	1,0200	6,205	0,1612	0,2132	1,8698	1,6566
70	0,3178	1,0229	5,047	0,1981	0,2279	1,8517	1,6238
75	0,3931	1,0260	4,135	0,2418	0,2424	1,8342	1,5918
80	0,4829	1,0293	3,410	0,2933	0,2567	1,8173	1,5605
85	0,5894	1,0327	2,829	0,3535	0,2708	1,8011	1,5303
90	0,7149	1,0363	2,361	0,4235	0,2847	1,7854	1,5007
95	0,8619	1,0400	1,982	0,5045	0,2984	1,7702	1,4718
100	1,03323	1,0438	1,673	0,5977	0,3120	1,7555	1,4435
105	1,2318	1,0479	1,419	0,7047	0,3254	1,7413	1,4159
110	1,4609	1,0520	1,210	0,8264	0,3387	1,7276	1,3889
115	1,7239	1,0563	1,036	0,9652	0,3518	1,7143	1,3625
120	2,0245	1,0608	0,8913	1,122	0,3647	1,7014	1,3367
125	2,3666	1,0654	0,7700	1,299	0,3775	1,6890	1,3115
130	2,7544	1,0702	0,6679	1,497	0,3902	1,6769	1,2867
135	3,192	1,0751	0,5817	1,719	0,4028	1,6652	1,2624
140	3,685	1,0802	0,5083	1,967	0,4152	1,6538	1,2386
145	4,237	1,0855	0,4459	2,243	0,4275	1,6427	1,2152
150	4,854	1,0910	0,3924	2,549	0,4397	1,6319	1,1922
155	5,540	1,0966	0,3464	2,887	0,4518	1,6214	1,1696
160	6,302	1,1024	0,3068	3,260	0,4637	1,6112	1,1475
165	7,146	1,1085	0,2724	3,671	0,4756	1,6012	1,1256
170	8,076	1,1147	0,2426	4,122	0,4874	1,5914	1,1040
175	9,101	1,1211	0,2166	4,617	0,4991	1,5818	1,0827
180	10,225	1,1278	0,1939	5,158	0,5107	1,5724	1,0617
185	11,456	1,1347	0,1739	5,750	0,5222	1,5632	1,0410
190	12,800	1,1418	0,1564	6,394	0,5337	1,5541	1,0204
195	14,265	1,1491	0,1409	7,097	0,5450	1,5451	1,0001

[1] Tabelle I und II nach VDI-Wasserdampftafeln Berlin 1962, aber erweitert um Werte der inneren Energie und der inneren und äußeren Verdampfungswärme.

und Dampf bei Sättigung.

Temperatur °C t	Enthalpie IT kcal/kg		Verdampfungswärme IT kcal/kg r	Energie IT kcal/kg		$u'' - u'$ $=$ φ	$p \cdot (v'' - v')$ $=$ ψ
	des Wassers i'	des Dampfes i''		des Wassers u'	des Dampfes u''		
0	0	597,2	597,3	0	567,2	567,2	30,1
5	5,03	599,4	594,5	5,03	568,9	563,9	30,6
10	10,04	601,6	591,6	10,04	570,5	560,4	31,2
15	15,04	603,8	588,8	15,04	572,2	557,1	31,7
20	20,03	606,0	586,0	20,03	573,7	553,7	32,3
25	25,02	608,2	583,2	25,02	575,4	550,4	32,8
30	30,00	610,4	580,4	30,00	577,0	547,0	33,4
35	34,98	612,5	577,5	34,98	578,6	543,6	33,9
40	39,97	614,7	574,7	39,97	580,2	540,3	34,4
45	44,96	616,8	571,8	44,96	581,8	536,8	35,0
50	49,94	618,9	569,0	49,94	583,4	533,5	35,5
55	54,94	621,0	566,1	54,94	585,0	530,1	36,0
60	59,93	623,1	563,2	59,93	586,6	526,7	36,5
65	64,93	625,1	560,2	64,93	588,0	523,1	37,1
70	69,93	627,2	557,3	69,92	589,6	519,7	37,6
75	74,94	629,2	554,3	74,93	591,1	516,2	38,1
80	79,95	631,2	551,3	79,94	592,6	512,7	38,6
85	84,96	633,1	548,1	84,95	594,0	509,0	39,1
90	89,98	635,0	545,0	89,96	595,5	505,5	39,5
95	95,01	636,9	541,9	94,99	596,9	501,9	40,0
100	100,05	638,8	538,8	100,02	598,3	498,3	40,5
105	105,09	640,6	535,5	105,05	599,7	494,6	40,9
110	110,14	642,4	532,3	110,08	601,0	490,9	41,4
115	115,20	644,2	529,0	115,15	602,4	487,2	41,8
120	120,3	645,9	525,7	120,2	603,7	483,5	42,2
125	125,3	647,6	522,3	125,2	604,9	479,7	42,6
130	130,4	649,3	518,9	130,3	606,2	475,9	43,0
135	135,5	650,9	515,4	135,4	607,4	472,0	43,4
140	140,7	652,5	511,8	140,5	608,5	468,0	43,8
145	145,8	654,0	508,2	145,7	609,8	464,1	44,1
150	150,9	655,5	504,6	150,8	610,9	460,1	44,5
155	156,1	657,0	500,9	156,0	612,1	456,1	44,8
160	161,3	658,4	497,1	161,1	613,1	452,0	45,1
165	166,5	659,7	493,2	166,3	614,1	447,8	45,4
170	171,7	661,0	489,3	171,5	615,1	443,6	45,7
175	176,9	662,3	485,4	176,7	616,1	439,4	46,0
180	182,2	663,4	481,2	181,9	616,9	435,0	46,2
185	187,4	664,5	477,1	187,2	617,8	430,7	46,4
190	192,8	665,5	472,7	192,3	618,6	426,2	46,5
195	198,1	666,4	468,3	197,7	619,3	421,6	46,7

Fortsetzung

| Temperatur °C | Druck kp/cm² | Spez. Volum | | Dichte des Dampfes kg/m³ | Entropie IT kcal/kg °K | | $s'' - s'$ |
| | | des Wassers dm³/kg | des Dampfes m³/kg | | des Wassers | des Dampfes | = |
t	p	v'	v''	ϱ''	s'	s''	r/T
200	15,857	1,1568	0,1273	7,856	0,5563	1,5363	0,9800
205	17,585	1,1647	0,1151	8,688	0,5676	1,5276	0,9600
210	19,456	1,1729	0,1043	9,588	0,5788	1,5189	0,9401
215	21,478	1,1814	0,09471	10,56	0,5899	1,5103	0,9204
220	23,659	1,1903	0,08611	11,61	0,6010	1,5017	0,9007
225	26,007	1,1994	0,07841	12,75	0,6120	1,4932	0,8812
230	28,531	1,2090	0,07149	13,99	0,6230	1,4847	0,8617
235	31,239	1,2190	0,06527	15,32	0,6340	1,4762	0,8422
240	34,140	1,2293	0,05967	16,76	0,6450	1,4677	0,8227
245	37,244	1,2402	0,05460	18,31	0,6559	1,4592	0,8033
250	40,56	1,2515	0,05002	19,99	0,6668	1,4507	0,7839
255	44,10	1,2633	0,04586	21,81	0,6777	1,4421	0,7644
260	47,87	1,2757	0,04208	23,76	0,6886	1,4335	0,7449
265	51,88	1,2888	0,03865	25,87	0,6996	1,4248	0,7252
270	56,14	1,3025	0,03552	28,15	0,7105	1,4161	0,7056
275	60,66	1,3169	0,03266	30,62	0,7215	1,4073	0,6858
280	65,46	1,3322	0,03005	33,28	0,7324	1,3984	0,6660
285	70,54	1,3483	0,02766	36,16	0,7435	1,3894	0,6459
290	75,92	1,3655	0,02546	39,27	0,7546	1,3804	0,6258
295	81,60	1,3837	0,02345	42,64	0,7658	1,3712	0,6054
300	87,61	1,4033	0,02165	46,19	0,7770	1,3620	0,5850
305	93,95	1,424	0,01989	50,28	0,7884	1,3526	0,6542
310	100,64	1,447	0,01832	54,57	0,7999	1,3431	0,5432
315	107,69	1,471	0,01687	59,29	0,8115	1,3337	0,5222
320	115,12	1,498	0,01549	64,55	0,8234	1,3232	0,4998
325	122,95	1,527	0,01420	70,43	0,8354	1,3118	0,4764
330	131,18	1,560	0,01298	77,02	0,8478	1,2999	0,4521
335	139,85	1,597	0,01184	84,43	0,8605	1,2870	0,4265
340	148,96	1,638	0,01077	92,81	0,8736	1,2735	0,3999
345	158,54	1,687	0,009765	102,4	0,8874	1,2595	0,3721
350	168,63	1,746	0,008803	113,6	0,9021	1,2441	0,3420
355	179,24	1,817	0,007878	126,9	0,9179	1,2270	0,3091
360	190,42	1,908	0,006967	143,5	0,9353	1,2072	0,2719
365	202,21	2,03	0,00604	165,5	0,9557	1,1833	0,2276
370	214,68	2,23	0,00499	200	0,9824	1,1481	0,1657
371	217,26	2,30	0,00474	211	0,9897	1,1387	0,1490
372	219,88	2,37	0,00447	224	0,9984	1,1276	0,1292
373	222,53	2,49	0,00415	241	1,010	1,1136	0,126
374	225,22	2,79	0,00362	276	1,033	1,086	0,053
374,15	225,65	3,18	0,00318	315	1,058		0

von Tabelle Ia.

Temperatur °C	Enthalpie IT kcal/kg		Verdampfungswärme IT kcal/kg	Energie IT kcal/kg		$u'' - u'$	$p \cdot (v'' - v')$
	des Wassers	des Dampfes		des Wassers	des Dampfes	$=$	$=$
t	i'	i''	r	u'	u''	φ	ψ
200	203,5	667,3	463,8	203,1	620,1	417,0	46,8
205	208,9	668,0	459,1	208,4	620,6	412,2	46,9
210	214,3	668,6	454,3	213,8	621,1	407,3	47,0
215	219,7	669,1	449,4	219,3	621,6	402,4	47,0
220	225,2	669,6	444,4	224,5	621,9	397,3	47,1
225	230,8	669,9	439,1	230,1	622,1	392,0	47,1
230	236,4	670,0	433,6	235,6	622,3	386,6	47,0
235	242,0	670,1	428,1	241,1	621,9	380,7	46,9
240	247,7	670,0	422,3	246,7	622,2	375,5	46,7
245	253,4	669,8	416,4	252,3	621,7	369,3	46,6
250	259,2	669,4	410,2	258,0	621,8	363,8	46,3
255	265,0	668,8	403,8	263,7	621,3	357,6	46,1
260	270,9	668,1	397,2	269,5	620,9	351,4	45,8
265	276,9	667,3	390,4	275,3	619,8	344,4	45,5
270	282,9	666,3	383,4	281,2	619,6	338,4	45,1
275	289,0	665,1	376,1	287,3	618,3	331,0	44,6
280	295,2	663,7	368,5	293,2	617,6	324,4	44,1
285	301,5	662,1	360,6	299,4	616,2	316,8	43,5
290	307,9	660,4	352,5	305,5	614,9	309,3	42,9
295	314,4	658,5	344,1	311,8	613,4	301,6	42,3
300	321,1	656,3	335,2	318,2	611,9	293,7	41,5
305	327,8	654,0	326,2	324,6	609,8	285,2	40,7
310	334,7	651,5	316,8	331,3	608,4	277,1	39,7
315	341,8	648,9	307,1	338,0	605,4	267,4	38,7
320	349,0	645,5	296,5	345,0	603,7	258,8	37,7
325	356,5	641,5	285,0	352,1	599,7	247,6	36,3
330	364,2	636,9	272,7	359,4	597,0	237,6	35,1
335	372,2	631,6	259,4	367,1	592,9	225,8	33,6
340	380,6	625,8	245,2	374,9	588,2	213,3	31,9
345	389,4	619,4	230,0	383,3	583,0	199,8	30,1
350	398,9	612,0	213,1	392,0	577,2	185,2	27,9
355	409,5	603,6	194,1	401,9	570,5	168,6	25,5
360	420,9	593,1	172,2	412,4	562,0	149,6	22,6
365	434,2	579,4	145,2	424,6	550,8	126,2	19,0
370	452,3	558,9	106,6	441,1	533,0	92,7	13,9
371	457,2	553,2	96,0	445,5	529,1	83,6	12,4
372	462,9	546,3	83,4	450,7	523,3	72,6	10,8
373	471,0	538,0	67,0	458,0	516,4	58,4	8,6
374	488,0	522,5	34,5	473,3	503,4	30,1	4,4
374,15	501,5		0	484,7		0	0

Tabelle Ib. *Zustandsgrößen von Wasser*

| Druck | Temperatur | | Spez. Volum d. Dampfes | Dichte des Dampfes | Entropie IT kcal/kg °K | | $s'' - s'$ |
| kp/cm² | °C | °K | m³/kg | kg/m³ | des Wassers | des Dampfes | — |
p	t	T	v''	ϱ''	s'	s''	r/T
0,01	6,69	279,84	131,6	0,007597	0,0243	2,1450	2,1207
0,015	12,73	285,88	89,64	0,01116	0,0457	2,1097	2,0370
0,02	17,20	290,35	68,27	0,01465	0,0612	2,0848	2,0236
0,025	20,78	293,93	55,28	0,01809	0,0734	2,0655	1,9921
0,03	23,77	296,92	46,53	0,02149	0,0835	2,0499	1,9664
0,04	28,65	301,80	35,46	0,02820	0,0998	2,0253	1,9255
0,05	32,55	305,70	28,73	0,03481	0,1126	2,0063	1,8937
0,06	35,83	308,98	24,19	0,04134	0,1232	1,9908	1,8676
0,08	41,17	314,32	18,45	0,05421	0,1403	1,9665	1,8262
0,10	45,45	318,60	14,95	0,06688	0,1538	1,9478	1,7940
0,12	49,06	322,21	12,60	0,07739	0,1650	1,9325	1,7675
0,15	53,60	326,75	10,21	0,09792	0,1790	1,9139	1,7349
0,20	59,67	332,82	7,794	0,1283	0,1974	1,8899	1,6925
0,25	64,56	337,71	6,321	0,1582	0,2119	1,8715	1,6596
0,30	68,68	341,83	5,328	0,1877	0,2241	1,8564	1,6324
0,35	72,24	345,39	4,614	0,2169	0,2345	1,8437	1,6092
0,40	75,42	348,57	4,068	0,2458	0,2436	1,8328	1,5892
0,50	80,86	354,01	3,301	0,3030	0,2591	1,8145	1,5554
0,60	85,45	358,60	2,782	0,3594	0,2720	1,7996	1,5276
0,70	89,45	362,60	2,408	0,4152	0,2832	1,7871	1,5039
0,80	92,99	366,14	2,125	0,4705	0,2929	1,7762	1,4833
0,90	96,18	369,33	1,904	0,5253	0,3017	1,7667	1,4650
1,0	99,09	372,24	1,725	0,5798	0,3095	1,7582	1,4487
1,1	101,76	374,91	1,578	0,6339	0,3167	1,7504	1,4337
1,2	104,25	377,40	1,454	0,6876	0,3234	1,7434	1,4200
1,3	106,56	379,71	1,349	0,7411	0,3296	1,7370	1,4074
1,4	108,74	381,89	1,259	0,7944	0,3353	1,7310	1,3957
1,5	110,79	384,94	1,180	0,8474	0,3407	1,7255	1,3848
1,6	112,73	385,88	1,111	0,9001	0,3458	1,7203	1,3745
1,8	116,33	389,48	0,9950	1,005	0,3552	1,7109	1,3557
2,0	119,62	392,77	0,9015	1,109	0,3637	1,7024	1,3387
2,2	122,64	395,79	0,8245	1,213	0,3715	1,6948	1,3233
2,4	125,46	398,61	0,7600	1,316	0,3787	1,6879	1,3092
2,6	128,08	401,23	0,7051	1,418	0,3854	1,6815	1,2961
2,8	130,55	403,70	0,6577	1,520	0,3916	1,6756	1,2840
3,0	132,88	406,03	0,6165	1,622	0,3975	1,6701	1,2726
3,2	135,08	408,23	0,5803	1,723	0,4030	1,6650	1,2620
3,4	137,18	410,33	0,5482	1,824	0,4082	1,6601	1,2519
3,6	139,18	412,33	0,5196	1,925	0,4132	1,6556	1,2424
3,8	141,09	414,24	0,4939	2,025	0,4179	1,6513	1,2334
4,0	142,92	416,07	0,4706	2,125	0,4224	1,6472	1,2248
4,5	147,20	420,35	0,4213	2,373	0,4329	1,6379	1,2050
5,0	151,11	424,26	0,3816	2,621	0,4424	1,6295	1,1871
5,5	154,71	427,86	0,3489	2,867	0,4511	1,6220	1,1709
6,0	158,08	431,23	0,3213	3,112	0,4592	1,6151	1,1559
6,5	161,21	434,36	0,2980	3,356	0,4666	1,6087	1,1421
7,0	164,17	437,32	0,2778	3,600	0,4737	1,6028	1,1291

und Dampf bei Sättigung.

Druck kp/cm² p	Temperatur °C t	Enthalpie IT kcal/kg des Wassers i'	des Dampfes i''	Verdampfungswärme IT kcal/kg r	Energie IT kcal/kg des Wassers u'	des Dampfes u''	$u'' - u'$ = φ	$p \cdot (v'' - v')$ = ψ
0,01	6,69	6,72	600,2	593,5	6,72	569,2	562,5	30,8
0,015	12,73	12,77	602,9	590,1	12,77	571,4	558,6	31,5
0,02	17,20	17,23	604,8	587,6	17,23	572,6	555,4	32,1
0,025	20,78	20,80	606,4	585,6	20,80	574,0	553,2	32,4
0,03	23,77	23,79	607,7	583,9	23,79	575,0	551,2	32,7
0,04	28,65	28,65	609,8	581,1	28,65	576,6	547,9	33,2
0,05	32,55	32,54	611,5	579,0	32,54	577,9	545,3	33,6
0,06	35,83	35,81	612,9	577,1	35,81	578,9	543,1	34,0
0,08	41,17	41,14	615,2	574,1	41,14	580,6	539,5	34,5
0,10	45,45	45,40	617,0	571,6	45,40	582,0	536,6	35,0
0,12	49,06	49,01	618,5	569,5	49,01	583,1	534,1	35,4
0,15	53,60	53,54	620,4	566,9	53,54	584,6	531,1	35,8
0,20	59,67	59,60	623,0	563,4	59,60	586,5	526,9	36,5
0,25	64,56	64,49	625,0	560,5	64,48	587,4	522,9	37,0
0,30	68,68	68,61	626,6	558,0	68,60	589,3	520,7	37,3
0,35	72,24	72,17	628,1	555,9	72,16	590,2	518,1	37,8
0,40	75,42	75,36	629,4	553,9	75,35	591,3	515,9	38,1
0,50	80,86	80,81	631,5	550,7	80,80	592,9	512,1	38,6
0,60	85,45	85,41	633,3	547,9	85,40	594,2	508,8	39,1
0,70	89,45	89,43	634,8	545,4	89,41	595,3	505,9	39,5
0,80	92,99	92,99	636,2	543,2	92,97	596,4	503,4	39,8
0,90	96,18	96,20	637,4	541,2	96,18	597,3	501,1	40,1
1,0	99,09	99,13	638,4	539,3	99,11	598,2	499,1	40,3
1,1	101,76	101,82	639,4	537,6	101,79	598,8	497,0	40,6
1,2	104,25	104,33	640,3	536,0	104,30	599,4	495,1	40,9
1,3	106,56	106,66	641,2	534,5	106,63	600,0	493,4	41,1
1,4	108,74	108,87	642,0	533,1	108,84	600,7	491,9	41,2
1,5	110,79	110,94	642,7	531,8	110,90	601,3	490,4	41,4
1,6	112,73	112,90	643,4	530,5	112,86	601,8	488,9	41,6
1,8	116,33	116,55	644,6	528,1	116,51	602,7	486,2	41,9
2,0	119,62	119,88	645,8	525,9	119,83	603,5	483,7	42,2
2,2	122,64	122,9	646,8	523,8	122,8	604,3	481,5	42,4
2,4	125,46	125,8	647,8	521,9	125,7	605,0	479,3	42,6
2,6	128,08	128,5	648,6	520,1	128,4	605,6	477,2	42,9
2,8	130,55	131,0	649,5	518,4	130,9	606,3	475,4	43,1
3,0	132,88	133,4	650,2	516,8	133,3	607,0	473,7	43,2
3,2	135,08	135,6	650,9	515,3	135,5	607,4	471,9	43,4
3,4	137,18	137,8	651,6	513,8	137,7	607,9	470,2	43,6
3,6	139,18	139,8	652,2	512,4	139,7	608,4	468,7	43,7
3,8	141,09	141,8	652,8	511,0	141,7	608,8	467,1	43,9
4,0	142,92	143,6	653,4	509,8	143,5	609,3	465,8	44,0
4,5	147,20	148,0	654,7	506,7	147,9	610 3	462,4	44,3
5,0	151,11	152,1	655,9	503,8	152,0	611,2	459,2	44,6
5,5	154,71	155,8	656,9	501,1	155,7	612,0	456,3	44,8
6,0	158,08	159,3	657,9	498,6	159,1	612,7	453,6	45,0
6,5	161,21	162,6	658,8	496,2	162,4	613,5	451,1	45,2
7,0	164,17	165,6	659,5	493,9	165,4	613,9	448,5	45,4

33*

Fortsetzung der

Druck	Temperatur		Spez. Volum d. Dampfes	Dichte des Dampfes	Entropie IT kcal/kg °K		$s'' - s'$
kp/cm²	°C	°K	m³/kg	kg/m³	des Wassers	des Dampfes	=
p	t	T	v''	ϱ''	s'	s''	r/T
7,5	166,96	440,11	0,2603	3,842	0,4803	1,5973	1,1170
8,0	169,61	442,76	0,2448	4,085	0,4865	1,5921	1,1056
8,5	172,12	445,27	0,2311	4,327	0,4923	1,5873	1,0950
9,0	174,53	447,68	0,2189	4,568	0,4980	1,5827	1,0847
9,5	176,82	449,97	0,2080	4,809	0,5033	1,5783	1,0750
10	179,04	452,19	0,1980	5,050	0,5085	1,5742	1,0667
11	183,20	456,35	0,1808	5,530	0,5181	1,5665	1,0484
12	187,08	460,23	0,1664	6,010	0,5270	1,5594	1,0324
13	190,71	463,86	0,1541	6,489	0,5353	1,5528	1,0175
14	194,13	467,28	0,1435	6,968	0,5431	1,5467	1,0036
15	197,36	470,51	0,1343	7,447	0,5504	1,5409	0,9905
16	200,43	473,58	0,1262	7,926	0,5573	1,5355	0,9782
17	203,35	476,50	0,1190	8,405	0,5639	1,5304	0,9665
18	206,14	479,29	0,1125	8,885	0,5701	1,5256	0,9555
19	208,82	481,97	0,1068	9,365	0,5761	1,5209	0,9448
20	211,38	484,53	0,1016	9,846	0,5818	1,5165	0,9347
22	216,23	489,38	0,09250	10,81	0,5926	1,5082	0,9156
24	220,75	493,90	0,08490	11,78	0,6027	1,5005	0,8978
26	224,99	498,14	0,07843	12,75	0,6120	1,4932	0,8812
28	228,98	502,13	0,07285	13,73	0,6208	1,4865	0,8657
30	232,76	505,91	0,06799	14,71	0,6291	1,4801	0,8510
32	236,35	509,50	0,06371	15,70	0,6370	1,4740	0,8370
34	239,77	512,92	0,05992	16,69	0,6445	1,4682	0,8237
36	243,04	516,19	0,05653	17,69	0,6516	1,4626	0,8110
38	246,17	519,32	0,05349	18,69	0,6585	1,4573	0,7988
40	249,18	522,33	0,05074	19,71	0,6650	1,4521	0,7871
42	252,07	525,22	0,04825	20,73	0,6713	1,4472	0,7759
44	254,87	528,02	0,04597	21,75	0,6774	1,4424	0,7650
46	257,56	530,71	0,04388	22,79	0,6833	1,4377	0,7544
48	260,17	533,32	0,04196	23,83	0,6890	1,4332	0,7442
50	262,70	535,85	0,04019	24,88	0,6945	1,4289	0,7344
55	268,70	541,85	0,03631	27,54	0,7076	1,4184	0,7108
60	274,29	547,44	0,03305	30,25	0,7199	1,4086	0,6887
65	279,54	552,69	0,03028	33,02	0,7314	1,3993	0,6679
70	284,48	557,63	0,02789	35,85	0,7423	1,3904	0,6481
75	289,17	562,32	0,02582	38,74	0,7527	1,3819	0,6292
80	293,62	566,77	0,02399	41,69	0,7627	1,3738	0,6111
85	297,86	571,01	0,02237	44,70	0,7722	1,3659	0,5937
90	301,92	575,07	0,02093	47,78	0,7814	1,3584	0,5770
95	305,80	578,95	0,01963	50,93	0,7902	1,3511	0,5609
100	309,53	582,68	0,01846	54,16	0,7988	1,3440	0,5452
110	316,58	589,73	0,01642	60,89	0,8152	1,3302	0,5150
120	323,15	596,30	0,01467	68,18	0,8309	1,3160	0,4851
130	329,30	602,45	0,01315	76,05	0,8460	1,3015	0,4555
140	335,09	608,24	0,01183	84,57	0,8607	1,2868	0,4259
150	340,56	613,71	0,01066	93,82	0,8751	1,2719	0,3968
160	345,74	618,89	0,009620	104,0	0,8895	1,2571	0,3676
180	355,35	628,50	0,007814	128,0	0,9191	1,2259	0,3068
200	364,08	637,23	0,00622	161,9	0,9516	1,1880	0,2364
224	373,6	646,75	0,00389	257	1,0204	1,1012	0,0808
225,65	374,15	647,30	0,00318	315	1,058		0

Tabelle I b.

Druck kp/cm²	Temperatur °C	Enthalpie IT kcal/kg		Verdampfungswärme IT kcal/kg	Energie IT kcal/kg		$u'' - u'$ =	$p \cdot (v'' - v')$ =
		des Wassers	des Dampfes		des Wassers	des Dampfes		
p	t	i'	i''	r	u'	u''	φ	ψ
7,5	166,96	168,5	660,2	491,7	168,3	614,5	446,2	45,5
8,0	169,61	171,3	660,9	489,6	171,1	614,9	443,8	45,8
8,5	172,12	173,9	661,5	487,7	173,7	615,4	441,7	45,9
9,0	174,53	176,4	662,1	485,7	176,2	615,9	439,7	45,9
9,5	176,82	178,9	662,7	483,8	178,6	616,4	437,8	46,0
10	179,04	181,2	663,2	482,0	180,9	616,8	435,9	46,1
11	183,20	185,5	664,1	478,6	185,2	617,5	432,3	46,3
12	187,08	189,7	664,9	475,3	189,4	618,2	428,8	46,4
13	190,71	193,5	665,7	472,1	193,2	618,8	425,6	46,5
14	194,13	197,2	666,3	469,1	196,8	619,2	422,4	46,7
15	197,36	200,6	666,8	466,2	200,2	619,6	419,4	46,8
16	200,43	203,9	667,3	463,4	203,5	620,0	416,5	46,9
17	203,35	207,1	667,8	460,7	206,6	620,4	413,8	46,9
18	206,14	210,1	668,2	458,1	209,6	620,7	411,1	47,0
19	208,82	213,0	668,5	455,5	212,5	621,0	408,5	47,0
20	211,38	215,8	668,8	453,0	215,2	621,2	406,0	47,0
22	216,23	221,1	669,3	448,2	220,5	621,6	401,1	47,1
24	220,75	226,1	669,6	443,6	225,4	621,8	396,4	47,1
26	224,99	230,8	669,9	439,1	230,1	622,2	392,1	47,0
28	228,98	235,2	670,0	434,8	234,4	622,2	387,8	47,0
30	232,76	239,5	670,1	430,6	238,6	622,3	383,7	46,9
32	236,35	243,5	670,1	426,6	242,6	622,3	379,7	46,9
34	239,77	247,4	670,0	422,6	246,4	622,2	375,8	46,8
36	243,04	251,1	669,9	418,7	250,1	622,2	372,1	46,7
38	246,17	254,7	669,7	414,9	253,6	622,1	368,5	46,5
40	249,18	258,2	669,5	411,3	257,0	621,9	364,9	46,4
42	252,07	261,6	669,2	407,6	260,4	621,7	361,3	46,3
44	254,87	264,9	668,9	404,0	263,6	621,5	357,9	46,1
46	257,56	268,0	668,5	400,5	266,6	621,1	354,5	46,0
48	260,17	271,1	668,1	397,0	269,7	620,9	352,2	45,8
50	262,70	274,1	667,7	393,6	272,6	620,6	348,0	45,6
55	268,70	281,3	666,5	385,2	279,6	619,7	340,1	45,2
60	274,29	288,2	665,2	377,0	286,4	618,8	332,4	44,7
65	279,54	294,7	663,8	369,1	292,7	617,7	325,0	44,1
70	284,48	300,9	662,3	361,4	298,7	616,5	317,8	43,6
75	289,17	306,9	660,7	353,8	304,5	615,3	310,8	43,0
80	293,62	312,6	659,0	346,4	310,0	613,9	303,9	42,5
85	297,86	318,2	657,3	339,1	315,4	612,7	297,3	41,8
90	301,92	323,6	655,5	331,9	320,6	611,3	290,7	41,2
95	305,80	328,9	653,6	324,7	325,7	609,9	284,2	40,5
100	309,53	334,1	651,7	317,6	330,7	608,5	277,8	39,8
110	316,58	344,0	647,7	303,7	340,2	605,5	265,3	38,4
120	323,15	353,7	643,0	289,3	349,4	601,9	251,5	36,8
130	329,30	363,1	637,5	274,4	358,4	597,6	239,2	35,2
140	335,09	372,4	631,6	259,2	367,2	592,9	225,7	33,5
150	340,56	381,6	625,1	243,5	375,8	587,7	211,9	31,6
160	345,74	390,8	618,3	227,5	384,4	582,2	197,8	29,7
180	355,35	410,2	603,0	192,8	402,5	570,1	167,6	25,2
200	364,08	431,5	582,2	150,7	422,1	553,2	131,1	19,6
224	373,6	478,5	530,8	52,3	464,8	510,4	45,6	6,7
225,65	374,15	501,5		0	484,7		0	0

Tabelle II a. *Zustandsgrößen v, i und s von Wasser und überhitztem Dampf.*

Oberhalb der waagerechten Querstriche herrscht flüssiger, darunter dampfförmiger Zustand.

°C	1,0 at			5,0 at			10,0 at			25 at		
	v	i	s	v	i	s	v	i	s	v	i	s
0	0,001000	0,0	0,0000	0,001000	0,1	0,0000	0,001000	0,2	0,0000	0,000999	0,6	0,0001
10	0,001000	10,1	0,0361	0,001000	10,2	0,0361	0,001000	10,3	0,0361	0,000999	10,6	0,0361
20	0,001002	20,1	0,0708	0,001002	20,1	0,0708	0,001001	20,2	0,0707	0,001001	20,6	0,0707
30	0,001004	30,0	0,1042	0,001004	30,1	0,1042	0,001004	30.2	0,1041	0,001003	30,5	0,1040
40	0,001008	40,0	0,1366	0,001008	40,1	0,1365	0,001007	40,2	0,1365	0,001007	40,5	0,1363
50	0,001012	50,0	0,1679	0,001012	50,0	0,1679	0,001012	50,1	0,1678	0,001011	50,4	0,1676
60	0,001017	59,9	0,1983	0,001017	60,0	0,1983	0,001017	60,1	0,1982	0,001016	60,4	0,1980
70	0,001023	69,9	0,2279	0,001023	70,0	0,2278	0,001023	70,1	0,2278	0,001022	70,4	0,2276
80	0,001029	80,0	0,2567	0,001029	80,0	0,2566	0,001029	80,1	0,2565	0,001028	80,4	0,2563
90	0,001036	90,0	0,2847	0,001036	90,1	0,2846	0,001036	90,2	0,2845	0,001035	90,4	0,2843
100	1,730	638,9	1,7595	0,001044	100,1	0,3119	0,001043	100,2	0,3118	0,001043	100,5	0,3116
110	1,780	644,2	1,7734	0,001052	110,2	0,3386	0,001052	110,3	0,3385	0,001051	110,5	0,3382
120	1,830	649,1	1,7860	0,001061	120,3	0,3647	0,001060	120,4	0,3646	0,001059	120,6	0,3642
130	1,879	653,9	1,7980	0,001070	130,5	0,3902	0,001070	130,6	0,3901	0,001069	130,8	0,3897
140	1,927	658,6	1,8095	0,001080	140,7	0,4152	0,001080	140,7	0,4150	0,001079	141,0	0,4147
150	1,977	663,3	1,8207	0,001091	150,9	0,4397	0,001091	151,0	0,4396	0,001090	151,2	0,4392
160	2,024	667,9	1,8317	0,3917	661,4	1,6425	0,001102	161,3	0,4636	0,001101	161,5	0,4632
170	2,072	672,6	1,8423	0,4026	666,8	1,6553	0,001114	171,7	0,4873	0,001113	171,9	0,4869
180	2,119	677,3	1,8528	0,4131	672,3	1,6671	0,1986	663,9	1,5757	0,001127	182,3	0,5102
190	2,167	682,0	1,8630	0,4234	677,4	1,6782	0,2047	670,5	1,5901	0,001141	192,9	0,5332
200	2,215	686,7	1,8730	0,4337	682,4	1,6890	0,2105	676,4	1,6028	0,001156	203,5	0,5560
210	2,263	691,4	1,8829	0,4438	687,4	1,6994	0,2161	682,0	1,6145	0,001172	214,3	0,5785
220	2,310	696,1	1,8925	0,4538	692,4	1,7096	0,2215	687,4	1,6256	0,001190	225,3	0,6009
230	2,358	700,8	1,9020	0,4638	697,3	1,7195	0,2269	692,7	1,6362	0,08364	675,4	1,5080
240	2,406	705,5	1,9113	0,4738	702,2	1,7291	0,2322	698,0	1,6465	0,08642	682,6	1,5222
250	2,453	710,3	1,9204	0,4837	707,1	1,7386	0,2374	703,1	1,6565	0,08905	689,3	1,5352
260	2,501	715,0	1,9294	0,4935	712.1	1,7479	0,2426	708,3	1,6663	0,09157	695,6	1,5472
270	2.548	719,8	1,9383	0,5034	717,0	1,7571	0,2477	713,4	1,6758	0,09401	701,7	1,5585
280	2,596	724,5	1,9470	0,5132	721,9	1,7660	0,2528	718,5	1,6851	0,09638	707,7	1,5693
290	2,643	729,3	1,9555	0,5230	726,7	1,7747	0,2579	723,6	1,6942	0,09870	713,5	1,5797
300	2,690	734,1	1,9640	0,5327	731,7	1,7835	0,2630	728,7	1,7032	0,1010	719,2	1,5897
310	2,738	738,9	1,9723	0,5424	736,6	1,7920	0,2680	733,8	1,7119	0,1032	724,8	1,5994
320	2,785	743,7	1,9805	0,5522	741,6	1,8004	0,2730	738,8	1,7206	0,1054	730,3	1,6089
330	2,833	748,6	1,9886	0,5619	746,5	1,8086	0,2780	743,9	1,7290	0,1076	735,8	1,6181
340	2,880	753,4	1,9965	0,5715	751,4	1,8167	0,2830	748,9	1,7373	0,1098	741,3	1,6271
350	2,927	758,3	2,0044	0,5812	756,4	1,8247	0,2879	754,0	1,7455	0,1119	746,7	1,6359
360	2,974	763,1	2,0121	0,5908	761,3	1,8326	0,2929	759,1	1,7536	0,1141	752,1	1,6445
370	3,022	768,0	2,0198	0,6005	766,3	1,8404	0,2978	764,1	1,7615	0,1162	757,5	1,6529
380	3,069	772,9	2,0274	0.6101	771,3	1,8481	0,3027	769,2	1,7693	0,1183	762,9	1,6612
390	3,116	777,8	2,0348	0,6197	776,3	1,8557	0,3076	774,3	1,7770	0,1204	768,2	1,6693
400	3,163	782,8	2,0422	0,6293	781,3	1,8631	0,3125	779,3	1,7846	0,1224	773,6	1,6773
410	3,211	787,7	2,0495	0,6389	786,3	1,8705	0,3174	784,4	1,7921	0,1245	778,9	1,6851
420	3,258	792,7	2,0567	0,6488	791,3	1,8778	0,3223	789,5	1,7995	0,1265	784,2	1,6929
430	3,305	797,7	2,0638	0,6580	796,3	1,8850	0,3271	794,6	1,8068	0,1286	789,5	1,7005
440	3,352	802,6	2,0709	0,6676	801,3	1,8921	0,3320	799,7	1,8140	0,1306	794,8	1,7080
450	3,400	807,7	2,0778	0,6771	806,4	1,8992	0,3368	804,8	1,8212	0,1326	800,1	1,7154
460	3,447	812,7	2,0847	0,6867	811,5	1,9061	0,3417	810,0	1,8282	0,1347	805,4	1,7226
470	3,494	817,7	2,0916	0,6962	816,6	1,9130	0,3465	815,1	1,8352	0,1367	810,7	1,7298
480	3,541	822,8	2,0983	0,7057	821,6	1,9198	0,3513	820,2	1,8420	0,1387	816,0	1,7369
490	3,588	827,8	2,1050	0,7153	826,8	1,9266	0,3561	825,4	1,8489	0,1407	821,4	1,7439
500	3,635	832,9	2,1116	0,7248	831,9	1,9332	0,3610	830,6	1,8556	0,1427	826,7	1,7508
510	3,683	838,0	2,1182	0,7343	837,0	1,9398	0,3658	835,8	1,8622	0,1446	832,0	1,7577
520	3,730	843,1	2,1247	0,7438	842,2	1,9464	0,3706	840,9	1,8688	0,1466	837,3	1,7644
530	3,777	848,3	2,1311	0,7533	847,3	1,9528	0,3754	846,2	1,8754	0,1486	842,7	1,7711
540	3,824	853,4	2,1375	0,7628	852,5	1,9592	0,3802	851,4	1,8818	0,1506	848,0	1,7777
550	3,871	858,6	2,1438	0,7723	857,7	1,9656	0,3850	856,6	1,8882	0,1525	853,3	1,7842

Tabelle IIa. (Fortsetzung.) *Zustandsgrößen v, i und s von Wasser und überhitztem Dampf.*

°C	1,0 at			5,0 at			10,0 at			25 at		
	v	i	s	v	i	s	v	i	s	v	i	s
550	3,871	858,6	2,1438	0,7723	857,7	1,9656	0,3850	856,6	1,8882	0,1525	853,3	1,7842
560	3,918	863,8	2,1500	0,7818	862,9	1,9719	0,3897	861,9	1,8945	0,1545	858,7	1,7907
570	3,965	869,0	2,1562	0,7913	868,1	1,9781	0,3945	867,1	1,9008	0,1565	864,0	1,7971
580	4,013	874,2	2,1624	0,8008	873,4	1,9843	0,3993	872,4	1,9070	0,1584	869,4	1,8034
590	4,060	879,4	2,1685	0,8103	878,6	1,9904	0,4041	877,7	1,9132	0,1604	874,8	1,8097
600	4,107	884,7	2,1745	0,8198	883,9	1,9965	0,4089	883,0	1,9193	0,1623	880,2	1,8159
610	4,154	889,9	2,1805	0,8292	889,2	2,0025	0,4136	888,3	1,9253	0,1643	885,6	1,8221
620	4,201	895,2	2,1865	0,8387	894,5	2,0085	0,4184	893,6	1,9313	0,1662	891,0	1,8281
630	4,248	900,5	2,1924	0,8482	899,8	2,0144	0,4232	899,0	1,9373	0,1682	896,4	1,8342
640	4,295	905,8	2,1982	0,8577	905,1	2,0203	0,4279	904,3	1,9434	0,1701	901,8	1,8402
650	4,342	911,1	2,2040	0,8672	910,5	2,0261	0,4327	909,7	1,9491	0,1721	907,3	1,8461
660	4,390	916,5	2,2098	0,8766	915,9	2,0319	0,4375	915,1	1,9549	0,1740	912,7	1,8520
670	4,437	921,9	2,2155	0,8861	921,2	2,0376	0,4422	920,5	1,9606	0,1759	918,2	1,8578
680	4,484	927,2	2,2212	0,8955	926,6	2,0433	0,4470	925,9	1,9663	0,1779	923,7	1,8636
690	4,531	932,6	2,2268	0,9050	932,1	2,0490	0,4517	931,3	1,9720	0,1798	929,2	1,8693
700	4,578	938,0	2,2324	0,9144	937,5	2,0546	0,4565	936,8	1,9776	0,1817	934,7	1,8750
710	4,625	943,5	2,2380	0,9239	942,9	2,0603	0,4612	942,2	1,9832	0,1836	940,2	1,8806
720	4,672	948,9	2,2435	0,9333	948,4	2,0657	0,4660	947,7	1,9888	0,1856	945,7	1,8862
730	4,719	954,4	2,2490	0,9428	953,9	2,0712	0,4707	953,2	1,9943	0,1875	951,3	1,8918
740	4,766	959,9	2,2544	0,9523	959,4	2,0766	0,4755	958,7	1,9997	0,1894	956,8	1,8973
750	4,814	965,4	2,2598	0,9617	964,9	2,0820	0,4802	964,2	2,0052	0,1913	962,4	1,9028
760	4,861	970,9	2,2652	0,9712	970,4	2,0874	0,4850	969,7	2,0106	0,1933	968,0	1,9082
770	4,908	976,4	2,2705	0,9806	975,9	2,0927	0,4897	975,3	2,0159	0,1952	973,6	1,9136
780	4,955	982,0	2,2758	0,9901	981,5	2,0980	0,4945	980,9	2,0212	0,1971	979,2	1,9190
790	5,002	987,5	2,2810	0,9995	987,1	2,1033	0,4992	986,5	2,0265	0,1990	984,8	1,9243
800	5,049	993,1	2,2863	1,0090	992,6	2,1085	0,5039	992,1	2,0317	0,2009	990,5	1,9296

C°	50 at			75 at			100 at			125 at		
	v	i	s	v	i	s	v	i	s	v	i	s
0	0,000998	1,2	0,0001	0,000996	1,8	0,0001	0,000995	2,4	0,0002	0,000994	3,0	0,0002
10	0,000998	11,2	0,0360	0,000997	11,8	0,0359	0,000996	12,3	0,0359	0,000995	12,9	0,0358
20	0,001000	21,1	0,0705	0,000998	21,7	0,0704	0,000997	22,2	0,0703	0,000996	22,8	0,0701
30	0,001002	31,1	0,1038	0,001001	31,6	0,1037	0,001000	32,1	0,1035	0,000999	32,7	0,1033
40	0,001006	41,0	0,1361	0,001005	41,5	0,1359	0,001004	42,0	0,1356	0,001002	42,5	0,1354
50	0,001010	50,9	0,1674	0,001009	51,5	0,1671	0,001008	52,0	0,1668	0,001007	52,5	0,1666
60	0,001015	60,9	0,1978	0,001014	61,4	0,1974	0,001013	61,9	0,1971	0,001012	62,4	0,1968
70	0,001021	70,9	0,2273	0,001020	71,4	0,2269	0,001018	71,8	0,2265	0,001017	72,3	0,2262
80	0,001027	80,9	0,2560	0,001026	81,4	0,2555	0,001025	81,8	0,2551	0,001023	82,3	0,2548
90	0,001034	90,9	0,2839	0,001033	91,3	0,2834	0,001031	91,8	0,2830	0,001030	92,2	0,2826
100	0,001041	100,9	0,3111	0,001040	101,4	0,3106	0,001039	101,8	0,3102	0,001038	102,2	0,3098
110	0,001049	111,0	0,3377	0,001048	111,4	0,3372	0,001047	111,8	0,3367	0,001045	112,3	0,3363
120	0,001058	121,1	0,3637	0,001057	121,5	0,3632	0,001055	121,9	0,3627	0,001054	122,3	0,3622
130	0,001067	131,2	0,3891	0,001066	131,6	0,3886	0,001064	132,0	0,3880	0,001063	132,4	0,3875
140	0,001077	141,4	0,4140	0,001076	141,8	0,4134	0,001074	142,1	0,4129	0,001073	142,5	0,4123
150	0,001088	151,6	0,4385	0,001086	152,0	0,4379	0,001085	152,3	0,4372	0,001083	152,7	0,4366
160	0,001099	161,9	0,4625	0,001098	162,2	0,4619	0,001096	162,6	0,4612	0,001094	162,9	0,4605
170	0,001111	172,2	0,4862	0,001110	172,5	0,4855	0,001108	172,9	0,4847	0,001106	173,2	0,4840
180	0,001124	182,6	0,5094	0,001122	182,9	0,5087	0,001120	183,3	0,5079	0,001118	183,6	0,5071
190	0,001138	193,2	0,5324	0,001136	193,4	0,5316	0,001134	193,7	0,5307	0,001132	194,0	0,5299
200	0,001153	203,8	0,5551	0,001151	204,0	0,5542	0,001149	204,3	0,5533	0,001146	204,5	0,5524
210	0,001169	214,5	0,5776	0,001167	214,8	0,5766	0,001164	215,0	0,5756	0,001162	215,2	0,5747
220	0,001187	225,4	0,5999	0,001184	225,6	0,5988	0,001181	225,8	0,5978	0,001178	226,0	0,5967
230	0,001206	236,5	0,6220	0,001203	236,6	0,6208	0,001199	236,7	0,6198	0,001196	236,9	0,6186
240	0,001227	247,7	0,6441	0,001223	247,8	0,6429	0,001219	247,9	0,6417	0,001216	247,9	0,6404

Tabelle II a. (Fortsetzung.) *Zustandsgrößen v, i und s von Wasser und überhitztem Dampf.*

Oberhalb der waagerechten Querstriche herrscht flüssiger, darunter dampfförmiger Zustand.

°C	50 at			75 at			100 at			125 at		
	v	i	s	v	i	s	v	i	s	v	i	s
250	0,001250	259,2	0,6663	0,001245	259,2	0,6649	0,001241	259,2	0,6635	0,001237	259,2	0,6622
260	0,001275	270,9	0,6885	0,001270	270,8	0,6870	0,001265	270,8	0,6854	0,001261	270,7	0,6840
270	0,04157	675,0	1,4423	0,001298	282,8	0,7092	0,001292	282,6	0,7075	0,001287	282,5	0,7058
280	0,04331	684,0	1,4588	0,001329	295,2	0,7317	0,001322	294,8	0,7298	0,001316	294,6	0,7279
290	0,04492	692,3	1,4736	0,001370	307,9	0,7547	0,001357	307,5	0,7524	0,001349	307,1	0,7503
300	0,04643	700,0	1,4872	0,02744	673,5	1,4045	0,001398	320,7	0,7755	0,001388	320,1	0,7732
310	0,04787	707,2	1,4997	0,02879	684,0	1,4226	0,01853	652,4	1,3452	0,001434	333,8	0,7969
320	0,04924	714,2	1,5115	0,03002	693,6	1,4388	0,01984	666,3	1,3688	0,001491	348,5	0,8218
330	0,05057	720,8	1,5227	0,03116	702,3	1,4535	0,02101	678,6	1,3893	0,01447	648,1	1,3217
340	0,05186	727,3	1,5333	0,03224	710,6	1,4671	0,02206	689,6	1,4074	0,01561	663,3	1,3467
350	0,05311	733,6	1,5435	0,03326	718,3	1,4796	0,02304	699,6	1,4236	0,01662	676,7	1,3683
360	0,05433	739,8	1,5534	0,03423	725,7	1,4914	0,02394	708,9	1,4384	0,01754	688,7	1,3874
370	0,05553	745,9	1,5629	0,03517	732,8	1,5025	0,02479	717,6	1,4519	0,01838	699,5	1,4045
380	0,05671	751,8	1,5721	0,03607	739,6	1,5131	0,02559	725,7	1,4646	0,01916	709,6	1,4199
390	0,05787	757,7	1,5811	0,03695	744,3	1,5233	0,02636	733,5	1,4764	0,01988	718,9	1,4341
400	0,05902	763,6	1,5898	0,03781	752,9	1,5330	0,02709	741,0	1,4876	0,02057	727,6	1,4472
410	0,06015	769,4	1,5983	0,03865	759,3	1,5425	0,02780	748,2	1,4982	0,02122	735,9	1,4594
420	0,06127	775,1	1,6067	0,03947	765,5	1,5516	0,02849	755,2	1,5084	0,02184	743,9	1,4710
430	0,06237	780,8	1,6149	0,04027	771,8	1,5605	0,02916	762,0	1,5181	0,02244	751,5	1,4819
440	0,06347	786,5	1,6229	0,04107	777,9	1,5691	0,02981	768,7	1,5276	0,02301	758,8	1,4923
450	0,06456	792,2	1,6308	0,04185	783,9	1,5775	0,03045	775,2	1,5367	0,02357	766,0	1,5022
460	0,06564	797,8	1,6385	0,04262	789,9	1,5857	0,03107	781,7	1,5455	0,02412	773,0	1,5118
470	0,06671	803,4	1,6461	0,04338	795,8	1,5938	0,03169	788,0	1,5541	0,02465	779,8	1,5211
480	0,06778	809,1	1,6535	0,04414	801,8	1,6017	0,03229	794,3	1,5625	0,02517	786,5	1,5300
490	0,06883	814,5	1,6609	0,04489	807,6	1,6095	0,03289	800,5	1,5707	0,02568	793,1	1,5387
500	0,06989	820,1	1,6681	0,04563	813,5	1,6172	0,03348	806,6	1,5787	0,02618	799,6	1,5471
510	0,07093	825,7	1,6753	0,04636	819,3	1,6245	0,03406	812,7	1,5865	0,02667	806,0	1,5554
520	0,07198	831,2	1,6823	0,04709	825,1	1,6318	0,03464	818,8	1,5942	0,02716	812,3	1,5634
530	0,07301	836,8	1,6893	0,04782	830,8	1,6390	0,03521	824,8	1,6017	0,02764	818,6	1,5713
540	0,07405	842,3	1,6961	0,04853	836,8	1,6462	0,03578	830,7	1,6091	0,02812	824,8	1,5790
550	0,07507	847,8	1,7029	0,04926	842,3	1,6532	0,03634	836,7	1,6163	0,02858	831,0	1,5865
560	0,07610	853,4	1,7096	0,04997	848,0	1,6601	0,03689	842,6	1,6235	0,02905	837,1	1,5940
570	0,07712	858,9	1,7162	0,05068	853,7	1,6669	0,03745	848,5	1,6305	0,02951	843,2	1,6012
580	0,07814	864,4	1,7227	0,05138	859,4	1,6736	0,03799	854,4	1,6375	0,02996	849,3	1,6084
590	0,07915	870,0	1,7291	0,05208	865,1	1,6803	0,03854	860,2	1,6443	0,03042	855,3	1,6154
600	0,08016	875,5	1,7355	0,05278	870,8	1,6868	0,03908	866,1	1,6510	0,03086	861,3	1,6224
610	0,08117	881,0	1,7418	0,05348	876,5	1,6933	0,03962	871,9	1,6577	0,03131	867,3	1,6292
620	0,08218	886,6	1,7481	0,05417	882,2	1,6997	0,04015	877,8	1,6642	0,03175	873,3	1,6359
630	0,08318	892,1	1,7542	0,05486	887,9	1,7060	0,04069	883,6	1,6707	0,03219	879,3	1,6425
640	0,08418	897,7	1,7604	0,05554	893,6	1,7123	0,04122	889,4	1,6771	0,03263	885,2	1,6491
650	0,08518	903,2	1,7664	0,05623	899,3	1,7185	0,04175	895,2	1,6834	0,03306	891,2	1,6555
660	0,08617	908,8	1,7724	0,05691	905,0	1,7246	0,04227	901,0	1,6897	0,03349	897,1	1,6619
670	0,08717	914,4	1,7784	0,05759	910,6	1,7306	0,04280	906,8	1,6959	0,03392	903,0	1,6682
680	0,08816	920,0	1,7842	0,05827	916,3	1,7367	0,04332	912,6	1,7020	0,03435	908,9	1,6745
690	0,08915	925,6	1,7901	0,05895	922,0	1,7426	0,04384	918,4	1,7080	0,03478	914,8	1,6806
700	0,09014	931,2	1,7959	0,05962	927,7	1,7485	0,04435	924,2	1,7140	0,03520	920,7	1,6867
710	0,09112	936,8	1,8016	0,06030	933,4	1,7543	0,04487	930,0	1,7200	0,03562	926,6	1,6927
720	0,09211	942,4	1,8073	0,06097	939,1	1,7600	0,04539	935,8	1,7258	0,03604	932,5	1,6987
730	0,09309	948,0	1,8129	0,06164	944,8	1,7658	0,04590	941,6	1,7316	0,03646	938,4	1,7046
740	0,09408	953,7	1,8185	0,06231	950,5	1,7715	0,04641	947,4	1,7374	0,03688	944,2	1,7104
750	0,09506	959,3	1,8241	0,06297	956,3	1,7771	0,04692	953,2	0,7431	0,03730	950,1	1,7162
760	0,09604	965,0	1,8296	0,06364	962,0	1,7827	0,04743	959,0	1,7487	0,03771	956,0	1,7219
770	0,09702	970,6	1,8350	0,06431	967,7	1,7882	0,04794	964,8	0,7543	0,03812	961,9	1,7276
780	0,09799	976,3	1,8405	0,06497	973,5	1,7937	0,04844	970,6	1,7599	0,03854	967,8	1,7332
790	0,09897	982,0	1,8458	0,06563	979,4	1,7992	0,04895	976,5	1,7654	0,03895	973,7	1,7388
800	0,09994	987,7	1,8512	0,06629	985,0	1,8046	0,04945	982,3	1,7709	0,03936	979,6	1.7443

Tabelle IIa. (Fortsetzung.) *Zustandsgrößen v, i und s von Wasser und überhitztem Dampf.*

°C	150 at			200 at			250 at			300 at		
	v	i	s	v	i	s	v	i	s	v	i	s
0	0,000993	3,6	0,0002	0,000991	4,7	0,0003	0,000988	5,9	0,0003	0,000986	7,0	0,0003
10	0,000993	13,4	0,0358	0,000991	14,6	0,0356	0,000989	15,7	0,0355	0,000987	16,8	0,0353
20	0,000995	23,3	0,0700	0,000993	24,4	0,0697	0,000991	25,5	0,0695	0,000989	26,6	0,0692
30	0,000998	33,2	0,1031	0,000996	34,2	0,1028	0,000994	35,3	0,1024	0,000992	36,3	0,1020
40	0,001001	43,1	0,1352	0,000999	44,1	0,1347	0,000997	45,1	0,1343	0,000995	46,1	0,1338
50	0,001006	53,0	0,1663	0,001004	54,0	0,1657	0,001002	55,0	0,1652	0,001000	56,0	0,1647
60	0,001011	62,9	0,1965	0,001009	63,8	0,1959	0,001006	64,8	0,1953	0,001004	65,8	0,1946
70	0,001016	72,8	0,2258	0,001014	73,7	0,2251	0,001012	74,7	0,2245	0,001010	75,6	0,2238
80	0,001022	82,7	0,2544	0,001020	83,7	0,2536	0,001018	84,6	0,2529	0,001016	85,5	0,2522
90	0,001029	92,7	0,2822	0,001027	93,6	0,2814	0,001025	94,5	0,2806	0,001022	95,4	0,2798
100	0,001036	102,7	0,3093	0,001034	103,6	0,3084	0,001032	104,4	0,3076	0,001029	105,3	0,3067
110	0,001044	112,7	0,3358	0,001042	113,5	0,3348	0,001039	114,4	0,3339	0,001037	115,3	0,3330
120	0,001053	122,7	0,3616	0,001050	123,6	0,3606	0,001047	124,4	0,3596	0,001045	125,2	0,3587
130	0,001062	132,8	0,3869	0,001059	133,6	0,3859	0,001056	134,4	0,3848	0,001054	135,2	0,3838
140	0,001071	142,9	0,4117	0,001068	143,7	0,4106	0,001066	144,5	0,4094	0,001063	145,2	0,4083
150	0,001081	153,1	0,4360	0,001078	153,8	0,4348	0,001075	154,6	0,4336	0,001072	155,3	0,4324
160	0,001092	163,3	0,4598	0,001089	164,0	0,4585	0,001086	164,7	0,4573	0,001083	165,4	0,4560
170	0,001104	173,5	0,4833	0,001100	174,2	0,4819	0,001097	174,9	0,4805	0,001094	175,6	0,4792
180	0,001116	183,9	0,5064	0,001113	184,5	0,5049	0,001109	185,1	0,5034	0,001105	185,8	0,5020
190	0,001130	194,3	0,5291	0,001126	194,9	0,5275	0,001122	195,5	0,5260	0,001118	196,1	0,5245
200	0,001144	204,8	0,5515	0,001139	205,3	0,5499	0,001135	205,9	0,5482	0,001131	206,4	0,5466
210	0,001159	215,4	0,5737	0,001154	215,9	0,5719	0,001150	216,4	0,5702	0,001145	216,9	0,5684
220	0,001175	226,1	0,5957	0,001170	226,6	0,5938	0,001165	227,0	0,5919	0,001160	227,4	0,5900
230	0,001193	237,0	0,6176	0,001187	237,3	0,6154	0,001182	237,7	0,6134	0,001176	238,1	0,6114
240	0,001212	248,1	0,6393	0,001206	248,3	0,6370	0,001199	248,6	0,6348	0,001193	248,9	0,6326
250	0,001233	259,3	0,6609	0,001226	259,4	0,6584	0,001219	259,6	0,6560	0,001212	259,8	0,6537
260	0,001256	270,7	0,6825	0,001247	270,7	0,6798	0,001239	270,8	0,6772	0,001232	270,9	0,6747
270	0,001281	282,4	0,7042	0,001271	282,2	0,7012	0,001262	282,1	0,6983	0,001254	282,1	0,6956
280	0,001310	294,4	0,7261	0,001298	294,0	0,7227	0,001287	293,8	0,7195	0,001277	293,6	0,7165
290	0,001342	306,7	0,7483	0,001328	306,1	0,7444	0,001315	305,7	0,7408	0,001304	305,3	0,7375
300	0,001378	319,5	0,7709	0,001361	318,6	0,7664	0,001346	317,9	0,7623	0,001333	317,3	0,7586
310	0,001422	332,9	0,7941	0,001400	331,6	0,7888	0,001382	330,5	0,7842	0,001366	329,6	0,7799
320	0,001474	347,2	0,8183	0,001446	345,2	0,8119	0,001423	343,6	0,8064	0,001403	342,3	0,8016
330	0,001541	362,7	0,8443	0,001501	359,6	0,8361	0,001471	357,3	0,8294	0,001445	355,6	0,8237
340	0,001637	380,4	0,8733	0,001572	375,3	0,8619	0,001529	371,9	0,8534	0,001496	369,4	0,8464
350	0,01206	647,5	1,3085	0,001672	393,2	0,8908	0,001603	387,6	0,8789	0,001556	384,1	0,8702
360	0,01304	664,2	1,3348	0,001841	416,6	0,9280	0,001695	405,7	0,9075	0,001632	399,9	0,8954
370	0,01392	678,2	1,3566	0,00745	610,8	1,2332	0,001853	428,0	0,9425	0,00172	417,8	0,9235
380	0,01472	690,6	1,3759	0,00874	640,4	1,2777	0,00238	471,4	1,0069	0,00188	439,5	0,9573
390	0,01544	702,0	1,3932	0,00960	660,4	1,3008	0,00511	585,6	1,1833	0,00217	470,4	1,0040
400	0,01612	712,5	1,4088	0,01030	675,7	1,3316	0,00636	623,2	1,2395	0,00301	523,6	1,0843
410	0,01675	722,2	1,4231	0,01095	689,4	1,3518	0,00719	646,9	1,2743	0,00424	578,9	1,1660
420	0,01734	731,3	1,4364	0,01154	701,8	1,3699	0,00788	665,5	1,3018	0,00517	615,0	1,2185
430	0,01790	739,9	1,4488	0,01209	713,2	1,3862	0,00845	681,0	1,3237	0,00588	641,1	1,2555
440	0,01844	748,2	1,4604	0,01260	723,8	1,4012	0,00897	695,0	1,3433	0,00645	661,1	1,2839
450	0,01895	756,1	1,4714	0,01308	733,7	1,4150	0,00945	707,7	1,3609	0,00695	677,8	1,3065
460	0,01945	763,7	1,4819	0,01353	743,1	1,4279	0,00989	719,4	1,3770	0,00740	692,4	1,3266
470	0,01993	771,1	1,4919	0,01397	752,0	1,4399	0,01031	730,2	1,3917	0,00782	705,8	1,3447
480	0,02040	778,3	1,5015	0,01438	760,5	1,4513	0,01070	740,4	1,4054	0,00821	718,1	1,3611
490	0,02086	785,3	1,5108	0,01478	768,7	1,4620	0,01108	750,1	1,4181	0,00857	729,6	1,3763
500	0,02130	792,2	1,5198	0,01516	776,5	1,4723	0,01143	759,3	1,4301	0,00891	740,4	1,3903
510	0,02174	799,0	1,5285	0,01553	784,2	1,4822	0,01177	768,1	1,4414	0,00924	750,5	1,4034
520	0,02217	805,7	1,5370	0,01589	791,7	1,4916	0,01210	776,5	1,4521	0,00954	760,2	1,4156
530	0,02259	812,3	1,5452	0,01625	799,0	1,5008	0,01242	784,7	1,4623	0,00984	769,4	1,4272
540	0,02300	818,7	1,5532	0,01659	806,1	1,5096	0,01272	792,6	1,4721	0,01013	778,3	1,4382
550	0,02341	825,2	1,5611	0,01693	813,1	1,5182	0,01302	800,4	1,4816	0,01040	786,8	1,4486

Tabelle IIa. (Fortsetzung.) *Zustandsgrößen v, i und s von Wasser und überhitztem Dampf.*

°C	150 at			200 at			250 at			300 at		
	v	i	s	v	i	s	v	i	s	v	i	s
550	0,02341	825,2	1,5611	0,01693	813,1	1,5182	0,01302	800,4	1,4816	0,01040	786,8	1,4486
560	0,02381	831,5	1,5688	0,01726	820,0	1,5265	0,01331	807,9	1,4907	0,01067	795,1	1,4586
570	0,02421	837,9	1,5763	0,01759	826,8	1,5346	0,01360	815,3	1,4995	0,01093	803,2	1,4682
580	0,02461	844,1	1,5837	0,01791	833,5	1,5426	0,01387	822,5	1,5080	0,01118	811,0	1,4775
590	0,02500	850,4	1,5910	0,01822	840,2	1,5503	0,01415	829,7	1,5164	0,01142	818,7	1,4864
600	0,02539	856,6	1,5981	0,01853	846,8	1,5579	0,01442	836,7	1,5244	0,01166	826,2	1,4951
610	0,02577	862,7	1,6051	0,01884	853,3	1,5653	0,01468	843,6	1,5323	0,01190	833,6	1,5035
620	0,02615	868,8	1,6120	0,01914	859,8	1,5726	0,01494	850,4	1,5400	0,01213	840,9	1,5117
630	0,02653	874,9	1,6188	0,01945	866,2	1,5797	0,01519	857,2	1,5476	0,01236	848,0	1,5197
640	0,02690	881,0	1,6255	0,01974	872,6	1,5868	0,01545	863,9	1,5550	0,01258	855,1	1,5274
650	0,02727	887,1	1,6321	0,02004	878,9	1,5937	0,01570	870,6	1,5622	0,01280	862,1	1,5350
660	0,02764	893,1	1,6386	0,02033	885,2	1,6005	0,01594	877,2	1,5693	0,01302	869,0	1,5425
670	0,02801	899,2	1,6451	0,02062	891,5	1,6072	0,01619	883,7	1,5763	0,01323	875,8	1,5498
680	0,02838	905,2	1,6514	0,02091	897,7	1,6138	0,01643	890,2	1,5832	0,01344	882,6	1,5569
690	0,02874	911,2	1,6577	0,02119	904,0	1,6203	0,01667	896,7	1,5899	0,01365	889,3	1,5639
700	0,02910	917,2	1,6639	0,02148	910,2	1,6267	0,01690	903,1	1,5966	0,01385	896,0	1,5708
710	0,02946	923,2	1,6700	0,02176	916,4	1,6330	0,01714	909,5	1,6031	0,01406	902,7	1,5776
720	0,02982	929,2	1,6761	0,02204	922,6	1,6393	0,01737	915,9	1,6096	0,01426	909,2	1,5843
730	0,03017	935,1	1,6820	0,02231	928,7	1,6454	0,01760	922,3	1,6159	0,01446	915,8	1,5909
740	0,03053	942,0	1,6880	0,02259	934,9	1,6515	0,01783	928,6	1,6222	0,01466	922,3	1,5973
750	0,03088	947,1	1,6938	0,02287	941,0	1,6576	0,01806	934,9	1,6284	0,01486	928,8	1,6037
760	0,03123	953,0	1,6996	0,02314	947,1	1,6635	0,01829	941,2	1,6345	0,01505	935,3	1,6100
770	0,03158	959,0	1,7054	0,02341	953,2	1,6694	0,01851	947,5	1,6406	0,01525	941,7	1,6162
780	0,03193	965,0	1,7111	0,02368	959,3	1,6752	0,01873	953,8	1,6465	0,01544	948,2	1,6224
790	0,03228	970,9	1,7167	0,02395	965,5	1,6810	0,01896	960,0	1,6525	0,01563	954,6	1,6284
800	0,03263	976,9	1,7223	0,02422	971,6	1,6867	0,01918	966,2	1,6583	0,01582	961,0	1,6344

°C	350 at			400 at			450 at			500 at		
	v	i	s	v	i	s	v	i	s	v	i	s
0	0,0009837	8,2	0,0002	0,0009814	9,3	0,0002	0,0009792	10,5	0,0001	0,0009769	11,6	0,0000
10	0,0009847	17,9	0,0351	0,0009826	19,0	0,0350	0,0009805	20,1	0,0347	0,0009784	21,2	0,0345
20	0,0009868	27,6	0,0689	0,0009848	28,8	0,0688	0,0009828	29,8	0,0683	0,0009808	30,8	0,0680
30	0,0009897	37,4	0,1016	0,0009878	38,5	0,1014	0,0009858	39,5	0,1008	0,0009839	40,5	0,1004
40	0,0009934	47,2	0,1333	0,0009914	48,3	0,1329	0,0009895	49,2	0,1324	0,0009876	50,2	0,1319
50	0,0009976	57,0	0,1641	0,0009957	57,9	0,1636	0,0009938	58,9	0,1631	0,0009919	59,9	0,1625
60	0,0010025	66,8	0,1940	0,0010005	67,7	0,1934	0,0009986	68,7	0,1928	0,0009967	69,7	0,1923
70	0,0010079	76,6	0,2231	0,0010059	77,6	0,2225	0,0010039	78,5	0,2218	0,0010020	79,5	0,2212
80	0,0010138	86,5	0,2514	0,0010117	87,4	0,2507	0,0010097	88,3	0,2500	0,0010078	89,2	0,2493
90	0,0010202	96,3	0,2790	0,0010181	97,2	0,2782	0,0010160	98,1	0,2774	0,0010140	99,1	0,2767
100	0,0010272	106,2	0,3059	0,0010250	107,1	0,3050	0,0010228	108,0	0,3042	0,0010207	108,9	0,3034
110	0,0010346	116,1	0,3321	0,0010323	117,0	0,3312	0,0010301	117,9	0,3303	0,0010279	118,7	0,3294
120	0,0010425	126,1	0,3577	0,0010402	126,9	0,3567	0,0010378	127,8	0,3558	0,0010355	128,6	0,3549
130	0,0010510	136,0	0,3827	0,0010485	136,9	0,3817	0,0010461	137,7	0,3807	0,0010437	138,5	0,3797
140	0,0010600	146,0	0,4072	0,0010574	146,8	0,4061	0,0010548	147,6	0,4051	0,0010523	148,4	0,4040
150	0,0010696	156,1	0,4312	0,0010668	156,8	0,4301	0,0010641	157,6	0,4290	0,0010614	158,4	0,4278
160	0,0010797	166,2	0,4548	0,0010768	166,9	0,4536	0,0010739	167,6	0,4524	0,0010711	168,4	0,4512
170	0,0010905	176,3	0,4779	0,0010873	177,0	0,4766	0,0010843	177,7	0,4753	0,0010813	178,4	0,4741
180	0,0011019	186,5	0,5006	0,0010985	187,1	0,4992	0,0010953	187,8	0,4979	0,0010921	188,5	0,4966
190	0,0011140	196,7	0,5230	0,0011104	197,3	0,5215	0,0011069	198,0	0,5201	0,0011036	198,6	0,5187
200	0,0011269	207,0	0,5450	0,0011230	207,6	0,5435	0,0011193	208,2	0,5420	0,0011157	208,8	0,5405
210	0,0011406	217,4	0,5668	0,0011364	218,0	0,5651	0,0011324	218,5	0,5635	0,0011285	219,1	0,5620
220	0,0011553	227,9	0,5882	0,0011507	228,4	0,5865	0,0011463	228,9	0,5848	0,0011421	229,4	0,5831
230	0,0011709	238,5	0,6095	0,0011659	238,9	0,6076	0,0011612	239,4	0,6058	0,0011566	239,8	0,6040
240	0,0011876	249,2	0,6306	0,0011822	249,6	0,6286	0,0011770	250,0	0,6266	0,0011720	250,4	0,6247

Tabelle II a. (Fortsetzung.) *Zustandsgrößen v, i und s von Wasser und überhitztem Dampf.*

°C	350 at			400 at			450 at			500 at		
	v	i	s	v	i	s	v	i	s	v	i	s
250	0,0012056	260,0	0,6515	0,0011996	260,3	0,6493	0,0011938	260,6	0,6473	0,0011884	261,0	0,6452
260	0,0012249	271,0	0,6723	0,0012183	271,2	0,6700	0,0012119	271,5	0,6677	0,0012059	271,7	0,6656
270	0,0012459	282,2	0,6930	0,0012384	282,3	0,6905	0,0012313	282,4	0,6881	0,0012247	282,6	0,6858
280	0,0012687	293,5	0,7137	0,0012602	293,5	0,7110	0,0012523	293,5	0,7083	0,0012448	293,6	0,7059
290	0,0012936	305,1	0,7344	0,0012839	304,9	0,7314	0,0012749	304,8	0,7286	0,0012665	304,8	0,7259
300	0,0013209	316,9	0,7551	0,0013098	316,5	0,7519	0,0012996	316,3	0,7488	0,0012901	316,1	0,7458
310	0,001351	328,9	0,7760	0,001338	328,4	0,7724	0,0013265	328,0	0,7690	0,001316	327,6	0,7658
320	0,001385	341,4	0,7971	0,001370	340,5	0,7931	0,001356	339,9	0,7893	0,001344	339,4	0,7857
330	0,001424	354,2	0,8186	0,001406	353,0	0,8139	0,001389	352,1	0,8097	0,001375	351,3	0,8057
340	0,001469	367,5	0,8404	0,001446	365,9	0,8351	0,001426	364,6	0,8303	0,001409	363,6	0,8259
350	0,001520	381,3	0,8630	0,001492	379,3	0,8567	0,001468	377,6	0,8512	0,001445	376,2	0,8462
360	0,001582	396,2	0,8861	0,001539	393,3	0,8791	0,001515	391.2	0,8726	0,001492	389,1	0,8671
370	0,00166	412,1	0,9100	0,00161	408,2	0,9025	0,00157	405,3	0,8948	0,00154	402,8	0,8885
380	0,00176	430,0	0,9387	0,00168	424,4	0,9275	0,00164	420,4	0,9176	0,00160	416,9	0,9105
390	0,00190	451,2	0,9715	0,00179	442,2	0,9539	0,00172	436,3	0,9425	0,00167	431,8	0,9335
400	0,00212	477,7	1,0115	0,00192	462,3	0,9844	0,00181	453,9	0,9689	0,00175	447,8	0,9572
410	0,00257	511,4	1,0612	0,00211	485,6	1,0190	0,00194	473,1	0,9972	0,00184	464,9	0,9825
420	0,00323	552,0	1,1205	0,00240	513,0	1,0590	0,00211	494,6	1,0292	0,00196	483,6	1,0095
430	0,00394	591,0	1,1776	0,00280	545,8	1,1055	0,00233	528,7	1,0635	0,00211	503,5	1,0389
440	0,00458	620,0	1,2172	0,00330	577,0	1,1505	0,00263	545,0	1,1007	0,00231	525,4	1,0694
450	0,00515	643,3	1,2492	0,00381	604,9	1,1890	0,00298	571,3	1,1377	0,00254	548,6	1,1015
460	0,00560	662,5	1 2755	0,00427	629,6	1,2216	0,00336	597,4	1,1735	0,00281	572,2	1,1334
470	0,00602	679,0	1,2979	0,00471	650,6	1,2514	0,00375	620,9	1,2050	0,00311	595,2	1,1650
480	0,00641	693,8	1,3176	0,00507	668,2	1,2750	0,00411	641,9	1,2332	0,00341	617,2	1,1945
490	0,00676	707,4	1,3355	0,00542	684,2	1,2958	0,00444	660.7	1,2581	0,00371	637,7	1,2215
500	0,00710	720,0	1,3519	0,00575	698,7	1,3146	0,00474	677,1	1,2792	0,00400	656,3	1,2460
510	0,00741	731,7	1,3670	0,00605	712,1	1,3318	0,00503	692,3	1,2984	0,00427	673,1	1,2675
520	0,00771	742,7	1,3810	0,00633	724,5	1,3477	0,00530	706,1	1,3165	0,00452	688,4	1,2870
530	0,00799	753,2	1,3940	0,00661	736,2	1,3623	0,00555	719,1	1,3322	0,00476	702,5	1,3045
540	0,00826	763,1	1,4063	0,00686	747,3	1,3760	0,00579	731,3	1,3473	0,00498	715,8	1,3208
550	0,00852	772,6	1,4179	0,00711	757,8	1,3889	0,00603	742,8	1,3613	0,00519	728,1	1,3355
560	0,00877	781,7	1,4289	0,00735	767,8	1,4010	0,00625	753,7	1,3745	0,00540	739,8	1,3496
570	0,00901	790,5	1,4394	0,00758	777,4	1,4124	0,00647	764,1	1,3869	0,00560	750,9	1,3629
580	0,00925	799,0	1,4495	0,00780	786,7	1,4233	0,00668	774,1	1,3987	0,00579	761,6	1,3755
590	0,00947	807,3	1,4591	0,00801	795,6	1,4337	0,00688	783,7	1,4099	0,00598	771,8	1,3874
600	0,00969	816,4	1,4684	0,00822	804,3	1,4437	0,00707	793,0	1,4205	0,00617	781,7	1,3987
610	0,00991	823,3	1,4774	0,00842	812,7	1,4533	0,00726	801,9	1,4308	0,00634	791,2	1,4096
620	0,01012	831,0	1,4861	0,00861	820,9	1,4626	0,00744	810,7	1,4406	0,00652	800,4	1,4200
630	0,01033	838,6	1,4946	0,00881	829,0	1,4715	0,00762	819,2	1,4501	0,00668	809,4	1,4300
640	0,01053	846,1	1,5028	0,00899	836,9	1,4802	0,00780	827,5	1,4592	0,00685	818,1	1,4396
650	0,01073	853,4	1,5108	0,00918	844,6	1,4886	0,00797	835,6	1,4681	0,00701	826,6	1,4489
660	0,01092	860,7	1,5186	0,00936	852,2	1,4968	0,00814	843,6	1,4767	0,00717	835,0	1,4579
670	0,01112	867,8	1,5262	0,00953	859,7	1,5048	0,00830	851,4	1,4850	0,00732	843,2	1.4692
680	0,01131	874,9	1,5337	0,00971	867,1	1,5126	0,00846	859,2	1,4932	0,00747	851,2	1,4751
690	0,01149	881,9	1,5410	0,00988	874,4	1,5202	0,00862	866,7	1,5011	0,00762	859,1	1,4833
700	0,01168	888,8	1,5482	0,01005	881,6	1,5277	0,00878	874,2	1,5088	0,00777	866,9	1,4913
710	0,01186	895,7	1,5552	0,01021	888,7	1,5350	0,00893	881,6	1,5164	0,00791	874,5	1,4992
720	0,01204	902,5	1,5621	0,01038	895,8	1,5421	0,00908	888,9	1,5238	0,00805	882,1	1,5068
730	0,01222	909,3	1,5689	0,01054	902,8	1,5491	0,00923	896,2	1,5311	0,00819	889,6	1,5143
740	0,01240	916,0	1,5756	0,01070	909,7	1,5560	0,00938	903,4	1,5382	0,00833	897,0	1,5217
750	0,01257	922,7	1,5821	0,01086	916,6	1,5628	0,00953	910,5	1,5451	0,00846	904,3	1,5289
760	0,01274	929,4	1,5886	0,01101	923,4	1,5694	0,00967	917,5	1,5520	0,00859	911,6	1,5359
770	0,01291	936,0	1,5950	0,01117	930,3	1,5760	0,00981	924,5	1,5587	0,00873	918,7	1,5428
780	0,01309	942,6	1,6013	0,01132	937,0	1,5824	0,00995	931,4	1,5654	0,00886	925,9	1,5496
790	0,01325	949,2	1,6075	0,01147	943,7	1,5888	0,01009	938,3	1,5719	0,00898	933,0	1,5563
800	0,01342	955,7	1,6136	0,01162	950,4	1,5951	0,01023	945,2	1,5783	0,00911	940,0	1,5629

Tabelle II b. *Zustandsgrößen des Wasserdampfes im idealen Gaszustand*
(s_0 bei $p = 0{,}006228$ at).

T °K	c_{p_0} $\dfrac{\text{kcal}}{\text{kg grd}}$	i_0 $\dfrac{\text{kcal}}{\text{kg}}$	s_0 $\dfrac{\text{kcal}}{\text{kg °K}}$	T °K	c_{p_0} $\dfrac{\text{kcal}}{\text{kg grd}}$	i_0 $\dfrac{\text{kcal}}{\text{kg}}$	s_0 $\dfrac{\text{kcal}}{\text{kg °K}}$
273,15	0,4439	597,2	2,1864	500	0,4668	700,1	2,4599
280	0,4442	600,3	2,1975	550	0,4739	723,6	2,5047
290	0,4447	604,7	2,2131	600	0,4812	747,5	2,5463
300	0,4453	609,2	2,2281	650	0,4889	771,8	2,5851
310	0,4459	613,6	2,2427	700	0,4967	796,4	2,6216
320	0,4466	618,1	2,2569	750	0,5047	821,4	2,6562
330	0,4473	622,6	2,2707	800	0,5128	846,9	2,6890
340	0,4481	627,0	2,2840	850	0,5211	872,7	2,7203
350	0,4490	631,5	2,2970	900	0,5295	899,0	2,7504
360	0,4499	636,0	2,3097	950	0,5379	925,7	2,7792
370	0,4509	640,5	2,3221	1000	0,5464	952,8	2,8070
380	0,4519	645,0	2,3341	1050	0,5548	980,3	2,8339
390	0,4529	649,6	2,3458	1100	0,5631	1008,3	2,8599
400	0,4540	654,1	2,3573	1150	0,5713	1036,6	2,8851
450	0,4601	677,0	2,4111	1200	0,5793	1065,4	2,9095

Tabelle III. *Zustandsgrößen von Ammoniak, NH_3 bei Sättigung*[1].

Tem-peratur t °C	Druck p kp/cm²	Spez. Volum		Dichte		Enthalpie		Verd.-Wärme $r = i'' - i'$ kcal/kg	Entropie		$\dfrac{r}{T} = \dfrac{}{s'' - s'}$ kcal/kg °K
		der Flüssig-keit v' dm³/kg	des Damp-fes v'' m³/kg	der Flüssig-keit ϱ' kg/m³	des Damp-fes ϱ'' kg/m³	der Flüssig-keit i' kcal/kg	des Damp-fes i'' kcal/kg		der Flüssig-keit s' kcal/kg °K	des Damp-fes s'' kcal/kg °K	
−50	0,417	1,425	2,623	702	0,381	46,3	384,1	337,8	0,788	2,298	1,510
−45	0,557	1,437	2,007	696	0,500	51,5	386,1	334,6	0,806	2,274	1,468
−40	0,732	1,449	1,550	690	0,645	56,8	388,1	331,3	0,829	2,251	1,422
−35	0,950	1,462	1,215	684	0,823	62,1	390,0	327,9	0,852	2,229	1,377
−30	1,219	1,476	0,963	678	1,038	67,4	391,9	324,5	0,874	2,209	1,335
−25	1,546	1,490	0,771	671	1,297	72,8	393,7	321,0	0,896	2,190	1,294
−20	1,940	1,504	0,624	665	1,604	78,2	395,5	317,3	0,917	2,171	1,254
−15	2,410	1,519	0,509	659	1,966	83,6	397,1	313,5	0,938	2,153	1,215
−10	2,966	1,534	0,418	652	2,390	89,0	398,7	309,6	0,959	2,136	1,177
− 5	3,619	1,550	0,347	645	2,883	94,5	400,1	305,6	0,980	2,120	1,140
0	4,379	1,566	0,290	639	3,452	100,0	401,5	301,5	1,000	2,104	1,104
+ 5	5,259	1,583	0,244	632	4,108	105,5	402,8	297,3	1,020	2,089	1,069
+10	6,271	1,601	0,206	625	4,859	111,1	403,9	292,8	1,040	2,074	1,034
+15	7,427	1,619	0,175	618	5,718	116,7	405,0	288,3	1,059	2,060	1,001
+20	8,741	1,639	0,149	610	6,694	122,4	405,9	283,6	1,079	2,046	0,967
+25	10,225	1,659	0,128	603	7,795	128,1	406,8	278,7	1,098	2,032	0,934
+30	11,895	1,680	0,111	595	9,034	133,8	407,4	273,6	1,117	2,019	0,902
+35	13,765	1,702	0,096	588	10,431	139,7	408,0	268,3	1,135	2,006	0,871
+40	15,850	1,726	0,083	580	12,005	145,5	408,4	262,9	1,154	1,993	0,839
+45	18,165	1,750	0,073	571	13,774	151,4	408,6	257,2	1,172	1,981	0,809
+50	20,727	1,777	0,064	563	15,756	157,4	408,7	251,3	1,190	1,968	0,778

Tabelle IV. *Zustandsgrößen von Kohlensäure, CO_2 bei Sättigung*[1].

Tem-peratur t °C	Druck p kp/cm²	Spez. Volum		Dichte		Enthalpie		Verd.-Wärme $r = i'' - i'$ kcal/kg	Entropie		$\dfrac{r}{T} = \dfrac{}{s'' - s'}$ kcal/kg °K
		der Flüssig-keit v' dm³/kg	des Damp-fes v'' dm³/kg	der Flüssig-keit ϱ' kg/m³	des Damp-fes ϱ'' kg/m³	der Flüssig-keit i' kcal/kg	des Damp-fes i'' kcal/kg		der Flüssig-keit s' kcal/kg °K	des Damp-fes s'' kcal/kg °K	
−50	6,97	0,867	55,407	1153,5	18,1	75,01	155,57	80,56	0,9020	1,2631	0,3611
−45	8,49	0,881	45,809	1134,5	21,8	77,30	155,89	78,59	0,9120	1,2565	0,3445
−40	10,25	0,897	38,164	1115,0	26,2	79,59	156,17	76,58	0,9218	1,2503	0,3285
−35	12,26	0,913	32,008	1094,9	31,2	81,85	156,39	74,51	0,9314	1,2443	0,3129
−30	14,55	0,931	27,001	1074,2	37,0	84,19	156,56	72,37	0,9408	1,2385	0,2977
−25	17,14	0,950	22,885	1052,6	43,8	86,53	156,67	70,14	0,9501	1,2328	0,2827
−20	20,06	0,971	19,466	1029,9	51,4	88,93	156,72	67,79	0,9594	1,2272	0,2678
−15	23,34	0,994	16,609	1006,1	60,2	91,44	156,70	65,26	0,9690	1,2218	0,2528
−10	26,99	1,019	14,194	980,8	70,5	94,09	156,60	62,51	0,9787	1,2163	0,2376
− 5	31,05	1,048	12,141	953,8	82,4	96,91	156,41	59,50	0,9890	1,2109	0,2219
0	35,54	1,081	10,383	924,8	96,3	100,00	156,13	56,13	1,0000	1,2055	0,2055
+ 5	40,50	1,120	8,850	893,1	113,0	103,10	155,45	52,35	1,0103	1,1985	0,1882
+10	45,95	1,166	7,519	858,0	133,0	106,50	154,59	48,09	1,0218	1,1917	0,1699
+15	51,93	1,223	6,323	817,9	158,0	110,10	153,17	43,07	1,0340	1,1835	0,1495
+20	58,46	1,297	5,269	771,1	189,8	114,00	151,10	37,10	1,0468	1,1734	0,1266
+25	65,59	1,409	4,232	709,5	236,3	118,80	147,33	28,53	1,0628	1,1585	0,0957
+30	73,34	1,680	2,979	595,1	335,7	125,90	140,95	15,05	1,0854	1,1351	0,0497
+31	74,96	2,156	2,156	463,9	463,9	133,50	133,50	0	1,1098	1,1098	0

[1] Nach Kältemaschinen-Regeln, 5. Aufl. Karlsruhe 1958.

Lösungen der Aufgaben.

Bei allen thermodynamischen Aufgaben empfiehlt es sich, so lange wie möglich mit Buchstaben zu rechnen und erst zum Schluß die Zahlenwerte einzusetzen. Dadurch erspart man Rechenarbeit. Besonderer Wert ist in folgenden Ausrechnungen auf Dimensionsrichtigkeit gelegt, auch die Zahlenwerte sind stets mit ihren Dimensionen eingesetzt.

Aufgabe 1 (S. 21). Nach Gl. (11) ist

$$t_m = \frac{(mc + m_s c_s)\,t + m_a c_a t_a}{mc + m_s c_s + m_a c_a}.$$

Auflösung nach c_a ergibt

$$c_a = \frac{(mc + m_s c_s\,(t_m - t)}{m_a\,(t_a - t_m)} =$$

$$= \frac{\left(0{,}800 \text{ kg} \cdot \dfrac{\text{kcal}}{\text{kg grd}} + 0{,}250 \text{ kg} \cdot 0{,}056 \dfrac{\text{kcal}}{\text{kg grd}}\right)(19{,}24° - 15°)}{0{,}200 \text{ kg }(100° - 19{,}24°)} =$$

$$= 0{,}214\ \frac{\text{kcal}}{\text{kg grd}}.$$

Aufgabe 2 (S. 23). Die kinetische Energie der Bleikugel von der Masse m vor dem Aufprall ist mgh, dann gilt für ihre Temperatursteigerung Δt

$$\frac{2}{3}\,mgh = mc\,\Delta t$$

oder mit der Umrechnung 1 kcal $= 4186$ J $- 4186$ m²kg/s² nach Tab. 8

$$\Delta t = \frac{2}{3} \cdot 9{,}81\,\frac{\text{m}}{\text{s}^2} \cdot \frac{100 \text{ m kg grd}}{0{,}030 \text{ kcal}}\ \frac{1 \text{ kcal}}{4186 \text{ m}^2\text{kg/s}^2} = 5{,}20°.$$

Aufgabe 3. Die Leistung der Kraftmaschine ist

$$N = M\omega = 500 \text{ mkp} \cdot 2\,\pi\,\frac{1200}{60\text{ s}} = 62\,800\,\frac{\text{mkp}}{\text{s}} =$$

$$= 62\,800\,\frac{\text{mkp}}{\text{s}} \cdot \frac{1}{427}\frac{\text{kcal}}{\text{mkp}} \cdot \frac{3600\text{ s}}{1\text{ h}} = 530\,000 \text{ kcal/h}.$$

Dann ist die Temperatur des ablaufenden Kühlwassers mit der spez. Wärme $c = 1$ kcal/kg grd

$$t = 10° + \frac{530\,000 \text{ kcal/h}}{8000 \text{ kg/h} \cdot 1 \text{ kcal/kg grd}} = 76{,}3°.$$

Aufgabe 4 (S. 64). Die Gaskonstante für Gasgemische ist nach Gl. (44) $R_m = \frac{\Sigma\, m_i R_i}{\Sigma\, m_i}$. Aus den Raumteilen r_i erhält man die Massenteile μ_i nach der Gleichung $\mu_i = \frac{m_i}{\Sigma\, m_i} = \frac{r_i o_i}{\Sigma\, m_i}$.

Mit Hilfe von Tab. 11 (S. 47) erhält man

Gasart	r_i	ϱ_i	m_i	R_i	$m_i R_i$	μ_i
H_2	0,50	0,0899	0,0449	420,3	18,87	0,0844
CH_4	0,30	0,7168	0,2150	52,89	11,38	0,4045
CO	0,15	1,250	0,1875	30,28	5,68	0,3526
CO_2	0,03	1,9768	0,0593	19,25	1,14	0,1115
N_2	0,02	1,2505	0,0250	30,26	0,76	0,0470
Summe	1,00		0,5317		37,83	1,0000

Damit wird $R_m = \dfrac{37,83 \text{ mkp/grd}}{0,5317 \text{ kg}} = 71,10 \dfrac{\text{mkp}}{\text{kg grd}}$.

Das mittlere Molekulargewicht M_m ist nach Gl. (40)

$$M_m = \frac{R}{R}\frac{\text{kmol}}{\text{kg}} = \frac{848 \text{ mkp/grd kmol}}{71,10 \text{ mkp/kg grd}} \cdot \frac{\text{kmol}}{\text{kg}} = 11,93 \,.$$

Bei 25° und 750 Torr = 750/735,56 at = 10 200 kp/m² ist

$$\varrho = \frac{1}{v} = \frac{p}{RT} = \frac{10\,200 \text{ kp/m}^2}{71,10 \text{ mkp/kg grd} \cdot 298°} = 0,481 \text{ kg/m}^3 \,.$$

Aufgabe 5. Bei $T_2 = 273°$ und $p_2 = 760$ Torr = 10 332 kp/m²

ist $\quad V_2 = \dfrac{p_1 T_2}{p_2 T_1} \cdot V_1 = \dfrac{1\,200\,000}{10\,332} \cdot \dfrac{273}{283} \cdot 0,02 \text{ m}^3 = 2,24 \text{ m}^3 \,.$

Aufgabe 6. Die Endtemperatur ist

$$T_2 = T_1 \frac{p_2}{p_1} = 293°\text{K} \frac{100\,000}{50\,000} = 586°\text{K} \quad \text{oder} \quad t_2 = 313°\text{C}.$$

Der Kessel enthält an Luft

$$m = \frac{p_1 V_1}{R T_1} = \frac{50\,000 \text{ kp/m}^2 \cdot 2 \text{ m}^3 \text{grd}}{29,27 \text{ mkp/kg} \cdot 293°} = 11,67 \text{ kg} \,.$$

Die notwendige Wärmezufuhr wird bei Annahme konstanter spez. Wärme der Luft nach Tab. 11

$$Q_{12} = m c_v (t_2 - t_1) = 11,67 \text{ kg} \cdot 0,171 \frac{\text{kcal}}{\text{kg grd}} \cdot (313° - 20°) = 585 \text{ kcal}.$$

Will man genauer rechnen, so kann man aus Tab. 13 die mittlere Molwärme $[\mathfrak{C}_p]_0^{300} = 7,05$ kcal/grd kmol entnehmen. Nach Abzug von $R = 1,9865$ kcal/grd kmol erhält man daraus $[\mathfrak{C}_v]_0^{300} = 5,07$ kcal/grd kmol und $c_v = \dfrac{[\mathfrak{C}_v]_0^{300}}{M} = 0,175$ kcal/kg grd.

Aufgabe 7. In 4500 m Höhe nimmt das Traggas $V_1 = 200\,000$ m³ bei $p_1 = \dfrac{400}{735,56} \cdot 10^4 = 5440$ kp/m² und $T_1 = 273°\text{K}$ ein, dann ist bei Wasserstoff mit $R = 420,3$ mkp/kg grd seine Masse $m = \dfrac{p_1 V_1}{R T_1} = 9480$ kg, bei Helium mit $R = 211,9$ mkp/kg grd ist sie 18 820 kg. Bei $p_2 = 700$ Torr. = 9520 kp/m² und $T_2 = 293°$ nimmt das Gas das Volum V_2 ein, wobei

$$\frac{V_2}{V_1} = \frac{T_2}{T_1} \cdot \frac{p_1}{p_2} = \frac{293}{273} \cdot \frac{5440}{9520} = 0,613 \text{ ist.}$$

Der Auftrieb des Luftschiffes ist gleich dem Unterschied des Gewichts der verdrängten Luft und des Traggases also beim Zustand 1

für Wasserstoff $\dfrac{p_1 V_1}{T_1} \left(\dfrac{1}{R_{\text{Luft}}} - \dfrac{1}{R_{\text{H}_2}} \right) \cdot g = 126\,700 \text{ kg} \cdot 9{,}81 \, \dfrac{\text{m}}{\text{s}^2} = 126\,700 \text{ kp},$

für Helium $\dfrac{p_1 V_1}{T_1} \left(\dfrac{1}{R_{\text{Luft}}} - \dfrac{1}{R_{\text{He}}} \right) \cdot g = 117\,400 \text{ kp}.$

Aufgabe 8. a) Bei isothermer Entspannung ist das Endvolum

$$V_2 = V_1 \frac{p_1}{p_2} = 0{,}01 \text{ m}^3 \, \frac{100\,000}{10\,000} = 0{,}1 \text{ m}^3$$

die geleistete Arbeit nach Gl. (64b)

$L_{12} = p_1 V_1 \ln \dfrac{p_1}{p_2} = 100\,000 \text{ kp/m}^2 \cdot 0{,}01 \text{ m}^3 \ln 10 = 2303 \text{ mkp},$ die zugeführte Wärme

$$Q_{12} = L_{12} = \frac{1}{427} \, \frac{\text{kcal}}{\text{mkp}} \cdot 2303 \text{ mkp} = 5{,}39 \text{ kcal}.$$

b) Bei adiabater Entspannung ergibt Gl. (66b):
für Luft mit $\varkappa = 1{,}40$ unter Benutzung von **Tab. 15**,
für das Endvolum

$$V_2 = V_1 \left(\frac{p_1}{p_2} \right)^{1/\varkappa} = 0{,}01 \text{ m}^3 \cdot 10^{1/\varkappa} = 0{,}05188 \text{ m}^3.$$

Nach Gl. (68) ist die Endtemperatur

$$T_2 = T_1 \left(\frac{p_2}{p_1} \right)^{\frac{\varkappa - 1}{\varkappa}} = 298° \, \frac{1}{10^{\frac{\varkappa - 1}{\varkappa}}} = 154{,}3 \text{ K also } t_2 = -118{,}9°\text{C}.$$

Nach Gl. (69d) wird an Arbeit geleistet

$$L_{12} = \frac{p_1 V_1}{\varkappa - 1} \left[1 - \left(\frac{p_2}{p_1} \right)^{\frac{\varkappa - 1}{\varkappa}} \right] = 1203 \text{ mkp} = 11\,800 \text{ J}.$$

c) Bei polytroper Entspannung ergibt sich nach den Gl. (70), (71) und (72) für $n = 1{,}3$

$$V_2 = 0{,}05885 \text{ m}^3, \qquad t_2 = -97{,}7°\text{C}, \qquad L_{12} = 1372 \text{ mkp}$$

und für die zugeführte Wärme gilt nach Gl. (75)

$$Q_{12} = L_{12} \frac{\varkappa - n}{\varkappa - 1} = 0{,}804 \text{ kcal} = 3370 \text{ J}.$$

Aufgabe 9. Das Anfangsvolum ist

$$V_1 = \frac{\pi D^2}{4} \, l = \frac{\pi (0{,}2 \text{ m})^2}{4} \cdot 0{,}5 \text{ m} = 0{,}0157 \text{ m}^3;$$

das Endvolum ist $V_2 = \dfrac{1}{5} \, V_1 = 0{,}00314 \text{ m}^3.$

Bei der adiabaten Kompression nimmt die Luft nach Gl. (69d) die Energie

$$L_{12} = \frac{p_1 V_1}{\varkappa - 1} \left[1 - \left(\frac{p_2}{p_1} \right)^{\frac{\varkappa - 1}{\varkappa}} \right] = \frac{p_1 V_1}{\varkappa - 1} \left[1 - \left(\frac{V_1}{V_2} \right)^{\varkappa - 1} \right] = -354 \text{ mkp}$$

auf. Davon wird aber von dem äußeren atmosphärischen Druck der Teil

$$p_1(V_2 - V_1) = 10000 \frac{\text{kp}}{\text{m}^2} \left(- \frac{4}{5} \right) \cdot 0{,}0157 \text{ m}^3 = - 126 \text{ mkp}$$

geleistet, so daß nur der Unterschied von $(354 - 126)$ mkp $= 228$ mkp tatsächlich vom Luftpuffer gespeichert wird.

Die Endtemperatur ist nach Gl. (67a) $T_2 = 558\,^\circ\text{K}$ oder $t_2 = 285\,^\circ\text{C}$, der Enddruck nach Gl. (66b) $p_2 = 9{,}52$ at.

Aufgabe 10. Das Volum der angesaugten Luft ist

$$V_1 = 1000 \text{ m}^3/\text{h} \cdot \frac{760 \cdot 293}{735{,}56 \cdot 273} = 1110 \text{ m}^3/\text{h} .$$

Bei isothermer Verdichtung ist dann nach Gl. (81)

$$L = p_1 V_1 \ln \frac{p_1}{p_2} = 10000 \text{ kp/m}^2 \cdot 1110 \text{ m}^3/\text{h} \ln \frac{1}{15} = - 30070000 \text{ mkp/h}$$

oder mit 1 mkp $= 2{,}723 \cdot 10^{-6}$ kWh nach Tab. 8

$$- L = 30{,}07 \cdot 10^6 \cdot 2{,}723 \cdot 10^{-6} \text{kW} = 81{,}8 \text{ kW}.$$

Die Antriebsleistung ist also 81,8 kW und die abgeführte Wärme

$$Q = L = - \frac{1}{427} \frac{\text{kcal}}{\text{mkp}} \cdot 30{,}07 \cdot 10^6 \text{ mkp/h} = 70450 \text{ kcal/h}.$$

Bei adiabater Kompression ergibt Gl. (82b)

$$- L = 122{,}4 \text{ kW}.$$

Bei polytroper Kompression liefert Gl. (84) mit $\varkappa = 1{,}3$

$$- L = 112{,}6 \text{ kW}$$

und nach Gl. (75) und (83) ist die abgeführte Wärme

$$Q_{12} = \frac{\varkappa - n}{\varkappa - 1} L_{12} = \frac{\varkappa - n}{\varkappa - 1} \frac{1}{n} L = 18650 \text{ kcal/h} = 78{,}07 \cdot 10^6 \text{ J/h}.$$

Aufgabe 11 (S. 116). Nach Gl. (90) kann in 1 h gewonnen werden die Arbeit

$$L = Q \frac{T - T_0}{T} = 500000 \text{ kcal} \frac{573^\circ - 293^\circ}{573^\circ} = 2{,}44 \cdot 10^5 \text{ kcal} = 1{,}021 \cdot 10^9 J.$$

Dem entspricht nach S. 23 eine Leistung von

$$N = 2{,}44 \cdot 10^5 \frac{\text{kcal}}{\text{h}} \frac{1 \text{ kWh}}{860 \text{ kcal}} = 284 \text{ kW}.$$

An das Kühlwasser sind stündlich $500000 \dfrac{293^\circ}{573^\circ}$ kcal $= 2{,}56 \cdot 10^5$ kcal abzuführen.

Aufgabe 12. Eine nach dem Carnotprozeß arbeitende Kältemaschine erfordert nach Gl. (92) stündlich die Arbeit $L = \dfrac{35^\circ}{258^\circ} 30000$ kcal $= 4070$ kcal oder die theoretische Leistung $N = 4070 \dfrac{\text{kcal}}{\text{h}} \cdot \dfrac{1 \text{ kWh}}{860 \text{ kcal}} = 4{,}73$ kW. An das Kühlwasser sind $30000 \dfrac{\text{kcal}}{\text{h}} \dfrac{293^\circ}{258^\circ} = 34070 \dfrac{\text{kcal}}{\text{h}}$ abzuführen, was 4870 kg/h Wasser erfordert.

Aufgabe 13. Die Entropiezunahme ist $\dfrac{Q}{T} = \dfrac{5 \text{ kWh}}{293\,^\circ\text{K}} \cdot \dfrac{860 \text{ kcal}}{1 \text{ kWh}} = 14{,}68 \dfrac{\text{kcal}}{^\circ\text{K}} .$

Aufgabe 14. Das Schmelzen erfordert die Wärmemenge

$$Q = 100\,\text{kg}\left(0{,}485\,\frac{\text{kcal}}{\text{kg grd}}\,5° + 79{,}7\,\frac{\text{kcal}}{\text{kg}} + 1\,\frac{\text{kcal}}{\text{kg grd}}\,20°\right) = 10210\,\text{kcal},$$

die der Umgebung bei $293°\text{K}$ entzogen werden, damit erfährt sie eine Entropie-abnahme von $\dfrac{10210\,\text{kcal}}{293°\text{K}} = 34{,}9\,\dfrac{\text{kcal}}{°\text{K}}$, andererseits erfährt das Eis die Entropie-zunahme

$$\int \frac{dQ}{T} = 100\,\text{kg}\left(0{,}485\,\frac{\text{kcal}}{\text{kg}\,°\text{K}}\ln\frac{273}{268} + \frac{79{,}7}{273}\,\frac{\text{kcal}}{\text{kg}\,°\text{K}} + 1\,\frac{\text{kcal}}{\text{kg}\,°\text{K}}\ln\frac{293}{273}\right) = 37{,}2\,\frac{\text{kcal}}{°\text{K}}.$$

Die Entropiezunahme des ganzen Vorganges ist also

$$S = (37{,}2 - 34{,}9)\,\frac{\text{kcal}}{°\text{K}} = 2{,}3\,\frac{\text{kcal}}{°\text{K}}.$$

Um den Schmelzvorgang wieder rückgängig zu machen, muß nach Gl. (131a) die maximale Arbeit des Eises $L_{m\,t} = I_1 - I_2 - T_0(S_1 - S_2)$ aufgewandt werden. Gilt Index 1 für das Eis von $-5°$, Index 2 für das Wasser von $+20°$, so ist $I_2 - I_1 = 10210\,\text{kcal}$ die oben berechnete Wärmezufuhr, $S_2 - S_1 = 37{,}2\,\dfrac{\text{kcal}}{°\text{K}}$ die Entropie-zunahme und $T_0 = 293°\text{K}$ die Umgebungstemperatur. Damit wird

$$L_{m\,t} = -\,10210\,\text{kcal} + 293\cdot 37{,}2\,\text{kcal} = 690\,\text{kcal}$$

die gesuchte Arbeit.

Aufgabe 15. Bei isothermer Ausdehnung ist nach Gl. (64b)

$$L_{12} = 50\cdot 10^4\,\frac{\text{kp}}{\text{m}^2}\,0{,}1\,\text{m}^3\cdot\ln 50 = 195500\,\text{mkp},$$

wobei das Gas sich auf $V_2 = 5\,\text{m}^3$ ausdehnt. Die Überwindung des atmosphärischen Druckes erfordert dabei die Arbeit $p_2\cdot(V_2 - V) = 10^4\,\dfrac{\text{kp}}{\text{m}^2}(5 - 0{,}1)\,\text{m}^3 = 49000\,\text{mkp}$.

Gewinnbar ist die Differenz $195500 - 49000 = 146500\,\text{mkp} = 1437000\,\text{J}$.

Bei adiabater Entspannung ist nach Gl. (69d)

$$L_{12} = \frac{50\cdot 10^4}{\varkappa - 1}\,\frac{\text{kp}}{\text{m}^2}\cdot 0{,}1\,\text{m}^3\left[1 - \left(\frac{1}{50}\right)^{\frac{\varkappa - 1}{\varkappa}}\right] = 84000\,\text{mkp}$$

bei einem Endvolum von $V_2 = 0{,}1\cdot 50^{1/\varkappa}\,\text{m}^3 = 1{,}636\,\text{m}^3$. Die Verdrängung der Atmosphäre erfordert hier $10^4\cdot(1{,}636 - 0{,}1)\,\text{mkp} = 15360\,\text{mkp}$, so daß als Arbeit gewinnbar bleiben $84000 - 15360 = 68640\,\text{mkp}$. Die tiefste Temperatur beträgt nach Gl. (68) $96°\text{K} = -177°\text{C}$. Die Entropiezunahme beim Abblasen nach Ausgleich der Temperaturen ermittelt man, indem man die Entspannung zunächst umkehrbar isotherm, also ohne Entropiezunahme ausgeführt denkt, wobei, wie oben ausgerechnet, $1437000\,\text{J}$ an Arbeit gewonnen werden, und diese Arbeit nachträglich durch Reibung in Wärme verwandelt. Dabei ist die Entropiezunahme

$$\frac{1437000\,\text{J}}{293°\text{K}} = 4905\,\frac{\text{J}}{°\text{K}} = 1{,}17\,\frac{\text{kcal}}{°\text{K}}.$$

Hiervon wohl zu unterscheiden ist die Entropiezunahme des Gases von

$$\frac{L_{12}}{293°} = \frac{195500}{427\cdot 293}\,\frac{\text{kcal}}{°\text{K}} = 1{,}562\,\frac{\text{kcal}}{°\text{K}} = 6540\,\frac{\text{J}}{°\text{K}}.$$

Aufgabe 16. Beim Überströmen bleibt die innere Energie und damit nach S. 45 bei Temperaturausgleich auch die Temperatur ungeändert. Vor dem Ausgleich sind in beiden Behältern die Luftmengen

$$m_1 = \frac{p_1 V_1}{RT} \quad \text{und} \quad m_2 = \frac{p_2 V_2}{RT},$$

nach dem Ausgleich ist

$$m_1 + m_2 = \frac{p(V_1 + V_2)}{RT},$$

daraus folgt der gemeinsame Enddruck

$$p = \frac{p_1 V_1 + p_2 V_2}{V_1 + V_2} = 6,43 \text{ at}.$$

m_2 expandiert von p_2 auf p, m_1 wird von p_1 auf p komprimiert. Bei reversiblem isothermem Ausgleich kann die Arbeit

$$L = p_2 V_2 \ln \frac{p_2}{p} - p_1 V_1 \ln \frac{p}{p_1} = 361\,000 \text{ mkp}$$

geleistet werden, bei irreversiblem Ausgleich tritt also eine Entropiezunahme

$$S = \frac{L}{T} = 2,80 \frac{\text{kcal}}{\text{°K}}$$

ein. Bei Ausgleich nur des Druckes, nicht der Temperaturen, ergibt sich derselbe gemeinsame Enddruck $p = 6,43$ at aus der Bedingung konstanter innerer Energie. Im Behälter 2 expandiert die Luft adiabat von 20 at auf 6,43 at und kühlt sich auf

$$T_2 = T\,(p/p_2)^{\frac{\varkappa - 1}{\varkappa}} = 212\,\text{°K}$$

ab. Daraus kann man die Mengen m_2 und m_1 in beiden Behältern berechnen und aus $(m_1 + m_2)\,c_v T = m_1 c_v T_1 + m_2 c_v T_2$ folgt dann die Temperatur $T_1 = 345\,\text{°K}$ des ersten Behälters.

Aufgabe 17. Aus Gl. (129) ergibt sich die Entmischungsarbeit bei 20° zu 4410 mkp = 43250 J je kg Luft, sie ist der Temperatur proportional, aber vom Druck unabhängig.

Aufgabe 18. Man läßt das Luftvolumen $V = 0,050$ m³ zunächst vom Druck $p_1 = 1,033$ at auf $p_2 = 0,01$ at isotherm expandieren, teilt dann davon 0,050 m³ ab und komprimiert den Rest wieder auf p_1. Die Summe der dabei zu leistenden Arbeiten mit Berücksichtigung der Arbeit der Atmosphäre ergibt den gesuchten Arbeitsaufwand

$$- L = V p_2 \left(\frac{p_1}{p_2} - 1 - \ln \frac{p_1}{p_2} \right) = 488 \text{ mkp} = 4790 \text{ J}.$$

Aufgabe 19 (S. 152). Als Zwischendruck wählt man das geometrische Mittel

$$p_m = \sqrt{1,033 \cdot 40} \text{ at} = 6,41 \text{ at}.$$

Die angesaugte Luftmenge ist 102 kg/h, die Leistung der ersten Stufe

$$234 \cdot 10^4 \text{ mkp/h} = 6,38 \text{ kW},$$

die der zweiten $262 \cdot 10^4$ mkp/h = 7,14 kW, Wärmeabfuhr im Niederdruckzylinder 1050 kcal/h, im Hochdruckzylinder 1175 kcal/h, im Zwischenkühler 3420 kcal/h. Lufttemperatur beim Verlassen des Hochdruckzylinders 220°C. Hubvolum des Niederdruckzylinders 6,15 l, des Hochdruckzylinders 1,18 l.

Aufgabe 20. $p_2 = 15,4$ at, $t_2 = 368\,\text{°C}$, $t_3 = 767\,\text{°C}$, $p_4 = 1,6$ at, $t_4 = 203\,\text{°C}$ Wärmezufuhr $Q = 0,564$ kcal je Hub, Wärmeabfuhr $Q_0 = 0,256$ kcal je Hub, Arbeit $L = 132$ mkp je Hub.

Aufgabe 21. $p_2 = 40,2$ at, $t_2 = 712\,\text{°C}$, $p_3 = 40,2$ at, $t_3 = 1697\,\text{°C}$, $p_4 = 2,63$ at, $t_4 = 632\,\text{°C}$. Wärmezufuhr $Q = 3,31$ kcal je Hub. Wärmeabfuhr $Q_0 = 1,34$ kcal je Hub. Arbeit 1,97 kcal = 840 mkp je Hub. Theoretische Leistung bei 250 Umdrehungen je min 34,4 kW.

34*

Aufgabe 22. Nach Abb. 72 ist die zugeführte Wärme

$$c_v(T_2' - T_2) + c_p(T_3' - T_2'),$$

die abgeführte $c_v(T_4 - T_1)$ damit wird

$$\eta = 1 - \frac{c_v(T_4 - T_1)}{c_v(T_2' - T_2) + c_p(T_3' - T_2)} = 1 - \frac{T_4/T_1 - 1}{T_2'/T_1 - T_2/T_1 + \varkappa(T_3'/T_1 - T_2'/T_1)}$$

wegen

$$\frac{T_4}{T_1} = \frac{T_3}{T_2} \quad \text{und} \quad \frac{T_2'}{T_2} = \frac{p_2'}{p_2} = \psi$$

folgt

$$\eta = 1 - \frac{\dfrac{T_3}{T_2'}\dfrac{T_2'}{T_2} - 1}{\dfrac{T_2}{T_1}\left[\psi - 1 + \varkappa\psi\left(\dfrac{T_3'}{T_2'} - 1\right)\right]},$$

woraus sich nach Einsetzen von $T_3'/T_2' = \varphi$ und $T_2/T_1 = \varepsilon^{\varkappa - 1}$ sofort Gl. (151) ergibt.

Aufgabe 23 (S. 176). **Aus den Dampftabellen und dem i, s-Diagramm ergeben sich als zugeführte Wärmemengen: Im Vorwärmer 3022000 kcal/h, im Kessel 9358000 kcal/h und im Überhitzer 2482000 kcal/h.**

Aufgabe 24. **Das spez. Volum des Dampfes ist 0,01462 m³/kg. Im Kessel sind 37 kg Dampf und 963 kg Wasser. Der Wärmeinhalt des Dampfes ist 24500 kcal, der des Wassers 340400 kcal.**

Aufgabe 25. **Es müssen 239 kcal/kg zugeführt werden, wobei der Dampfgehalt auf $x = 0,986$ steigt.**

Aufgabe 26. **Es müssen 291300 kcal zugeführt werden, wobei 12,9 kg Wasser verdampfen.**

Aufgabe 27. **Aus dem i, s-Diagramm erhält man eine Endtemperatur von 99,1°, einen Dampfgehalt von 0,91. Bei Expansion bis 6,2 at wäre der Dampf gerade trocken gesättigt. Die Expansionsarbeit bei Entspannung bis auf 1 at ist 117 kcal oder 50000 mkp $= 490300$ J je kg Dampf.**

Aufgabe 28. **Der Wassergehalt ist 5,4%. Die Entropiezunahme ist**

$$0,307 \text{ kcal/kg°K}.$$

Aufgabe 29 (S. 212). **Nach den Dampftabellen ist die Enthalpie des Speisewassers 32,5 kcal/kg, nach dem i, s-Diagramm die des überhitzten Dampfes 772,7 kcal/kg; im Kessel und Überhitzer müssen also $740,2 \cdot 10^4$ kcal/h zugeführt werden. Das adiabate Wärmegefälle bei Entspannung auf 0,05 at beträgt nach dem i, s-Diagramm 263 kcal/kg. Da die Turbine aber nur einen Wirkungsgrad von 80% hat, werden dem Dampf nur $0,80 \cdot 263$ kcal/kg entzogen, so daß er mit einer Enthalpie von 562,3 kcal/kg entsprechend einem Dampfgehalt von 0,915 in den Kondensator gelangt, dort müssen $(562,3 - 32,5)$ kcal/kg entzogen werden, um ihn zu kondensieren. Die Leistung an der Turbinenwelle ist**

$$0,95 \cdot 0,80 \cdot 263 \cdot 10^4 \text{ kcal/h} = 2324 \text{ kW}.$$

Der Dampfverbrauch ist 4,30 kg/kWh, der Wärmeverbrauch 3190 kcal/kWh.

Aufgabe 30. **Aus dem i, s-Diagramm ergibt sich für den Clausius-Rankine-Prozeß ein Wirkungsgrad $\eta_{th} = 0,406$ bei einem Enddampfgehalt von $x = 0,725$, bei zweimaliger Zwischenüberhitzung ist $\eta_{th} = 0,414$ und $x = 0,947$.**

Aufgabe 31. **Je kg Dampf werden zugeführt im Kessel 627,9 kcal, im ersten Überhitzer 85 kcal, im zweiten Überhitzer 130 kcal. Im Kondensator werden abgeführt 575,8 kcal. Der thermische Wirkungsgrad ist $\eta_{th} = 0,316$, die Arbeit je kg Dampf beträgt 266,2 kcal. Durch eine Turbine an Stelle der Drosselung vom kritischen Druck auf 100 at werden an Arbeit mehr gewonnen 23,1 kcal/kg oder 8,64%.**

Aufgabe 32. Die Schmelzwärme des Eises ist rd. 80 kcal/kg; um stündlich 500 kg Eis von 0° aus Wasser von $+20°$ herzustellen, braucht man eine Kälteleistung von 50000 kcal/h.

Der Kälteprozeß entspricht grundsätzlich der Abb. 126 (S. 211), deren Bezeichnungen wir benutzen. Den Dampftabellen für Ammoniak entnimmt man bei $t_0 = -10°$ Sättigungstemperatur:

$$p_0 = 2,966 \text{ at}, \ v_0'' = 0,418 \text{ m}^3/\text{kg}, \ i_0' = 89,0 \text{ kcal/kg}, \ i_0'' = 398,7 \text{ kcal/kg},$$

$$r_0 = 309,6 \text{ kcal/kg}, \ s' = 0,959 \text{ kcal/kg}°\text{K},$$

$$s'' = 2,136 \text{ kcal/kg}°\text{K}.$$

Bei 10 at Sättigungsdruck:

$$t = +24,2°, \ i' = 127,3 \text{ kcal/kg}, \ i'' = 406,7 \text{ kcal/kg};$$

für flüssiges Ammoniak bei $+15°$ entsprechend der Unterkühlung in Punkt 5 ist $i_5' = 116,7$ kcal/kg.

In Punkt 1 bei $x_1 = 0,98$ ist $i_1 = i_0 + x_1 r_0 = 392,5$ kcal/kg, in Punkt 8 ist $i_8 = i_5' = 116,7$ kcal/kg, daraus folgt die Kälteleistung $i_1 - i_8 = 275,8$ kcal/kg.

Es müssen also stündlich $m = \dfrac{50000}{275,8}$ kg $= 181,5$ kg Ammoniak verdichtet werden.

Der Dampfgehalt bei 8 am Ende der Drosselung folgt aus $i_0' + x_8 r_0 = i_5'$ zu $x_8 = 8,95\%$. Bei der Kompression überhitzt sich der Dampf. Aus dem Mollier-Diagramm für Ammoniak findet man, auf einer Linie konstanter Entropie vom Punkte 1 bis zur Isobare 10 at gehend: $i_2 = 431,6$ kcal/kg. Die adiabate Arbeit je kg NH_3 ist $i_2 - i_1 = 39,1$ kcal/kg, die indizierte Arbeit $i_{2'} - i_1 = 39,1/0,75 = 52,1$ kcal/kg und damit die Enthalpie nach der Kompression $i_{2'} = 392,5 + 52,1 = 444,6 \dfrac{\text{kcal}}{\text{kg}}$. An das Kühlwasser sind abzugeben $m(i_{2'} - i_5) = 57100$ kcal stündlich. Die auf die Adiabate bezogene Leistungsziffer ist $\varepsilon = \dfrac{i_1 - i_8}{i_2 - i_1} = \dfrac{275,8}{39,1} = 7,05$. Beim Carnotprozeß zwischen $-10°$ und $24,2°$ wäre $\varepsilon = 7,70$. Der Leistungsbedarf des Kompressors ist $\dfrac{m(i_2 - i_1)}{0,75 \cdot 0,80 \cdot 1 \text{ h}} = 11820 \dfrac{\text{kcal}}{\text{h}} = 13,75$ kW. Das Hubvolum bei einem spezifischen Volum $v_1 = 0,98 \cdot v_0'' = 0,41$ m³/kg und einem Liefergrad $\lambda = 0,9$ ist

$$v_h = \frac{m \cdot v}{60 \ n \cdot \lambda} = 2,76 \text{ l}.$$

Aufgabe 33 (S. 258). Nach Gl. (229) ergibt sich $\mathfrak{H}_u = 7450$ kcal/kg. Nach Gl. (232) ist die Kennziffer $\sigma = 1,159$. Nach Gl. (233) müssen 11,24 nm³/kg Luft zugeführt werden, und es entstehen 11,59 nm³/kg Rauchgas mit 1,46 nm³ CO_2, 0,585 nm³ H_2O, 0,007 nm³ SO_2, 8,86 nm³ N_2 und 0,675 nm³ O_2.

Aufgabe 34. Mit Hilfe von Gl. (252) und der mittleren spez. Wärme der Tab. 13 (S. 51) ergibt sich eine theoretische Verbrennungstemperatur von 1610°C.

Aufgabe 35. Nach Gl. (242) ist $\sigma = 1,01$, nach Gl. (243) ist $\nu = 0,099$. Aus Gl. (249) ergibt sich damit das Luftverhältnis $\lambda = 1,51$.

Aufgabe 36. a) Das Knallgas besteht aus 0,00449 kg H_2 und 0,0356 kg O_2, seine dem oberen Heizwert bei konstantem Druck und 0°C nach Tab. 30 entsprechende Verbrennungswärme ist 152,6 kcal. Bei 80° ist nach Gl. (252) die Verbrennungswärme um 1,36 kcal kleiner, da die spez. Wärme des Knallgases kleiner ist als die des entstandenen Wassers. Die Wärmeabgabe bei Verbrennung unter dem konstanten Druck $p = 1$ at ist also 151,24 kcal.

b) Bei 80°C ist die dem oberen Heizwert bei konstantem Volum entsprechende Verbrennungswärme nach Gl. (228) um 10^4 kp/m² $\cdot$ 0,1 m³ $= 2,34$ kcal kleiner als die beim konstanten Druck von 1 at. Bei der Verbrennung unter konstantem Volum bleiben bei 80° nach den Wasserdampftafeln 0,1 m³/3,410 m³/kg $= 0,0293$ kg Wasser dampfförmig. Die Verbrennungswärme vermindert sich dann noch um deren innere Verdampfungswärme von $0,0293 \cdot 512,7$ kcal $= 15,02$ kcal. Die Wärmeabgabe bei Verbrennung im konstanten Volum von 0,1 m³ ist damit $151,24 - 2,34 - 15,02 = 133,88$ kcal.

c) Die dem oberen Heizwert bei konstantem Druck entsprechende Verbrennungswärme bei $20\,^\circ$C nach Gl. (252) ist $152,6 - 0,34 = 152,26$ kcal. Nach der Kompression auf 20 at ist die dem oberen Heizwert bei konstantem Volum entsprechende Verbrennungswärme wieder wie oben um 2,34 kcal kleiner, da die Heizwerte nicht vom Druck abhängen. In der Bombe von $0,1/20 = 0,005$ m^3 Inhalt befinden sich nach der Verbrennung bei $20\,^\circ$ nur $0,005$ m^3/57,84 m^3/kg $=$ $= 0,0000864$ kg Dampf, um deren innere Verdampfungswärme von $0,0000864 \cdot$ $553,7 = 0,05$ kcal sich die Verbrennungswärme weiter vermindert, so daß die Wärmeabgabe bei Verbrennung in der Bombe $152,26 - 2,34 - 0,05 = 149,87$ kcal ist.

Aufgabe 37. In dem Behälter sind $0,000488$ kmol CO. Ein kmol CO mit 50% Luftüberschuß, also mit $3,57$ kmol Luft verbrannt, liefert 1 kmol CO_2, $2,82$ kmol N_2 und $0,25$ kmol O_2, also $4,07$ kmol Gas, wobei bei $0\,^\circ$ und 1 at $67\,580$ kcal/kmol frei werden. Bei konstantem Volum ist nach Gl. (228) die Verbrennungswärme um 272 kcal/kmol kleiner, also gleich $67\,308$ kcal/kmol. Aus Gl. (253) und den mittleren spez. Molwärmen $[\mathfrak{C}_v]_m = [\mathfrak{C}_p]_m - 1,987$ nach Tab. 13 ergibt sich eine Verbrennungstemperatur von $2249\,^\circ$C. Der Druck ist $\dfrac{4,07}{4,57} \cdot \dfrac{2249^\circ + 273^\circ}{273^\circ} = 8,23$ at. Bei $4,115$ at ist die Temperatur $988\,^\circ$C. Dazu gehört eine innere Energie von $26\,550$ kcal/kmol, so daß je kmol $40\,758$ kcal abzuführen sind. Für die wirkliche Gasmenge ergibt das $0,000488 \cdot 40\,758 = 19,9$ kcal $= 83\,300$ J.

Aufgabe 38 (S. 286). Mit einer Dichte der Luft von $\varrho = 0,925$ kg/m^3 wird nach Gl. (270) $w = 80$ m/s $= 288$ km/h.

Aufgabe 39. Das Sicherheitsventil muß die ganze Dampferzeugung abführen können. Der Gegendruck ist kleiner als der kritische, dann ergibt der sich notwendige Querschnitt aus Gl. (297) mit $\psi_{max} = 0,450$ und $v_0 = 0,134$ m^3/kg für Sattdampf zu $F_s = 13,15$ cm^2. Wegen der Strahleinschnürung, deren Größe von der Formgebung des Ventils abhängt, muß man hierauf noch einen Zuschlag machen.

Aufgabe 40. Das Öffnungsverhältnis der Blende ist $n = 0,36$, dazu gehört nach Tab. 34 (S. 268) die Durchflußzahl $\alpha = 0,648$. Aus Gl. (277) ergibt sich dann mit 200 mm W. S. $= 200$ kp/m^2 $= 9,81\,\dfrac{m}{s^2} \cdot 200\,\dfrac{kg}{m^2}$ und $\varrho = 0,762$ kg/m^3 nach den Dampftafeln

$$m' = 0,648 \cdot 28,27 \text{ cm}^2 \sqrt{2 \cdot 0,762 \text{ kg/m}^3 \cdot 9,81 \text{ kg m/s}^2\text{kp} \cdot 200 \text{ kp/m}^2}$$
$$= 0,1002 \text{ kg/s} = 361 \text{ kg/h}.$$

Aufgabe 41. Für den Zustand im engsten Querschnitt liefert Gl. (297) bei einem spez. Volum des Dampfes $v_0 = 0,288$ m^3/kg und $\psi_{max} = 0,473$ die Dampfmenge $m' = 0,388$ kg/s. Im engsten Querschnitt ist $p_s = 5,46$ at, $t_s = 270\,^\circ$C, $v_s = 0,461$ m^3/kg, $w_s = 566$ m/s. Im geraden Rohrstück ist $\psi = \psi_{max}\dfrac{d_s^2}{d_2^2} = 0,118$. Den zugehörigen Druck erhält man durch Probieren aus Gl. (289) zu $p_2 = 9,9$ at; die Adiabatengleichung ergibt dort $v_2 = 0,290$ m^3/kg und damit liefert die Kontinuitätsgleichung (264) die Geschwindigkeit $w_2 = 90$ m/s. Im Austrittsquerschnitt wird $\psi_e = \psi_{max} \cdot \dfrac{d_s^2}{d_e^2} =$ $= 0,0757$. Durch Probieren aus Gl. (289) oder mit Hilfe von Abb. 153 erhält man $p_e = 0,225$ at und aus Gl. (286) $w_e = 1200$ m/s. Hierbei ist angenommen, daß der Dampf nicht kondensiert. Die Expansion führt aber, wie man im Mollierdiagramm erkennt, ins Naßdampfgebiet. Mit dem i, s-Diagramm erhält man die Geschwindigkeit bei Berücksichtigung der Kondensation aus dem adiabaten Wärmegefälle $i_0 - i_e = 174$ kcal/kg mit Hilfe der Geschwindigkeitsskala zu $w_e = 1206$ m/s, also einen etwas größeren Wert als oben.

Aufgabe 42. Wenn die Temperatur des Gases im Behälter durch Wärmeabfuhr auf T_0 gehalten wird, gilt nach Einströmen der Luftmenge m für den Druck p im Behälter $pV = mRT_0$ und für die Änderung in der Zeit z gilt

$$\frac{dp}{dz} \cdot \frac{V}{RT_0} = \frac{dm}{dz} = m',$$

wobei

$$m' = F\psi \sqrt{2\frac{p_0}{v_0}}$$

ist, daraus folgt

$$\frac{dp}{dz} = F\psi \frac{RT_0}{V}\sqrt{2\frac{p_0}{v_0}},$$

wobei in ψ nach Gl. (289) noch der Drupk p vorkommt. Durch Trennen der Veränderlichen und Integrieren erhält man für die Zeit nach der im Behälter der Druck p erreicht wird,

$$z = \frac{V}{FRT_0}\sqrt{\frac{v}{2\,p_0}}\int_0^p \frac{1}{\psi}\,dp.$$

Das Integral auf der rechten Seite löst man graphisch, indem man $\frac{1}{\psi}$ über p aufträgt und planimetriert. Für $p < p_s$ ist dabei $\psi = \psi_{\max} =$ konst. einzusetzen. Der Druck im Behälter steigt also bis zum kritischen Wert geradlinig an und erreicht diesen, wie die Ausrechnung zeigt, nach 33,4 min. Danach nimmt der Druck immer langsamer zu.

Wird keine Wärme vom einströmenden Gas an die Behälterwände abgegeben, so erhöht sich die innere Energie mc_vT_0 der einströmenden Luft um die an ihr von der Atmosphäre geleistete Verdrängungsarbeit $p_0v_0 = RT_0$. Im Behälter muß die Luft daher eine höhere Temperatur

$$T_a = \frac{c_v + R}{c_v}\cdot T_0 = \varkappa T_0$$

annehmen. Damit wird die Einströmzeit $z_a = \dfrac{z}{\varkappa}$. Der oben berechnete zeitliche Verlauf des Druckes behält also dieselbe Form, nur die Zeiten sind im Verhältnis $\varkappa$ verkürzt.

Aufgabe 43 (S. 408). Der Wärmedurchgangswiderstand ist nach Gl. (406)

$$R = 3{,}41\ \frac{\text{m}^2\text{h grd}}{\text{kcal}}$$

und es gehen 8,80 kcal/m²h durch die Wand hindurch.

Aufgabe 44. Auf der Rauchgasseite erhält man nach Tab. 49c bei $(325 + 175)/2 = 250°$ Bezugstemperatur $a = 0{,}213$ m²/h, $\lambda = 0{,}0342$ und $Pe = 5680$ nach Gl. (466) eine Wärmeübergangszahl $\alpha_r = 37{,}2$ kcal/m²h grd. Auf der Wasserseite wird nach Tab. 49b mit

$$v = 18\cdot 10^{-8}\ \text{m}^2/\text{s},\ a = 6{,}22\cdot 10^{-4}\ \text{m}^2/\text{h},\ \lambda = 0{,}58\ \text{kcal/mh grd},$$

also $Pr = 1{,}04$ und $Re = 41\,700$ nach Gl. (461) die Wärmeübergangszahl

$$\alpha_w = 1360\ \text{kcal/m}^2\text{h grd}.$$

Nach Gl. (407) erhält man dann einen Wärmestrom von 70000 kcal/h durch die Rohrwände. Dabei kühlen sich die Rauchgase ($c_p = 0{,}25$ kcal/kg grd) um 22,6° ab, das Wasser erwärmt sich um 70,3°, wenn man bei 175° nach S. 506 für Wasser das spez. Volum $1{,}121\cdot 10^{-3}$ m³/kg und die spez. Wärme 1,05 kcal/kg grd einsetzt (ermittelt aus den Enthalpiewerten i' von S. 507).

Aufgabe 45. Mit Hilfe von Gl. (509), in die man für φ_1 und φ_2 mittlere Werte und für df_1 und df_2 die endliche Fläche von Rost und Heizfläche einsetzt, erhält man eine Wärmestromdichte in der Heizfläche allein durch Strahlung von

$$q_{12} = \frac{0{,}95\cdot 0{,}80}{\pi}\cdot 4{,}96\,[61\,224 - 500]\,\frac{4}{25}\cdot 0{,}866\ \text{kcal/m}^2\text{h} = 10080\ \text{kcal/m}^2\text{h}.$$

Schrifttumsverzeichnis.

Zusammenfassende Darstellungen.

CLAUSIUS, R.: Die mechanische Wärmetheorie. Braunschweig 1887.
KIRCHHOFF, G.: Vorlesungen über die Theorie der Wärme. 1894.
LORENZ, H.: Technische Wärmelehre. 1904.
ZEUNER, G.: Technische Thermodynamik. 1905.
MACHE, H.: Einführung in die Theorie der Wärme. 1921.
PLANCK, M.: Vorlesungen über die Theorie der Wärmestrahlung. 1923.
— Vorlesungen über Thermodynamik. 1927.
— Einführung in die Theorie der Wärme. 1930.
SCHÜLE, W.: Technische Thermodynamik. Berlin 1930.
— Leitfaden der technischen Wärmemechanik. Berlin 1928.
NUSSELT, W.: Technische Thermodynamik. 3. Aufl. Berlin 1950.
BOŠNJAKOVIĆ, FR.: Technische Thermodynamik. Dresden und Leipzig 1935.
EWING, I. A.: Thermodynamics for Engineers. Cambridge 1946.
KIEFER, P. J. und STUART, M. C.: Principles of engineering Thermodynamics
    New York, London 1930.
KEENAN, I. H.: Thermodynamics. New York 1941.
HOARE, F. E.: Textbook of thermodynamics. 1944.
SCHMIDT, E.: Thermodynamics. Oxford 1949.
LEE, J. F. and SEARS, F. W.: Thermodynamies, Cambridge, Mass. 1955.
ZEMANSKY, M. W.: Heat and thermodynamics. New York, Toronto, London 1957.

MERKEL, F.: Die Grundlagen der Wärmeübertragung. 1927.
GRÖBER, H., ERK, S., GRIGULL, U.: Die Grundgesetze der Wärmeübertragung. 1955.
TEN BOSCH, M.: Die Wärmeübertragung. 1936.
MC ADAMS, W. H. Heat Transmission. 2. Aufl., New York und London 1942.
ECKERT, E.: Wärme- und Stoffaustausch. Berlin, Göttingen, Heidelberg 1949.
SCHACK, A.: Der industrielle Wärmeübergang. Düsseldorf 1953.
JAKOB, M. Heat Transfer. Bd. 1 und 2, New York und London 1949 und 1958.
HAUSEN, H. Wärmeübergang in Gegenstrom, Gleichstrom und Kreuzstrom. Berlin,
    Göttingen, Heidelberg 1950
MÜLLER-POUILLET: Lehrbuch der Physik, Bd. 3, Thermodynamik 1926.
GEIGER, H. und SCHEEL, K.: Handbuch der Physik. 1927.
WIEN, W. und HARMS, F.: Handbuch der Experimentalphysik. 1930.

Bücher über Chemische Thermodynamik und Physikalische Chemie vgl. S. 422,
    Fußnote.

Stoffwerte und Tafeln.

HÜTTE: Des Ingenieurs Taschenbuch. 1941.
DUBBEL, Taschenbuch für den Maschinenbau. Berlin, Göttingen, Heidelberg 1953.
VDI-Wasserdampftafeln. 5. Aufl. Berlin, Göttingen, Heidelberg, München 1960.
KEENAN, I. H. and KEYES, F. G.: Thermodynamic properties of steam. New York
    und London 1936.
EGERTON, A. C. and CALLENDAR, G. S.: Steamtables. London 1939.
KEENAN, I. H. and KAYE, I.: Gas tables. New York und London 1948.
LANDOLT-BÖRNSTEIN: Zahlenwerte und Funktionen aus Physik, Chemie, Astro-
    nomie, Geophysik, Technik. 6. Auflage 1950—59.
International Critical Tables. 1926.
Tables of Thermal Properties of Gases N. B. S. Nr. 464, Washington 1955.

Zeitschriften.

Z. VDI.
Forschg. Ing.-Wes.
Kältetechnik.
Allgemeine Wärmetechnik.

Brennstoff, Wärme, Kraft.
Physik. Berichte.
Applied Mechanics Reviews.

Namen- und Sachverzeichnis

Additional information of this book

(Einführung in die Technische Thermodynamik;

978-3-662-23813-4; 978-3-662-23813-4_OSFO1) is provided:

http://Extras.Springer.com

Additional information of this book

(Einführung in die Technische Thermodynamik;

978-3-662-23813-4; 978-3-662-23813-4_OSFO2) is provided:

http://Extras.Springer.com

Additional information of this book

(Einführung in die Technische Thermodynamik;

978-3-662-23813-4; 978-3-662-23813-4_OSFO3) is provided:

http://Extras.Springer.com